令和
06
年

応用情報技術者

きたみりゅうじ 著

技術評論社

● はじめに ●

応用情報技術者試験は、シラバスによると「高度IT人材となるために必要な応用的知識・技能をもち、高度IT人材としての方向性を確立した者」を対象とした試験とされています。固い言葉すぎて今ひとつ「つまり誰?」と思ってしまいますけど、くだけて言えば数年の現場経験を積んだエンジニアさんが主な対象です。

応用という名前から想像すると、本試験はすごく難しくて、すごく特殊な勉強をしなければ合格には辿り着けないんじゃないかと思えてしまいますが、実のところ問われる力は基本情報技術者試験で学んだ「基礎の力」と大きく違いはありません。ただ、単なる「丸暗記」で乗り切るにはちょっと厳しい。「なぜそれ(技術とか決まりとか)があるのか、使われるのか」を理解して、知識として活用できないと暗記範囲が広くなりすぎて追い切れない。そんな試験だと言えます。

したがって試験対策自体も基本情報と大きく差はありません。主には「解説書を一冊読んで用語に慣れること」と「とにかく過去問を解いて解きまくって試験問題になれつつ知識の穴を補完すること」の2つとなります。でも本職のエンジニアさんでないならば、できればこの試験への挑戦を良い契機として、自分で実際にプログラムを作ってみたり、データベースを操作してみたりして欲しいと思います。

なぜかというと、もちろんそれが午後試験対策になるという理由もありますが、一番はやはり実際に手を動かす物作りの中では、机上で学んだ知識とは違う壁がいくつも待ち受けているからです。この壁を壊すなり乗り越えるなりした瞬間に、「あ、あれがそうか」と頭の中でバラけていた知識同士が結びつく瞬間があって、同じ知識でも別の視点で眺めることができるようになったりするんですね。

それがつまりは、「応用力を持った基礎的な力」なのだと思うのです。

知識の枝葉ではなく、その根っこの部分を知ること。なぜなにと疑問を持ち、それを解消していくことでその先にある応用問題を「暗記ではなく理屈で」解けるようになること。本書はそうした学習の入口になれるように、「なんでこーなるの」「だからこーしてるの」的な部分を掘り下げて極力平易に書きあらわしました。試験範囲を全部網羅して丸暗記するための本ではなく、その中で大事と思われる項目に絞り込み、理解するための内容にページ数を割いています。

本音を言うと私自身、本書を書きながら知識の再整理を行って「あ、こんな仕組みだったんだ」とあらためて面白く感じた事柄は1つや2つではありません。どうかその面白さが少しでも読んでいただいた方に伝わり、それが勉強へのモチベーションにつながり、そして資格取得の一助となりますように。合格に向けて、幸運を祈ります。

きたみりゅうじ

学習の手引き

試験対策の勉強は、次の流れで行うのがオススメです

ほ～…

① 解説書を1回完読して、用語や計算に慣れる

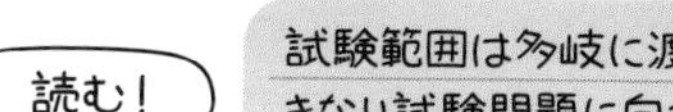

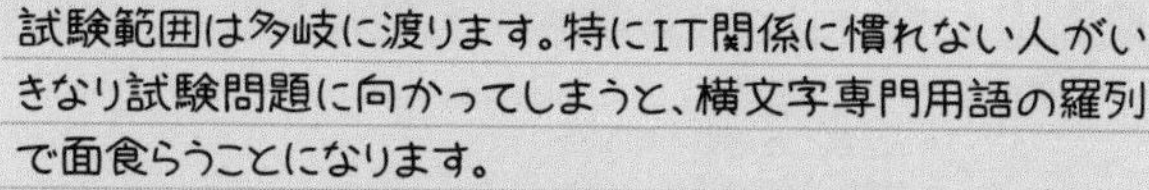

試験範囲は多岐に渡ります。特にIT関係に慣れない人がいきなり試験問題に向かってしまうと、横文字専門用語の羅列で面食らうことになります。
そこで、とにかく一冊を通して読むことにより、チンプンカンプンだった世界を「あ、なんか聞いたことあるかも」という世界に持っていきましょう。

② 過去問題を実際に解いてみる

試す！

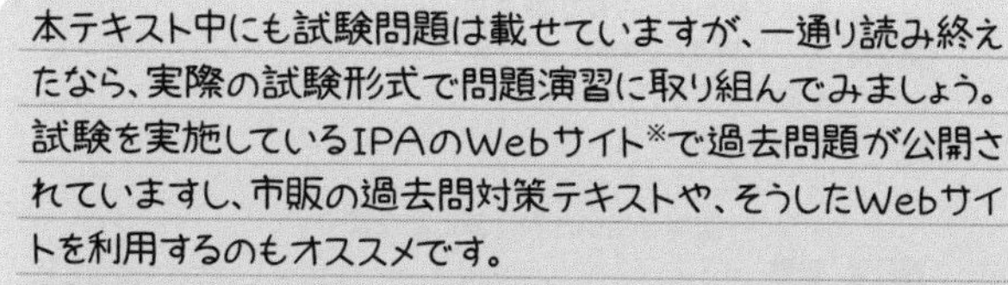

本テキスト中にも試験問題は載せていますが、一通り読み終えたなら、実際の試験形式で問題演習に取り組んでみましょう。
試験を実施しているIPAのWebサイト※で過去問題が公開されていますし、市販の過去問対策テキストや、そうしたWebサイトを利用するのもオススメです。
本試験では過去問から多く出題される傾向があるため、この演習は欠かせません。直近3年分(計6回分)くらいを目安にすると良いです。

単なる用語の暗記問題でしかないものについては、本テキストでは
あまり重視していないため取り上げてないものも多々あります。
それらについては、この演習を通して暗記してしまいましょう。

③ 苦手な分野を復習する

分析して
復習！

問題演習の結果から、自身の得意不得意分野を分析します。
テキストに戻り、項目について理解が足りていなかった場合はその項目を、分野自体が少しあやふやな場合はその章を、全体的に自信がない場合は一冊まるごと再読すると良いでしょう。
章と章が相互に関連するものも多いため、読む回数を重ねる度、以前はわからなかったものが理解しやすくなっていることも多いはずです。これによって知識の穴を埋めていきましょう。

②に戻って繰り返し

満点を目指すと大変なので、8割程度の正解率になるよう
勉強範囲を取捨選択するのも良いと思いますよ！

※情報処理推進機構(IPA) Webサイト　https://www.ipa.go.jp

CONTENTS

Chapter 13 ネットワーク 500

本書の使い方

　応用情報技術者試験は、情報処理開発プロジェクトの現場において、プログラミング、システムの開発など、情報技術全般に関する応用的な知識、技術を持つ人を認定するためのもので、専門的かつ、総合的な知識が問われるため試験範囲は膨大となります。詳しくは18ページを参照してください。本書はその膨大な試験範囲の学習を助けるため、読みやすく、また理解しやすい構成となっています。

1 導入マンガ

　各Chapterで学習しなければならない項目のおおよその概要をつかんでいただく導入部です。あまり難しいことは気にせず、気楽な気持ちで読み進めてください。

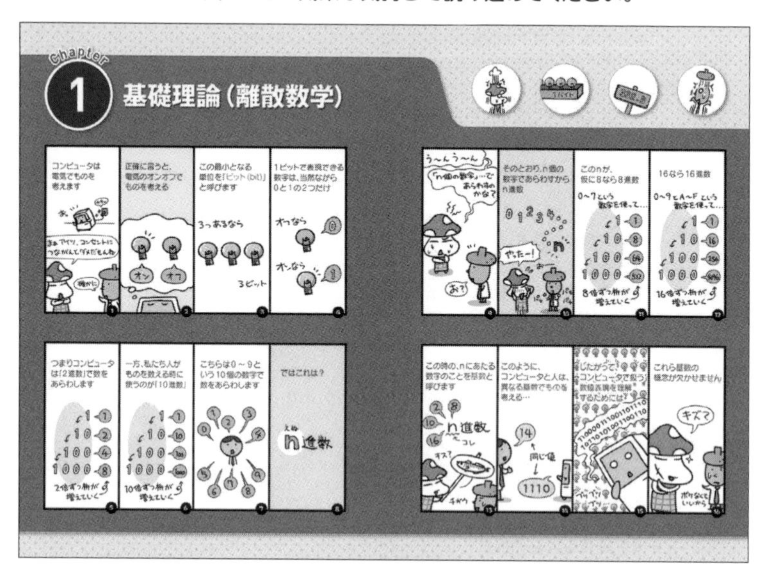

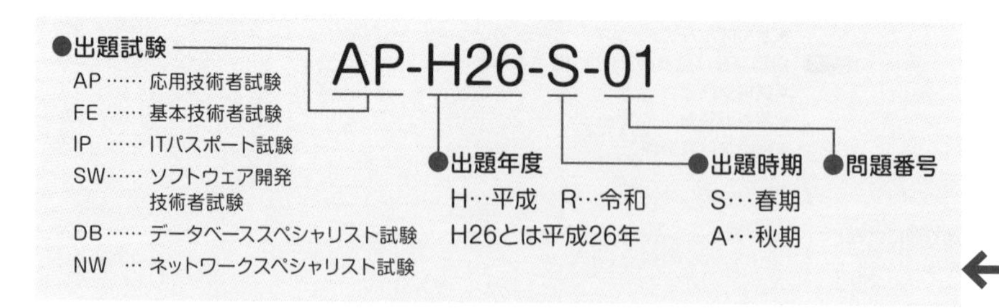

　つまり、AP-H26-S-01とは、平成26年度春期応用情報技術者試験問01で出題されたということを示します。

※平成23年度特別試験を平成23年度春期としています。

2 解説

メインの解説となる部分です。イラストをふんだんに使い、またわかりやすい例などをあげていますので、イメージをつかみやすく、理解しやすい解説となっています。もし、難しく理解できないという箇所がありましたら、何度もイラストをみてイメージをつかんでいただくと理解できると思います。

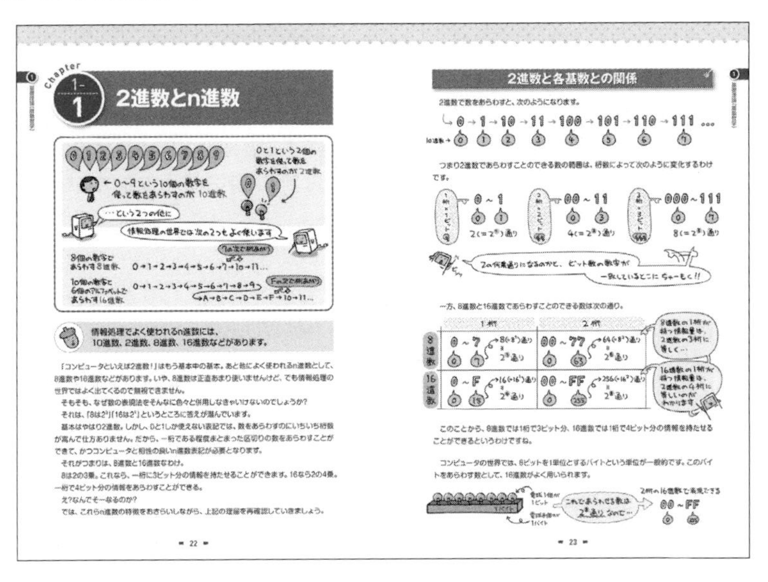

Chapter 1-1 2進数とn進数

情報処理でよく使われるn進数には、
10進数、2進数、8進数、16進数などがあります。

「コンピュータといえば2進数！」はもう基本中の基本。あと他によく使われるn進数として、8進数や16進数などがあります。いや、8進数は正直あまり使いませんけど、でも情報処理の世界ではよく出てくるので無視できません。

そもそも、なぜ数の表現法をそんなに色々と併用しなきゃいけないのでしょうか？

それは、「8は2^3」「16は2^4」というところに答えが潜んでいます。

基本はやはり2進数。しかし、0と1しか使えない表記では、数をあらわすのにいちいち桁数が嵩んで仕方ありません。だから、一桁である程度まとまった区切りの数をあらわすことができて、かつコンピュータと相性の良いn進数表記が必要となります。

それがつまりは、8進数と16進数なわけ。

8は2の3乗。これなら、一桁に3ビット分の情報を持たせることができます。16なら2の4乗。一桁で4ビット分の情報をあらわすことができる。

え？なんでそーなるのか？

では、これらn進数の特徴をおさらいしながら、上記の理屈を再確認していきましょう。

― 22 ―

2進数と各基数との関係

2進数で数をあらわすと、次のようになります。

つまり2進数であらわすことのできる数の範囲は、桁数によって次のように変化するわけです。

一方、8進数と16進数であらわすことのできる数は次の通り。

	1桁	2桁
8進数	0~7（0~7）8(=8^1)通り＝2^3通り	00~77（0~63）64(=8^2)通り＝2^6通り
16進数	0~F（0~15）16(=16^1)通り＝2^4通り	00~FF（0~255）256(=16^2)通り＝2^8通り

このことから、8進数では1桁で3ビット分、16進数では1桁で4ビット分の情報を持たせることができるというわけですね。

コンピュータの世界では、8ビットを1単位とするバイトという単位が一般的です。このバイトをあらわす数として、16進数がよく用いられます。

― 23 ―

3 過去問題と解説

実際に応用情報技術者試験や、その前身のソフトウェア開発技術者試験など関連ある試験で出題された過去問題と解説です。実際に試験ではどのように出題されているか参考にしてください。

解説は、情報処理技術者試験の講師などを務めている金子則彦氏によります。

問題番号の下に記されている記号は、それぞれ左のようになります。

※学習内容やスペースの関係上、表現方法などを一部変更している過去問題もあります。

2進数で表現すると無限

ア　0.375　　イ

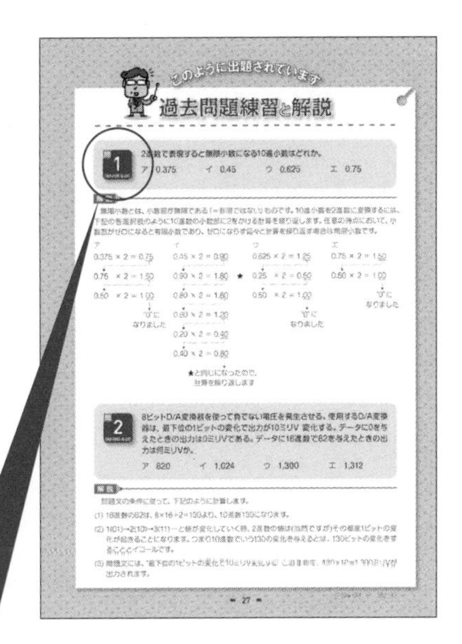

このように出題されています

過去問題練習と解説

問1　2進数で表現すると無限小数になる10進小数はどれか。

ア　0.375　　イ　0.45　　ウ　0.625　　エ　0.75

解説

無限小数とは、小数部が無限である（＝有限ではない）ものです。10進小数を2進数に変換するには、下記の各選択肢のように10進数の小数部に2をかける計算を繰り返します。任意の時点において、小数部がゼロになると有限小数であり、ゼロにならず延々と計算を繰り返す場合は無限小数です。

問2　8ビットD/A変換器を使って負でない電圧を発生させる。使用するD/A変換器は、最下位の1ビットの変化で出力が10ミリV変化する。データに0を与えたときの出力は0ミリVである。データに16進数で82を与えたときの出力は何ミリVか。

ア　820　　イ　1,024　　ウ　1,300　　エ　1,312

解説

問題文の条件に従って、下記のように計算します。

(1) 16進数の82は、8×16+2=130より、10進数130になります。

(2) 1(01)→2(10)→3(11)…と値が変化していく時、2進数の値は(当然ですが)その都度1ビットの変化が起きることになります。つまり10進数でいう130の変化を与えるとは、130ビットの変化をすることとイコールです。

(3) 問題文には、"最下位の1ビットの変化で10ミリV変化" [illegible] 130×10=1,300ミリVが出力されます。

― 27 ―

応用情報技術者試験とは？

1 応用情報技術者試験の位置づけ

応用情報技術者試験は、国家資格である情報処理技術者試験の12区分の1つであり、応用的知識や技能を問うレベル（レベル3）に位置づけられています。

2 受験資格・年齢制限・受験料

応用情報技術者試験に限らず、情報処理技術者試験はすべて受験者に関する制限がありません。学歴や年齢を問わず誰でも受験できます。令和5年春期の応用情報技術者試験の受験者の“学生：社会人”の比率は、16.2%：83.8%です。また、学生のうち専門学校生が最も多く受験しています。受験料は7,500円（税込）です。

3 試験内容

受験者は、午前試験と午後試験を両方受験しなければなりません。また、午前試験と午後試験の両方とも合格基準に達すると合格です。

午前試験		
	問題数	問1～問80
	出題形式	4肢選択式（4つの選択肢から1つを選択します）
	選択方法	全問必須
	解答時間	9:30～12:00（150分）
	合格基準	60%（80問中の48問）以上

午後試験		
	問題数	問1～問11
	出題形式	記述式
	選択方法	出題数は問1～11までの11問 解答数は5問（問1が必須解答、問2～11の中から4問選択し解答）
	解答時間	13:00～15:30（150分）
	合格基準	60%以上

分野	問1	問2～11
経営戦略	－	○
情報戦略	－	
戦略立案・コンサルティング技法	－	
システムアーキテクチャ	－	○
ネットワーク	－	○
データベース	－	○
組込みシステム開発	－	○
情報システム開発	－	○
プログラミング（アルゴリズム）	－	○
情報セキュリティ	◎	－
プロジェクトマネジメント	－	○
サービスマネジメント	－	○
システム監査	－	○
出題数	1	10
解答数	1	4

◎：必須解答問題 ○：選択解答問題

4 受験案内

	春期	秋期
試験日	4月の第3週の日曜日	10月の第3週の日曜日
受験申込み期限	2月末ぐらい	8月末ぐらい
合格発表日	6月下旬ぐらい	12月下旬ぐらい
試験会場	全国47都道府県の主要都市で実施されます。	
受験申込手続	試験センタのWebページで受験申込み入力をします。試験センタから申込み用紙を入手し、記入して郵送する方法もあります。	

5 受験者数などの統計情報

	R02年秋	R03年春	R03年秋	R04年春	R04年秋	R05年春
応募者	42,393	41,415	48,270	49,171	54,673	49,498
受験者	29,024	26,185	33,513	32,189	36,329	32,340
合格者	6,807	6,287	7,719	7,827	9,516	8,805
合格率	23.5%	24.0%	23.0%	24.3%	26.2%	27.2%

6 令和5年春期の得点分布

得点	午前試験	午後試験
90点～100点	30名	48名
80点～89点	828名	683名
70点～79点	4,552名	2,992名
60点～69点	9,088名	5,082名
50点～59点	9,097名	3,913名
40点～49点	5,986名	1,408名
30点～39点	2,407名	273名
20点～29点	342名	38名
10点～19点	9名	13名
0点～9点	1名	1名
合計	32,340名	14,451名

7 令和5年春期の最年少及び最年長の合格年齢

	13才	14才	15才	16才	17才	…	67才	68才	69才	70才	71才
応募者	2	6	3	22	161	…	6	9	4	1	4
受験者	2	6	3	20	146	…	4	8	3	1	4
合格者	1	3	2	8	36	…	1	0	0	0	1

基礎理論（離散数学）

コンピュータは
電気でものを
考えます

1

正確に言うと、
電気のオンオフで
ものを考える

2

この最小となる
単位を「ビット（bit）」
と呼びます

3つあるなら

3ビット

3

1ビットで表現できる
数字は、当然ながら
0と1の2つだけ

オンなら
1

4

つまりコンピュータ
は「2進数」で数を
あらわします

1 — 1
10 — 2
100 — 4
1000 — 8

2倍ずつ桁が
増えていく

5

一方、私たち人が
ものを数える時に
使うのが「10進数」

1 — 1
10 — 10
100 — 100
1000 — 1000

10倍ずつ桁が
増えていく

6

こちらは0～9と
いう10個の数字で
数をあらわします

7

ではこれは？

えぬ
n進数

8

そのとおり、n個の数字であらわすからn進数

このnが、仮に8なら8進数

0〜7という数字を使って…

1 ← 1
10 ← 8
100 ← 64
1000 ← 512

8倍ずつ桁が増えていく

11

16なら16進数

0〜9とA〜Fという数字を使って…

1 ← 1
10 ← 16
100 ← 256
1000 ← 4096

16倍ずつ桁が増えていく

12

2進数とn進数

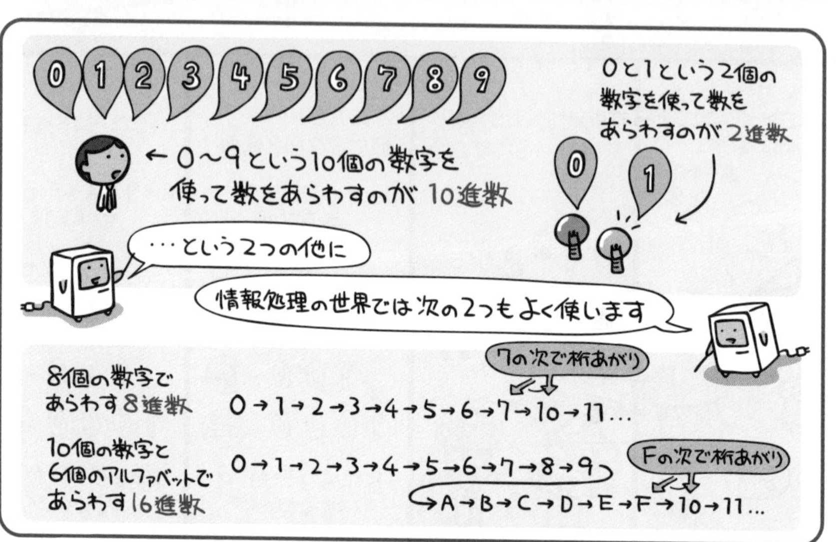

情報処理でよく使われるn進数には、10進数、2進数、8進数、16進数などがあります。

「コンピュータといえば2進数！」はもう基本中の基本。あと他によく使われるn進数として、8進数や16進数などがあります。いや、8進数は正直あまり使いませんけど、でも情報処理の世界ではよく出てくるので無視できません。

そもそも、なぜ数の表現法をそんなに色々と併用しなきゃいけないのでしょうか?

それは、「8は2^3」「16は2^4」というところに答えが潜んでいます。

基本はやはり2進数。しかし、0と1しか使えない表記では、数をあらわすのにいちいち桁数が嵩んで仕方ありません。だから、一桁である程度まとまった区切りの数をあらわすことができて、かつコンピュータと相性の良いn進数表記が必要となります。

それがつまりは、8進数と16進数なわけ。

8は2の3乗。これなら、一桁に3ビット分の情報を持たせることができます。16なら2の4乗。一桁で4ビット分の情報をあらわすことができる。

え?なんでそーなるのか?

では、これらn進数の特徴をおさらいしながら、上記の理屈を再確認していきましょう。

2進数と各基数との関係

2進数で数をあらわすと、次のようになります。

0 → 1 → 10 → 11 → 100 → 101 → 110 → 111 …

10進数 → 0　1　2　3　4　5　6　7

つまり2進数であらわすことのできる数の範囲は、桁数によって次のように変化するわけです。

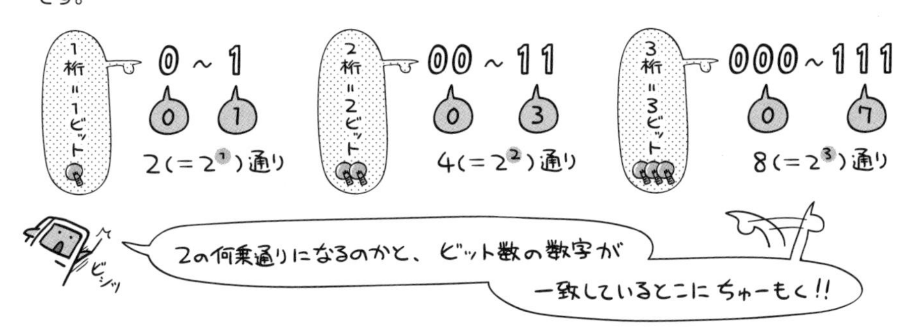

一方、8進数と16進数であらわすことのできる数は次の通り。

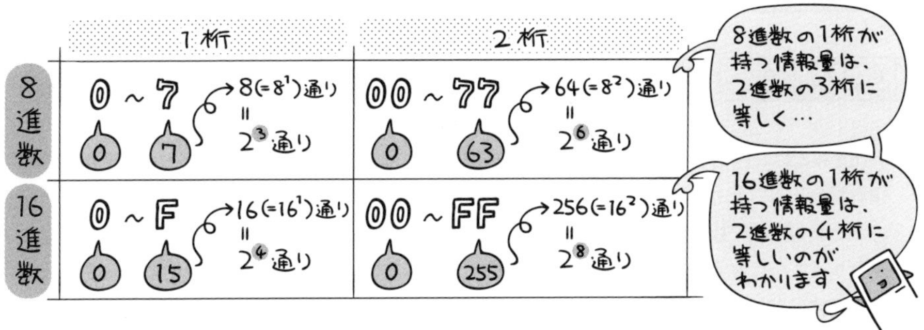

このことから、8進数では1桁で3ビット分、16進数では1桁で4ビット分の情報を持たせることができるというわけですね。

コンピュータの世界では、8ビットを1単位とするバイトという単位が一般的です。このバイトをあらわす数として、16進数がよく用いられます。

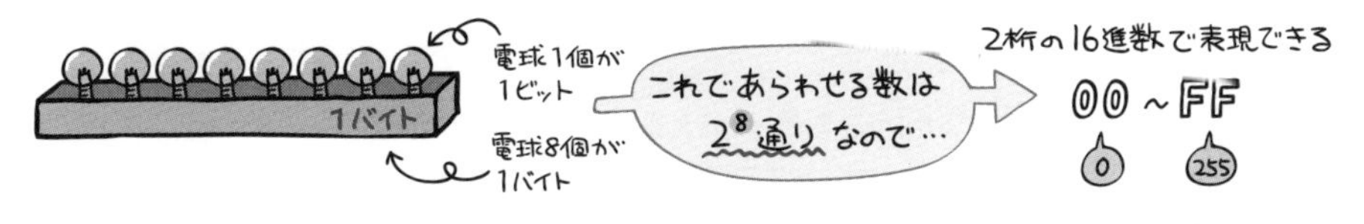

基数と桁の重み

2進数で示す数値はよく見ると、1桁あがるごとに倍々ゲームでその値が増えていくことがわかります。これを2進数が持つ各桁の重みといいます。

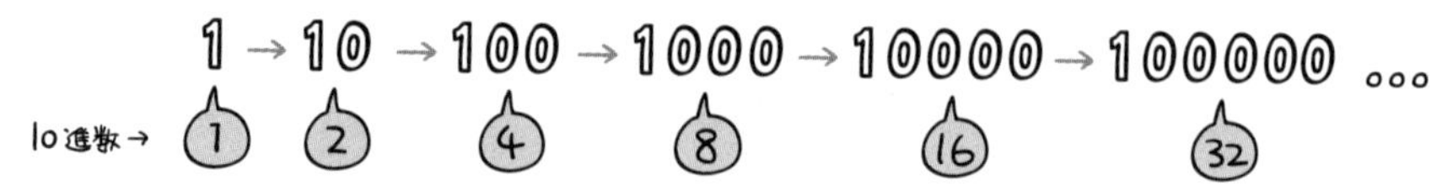

これは、「基数を累乗した数」というのがその正体で、他の基数においても同様です。したがって、n進数の持つ各桁の重みは、次の法則で決まります。

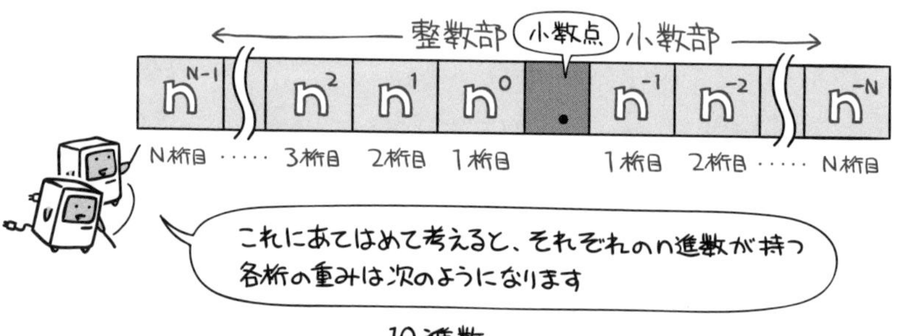

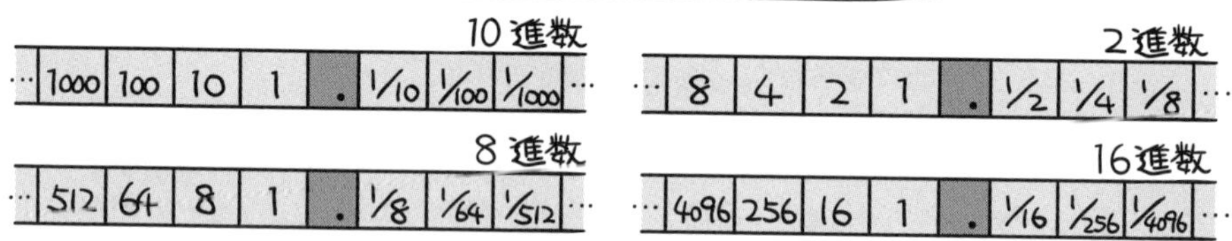

10進数

…	1000	100	10	1	.	1/10	1/100	1/1000	…

2進数

…	8	4	2	1	.	1/2	1/4	1/8	…

8進数

…	512	64	8	1	.	1/8	1/64	1/512	…

16進数

…	4096	256	16	1	.	1/16	1/256	1/4096	…

n進数では、各桁の数字に対して桁の重みをかけ算して合算することで、その数字が持つ値を導き出すことができます。

たとえば私たちは10進数には慣れているので、「332.5」という数字があると、普通に「さんびゃくさんじゅうにてんご」と認識することができます。あれも、自然と各桁の重みを使って次のような計算ができているわけです。

n進数と10進数間の基数変換

ある基数であらわした数値を、別の基数表現に置き換えるのが基数変換。
ここでは2進数を例に、10進数への変換と、10進数からの変換方法を見ていきます。

n進数から10進数への基数変換

n進数から10進数への基数変換は、左ページでもふれたように、各桁の数に対して重みをかけ、それを合算することで求められます。

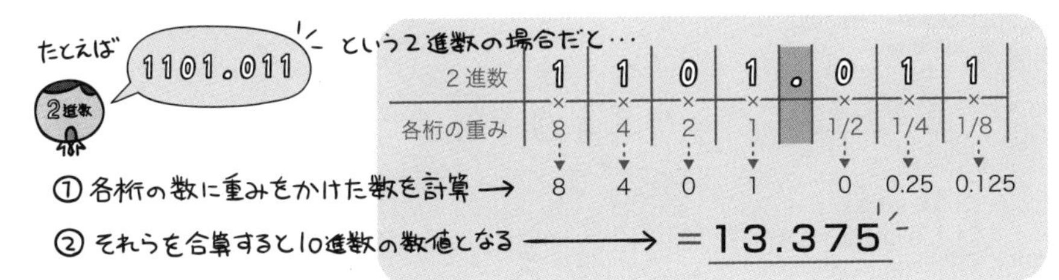

10進数からn進数への基数変換(重みを使う方法)

10進数からn進数への基数変換は、上と逆の手順によって行うことができます。具体的には、10進数を桁の重みでわり算していき、その商を並べることで求められます。

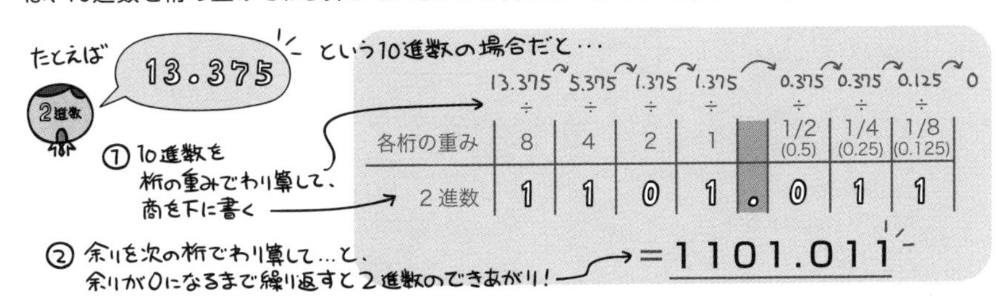

10進数からn進数への基数変換(わり算とかけ算を使う方法)

10進数からn進数への基数変換には、上記の他に「整数部は基数でわり算」「小数部は基数でかけ算」を行うことで求めるやり方があります。慣れてしまえば手早く計算を済ませることができますので、前述の10進数「13.375」を例に計算方法を見てみましょう。

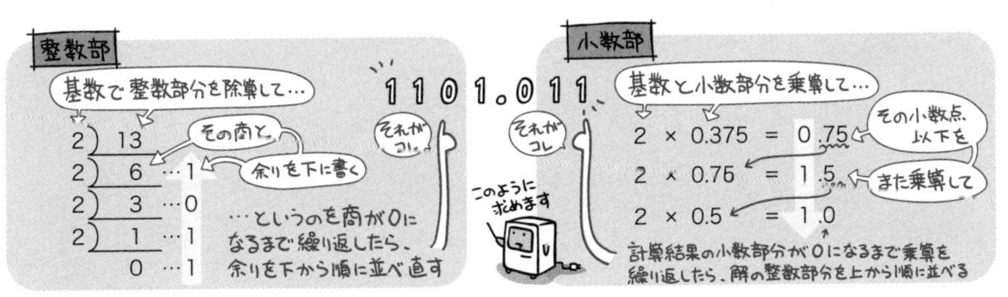

2進数と8進数・16進数間の基数変換

8進数や16進数に関しては、「コンピュータと相性の良いn進数表記」というだけあって、2進数との基数変換がもっと容易に行えます。

2進数から8進数への基数変換

8進数への変換は、2進数を3桁ごとに分けてから、8進数表記に直します。

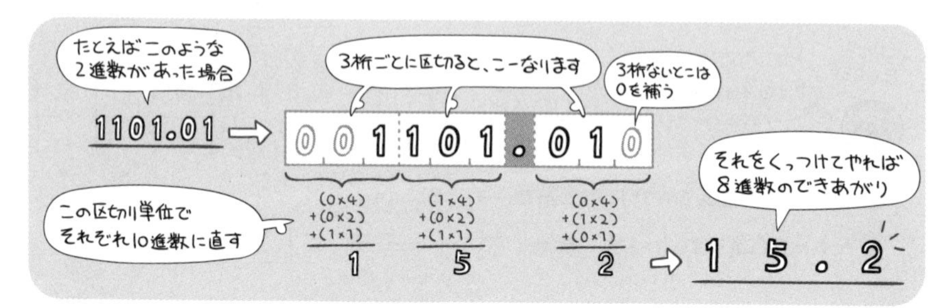

2進数から16進数への基数変換

16進数への変換は、2進数を4桁ごとに分けてから、16進数表記に直します。

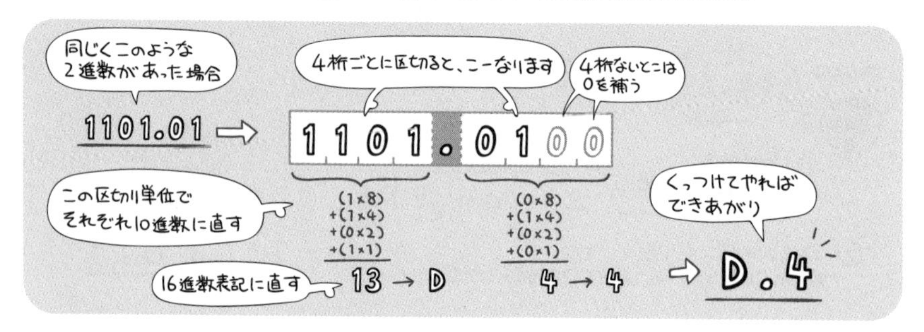

8進数・16進数から2進数への基数変換

8進数・16進数から2進数に基数変換する場合は、上記とは逆の流れで、「8進数1桁を2進数3桁に」「16進数1桁を2進数4桁に」と分解します。

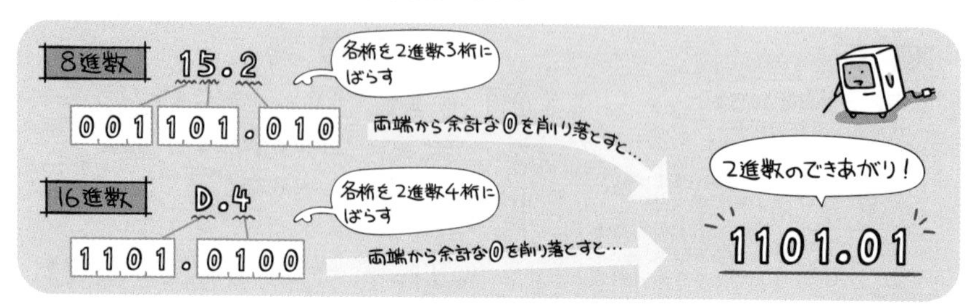

このように出題されています

過去問題練習と解説

問1 (AP-H26-S-01)

2進数で表現すると無限小数になる10進小数はどれか。

ア　0.375　　イ　0.45　　ウ　0.625　　エ　0.75

解説

無限小数とは、小数部が無限である（＝有限ではない）ものです。10進小数を2進数に変換するには、下記の各選択肢のように10進数の小数部に2をかける計算を繰り返します。任意の時点において、小数部がゼロになると有限小数であり、ゼロにならず延々と計算を繰り返す場合は無限小数です。

ア
0.375 × 2 = 0.75
0.75 × 2 = 1.50
0.50 × 2 = 1.00
"0"になりました

イ
0.45 × 2 = 0.90
0.90 × 2 = 1.80…★
0.80 × 2 = 1.60
0.60 × 2 = 1.20
0.20 × 2 = 0.40
0.40 × 2 = 0.80
★と同じになったので，計算を繰り返します

ウ
0.625 × 2 = 1.25
0.25 × 2 = 0.50
0.50 × 2 = 1.00
"0"になりました

エ
0.75 × 2 = 1.50
0.50 × 2 = 1.00
"0"になりました

問2 (AP-R02-A-24)

8ビットD/A変換器を使って負でない電圧を発生させる。使用するD/A変換器は，最下位の1ビットの変化で出力が10ミリV 変化する。データに0を与えたときの出力は0ミリVである。データに16進数で82を与えたときの出力は何ミリVか。

ア　820　　イ　1,024　　ウ　1,300　　エ　1,312

解説

問題文の条件に従って、下記のように計算します。

(1) 16進数の82は、8×16+2=130より、10進数130になります。

(2) 1(01)→2(10)→3(11)…と値が変化していく時、2進数の値は(当然ですが)その都度1ビットの変化が起きることになります。つまり10進数でいう130の変化を与えるとは、130ビットの変化をすることとイコールです。

(3) 問題文には、"最下位の1ビットの変化で10ミリV変化する" とあるので、130×10=1,300ミリVが出力されます。

正解▶問1：イ　問2：ウ

2進数の計算と数値表現

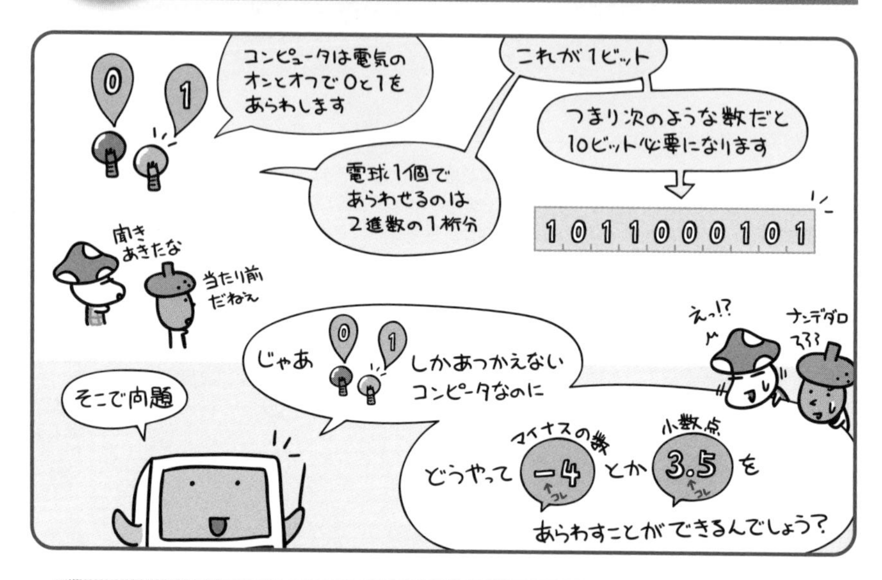

コンピュータは一般に、2の補数を使って負の数をあらわし、浮動小数点数で実数(小数点を含む数)をあらわします。

補数とは、字面の通り「補う数」という意味。補数の種類には「その桁数で最大値を得るために補う数」と「次の桁に繰り上がるために補う数」という2つの補数が存在します。

2進数では、「1の補数(桁の最大値を得るために補う数)」「2の補数(桁上がりのために補う数)」という2つがそれに該当します。そして、コンピュータでは負の数をあらわすために、この「2の補数」を使用するのが一般的です。2の補数によって負の数をあらわすと、加算処理の回路ひとつで、加算も減算も行えるようになるので、回路をシンプルにすることができるのです。

さて、もう一方の小数点はというと、コンピュータが数をあらわすやり方には、「固定小数点数」「浮動小数点数」という2つの方法があります。固定小数点数は、「あらかじめ小数点が何桁目にくるか決めてしまう」という数のあらわし方。小数点という言葉がついていますけど、コンピュータは整数をあらわすのに、こちらの方法を用います。実は整数って、「小数点が一番後ろにある」という数に過ぎないんですね。浮動小数点数はその逆。決まったフォーマットに値を詰め込むことで、小数点の位置を固定せず数をあらわすところに特徴があります。

2の補数と負の数のあらわし方

1の補数と2の補数は、次のように求めることができます。

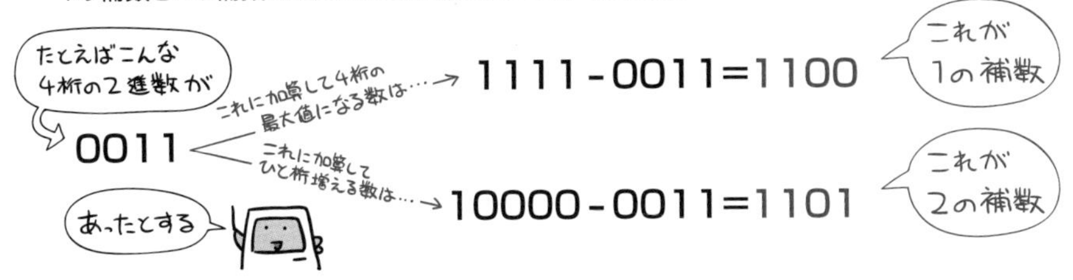

この2の補数を用いて、ある計算をしてみましょう。

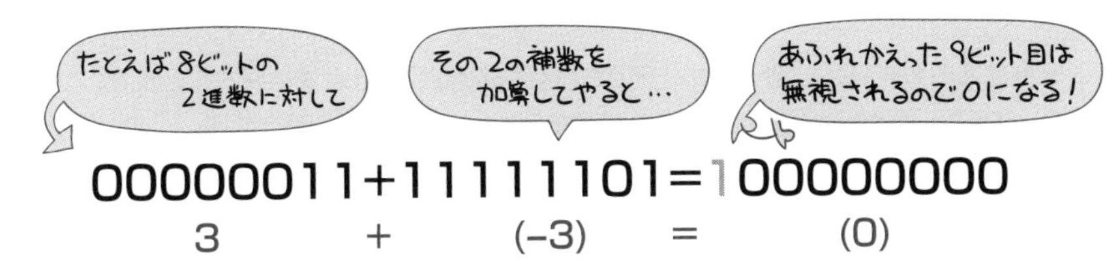

このように、ある数値に対する2の補数表現は、そのままその数値の負の値として使えるというわけです。このことからコンピュータは一般に、負の数をあらわすのに2の補数を使います。2の補数は、次のようにすることで簡単に求めることができます。

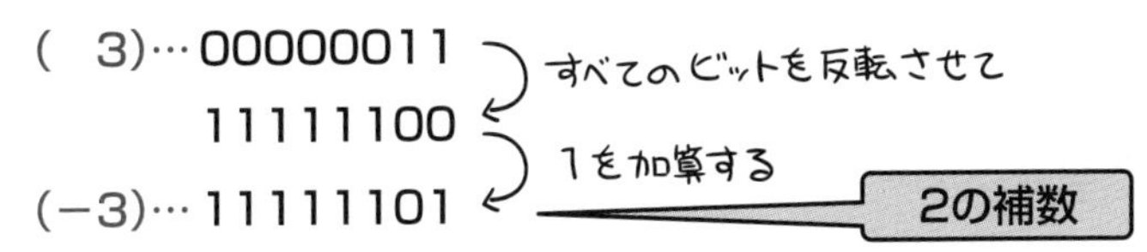

ちなみに2の補数の最上位ビットは、符号として扱うことができます。正の数と負の数は、互いに2の補数表現となる関係にあります。

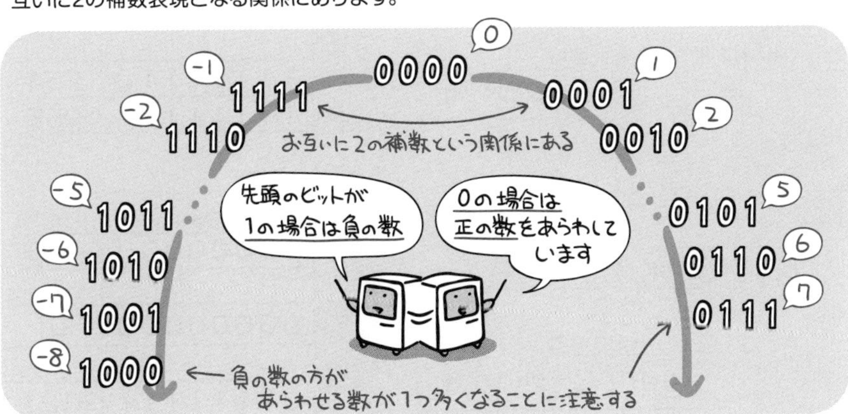

固定小数点数

固定小数点数は、「ビット列のどの位置に小数点があるか」を暗黙的了解として扱う表現方法です。

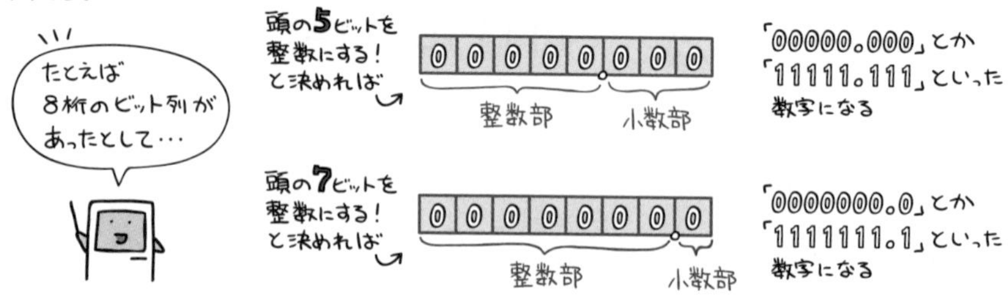

整数をあらわすには、「最下位ビットの右側を小数点とする」と決め打ちにします。これにより、小数部に割くビット数を0として、整数だけを扱うことになるわけです。

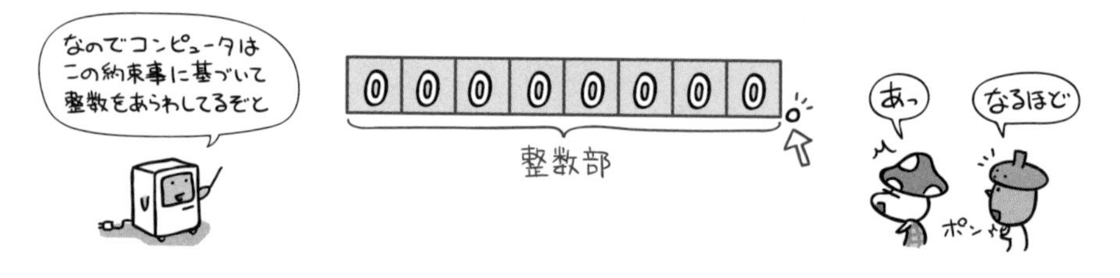

8ビットの固定小数点数であらわせる整数の範囲は、「符号なし」と「符号あり」とで、それぞれ次のようになります。

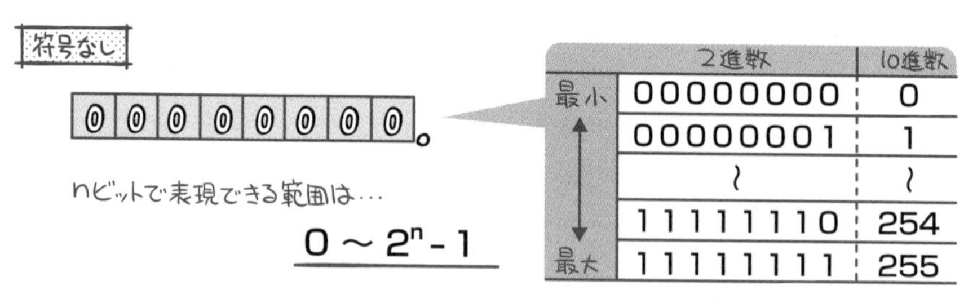

	2進数	10進数
最小	00000000	0
	00000001	1
	～	～
	11111110	254
最大	11111111	255

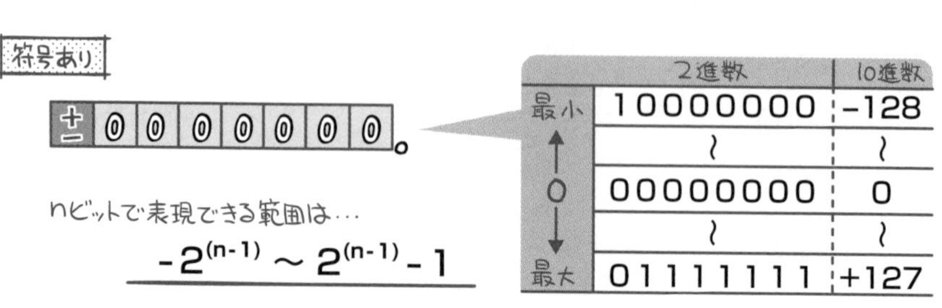

	2進数	10進数
最小	10000000	-128
	～	～
0	00000000	0
	～	～
最大	01111111	+127

浮動小数点数

浮動小数点数は、指数部と仮数部を用いた指数表記で数値を扱う表現方法です。

指数表現で用いる指数と仮数の組み合わせには、色んなパターンが考えられます。当然どれも数値としては間違いではありません。この時、「より有効桁を多く取れるように」と小数点位置を調整して、仮数部の最上位桁を0以外の数値にする作業を正規化といいます。

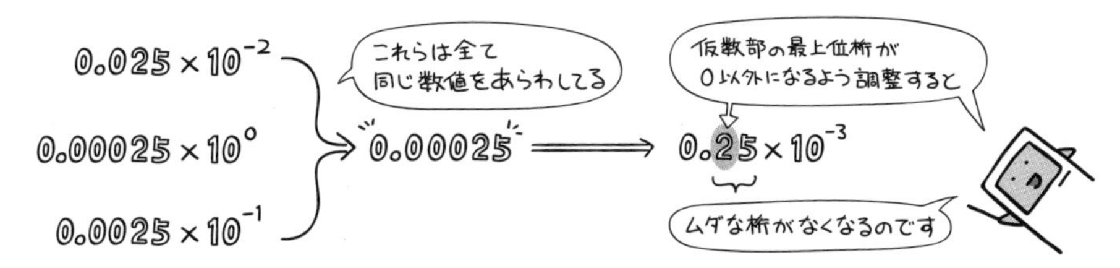

コンピュータで扱う数字は2進数なので、指数表現の中にある基数部は「2」と決まってきます。同じように、小数点より左側の整数部分も、自ずと値が決まってきます。

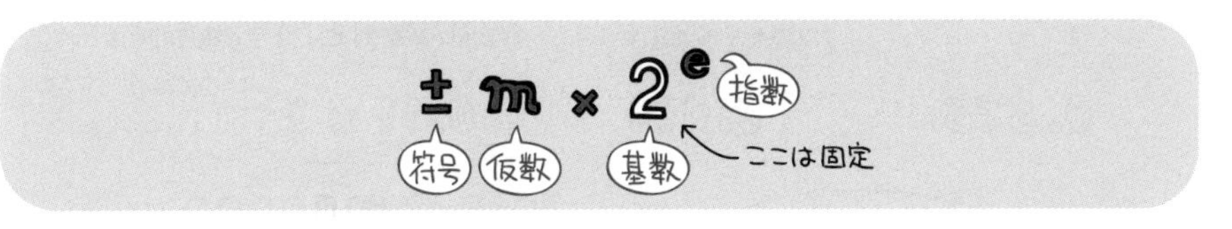

このように固定値が入る部分はいちいち覚えておく必要がないので、コンピュータは残りの可変部分（符号、仮数、指数）をそれぞれビットに割り当てて、浮動小数点数として数をあらわします。

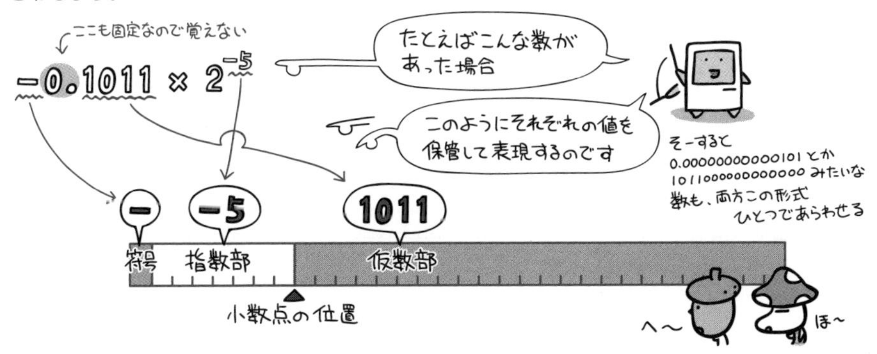

よく使われる浮動小数点数

実際に使われている浮動小数点数の例としては、次のような形式があります。

32ビットの形式例

ひとつ目は、ごくごくシンプルな浮動小数点数形式。

全体は32ビットで構成されています。指数部が負の数の場合は、2の補数を使ってあらわし、仮数部には、0.Mと正規化したMの部分が入ります。

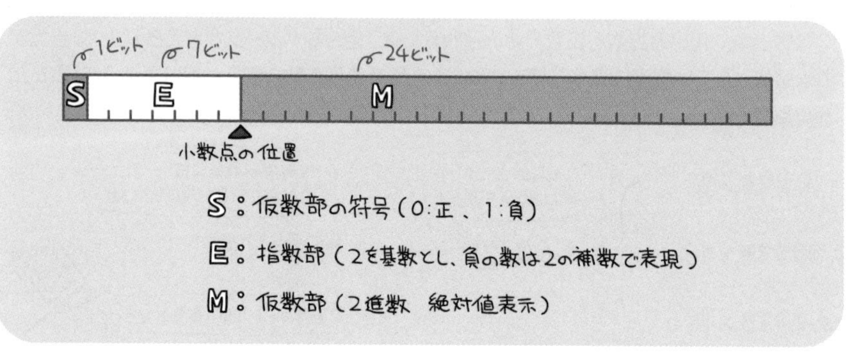

たとえば10進数の「0.375」という数字をこの形式であらわすと、次のようになります。

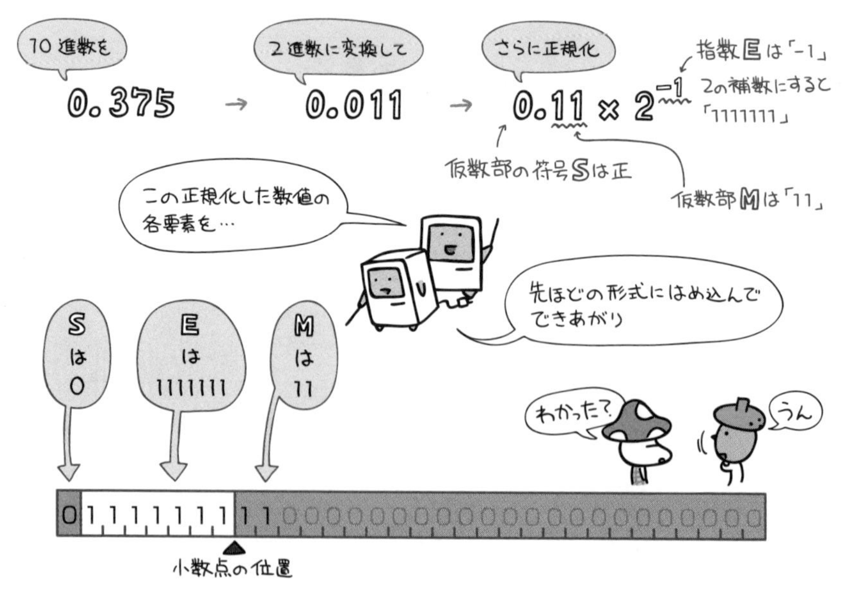

IEEE754の形式例とバイアス値

もうひとつは、IEEE(米国電子電気技術者協会)により規格化された、IEEE754という浮動小数点数形式。32ビットや64ビット、128ビットの形式などがありますが、その中の32ビットを例として取り上げます。

全体を32ビットで構成するのは先の例と同じですが、ビット数の内訳や指数部のあらわし方、正規化の方法などが違っています。

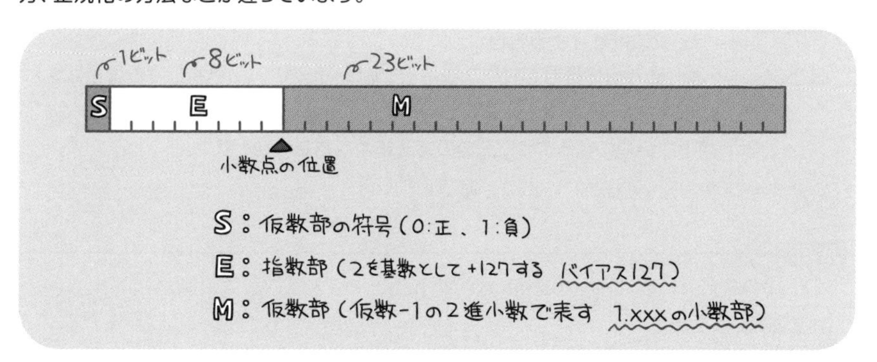

この形式では仮数部を1.Mの形であらわします。こうすることで、先頭の1を暗黙的に省略でき、その分0.Mの形よりも1ビット多く保持することができるのです。

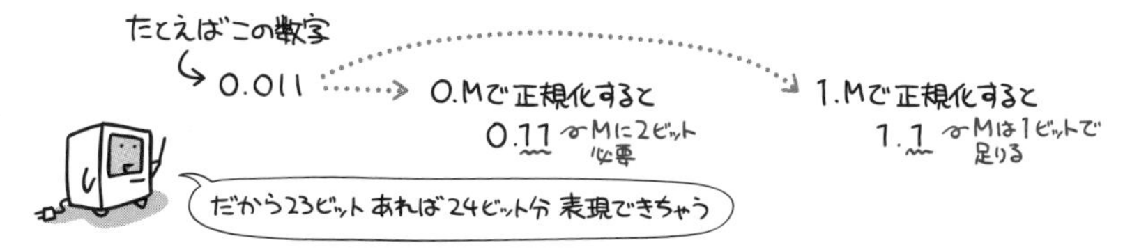

「バイアス」には「ゲタをはかせる」という意味があります。補正値を加えた値とすることで、負の数を含む表現が正の数だけであらわせるようになり、数の大小表現がわかりやすくなります。

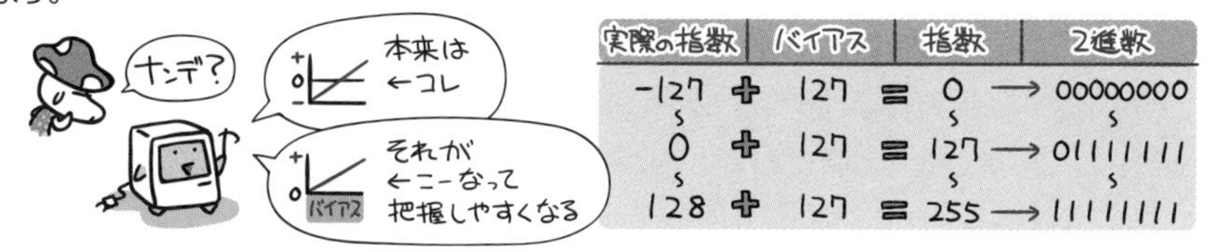

実際の指数		バイアス		指数		2進数
−127	+	127	=	0	→	00000000
~				~		~
0	+	127	=	127	→	01111111
~				~		~
128	+	127	=	255	→	11111111

10進数の「0.375」という数字をあらわすと、次のようになります。

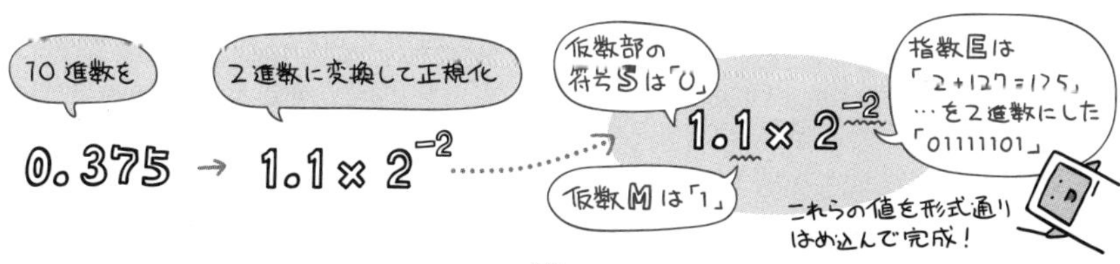

このように出題されています

過去問題練習と解説

負の整数を表現する代表的な方法として，次の3種類がある。

a　1の補数による表現
b　2の補数による表現
c　絶対値に符号を付けた表現（左端ビットが0の場合は正，1の場合は負）

4ビットのパターン1101をa ～ cの方法で表現したものと解釈したとき，値が小さい順になるように三つの方法を並べたものはどれか。

ア　a, c, b　　イ　b, a, c　　ウ　b, c, a　　エ　c, b, a

解説

4 ビットのパターン "1101" は、10進数にすれば、a、b、cの各表現では、次の値になります。

(a) 1の補数による表現
1の補数は、各ビットを反転すれば、正負が逆の数値になります。
1101の各ビットを反転させて0010にします。これは、10進数の2だから、1101はマイナス2です。

(b) 2の補数による表現
2の補数は、各ビットを反転させて1加算すれば、正負が逆の数値になります。
1101の各ビットを反転させて0010、1加算して0011にします。これは、10 進数の3だから、1101 はマイナス3です。

(c) 絶対値に符号を付けた表現（先頭ビットが0の場合は正、1の場合は負）
先頭ビットは、1なので負です。残りの3ビット101は、10進数の5だから、マイナス5 です。

上記の(a)、(b)、(c) より、c：マイナス5 ＜ b：マイナス3 ＜ a：マイナス2　になります。

演算レジスタが16ビットのCPUで符号付き16ビット整数x1，x2を16ビット符号付き加算（x1+x2）するときに，全てのx1，x2の組合せにおいて加算結果がオーバフローしないものはどれか。ここで，|x|はxの絶対値を表し，負数は2の補数で表すものとする。

ア　|x1|＋|x2| ≦ 32,768の場合
イ　|x1|及び|x2|がともに32,767未満の場合
ウ　x1×x2 ＞ 0の場合
エ　x1とx2の符号が異なる場合

解説

30ページに書かれているとおり、符号ありのnビットで表現できる整数の範囲は、"$-2^{(n-1)} \sim 2^{(n-1)}-1$" です。本問は、符号付き16ビット整数を想定しているので、x1およびx2の範囲は、"$-2^{(16-1)} \sim 2^{(16-1)}-1$" → "$-2^{15} \sim 2^{15}-1$" → "−32,768 ～ 32767"（★）です。

ア　例えば、x1が32,000、x2が768の場合、|32,000|＋|768| ＝ 32,768となり、"|x1|＋|x2|

≦ 32,768” は成り立ちますが、(x1+x2) → (32,000+768) =32,768であり、上記★の範囲外になり、オーバーフローします。

イ　例えば、x1とx2の両方が−30,000の場合、“｜x1｜及び｜x2｜がともに32,767未満” は成り立ちますが、(x1+x2) → (−30,000+−30,000) =−60,000であり、上記★の範囲外になり、オーバーフローします。

ウ　例えば、x1が20,000、x2が30,000の場合、20,000×30,000 = 600,000,000となり、“x1×x2 > 0” は成り立ちますが、(x1+x2) → (20,000+30,000) =50,000であり、上記★の範囲外になり、オーバーフローします。

エ　消去法により、本選択肢が正解です。

問3 (AP-H22-S-02)

数値を図に示す 16ビットの浮動小数点形式で表すとき，10 進数 0.25を正規化した表現はどれか。ここでの正規化は，仮数部の最上位けたが0にならないように指数部と仮数部を調節する操作とする。

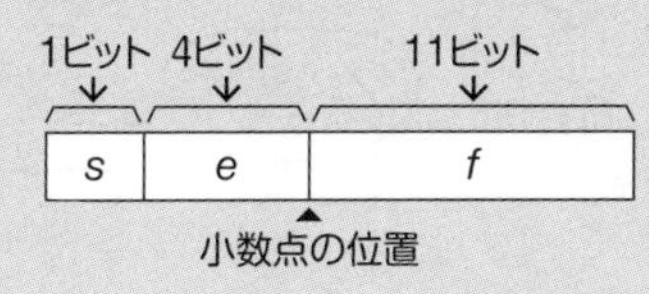

s：仮数部の符号 (0:正,1:負)

e：指数部 (2を基数とし,負数は2の補数で表現)

f：仮数部 (符号なし2進数)

	s	e	f
ア	0	0001	10000000000
イ	0	1001	10000000000
ウ	0	1111	10000000000
エ	1	0001	10000000000

解説

浮動小数点形式とは、小数の表し方の1つであり、本問に示されているとおり、符号部・仮数部・指数部の3つから構成されます。

浮動小数点は、実数XをX = $(-1)^s \times 2^e \times f$ の形式で表現します。

10 進数 0.25は、2進数では0.01 です。この0.01は、

0.0001×2^2
0.001×2^1
0.01×2^0
0.1×2^{-1}
1.0×2^{-2} と小数点の位置を変えれば、様々な表現ができます。

これらの前半を仮数部、後半を指数部と呼びます。また、本問の場合、小数点の位置が▲で示され、仮数部の先頭にあるので、0.1×2^{-1} のように、0.で始まり、小数第1桁目（=仮数部の最上位けた）が1になる形にしたものを “正規化した表現” と呼んでいます。

したがって、2進数 0.01を、正規化した表現に直せば、0.1×2^{-1} になります。
ただし、本問のe：に、“指数部 (2を基数とし、負数は2の補数で表現)” とあるので、2のマイナス1乗は、2の補数で表現し、2の1111乗になります。

なお、10 進数 0.25を本問の浮動小数点形式に直したものは、$(-1)^0 \times 0.1 \times 2^{1111} \times 1$ になります。

正解▶問1：エ　問2：エ　問3：ウ

シフト演算と2進数のかけ算わり算

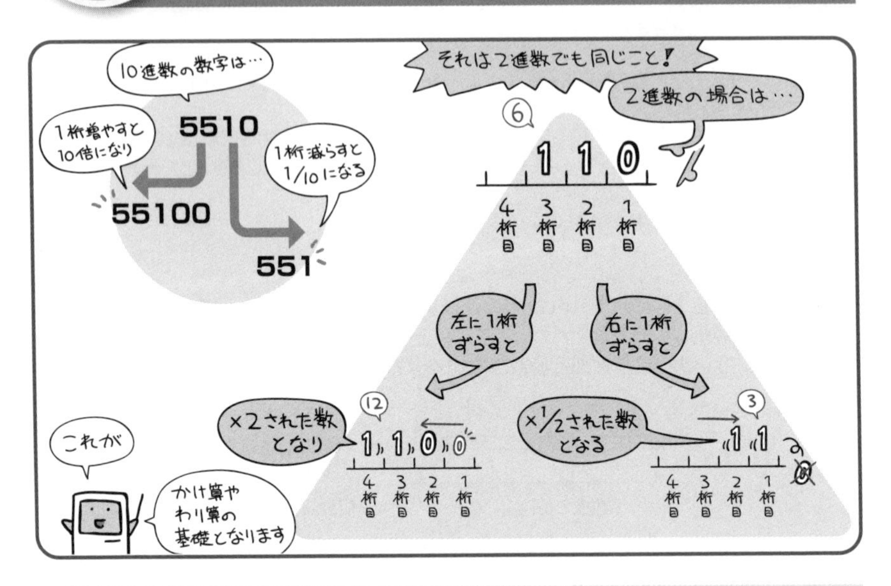

2進数をあらわすビット列を、左もしくは右にずらす操作を「シフト演算」と呼びます。

10進数の数字に対して、「10倍」とか「1/10倍」するとどうなるかは、たいてい迷わずパッと答えが出てきます。5510を10倍すれば55100ですし、1/10倍すれば551。なにも難しいことはありません。

このように、桁が増えたり減ったりするということは、その数が「○倍される」という結果に直結しているわけです。

この時、「○倍」の○にどんな数字が入ることになるか。それは、1-1節でふれた基数と桁の重み(P.24)にしたがって決まります。10進数であれば桁の増減によって「10倍」もしくは「1/10倍」されることになり、2進数であれば「2倍」もしくは「1/2倍」されることになるわけですね。

さて、コンピュータはビットの並びを2進数として扱います。つまり、ビットの並びをまとめて左にずらしたり、右にずらしたりしてやれば、元の値の2倍や1/2倍という計算結果を簡単に得ることができる。この操作がシフト演算です。

コンピュータはこのシフト演算を使って、かけ算やわり算を行います。

論理シフト

シフト演算のうち、符号を考慮せずに行うシフト操作が論理シフトです。

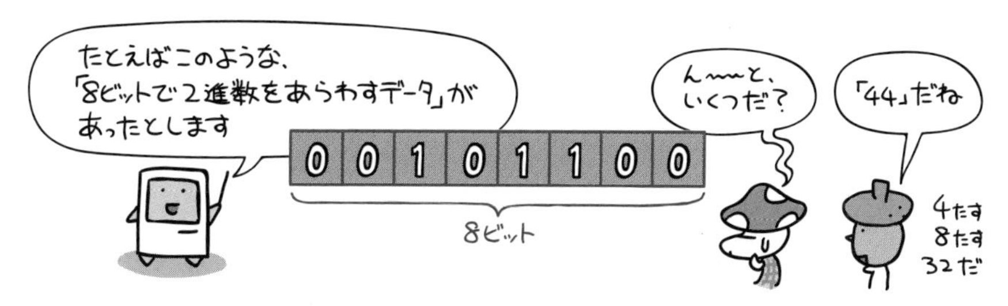

左論理シフトは2^n倍

ビット列全体を左にずらすのが左論理シフトです。ずらしたビット数をnとすると、シフト後の数は元の数を2^n倍したものになります。

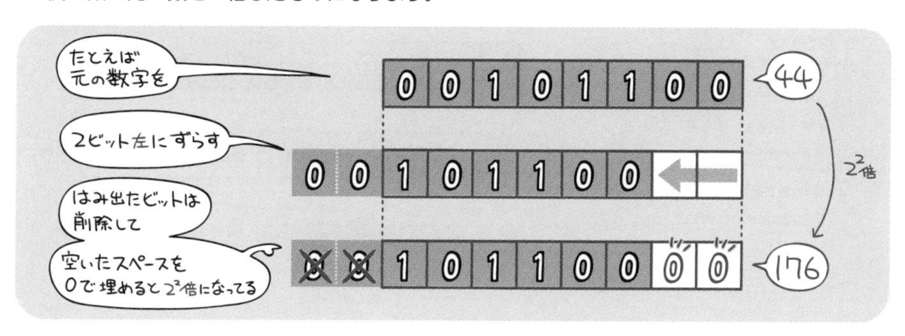

右論理シフトは$1/2^n$倍

ビット列全体を右にずらすのが右論理シフトです。ずらしたビット数をnとすると、シフト後の数は元の数を$1/2^n$倍したものになります。

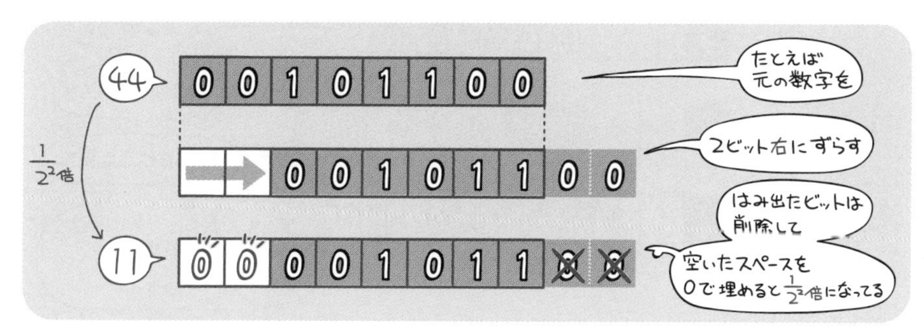

算術シフト

シフト演算のうち、符号を考慮して行うシフト操作が算術シフトです。

算術シフトでは、先頭の符号ビットを固定にして、それ以降のビットだけを左右にシフト操作します。

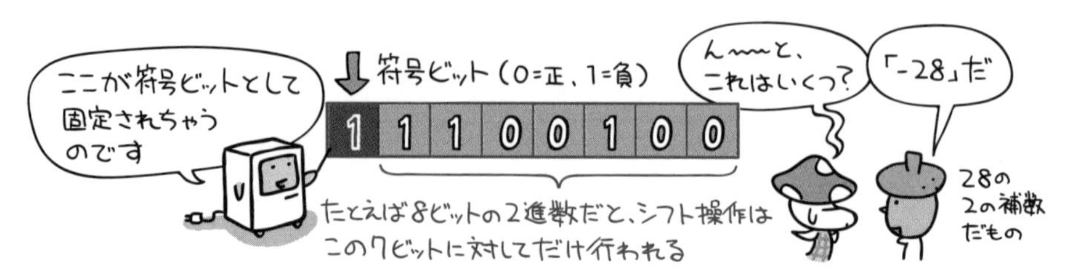

左算術シフトは符号つきで2^n倍

算術シフトの場合も、左にずらすと2^n倍になる基本は変わりません。

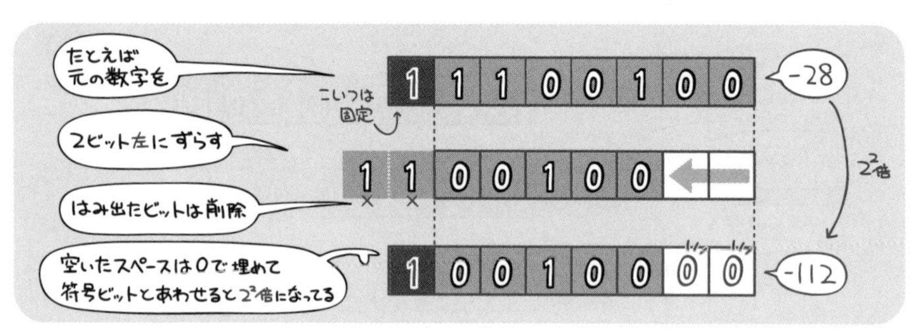

右算術シフトは符号つきで$1/2^n$倍

右算術シフトも同様に、右にずらすと$1/2^n$倍になるという基本は変わりません。ただ、空いたビットを「何で埋めるのか」は注意が必要です。

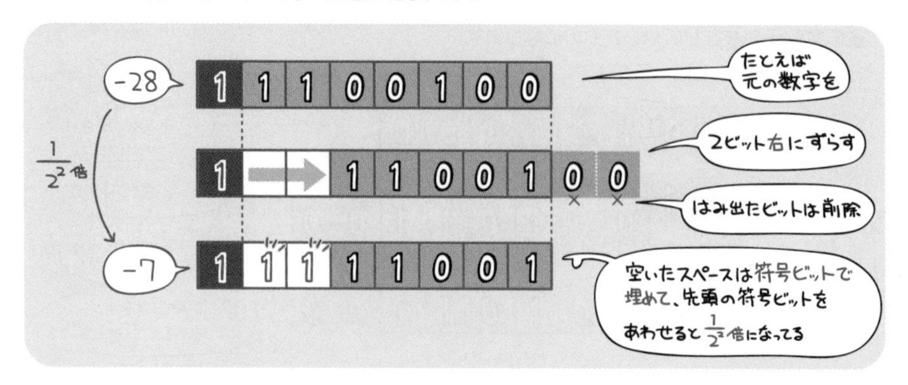

あふれ(オーバーフロー)

シフト演算によって左右にビット列をずらすと、意味を持つはずの値(たとえば1)がビット列からこぼれ落ちたり、そのビット数であらわせる数の限界を超えてしまったりということが起こりえます。

この、ビット列において「あらわせる数の限界を超えてしまう」現象のことをオーバーフローと呼びます。

左シフトで、はみ出した場合

左シフトを行うと、ビット列のあらわす値は元の数値を2^n倍したものになります。したがって演算の結果、そのビット数であらわせる範囲を超えてしまい、オーバーフローとなる場合があります。

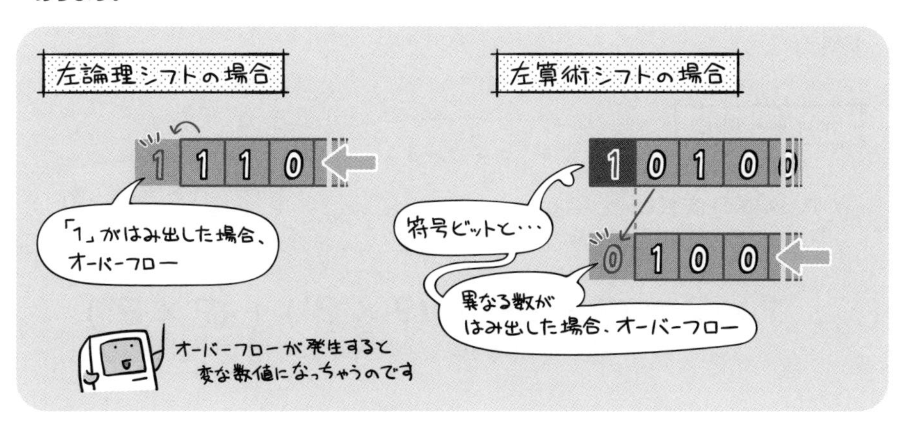

右シフトで、はみ出した場合

右シフトによって行われる演算は、$1/2^n$倍…つまりわり算です。したがって値がビット列におさまらない大きさへ化けることはありません。ここではみ出た数値は、わり算した結果の余りとなります。

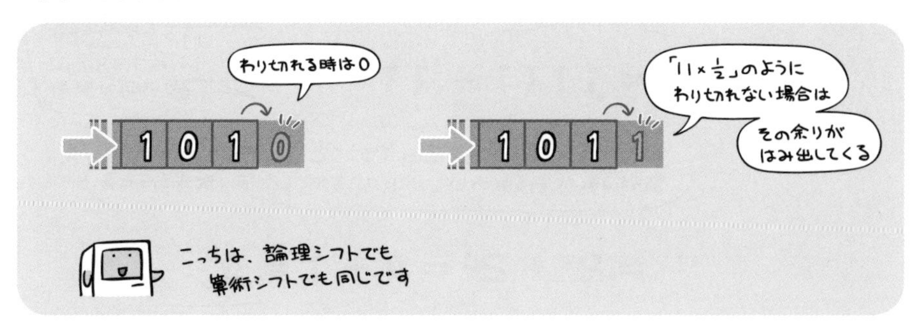

シフト演算を用いたかけ算とわり算

さて、ここまで見てきたシフト演算を用いることで、コンピュータはかけ算やわり算といった計算を行うことができます。

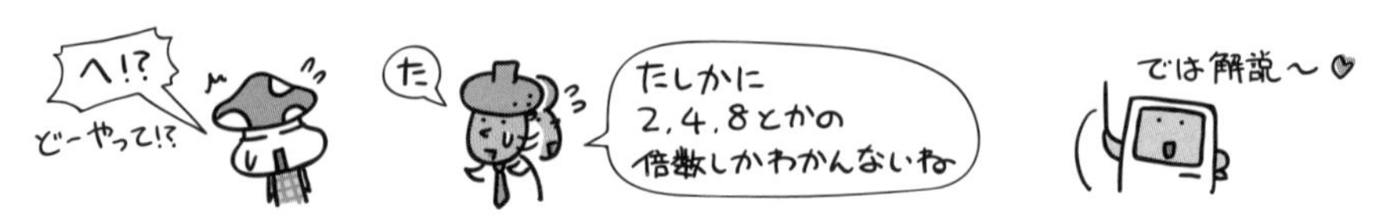

単純に考えると、シフト演算では「2、4、8、16…」のような、2^nにあたる数字でしか、かけ算もわり算もできないような気がします。たとえば「3」や「7」といった半端な数字はどのようにすれば良いのでしょう?

…というわけで、まずはかけ算。かけ算の場合は、2^n同士の足し算に置き換えて計算を行います。

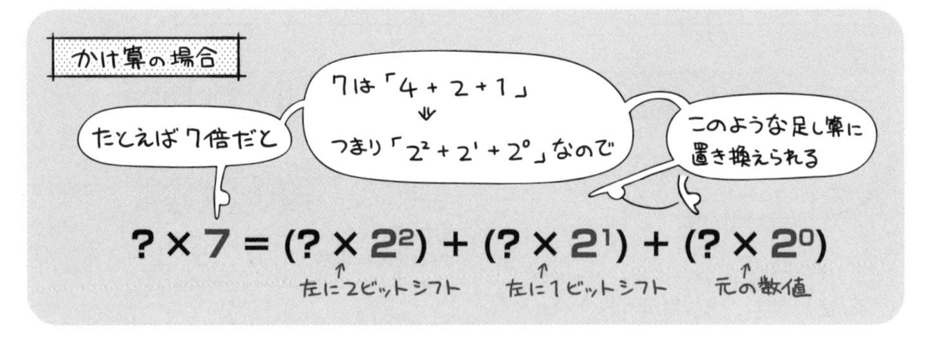

続いてわり算。こちらは逆に、2^nの引き算を用いて計算を行います。

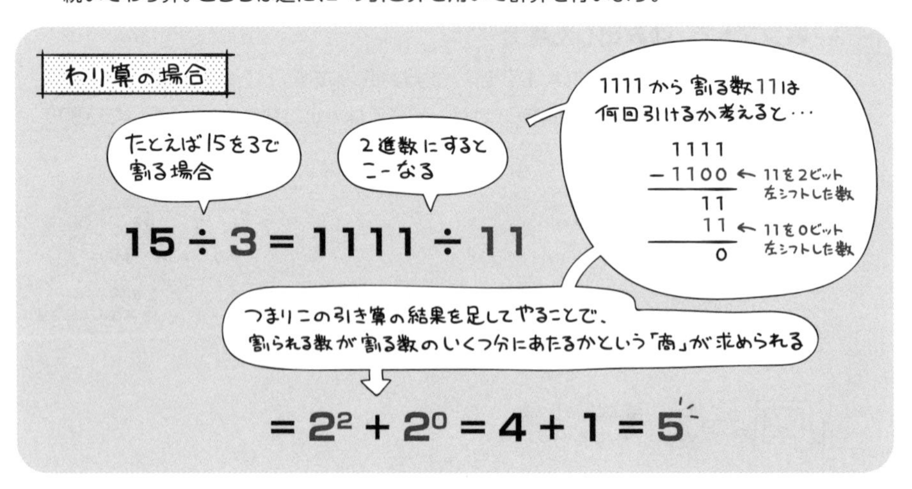

このように出題されています

過去問題練習と解説

問1 (AP-H23-A-01)

xは，0 以上 65536未満の整数である。xを16ビットの2進数で表現して上位8ビットと下位8ビットを入れ替える。得られたビット列を2進数とみなしたとき，その値をxを用いた式で表したものはどれか。ここで，a div bはaをbで割った商の整数部分を，a mod bはaをbで割った余りを表す。また，式の中の数値は 10進法で表している。

ア (x div 256) + (x mod 256)
イ (x div 256) + (x mod 256) × 256
ウ (x div 256) × 256+(x mod 256)
エ (x div 256) × 256+(x mod 256) × 256

解説

本問2文目の“xを16ビットの2進数で表現して上位8ビットと下位8ビットを入れ替える”を図示すると，右のような例になります。

元のビット列	1000 1111	0000 1010
入れ替え後のビット列	0000 1010	1000 1111

しかし、上記の例では、正解を導くために時間がかかるので、下記の“xが1のケース”と“xが256のケース”の2つの例を考えます。

		xが1のケース	xが256のケース
2進数	元のx	0000 0000　0000 0001	0000 0001　0000 0000
	入れ替え後のx	0000 0001　0000 0000	0000 0000　0000 0001
10進数	元のx	1	256
	入れ替え後のx	256 (★)	1 (●)

上記の2つの例を各選択肢の式に当てはめると、下記のように計算されます。

	xが1のケース	xが256のケース
ア	(1 div 256) + (1 mod 256) =0+1=1	(256 div 256) + (256 mod 256) = 1+0=1
イ	(1 div 256) + (1 mod 256) ×256 =0+1×256=256 (★)	(256 div 256) + (256 mod 256) ×256 =1+0×256=1 (●)
ウ	(1 div 256) × 256+ (1 mod 256) =0×256+1=1	(256 div 256) × 256+ (256 mod 256) =1×256+0=256
エ	(1 div 256) × 256+ (1 mod 256) ×256 =0×256+1×256=256	(256 div 256) × 256+ (256 mod 256) ×256=1×256+0×256=256

上記の2箇所の★と●が、それぞれ一致している選択肢イが正解です。

正解▸問1：イ

流れ図は，シフト演算と加算の繰返しによって2進整数の乗算を行う手順を表したものである。この流れ図中のa，bの組合せとして，適切なものはどれか。ここで，乗数と被乗数は符号なしの16ビットで表される。X，～Zは32ビットのレジスタであり，けた送りには論理シフトを用いる。最下位ビットを第0ビットと記す。

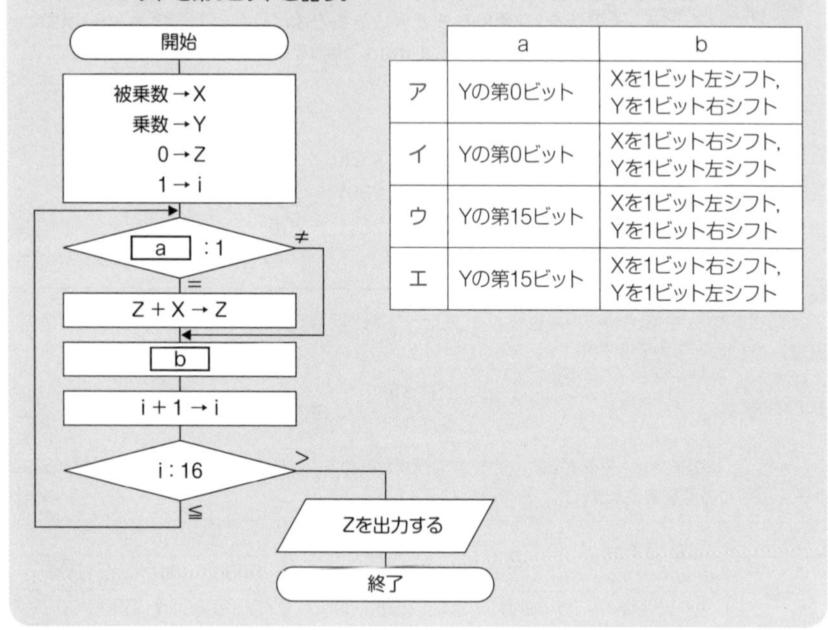

	a	b
ア	Yの第0ビット	Xを1ビット左シフト， Yを1ビット右シフト
イ	Yの第0ビット	Xを1ビット右シフト， Yを1ビット左シフト
ウ	Yの第15ビット	Xを1ビット左シフト， Yを1ビット右シフト
エ	Yの第15ビット	Xを1ビット右シフト， Yを1ビット左シフト

解説

本問のやりたいことは、2進数の乗算です。また、シフト演算と加算を繰り返す方法だと、問題が指定しているのだから、空欄 b の半分は、X（被乗数）を1ビット左シフトすることだとわかります。したがって、正解は、選択肢アかウに絞られます。

また、初期値セットの 1 → i と、下の方の条件判定 i:16 、その直前の i ＋ 1 → i から、i はカウンタであり、上の方の条件判定と下の方の条件で囲まれる部分のループ処理は、必ず16回行われることがわかります。

16回行わねばならないのは乗算であり、乗数(Y)の各ビットが1の時だけ、乗算しなければなりません。aの部分は、Yの最下位ビットか最上位ビットかのどちらかであり、絞られた選択肢アとウは両方とも、b部分で、Yを1ビット右シフトとしています。b部分が、Yを1ビット右シフト となる以上、a部分の判定も、一番右のビットである最下位ビットでしなければならなくなります。したがって、正解はアです。

正解▶問2：ア

Chapter 1-4 誤差

実際の数値と、コンピュータ内部で表現できる数値との間に生じたずれを、「誤差」と呼びます。

有限の桁数であらわすことのできる数を有限小数と呼びます。その逆が無限小数。上記イラストのような例ですね。その中でも、上記のように00110011…と同じ数字が延々繰り返されている数のことを循環小数と呼びます。

これまでの節でも述べた通り、コンピュータは8ビットとか、32ビットとか、あらかじめ決められたビット数の範囲で数をあらわします。そうすると、当然そこには「表現できる数の範囲」というのが決まってくる。たとえば8ビットの固定小数点数なのに「9桁の2進数を扱いたまえ」と言われても、「そりゃ無茶ですわ」となりますし、無限小数のように延々続く数となると、これはもうおさめようがありません。

ではこれらの数をコンピュータはどうあらわすかというと、「極力それに近い値」で済ませることになります。つまり、実際の値との間に誤差が生じてしまうわけです。

誤差は無限小数に限らず、様々な演算の結果生じます。次ページ以降では、「どんな時にどんな誤差が生じるか」を見て行きましょう。

けたあふれ誤差

演算した結果が、コンピュータの扱える最大値や最小値を超えることによって生じる誤差がけたあふれ誤差です。

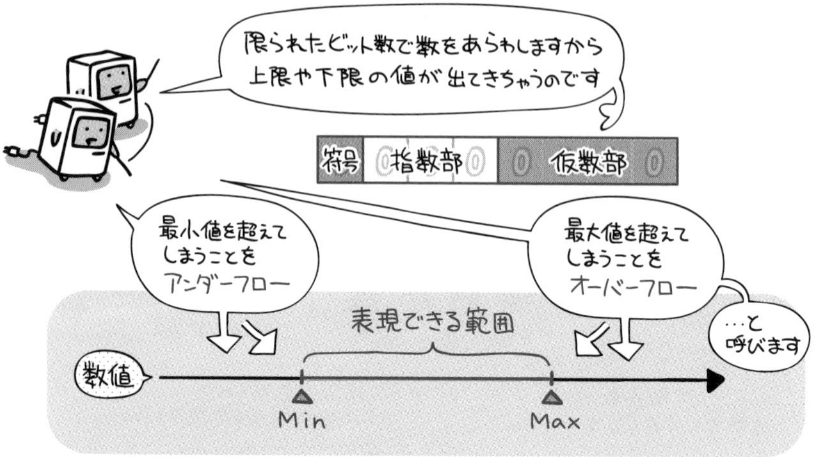

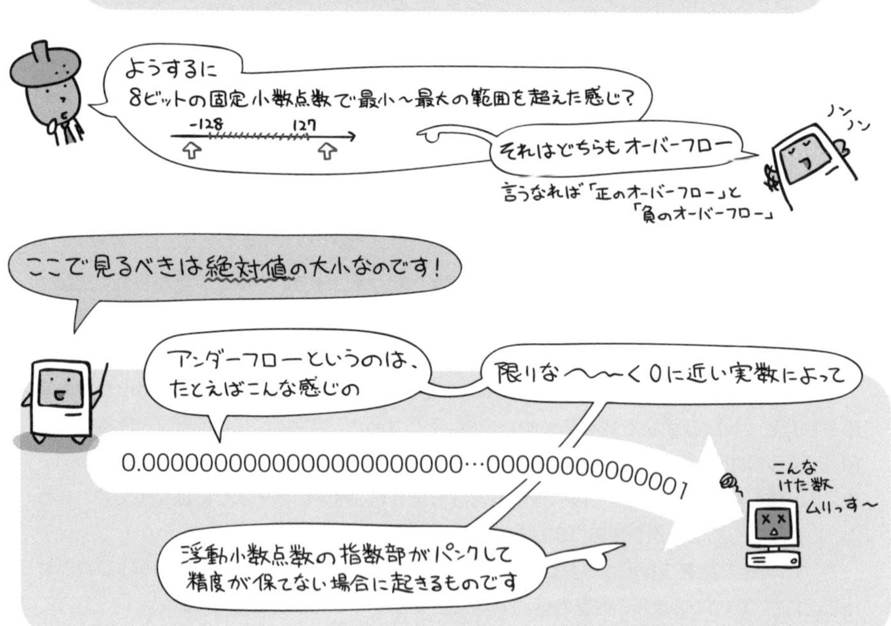

丸め誤差

表現できる桁数を超えてしまったがために、最小桁より小さい部分について、四捨五入や切上げ、切捨てなどを行うことによって生じる誤差が丸め誤差です。

打切り誤差

計算処理を、完了まで待たずに途中で打ち切ることによって生じる誤差が打切り誤差です。

けた落ち

絶対値がほぼ等しい数値の差を求めた時に、有効なけた数が大きく減ることによって生じる誤差がけた落ちです。

$$(0.556 \times 10^7) - (0.552 \times 10^7) = 0.004 \times 10^7$$

情報落ち

絶対値の大きな値と絶対値の小さな値の加減算を行った時に、絶対値の小さな値が計算結果に反映されないことによって生じる誤差が情報落ちです。

① 仮数部を4けたであらわす浮動小数点数があったとします

符号	指数部	仮数部

② それで、次の足し算をするとします

説明のため10進数を例にしてます

$$0.1234 \times 10^{4} + 0.4321 \times 10^{-4}$$

③ 計算するには指数を揃えなきゃいけません

$$\begin{array}{rl} & 0.1234 \quad\quad\quad\quad \times 10^{4} \\ + & 0.000000004321 \times 10^{4} \\ \hline & 0.123400004321 \times 10^{4} \end{array}$$

するとこんな答えになる

④ 浮動小数点数なので、正規化をするわけです

$$0.1234 \times 10^{4}$$

仮数部は4けた

ホントだ！

反映されてない！

小さな数の方が有効けた数からはみ出しちゃうので

なかったことにされてしまっていたのでした

このように出題されています
過去問題練習と解説

問1 (AP-R03-S-02)

桁落ちによる誤差の説明として，適切なものはどれか。

ア　値がほぼ等しい二つの数値の差を求めたとき，有効桁数が減ることによって発生する誤差

イ　指定された有効桁数で演算結果を表すために，切捨て，切上げ，四捨五入などで下位の桁を削除することによって発生する誤差

ウ　絶対値が非常に大きな数値と小さな数値の加算や減算を行ったとき，小さい数値が計算結果に反映されないことによって発生する誤差

エ　無限級数で表される数値の計算処理を有限項で打ち切ったことによって発生する誤差

解説

ア　具体例を考えると次のようになります。

$$
\begin{array}{rl}
 0.3487 \times 10^4 & \text{— 有効桁数は4桁} \\
- \ 0.3442 \times 10^4 & \text{— 有効桁数は4桁} \\
\hline
 0.0045 \times 10^4 & \\
 \downarrow \quad & \\
 0.45 \quad \times 10^2 & \text{— 有効桁数は2桁} \\
 & \quad \downarrow \\
 & \text{有効桁数が2桁落ちた → 桁落ちした。}
\end{array}
$$

イ　丸め誤差の説明です。

ウ　情報落ち誤差の説明です。

エ　打切り誤差の説明です。

正解▶問1：ア

Chapter 1-5 集合と論理演算

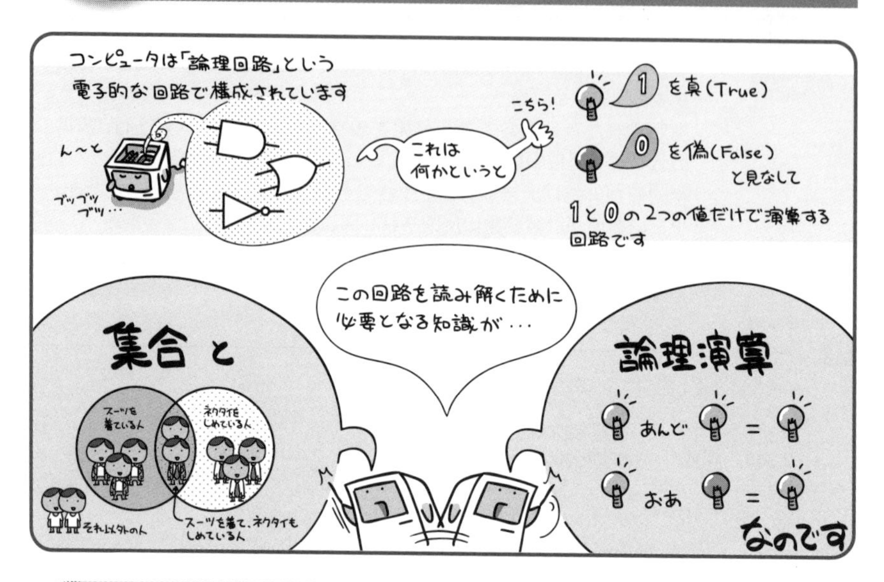

コンピュータは、この論理演算をビットの演算に用いることで、様々な処理を実現しています。

コンピュータの回路を知る上で、欠かせないのが論理演算です。論理演算というのは、AND、OR、NOTに代表される真偽値を用いた演算のこと。この基本的な論理演算を行う回路を作り、それをさらに組み合わせていくことで、コンピュータは複雑な回路を構成しています。

と書くとなんだか小難しく見えるかもしれませんが、論理演算自体は特別難しい話ではありません。昔々に「Aという条件に合致するグループと、Bという条件に合致するグループがある。双方を満たす集合はどれだ?」みたいなお勉強しませんでした?「Aの条件が真」「Bの条件が真」と読み替えれば、これもイコール論理演算なのです。

複数の条件から特定の集合を抽出・併合したり、条件を複雑に組み合わせたり。これらの概念は、論理回路に限らず、プログラミングやデータベースなど、広範囲に活用されています。しっかり理解しておきましょう。

集合とベン図

集合とは「ある条件に合致して、他と区別できる集まりのこと」です。たとえば次のようなサラリーマン軍団がいたとしましょう。

これは、「サラリーマン」というひとつの集合だといえます。集合に属するひとつひとつは、要素（元）と呼ばれます。つまりこの「サラリーマン」という集合は、要素を10個持っているわけです。

このサラリーマンの中に、「ネクタイをしめている人」が5人います。それらをさらにひとつの集合としてまとめてみましょう。

このように、ある集合に含まれる集合のことを部分集合（subset）と呼びます。

では、「ズボンを履いてない人」という条件の集合はどうでしょうか。こちらは該当者が0人です。このように、要素が0で何も含まない集合のことを空（くう）集合と呼び、øで表します。

集合全体のことは全体集合（普遍集合）と呼び、Ωで表します。ここまでの例で言えば、「サラリーマン」という集合がそれに該当するわけです。

それではこの全体集合「サラリーマン」を、次の条件に従って部分集合に細分化してみましょう。

集合と集合との関係を視覚的に表すにはベン図を用います。ベン図では、円などを用いて各条件に合致した集合を表し、その円と円との交わり方によって、集合間の関係を表現します。

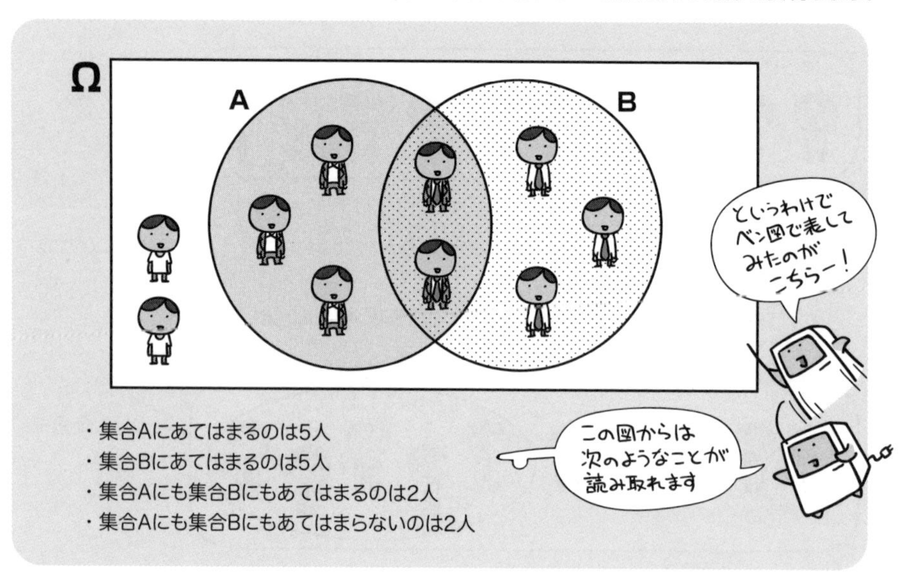

・集合Aにあてはまるのは5人
・集合Bにあてはまるのは5人
・集合Aにも集合Bにもあてはまるのは2人
・集合Aにも集合Bにもあてはまらないのは2人

ちなみに、集合に含む要素が有限個であるものを有限集合。その逆に、無限個であるものを無限集合と呼びます。

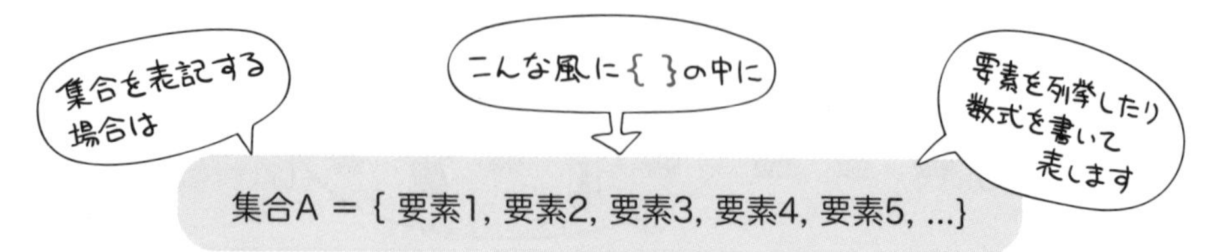

集合演算

集合の演算には次のようなものがあります。

説明	演算記号	ベン図
積集合 2つある集合の、両方に合致する集合です。 「AかつB」の範囲が該当します。	∩ (A ∩ B)	A B
和集合 2つある集合の、いずれかに合致する集合です。2つの集合をあわせたもの、集合の足し算といえます。 「AまたはB」の範囲が該当します。	∪ (A ∪ B)	A B
補集合 集合の否定を指す集合です。 たとえば「Aではない」という範囲が該当します。	― ($\overline{A}$)	A
差集合 2つある集合の、片方からもう片方に合致する要素を除いた集合です。集合の引き算といえます。 「AだけれどBではない」という範囲が該当します。	― (A − B)	A B
対称差集合 2つある集合の、いずれかに合致する集合から、両方に合致する集合を除いた集合です。 「AまたはBだけれどAB両方ではない」という範囲が該当します。	△ (A △ B)	A B

式の変形とド・モルガンの法則

集合論におけるチョー有名な法則として、次のような式の変形があります。

① $\overline{A \cup B} = \overline{A} \cap \overline{B}$

② $\overline{A \cap B} = \overline{A} \cup \overline{B}$

ここでは上記の法則が本当にそうなのか、上記①の式について、実際にベン図を書いて確認してみましょう。

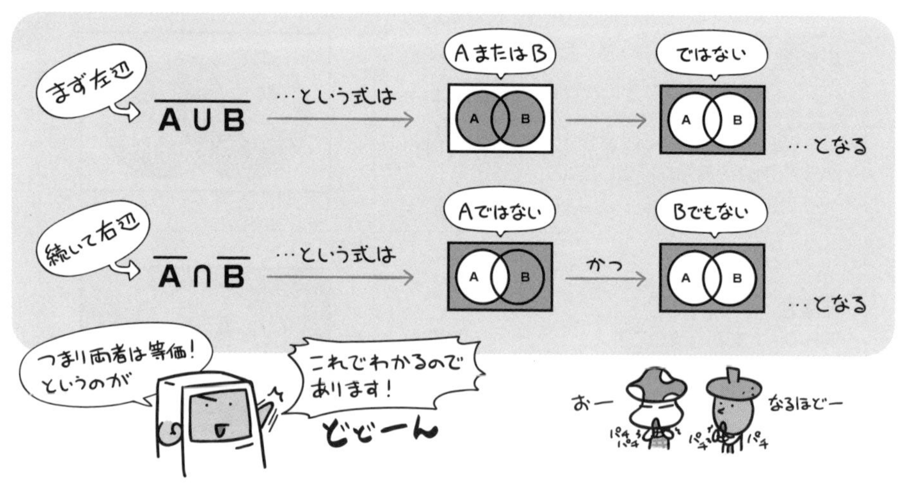

ここで紹介した①と②の式を、ド・モルガンの法則と言います。他にも代表的なものを下記にまとめておきます。

ド・モルガンの法則	$\overline{A \cup B} = \overline{A} \cap \overline{B}$
	$\overline{A \cap B} = \overline{A} \cup \overline{B}$
分配法則	$A \cap (B \cup C) = (A \cap B) \cup (A \cap C)$
	$A \cup (B \cap C) = (A \cup B) \cap (A \cup C)$
結合法則	$(A \cap B) \cap C = A \cap (B \cap C)$
	$(A \cup B) \cup C = A \cup (B \cup C)$

集合の式は、一見難解に見えても、ベン図を書いてみると意外と簡単なことだったりします。上記の法則も、ややこしく感じたらベン図を書いて頭の中を整理しておきましょう。

それではここでひとつ、練習問題を行ってみたいと思います。

集合の問題を解くにあたり、ド・モルガンの法則のような公式を覚えておくことは確かに大事ですが、そうした式を知らなくても、ベン図さえ書けばあっさり解けるケースも少なくありません。まずは「わからない」と思わずベン図を書いてみること。

そのことを実例を通して覚えておきましょう。

練習問題

全体集合S内に異なる部分集合AとBがあるとき，$\overline{A} \cap \overline{B}$に等しいものはどれか。ここで，$A \cup B$はAとBの和集合，$A \cap B$はAとBの積集合，$\overline{A}$はSにおけるAの補集合，$A-B$はAからBを除いた差集合を表す。

ア $\overline{A}-B$　　イ $(\overline{A} \cup \overline{B})-(A \cap B)$

ウ $(S-A) \cup (S-B)$　　エ $S-(A \cap B)$

(令和元年度秋期 応用情報技術者試験 午前 問2)

問いに出てくる$\overline{A} \cap \overline{B}$という式は、ベン図で表すと次のようになります。

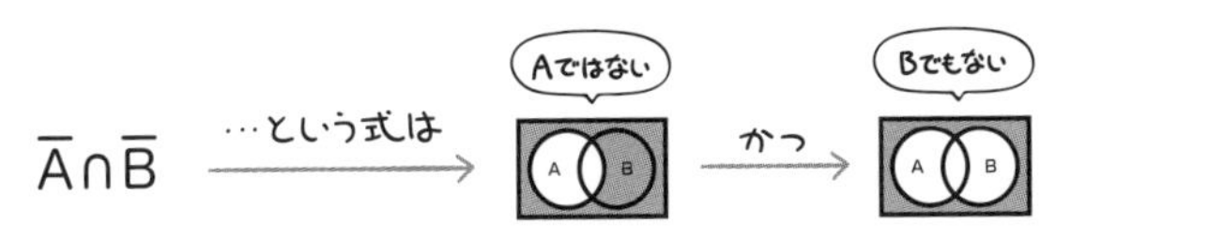

用意された選択肢もそれぞれベン図を書いてみましょう。次のようになります。

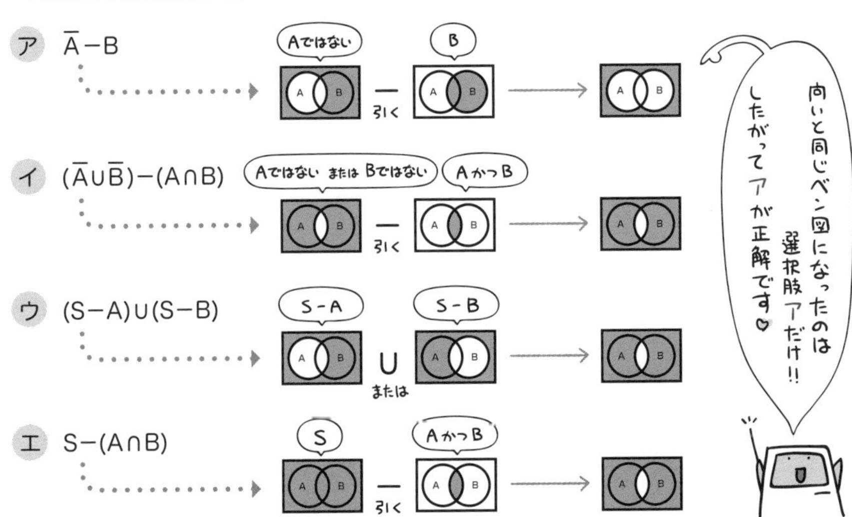

命題と論理演算

命題とは、真偽（真：True、偽：False）を評価することのできる条件のことです。

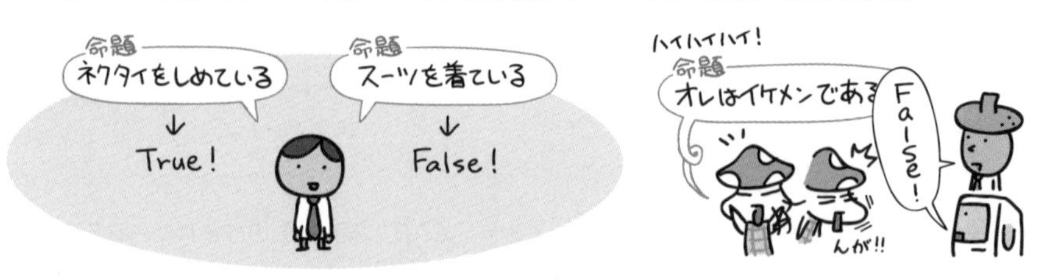

このような、真の値（その条件が成立していること）と偽の値（その条件が成立しないこと）という、2つの値だけを用いて行う演算が論理演算（ブール演算）です。

先に説明した集合も、「集合条件に合致するか?」という視点の命題であると考えれば、論理演算の一形態であると言えます。次の表は、論理演算で用いる演算記号と、それに対応する集合演算の種類です。

説明	論理演算記号	集合演算記号	ベン図
論理積（AND） 2つある条件が、ともに真である場合に真となる演算です。 「AかつB」などと表します。	・ または ∧ (A・B)	∩	
論理和（OR） 2つある条件の、いずれかが真である場合に真となる演算です。 「AまたはB」などと表します。	＋ または ∨ (A＋B)	∪	
否定（NOT） 1つの条件を対象として、真偽値の状態を反転させる演算です。 「Aではない」などと表します。	￣ または ¬ ($\overline{A}$)	￣	
排他的論理和（XOR） 2つある条件のうち、どちらかだけが真の場合に真となる演算です。	⊕ (A ⊕ B)	△	

ここで相補演算という言葉にも、軽くふれておきましょう。

相補演算とは、2つの論理式（論理演算の式）がある時に、その演算結果が互いに否定の関係となる（互いに補集合の関係にある）ことを示す言葉です。

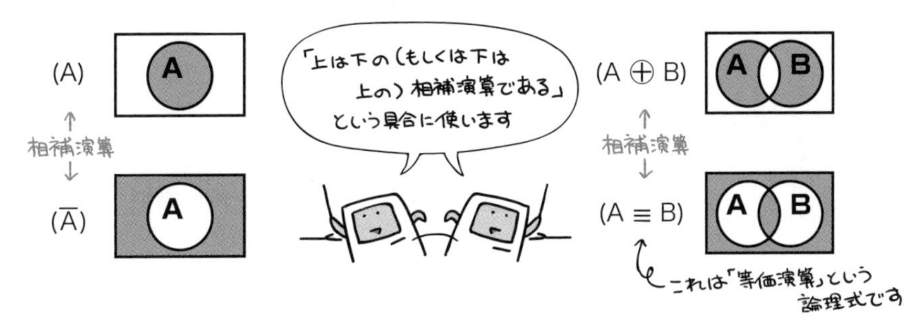

真理値表

各条件に対する真偽値と、それに対応する演算結果をまとめた表が真理値表です。

たとえば論理積（AND）の真偽値を整理すると、次のような真理値表になります。

論理積(AND)

A	B	A・B
0	0	0
0	1	0
1	0	0
1	1	1

残りの論理和（OR）、否定（NOT）、排他的論理和（XOR）の真理値表は、それぞれ次の通りです。

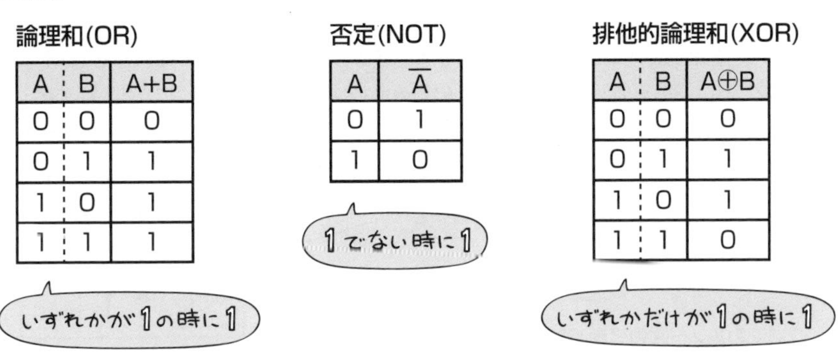

論理和(OR)

A	B	A+B
0	0	0
0	1	1
1	0	1
1	1	1

否定(NOT)

A	$\overline{A}$
0	1
1	0

排他的論理和(XOR)

A	B	A⊕B
0	0	0
0	1	1
1	0	1
1	1	0

カルノー図法

論理式において、各項の論理変数が取り得る値を表にまとめて視覚化したものをカルノー図といいます。この図を用いることで、論理式の簡略化を行う手法がカルノー図法です。

なにはともあれ、まずはカルノー図の作り方を見ていきましょう。カルノー図では、縦軸と横軸を使って、論理変数の真偽値を網羅する表を用意します。

続いて、論理式の各項が真となる条件を考えます。今回の場合は3つの項があり、それぞれ真となるAとBの真偽値は次の通り。その組み合わせになる表のマス目に1を入れます。

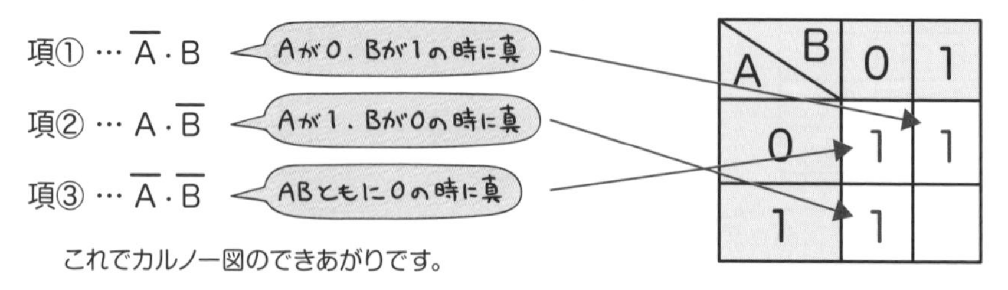

これでカルノー図のできあがりです。

次は、カルノー図から論理式を導き出す方法です。

カルノー図では、以下の約束事にしたがって、表の中の1をすべて長方形（正方形も含む）で囲ってグループ化します。

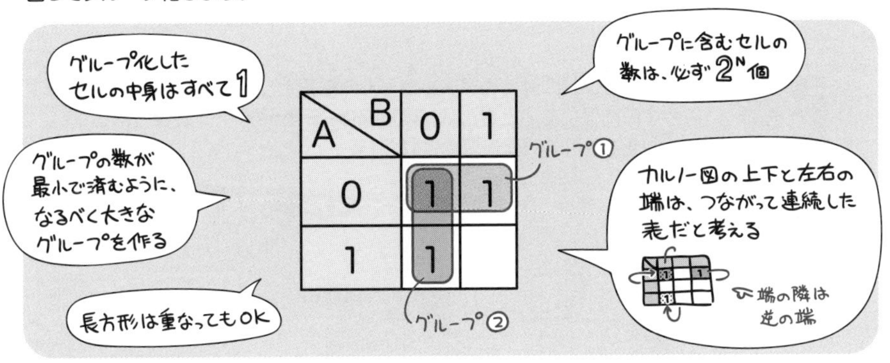

それぞれのグループに含まれる1の条件をすべて洗い出し、その共通項を論理積のかたまりとして取り出します。

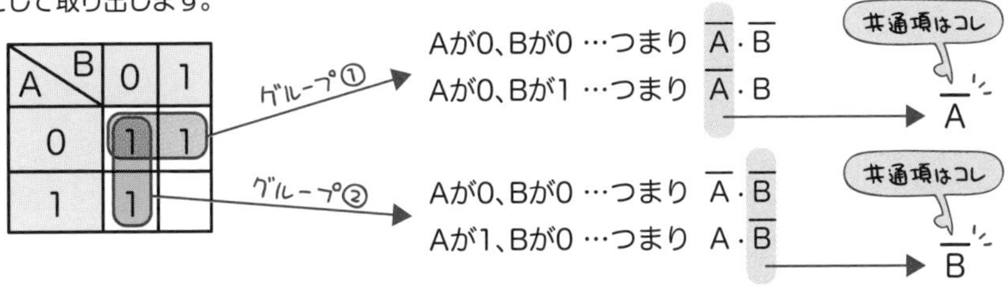

最後に、グループごとに生成した論理積を、論理和でくっつけてできあがり。これが、最初の論理式「$\overline{A}\cdot B+A\cdot\overline{B}+\overline{A}\cdot\overline{B}$」を簡略化した式となります。

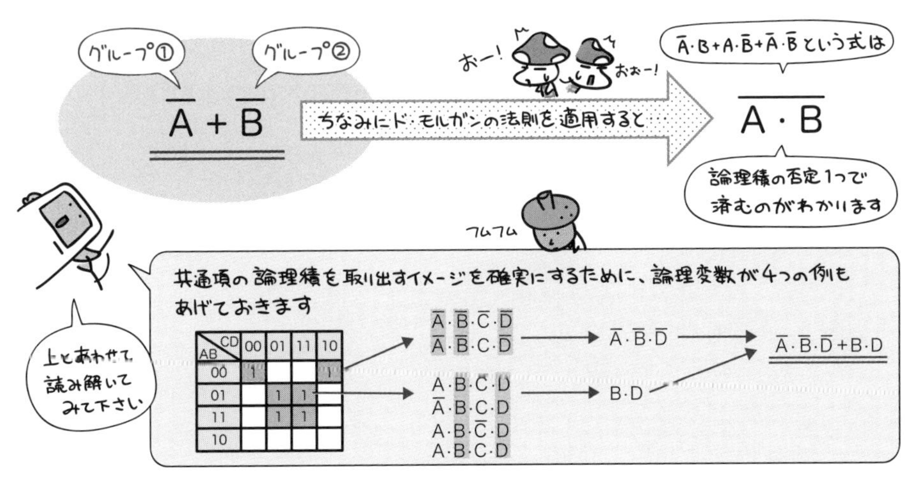

過去問題練習と解説

問1 (AP-R03-S-01)

任意のオペランドに対するブール演算Aの結果とブール演算Bの結果が互いに否定の関係にあるとき，AはBの（又は，BはAの）相補演算であるという。排他的論理和の相補演算はどれか。

ア　等価演算 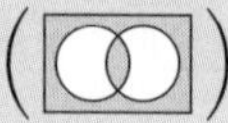

イ　否定論理和 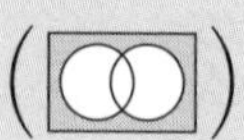

ウ　論理積 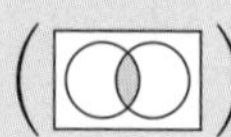

エ　論理和 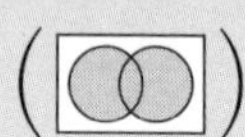

解説

(1) 排他的論理和の真理値表は下左図のようになり、それをベン図で表現すれば下右図になります。

	A	B	X
a	0	0	0
b	1	0	1
c	0	1	1
d	1	1	0

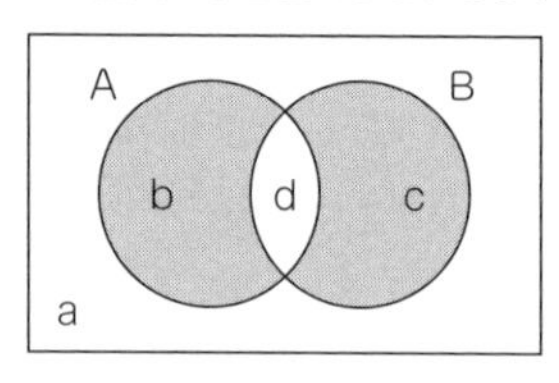

(2) 排他的論理和の否定（＝相補演算）は、下図になります。

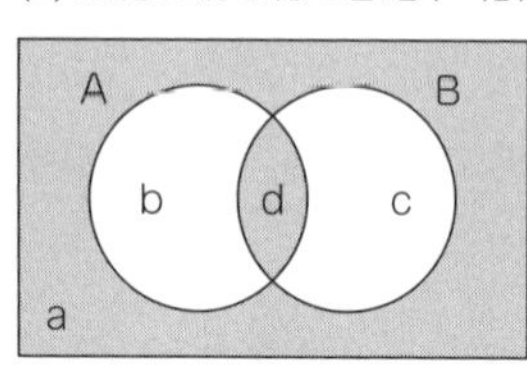

(3) 上図が、選択肢アの図と一致しているので、選択肢アが正解です。また、上図を等価演算といいます。

問 2 (AP-R04-A-02)

A, B, C, Dを論理変数とするとき，次のカルノー図と等価な論理式はどれか。ここで，・は論理積，＋は論理和，$\overline{X}$ は X の否定を表す。

AB＼CD	00	01	11	10
00	1	0	0	1
01	0	1	1	0
11	0	1	1	0
10	0	0	0	0

ア $A \cdot B \cdot \overline{C} \cdot D + \overline{B} \cdot \overline{D}$
イ $\overline{A} \cdot \overline{B} \cdot \overline{C} \cdot \overline{D} + B \cdot D$
ウ $A \cdot B \cdot D + \overline{B} \cdot \overline{D}$
エ $\overline{A} \cdot \overline{B} \cdot \overline{D} + B \cdot D$

解説

このような問題は、例を考えて各選択肢の論理式の結果を演算したほうが、ミスが少なく、早く解けます。

(1) A=0、B=1、C=0、D=1 の場合

ア $A \cdot B \cdot \overline{C} \cdot D + \overline{B} \cdot \overline{D} = 0 \cdot 1 \cdot 1 \cdot 1 + 0 \cdot 0 = 0 + 0 = 0$
イ $\overline{A} \cdot \overline{B} \cdot \overline{C} \cdot \overline{D} + B \cdot D = 1 \cdot 0 \cdot 1 \cdot 0 + 1 \cdot 1 = 0 + 1 = 1$
ウ $A \cdot B \cdot D + \overline{B} \cdot \overline{D} = 0 \cdot 1 \cdot 1 + 0 \cdot 0 = 0 + 0 = 0$
エ $\overline{A} \cdot \overline{B} \cdot \overline{D} + B \cdot D = 1 \cdot 0 \cdot 0 + 1 \cdot 1 = 0 + 1 = 1$

問題の表では、AB=01、CD=01の場合、“1” になっているので、正解の候補は選択肢イ・エに絞られます。

(2) A=0、B=0、C=1、D=0 の場合

イ $\overline{A} \cdot \overline{B} \cdot \overline{C} \cdot \overline{D} + B \cdot D = 1 \cdot 1 \cdot 0 \cdot 1 + 0 \cdot 0 = 0 + 0 = 0$
エ $\overline{A} \cdot \overline{B} \cdot \overline{D} + B \cdot D = 1 \cdot 1 \cdot 1 + 0 \cdot 0 = 1 + 0 = 1$

問題の表では、AB=00、CD=10の場合、“1” になっているので、選択肢エが正解です。

正解▸問1：ア　問2：エ

Chapter 2

基礎理論（応用数学）

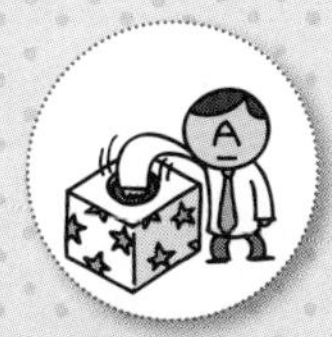

「確率」とか
ねえねえ知ってた？サイコロは裏表の数を足すと7になるんだよー
わー ドングリくん カシコイネー
「統計」とか
オレ、コレ知ってるー 統計学的に言うとクツを飛ばして裏だったら雨なんだぜー
スッゲー キノコくんって ハクシキー
そんなの苦手だから知らないもん…では
知らないもん…では
プルプル
見エナイ
プルプル
見エナイ
9
10
11
12

済まへんのやー
ガーン
イヤあ
コンピュータが行う処理や効率化を知る上で
カキカキ
どうしても数学的知識は欠かせません
$log_2 8$
その「どうしても」のところだけ、ここで少し、お勉強
しぐまとは
Σ = 0+0+0
しくしくしく…
13
14
15
16

Chapter 2-1 思い出しておきたい数値計算たち

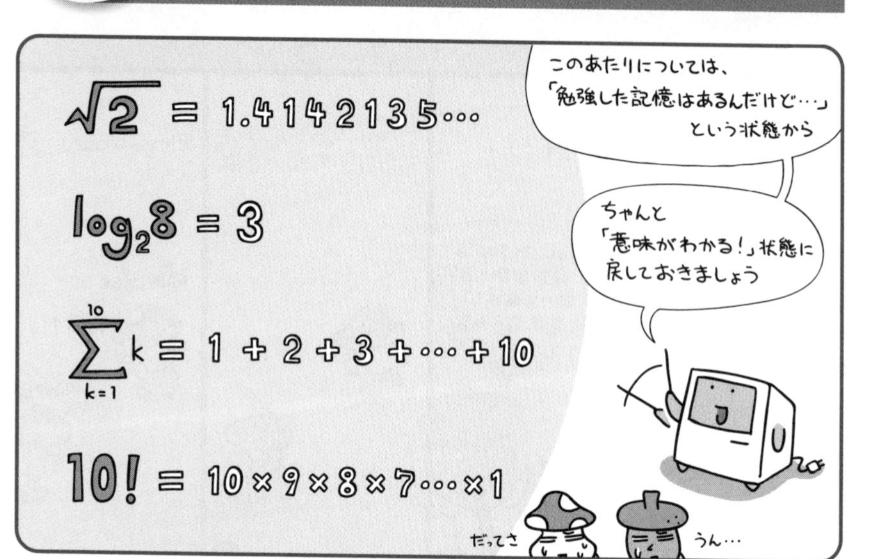

情報処理試験で見かける基本の計算式たちです。苦手意識は払拭しておくのがオススメ。

コンピュータは、作業を効率化してくれる便利な道具です。ただ、あくまでも単なる道具に過ぎないので、人間側が「効率の良い計算」や、「効率の良い処理のやり方(アルゴリズム)」なんかを考慮してやらなければいけません。

そのために出てくるのが数学の知識です。

通常、コンピュータをただ使うだけであればそういった知識は必要ありませんが、情報処理という分野で試験に臨むのであれば話は別。どのように効率を高め、処理を実現しているのか。そのあたりの基本を理解するためには、やはり避けられないものも出てきます。

とはいえ、本試験の中で特段計算問題が出題されてわー大変…というわけではありません。出たとしても多くの場合計算式そのものが問題に提示されますし、回答も選択式です。自分で必死に解を導き出す必要はないと言えます。

それでも、苦手意識が先行してしまうと、まず問題が読み解けない。さらには、これ以降の章で出てくる解説の読解にも難をきたします。そんなわけで、最低限必要な基本の計算式については、ここで思い出し、苦労せず読めるように戻しておきましょう。

平方根（√）

たとえばaという数がある場合、2乗するとaになる数を「aの平方根」と言います。このように、ある数に対して、2乗すると等しくなる数が平方根です。

同じ数を2乗すると、その答えは必ず正の数になります。したがって、平方根は通常だと、絶対値の等しい正と負の2パターンがあることになります。

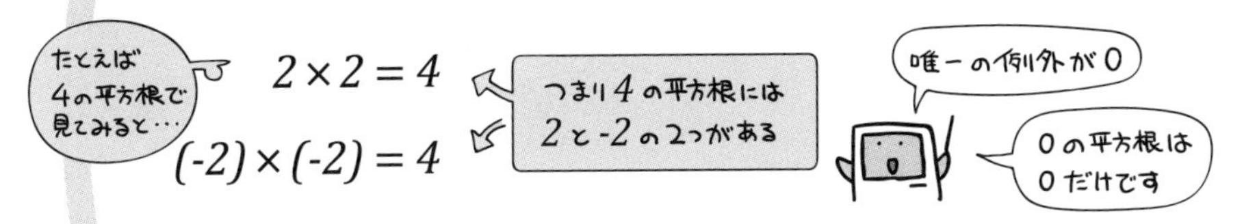

このような、平方根をあらわす記号が√（ルート:根号）です。
平方根を求める対象の数を、この√で囲うことにより、正の平方根をあらわします。

小さな数の平方根については、その実際の値がいくつになるか、語呂合わせをして覚えた方も多いと思います。下記に列挙しておきますので、だいたいどのような値になるのかだけ、ざっくり思い出しておきましょう。

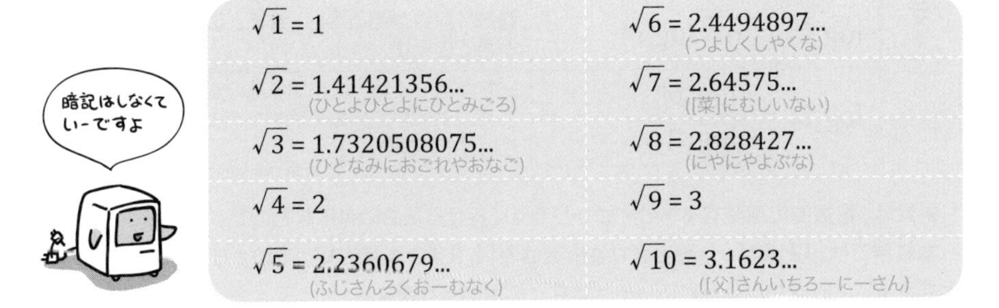

$\sqrt{1} = 1$	$\sqrt{6} = 2.4494897...$（つよしくしやくな）
$\sqrt{2} = 1.41421356...$（ひとよひとよにひとみごろ）	$\sqrt{7} = 2.64575...$（[菜]にむしいない）
$\sqrt{3} = 1.7320508075...$（ひとなみにおごれやおなご）	$\sqrt{8} = 2.828427...$（にやにやよぶな）
$\sqrt{4} = 2$	$\sqrt{9} = 3$
$\sqrt{5} = 2.2360679...$（ふじさんろくおーむなく）	$\sqrt{10} = 3.1623...$（[父]さんいちろーにーさん）

対数（log）

対数とは、ある数aがあるとして、それを何乗すればxになるかを求めるものです。次のように書きます。

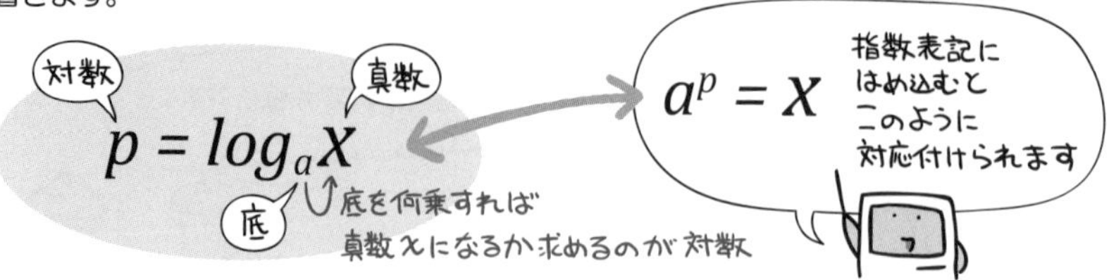

これについては、実例を見た方が話が早いでしょう。実際の数値をあてはめると、次のようになります。

$log_2 4 = 2$　　$log_3 81 = 4$　　$log_{10} 1000 = 3$

4は2の2乗　　81は3の4乗　　1000は10の3乗

対数には次のような公式があります。

これらの公式を用いて式を変形、シンプルな形に直し、数値への変換もしくは対数表の数値（または問題文に提示された数値）を使って答えを導き出すのが定番です。

前提条件		
aは0より大きい（a＞0）　aは1ではない（a≠1） Mは0より大きい（M＞0）　Nは0より大きい（N＞0）		
数値への変換	$\log_a a = 1$	aの1乗はaですよね。つまり底と真数が等しい時、値は1です。
	$\log_a 1 = 0$	aを0乗すると1になります。つまり真数が1であれば、値は0です。
式の変形	$\log_a MN = \log_a M + \log_a N$	真数に乗算がある場合、足し算として分配することができます。
	$\log_a \frac{M}{N} = \log_a M - \log_a N$	真数に除算がある場合、引き算として分配することができます。
	$\log_a M^n = n \times \log_a M$	真数に指数がある場合、乗算として前に出すことができます。
	$\log_a M = \frac{\log_b M}{\log_b a}$	底を揃えたい場合に用いる底の変換公式です。これによって式全体の底を揃えて、計算を行うことができます。

対数は、指数的に増減するものをわかりやすく捉えるために有用なものです。

本試験では、「あるビット数で表せる桁数は?」「1/2ずつ候補を絞っていった時、最後の1つとなるまでに何回かかる?」といった計算などに用いられます。

数列の和（Σ）

数列というのは、数の列のこと。たとえば次のようなものです。

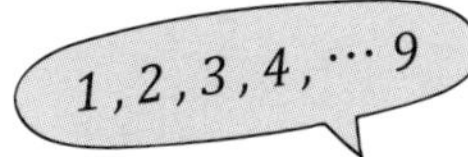

とか

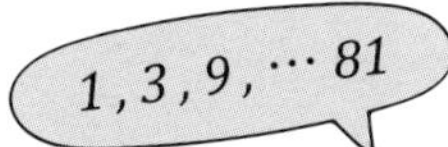

などなど

こうした数列の和をあらわす時に、いちいち「1 ＋ 2 ＋ 3 ＋…」と書いていては、文字数がやたらと嵩んで仕方ありません。そこで用いる記号がΣです。

Σ記号は、次のような形式で数列の和をあらわします。

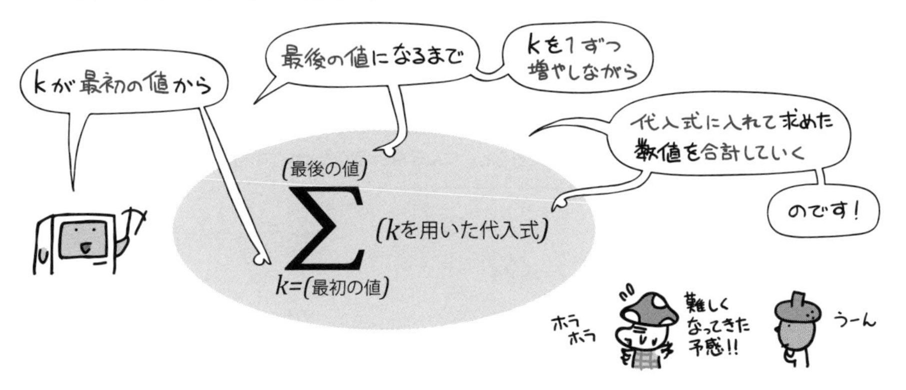

たとえば上に挙げた数列を例に和を求めるとすると、Σ記号では次のようにあらわすことができます。

1, 2, 3, 4, … 9

1ずつ増える並びなので、kは1から9

$$\sum_{k=1}^{9} k = 1 + 2 + 3 + 4 + 5 + 6 + 7 + 8 + 9 = 45$$

3の累乗となる並びなので、kは1から5（81は3^4）

$$\sum_{k=1}^{5} 3^{k-1} = 1 + 3 + 9 + 27 + 81 = 121$$

「問題を読み解く」「苦手意識を消しておく」という意味では、ここまでわかればひとまずOK！

階乗（n!）

階乗というのは、正の整数を1になるまで順番にかけ算していったものです。

なのでたとえば「5の階乗」というと
こんな計算になる

$$5 \times 4 \times 3 \times 2 \times 1 = 120$$

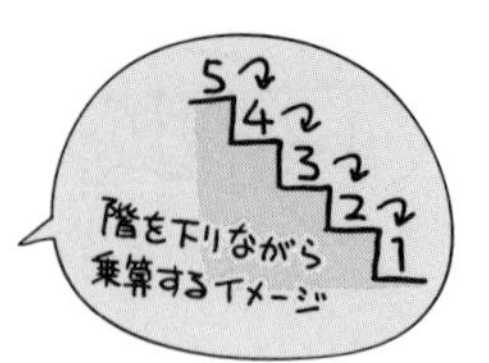

この階乗をあらわすために用いる記号が！です。たとえば整数nの階乗だと、n!とあらわします。

$$n! = n \times (n-1) \times (n-2) \times \cdots \times 1$$

実際の数字を入れると、こんな風になるわけですね

フムフム

$$5! = 5 \times 4 \times 3 \times 2 \times 1 = 120$$

$$4! = 4 \times 3 \times 2 \times 1 = 24$$

$$3! = 3 \times 2 \times 1 = 6$$

$$2! = 2 \times 1 = 2$$

$$1! = 1$$

$$0! = 1$$

なんか変なの
混じってね？

良いところに気がつきました。 0!というのは例外なのです。

「煮ると
おいしい」
的な？

それは
「バイ貝」

これについては
詳しくやると長く
なってしまうので

興味のあるんは

$0! = 1$

そのように定義
されていると
わりきっちゃって下さい

別途調べてみましょー

階乗は「正の整数」をかけ算していくものなので、負の数の階乗や、分数、小数などの階乗はありません。

これらは階乗の
対象外

このように出題されています

過去問題練習と解説

問1 (AP-R02-A-01)

正の整数の10進表示の桁数Dと2進表示の桁数Bとの関係を表す式のうち，最も適切なものはどれか。

ア　$D \fallingdotseq 2 \log_{10} B$　　イ　$D \fallingdotseq 10 \log_2 B$

ウ　$D \fallingdotseq B \log_2 10$　　エ　$D \fallingdotseq B \log_{10} 2$

解説

具体的に数値を当てはめて考えた方がわかりやすいので、下記の値を設定してみます。

(1) 正の整数の10進表示の桁数D
例えば、ゼロでない整数を1024とすれば、Dは4になります。……(●)

(2) 2進表示の桁数B
1024は、2進数では、2の10乗なので、Bは11になります。
$2^{10} = 1024 \fallingdotseq 10^3$

(3) 上記(2)を対数の形に書き直せば、
$1024 \fallingdotseq 10^3$
$3 \fallingdotseq \log_{10} 1024$

$2^{10} = 1024$なので、置き換えると
$3 \fallingdotseq \log_{10} (2^{10})$

(2^{10})の10乗の部分は、logの前に出せるので、
$3 \fallingdotseq 10 \log_{10} 2$ ……(★)

(4) 各選択肢の右辺の計算
上記(1)～(3)の例に基づいて、各選択肢の右辺を計算すると下記になります。
ア　$2 \log_{10} B = 2 \log_{10} 11$　→ $\log_{10} 11$は、ほぼ1なので、$2 \log_{10} 11 \fallingdotseq 2$
イ　$10 \log_2 B = 10 \log_2 11$　→ $\log_2 11$は、3～4の間の値なので、$10 \log_2 11 \fallingdotseq 30 \sim 40$
ウ　$B \log_2 10 = 11 \log_2 10$　→ $\log_2 10$は、3～4の間の値なので、$11 \log_2 10 \fallingdotseq 33 \sim 44$
エ　$B \log_{10} 2 = 11 \log_{10} 2$　→ 上記★より、$10\log_{10} 2$は約「3」なので、$11 \log_{10} 2 \fallingdotseq 3.3$

上記の例では、各選択肢の左辺であるDは「4」(上記●より) であり、選択肢エの「3.3」が最も近い値なので、選択肢エが正解です。

正解▶問1：エ

確率

特定の現象が発生する割合が「確率」。理論上の発生頻度を、数値化してあらわします。

確率とは、繰り返しになりますが「ある特定の現象が発生する割合」をあらわすものです。この「特定の現象」を事象と呼びます。たとえば「サイコロを振って1の出る確率は」というと、「1が出る」という事象についての発生頻度を数値化するわけですね。

一方、サイコロというと6つの目があるわけですが、必ずしもこれらが均等に出るとは限りません。ギャンブル映画でよくありますよね、「これはイカサマだ!」とか言ってサイコロをガキッと噛んだりするシーン。いわゆるグラ賽ってやつです。それは極端な例としても、製造品質にバラツキがあって、出目に偏りのあるサイコロという可能性もあります。

しかし理論上の、正確なサイコロの出目について確率を求めたいという場合、こうした偏りがなく、すべての目が均等に出ることが保証されているという前提に立つ必要があります。それを同様に確からしいという言葉であらわします。

では、目の出方が同様に確からしいサイコロを振って1が出る確率は果たしていくつか。

これを入口として、確率の基本部分をおさらいしていきましょう。

確率と場合の数

確率を求める上で、まず考えなくてはいけないのが場合の数です。…と言うと難しい概念が出てきたように思えますが、何のことはない「その場合は全部で何通りあるの?」ってだけの話なのでご安心を。

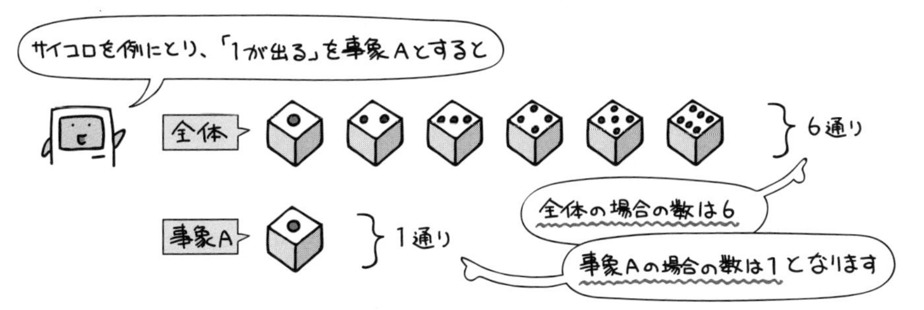

この時、事象Aの起こる確率は、次の式によって求められます。これが確率の基本中の基本です。

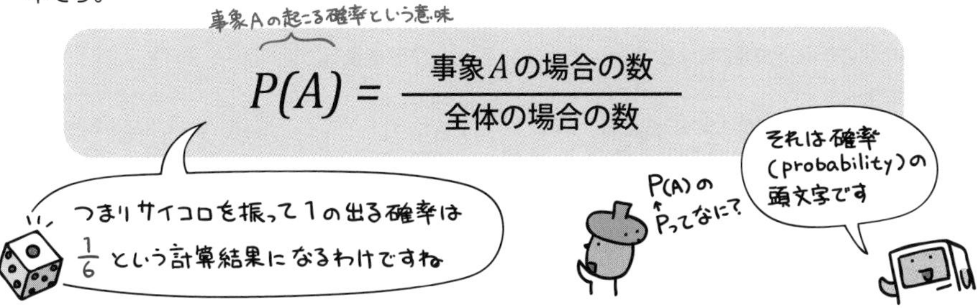

では、同じくこの目の出方が同様に確からしいサイコロを使って、「奇数が出る確率」を求めてみましょう。

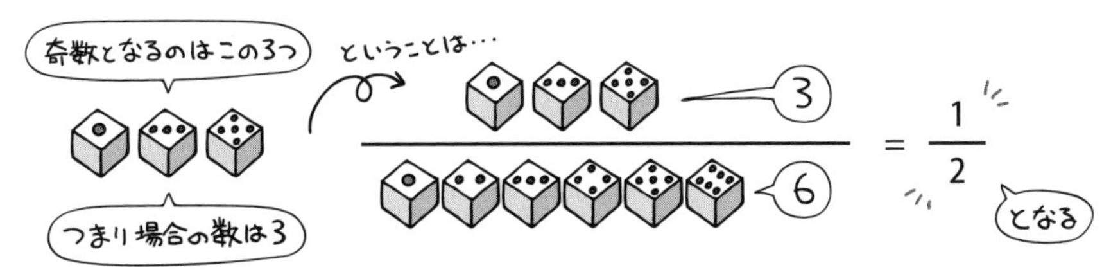

はい、簡単ですね。大事なのは、分母となる「全体の場合の数」と、分子に来る「事象の場合の数」をしっかりと把握することです。

ではもうちょっとややこしい例で行ってみましょう。サイコロを2つ使って、その合計が2桁の数字になる確率は?…さて、いくつでしょうか。

サイコロの数が増えはしましたが、やること自体は変わりません。全体の場合の数と、事象の場合の数を求めて、わり算してあげれば良いわけです。

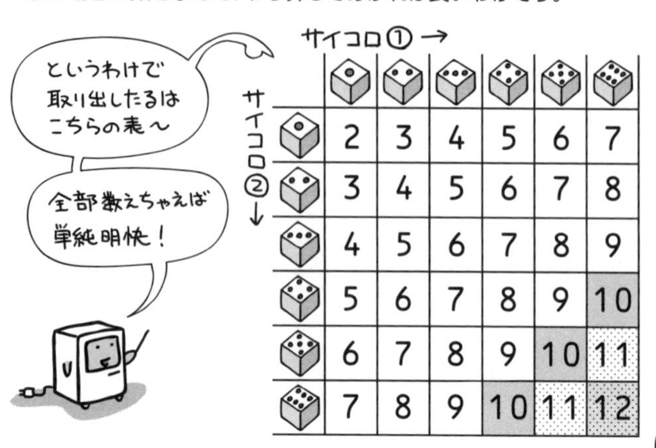

	⚀	⚁	⚂	⚃	⚄	⚅
⚀	2	3	4	5	6	7
⚁	3	4	5	6	7	8
⚂	4	5	6	7	8	9
⚃	5	6	7	8	9	10
⚄	6	7	8	9	10	11
⚅	7	8	9	10	11	12

そう、上の右隅でキノコが調子に乗っている通り、2つのサイコロによる組合せの出目は全部で36マス。そのうち2桁になるのは背景に色がついている6マスのみ。

つまりこの場合の確率は6/36=1/6と求めることができます。

■積の法則

事象A、事象Bという2つの事柄があり、事象Aの起こり方がa通り、そのそれぞれに対して事象Bの起こり方がb通りあるとする。

この時、事象Aが起こり、かつ事象Bも起こる場合の数はa×b通りとなる。

■和の法則

事象A、事象Bという2つの事柄があり、それらが同時には起こりえないとする。

この時、事象Aの起こり方がa通り、事象Bの起こり方がb通りあるとすると、事象Aまたは事象Bの起こる場合の数はa+b通りとなる。

上のサイコロ2つを用いた例で言えば、全体の場合の数が積の法則により6×6で36。2桁になる数というのが3つの事象に分割できて和の法則により3+2+1で6となるのですけども…OKですかね? OKですよね?

それではまず、理解が容易いと思われる積の法則から。

サイコロ①とサイコロ②の出目は独立しているので、サイコロ①の出目1つに対して、サイコロ②の取り得る出目はそれぞれ6通りあることになります。このような場合、事象Aと事象Bを次のように定義して、積の法則にはめ込むことができるわけです。

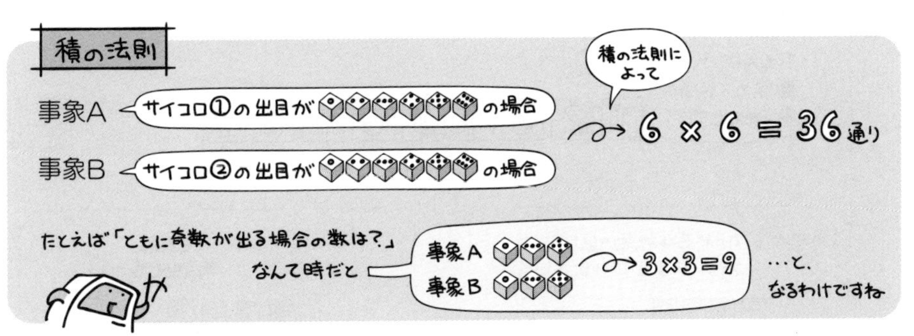

続いては和の法則。こちらは「同時には起こりえない2つの事象」というところがキーになるわけですが、「2桁になる数」をひとつの事象と捉えてしまうとつながりが見えてきません。具体的には、次のように3つの事象として捉えます。

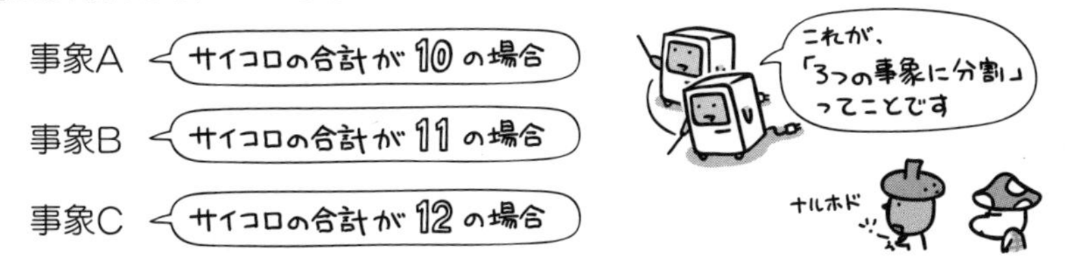

2つのサイコロの合計が10である時には、合計が11や12であったりすることはないですよね。つまり事象Aと事象B(や事象C)は「同時には起こりえない」わけです。

ここまで来れば後はカンタン。和の法則に当てはめてみましょう。

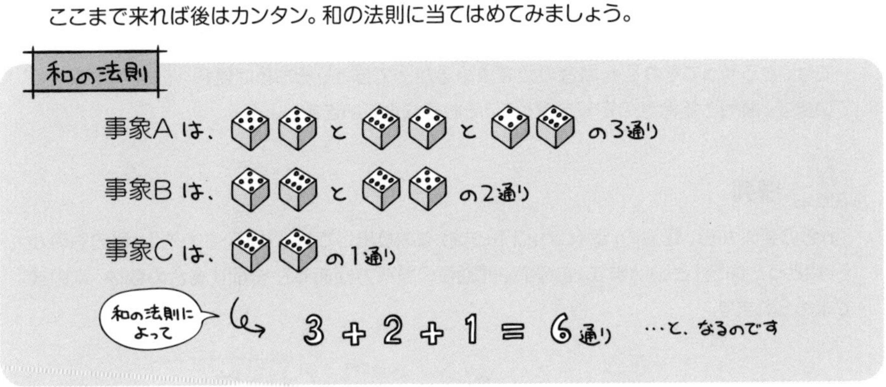

確率を求めるためには場合の数の把握が重要ですが、それは同時に「どのような事象として捉えるか」がキーになってくるのだと言えます。

順列と組合せ

ある数の要素から、特定の個数を抜き出した時の場合の数を求めるのが、順列と組合せです。両者のちがいは、「並び順を考慮するか否か」にあります。

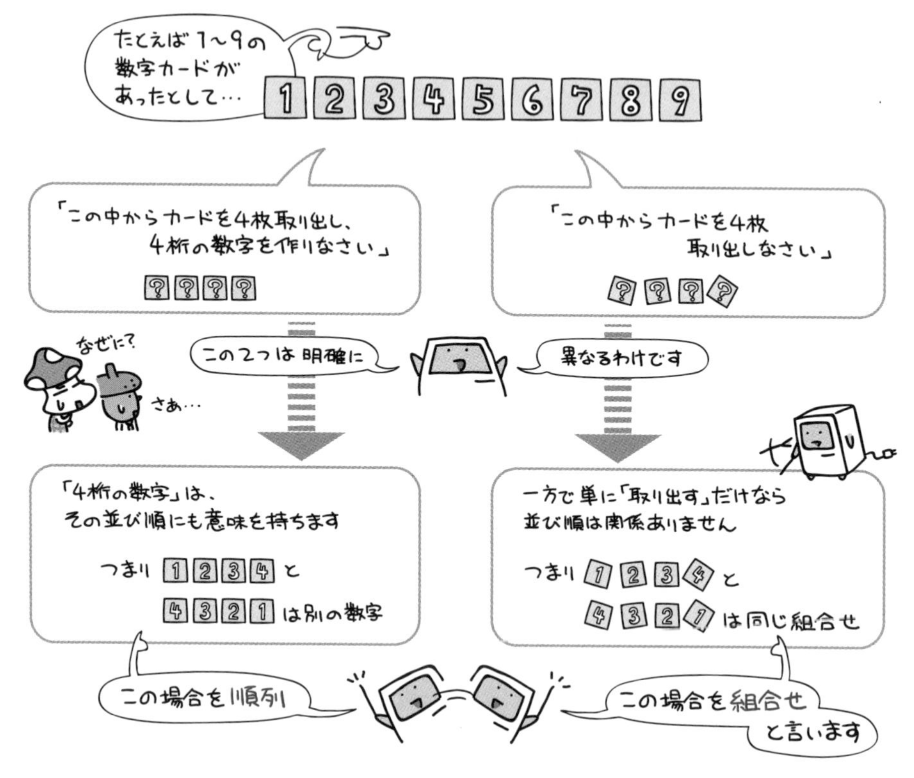

では、どうやってそれぞれ場合の数を求めるか…ですが、そちらは便利な公式が用意されています。順列と組合せの定義を含めて、それぞれ見ていきましょう。

順列

n個の要素から、任意のr個(rはn以下の数)を取り出して並べた時、これを「n個のものからr個とった順列」といいます。この時、何通りの並べ方があるかを示す場合の数は、次の式で求められます。

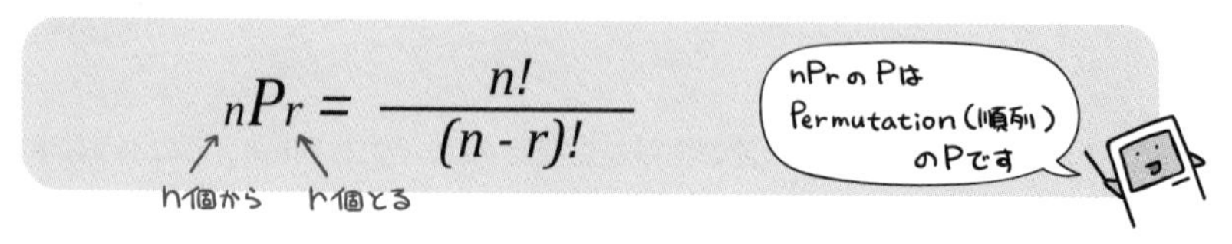

$$_nP_r = \frac{n!}{(n-r)!}$$

では先ほどの「この中からカードを4枚取り出し、4桁の数字を作りなさい」という例を、この数式にあてはめてみましょう。

9枚のカード　4枚取り出す

なるほど　う〜…ん

$$ {}_9P_4 = \frac{9!}{(9-4)!} $$

$$ = \frac{9\times8\times7\times6\times\cancel{5\times4\times3\times2\times1}}{\cancel{5\times4\times3\times2\times1}} $$

$$ = 3024 $$

ってことで、3,024通りの数字ができると求められるわけですね

組合せ

n個の要素から、任意のr個（rはn以下の数）を取り出した時、これを「n個のものからr個とった組合せ」といいます。並び順は考慮しません。この時、何通りの組ができるかを示す場合の数は、次の式で求められます。

$$ {}_nC_r = \frac{n!}{r!\times(n-r)!} $$

n個から　r個とる

nCrのCはCombination（組合せ）のCです

こちらも同様に、先ほどの「この中からカードを4枚取り出しなさい」という例を数式にあてはめて、何通りの組合せができるか見てみましょう。

9枚のカード　4枚取り出す

$$ {}_9C_4 = \frac{9!}{4!\times(9-4)!} $$

$$ = \frac{9\times8\times7\times6\times\cancel{5\times4\times3\times2\times1}}{4\times3\times2\times1\times\cancel{5\times4\times3\times2\times1}} $$

$$ = \frac{3024}{24} $$

$$ = 126 $$

パチパチ パチパチ

ひ、126通りの組合せ…かな？

ドキドキ

大当たり！

確率の基本性質

確率は、次のような性質を持っています。

必ず起こる事象の確率

この図では、全体集合Uが全ての事象をあらわしています。つまり事象Uは必ず起こる事象です。この時、事象Uの起こる確率は1となります。

$$P(U) = 1$$

必ず起こる事象の確率は100%=1
これが確率の上限

決して起こらない事象の確率

決して起こらない事象を空事象といい、∅であらわします。事象∅の起こる確率は0となります。

$$P(\varnothing) = 0$$

決して起こらない事象は確率0%
これが確率の下限

事象Aの起こる確率

事象Aの起こる確率は、0以上、1以下となります。

$$0 \leqq P(A) \leqq 1$$

確率は、下限と上限の間におさまる

事象Aの起こらない確率

事象Aの起こらない確率は、1から事象Aの確率を引いたものとなります。

$$P(\overline{A}) = 1 - P(A)$$

仮に70%の確率で事象Aが
起こるなら、30%は起きないと言える

確率変数と期待値

たとえば宝クジのように、ある事象に応じて何らかの値が定まる時（1等大当たりで1億円！みたいなの）、この値を確率変数といいます。

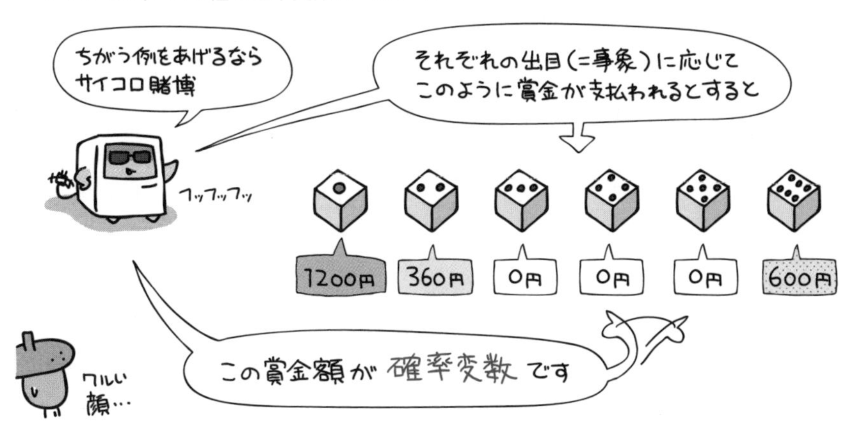

この時、各事象の確率で重み付けを行って求められる確率変数の値を期待値といいます。期待値は、平均して得ることを期待できる値のことです。

上のサイコロ賭博の場合は、平均していくらの賞金が期待できるのか見てみましょう。

事象（出目）	確率変数（賞金）		事象の確率（サイコロなので すべて $\frac{1}{6}$）		
1	1200円	×	$\frac{1}{6}$	=	200
2	360円	×	$\frac{1}{6}$	=	60
3	0円	×	$\frac{1}{6}$	=	0
4	0円	×	$\frac{1}{6}$	=	0
5	0円	×	$\frac{1}{6}$	=	0
6	600円	×	$\frac{1}{6}$	=	100

この合計が

200 + 60 + 0 + 0 + 0 + 100
=
360

期待値

つまりこの賭博は平均360円の賞金が期待できるわけです

参加費が300円なら元が取れそうですね

なるほどねぇ…

勝負しょーぜー

参加費500円ね

確率の加法定理と乗法定理

事象A、Bという2つの事象がある場合に、そのいずれかが起こる確率と、どちらもが同時に起こる確率は、それぞれ確率の加法定理と乗法定理によって求めることができます。

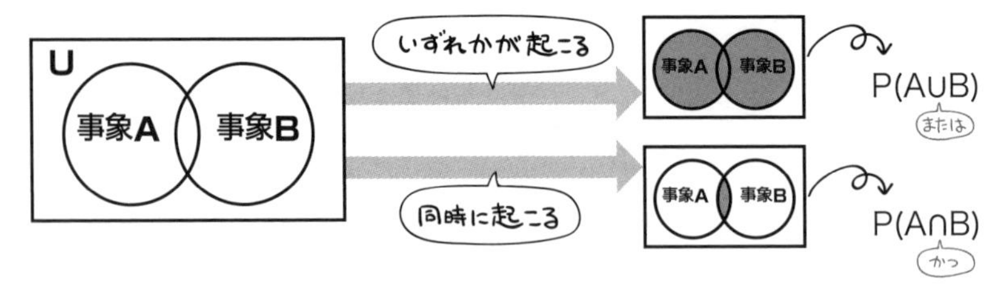

いずれかが起こる確率(確率の加法定理)

事象Aと事象Bのいずれかが起こる確率は、両者の確率を足しあわせたものから、事象Aと事象Bの共通部分を引くことで求められます。

$$P(A \cup B) = P(A) + P(B) - P(A \cap B)$$

(または)(かつ)

この部分を引いてやる

ただし、事象Aと事象Bが互いに排反事象であった場合、この共通部分は存在しません。したがってこの場合の確率は、両者の確率を単純に足しあわせたものとなります。

$$P(A \cup B) = P(A) + P(B)$$

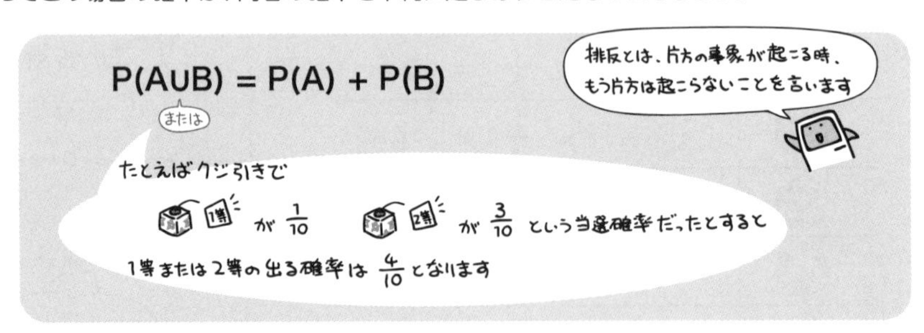

同時に起こる確率(確率の乗法定理)

事象Aと事象Bが同時に起こる確率は、両者の確率を乗算したものになります。

$$P(A \cap B) = P(A) \cdot P(B)$$

(かつ)

たとえば箱の中に、クジが10枚入っているとしましょう。うち2枚が当たりクジ、残りがハズレだとします。

この箱が2つあって、AさんとBさんが同時に引いたとします。この時、AさんとBさんがともに当たりを引く確率は、乗法定理によって次のように計算できるわけです。

$$P(A \cap B) = \frac{2}{10} \times \frac{2}{10} = \frac{4}{100} = \frac{1}{25}$$

それではこのような箱に、AさんとBさんが並んで順番にクジを引いたらどうなるでしょうか。この場合、Aさんの引いた結果によって、Bさんの確率は変動することになります。

従属事象の確率はPA(B)のようにあらわし、これを条件付き確率と呼びます。
事象Aと、その従属事象である事象Bが同時に起こる確率は次の式で求められます。

$$P(A \cap B) = P(A) \cdot P_A(B)$$

かつ

ではAさんとBさんがともに当たりクジを引く確率を計算してみましょう。

Aが当てた後の残りクジはこーなる

当たり　ハズレ

なので…

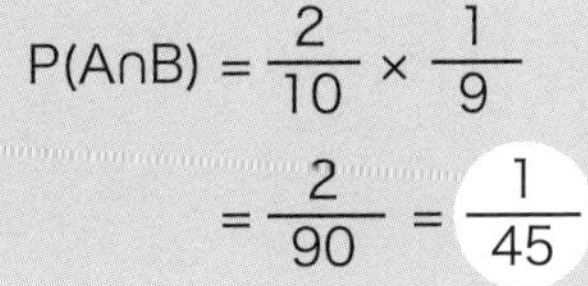

$$P(A \cap B) = \frac{2}{10} \times \frac{1}{9} = \frac{2}{90} = \frac{1}{45}$$

マルコフ過程

マルコフ過程とは、「未来に起こる事象の確率が、これまでの過程とは無関係に、現在の状態によってのみ決定される」という確率過程のことです。

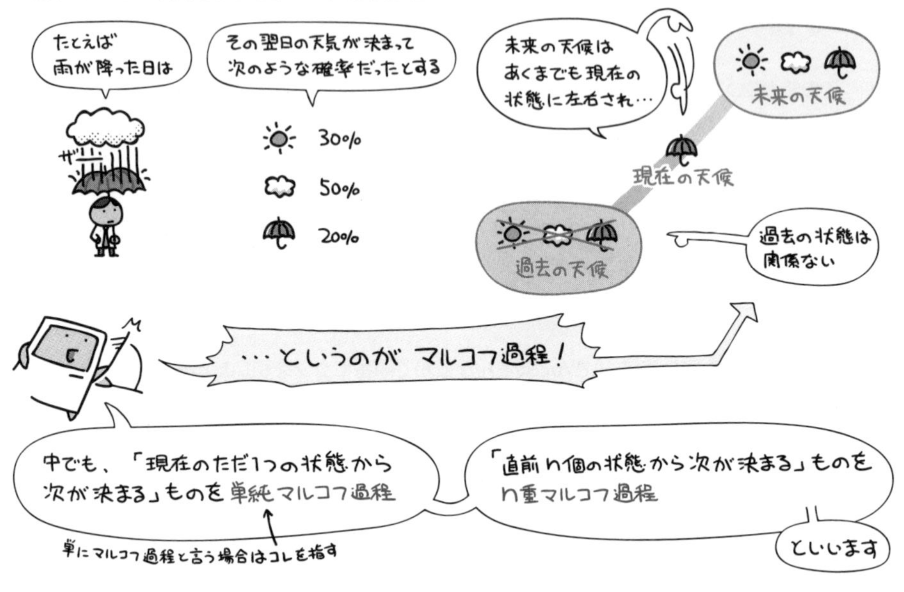

それでは練習問題を通して、実際の使われ方を確認していきましょう。

練習問題

表は、ある地方の天気の移り変わりを示したものである。例えば、晴れの翌日の天気は、40%の確率で晴れ、40%の確率で曇り、20%の確率で雨であることを表している。天気の移り変わりが単純マルコフ過程であると考えたとき、雨の2日後が晴れである確率は何%か。

単位 %

	翌日晴れ	翌日曇り	翌日雨
晴れ	40	40	20
曇り	30	40	30
雨	30	50	20

ア 15　　イ 27　　ウ 30　　エ 33

（平成19年度春期 ソフトウェア開発技術者試験 午前 問3）

問題の中で確定している箇所を書き出すと、次のようになります。

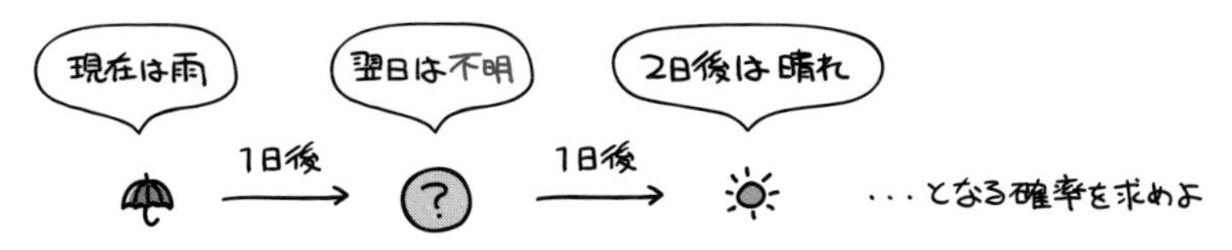

不明なのは翌日の天気のみ。当然そこには「晴れ」「曇り」「雨」という3パターンがあり得るわけです。各々の天候に移行する確率を表から転記してみると、次のような図が出来上がります。

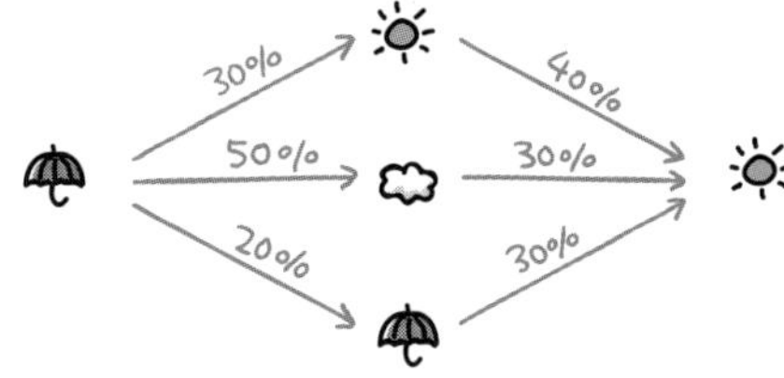

ここで記した確率は、各パターンごとに「同時に起こる」天候の推移を示しています。したがって、確率の乗法定理により、次のように各パターンの確率が決まります。

事象A となる確率は、 $0.30 \times 0.40 = 0.12 = 12\%$

事象B となる確率は、 $0.50 \times 0.30 = 0.15 = 15\%$

事象C となる確率は、 $0.20 \times 0.30 = 0.06 = 6\%$

「雨の2日後が晴れ」となる確率は、上記3パターン「いずれか」の天候推移が起こることによって決まります。

3つの事象があり、そのいずれかが起こる確率は？…そう、確率の加法定理により、次のように計算できますね。

このように出題されています

過去問題練習と解説

問 1 (AP-R02-A-02)

3台の機械A, B, Cが良品を製造する確率は，それぞれ60%，70%，80%である。機械A, B, Cが製品を一つずつ製造したとき，いずれか二つの製品が良品で残り一つが不良品になる確率は何%か。

ア 22.4　　イ 36.8　　ウ 45.2　　エ 78.8

解説

本問の3台の機械A，B，Cが、製品を製造した結果を示す、全てのケースを整理すると、下表になります。

ケース	各機械が良品・不良品を製造する確率			A×B×C	
	A	B	C		
①	良品　60%	良品　70%	良品　80%	33.60%	
②	良品　60%	良品　70%	不良品　20%	8.40%	★
③	良品　60%	不良品　30%	良品　80%	14.40%	●
④	良品　60%	不良品　30%	不良品　20%	3.60%	
⑤	不良品　40%	良品　70%	良品　80%	22.40%	◆
⑥	不良品　40%	良品　70%	不良品　20%	5.60%	
⑦	不良品　40%	不良品　30%	良品　80%	9.60%	
⑧	不良品　40%	不良品　30%	不良品　20%	2.40%	
合　計				100%	

上表の中で、二つの製品が良品で残り一つが不良品になるケースは、②と③と⑤です。したがって、その確率は、8.4%（★）+14.4%（●）+22.4%（◆）=45.2%です。

正解▸問1：ウ

統計

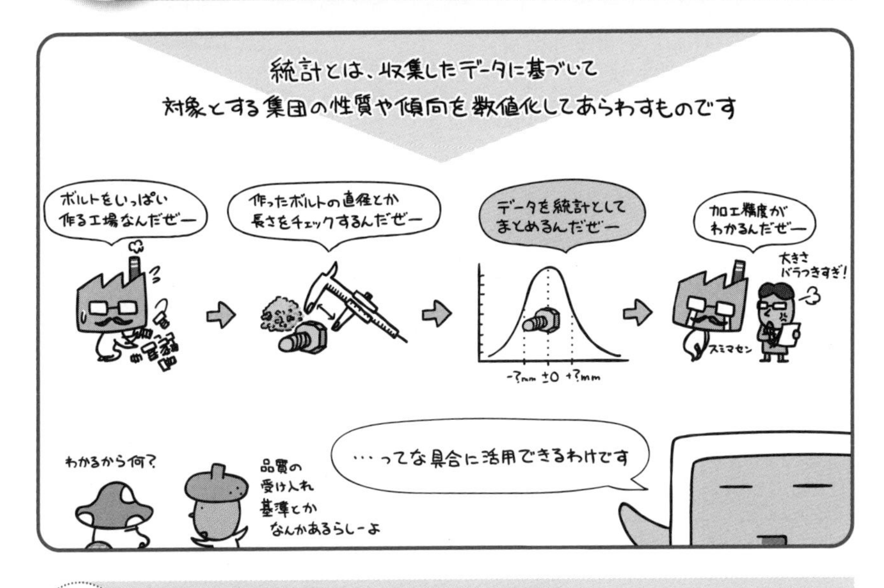

集団内の全要素を調べる手法を全数調査、一部を元に集団全体を推定する手法を標本調査といいます。

上のイラストにもあるように、統計というのは対象とする集団の性質や傾向を知るために役立つものです。中でも、集団の一部分だけを調べて推定するのが標本調査。製品の抜き取り検査や、テレビの視聴率調査など、様々なところで活用されています。

標本調査の考え方は、たとえばお味噌汁の味見なんかと同じです。鍋全体をさっとひと混ぜしてから、一部をすくい上げて味を見る。「全体が偏りなく混ざっている」ことが前提としてあれば、このように一部から全体の味を推定することができるわけです。

正規分布と標準偏差

独立した事象について大量のデータを取った場合、その分布は次のようなグラフ形状になることが知られています。このような分布のことを正規分布と呼びます。

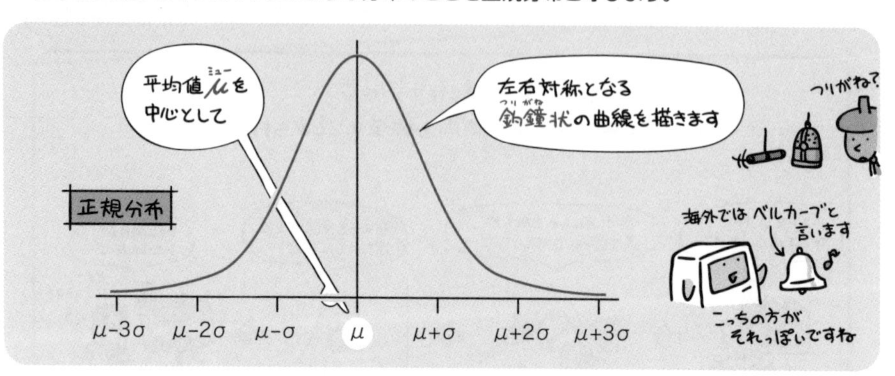

中心から左右に広がる目盛りには、σという記号が登場しています。これは標準偏差といって、データのバラつき度合いをあらわすものです。

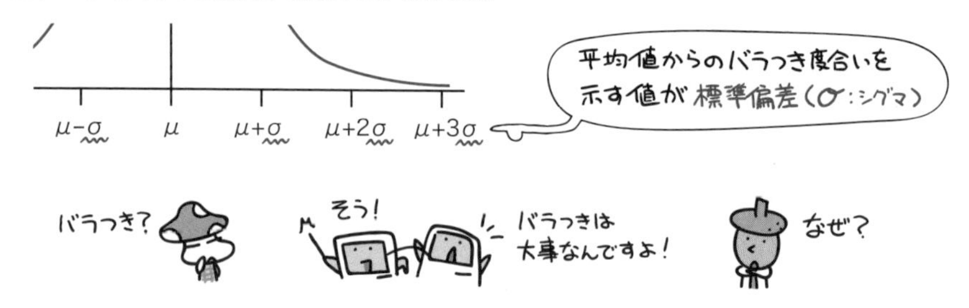

たとえば異なる工場で作った次のようなボルト群があるとしましょう。どちらも長さ15mmのボルトを注文して納められたものたちです。

確かに見たところ、平均値は同じ15mmなのですが…

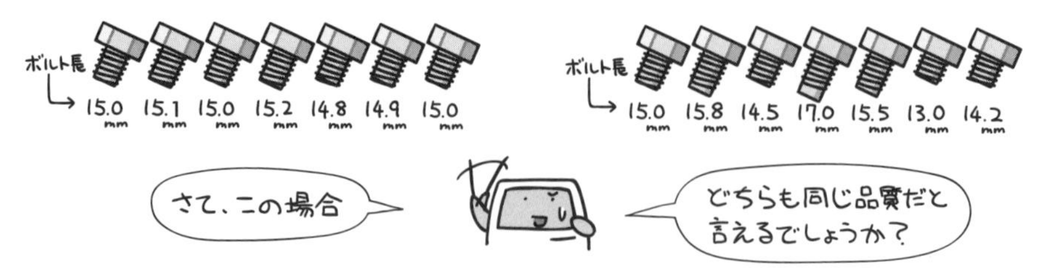

当然両者は同じ品質ではないですよね。つまり平均値が同じだとしても、それだけだと品質のバラつきまではわかりません。品質を知るためには、データのバラつき度合いがわからないと困ってしまうわけです。

そこで、平均値と各データとの差分を求めて2乗したものの平均を取ることで、データのバラつきを測ることができます。この値を分散といいます。

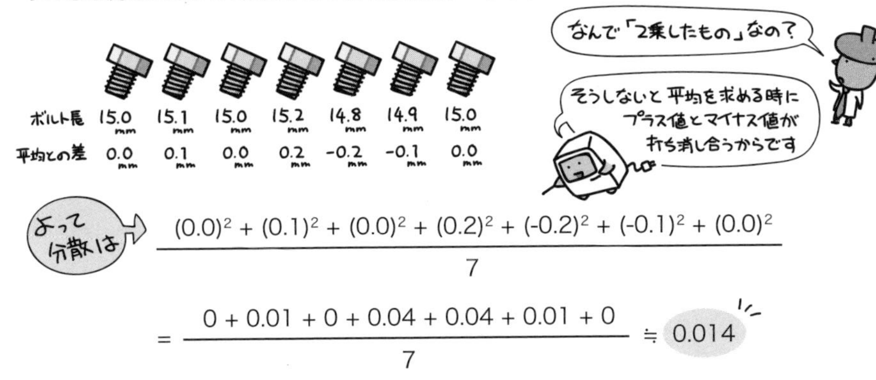

$$\frac{(0.0)^2 + (0.1)^2 + (0.0)^2 + (0.2)^2 + (-0.2)^2 + (-0.1)^2 + (0.0)^2}{7}$$

$$= \frac{0 + 0.01 + 0 + 0.04 + 0.04 + 0.01 + 0}{7} \fallingdotseq 0.014$$

この分散の値を、元の数値と同じ次元で見るために平方根を取ります。それが標準偏差なのです。

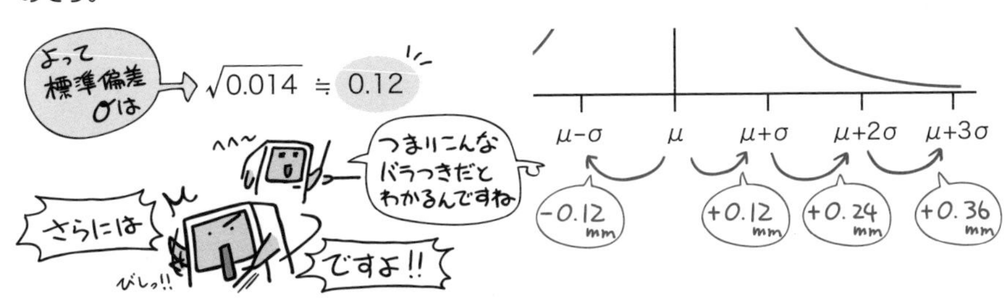

正規分布のもっとも大きな特徴として、標準偏差の範囲とそこに含まれるデータについて、次のような関係になることが知られています。

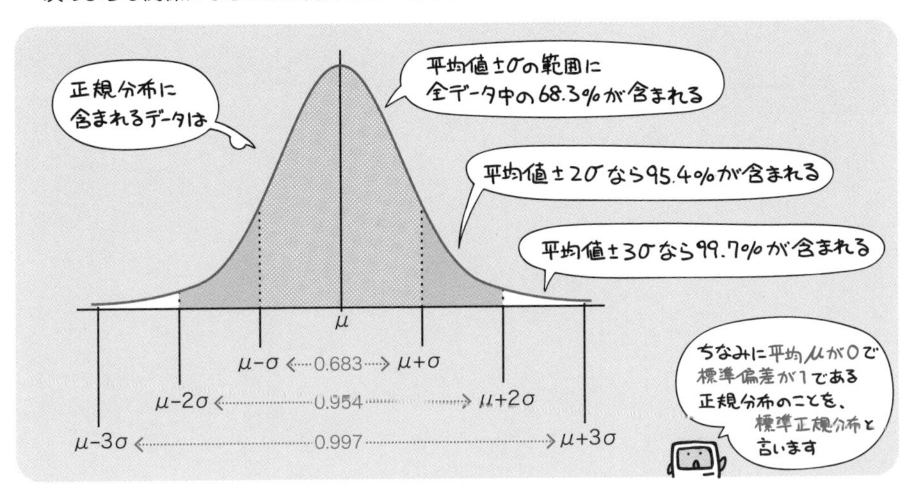

問 1 (AP-R05-S-02)

平均が60，標準偏差が10の正規分布を表すグラフはどれか。

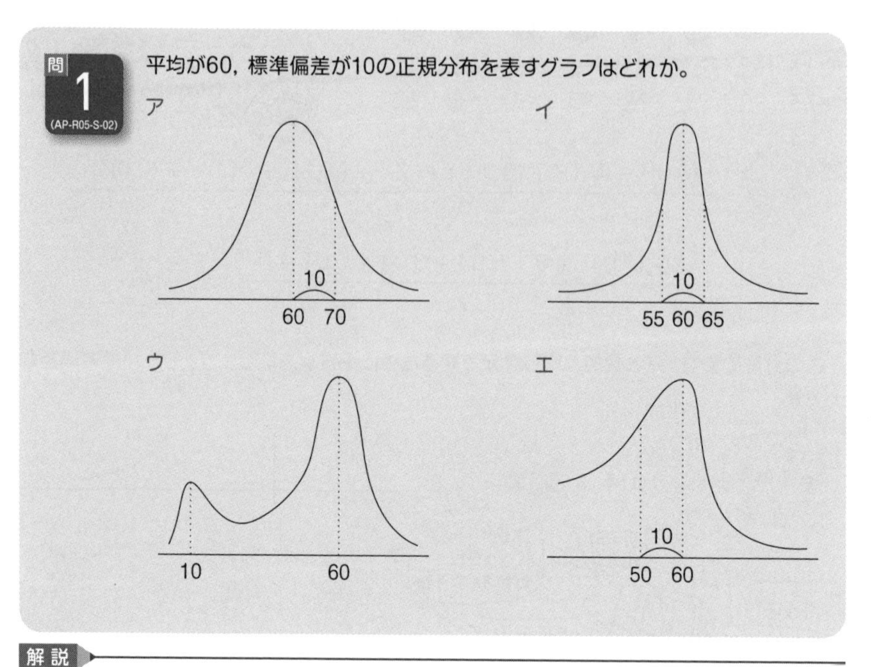

解説

イ　本選択肢の図では、標準偏差は“5”です。82ページを参照してください。
ウとエ　図の山は、左右非対称ですので、平均60が山の頂上に位置することはありません。

正解▶問1：ア

点(ノード)と辺(エッジ)であらわすグラフの構造は、複雑に絡まりあったデータをあらわすのに適しています。

身近な例として、電車の路線図を考えてみましょう。

私たちが電車に乗る際、大事なのは「どこから乗って、どこで降りるか」です。そのため路線図は駅と駅のつながりがわかるようになっていれば良くて、それが実際の地形上でどのように線路を走らせているかといった形状は重要ではありません。

このような、各要素とそのつながりに着目して、不要な情報をごっそり削り落とした抽象図がグラフというわけです。コンピュータに慣れた人であれば、このような図が、オフィスのLAN配線図だったり、インターネットのサイト構成図などで使われているのを思い出すことでしょう。グラフはまさしく、そのような用途に適しているのです。

ところで先の例にあげた電車の路線図。重要なことがもうひとつ抜けていました。どこからどこへ辿り着くかという経路も大事ですが、「どの経路が一番早いか」も同じくらい大事ですよね。

経路の探索とそのアルゴリズム(問題解決のための処理手順)は、グラフを扱う上で欠かすことができません。たとえば最短の経路探索には、ダイクストラ法などが用いられます。

ノードとエッジ

グラフを構成する要素は次の2つです。

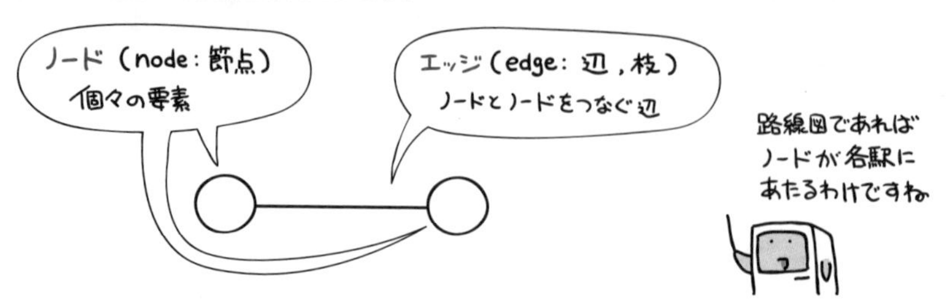

グラフには、方向性を持たせることができます。

エッジに向きを持たせたグラフを有向グラフ、そうでないものを無向グラフと言います。

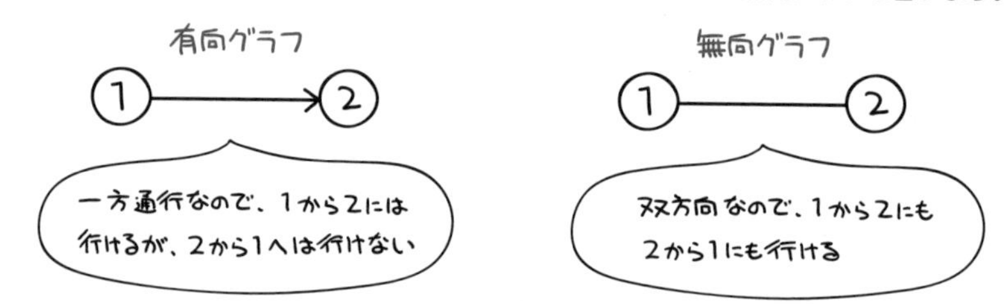

繰り返しになりますが、グラフはノード間の関連付けを抽象化したものです。

したがって、たとえば下記のような2つのグラフがある場合、これらは同形と見なすことができます。

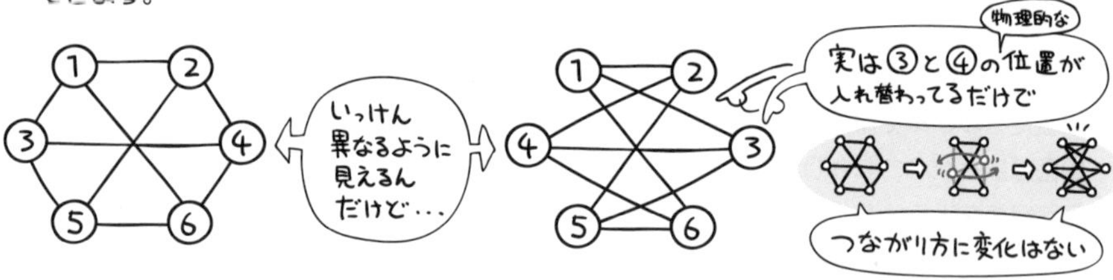

グラフの中に、始点となるノードと終点となるノードが同じになる経路がある時、これを閉路と言います。

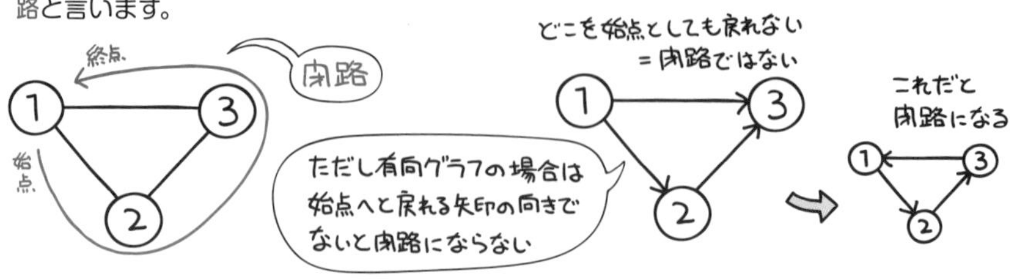

こうした閉路を持たないグラフ構造を木と言います。その他、ハミルトン閉路、オイラー閉路についても、特徴をおさえておきましょう。

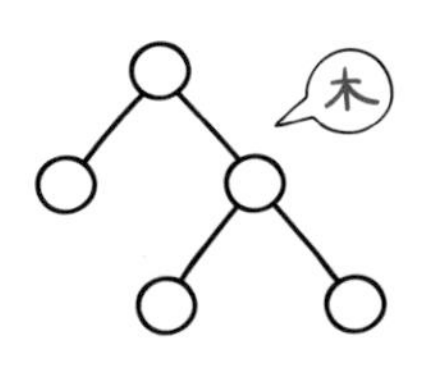

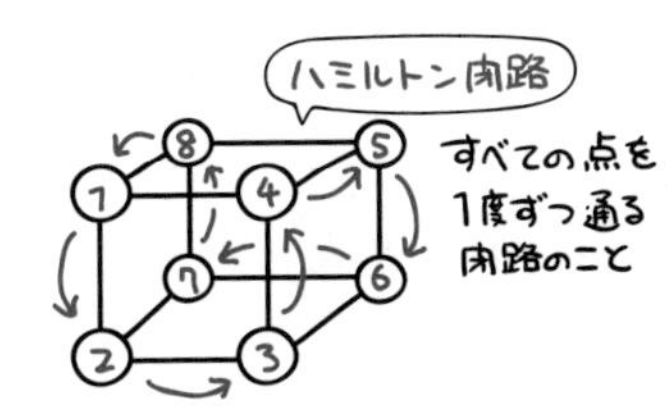

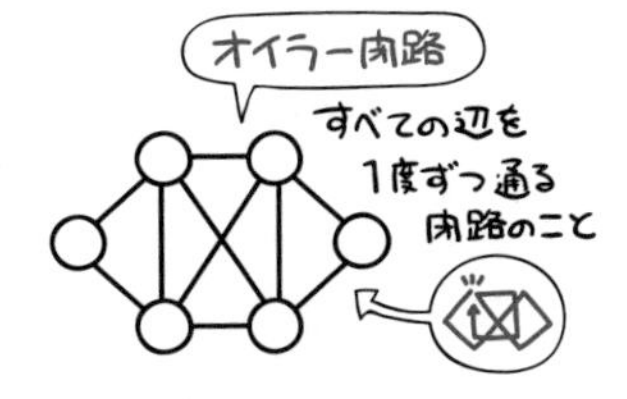

グラフの種類

代表的なグラフを下記に示します。

グラフ名称	説明	グラフ例
完全グラフ	グラフ中の異なるノード2点間がすべて隣接している（ひとつのエッジでつながれている）グラフです。 ノードの数がn個であるとすると、Knであらわします。	K4の完全グラフ
正則グラフ	ノードから伸びるエッジの数（次数）がすべて等しいグラフです。	…であると同時に 次数3の正則グラフ
オイラーグラフ	オイラー閉路によって構成されるグラフです。	すべてのエッジを 1度ずつ通る
ハミルトングラフ	ハミルトン閉路によって構成されるグラフです。	すべてのノードを 1度ずつ通る

グラフのデータ構造

たとえば次のような路線図があったとして、これを経路探索など、なにかコンピュータに処理をさせようと思っても…

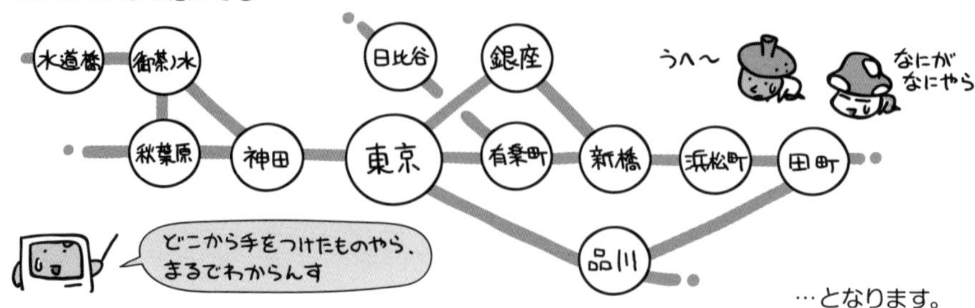

…となります。

コンピュータが処理をするためには、図の形ではなくて、データとして内部的に表現できてないと困るわけですね。

こうしたグラフを表すためのデータ構造に、隣接行列と隣接リストがあります。

隣接行列

隣接行列とは、グラフを行列で表現したものです。

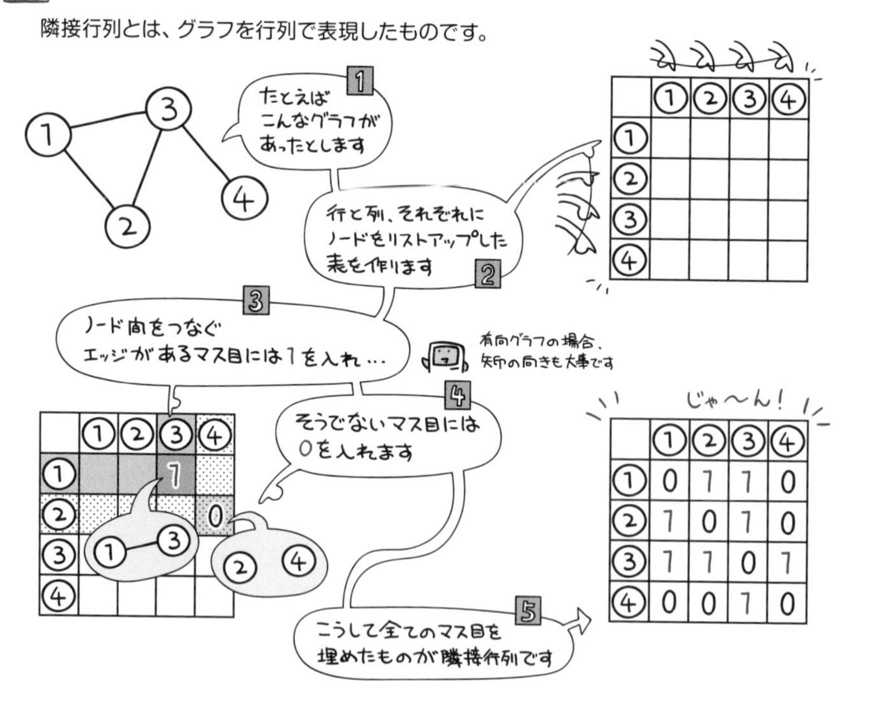

	①	②	③	④
①	0	1	1	0
②	1	0	1	0
③	1	1	0	1
④	0	0	1	0

ちなみに、行列内における要素のほとんどが0である場合、これを疎行列といいます。

隣接行列では、仮にノード間をつなぐ経路がほとんどないという場合でも、必ずノードの数に応じた行列が必要になってしまいます。つまり、その分メモリが無駄に消費されてしまうわけです。

この無駄を省いたのが隣接リストです。

隣接リスト

隣接リストとは、グラフ内のノードごとに、つながっている(エッジが伸びている)ノード情報を線形リストとして表現したものです。

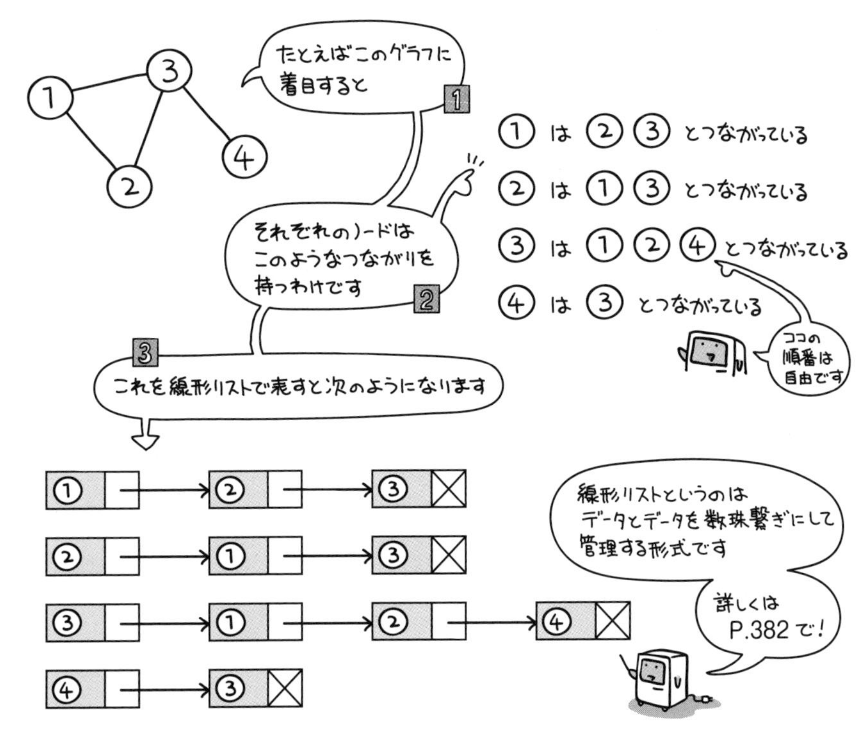

隣接リストではメモリの無駄は発生しませんが、ノード間にエッジがあるか確認するためには、リストを探索しなければならず、必ずしもすべてにおいて勝るというわけではありません。総じて、エッジの数が少ない場合は隣接リスト、逆の場合は隣接行列が適していると言えます。

重み付きグラフ

グラフのエッジに重み（コスト）をつけたものを重み付きグラフと言います。

たとえば先ほども出てきた路線図でイメージするとわかりやすいでしょう。この路線図で、エッジに対して値を持たせた場合、それは何を意味すると思いますか？

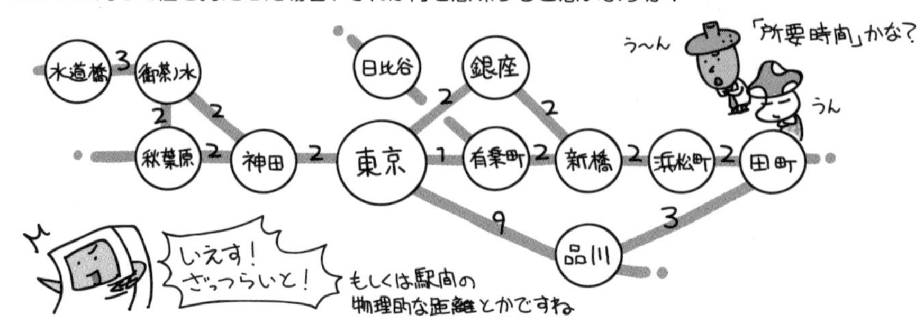

そう、つまりこの値が重みなのです。

有向グラフにおいて、始点から終点に至るノード2点間の重みの合計が最小となる経路（最小コストの経路）を見つけ出すことを「最短経路探索」と言います。

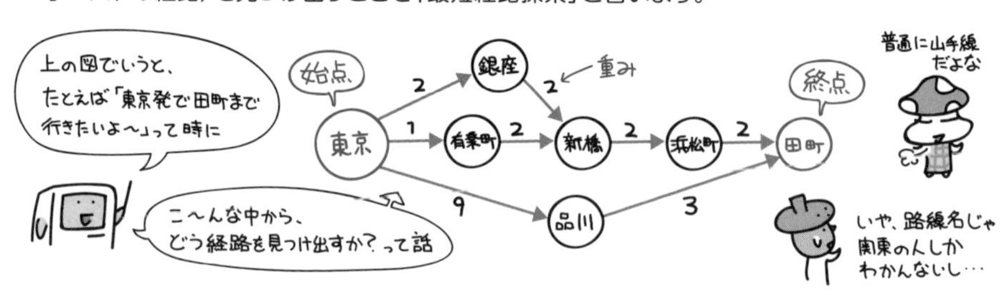

このアルゴリズムとして有名なものに、ダイクストラ法があります。

ダイクストラ法

ダイクストラ法は、始点と隣接する範囲を皮切りに、近いところから順次確定させていくことで、「始点からのコストが最小」となる経路を求めるものです。

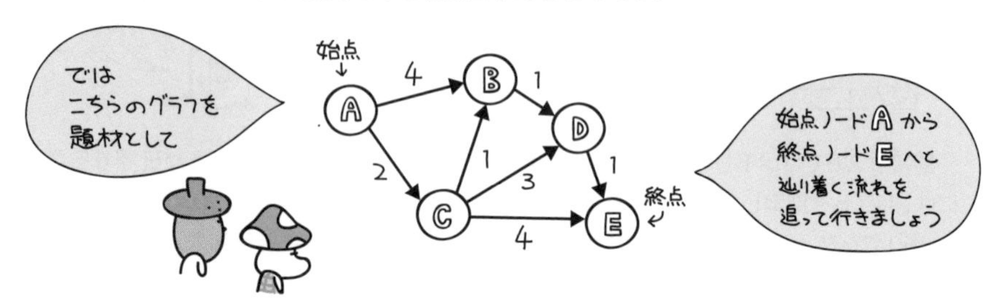

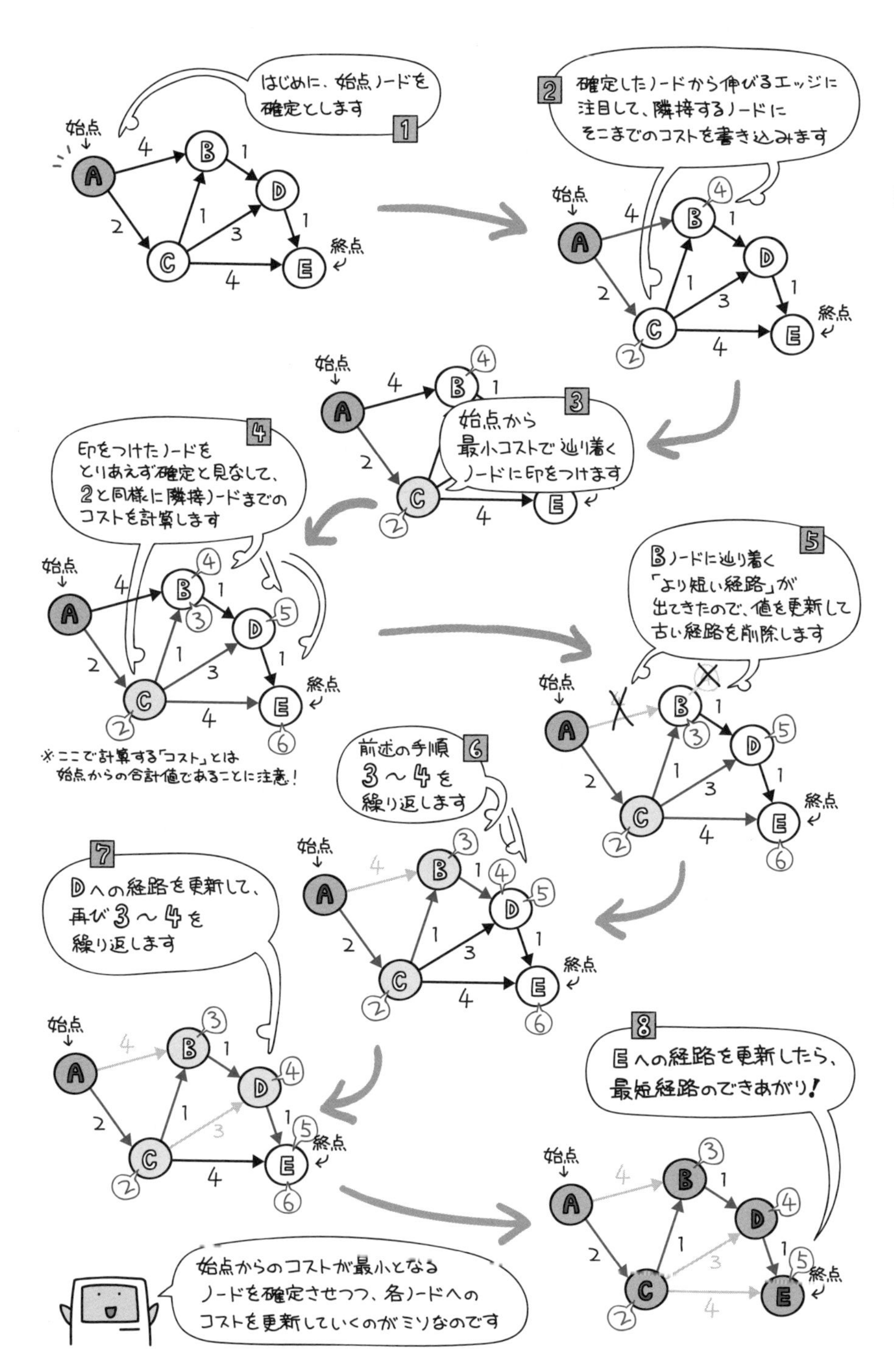
はじめに、始点ノードを確定とします 1
始点
終点
2 確定したノードから伸びるエッジに注目して、隣接するノードにそこまでのコストを書き込みます
3 始点から最小コストで辿り着くノードに印をつけます
4 印をつけたノードをとりあえず確定と見なして、2と同様に隣接ノードまでのコストを計算します
※ここで計算する「コスト」とは始点からの合計値であることに注意!
5 Bノードに辿り着く「より短い経路」が出てきたので、値を更新して古い経路を削除します
前述の手順 3〜4を繰り返します 6
7 Dへの経路を更新して、再び3〜4を繰り返します
8 Eへの経路を更新したら、最短経路のできあがり!
始点からのコストが最小となるノードを確定させつつ、各ノードへのコストを更新していくのがミソなのです

このように出題されています

過去問題練習と解説

問1 (AP-H26-S-02)

三つのグラフA～Cの同形関係に関する記述のうち，適切なものはどれか。ここで，二つのグラフが同形であるとは，一方のグラフの頂点を他方のグラフの頂点と1対1に漏れなく対応付けることができ，一方のグラフにおいて辺でつながれている頂点同士は他方のグラフにおいても辺でつながれていて，一方のグラフにおいて辺でつながれていない頂点同士は他方のグラフにおいても辺でつながれていないことをいう。

A
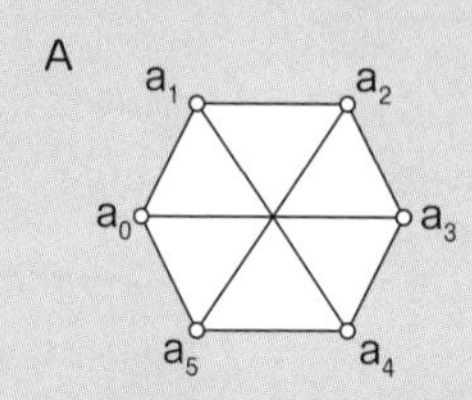

B
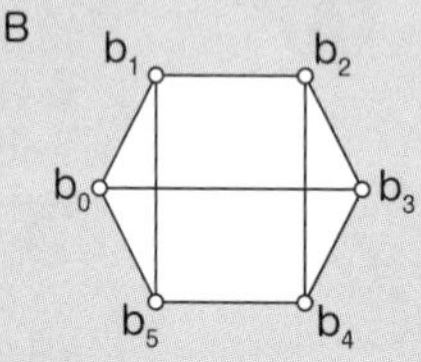

C
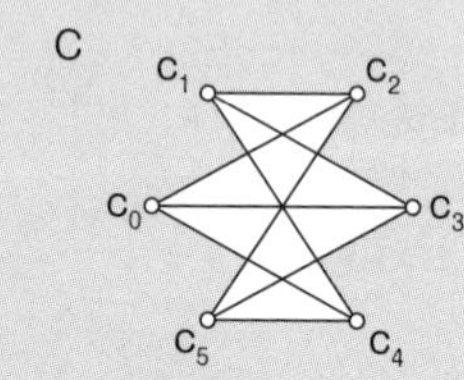

ア　AはCと同形であるが，Bとは同形でない。
イ　BはCと同形であるが，Aとは同形でない。
ウ　どの二つのグラフも同形である。
エ　どの二つのグラフも同形でない。

解説

本問の頂点とは、ノード・節点と同じ意味です。本解説では、頂点という用語を使います。本問の“二つのグラフが同形である”条件は、下記の2つを両方とも満たしていることです。

①：一方のグラフの頂点を他方のグラフの頂点と1対1に漏れなく対応付けることができる
②：一方のグラフにおいて辺でつながれている頂点同士は他方のグラフにおいても辺でつながれていて、かつ、一方のグラフにおいて辺でつながれていない頂点同士は他方のグラフにおいても辺でつながれていない

下記のような幾つかのケースを考えて、上記①②の条件に合致しているかを確認してみましょう。

(1) グラフAとグラフBについて、{a_1とb_1}、{a_2とb_2}、{a_3とb_3}、{a_4とb_4}、{a_5とb_5}、{a_0とb_0}という頂点の対応付けをするケース
素直に考えたケースであり、上記①は満たされています。
(1-1) {a1とb1} 対応の検討
a_1は、a_1-a_2、a_1-a_0、a_1-a_4の3つの辺の頂点となっています。b_1は、b_1-b_2、b_1-b_0、b_1-b_5であり、点線の下線部が上記②に合致していないので、このケースにおいてグラフAとグラフBは同形ではありません。

(2) グラフAとグラフBについて、{a_1とb_2}、{a_2とb_1}、{a_3とb_3}、{a_4とb_4}、{a_5とb_5}、{a_0とb_0}という頂点の対応付けをするケース
上記(1)を少し変えたケースであり、上記①は満たされています。

(2-1) {a_1とb_2} 対応の検討

a_1は、a_1-a_2、a_1-a_0、a_1-a_4の3つの辺の頂点となっています。b_2は、b_2-b_1、b_2-b_3、b_2-b_4であり、点線の下線部が上記②に合致していないので、このケースにおいてグラフAとグラフBは同形ではありません。

上記(1)(2)以外のケースを幾つか考えても、上記②に合致するケースはないので、グラフAとグラフBは同形ではありません。

(3) グラフAとグラフCについて、{a_0とc_3}、{a_1とc_1}、{a_2とc_2}、{a_3とc_0}、{a_4とc_4}、{a_5とc_5} という頂点の対応付けをするケース

このケースは、下図のように、グラフCのc_0とc_3を左右交換した各頂点の組合せを考えたケースです。

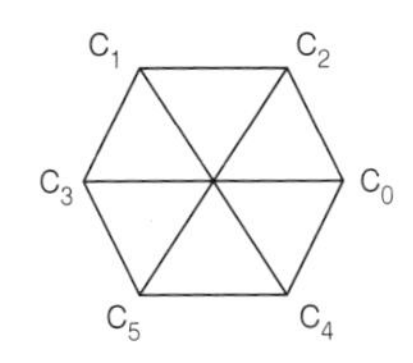

(3-1) {a_0とc_3} 対応の検討

a_0は、a_0-a_1、a_0-a_3、a_0-a_5の3つの辺の頂点となっています。c_3は、c_3-c_1、c_3-c_0、c_3-c_5であり、すべて上記②に合致しています。

(3-2) {a_1とc_1} 対応の検討

a_1は、a_1-a_2、a_1-a_4、a_1-a_0の3つの辺の頂点となっています。c_1は、c_1-c_2、c_1-c_4、c_1-c_3であり、すべて上記②に合致しています。

(3-3) {a_2とc_2} 対応の検討

a_2は、a_2-a_1、a_2-a5、a_2-a_3の3つの辺の頂点となっています。c_2は、c_2-c_1、c_2-c_5、c_2-c_0であり、すべて上記②に合致しています。

以下、同様に {a_3とc_0}、{a_4とc_4}、{a_5とc_5} の対応を検討し、すべて上記②に合致しているので、グラフAとグラフCは、同形です。

情報に関する理論

膨大な量の情報を
処理してくれるのが
コンピュータの
良いところ

1

たとえばこんな
データがあったと
して……

2

これぐらいなら
コンピュータじゃ
なくても

3

まあ簡単

4

じゃあこれは？

5

6

ところがそんな
コンピュータさんも
万能ではありません

地球上の全気象
データを分析よろしく

ひょい

根性だ

そうだ

7

どんな膨大な量も
黙々と処理は
しますが……

8

しますが……
・・・・・・
・・・・・
・・・・・・
まだかねぇ
もうオレ飽きた
ふあぁ
9
10
11
その性能以上の
チカラは
発揮できません
終わらない
しくしく…
クルッ
ずるっ
12

膨大な量を
扱うからこそ、
ひとつひとつの
効率はチョー大事
個々のデータを
011011
コンパクトに！
処理
ロジックを
シンプルに！
もっとこう
ならできる
気が…
13
そこで求められる
のが、情報に関する
理論です
だから
ほら
ぱかりん
そのように
改造して
ちょんまげ
い！
え！
14
ま…まあでもホラ！
「急がば回れ」って
言葉もあるし
効率
ばかりの
世の中も
味気なくね
15
そんな話は
してないです……
へりくつを…
へりくつ
だ…
ま！
まさかの
完全
アウェー!!
16

Chapter 3-1

情報量

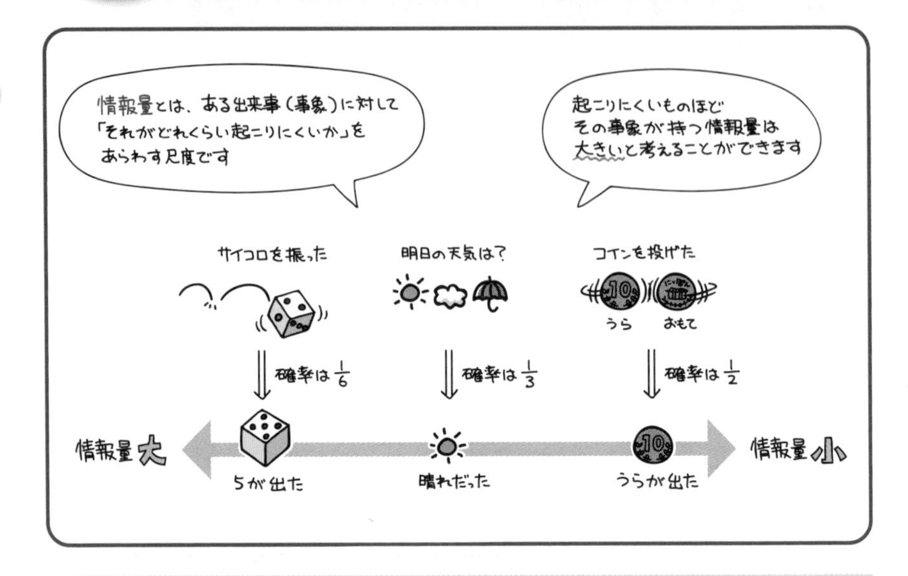

情報量とは、確率に依ってそこに含むと考えられる情報の「量」を数値化した尺度です。情報の内容自体は問いません。

情報理論では、ある事象の起こる確率をPとする時、その事象が起こったことを伝える情報の量は次のように定義されています。

$$情報量 = -log_2 P$$ ［単位:ビット］

たとえばサイコロの「5の目が出た」という情報は、次の情報量を含むわけです。

情報量 $= -\log_2 1/6 = -\log_2 6^{-1} ≒ 2.58$ビット

一方、コインの「うらが出た」だと、確率に応じて情報量は次のように小さくなります。

情報量 $= -\log_2 1/2 = -\log_2 2^{-1} = 1$ビット

このように、確率の小さいもの（起こりにくいもの）ほど、その事象発生を伝える情報は多くの量を含んでいる…というのが、情報量の考え方です。少し見方を変えると、「○ビットでどれだけの情報があらわせるか」と見ることもできます。

平均情報量（エントロピー）

前ページでは説明を簡略化するために、例に挙げたものはすべて均一の確率として扱いました。でも、特にお天気なんて、晴れと曇りと雨が同じ確率なんてことないですよね。

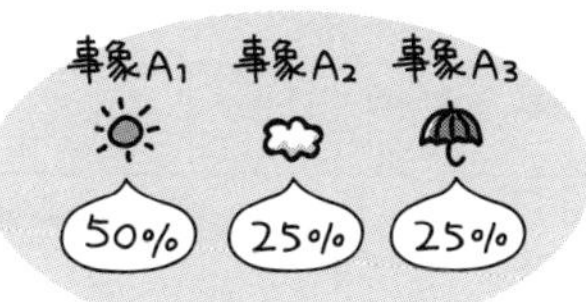

事象A_1が起こったと伝える時の情報量

$$\hookrightarrow -\log_2 \frac{1}{2} = -\log_2 2^{-1} = \underline{1\text{ビット}}$$

事象A_2が起こったと伝える時の情報量

$$\hookrightarrow -\log_2 \frac{1}{4} = -\log_2 2^{-2} = \underline{2\text{ビット}}$$

事象A_3が起こったと伝える時の情報量

$$\hookrightarrow -\log_2 \frac{1}{4} = -\log_2 2^{-2} = \underline{2\text{ビット}}$$

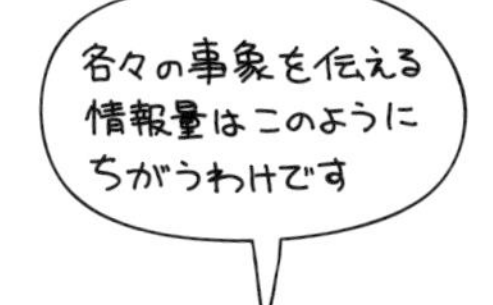

この時、すべての事象の平均をとったものを平均情報量（エントロピー）といいます。
平均情報量は、次の式で求めることができます。

$$\textbf{平均情報量} = \sum_{k=1}^{n} \{ P(A_k) \times \textbf{情報量}(A_k) \}$$

事象A_kの起こる確率

事象A_kの情報量

上に挙げたお天気の例の場合、平均情報量は次のようになります。

$$\text{平均情報量} = (0.5 \times 1) + (0.25 \times 2) + (0.25 \times 2) = \underline{\underline{1.5\text{ビット}}}$$

情報量とは、「起こりにくさ」をあらわす尺度でした。つまり平均的な情報量の多寡は、それがより大きいほど、より起こりにくい→確率が小さい→情報が不確かである（あいまいである）ことをあらわしています。

たとえば上の例で晴れが100%の確率であった場合、平均情報量は0ビットです。そこに不確定さはありません。しかしいずれの天気も均等に1/3の確率であった場合、平均情報量は約1.6ビットとなり、上の図示した例よりも不確定であると考えることができます。

3-2 符号化とデータ圧縮

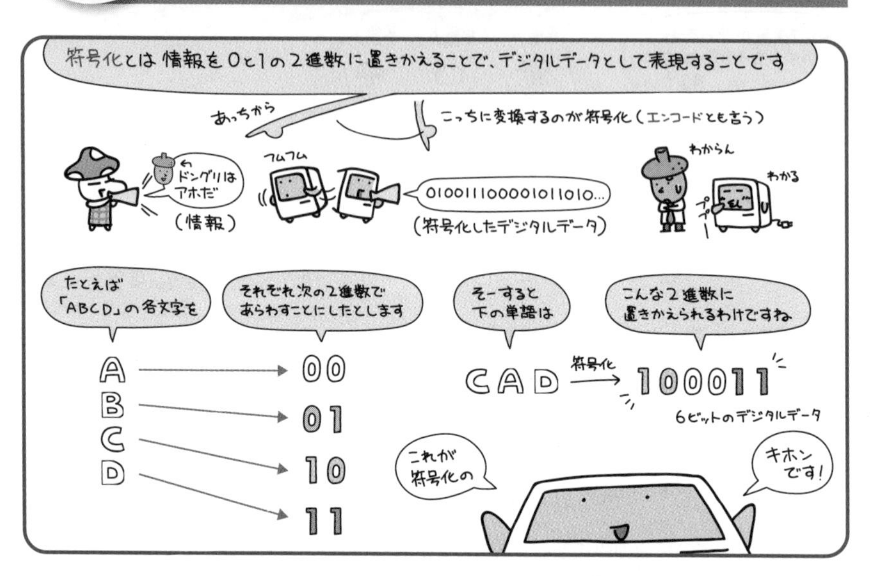

情報を2進数のデジタルデータに変換するのが符号化。変換速度や圧縮効率などから様々な符号化方式があります。

符号化では、元の情報へと復元できるよう、一意に識別できる2進数へ変換することが基本となります。たとえば上のイラストにあるように、4つの文字をそれぞれ2ビットのデータとしてやれば4種類の区別ができますから、元の文字列を復元可能なビット列が作成可能となるわけです。

ただし符号化には、処理効率の面から、なるべく少ないビット数でデジタルデータ化することが求められます。データ量が小さくできれば、それだけ使用メモリが減らせますし、処理もより高速に終わらせることができるからです。

さて、ここでもし仮に、上で挙げた「ABCD」という文字が、それぞれ異なる出現頻度だったらどうでしょうか。Aが80%で、BCDがいずれも10%未満の出現頻度だったとすると…？何やら前者を1ビットであらわし、後者を3ビットであらわしたとしても、1文字あたりの平均ビット数は、4文字均等に2ビットとするよりも少なくなる予感がします。

本節では、これらに用いる代表的な符号化方式を通して、デジタルデータをよりコンパクトに圧縮する手法を見ていきます。

平均情報量で見るデータ量の理論値

実際の符号化方式の話へと入る前に、前節でやった平均情報量（エントロピー）で理論的な情報量の平均値を求めてみましょう。

事象A_1　事象A_2　事象A_3　事象A_4

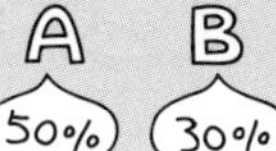

A 50%　B 30%　C 10%　D 10%

A 事象A_1の情報量 ⟶ $-\log_2 0.5 = 1$ビット

B 事象A_2の情報量 ⟶ $-\log_2 0.3 \fallingdotseq 1.74$ビット

C 事象A_3の情報量 ⟶ $-\log_2 0.1 \fallingdotseq 3.32$ビット

D 事象A_4の情報量 ⟶ $-\log_2 0.1 \fallingdotseq 3.32$ビット

試験では対数（log）の細かい計算が求められることはありませんので

ここの計算自体はさらりと流して大丈夫です

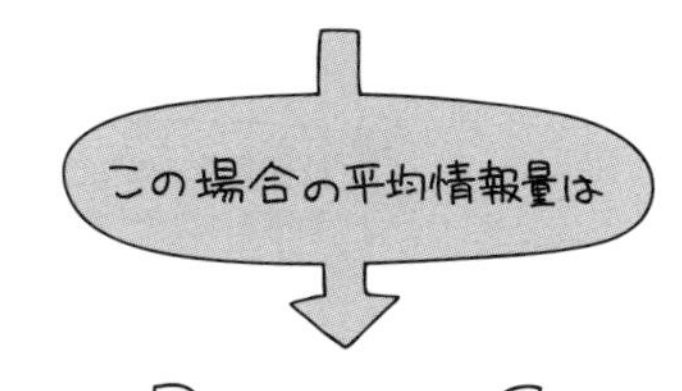

A　B　C　D

$$(0.5 \times 1) + (0.3 \times 1.74) + (0.1 \times 3.32) + (0.1 \times 3.32) = 1.686 \text{ビット}$$

単純に各文字2ビットずつを割り当てた場合、当然1文字あたりのデータ量は2ビットとなります。これは、ABCD各文字が均等に出現するとした場合の平均情報量（$-\log_2 0.25=2$ビット）と等しいものです。しかし、その出現頻度にバラつきがある場合は、個々の確率を元に情報量を算出することで、1文字あたりの平均的なデータ量を1.686ビットにまで圧縮できる可能性のあることがわかります。

その差は約16%。けっして小さい値ではありません。

…というところで、それでは実際の符号化方式を見てみましょう。

ハフマン符号化

ハフマン符号化は、データの出現頻度に着目した圧縮方法です。

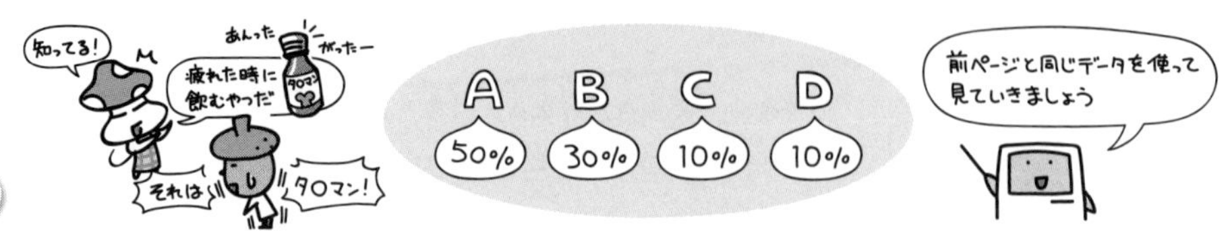

この方式では、出現頻度の高いデータに短いビット列を割り当て、出現頻度の低いデータには長いビット列を割り当てます。これによって、1データあたりの平均ビット長を小さくするものです。

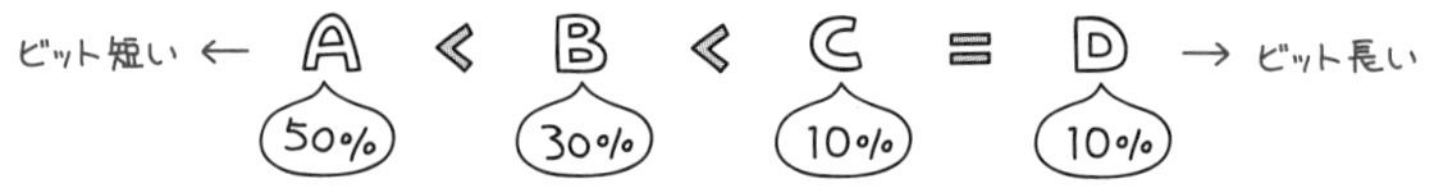

それでは実際の手順を見てみましょう。符号化には、ハフマン木と呼ばれる木構造を用います。

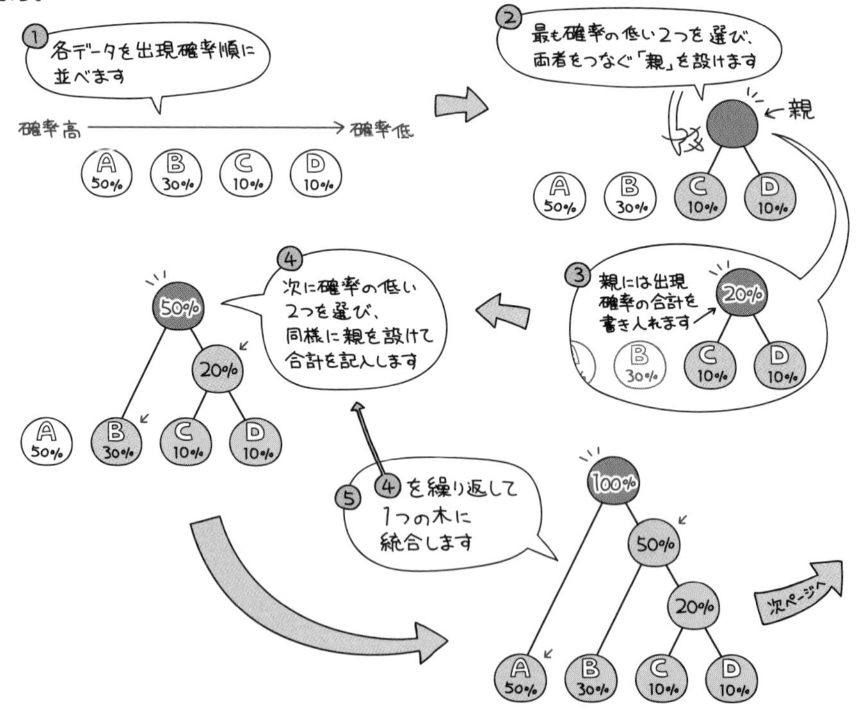

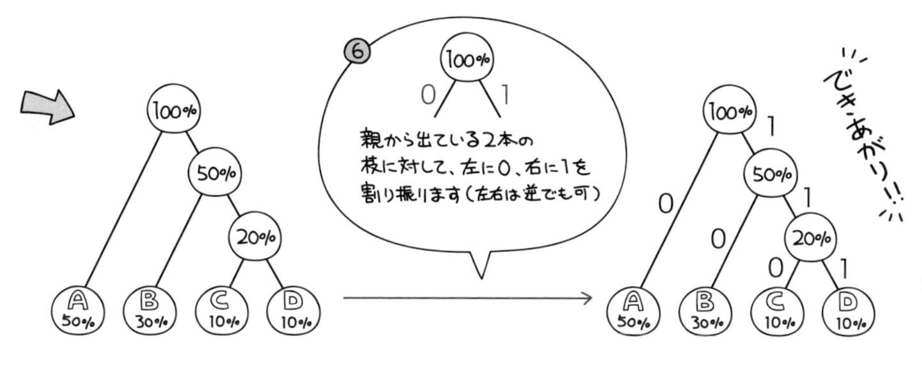

このようにして作った木構造を上から順にたどっていくことで、それぞれのデータに割り当てるビット列が決まります。

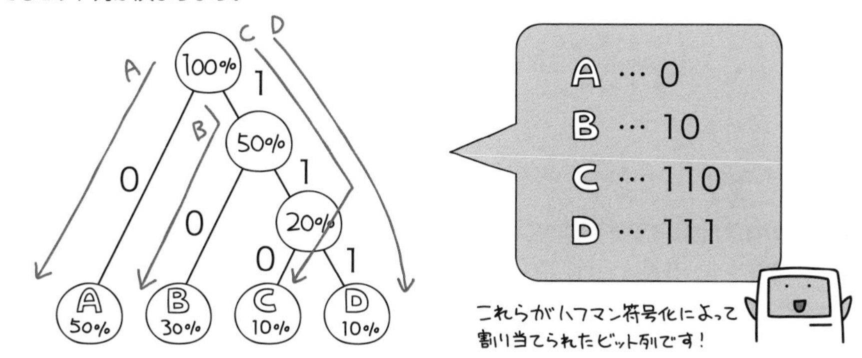

最後に、ハフマン符号化によって1データあたりの平均ビット長が、どれぐらい圧縮できたのか確認してみましょう。

個々に割り当てられた、ビット数と出現確率から確率変数の期待値（P.75）を求めることで、1データあたりの平均ビット長を確認することができます。

	確率変数［ビット］	事象の確率［%］
A … 0	1	0.5
B … 10	2	0.3
C … 110	3	0.1
D … 111	3	0.1

期待値 $= 1 \times 0.5 + 2 \times 0.3 + 3 \times 0.1 + 3 \times 0.1$

$= 1.7$ ［ビット］

符号化されたビット列は、平均情報量によって求めた理論値1.686ビットに、かなり近いところまで圧縮できていることがわかります。

ランレングス符号化

ランレングス符号化は、同じデータが繰り返される時に、そのデータを「データと繰り返し回数の組」に置き換えることで、データ長を短くする圧縮方法です。

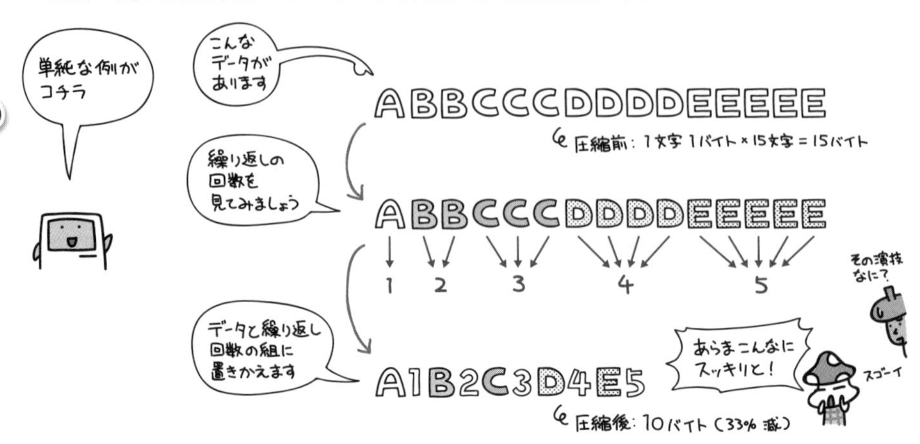

この符号化は、画像データの圧縮でも用いられます。特にモノクロ2値画像のような、白と黒しかない単純な画像データでは、高い圧縮率が期待できます。

このように出題されています

過去問題練習と解説

a, b, c, d の4文字から成るメッセージを符号化してビット列にする方法として表のア～エの4通りを考えた。この表は a, b, c, d の各1文字を符号化するときのビット列を表している。メッセージ中の a, b, c, d の出現頻度は，それぞれ，50%，30%，10%，10% であることが分かっている。符号化されたビット列から元のメッセージが一意に復号可能であって，ビット列の長さが最も短くなるものはどれか。

	a	b	c	d
ア	0	1	00	11
イ	0	01	10	11
ウ	0	10	110	111
エ	00	01	10	11

解説

本問は、ハフマン符号化（100ページを参照してください）に関する問題です。

ア　“11”というビット列は、bbなのか、dなのかの区別がつきません。
イ　“010”というビット列は、baなのか、acなのかの区別がつきません。
ウとエ　選択肢ウとエは、ビット列から元のメッセージが一意に復号できます。そこで、メッセージの中でのa, b, c, dの出現頻度から、選択肢ウとエのどちらの平均ビット長が短くなるかを下記のように判定します。

(1) ウの場合
a：1ビット×50%＋b：2ビット×30%＋c：3ビット×10%＋d：3ビット×10% ＝ 1.7 ビット

(2) エの場合
a：2ビット×50%＋b：2ビット×30%＋c：2ビット×10%＋d：2ビット×10% ＝ 2.0 ビット

上記より、選択肢ウの方が短いです。

正解▶問1：ウ

Chapter 3-3 オートマトン

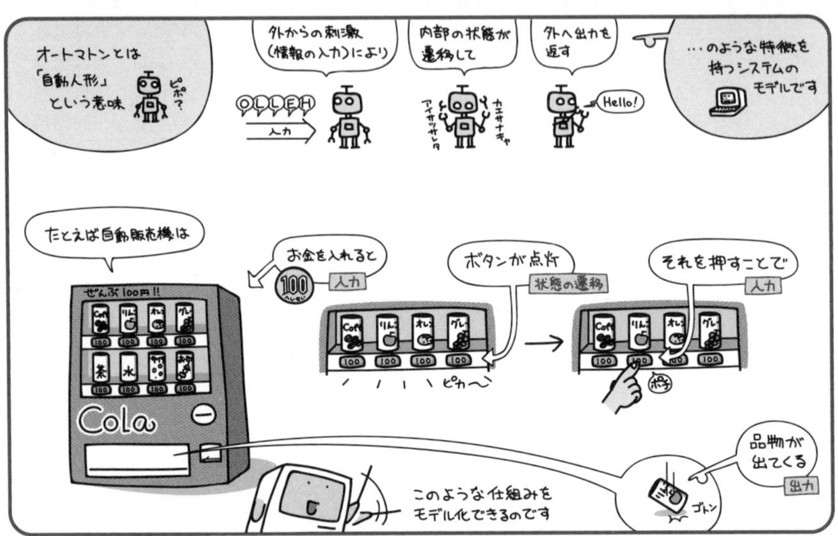

オートマトンの概念を用いることで、処理をモデル化してあらわすことができます。

順序機械という言葉があります。これは、内部に状態を持ち、入力を記憶することで状態が遷移して、入力と状態によって出力が決定される機械を抽象化したものです。たとえば上の例にある自動販売機や、後の章に出てくるコンピュータのフリップフロップ回路なんかもこれに該当します。

このように状態の遷移をともなう動作をモデル化してあらわすのがオートマトンです。これらは、次のような状態遷移表や状態遷移図を用いてあらわすことができます。

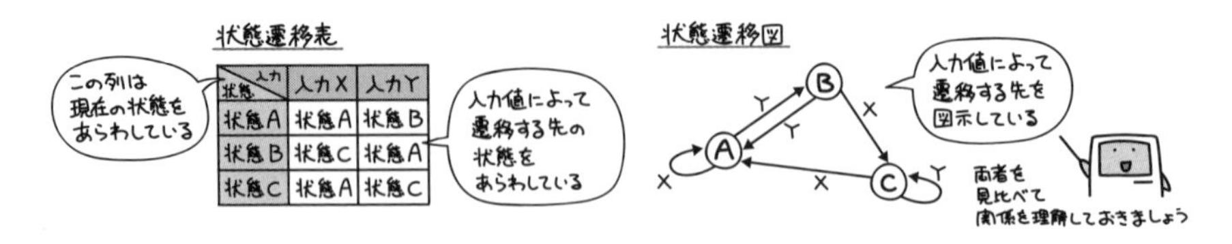

状態遷移表

状態＼入力	入力X	入力Y
状態A	状態A	状態B
状態B	状態C	状態A
状態C	状態A	状態C

オートマトンにはいくつかの種類があります。そのうちもっとも単純で、代表的なものが有限オートマトンです。

有限オートマトン

状態や遷移の数が有限個であらわされるモデルが、有限オートマトンです。

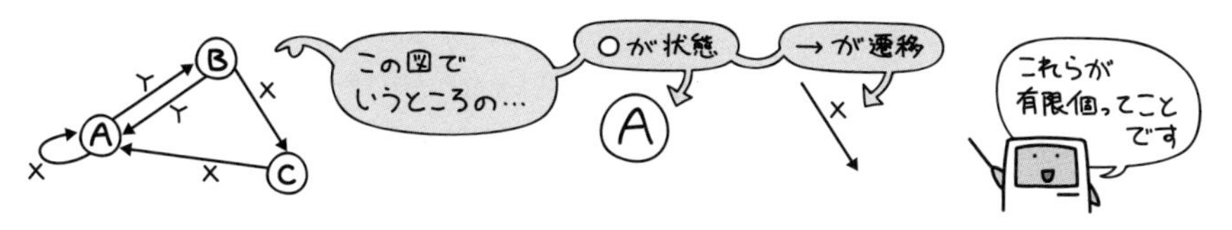

有限オートマトンには受理と非受理があります。入力終了時に受理状態でないものは、非受理ということになり受け付けません。これによって、入力値の評価を行うことができます。

たとえばある文字列に対して、「英文字だけなら受理」としたい場合、次のような状態遷移図が考えられます。

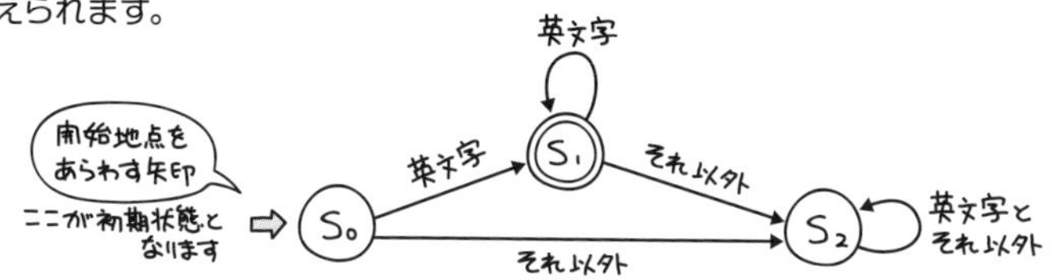

これに「abc」という入力と、「ab1c」という入力を与えた時の遷移をそれぞれ見てみましょう。

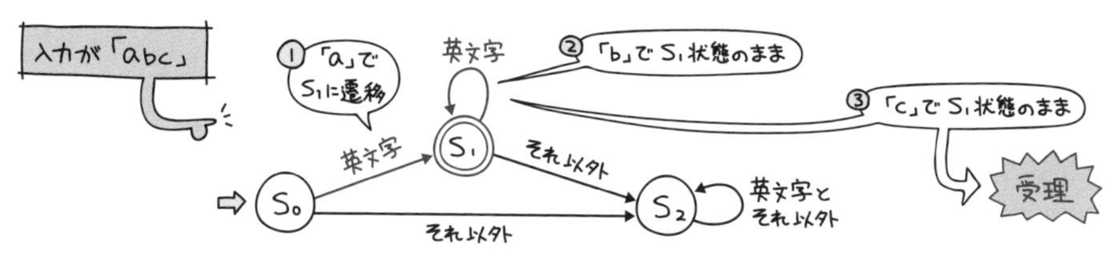

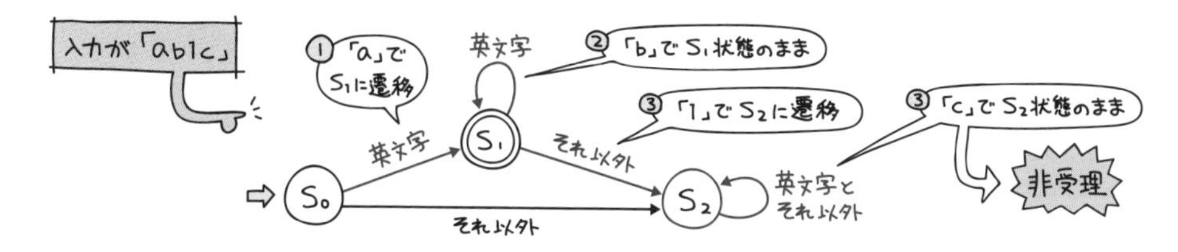

このように、初期状態からはじまって最後に受理状態で終わることによって、一連の手続きが成功したと評価を行うのが有限オートマトンの基本です。

ではここで、練習問題をひとつ解いてみましょう。

練習問題

表は、入力記号の集合が{0, 1}、状態集合が{a, b, c, d}である有限オートマトンの状態遷移表である。長さ3以上の任意のビット列を左(上位ビット)から順に読み込んで最後が110で終わっているものを受理するには、どの状態を受理状態とすればよいか。

	0	1
a	a	b
b	c	d
c	a	b
d	c	d

ア a　　イ b　　ウ c　　エ d

(平成26年度春期 応用情報技術者試験 午前 問4)

まずはじめに、状態遷移図を作ってみます。abcd個々の遷移は表の値をあてはめると次のようになりますから…

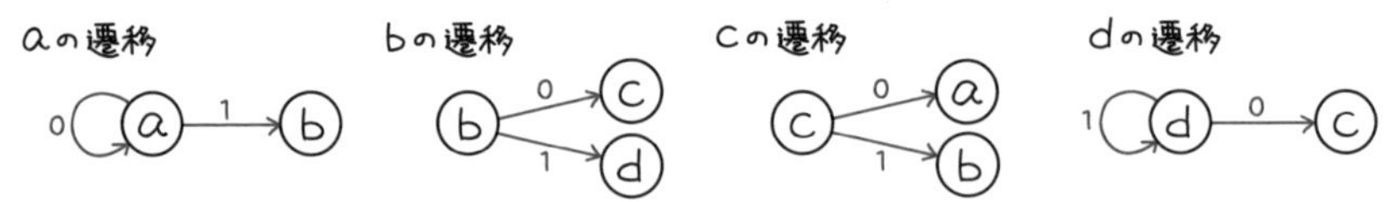

これをひとつにくっつけることで、このような状態遷移図ができあがります。

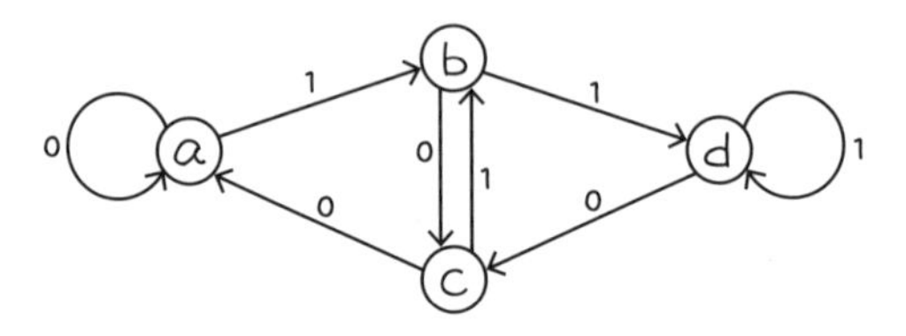

さて、この状態遷移図、今がどの状態にあるのかはわかりません。わかっているのは「入力が最後は110で終わる（1→1→0と入力される）」ということのみです。

一番最後の入力が「0」で終わるわけですから、0の入力があった時の遷移を見てみると…

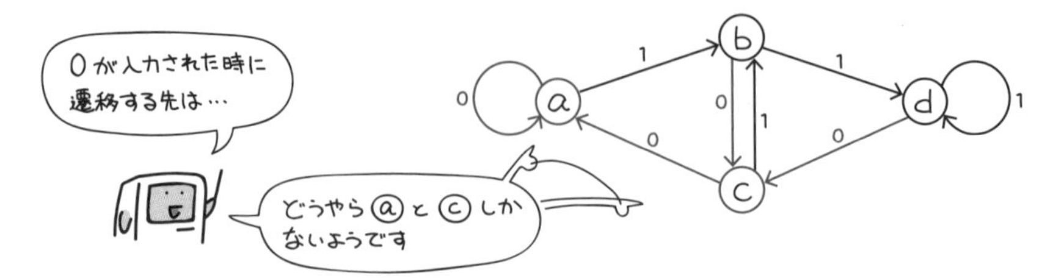

ということは、ここで候補は半分に絞られるわけです。

それではaとcに候補を絞って、入力「110」を逆にたどれるか（0→1→1と遡っていけるか）確認してみましょう。

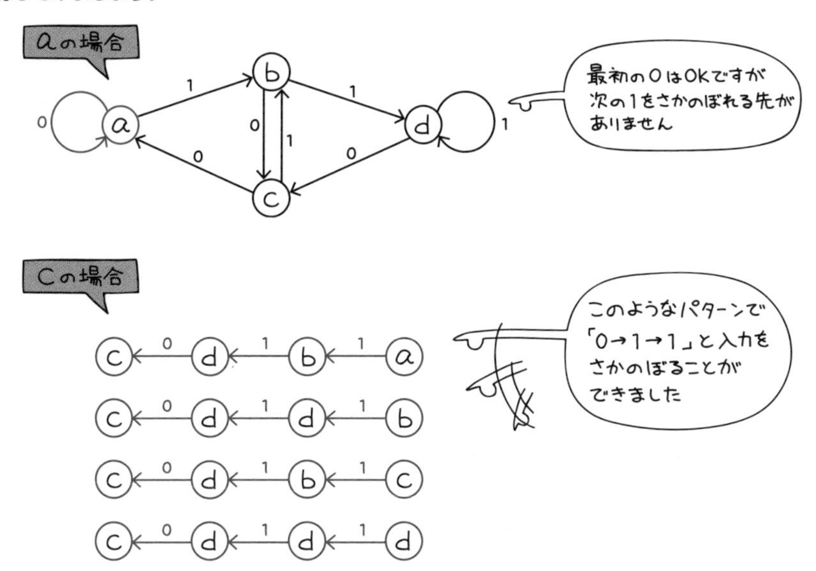

よって、受理状態とするのはc、つまり選択肢ウが正解となります。

ちなみに、有限オートマトンに慣れる意味でまだるっこしい解き方をしましたが、実を言うと答えはもっと単純に導き出せたりします。

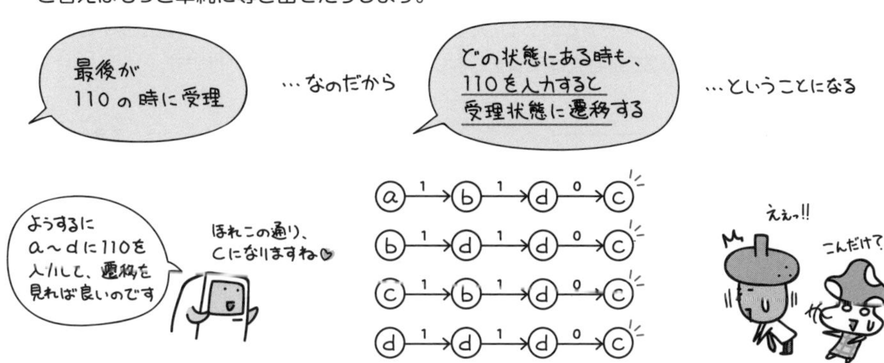

正規表現によるパターン表現

文字列をパターン化してあらわす表現方法に正規表現があります。

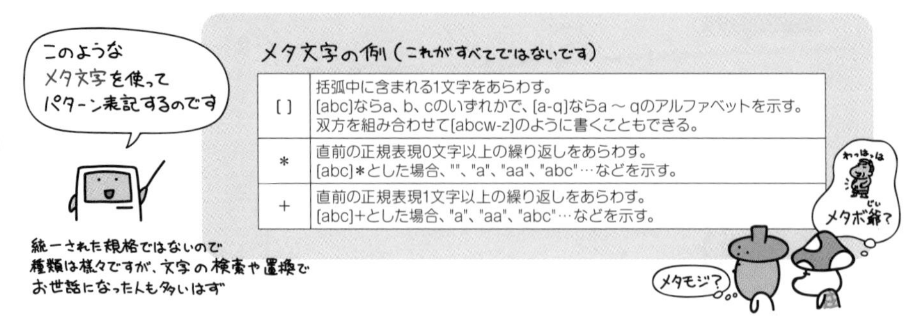

[ ]	括弧中に含まれる1文字をあらわす。 [abc]ならa、b、cのいずれかで、[a-q]ならa ～ qのアルファベットを示す。 双方を組み合わせて[abcw-z]のように書くこともできる。
＊	直前の正規表現0文字以上の繰り返しをあらわす。 [abc]＊とした場合、""、"a"、"aa"、"abc"…などを示す。
＋	直前の正規表現1文字以上の繰り返しをあらわす。 [abc]+とした場合、"a"、"aa"、"abc"…などを示す。

たとえば次の正規表現は、「先頭にA ～ Zから1文字以上、以降0 ～ 9の数字が0文字以上続く」という文字列をあらわしています。

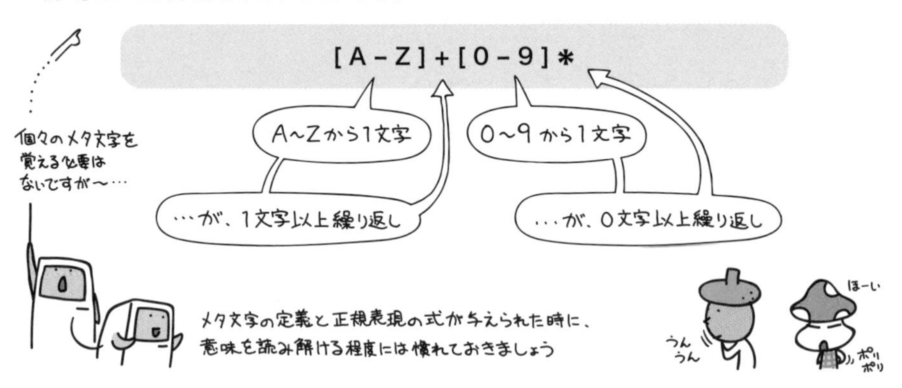

この判定にも、有限オートマトンが用いられます。

正規表現を有限オートマトンであらわし、入力値が受理されればパターンがマッチしたことになりますし、非受理で終わればマッチしない文字列だったというわけです。

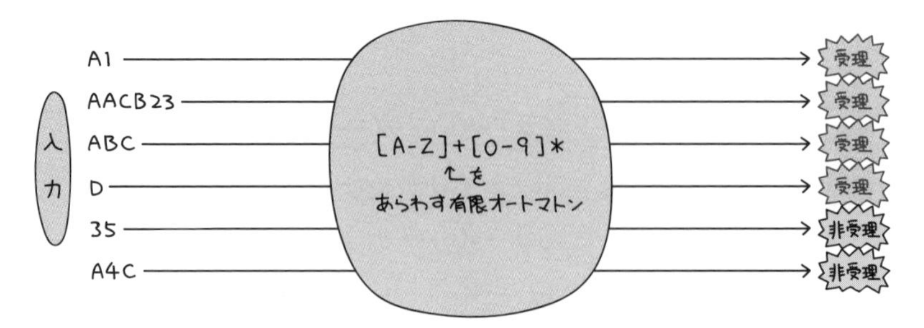

このようにに出題されています

過去問題練習と解説

図は，偶数個の1を含むビット列を受理するオートマトンの状態遷移図であり，二重丸が受理状態を表す。a，bの適切な組合せはどれか。

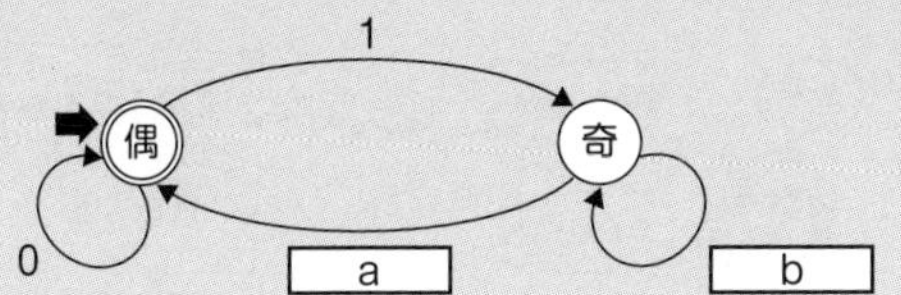

	a	b
ア	0	0
イ	0	1
ウ	1	0
エ	1	1

解説

本問を解く上では、状態遷移図の問題として考えればよいでしょう。太い矢印から始めて、二重丸で終わるようなaとbを探します。ビット列の例を想定して考えてみます。

想定するビット列：0101

(1) 1ビット目の0
0なので、左の輪の0の遷移を通って、偶の状態に戻ります。

(2) 2ビット目の1
1なので、上の右矢印の遷移を通って、奇の状態に移ります（＝この1が取られ、1は残り1つ（奇数）になりました）。

(3) 3ビット目の0
0なので、1の数は、1つ（奇数）を維持しなければなりません。そこで、bは0になります。

(4) 4ビット目の1
1なので、この1を取り、1の数をゼロ（偶数）にしなければなりません。そこで、aは1になります。

次に示す有限オートマトンが受理する入力列はどれか。ここで，S_1は初期状態を，S_3は受理状態を表している。

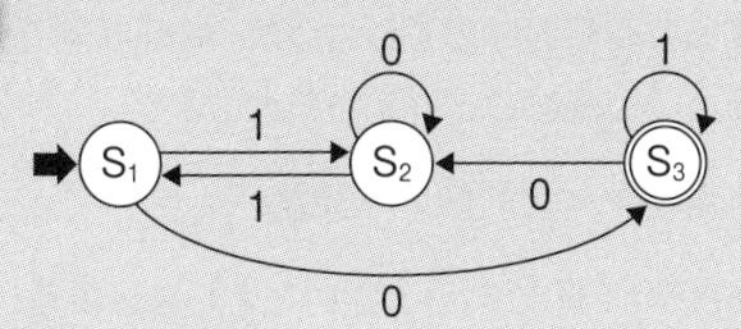

ア　1011
イ　1100
ウ　1101
エ　1110

解説

太い矢印から始めて、二重丸で終わる選択肢を下記のように探します。下記の括弧内の数値は、各選択肢のビット列の先頭から各ビット値であり、状態遷移の判断に使われることを表します。

ア　S_1 →(1)→ S_2 →(0)→ S_2 →(1)→ S_1 →(1)→ S_2　S_3に到着しません。
イ　S_1 →(1)→ S_2 →(1)→ S_1 →(0)→ S_3 →(0)→ S_2　S_3に到着しません。
ウ　S_1 →(1)→ S_2 →(1)→ S_1 →(0)→ S_3 →(1)→ S_3
エ　S_1 →(1)→ S_2 →(1)→ S_1 →(1)→ S_2 →(0)→ S_2　S_3に到着しません。

正解▶問1：ウ　問2：ウ

3-4 形式言語

特定の目的のために作られた言語が形式言語。
プログラム言語もそのひとつです。

コンピュータに処理をさせるため、命令を記述するのがプログラム言語（詳しくはP.348でやります）。上で書いているように、形式言語の代表的な例と言えます。

ではこの形式言語、どのようにして作られるものなのでしょうか。単純な例で見てみましょう。たとえば、文章とは次の構成であるという決めごとがあったとします。

<文章> → <主語> <目的語> <述語>

そして、主語、目的語、述語とは、それぞれ下記であると定めたとしましょう。記号 | は「または」という意味を示しています。

<主語>　 → 私は | あなたは | 彼は | 彼女は
<目的語> → 荷物を | お金を | クジラを | パソコンを
<述語>　 → 買う | 運ぶ | 食べる | つかう

文章構成として決められた<主語> <目的語> <述語>の中に、それぞれの語をはめ込むと、モンタージュのようにして色々な文章ができあがるのがわかると思います。これが形式言語の単純な例。このような設計を詳細に固めることで言語を作り上げるわけですね。

文脈自由文法

形式言語には、いくつかの分類があります。ここではその中から、文脈自由文法について見ていきましょう。文脈自由文法は、a→bという関係にある時、aが1つの非終端記号でなるものです。

まずはじめに、終端記号と非終端記号という言葉を理解していきましょう。

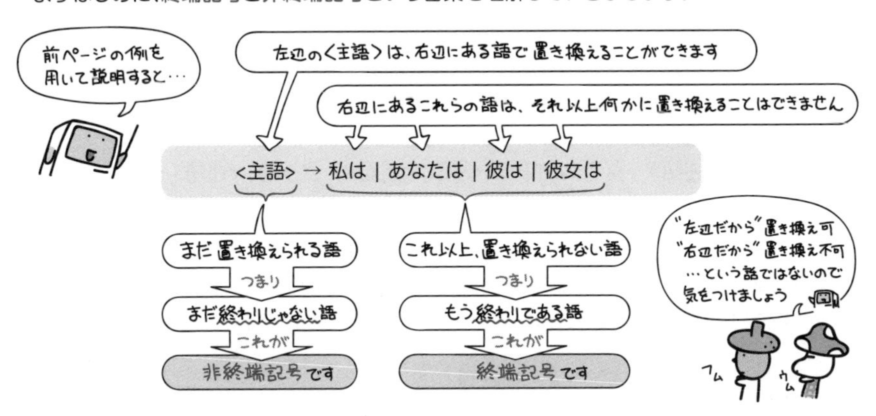

言語はこの非終端記号と終端記号に、生成規則と開始記号を加えた4つの要素で構成されます。生成規則とは、「何を何で置き換えるか」というルールをあらわすもの。開始記号は、最初に置き換える記号の指定です。

ここで、上記の要素をそれぞれ非終端記号をN、終端記号をT、生成規則をP、開始記号をSという記号であらわすことにした場合、文法Gは次のように定義されます。

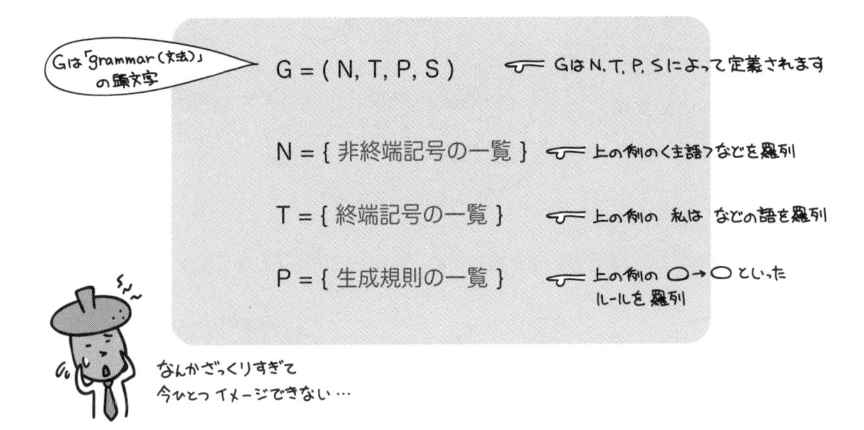

ではこれを使って、前ページの例を試しに表現してみましょう。次のようになります。

N = { <文章>, <主語>, <目的語>, <述語> } ← 非終端記号たち

T = { 私は, あなたは, 彼は, 彼女は, 荷物を, お金を, クジラを, パソコンを, 買う, 運ぶ, 食べる, つかう } ← 終端記号たち

P = { S→<文章>,
<文章>→<主語><目的語><述語>,
<主語>→私は, <主語>→あなたは, <主語>→彼は, <主語>→彼女は,
<目的語>→荷物を, <目的語>→お金を, <目的語>→クジラを,
<目的語>→パソコンを,
<述語>→買う, <述語>→運ぶ, <述語>→食べる, <述語>→つかう}

生成規則たち

開始記号(複数の時もアリ)

開始記号Sは<文章>を指していますから、<文章>の置き換えからはじまります。そうすると、次のように置き換えが進んで文ができあがっていくわけです。

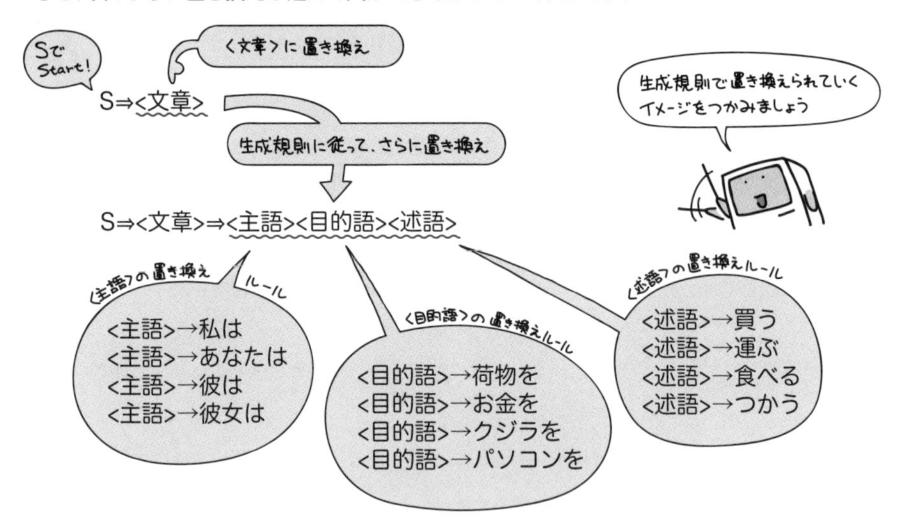

そうして、すべてが終端記号に置き換わると、文の生成が完了となります。

形式言語の定義って、なぜ必要？

それでは…と次の話へと進む前にクエスチョン。そもそもなんでこんなややこしい話が必要で、それはどこで役に立つものなんでしょうか。

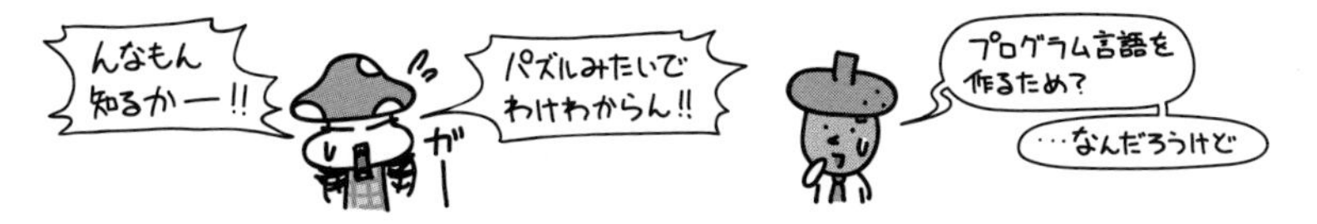

そうですね、目的の処理をさせるために命令を伝える手段として言語を作り、それを記述するわけですけど…実はそのままじゃコンピュータは理解できないのです。

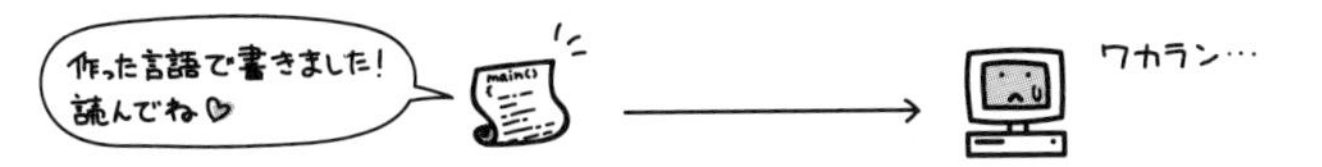

なにせコンピュータが理解できるのは0か1。したがって、誰かがコンピュータの理解できる形式に変換してやんなきゃいけません。それが、言語プロセッサと呼ばれるプログラムの役目。この、言語プロセッサを作るためには、言語の設計図がないと困るわけです。

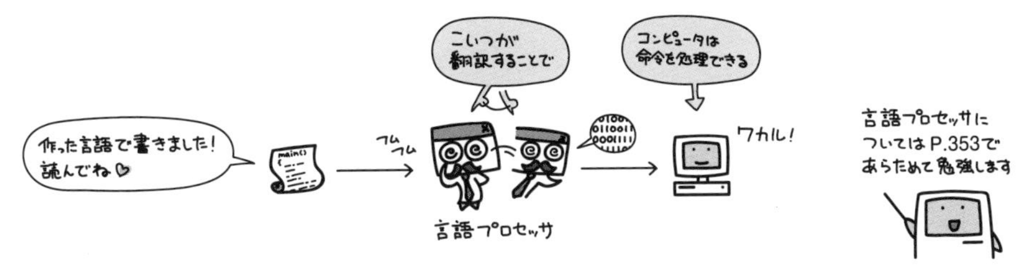

言語は、文字が集まって字句（トークン）となり、字句が集まって文を構成し、文の集まりが言語を形作ります。

言語プロセッサでは、これを逆にバラして解析します。そこに、前節のオートマトンや、今やっている文脈自由文法などが用いられるのです。

BNF記法（バッカス・ナウア記法）

文脈自由文法によりプログラミング言語の文法を定義する表記方法として多く用いられるのが、BNF記法（Backus-Naur Form）です。Algol60というプログラム言語の文法を定義するために生まれたもので、次の記号を用いて文法の定義を行います。

<記号>	置き換え可能な非終端記号をあらわす。
::=	左辺と右辺との区切り。「左辺は右辺である」という意味をあらわす。
|	「または」という意味をあらわす。

文脈自由文法を定義する時の代表的な手法です

たとえば、数字の列をこの表記法であらわすとした場合、次のように定義することができます。

<数字列> ::= <数字> | <数字列><数字>

<数字> ::= 0 | 1 | 2 | 3 | 4 | 5 | 6 | 7 | 8 | 9

ひとつずつ意味を読み解いてみましょう。

とは 0 ～ 9 のいずれかに置き換えられます

0～9のいずれか

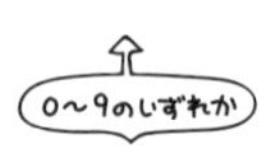

とは <数字> もしくは <数字列><数字> の並びに置き換えられます

ん!? あれ! あそこ!

<数字列> が <数字列>? なにそれ

そう、ここで<数字列>は、その定義の中に自分自身を含んでいます。このような手法を再帰的定義と言います。

「再帰」とは「もう一度帰ってくる」という意味。自身への参照を定義に含むことで、同じパターンの繰り返しを表現することができるのです。

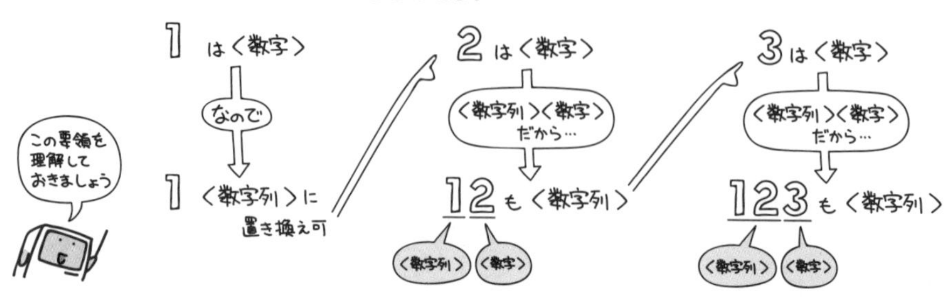

それではここで、練習問題を解いてみましょう。

練習問題

あるプログラム言語において、識別子(identifier)は、先頭が英字で始まり、それ以降に任意個の英数字が続く文字列である。これをBNFで定義した時、aに入るものはどれか。

<digit> ::= 0 | 1 | 2 | 3 | 4 | 5 | 6 | 7 | 8 | 9
<letter> ::= A | B | C | … | X | Y | Z | a | b | c | … | x | y | z
<identifier> ::= [a]

ア <letter> | <digit> | <identifier><letter> | <identifier><digit>
イ <letter> | <digit> | <letter><identifier> | <identifier><digit>
ウ <letter> | <identifier><digit>
エ <letter> | <identifier><digit> | <identifier><letter>

(平成29年度春期 応用情報技術者試験 午前 問4)

条件を確認しながら、順番に消去法で見ていきます。

まず「先頭が英字で始まり」とありますから、<digit>単体への置き換えルールがある選択肢アとイは候補から外れます。

~~ア~~ <letter> | <digit> | <identifier><letter> | <identifier><digit>
~~イ~~ <letter> | <digit> | <letter><identifier> | <identifier><digit>

数字が先頭に来るのはダメ

続いては、「それ(先頭)以降に任意個の英数字が続く」という条件です。

選択肢ウを見ると、再帰的定義をされている<identifier>の後ろには<digit>しかありません。これでは「任意個の数字」しか続きませんので、これもアウトです。

~~ウ~~ <letter> | <identifier><digit>

先頭は英字だけど…　任意個の数字しか続かないのでダメ

選択肢エを見ると、「先頭は英字」ですし、その後ろに数字も英字も繰り返せるように定義されています。したがって、選択肢エが正解です。

エ <letter> | <identifier><digit> | <identifier><letter>

先頭が英字　任意個の数字が続く　任意個の英字が続く

このように出題されています

過去問題練習と解説

問 1 (AP-H30-A-04)

次に示す記述は，BNFで表現されたあるプログラム言語の構文の一部である。<パラメタ指定>として，適切なものはどれか。

<パラメタ指定>::=<パラメタ>|(<パラメタ指定>，<パラメタ>)
<パラメタ>::=<英字>|<パラメタ><英字>
<英字>::=a|b|c|d|e|f|g|h|i

ア　((abc, def), ghi)　　イ　((abc, def))
ウ　(abc, (def))　　エ　(abc)

解説

BNF記法の記号の定義を、本問に当てはめてみます。

(1) <英字>::= a|b|c|d|e|f|g|h|i
英字は、a b c d e f g h i のいずれかです。

(2) <パラメタ>::=<英字>|<パラメタ><英字>
パラメタは、英字か、または、パラメタと英字（＝英字が連なったもの）です。例えば、パラメタは、a aa abcd cdfd といったものです。

(3) <パラメタ指定>::=<パラメタ>|(<パラメタ指定>，<パラメタ>)
パラメタ指定は、▲パラメタか、または、●(パラメタ指定，パラメタ)です。
上記●の下線部の(パラメタ指定，パラメタ)がわかりにくいです。
上記▲の下線部から、バラメタ指定＝パラメタ であり、上記●の下線部より、(パラメタ，パラメタ)も、パラメタ指定です。この定義から、★((パラメタ，パラメタ)，パラメタ)もパラメタ指定です。さらに、この定義から、(((パラメタ，パラメタ)，パラメタ)，パラメタ)もパラメタ指定です。このように、際限なく、入れ子を作ることができます。

選択肢アの((abc, def), ghi)は、上記★の下線部の形になっているので、正解です。

問 2 (AP-H29-A-02)

次のBNFにおいて非終端記号〈A〉から生成される文字列はどれか。

〈R_0〉::= 0 | 3 | 6 | 9
〈R_1〉::= 1 | 4 | 7
〈R_2〉::= 2 | 5 | 8
〈A〉::= 〈R_0〉 | 〈A〉〈R_0〉 | 〈B〉〈R_2〉 | 〈C〉〈R_1〉
〈B〉::= 〈R_1〉 | 〈A〉〈R_1〉 | 〈B〉〈R_0〉 | 〈C〉〈R_2〉
〈C〉::= 〈R_2〉 | 〈A〉〈R_2〉 | 〈B〉〈R_1〉 | 〈C〉〈R_0〉

ア 123　　イ 124　　ウ 127　　エ 128

解説

BNF記法の記号の定義を本問に当てはめてみます。
選択肢はすべて3文字であり、かつ、最初は"12"で始まっています。

非終端記号〈A〉は、〈R_0〉 | 〈A〉〈R_0〉 | 〈B〉〈R_2〉 | 〈C〉〈R_1〉です。
(1)　(2)

上記の(1)と(2)のケースを検討します。

(1)のケース
〈R_0〉は、0、3、6、9のいずれかです。しかし、1ではないので、該当しません。

(2)のケース
〈A〉〈R_0〉の前半の〈A〉から〈B〉〈R_2〉を取ります。選択肢のすべてが"1"で始まっているからです。
〈B〉〈R_2〉の前半の〈B〉から、1を取ります。残りは〈R_2〉なので"2"を取ります。
元にもどって、〈A〉〈R_0〉の後半の〈R_0〉から"3"を取ります。

これで"123"が完成し、正解はアとなります。〈R_0〉には、4、7、8はないので、選択肢イ～エはありえません。

正解▶問1:ア　問2:ア

デジタルデータのあらわし方

ISO

でもコンピュータって
絵とか音楽とか
色んなデータ
扱ってんじゃん
あんなのに
区切りとか数値化とか
関係ないだろーに

それが
しっかり区切られて
いるんです
ほっ
はっ

あれが?
見えない
よね

たとえば電球が
いっぱい集まって
できている
ネオンサインや
電光掲示板

遠目で見ると
しっかり絵になって
いるわけですが…
明日の天気
BEER
glica
焼肉

近くで見ると、
オンとオフしか
表現できない
電球の集まりに
過ぎません
オン
オフ

だから、
絵なんだけど
「区切り」がある
わけです
オー
たしかに

つまり、
オン(1)とオフ(0)
しかなくても、それが
たくさん集まれば
多様なデータが
表現できる…
プシュー
ガチャガチャ
ガチャガチャガチャ

この考え方で
作られているのが、
「デジタルデータ」と
いうやつなのです
CD-ROMの
中身だって、
実は「オン」と「オフ」の
集合なのです

Chapter 4-1 ビットとバイトとその他の単位

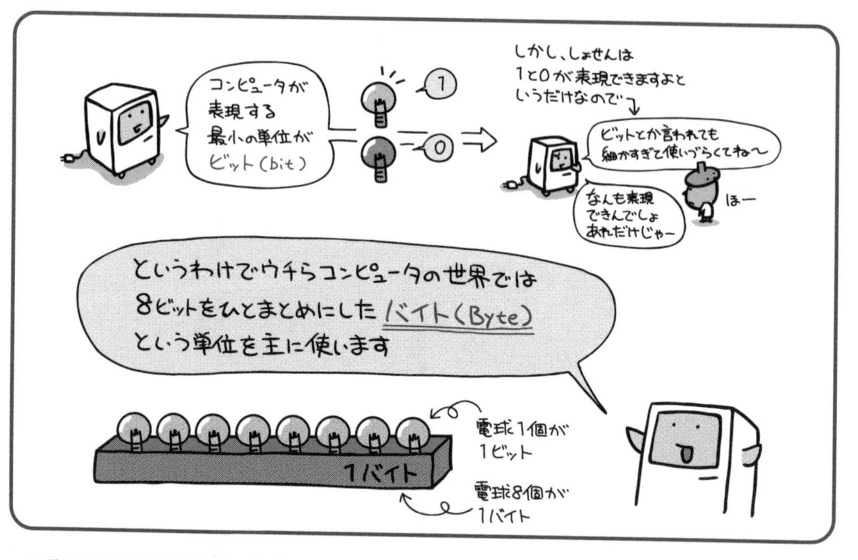

8ビットをひとまとめにした単位をバイトと呼びます。メモリの記憶容量などは、主にバイトを用いてあらわします。

ビット(bit)はコンピュータの扱う最小の単位です。そのためあれもこれもこの単位であらわそうとすると、やたら大きな数字になって扱いに困ります。しかも、しょせんは1と0が表現できるだけなので、1ビットという情報量だけでは、その中にあまり意味を持たせることもできません。

そこで、ある程度まとまった扱いやすい単位として、8ビットをひとまとめにした「バイト(Byte)」という単位が、コンピュータでは主に用いられています。

ビットとバイトには、それぞれ省略形の書き方があります。コンピュータの情報量をあらわす際に、「500b」と末尾に小文字のbが書いてある場合はビット、「500B」と大文字のBが書いてある場合はバイトを示しています。

ちなみに、なんで8ビットなんて一見半端なサイズにまとめたかというと、アルファベット一文字をあらわすのに8ビットくらいがちょうどいい案配だったから。そう、1バイトとは、アルファベット一文字をあらわす単位でもあるのです…が、そのあたりについては本節ではなく、次の節でくわしく触れることにします。

1バイトであらわせる数の範囲

2進数の1桁であらわせる範囲は、何度も出てきているように電球のオンとオフ。つまり1か0かという2通りしかありません。これが1ビットという単位であらわせる限度。

じゃあ2ビット使えばどうなるかというと、4通りに増えます。2ビットだと2進数2桁になるので、2^2個の数を表現できるのです。

同じ理屈で、3ビットあれば2^3個で8通り。4ビットだと2^4個で16通り。

じゃあ8ビット…つまり1バイトだといくつ表現できるかというと、2^8個になるので2×2×2×2×2×2×2×2でなんと256通り。0 ～ 255という数をあらわすことができちゃいます。

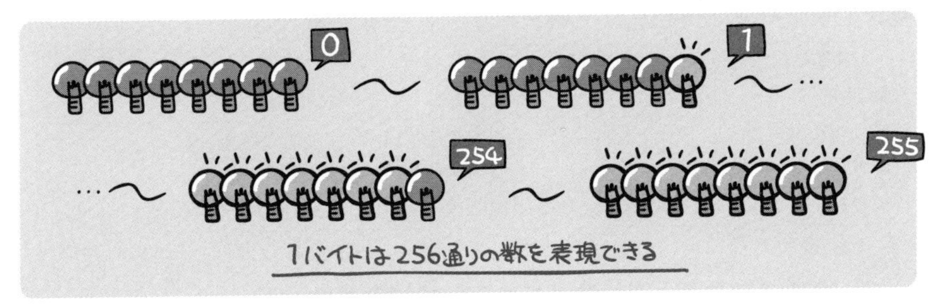

ちなみに負の数を入れると表現できる数値は正と負に2等分されるので、符号ありの場合あらわせる数は次のようになります。

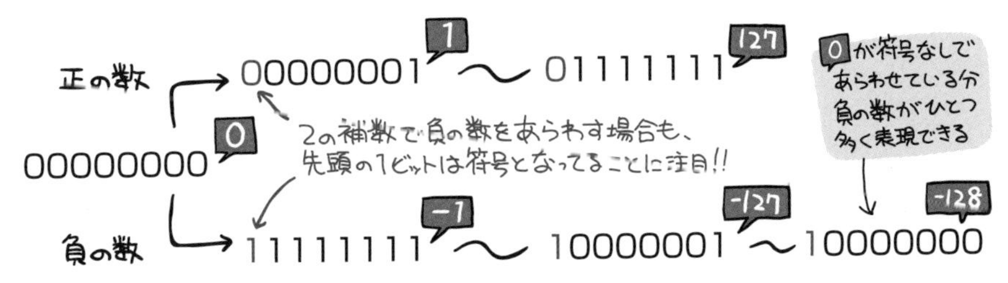

様々な補助単位

m(メートル)という長さの単位があります。身長や建物の高さ、目的地までの距離など、様々なシチュエーションで使う単位です。

ところで、たとえば目的地まで40,000mだった時。ほとんどの人が「あと40,000mだよ」とはおそらく言わないでしょう。わかりやすいように「あと40kmだよ」と言うのではないでしょうか。この時の「k」が、補助単位です。

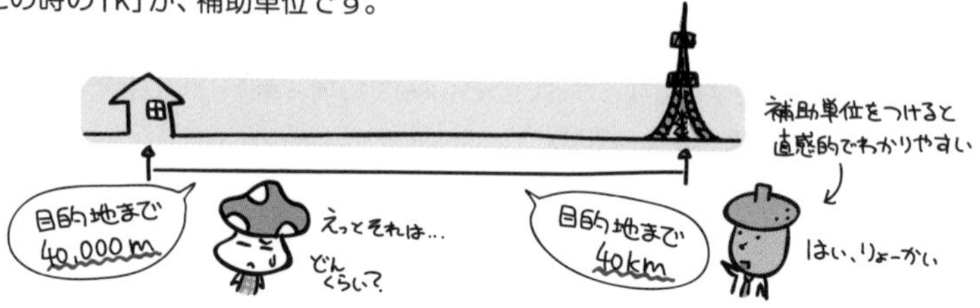

これまでビットだバイトだと小さい基本単位の話をしてきましたが、実際にコンピュータで扱うデータは、もっと大きな情報量になっていることがほとんどです。そこで、先のkmの例と同様に、コンピュータの世界でも補助単位を使ってあらわします。

補助単位には、記憶容量などでよく使う「大きい数値をあらわす補助単位」と、処理速度などでよく使う「小さい数値をあらわす補助単位」があります。どちらも名前を覚えておきましょう。

記憶容量など大きい数値をあらわす補助単位

補助単位	意味	説明
キロ(k)	10^3	基本単位×1,000倍の意味
メガ(M)	10^6	基本単位×1,000,000倍の意味
ギガ(G)	10^9	基本単位×1,000,000,000倍の意味
テラ(T)	10^{12}	基本単位×1,000,000,000,000倍の意味

処理速度など小さい数値をあらわす補助単位

補助単位	意味	説明
ミリ(m)	10^{-3}	基本単位×1/1,000倍の意味
マイクロ(μ)	10^{-6}	基本単位×1/1,000,000倍の意味
ナノ(n)	10^{-9}	基本単位×1/1,000,000,000倍の意味
ピコ(p)	10^{-12}	基本単位×1/1,000,000,000,000倍の意味

コンピュータの世界では 1kバイトは1,024バイト(2^{10}バイト)となるのが本来ですが情報処理試験では特に指定がない限り上の表で統一されています

Chapter 4-2 文字の表現方法

コンピュータは文字に数値を割り当てることで、文字データを表現します。

前節でも書いたように、そもそもバイトという単位には「1文字をあらわすのに事足りるひとまとまりのサイズ」なんて理由がこめられています。

さて、「事足りる」とはどういうことか。それは、「アルファベットそれぞれに数値を対応づけるには、256通りもあれば足りてくれるでしょ」ということに他なりません。実際には8ビット分丸々は使わず、1ビット分は他の用途に使ったりとか色々ありますが、それはとりあえず置いといて。

そんなわけで、コンピュータは文字を「こんな感じの図形ね」くらいにしか思ってなくて、実際には「○番に該当する図形データを表示せよ」と言われてその通りに処理しているだけなのです。文字の意味など知ったこっちゃなし。文字コードとして各文字に割り当てられた数値だけが大事な情報なのです。

ところでこの文字コード。世界中のコンピュータがすべて同じ起源かというとそうでない以上、数値の割り当て方にも方言が出てきます。しかも、ひらがなカタカナ漢字となんでもござれな日本みたいな国だと、たかが256通りですべての文字を網羅できるはずもありません。そのため文字コードには様々な種類が存在しています。

文字コード表を見てみよう

それでは文字コードの例として、もっともポピュラーなASCIIのコード表を見てみましょう。半角の英数字をあらわすために用いる、標準的な文字コードがASCIIコードです。

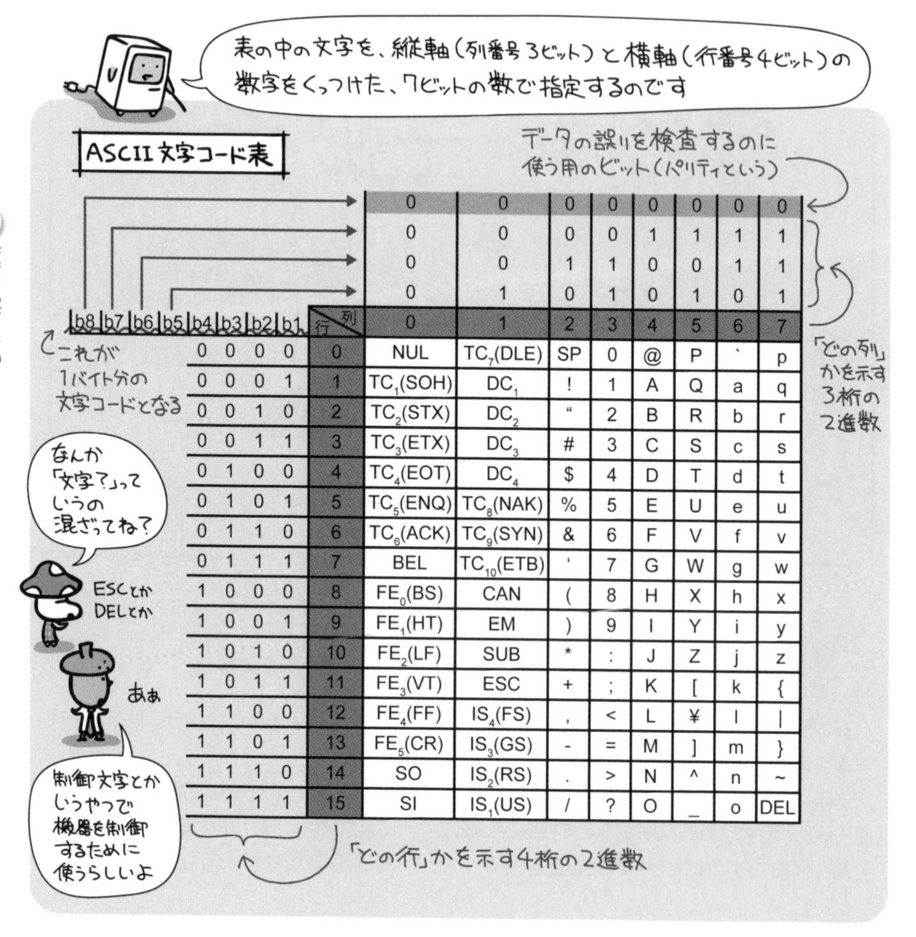

ASCII文字コード表

b8		0	0	0	0	0	0	0	0
b7		0	0	0	0	1	1	1	1
b6		0	0	1	1	0	0	1	1
b5		0	1	0	1	0	1	0	1
b4 b3 b2 b1	行＼列	0	1	2	3	4	5	6	7
0 0 0 0	0	NUL	TC$_{7}$(DLE)	SP	0	@	P	`	p
0 0 0 1	1	TC$_{1}$(SOH)	DC$_{1}$	!	1	A	Q	a	q
0 0 1 0	2	TC$_{2}$(STX)	DC$_{2}$	“	2	B	R	b	r
0 0 1 1	3	TC$_{3}$(ETX)	DC$_{3}$	#	3	C	S	c	s
0 1 0 0	4	TC$_{4}$(EOT)	DC$_{4}$	$	4	D	T	d	t
0 1 0 1	5	TC$_{5}$(ENQ)	TC$_{8}$(NAK)	%	5	E	U	e	u
0 1 1 0	6	TC$_{6}$(ACK)	TC$_{9}$(SYN)	&	6	F	V	f	v
0 1 1 1	7	BEL	TC$_{10}$(ETB)	‘	7	G	W	g	w
1 0 0 0	8	FE$_{0}$(BS)	CAN	(	8	H	X	h	x
1 0 0 1	9	FE$_{1}$(HT)	EM	)	9	I	Y	i	y
1 0 1 0	10	FE$_{2}$(LF)	SUB	*	:	J	Z	j	z
1 0 1 1	11	FE$_{3}$(VT)	ESC	+	;	K	[	k	{
1 1 0 0	12	FE$_{4}$(FF)	IS$_{4}$(FS)	,	<	L	¥	l	|
1 1 0 1	13	FE$_{5}$(CR)	IS$_{3}$(GS)	-	=	M	]	m	}
1 1 1 0	14	SO	IS$_{2}$(RS)	.	>	N	^	n	~
1 1 1 1	15	SI	IS$_{1}$(US)	/	?	O	_	o	DEL

たとえば「A」と「n」を例に見てみると、1バイトの箱の中には、それぞれ次の値が入ることになるわけです。

文字コードの種類とその特徴

文字コードの代表的な種類としては、次のようなものがあります。

ASCII（アスキー）

米国規格協会（ANSI）によって定められた、かなり基本的な文字コード。含まれる文字はアルファベットと数字、あといくつかの記号のみで、1文字を7ビットであらわします。

EBCDIC（エビシディック）

IBM社が定めた文字コードで、8ビットを使って1文字をあらわします。大型の汎用コンピュータなどで使われています。

シフトJIS（ジス）コード（S-JIS（エスジス））

ASCIIのコード体系の文字と混在させて使えるようになっている日本語文字コードです。ひらがなや漢字、カタカナなどが扱えます。マイクロソフト社のOSであるWindowsでも使われており、1文字を英数字は1バイト、全角文字は2バイトであらわします。

EUC（イーユーシー）

拡張UNIXコードとも呼ばれ、UNIXというOS上でよく使われる日本語文字コードです。基本的には1文字につき英数字は1バイト、全角文字と半角カタカナ文字は2バイトであらわしますが、補助漢字などでは3バイト使います。

Unicode（ユニコード）

全世界の文字コードをひとつに統一してしまえということで、各国のありとあらゆる文字を1つのコード体系であらわそうとした文字コード。当初は1文字を2バイトであらわす予定でしたが、それでは文字数が足りないということで3バイト、4バイトとどんどん拡張されています。1993年にISOで標準化されています…が、このへんややこしいので次ページで。

たとえばASCIIで「HELLO」という文字列を表現しようとすると、必要なデータ量は5バイトです（バイト単位で文字を扱うため）。各バイトには次のような数値が入っています。

UnicodeとUTF-8

文字コードの話をした時に、うっかり混乱しそうになるのがUnicodeとUTF-8の関係です。

まず文字コードには、「どの文字体系をあらわすのか」という決めごとがあります。表現する文字の一覧みたいなものですね。文字集合もしくは文字セットと言います。

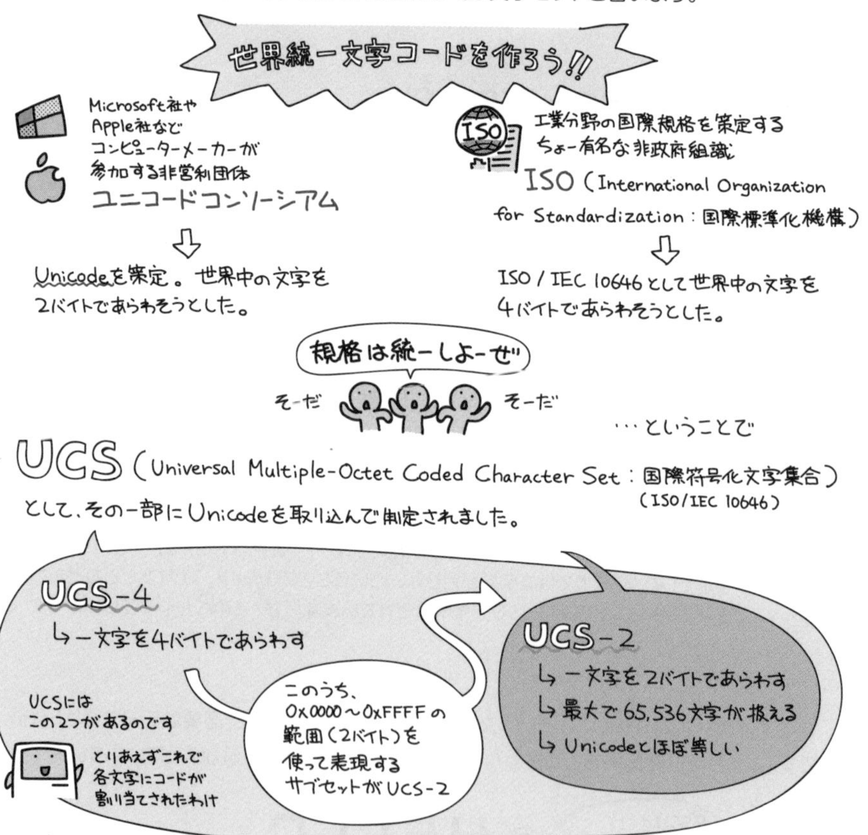

ここで割り当てられたコードが「=文字コード」で話が終わるとわかりやすいのですが、そうは問屋が卸しません。こうして体系化された文字セットを、どういった形のバイト列にするかという規定が別途標準化されているのです。

これを符号化方式（エンコード方式）と言います。前述のUTF-8はこれに該当します。

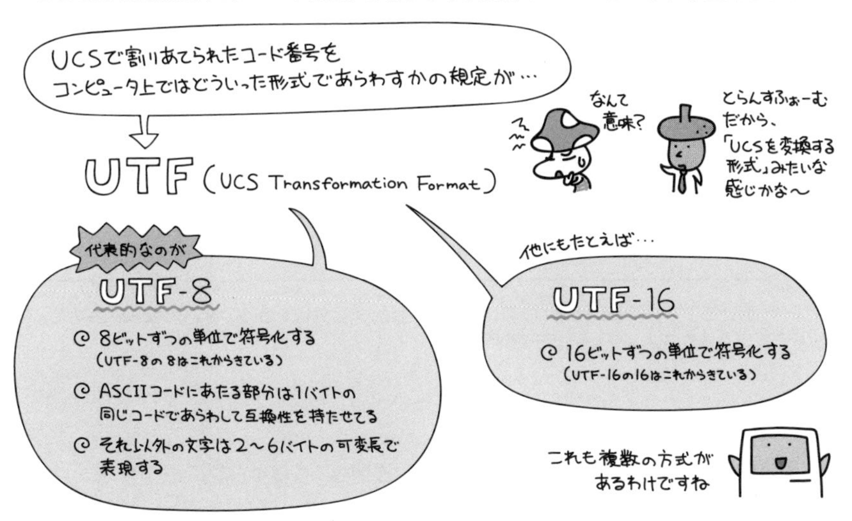

UTF-8によって符号化されたバイト列は、先頭のビットパターンが次のように決まっています。これにより、それぞれの文字が何バイトであらわされているものか判別できるようになっているのです。

1バイト目の内容				バイト列のサイズ	文字の種類
16進表記	00	〜	7F	1バイト文字	ASCII文字。
2進表記	00000000	〜	01111111		
16進表記	C2	〜	DF	2バイト文字	ラテン、ギリシャ、キリル、アラビア文字他。
2進表記	11000010	〜	11011111		
16進表記	E0	〜	EF	3バイト文字	インドや東アジアの文字他。漢字はここ。
2進表記	11100000	〜	11101111		
16進表記	F0	〜	F7	4バイト文字	古代文字や上記以外。
2進表記	11110000	〜	11110111		

たとえばUTF-8によって符号化された次のようなバイト列があった時、

先のビットパターンに照らし合わせてみると、これは9文字分を符号化したものだとわかるわけです。

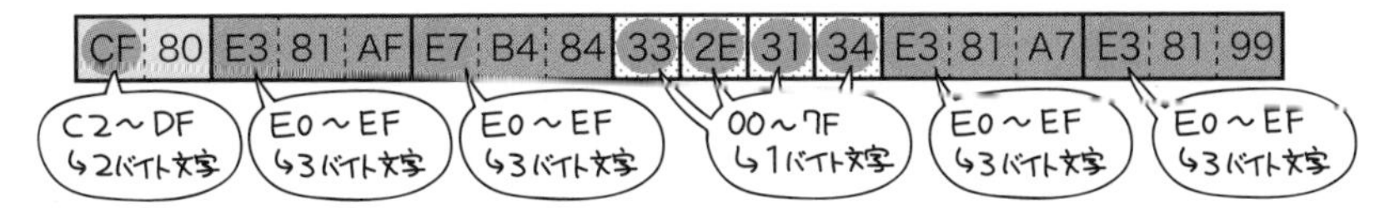

このように出題されています
過去問題練習と解説

2バイトで1文字を表すとき，何種類の文字まで表せるか。

ア　32,000　　イ　32,768　　ウ　64,000　　エ　65,536

解説

1バイトは8ビットなので、2バイトは16ビットです。1ビットで表現できるのは、2^1=2種類なので、16ビットで表現できるのは、2^{16}=65,536種類です。

UTF-8の説明に関する記述として，適切なものはどれか。

ア　1文字を1バイトから4バイト（又は6バイト）までの可変長で表現しており，ASCIIと上位互換性がある。

イ　2バイトで表現する領域に収まらない文字は，上位サロゲートと下位サロゲートを組み合わせて4バイトで表現する。

ウ　ASCII文字だけを使用することが前提の電子メールで利用するために，7ビットで表現する。

エ　各符号位置が4バイトの固定長で表現される符号化形式である。

解説

ア　UTF-8の説明は、127ページを参照してください。
イ　UTF-16の説明です。
ウ　ASCIIコードの説明です。125ページを参照してください。
エ　UTF-32のような説明です。

問3 (AP-H24-S-04)

Unicode文字列をUTF-8でエンコードすると，各文字のエンコード結果の先頭バイトは2進表示が0又は11で始まり，それ以降のバイトは10で始まる。16進表示された次のデータは何文字のUnicode文字列をエンコードしたものか。

CF 80 E3 81 AF E7 B4 84 33 2E 31 34 E3 81 A7 E3 81 99

ア　9　　イ　10　　ウ　11　　エ　12

解説

16進数と2進数の対応表は，下記のとおりです。

16進数	0	1	2	3	4	5	6	7
2進数	0000	0001	0010	0011	0100	0101	0110	0111

16進数	8	9	A	B	C	D	E	F
2進数	1000	1001	1010	1011	1100	1101	1110	1111

上表より、2進数の先頭が0で始まるのは16進数の0 ～ 7であり、2進数の先頭が11で始まるのは16進数のC ～ Fです。

したがって、“各文字のエンコード結果の先頭バイトは2進表示が0又は11で始まり” の条件に合致するのは、下記の★です。

```
CF 80 E3 81 AF E7 B4 84 33 2E 31 34 E3 81 A7 E3 81 99
★    ★       ★       ★  ★  ★  ★  ★       ★
```

上記の★は9個あるので、選択肢アが正解です。

正解 ▶ 問1：エ　問2：ア　問3：ア

Chapter 4-3 画像など、マルチメディアデータの表現方法

画像や音声はデジタルデータへ変換することで、数値であらわせるようにして扱います。

写真や音声、動画など、自然界にある情報はいずれも連続した区切りのないアナログ情報です。このような情報をコンピュータで扱うためには、情報に区切りを持たせ、数値で表現できるように「デジタルデータへの変換」作業を行う必要があります。

たとえば章頭の漫画でふれたアナログ時計。あれは針が境目なく連続して回っていくからアナログなわけで、カチャリカチャリと秒単位や分単位で数値の書き換えが行われるのはデジタル時計でした。つまり、連続して変化する情報のことをアナログ情報と呼び、ある範囲を規定の桁数で区切って数値化したものをデジタル情報と呼ぶわけですね。

この例でいえば、デジタル時計とは「1分という範囲を60で区切って数値表現したもの」だからデジタル時計なのです。決して「コンピュータっぽい文字だからデジタル時計」ではないわけです。

静止画であれば、点描画のような細かい点の集合と見なした上で、各点の色情報を数値化することでデジタルデータに変換できます。音声なら、微少な時間単位に波形を区切って、その単位ごとの音程を数値化するなどしてデジタル化します。

画像データは点の情報を集めたもの

コンピュータの扱う、代表的な画像データのあらわし方はビットマップ方式です。これは、画像を細かいドットの集まりで表現します。

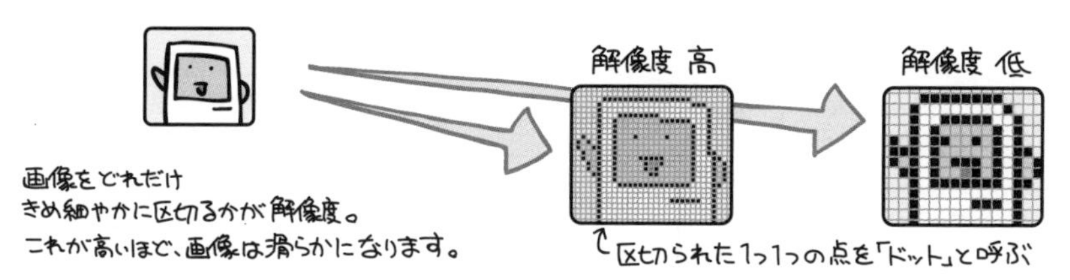

たとえば640×480ドットの画像データだった場合。その画像を構成するドットの数は307,200個です。

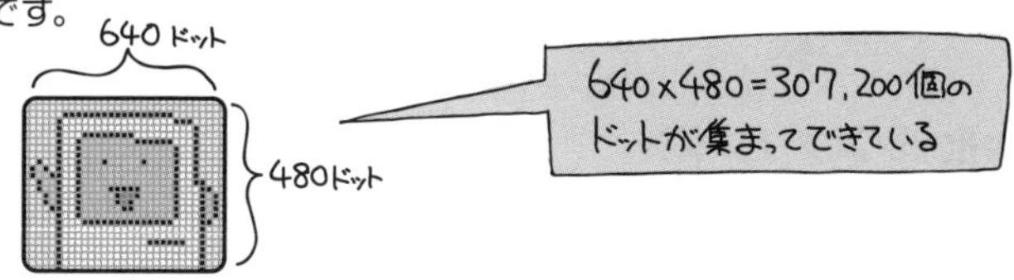

ドットの集まりを絵にするためには、「そのドットは何色か」という情報が必要になります。そんなわけで、ドットひとつひとつに色情報というデータがぶら下がります。

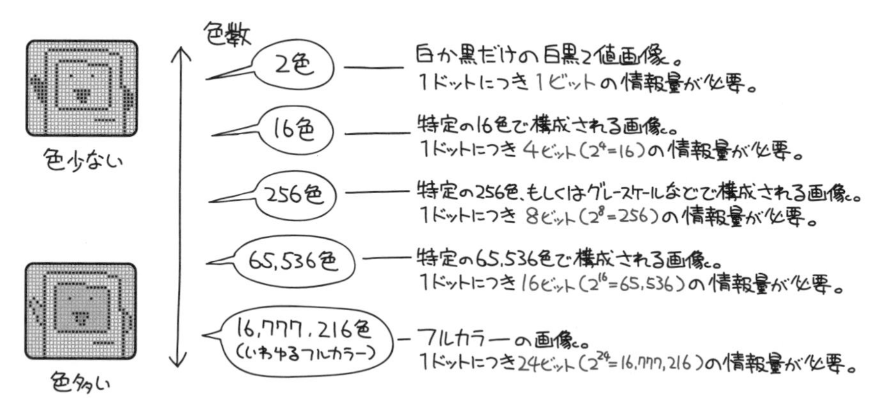

画像をあらわすために必要なデータサイズは、1ドットの色情報を保持するために必要なビット数と、画像全体のドット数とをかけ算することで求められます。

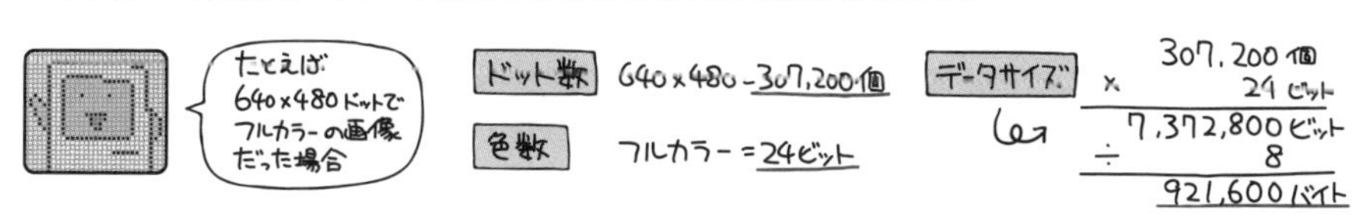

音声データは単位時間ごとに区切りを作る

続いては音声データ。アナログの波形データを、デジタル化して数値表現する代表格はPCM（Pulse Code Modulation）方式です。節の最初でも述べたように、音声を微小な時間単位に区切り、その単位ごとの音程を数値化することで表現します。

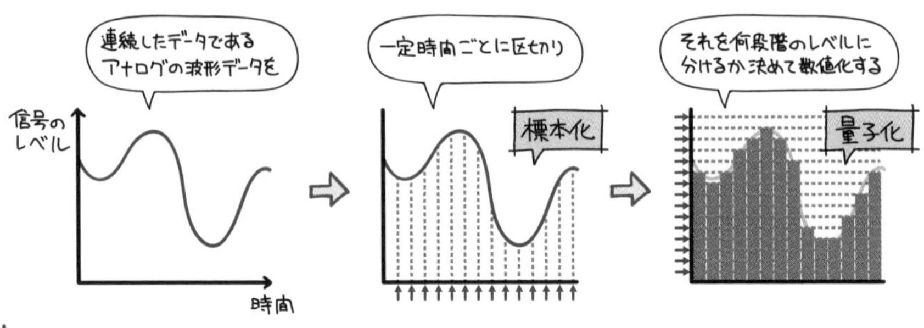

標本化（サンプリング）

アナログデータを一定の時間単位で区切り、その時間ごとの信号レベルを標本として抽出する処理が標本化（サンプリング）です。

まずは時間軸を「無段階の連続したアナログデータ」から、「区切りのあるデジタルデータ」にしてやるわけです。

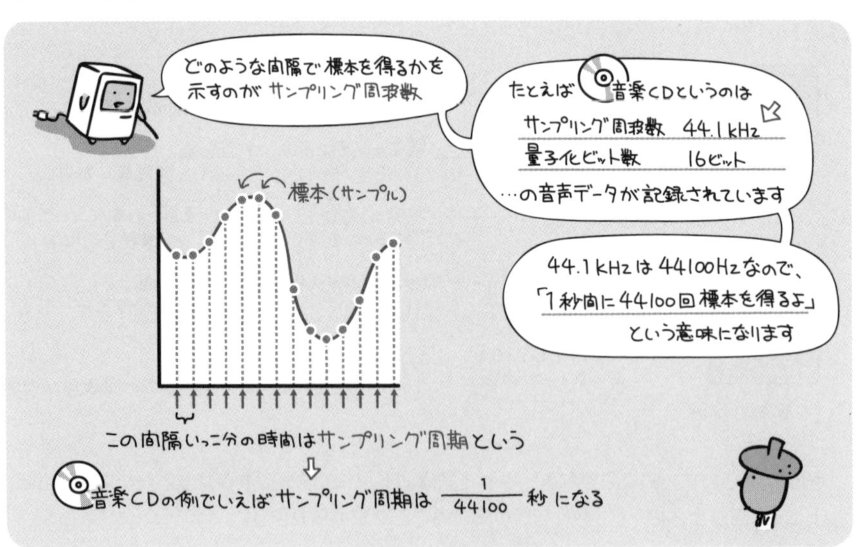

この時サンプリング周波数を、元の信号が持つ周波数の2倍としてサンプリングを行った場合、変換後のデジタルデータからは元の信号を正確に復元することができます。これを標本化定理といいます。

量子化

信号レベルを何段階で表現するか定め、サンプリングしたデータをその段階数に当てはめて整数値に置き換える処理が量子化です。

今度は縦軸の信号レベルを「無段階の連続したアナログデータ」から、「区切りのあるデジタルデータ」にしてやるわけですね。

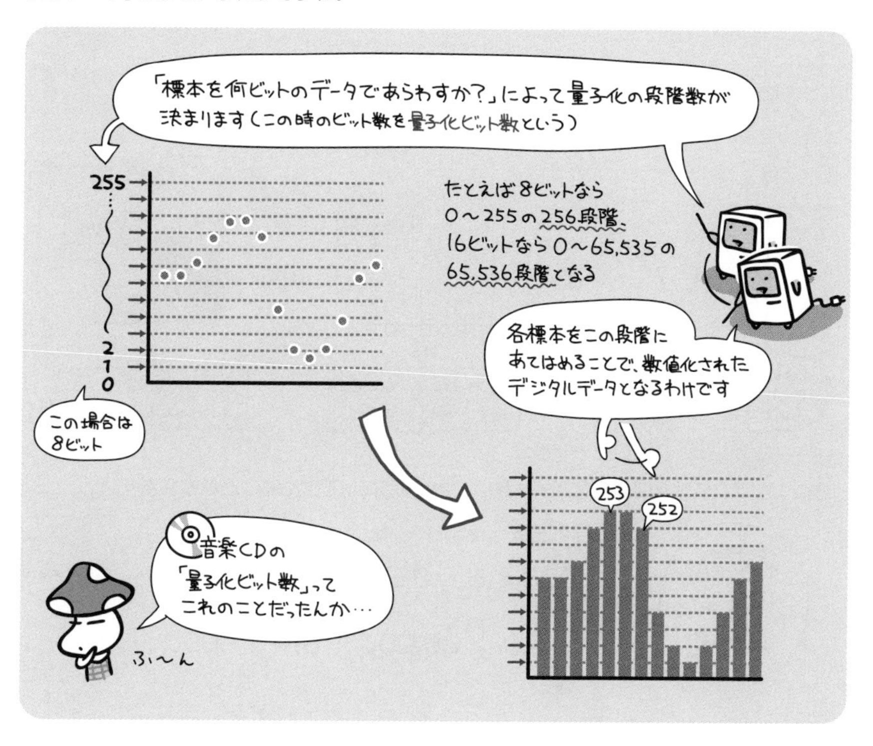

最後に、上記で得た数値を2進数のデータに直す符号化を行い、デジタル化は完了です。サンプリング周期は短く、量子化ビット数は多く…とすることで、より原音に近いデジタルデータを作ることができますが、その分データ量も大きくなります。

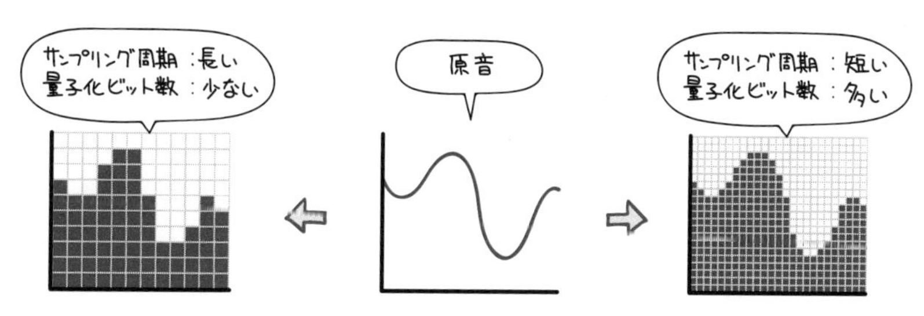

それではここで、ひとつ練習問題を解いてみましょう。

練習問題

　音声のサンプリングを1秒間に11,000回行い、サンプリングした値をそれぞれ8ビットのデータとして記録する。このとき、32×10^6バイトの容量を持つUSBフラッシュメモリに、最大何分の音声を記録できるか。

ア　4　　　イ　6　　　ウ　48　　　エ　60

(平成18年度春期 ソフトウェア開発技術者試験 午前 問55)

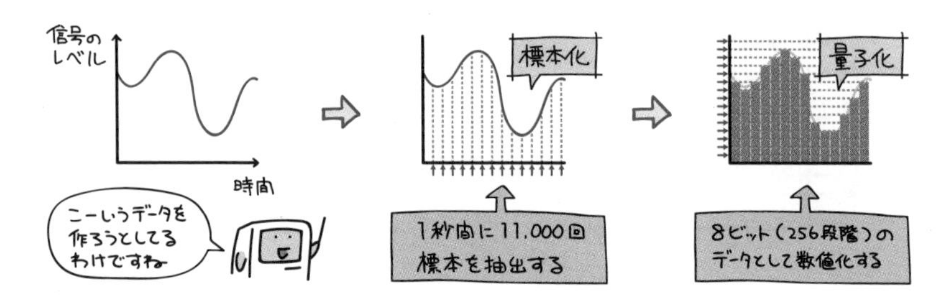

まず1秒間のデータに必要なバイト数は、次のようにして求めることができます。

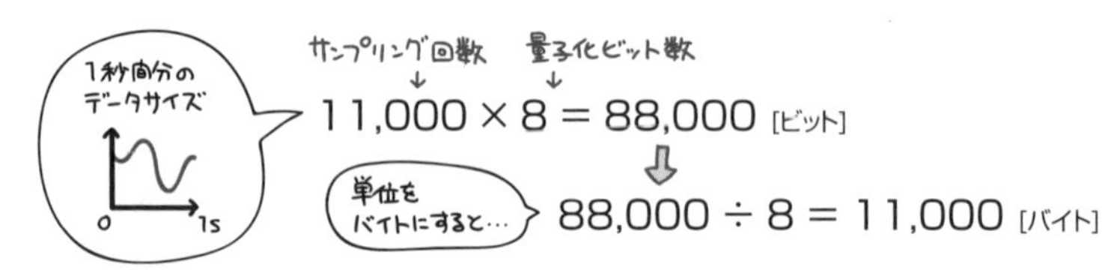

$$11{,}000 \times 8 = 88{,}000 \text{ [ビット]}$$

$$88{,}000 \div 8 = 11{,}000 \text{ [バイト]}$$

1分に必要なバイト数は次の通り。

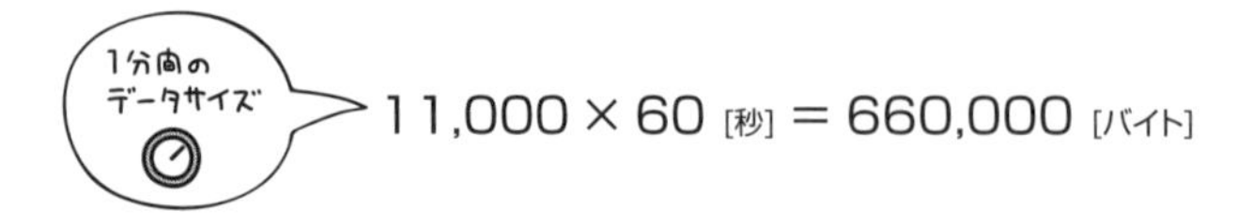

$$11{,}000 \times 60 \text{ [秒]} = 660{,}000 \text{ [バイト]}$$

じゃあ32×10^6バイトのフラッシュメモリにこれを何分間おさめることができるかというと…

$$32{,}000{,}000 \div 660{,}000 = 48.4848\cdots \text{ [分]}$$

以上により、選択肢ウの48分が正解です。

このように出題されています

過去問題練習と解説

音声などのアナログデータをデジタル化するために用いられるPCMで，音の信号を一定の周期でアナログ値のまま切り出す処理はどれか。

ア　逆量子化　　イ　標本化　　ウ　符号化　　エ　量子化

解説

PCMによるアナログ波形のデジタル化は、(1)標本化 (2)量子化 (3)符号化の3段階で行われます。

(1) 標本化は、アナログ波形を、その最高周波数の2倍の時間間隔でサンプリングする（切り出す）ことです。
(2) 量子化は、サンプリングされた波形の高さ（振幅の大きさ）を数値化（整数化）することです。
(3) 符号化は、量子化されたデータを、“0”、“1” に置き換えデジタル化することです。

サンプリング周波数40kHz，量子化ビット数16ビットでA/D変換したモノラル音声の1秒間のデータ量は，何kバイトとなるか。ここで，1kバイトは1,000バイトとする。

ア　20　　イ　40　　ウ　80　　エ　640

解説

本問の場合、下記のように計算されます。

(1) 標本化
サンプリング周波数は40kHz（＝40,000Hz）ですので、1秒間に40,000回（★）、標本を得ます。
(2) 量子化・符号化
量子化ビット数は16ビットですので、1つの標本は16ビットであり、1秒間では、40,000回（★）×16ビット＝640,000ビットが得られます。640,000ビット＝80,000バイト＝80kバイトです。

VoIP通信において8kビット／秒の音声符号化を行い，パケット生成周期が10ミリ秒のとき，1パケットに含まれる音声ペイロードは何バイトか。

ア　8　　イ　10　　ウ　80　　エ　100

解説

(1) パケット生成周期は10ミリ秒ですので、1秒間に必要なサンプリング回数は、1÷（10／1000）＝100回（★）です。
(2) 8kビット／秒の音声符号化を行うので、1秒間に8,000ビット（●）符号化されます。
(3) 1パケットに含まれる音声ペイロードは、<8,000ビット（●）=1,000バイト>÷100回（★）=10バイトです。

正解▶問1：イ　問2：ウ　問3：イ

Chapter 5 コンピュータの回路を知る

コンピュータの
中身は、論理回路の
組み合わせで
できています

論理回路というのは
次のような演算を
行う回路のこと

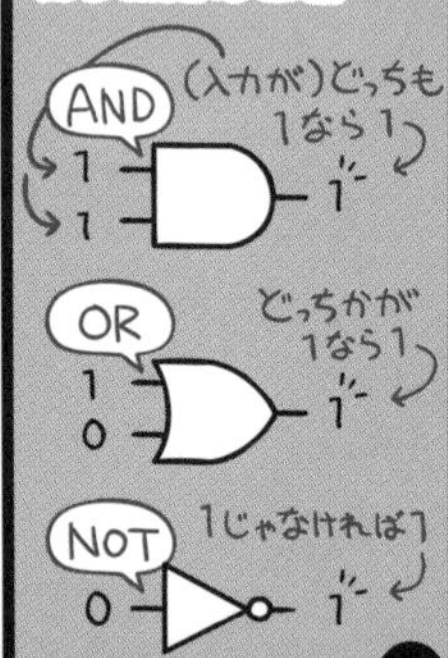

この回路を様々
組み合わせてやる
ことで、複雑な制御を
可能としてるのです

…よくわかんない
ですよね？

え…と、リレーという
電子部品を
ご存じでしょうか？

コイツの中の
電磁石は、電気を
流すとビビビと
磁力を発します

すると磁力で鉄片が
引き寄せられて
スイッチがカチリ…

回路全体に
電気が流れると
いうわけです

この、リレーによる
スイッチを
こう並べると…

もしくは
こんな風に
並べてみると…

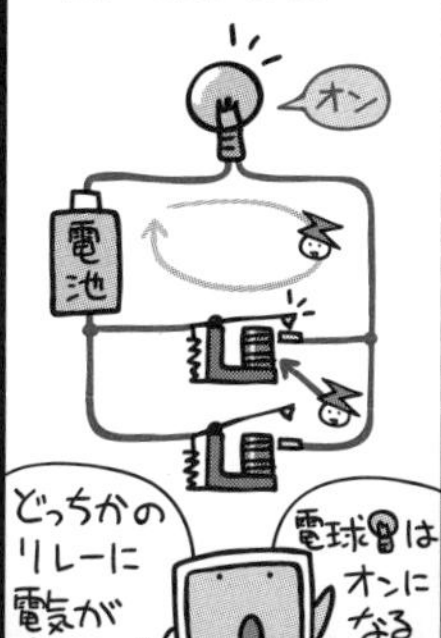

つまり論理回路と
いうのはこうした
電気的な回路を
抽象化したもので、

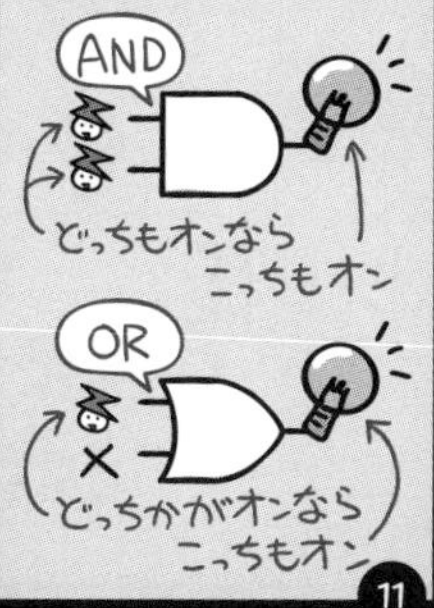

コンピュータには
そんな仕組みの
回路がぎっしり
つまっているよと
いうわけなのです

さて、電気の
オンが1で
オフが0なのは
これまでにも
述べてきた通り

だから、電気を
制御できるのなら、
1と0を使った
ビットの演算処理も
できるはず…

そう、
「どうやって？」

その理屈を
学ぶことが、
「回路を知る」と
いうことなのです

Chapter 5-1 論理回路

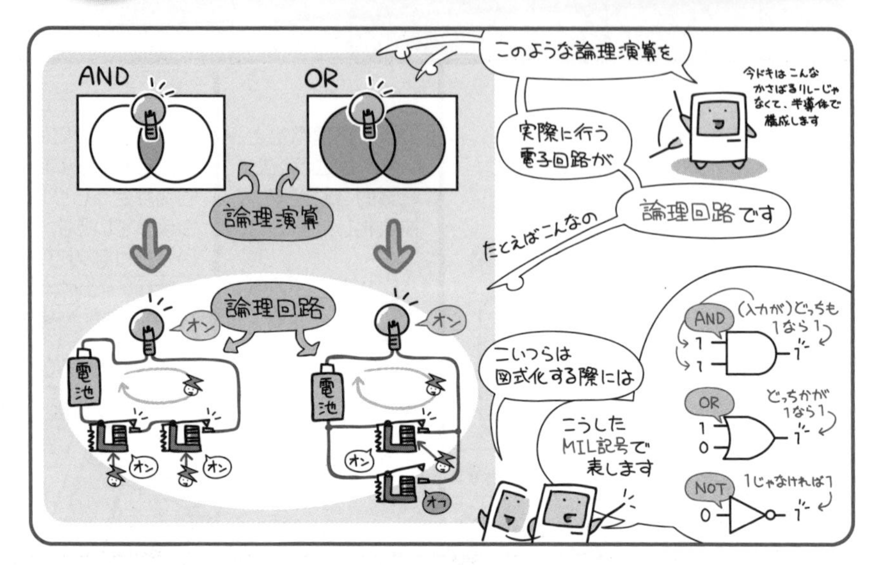

論理演算を行う回路が論理回路。
基本は論理積(AND)、論理和(OR)、否定(NOT)の3つです。

論理演算は、コンピュータがビットの演算を行う上で欠かせない理論です。そして、「1-5 集合と論理演算(P.48)」でふれたように、この論理演算を行う基本的な回路を論理回路と言います。コンピュータは、こうした回路を多数組み合わせていくことで、複雑な処理を実現しているわけです。

論理回路のうち、論理積回路(AND回路)、論理和回路(OR回路)、否定回路(NOT回路)という3つの回路を基本回路と呼びます。

ただ…ここでちょっとベン図を振り返ってみてください。

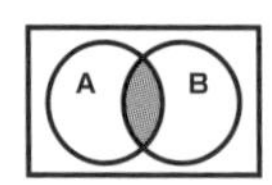

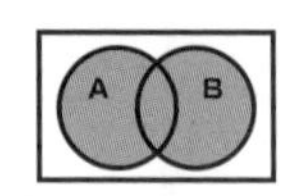

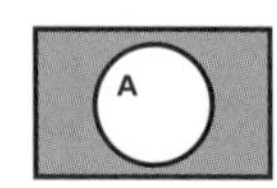

どうでしょう、基本回路3種だけでは、拾い出せない集合がいくつもあることがわかります。そうしたさらに複雑な条件を拾い出す回路は、基本回路の組み合わせによって作られます。

代表的な論理回路

代表的な論理回路には、次のものがあります。

説明	MIL記号 論理式	真理値表	ベン図
論理積(AND) 入力A、Bがともに1の場合に、出力Yが1となります。	$A \cdot B = Y$	A B Y 0 0 0 0 1 0 1 0 0 1 1 1	A B
論理和(OR) 入力A、Bのいずれかが1の場合に、出力Yが1となります。	$A + B = Y$	A B Y 0 0 0 0 1 1 1 0 1 1 1 1	A B
否定(NOT) 入力Aが0の場合に、出力Yが1となります。	$\overline{A} = Y$	A Y 0 1 1 0	A
否定論理積(NAND) 入力A、Bがともに1の場合に、出力Yが0となります。	$\overline{A \cdot B} = Y$	A B Y 0 0 1 0 1 1 1 0 1 1 1 0	A B
否定論理和(NOR) 入力A、Bのいずれかが1の場合に、出力Yが0となります。	$\overline{A + B} = Y$	A B Y 0 0 1 0 1 0 1 0 0 1 1 0	A B
排他的論理和(XOR) 入力A、Bの片方だけが1の場合に、出力Yが1となります。	$A \oplus B = Y$	A B Y 0 0 0 0 1 1 1 0 1 1 1 0	A B

フリップフロップ回路

入力の組合せによって出力が決まる論理回路を組み合わせ回路と言います。これに対して、過去の入力により状態が決まり、それと現在の入力によって出力が決まるものを順序回路と言います。フリップフロップ回路は、この順序回路のひとつです。

フリップフロップ回路は、2つの安定状態を持つことにより、1ビット分の情報が保持できる論理回路です。

この基本的な物が、次に示すRSフリップフロップ回路。リセット(Reset)とセット(Set)という2つの信号パターンによって、記憶させる値を切り替えることができます。

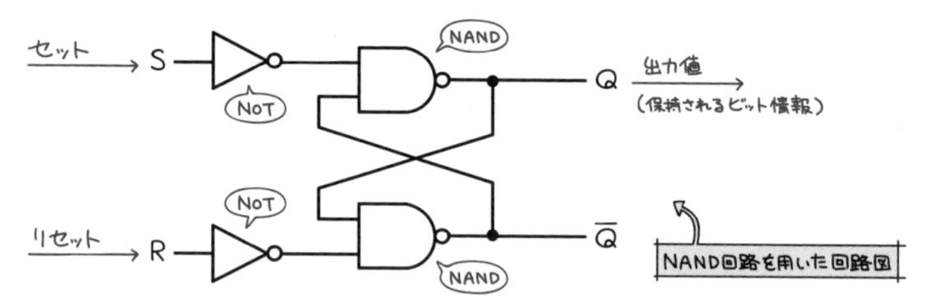

フリップフロップ回路の真理値表は次のようになります。

NAND回路の出力が他方へと互いにフィードバックされて入力値となるため、値の遷移がわかりづらいかもしれません。入力後、安定した状態での出力状態を横に図示しておきますので、入力から順に辿って確認してみましょう。

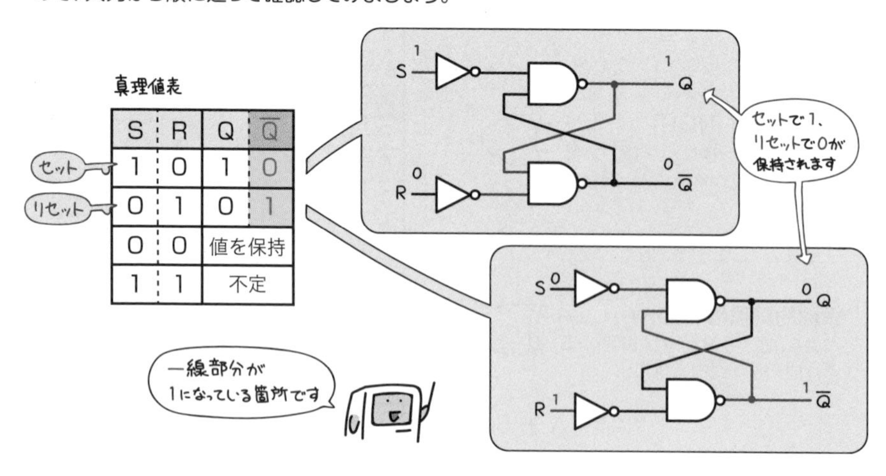
真理値表

S	R	Q	$\overline{Q}$
1	0	1	0
0	1	0	1
0	0	値を保持	
1	1	不定	

入力が(S = 0, R = 0)の時は、その状態を保持します。出力値に変化はありません。

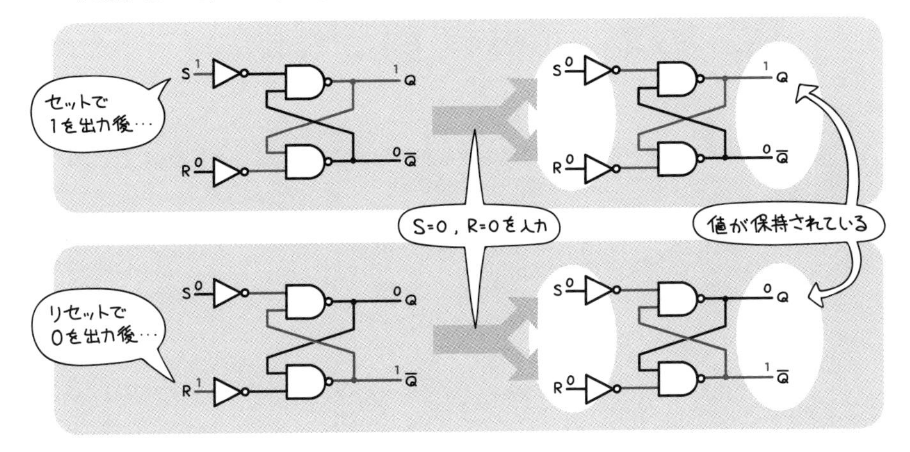

入力値(S = 1, R = 1)では出力が不定となるため、そうした入力はしてはいけないとされています。

ただ、フリップフロップの回路は1パターンではなく、様々な構成が考えられます。たとえば本試験ではよく下記のようなものが出題されるのですが…

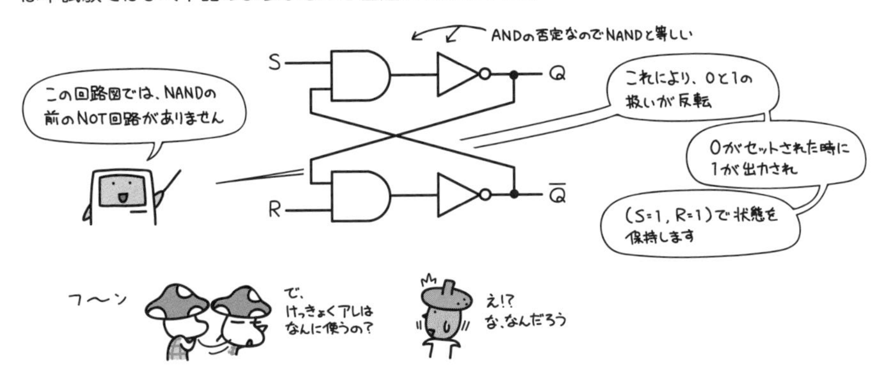

フリップフロップ回路の目的は、「記憶すること」にあります。高速なアクセスが可能であるため、SRAMなどのキャッシュメモリ用途で使われます。

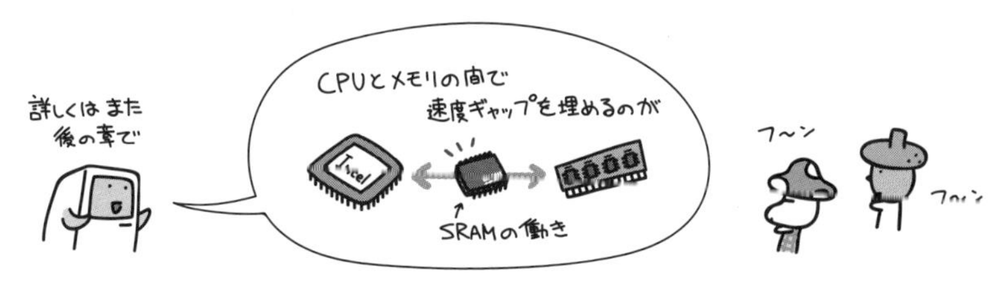

このようにに出題されています

過去問題練習と解説

NAND素子を用いた次の組合せ回路の出力Zを表す式はどれか。ここで，論理式中の“・”は論理積，“＋”は論理和，“$\overline{X}$”はXの否定を表す。

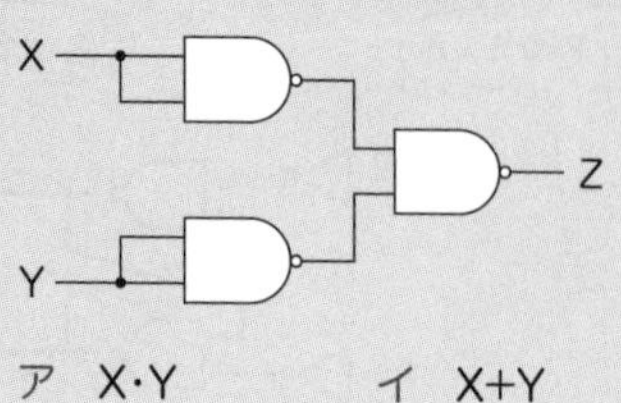

ア　X・Y　　イ　X+Y　　ウ　$\overline{X \cdot Y}$　　エ　$\overline{X+Y}$

解説

XとYのすべての組合せは、①：X=0，Y=0、②：X=1，Y=0、③：X=0，Y=1、④：X=1，Y=1の4ケースです。この4ケースを本問の回路に当てはめると下図になります。

①:X=0,Y=0のケース

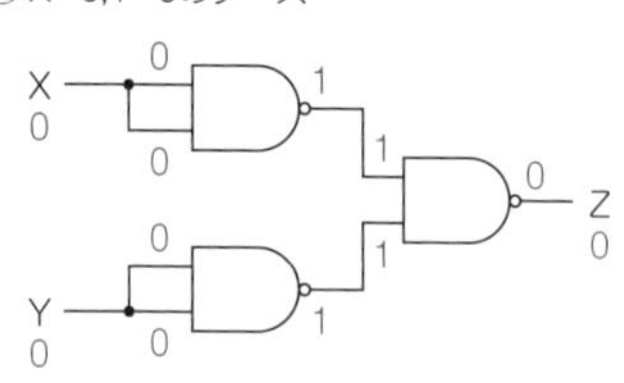

②:X=1,Y=0のケース

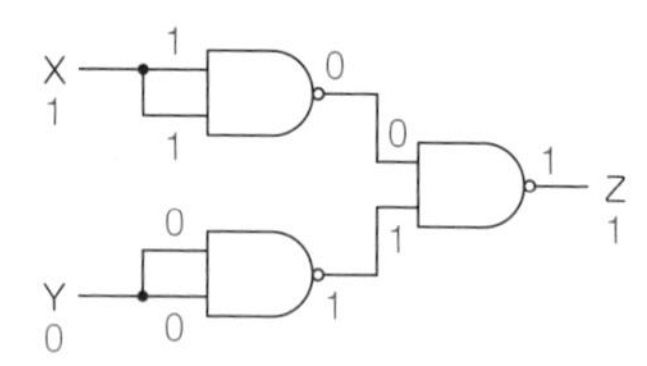

③:X=0,Y=1のケース

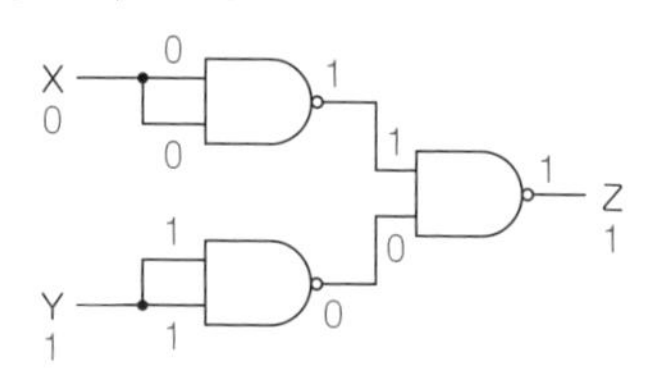

④:X=1,Y=1のケース

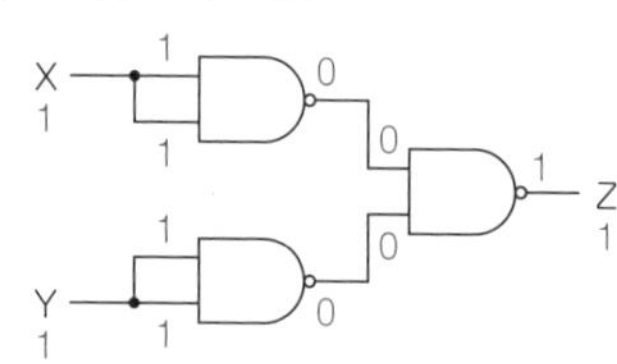

上記の回路を“→”で置き換えると、①：X=0，Y=0 → Z=0、②：X=1，Y=0 → Z=1、③：X=0，Y=1 → Z=1、④：X=1，Y=1 → Z=1　になり、論理和（OR）回路と同じ値です。したがって、選択肢イが正解です。なお、論理和（OR）回路の真理値表は、139ページを参照してください。

正解▶問1：イ

半加算器と全加算器

加算器には、「下位からの桁上がり」を考慮しない半加算器と、それも考慮する全加算器とがあります。

コンピュータは、その回路をシンプルにするため、加算処理の回路ひとつで加算も減算もできるように作られています。では、そもそも加算処理とはどのような回路で実現されているのでしょう。

それを行うのが、半加算器と全加算器です。

とはいえ、「足し算とはどんな概念だから…」なんて作り込むわけじゃありません。「(2進数の場合) 1と1を足せば10になる」のは明確ですから、同じ入力を与えた時に、同じ出力が得られるよう論理回路を組み合わせれば、擬似的に加算処理が行える…という理屈になってます。え?半加算器と全加算器の役割のちがいというか意味がよくわからない?

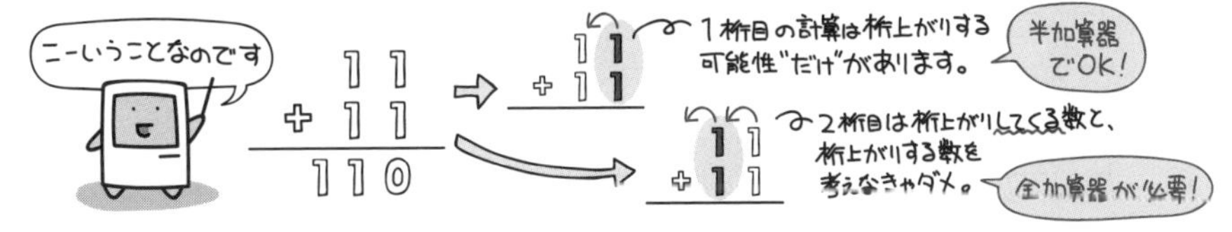

では、半加算器、全加算器というブラックボックスを紐解いていきましょう。

半加算器は、どんな理屈で出来ている？

半加算器を理解するにあたり、まずは2進数の1桁（ビット）同士で行われる足し算に、どんなパターンがあるかを考えてみましょう。

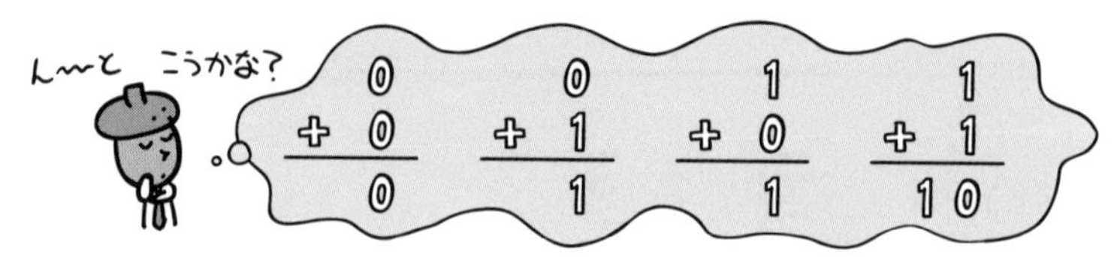

そう、その4つですね。足し算の結果をすべて同じ桁数に揃えてみると、「00、01、01、10」という数字が並びます。

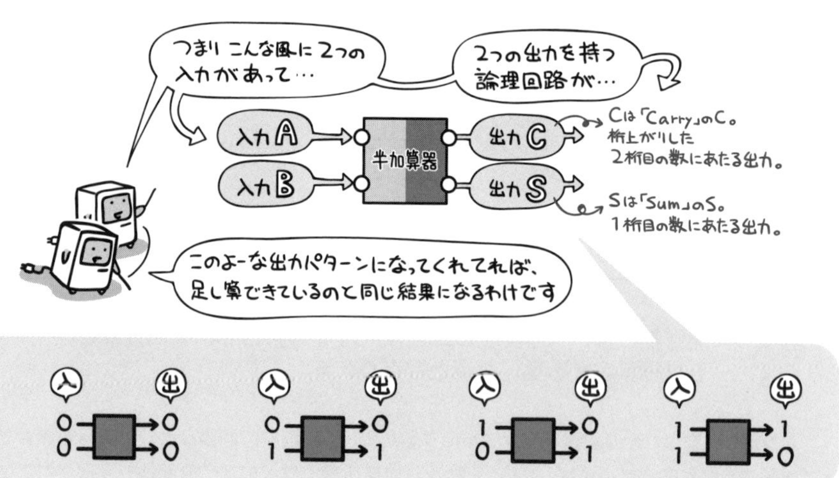

さて、それではここで入力値と、出力C（2桁目の数）と出力S（1桁目の数）との関係を、ちょっと真理値表にまとめてみることにします。

入力A	入力B	出力C
0	0	0
0	1	0
1	0	0
1	1	1

入力A	入力B	出力S
0	0	0
0	1	1
1	0	1
1	1	0

なにか気づかないですか？

ハテ？

う〜ん

実は出力Cの真理値表は論理積（AND）の真理値表に等しく、出力Sの真理値表は排他的論理和（XOR）に等しくなっているのです。

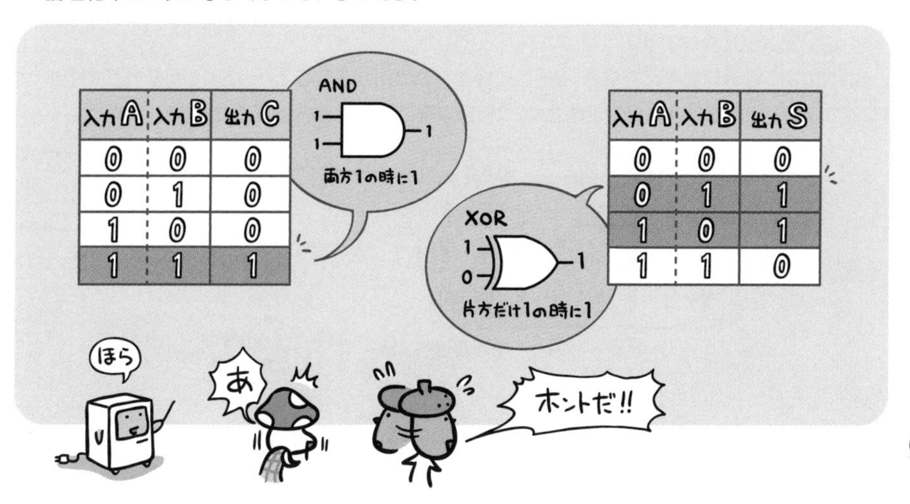

入力A	入力B	出力C
0	0	0
0	1	0
1	0	0
1	1	1

入力A	入力B	出力S
0	0	0
0	1	1
1	0	1
1	1	0

…と、いうわけなので、1桁目と2桁目の出力を得るための回路というのは、次のようになるわけですね。

あとはその2つの回路をくっつけることで、みごと半加算器の出来上がり。

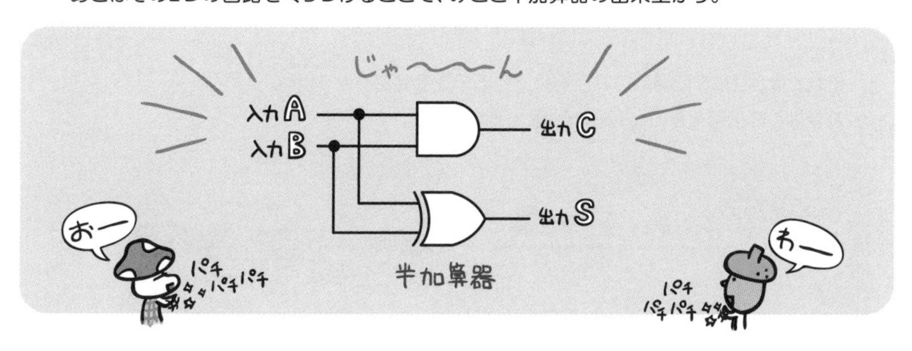

このように、半加算器というのは、論理積回路（AND回路）と排他的論理和回路（XOR回路）を組み合わせることによって、作ることが出来るのです。

全加算器は、どんな理屈で出来ている?

続いては全加算器です。

次のような計算を考えた場合、2桁目以降は下位の桁から繰り上がってくる可能性がありますから、半加算器では対応できません。2桁目以降は全加算器が必要となるわけです。

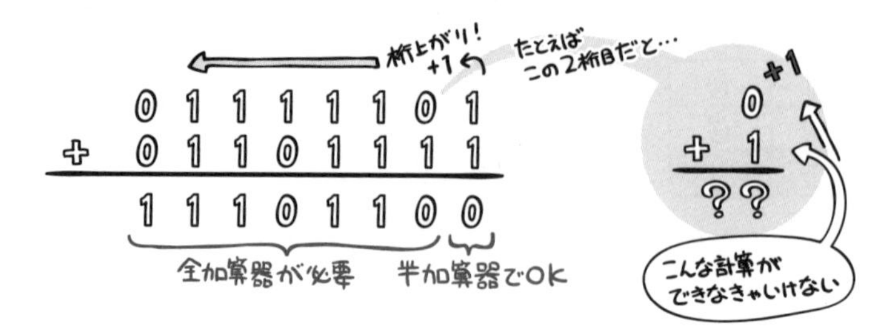

そのため、全加算器は3つの入力を受け付ける必要があります。

「入力A+入力B+入力C'(桁上がりしてきた数)」ができなきゃいけないわけですね。

それでは、どんな回路でこれが実現できるのか考えてみましょう。

まずはじめに考えるのが「入力A+入力B」の部分。

はい、その通り。じゃあ今度はその結果に、残りの「+入力C'(桁上がりしてきた数)」という部分の計算をくっつけるには、どうすれば良いでしょうか。

ピンポーン! 普通に足し算で考えると、1桁目にそのまま足すのが常識ですよね。

すると今度は「出力S+入力C'」という足し算をやるわけです。これに必要な回路は、さあなんでしょう?

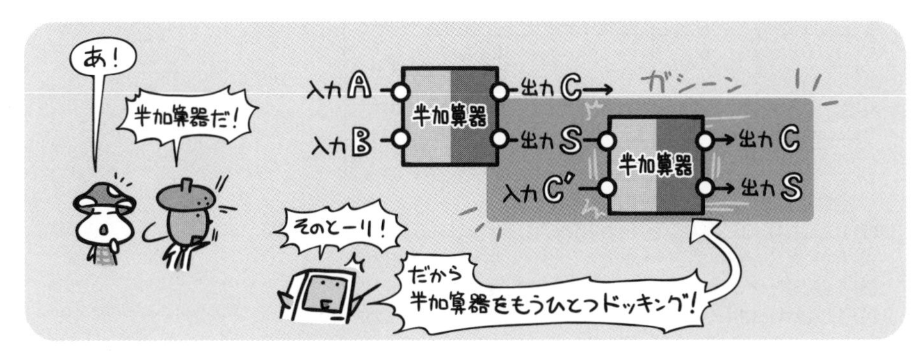

で、最後に出力Cをひとつにまとめれば、全加算器の出来上がり…というわけです。

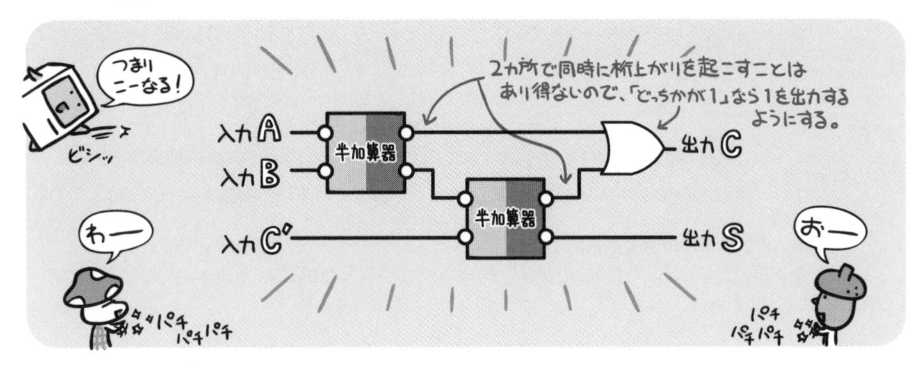

このように、全加算器というのは、半加算器と論理和回路(OR回路)を組み合わせることによって、作ることが出来るのです。

このように出題されています

過去問題練習と解説

問1 (AP-H25-S-24)

図に示す構造の論理回路は，どの回路か。

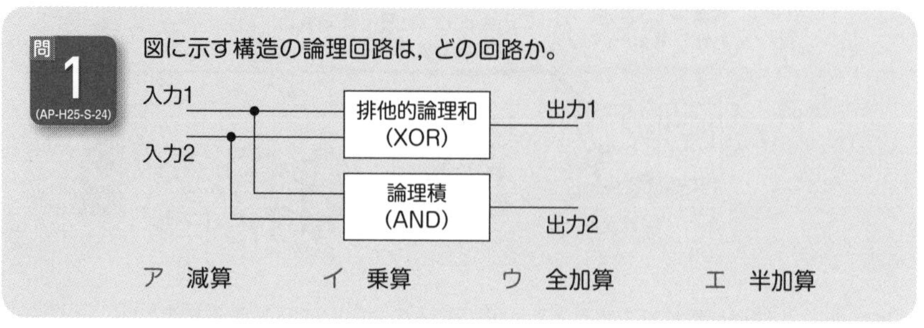

ア　減算　　イ　乗算　　ウ　全加算　　エ　半加算

解説

本問の図の論理回路を、真理値表にすると下表になります。

入力1	入力2	XOR 出力1	AND 出力2
0	0	0	0
0	1	1	0
1	0	1	0
1	1	0	1

上表は、下記のように解釈できます。

(1) 0(入力1) +0(入力2) → 出力 0(出力1)、キャリー 0(出力2)
(2) 0(入力1) +1(入力2) → 出力 1(出力1)、キャリー 0(出力2)
(3) 1(入力1) +0(入力2) → 出力 1(出力1)、キャリー 0(出力2)
(4) 1(入力1) +1(入力2) → 出力 0(出力1)、キャリー 1(出力2)

上記を、もう少し、わかりやすく置き換えると下記になります。

(1)
```
   0
 + 0   1桁目の計算結果は0=出力は0
 ---
   0   桁上がりなし=キャリーは0
```

(2)
```
   0
 + 1   1桁目の計算結果は1=出力は1
 ---
   1   桁上がりなし=キャリーは0
```

(3)
```
   1
 + 0   1桁目の計算結果は1=出力は1
 ---
   1   桁上がりなし=キャリーは0
```

(4)
```
   1
 + 1   1桁目の計算結果は0=出力は0
 ---
  10   桁上がりあり=キャリーは1
```

上記より、正解は半加算器の選択肢エです。

なお、全加算回路には、入力が3つ必要なので、本問のような入力が2つの回路は、全加算回路になれません。

問2 (AP-R03-A-22)

1桁の2進数A，Bを加算し，Xに桁上がり，Yに桁上げなしの和（和の1桁目）が得られる論理回路はどれか。

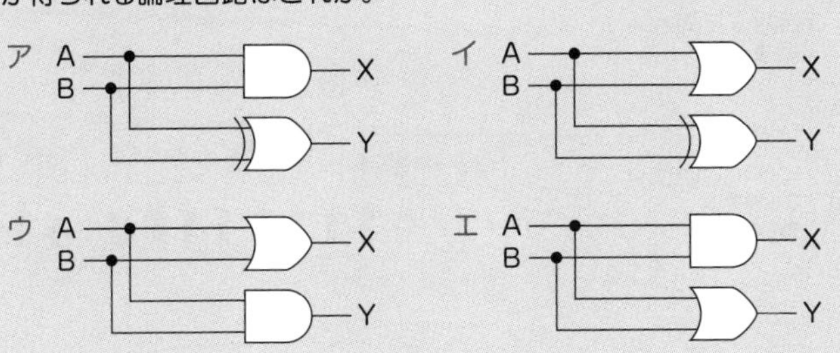

解説

問題文の「1桁の2進数A，Bを加算し，Xに桁上がり，Yに桁上げなしの和（和の1桁目）が得られる論理回路」とは、半加算器のことです。145ページの最下図は、半加算器の回路図であり、選択肢アの回路図と一致します。

問3 (FE-H21-A-25)

図は全加算器を表す論理回路である。図中のxに1，yに0，zに1を入力したとき，出力となるc（けた上げ数），s（和）の値はどれか。

	c	s
ア	0	0
イ	0	1
ウ	1	0
エ	1	1

解説

全加算器は、加算する2つの2進数1桁と、下位からの桁上がりの2進数1桁を合計し、自分の桁の和と桁上がりを出力します。

本問の場合、x、y、zが何の入力なのかは不明です。x、yを加算する2つの2進数1桁、zを下位からの桁上がりの2進数1桁とすると、下記のように計算されます。

```
      1 … z  ←下位からの桁上がり（2進数）
      1 … y ┐
  +   0 … x ┘ 加算する2つの2進数
  ―――――――――
    1 0
```

しかし、全加算器は、計算結果を2進数の10とは表現せず、和0（右から1桁目に相当）と桁上がり1（右から2桁目に相当）と表現します。

正解▶問1：エ　問2：ア　問3：ウ

Chapter 5-3 ビット操作とマスクパターン

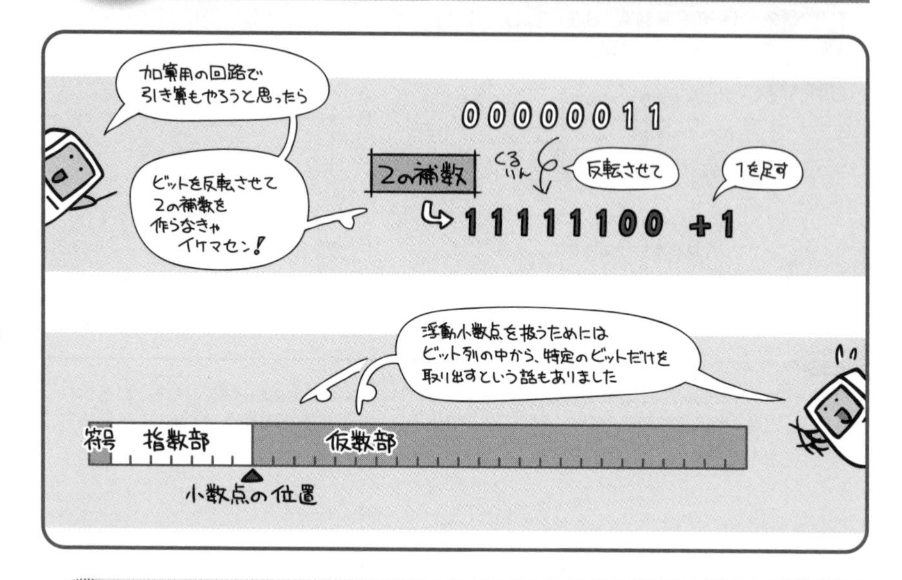

論理演算を用いると、このようなビット操作も簡単に行うことができるのです。

本書冒頭の「電気のオンオフ」ではじまった2進数の理屈。2進数の演算規則や論理演算の話を経て、本章では「それを実現する回路」として、ここまで論理回路を見てきました。これで、ようやく「コンピュータが足し算できる仕組み」にまでたどり着いたわけです。

たとえば「8ビットの2進数同士を足し算できる回路を作りたい」と思ったら、半加算器1つと全加算器7つをつなげてやれば出来るところまではわかった…はず。

さて、ここでさらにこれまで習ったことを本章の話と結びつけてみましょう。「コンピュータは回路をシンプルに保ちたいから、足し算の理屈で引き算も行います」という話がありましたよね。つまり、2の補数を作ることができれば、引き算できる回路も「作り方、見切ったりー!」と言えるはず。

でも、どうやって作るんでしょう?「反転させて1を足す」というけど、反転って具体的にはどんな回路でどうやるの?あと、浮動小数点の扱いに出ていた、「特定のビット列を抜き出す」というのも、やり方が気になるところです。

実は論理演算を用いることによって、これらは簡単に求めることができるのです。

ビットを反転させる

ビットを反転させるには、排他的論理和（EOR,XOR）を用います。

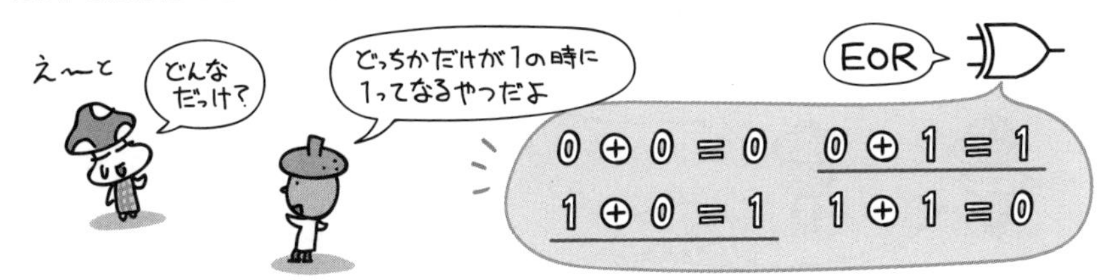

どんな手順になるかというと次の通り。

① 反転させたい元のビット列に対して、「ビットを反転させたい位置に1を入れたビット列」を用意します。

② 2つのビット列で排他的論理和（EOR）をとると、元のビット列を反転させた結果が得られます。

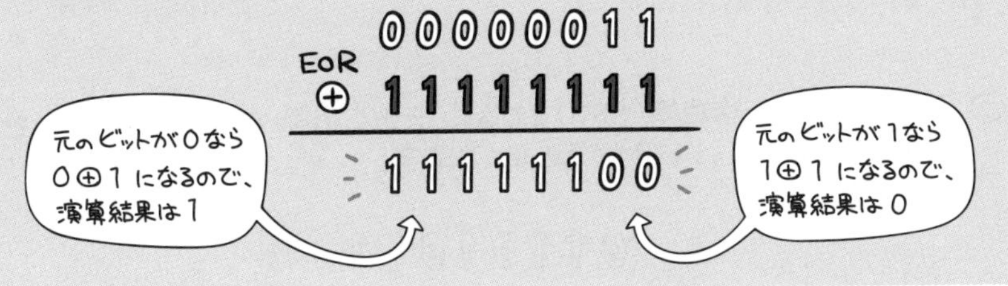

ちなみにこの時用意した、「ビットを反転させたい位置に1を入れたビット列」のことをマスクパターンと呼びます。

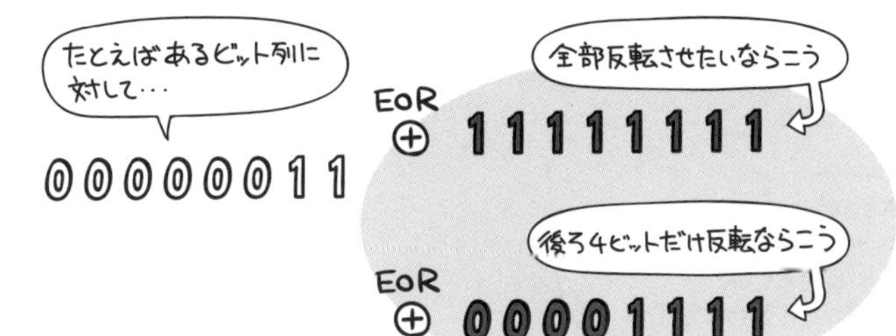

特定のビットを取り出す

ビットを取り出す場合は、論理積（AND）を用います。

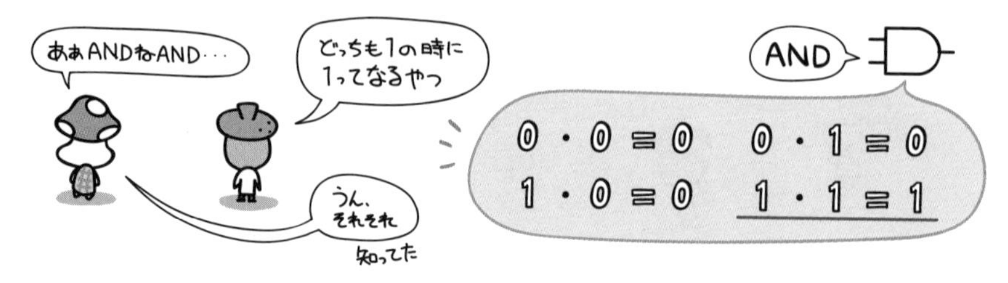

どんな手順になるかというと次の通り。

対象とするビットの指定は、やはり前ページと同じくマスクパターンを使って行うことになります。

① 取り出したい元のビット列に対して、「ビットを取り出したい位置に1を入れたビット列」をマスクパターンとして用意します。

対象となる元のビット列

01101011

取り出したい位置に1を入れたビット列

00001111

今回は後ろの4ビットを取り出すことにする

② 2つのビット列で論理積（AND）をとると、元のビット列からマスクパターンで指定した位置のビットだけが取り出されます。

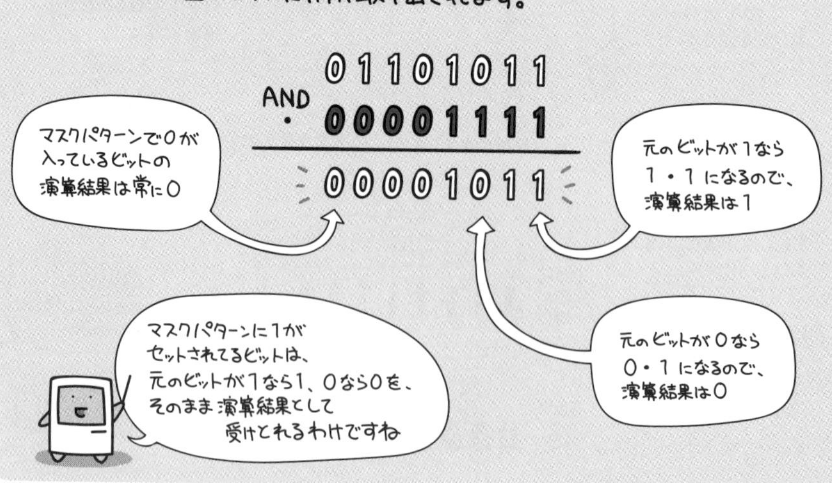

最上位をパリティビットとする8ビット符号において，パリティビット以外の下位7ビットを得るためのビット演算はどれか。

ア　16進数0FとのANDをとる。
イ　16進数0FとのORをとる。
ウ　16進数7FとのANDをとる。
エ　16進数FFとのXOR（排他的論理和）をとる。

解説

“1101 0110” という8ビット符号を例にとって考えます。この場合、最左端の “1” がパリティビットであり、パリティビット以外の下位7ビットを得た結果は、“0101 0110” です。

ア
```
      0101 0110
AND   0000 1111（16進数0F）
---------------
      0000 0110  ←  0101 0110とは異なります。
```

イ
```
      0101 0110
OR    0000 1111（16進数0F）
---------------
      0101 1111  ←  0101 0110とは異なります。
```

ウ
```
      0101 0110
AND   0111 1111（16進数7F）
---------------
      0101 0110  ←  0101 0110と一致しますので、正解です。
```

エ
```
      0101 0110
XOR   1111 1111（16進数FF）
---------------
      1010 1001  ←  0101 0110とは異なります。
```

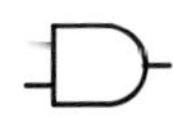

正解▶問1：ウ

5-4 論理回路とLSI

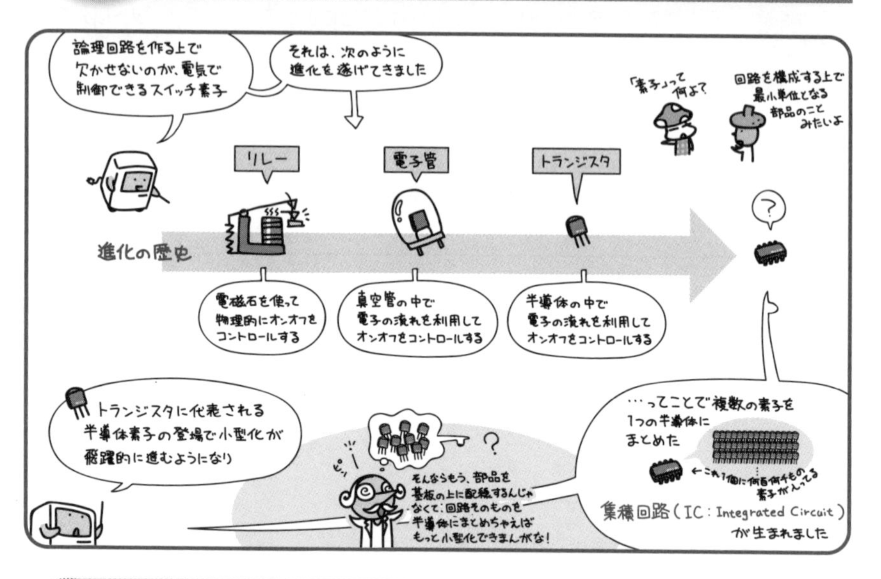

集積回路のうち、より大きな規模の回路を集積させたものをLSI（Large Scale Integration）と呼びます。

コンピュータを構成する要素として欠かせないのが論理回路。今ではその分野は半導体素子が主流となり、多くの集積回路（IC）がコンピュータ内部の部品として使われています。

かつてはその集積度に応じて、ICをSSI < MSI < LSI < VLSI < ULSI（右に行くほど多くの素子が集積されている）などと呼んで区別していました。今ではあまりその区別は使われなくなり、単に集積回路をあらわす同義語として、ICやLSIが用いられています（とはいえ、規模の大小でなんとなく呼び分けてはいる）。

というわけで、コンピュータの中に入っているCPUやメモリなんかもすべてLSI。それら汎用製品についてはまた別の章を設けて詳しくふれますので、ここでは組み込み用途向けのシステムLSIについて詳しく見て行くことにします。

システムLSI

システムに必要な複数の機能を、ひとつにまとめたLSI。それがシステムLSIです。

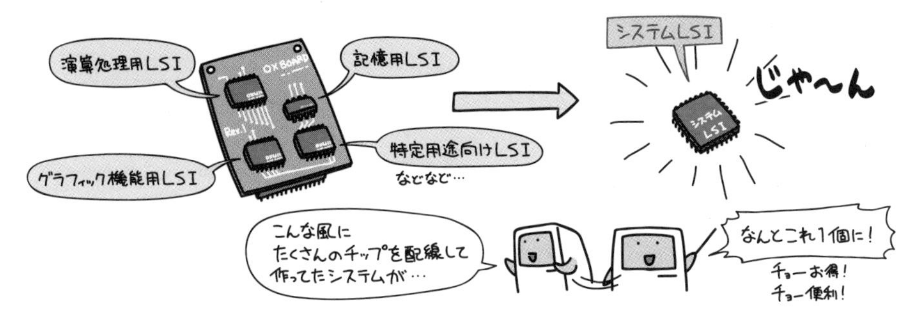

主に、複数の機能をひとつの半導体製品にまとめたSoC (System on a Chip)が、これにあたります。両者はほぼ同じ意味で用いられています。

一方で、SiP (System in Package)という言葉があります。これは、複数のLSIをひとつのパッケージにまとめたものです。

広義では、これもシステムLSIの一種とされています。

カスタムICとFPGA

市販のICを組み合わせて目的の機能を作るのではなく、自身の設計した回路をそのままICとして製造したものがカスタムICです。

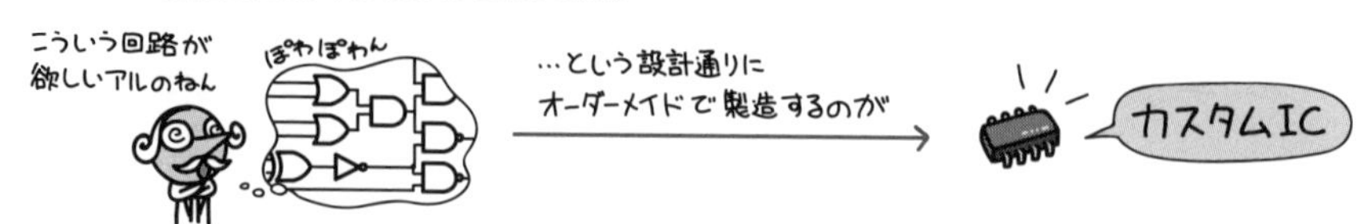

このように、特定の用途に向けて設計、製造したICのことをASIC(Application Specific Integrated Circuit)と言います。

しかしこのようなカスタム品は開発コストが膨大にかかります。もし回路を修正したいと思っても、またイチから製造し直し。さらに多くのコストを要することになります。

そこで登場したのがPLD(Programmable Logic Device)です。

PLDは設計した回路を電気的に書き込むことができるICで、そのため自由にオリジナルの回路を作ることができます。また、動作不良や回路仕様の変更も、再度書き換えを行うだけですから当然リーズナブル。

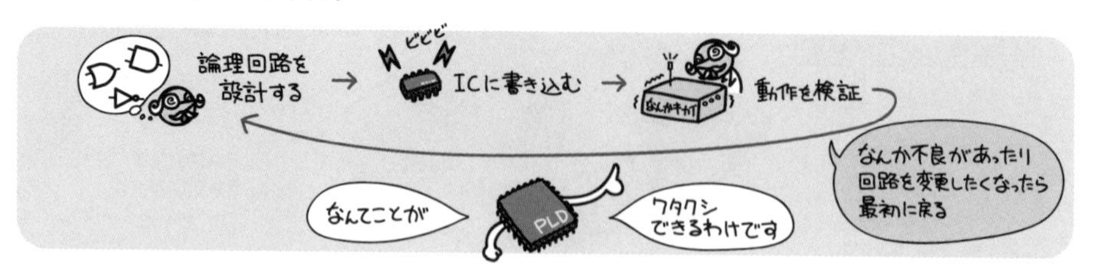

この代表格がFPGA(Field Programmable Gate Array)です。

当初は主に研究開発などの試作分野で活用されていましたが、現在では機能の向上とコストダウンが進み、様々な実製品で使われるようになっています。

このように出題されています
過去問題練習と解説

問1 (AP-H28-S-24)

SoC（System on a Chip）の説明として，適切なものはどれか。

ア　CPU，チップセット，ビデオチップ，メモリなどコンピュータを構成するデバイスを実装した電子回路基板
イ　CPU，メモリ，周辺装置などの間で発生するデータの受渡しを管理する一連の回路群を搭載した半導体チップ
ウ　各機能を個別に最適化されたプロセスで製造し，パッケージ上でそれぞれのチップを適切に配線した半導体チップ
エ　必要とされる全ての機能（システム）を集積した1個の半導体チップ

解説

ア　シングルボードコンピュータもしくはワンボードマイコンの説明です。　イ　パソコンのマザーボードなどに装着されているチップセットの説明です。　ウ　SiP（System In Package）の説明です。
エ　SoCの説明です。

問2 (AP-R04-S-20)

FPGAの説明として，適切なものはどれか。

ア　電気的に記憶内容の書換えを行うことができる不揮発性メモリ
イ　特定の分野及びアプリケーション用に限定した特定用途向け汎用集積回路
ウ　浮動小数点数の演算を高速に実行する演算ユニット
エ　論理回路を基板上に実装した後で再プログラムできる集積回路

解説

各選択肢は、下記の用語の説明です。
ア　EEPROM（210ページ参照）　イ　ASSP（Application Specific Standard Product）
ウ　FPU（Floating Point Unit）　エ　FPGA（156ページ参照）

問3 (AP-R02-A-21)

FPGAなどに実装するデジタル回路を記述して，直接論理合成するために使用されるものはどれか。

ア　DDL　　イ　HDL　　ウ　UML　　エ　XML

解説

ア　DDL（Data Definition Language）の説明は、455ページを参照してください。
イ　HDL（Hardware Description Language）は、デジタル回路などのハードウェアの回路設計をするために使われる言語です。なお、FPGAの説明は、156ページを参照してください。
ウ　UML（Unified Modeling Language）の説明は、732ページを参照してください。
エ　XML（eXtensible Markup Language）は、独自にタグを定義できるマークアップ言語です。

正解►問1：エ　問2：エ　問3：イ

Chapter 5-5

組込みシステムにおけるコンピュータ制御

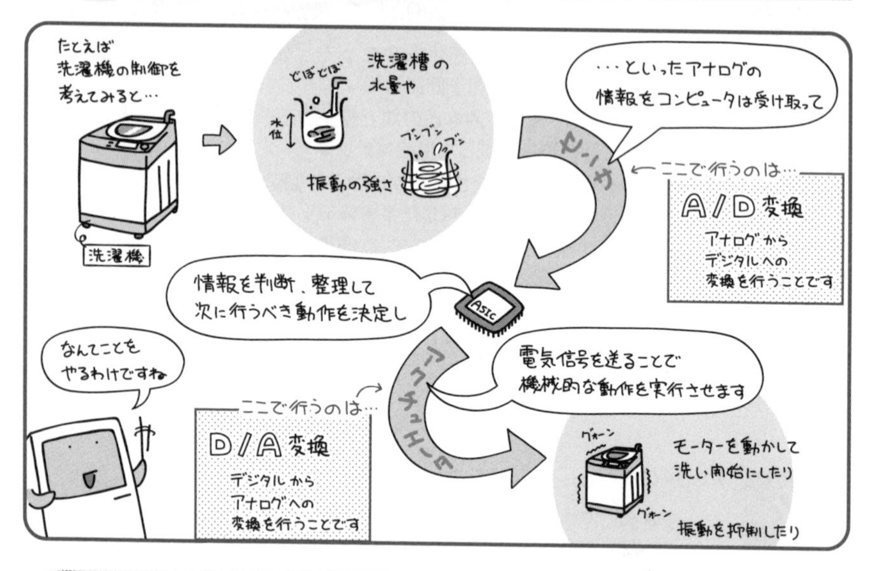

コンピュータは、センサによってアナログ情報を計測し、アクチュエータにより電気信号を物理動作へと変換します。

前節のシステムLSIにおいても「組込み用途向け」としてさらりとふれましたが、今どきは身近な家電製品をはじめ、駅の改札機、ATM、ビルのエレベータ、工場の工作機械など、あらゆる機器にコンピュータが組込まれています。

このコンピュータの役割は「機器を制御する」こと。制御とは、目的に適した動作が実現できるように、機器をコントロールすることです。

自然界を取り巻く様々な情報（温度、圧力、流量、変位、光度など）は、区切りのない連続したアナログ情報で出来ています。コンピュータは、これらのアナログ情報をセンサから電気信号として受け取ると、適宜必要な処理・判断を行って次の動作を決定し、アクチュエータへと伝えます。このアクチュエータ（モーターや電磁バルブなど）が、受け取った電気信号を物理動作へと変換することにより、機器はコンピュータ制御下で動作を行うわけです。

このような、センサやアクチュエータを用いた組込み技術は、近年盛り上がりを見せているIoT（Internet of Things P.596）デバイスの開発においても欠かせません。

センサとアクチュエータ

前ページでも述べたように、機器の制御は次の三者がセットとなって実現されています。

A/D変換

D/A変換

センサ（計測）　コンピュータ（情報処理）　アクチュエータ（物理動作）

事象を計測するための装置がセンサです。熱や光をはじめとする自然界の様々な情報を量として捉え、電気信号に変換します。

温度センサ
温度を計測します

照度センサ
明るさを計測します

湿度センサ
湿度を計測します

加速度センサ
速度の変化率（加速度）を検出します

方位センサ
地球の磁北（北の方角）を検出します

ジャイロセンサ（角速度センサ）
⇨角速度
単位時あたりの回転角を検出します
機器の回転・傾き・振動などの制御に用います

GPSセンサ
地球上における位置や高度を検出します

事象ごとに様々なセンサがあるのです
これは一例

電気信号を物理的な動作に変換する装置がアクチュエータです。モーターや電磁石などを利用して、入力信号を直線運動や回転運動などの機械エネルギーに変換します。機器を実際に動かす駆動装置にあたります。

モーターなんかは電気を流すと回転するわけです

その力で羽根を回すとファンになります

こんな感じの棒を用意してみました
歯車（内側にネジ切り）
ネジ切りされた棒

モーターの回転運動を加えると…
ここが回ると
こっちも回って
その向きによって前後いずれかに棒が動く直線運動になる

こういった機構を様々組み合わせることで、ロボットのアームやファン、ポンプなど、色んなアクチュエータが作られるわけです

機器の制御方式

機器を制御するにあたり、現在よく使われている制御方式が、次に示すシーケンス制御とフィードバック制御です。それぞれ用途に応じて使い分けたり、両者を組み合わせたりすることによって、目的に適う動作を実現させます。

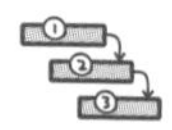

シーケンス制御

あらかじめ定められた順序や条件に従って、制御の各段階を逐次進めていく制御方式です。

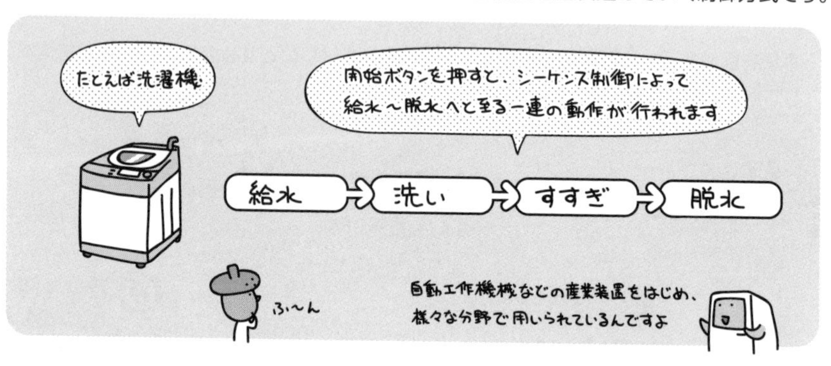

フィードバック制御

現在の状態を定期的に測定し、目標値とのズレを入力側に戻して反映させることで、出力結果を目標値と一致させようとする制御方式です。

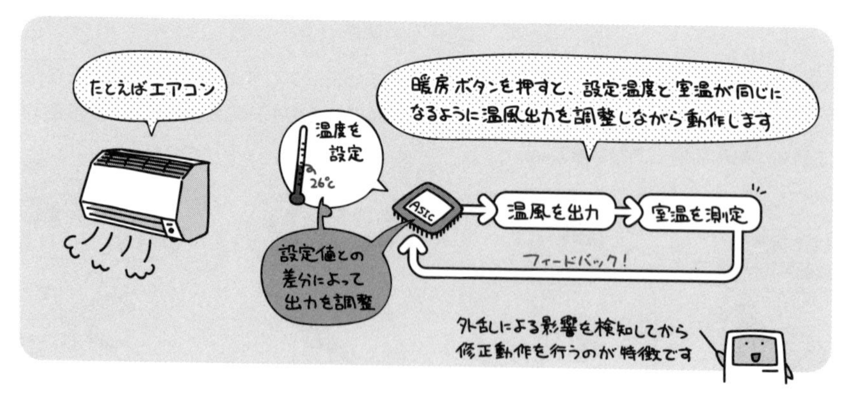

このように出題されています

過去問題練習と解説

ドローン，マルチコプタなどの無人航空機に搭載されるセンサのうち，機体を常に水平に保つ姿勢制御のために使われるセンサはどれか。

ア　気圧センサ　　　イ　ジャイロセンサ
ウ　地磁気センサ　　エ　超音波センサ

解説

159ページに説明してあるとおり、ジャイロセンサは、単位時間あたりの回転角（＝角速度）を検出し、機器の回転・傾き・振動などの制御に用いられます。

アクチュエータの説明として，適切なものはどれか。

ア　与えられた目標量と，センサから得られた制御量を比較し，制御量を目標量に一致させるように操作量を出力する。
イ　位置，角度，速度，加速度，力，温度などを検出し，電気的な情報に変換する。
ウ　エネルギー源からのパワーを，回転，直進などの動きに変換する。
エ　マイクロフォン，センサなどが出力する微小な電気信号を増幅する。

解説

各選択肢は、下記の用語の説明です。
ア　フィードバック制御（160ページ参照）
イ　センサ（159ページ参照）
ウ　アクチュエータ（159ページ参照）
エ　アンプ

体温を測定するのに適切なセンサはどれか。

ア　サーミスタ　　　　イ　超音波センサ
ウ　フォトトランジスタ　エ　ポテンショメータ

解説

選択肢ア～エは、下記のように分類されます。
ア　サーミスタ → 温度センサ
イ　超音波センサ → 音センサもしくは距離センサ
ウ　フォトトランジスタ → 光センサ
エ　ポテンショメータ → 可変抵抗器

正解▶問1：イ　問2：ウ　問3：ア

CPU (Central Processing Unit)

CPUって、
ご存じですか?

1

これは
「中央処理装置」とも
言われる部品で

2

その名のとおり、
コンピュータの
中枢（ちゅうすう）として
活躍しています

3

4

たとえば人間で
考えてみましょう

5

人間には
手足があって、
自由に動かすことが
できますよね

6

目で見て、さわって、
聞いて、考えて…と
することもできる

7

これは、脳みそが
体を制御したり、
思考したりできる
からなわけです

8

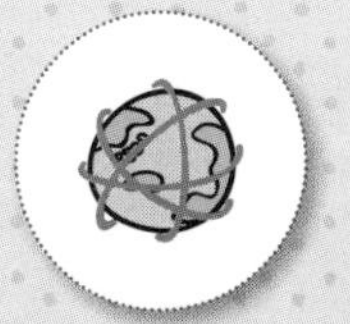

コンピュータで
この脳みそにあたる
部品がCPU

中には制御装置と
演算装置(ALU)が
組み込まれていて…

コンピュータの
各装置を制御したり、
必要な演算を
行ったりする

まさに
「中央(で)処理(する)
装置」ですよと
いうわけです

ただしこのCPU、
人間の脳みそと
違って、指示がなきゃ
実は何もできません

そのため、
プログラムと
いう名の指示書が
必要になる

ひとつひとつ
そこに書かれた
命令を実行して
いくのが、彼の
お仕事なわけですね

とはいえ、それを
読み取るのにも
別の装置の協力が
必要でして…

Chapter 6-1 CPUとコンピュータの5大装置

**コンピュータのハードウェアは、大きく分けると
これら5つの装置で構成されています。**

コンピュータは、プログラムという名のソフトウェアが、ハードウェアに「こう動け」と命令することで動く機械です。

その命令を理解して、必要な演算をしたりと実際の処理を行うのはCPUの役割ですが、CPUだけがあっても用を為しません。実際に手足として働いてくれる様々な装置が必要なわけですね。

ユーザがなにをしたいのか、どんな計算をしたいのか。ユーザからコンピュータへと伝えてもらうためには、入力を受け付ける装置が必要です。

その逆に、演算や処理の結果をユーザに伝えるためには、なんらかの出力装置が必要です。他にも、プログラムや演算結果を記憶するための装置なんかも必要です。

このように、コンピュータは制御装置、演算装置、記憶装置、入力装置、出力装置といった、5つの装置が連携して動いています。これら5つの装置を総称して、コンピュータの5大装置と呼びます。

5大装置とそれぞれの役割

5大装置自体の役割については左ページのイラスト通り。ここでは、それぞれの装置にはどんな機器があって、具体的にどんな動きをしているのかを紹介します。

なお、5大装置のうち記憶装置については、さらに主記憶装置と補助記憶装置に細分化されてますので要注意。

装置名称		代表的な機器とその役割
制御装置	中央処理装置 (CPU:Central Processing Unit)	CPUはコンピュータの中枢部分で、制御と演算を行なう装置です。うち制御装置の部分では、プログラムの命令を解釈して、コンピュータ全体の動作を制御します。
演算装置		CPUはコンピュータの中枢部分で、制御と演算を行なう装置です。うち演算装置の部分では、四則演算をはじめとする計算や、データの演算処理を行います。この装置は、算術論理演算装置(**ALU**:Arithmetic and Logic Unit)とも呼ばれます。
記憶装置	主記憶装置	動作するために必要なプログラムやデータを一時的に記憶する装置です。代表的な例としてメモリがあります。コンピュータの電源を切ると、その内容は消えてしまいます。
	補助記憶装置	プログラムやデータを長期に渡り記憶する装置です。長期保存を前提としているので、主記憶装置のようにコンピュータの電源を切ることで内容が破棄されたりするようなことはありません。代表的な例としてハードディスクの他、CD-ROM、DVD-ROMのような光メディア等があります。
入力装置		コンピュータにデータを入力するための装置です。代表的な例として、以下のものがあります。 キーボード:文字や数字を入力する装置です。 マウス:マウス自身を動かすことで、位置情報を入力する装置です。 スキャナ:図や写真などをデジタルデータに変換して入力する装置です。
出力装置		コンピュータのデータを出力するための装置です。代表的な例として、以下のものがあります。 ディスプレイ:コンピュータ内部のデータを画面に映し出す装置です。 プリンタ:コンピュータの処理したデータを紙に印刷する装置です。

装置間の制御やデータ(およびプログラム)の流れは次のようになります。

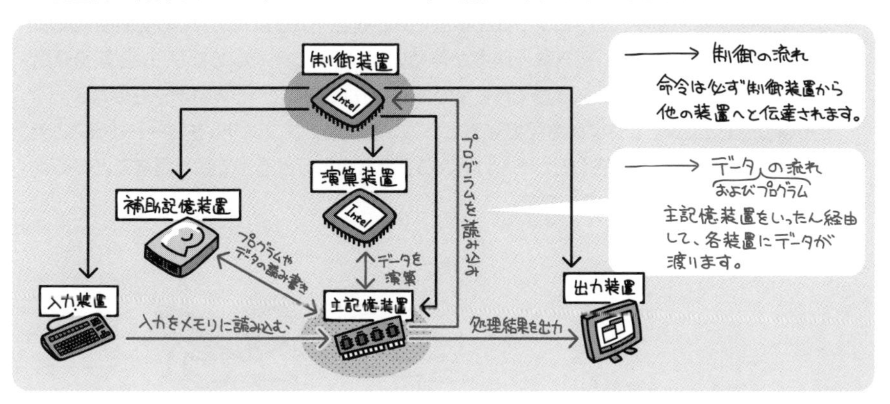

ノイマン型コンピュータ

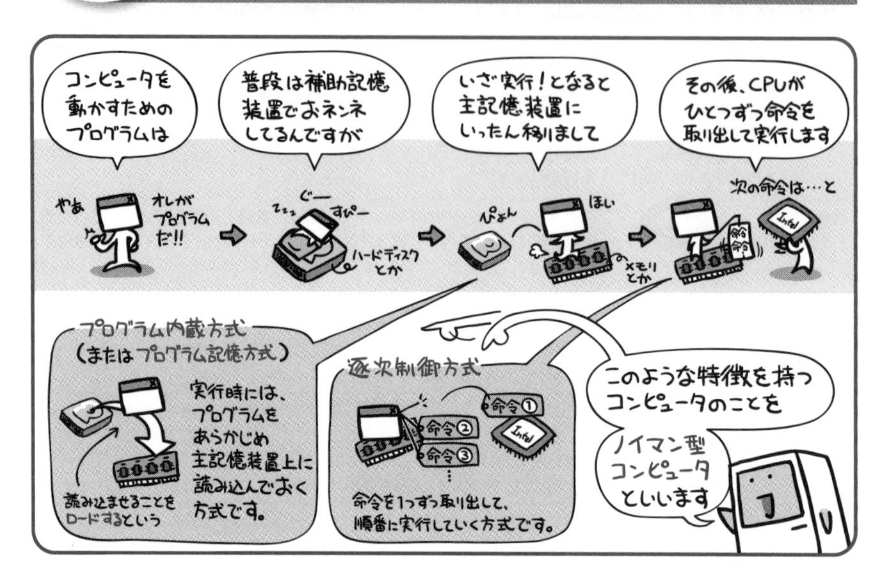

**現在、広く利用されているコンピュータは、
ほとんどがこのノイマン型コンピュータです。**

コンピュータに処理をさせるためのプログラムは、通常何らかの補助記憶装置におさめられています。ハードディスクとかCD-ROMといったものですね。

CPUが直接やり取りをするのは主記憶装置ですから、プログラムを実行させるためには、その主記憶装置にあらかじめプログラムを移してあげなきゃいけません。そもそも補助記憶装置は、主記憶装置に比べて読み書き速度が普通はかなり遅いもの。ですから、主記憶装置を経由しないと、CPUがどれだけ速くても宝の持ち腐れ状態になっちゃいますものね。

そんなわけで、コンピュータは主記憶装置であるメモリ上にプログラムをロードすることで、実行準備完了となります。CPUとメモリは、プログラムを実行する上で切り離すことのできないナイスタッグを組んでいるのです。

主記憶装置のアドレス

主記憶装置にはプログラムの他にも、処理中の演算結果など、様々なデータが記憶されています。

そう、主記憶装置には色んなデータが記憶できちゃいますから、ちゃんと明確に指定できないと取り出しようがないわけですね。

じゃあ、駅にあるようなコインロッカーはどうでしょう。あれもたくさん荷物を出し入れできますが、その時に困ったりとかするものですか?

主記憶装置もそれと同じなのです。主記憶装置は、一定の区画ごとに番号が割り振られていて、この番号を指定することで、任意の場所を読み書きすることができます。

この番号のことをアドレス(または番地)と呼びます。

このように出題されています

過去問題練習と解説

問1 (AP-H30-A-20)

次の方式で画素にメモリを割り当てる640×480のグラフィックLCDモジュールがある。座標(x, y)で始点(5, 4)から終点(9, 8)まで直線を描画するとき，直線上のx=7の画素に割り当てられたメモリのアドレスの先頭は何番地か。

〔方式〕
・メモリは0番地から昇順に使用する。
・1画素は16ビットとする。
・座標(0, 0)から座標(639, 479)まで連続して割り当てる。
・各画素は，x=0からx軸の方向にメモリを割り当てていく。
・x=639の次はx=0とし，yを1増やす。

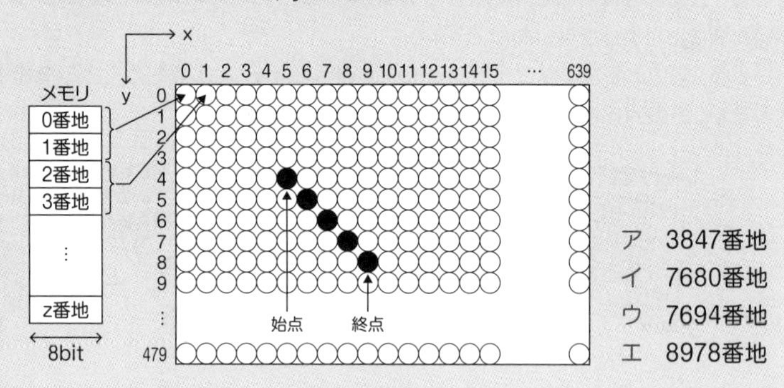

ア　3847番地
イ　7680番地
ウ　7694番地
エ　8978番地

解説

問題の条件にしたがって、下記のようにメモリのアドレスの番地を算定します。

(1) 座標(0, 6)に割り当てられたメモリのアドレスの先頭番地
問題文の〔方式〕は、「メモリは0番地から昇順に使用する。1画素は16ビットとする。座標(0, 0)から座標(639, 479)まで連続して割り当てる。各画素は，x=0からx軸の方向にメモリを割り当てていく。x=639の次はx=0とし，yを1増やす」となっており、また、問題の左図より、1番地は8bitなので、1画素には2番地が必要です。したがって、座標(0, 1)に割り当てられたメモリのアドレスの先頭番地は、640画素×2［番地／画素］=1280番地です。また、★座標(0, 6)に割り当てられたメモリのアドレスの先頭番地は、6×1280=7,680番地です。

(2) 直線上のx=7の画素の座標
始点(5, 4)から終点(9, 8)まで直線の中で、x=7の画素の座標は、(7, 6)です。上記★の下線部より、座標(0, 6)の先頭番地は7,680番地ですので、座標(7, 6)の先頭番地は、7,680+7×2=7,694番地です。

正解▶問1：ウ

Chapter 6-3

CPUの命令実行手順とレジスタ

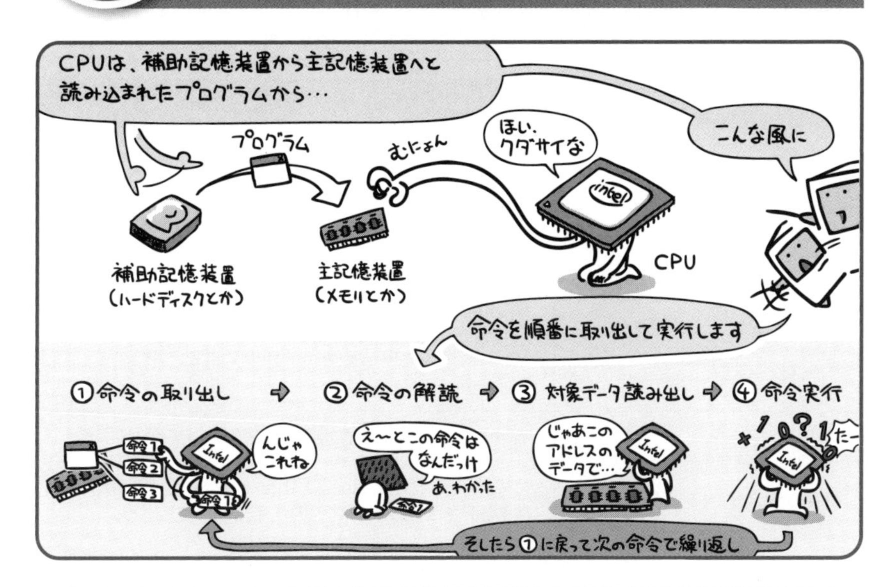

CPUが命令を実行するために取り出した情報は、レジスタと呼ばれるCPU内部の記憶装置に保持します。

お使いメモなんかもそうですが、「ちょっとアナタ、コレとアレとソレ買ってきて、駅前のスーパーで、わかった?」という言葉の中には、色んな命令が詰まっています。言われたものを買うためには指定のスーパーまで行かなきゃ駄目ですし、その中に行けば、指定の品をそれぞれ探さなきゃいけません。

主記憶装置にロードされたプログラムもこれと同じ。単純に見える命令も、紐解けば、そこにはたくさんの命令がつまっていたりするのです。なので、CPUはこれを順番に取り出して、解読しながら1つずつ処理していく…。

でもちょっと待ってください。

「取り出して」と言いますが、取り出した命令はどこに覚えておくのでしょうか。それに、「次はどの命令を取り出す」というのも、多分どこかに覚えていないと処理に困りますよね。

その役割を果たすのが、CPU内部にあるレジスタという記憶装置です。

それではレジスタの種類と、それらが命令を実行する流れの中で、どのように使われるのかを見ていきましょう。

レジスタの種類とそれぞれの役割

レジスタには、次のような種類があります。

名称	役割
プログラムカウンタ	次に実行するべき命令が入っているアドレスを記憶するレジスタ。
命令レジスタ	取り出した命令を一時的に記憶するためのレジスタ。
インデックス（指標）レジスタ	アドレス修飾に用いるためのレジスタで、連続したデータの取り出しに使うための増分値を保持する。
ベースレジスタ	アドレス修飾に用いるためのレジスタで、プログラムの先頭アドレスを保持する。
アキュムレータ	演算の対象となる数や、演算結果を記憶するレジスタ。
汎用レジスタ	特に機能を限定していないレジスタ。一時的な値の保持や、アキュムレータなどの代用に使ったりする。

で、CPUの中がどんな感じになるのかというと、次の図のようになるわけです。

図を見てもわかりますが、あるレジスタで別のレジスタを代用したりとかもあるので、必ずしも上の表のレジスタがすべてのっかってるというわけではありません。

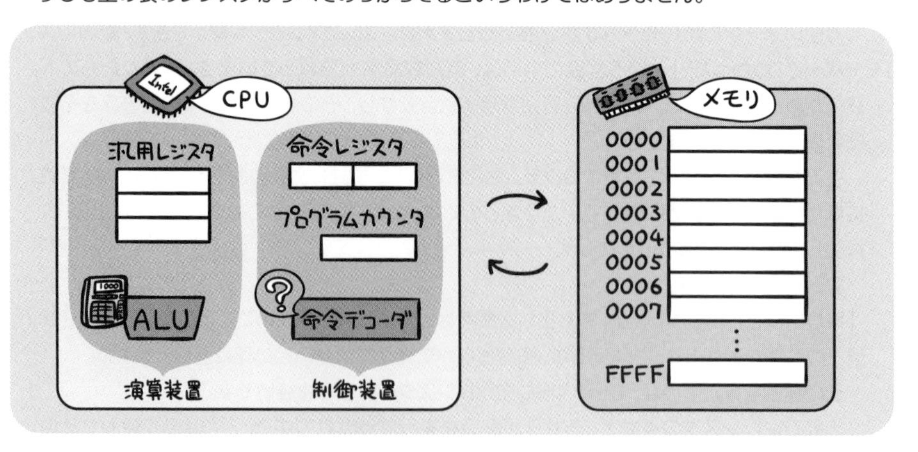

命令の実行手順その①「命令の取り出し（フェッチ）」

それでは、前ページの図を使って、どのように命令が実行されていくのか、その手順を見て行きましょう。

まずは1番目。最初に行われるのは命令の取り出し（フェッチと言う）作業です。

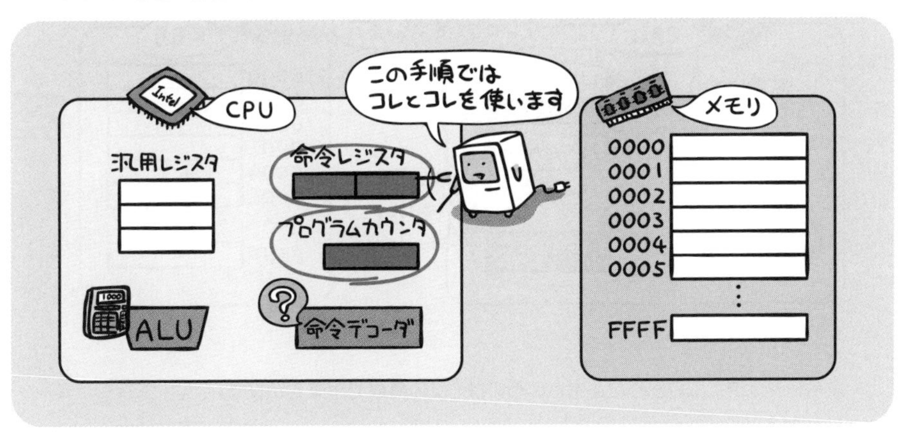

取り出すべき命令がどこにあるかは、プログラムカウンタが知っています。

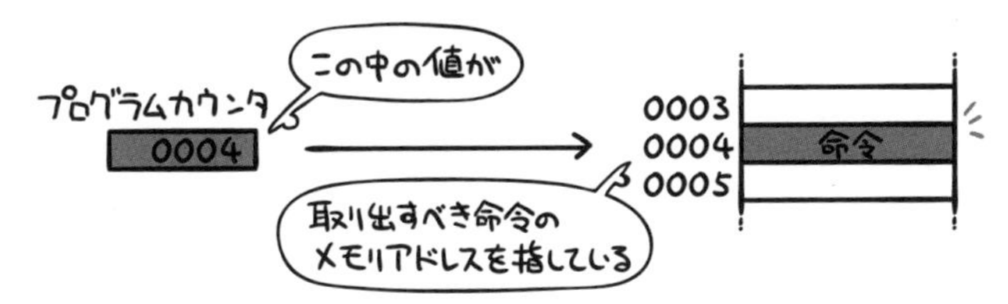

なので、プログラムカウンタの示すアドレスを参照して命令を取り出し、それを命令レジスタに記憶させます。

取り出し終わったら、次の命令に備えてプログラムカウンタの値を1つ増加させます。

命令の実行手順その②「命令の解読」

続いて2番目。今度は、先ほど取り出した命令の解読作業に入ります。

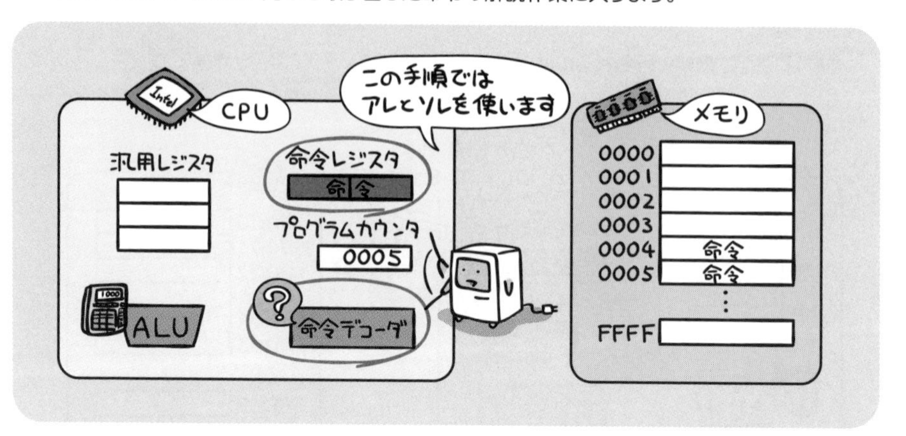

命令レジスタに取り出した命令というのは、次の構成で出来ています。

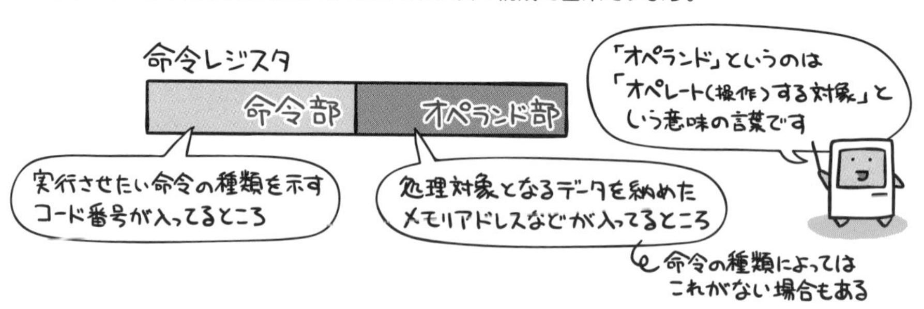

この、命令部の中身が命令デコーダへと送られます。

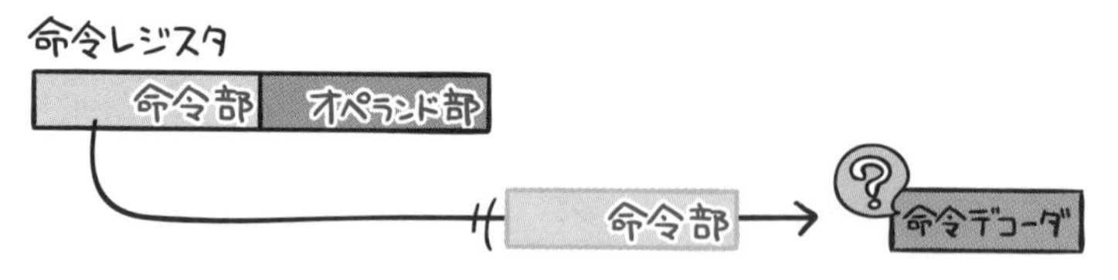

命令デコーダは、命令部のコードを解読して、必要な装置に「おい出番だぞ」と、制御信号を飛ばします。

命令の実行手順その③「対象データ（オペランド）読み出し」

では3番目。仮に命令が加算などの演算処理だったすると、その演算の元となる数値が必要ですよね。それを読み取ってくる作業です。

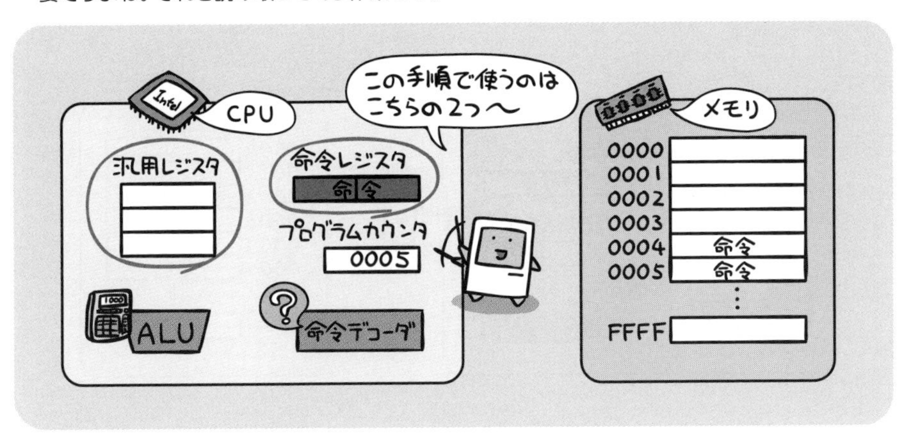

処理の対象となるデータ（オペランド）は、命令レジスタのオペランド部を見ると、在りかがわかるようになっています。

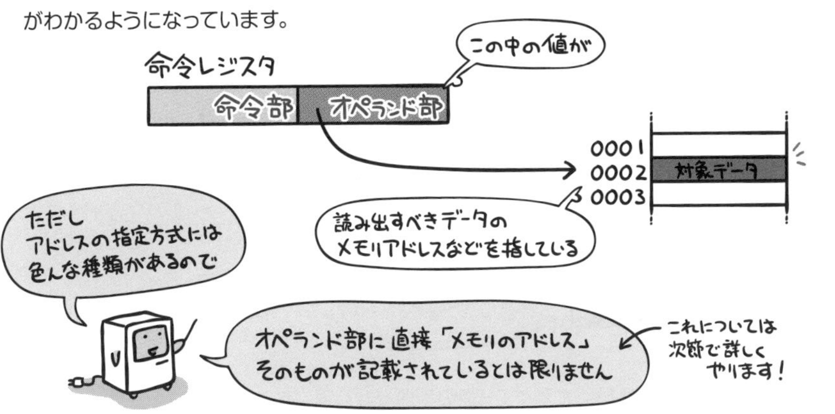

というわけでこの手順では、オペランド部を参照して対象データを読み出し、それを汎用レジスタなどに記憶させます。

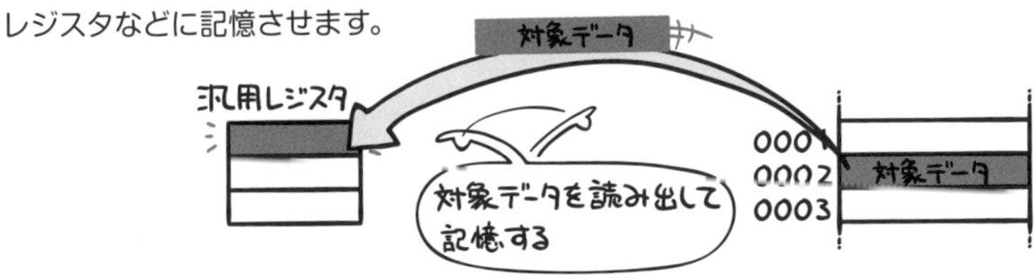

命令の実行手順その④「命令実行」

それでは最後の手順。もうここまで来たら、あとは命令を実行するだけです。仮に命令が演算処理だったとすると、演算装置がえいやと計算して終了です。

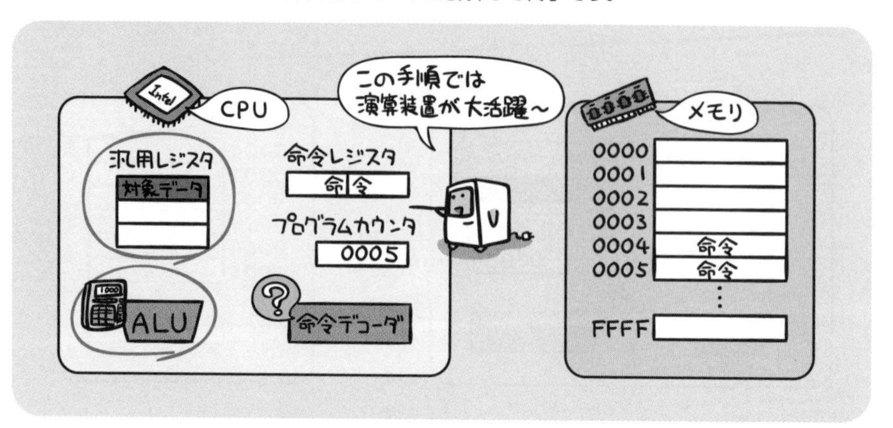

というわけで実行はこんな感じ。汎用レジスタから処理対象のデータを取り出して演算…。

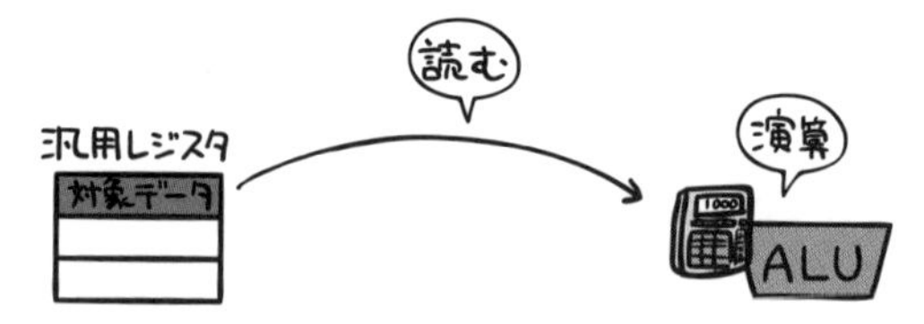

その後、演算結果を書き戻して終了です。

終わったら、また実行手順①に戻って一連の手順を繰り返します。

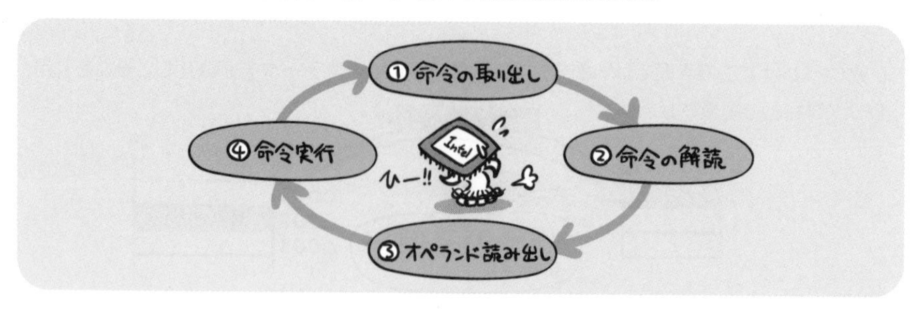

6 CPU (Central Processing Unit)

このように出題されています

過去問題練習と解説

コンピュータの命令実行順序として，適切なものはどれか。

ア　オペランド読出し → 命令の解読 → 命令フェッチ → 命令の実行
イ　オペランド読出し → 命令フェッチ → 命令の解読 → 命令の実行
ウ　命令フェッチ → オペランド読出し → 命令の解読 → 命令の実行
エ　命令フェッチ → 命令の解読 → オペランド読出し → 命令の実行

解説

コンピュータの命令実行順序および詳細な説明は、171～174ページを参照してください。

CPUのプログラムレジスタ（プログラムカウンタ）の役割はどれか。

ア　演算を行うために，メモリから読み出したデータを保持する。
イ　条件付き分岐命令を実行するために，演算結果の状態を保持する。
ウ　命令のデコードを行うために，メモリから読み出した命令を保持する。
エ　命令を読み出すために，次の命令が格納されたアドレスを保持する。

解説

ア　汎用レジスタの役割です。　イ　アキュムレータの役割です。　ウ　命令レジスタの役割です。
エ　プログラムレジスタ（プログラムカウンタ）の役割です。

CPUのスタックポインタが示すものとして，最も適切なものはどれか。

ア　サブルーチン呼出し時に，戻り先アドレス，レジスタの内容などを格納するメモリのアドレス
イ　次に読み出す機械語命令が格納されているアドレス
ウ　メモリから読み出された機械語命令
エ　割込みの許可状態，及び条件分岐の判断に必要な演算結果の状態

解説

ア　スタックポインタが示すものです。スタックポインタの説明は、170ページにはありませんが、CPU内にあるレジスタの一種です。なお、スタックの説明は、385ページを参照してください。
イ　プログラムカウンタが示すものです。
ウ　命令レジスタが示すものです。
エ　アキュムレータが示すものです。

正解 ▸ 問1：エ　問2：エ　問3：ア

機械語のアドレス指定方式

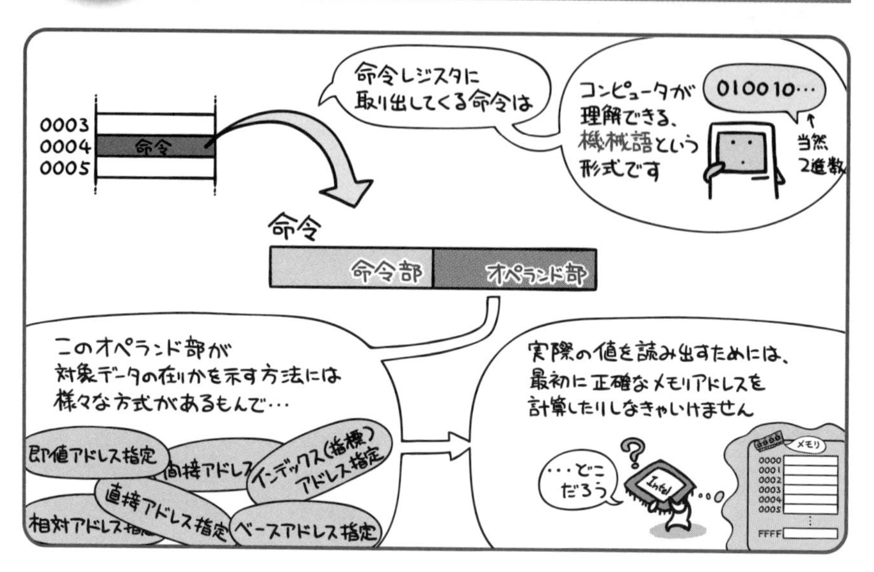

計算によって求めた主記憶装置上のアドレスを実効アドレス(もしくは有効アドレス)と呼びます。

コンピュータに指示を伝えるためには、コンピュータの理解できる言葉で命令を伝えなければいけません。それが機械語。0と1とで構成された命令語です。命令レジスタに取り出していた命令も、もちろん機械語で出来ています。

これまでにも出てきていたように、この命令ってやつは「命令部」と「オペランド部」で構成されています。オペランド部って何を指していたか覚えてますか?そう、「処理の対象となるデータの在りかを示している」んでしたよね。メモリのアドレスとか。

つまり命令は「何を(オペランド部)どうしろ(命令部)」という記述になっているのです。

ただ、「何を(オペランド部)」の部分。実は命令の種類によっては、必ずしもここに「メモリのアドレス」が入っているとは限りません。ある基準値からの差分が入っていたりすることもあれば、対象データが入っているメモリアドレスが入っているメモリアドレスが書かれてある…なんていうややこしいことになっていることもある。

このように何らかの計算によってアドレスを求める方式を、アドレス修飾(もしくはアドレス指定)と呼びます。具体的にどんな方式があるのか、見ていきましょう。

即値アドレス指定方式

オペランド部に、対象となるデータそのものが入っている方式を即値アドレス指定方式と呼びます。

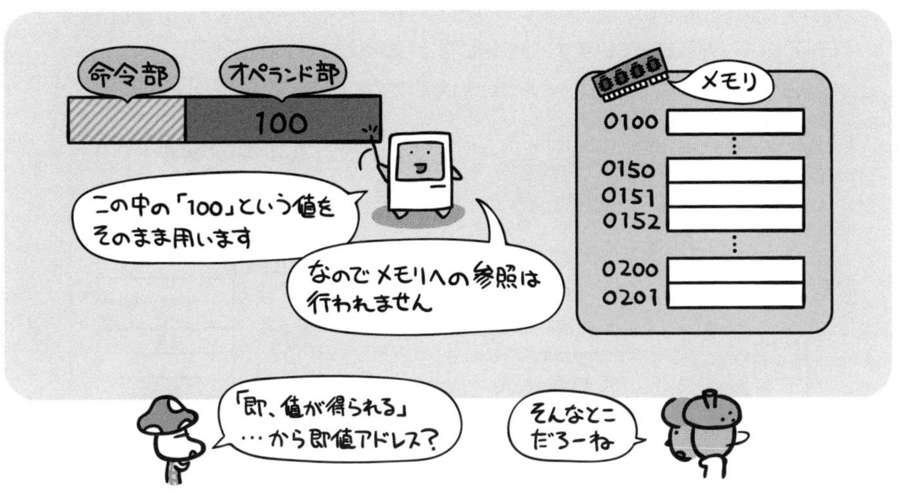

直接アドレス指定方式

オペランド部に記載してあるアドレスが、そのまま実効アドレスとして使える方式を直接アドレス指定方式（または絶対アドレス指定方式）と呼びます。

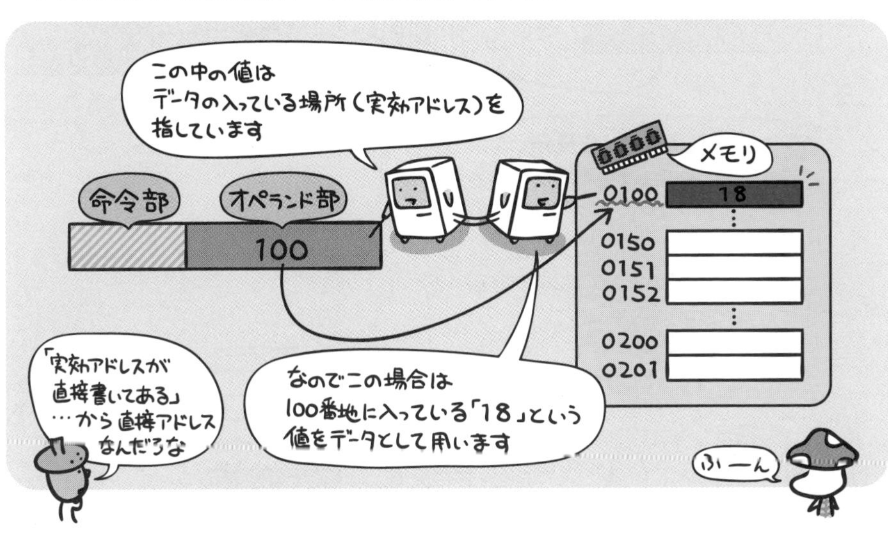

6 CPU (Central Processing Unit)

間接アドレス指定方式

さて、ここから少しずつややこしい方式が出てきますので、ちょっと詳細に見ていくといたしましょう。

間接アドレス指定方式では、オペランド部に、「対象となるデータが入っている箇所を示すメモリアドレス」が記されています。間接的に指定してるわけですね。

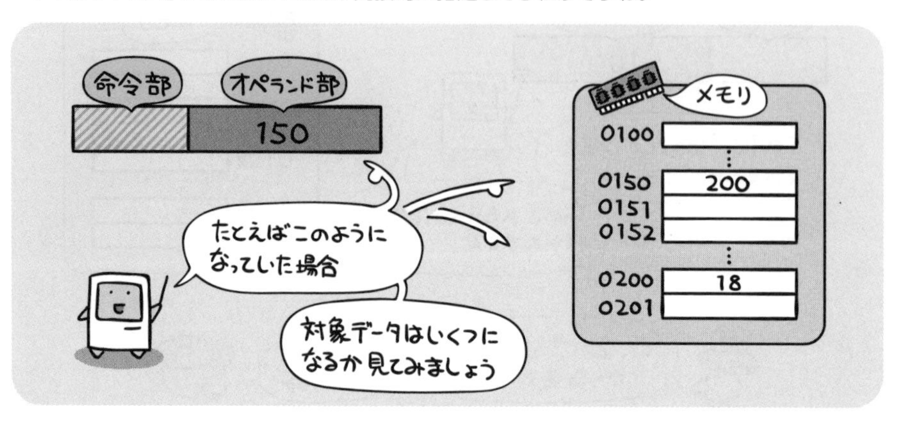

オペランド部には、「対象となるデータが入っている箇所を示すメモリアドレス」が記されているわけですから…、

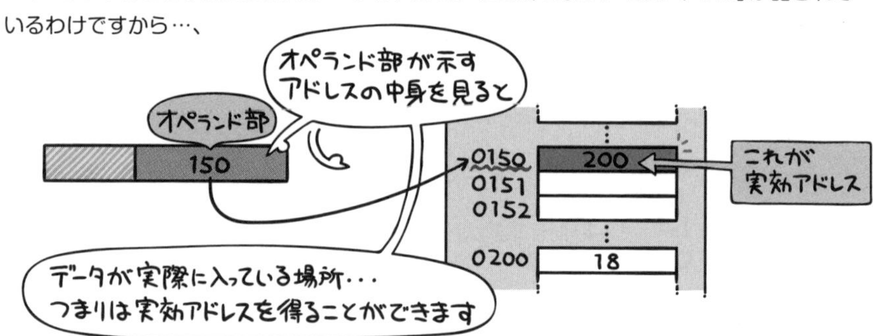

…というわけで、その実効アドレスを参照すると、

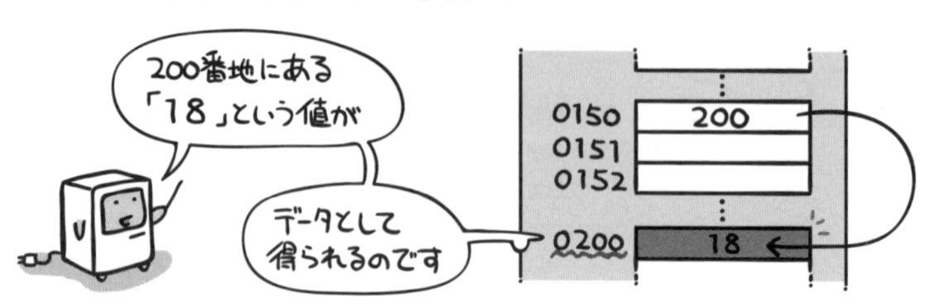

インデックス（指標）アドレス指定方式

インデックス（指標）アドレス指定方式では、オペランド部の値に、インデックス（指標）レジスタの値を加算することで実効アドレスを求めます。

インデックスレジスタというのはなにかというと、連続したアドレスを扱う時に用いるレジスタです。配列型（P.380）のデータ処理などで使います。

オペランド部に含まれているインデックスレジスタ番号は、インデックスレジスタ内のどの値を使用するかを示しています。

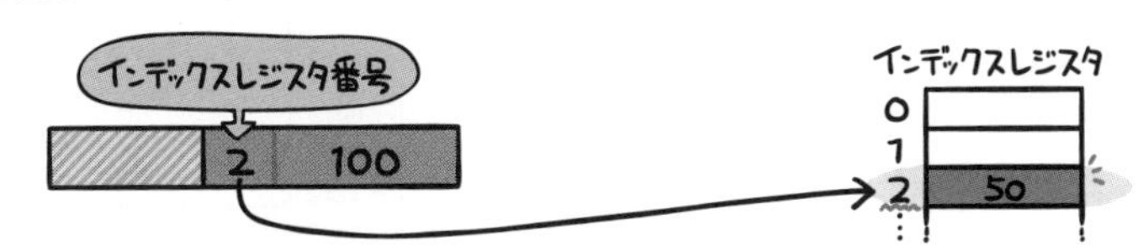

インデックスレジスタの値とオペランド部の値をあわせることで、実効アドレスが決まります。

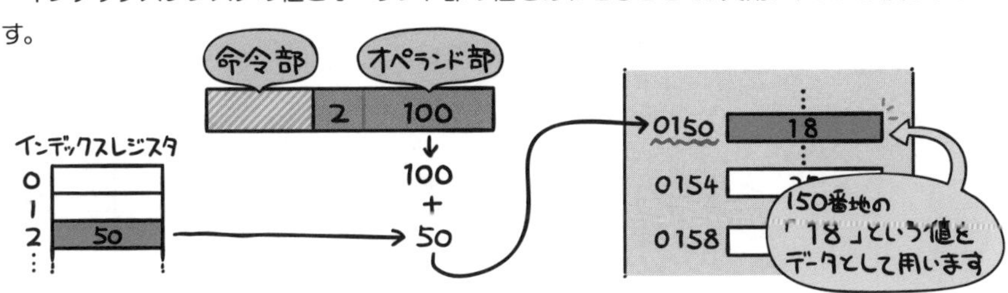

ベースアドレス指定方式

続いて今度はベースアドレス指定方式。この方式では、オペランド部の値に、ベースレジスタの値を加算することで実効アドレスを求めます。

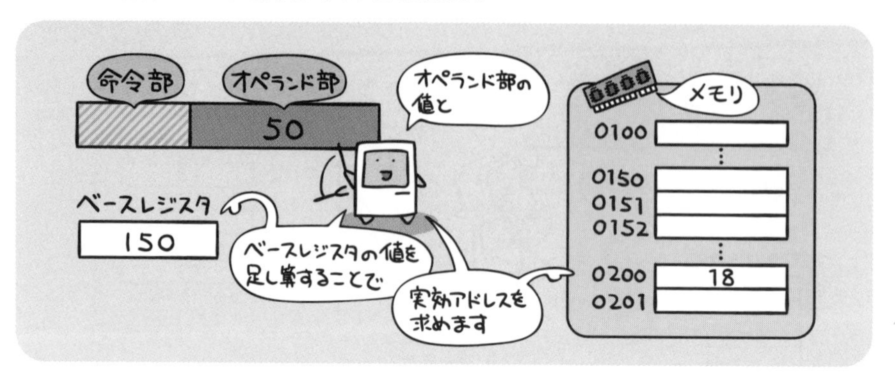

ベースレジスタというのは、プログラムがメモリ上にロードされた時の、先頭アドレスを記憶しているレジスタです。

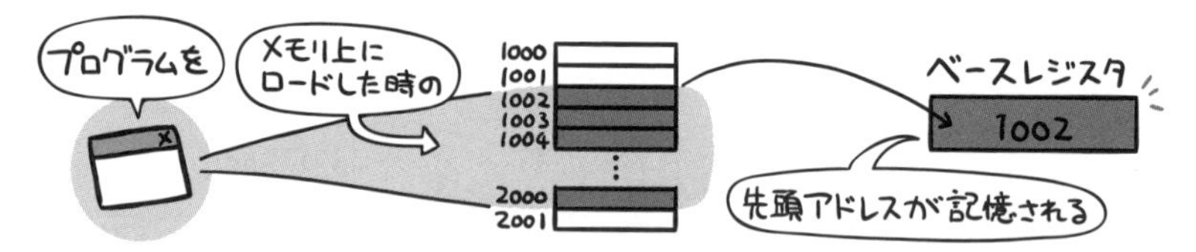

つまりベースアドレス指定方式というのは、プログラム先頭アドレスからの差分をオペランド部で指定する方式なわけです。

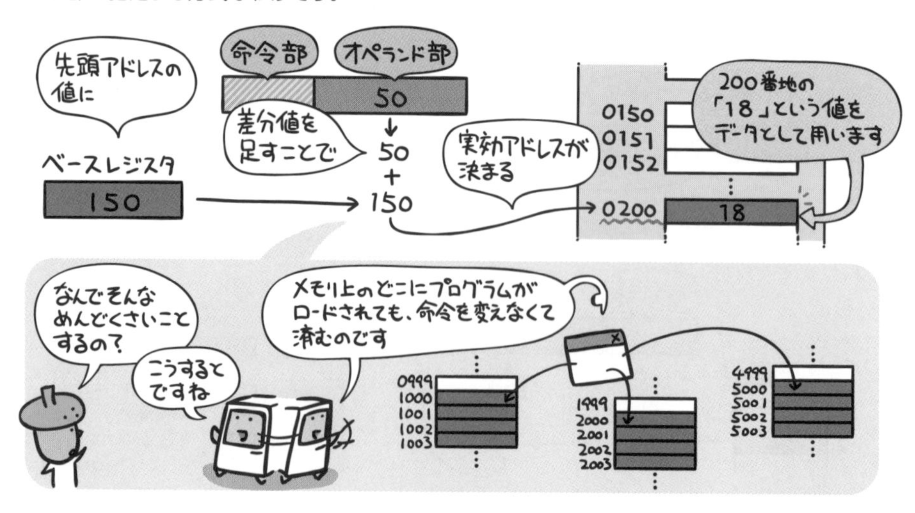

相対アドレス指定方式

最後に紹介するのが相対アドレス指定方式。この方式では、オペランド部の値に、プログラムカウンタの値を加算することで実効アドレスを求めます。

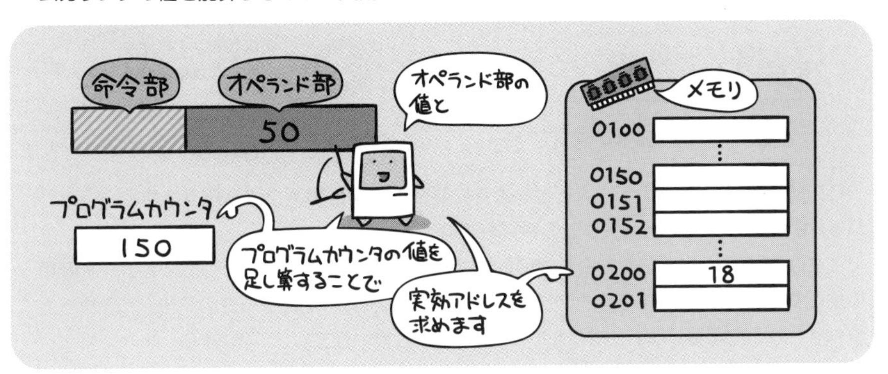

プログラムカウンタに入っているのは、次に実行される命令へのメモリアドレスでした。

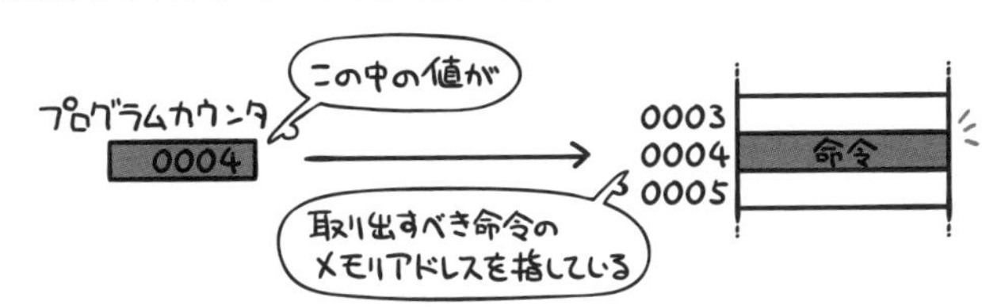

つまり相対アドレス指定方式というのは、メモリ上にロードされたプログラムの中の、命令位置を基準として、そこからの差分をオペランド部で指定する方式なわけです。

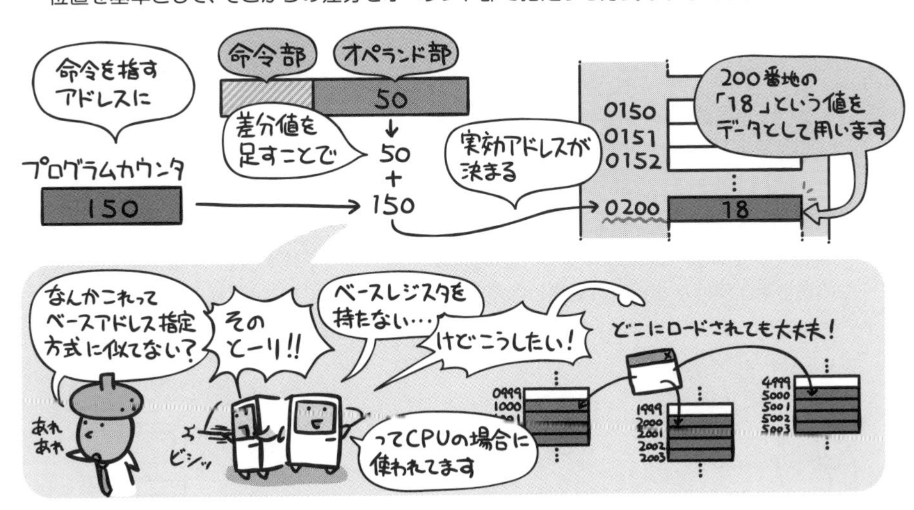

主記憶装置上のバイトオーダ

主記憶装置上では、1バイトごとにアドレスが割り振られています。読み書きもその単位で行いますが、一方でCPUはレジスタ長を基本単位として数値演算を行います。

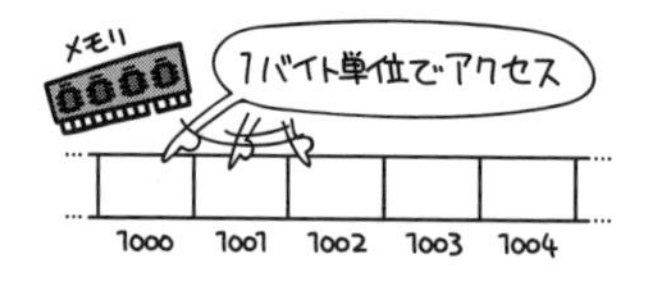

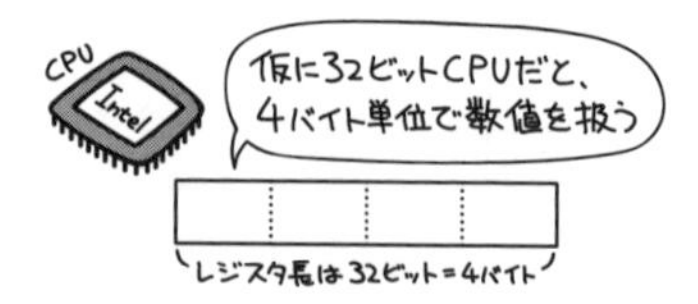

この時、2バイト以上のデータをどのような並びで主記憶装置上に格納するかというのがバイトオーダです。エンディアンとも呼ばれます。

これはCPUごとに異なるもので、種類は主に2つ。データの上位バイトから下位バイトの順に主記憶装置へと配置する方式をビッグエンディアン、その逆にデータの下位バイトから上位バイトの順に配置する方式をリトルエンディアンと言います。

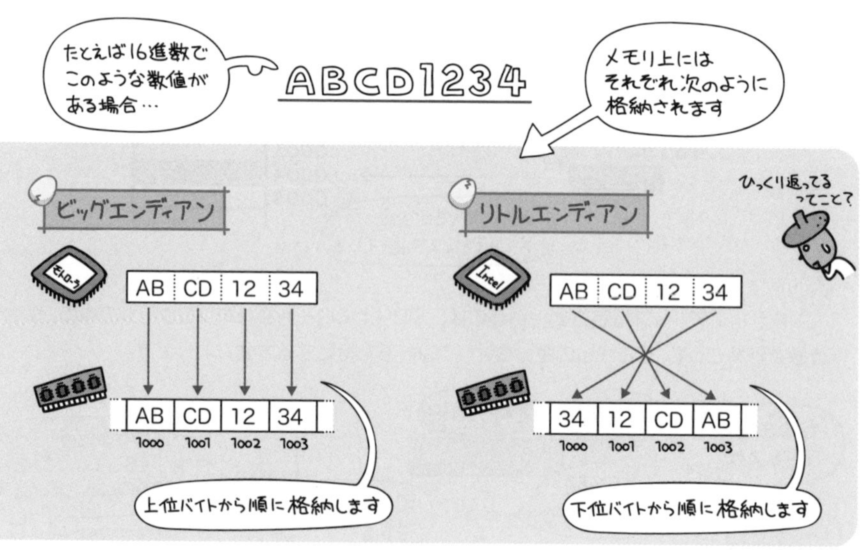

特に様々な機種が混在してデータをやり取りするネットワークの世界では、このバイトオーダが問題となります。そのため、プロトコルごとにネットワークバイトオーダを規定して、データの送り手と受け手が相互に変換しながらデータを送り合います（ちなみにインターネットで使われているTCP/IPネットワークだとビックエンディアン）。

過去問題練習と解説

問 1 (AP-H26-S-10)

命令のアドレス部から実効アドレスを生成する方式のうち，絶対アドレス方式はどれか。

ア　基準アドレスとしてスタックポインタの値を用い，命令のアドレス部を基準アドレスからの変位として加算し，実効アドレスを生成する。
イ　基準アドレスとして命令アドレスレジスタの値を用い，命令のアドレス部を基準アドレスからの変位として加算し，実効アドレスを生成する。
ウ　命令のアドレス部で指定したメモリの内容を，実効アドレスとする。
エ　命令のアドレス部の値をそのまま実効アドレスとする。

解説

ア　相対アドレス指定方式の説明です。ただし、本選択肢の説明では、181ページの相対アドレス指定方式で説明されている“プログラムカウンタ”の代わりに“スタックポインタ”が用いられています。
イ　相対アドレス指定方式の説明です。なお、命令アドレスレジスタは、プログラムカウンタと同じ意味を持つ用語です。
ウ　間接アドレス指定方式の説明です。
エ　絶対アドレス指定方式の説明です。

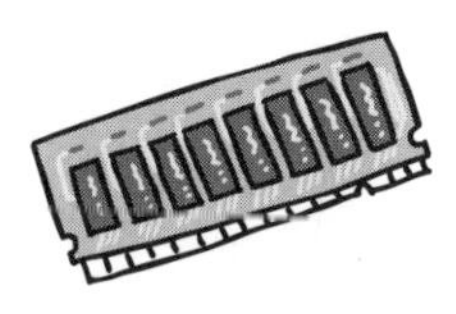

正解▶問1：エ

16進数 ABCD1234をリトルエンディアンで4バイトのメモリに配置したものはどれか。ここで，0 ～+3はバイトアドレスのオフセット値である。

ア

0	+1	+2	+3
12	34	AB	CD

イ

0	+1	+2	+3
34	12	CD	AB

ウ

0	+1	+2	+3
43	21	DC	BA

エ

0	+1	+2	+3
AB	CD	12	34

解説

エンディアンとは、多バイトのデータを主記憶装置上に配置する方式の種類であり、次の2つがあります。

(1) リトルエンディアン … 最下位のバイトから順番に配置する方式
(2) ビッグエンディアン … 最上位のバイトから順番に配置する方式

したがって、16進数ABCD1234を、リトルエンディアンでメモリに配置すると選択肢イの形になります。なお、ビッグエンディアンでは、選択肢エの形になります。

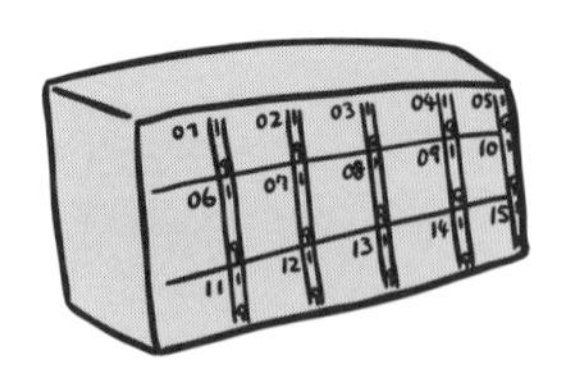

正解▶問2：イ

Chapter 6-5 CPUの性能指標

CPUの性能は、クロック周波数やCPI、MIPSなどの指標値を用いて評価されます。

コンピュータの処理能力を語る上で欠かせないのがCPUの性能です。当然のことながら、これが高速であればあるほどコンピュータの処理能力は高くなる。なので、「より高速なものが望ましい」となる。

でも、性能を比較しようと思ったら、なにか統一された基準がないと比べようがないですよね。

そんなCPUの性能をあらわすための指標値が、クロック周波数やCPI(Clock cycles Per Instruction)、MIPS(Million Instructions Per Second)といった数値たちです。

クロック周波数というのは周期信号の繰り返し数。コンピュータには、同調をとるための周期信号があるんですけど、これが1秒間で何回チクタクできるかってことをあらわしてます。CPIは、その信号何周期分で1つの命令を実行できるかをあらわしていて、MIPSは1秒間に実行できる命令の数。

簡単に書くとそういうことなのですが、うん、まったくもってこれでは「意味がわからん」ですよね。というわけで、より具体的な話を見ていきましょう。

6 CPU (Central Processing Unit)

クロック周波数は頭の回転速度

コンピュータには色んな装置が入っています。それらがてんでバラバラに動いていてはまともに動作しませんので、「クロック」と呼ばれる周期的な信号にあわせて動くのが決まり事になっています。そうすることで、装置同士がタイミングを同調できるようになっているのです。

CPUも、このクロックという周期信号にあわせて動作を行います。

チクタクチクタク繰り返される信号にあわせて動くわけですから、チクタクという1周期の時間が短ければ短いほど、より多くの処理ができる（すなわち性能が高い）ということになります。

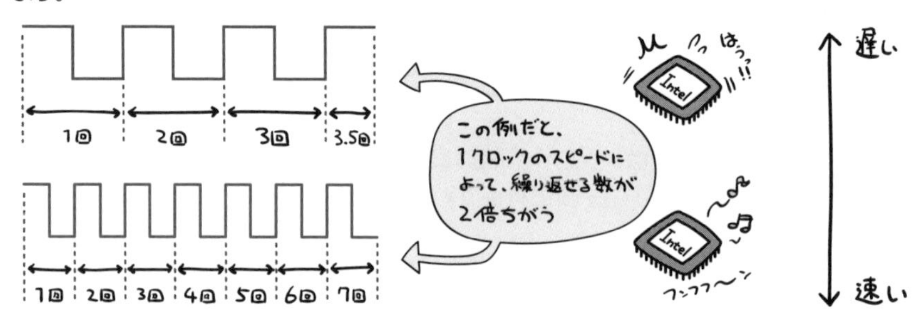

クロックが1秒間に繰り返される回数のことをクロック周波数と呼びます。単位はHz。たとえば「クロック周波数1GHzのCPU」と言った場合は、1秒間に10億回（1Gは10^9=1,000,000,000回）チクタクチクタクと振動していることになります。

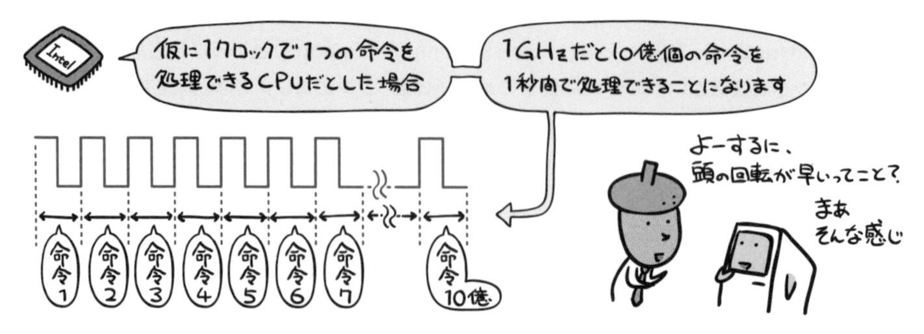

1クロックに要する時間

ここで仮に「クロック周波数1GHzのCPU」があったとします。では、このCPUが1クロックに要する時間は何秒になるでしょうか。

大きな数字だと、ややこしく見えがちですよね。じゃあ「クロック周波数4HzのCPU」だとどうでしょうか。4Hzということは、1秒間にクロックが4回繰り返されるということですから…

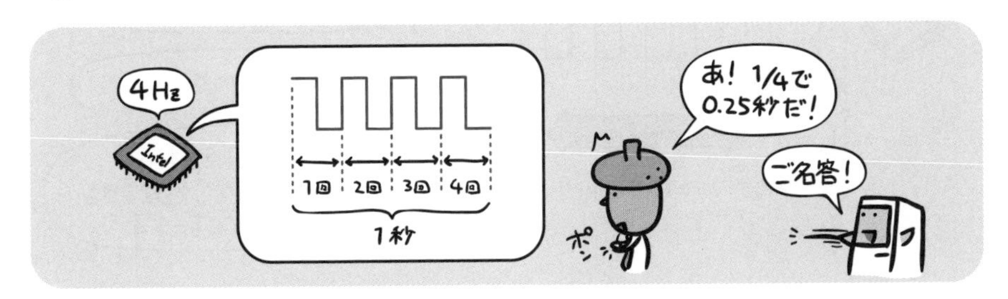

そう、つまりは、クロック周波数で秒数1を割れば、1クロックに要する時間が求められるということです。この時間のことを、クロックサイクル時間と呼びます。

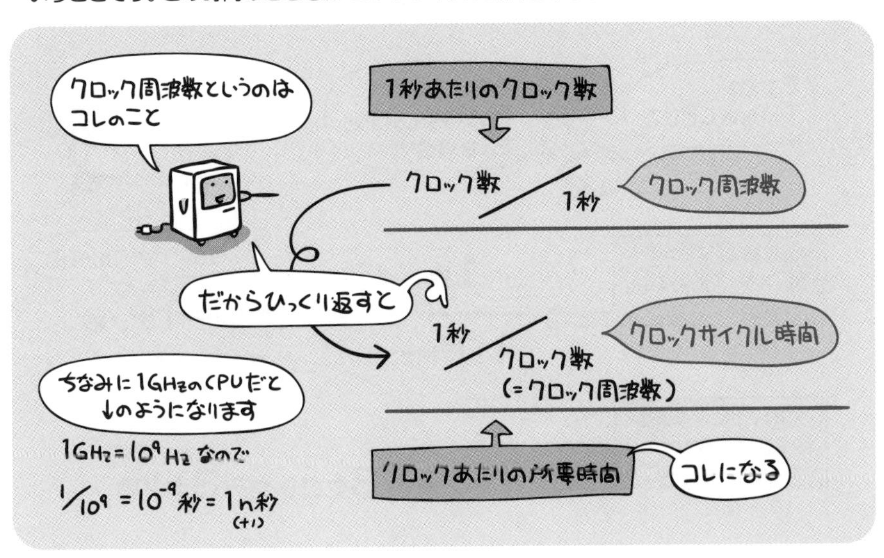

CPI (Clock cycles Per Instruction)

CPI (Clock cycles Per Instruction)というのは名前が示す通り、「1命令あたり何クロックサイクル必要か」をあらわすものです。

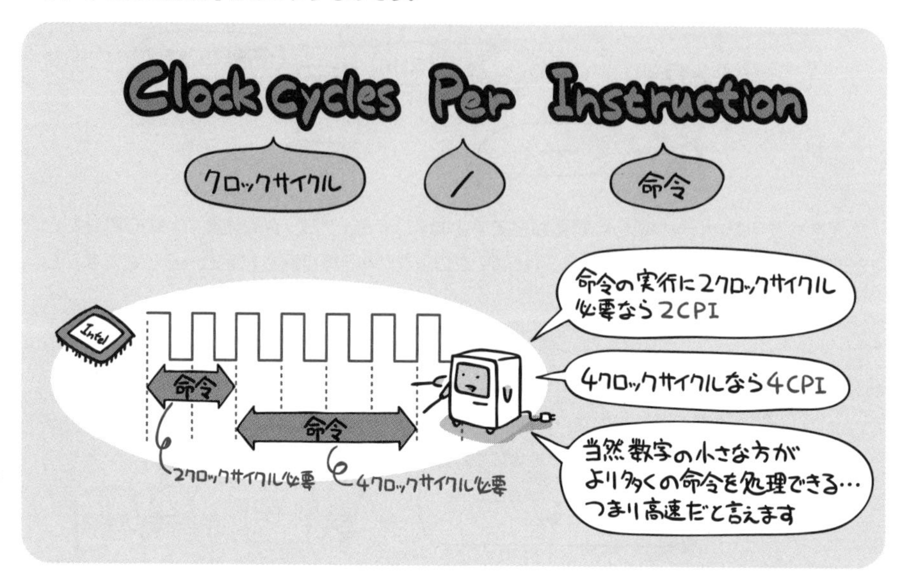

このCPIと前ページのクロックサイクル時間を使うと、命令の実行時間を求めることができます。

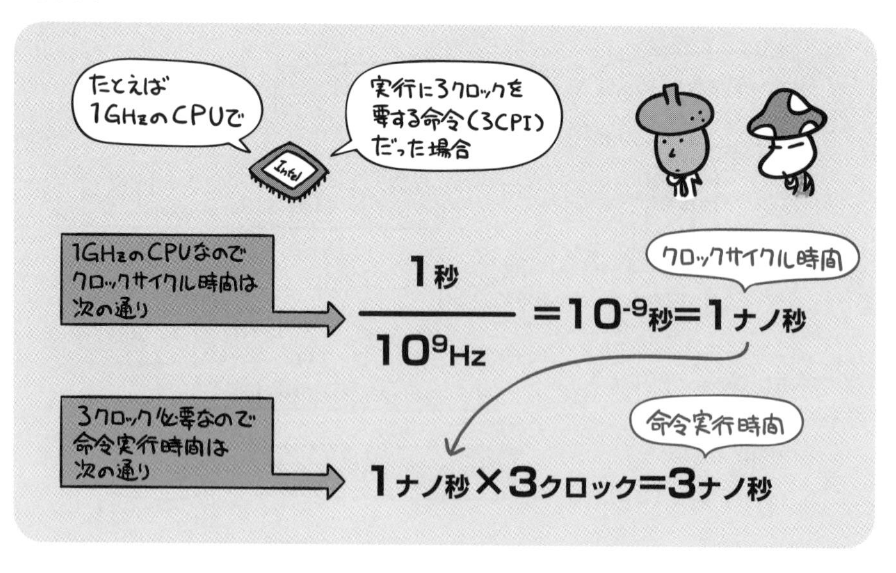

MIPS (Million Instructions Per Second)

一方MIPS (Million Instrucutions Per Second)は、「1秒間に実行できる命令の数」をあらわしたものです。

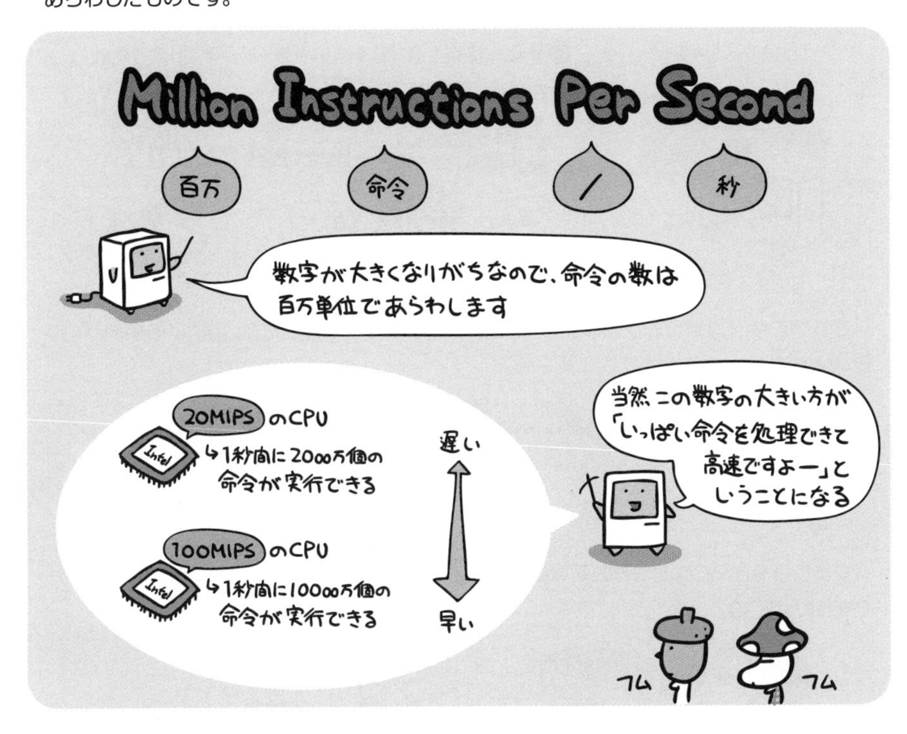

たとえば「1つの命令を実行するのに平均して2ナノ秒かかりますよ」というCPUがあった場合、MIPS値は次のようになるわけです。

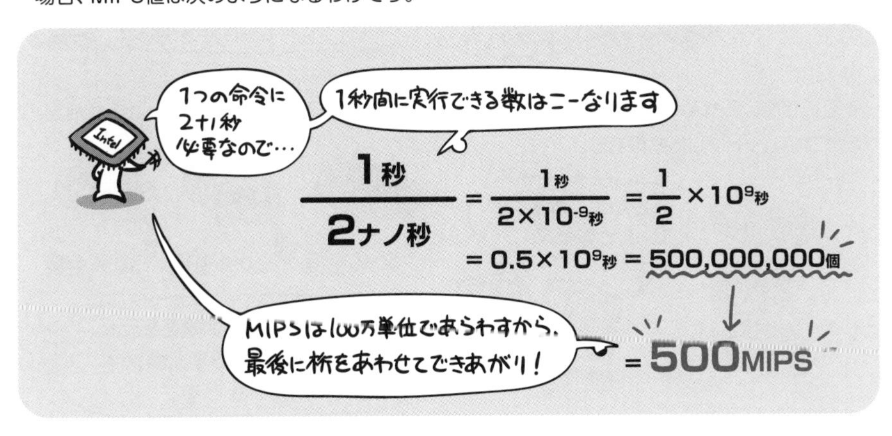

命令ミックス

ところでCPUの基本的な命令実行手順というのが「命令の取り出し→命令の解読→対象データ読み出し→命令実行」ですよとした流れの話は覚えていますでしょうか。

でもですね、「対象データ読み出し」を必要としない命令なんかだと、当然この手順って必要ないですよね。

つまり命令というのは、その種類によって実行に必要なクロックサイクル数が異なってたりするわけです。

そこで用いられるのが命令ミックスです。命令ミックスというのは、よく使われる命令を、ひとつのセットにしたものです。

たとえば1GHzのCPUが次の命令セットで出来ていた場合、その処理能力は何MIPSになるか計算してみましょう。

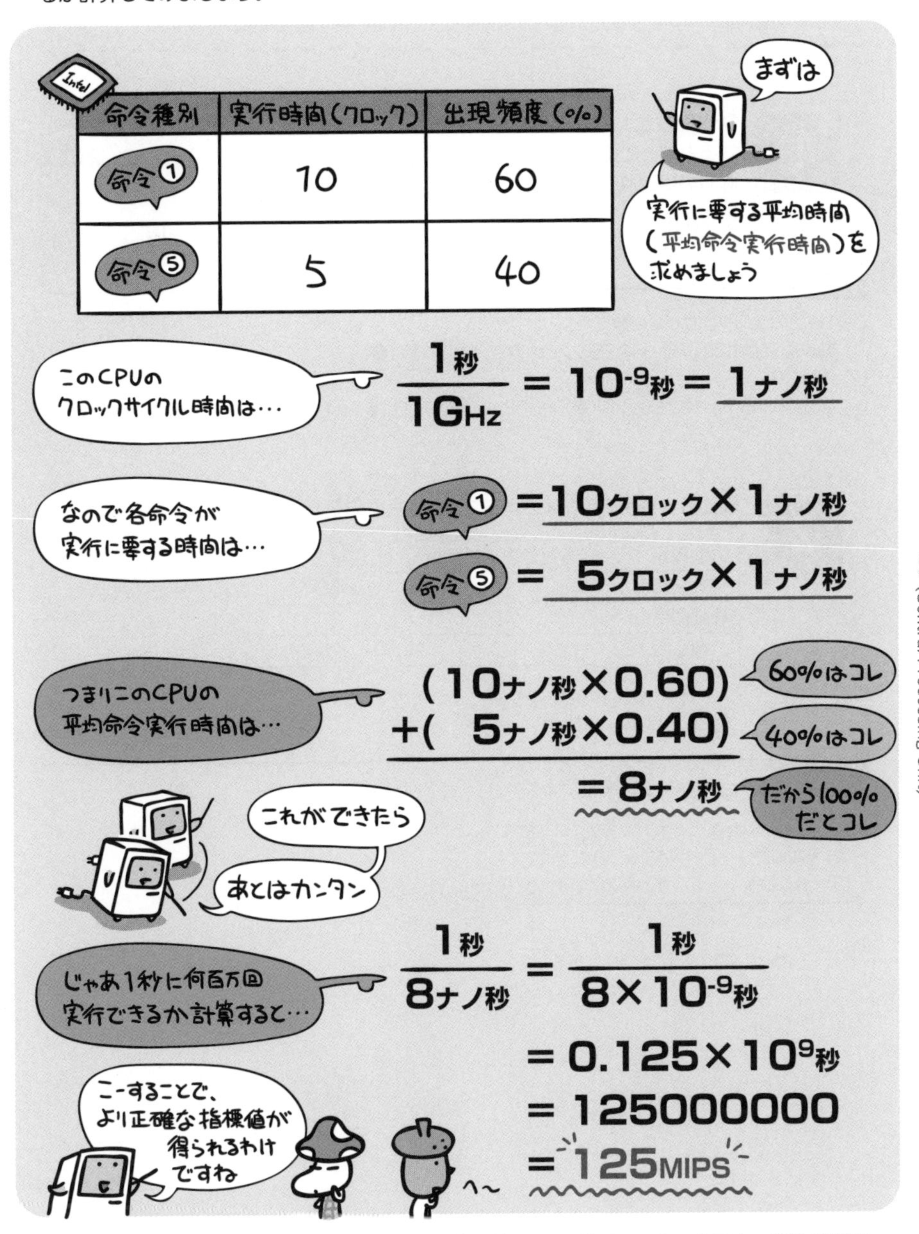

標準的な命令ミックスとして、科学技術計算で使われるギブソンミックスと、事務計算などで使われるコマーシャルミックスの2つがあります。

このように出題されています
過去問題練習と解説

問1 (AP-R05-S-08)

動作周波数1.25GHzのシングルコアCPUが1秒間に10億回の命令を実行するとき，このCPUの平均CPI (Cycles Per Instruction) として，適切なものはどれか。

ア 0.8　　イ 1.25　　ウ 2.5　　エ 10

解説

(1) 1秒間のクロックサイクル数
　動作周波数1.25GHz → 1.25Gクロックサイクル／秒 (●)
(2) 平均CPI
　10億回の命令=1G回の命令 (◆) → 1.25G (●) ÷1G (◆) =1.25

問2 (AP-R03-S-09)

表に示す命令ミックスによるコンピュータの処理性能は何MIPSか。

命令種別	実行速度 (ナノ秒)	出現頻度 (%)
整数演算命令	10	50
移動命令	40	30
分岐命令	40	20

ア 11　　イ 25　　ウ 40　　エ 90

解説

本問の条件に従って、計算します。

(1) 整数演算命令　10 × 50% = 5
(2) 移動命令　40 × 30% =12
(3) 分岐命令　40 × 20% = 8

合 計　25 ナノ秒／命令

1秒 ÷ 25 ナノ秒／命令 = 40 MIPS

正解▶問1:イ　問2:ウ

CPUの高速化技術

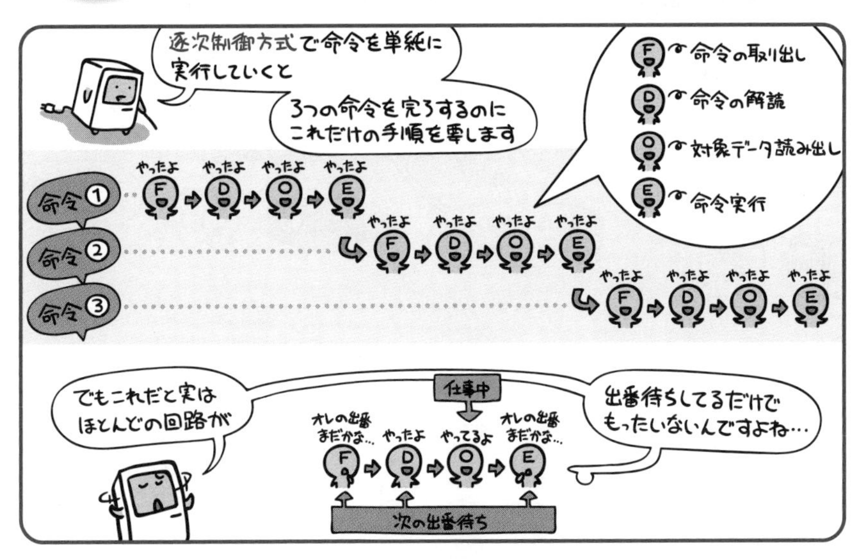

複数の命令を並行して実行させることができれば、回路の遊び時間をなくし、処理効率を高めることができます。

たとえばレストランを想像してみましょう。注文を取ってくる人がいて、その食材を用意する人がいて、調理する人がいて、出来上がった品を席まで運ぶ人がいて…という時に、1品ずつ席に運び終えるまで次の注文を取ってくれないとしたらどうでしょうか。

非効率だなーと思いますよね。「とりあえず注文だけでもどんどん取れよ」と思ってしまいます。この、「非効率で段取り力皆無」なことをしているのが、逐次制御方式として挙げている流れなわけです。

でも、1人が同時に複数の注文を取るのは無理としても、次から次へと注文を取って行くことはできるはず。そうすれば、次の食材を用意する係の人だって、次から次へと用意しておくことができるんです。それでこそザ・流れ作業！

つまり「複数の命令を並行して実行」というのは、これと同じことをアンタやりなさいよということなのですね。そうすることで出番待ちしている無駄をなくし、全体の処理効率を高めることができる。

この手法をパイプライン処理と呼びます。

パイプライン処理

それでは実際にパイプライン処理だとどのような動きになるか見てみましょう。

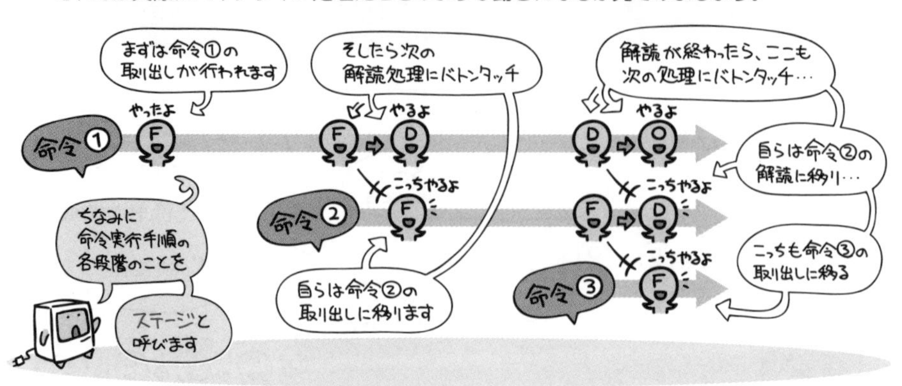

そんな感じでポンポン次の命令へと進むようにすると、全体は次の図のように並行して進むことになります。

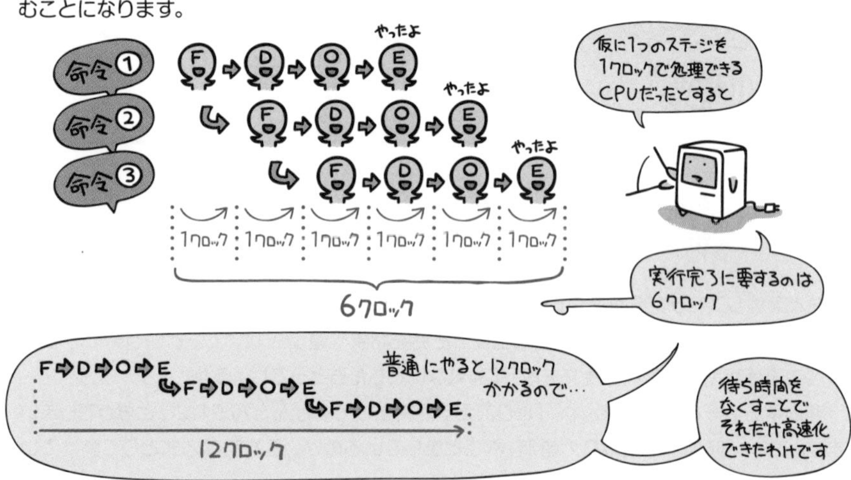

ただし、次から次へと命令を先読みしているので、分岐命令などが出てきた場合は、先読み分が無駄になってしまうことがあります。このようなパイプライン処理の乱れをハザードといい、「分岐命令に起因する制御(分岐)ハザード」「ハードウェアの競合に起因する構造ハザード」「後続の命令で用いるデータが、他の命令の結果待ちになるデータハザード」などがあります。

分岐予測と投機実行

前ページでも軽くふれていますが、処理というのは、えてして「Aの時は命令5を実行する」というように分岐条件が発生するものです。そうすると、この分岐結果が明確になるまで、次の命令を処理開始できないよということになります。

命令を先読みして進めるパイプライン処理にとって、これは困った事態です。

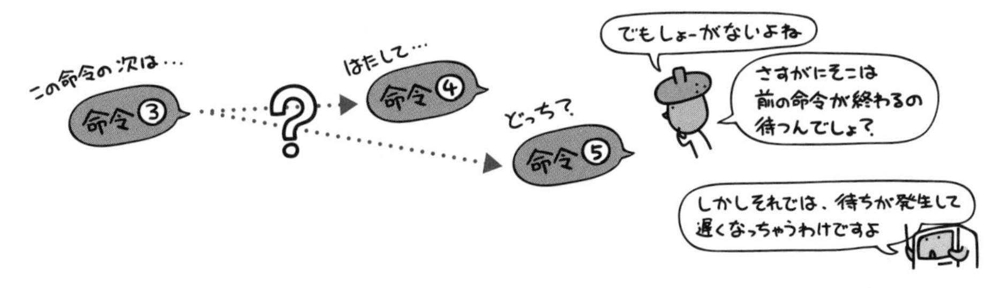

そこで、この分岐が実施されるのか、その場合の次の命令はどれかを予測することで、無駄な待ち時間を生じさせないようにします。これを分岐予測と言います。

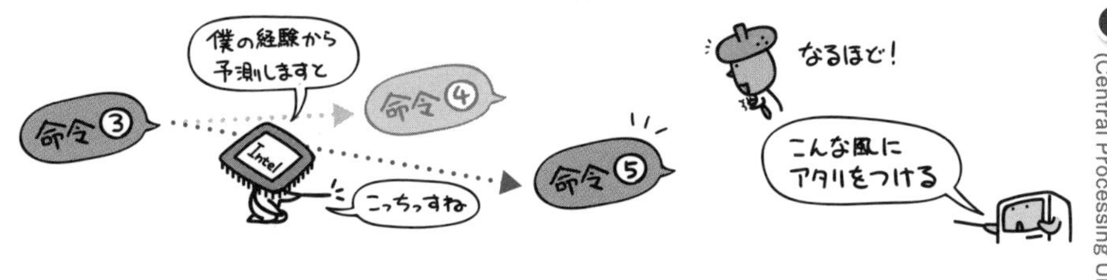

その予測に基づいて、「後々無駄になっちゃうかもしれないけど多分これだから先にやってしまっとこう」と、分岐先の命令を実行開始する手法が投機実行です。

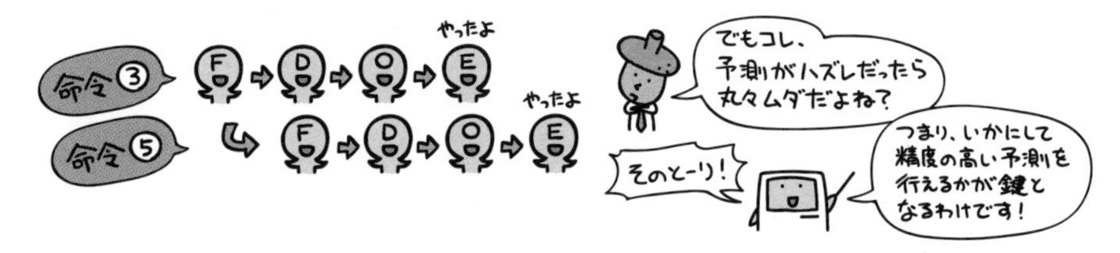

スーパーパイプラインとスーパースカラ

パイプライン処理による高速化をさらに推し進める手法として、スーパーパイプラインやスーパースカラがあります。

スーパーパイプライン

各ステージの中身をさらに細かいステージに分割することで、パイプライン処理の効率アップを図るものです。

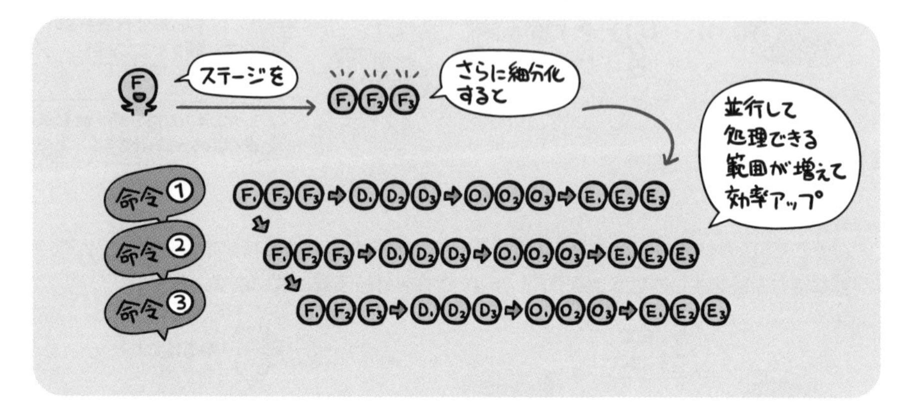

スーパースカラ

パイプライン処理を行う回路を複数持たせることで、まったく同時に複数の命令を実行できるようにしたものです。

VLIW (Very Long Instruction Word)

前述のスーパースカラと違い、ソフトウェア処理に重点を置いた高速化手法がVLIWです。VLIWは、同時に実行可能な複数の動作をまとめて1つの命令にすることで、複数の命令を同時に実行させる手法です。

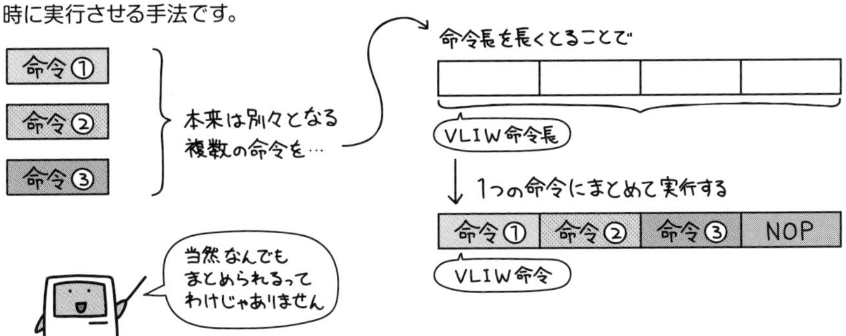

命令長を揃える必要がありますので、命令をまとめた結果が規定の長さに満たない場合は、「何もしない」という意味のNOP命令を挿入します。

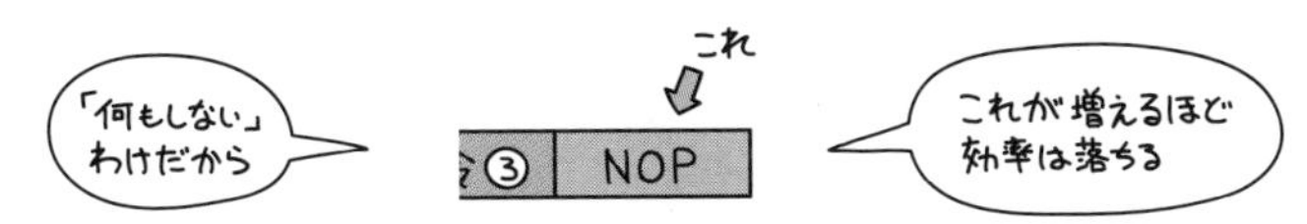

この手法ではプログラムのコンパイル時に、プログラム中にある依存関係のない複数の命令を、あらかじめコンパイラ(言語プロセッサ)がひとつの命令語にまとめておきます。

コンパイルとは特定の開発言語で書かれたプログラムを機械語へと翻訳して実行形式にする作業のことです。

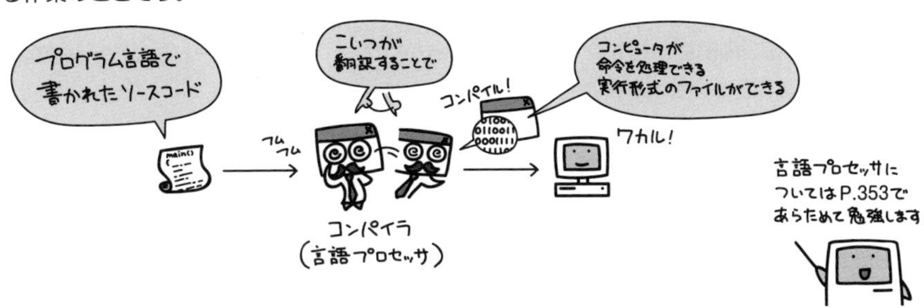

上記によりCPUの負担は軽減されます。しかし、その分ソフトウェア側が「いかに効率の良いコードを吐き出せるか」にかかってくるため、コンパイラの設計は難しくなります。

CISCとRISC

ここでCPUのアーキテクチャにも軽くふれておきましょう。アーキテクチャというのは、基本設計とか設計思想とかいう意味の言葉です。

CPUには、高機能な命令を持つCISCと、単純な命令のみで構成されるRISCという2つのアーキテクチャがあります。

CISC (Complex Instruction Set Computer)

CISCはCPUに高機能な命令を持たせることによって、ひとつの命令で複雑な処理を実現するアーキテクチャです。

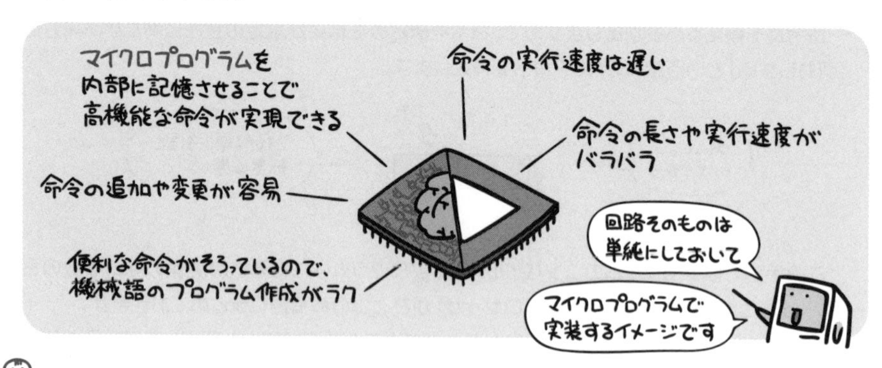

RISC (Reduced Instruction Set Computer)

RISCはCPU内部に単純な命令しか持たないかわりに、それらをハードウェアのみで実装して、ひとつひとつの命令を高速に処理するアーキテクチャです。

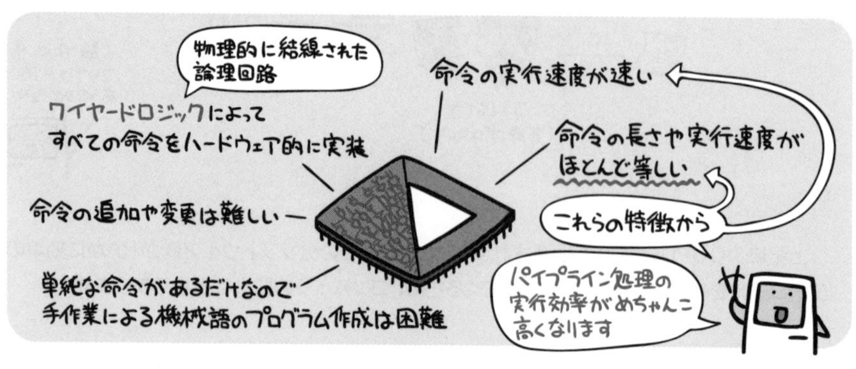

このように出題されています

過去問題練習と解説

プロセッサの高速化技法の一つとして，同時に実行可能な複数の動作を，コンパイルの段階でまとめて一つの複合命令とし，高速化を図る方式はどれか。

ア　CISC　　イ　MIMD　　ウ　RISC　　エ　VLIW

解説

アとウ　CISCとRISCの説明は、198ページを参照してください。
イ　MIMDの説明は、201ページを参照してください。
エ　VLIWの説明は、197ページを参照してください。

全ての命令が5ステージで完了するように設計された，パイプライン制御のCPUがある。20命令を実行するには何サイクル必要となるか。ここで，全ての命令は途中で停止することなく実行でき，パイプラインの各ステージは1サイクルで動作を完了するものとする。

ア　20　　イ　21　　ウ　24　　エ　25

解説

本問のような5ステージのパイプラインのCPUにおいて、5命令が実行される状況は、下図のとおりです（20命令ではありません）。

サイクル

	1	2	3	4	5	6	7	8	9
命令 1									
命令 2									
命令 3									
命令 4									
命令 5									

注：赤い網掛部分が、実行されているステージです。

上図のように、5命令では、4ステージ+5命令×1ステージが必要です。数式にすれば、“必要なステージ数 ＝ 4 ＋ 命令数” です。したがって、20命令では、4+20=24ステージが必要です。

正解▶問1：エ　問2：ウ

並列処理 (Parallel Processing)

複数のプロセッサを協調して処理にあたらせる技術などのことを、並列処理と呼びます。

これまで見たように、CPUの性能向上には様々なアプローチがありますが、単独のCPU内で果たすことのできる性能向上には限界が近付きつつあります。そのため、複数のCPUを協調させて動作を行う並列処理の重要度は増す一方となりました。

このような、ひとつのコンピュータシステム上に複数のCPUを搭載するマルチプロセッサシステムでは、各CPUに対して処理を分散させることで、CPU単独ではなくシステム全体でパフォーマンスの向上を図ります。

この時、処理を分散させる方式として、すべてのプロセッサを同等に扱って処理を並列化する方式を対称型マルチプロセッサ(SMP:Symmetrical Multiple Processor)、それぞれのプロセッサに対して役割を決めて処理を分散する方式を非対称型マルチプロセッサ(AMP:Asymmetrical Multiple Processor)と言います。

大型コンピュータや企業のサーバなどでは古くから行われていた手法ですが、ひとつのCPUパッケージ内に複数のコア(CPUの中核で、実際に処理を担当するところ)を持たせたマルチコアプロセッサが、近年では用途を問わず広く使われるようになっています。

フリンの分類

マイケル・J・フリン（M.J.Flynn）による分類法では、命令の流れ（Instruction stream）とデータの流れ（Data stream）の並行度によって、プロセッサを次のように分類しています。

凡例：

SISD（Single Instruction stream / Single Data stream）

1つの命令で1つのデータを処理します。ごく一般的なコンピュータはこの方式です。

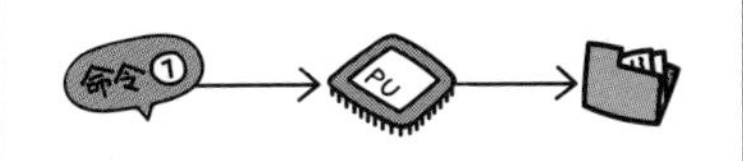

SIMD（Single Instruction stream / Multiple Data stream）

1つの命令で複数のデータを処理します。マルチメディア系の処理に適しており、グラフィック処理用のプロセッシングユニットであるGPUの多くはこの方式です。

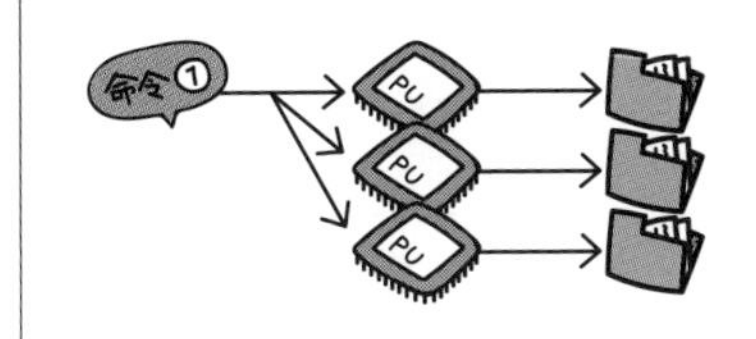

MISD（Multiple Instruction stream / Single Data stream）

複数の命令で1つのデータを処理します。理論上のものであり、実際に製品として普及しているものはありません。

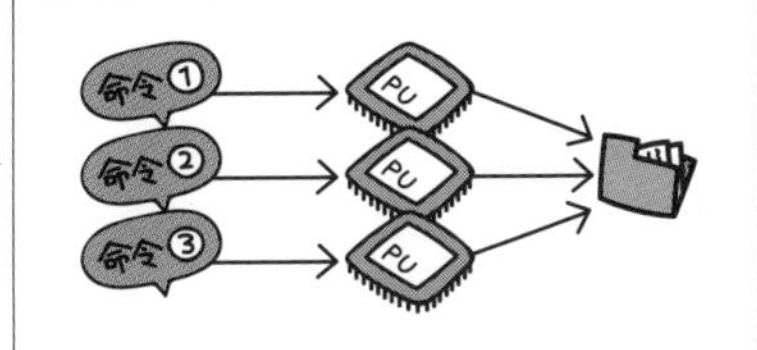

MIMD（Multiple Instruction stream / Multiple Data stream）

複数の命令で複数のデータを処理します。マルチプロセッサを採用する一般的なコンピュータはこの方式です。

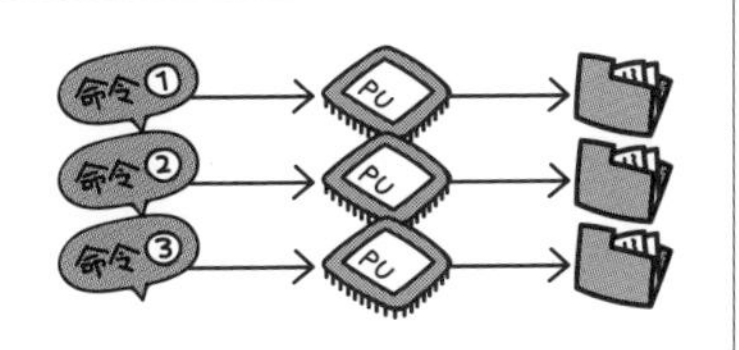

マルチプロセッサと主記憶装置

複数のCPUが協調動作を行うにあたり、主記憶装置との関係は重要な問題です。

この主記憶装置との結合方法によってマルチプロセッサシステムを分類したものが、密結合型と疎結合型の2つです。

密結合マルチプロセッサ

複数のプロセッサが主記憶を共有し、それを単一のOS（オペレーティングシステム）が制御する方式です。

OSによってタスクが分散され処理能力の向上が図れますが、共有した主記憶装置へのアクセスが競合した場合、処理効率が低下してしまいます。

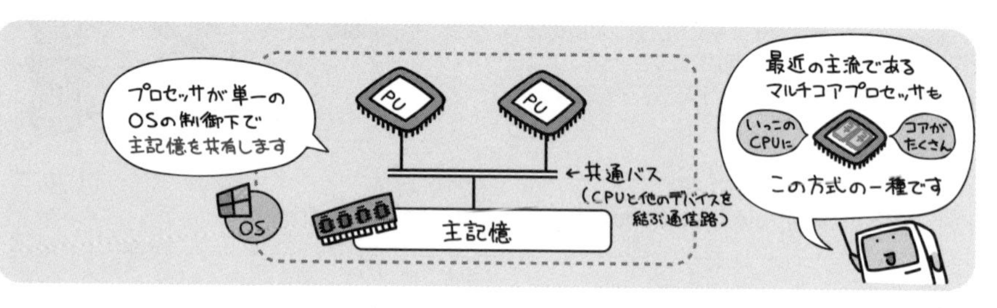

疎結合マルチプロセッサ

複数のプロセッサそれぞれに対して独立した主記憶を割り当てる方式です。各プロセッサ毎にOSが必要となります。

クラスタシステムと言われるものがこの一種で、多くの場合は独立したコンピュータ同士を通信路でつなぎ、その全体をひとつのシステムとして稼働させます。

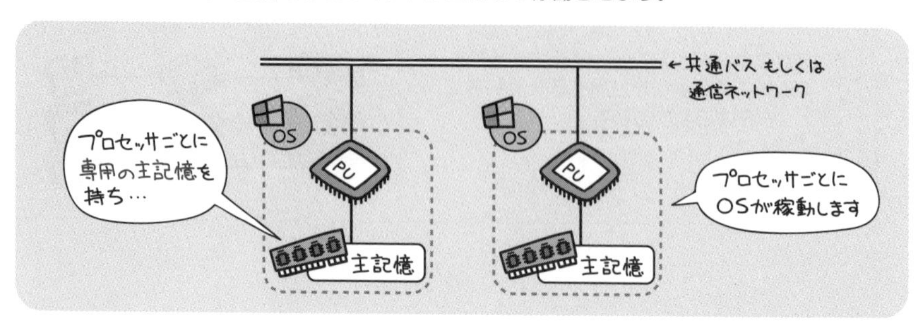

アムダールの法則

プロセッサの数を増やすと、その分単純にシステムが高速化してくれるように思えます。しかし実際は、そうはなりません。処理の依存関係であったり、主記憶へのアクセス競合であったりと、同時に実行できる処理にはどうしても限界があるからです。

そこで、このような複数のプロセッサを用いた場合に、どれだけ高速化できるかという理論上の限界値を求めるのがアムダールの法則です。アムダールの法則では、次の式によって、性能の向上率を求めることができます。

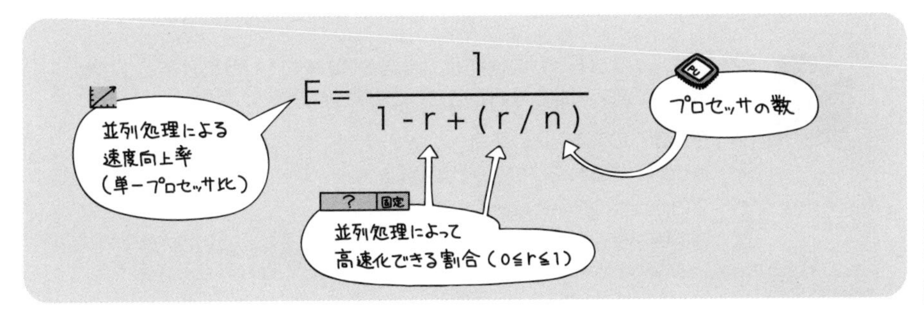

たとえば並列処理によって全体の60%が高速化できるシステムにおいて、6台のプロセッサを使用したとします。この場合の速度向上率は何倍になるでしょうか。

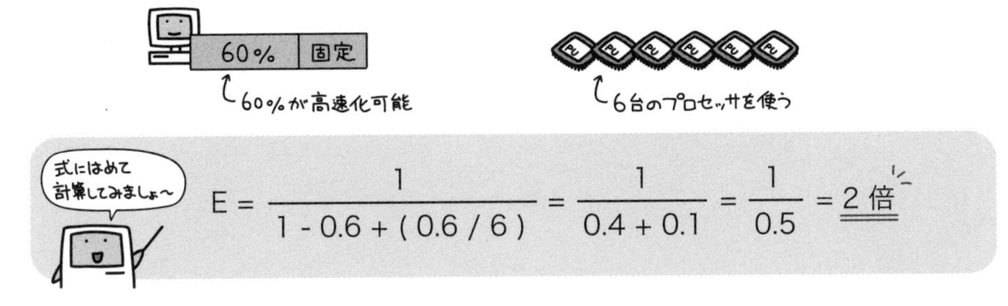

プロセッサの数を6倍にしても、性能はそこまで伸びないという結果がここから読み取れます。本試験において公式を覚えておく必要はありませんが、式を与えられた時に計算できるよう、感覚を掴んでおきましょう。

このように出題されています

過去問題練習と解説

並列処理方式であるSIMDの説明として，適切なものはどれか。

ア　単一命令ストリームで単一データストリームを処理する方式
イ　単一命令ストリームで複数のデータストリームを処理する方式
ウ　複数の命令ストリームで単一データストリームを処理する方式
エ　複数の命令ストリームで複数のデータストリームを処理する方式

解説

ア　SISD (Single Instruction stream Single Data stream) の説明です。
イ　SIMD (Single Instruction stream Multiple Data stream) の説明です。
ウ　MISD (Multiple Instruction stream Single Data stream) の説明です。
エ　MIMD (Multiple Instruction stream Multiple Data stream) の説明です。

密結合マルチプロセッサの性能が，1台当たりのプロセッサの性能とプロセッサ数の積に等しくならない要因として，最も適切なものはどれか。

ア　主記憶へのアクセスの競合
イ　通信回線を介したプロセッサ間通信
ウ　プロセッサのディスパッチ処理
エ　割込み処理

解説

密結合マルチプロセッサは、複数のプロセッサが主記憶装置を共用して1つの基本ソフトウェアの下で動作するものです。

したがって、あるプロセッサが主記憶装置のある部分を更新するために、排他的に使用している場合、他のプロセッサがその部分を参照・更新しようとする時に、待ち状態が発生します。そのため、プロセッサの数を2倍にしても、全体性能は2倍よりは少ない値になります。

プロセッサ数と，計算処理におけるプロセスの並列化が可能な部分の割合とが，性能向上へ及ぼす影響に関する記述のうち，アムダールの法則に基づいたものはどれか。

ア　全ての計算処理が並列化できる場合，速度向上比は，プロセッサ数を増やしてもある水準に漸近的に近づく。

イ　並列化できない計算処理がある場合，速度向上比は，プロセッサ数に比例して増加する。

ウ　並列化できない計算処理がある場合，速度向上比は，プロセッサ数を増やしてもある水準に漸近的に近づく。

エ　並列化できる計算処理の割合が増えると，速度向上比は，プロセッサ数に反比例して減少する。

解説

203ページの中段に示されているとおり、アムダールの法則は、下記の計算式で複数のプロセッサを用いる場合の性能向上比を計算します。

速度向上比 ＝ 1 ÷ {(1 − r) + (r ／ n)}
r：並列化によって高速化できる割合（0≦r≦1）　　　n：プロセッサ数

ア　全ての計算処理を並列化できる場合、上記のrが1になるので、速度向上比 ＝ 1 ÷ {(1 − 1) + (1 ／ n)} ＝ 1 ÷ (1 ／ n) ＝ nと書き換えられます。したがって、プロセッサ数nを増やすと、速度向上比は、ある水準に漸近的に近づくのではなく、n倍になります。

イ　例えば、並列化できない計算処理が0.6ある場合（＝rを0.4とすると）、速度向上比 ＝ 1 ÷ {(1 − 0.4) + (0.4 ／ n)} ＝ 1 ÷ { 0.6 ＋ (0.4 ／ n)} と書き換えられます。また、例えば、プロセッサ数nが2の場合、速度向上比は1 ÷ { 0.6 ＋ (0.4 ／ 2)} ＝1 ÷ { 0.8 } ＝1.25です。プロセッサ数nが4の場合、速度向上比は1 ÷ { 0.6 ＋ (0.4 ／ 4)} ＝1 ÷ { 0.7 } ≒1.43です。したがって、プロセッサ数を2から4に増やしても、速度向上比は2倍にはなりません（＝比例して増加しません）。

ウ　上記の選択肢イの解説の例において、プロセッサ数nが100万のように非常に大きくなると、(0.4 ／ n) が0に近づくので、0とみなすと、速度向上比 ＝ 1 ÷ { 0.6 } ＝1.66666...となります。選択肢イの解説の例では、プロセッサ数をどんどん増やしていくと、速度向上比はだんだん1.66666...に近づいていきます。したがって、並列化できない計算処理がある場合、速度向上比は、プロセッサ数を増やしてもある水準に漸近的に近づくと考えられ、本選択肢が正解です。

エ　例えば、並列化できる計算処理が0.2あり、プロセッサ数が2の場合、速度向上比 ＝ 1 ÷ {(1 − 0.2) + (0.2 ／ 2)} ＝ 1 ÷ { 0.8 ＋0.1)} ＝1.11111...です。また、並列化できる計算処理が0.4あり、プロセッサ数が4の場合、速度向上比 ＝ 1 ÷ {(1 − 0.4) + (0.4 ／ 4)} ＝ 1 ÷ { 0.6 ＋0.1)} ＝ 1.4285...です。したがって、並列化できる計算処理の割合が増えると、速度向上比は、プロセッサ数に反比例して減少せず、増加しています。

正解▶問1：イ　問2：ア　問3：ウ

Chapter

7 メモリ

CPUと
タッグを組んで、
大活躍なメモリさん

1

主記憶装置としての
彼の仕事は、処理に
必要なデータを記憶
しておくこと

2

CPUの役割が
脳みそだと
するならば…

3

メモリの役割は
書類を広げる
机みたいなものです

4

ところでこの机、
机が広ければ
たくさんの書類を
広げられますが

5

机が狭いと
書類もちょびっと
しか広げられません

6

メモリもやっぱり、
容量が大きいと
たくさんのデータを
展開できて…

7

容量が小さいと
たいして読み込む
ことができない

8

机の広さが、
メモリの容量と
イコールになってる
わけですね

絵にしてみると
こんな感じ

さて

?GB

9

ですから当然広い
(容量が大きい)方が
一度にたくさん
扱えて効率良く…

10

……ん?

11

12

ちなみに
ここまで述べたのは
RAM(ラム)という種類の
メモリのこと

中身を
読んだり書いたり
できる

でも電源切ったら
内容を忘れちゃう

13

メモリにはこの他の
大分類として、
ROM(ロム)という種類が
あります

中身を読めるけど
書くことはできない

そのかわり
電源切っても内容を
忘れたりしない

14

こっちは、
あらかじめ
決められた動作を
行わせるために
使ったりする

15

家電製品の制御や、
パソコンの電源を
オンにした直後の
起動処理なんかに
利用されています

16

Chapter 7-1 メモリの分類

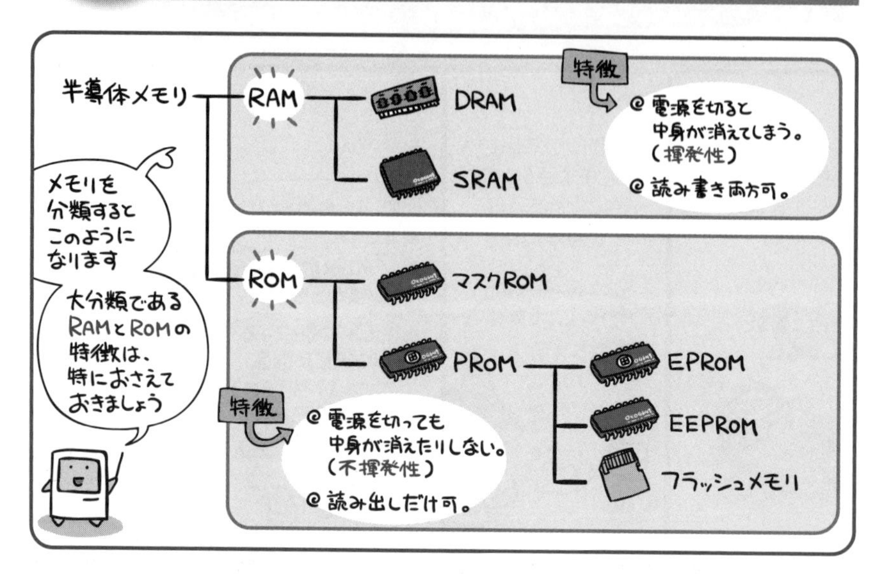

RAMは読み書き可で揮発性、ROMは読み出し専用で不揮発性が特徴です。

これまでにも述べた通り、メモリはコンピュータの動作に必要なデータを記憶する装置です。特に主記憶装置としてのメモリがないと、CPUはデータを読み出すことができません。

通常、このような用途には、RAM（Random Access Memory）が用いられます。

RAMは読み書きが自由にできるという特徴を持ちますが、その中身は電源を切ると消去されて後に残りません。この性質を「揮発性」と呼びます。

一方、家電製品のように「決められた動作を行うだけの特定用途向けコンピュータ」の場合はROM（Read Only Memory）を用います。

ROMは基本的には読み出し専用のメモリです。そのため、動作に必要なプログラムやデータは、あらかじめメモリ内に書き込まれた状態で工場から出荷されます。決められた動作を行うだけなので、これで事足りてしまうわけですね。

この時書き込まれた内容は、電源の状態に関係なく消えることはありません。この性質を「不揮発性」と呼びます。

RAMもROMも、その下ではさらにいくつかの種類に分かれています。

RAMの種類いろいろ

RAMとはその名の通り、「ランダムに読み書きできるメモリ」のこと。

RAMはさらに、主記憶装置に使われるDRAMとキャッシュメモリに使われるSRAMの2種類に分かれます。

DRAMとSRAMは、それぞれ次のような特徴を持っています。

通常単に「メモリ」と言ったらこれのことを指す

DRAM (Dynamic RAM)

安価で容量が大きく、主記憶装置に用いられるメモリです。ただ読み書きはSRAMに比べて低速です。

記憶内容を保つためには、定期的に内容を再書き込みするリフレッシュ動作が欠かせません。

仕組み

DRAMはコンデンサに電荷を蓄えてビット情報を覚えます。

コンデンサは放っておくと電荷が抜けてしまうので…

定期的にリフレッシュ動作が必要です。

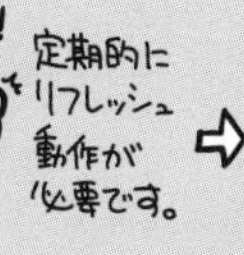

仕組みが単純なので集積化しやすく大容量化がのぞめます。

まとめ

使用する回路	リフレッシュ動作	速度	集積度	価格	主な用途
コンデンサ	必要	低速	高い	安価	主記憶装置

SRAM (Static RAM)

DRAMに比べて非常に高速ですが価格も高く、したがって小容量のキャッシュメモリとして用いられるメモリです。

記憶内容を保持するのに、リフレッシュ動作は必要ありません。

仕組み

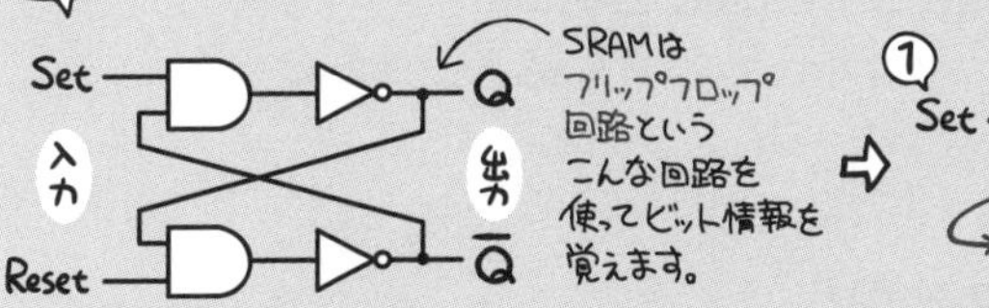

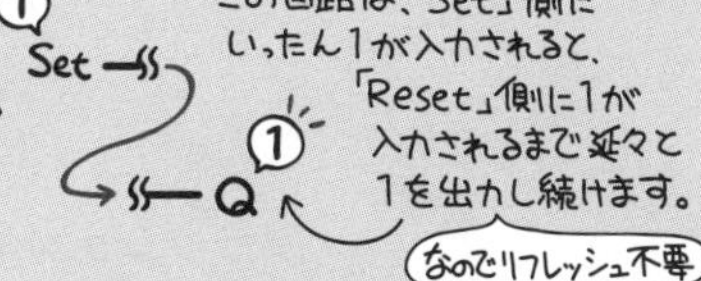

まとめ

使用する回路	リフレッシュ動作	速度	集積度	価格	主な用途
フリップフロップ回路	不要	高速	低い	高価	キャッシュメモリ

ROMの種類いろいろ

ROMもやっぱりその名の通り、「リードオンリー（読み出しだけ）なメモリ」のこと。

ただ、「基本的には読み出しだけ」という話で、実は専用の機器を使うと記憶内容の消去と書き込みができるPROMという種類も存在します。デジタルカメラなどで利用されているメモリカード（SDカードなど）はこの1種。フラッシュメモリと呼ばれます。

ROMの種類と特徴は、それぞれ次のようになります。

マスクROM

読み出し専用のメモリです。製造時にデータを書き込み、以降は内容を書き換えることができません。

PROM（Programmable ROM）

プログラマブルなROM。つまり、ユーザの手で書き換えることができるROMです。下記のような種類があります。

EPROM（Erasable PROM）

紫外線でデータを消去して書き換えることができます。

EEPROM（Electrically EPROM）

電気的にデータを消去して書き換えることができます。

フラッシュメモリ

EEPROMの1種。全消去ではなく、ブロック単位でデータを消去して書き換えることができます。

このように出題されています

過去問題練習と解説

SRAMと比較した場合のDRAMの特徴はどれか。

ア　主にキャッシュメモリとして使用される。

イ　データを保持するためのリフレッシュ又はアクセス動作が不要である。

ウ　メモリセル構成が単純なので，ビット当たりの単価が安くなる。

エ　メモリセルにフリップフロップを用いてデータを保存する。

解説

選択肢ア･イ･エはSRAMの特徴、また選択肢ウはDRAMの特徴です。209ページを参照してください。

ワンチップマイコンの内蔵メモリとしてフラッシュメモリが採用されている理由として，適切なものはどれか。

ア　ソフトウェアのコードサイズを小さくできる。

イ　マイコン出荷後もソフトウェアの書換えが可能である。

ウ　マイコンの処理性能が向上する。

エ　マスクROMよりも信頼性が向上する。

解説

フラッシュメモリは、データの追加･更新･削除を行なえ、電源を切ってもデータが消えない半導体メモリです。 EEPROMの一種であり、USBメモリやSDカードなどに使われています。

したがって、フラッシュメモリがワンチップマイコンの内蔵メモリに使われた場合、マイコン出荷後もソフトウェアの書換えが可能であり、選択肢イが正解です。

正解▶問1：ウ　問2：イ

Chapter 7-2

主記憶装置と高速化手法

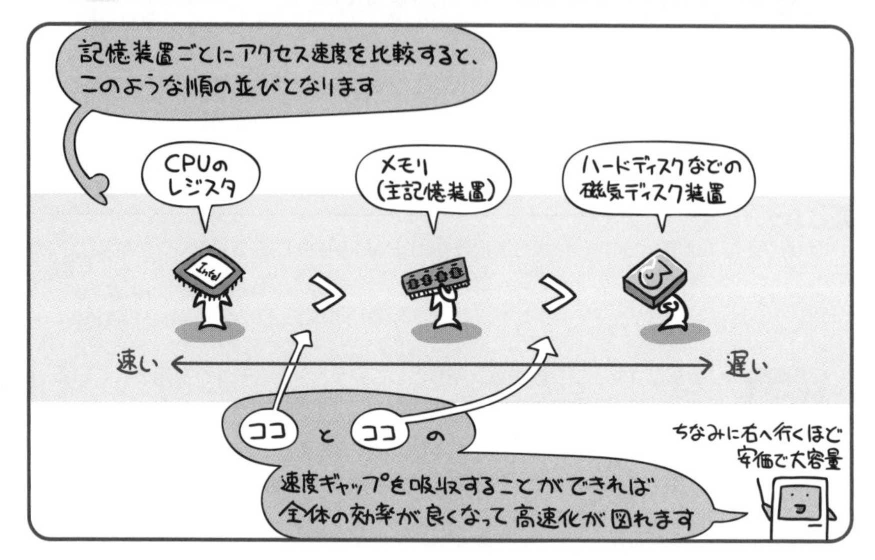

記憶装置間の速度ギャップを埋めて、
待ち時間によるロスを防ぐための手法がキャッシュです。

レジスタとメモリ、メモリとハードディスクの間には、「越えられない壁」といって良いくらいの速度差があります。

ですから、CPUはメモリへの読み書きが発生すると待たされることになりますし、メモリはハードディスクへの読み書きが発生すると以下同文。

「じゃあ全部高速なレジスタとかメモリにしちゃえばいいじゃないか」

思わずそう言いたくなりますよね。でも、一般に記憶装置は高速であるほど1ビット当たりの単価が高くなってくるので、速いのは高価すぎてちょびっとしか使えません。それが自然の理というやつなのです。

そこで出てくるのがキャッシュ。

装置間の速度ギャップを緩和させるために用いる手法で、レジスタとメモリの間に設けるキャッシュメモリや、メモリとハードディスクの間に設けるディスクキャッシュなどがあります。

キャッシュメモリ

CPUは、コンピュータの動作に必要なデータやプログラムをメモリ（主記憶装置）との間でやり取りします。しかしCPUに比べるとメモリは非常に遅いので、読み書きの度にメモリへアクセスしていると、待ち時間ばかりが発生してしまいます。

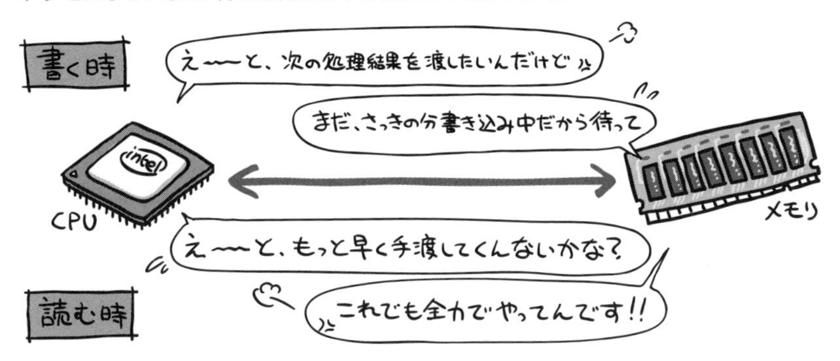

そこでメモリとCPUの間に、より高速に読み書きできるメモリを置いて、速度差によるロスを吸収させます。これをキャッシュメモリと呼びます。

① 主記憶装置から読み込んだデータは、キャッシュメモリにも保持されます。

② なので同じデータを読む時は、高速なキャッシュメモリから取得することができます。

CPUの中にはこのキャッシュメモリが入っていて、処理の高速化が図られています。

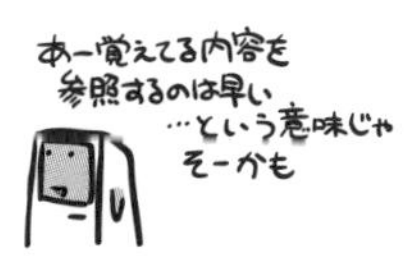

7 メモリ

キャッシュというのはひとつではなくて、1次キャッシュ、2次キャッシュ…と、重ねて設置することができる装置です。

CPUに内蔵できる容量はごく小さいものになりますから、「それより低速だけど、その分容量を大きく持てる」メモリをCPUの外側にキャッシュとして増設したりすると、よりキャッシュ効果が期待できるわけです。この時用いるのがSRAMです。

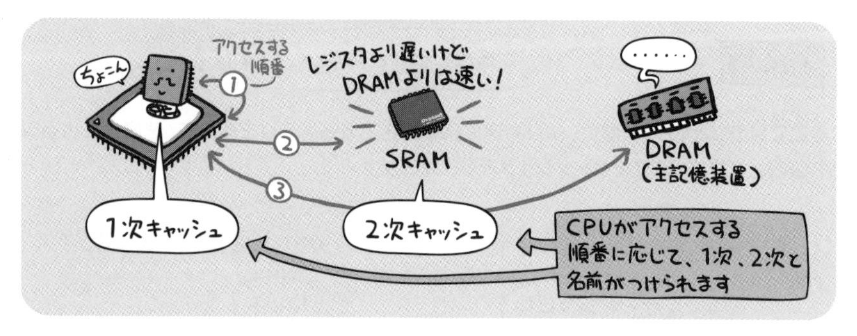

このキャッシュメモリと同じ役割を、主記憶装置と磁気ディスク装置の間で担うのがディスクキャッシュです。ディスクキャッシュは、専用に半導体メモリを搭載したり、主記憶装置の一部を間借りするなどして実装します。

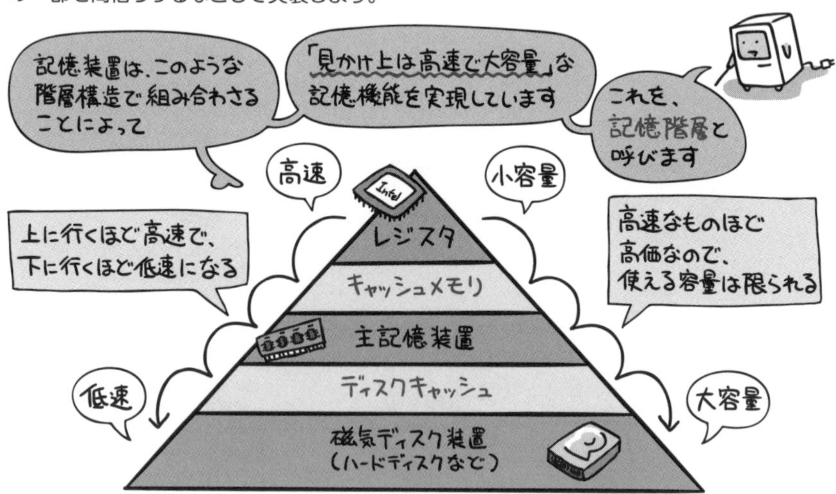

プログラムの局所参照性

前ページの記憶階層で示した通り、プログラム本体が普段おさまっているハードディスクから見れば、キャッシュメモリに使われるSRAMはごく微々たる容量しかありません。

いえいえ、実際には「効果があった」からこそ活用され続けているわけです。しかしそもそも、なぜ「キャッシュが有用である」となったのでしょうか。そのきっかけは?

それはプログラムの局所参照性という特性に基づいています。

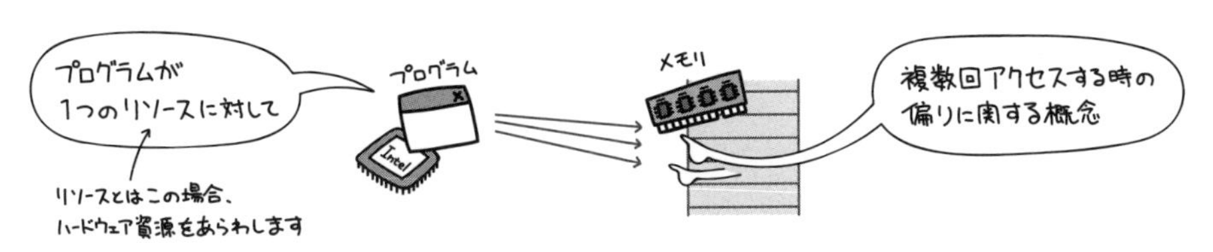

局所参照性には、次の種類があります。

時間的局所性 最近使われたデータほど、再度アクセスされる可能性が高い。	アクセス! 近い将来、ここがまたアクセスされる可能性大
空間的局所性 使われたデータの近くにあるデータは、再度アクセスされる可能性が高い。	アクセス! 近い将来、この近くがアクセスされる可能性大
逐次的局所性 使われたデータの隣は、逐次アクセス（シーケンシャルアクセス）される可能性が高い。	アクセス! 続いて隣接データがアクセスされる可能性大

キャッシュは、上記のうち時間的局所性を利用している技術です。ちなみに、後の章に出てくるページング方式（P.333）は、空間的局所性を利用しています。

主記憶装置への書き込み方式

キャッシュメモリは読み出しだけでなく、書き込みでも使われます。ただし、読み出しと違って書き込みの場合は、「書いて終わり」とはいきません。更新した内容をどこかのタイミングで主記憶装置にも反映してあげなきゃダメなのです。

主記憶装置を書き換える方式には、ライトスルー方式とライトバック方式の2つがあります。それぞれ書き換えのタイミングが異なります。

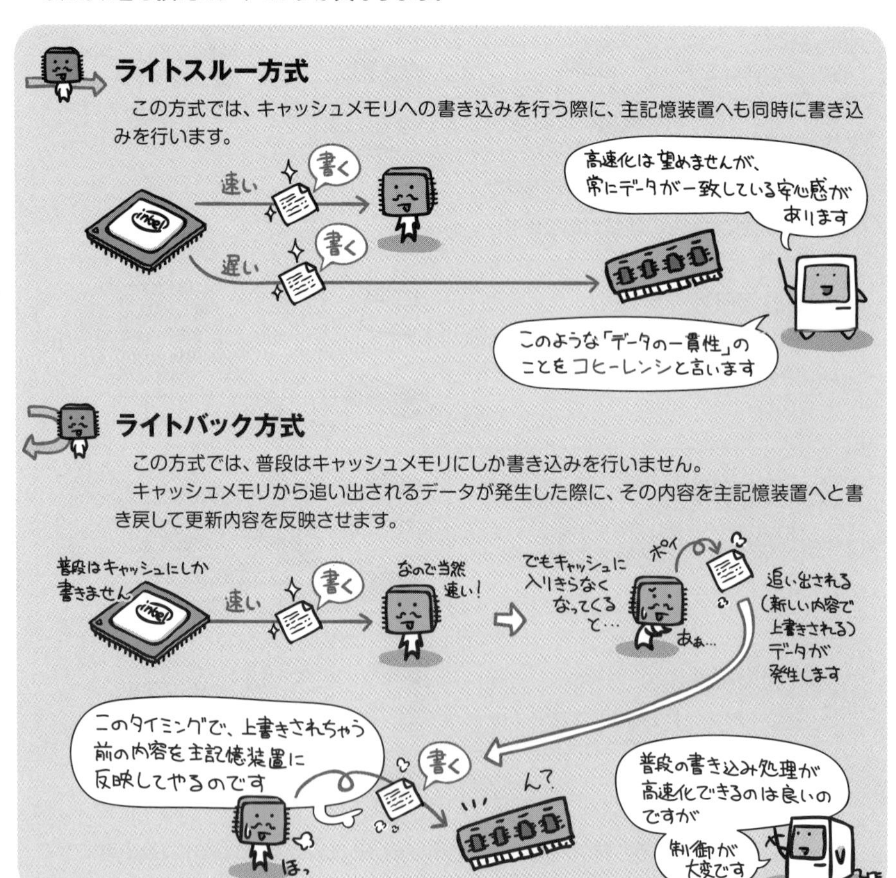

ライトスルー方式

この方式では、キャッシュメモリへの書き込みを行う際に、主記憶装置へも同時に書き込みを行います。

ライトバック方式

この方式では、普段はキャッシュメモリにしか書き込みを行いません。

キャッシュメモリから追い出されるデータが発生した際に、その内容を主記憶装置へと書き戻して更新内容を反映させます。

ヒット率と実効アクセス時間

キャッシュメモリの容量は小さなものですから、目的とするデータが必ずそこに入っているとは限りません。この「目的とするデータがキャッシュメモリに入っている確率」のことをヒット率と呼びます。

要するに「仮に80%の確率でキャッシュの中身がヒットしてくれるなら、キャッシュになくて主記憶装置に読みに行かないといけない確率は残りの20%ですよ」ということです。

キャッシュメモリを利用したコンピュータの平均的なアクセス時間（実効アクセス時間）は、ヒット率を使って次のように求めることができます。

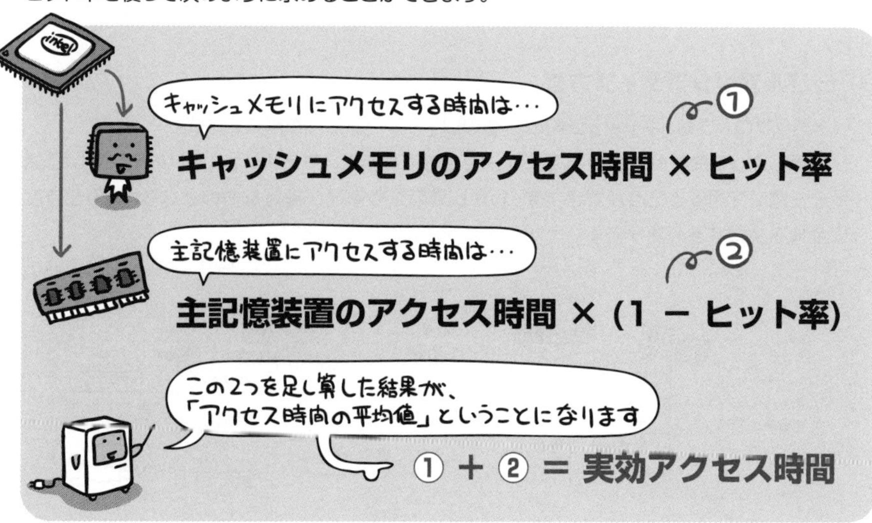

7 メモリ

キャッシュメモリの割り当て方式

主記憶上のデータは、ブロックという一定長の単位ごとにキャッシュメモリへの割り当てが行われます。この時、ブロックをどの場所（ロケーション）に格納するか管理する方式として、次の3つがあります。

ダイレクトマッピング方式

1つのメモリブロックを、キャッシュ内の単一のロケーションに割り当てる方式。

具体的には、ハッシュ演算と呼ばれる一定の計算式によって、主記憶のブロック番号からキャッシュ内のロケーションを求め、データの割り当てを行います。

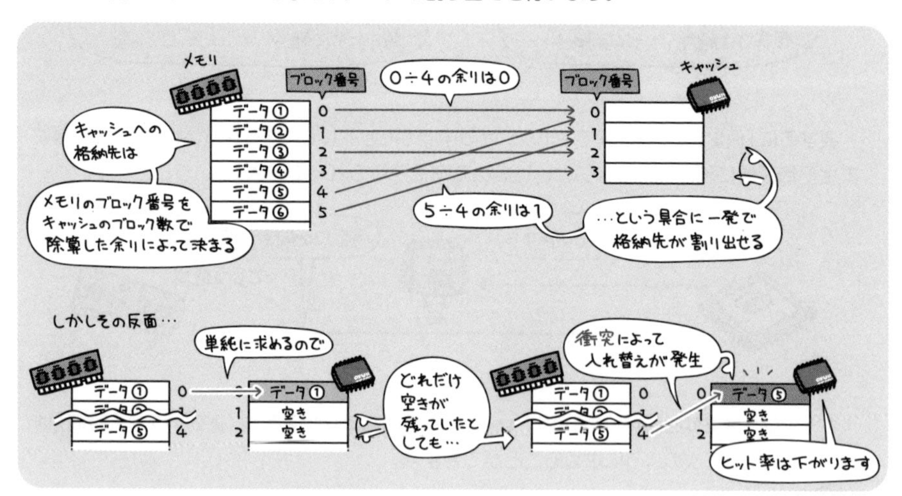

フルアソシアティブ方式

メモリブロックを、キャッシュ内の任意のロケーションに割り当てる方式。

演算によって機械的に割り当て先を決めるのではなく、キャッシュメモリの空いている場所を任意に使用することができます。しかしそのため管理が複雑なものとなり、読み出す度に全体を検索する必要があることから速度的にも難があります。

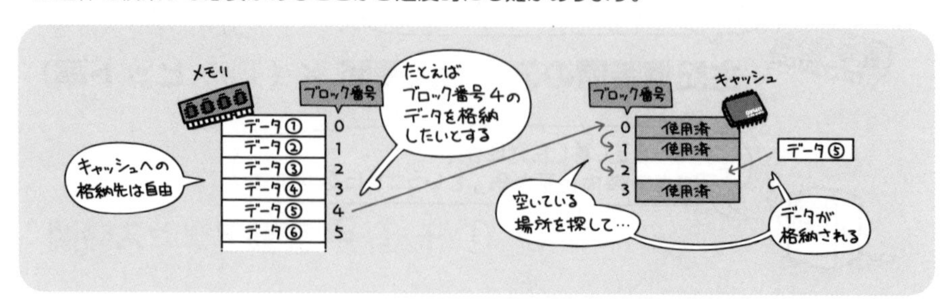

セットアソシアティブ方式

メモリブロックを、キャッシュ内の2つ以上の配置可能なロケーションに割り当てる方式。

キャッシュメモリとメモリブロックとを対応付けされた複数のセットに分け、そのセット内ならどこへでも空いている場所を使用することができます。前述した2方式の折衷案的な割り当て方法で、現在一般的に用いられている手法です。

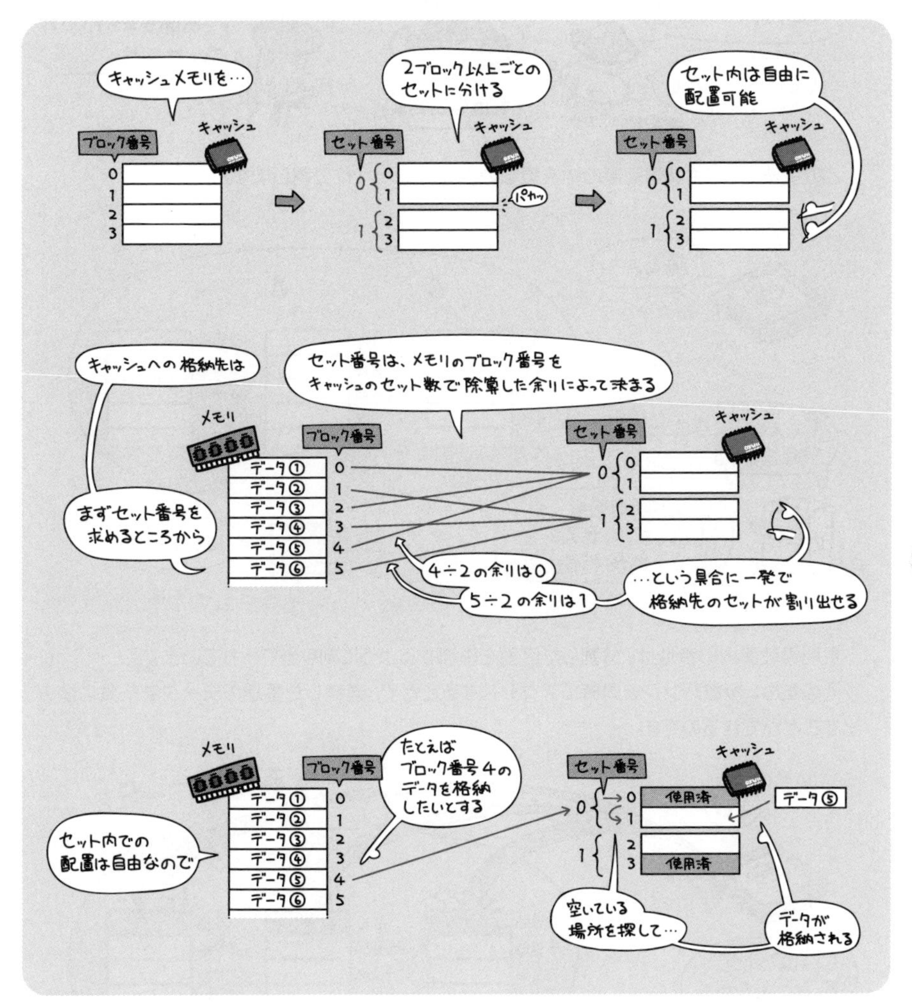

この方式によるキャッシュが、セット内にN個のブロックを持つ時、これをNウェイセットアソシアティブと呼びます。Nはセット内に含むブロック数をあらわしているので、上記例の場合は2ウェイセットアソシアティブということになります。

メモリインターリーブ

主記憶装置へのアクセスを高速化する手法として、キャッシュメモリ以外にあげられるのがメモリインターリーブです。

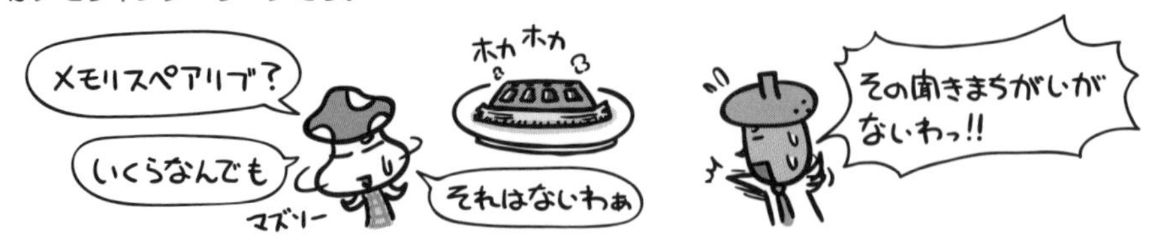

この手法では、主記憶装置の中を複数の区画（バンク）に分割します。

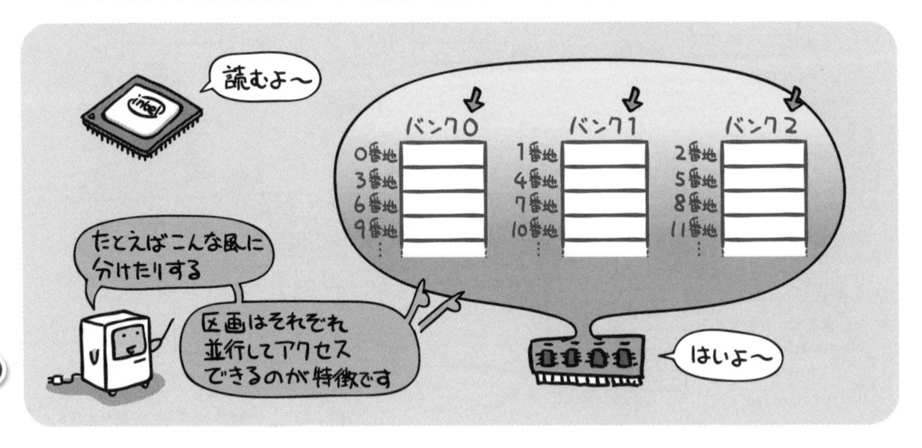

主記憶装置内の番地は、分割した区画を横断するように割り当てられています。

そのため、複数バンクを同時にアクセスすることで、連続した番地のデータを一気に読み出すことができるのです。

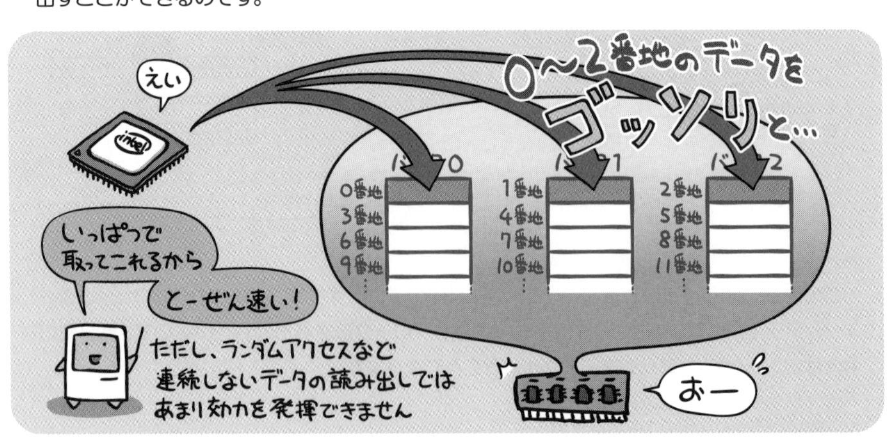

このように出題されています
過去問題練習と解説

問1 (AP-R05-S-10)

キャッシュメモリへの書込み動作には，ライトスルー方式とライトバック方式がある。それぞれの特徴のうち，適切なものはどれか。

ア　ライトスルー方式では，データをキャッシュメモリだけに書き込むので，高速に書込みができる。

イ　ライトスルー方式では，データをキャッシュメモリと主記憶の両方に同時に書き込むので，主記憶の内容は常にキャッシュメモリの内容と一致する。

ウ　ライトバック方式では，データをキャッシュメモリと主記憶の両方に同時に書き込むので，速度が遅い。

エ　ライトバック方式では，読出し時にキャッシュミスが発生してキャッシュメモリの内容が追い出されるときに，主記憶に書き戻す必要が生じることはない。

解説

ア　ライトスルー方式では、データをキャッシュメモリに書き込むと同時に、主記憶にも書き込みます。

イ　そのとおりです。216ページを参照してください。

ウ　ライトバック方式では、普段はキャッシュメモリにのみデータを書き込みます。キャッシュメモリから追い出されるデータが発生したときに、その内容を主記憶に書き込みます。普段はキャッシュメモリにのみデータを書き込みますので、ライトスルー方式よりも高速です。

エ　ライトバック方式では、読出し時にキャッシュミスが発生してキャッシュメモリの内容が追い出されるときには、その追い出される内容を主記憶に書き戻す必要があります。

正解▶問1：イ

問 2 (AP-R04-S-10)

キャッシュメモリのフルアソシエイティブ方式に関する記述として，適切なものはどれか。

ア　キャッシュメモリの各ブロックに主記憶のセットが固定されている。
イ　キャッシュメモリの各ブロックに主記憶のブロックが固定されている。
ウ　主記憶の特定の1ブロックに専用のキャッシュメモリが割り当てられる。
エ　任意のキャッシュメモリのブロックを主記憶のどの部分にも割り当てられる。

解説

選択肢ア・イ・エは、下記に関する記述です（詳しくは218 ～ 219ページを参照してください）。また、選択肢ウのような方式はありません。

ア　セットアソシアティブ方式
イ　ダイレクトマッピング方式
エ　フルアソシエイティブ方式（=フルアソシアティブ方式）

問 3 (AP-R01-A-10)

容量がaMバイトでアクセス時間がxナノ秒の命令キャッシュと，容量がbMバイトでアクセス時間がyナノ秒の主記憶をもつシステムにおいて，CPUからみた，主記憶と命令キャッシュとを合わせた平均アクセス時間を表す式はどれか。ここで，読み込みたい命令コードがキャッシュに存在しない確率をrとし，キャッシュ管理に関するオーバヘッドは無視できるものとする。

ア　$\frac{(1-r)\cdot a}{a+b}\cdot x + \frac{r\cdot b}{a+b}\cdot y$

イ　$(1-r)\cdot x + r\cdot y$

ウ　$\frac{r\cdot a}{a+b}\cdot x + \frac{(1-r)\cdot b}{a+b}\cdot y$

エ　$r\cdot x + (1-r)\cdot y$

解説

本問では、rは、データがキャッシュメモリに存在しない確率とされているので、データがキャッシュメモリに存在する確率は、1 − rになります。

キャッシュメモリのアクセス時間は、xなので、キャッシュメモリの平均アクセス時間は、$(1-r)\cdot x$です。

これに対し、データがキャッシュメモリに存在せず、主記憶装置をアクセスしなければならない確率は、rであり、主記憶装置のアクセス時間は、yなので、主記憶装置の平均アクセス時間は、$r\cdot y$です。

上記の2つを合計して、$(1-r)\cdot x + r\cdot y$ がシステム全体の平均アクセス時間になります。

キャッシュメモリのアクセス時間が主記憶のアクセス時間の1/30で，ヒット率が95%のとき，実効メモリアクセス時間は，主記憶のアクセス時間の約何倍になるか。

ア　0.03　　イ　0.08　　ウ　0.37　　エ　0.95

解説

例があるとわかりやすいので、主記憶のアクセス時間を30ナノ秒とします。そこで、キャッシュメモリのアクセス時間は、30ナノ秒×1/30=1ナノ秒です。ヒット率が95%のとき、実効メモリアクセス時間は、1ナノ秒×0.95+30ナノ秒×0.05=2.45ナノ秒です。したがって、実効メモリアクセス時間は、主記憶のアクセス時間の2.45÷30=0.0816666...≒0.08倍になります。

メモリインタリーブの説明として，適切なものはどれか。

ア　主記憶と外部記憶を一元的にアドレス付けし，主記憶の物理容量を超えるメモリ空間を提供する。
イ　主記憶と磁気ディスク装置との間にバッファメモリを置いて，双方のアクセス速度の差を補う。
ウ　主記憶と入出力装置との間でCPUとは独立にデータ転送を行う。
エ　主記憶を複数のバンクに分けて，CPUからのアクセス要求を並列的に処理できるようにする。

解説

ア　仮想記憶の説明です（328ページを参照してください）。
イ　ディスクキャッシュの説明です（212ページを参照してください）。
ウ　DMA（Direct Memory Access）制御方式の説明です（252ページを参照してください）。
エ　メモリインタリーブの説明です（220ページを参照してください）。

正解▶問2：エ　問3：イ　問4：イ　問5：エ

Chapter 8 ハードディスクとその他の補助記憶装置

補助記憶装置、
その主役といえば
なんといっても
ハードディスク

……….

いや、
キノコ大正解

ハードディスクを
こじ開けてみると、
中には金属製の
円盤が入ってます

この円盤はプラッタといって、
他にガラス製のものもあったりします

これに磁気の力で
カリコリと書いたり
読んだりする

それはフロッピー
ディスクとの対比で
そう呼ばれるように
なったのです

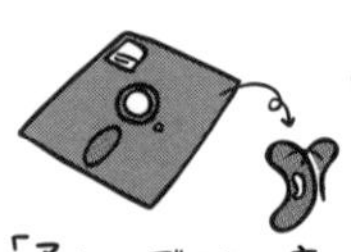

「柔らかいディスク」の意。
中にフィルム状のペラペラな
ディスクが入ってる。
専用のディスクドライブに入れて
使うリムーバブルメディア。

ちなみにこの
ハードディスク、
だてに硬い円盤を
使ってない

9

この円盤は強度と
平滑性をいかして、
すんごい高速で
回転してるのです

10

その通り

すごく精密なので、
衝撃には気をつけ
なきゃいけません

11

どれぐらい精密
かというと…

12

ハードディスクの
精密さをあらわすの
によく使われるのが
このたとえ話

13

中の円盤と
読み取りヘッドとの
隙間は10nmとか
しかありません

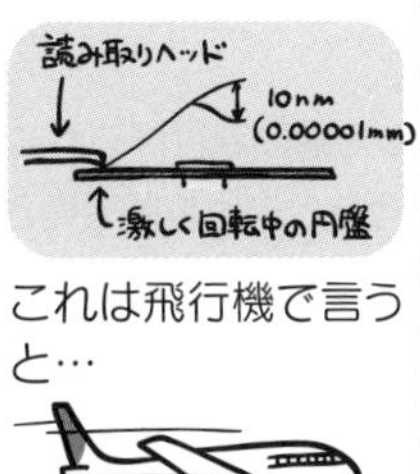

これは飛行機で言う
と…

14

だから当然
ちょっとした衝撃
でも…

15

16

Chapter 8-1

ハードディスクの構造と記録方法

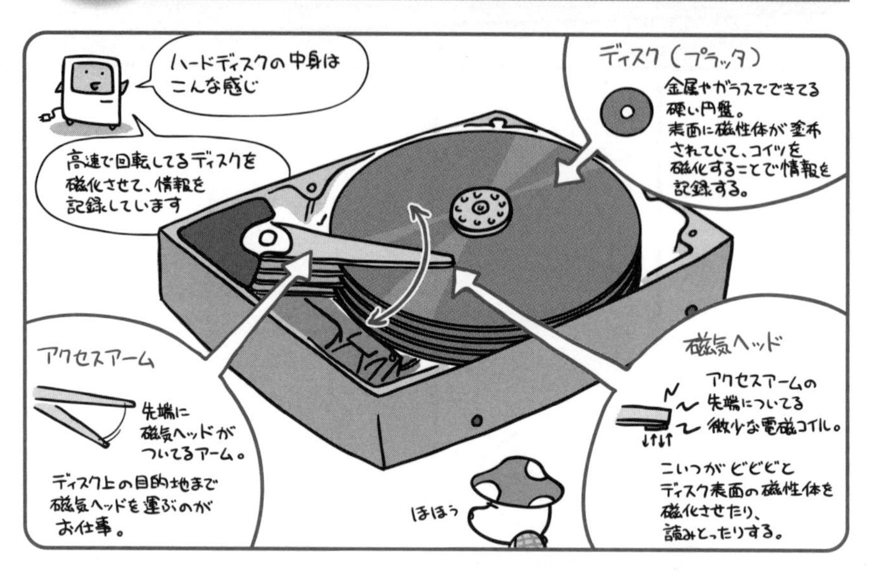

ハードディスク（磁気ディスク装置）は、高速回転しているディスクに磁気ヘッドを使って情報を読み書きします。

ハードディスクは、大容量で安価、しかも比較的高速という特徴を持つことから、ほぼすべてのパソコンに搭載されるほどの代表的な補助記憶装置です。

内部には容量に応じてプラッタと呼ばれる金属製のディスクが1枚以上入っていて、その表面に磁性体が塗布もしくは蒸着されています。この磁性体を磁気ヘッドで磁化させることによってデータの読み書きを行うのです。

磁気ヘッドはアクセスアームと呼ばれる部品の先端に取付けられています。このアームは、「あそこに書け」「あそこを読め」という指令を受けると目的位置の同心円上へと磁気ヘッドを運びます。そうすると、プラッタはぐるぐる回っているので、やがて目的位置が磁気ヘッドの真下へとやってくるわけです。そこでビビビと磁化したりする。これが、ハードディスクの基本的な読み書き手順となります。

セクタとトラック

ハードディスクを最初に使う時は、フォーマット(初期化)という作業を行う必要があります。この作業を行うことで、プラッタの上にデータを記録するための領域が作成されます。

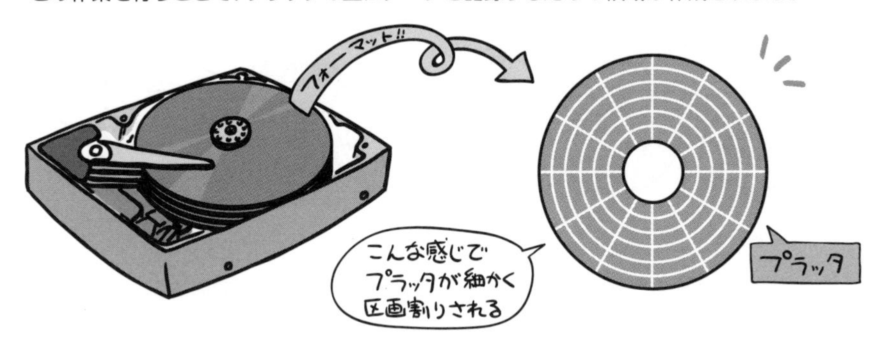

作成された領域の、扇状に分かれた最小範囲をセクタ、そのセクタを複数集めたぐるりと1周分の領域をトラックと呼びます。

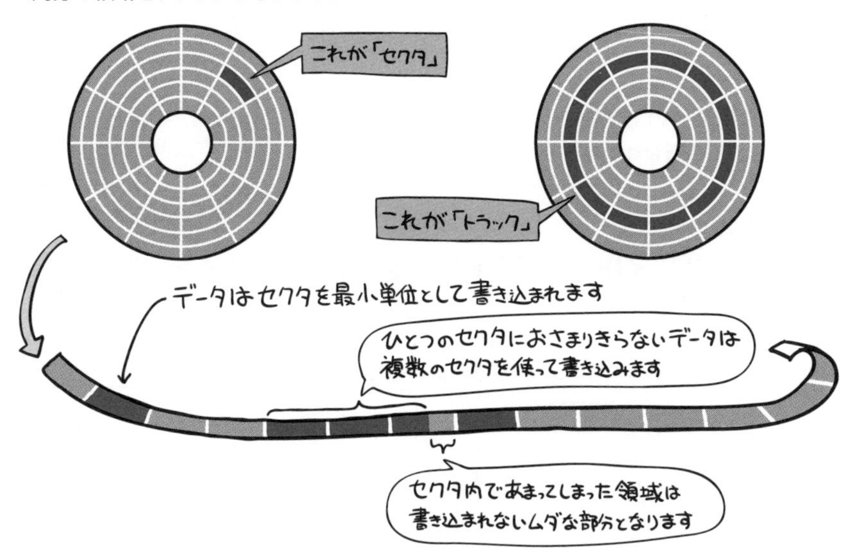

同心円状のトラックを複数まとめると、シリンダという単位になります。

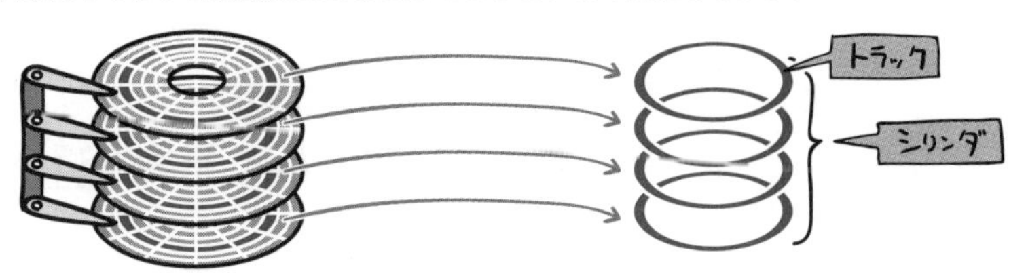

ハードディスクの記憶容量

セクタとトラック、シリンダの関係がわかっていると、ハードディスクの仕様表から記憶容量を算出することができます。

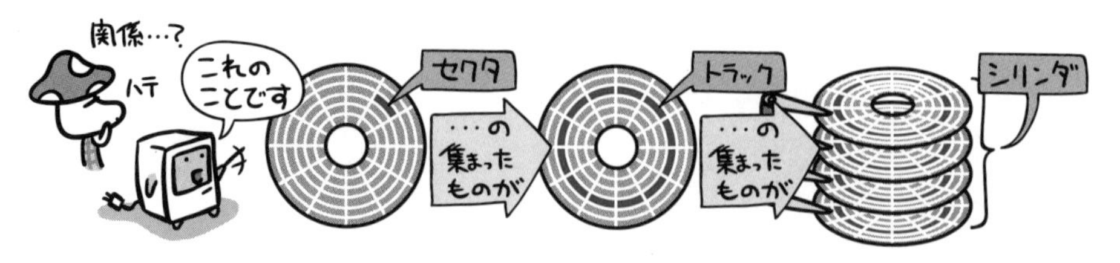

たとえば次の仕様のハードディスクがあった時、その総容量はいくつになるか計算してみましょう。

シリンダ数	1,500
1シリンダあたりのトラック数	20
1トラックあたりのセクタ数	40
1セクタあたりのバイト数	512

1セクタに要するバイト数は512バイト。これが40個集まって1トラックとなるわけですから、1トラックあたりの容量は次の式で計算できます。

そのトラックが20個集まってシリンダを形成するわけですから、その容量はというと…

このハードディスクには1,500個のシリンダがあるので、総容量は下記となります。

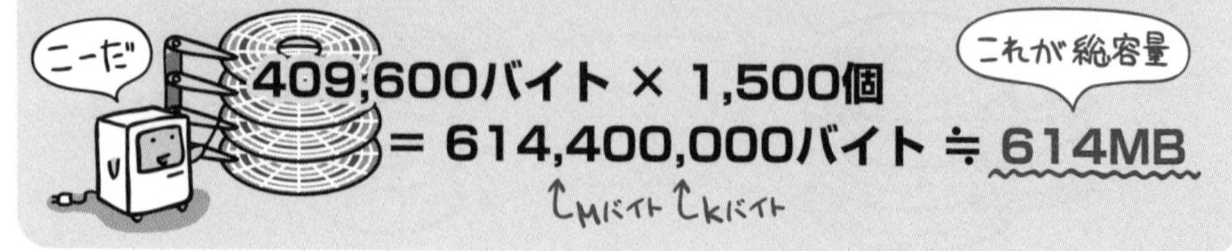

ファイルはクラスタ単位で記録する

ハードディスクが扱う最小単位はセクタですが、基本ソフトウェアであるOSがファイルを読み書きする時には、複数のセクタを1ブロックと見なしたクラスタという単位を用いるのが一般的です。

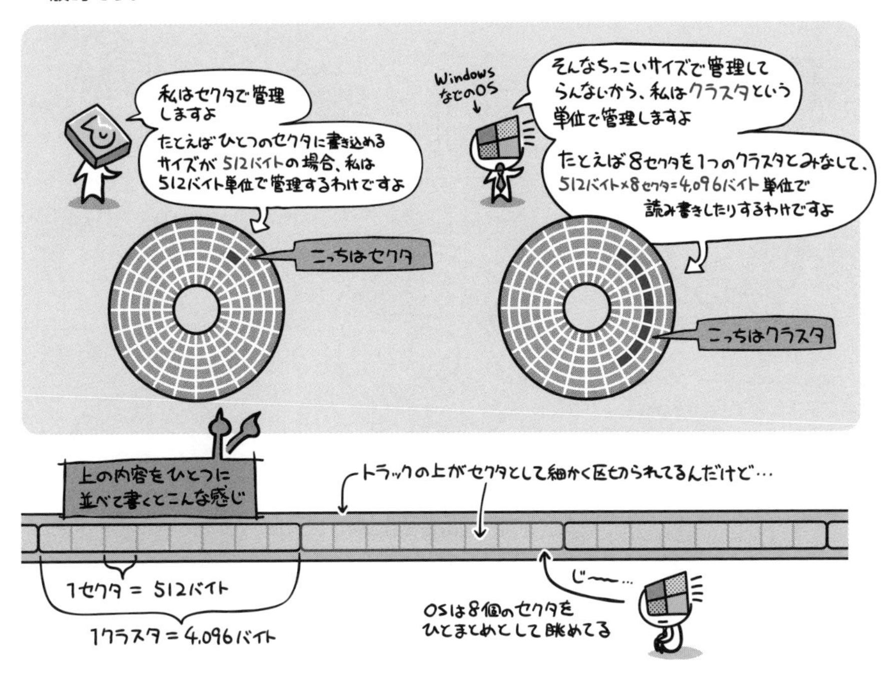

OSはクラスタ単位でファイルを読み書きするために、クラスタ内であまった部分については、使用されないムダな領域となってしまいます。

データへのアクセスにかかる時間

「データへアクセスする」というのは、実際にデータを書き込んだり、書き込み済みのデータを読み込んだりする作業のこと。ハードディスクはこれらの作業を、次の3ステップで行います。

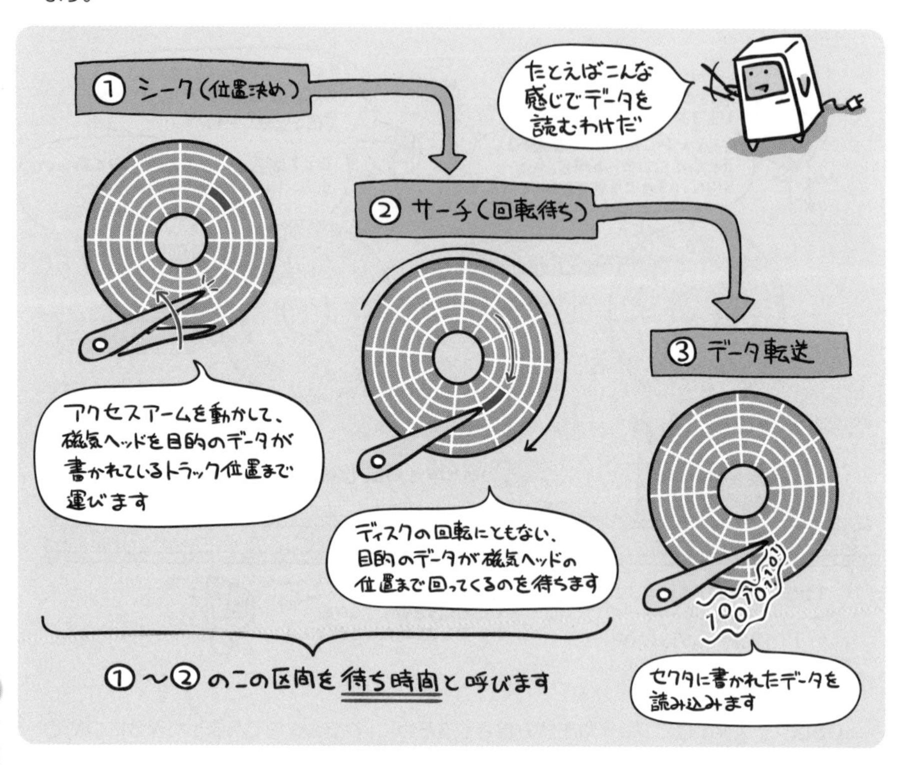

したがって、データへのアクセスにかかる時間というのは、これら3ステップそれぞれの時間を合計して求めることができます。

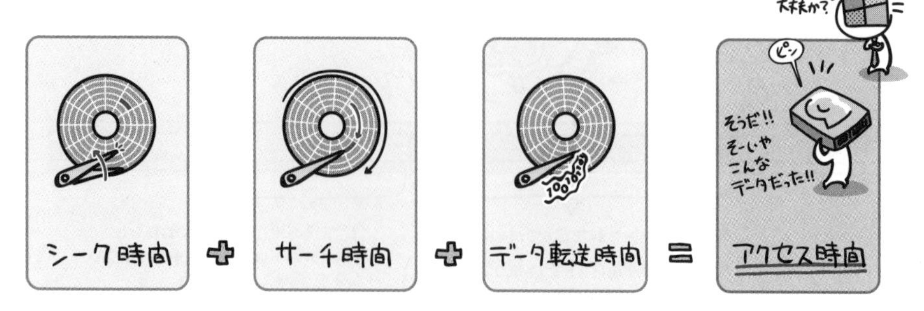

それでは、次の例を使ってアクセス時間を計算してみましょう。

回転速度	5,000回転/分
平均シーク時間	20ミリ秒
1トラックあたりの記憶容量	15,000バイト

このハードディスクから5,000バイトのデータを読み出す場合のアクセス時間はいくつでしょう

計算に用いる「シーク時間」と「サーチ時間」は、ともに平均値を使います。平均シーク時間は上の表に出ていますので、平均サーチ時間を求めてあげましょう。

たまたま磁気ヘッドの真下に読み込み位置があって、待ち時間0で済んじゃう時が最短

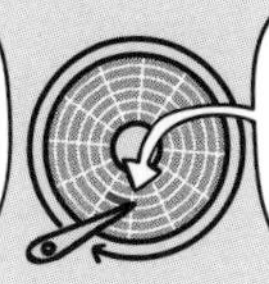

たまたま読み込み位置が磁気ヘッドを通過した直後で、また1回転してくるのを待たなきゃいけない時が最長

ディスクが1回転するのに必要な時間は次の通り。

1分(60,000ミリ秒)÷5,000回転

1回転する時間 **＝12ミリ秒**

その1/2が ÷2

平均サーチ時間 **6ミリ秒**

続いてデータ転送時間。ハードディスクが1トラックのデータを転送するのに必要な時間は、ディスクがぐるりと1回転する時間と同じです。このことから、1ミリ秒あたりに転送できるデータ量を計算することができます。

ぐるりと1回転するのが12ミリ秒

その時間に転送できるデータ量が1トラック(この例だと15,000バイト)

つまり1ミリ秒あたりの転送量は…

15,000バイト÷12ミリ秒

＝1,250バイト/ミリ秒

ということは、問いにある「5,000バイトのデータを読み出す」ために必要な時間はというと…、

5,000バイト÷1,250バイト＝4ミリ秒

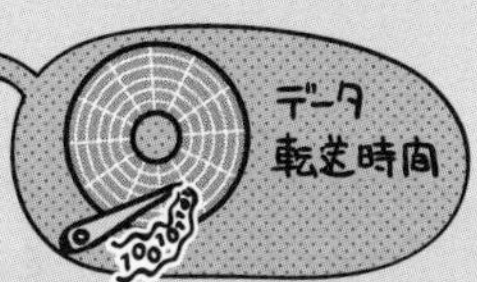

あとは、その3つの時間をあわせて、アクセス時間の出来上がり！…というわけです。

20ミリ秒＋6ミリ秒＋4ミリ秒＝30ミリ秒 アクセス時間

このように出題されています

過去問題練習と解説

問 1 (AP-R03-A-11)

表に示す仕様の磁気ディスク装置において，1,000バイトのデータの読取りに要する平均時間は何ミリ秒か。ここで，コントローラの処理時間は平均シーク時間に含まれるものとする。

回転数	6,000回転／分
平均シーク時間	10ミリ秒
転送速度	10Mバイト／秒

ア　15.1　　イ　16.0　　ウ　20.1　　エ　21.0

解説

本問の条件に従って、下記のように計算します。

(1) 平均位置決め時間（シーク時間）
本問の表より、10ミリ秒です。

(2) 平均回転待ち時間（サーチ時間）
本問の表より、回転数は6,000回転／分（=100回転／秒）ですので、1回転するのに、1秒÷100回転=0.01秒=10ミリ秒かかります。平均回転待ち時間は、半回転分の時間とみなされますので、10ミリ秒÷2 = 5ミリ秒です。

(3) データ転送時間
本問の表より、転送時間は10Mバイト／秒であり、本問は“1,000バイトのデータの読取りに要する平均時間”を問うていますので、データ転送時間は、1,000バイト÷10Mバイト／秒=0.0001秒 = 0.1ミリ秒です。

(4) 合計
(1)+(2)+(3)=10+5+0.1=15.1ミリ秒

正解▶問1：ア

Chapter 8-2

フラグメンテーション

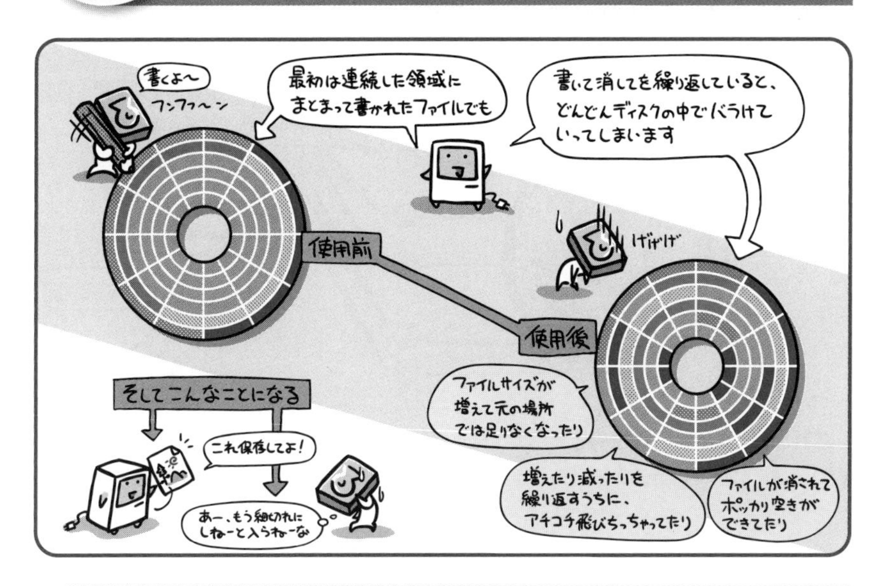

ハードディスクに書き込みや消去を繰り返していくと、連続した空き領域が減り、ファイルが断片化していきます。

ハードディスクの空きが十分にあれば、ファイルは通常、連続した領域に固まって記録されます。こうすることで、データを読み書きする際に必要となるシーク時間（目的のトラックまで磁気ヘッドを動かのにかかる時間）やサーチ時間（目的のデータが磁気ヘッド位置にくるまでの回転待ち時間）が最小限で済むからです。

しかしファイルの書き込みと消去を繰り返していくと、プラッタ上の空き領域はどんどん分散化していきます。その状態でさらに新しく書き込みを行うと、時には「連続した領域は確保できないから、途中からはあっちの離れた場所へ書くようにするね」なんてことも起こるようになってきます。

こうなると、ファイルをひとつ読み書きするだけでも、あちこちのトラックへ磁気ヘッドを移動させなきゃいけません。当然その度に、回転待ちの時間もかさみます。つまりハードディスクのアクセス速度は遅くなってしまうのです。

このような、「ファイルがあちこちに分かれて断片化してしまう」状態のことをフラグメンテーション（断片化）と呼びます。

デフラグで再整理

前ページでも書いたように、フラグメンテーションを起こすと何が困るかというと、「ファイルをひとつ読み出したいだけなのに、あっちこっちにシークさせられてやたら時間がかかって腹が立つ」…ということが困りものなわけです。

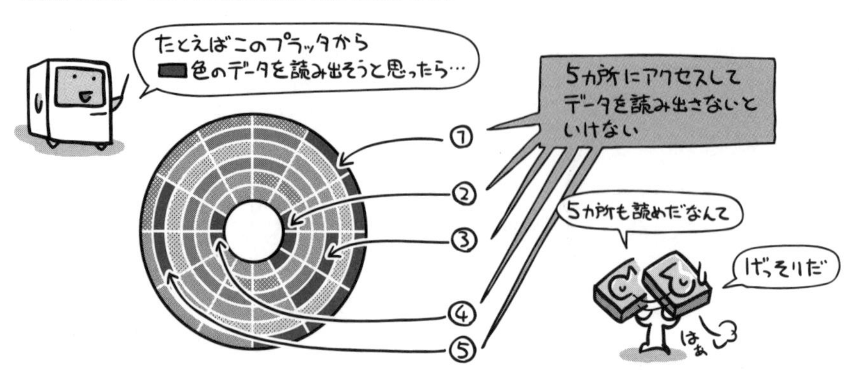

これは書く時もやっぱり同じで、「ファイルをひとつ書き込みたいだけなのに、あっちこっちの領域に分けて書き込みさせられるから時間がかかって腹が立つ」ということになる。

このようなフラグメンテーションを解消するために行う作業を、デフラグメンテーション(デフラグ)と呼びます。デフラグは、断片化したファイルのデータを連続した領域に並べ直して、フラグメンテーションを解消します。

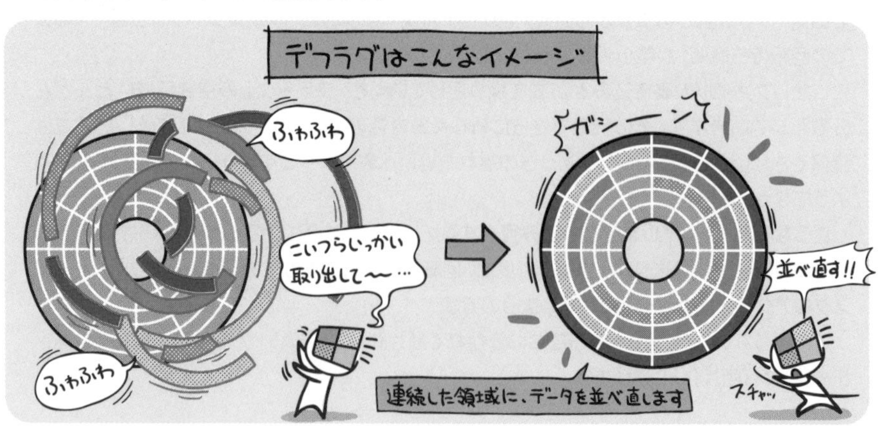

このように出題されています

過去問題練習と解説

問 **1** (SW-H16-28)

磁気ディスク装置において，ファイルの書込みや削除を繰り返したところ，ファイルのフラグメンテーション（断片化）が発生した。この状況に関する記述のうち，適切なものはどれか。

ア　フラグメンテーションが進行すると，個々のファイルのサイズは増大していくので，磁気ディスク装置の利用率は低下していく。

イ　フラグメンテーションが発生したファイルを更にコピーした場合，コピー先でフラグメンテーションが進行することはあっても解消することはない。

ウ　フラグメンテーションを解消するには，専用ツールなどを使用して，フラグメンテーションが発生したファイルを連続した領域に再配置すればよい。

エ　フラグメンテーションを解消するには，複数のファイルを集めて一つのファイルにし，全体のファイル数を減らせばよい。

解説

ア　フラグメンテーションが進行しても、個々のファイルのサイズは増大しません。しかし、未使用領域が増加するので、磁気ディスク装置の利用率は低下していきます。

イ　フラグメンテーションが発生したファイルを更にコピーした場合、コピー先でフラグメンテーションは進行しません。フラグメンテーションが進行していくのは、ファイルを削除した場合です。

ウ　フラグメンテーションとは、ファイルの追加・削除を繰り返すうちに、磁気ディスクに未使用領域が断片的に発生し、磁気ディスクの使用効率が低下する現象をいいます。フラグメンテーションを解消するには、専用ツールなどを使用して、フラグメンテーションが発生したファイルを連続した領域に再配置します。その専用ツール、もしくはその専用ツールを使用することを「デフラグ」と呼ぶ場合が多いです。

エ　フラグメンテーションを解消するには、選択肢ウの解説のように、専用ツールなどを使用して、フラグメンテーションが発生したファイルを連続した領域に再配置します。複数のファイルを集めて1つのファイルにし、全体のファイル数を減らしても、フラグメンテーションは解消しません。

正解▶問1：ウ

アプリケーションの変更をしていないにもかかわらず，サーバのデータベース応答性能が悪化してきたので，表のような想定原因と，特定するための調査項目を検討した。調査項目cとして，適切なものはどれか。

想定原因	調査項目
・同一マシンに他のシステムを共存させたことによる負荷の増加 ・接続クライアント数の増加による通信量の増加	a
・非定型検索による膨大な処理時間を要するSQL文の発行	b
・フラグメンテーションによるディスクI/Oの増加	c
・データベースバッファの容量の不足	d

ア　遅い処理の特定
イ　外的要因の変化の確認
ウ　キャッシュメモリのヒット率の調査
エ　データの格納状況の確認

解説

ア　遅い処理は「非定型検索」だと想定しています。
イ　外的要因の変化とは「同一マシンに他のシステムを共存させたこと」や「接続クライアント数の増加である」と想定しています。
ウ　データベースバッファとキャッシュメモリが同じものであると想定しています。
エ　調査項目cの想定原因である「フラグメンテーション」は、本来は連続して配置されるべきデータがハードディスクの中でバラバラに断片化されて記録されている状態を指します。したがって、「データの格納状況の確認」によって、どの程度フラグメンテーションが発生しているのかをチェックします。

正解▶問2：エ

Chapter 8-3 RAIDはハードディスクの合体技

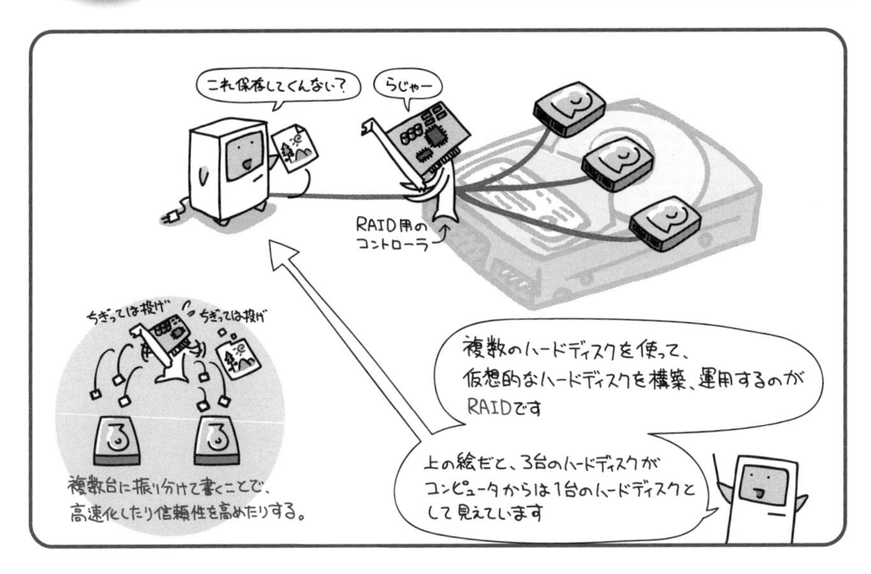

RAIDは複数のハードディスクを組み合わせることで、ハードディスクの速度や信頼性を向上させます。

複数のハードディスクを論理的にひとつにまとめて（つまり仮想的なひとつのハードディスクにして）運用する技術をディスクアレイと呼びますが、RAIDはその代表的な実装手段のひとつです。

その主な用途はハードディスクの高速化や信頼性向上など。RAIDはRAID0からRAID6までの7種類に分かれていて、求める速度と信頼性に応じて各種類を組み合わせて使えるようにもなっています。ちなみに、RAIDの種類の中で一般的に使われているのは、高速化を実現するRAID0と、信頼性を高めるRAID1、そしてRAID5の3つ。大まかな特徴はそれぞれ次の通りです。

	RAID0	RAID1	RAID2	RAID3	RAID4	RAID5	RAID6
ストライピング	する	しない	する	する	する	する	する
ミラーリング	しない	する	しない	しない	しない	しない	しない
ストライピングの単位	ブロック	－	ビット	ビット	ブロック	ブロック	ブロック
データ訂正符号	－	－	ハミング	パリティ	パリティ	パリティ	パリティ
冗長ディスクの構成	－	－	固定	固定	固定	分散	分散

RAIDの種類とその特徴

RAID0（ストライピング）

RAID0では、ひとつのデータを2台以上のディスクに分散させて書き込みます。

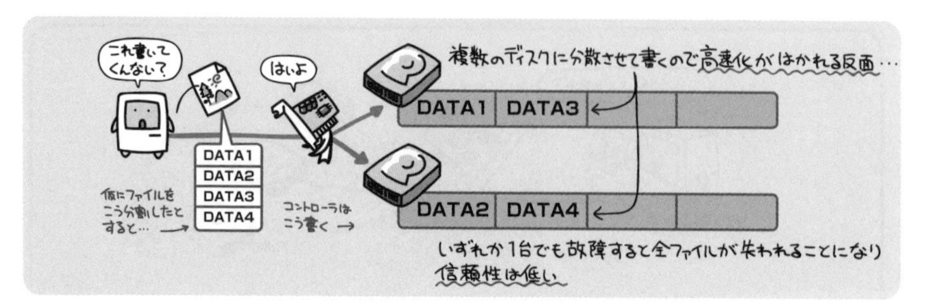

RAID1（ミラーリング）

RAID1では、2台以上のディスクに対して常に同じデータを書き込みます。

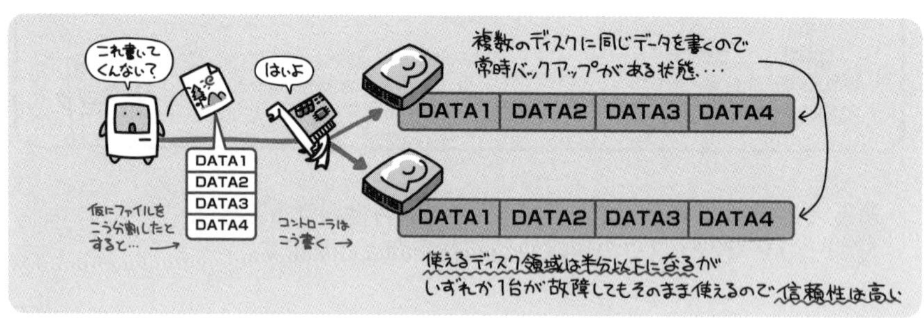

RAID10（RAID0+1 または RAID1+0）

RAID10は少し毛色が違って、RAID0とRAID1とを組み合わせたものです。

RAID0は信頼性に欠け、RAID1は高速化や複数のディスクを1台の大容量ディスクと見なすような使い方ができません。そこで、両者を組み合わせることにより、互いのデメリットを打ち消し合うのがその狙いです。

RAID2

RAID2では、分散させて書き込む元データと別に、メモリなどで使用される誤り訂正符号(ECC: Error Correction Code)を冗長コードとして専用のディスクに書き込みます。

ディスクの利用効率が低く、代表的なECCであるハミング符号の計算も複雑で時間がかかるため、製品として実装されるものはほとんどありません。

RAID3、RAID4

RAID3、RAID4では、3台以上のディスクを使って、データを分散させて書くと同時に、パリティと呼ばれる誤り訂正符号を専用のディスクに書き込みます。

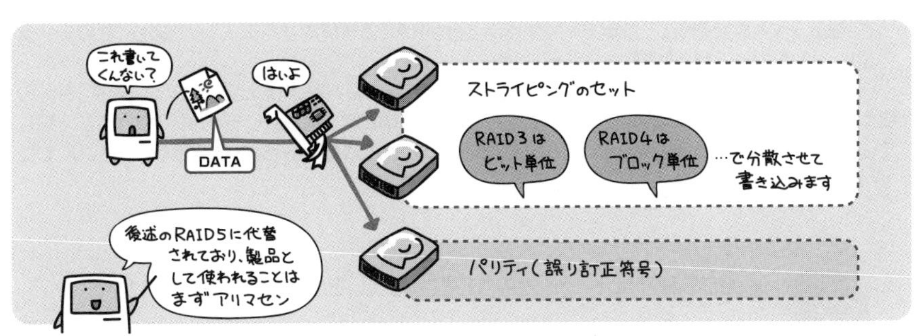

RAID5

RAID5では、3台以上のディスクを使って、データと同時にパリティも分散させて書き込みます。

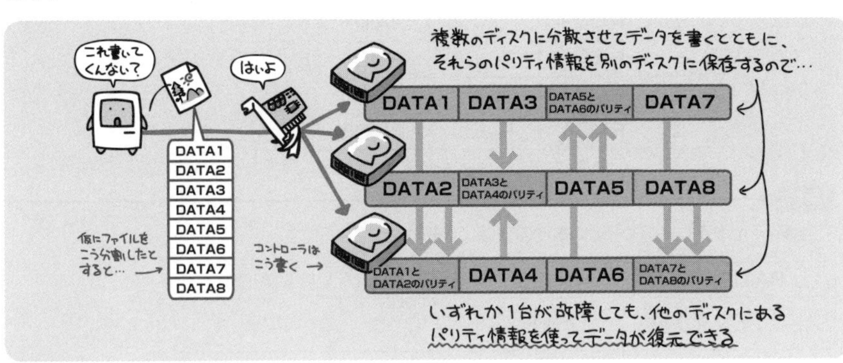

RAID6

RAID6は、RAID5を拡張して信頼性を高めたものです。2種類のパリティを分散させて書き込むことで、2台のディスクが同時に故障しても復元可能です。

問1 (AP-R04-S-11)

8Tバイトの磁気ディスク装置6台を，予備ディスク（ホットスペアディスク）1台込みのRAID5構成にした場合，実効データ容量は何Tバイトになるか。

ア 24　　イ 32　　ウ 40　　エ 48

解説

予備ディスク（ホットスペアディスク）は、予備であるため、データ容量には含められません。したがって、磁気ディスク装置6台－予備ディスク1台＝5台がRAID5を構成するディスクであり、そのデータ容量は、8Tバイト×5台＝40 Tバイト（★）です。

RAID5構成では、磁気ディスク装置の台数にかかわらず、パリティを記録するために、常に1台分の磁気ディスク装置の容量が必要です（なお、パリティは、RAID5を構成するディスクのすべてに分散して記録されますので、1台にまとまっているのではありません。239ページを参照してください）。したがって、実効データ容量は、40 T（★）－8T=32Tバイトです。

問2 (AP-H26-S-11)

RAIDの種類a，b，cに対応する組合せとして，適切なものはどれか。

RAIDの種類	a	b	c
ストライピングの単位	ビット	ブロック	ブロック
冗長ディスクの構成	固定	固定	分散

	a	b	c
ア	RAID3	RAID4	RAID5
イ	RAID3	RAID5	RAID4
ウ	RAID4	RAID3	RAID5
エ	RAID4	RAID5	RAID3

解説

空欄a ～ cを正しく埋めると、本問の表は、下表のようになります。

RAIDの種類	RAID3	RAID4	RAID5
ストライピングの単位	ビット	ブロック	ブロック
冗長ディスクの構成	固定	固定	分散

詳細は、237ページ下の表を参照してください。

正解 ▸ 問1：イ　問2：ア

Chapter 8-4 ハードディスク以外の補助記憶装置

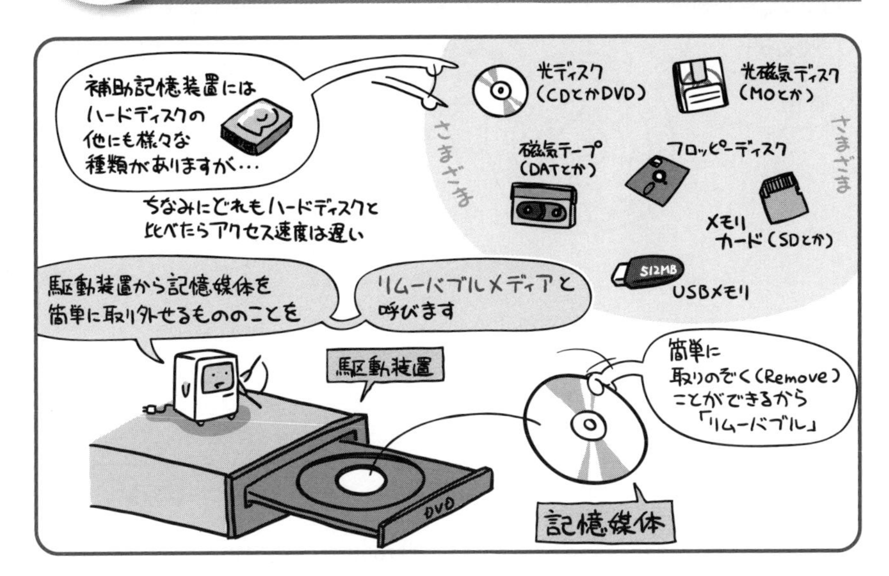

リムーバブルメディアは、バックアップ用途やソフトウェアの配布媒体として広く利用されています。

記憶媒体であるディスクが装置の中にがっちり固定されて働くハードディスクと違って(だからハードディスクは固定ディスク装置とも言われる)、CD-ROMなどの光ディスクに代表されるリムーバブルメディアたちは、バックアップ用途やソフトウェアの配布媒体として活躍する補助記憶装置です。

「このデータは大事だから予備を作ってどっかに保管しておきましょう」とか、「このソフトウェアをDVD-ROMにプレスして広く販売しちゃいましょう」とかいう時に大活躍!ってことですね。

ひと昔前はリムーバブルメディアといえば磁気で記録するフロッピーディスクが主流でした。しかし、たった1Mバイト程度しか記憶容量を持たない上に、ペラペラで耐久性も今ひとつ。そのため、コンピュータの扱うデータ量が「テキスト中心から、画像や音声も含む」と肥大化して行くに従い、徐々に廃れてしまいました。

本試験では、各媒体の特徴が問われます。読み書きに用いるのは光か磁気か、光の波長はどのような特徴を持つかなど、媒体ごとに押さえておきましょう。

光ディスク

レーザ光線によってデータの読み書きを行うのが光ディスク装置です。

それぞれ次のような特徴があります。

CD (Compact Disc)

音楽用のCDと同じディスクを、コンピュータの記憶媒体として利用したものです。

直径12cmの光ディスクで、記憶容量は650MBと700MBの2種類。安価で大容量なことから、ソフトウェアの配布媒体としても広く使われています。

ディスクの種類には、利用者による書き込みがいっさいできない読込み専用の再生専用型と、一度だけ書き込める追記型、何度でも書き換えができる書換え可能型の3種類があります。

CD-ROM	読込み専用となる、再生専用型のCDです。 ディスク上にはピットという微少な凹みが無数にあり、ここに製造段階でデータを記録します。 レーザ光線を照射すると、凹みのあるなしによって反射率が異なるため、その作用でデータを読込みます。
CD-R	一度だけ書き込める、追記型のCDです。 ディスクの記録層に有機色素が塗られていて、これをレーザ光線で焦がしてピットを作ることで、データを記録します。
CD-RW	何度でも書き換えができる、書換え可能型のCDです。 ディスクの記録層に相変化金属という材料を用い、これをレーザ光線の照射で結晶化、非結晶化させ、その違いによってデータを記録します。

DVD (Digital Versatile Disc)

映像用のDVDと同じディスクを、コンピュータの記憶媒体として利用したものです。

基本的な特徴はCDと同じ光ディスクなので以下同文なのですが、CDよりも波長の短い赤色レーザで記録するため、ピットの高密度化が可能で、より大容量を実現しています。

記録面が1層のものと2層のもの、かつ両面使うものとそうでないもの…という組み合わせがあり、それぞれ次の記憶容量を持ちます。

片面1層	4.7GB
片面2層	8.5GB

両面1層	9.4GB
両面2層	17GB

DVD-ROM	再生専用型のDVDです。
DVD-R	追記型のDVDです。
DVD-RW	書換え可能型のDVDです。
DVD-RAM	

-ROMはRead Only Memoryの略で読むだけ。

-RはRecordableの略で1回だけ記録できる。

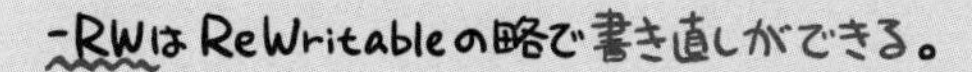

光磁気ディスク(MO: Magneto Optical Disk)

レーザ光線と磁気によってデータの読み書きを行うのが光磁気ディスク装置です。フロッピーディスクの後継として一時は広く使われていましたが、光ディスクの大容量低価格化の波に押されて、ほとんど見かけなくなりました。

磁気テープ

磁性体が塗布されたテープ状のフィルムに、磁気を使って読み書きを行うカセット型の記憶媒体が磁気テープ装置です。中でも、ブロックごとにスタート、ストップすることをせず、連続してデータの読み書きを行うものをストリーマと呼びます。

フラッシュメモリ

主記憶装置として使うPROM（Programmable ROM）の一種を、補助記憶媒体に転用したものです。これを利用した代表的なものにメモリカードやUSBメモリがあります。

コンパクトで、かつ低価格であるため、デジタルカメラや携帯電話などの記録メディアに利用されたり、データの持ち歩きに利用されたりしています。

SSD (Solid State Drive)

ハードディスクの代替として、近年注目度を増してきているのがSSDです。

SSDは内部にディスクを持ちません。フラッシュメモリを記憶媒体として内蔵する装置です。

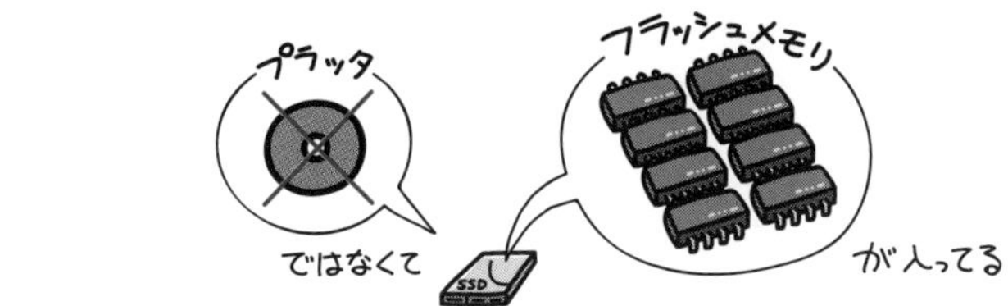

機械的な駆動部分がないため省電力で衝撃にも強く、シークやサーチといった待ち時間もありません。その分高速に読み書きを行うことができます。

ただしSSDには書き込み回数に上限があり、かつハードディスクに比べてビットあたりの単価も高くなります。そのため、完全な置き換えには至っていません。

このように出題されています

過去問題練習と解説

SDメモリカードの上位規格の一つであるSDXCの特徴として，適切なものはどれか。

ア　GPS，カメラ，無線LANアダプタなどの周辺機能をハードウェアとしてカードに搭載している。

イ　SDメモリカードの4分の1以下の小型サイズで，最大32Gバイトの容量をもつ。

ウ　著作権保護技術としてAACSを採用し，従来のSDメモリカードよりもセキュリティが強化された。

エ　ファイルシステムにexFATを採用し，最大2Tバイトの容量に対応できる。

解説

ア　SDIO（SD Input Output）の特徴です。SDXCは、データしか記録できません。

イ　micro SDHCメモリカードの特徴です。SDHCはファイルシステムにFAT32を採用しています。また、micro SDXCメモリカードは、micro SDHCメモリカードと同じ大きさです。

ウ　SDXCは、著作権保護技術として、CPRMやCPXMを採用しています。AACSが採用されているのは、ブルーレイディスクなどです。

エ　そのとおりです。

記録媒体の記録層として有機色素を使い，レーザ光によってピットと呼ばれる焦げ跡を作ってデータを記録する光ディスクはどれか。

ア　CD-R　　イ　CD-RW　　ウ　DVD-RAM　　エ　DVD-ROM

解説

各選択肢の説明は、242 ～ 243ページを参照してください。

NAND型フラッシュメモリに関する記述として，適切なものはどれか。

ア　バイト単位で書込み，ページ単位で読出しを行う。

イ　バイト単位で書込み及び読出しを行う。

ウ　ページ単位で書込み，バイト単位で読出しを行う。

エ　ページ単位で書込み及び読出しを行う。

解説

フラッシュメモリは、大きく、NOR型とNAND型の2種類に分類されます。

	NAND型	NOR型
書込みの単位	ページ単位（★）	ブロック単位
読出しの単位	ページ単位（★）	1バイト単位まで可能 主記憶装置のように、アドレスを指定して読出すことができる
消去の単位	ブロック単位	ブロック単位
主な用途	USBメモリ、SDカード、SSDなど	ファームウェアを格納するチップ

注：ブロック単位とは、複数のページをまとめた単位のことです。

ア〜ウ　上記2箇所の★より、ページ単位で書込み、ページ単位で読出しを行います。
エ　そのとおりです。

問 4 (AP-R05-S-11)

フラッシュメモリにおけるウェアレベリングの説明として，適切なものはどれか。

ア　各ブロックの書込み回数がなるべく均等になるように，物理的な書込み位置を選択する。
イ　記憶するセルの電子の量に応じて，複数のビット情報を記録する。
ウ　不良のブロックを検出し，交換領域にある正常な別のブロックで置き換える。
エ　ブロック単位でデータを消去し，新しいデータを書き込む。

解説

選択肢ア・イ・エは、下記の用語の説明です。
ア　ウェアレベリング（Wear Leveling）
イ　マルチレベルセル（Multi-Level Cell）
エ　ブロックアクセス（Block Access）

なお、選択肢ウの説明には特別な名前は付けられていないか、もしくは付けられているとしても、正解としての出題可能性が非常に低い用語です。

正解　問1：エ　問2：ア　問3：エ　問4：ア

Chapter 9

バスと入出力デバイス

「バス」ってありますよね？

毎日たくさんの人を運んでいます

コンピュータの中も同じようにたくさんのデータが運ばれていますので…

この経路も「バス」と呼びます
同じ役割ですからね

ところでこのバスに流れるデータの大もとはというと…

さあ、コイツに「1＋1」をやらせてみてください!

…………、できないですよね？

そう、何か入力する装置がないと、そもそも元となるデータが渡せません

じゃあキーボードを
つないで「1＋1」を
やらせてみましょう

何か出力してくれる
装置がないと、
処理結果のデータは
見えないわけです

考えたり
計算したり
記憶
したり
…した結果は、
何らかの
出力が
あるから
確認できる
いや
まったくで
ごもっとも
たはは

このように、
コンピュータには
入力から出力に至る
データの流れがあり

そのための経路、
インタフェースが
色々と用意されて
います

というわけで、
用途に応じて
どのような入出力が
あるのか、ここでは
お勉強するわけです

バスアーキテクチャ

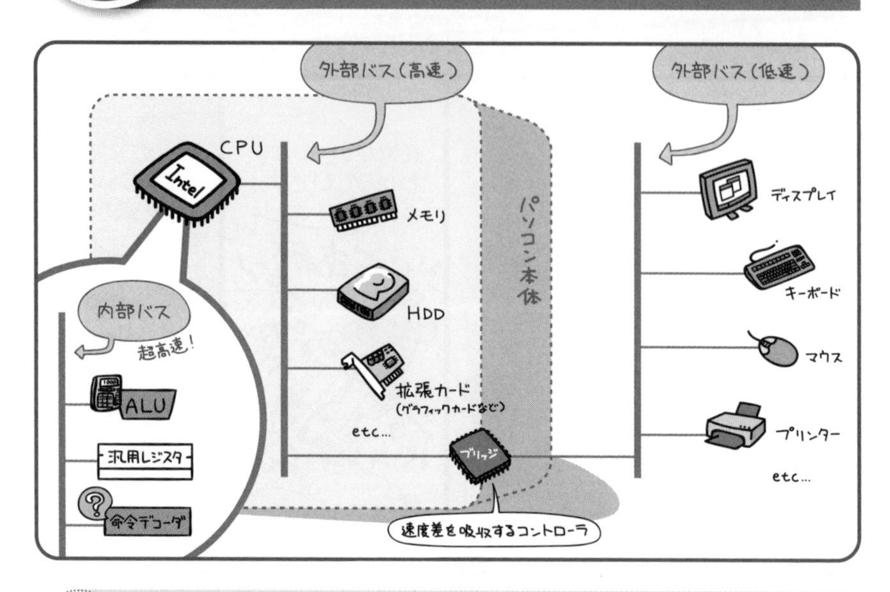

CPU内部の機器を接続するバスを内部バス。
外部の機器を接続するバスを外部バスと呼びます。

前ページのまんがでも触れたように、バスというのはコンピュータを構成する機器の間でデータをやりとりするための経路、伝送路のことです。ざっくり分けると、CPU内部の伝送路である内部バスと、その外側の伝送路である外部バスに分類することができます。

外部バスには、上のイラストのようにCPUとメモリやHDDを接続する高速なものと、キーボードやマウス、ディスプレイといった入出力装置を接続する低速なものがあり、両者はブリッジというコントローラによって接続されています。

この外部バス、「どこに注目するか」によって様々な呼び名があるのですが…

実際の使われ方と本試験内の定義が異なるところもあるので、ここは大まかなニュアンスが掴み取れて、問題文で出た時に「ああ、あのへんのことね」と困らなければ大丈夫です。

パラレル（並列）とシリアル（直列）

バスは、データを転送する方式によってパラレルバスとシリアルバスに分かれます。

パラレルは並列という意味で、複数の信号を同時に送受信します。一方シリアルは直列という意味で、信号をひとつずつ連続して送受信します。

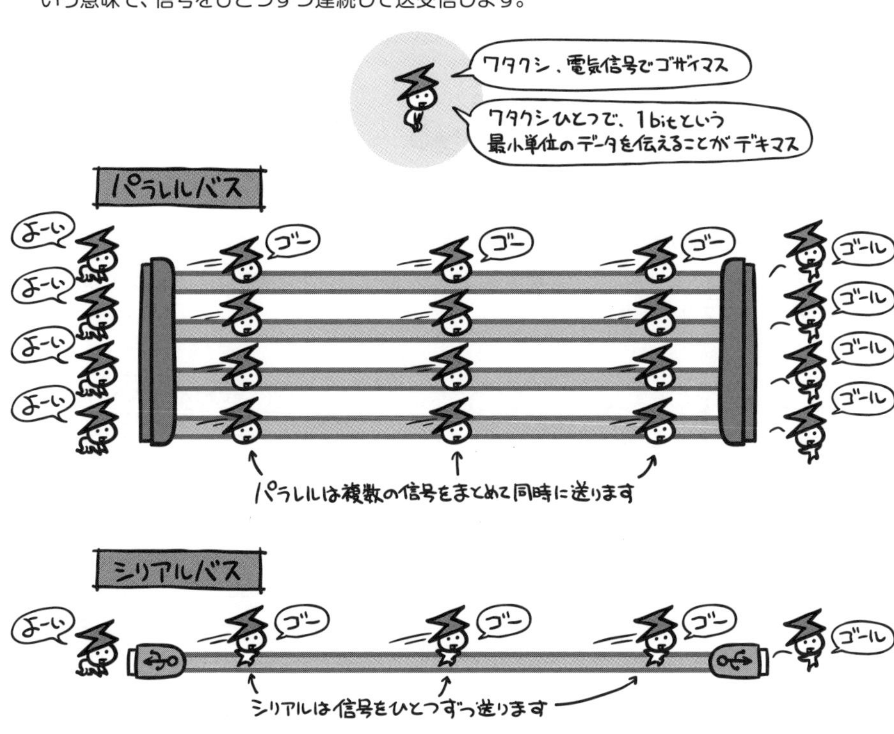

当初は複数の信号を1回で送れるパラレルバスが高速とされていました。しかし高速化を突き進めていくにつれ信号間のタイミングを取ることが難しくなり、現在はシリアルバスで高速化を図るのが主流となっています。

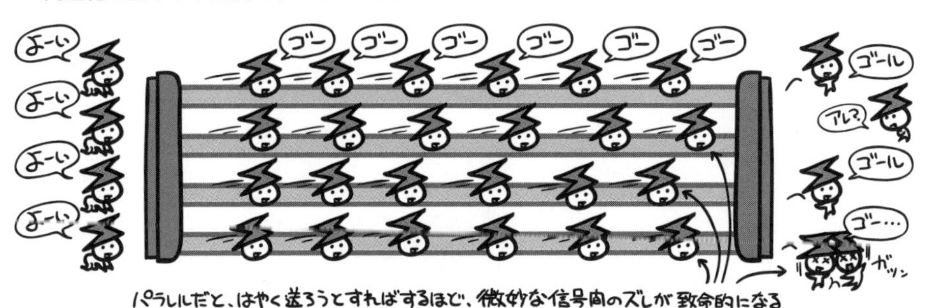

入出力制御方式

コンピュータは様々な機器とデータのやり取りを行います。この時の入出力を制御するやり方が入出力制御方式です。

基本的にはCPUが中心となってデータの転送を行うわけですが…たとえばもっとも単純なプログラム制御方式（直接制御方式）を見て下さい。役者は次の3つです。

プログラム制御方式（直接制御方式）

入出力装置からメモリへのデータ転送を、CPUが直接制御する方式です。データの転送は随時CPUのレジスタを経由して行われます。

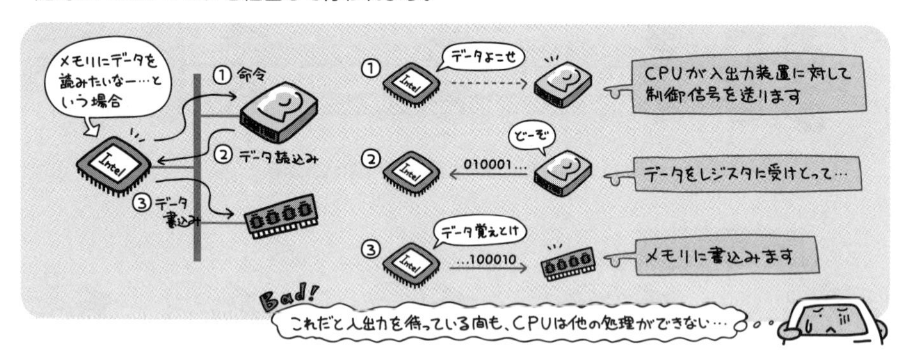

このように、低速な入出力処理にCPUがかかりっきりになってしまうと、処理効率の面でよろしくありません。そこで次のような制御方式が用いられることになります。

DMA（Direct Memory Access）制御方式

入出力装置からメモリへのデータ転送を、CPUを介さずに行う制御方式です。

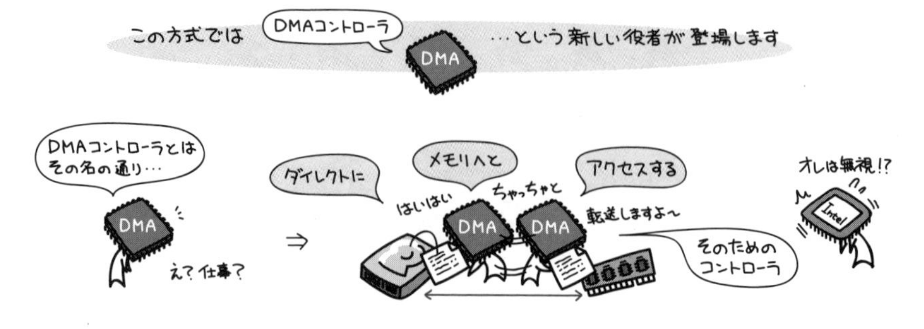

DMA制御方式では、専用の制御回路（DMAコントローラ）がメモリと入出力装置間のデータ転送を行います。

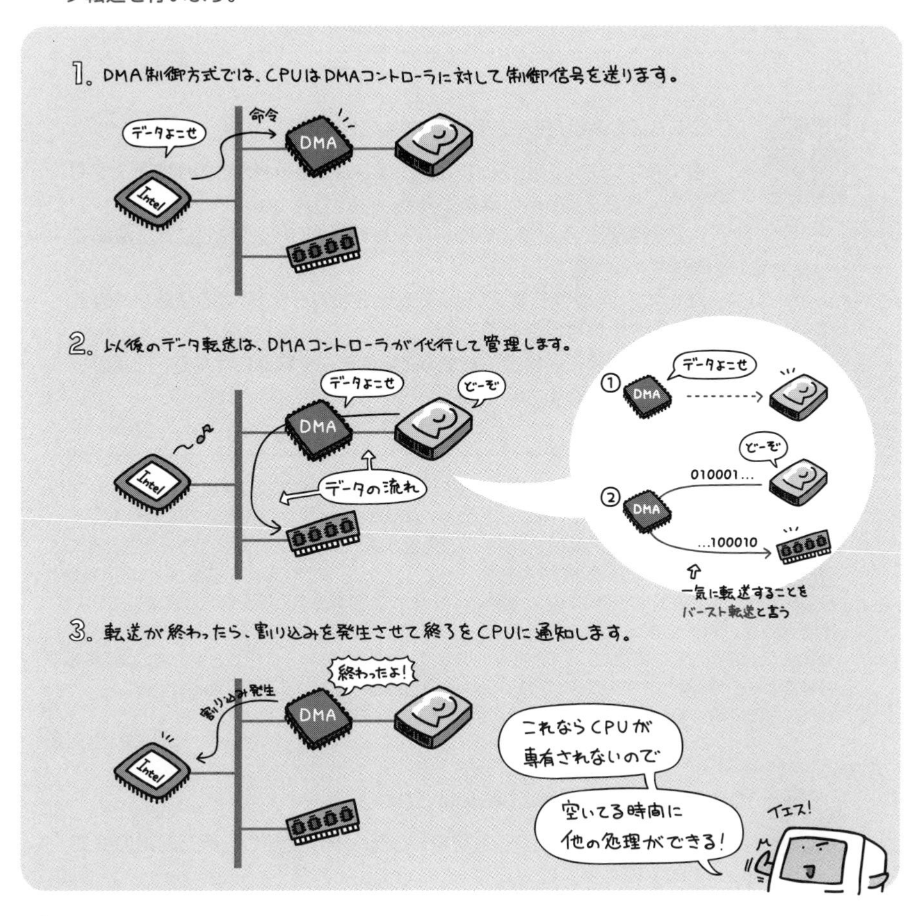

チャネル制御方式

DMA制御方式をさらに拡張したものです。入出力制御用のCPUなどを備えたチャネルという専用装置が、メモリと入出力装置間のデータ転送を自律的に行います。

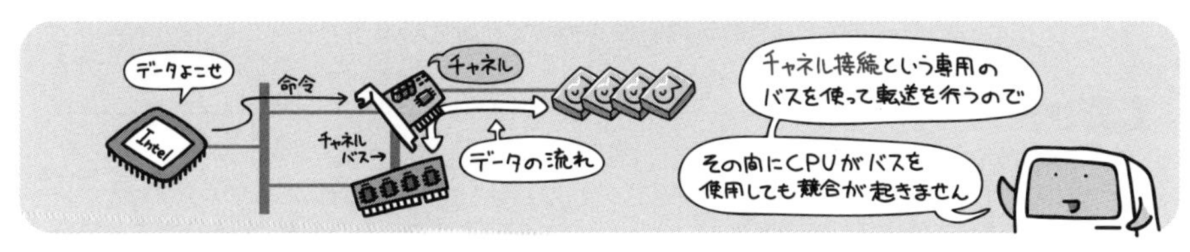

これらのうち、本試験で特に問われやすいのがDMA制御方式です。CPU、DMAコントローラ、HDD、メモリという4者の関係を頭に入れておきましょう。

このように出題されています
過去問題練習と解説

システムバスの説明として，適切なものはどれか。

ア　多くのパソコンで用いられており，モデムや周辺装置との間でデータを直列に転送するための規格である。

イ　入出力装置と主記憶との間のデータ転送をCPUと独立に行う機構である。

ウ　バックプレーンや拡張スロットで使用されており，複数の装置が共有するデジタル信号伝送路である。

エ　ハブによるツリー構造の接続ができ，データ転送には高速，低速の二つのモードがある。

解説

ア　平成17年時点において、本選択肢の説明に該当するものに、RS-232Cがあります。現在では、USBが普及したため、RS-232Cはほぼ使われなくなりました。　イ　DMAの説明です。

ウ　バスは大きく分けて、CPU内部の回路間を結ぶ内部バス、CPUと主記憶などの周辺回路を結ぶ外部バス、拡張スロットに接続された拡張カードとコンピュータ本体を結ぶ拡張バスの3種類があります（ただし、ここでいう外部バスと拡張バスを含めて、外部バスと呼んでいる書籍もあります）。本選択肢は、「バックプレーンや拡張スロットで使用されており」としているので、外部バスないしは拡張バスを指して、システムバスと呼んでいます。ちなみに、バックプレーンとは、回路基板を接続するためのソケットやスロットを持つ受け側の回路基板またはデバイスのことです。

エ　USB2.0の説明です。

DMAの説明として，適切なものはどれか。

ア　CPUが磁気ディスクと主記憶とのデータの受渡しを行う転送方式である。

イ　主記憶の入出力専用アドレス空間に入出力装置のレジスタを割り当てる方式である。

ウ　専用の制御回路が入出力装置，主記憶などの間のデータ転送を行う方式である。

エ　複数の命令の実行ステージを部分的にオーバラップさせて同時に処理し，全体としての処理時間を短くする方式である。

解説

ア　直接制御方式の説明です。　イ　メモリマップドI/O方式の説明です。

ウ　DMAは、Direct Memory Accessの略であり、プロセッサを介さずに、システムバスなどに接続されたデータ転送専用のDMAコントローラによって、主記憶装置と入出力装置の間で直接転送を行う方式です。

エ　パイプライン処理の説明です。

正解▶問1:ウ　問2:ウ

入出力インタフェース

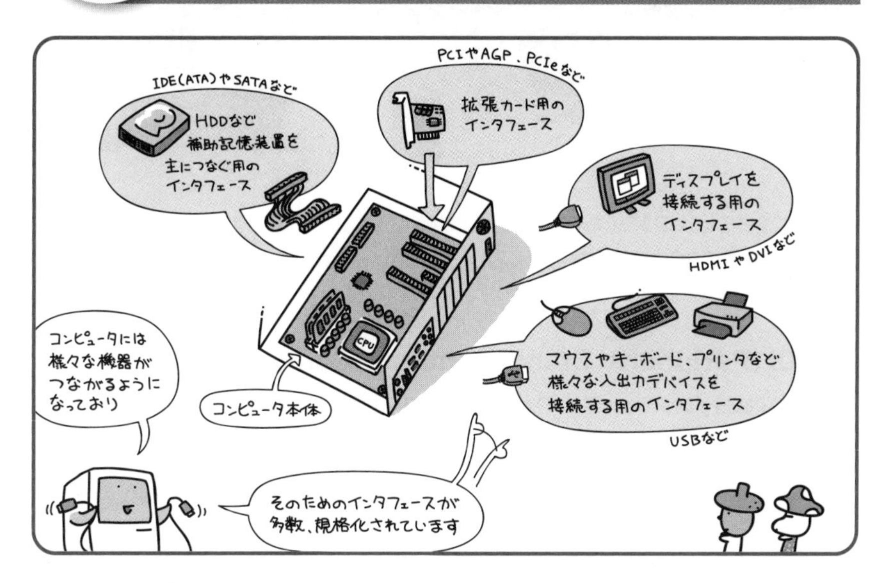

コンピュータと様々な周辺機器をつなぐために定められている規格。それが入出力インタフェースです。

入出力インタフェースの規格には、「差し込み口の形状」や「ケーブルの種類」、「ケーブルの中を通す信号のパターン」など、細々とした内容が定められています。この規格を守ることで、異なるメーカーのキーボードに買いかえても問題なく交換できたり、プリンタとスキャナのようにまったく異なる用途の機器も同じケーブルを共用できたりといった互換性が保たれているのです。

たとえばAC100Vの電気コンセント。あれは日本全国どこにいっても同じ形をしています。そして、電気製品はすべてコンセントにささる形の電気プラグを持っています。これらが問題なくつながるのも、つまりは「AC100Vコンセント」という入出力インタフェースをみんなが守っているからということなのです。

コンピュータの入出力インタフェースには様々なものがありますが、周辺機器との接続で現在もっともポピュラーなのは「USB」という規格です。この規格では、コンピュータに周辺機器をつなぐと自動的に設定が行われる「プラグ・アンド・プレイ（差し込めば使えるという意味）」という仕組みが利用できます。

システムバスのインタフェース

システムバスの中でも、拡張バス用に使われているインタフェースの規格を見ていきましょう。

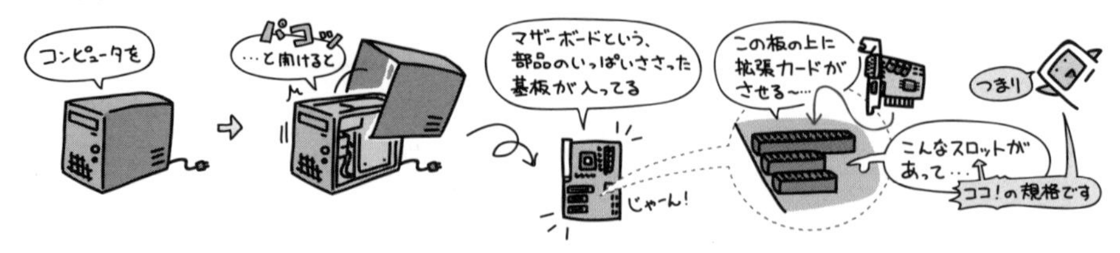

代表的なものは次の3つ。もっとも、旧来のパラレル方式のものはすでに役目を終え、現在はシリアル方式のPCIeにほぼ置き換えられています。

PCI (Peripheral Component Interconnect)

汎用的な拡張インタフェース。パソコンの標準的な拡張バス規格として広く使われていた。この後継規格がPCIeで、現在の主流はそちらに移っている。

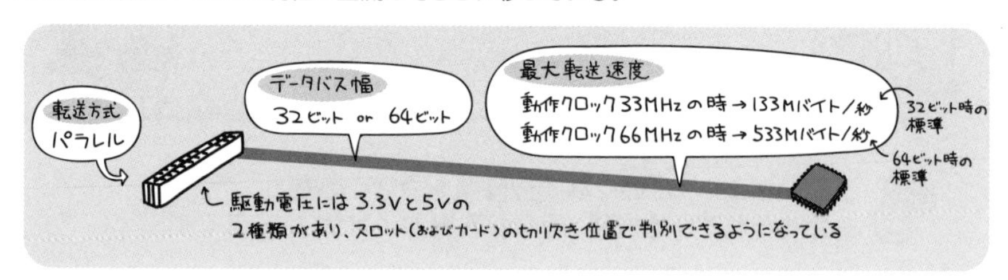

AGP (Accelerated Graphics Port)

グラフィックカード用の拡張インタフェース。グラフィックカード専用の経路をPCIバスから独立したものとすることで、より高速に画像や動画といった大きなデータを扱えるようにしたもの。インテル社が策定。PCIと同じく、後継規格のPCIeに置き換えられた。

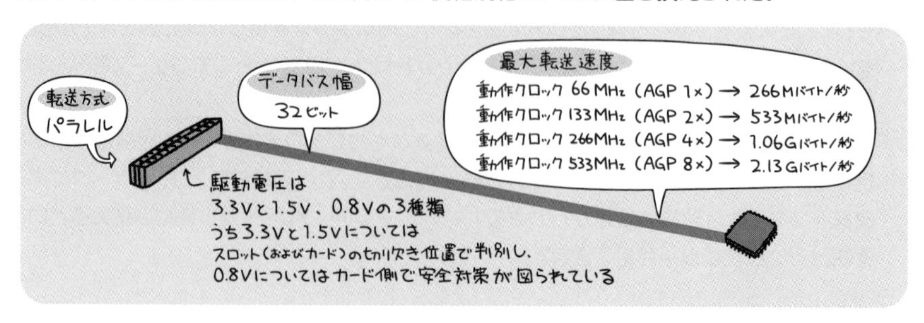

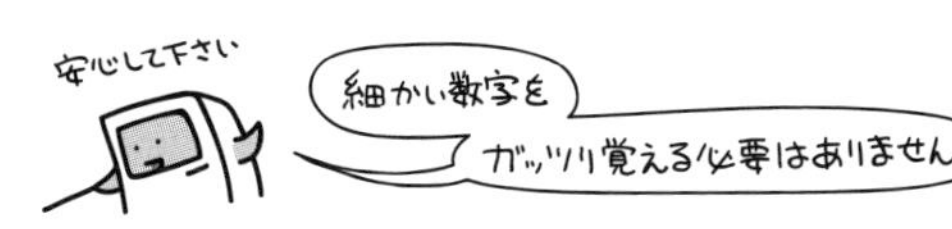

PCIe (PCI Express)

PCIとAGPを置き換える、現在標準として使われている汎用的な拡張インタフェース。シリアル方式を採用することで、パラレル方式の限界を超えた高速化を実現している。

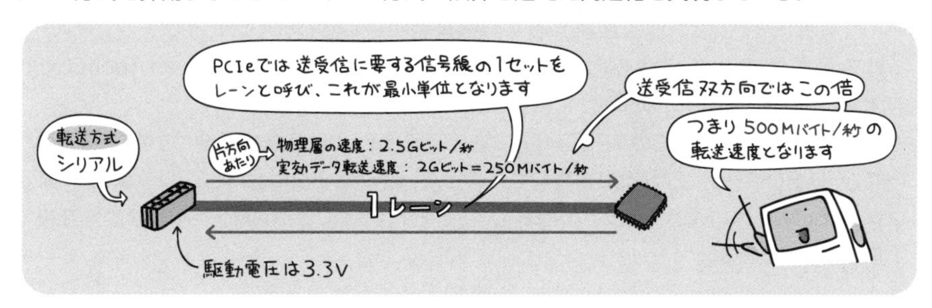

PCIeは上記のレーンを基本単位とし、これを複数束ねることで高速な転送速度を実現しています。

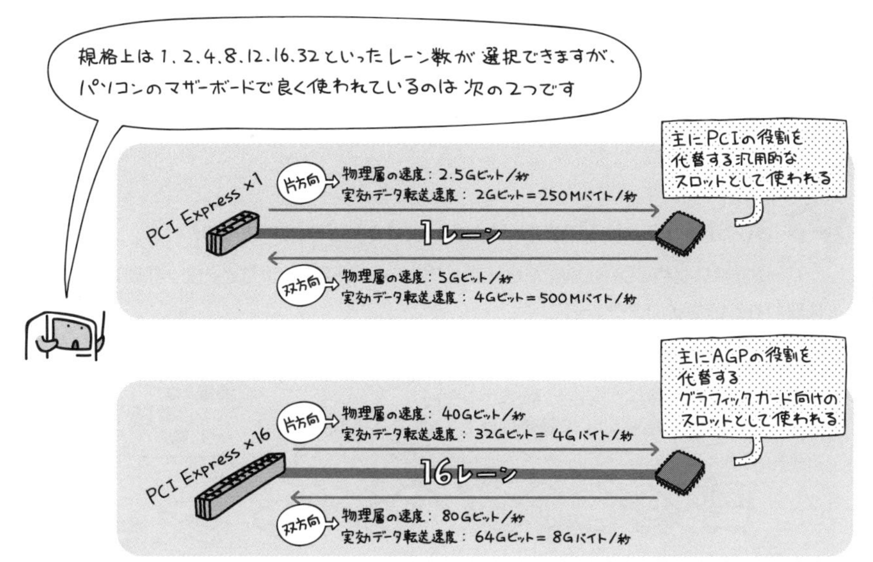

第二世代のPCI Express 2.0では、1レーンあたりの転送速度が5Gビット/秒と倍になり、さらに高速化されています。

パラレル方式の外部バスインタフェース

パラレル方式の規格としては、「IDE (Integrated Drive Electronics)」や「SCSI (Small Computer System Interface)」などが挙げられます。

いずれも主流がシリアル方式へと移っていったことで、その役割を終えつつあります。

IDE (Integrated Drive Electronics)

アイディーイー

内蔵用ハードディスクを接続するための規格として使われていたインタフェース。これを米国国家規格協会(ANSI)で標準化したものがATA(Advanced Technology Attachment)で、若干の改良が含まれるものの両者はほぼ同じ物。

当初は、「最大2台までのハードディスクを接続できる」という規格であったが、後に拡張されてCD-ROMドライブなどの接続にも対応したEIDE(Enhanced IDE)が登場、広く普及する。EIDEでは、「最大4台までの機器(ハードディスクやCD-ROMドライブなど)」を接続することができる。

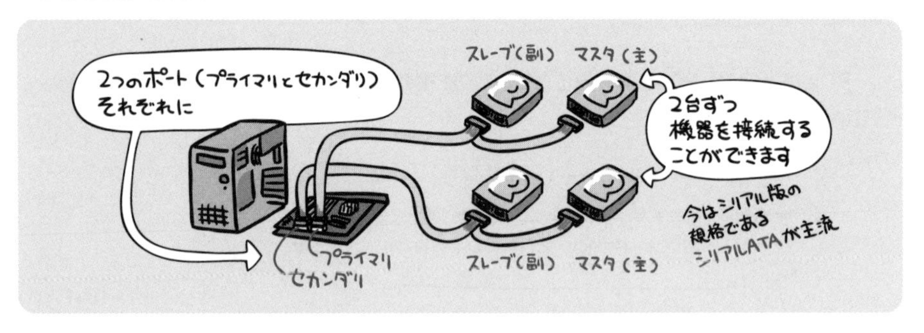

SCSI (Small Computer System Interface)

スカジー

ハードディスクやCD-ROM、MOドライブ、イメージスキャナなど、様々な周辺機器の接続に使われていたインタフェース。

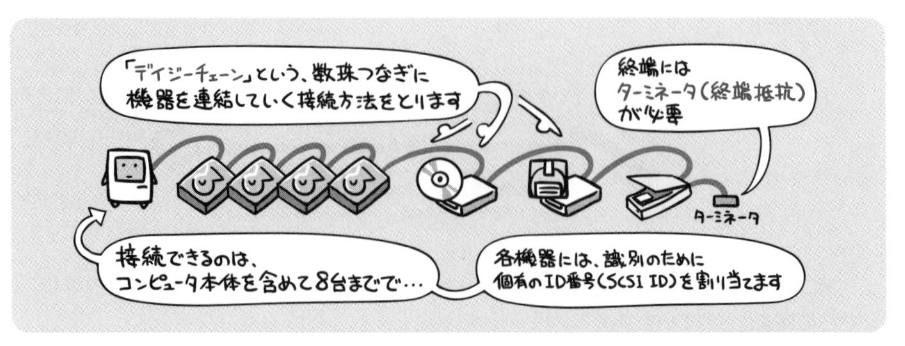

シリアル方式の外部バスインタフェース

シリアル方式の規格として特に代表的なのが「USB(Universal Serial Bus)」です。周辺機器をつなぐためのインタフェースとして広く採用されています。

その他に、映像系の機器に強い「IEEE1394」や、IDE(ATA)の置き換えとなる「SATA(SerialATA)」などがあります。

USB (Universal Serial Bus)

パソコンと周辺機器をつなぐ際の、もっとも標準的なインタフェース。

Universal(広く行われる;万能の;)とあるように広く使える高い汎用性に主眼が置かれた規格で、キーボード・マウス・スキャナなどの入力装置、プリンタなどの出力装置、外付けハードディスクなどの補助記憶装置と、機器を選ばず利用することができる。

「電源を入れたまま機器を抜き差しできるホットプラグ」と、「周辺機器をつなぐと自動的に設定が開始されるプラグ・アンド・プレイ」に対応しているのも大きな特徴。

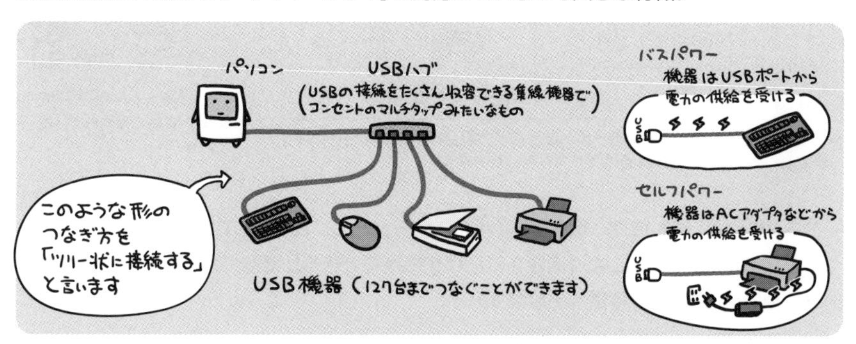

USBには複数の規格があり、各規格で性能もそれぞれ違います。代表的な規格をまとめると次のようになります。

通信方式の「半二重通信」とは、受信と送信を同時に行えず、「全二重通信」とは、受信と送信を同時に行える方式のことです

名称	最大転送速度		最大供給電力	通信方式
USB 1.1	ロースピードモード	1.5Mbps	2.5W (5V×0.5A)	半二重
	フルスピードモード	12Mbps		
USB 2.0	ハイスピードモード	480Mbps	2.5W (5V×0.5A)	半二重
USB 3.0 / 3.1 Gen1 / 3.2 Gen1	スーパースピードモード	5Gbps	4.5W (5V×0.9A)	全二重
USB 3.1 / 3.1 Gen2 / 3.2 Gen2	スーパースピードプラスモード	10Gbps	100W (20V×5A)	全二重
USB 3.2 Gen2×2	スーパースピードプラスモード	20Gbps	100W (20V×5A)	全二重

Type-Cというコネクタのみの対応ですが、USB PD(USB Power Delivery)という給電規格を使うと、機器に最適な電力を自動的に決めて供給することができます(最大100W)

USBには複数の規格があり、各規格で性能もそれぞれ違います。代表的な規格をまとめると次のようになります。

名称	対応する規格	コネクタ形状	ピンの数
Type-A	USB 1.1、2.0		4本
	USB 3.0、3.1		9本
Type-B	USB 1.1、2.0		4本
	USB 3.0		9本
Type-C	USB 3.0、3.1、3.2		24本
Mini-A	USB 1.1、2.0		5本
Mini-B	USB 1.1、2.0		5本
Micro-A	USB 1.1、2.0		5本
Micro-B	USB 1.1、2.0		5本
	USB 3.0		10本

※下位互換性が考慮されているため、ほとんどの場合、新しい規格のコネクタでも、古いUSB規格の通信をサポートしています。

コネクタ形状については、現在はType-Cに統一されていこうとしています。

このType-Cコネクタには、「向きを気にせずに接続できる」「機器に合わせて自動で供給電力を変更できる」などの特徴があります。

さらにOn-the-Goという拡張規格をサポートする機器では、機器同士を直接つないで、パソコンを介さずに使用することができます。

USBは、次のような転送方式(転送プロトコル)に対応しています。

IEEE1394（アイトリプルイーイチサンキューヨン）

i.LinkやFireWireという名前でも呼ばれる、主にハードディスクレコーダなどの情報家電やデジタルビデオカメラなどの機器に使われているインタフェース。

USBと同じくホットプラグやプラグ・アンド・プレイに対応しており、データ転送には音声や映像の転送に適したアイソクロナス転送を採用している。

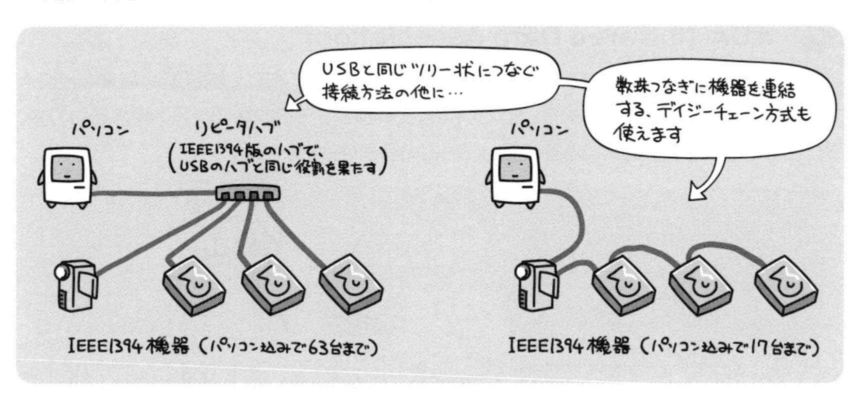

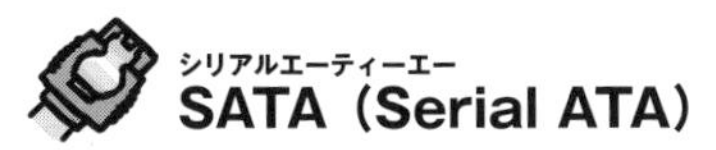

SATA（Serial ATA）（シリアルエーティーエー）

パラレル方式のATA規格をシリアル方式にして高速化したもの。ハードディスクや光学ドライブ（DVD-ROMドライブなど）を接続する規格として現在主流のインタフェース。

パラレルATAとは違い接続する機器にマスタ・スレーブの区別はなく、1本のケーブルに1台の機器を接続する。

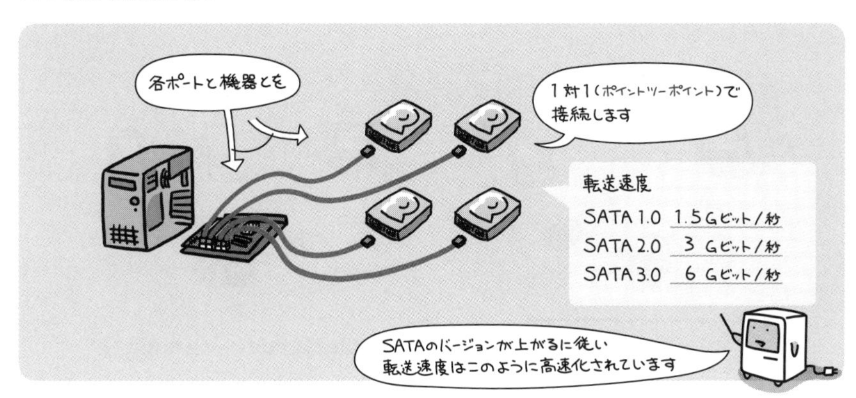

無線インタフェース

入出力インタフェースには、周辺機器との接続にケーブルを使用しない、無線で通信するタイプのものがあります。代表的なものに「IrDA」と「Bluetooth」があります。

IrDA（Infrared Data Association）

（アイアールディーエー）

赤外線を使って無線通信を行う規格。携帯電話やノートパソコン、携帯情報端末などによく使われていた。赤外線で通信を行うといえばテレビのリモコンなどが思い浮かぶものの、赤外線という点が共通しているだけで、IrDAとの互換性はない。

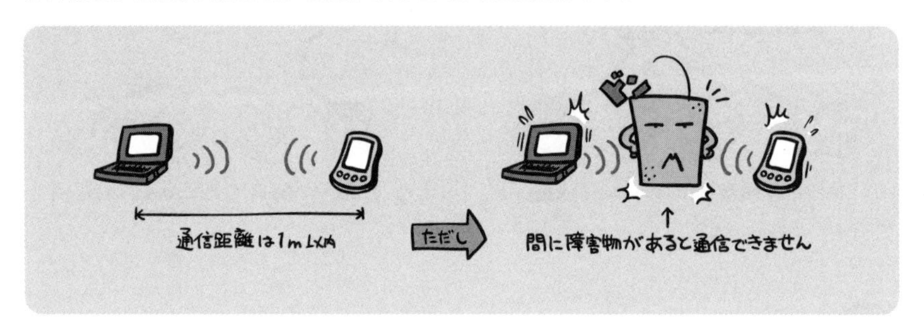

Bluetooth

（ブルートゥース）

2.4GHzの電波を使って無線通信を行う規格。携帯電話やノートパソコン、携帯情報端末の他、キーボードやマウス、プリンタなど様々な周辺機器をワイヤレス接続することができる。

過去問題練習と解説

USB 3.0の特徴として，適切なものはどれか。

ア　USB 2.0は半二重通信であるが，USB 3.0は全二重通信である。
イ　Wireless USBに対応している。
ウ　最大供給電流は，USB 2.0と同じ500ミリアンペアである。
エ　ピン数が9本に増えたので，USB 2.0のケーブルは挿すことができない。

解説

ア　そのとおりです。なお、半二重通信は、ノードAがノードBにデータを送信している時に、同時に、ノードBがノードAにデータを送信できない通信です。全二重通信は、ノードAがノードBにデータを送信している時に、同時に、ノードBがノードAにデータを送信できる通信です。
イ　Wireless USBとは、無線通信の規格の一つであり、USBケーブルを使って、様々な機器を接続して有線通信をする技術であるUSBを、無線通信に拡張したものです。Wireless USBは、USB2.0に対応していますが、USB3.0には対応していません。
ウ　USBは、接続された機器に電力を供給できます。その最大供給電流は、USB2.0が500ミリアンペア、USB3.0が900ミリアンペアです。
エ　ピン数は、USB2.0が5本、USB3.0が9本です。しかし、USB3.0の接続口に、USB2.0のケーブルを挿し、USB2.0として動作できます（=下位互換性があります。ただし、実装製品の中には、下位互換性を満たしていないものもあります）。

問2 (AP-R03-A-10)

USB Type-Cのプラグ側コネクタの断面図はどれか。ここで，図の縮尺は同一ではない。

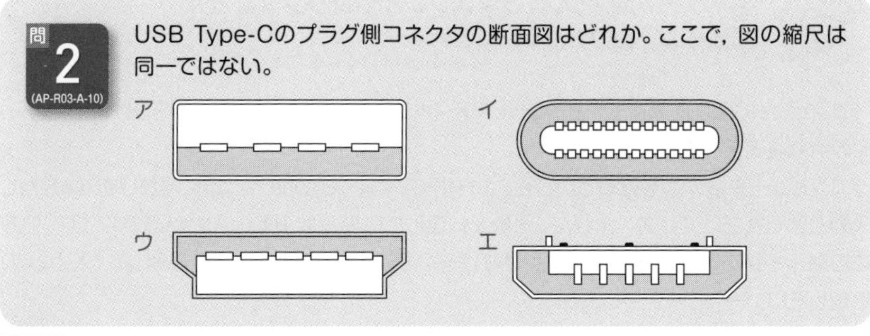

解説

選択肢ア～エは、下記のプラグ側コネクタの断面図です。

ア　USB2.0のType-A　　イ　USB3.0のType-C（Type-Cは、USB2.0にはありません）
ウ　USB2.0のMini-B（Mini-Bは、USB3.0にはありません）　　エ　USB2.0の Micro-B

なお、参考となる図を、右記に掲載します。

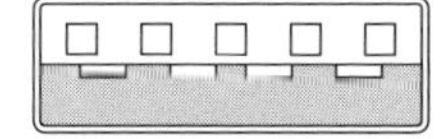
USB3.0のType-A

USB3.0のMicro-B

正解▶問1:ア　問2:イ

Chapter 9-3

入出力デバイス

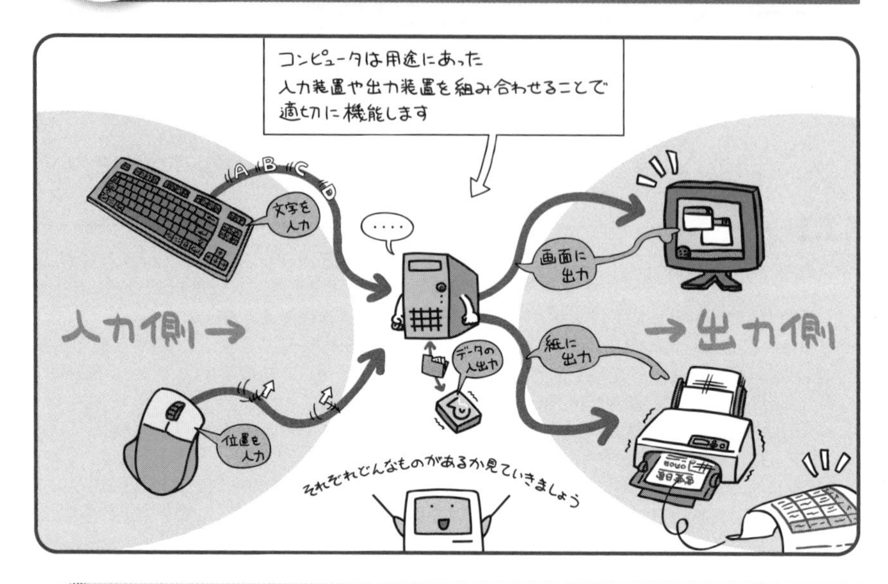

キーボードやマウス、ディスプレイやプリンタなどが、代表的な入出力デバイスです。

コンピュータは、前節までに述べたバスアーキテクチャによって、入力から出力に至るデータの流れを確保して処理を行います。

コンピュータに入力を行うというと、キーボードやマウスがぱっと頭に浮かびます。しかし入力とはそれだけではありません。画像を処理したい場合は画像の入力が必要ですし、処理を自動化させたい場合などは…良く見かけるのがバーコード、あれを読み取って（入力して）処理したいケースも多いでしょう。

入力や出力は決まった形に縛られるものではありません。求める処理に応じて様々な入出力デバイスの形があると言えます。

本章最後となる本節では、このデータの流れの末端、実際の入出力デバイスについて、どんなものがあるかひと通り見ていきましょう。簡単に特徴をおさえておいて下さい。

キーボードとポインティングデバイス

それではどのような入力装置があるかを詳しく見ていきましょう。
入力装置の代表格といえばなんといっても、まずはキーボードです。

キーボード	パソコンにはほぼ標準装備されている、文字や数字を入力するための装置。

続いての代表格といえばマウス。その他、位置情報を入力するポインティングデバイスには、次のような種類があります。

マウス	マウス自身を動かすことで、その移動情報を入力して画面内の位置を指し示す装置。
トラックパッド	パッド上で指を動かすことで、その移動情報を入力して画面内の位置を指し示す装置。ノートパソコンでマウスの代わりに搭載されていることが多い。
タッチパネル	画面を直接触れることで、画面内の位置を指し示す装置。銀行のATMや駅の券売機等で使われていることが多い。
タブレット	パネル上で専用のペン等を動かすことにより、位置情報を入力する装置。絵を描く用途に使われることが多い。 大型のものはディジタイザと呼ばれ、図面作成用途に用いられる。
ジョイスティック	スティックを前後左右に傾けることで位置情報を入力する装置。これを使うとゲームがアツい。

読み取り装置いろいろ

入力装置は、「指示を与える」ばかりではありません。「処理対象とするデータそのものを入力する」ことも入力装置の大事な役割です。

装置	説明
イメージスキャナ 	絵や写真を画像データとして読み取るための装置。 単にスキャナとも呼ばれる。
OCR (Optical Character Reader) 	印字された文字、もしくは手書き文字などを解析して文字データとして読み取る装置。 はがきの郵便番号欄などは、これで読み取っている。 
OMR (Optical Mark Reader) 	マークシートの塗り潰し位置を読み取る装置。 試験の答案や、アンケートの集計などで使われている。 
キャプチャカード 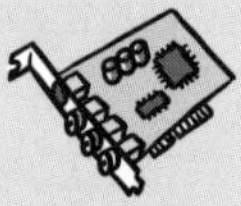	ビデオデッキなどの映像機器から、映像をデジタルデータとして取り込むための装置。
デジタルカメラ 	要するにカメラ。 フィルムの代わりに、CCD（Charge Coupled Device：電荷結合素子）などを使って、画像をデジタルデータとして記録する装置。
バーコードリーダ 	バーコードを読み取るための装置。 コンビニエンスストアでピッピピッピと読み取らせているのをよく見かける。

バーコードの規格

バーコードには、様々な規格が存在します。昔から使われている縦縞模様のバーコードはもちろん、近年目にする機会の増えた小さな四角（セルと言う）の集合体のようなものもバーコードの一種です。前者を1次元バーコード、後者を2次元コードと呼びます。

ここでは代表的なJANコードとQRコードについて、特徴をおさえておきましょう。

JANコード

世界共通の商品識別コードです。白黒の帯によって、13桁(標準タイプ)または8桁(短縮タイプ)の数字列を表現します。

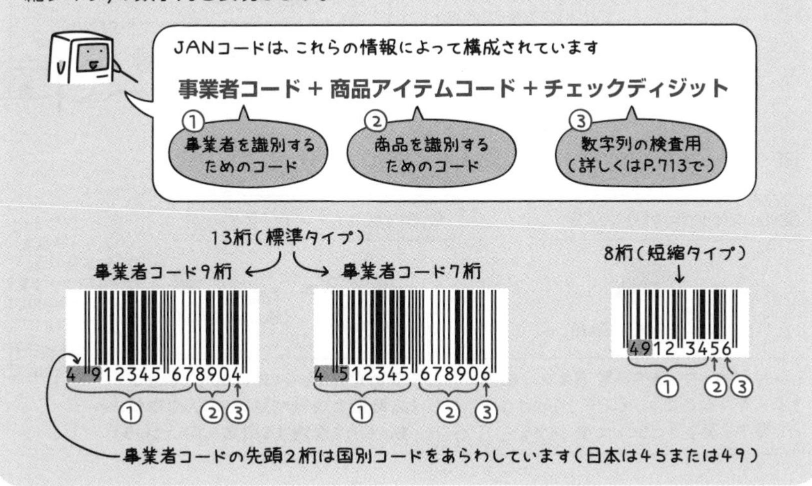

QRコード

縦と横、2次元の図形パターンによって情報をあらわす2次元コードです。格納できる情報量は非常に多く、数字だけなら最大7,089文字、漢字・かなだと最大1,817文字を表現することができます。

3個の検出用シンボルによって、回転角度と読取り方向が認識可能です。

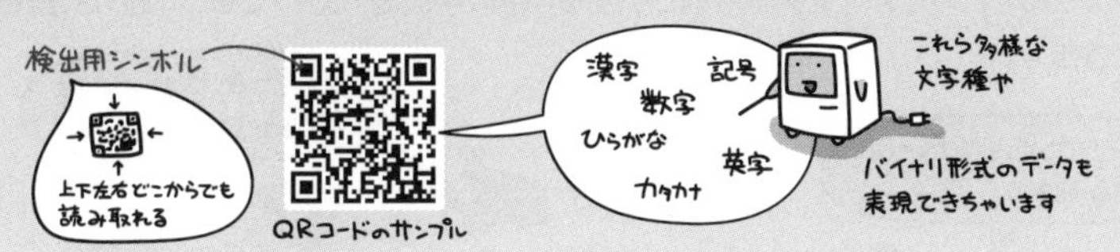

RFID (Radio Frequency IDentification)

ICタグ（RFID）は、電磁界や電波を使って読み取りを行う、非接触型のスキャンシステムです。電子情報を記録したRFタグを商品に貼り付けておき、専用のリーダーを用いてその内容を読み取ります。

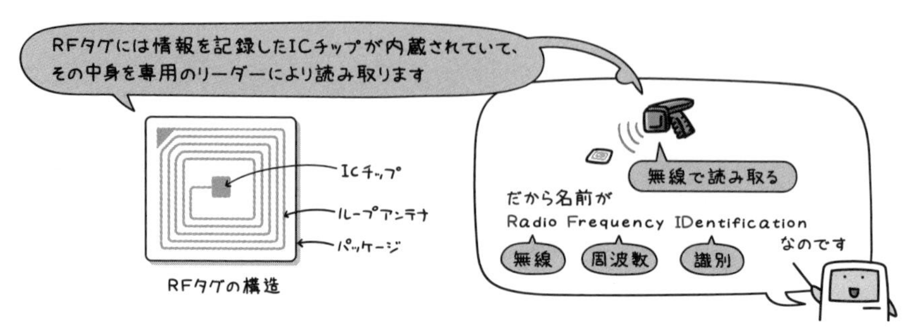

RFタグは、内蔵電池の有無によって大きく次の2つに分かれます。

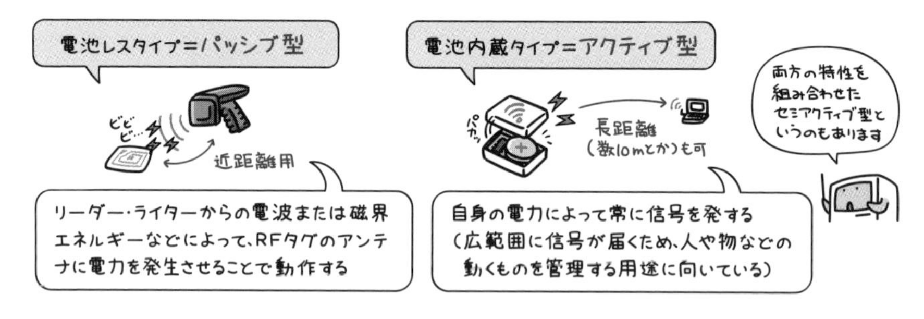

身近なところでは、交通系ICカードなんかにも、同じ技術が用いられています。

RFIDはアンテナによって情報をやり取りするため、バーコードのように視認できる必要がありません。そのため、タグが汚れていたり、箱の中に隠れていても、問題なく読み取ることができます。

ディスプレイの種類と特徴

出力装置の代表格といえばディスプレイです。
ディスプレイには次のような種類があります。

種類	特徴
CRTディスプレイ	ブラウン管を使ったディスプレイ。奥行きがあるため広い設置面積を必要とする。消費電力も大きい。
液晶ディスプレイ 	電圧によって液晶を制御し、バックライトもしくは外部からの光を取り込むことで表示する仕組みのディスプレイ。薄型で消費電力も低く、現在の主流。
有機ELディスプレイ 	有機化合物に電圧を加えることで発光する仕組みを利用したディスプレイ。液晶と違って自らが発光するためバックライトが不要で、理論上はより省電力。
プラズマディスプレイ 	プラズマ放電による発光を利用するディスプレイ。高電圧が必要なため、パソコン専用として使われることはあまりない。

解像度と、色のあらわし方

ディスプレイは表示面を格子状に細かく区切り、その格子ひとつひとつの点（ドット）を使って画像を表現します。つまりディスプレイに表示されている内容は、どれだけ滑らかに見えても、点の集まりに過ぎないのです。

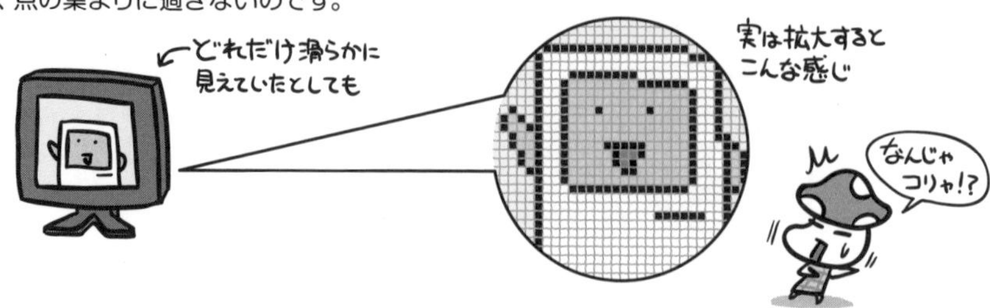

この時、ディスプレイをどれだけ細かく区切るかによって、表示される画面の滑らかさが決まります。この、ディスプレイが表示するきめ細かさのことを解像度と呼びます。

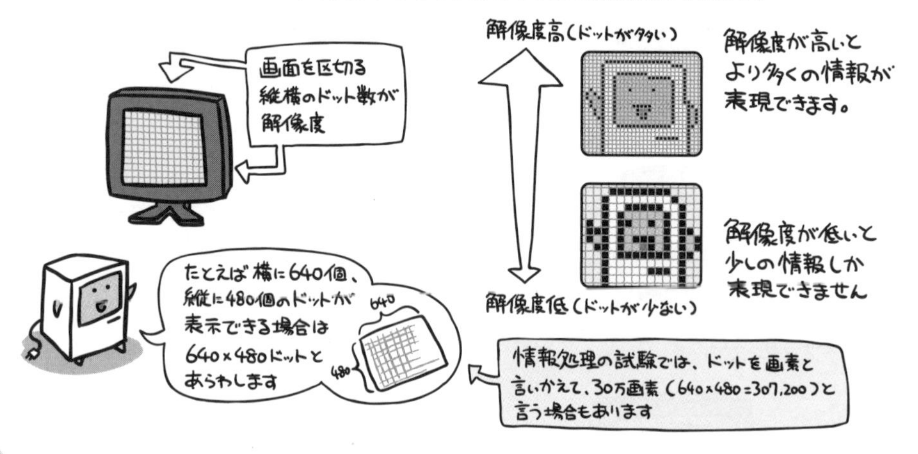

ディスプレイは、ひとつひとつのドットを表現するために、1ドットごとにRGB3色の光を重ねて色を表現します（RはRed、GはGreen、BはBlueの頭文字）。

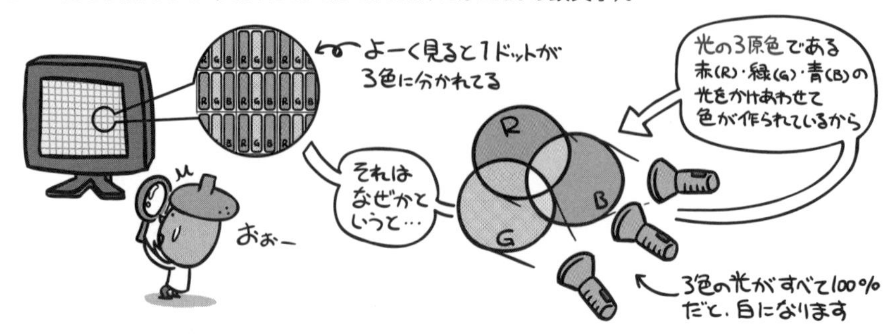

VRAM（ビデオRAM）の話

コンピュータは、画面に表示させる内容を、VRAM（ビデオRAM）という専用のメモリに保持します。

ですから、VRAMの容量によって、扱うことのできる解像度と色数が決まります。

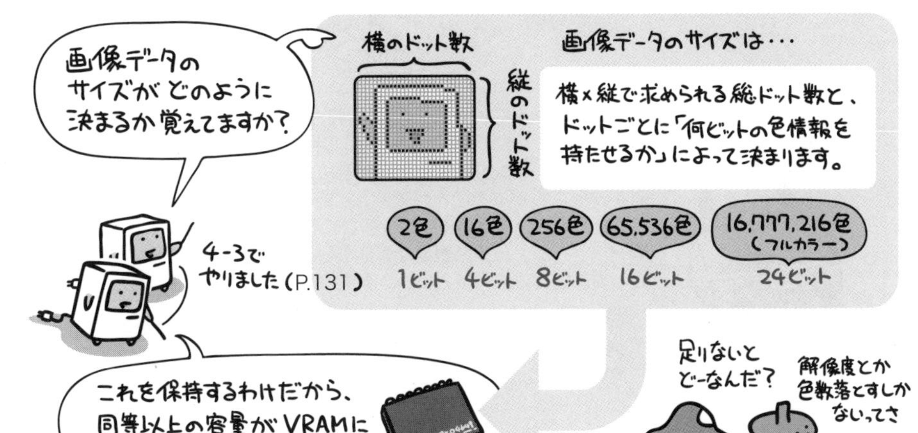

たとえばここに、1024×768ドットの表示能力を持つディスプレイがあります。

このディスプレイで65,536色を表示させたいという場合、必要なVRAMの容量は約何Mバイトになるでしょうか。

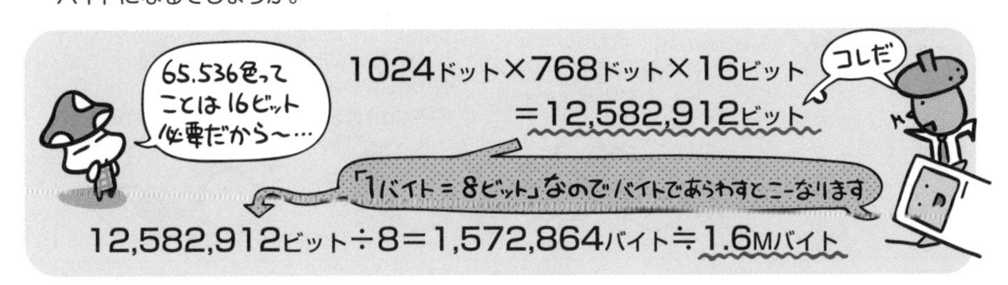

プリンタの種類と特徴

プリンタも非常にポピュラーな出力装置です。
プリンタは、その印字方式によって様々な種類に分かれます。
ここでは代表的な次の3種類を紹介します。

ドットインパクトプリンタ 	印字ヘッドに多数のピンが内蔵されていて、このピンでインクリボンを打ち付けることによって印字するプリンタです。 物理的に叩きつけるわけですから印字音は大きく、その印字品質もあまり高くありません。しかし、複写式の伝票印刷に使用できる唯一のプリンタであるため、事務処理分野では重宝されています。 こんな感じの、ドット単位でピンがとび出す印字ヘッドになっていて コイツでガッツンとインクリボンを用紙に叩きつける そーすることでインクが転写されますよ…という仕組み ヘッド インクリボン 用紙 印字
インクジェットプリンタ 	印字ヘッドのノズルから、用紙に直接インクを吹き付けて印刷するプリンタです。インクのにじみなど印字先の紙質に左右される面もありますが、基本的には音も静かで、かつ高速。高品質のカラー印刷を安価に実現することができるとあって、個人用途のプリンタとして普及しています。最近では基本のCMYKだけでなく、ライトシアンなどを加えた多色表現を可能としたモデルが出ており、写真並みの高画質印刷を可能としています。 印字ヘッドのノズルから各色のインクを吐出して  用紙 印刷を行いますよ…という仕組み
レーザプリンタ 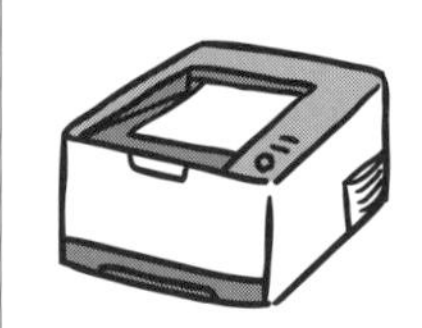	レーザ光線を照射することで感光体上に1ページ分の印刷イメージを作成し、そこに付着したトナー（顔料などの色粒子からなる粉）を紙に転写することで印刷するプリンタ。基本的にはコピー機と同じ原理です。ページ単位で印刷するため非常に高速で、音も静か。粉を定着させる方式であるため、インクがにじむようなこともなく、もっとも高品質な印字結果を得ることができます。ビジネス用途のプリンタとして普及しています。 内部の感光ドラムにレーザを照射する  レーザをあてた個所にトナーが引きよせられるので  それを用紙に転写する…という仕組み 

プリンタの性能指標

プリンタの性能は、印字品質とその速度によって評価することができます。

プリンタの解像度

印字品質をはかる指標が解像度です。プリンタの場合は、「1インチあたりのドット数」を示すdpi(dot per inch)を用いてあらわします。

ディスプレイの項(P.269)でも述べたように、この数値が大きいほどきめの細かい表現ができるので、高精細な印字結果を得ることができます。

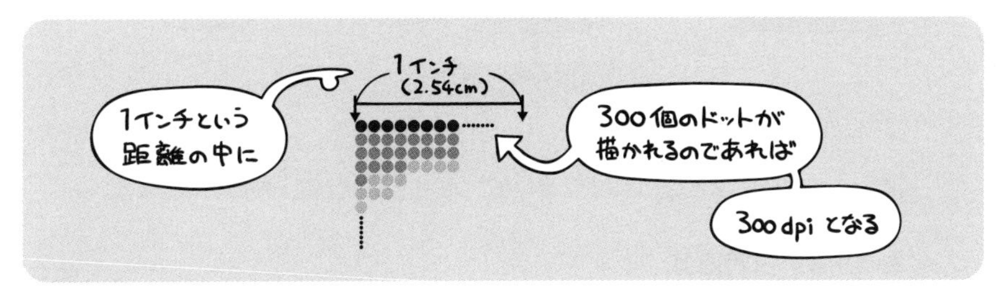

プリンタの印字速度

印字速度をあらわす指標には、「1秒間に何文字印字できるか」をあらわすcps(character per second)と「1分間に何ページ印刷できるか」をあらわすppm(page per minute)の2つがあります。

プリンタの印字方式により、いずれか最適な方を用いてあらわします。

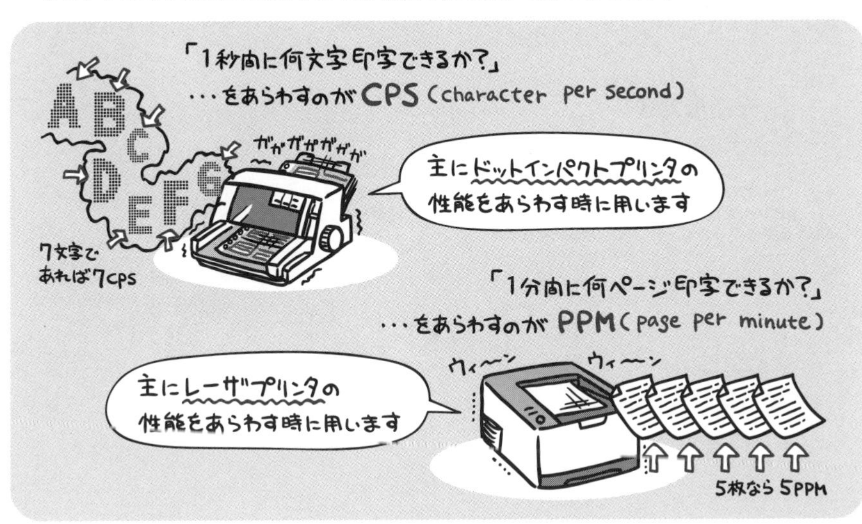

3Dプリンタ

前ページまでの「紙に印刷する装置」としてのプリンタとは異なり、3Dデータを用いて立体物を造形する出力装置が3Dプリンタです。

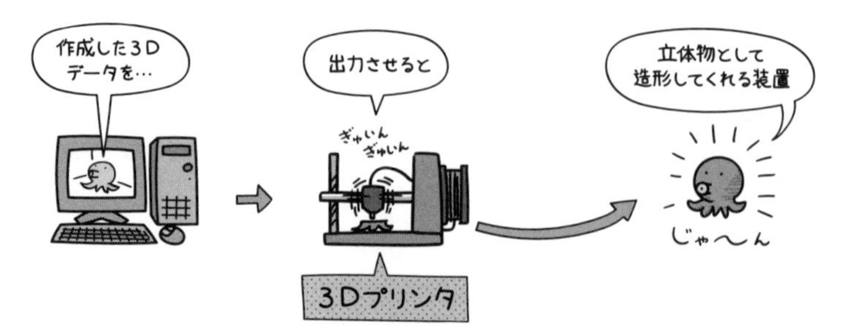

一般向けの3Dプリンタとしては、次に挙げる2つの造形方式がよく使われています。

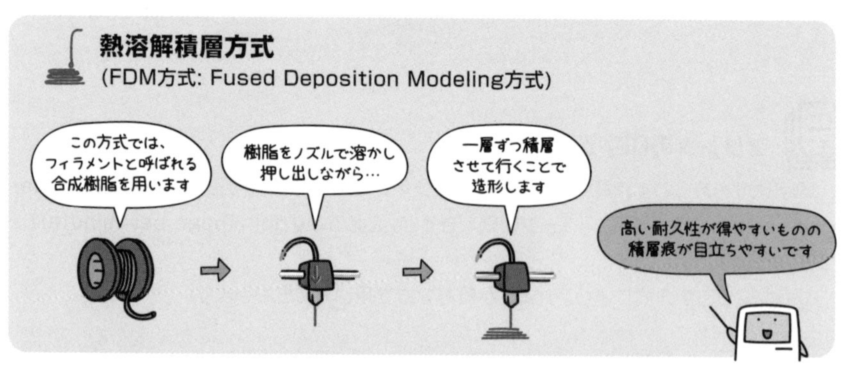

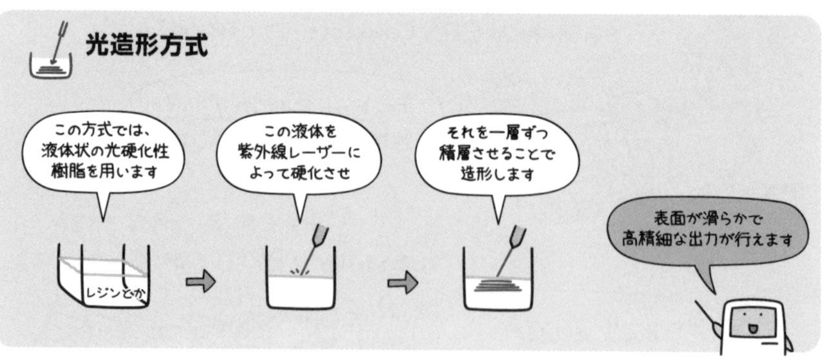

このように出題されています

過去問題練習と解説

液晶ディスプレイ(LCD)の特徴として，適切なものはどれか。

ア　電圧を加えると発光する有機化合物を用いる。
イ　電子銃から発射された電子ビームが蛍光体に当たり発光する。
ウ　光の透過を画素ごとに制御し，カラーフィルタを用いて色を表現する。
エ　放電によって発生する紫外線と蛍光体を利用する。

解説

ア　有機ELディスプレイの説明です。
イ　CRT (Cathode Ray Tube) の説明です。
ウ　液晶ディスプレイ (Liquid Crystal Display) は、画面の各ドットを薄膜トランジスタで制御し、光の透過率を変化させて表示します。
エ　PDP (Plasma Display Panel)、プラズマディスプレイの説明です。

有機ELディスプレイの説明として，適切なものはどれか。

ア　電圧をかけて発光素子を発光させて表示する。
イ　電子ビームが発光体に衝突して生じる発光で表示する。
ウ　透過する光の量を制御することで表示する。
エ　放電によって発生した紫外線で，蛍光体を発光させて表示する。

解説

選択肢ア～エは、下記の各用語の説明です(269ページ参照)。

ア　有機ELディスプレイ　　イ　CRTディスプレイ
ウ　液晶ディスプレイ　　エ　プラズマディスプレイ

なお、CRTディスプレイは、販売されていないので、見かけることはありません。

1画素当たり24ビットのカラー情報をビデオメモリに記憶する場合，横1,024画素，縦768画素の画面表示に必要なメモリ量は，約何Mバイトか。ここで，1Mバイトは10^6バイトとする。

ア　0.8　　イ　2.4　　ウ　6.3　　エ　18.9

解説

本問の条件に従って、下記のように計算します。

(1) 総画素数…1,024×768=786,432
(2) 必要なビット数…786,432×24=18,874,368
(3) 必要なバイト数…18,874,368÷8=2,359,296≒2.4Mバイト

正解▶問1：ウ　問2：ア　問3：イ

Chapter

10 オペレーティングシステム

コンピュータの
電源を入れると

ピコンと最初に
起動するソフト
ウェアがあります

おっ?
知ってる知ってる!!
オレ見たことあるよ
あのマーク!!
確か なマークのもあるよね

それがOS、
オペレーティング
システムといいます

厳密に言うと、
コンピュータには
OSを起動させる
ためのプログラムが
内蔵されていて

このプログラムのことを
ブートローダと
いいます

最初にまず
そいつが
起ち上がる

Awxxd XX BIOS v6.0
Copyright (C) 2016, Awxxd Soft
CPU: Intel 3.40GHz
Total Memory: 8192MB
Detected ATA/ATAPI Devices...
Press DEL to enter SETUP

このブートローダが
OSを読み込んで
起動させることで

システムを使用する
ための準備が
整うわけです

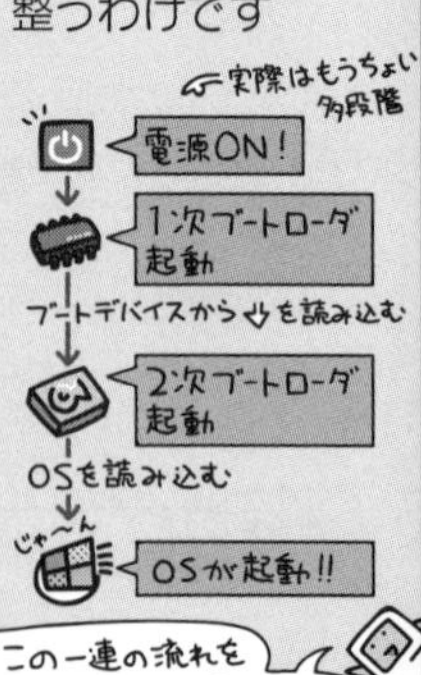

この一連の流れを
ブートストラップといいます

コンピュータというものは、ソフトウェアなしでは働けません

このコンピュータを、コンピュータとして使えるようにするのがOSの役目

一見、用途別に様々なソフトウェアがありますけども…

それらはOSという基盤があってこそ、はじめて仕事をすることができるのです

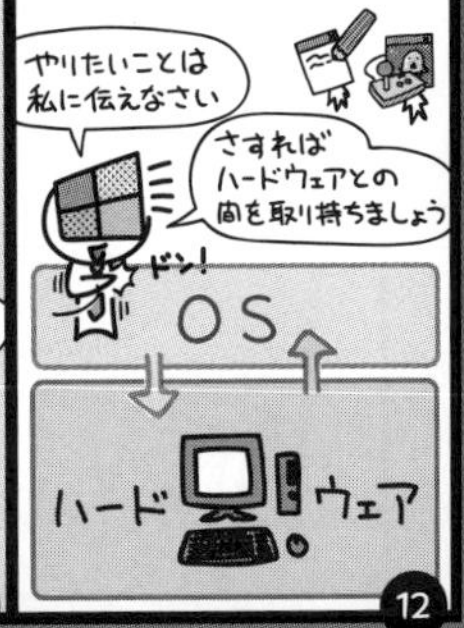

Chapter 10-1 OSの仕事

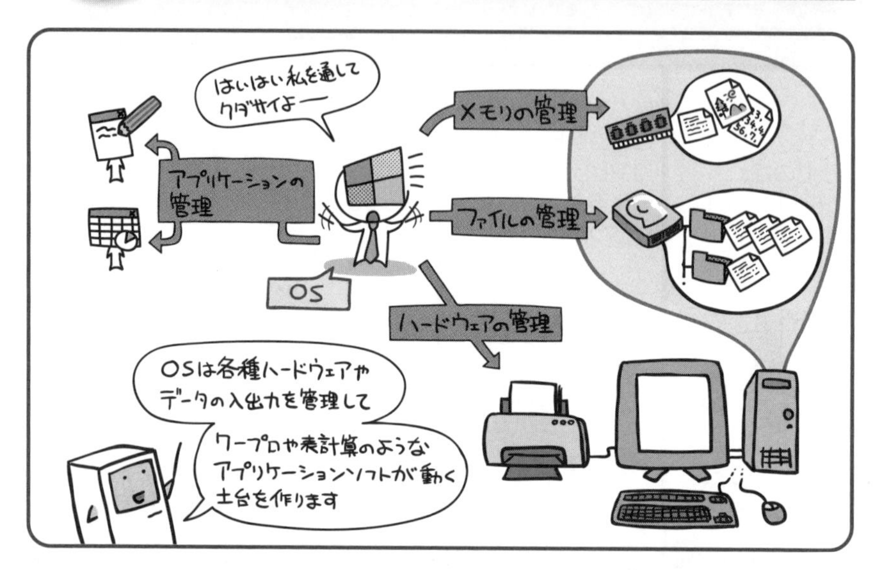

OSとはオペレーティングシステム(Operating System)の略。コンピュータの基本動作を実現する基本ソフトウェアです。

コンピュータは様々なハードウェアが連携して動きます。メモリは編集中のデータを保持していますし、ハードディスクには作成したファイルが保存されています。キーボードを叩けば文字が入力されて、マウスを動かせば画面内の矢印(カーソル)が動いて…と。

では、誰がそれを制御してくれているのでしょうか。

そう、「ワープロソフトを使って文章を作りたい」「表計算ソフトを使って集計を行いたい」という前に、そもそも誰かがコンピュータをコンピュータとして使えるようにする必要があるのです。

その役割を担うのがOS。コンピュータの基本的な機能を提供するソフトウェアで、基本ソフトウェアとも呼ばれます。

OSは、コンピュータ内部のハードウェアや様々な周辺機器を管理する他、メモリ管理、ファイル管理、そしてワープロソフトなどのアプリケーションに「今アナタが動作してよいですよ」と実行機会を与えるタスク管理などを行います。

ソフトウェアの分類

OSの細かい話へと降りる前に、ソフトウェアの分類について整理しておきましょう。

すでに「OSは基本ソフトウェア」だと述べています。基本があれば応用もあるのが世の習い。ソフトウェアというのは大きく分けると、「応用ソフトウェア」と「システムソフトウェア」の2つに分かれます。

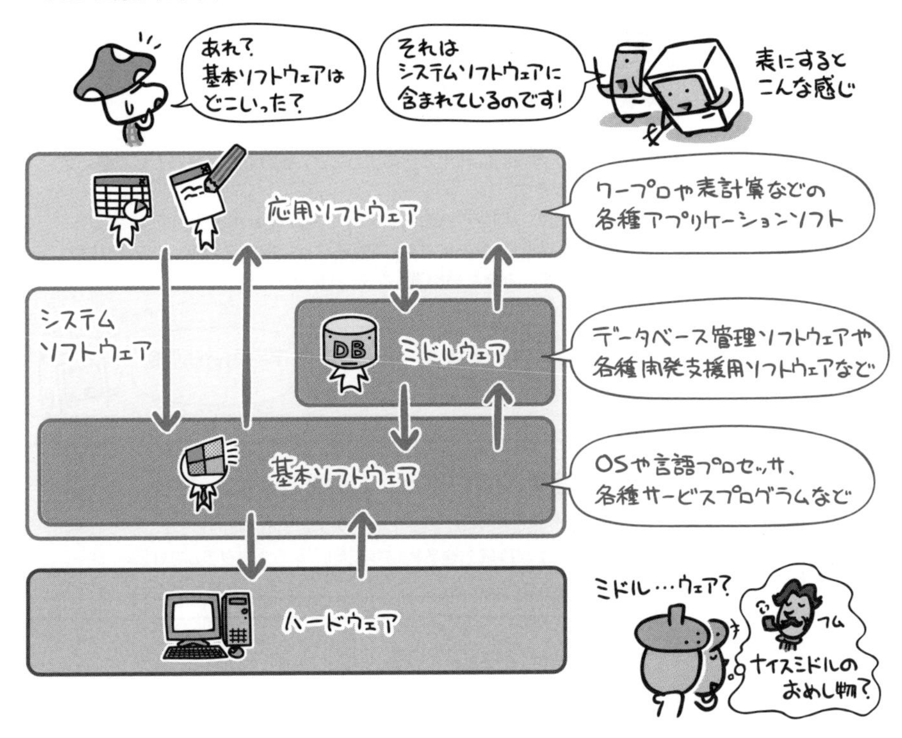

ミドルウェアというのは、ある特定の用途に特化して、基本ソフトウェアと応用ソフトウェアとの間の橋渡しをするためのソフトウェアです。

「多数の応用ソフトウェアが使うであろう機能…なんだけど基本ソフトウェアが有しているわけではないもの」を、標準化されたインタフェースで応用ソフトウェアから利用できるようにしたもの、などがこれにあたります。

基本ソフトウェアは3種類のプログラム

基本ソフトウェアは、さらに細かく3つのプログラムに分けることができます。

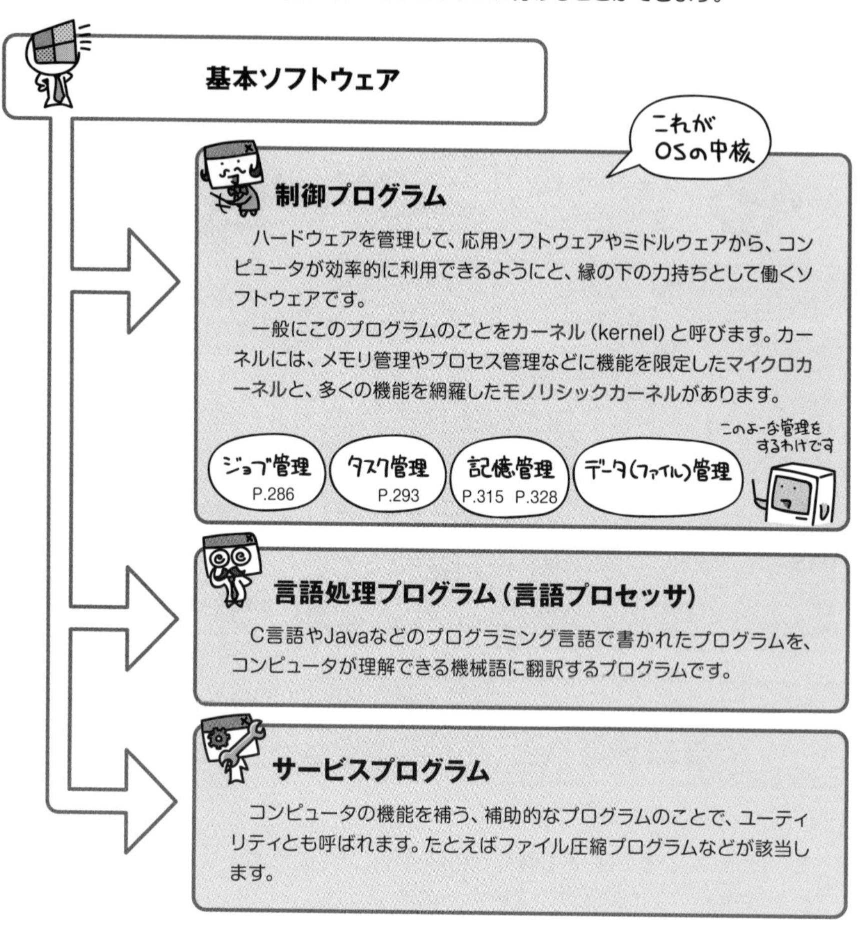

OSを広い意味で解釈すると「OS＝基本ソフトウェア」になりますが、狭い意味に限定すると、「基本ソフトウェアの核である制御プログラムこそがOS」という扱いになります。

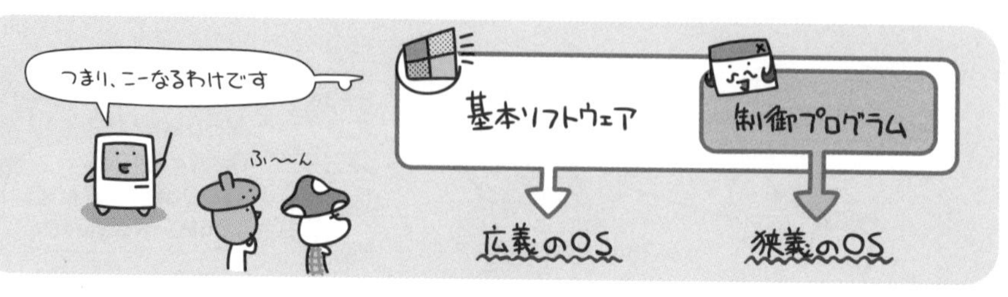

ここで制御プログラム（カーネル）の役割をもう少し見ていきましょう。

カーネルは、ハードウェアリソースを抽象化することで、アプリケーションからこれらが利用できるように管理します。

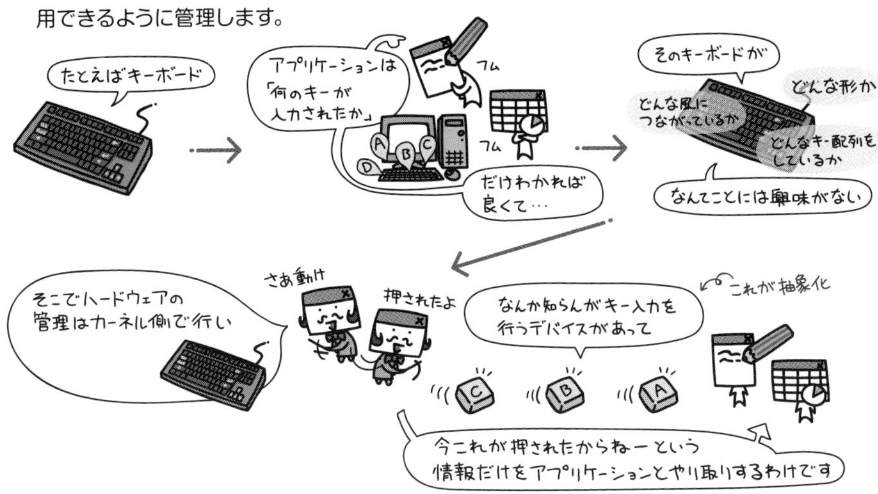

しかしカーネル自身には、多くの場合そのためのプログラムが含まれていません。このプログラムをカーネルに含んでしまうと、新規のデバイスが追加される度にカーネルを作り直す必要が出てしまうからです。

そこで用いられるのがデバイスドライバです。

デバイスドライバは、それぞれのデバイスごとに用意された制御用のプログラムで、機器固有の動作を吸収し、管理・制御を行います。

カーネルは、このデバイスドライバに処理を投げることで、ハードウェアリソースを管理しているのです。

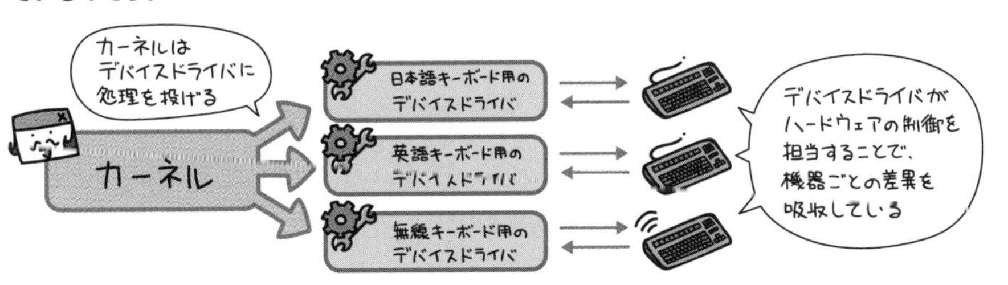

代表的なOS

OSとして有名なのはMicrosoft社のWindowsですが、その他にも様々な種類が存在します。

ウィンドウズ Windows 	現在もっとも広く使われている、Microsoft社製のOSです。GUI（グラフィックユーザインタフェース）といって、マウスなどのポインティングデバイスを使って画面を操作することで、コンピュータに命令を伝えます。
マックオーエス Mac OS 	グラフィックデザインなど、クリエイティブ方面でよく利用されているApple社製のOSです。GUIを実装したOSの先駆けとしても知られています。
エムエスドス MS-DOS 	Windowsの普及以前に広く使われていたMicrosoft社製のOSです。CUI（キャラクタユーザインタフェース）といって、キーボードを使って文字ベースのコマンドを入力することで、コンピュータに命令を伝えます。
ユニックス UNIX 	サーバなどに使われることの多いOSです。大勢のユーザが同時に利用できるよう考えられています。
リナックス Linux 	UNIX互換のOSです。オープンソース（プログラムの元となるソースコードが公開されている）のソフトウェアで、無償で利用することができます。

ソフトウェアによる自動化（RPA）

人手不足の解消などを目的として、業務改革を進めるために活用されつつあるのがRPAです。RPAとは、以下の英文の略語です。

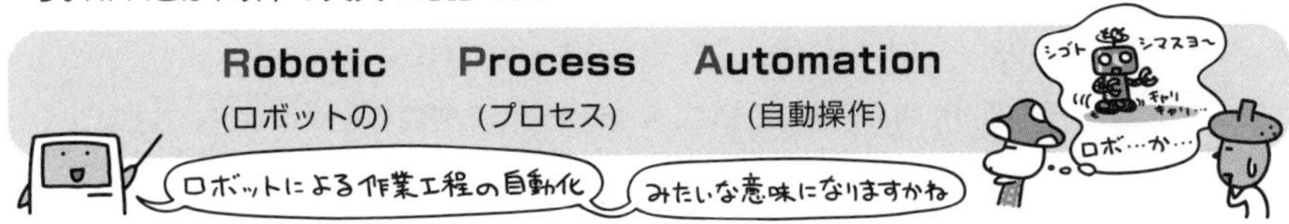

Robo（ロボ）とあるものの、これは物理的な産業用ロボットなどを指すものではありません。コンピュータの中に閉じたソフトウェア的なロボットを指します。

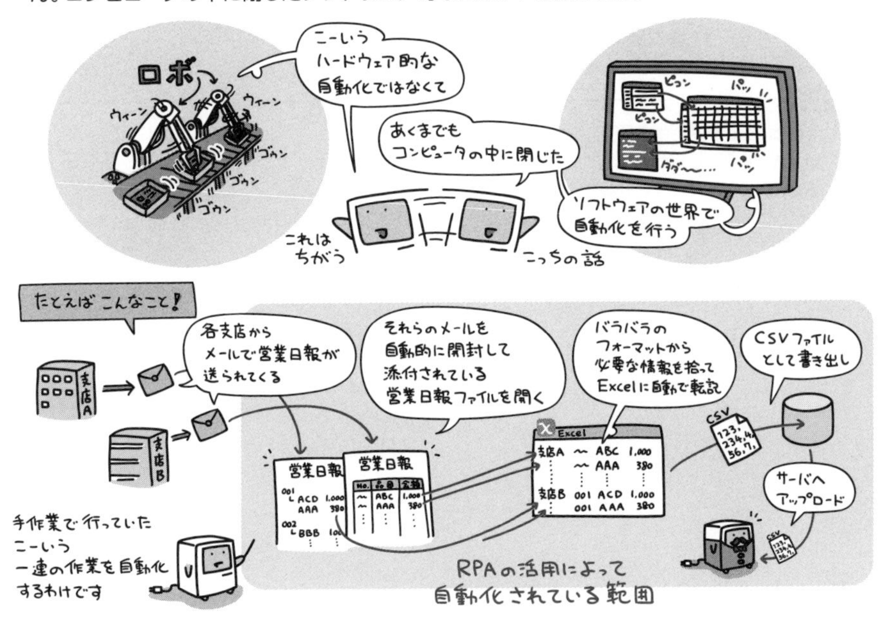

機械化以前の各工場では、工員さんたちが手作業で様々な作業を行っていました。それらは産業用ロボットの登場によって自動化が進み、生産性を飛躍的に向上させました。同様の効果を、ソフトウェアの世界にもたらすためのテクノロジーがRPAなわけです。

需要の高まりを反映してか、近年はWindows 11やMac OSなどのOSでも、RPA機能を実現するソフトウェアが標準で搭載されています。

このように出題されています

過去問題練習と解説

問1 (AP-H26-A-18)

Linuxカーネルの説明として，適切なものはどれか。

ア　GUIが組み込まれていて，マウスを使った直感的な操作が可能である。

イ　Webブラウザ，ワープロソフト，表計算ソフトなどが含まれており，Linuxカーネルだけで多くの業務が行える。

ウ　シェルと呼ばれるCUIが組み込まれていて，文字での操作が可能である。

エ　プロセス管理やメモリ管理などの，アプリケーションが動作するための基本機能を提供する。

解説

ア　X Window Systemの説明です。
イ　Linuxディストリビューションの説明です。
ウ　シェルプログラムのような説明です。
エ　Linuxカーネルの説明です。

RPA（Robotic Process Automation）の説明はどれか。

ア　ホワイトカラーの単純な間接作業を，ルールエンジンや認知技術などを活用して代行するソフトウェア

イ　自動制御によって，対象物をつかみ，動かす機能や，自動的に移動できる機能を有し，また，各種の作業をプログラムによって実行できる産業用ロボット

ウ　車両の状態や周囲の環境を認識し，利用者が行き先を指定するだけで自律的な走行を可能とするレーダ，GPS，カメラなどの自動運転関連機器

エ　人の生活と同じ空間で安全性を確保しながら，食事，清掃，移動，コミュニケーションなどの生活支援に使用されるロボット

解説

RPAは、283ページにある、メールで受信した営業日報をCSVファイルに変換して、アップロードする説明のように、ホワイトカラーの単純な間接作業を、ルールエンジンや認知技術などを活用して代行するソフトウェアを示す用語です。

Chapter 10-2
ジョブ管理

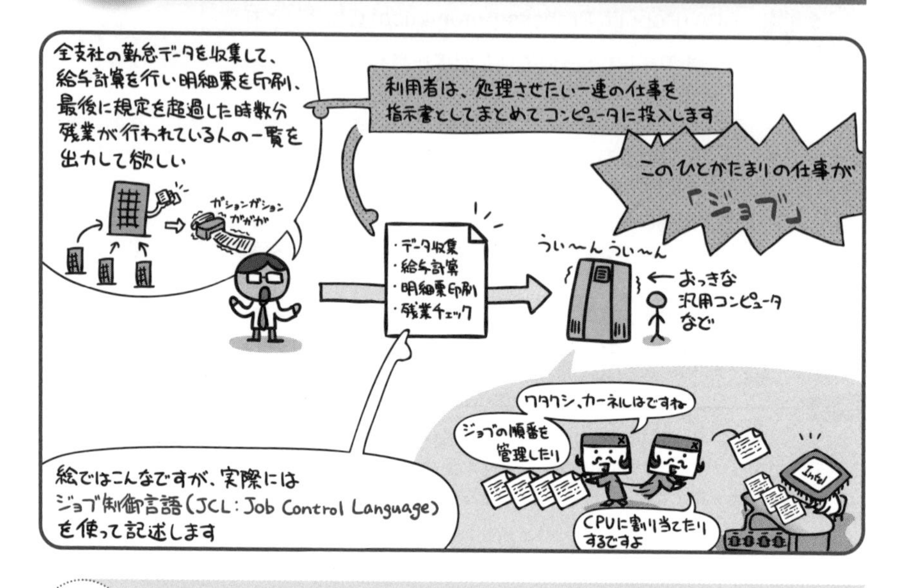

利用者から見た仕事の単位がジョブ。ジョブを効率良く処理していけるように、OSは実行スケジュールを管理します。

とても時間のかかる処理がいくつもあったとします。これらを連続してコンピュータにやらせようという時に、ひとつひとつの処理終了を待って、利用者が次の処理を投入するというのは明らかに非効率です。

そこで、処理をまとめてコンピュータにやらせておく手法が「バッチ処理(P.757)」です。このバッチ処理で複数のジョブを登録しておいて、コンピュータに空き時間を作らず次々と働かせる仕組み、それがジョブ管理というわけです。ですからその主な役割は、複数のジョブをスケジューリングし、実行単位であるジョブステップに分解して、個々の実行を監視・制御するというものになります。

例が汎用コンピュータということで身近に感じづらいかもしれませんが、実はWindows OSにも「バッチファイル」として、上記イラストの指示書に似た仕組みが用意されています。これは、ファイルの中にコマンドを列挙しておくと、OSがそこに書かれた内容を順番に実行していってくれるというものです。このバッチファイルをたくさん登録して、自動実行させていける仕組みが、つまりはジョブ管理だと思えば良いでしょう。

ジョブ管理の流れ

それでは、ジョブ管理の具体的な流れを見てみましょう。

ジョブ管理は、カーネルが持つ機能のひとつです。この機能で利用者との間を橋渡しするのがマスタスケジューラという管理プログラム。利用者はこの管理プログラムに対して、ジョブの実行を依頼します。

マスタスケジューラは、ジョブの実行をジョブスケジューラに依頼します。自身は実行状態の監視に努め、必要に応じて各種メッセージを利用者に届けます。

依頼を受け取ったジョブスケジューラは、次の流れで、ジョブを実行していきます。

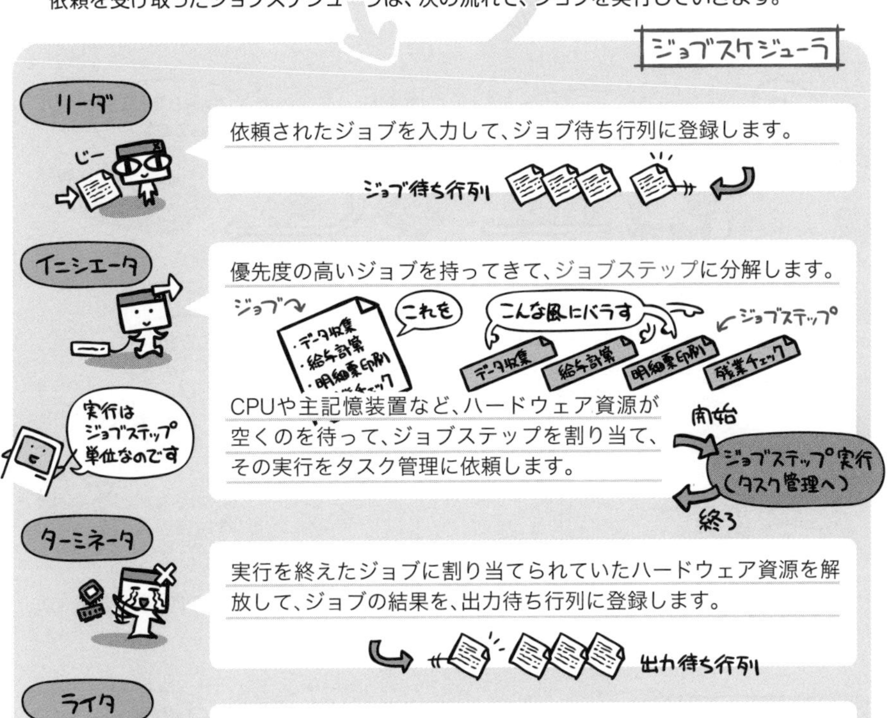

スプーリング

CPUと入出力装置とでは、処理速度に大きな差があります。

そこで、入出力データをいったん高速な磁気ディスクへと蓄えるようにして、CPUが入出力装置を待たなくて済むようにする。たとえば印刷データを磁気ディスクに書き出したら、CPUはさっさと次の処理に移っちゃう。

そうすれば当然その分、無駄な待ち時間は削減できますよね。

こうした、「低速な装置とのデータのやり取りを、高速な磁気ディスクを介して行うことで処理効率を高める方法」をスプーリングと呼びます。

スプーリングを利用すると、CPUの待ち時間を削減することができるので、単位時間あたりに処理できる仕事量を増やすことができます。

このように出題されています

過去問題練習と解説

ジョブ群と実行の条件が次のとおりであるとき，一時ファイルを作成する磁気ディスクに必要な容量は最低何Mバイトか。

〔ジョブ群〕

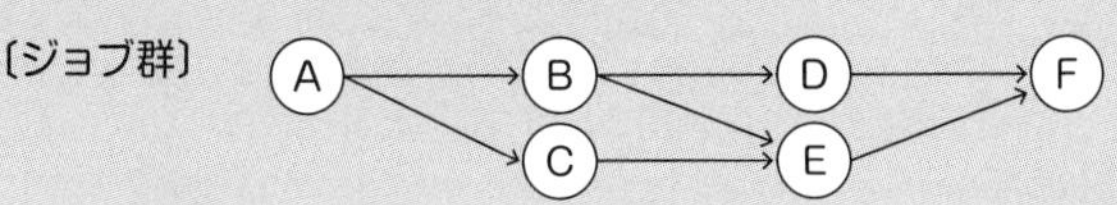

〔実行の条件〕

(1) ジョブの実行多重度を2とする。

(2) 各ジョブの処理時間は同一であり，他のジョブの影響は受けない。

(3) 各ジョブは開始時に50Mバイトの一時ファイルを新たに作成する。

(4) Ⓧ→Ⓨの関係があれば，ジョブXの開始時に作成した一時ファイルは，直後のジョブYで参照し，ジョブYの終了時にその一時ファイルを削除する。直後のジョブが複数個ある場合には，最初に生起されるジョブだけが先行ジョブの一時ファイルを参照する。

(5) Ⓧ<ⓎⓏ はジョブXの終了時に，ジョブY，Zのようにジョブ X と矢印で結ばれる全てのジョブが，上から記述された順に優先して生起されることを示す。

(6) ⓍⓎ>Ⓩ は先行するジョブX，Y両方が終了したときにジョブZが生起されることを示す。

(7) ジョブの生起とは実行待ち行列への追加を意味し，各ジョブは待ち行列の順に実行される。

(8) OSのオーバヘッドは考慮しない。

ア 100　　イ 150　　ウ 200　　エ 250

解説

①：ジョブAが開始した時点
(3)より、▼50Mバイトの一時ファイル（ジョブA用）が作成されます。

②：ジョブAが終了した時点
(5)(7)より、ジョブB・ジョブCの順で、実行待ち行列にジョブが生起（＝追加）されます。

③：ジョブBが開始した時点
実行待ち行列からジョブBを取出し、実行します。(3)より、50Mバイトの一時ファイル（ジョブB用）が作成されます。上記▼の下線部と合計して、▲100Mバイトの一時ファイル（ジョブA･ジョブB用）が存在します。

④：ジョブCが開始した時点
(1)より、ジョブの実行多重度は“2”なので、実行待ち行列からジョブCが取り出され、実行されます。(3)より、50Mバイトの一時ファイル（ジョブC用）が作成されます。上記▲の下線部と合計して、150Mバイトの一時ファイル（ジョブA･ジョブB･ジョブC用）が存在します。

正解▶問1：ウ

⑤：ジョブBが終了した時点

(5)(7)より、ジョブD・ジョブEの順で、実行待ち行列にジョブが生起（＝追加）されそうですが、(6)より、ジョブEはジョブBとジョブCの両方が終了しないと、実行待ち行列に生起（＝追加）されないので、ジョブDのみが、実行待ち行列に追加されます。

(4)より、上記▼の下線部の50Mバイトの一時ファイル（ジョブA用）が削除され、■100Mバイトの一時ファイル（ジョブB・ジョブC用）が残ります。

⑥：ジョブCが終了した時点

上記⑤より、ジョブBは既に終了していますので、(6)に従って、ジョブEが実行待ち行列に追加されます。したがって、この時点において、実行待ち行列には、ジョブD・ジョブEが入っています。

⑦：ジョブDが開始した時点

実行待ち行列からジョブDを取出し、実行します。(3)より、50Mバイトの一時ファイル（ジョブD用）が作成されます。上記■の下線部と合計して、●150Mバイトの一時ファイル（ジョブB・ジョブC・ジョブD用）が存在します。

⑧：ジョブEが開始した時点

(1)より、ジョブの実行多重度は"2"なので、実行待ち行列からジョブEを取出し、実行します。(3)より、50Mバイトの一時ファイル（ジョブE用）が作成されます。上記●の下線部と合計して、★200Mバイトの一時ファイル（ジョブB・ジョブC・ジョブD・ジョブE用）が存在します。

⑨：ジョブDが終了した時点

ジョブFが、実行待ち行列に生起（＝追加）されそうですが、(6)より、ジョブFはジョブDとジョブEの両方が終了しないと、実行待ち行列に生起（＝追加）されないので、実行待ち行列には何も追加されません。

(4)より、上記★の下線部の一部である50Mバイトの一時ファイル（ジョブB用）が削除され、◆150Mバイトの一時ファイル（ジョブC・ジョブD・ジョブE用）が残ります。

⑩：ジョブEが終了した時点

上記⑨より、ジョブDは既に終了していますので、(6)に従って、ジョブFが実行待ち行列に追加されます。

(4)より、上記◆の下線部の一部である50Mバイトの一時ファイル（ジョブC用）が削除され、◆◆100Mバイトの一時ファイル（ジョブD・ジョブE用）が残ります。

⑪：ジョブFが開始した時点

実行待ち行列からジョブFを取出し、実行します。(3)より、50Mバイトの一時ファイル（ジョブF用）が作成されます。上記◆◆の下線部と合計して、●●150Mバイトの一時ファイル（ジョブD・ジョブE・ジョブF用）が存在します。

⑫：ジョブFが終了した時点

(4)より、上記●●の下線部の一部である100Mバイトの一時ファイル（ジョブD・ジョブE用）が削除され、50Mバイトの一時ファイル（ジョブF用）が残ります。

上記①～⑫の中で、一時ファイルが最大の容量になるのは、⑧の★の下線部の時点であり、一時ファイルを作成する磁気ディスクに必要な容量は、200Mバイトです。

ジョブとジョブステップの説明のうち，適切なものはどれか。

ア　ジョブはコンピュータで実行されるひとまとまりの処理であり，一つ以上のジョブステップから構成される。更にジョブステップは，CPUの割当てを受ける単位であるタスク又はプロセスから構成される。

イ　ジョブは“実行”，“実行可能”又は“待ち”のいずれかの状態をとり，この状態をジョブステップと呼ぶ。ジョブステップは割込みによって切り替わる。

ウ　ジョブはバッチ処理で用いられる概念である。オンライン処理に当てはめると，ジョブはプロセスに，ジョブステップはスレッドに相当する。

エ　ジョブは，リーダ，イニシエータ，ターミネータ，ライタの順に実行される。これらの各処理を，ジョブステップと呼ぶ。

解説

ア　ジョブステップは、汎用機で使われる用語です。ジョブとは、利用者から見たコンピュータに仕事をさせる単位であり、汎用機では、JCL (Job Control Language) に記述されます。
JCL には、プログラムを実行させるために、EXEC PGM=プログラム名　の形式でジョブステップを記述します。

イ　“実行”、“実行可能”又は“待ち”のいずれかの状態をとるのはタスクです。

ウ　ジョブは、主にバッチ処理で用いられる概念ですが、オンライン処理でも用いられることがあります。

エ　JCLが汎用機に投入されると、次のような手順で実行されます。
(1) リーダが、JCLを解読する。
(2) イニシエータが、ジョブの実行を開始する。
(3) JCLに記述された各ジョブステップを実行する。
(4) ターミネータが終了処理をする。
(5) ライタがプリンタへの出力処理をする。
ジョブステップは、(3)のみに使われる用語であり、それ以外は含まれません。

正解▶問2：ア

CPUと磁気ディスク装置で構成されるシステムで，表に示すジョブA，Bを実行する。この二つのジョブが実行を終了するまでのCPUの使用率と磁気ディスク装置の使用率との組合せのうち，適切なものはどれか。ここで，ジョブA，Bはシステムの動作開始時点ではいずれも実行可能状態にあり，A，Bの順で実行される。CPU及び磁気ディスク装置は，ともに一つの要求だけを発生順に処理する。ジョブA，Bとも，CPUの処理を終了した後，磁気ディスク装置の処理を実行する。

単位 秒

ジョブ	CPUの処理時間	磁気ディスク装置の処理時間
A	3	7
B	12	10

	CPUの使用率	磁気ディスク装置の使用率
ア	0.47	0.53
イ	0.60	0.68
ウ	0.79	0.89
エ	0.88	1.00

解説

問題文を整理すると、次のルールがわかります。

(1) ジョブAから開始されます。
問題文の3文目：ジョブA，Bはシステムの動作開始時点で（中略）この順序で実行される。

(2) CPUの処理を先にしてから、磁気ディスク装置の処理をします。
問題文の最終文：ジョブA，Bとも，CPUの処理を終了した後，磁気ディスク装置の処理を実行する。

(3) CPUと磁気ディスク装置は、任意のある時点において、1つのジョブのみ処理します。
問題文の4文目：CPU及び磁気ディスク装置は，ともに一つの要求だけを発生順に処理する。

上記のルールに表の数値を当てはめると、次のようになります。

ジョブA　CPU 3秒 → ディスク 7秒

ジョブB　待ち 3秒 → CPU 12秒 → ディスク 10秒

処理時間の全体は、3+12+10=25秒 です。

(4) CPUの使用率
（ジョブAの3秒 ＋ジョブBの12秒）÷ 25秒 ＝ 0.60

(5) 磁気ディスク装置の使用率
（ジョブAの7秒 ＋ジョブBの10秒）÷ 25秒 ＝ 0.68

正解▶問3：イ

Chapter 10-3

タスク管理

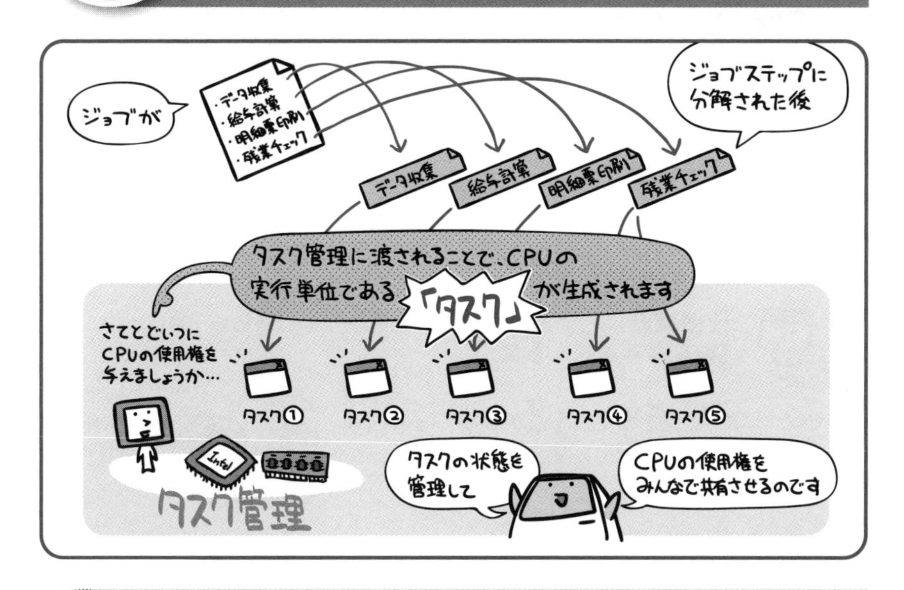

コンピュータから見た仕事の単位がタスク。ジョブステップの実行準備が整うことで、タスクが生成されます。

タスクは、コンピュータが「実行中のプログラムである」と識別する仕事の単位です。プロセスとも言われます。厳密に言うと両者は違うものですが、情報処理試験的には「同じもの」扱いなので、ここでもそれに習います。

だからすごく単純に言ってしまうと、タスクというのは、コンピュータでコマンドを叩いたりアプリケーションアイコンをダブルクリックしたりして、プログラムがメモリにロードされて実行状態に入る、あれのことなのです。明示的にコマンドを叩いて実行させるか、ジョブステップを解釈してコンピュータに裏で実行させるかという違いはありますが、どちらも「プログラムが実行状態に入る」ことに変わりありません。

目の前のコンピュータを思い浮かべてみましょう。動いているプログラムはひとつではありません。様々なプログラムが実行状態にあると思います。しかも、マウスをさわれば反応があるし、キーボードを叩けば文字が出る…。

CPUは決してこれら複数のことを同時に処理できるわけではありません。タスク管理の働きによって、CPUの使用権をタスク間で持ち回りさせたり、割り込みを処理したりすることで実現できているのです。

タスクの状態遷移

生成されたタスクには、次の3つの状態があります。

実行可能状態（READY）

いつでも実行が可能な、CPUの使用権が回ってくるのを待っている状態。生成直後のタスクは、この状態になって、CPUの待ち行列に並んでいます。

実行状態（RUN）

CPUの使用権が与えられて、実行中の状態。

待機状態（WAIT）

入出力処理が発生したので、その終了を待っている状態。

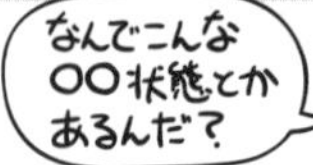

生成されたタスクは、即座に実行される…というわけではありません。プログラムの処理が実行されるためには、CPUの使用権が必要です。この使用権をタスク間で効率よく回すことができるように、各状態を行ったり来たりすることになるのです。

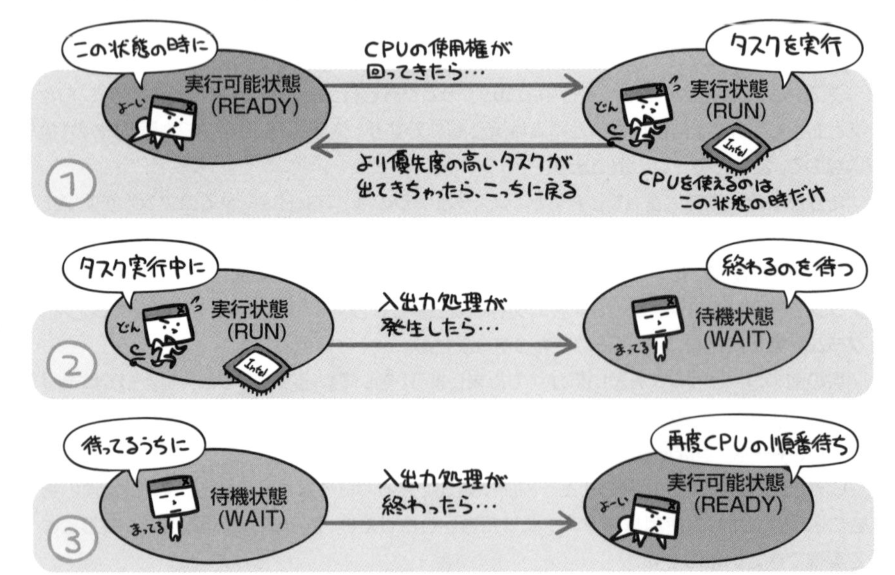

これをひとつの図であらわすと、次のようになります。

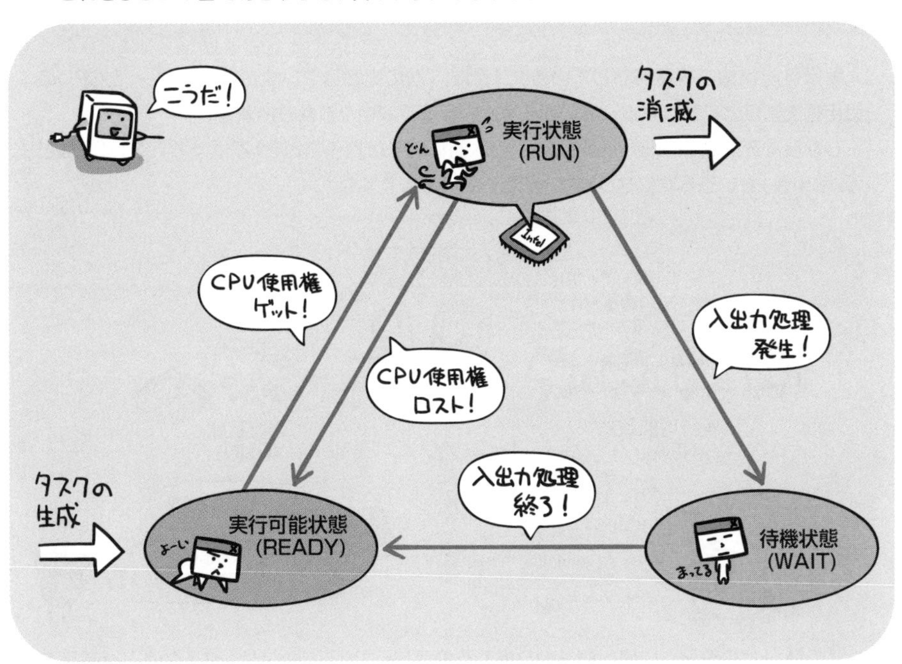

CPUの使用権は、「実行可能状態」で待っているタスクしか得ることができません。だから、入出力処理で「待機状態」になったタスクが元の「実行状態」へ戻るためには、必ず一度「実行可能状態」を経由する必要があります。

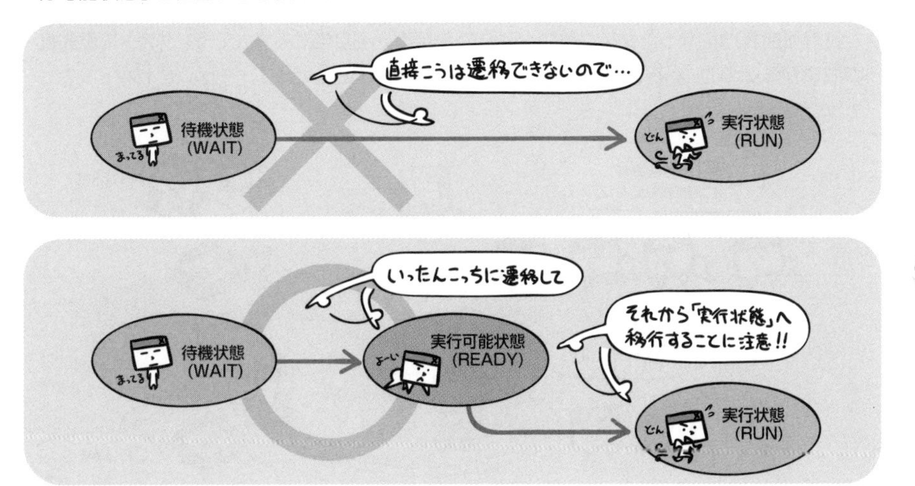

ディスパッチャとタスクスケジューリング

実行可能状態で順番待ちしているタスクに、「次の出番はアンタだぜブラザー」とCPUの使用権を割り当てるのは、ディスパッチャという管理プログラムの役割です。

ちなみにディスパッチャというのは、日本語に訳すと「(係などを) 派遣する人」「(バスなどの) 配車係」という意味になります。役割そのまんまですね。

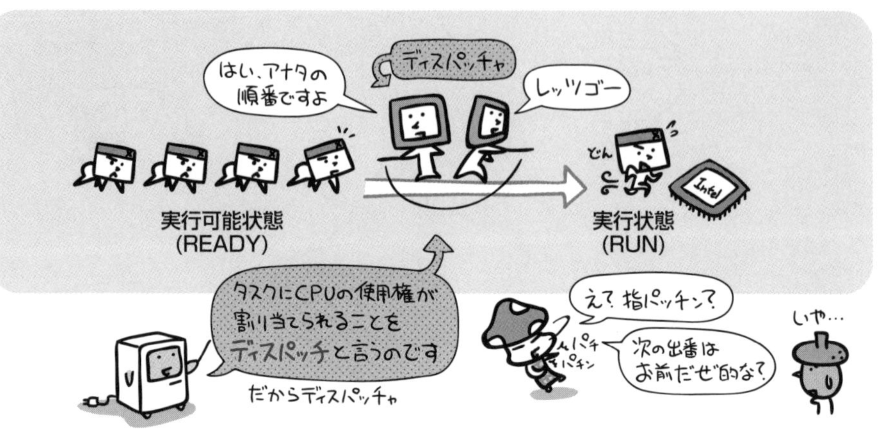

この時、「どのタスクに使用権を割り当てるのか」を決めるためには、タスクの実行順序を定める必要があります。これをタスクスケジューリングと呼びます。

タスクスケジューリングの方式には、次のようなものがあります。

到着順方式

実行可能状態になったタスク順に、CPUの使用権を割り当てる方式です。タスクに優先度の概念がないので、実行の途中でCPU使用権が奪われることはありません (これをノンプリエンプションと言う)。

優先度順方式

タスクにそれぞれ優先度を設定し、その優先度が高いものから順に実行していく方式です。実行中のタスクよりも優先度の高いものが待ち行列に追加されると、実行の途中でCPU使用権が奪われます（これをプリエンプションと言う）。

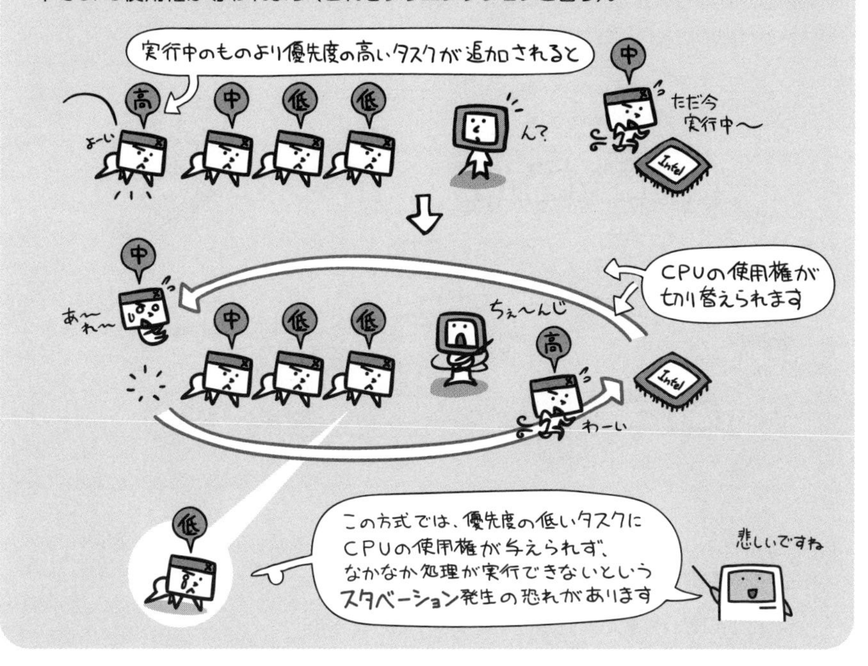

動的優先順位方式

基本的な動きは上記優先度順方式と同じですが、タスクがCPU使用権の割り当てを受けるまでの待ち時間の長さに応じて、その優先度を徐々に上げていくという点が異なる方式です。これによってスタベーションの発生を回避します。

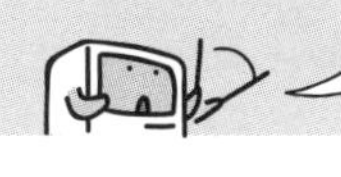

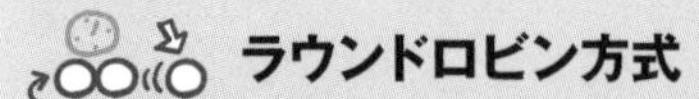

ラウンドロビン方式

CPUの使用権を、一定時間（タイムクォンタム）ごとに切り替える方式です。

実行可能状態になった順番でタスクにCPU使用権が与えられますが、規定の時間内に処理が終わらなかった場合は、次のタスクに使用権が与えられ、実行中だったタスクは待ち行列の最後に回されます。

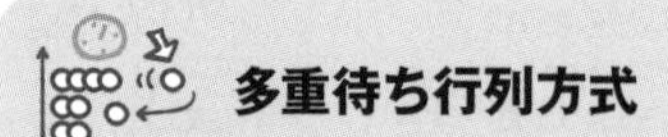

多重待ち行列方式

ラウンドロビン方式に優先順位を加味させた方式です。

各優先度ごとに待ち行列を持ち、一定時間で処理が終了しなかった場合は、そのタスクの優先度を下げて、下位の待ち行列末尾へと回します。

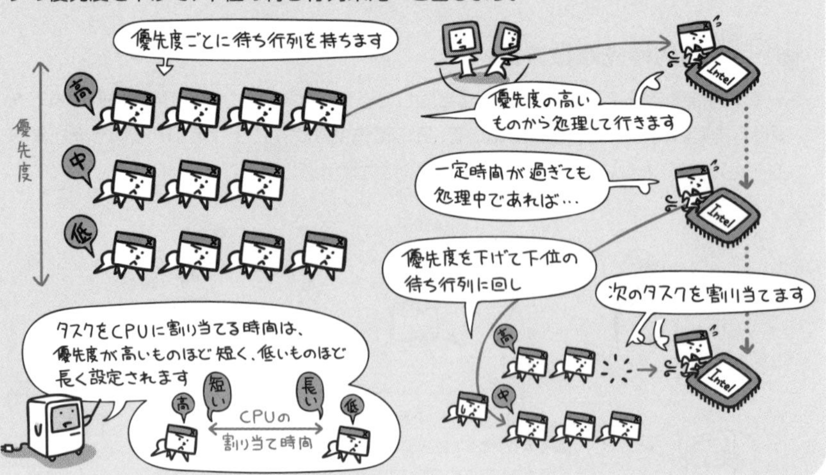

処理時間順方式

タスクの処理時間が、より短いものから順に処理をしていく方式です。実際には実行前に処理時間を予測するのは困難であるため、実装は難しい物があります。

SPT（Shortest Processing Time First）とも呼ばれます。

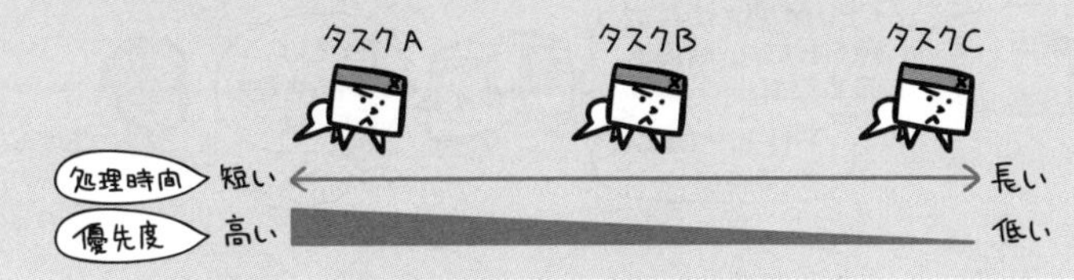

イベントドリブン方式

マウスによる入力など、環境の変化をタスク切り替えのきっかけ（トリガ）として、CPUの使用権を切り替える方式です。GUI操作のOSではおなじみの方式でもあります。

実行中のタスクが、別のタスクへとCPUの使用権を切り替えられることをコンテキスト切替えと呼びます。このコンテキスト切替えが強制的に発生する方式をプリエンティブ方式と言います（その逆がノンプリエンティブ方式）。

マルチタスク環境においては、特定のタスクが使用権を握ったままになることを回避できるため、このプリエンティブ方式が向いています。

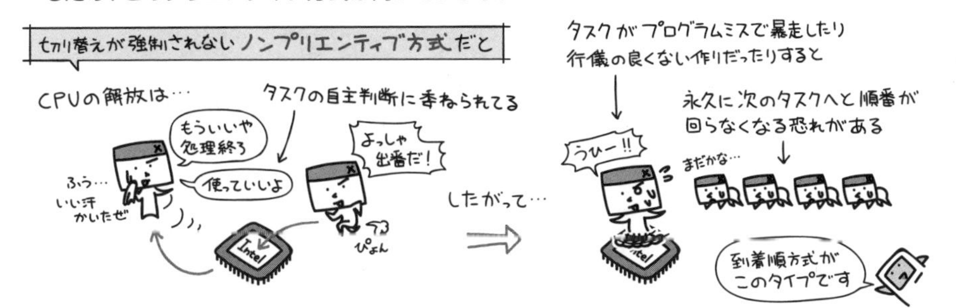

マルチプログラミング

タスク管理の役割は、CPUの有効活用に尽きます。つまり、CPUの遊休時間を最小限にとどめることが大事なわけです。

マルチ(多重)プログラミングというのは、複数のプログラムを見かけ上同時に実行してみせることで、こうした遊休時間を減らし、CPUの利用効率を高めようとするものです。

たとえば次のようなタスクを2つ実行した場合、どのように効率アップするかを見てみましょう。

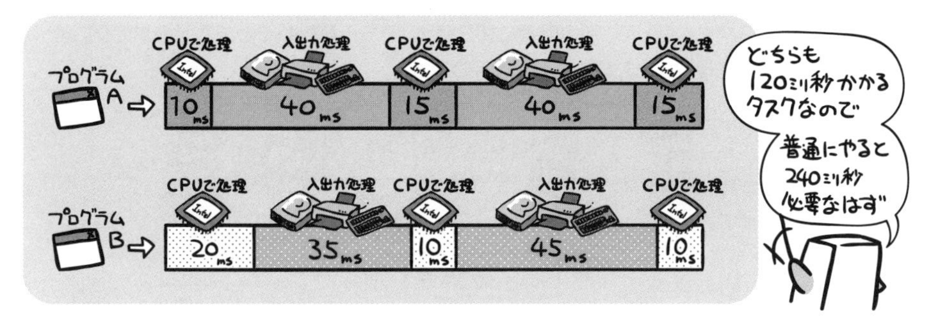

プログラムAはプログラムBよりも優先度が高く、かつ互いの入出力処理は競合しないものとします。

というわけで、まずは優先度の高いプログラムA。その実行の流れをタイムチャートにはめ込むと、次のようになります。

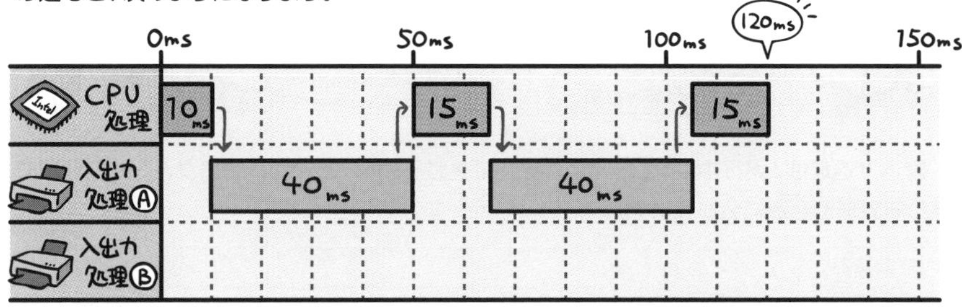

続いて、プログラムB。CPUがアイドル状態になってしまっている場所に、プログラムBのCPU処理を突っ込んでやりましょう。

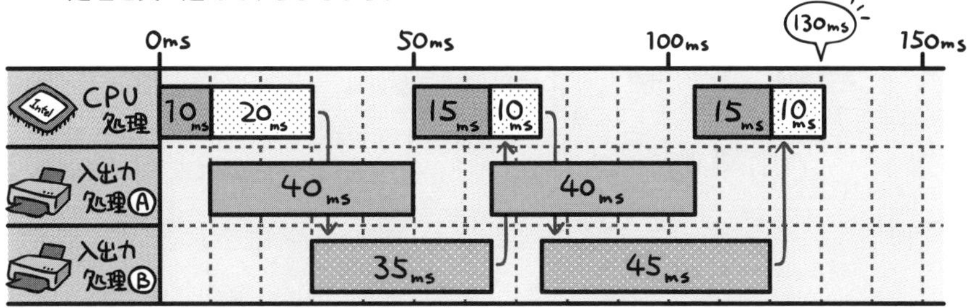

本来は240ミリ秒かかるはずの2つのタスクが、これであれば130ミリ秒で終了できることがわかります。CPUの遊休時間も、2つあわせて160ミリ秒あったところが、50ミリ秒に短縮できました。しかもこの図を見る限り、もっと他のタスクも突っ込めてしまいそうです。

これがマルチプログラミングの効果です。そして、こうした効率アップを実現するために、タスク管理が行われているのですよ…というわけなのです。

割込み処理

実行中のタスクを中断して、別の処理に切り替え、そちらが終わるとまた元のタスクに復帰する…という処理のことを割込み処理と呼びます。

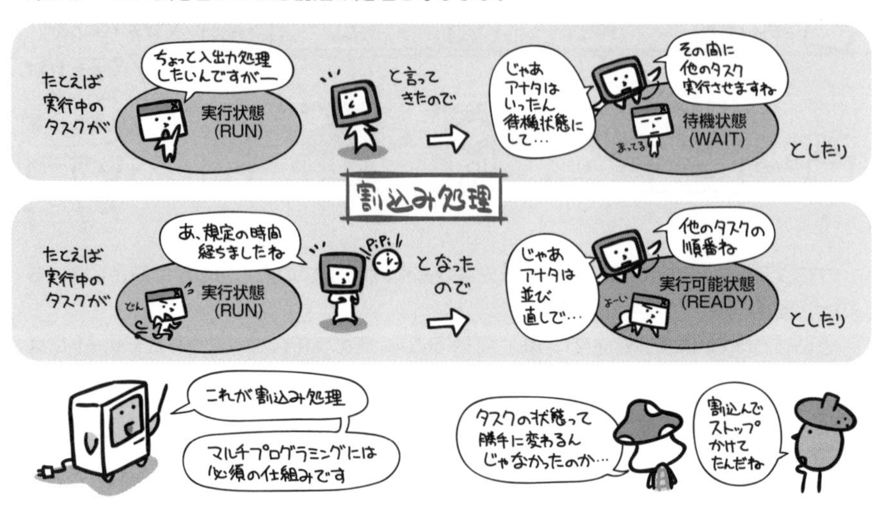

割込み処理は、実行中のプログラムが原因で生じる内部割込みと、プログラム外の要因で生じる外部割込みに分かれます。

内部割込み	
プログラム割込み	ゼロによる除算や桁あふれ(オーバーフロー)、書き込みできない主記憶装置に書き込もうとした記憶保護例外などの場合に生じる割込み。
SVC (Super Visor Call) 割込み	入出力処理を要求するなど、カーネル呼び出し命令が発行された時に生じる割込み(「Super Visor」とはカーネルの意味)。
ページフォールト	仮想記憶 (P.328) において存在しないページへのアクセス(ページフォールト)が生じた場合に生じる割込み。

外部割込み	
入出力割込み	入出力装置の動作完了時や中断時に生じる割込み。
機械チェック割込み	電源の異常や主記憶装置の障害など、ハードウェアの異常発見時に生じる割込み。
コンソール割込み	オペレータ(利用者)による介入が行われた時に生じる割込み。

タイマ割込み 	規定の時間を過ぎた時に生じる割込み。

リアルタイムOS

時間的制約を守ることを最優先とした、組み込み用途向けのリアルタイム処理を行うOS。それがリアルタイムOSです。RTOSとも言います。

たとえば今どきの自動車には当たり前の装備となったABS（アンチロックブレーキシステム）。ブレーキの状態を感知して、コンピュータ制御でロックを回避する安全機構です。

これなんかが良い例で、いざ「ロックした！」という時に、のんびりタスクの順番待ちをしていたのでは間に合いません。要求の発生に対して、即座に応答できる即時性が求められるわけです。

リアルタイムOSでは、高い優先度のタスクを確実に実行させるために、イベントドリブンプリエンプション方式（P.299）を用います。イベントの発生をトリガとして割込みを発生させ、高優先度のタスクを処理します。

このようにに出題されています

過去問題練習と解説

OSのスケジューリング方式に関する記述のうち，適切なものはどれか。

ア　処理時間順方式では，既に消費したCPU時間の長いジョブに高い優先度を与える。

イ　到着順方式では，ラウンドロビン方式に比べて特に処理時間の短いジョブの応答時間が短くなる。

ウ　優先度順方式では，一部のジョブの応答時間が極端に長くなることがある。

エ　ラウンドロビン方式では，ジョブに割り当てるCPU時間（タイムクウォンタム）を短くするほど，到着順方式に近づく。

解説

ア　処理時間順方式は、処理予定時間が短いジョブに高い優先権を与える方式です。既に消費したCPU 時間とは、関係がありません。

イ　到着順方式は、到着した順にジョブを処理する方式です。優先度の概念がないので、自分の順番が回ってくるまで実行可能状態の待ち行列に並び、先行するすべてのジョブの完了を待ってから実行に移ります。一方、ラウンドロビン方式は、一定時間（タイムクォンタム）ずつ、CPUの使用権を切り替える方式です。このCPUの使用権の切り替わりによって、処理時間の短いジョブであれば、先に実行されていたジョブよりも早く、処理が完了することがあります。先行するジョブの処理時間が長いほど、その可能性は高まります。
つまり、両方式を、処理時間の短いジョブで比較した場合、先行ジョブすべての完了を待たなくても、少しずつ処理が完了するラウンドロビン方式の方が、応答時間は短くなります。

ウ　優先度順方式は、各ジョブに優先度を設定し、その優先度に従って順に処理を実行する方式です。処理時間が長いジョブに高い優先度を設定すると、他のジョブは後回しになるため、応答時間が極端に長くなることがあります。

エ　ラウンドロビン方式は、ジョブに割り当てるCPU 時間（タイムクウォンタム）を短くするほど、各ジョブに割り当てられるタイムクウォンタムは均等になっていきます。そのため、処理時間順方式に近くなります。逆にタイムクウォンタムを長く設定すると、到着順方式に近づきます。

複数のクライアントから接続されるサーバがある。このサーバのタスクの多重度が2以下の場合，タスク処理時間は常に4秒である。このサーバに1秒間隔で4件の処理要求が到着した場合，全ての処理が終わるまでの時間はタスクの多重度が1のときと2のときとで，何秒の差があるか。

ア　6　　イ　7　　ウ　8　　エ　9

解説

多重度が1のときと2のときに分けて、タスクの実行状況を示すと下図になります（各タスクの到着時点を●、各タスクが処理されている時間を←→で表します）。

多重度が1のとき：

秒	1	2	3	4	5	6	7	8	9	10	11	12	13	14	15	16	17
タスク1	●⟷	⟷	⟷	⟷													
タスク2		●			⟷	⟷	⟷	⟷									
タスク3			●						⟷	⟷	⟷	⟷					
タスク4				●									⟷	⟷	⟷	⟷	

上図より、全ての処理が終了するのは、16秒目（★）です。

多重度が2のとき：

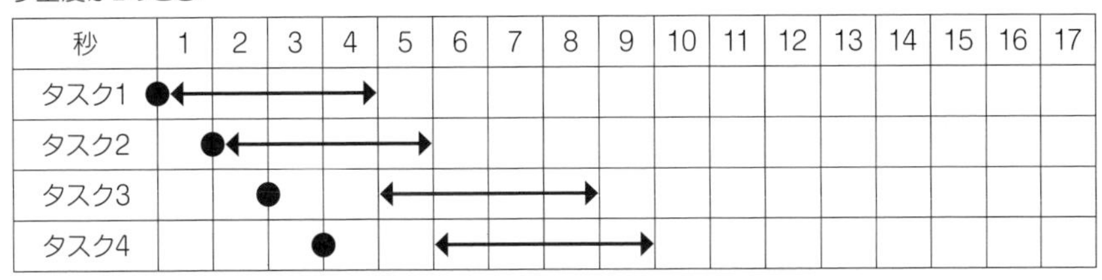

秒	1	2	3	4	5	6	7	8	9	10	11	12	13	14	15	16	17
タスク1	●⟷	⟷	⟷	⟷													
タスク2		●⟷	⟷	⟷	⟷												
タスク3			●		⟷	⟷	⟷	⟷									
タスク4				●		⟷	⟷	⟷	⟷								

上図より、全ての処理が終了するのは、9秒目（◆）です。

全ての処理が終わるまでの時間はタスクの多重度が1のときと2のときとで、16秒目（★）－9秒目（◆）＝7秒の差があります。

リアルタイムOSにおいて，実行中のタスクがプリエンプションによって遷移する状態はどれか。

ア　休止状態　　イ　実行可能状態　　ウ　終了状態　　エ　待ち状態

解説

297ページの優先度順方式の説明に書かれているとおり、プリエンプションとは、実行中のタスク（＝実行状態にあるタスク）よりも優先度の高いものが待ち行列に追加される（＝優先度の高いタスクが実行可能状態に追加される）と、実行途中でCPU使用権が奪われる（＝実行状態にあったタスクが、実行可能状態に遷移させられる）ことです。図で示せば右図の矢印線のようになります。

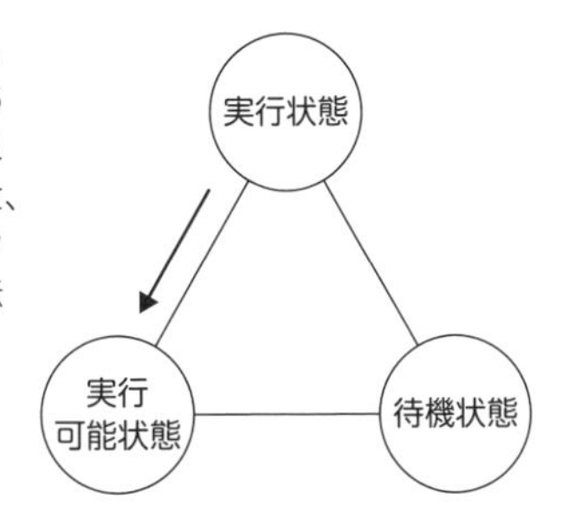

正解▶問1：ウ　問2：イ　問3：イ

Chapter 10-4 タスクの排他/同期制御

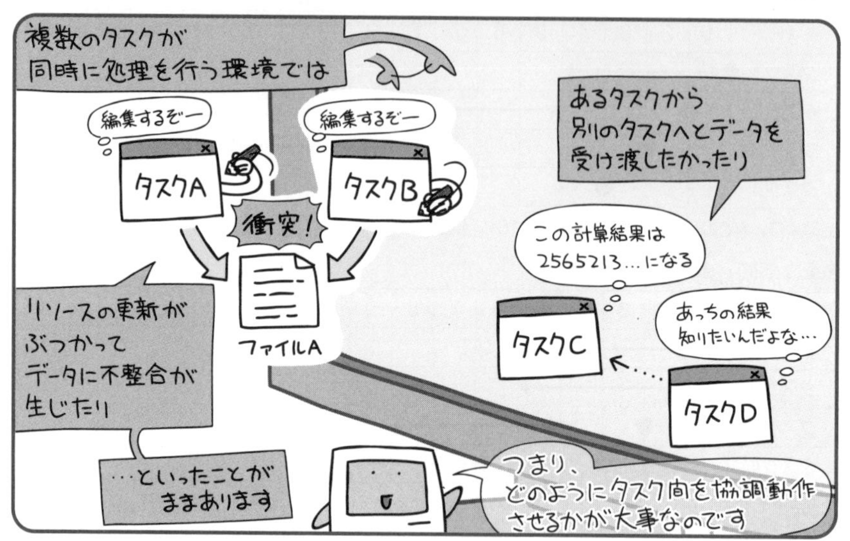

タスクが複数同時実行される環境では、互いの干渉を避ける排他制御や、協調動作のための同期制御が欠かせません

タスクはその生成時に、OSから独立した記憶領域を割り当てられて動作します。この記憶領域には、そのプログラム自身を格納するための領域の他に、タスク内で用いられる変数(P.364)や関数呼び出しに必要な情報などを格納するスタック(P.385)領域と、メモリを確保する命令を用いることで都度必要に応じて動的に確保するヒープ領域が含まれます。

このあたりについては後の「11章 プログラムの作り方(P.348)」を読まないと理解が難しいので、ここでは「独立した記憶領域で動作してるんだ」くらいに捉えておいてください。

この独立した領域内で処理を行っている分には、複数のタスクが動いていても問題は起こりえません。しかし、どのタスクからもアクセスできるリソース…たとえばファイルであったり、共有メモリと言われる記憶領域を用いる場合は、タスク同士で処理がぶつかってしまう恐れが出てきます。また、あるタスクが自身の記憶領域に保持している内容を、他のタスクに渡して協調動作させたい場合もあることでしょう。

ここではそういった、複数のタスクが同時に実行する際、必要となる要素について見て行きます。

排他制御が必要な理由

たとえば2つのタスクが、どちらからもアクセスできる領域の値をもとに処理を進めるとします。

想像しやすいように、たとえばこの領域には、タスクの実行回数が入っていると考えてみましょう。どちらのタスクも、領域の値に1を加算して書き戻す処理を行います。

本来であれば、この領域には「22」という値が最後に入ってなければいけません。しかしここではどちらのタスクも「20」という値をもとに処理を行っているため、その計算結果は「21」にしかなりません。それを書き戻すということは、片方の処理はなかったことにされてしまうわけです。

これを避けるためには、その領域へのアクセスを制限する必要が出てきます。具体的には、先に参照するタスクの側がロックをかけて占有できれば良いわけです。

これが、排他制御の考え方です。

セマフォ

一連の処理の中で、2つ以上のタスクが同時に資源（リソース）を奪い合うことで処理に不整合が生じる箇所。これをクリティカルセクションと呼びます。

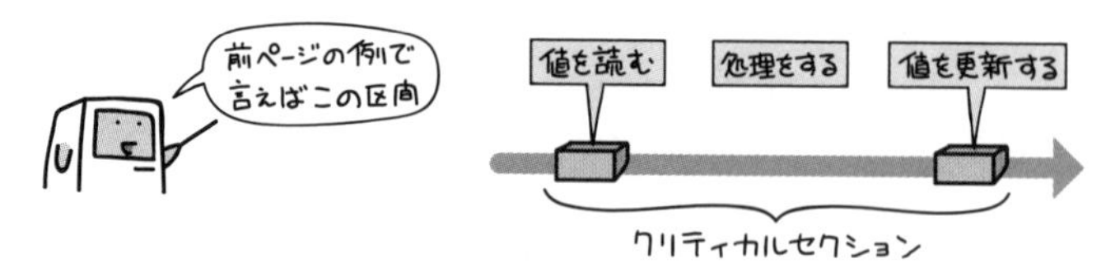

このクリティカルセクションに入る前後で、問題が生じないように行う処理が排他制御です。セマフォというのは、Dijkstra（ダイクストラ）によって考案された、排他制御のためのメカニズムです。

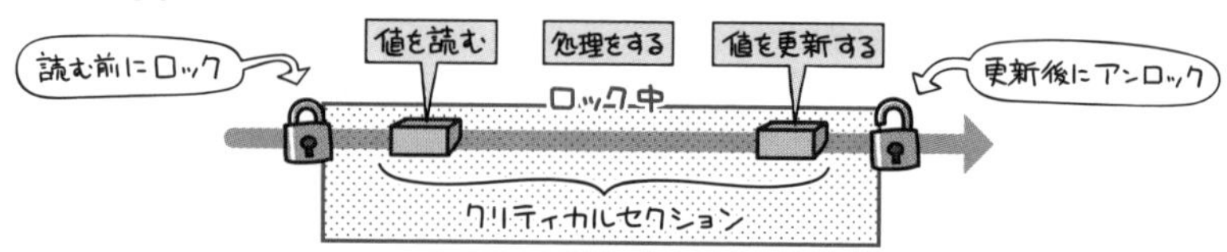

セマフォの基本的な概念は単純です。

セマフォ変数に資源の共有状態を記録して、空いてなければ待ち行列に並ぶ。これだけです。

セマフォ変数を好き勝手にいじれてしまうと、排他制御が成り立ちませんから、そこは専用の命令を用います。端的に言えばP操作で資源ロックの手続き、V操作で資源アンロックの手続きとなるんですけど、もうちょい詳しくは次を見て下さい。

には1が初期値として入っています

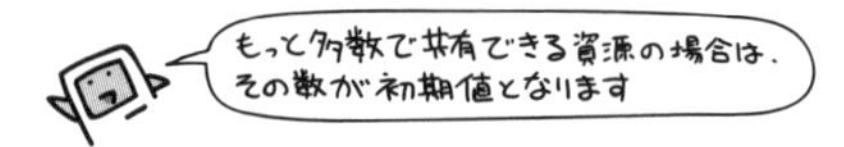

P操作 	・セマフォ変数Sの中身が1以上の時、Sを**1減算してタスクの実行を継続**します。 ・セマフォ変数Sの中身が0の時、実行を中断して待ち行列に並びます（ロック済みのためクリティカルセクションに入れない）。
V操作  資源のロックを解除（アンロック）します	・セマフォ変数Sの中身を**1加算**します。 ・**待ち行列の先頭タスクを実行可能状態に遷移**させます（そのタスクは、再びP操作を試みることが可能になる）。

それでは実際にこのセマフォによって、ロック〜アンロックの処理がどのように行われるかを見て行きましょう。

次の例では、タスクAとタスクBが、処理の中で共有資源αへとアクセスするためにセマフォによる排他制御を行っています。

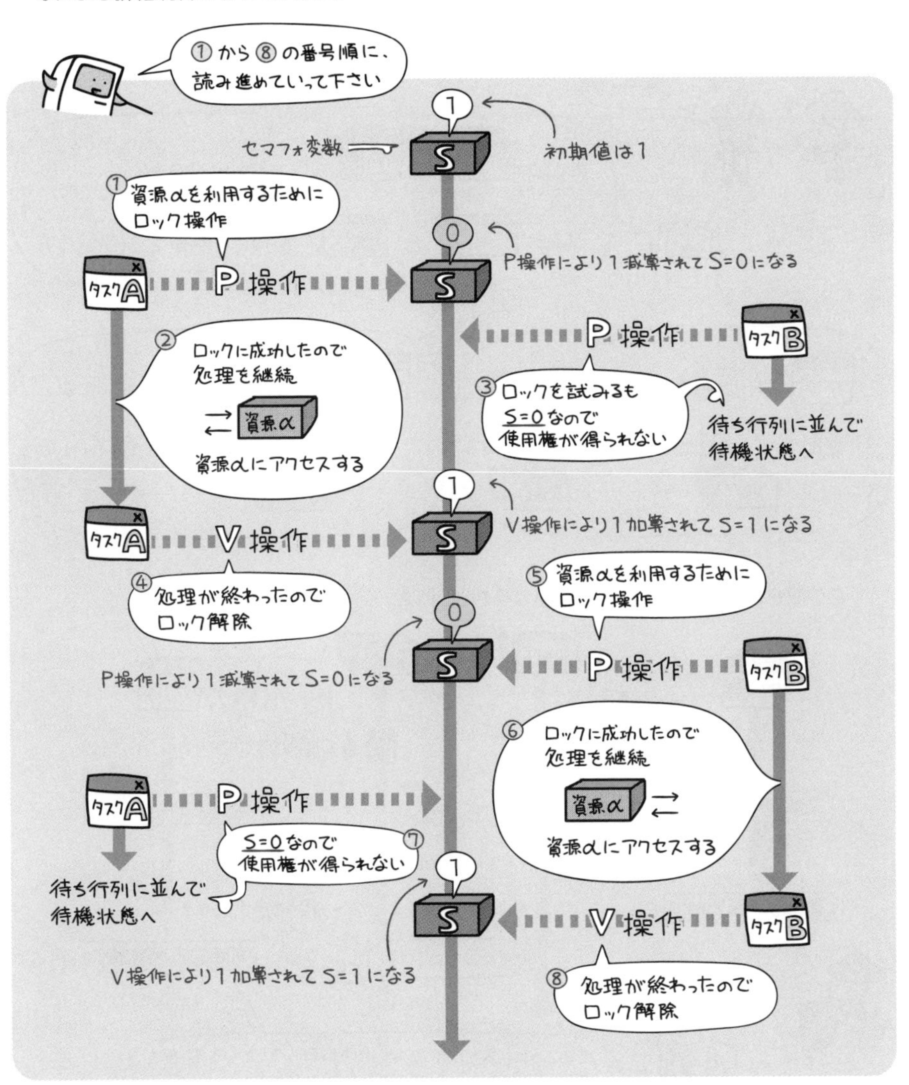

セマフォ変数の中身が任意個であるものをゼネラルセマフォ（計数セマフォ）、0と1に限定されたものをバイナリセマフォと呼びます。

デッドロック

排他制御において、複数の資源をそれぞれのタスクが無秩序にロックしていくと、互いに相手のロックしている資源の解除待ちに入ってしまい、処理が進行しなくなるという現象が起こりえます。これをデッドロックと言います。

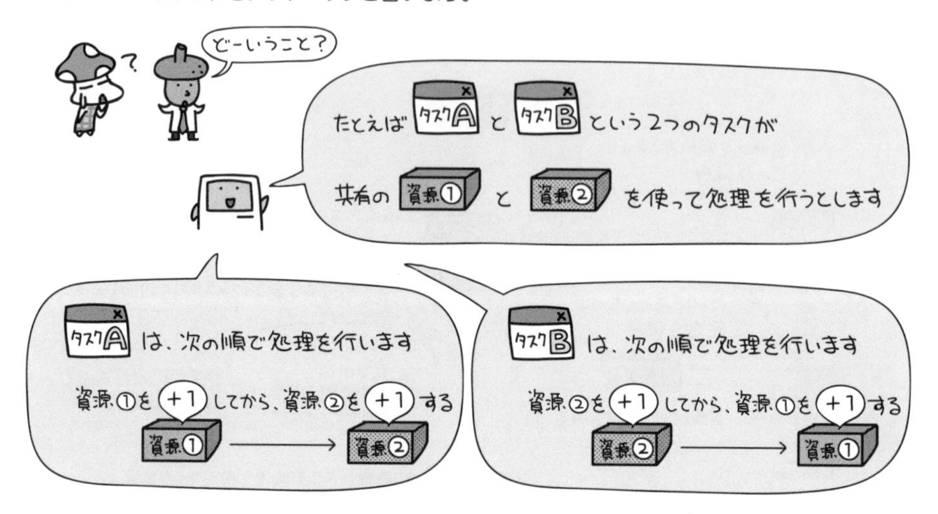

この場合、タスクがどのように遷移するかというと…

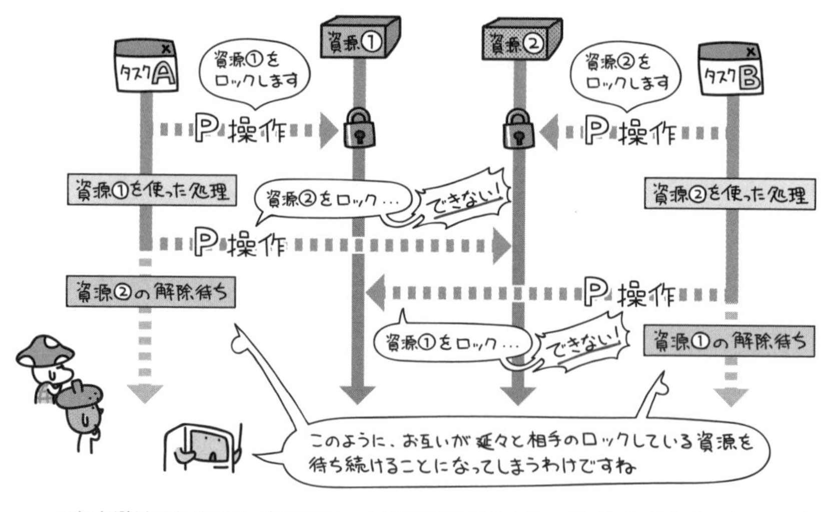

これを避けるためには、資源のロック順序を両方のタスクで同じに揃えることです。順序が同じであれば、順次資源の解放に応じて次のタスクがロックできるようになるので、この問題は生じません。

同期制御とイベントフラグ

タスクは必ずしもそれ単独で動作するばかりではありません。タスク同士が互いに依存関係を持ち、一方の処理を待って他方が実行を再開するといった協調動作も行われます。

このような、タスク同士を協調させるために実行タイミングを図る仕組みを、同期制御と呼びます。

タスク間の同期方法として、もっとも基本的な手法がイベントフラグです。イベントフラグはカーネルの監視下に置かれたビットの集合で、1つのビットが1つのイベントをあらわすフラグになっています。

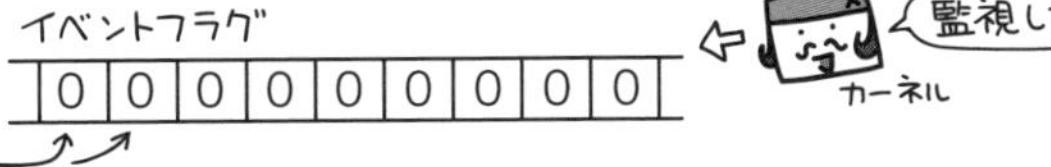

ではこのイベントフラグをどのように使うのか、見て行きましょう。

① タスクAとタスクCは、イベントフラグ待ちであることをカーネルに伝えます。

② タスクBが、スイッチがONになったことを示すフラグをセットします。

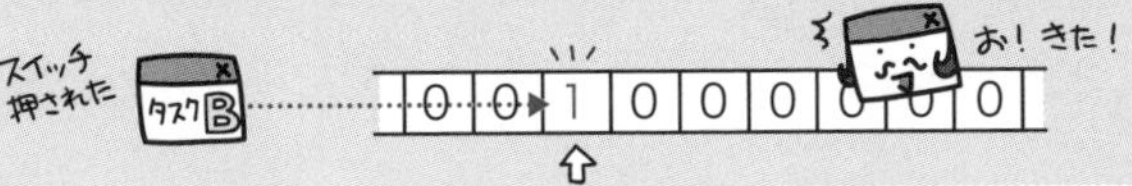

③ 待機状態にあったタスクAとタスクCを目覚めさせ、実行可能状態に遷移させます。

イベントフラグは、このように複数タスクの待機状態を同時に解除させる他にも、複数の条件（フラグ）が整った時に待機を解除させるなど、様々な指定を行うことができます。

タスク間の通信

これまで「どちらからもアクセスできる領域」として登場していた共有メモリ。

タスク同士が協調して動作をする際に、その間でデータをやり取りしながら処理を進める場合は、あのような通信手段が何かしら必要となります。

タスク間の通信に用いられる代表的な手段としては、次のようなものがあります。

共有メモリ (Shared Memory)	メモリ上に、複数のタスクから利用できる記憶領域を設けてデータ交換を行います。 
メッセージキュー	キュー(P.384)というのは、簡単に言えば待ち行列のことです。メッセージ処理用のキューにタスクからのデータをメッセージとして送信し、受信側はこのキューを介してデータを受けとります。 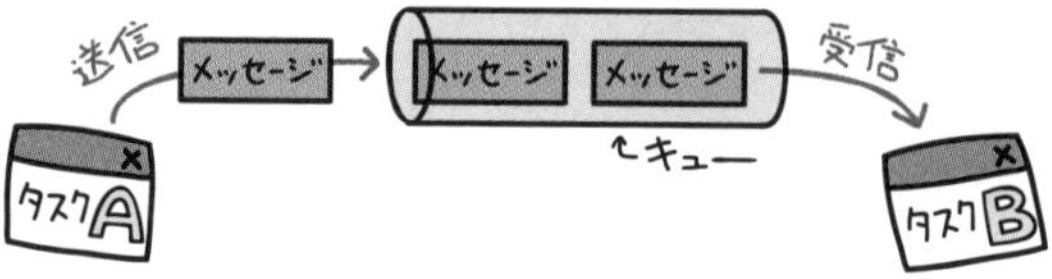
パイプ	仮想的なパイプを通してデータをやり取りする仕組み…と思えば良いでしょう。 あるタスクの出力を、もう一方のタスクに入力として接続し、データを転送します。 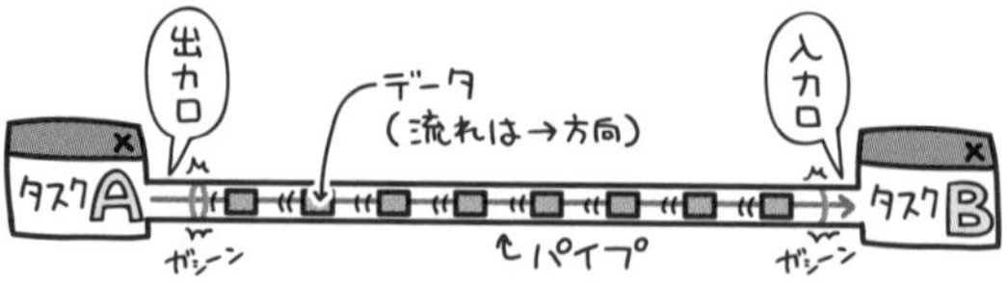

このように出題されています

過去問題練習と解説

セマフォを用いる目的として，適切なものはどれか。

ア　共有資源を管理する。
イ　スタックを容易に実現する。
ウ　スラッシングの発生を回避する。
エ　セグメンテーションを実現する。

解説

セマフォの説明は、308 ～ 309ページを参照してください。

二つのタスクが共用する二つの資源を排他的に使用するとき，デッドロックが発生するおそれがある。このデッドロックの発生を防ぐ方法はどれか。

ア　一方のタスクの優先度を高くする。
イ　資源獲得の順序を両方のタスクで同じにする。
ウ　資源獲得の順序を両方のタスクで逆にする。
エ　両方のタスクの優先度を同じにする。

解説

デッドロックの発生を防ぐ方法は、310ページで説明されているとおり、“資源のロック順序を両方のタスクで同じに揃えること”です。

一つのI^2Cバスに接続された二つのセンサがある。それぞれのセンサ値を読み込む二つのタスクで排他的に制御したい。利用するリアルタイムOSの機能として，適切なものはどれか。

ア　キュー　　イ　セマフォ　　ウ　マルチスレッド　　エ　ラウンドロビン

解説

選択肢ア～エの中で、“二つのタスクで排他的に制御したい”という要求を実現できるのは、セマフォだけです。なお、各選択肢の用語説明は、下記を参照してください。

ア　キュー … 384ページ
イ　セマフォ … 308ページ
ウ　マルチスレッド … スレッドとは、プロセス（＝タスク：293ページ参照）を細分化したCPUの実行単位です。マルチスレッドは、複数のスレッドを並行して処理することです。
エ　ラウンドロビン … 684ページ

正解▶問1：ア　問2：イ　問3：イ

流れ図に示す処理の動作の記述として，適切なものはどれか。ここで，二重線は並列処理の同期を表す。

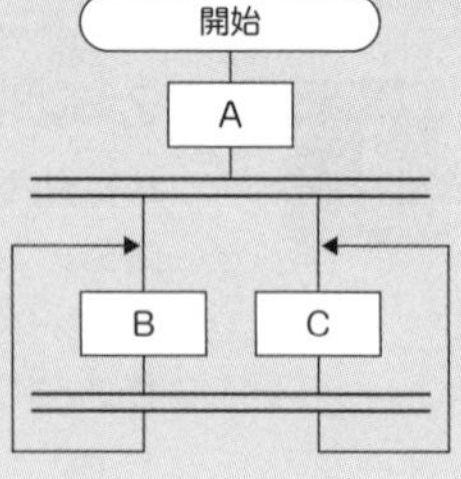

ア　ABC又はACBを実行してデッドロックになる。

イ　AB又はACを実行してデッドロックになる。

ウ　Aの後にBC又はCB，BC又はCB，…と繰り返して実行する。

エ　Aの後にBの無限ループ又はCの無限ループになる。

解説

本問の条件にしたがって、処理の動作を記述すれば、下記のようになります。

(1) 処理Aを実行した後、上の二重線で同期がとられる。
(2) 処理Bと処理Cは、同時に開始される。
(3) もし、処理Bが早く終了すると、処理Bは処理Cの終了を下の二重線で待つ。
　もし、処理Cが早く終了すると、処理Cは処理Bの終了を下の二重線で待つ。
(4) 処理Bと処理Cの両方が終了すると、下の二重線で同期がとられたことになるので、同時に上方向への矢印に進む。したがって、(2)に戻る。

上記の手順より、Aの後にBC又はCB、BC又はCB、…と繰り返して実行します。

三つの資源X～Zを占有して処理を行う四つのプロセスA～Dがある。各プロセスは処理の進行に伴い，表中の数値の順に資源を占有し，実行終了時に三つの資源を一括して解放する。プロセスAと同時にもう一つプロセスを動かした場合に，デッドロックを起こす可能性があるプロセスはどれか。

プロセス	資源の占有順序		
	資源 X	資源 Y	資源 Z
A	1	2	3
B	1	2	3
C	2	3	1
D	3	2	1

ア　B，C，D　　イ　C，D
ウ　Cだけ　　エ　Dだけ

解説

デッドロックは，2つのプロセスが互いに“たすきがけ”になるように資源を占有した場合に生じます。本問の表の中で，プロセスCとプロセスDは、資源Xと資源Yを“たすきがけ”になるように占有しているので、デッドロックを起こす可能性があるのは，プロセスC，Dです。

正解▶問4：ウ　問5：イ

実記憶管理

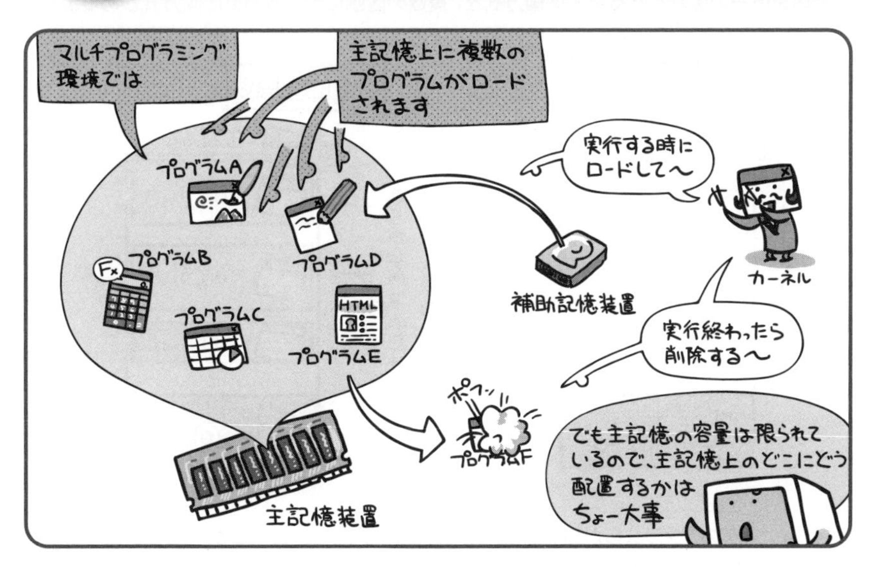

限られた主記憶空間を、効率良く使えるようプログラムに割り当てるのが、実記憶管理の役割です。

プログラム内蔵方式(P.166)をとる現在のコンピュータでは、プログラムを主記憶上にロードしてから実行することになります。マルチプログラミング環境だと、このプログラムが同時に複数実行されることになりますから、当然主記憶の上にはそれらがすべてロードされることになる。

でも、たとえばレゴブロックの板を想像してみてください。本当であればこの板、ブロックを10列並べられる大きさだったとします。でも次のように並べちゃったとしたら…、

おわかりでしょうか。この板が主記憶であり、各ブロックがロードされるプログラムたちです。主記憶の容量が十分にあったとしても、プログラムをロードした時の割り当て方がへっぽこだと、その容量は活用できなくなってしまうのです。

固定区画方式

固定区画方式は、主記憶に固定長の区画（パーティション）を設けて、そこにプログラムを読込む管理方式です。

全体を単一の区画とする単一区画方式と、複数の区画に分ける多重区画方式があります。

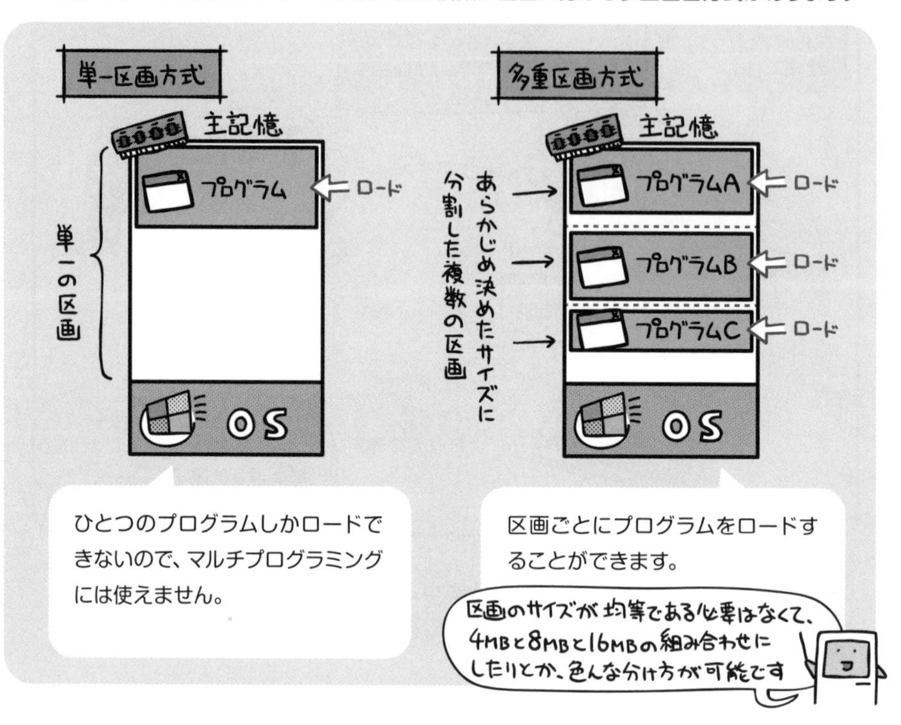

単純な仕組みなので記憶管理は簡単で済みますが、プログラムを読込んだ後、区画内に生じた余りスペースは使用することができず、区画サイズ以上のプログラムを読込むこともできません。したがって、主記憶の利用効率は、あまりよくありません。

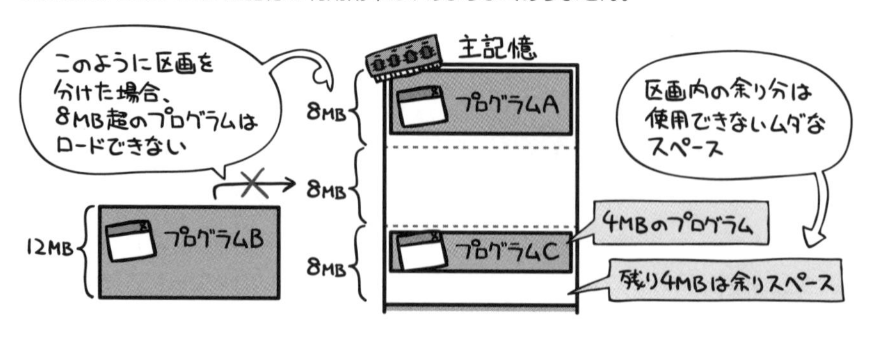

可変区画方式

一方、主記憶を最初に固定長で区切ってしまうのではなく、プログラムをロードするタイミングで必要なサイズに区切る管理方式が可変区画方式です。この方式では、プログラムが必要とする大きさで区画を作り、そこにプログラムをロードします。

当然これだと区画内に余剰スペースは生じませんから、固定区画方式よりも主記憶の利用効率は良くなります。

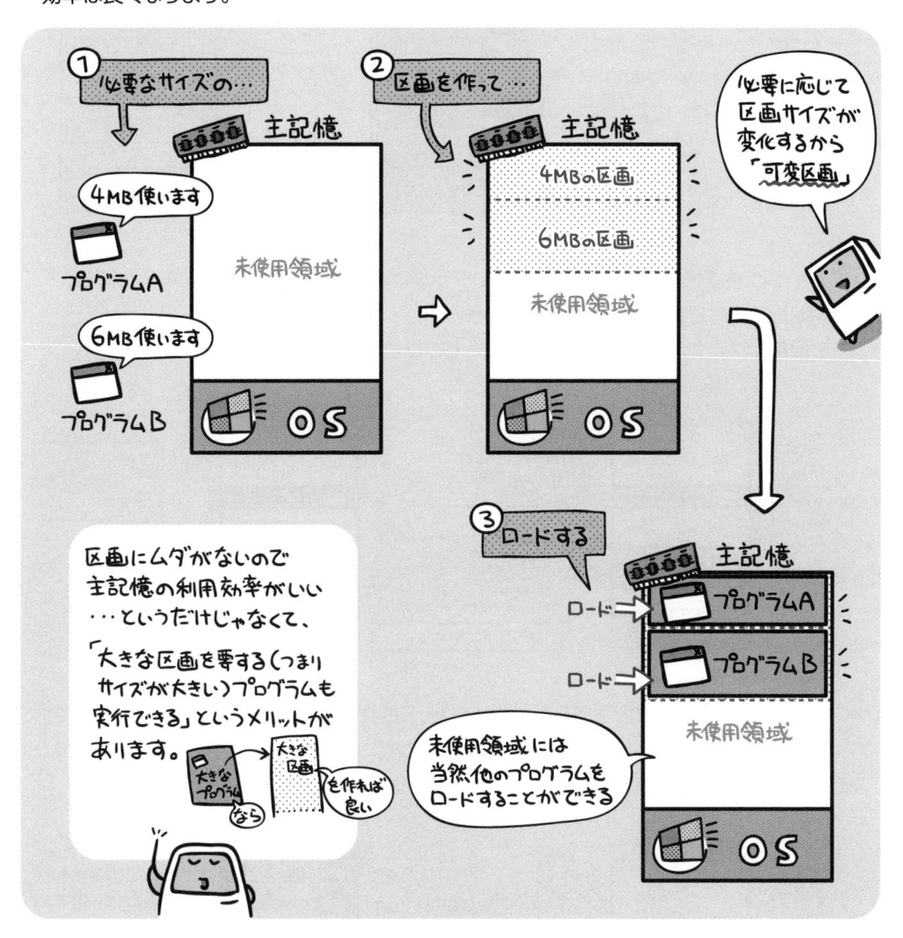

さて、これだと一見パーフェクトでもう問題なっしんぐ！…てな案配に見えますが、これはこれで新たな問題が出てきちゃったりするんだから、実に世の中は侮れません。

フラグメンテーションとメモリコンパクション

可変区画方式だと、主記憶上にプログラムを隙間なく詰め込んで実行することができるわけですが、必ずしも詰め込んだ順番にプログラムが終了するとは限りません。

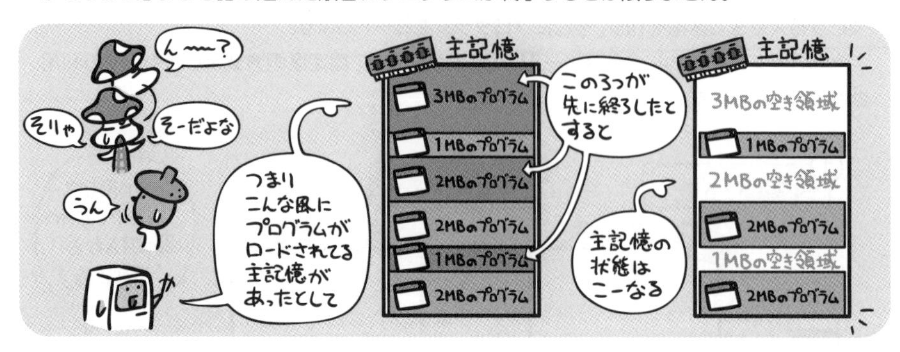

そうすると、主記憶の空き容量自体がプログラムの実行に足るサイズであったとしても、それを連続した状態で確保することができません。

この現象をフラグメンテーション（断片化）と呼びます。

フラグメンテーションを解消するためには、ロードされているプログラムを再配置することによって、細切れ状態にある空き領域を、連続したひとつの領域にしてやる必要があります。この操作をメモリコンパクション、もしくはガーベージコレクションと呼びます。

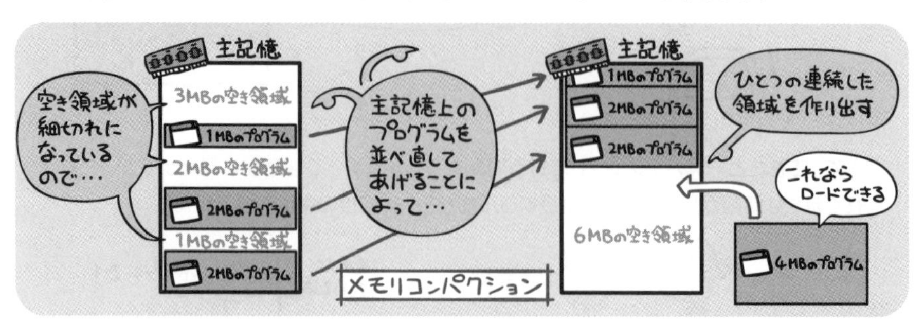

オーバーレイ方式

どれだけ区画を効率良く配置できるようにしても、そもそも実行したいプログラムのサイズが主記憶の容量を超えていたら、ロードしようがありません。

これを可能にするための工夫がオーバーレイ方式です。

この方式では、プログラムをセグメントという単位に分割しておいて、その時に必要なセグメントだけを主記憶上にロードして実行します。

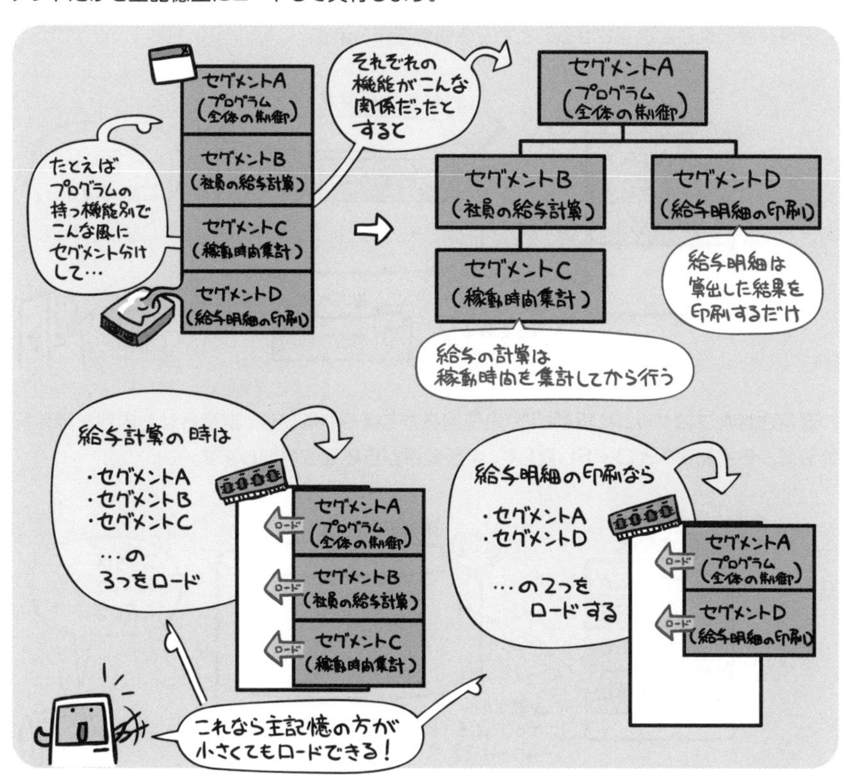

プログラムというのは複数の機能が組み合わさった集合体です。しかし常にその全機能が使われているわけではありません。だから、処理の過程で必要とされる機能だけを主記憶上へロードすることにしてやれば、占有する場所を減らすことができますよ…というわけなのです。

10 オペレーティングシステム

スワッピング方式

マルチプログラミング環境では、優先度の高いプログラムによる割込みなどが発生した場合、現在実行中のものをいったん中断させて切り替えを行うわけですが…、

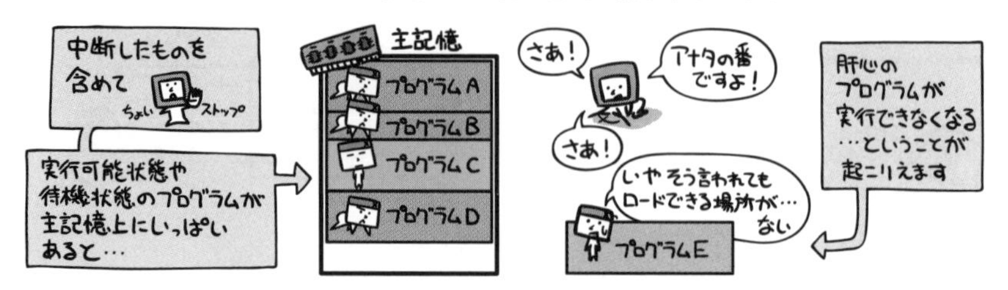

このような時は、優先度の低いプログラムが使っていた主記憶領域の内容を、いったん補助記憶装置に丸ごと退避させることで空き領域を作ります。

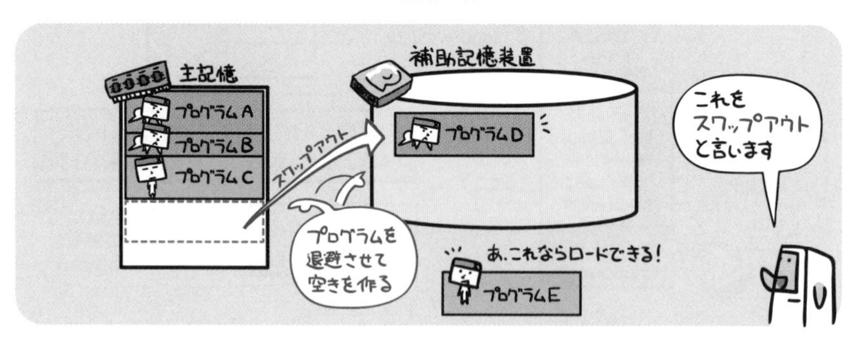

退避させたプログラムに再びCPUの使用権が与えられる時は、退避させた内容を補助記憶装置から主記憶へとロードし直して、中断箇所から処理を再開します。

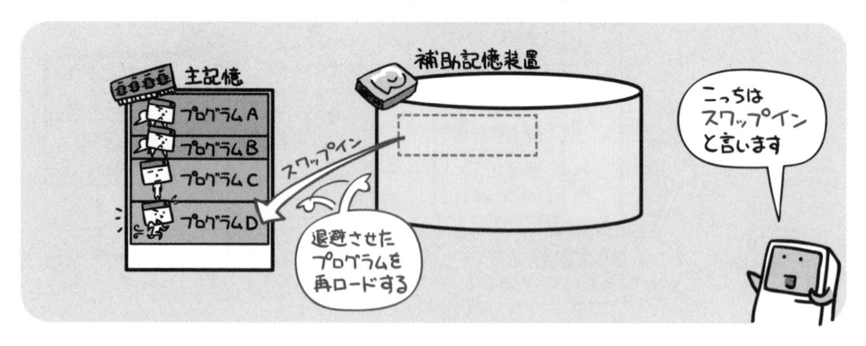

スワップアウトとスワップインをあわせた、このような処理のことをスワッピングと呼びます。スワッピングが発生すると、主記憶の代用として低速な補助記憶装置へのアクセスを行うことになるので、処理速度が極端に低下します。

このように出題されています

過去問題練習と解説

問1 (AP-R04-S-18)

フラグメンテーションに関する記述のうち，適切なものはどれか。

ア　可変長ブロックのメモリプール管理方式では，様々な大きさのメモリ領域の獲得や返却を行ってもフラグメンテーションは発生しない。

イ　固定長ブロックのメモリプール管理方式では，可変長ブロックのメモリプール管理方式よりもメモリ領域の獲得と返却を速く行えるが，フラグメンテーションが発生しやすい。

ウ　フラグメンテーションの発生によって，合計としては十分な空きメモリ領域があるにもかかわらず，必要とするメモリ領域を獲得できなくなることがある。

エ　メモリ領域の獲得と返却の頻度が高いシステムでは，フラグメンテーションの発生を防止するため，メモリ領域が返却されるたびにガーベジコレクションを行う必要がある。

解説

ア　可変長ブロックのメモリプール管理方式（＝317ページの可変区画方式）では、主記憶装置にロードするプログラムの大きさに合わせて、区画を作ります（例えば、6MBのプログラムをロードするのであれば、6MBの区画を作ります）。可変長ブロックのメモリプール管理方式では、様々な大きさのメモリ領域の獲得や返却を行うと、318ページの上段および中段の図のようにフラグメンテーションが発生します。

イ　固定長ブロックのメモリプール管理方式（＝316ページの固定区画方式）では、主記憶装置を固定長（例えば、10MB）ずつに区切って、そこにプログラムをロードします。例えば、6MBのプログラムを10MBの固定長の区画にロードすると、10MB－6MB＝4MBは使われず、空き領域になります。固定長ブロックのメモリプール管理方式では、上記の例のような空き領域が生じますが、フラグメンテーションは発生しません（発生する空き領域を、フラグメンテーションのように思える方がいらっしゃるかもしれませんが、そうではありません）。

なお、固定長ブロックのメモリプール管理方式では、可変長ブロックのメモリプール管理方式のような、ロードするプログラムの大きさに合わせて、主記憶装置に区画を設定する時間が必要ないため、可変長ブロックのメモリプール管理方式よりも、メモリ領域の獲得を速く行えます。

ウ　そのとおりです。

エ　メモリ領域の獲得と返却の頻度が高いシステムでは、フラグメンテーションの発生を防止するため、ガーベジコレクション（＝メモリコンパクション：318ページ参照）を行う必要があります。しかし、メモリ領域が返却されるたびにガーベジコレクションを行う必要はなく、ある基準（例えば、断片化された空き領域が主記憶装置の30％もしくは200MBを越えた時など）を満たした時に、ガーベジコレクションを行えばよいです。

正解▶問1：ウ

記憶領域の動的な割当て及び解放を繰り返すことによって，どこからも利用できない記憶領域が発生することがある。このような記憶領域を再び利用可能にする機能はどれか。

ア　ガーベジコレクション　　イ　スタック
ウ　ヒープ　　エ　フラグメンテーション

解説

ア　ガーベジコレクションは、細かく分断された未使用のメモリ領域やバッファ領域を調べて、これらを整理整頓し、より大きな使用可能領域を作り出すことです。英語で表記すれば、garbage collection であり、直訳すれば“ゴミ集め”になります。
イ　スタックは、最後に格納されたデータが最初に取り出されるデータ構造です。
ウ　ヒープは、プログラムが使う主記憶装置上の領域であり、プログラムそのものがロードされる部分と、そのプログラムが作業用に使う部分から構成されます。
エ　フラグメンテーションは、多数のプロセスが開始・終了を繰り返すうちに、数多くの未使用領域が断片的に発生し、メモリの使用効率が低下することをいいます。

プログラム実行時の主記憶管理に関する記述として，適切なものはどれか。

ア　主記憶の空き領域を結合して一つの連続した領域にすることを，可変区画方式という。
イ　プログラムが使用しなくなったヒープ領域を回収して再度使用可能にすることを，ガーベジコレクションという。
ウ　プログラムの実行中に主記憶内でモジュールの格納位置を移動させることを，動的リンキングという。
エ　プログラムの実行中に必要になった時点でモジュールをロードすることを，動的再配置という。

解説

ア　主記憶の空き領域を結合して一つの連続した領域にすることを、メモリコンパンクション（318ページ参照）といいます。
イ　プログラムが使用しなくなったヒープ領域を回収して再度使用可能にすることを、ガーベジコレクションといいます。
ウ　プログラムの実行中に主記憶内でモジュールの格納位置を移動させることを、動的再配置といいます。
エ　プログラムの実行中に必要になった時点でモジュールをロードすることを、動的リンキング（もしくは動的リンク：360ページ参照）といいます。

正解▶問2：ア　問3：イ

Chapter 10-6 再配置可能プログラムとプログラムの4つの性質

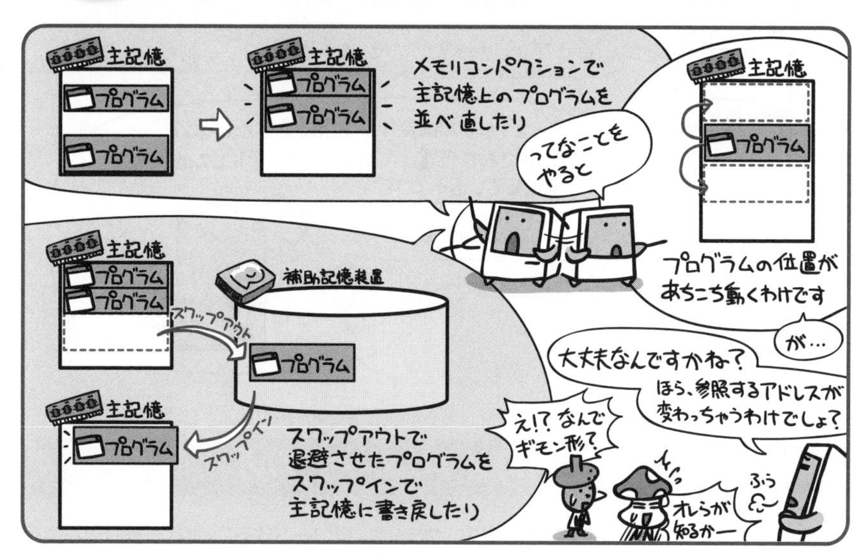

再配置可能プログラムなら、
主記憶上のどこに配置しても問題なく実行できます。

記憶管理の話に入って、プログラムが主記憶上をあっちこっち移動するようになってきました。しかしちょっと待ってください。ここでグググーっとさかのぼって6章のCPUの話を思い出してみてください。

CPU って、事あるごとにメモリアドレスをレジスタへと読込んでいましたよね？

だから、「次の命令を取り出すぜ！」と思った時に、主記憶上でプログラム全体が別の場所へと移動させられていたら…。当然次の命令が納められているメモリアドレスも変化してるはずで、これは困ったことになりそうです。

そこで思い出して欲しいのが、「6-4 機械語のアドレス指定方式」で学んだベースアドレス指定方式（P.180）です。

ベースアドレス指定方式では、「プログラムが主記憶上にロードされた時の、先頭アドレスからの差分」を使って命令やデータの位置を指定していました。だからどこにロードされたとしても、実行に問題なっしんぐという話…でしたよね？

このような性質を持つプログラムを、再配置可能プログラムと呼びます。よい機会なので、他の性質（再使用可能、再入可能、再帰的）とあわせて見ていきましょう。

再配置可能(リロケータブル)

主記憶上の、どこに配置しても実行することができるという性質を、再配置可能(リロケータブル)と言います。

再使用可能(リユーザブル)

主記憶上にロードされて処理を終えたプログラムを、再ロードすることなく、繰り返し実行できる(そして毎回正しい結果を得ることができる)という性質を再使用可能(リユーザブル)と言います。

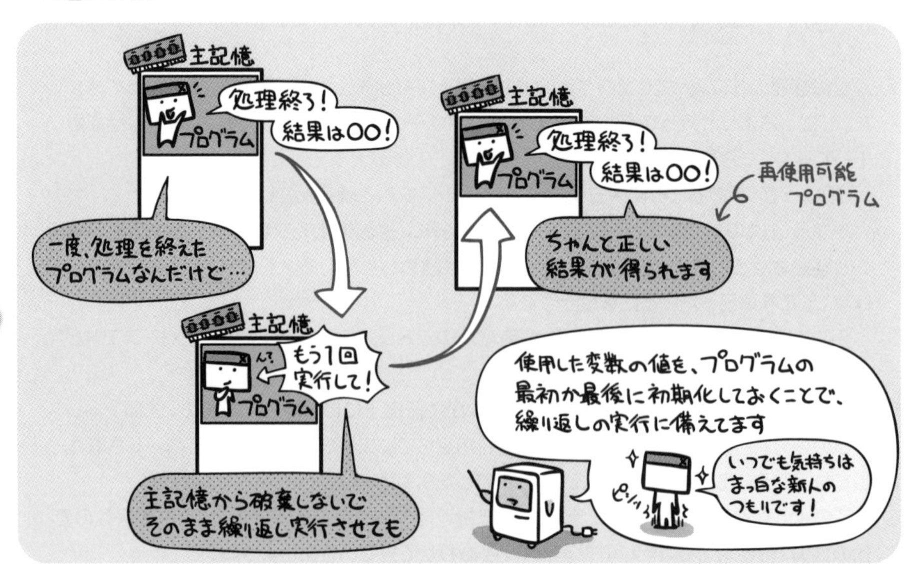

再入可能（リエントラント）

再ロードすることなく繰り返し実行できる再使用可能プログラムにおいて、複数のタスクから呼び出しても、互いに干渉することなく同時実行できるという性質を再入可能（リエントラント）と言います。

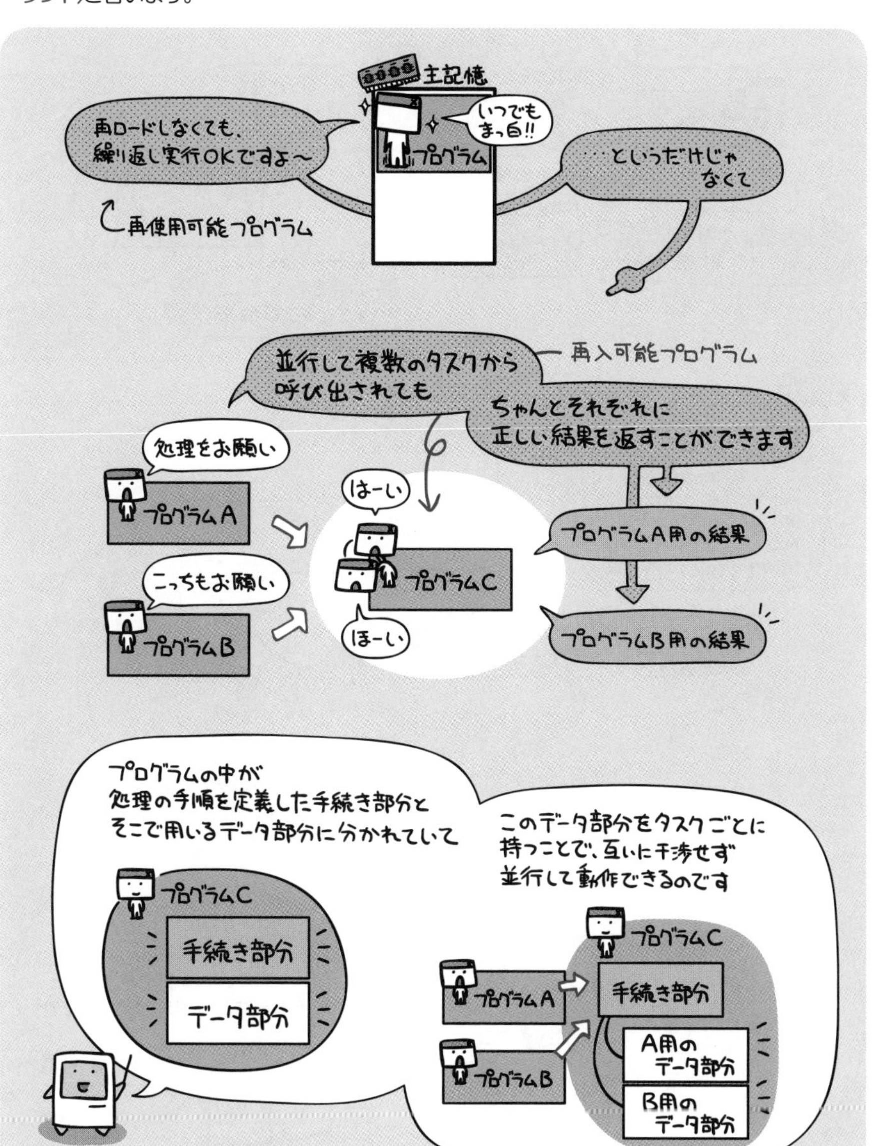

再帰的（リカーシブ）

実行中に、自分自身を呼び出すことができるという性質を再帰的（リカーシブ）と言います。

このように出題されています

過去問題練習と解説

リアルタイムシステムにおいて，複数のタスクから並行して呼び出された場合に，同時に実行する必要がある共用ライブラリのプログラムに要求される性質はどれか。

ア　リエントラント　　　イ　リカーシブ
ウ　リユーザブル　　　　エ　リロケータブル

解説

本問の“複数のタスクから並行して呼び出された場合に、同時に実行する必要がある”がヒントになり、選択肢ア“リエントラント”が正解です。325ページを参照すれば、わかりやすいと思われます。

プログラム特性に関する記述のうち，適切なものはどれか。

ア　再帰的プログラムは再入可能な特性をもち，呼び出されたプログラムの全てがデータを共用する。
イ　再使用可能プログラムは実行の始めに変数を初期化する，又は変数を初期状態に戻した後にプログラムを終了する。
ウ　再入可能プログラムは，データとコードの領域を明確に分離して，両方を各タスクで共用する。
エ　再配置可能なプログラムは，実行の都度，主記憶装置上の定まった領域で実行される。

解説

ア　再帰的プログラムは、通常、再入可能な特性を持つといえます。しかし、再入可能な特性を持つ再帰的プログラムは、それを呼び出したプログラムごとにデータを確保し、共用しません。　イ　消去法により、本選択肢が正解です。再使用可能プログラムの説明は、324ページを参照してください。
ウ　再入可能プログラムが複数のプログラムから呼び出された場合、再入可能プログラムのコードの領域は共用され、データの領域は、再入可能プログラムを呼び出した複数のプログラムごとに確保されます。　エ　再配置可能なプログラムは、主記憶装置上のどこに配置されても実行できます。

再帰的な処理を実現するためには，再帰的に呼び出したときのレジスタ及びメモリの内容を保存しておく必要がある。そのための記憶管理方式はどれか。

ア　FIFO　　イ　LFU　　ウ　LIFO　　エ　LRU

解説

326ページに説明されているとおり、再帰的な処理は、スタックを利用しており、スタックは「LIFO」を使っています（385ページを参照してください）。「LIFO」を含む各選択肢の説明は、337ページにあります。

正解▶問1：ア　問2：イ　問3：ウ

仮想記憶管理

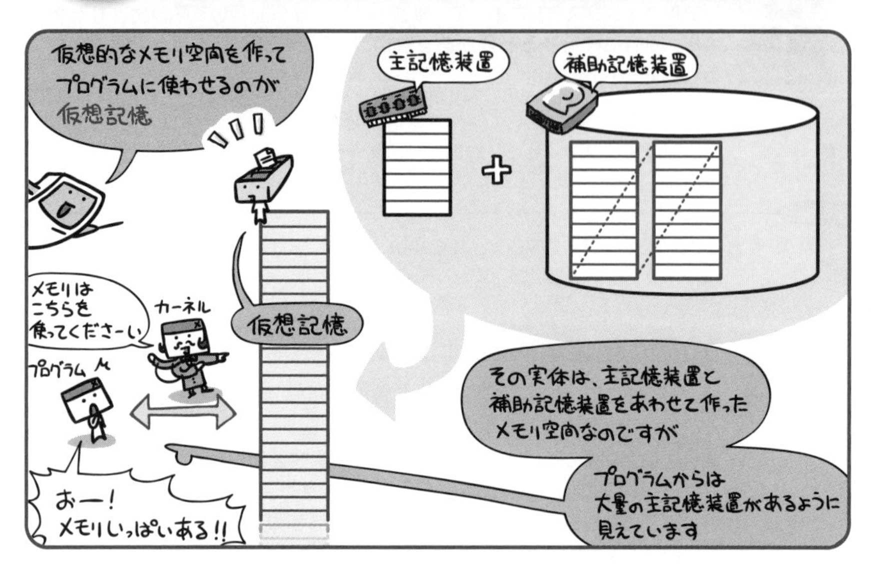

仮想記憶は、主記憶や補助記憶の存在を隠蔽することで、広大なメモリ空間を自由に扱えるようにするものです。

実記憶管理の節では、主記憶のメモリ空間をどのように活用するか学びました。

どのように区画を設けるかとか、区画が細切れになると困っちゃうよとか、そもそも主記憶に入りきらない大きさのプログラムはどうすんのーとか。なんか問題目白押しで「正直めんどくせーなー」ってことをやっていたわけです。

これらはすべて、主記憶装置の持つ物理的な制約によって生まれてくる問題たちです。容量の上限とか、プログラムが配置されている場所とか、そのあたりですね。

「だったら、物理的なメモリに直接アクセスするのは止めにして、論理的なメモリ…つまりは仮想のメモリ空間を作って、そっちを使うようにしたら問題消せるんじゃね？」と…実際に考えたかどうかは置いといて、そんな位置づけにあるのが仮想記憶です。

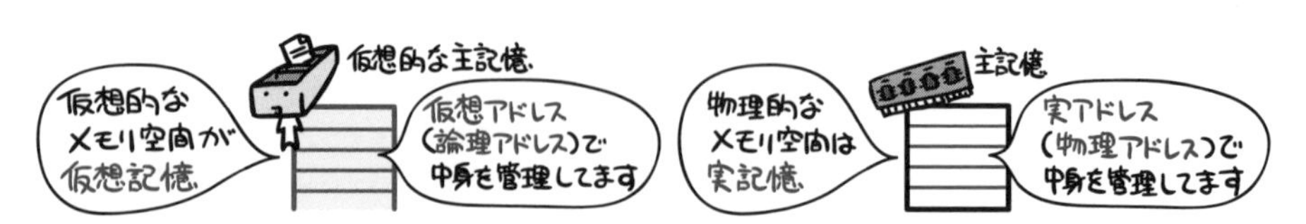

なんで仮想記憶だと自由なの?

それでは、仮想記憶を理解するにあたり、「なぜ仮想記憶にすると物理的な制約から解放されるのか」というところから見ていきましょう。

実記憶の中というのは、バイト単位で仕切られた箱のようなもの。当然この箱は仕切りも含めて物理的に固定ですから、中身を出したり入れたりで生じた半端なスペースは、メモリコンパクションでもしない限り、まとまったスペースにはなりません。

ところが仮想記憶というのは、" 仮想的な記憶領域" ですから、物理的な実体というものがありません。

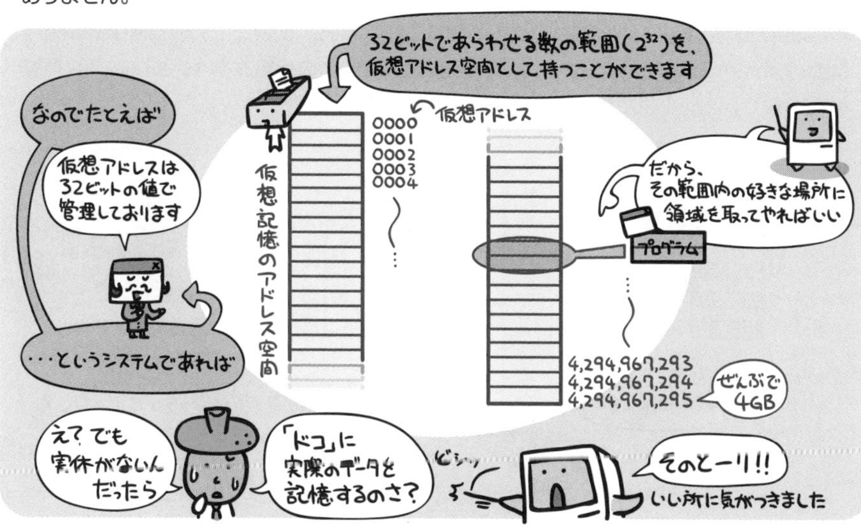

実際のデータはというと、実記憶上に記憶されます。

いえいえ、それが大違いなのですよ。

仮想記憶というのはつまるところ、「実記憶などの物理的な存在を隠蔽して、仮想空間にマッピング（対応付けとか割り当てという意味）してみせる」ための技術なのです。

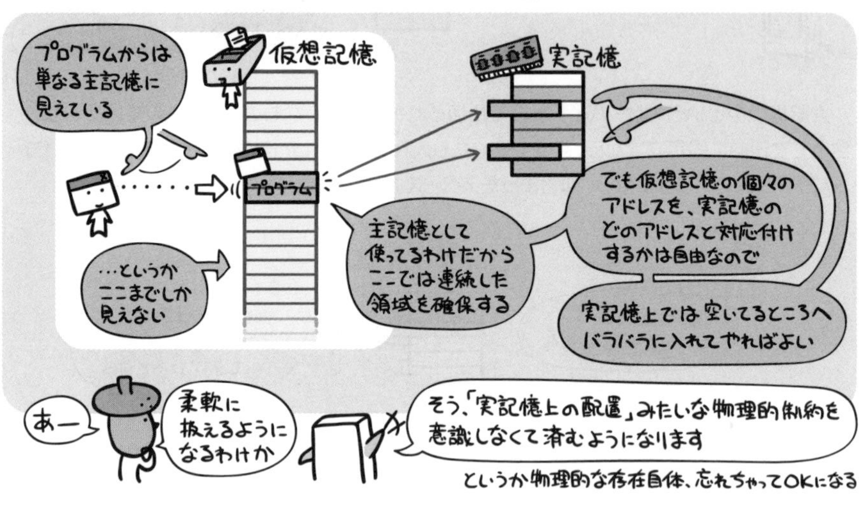

この時、仮想アドレスから実アドレスへの変換処理は、メモリ変換ユニット（MMU:Memory Management Unit）というハードウェアが担当します。この仕組みを、動的アドレス変換機構（DAT:Dynamic Address Translator）と呼びます。

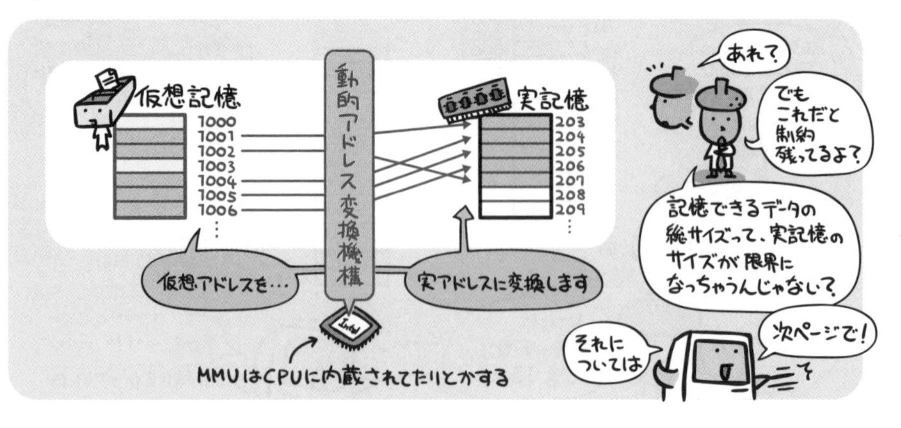

実記憶の容量よりも大きなサイズを提供する仕組み

仮想記憶に置かれたデータは、実際にはその裏で実記憶へと記憶されます。

ふむ、確かにこれだと、実記憶の容量を超えるサイズのデータは扱えそうにありません。

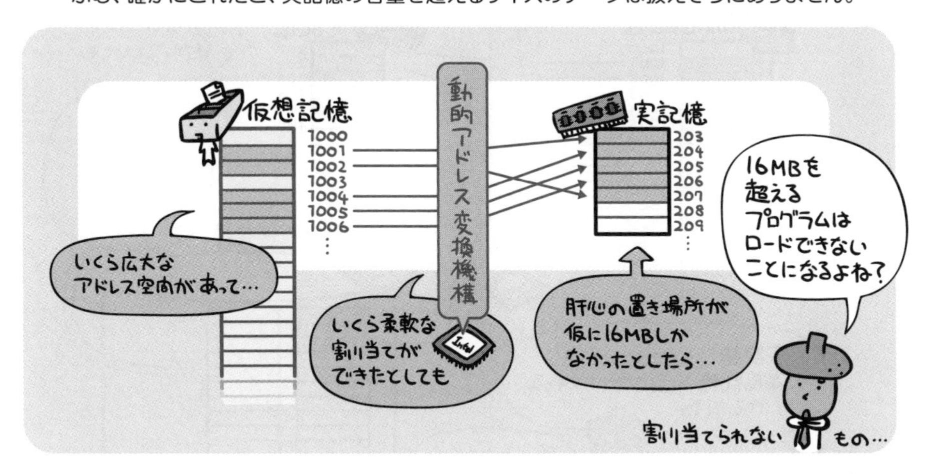

しかしちょっと待ってください。仮想記憶の特徴というのは、「実記憶“など”の存在を隠蔽して、マッピングしてみせる」こと。

…“など”ってなんでしょう?

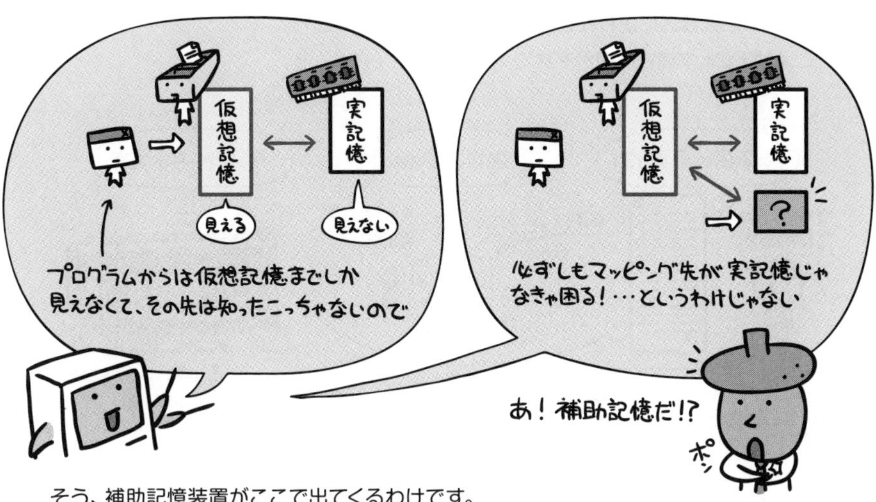

そう、補助記憶装置がここで出てくるわけです。

仮想記憶では、補助記憶装置もメモリの一部と見なすことで、実記憶の容量よりも大きなサイズの記憶空間を、提供できる仕組みになっているのです。

本試験では、特にこの点がクローズアップされていて、仮想記憶＝「主記憶として使うことのできる見かけ上の容量を拡大させる仕組み」という使われ方が良く出題されています。

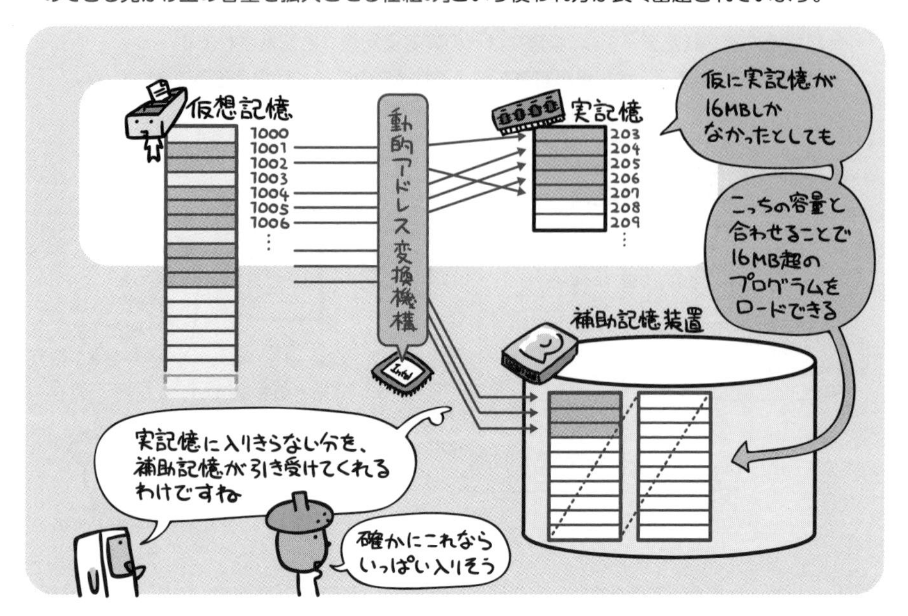

仮想記憶という言葉の印象が悪いのか、このような仕組みの話は、どうしても「難しい」ことのように受け取られがちです。でも、実は私たちの身のまわりで、こうした「仮想記憶的なこと」というのは普通に使われてたりするものです。

たとえば下の、本屋さんの例を見てください。

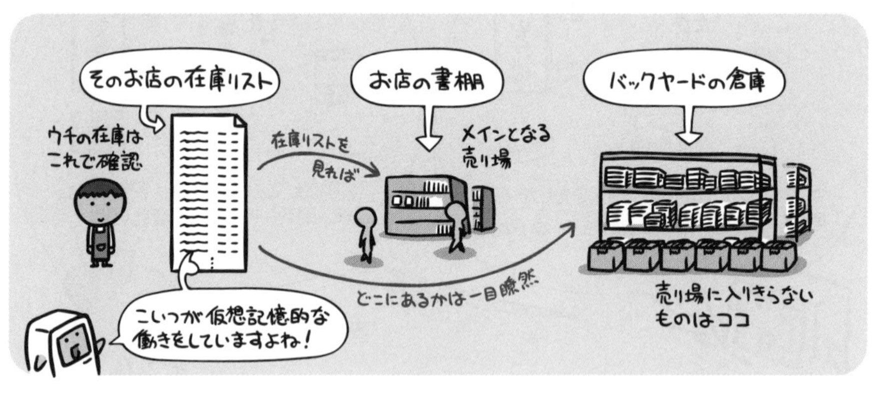

「どこになにがあるか」をわかりやすく整理するイメージと仮想記憶とのつながり、ご理解いただけましたでしょうか？

それでは次ページからは、この仕組みがどう実装されているか…という話を見ていきましょう。

ページング方式

仮想記憶の実装方式には、仮想アドレス空間を固定長の領域に区切って管理するページング方式と、可変長の領域に区切って管理するセグメント方式の2つがあります。

ここでは主に本試験で問われるページング方式について見ていきましょう。

ページング方式では、プログラムを「ページ」という単位に分割して管理します。

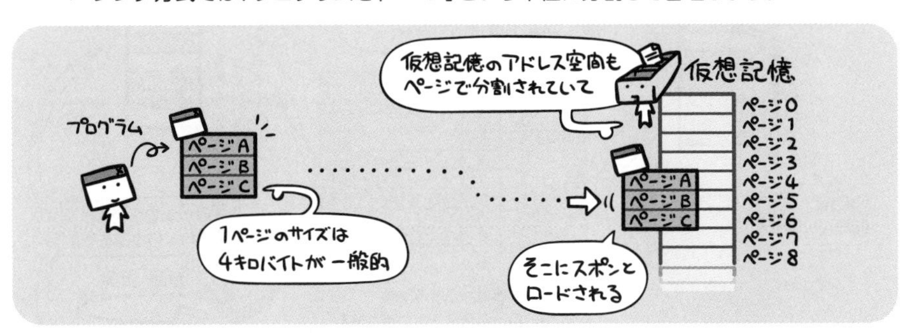

ただし、プログラムというのは色んな機能があるので、いつもすべてを必要とするわけではありません。そこで現在のOSでは、デマンドページングという「実行に必要なページだけを実記憶に読込ませる」方法が主流になっています。

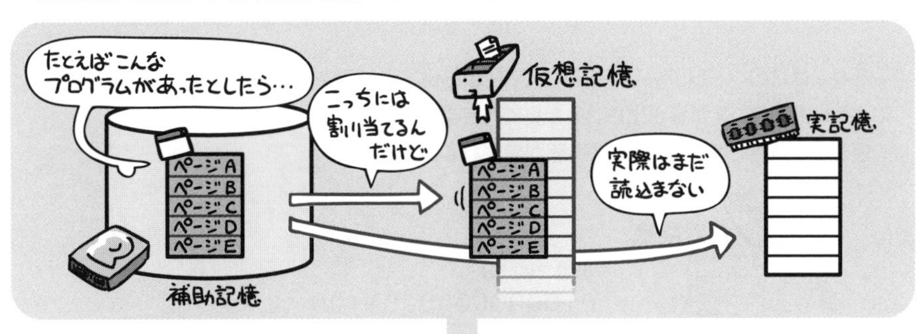

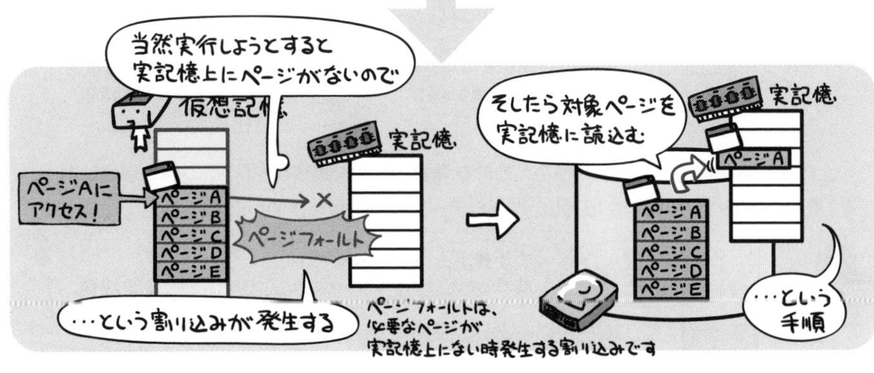

仮想記憶と実記憶との対応付けは、ページテーブルという表によって管理されます。この表によって、仮想ページ番号が実記憶上のどのページと結びついてるかが確認できるわけです。目的のページが実記憶上にないと判明したら、補助記憶から実記憶へとそのページが読込まれます。

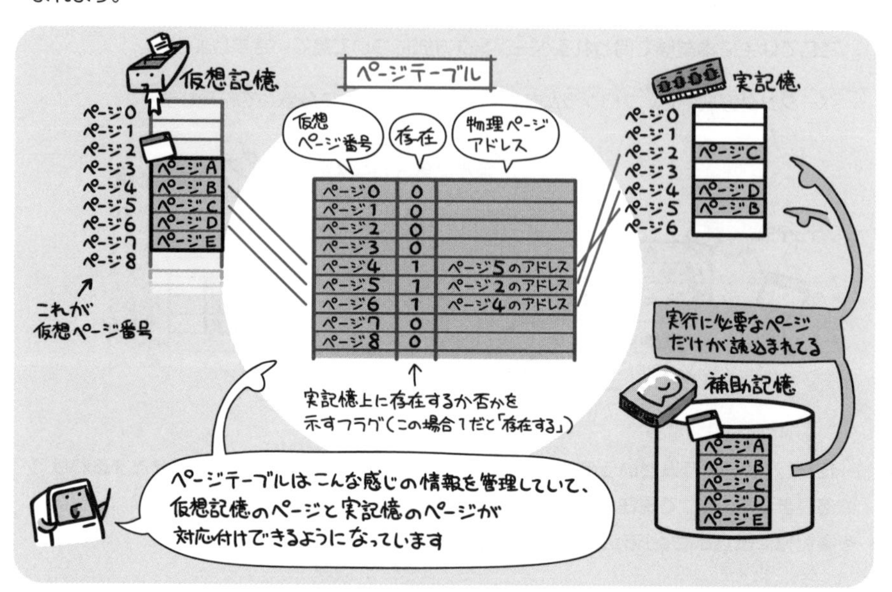

それではこのページテーブルを用いて、仮想記憶上の位置を指し示す仮想アドレスから、どのように実アドレスが導き出されるか見て行きましょう。

仮想アドレスには、次のような情報が含まれています。

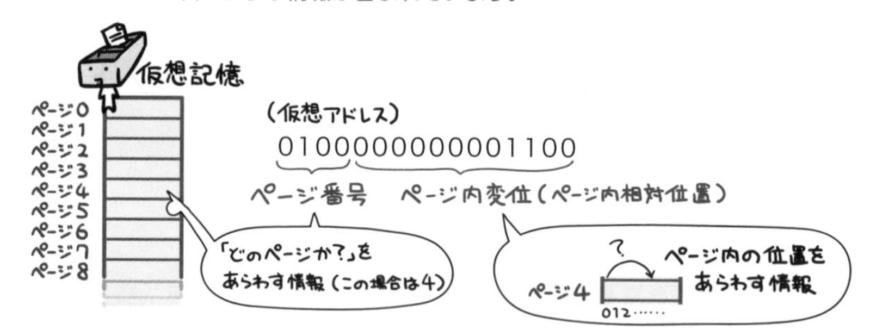

上の例のような仮想アドレスが与えられた場合、まず先頭数ビット(この例の場合は4ビット)を見て仮想ページ番号を取得し、ページテーブルの中身を検索します。

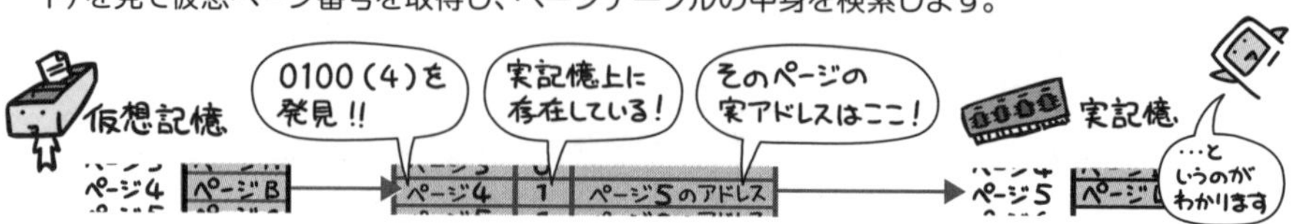

ここで得られたアドレスは、あくまでも実記憶上にあるページ枠の先頭アドレスでしかありません。

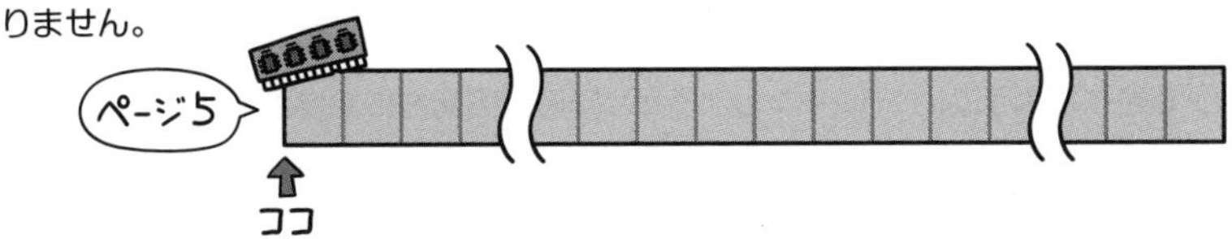

したがって、仮想アドレスのページ内変位部をこのアドレスに加算します。

これによって実アドレスが得られます。

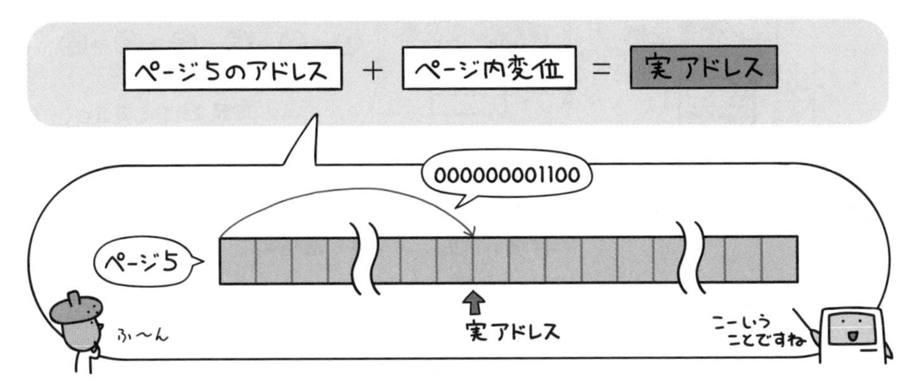

ページテーブルを確認して「実記憶に存在しない」となった場合は、実記憶へのページ読込みが発生します。

補助記憶から実記憶へのページ読込みをページインと言います。

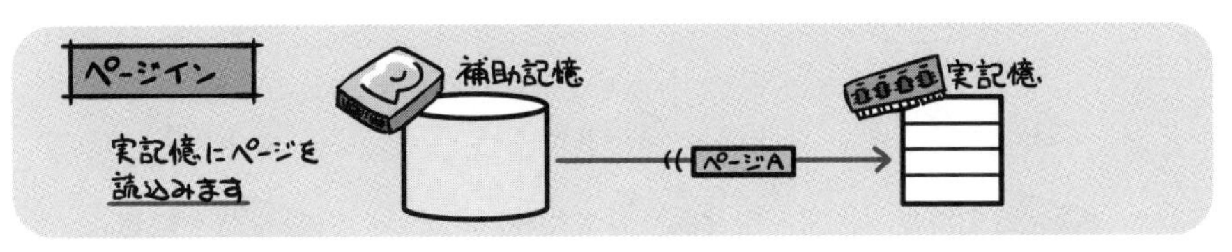

ページインしようとしたら、すでに実記憶がいっぱいでした…という場合、いずれかのページを補助記憶に追い出して空きを作らなければいけません。

実記憶から補助記憶へとページを追い出すことをページアウトと言います。

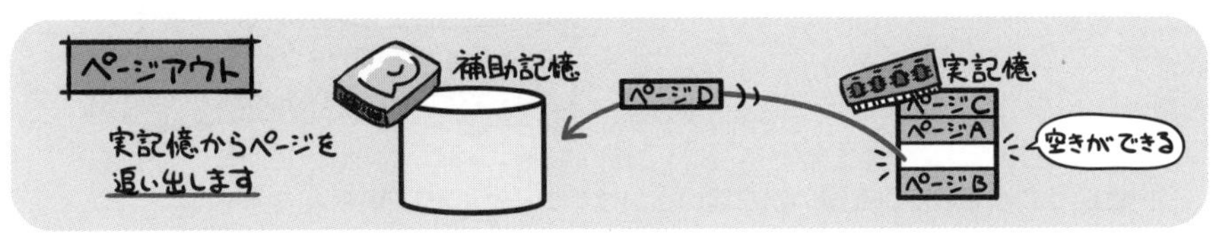

実記憶の容量が少ないと、上記のようにページの置換えを必要とする頻度が高くなり、システムの処理効率が極端に低下することがあります。この現象をスラッシングと呼びます。

ページの置き換えアルゴリズム

前ページで述べたように、ページインしようとした時に実記憶に空きがなければ、いずれかのページをページアウトさせて空きを作る必要が出てきます。

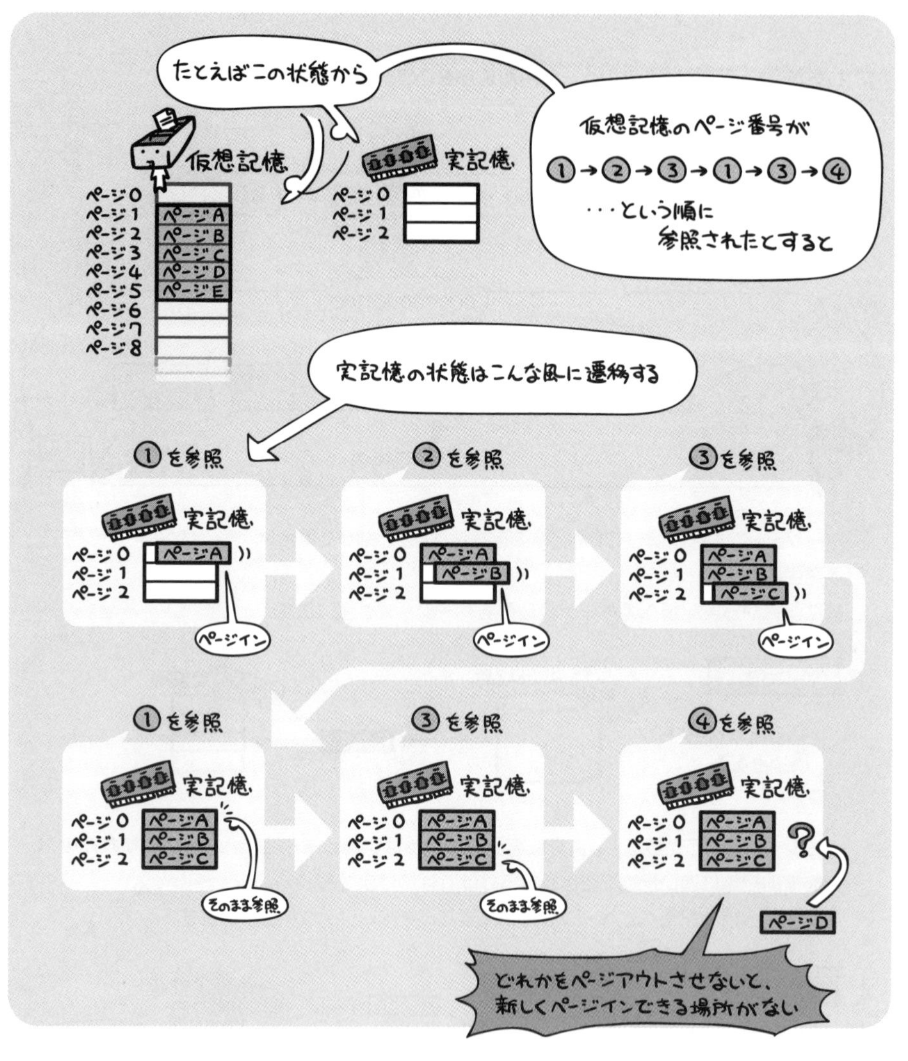

…というわけでなにかを追い出さないといけないことになります。

でも、やみくもになにか追い出せばいい、というわけでもありません。ページアウトさせたものがさして間を置かずに再度必要になる場合だと、せっかく追い出したものをページインし直す羽目になって効率が悪いからです。

したがって、「何をページアウトさせるか」の判断が大事になってきます。

それを決定するための置き換えアルゴリズムが次のものたち。それぞれ、どのページがページアウトの対象となるのか、よーく理解しておきましょう。

FIFO (First In First Out) 方式

最初に (First In) ページインしたページを、追い出し対象にします。

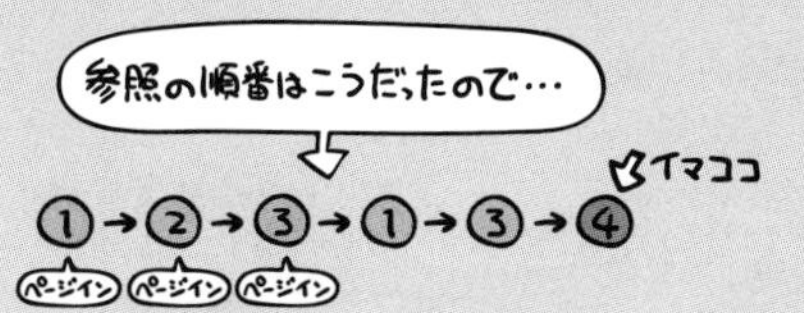

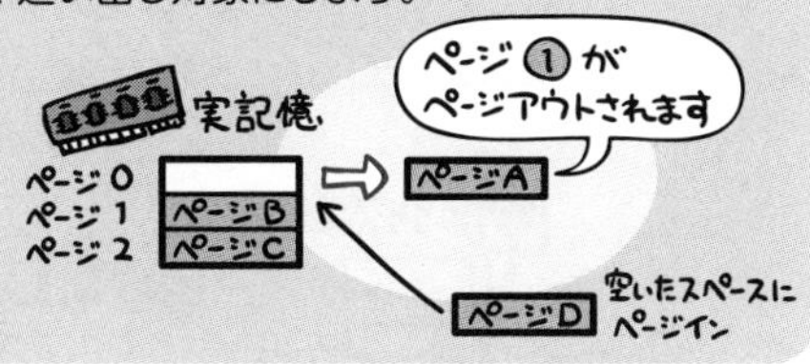

LIFO (Last In First Out) 方式

最後に (Last In) ページインしたページを、追い出し対象にします。

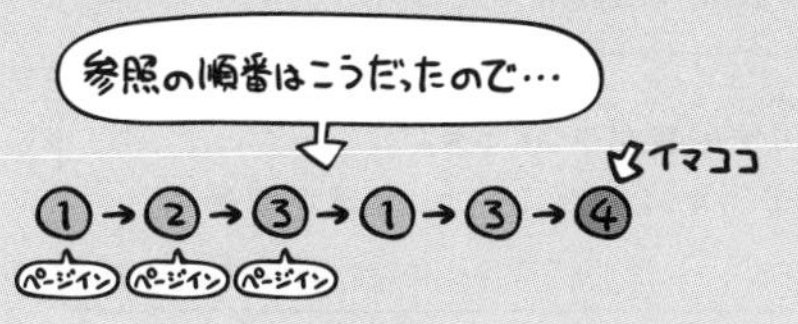

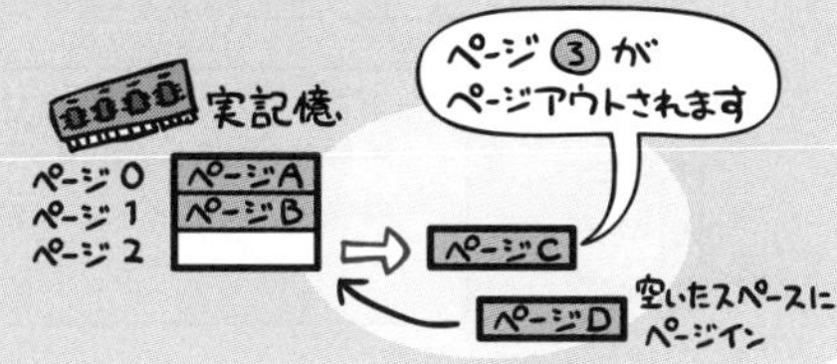

LRU (Least Recently Used) 方式

もっとも長い間参照されてないページを、追い出し対象にします。

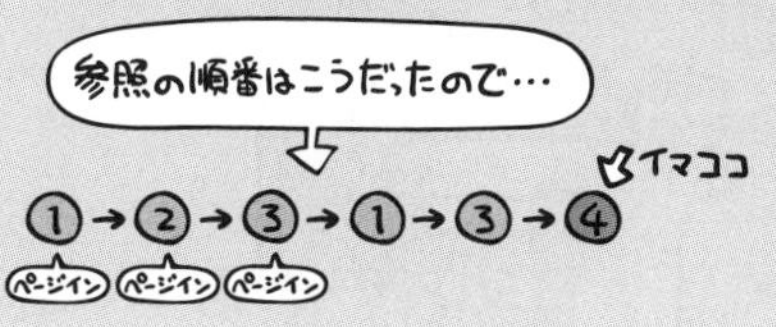

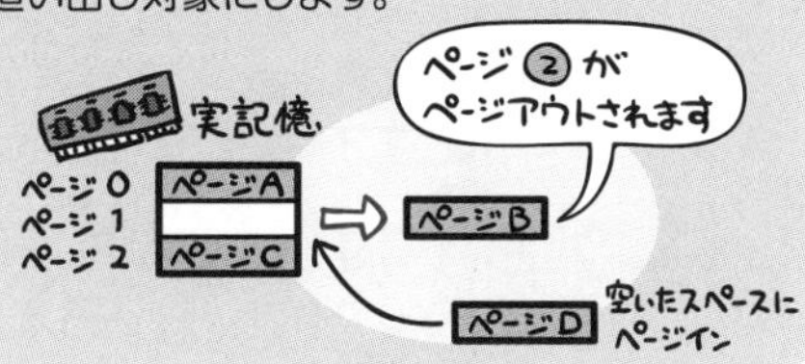

LFU (Least Frequently Used) 方式

もっとも参照回数の少ないページを、追い出し対象にします。

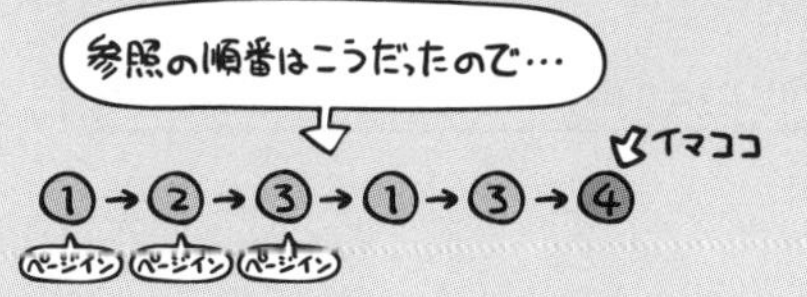

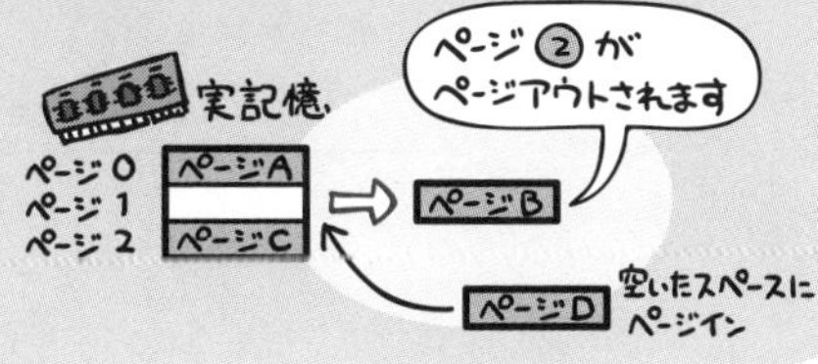

デマンドページングとプリページング

ページングの方式には、5ページ前で「現在の主流」と述べたデマンドページングの他にも、プリページングという手法があります。それぞれの特徴をおさえておきましょう。

デマンドページング

実行に必要なページだけを実記憶に読込ませる方法です。

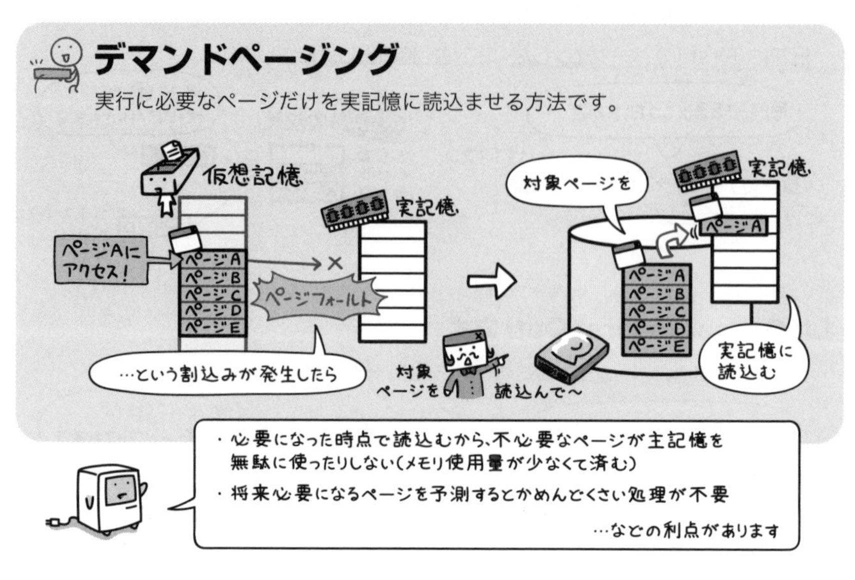

プリページング

将来必要になりそうなページをあらかじめ実記憶に読込ませておく方法です。

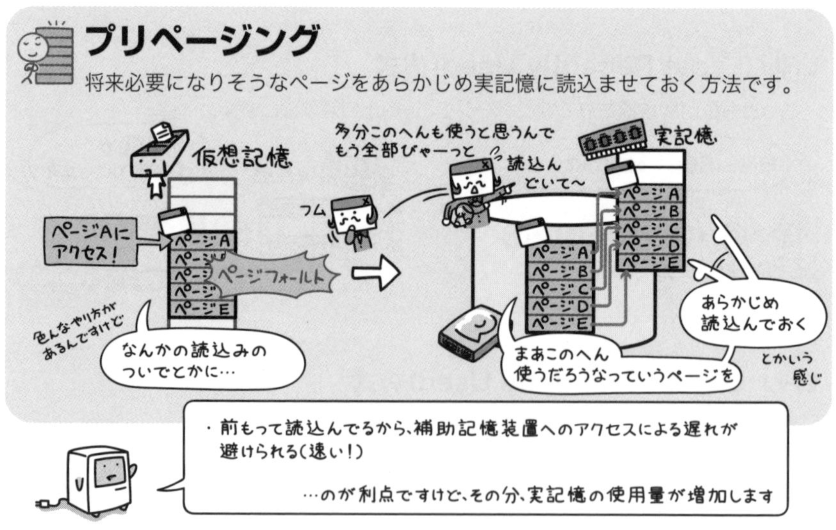

ページングとスワッピング

さて、補助記憶装置に実記憶（主記憶装置）の内容を退避させたり、ひっぱり出してきたりとなりますと、自ずと気になってくるのが…、

…ということです。

広義のスワッピングは、補助記憶装置と主記憶装置とでメモリ内容を出し入れすること全般を指しますから、この場合両者に違いはありません。

ただし、本試験内では狭義のスワッピングを採用しており、「プロセス単位で領域の出し入れを行うのがスワッピング」として、明確にページングと区別しています。

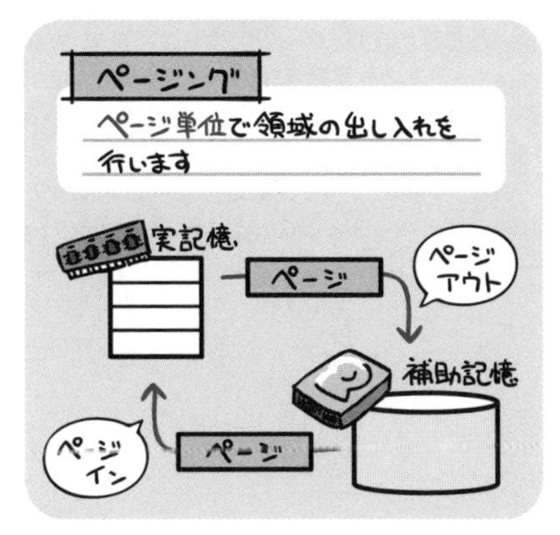

このように出題されています

過去問題練習と解説

MMU (Memory Management Unit) の説明として，適切なものはどれか。

ア　CPUからのページフォールトを受けて，物理ページのスワップを行う。
イ　CPUが指定した仮想アドレスを物理アドレスに対応させる。
ウ　OSの一部分であり，キャッシュ制御機能及びバス調整機能を有する。
エ　主記憶のデータの一部を保持し，CPUと主記憶の速度差を吸収する。

解説

MMUの説明は、330ページを参照してください。

ページング方式の仮想記憶において，ページアクセス時に発生する事象をその回数の多い順に並べたものはどれか。ここで，A≧Bは，Aの回数がBの回数以上，A＝Bは，AとBの回数が常に同じであることを表す。

ア　ページアウト ≧ ページイン ≧ ページフォールト
イ　ページアウト ≧ ページフォールト ≧ ページイン
ウ　ページフォールト ＝ ページアウト ≧ ページイン
エ　ページフォールト ＝ ページイン ≧ ページアウト

解説

ページフォールトは、必要なページが実記憶上にない時に発生する割り込みのことです (333ページを参照してください)。ページインは、補助記憶から実記憶にページを読み込むことであり (335ページを参照してください)、ページフォールトが発生しないとページインは起こりません。したがって、ページフォールトの回数とページインの回数は一致します。

ページアウトは、ページを実記憶から補助記憶に追い出すことです (335ページを参照してください)。初めてアプリケーションプログラムを起動する時、実記憶のページ領域には何もないので、ページインは起こりますが、ページアウトは起きません。そして、アプリケーションプログラムが動作を続けると、ページアウトが起きずにページインが起き続け、実記憶のページ領域がすべて埋まった時に、いずれかのページをページアウトし、必要なページをページインします。したがって、“ページインの回数 ＞ ページアウトの回数” が成り立ちます。

もし、実記憶のページ領域がすべて埋まった時から、ページインとページアウトの回数を数え始めたならば、“ページインの回数 ＝ ページアウトの回数” になります。したがって、一般論としては、“ページフォールトの回数 ＝ ページインの回数 ≧ ページアウトの回数” という関係が成り立ちます。

ページング方式の仮想記憶において，ページ置換えの発生頻度が高くなり，システムの処理能力が急激に低下することがある。このような現象を何と呼ぶか。

ア　スラッシング　　　　　　イ　スワップアウト
ウ　フラグメンテーション　　エ　ページフォールト

解説

ア　スラッシングの説明は、335ページを参照してください。
イ　スワップアウトの説明は、320ページを参照してください。
ウ　フラグメンテーションの説明は、318ページを参照してください。
エ　ページフォールトの説明は、333ページを参照してください。

仮想記憶管理におけるページ置換えアルゴリズムとしてLRU方式を採用する。主記憶のページ枠が，4000, 5000, 6000, 7000番地(いずれも16進数)の4ページ分で，プログラムが参照するページ番号の順が，1 → 2 → 3 → 4 → 2 → 5 → 3 → 1 → 6 → 5 → 4 のとき，最後の参照ページ4は何番地にページインされているか。ここで，最初の 1 → 2 → 3 → 4 の参照で，それぞれのページは 4000, 5000, 6000, 7000番地にページインされるものとする。

ア　4000　　イ　5000　　ウ　6000　　エ　7000

解説

LRU (Least Recently Used) では、337ページに説明されているとおり、読み込まれてから，最も長く参照されていないページがページアウトされます。LRUで、本問が指定するページ読込み順序を実行すると次のようになります (最も長く使われていないページに、★を付けます)。

	主記憶 (番地)			
	4000	5000	6000	7000
1	1★			
2	1★	2		
3	1★	2	3	
4	1★	2	3	4
5	1★	2	3	4
6	5	2	3★	4
7	5	2	3	4★
8	5	2★	3	1
9	5★	6	3	1
10	5	6	3★	1
11	5	6	**4**	1★

ページ番号	
ページイン	ページアウト
1	
2	
3	
4	
5	1
1	4
6	2
4	3

上記の太い枠線が示すとおり、最後の参照ページ4は、6000番地にページインされています。

正解▶問1:イ　問2:エ　問3:ア　問4:ウ

ページング方式の仮想記憶における主記憶の割当てに関する記述のうち，適切なものはどれか。

ア　プログラム実行時のページフォールトを契機に，ページをロードするのに必要な主記憶が割り当てられる。

イ　プログラムで必要なページをロードするための主記憶の空きが存在しない場合には，実行中のプログラムのどれかが終了するまで待たされる。

ウ　プログラムに割り当てられる主記憶容量は一定であり，プログラムの進行によって変動することはない。

エ　プログラムの実行開始時には，プログラムのデータ領域とコード領域のうち，少なくとも全てのコード領域に主記憶が割り当てられる。

解説

ア　ページフォールトは、主記憶装置に存在しないメモリページに対するアクセスが起こったときに発生する割り込みです（333ページを参照してください）。ページフォールトが発生した時、主記憶装置にあるページのいずれかをページアウトし、アクセス要求があったページをページインします（＝ページをロードするのに必要な主記憶が割り当てられます）。

イ　プログラムで必要なページをロードするための主記憶の空きが存在しない場合には、ページフォールトが発生します。しかし、ページフォールトが発生したプログラムは、実行中のプログラムのどれかが終了するまで待たされることなく、ページフォールトが完了した後に、その処理を続行します。

ウ　プログラムに割り当てられる主記憶容量は一定ではなく、プログラムの進行によって変動します。

エ　実行するプログラムの容量が、1ページに納まる場合を除いて、本選択肢のようなことは言えません。

正解▶問5：ア

Chapter 10-8

UNIX系OS

UNIXは、マルチユーザ・マルチプロセス環境を重視したワークステーション用のOSです。

メインフレームというバカでっかいホストコンピュータ用に開発されたOS、それがUNIXの前身です。開発当初から、複数のユーザが同時に1つのシステムを利用することのできるマルチユーザ、複数のプロセスが並行して動作することのできるマルチプロセス、そして異なる機種間への移植性といった特徴が重視されていました。

UNIXの登場は、単一のコンピュータによる処理が主流だったところに「ネットワークによってコンピュータが連携して処理を行う」という変革を与えました。後にこれがインターネットの誕生にも欠かせない役割を果たすことになるのですが…それはまた別のお話。

プログラム言語として非常に有名な「C言語」は、この移植性を高める開発の一環として生まれたものです。

Apple社のMac OSも現在はこのUNIXをベースとしており、UNIXおよび、その互換OSであるLinuxなどを総称してUNIX系OSと呼んでいます。このようにワークステーション用とは言いつつも現在その用途は多岐にわたっていて、デスクトップパソコンや携帯機器など広い範囲で利用されています。

ファイルシステムの特徴

UNIXでは、ファイルを通常ファイル・ディレクトリファイル・特殊ファイルという3つに分類しています。

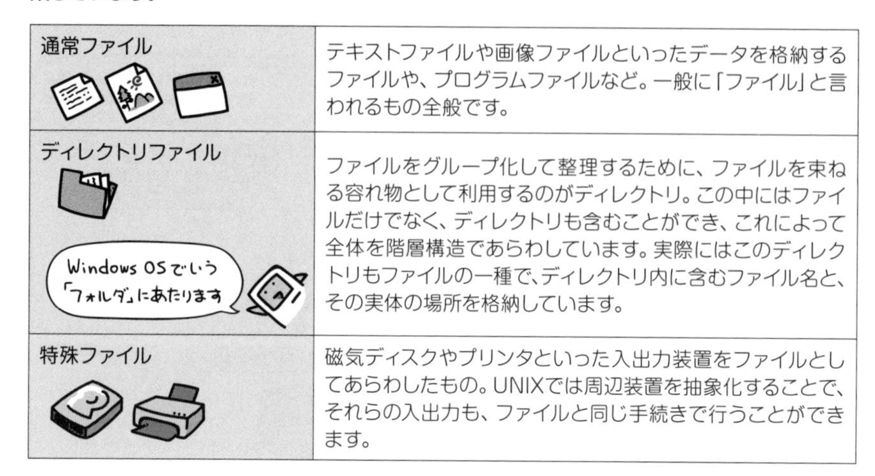

通常ファイル	テキストファイルや画像ファイルといったデータを格納するファイルや、プログラムファイルなど。一般に「ファイル」と言われるもの全般です。
ディレクトリファイル	ファイルをグループ化して整理するために、ファイルを束ねる容れ物として利用するのがディレクトリ。この中にはファイルだけでなく、ディレクトリも含むことができ、これによって全体を階層構造であらわしています。実際にはこのディレクトリもファイルの一種で、ディレクトリ内に含むファイル名と、その実体の場所を格納しています。
特殊ファイル	磁気ディスクやプリンタといった入出力装置をファイルとしてあらわしたもの。UNIXでは周辺装置を抽象化することで、それらの入出力も、ファイルと同じ手続きで行うことができます。

HDDなどの磁気ディスクも、UNIX環境下では特殊ファイルのひとつでしかありません。したがって、ファイルシステムの階層構造をあらわす時、最上位は"/"(ルートディレクトリ)ただひとつです。すべてのファイルはここを起点に辿ることができます。

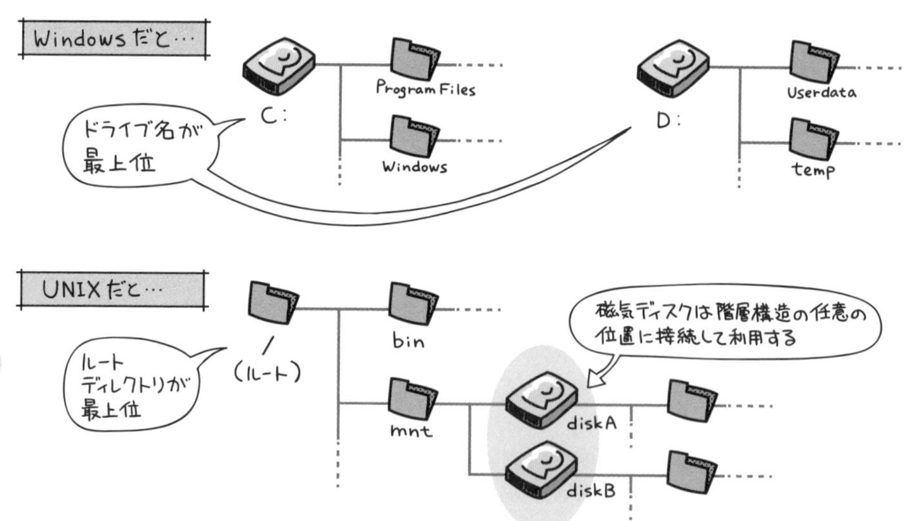

各装置は階層構造の中でどの位置に接続するかをシステムに認識させることで使えるようになります。この接続動作をマウントと呼びます。

標準ストリーム

プロセスと実行環境（端末）の間で、あらかじめ定められている入出力チャネルのことを標準ストリームと言います。UNIXにおいては、標準入力・標準出力・標準エラー出力という3つの入出力が用意されています。

シェル上で実行するコマンドは、「コマンド」という特殊な呪文ではありません。あのひとつひとつも、ただの小さなプログラムです。

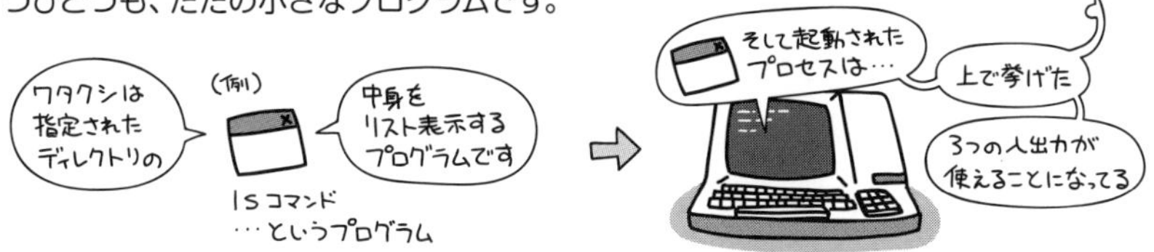

では、その3つの入出力とは何でしょう。UNIXでは次の装置とそれぞれ結びついています。

入力が必要であればキーボードから受け付けて（標準入力）、処理の結果はディスプレイに出力（標準出力）、何かエラーが起きた場合もディスプレイに出力（標準エラー出力）という具合に使えるようになっているわけですね。

リダイレクションとパイプ

前ページのように、プロセスは一般に標準入出力として、次のように装置と結びついているわけです。

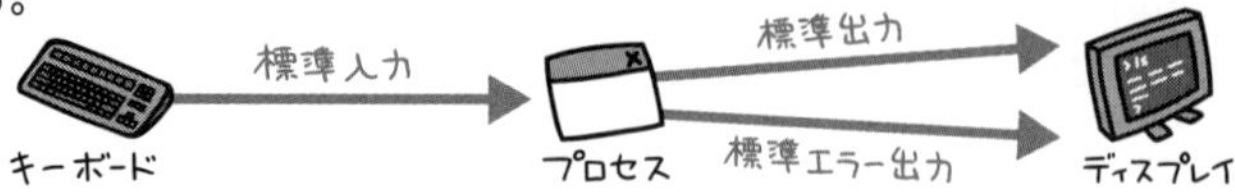

この時、コマンドの標準入出力を切り替えるなどして、便利に扱うための機能がリダイレクションとパイプです。

リダイレクション

コマンドの標準入出力を別のものに切り替える機能です。

これにより、実行結果を画面に出す代わりにファイルへと出力したり、キーボードではなくファイルの中身を入力として渡したりすることができます。

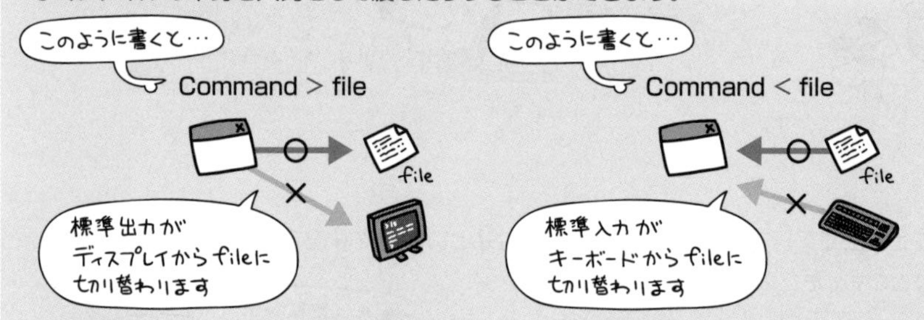

たとえば、「ls > file」とコマンド入力すると、その実行結果を納めたfileが出来上がります。

パイプ

あるコマンドの標準出力を、続くコマンドの標準入力として受け渡す機能です。

複数のコマンド間でデータを引き継いで連続処理を行うことができます。

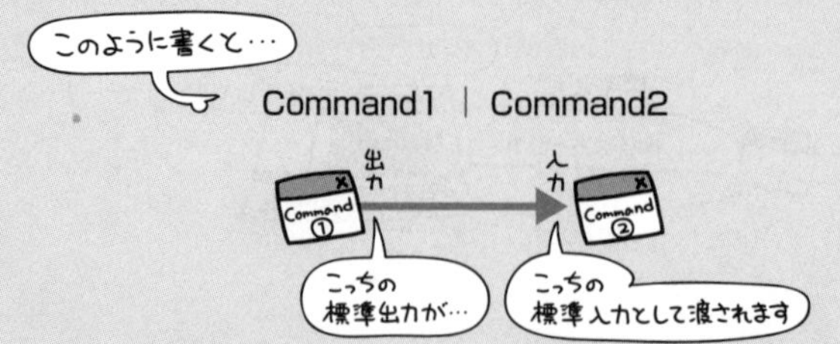

たとえば、「ls | grep test」とコマンド入力すると、lsによって取得されたファイル一覧から、grep（検索するコマンド）によって「test」という文字列を含むファイル名だけが抽出されて画面に表示されます。

このように出題されています

過去問題練習と解説

UNIXの特徴のうち，適切なものはどれか。

ア　周辺装置をディレクトリ階層の中のファイルとして扱うことができる。
イ　プロセス間の双方向通信を，リダイレクションという機能で提供している。
ウ　ユーザインタフェースは，シェルが提供するGUIであり，操作にはマウスが必須である。
エ　利用できるファイルは，順編成の固定長レコード形式だけである。

解説

ア　UNIXは、キーボードを含めたすべての周辺装置（スピーカ、マウス、テープドライブなど）をファイルとして捉え、データの入出力は、ファイル間のデータの流れと考えます。
イ　リダイレクションは、標準入力（キーボード）・標準出力（画面表示）・標準エラー出力（画面表示）の変更を指す用語です。
ウ　UNIXのユーザインタフェースは、基本的にシェルが提供するCUI（Character-based User Interface）であり、操作にはキーボードが必須です。GUIが必要な場合は、X Windowsを別途インストールします。
エ　利用できるファイルは、順編成の固定長レコード形式だけに限りません。直接編成ファイルや索引順編成ファイルも扱えます。

OSにおけるシェルの役割に関する記述として，適切なものはどれか。

ア　アプリケーションでメニューからコマンドを選択したり，設定画面で項目などを選択したりするといったマウス操作を，キーボードの操作で代行する。
イ　複数の利用者が共有資源を同時にアクセスする場合に，セキュリティ管理や相互排除（排他制御）を効率的に行う。
ウ　よく使用するファイルやディレクトリへの参照情報を保持し，利用者が実際のパスを知らなくても利用できるようにする。
エ　利用者が入力したコマンドを解釈し，対応する機能を実行するようにOS に指示する。

解説

ア　ショートカットキーの説明です。
イ　セマフォのような説明です。
ウ　デスクトップにあるアイコンやリンクファイルのような説明です。
エ　シェルはOSを操作する場合のユーザインタフェース部分であり、利用者はシェルに対してコマンドを入力し、シェルが表示する画面を見て実行結果を判断します。シェルは、UNIX系OSで使われる用語であり、マイクロソフトのWindows系OSでは、コマンドプロンプトに相当します。

正解▶問1：ア　問2：エ

プログラムの作り方

コンピュータを
働かせるために
必要なものが
ソフトウェア

これは
「プログラム」とも
呼ばれていて…

中身はというと
コンピュータに
作業させる一連の
手順を定めたもの

いわば
こと細かに書いた
「おつかいメモ」
みたいなもんです

当然、人間用の
言葉で書いても
コンピュータには
わかりません

そこで、人間の側も
「これならわかる」
というレベルの
様式で…

かつ、コンピュータが
理解できる機械語に
翻訳しやすい形式の
言葉を考えた

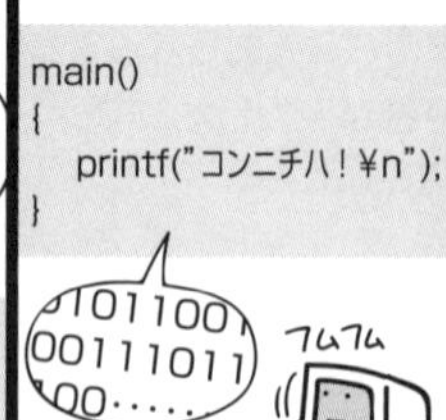

これが
プログラミング言語
というものです

ところで、同じ日本語で書いてても文章には良し悪しがありますよね？

9

プログラムだってこれは同じ

一度でいいから、「売れっ子」と呼ばれてみたい

人生でした…

10

ただ手順を書けば良いというものではありません

11

そう！エレガントで簡潔なロジックは何よりもビューチフル！

ドン

ぐい

あら？

12

13

エレガントか…はさておいて

たとえばチョー有名な

この立方体パズルだって

14

ロジックの良し悪しは、そのまま処理効率の差へとつながります

15

そこに込められた先人の知恵も含めてここではちょっとお勉強なのです

16

Chapter 11-1 プログラミング言語とは

コンピュータに作業指示を伝えるための言葉、それが「プログラミング言語」です。

「コンピュータが理解できる言葉は機械語」というのは前ページの漫画でも述べた通りです。なので私たちがそれを駆使して命令を伝えられれば良いわけですが、余程例外的なスキルを有した技術者でもない限り、それはとんでもなくハードルが高い。

そこで、「じゃあ私たちの作業指示を、機械語に翻訳して伝えればいいんじゃないか」となるわけです。ただ、本当ならそのまま英語や日本語を翻訳して使ってくれるといいんですけど、翻訳機もそこまで賢くはない。残念。

つまりこうして「機械語に翻訳しやすくて、かつ人間にもわかりやすい中間の言語」として作られたのがプログラミング言語というわけです。

私たちの使う言葉には、日本語や英語や中国語やギャル語などの様々な言語があるように、プログラミング言語も用途に応じて様々な言語が存在します。代表的なのはC言語やJavaなど。それでは各々の特徴からまずは見ていくといたしましょう。

代表的な言語とその特徴

代表的なプログラミング言語には下記のようなものがあります。

言語	特徴
シー **C言語** 	OSやアプリケーションなど、広範囲で用いられている言語です。 もともとはUNIXというOSの移植性を高める目的で作られた言語なので、かなりハードウェアに近いレベルの記述まで出来てしまう、何でもアリの柔軟性を誇ります。
コ ボ ル **COBOL** 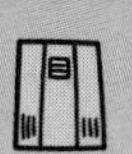	事務処理用に古くから使われていた言語です。 現在では、新規のシステム開発でこの言語を使うというのはまずなくなりました。ただし、大型の汎用コンピュータなどで古くから使われているシステムでは、過去に作ったCOBOLのシステムが今でも多く稼働しています。そのため、システムの改修などではまだまだ出番の多い言語です。
ジ ャ バ **Java** 	インターネットのWebサイトや、ネットワークを利用した大規模システムなどで使われることの多い言語です。 C言語に似た部分を多く持ちますが、設計初期からオブジェクト指向(P.723)やネットワーク機能が想定されていたという特徴を持ちます。 特定機種に依存しないことを目標とした言語でもあるため、Java仮想マシンという実行環境を用いることで、OSやコンピュータの種類といった環境に依存することなく、作成したプログラムを動かすことができます。 
ベーシック **BASIC** 	初心者向けとして古くから使われている言語です。 簡便な記述方法である他に、書いたその場ですぐ実行して確かめることができるインタプリタ方式(これについては次節で)が主流という特徴を持ちます。そのため未完成のコードでも、途中まで実行して動作を確認したりしながら開発を進めることができます。
ジャバスクリプト **JavaScript** 	主に動的なWebコンテンツ作成のために用いられる言語です。 インタプリタ方式の、簡便な記述方法によってWebページに組み込まれるスクリプト言語で、入力フォームに書かれた内容のチェックを行ったり、ページの中身を動的に書き換えるといった用途のために、クライアント側で動作します。上述のJavaと似た名前ですが関連性はありません。
パ イ ソ ン **Python** 	人工知能(AI)技術の機械学習(P.599)開発に強いとされている言語です。 言語仕様が非常にシンプルであるため習得が容易で、機械学習やディープラーニング(深層学習)向けのライブラリが充実していることから、近年のAIブームによって飛躍的に注目度が上がりました。インタプリタ方式のオブジェクト指向型スクリプト言語で、クラスや関数・条件文などのコードブロックをインデントの深さによって表現するなどの特徴を持ちます。

このように出題されています 過去問題練習と解説

問1 (NW-H17-12)

プログラム言語Cの特徴はどれか。

ア　高水準言語であるが，システムの細部までを記述でき，その成り立ちからシステム記述言語として位置付けられることが多い。

イ　述語論理を基盤とする言語であり，ユニフィケーションとバックトラックを使ってデータベースを探索する。

ウ　初心者向きの対話型汎用言語であり，パソコンの発展とともに普及してきた。

エ　対話型言語の性格をもった関数型言語であり，集合演算や行列演算に特徴があるので，普及当初は科学技術計算向きとされた。

解説

ア　プログラム言語Cの説明です。　イ　Prolog言語の説明です。　ウ　BASIC言語の説明です。
エ　FORTRAN言語の説明です。

問2 (SW-H18-A-37)

Javaの特徴に関する説明として，適切なものはどれか。

ア　オブジェクト指向言語であり，複数のスーパクラスを指定する多重継承が可能である。

イ　整数や文字などの基本データ型をクラスとして扱うことができる。

ウ　ポインタ型があるので，メモリ上のアドレスを直接参照できる。

エ　メモリ管理のためのガーベジコレクションの機能がある。

解説

ア　Javaは、オブジェクト指向言語ですが、複数のスーパクラスを指定する多重継承はできません。ただし、インタフェースを使えば、多重継承と類似した効果を得ることはできます。　イ　整数や文字などの基本データ型そのものをクラスとして扱うことはできません。クラスの中に、データとして基本データ型を含めることはできます。　ウ　Javaには、ポインタ型はありません。　エ　そのとおりです。

問3 (AP-R04-S-07)

プログラム言語のうち，ブロックの範囲を指定する方法として特定の記号や予約語を用いず，等しい文字数の字下げを用いるという特徴をもつものはどれか。

ア　C　　イ　Java
ウ　PHP　　エ　Python

解説

プログラム言語において、ブロックは“複数の構文や命令文などを一括りにまとめたもの”を指す用語です。右表のように、C言語、Java、PHPでは、{ブロック}のようにブロックを{}でくくりますが、Python（パイソン）ではインデント（字下げ）を使ってブロックの範囲を示します。

C言語、Java、PHP	Python

while（条件式）{
　ブロック内の命令文1
　ブロック内の命令文2
　ブロック内の命令文3
}
	while 条件式:
	　ブロック内の命令文1
	　ブロック内の命令文2
	　ブロック内の命令文3

正解▶問1：ア　問2：エ　問3：エ

Chapter 11-2 言語プロセッサ

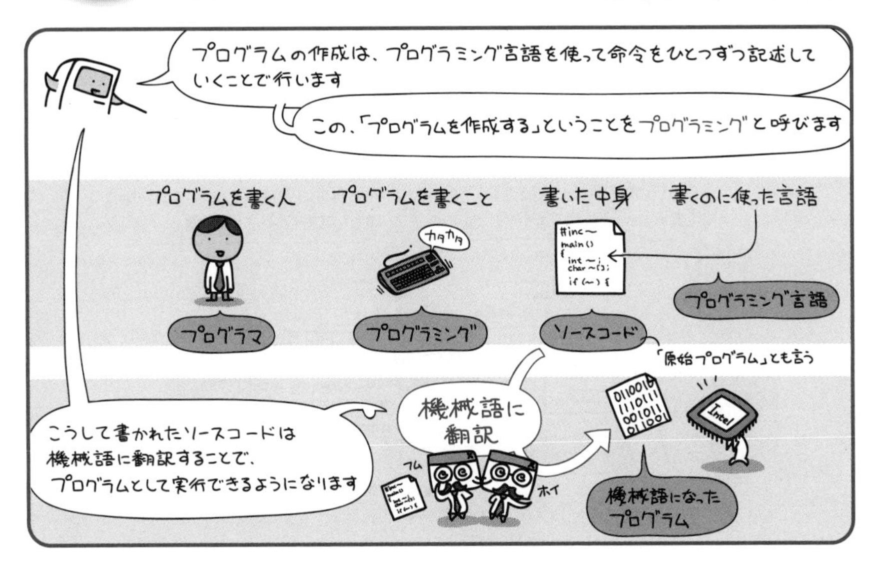

翻訳作業を行うプログラムを総称して、言語プロセッサと呼びます。

プログラミング言語は、大別すると低水準言語と高水準言語の2つに分けることができます。低水準とは、「よりコンピュータに近い言語」を指し、コンピュータが直接解釈できる機械語や、命令の仕様がその機械語と1対1の関係にあるアセンブラ言語などがこれにあたります。一方高水準は「より人間の言葉に近い言語」であり、前節で紹介したC言語、BASIC、COBOL、Javaはすべてこれにあたります。

低水準、高水準と書かれると、そこに優劣があるように思えます。しかし両者はあくまでもコンピュータとの距離で分類しただけであり、そこに格差はありません。そして、最終的なゴールが機械語であることも同じ。その距離を埋めるために働くのが言語プロセッサの役割です。主要な言語プロセッサには次の3つがあります。

コンパイラ	ソースコードの内容を翻訳して機械語の目的プログラムを作成する。
アセンブラ	アセンブラ言語で書かれたプログラムを機械語に翻訳する。
インタプリタ	ソースコードに書かれた命令を、1つずつ機械語に翻訳しながら実行する。

インタプリタとコンパイラ

それでは、特に重要な2つの言語プロセッサについて、より詳しく見てみましょう。

インタプリタ方式

この方式では、ソースコードに書かれた命令を、1つずつ機械語に翻訳しながら実行します。逐次翻訳していく形であるため、作成途中のプログラムもその箇所まで実行させることができるなど、「動作を確認しながら作っていく」といったことが容易に行えます。

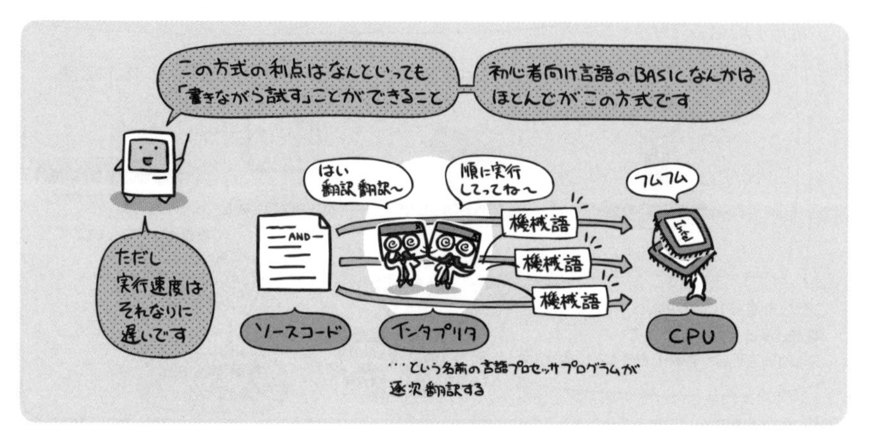

コンパイラ方式

この方式では、ソースコードの内容を最初にすべて翻訳して、機械語のプログラム（目的プログラム）を作成します。ソースコード全体を解釈して機械語化するため、効率の良い翻訳結果を得ることができますが、「作成途中で確認のために動かしてみる」といった手法は使えません。

特殊な言語プロセッサ

言語プロセッサには、その他にも用途に応じて様々な種類があります。

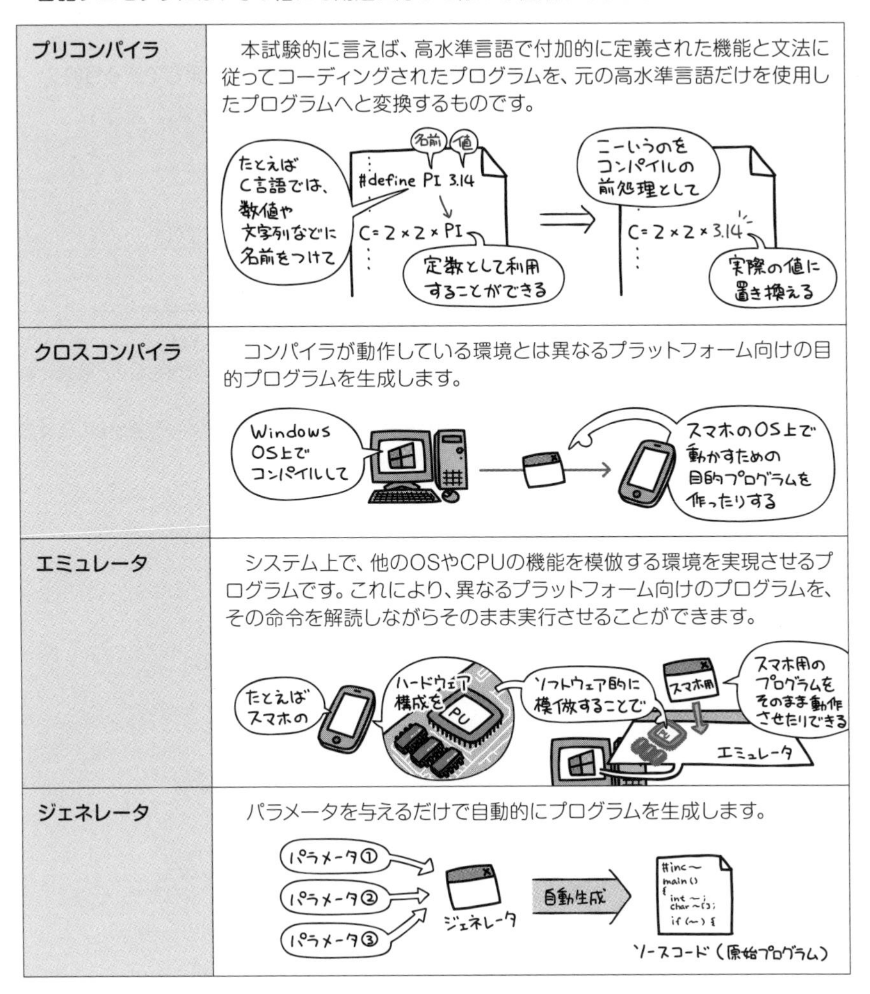

プリコンパイラ	本試験的に言えば、高水準言語で付加的に定義された機能と文法に従ってコーディングされたプログラムを、元の高水準言語だけを使用したプログラムへと変換するものです。
クロスコンパイラ	コンパイラが動作している環境とは異なるプラットフォーム向けの目的プログラムを生成します。
エミュレータ	システム上で、他のOSやCPUの機能を模倣する環境を実現させるプログラムです。これにより、異なるプラットフォーム向けのプログラムを、その命令を解読しながらそのまま実行させることができます。
ジェネレータ	パラメータを与えるだけで自動的にプログラムを生成します。

このように出題されています
過去問題練習と解説

問1 (AP-H27-S-19)

あるコンピュータ上で，異なる命令形式のコンピュータで実行できる目的プログラムを生成する言語処理プログラムはどれか。

ア　エミュレータ
イ　クロスコンパイラ
ウ　最適化コンパイラ
エ　プログラムジェネレータ

解説

アとイ　エミュレータとクロスコンパイラの説明は、355ページを参照してください。

ウ　最適化コンパイラは、プログラムを動作させる環境（OSやCPUなど）で、処理をもっとも速く実行できる形式にコンパイルするコンパイラのことです。

エ　プログラムジェネレータは、ジェネレータと同じ意味を持つ用語です。355ページを参照してください。

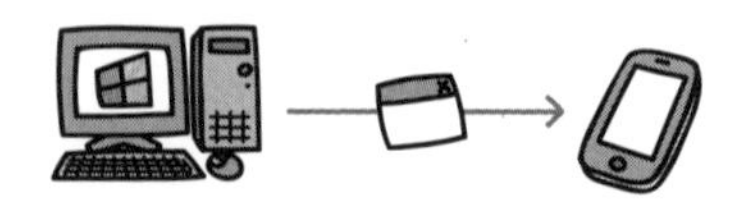

正解▶問1：イ

Chapter 11-3 コンパイラ方式でのプログラム実行手順

リンカというプログラムが、実行に必要なファイルをすべてくっつけることで、実行可能ファイルは生成されます。

コンパイラ方式のプログラムの場合、その実行に至るまでの過程では、コンパイラ以外に、2種類のプログラムが登場します。それがリンカとローダです。

ここでちょっと、この方式のプログラムが実行に至る流れを図にしてみましょう。

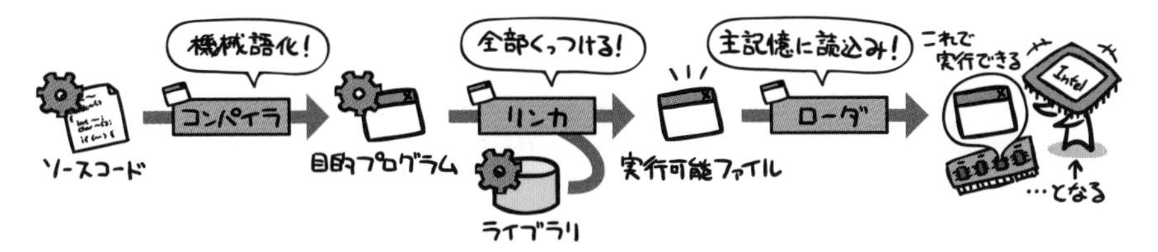

もう見たまんまでありますが一応ざっくり説明すると、「ソースコードを機械語化して、それを全部くっつけて、実行時にはこれを主記憶上に読み込む」というのが実行までの流れになるわけですね、うん。…え?あまりにざっくり過ぎる?

それでは上記流れの中に登場している、コンパイラとリンカとローダ、それぞれの行う仕事について、もう少し詳しく見ていきましょう。

コンパイラの仕事

コンパイラの仕事は、これまでに何度も書いている通り、「人間の側にわかるレベルの様式」…つまりはプログラム言語を使って書いたソースコードを、翻訳して機械語のプログラムファイルにすることです。

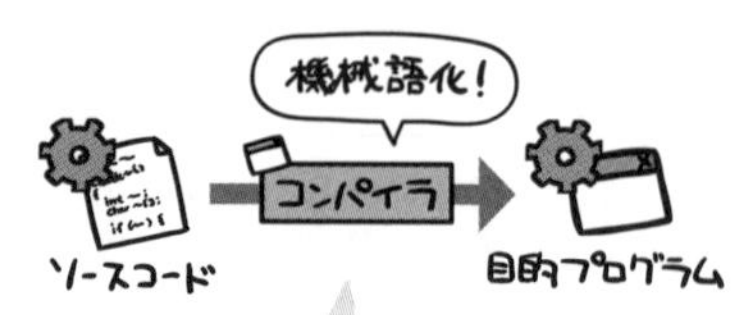

コンパイラの中では、ソースコードを次のように処理することで、目的プログラムを生成します。

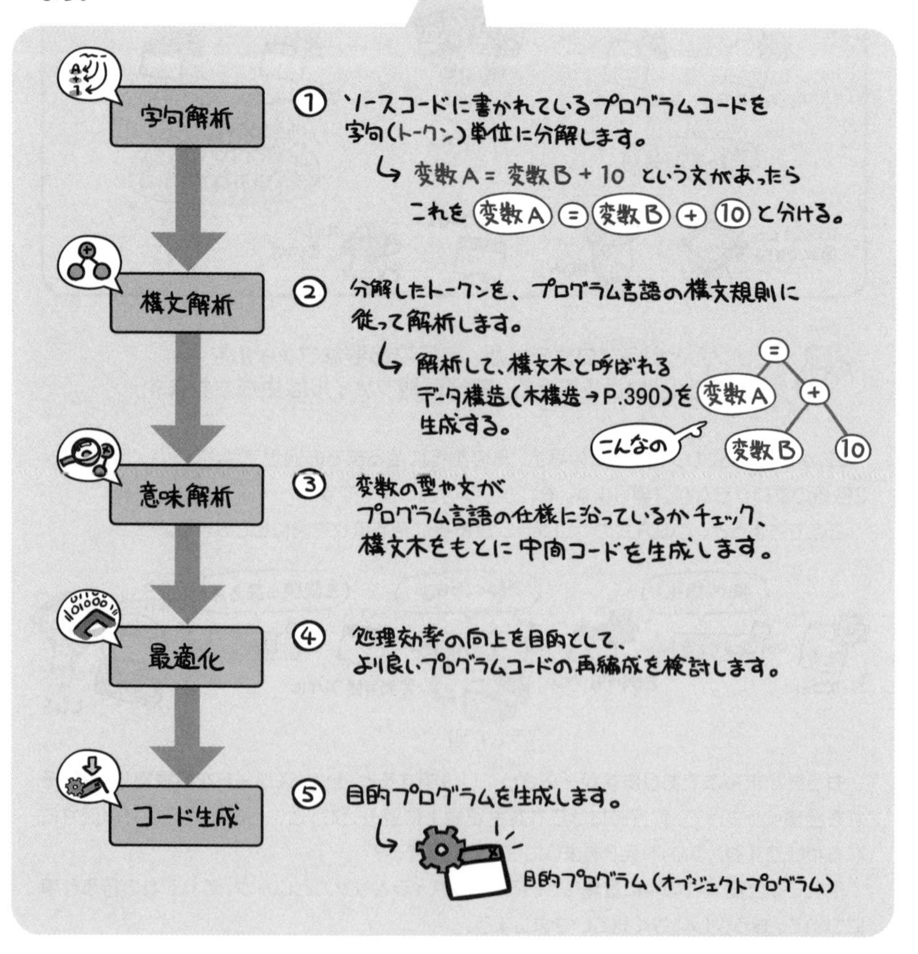

コンパイラの最適化手法

コンパイラの行う最適化手法には、コードサイズから見た最適化と実行速度から見た最適化という2つのアプローチがあります。

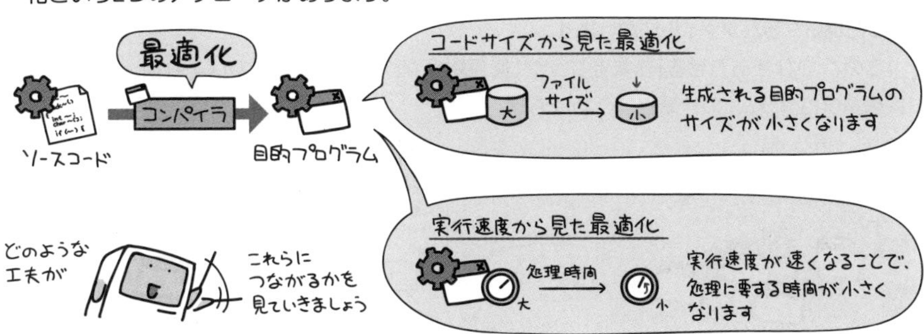

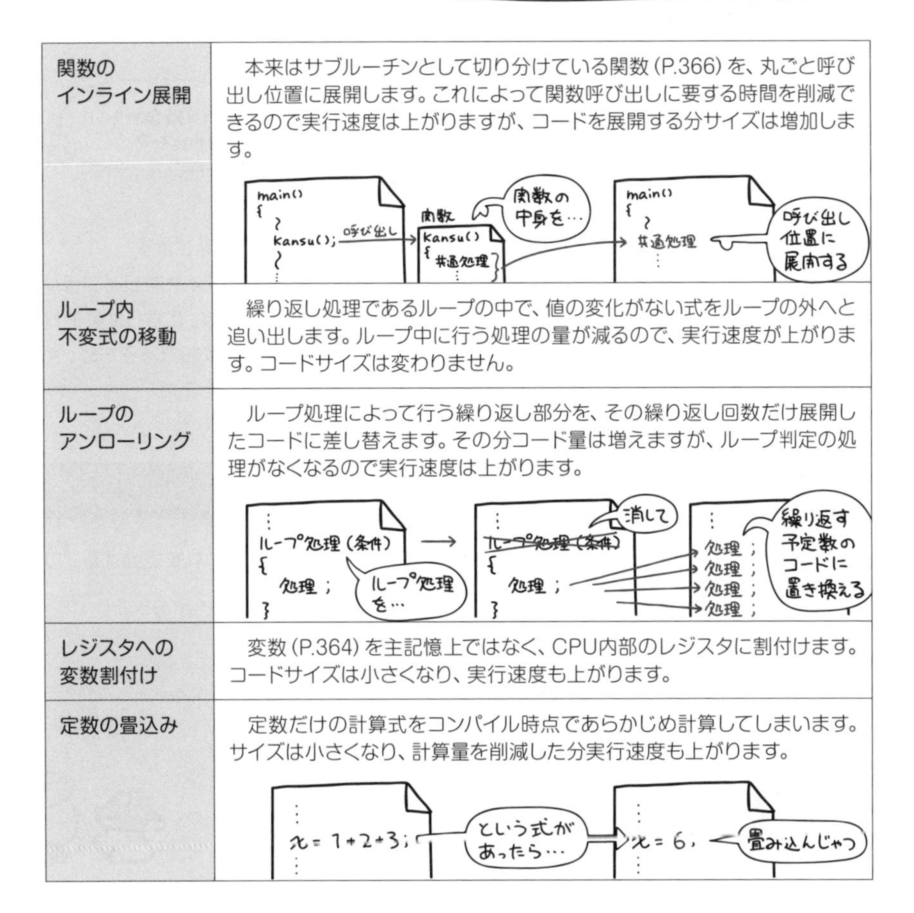

関数のインライン展開	本来はサブルーチンとして切り分けている関数（P.366）を、丸ごと呼び出し位置に展開します。これによって関数呼び出しに要する時間を削減できるので実行速度は上がりますが、コードを展開する分サイズは増加します。
ループ内不変式の移動	繰り返し処理であるループの中で、値の変化がない式をループの外へと追い出します。ループ中に行う処理の量が減るので、実行速度が上がります。コードサイズは変わりません。
ループのアンローリング	ループ処理によって行う繰り返し部分を、その繰り返し回数だけ展開したコードに差し替えます。その分コード量は増えますが、ループ判定の処理がなくなるので実行速度は上がります。
レジスタへの変数割付け	変数（P.364）を主記憶上ではなく、CPU内部のレジスタに割付けます。コードサイズは小さくなり、実行速度も上がります。
定数の畳込み	定数だけの計算式をコンパイル時点であらかじめ計算してしまいます。サイズは小さくなり、計算量を削減した分実行速度も上がります。

リンカの仕事

プログラムは、自分で分割したモジュールはもちろん、ライブラリとしてあらかじめ提供されている関数や共通モジュールなどもすべてつなぎあわせることで、実行に必要な機能がそろったプログラムファイルになります。

この、「つなぎあわせる」作業をリンク（連係編集）と呼びます。つまりはこれが、リンカ（連係編集プログラム）の仕事というわけです。

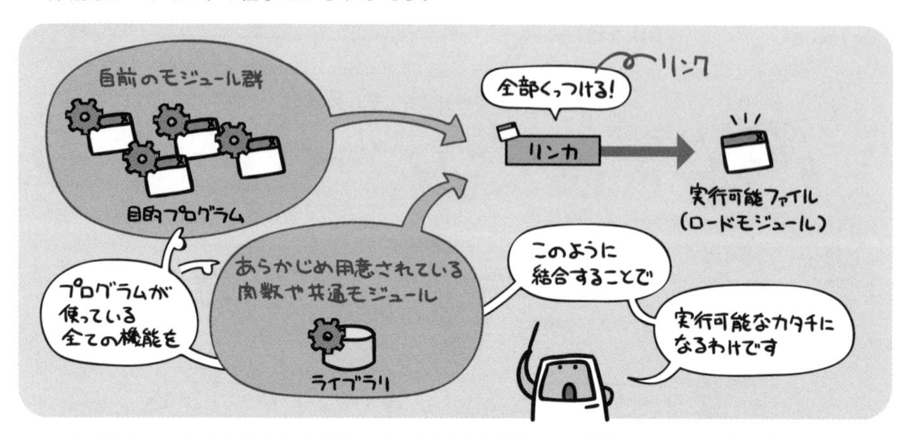

ちなみに、このような「あらかじめリンクしておく手法」を静的リンクと呼びます。

一方、この時点ではまだリンクさせずにおいて、「プログラムの実行時に、共有ライブラリやシステムライブラリをロードしてリンクする手法」というのも存在します。こちらは動的リンクと呼びます。この時用いるライブラリは複数のプログラムから共有可能であるため、主記憶の利用効率はこちらの方が良くなります。

ローダの仕事

ロードモジュールを主記憶装置に読み込ませる作業をロードと呼び、これを担当するプログラムがローダです。

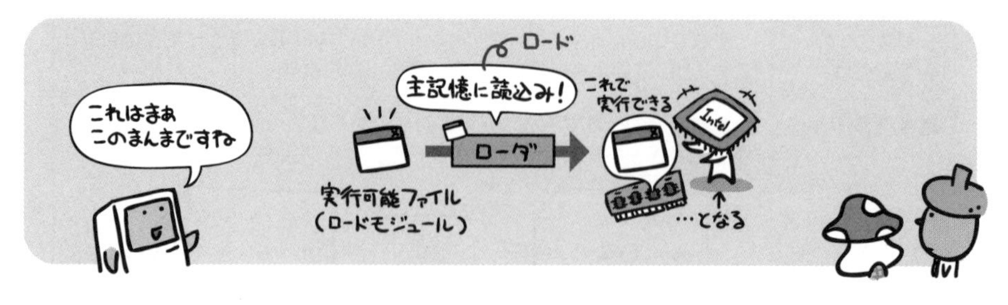

このように出題されています

過去問題練習と解説

問1 (AP-H25-A-20)

コンパイラにおける処理を字句解析，構文解析，意味解析，最適化の四つのフェーズに分けたとき，意味解析のフェーズで行う処理はどれか。

ア　言語の文法に基づいてプログラムを解析し，文法誤りがないかチェックする。

イ　プログラムを表現する文字の列を，意味のある最小の構成要素の列に変換する。

ウ　変数の宣言と使用とを対応付けたり，演算におけるデータ型の整合性をチェックする。

エ　レジスタの有効利用を目的としたレジスタ割付けや，不要な演算を省略するためのプログラム変換を行う。

解説

ア　構文解析のフェーズで行う処理です。
イ　字句解析のフェーズで行う処理です。
ウ　意味解析のフェーズで行う処理です。
エ　最適化のフェーズで行う処理です。

問2 (AP-H27-A-19)

目的プログラムの実行時間を短くするためにコンパイラが行う最適化の方法として，適切なものはどれか。

ア　繰返し回数が多いループは，繰返し回数がより少ないループを複数回繰り返すように変形する。例えば，10,000回実行するループは，100回実行するループを100回繰り返すようにする。

イ　算術式の中で，加算でも乗算でも同じ結果が得られる演算は乗算で行うように変更する。例えば，“X+X”は“X*2”で置き換える。

ウ　定数が格納される変数を追跡し，途中で値が変更されないことが確認できれば，その変数を定数で置き換える。

エ　プログラム中の2か所以上で同じ処理を行っている場合は，それらをサブルーチン化し，元のプログラムのそれらの部分をサブルーチン呼出しで置き換える。

解説

ア　100回実行するループを100回繰り返すよりは、10,000回実行するループに変換します。これを“ループのアンローリング”といいます。
イ　乗算よりも加算のほうが高速に計算されるので、同じ結果が得られる演算では、加算で行うように変更します。これを“演算子強度低減”といいます。
ウ　そのとおりです。これを“定数の畳込み”といいます。
エ　サブルーチン化された処理は、呼出し元の位置にコピーして、サブルーチンの部分を削除します。これを“関数のインライン展開”といいます。

正解▶問1：ウ　問2：ウ

構造化プログラミング

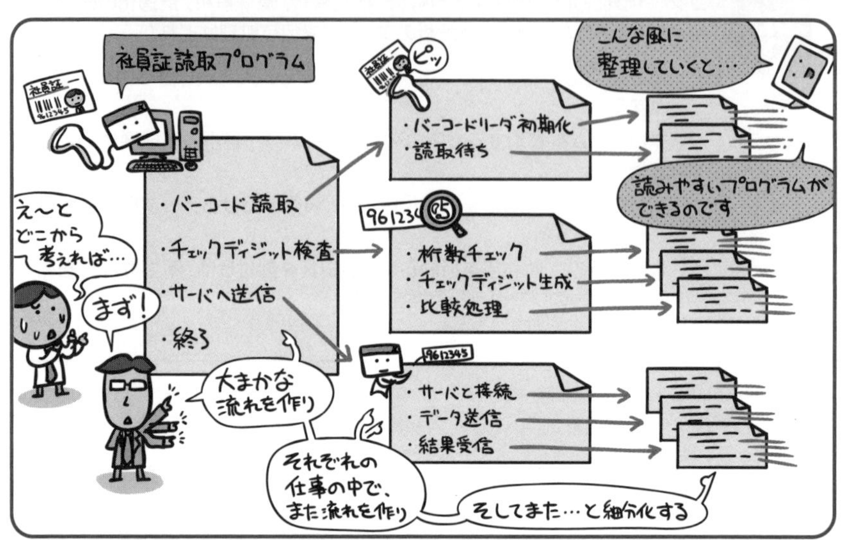

構造化プログラミングは、プログラムを機能単位の部品に分けて、その組み合わせによって全体を形作る考え方です。

長い文章を、何の章立ても決めずにひと息で書こうとすると、往々にして「あれ? 何を書きたかったんだっけか」なんて迷走する結果になりがちです。

プログラミングもこれは同じ。ましてやプログラムの場合は「○○の場合は××をせよ」なんて条件分岐が色々出てきますから、アッチへ飛んだりコッチへ飛んだりと、後から読むのすら難しい…「そもそも本当に完成するのこれ?」といった、難物ソースコードいっちょあがりとなる可能性も否定できません。

それを避けようと生まれたのが構造化プログラミング。

この手法では、一番上位のメインプログラムには、大まかな流れだけが記述されることになります。当然それだけじゃ完成しませんから、大まかな流れのひとつひとつを、サブルーチンという形で別のモジュールに切り出してやる。このサブルーチンも、内部は大まかな流れを記述して、その詳細はサブルーチンで…と切り出していく。

このように少しずつ処理を細分化していくことで、各階層ごとの流れがキチンと整理されることになります。結果、効率よく、ミスの少ないプログラムが出来上がるというわけです。

制御構造として使う3つのお約束

構造化プログラミングでは、原則的に次の3つの制御構造だけを使ってプログラミングを行います。

いえいえそんなことはありません。プログラミングというと、いかにも「複雑な処理が記述されている小難しい文書」みたいなイメージがありますが、実は紐解くとこれだけ単純な構造を組み合わせたものがほとんどだったりするのです。

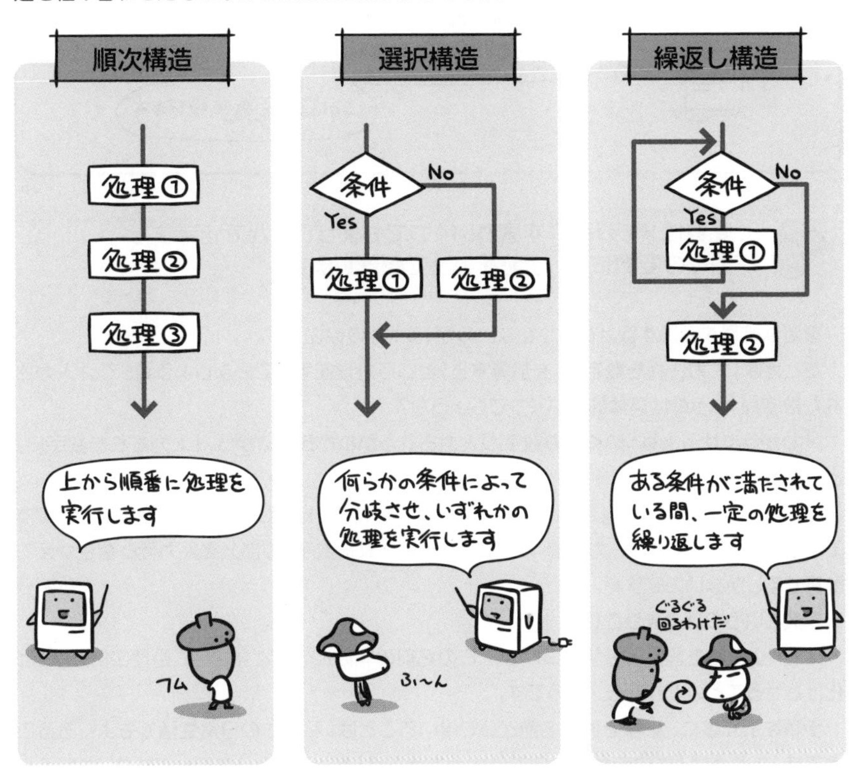

Chapter 11-5 変数は入れ物として使う箱

変数はメモリの許す限りいくつでも使うことができます。
個々の変数には、名前をつけて管理します。

複雑な処理を実現する上で欠かせないのが「変数」の存在です。

たとえば「入力された数字に1を加算する」という処理を考えてみましょう。さて、「入力された数字」というのは具体的にいくつでしょうか?

…わかりませんよね。いくつの数字が入力されるかわからないから、「入力された数字に」としてあるんですものね。

したがってプログラム的には、これは「入力された数字+1」としか書きようがないわけです。そうしておいて、実際の入力があった時に、「入力された数字」の部分を入力値と置きかえて計算するしかないのですね。

変数というのはつまりこれ。

メモリ上に箱を設けて名前をつけて、「この名前の箱はこの値と見なして処理に使うね」と化けさせることのできるモノなのです。

手順を示す際に、総称を仮の名前として用いることは、私たちの日常生活でもよくあることです。たとえば「訪問者が来たらこのベルを鳴らす」といったようなことですね。もちろん「仮の名前」というのはこの場合「訪問者」のこと。変数は、この「訪問者」にあたる使い方を、プログラムの中でさせてくれる便利なやつなのです。

たとえばこんな風に使う箱

こういったものはなかなか文字だけじゃわかりづらいと思うので、単純な例を用いて実際に変数を使ってみることにしましょう。

たとえば…そうですね、ドングリとキノコに好きな数字を言ってもらって、その合計に1を加算してみるとしましょうか。

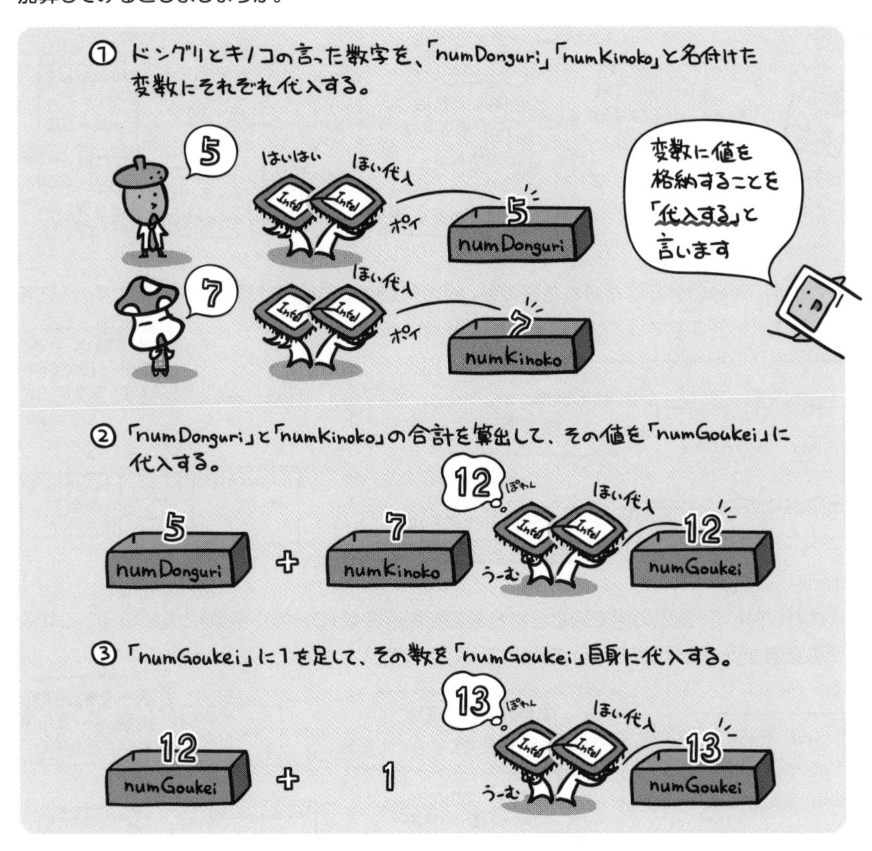

いかがですか? 少しはイメージできるようになりましたでしょうか。変数というのはただの箱に過ぎませんから、「自分自身に1足した数を自分自身に代入する」という処理も当然アリなわけです。

ちなみに変数には、数値以外にも、文字をはじめとする様々なデータを格納することができます。

変数の記憶期間と関数

プログラムは、一連の処理をまとめた「関数」というブロック単位で処理を構成します。

たとえばC言語を例にとると、プログラムはメイン関数において処理の開始から終了に至る一連の流れを記述します。ごく単純な処理であればこの関数だけで終わりますが、そうでない場合はこの関数内から、さらに様々な関数を呼び出して全体の処理を構成します。

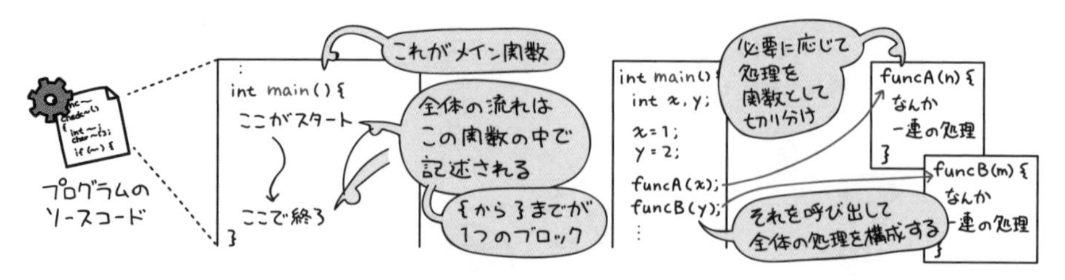

この時、関数の外で宣言された変数は、どの関数からも使用することができます。これを大域変数（外部変数もしくはグローバル変数）といいます。

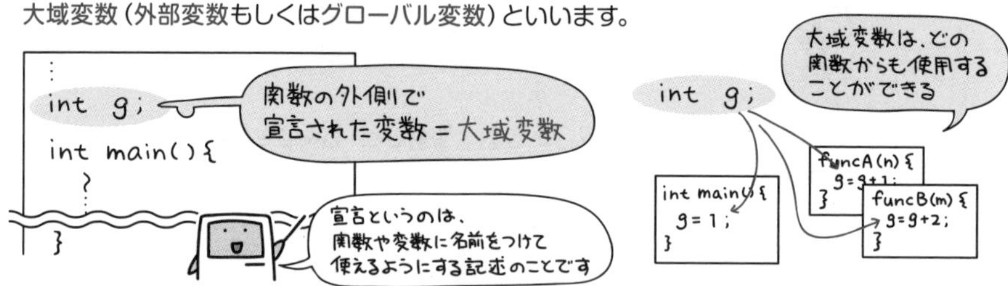

これに対して、関数の中で宣言された変数を局所変数（ローカル変数）といいます。これは、その宣言を行った関数の中でしか使用することができません。

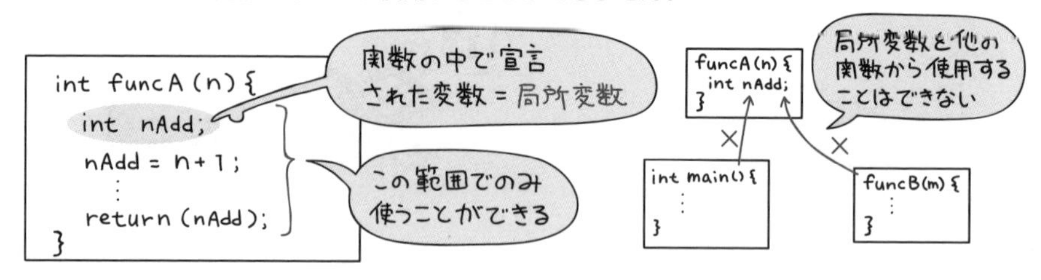

変数には値を保持しておける記憶期間があります。これは、どの時点でその変数を格納するための領域を確保するかという点と結びついています。

大域変数は関数の外側で宣言されています。どこからでも使える領域として、その宣言以降、プログラム終了時までこの領域は確保されています。

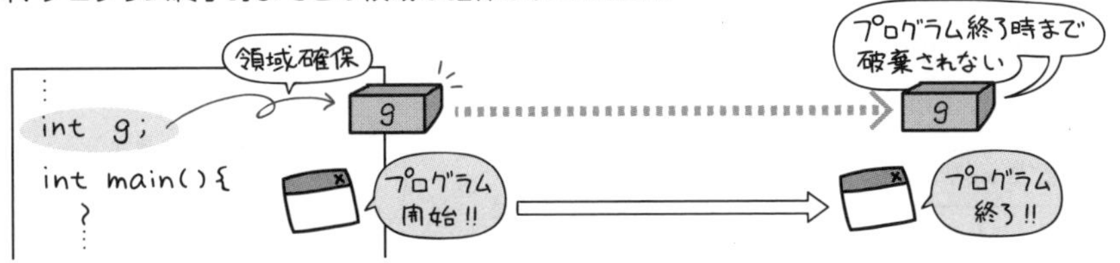

一方の局所変数はというと、関数内の宣言部分ではじめて領域が確保されます。このような変数は、関数の処理終了とともに領域が解放されて使えなくなります。これがこの変数の記憶期間です。

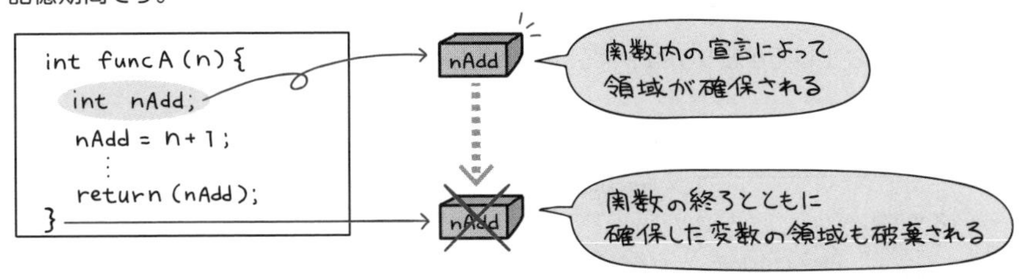

ただ、この時変数の宣言をstaticという文字付きで行うと、その変数は静的変数となり、関数の処理終了後も領域が解放されることはありません。プログラム終了時まで、値を保持し続けることができます。

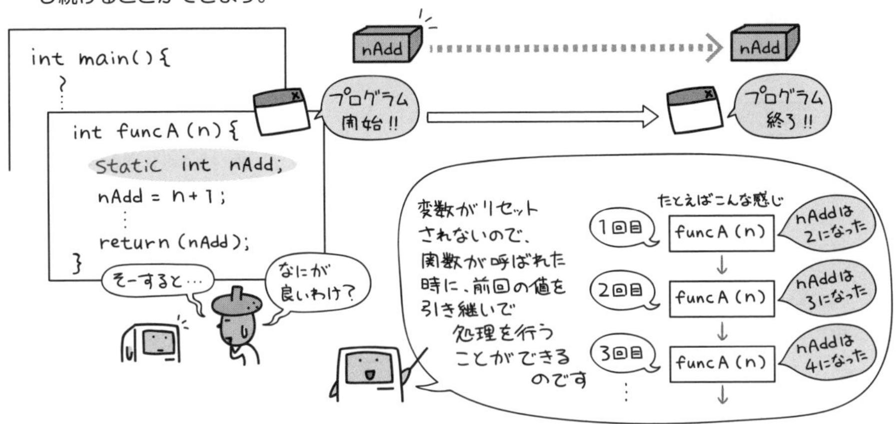

上記の静的変数に対し、staticを付けずに（もしくは通常は省略可能であるautoという文字を付けて）宣言を行った変数は動的変数と呼びます。

関数の呼び出しと変数の関係

関数は、その処理を行うにあたって、呼び出し元から必要なデータを受けとることができます。これを引数と言います。

この時、呼び出し元が渡す引数を実引数。呼び出された関数側が受けとる引数を仮引数と呼びます。

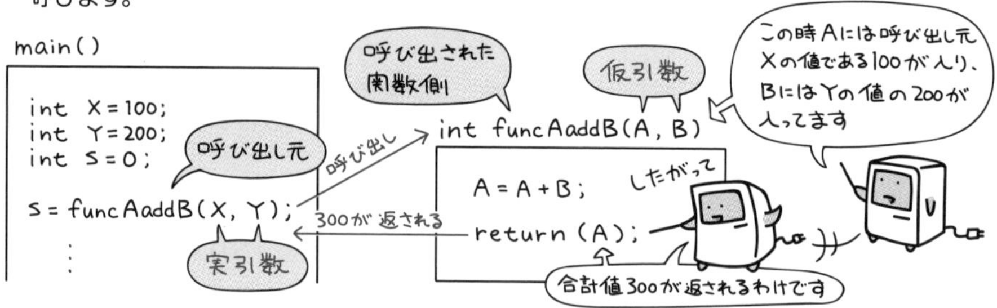

引数の渡し方には、値渡しと参照渡しという2つの方法があります。この違いは大事なので、次の図を読み解いて良く理解しておきましょう。

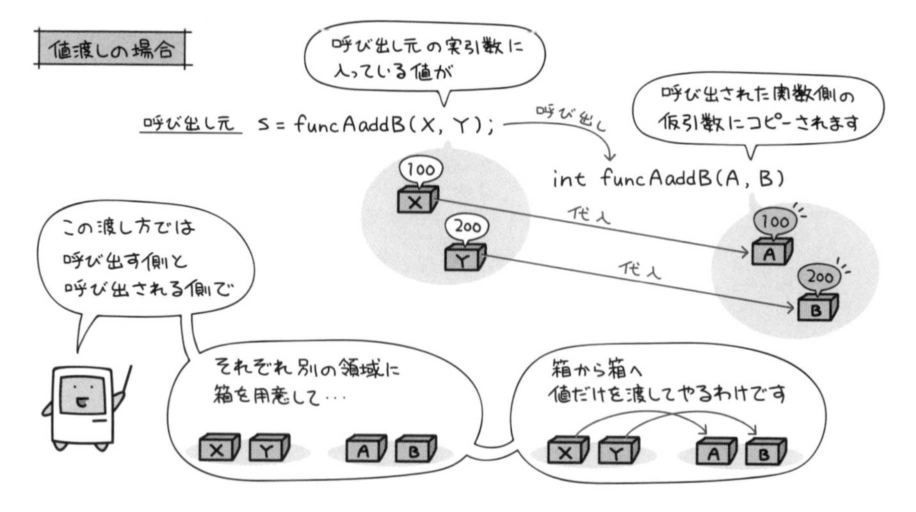

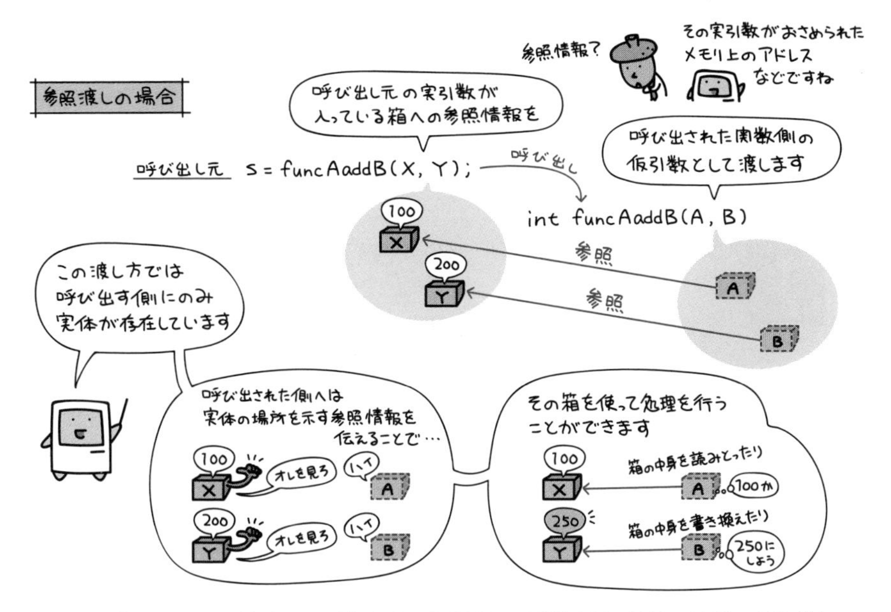

たとえば次のような、値渡しの引数aXと、参照渡しの引数sYを受けとる関数add()があったとします。

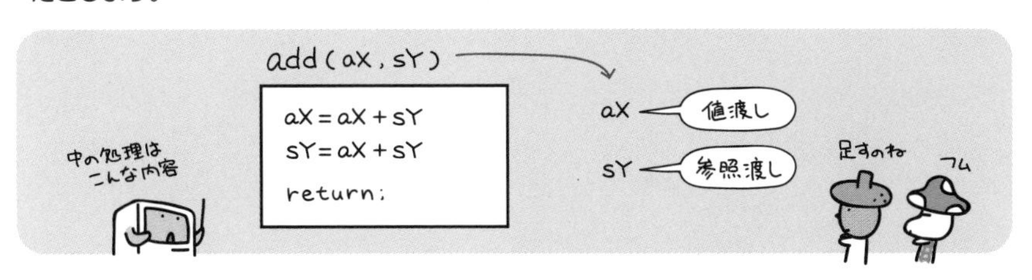

これを、次のプログラムから呼び出した時、呼び出し元の変数X、Yの値はどのように変化するかを見てみましょう。

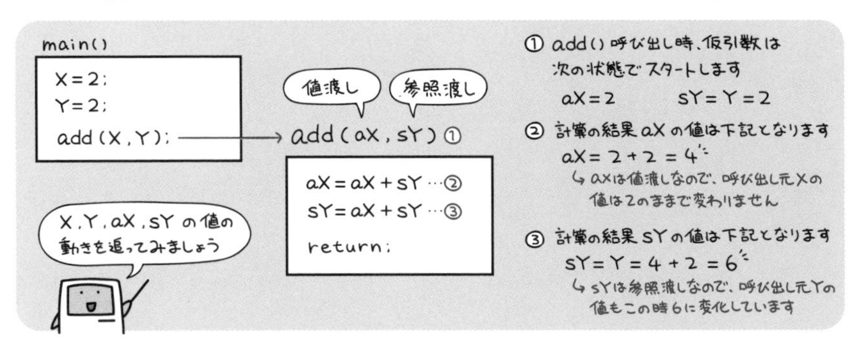

このように、参照渡しを用いた場合は、呼び出し元の変数の中身を関数側から操作することが可能となるわけです。それぞれどこのブロック内に実体となる箱が用意されて、どの箱の中身を操作しているのか意識することが大切です。

このように出題されています

過去問題練習と解説

問1 (AP-H26-S-07)

プログラム言語におけるデータ型に関する記述のうち，適切なものはどれか。

ア　実数型は，有限長の2進数で表現され，数学での実数集合と一致する。
イ　整数型は，2の補数表示を使用すると8ビットでは−128 ～ 127が扱える。
ウ　文字型は，英文字と数字の集合を定めたものである。
エ　論理型は，AND，OR，NOTの三つの値をもつ。

解説

ア　実数型は、有限長の2進数で表現されます。数学での実数集合は、有理数と無理数に分類されますが、実数型は有理数のみを取り扱います。
イ　そのとおりです。ただし整数型は、小数を取り扱えません。
ウ　文字型は、1文字の文字（英数字、ひらがな、カタカナ、漢字など）を取り扱います。2文字以上の文字は、文字列型として取り扱われます。
エ　論理型は、true（真）とfalse（偽）の2つの値をもちます。

問 2
(AP-H28-S-20)

メインプログラムを実行した後，メインプログラムの変数X，Yの値は幾つになるか。ここで，仮引数Xは値呼出し(call by value)，仮引数Yは参照呼出し(call by reference) であるとする。

メインプログラム

```
X=2;
Y=2;
add(X,Y);
```

手続add(X,Y)

```
X=X+Y;
Y=X+Y;
return;
```

	X	Y
ア	2	4
イ	2	6
ウ	4	2
エ	4	6

解説

値呼び出しは、仮引数を値として渡す呼び出しです。本問のプログラムでは、メインプログラムで、X=2とされ、手続きadd (X,Y)のカッコ内にある第1引数Xに2が値として引き渡されます。一見すると、メインプログラムの変数Xと手続きadd内のXは、同じものに見えるが、別の変数です。メインプログラムの変数Xから手続きadd内のXへ値である2が渡されただけです。

これに対し、参照呼び出しは、仮引数を、その変数が格納されているアドレス（番地）で渡す呼び出しです。アドレスで渡しているので、仮引数と、呼び出された関数内での変数は、同じアドレスを共有します。したがって、メインプログラムの変数Yと手続きadd内のYは、同じアドレスを指し示す同じものです。

そこで、手続きadd内で、X=X+Y;を計算し、X=2+2=4になっても、手続きadd内のreturn;文で、メインプログラムに戻ると、Xは、元のままの2です。

手続きadd内でのもう1つの計算、Y=X+Y;は、Y=4+2=6になり、アドレスが同じなので、メインプログラムのYも6になります。

正解▶問1：イ　問2：イ

Chapter 11-6 アルゴリズムとフローチャート

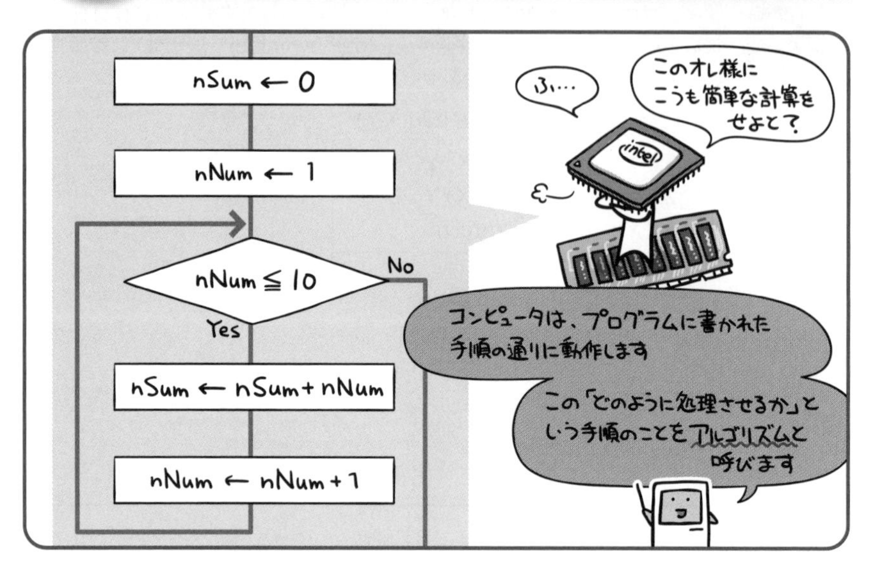

コンピュータは、プログラムに書かれた アルゴリズム（作業手順）にのっとって動作します。

コンピュータは、様々な作業を肩代わりしてくれる頼れる機械ですが、その反面「言われたこと以外は一切いたしません」という困った機械でもあります。そのため、コンピュータに何か依頼したい場合は、「これこれこーしてあーしてそーするのですよ」と1から10まで事細かに指示しなきゃいけません。

この時、「どのように処理をさせると機能を満たすだろうか」とか、「どのような手順で処理をさせるのが効率的だろうか」とか、色々やり方を考えるわけです。そうして、固まった処理手順を元に、プログラムが書き起こされます。

この処理手順がアルゴリズムです。アルゴリズムさえきっちり固まっていれば、プログラムは、それをプログラミング言語に置きかえていくだけ。だからプログラミングの肝は、「アルゴリズムをしっかり考えること」と言っても過言ではありません。

このアルゴリズムをわかりやすく記述するために用いられるのがフローチャート（流れ図）です。読んで字のごとく、処理の流れをあらわす図になります。

フローチャートで使う記号

フローチャートでは、次のような記号を使って、処理の流れをあらわします。

記号	説明
	処理の開始と終了をあらわします。
	処理をあらわします。
	処理の流れをあらわします。 処理の流れる方向が上から下、左から右という原則から外れる場合は矢印を用いて明示します。
	条件によって流れが分岐する判定処理をあらわします。
	繰り返し（ループ）処理の開始をあらわします。
	繰り返し（ループ）処理の終了をあらわします。

ここでちょっと構造化プログラミングのお約束を思い出してみましょう。

原則は「順次、選択、繰返しという3つの制御構造だけを使う」なので、アルゴリズムをあらわすフローチャートも、基本的には次の構造を組み合わせて処理の流れを表現する…ということになります。

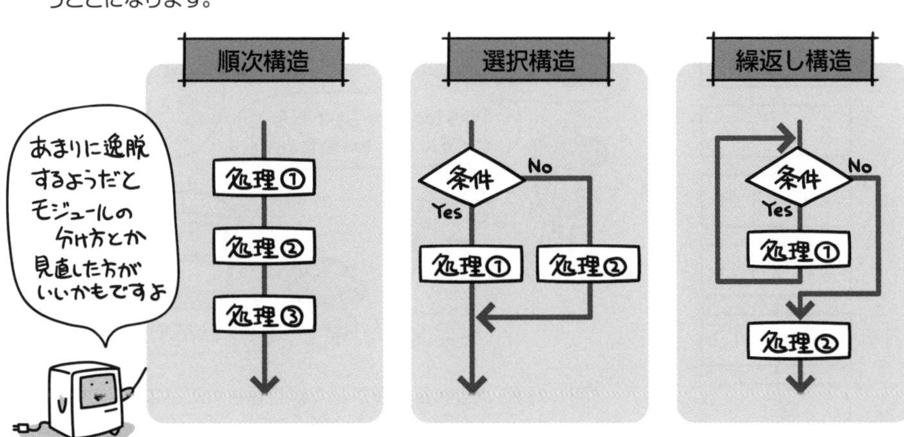

試しに1から10までの合計を求めてみる

それでは練習として、「1から10までの数を合計する」という処理のフローチャートを考えてみましょう。

たとえばどんな処理になると思いますか?

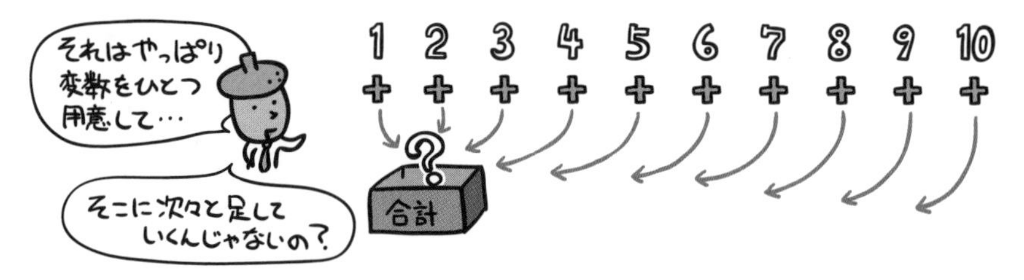

はい大正解! じゃあその場合どんなフローチャートが出来上がるでしょうか。

そうですね、確かにこのフローチャートでも合計は求められますが、アルゴリズム的にはかなりイケてません。

見れば同じような足し算が延々繰り返されています。この部分に繰返し構造を使ってスッキリさせましょう。

…というわけで、スッキリさせてみたのが次の図です。

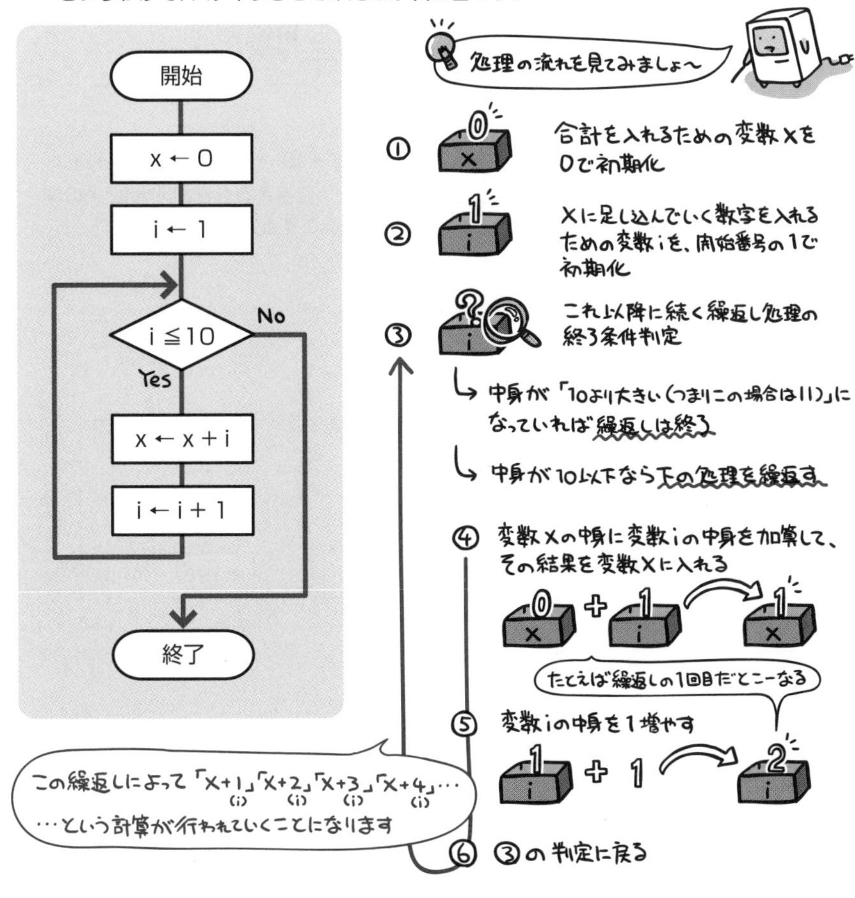

これで、お題の「1から10までの数の合計」を算出することができます。変数iの中身が11となって繰返し処理を終了した時には、計算結果である55という数字が、変数xの中に入っていることでしょう。

ちなみにこのアルゴリズム自体は数値を変えても有効です。なのでiの初期値や繰返しの終了条件判定に用いる数字を変えてやるだけで、「1から100の合計は？」とか、「10から200の合計は？」なんて計算にも対応することができます。

このように出題されています

過去問題練習と解説

次の流れ図において，①→②→③→⑤→②→③→④→②→⑥の順に実行させるために，①においてmとnに与えるべき初期値aとbの関係はどれか。ここで，a，bはともに正の整数とする。

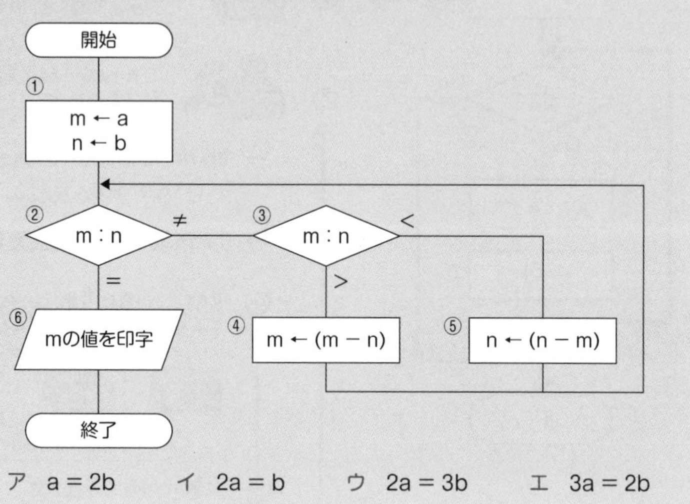

ア　a = 2b　　イ　2a = b　　ウ　2a = 3b　　エ　3a = 2b

解説

各選択肢の値を設定し、本問の流れ図に当てはめてトレースすると、下記のようになります。

ア　a=2, b=1 の場合
①:m ← 2、n ← 1　⇒　②:m“2” ≠ n“1”　⇒　③:m“2” > n“1”　⇒　④
したがって、誤りです。

イ　a=1, b=2 の場合
①:m ← 1、n ← 2　⇒　②:m“1” ≠ n“2”　⇒　③:m“1” < n“2”　⇒
⑤:n ← (n“2” − m“1”)　⇒　②:m“1” = n“1”　⇒　⑥
したがって、誤りです。

ウ　a=3, b=2 の場合
①:m ← 3、n ← 2　⇒　②:m“3” ≠ n“2”　⇒　③:m“3” > n“2”　⇒　④
したがって、誤りです。

エ　a=2, b=3 の場合
①:m ← 2、n ← 3　⇒　②:m“2” ≠ n“3”　⇒　③:m“2” < n“3” ⇒
⑤:n ← (n“3” − m“2”)　⇒　②:m“2” ≠ n“1”　⇒　③:m“2” > n“1” ⇒ ④:m ← (m“2” − n“1”)　⇒　②:m“1” = n“1” ⇒ ⑥
したがって、正解です。

問 2 (AP-H25-A-09)

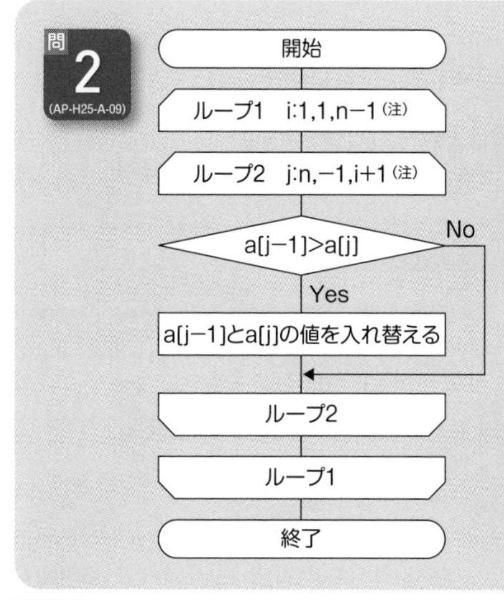

未整列の配列a[i] (i=1, 2, ..., n)を，流れ図で示すアルゴリズムによって昇順に整列する。n=6でa[1] ～ a[6]の値がそれぞれ，21, 5, 53, 71, 3, 17の場合，流れ図において，a[j−1]とa[j]の値の入替えは何回行われるか。

(注) ループ端の繰返し指定は，変数名：初期値，増分，終値を示す。

ア 3
イ 6
ウ 8
エ 15

解説

本設問の流れ図にしたがって、"a[j−1]>a[j]" の条件判定前の各変数値をトレースすると、以下のようになります (a[j−1]とa[j]の値の入替えが行われる箇所に★をつけています)。

(1) i=1 , j=6　a[j−1]>a[j] = a[6−1=5]>a[6] = 3>17 → No
(2) i=1 , j=5
　a[j−1]>a[j] = a[5−1=4]>a[5] = 71>3 → Yes ★
　71と3を入れ替えて、a[1] ～ a[6]は、21, 5, 53, 3, 71, 17 になる。
(3) i=1 , j=4　a[j−1]>a[j] = a[4−1=3]>a[4] = 53>3 → Yes ★
　53と3を入れ替えて、a[1] ～ a[6]は、21, 5, 3, 53, 71, 17 になる。
(4) i=1 , j=3　a[j−1]>a[j] = a[3−1=2]>a[3] = 5>3 → Yes ★
　5と3を入れ替えて、a[1] ～ a[6]は、21, 3, 5, 53, 71, 17 になる。
(5) i=1 , j=2　a[j−1]>a[j] = a[2−1=1]>a[2] = 21>3 → Yes ★
　21と3を入れ替えて、a[1] ～ a[6]は、3, 21, 5, 53, 71, 17 になる。

ここまででループ2を抜けて、ループ1を1回転してループ2に入る。

(6) i=2 , j=6　a[j−1]>a[j] = a[6−1=5]>a[6] = 71>17 → Yes ★
　71と17を入れ替えて、a[1] ～ a[6]は、3, 21, 5, 53, 17, 71 になる。
(7) i=2 , j=5　a[j−1]>a[j] = a[5−1=4]>a[5] = 53>17 → Yes ★
　53と17を入れ替えて、a[1] ～ a[6]は、3, 21, 5, 17, 53, 71 になる。
(8) i=2 , j=4　a[j−1]>a[j] = a[4−1=3]>a[4] = 5>17 → No
(9) i=2 , j=3　a[j−1]>a[j] = a[3−1=2]>a[3] = 21>5 → Yes ★
　21と5を入れ替えて、a[1] ～ a[6]は、3, 5, 21, 17, 53, 71 になる。

ここまででループ2を抜けて、ループ1を1回転してループ2に入る。

ここで、現時点の a[1] ～ a[6]は 3, 5, 21, 17, 53, 71 であり、17と21を1回入れ替えれば、昇順の整列が完了することが明らかです。上記の★は7個あるので、+1して8回 (選択肢ウ) が正解です。

正解▶問1：エ　問2：ウ

問3 (FE-R01-A-01)

次の流れ図は，10進整数 j (0<j<100) を8桁の2進数に変換する処理を表している。2進数は下位桁から順に，配列の要素NISHIN(1)からNISHIN(8)に格納される。流れ図のa及びbに入れる処理はどれか。ここで，j div 2は j を2で割った商の整数部分を，j mod 2は j を2で割った余りを表す。

(注) ループ端の繰返し指定は，変数名：初期値，増分，終値を示す。

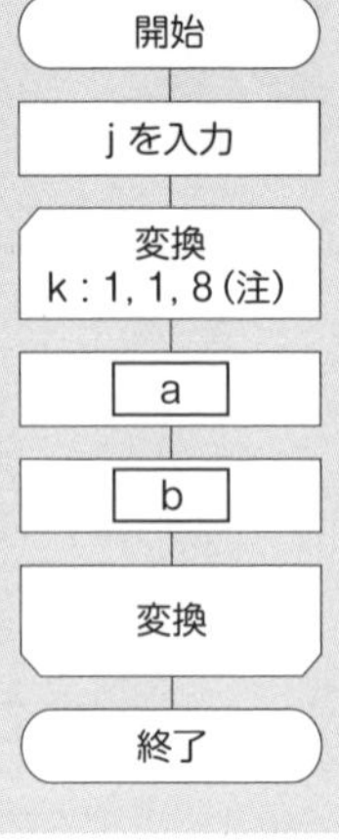

	a	b
ア	j ← j div 2	NISHIN(k) ← j mod 2
イ	j ← j mod 2	NISHIN(k) ← j div 2
ウ	NISHIN(k) ← j div 2	j ← j mod 2
エ	NISHIN(k) ← j mod 2	j ← j div 2

解説

例えば、jに、10進数の“2”を入力した場合、8桁の2進数は「00000010」になるので、NISHIN(1)からNISHIN(8)には、「0」･「1」･「0」･「0」･「0」･「0」･「0」･「0」が、それぞれ格納されます。

(1) k=1のとき

	空欄aを通過した直後の状況	空欄bを通過した直後の状況
ア	2 div 2 ⇒ j は「1」になる	1 mod 2 ⇒ NISHIN(1)は「1」になる ⇒ 不正解
イ	2 mod 2 ⇒ j は「0」になる	0 div 2 ⇒ NISHIN(1)は「0」になる
ウ	2 div 2 ⇒ NISHIN(1)は「1」になる ⇒ 不正解	不正解なので省略
エ	2 mod 2 ⇒ NISHIN(1)は「0」になる	2 div 2 ⇒ jは「1」になる

(2) k=2のとき

	空欄aを通過した直後の状況	空欄bを通過した直後の状況
ア	不正解なので省略	
イ	0 mod 2 ⇒ j は「0」になる	0 div 2 ⇒ NISHIN(2)は「0」になる ⇒ 不正解
ウ	不正解なので省略	
エ	1 mod 2 ⇒ NISHIN(2)は「1」になる ⇒ 消去法により、正解である	正解なので省略

正解▶問3：エ

Chapter 11-7 データ構造

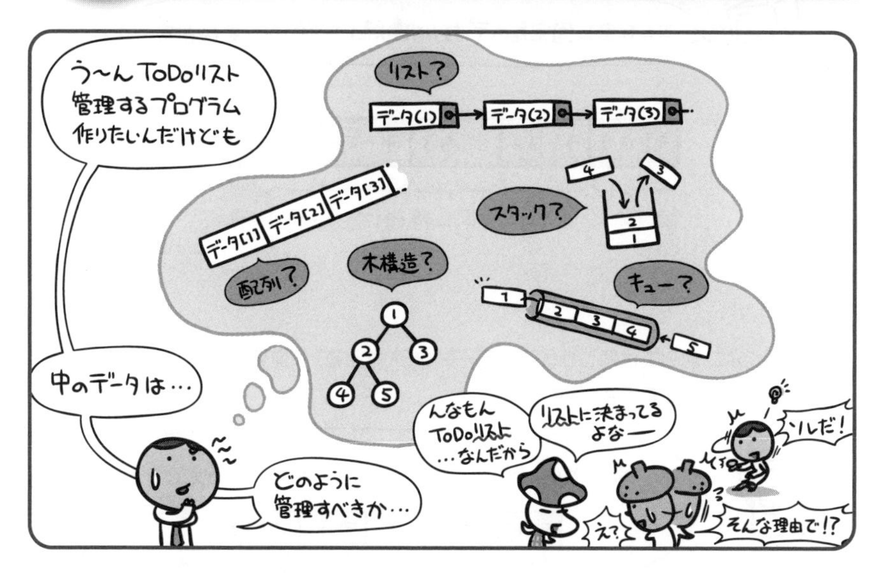

「プログラムの中でどのようにデータを保持するか」は、アルゴリズムを考える上で欠かせない検討項目です。

「データは変数という入れ物に放り込むことができる」というのは前に触れました。データ単体としてみればそれで話は終わるのですが、困ったことにデータというのは「集まって意味を成す」というものが非常に多いわけです。そしてもっと言えば、そうした「データの集まり」を処理するためにコンピュータを使うというのもすごく多い。

たとえば「住所」というデータをたくさん集めることになる住所録。たとえば「予定」データがずらずら並んだスケジューラ。そしてイラストにあるような「やらなきゃいけない項目」をいっぱい集めたToDoリストなんかもすべてそうですよね。

これらのデータを、どのような形でメモリ上に配置するか。ずらりと並べればいいのか、それとも階層管理しなきゃダメなのかそれとも…。

こうした、「データを配置する方法」を指してデータ構造と呼びます。

アルゴリズムの善し悪しは、プログラムの特性にあったデータ構造が採られているか否かに大きく左右されます。

配列

メモリ上の連続した領域に、ずらりとデータを並べて管理するのが配列です。

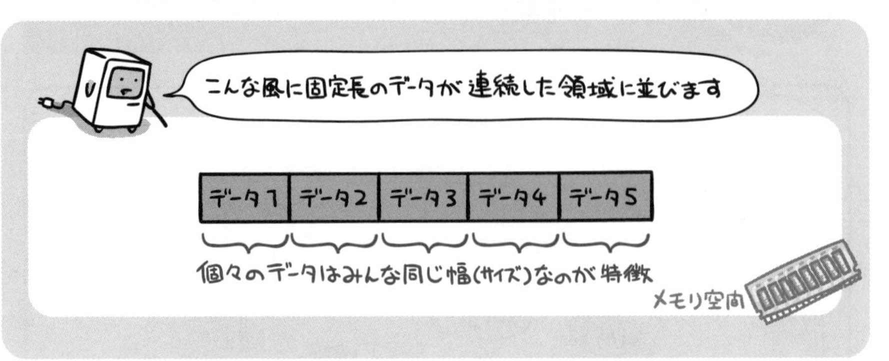

上図のように、配列では同じサイズのデータ(を入れる箱)が連続して並ぶことになるわけですが、その利点として添字(そえじ)があります。

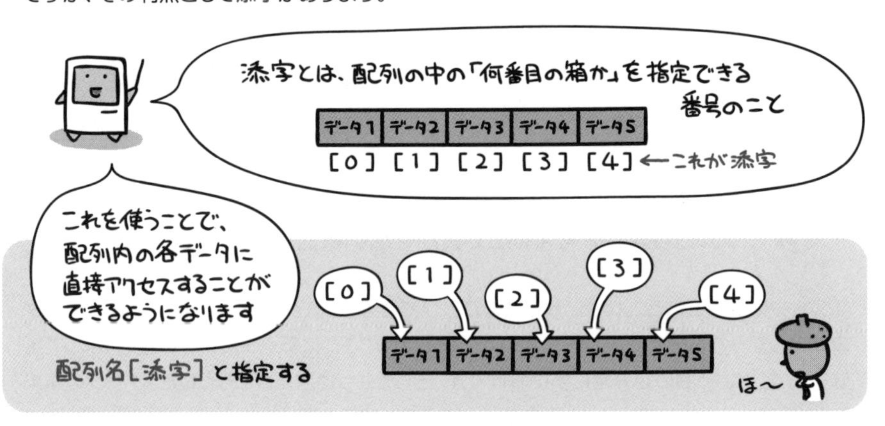

ただし最初に固定サイズでまとめてごっそり領域を確保してしまうため、データの挿入や削除などは不得手です。したがって、データの個数自体が頻繁に増減する用途には、あまり適していると言えません。

ちなみに、左ページのような一列にずらりと並んだ配列を一次元配列と呼びます。

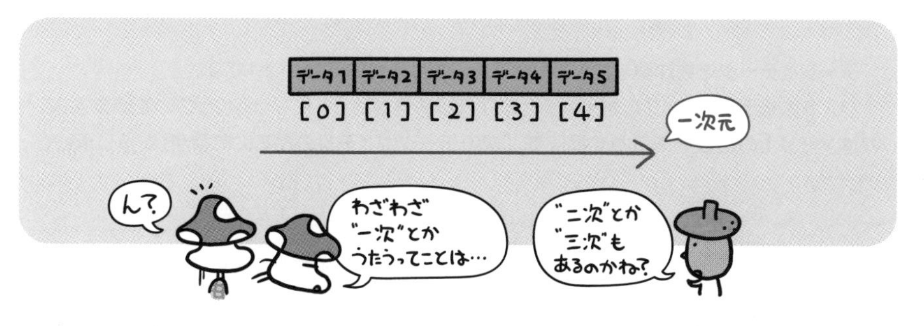

ピンポーン！多次元配列といって、添字を増やしていく（つまり「配列の配列」を作る）ことで二次、三次…とすることができます。ここではイメージのしやすい二次元配列を使って、どのようになるか見てみましょう。縦と横の2軸を使った、表状の配列を想像してください。

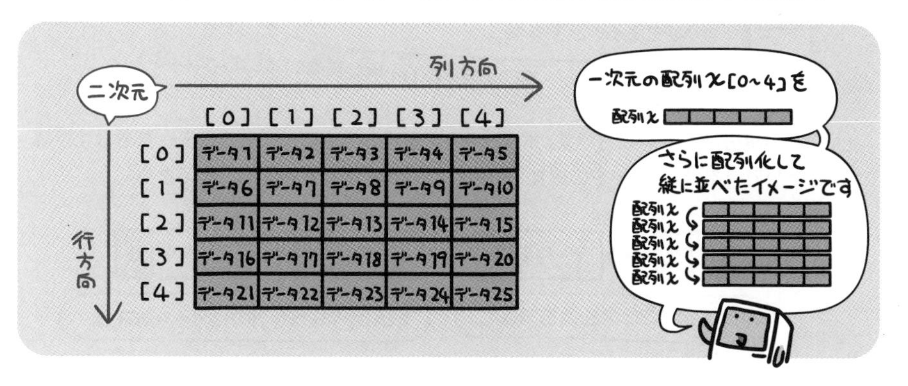

二次元配列の場合も、添字を使って個々の要素に直接アクセスできる特徴は変わりません。

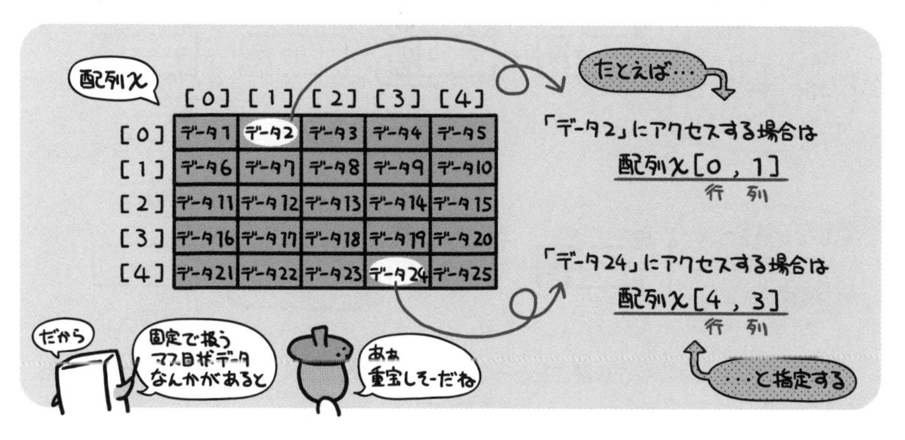

リスト

データとデータを数珠繋ぎにして管理するのがリスト（線形リスト）です。

リストの扱うデータには、ポインタと呼ばれる番号がセットになってくっついています。これはメモリ上の位置をあらわす番号で、「次のデータがメモリのどこにあるか」を指し示しています。

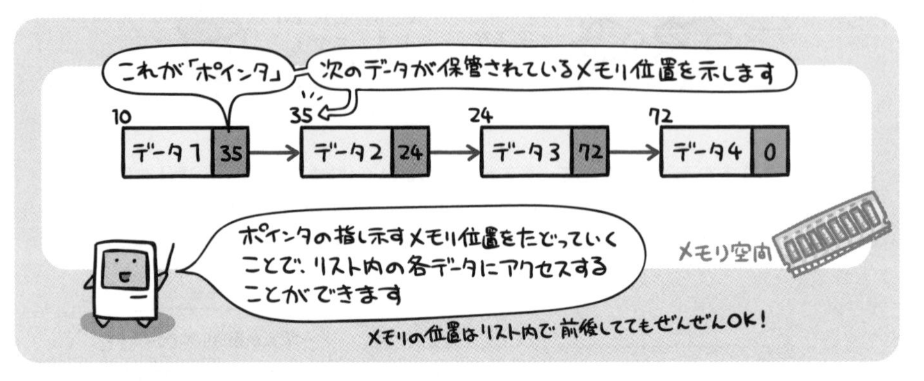

リストの特徴はその柔軟さです。ポインタさえ書きかえればいくらでもデータをつなぎ替えることができるので、データの追加・挿入や、削除などがとても簡単に行えます。

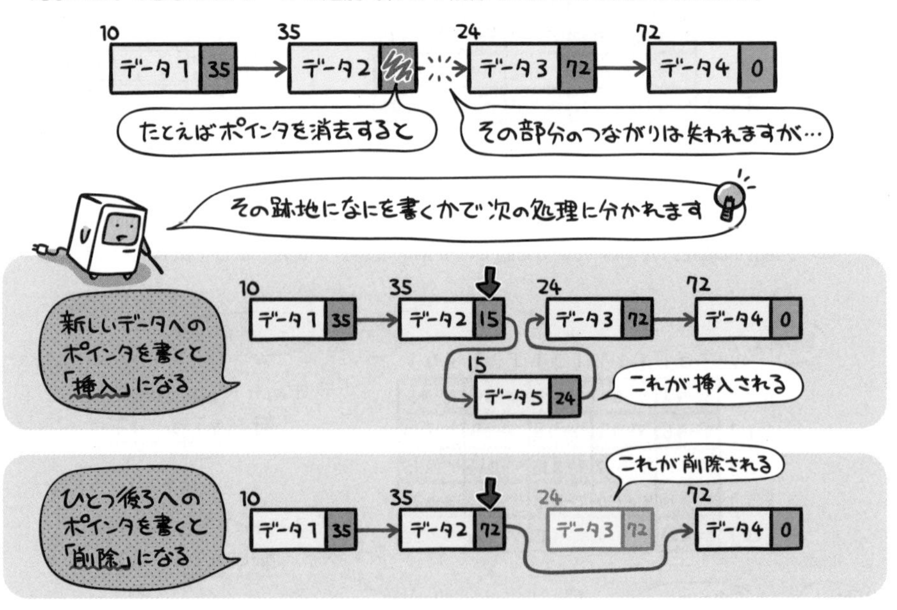

ただし、リストはポインタを順にたどらなければいけないため、配列みたいに「添字を使って個々のデータに直接アクセスする」ような使い方はできません。

こうしたリストには、ポインタの持ち方によって、単方向リスト、双方向リスト、循環リストという3つの種類があります。

単方向リスト

次のデータへのポインタを持つリストです。左ページの説明でも用いているようにリストといえばこれ。一番基本的な構造です。

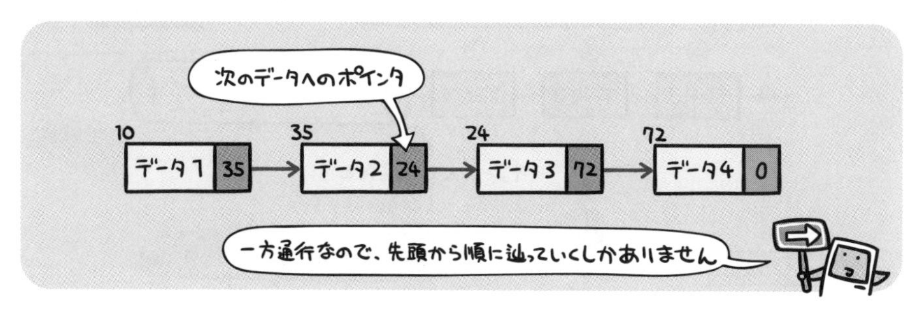

双方向リスト

次のデータへのポインタと、前のデータへのポインタを持つリストです。

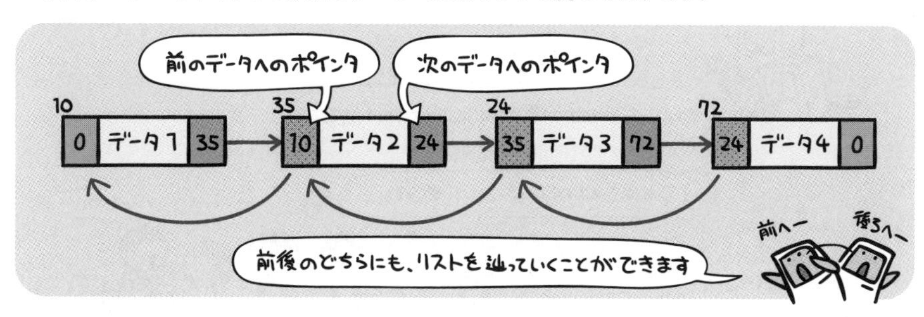

循環リスト

次のデータへのポインタを持つリスト。ただし、最後尾データは、先頭データへのポインタを持ちます。

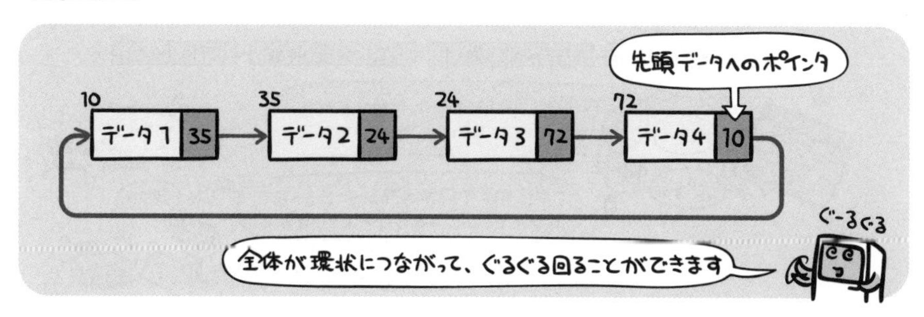

キュー

キューは待ち行列とも言われ、最初に格納したデータから順に処理を行う、先入れ先出し(FIFO:First In First Out)方式のデータ構造です。

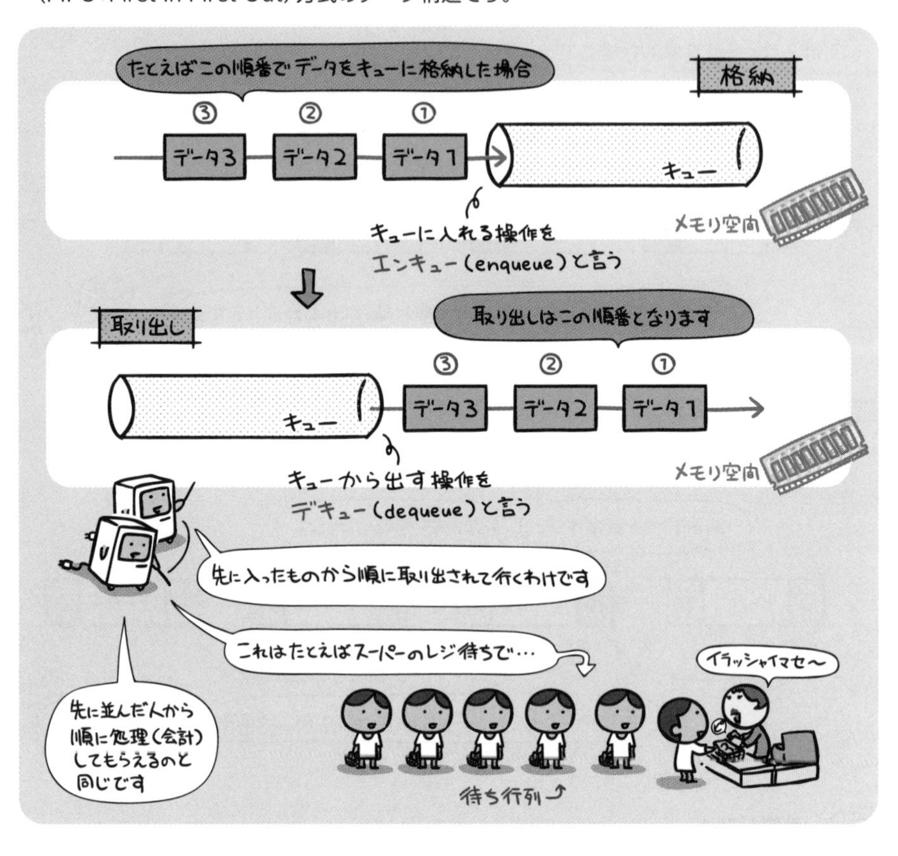

キューは、入力されたデータがその順番通りに処理されなければ困る状況で使われます。身近な例をあげると、次の処理では、いずれもキューが利用されています。

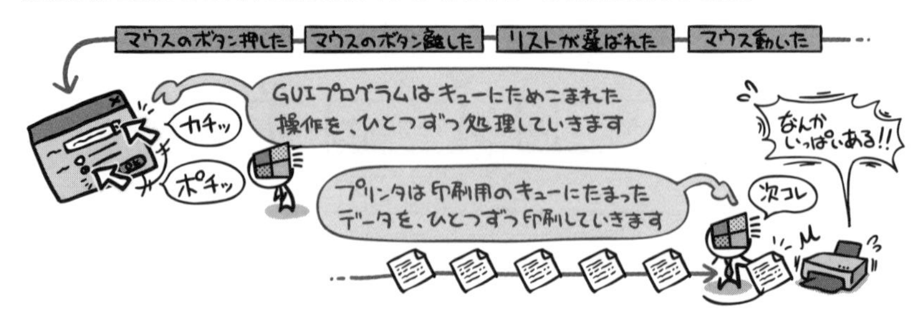

スタック

スタックはキューの逆で、最後に格納したデータから順に処理を行う、後入れ先出し(LIFO: Last In First Out)方式のデータ構造です。

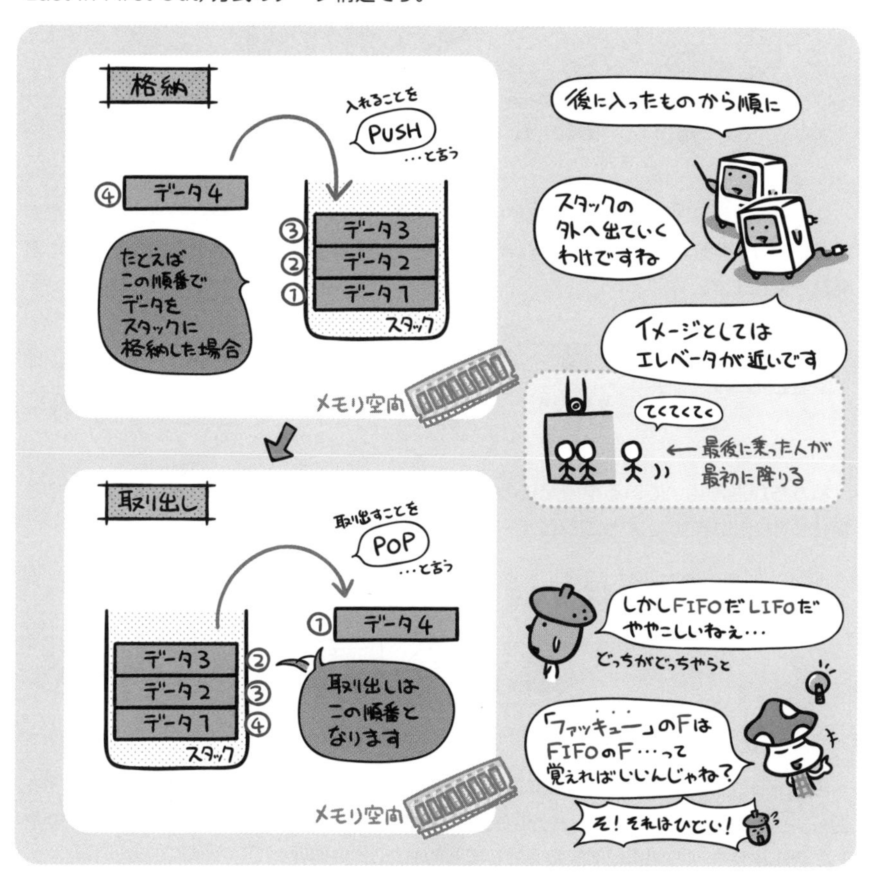

プログラムが、呼び出したサブルーチンの処理終了後に元の場所へ戻れるのは、「サブルーチン実行後どこに戻るのか」がスタックとして管理されているからです。

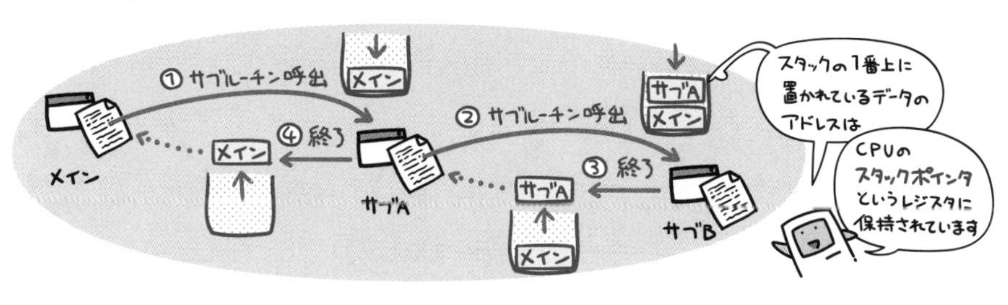

スタックと逆ポーランド記法

スタックの活用事例を考える時、欠かせないのが逆ポーランド記法であらわした数式の計算です。

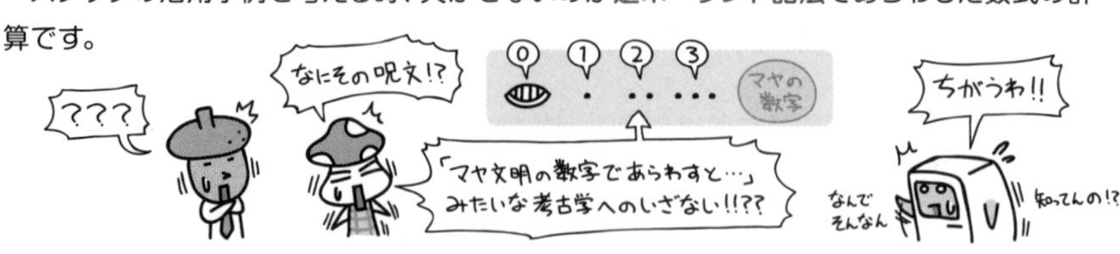

逆ポーランド記法とは通常私たちが使っている数式とは異なり、演算記号を項の後ろに置く記法です。後置記法とも言います。一方、私たちが通常使っている式のあらわし方は中置記法と言います。

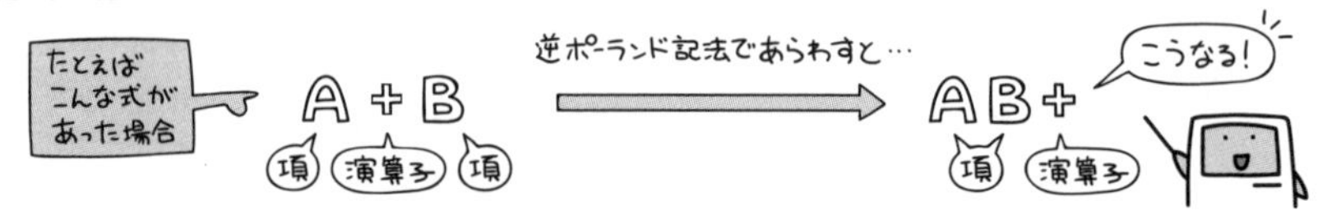

私たちが通常用いている中置記法の場合、式の中の () によって計算順序はいかようにも変化してしまいます。これはコンピュータからすると好ましくないわけです。

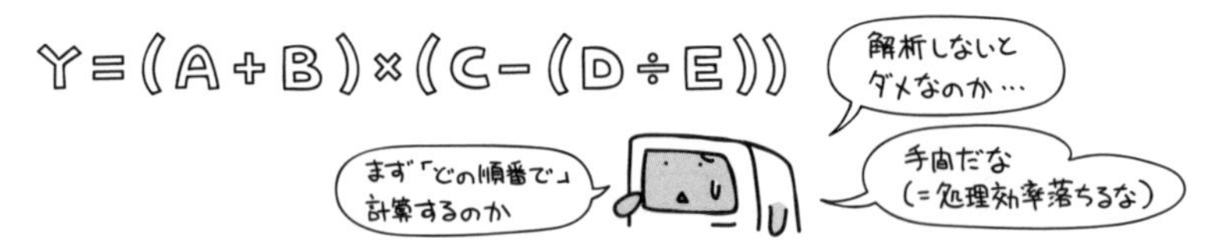

逆ポーランド記法で式をあらわすには、計算する順番にしたがって「項の後ろに演算子を置く」という唯一の約束事にしたがい式を変形させます。この時わかり辛いようなら、変形した最小単位を別の記号に置き換えてしまうのもひとつの手です。

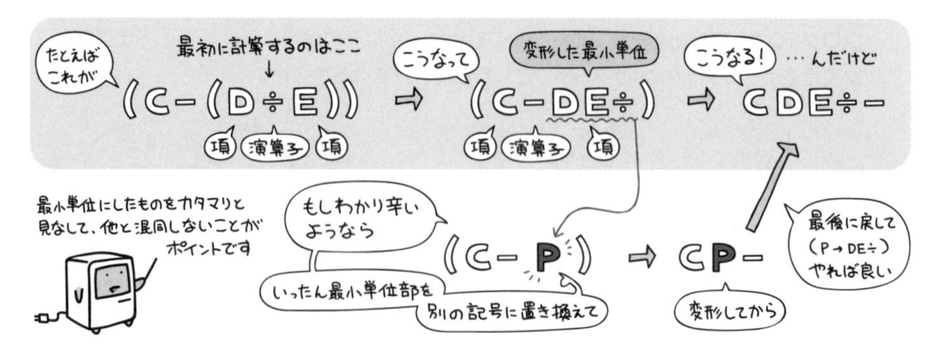

それでは先ほどの式を、実際に逆ポーランド記法へと変形してみましょう。

Y=(A+B)×(C−(D÷E)) これ!

① この式の中の最初に計算する箇所は「A+B」です。これを「AB+」に変形します。

Y=(A+B)×(C−(D÷E)) ⇨ Y=AB+×(C−(D÷E))

② 次の計算箇所は「D÷E」です。これを「DE÷」に変形します。

Y=AB+×(C−(D÷E)) ⇨ Y=AB+×(C−DE÷)

③ 次の計算箇所は「C-②で変形した項」です。これを「C②で変形した項-」に変形します。

Y=AB+×(C−DE÷) ⇨ Y=AB+×CDE÷−

④ 同様に、「①で変形した項×③で変形した項」を「①で変形した項③で変形した項×」に変形します。

Y=AB+×CDE÷− ⇨ Y=AB+CDE÷−×

⑤ 「=」も代入を意味する演算子です。これまでと同様に項の後ろへ演算子を移して完了です。

Y=AB+CDE÷−×

コンパイラはプログラムの構文解析において、数式をこのような逆ポーランド記法へと変換して出力します。

そして、逆ポーランド記法であらわした式の場合、スタックを用いることで次のようにして頭から順に処理を行うことができるのです。

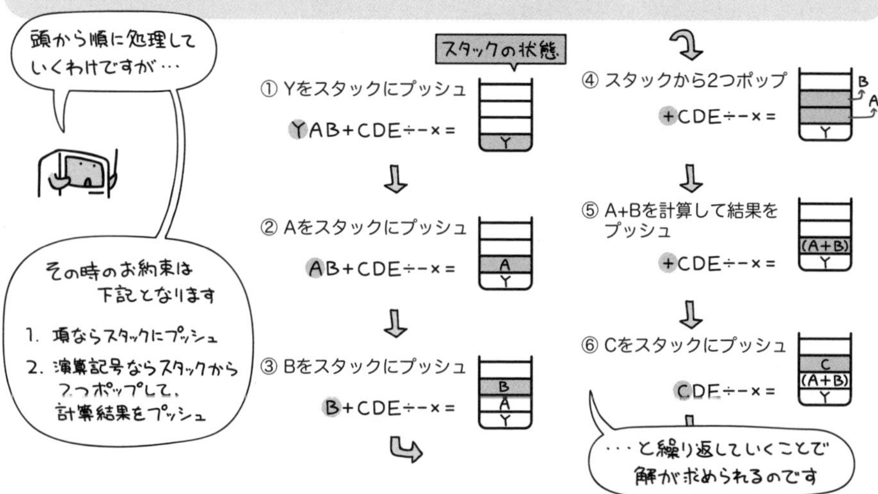

このように出題されています

過去問題練習と解説

問 1 (AP-R01-A-06)

先頭ポインタと末尾ポインタをもち，多くのデータがポインタでつながった単方向の線形リストの処理のうち，先頭ポインタ，末尾ポインタ又は各データのポインタをたどる回数が最も多いものはどれか。ここで，単方向のリストは先頭ポインタからつながっているものとし，追加するデータはポインタをたどらなくても参照できるものとする。

ア　先頭にデータを追加する処理　　イ　先頭のデータを削除する処理
ウ　末尾にデータを追加する処理　　エ　末尾のデータを削除する処理

解説

本問の単方向リストは、下記のようなものです。

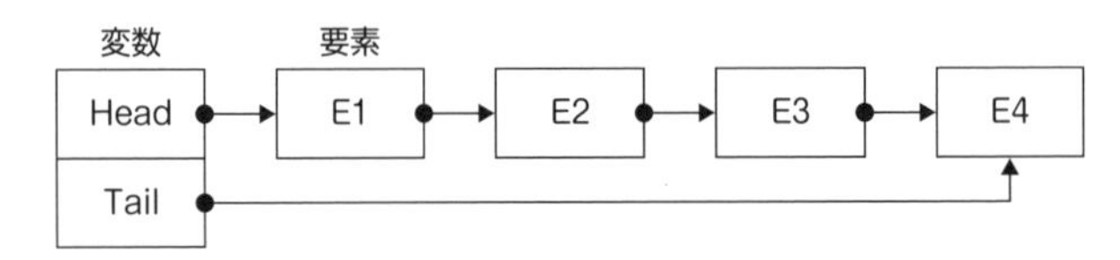

ア　先頭にデータを追加する処理は、ポインタをたどる回数がゼロで実行できます。問題文の最後に“追加するデータはポインタをたどらなくても参照できるものとする”があるからです。
上図でいえば、
(1)：変数Headを参照する。
(2)：変数Headの値(E1の番地を示す)を、追加する要素の持つ次の要素へのポインタにセットして、要素を追加する。
(3)：(2)で追加された要素の番地を、変数Headに格納する。

イ　先頭のデータを削除する処理は、ポインタをたどる回数が1回で実行できます。
上図でいえば、
(1)：変数Headの値（E1の番地を示す）によってE1を読む（1回）。
(2)：E1の持つ次の要素へのポインタを変数Headに格納してから、E1を削除する。

ウ　末尾にデータを追加する処理は、ポインタをたどる回数が1回で実行できます。本問の最後に“追加するデータはポインタをたどらなくても参照できるものとする”があるからです。
上図でいえば、
(1)：変数Tailを参照する。
(2)：変数Tailを番地にもつ最後の要素を読む（1回）。
(3)：ポインタにNULLをセットした要素を追加する。
(4)：(3)で新規追加した要素の番地を、(2)で読み込んだ要素の持つ次の要素へのポインタに格納する。
(5)：追加した要素の番地を変数Tailに格納する。

エ　末尾のデータを削除する処理は、現在ある要素の数だけ、ポインタをたどらねばなりません。末尾のデータを削除する場合は、末尾にデータを追加する場合と異なり、末尾の1つ前の要素の持つポインタをNULLに更新する必要があります。単方向リストには、末尾の要素から、末尾の1つ前の要素をたどるポインタがないので、先頭から順にポインタをたどって行かねばなりません。
上図でいえば、

(1)：変数HeadによってE1を読む（1回）。
(2)：E1の持つポインタによってE2を読む（2回）。
(3)：E2の持つポインタによってE3を読む（3回）。
(4)：E3の持つポインタによってE4を読む（4回）。
(5)：E3の持つポインタをNULLに更新する。
(6)：E4を削除する。
(7)：変数TailをE3の番地に更新する。

A，B，C の順序で入力されるデータがある。各データについてスタックへの挿入と取出しを一回ずつ行うことができる場合，データの出力順序は何通りあるか。

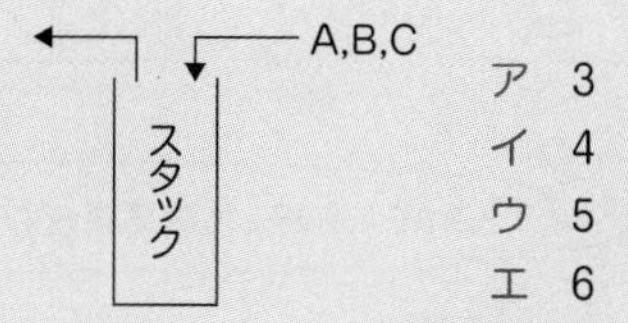

ア　3
イ　4
ウ　5
エ　6

解説

問題は、スタック操作について、次の2つの条件を付けています。

(1) データは、A、B、C の順序で入力される。
(2) スタックへの挿入と取出しを一回ずつ任意のタイミングで行う。

この条件を満たすスタック操作のすべては、下記のように整理できます（↓はスタックへの挿入、↑はスタックからの取り出しを意味します）。

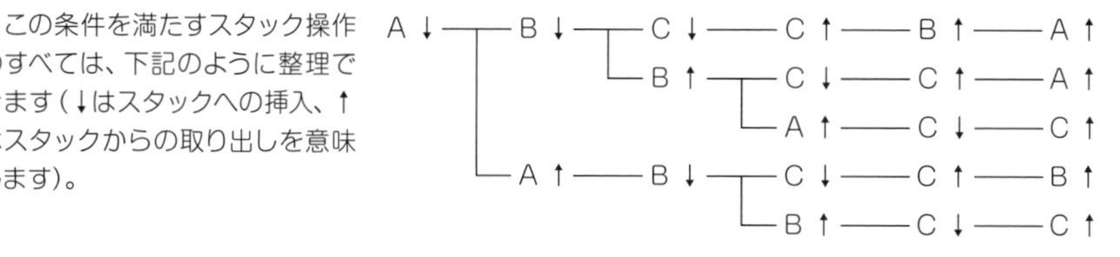

上記のとおり、データの出力順序は、5通りです。

ポインタを用いた線形リストの特徴のうち，適切なものはどれか。

ア　先頭の要素を根とした，n分木で，先頭以外の要素は全て先頭の要素の子である。
イ　配列を用いた場合と比較して，2分探索を効率的に行うことが可能である。
ウ　ポインタから次の要素を求めるためにハッシュ関数を用いる。
エ　ポインタによって指定されている要素の後ろに，新たな要素を追加する計算量は，要素の個数や位置によらず一定である。

解説

ア　線形リストには、n分木は使われません。　イ　線形リストで2分探索を行うと、効率的にはなりません。　ウ　線形リストでは、基本的に、ハッシュ関数を用いません。　エ　そのとおりです。ポインタを用いた線形リストは、382～383ページで説明されている"リスト"と同じである、と解釈して構いません。

正解▶問1：エ　問2：ウ　問3：エ

Chapter 11-8 木（ツリー）構造

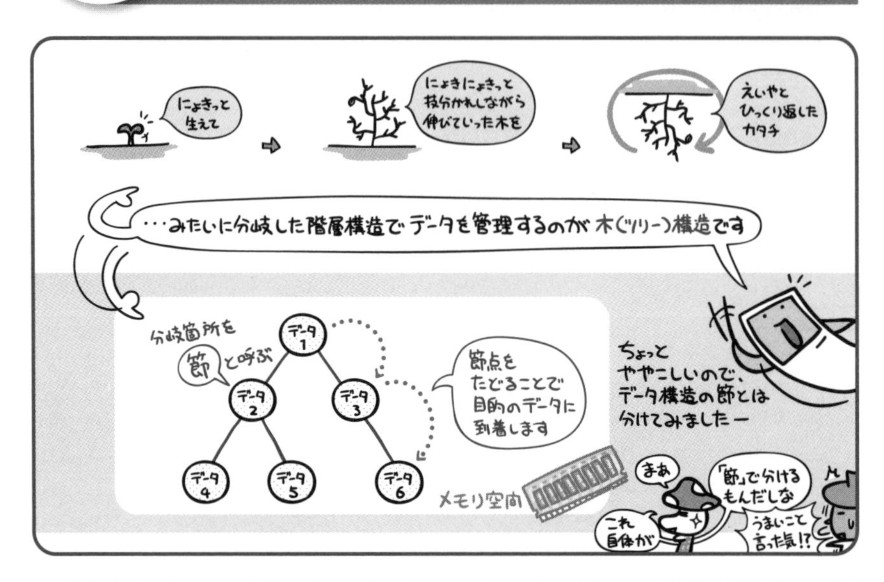

木構造は、階層構造を持つデータで広く用いられる他、データの探索や整列などの用途にも使われるデータ構造です。

木構造については、これまでにもいくつか本書内で実例が出ていますので、それを紹介した方が話が早いでしょう。

ハードディスクなど補助記憶装置のファイルシステムや、インターネットのドメイン名（P.563）などは、いずれも木構造を用いて管理されています。つまりこのような階層構造を効率よく管理できる構造ですよー、というわけですね。

2分木というデータ構造

木構造を構成する各要素には、次のように名前がついています。

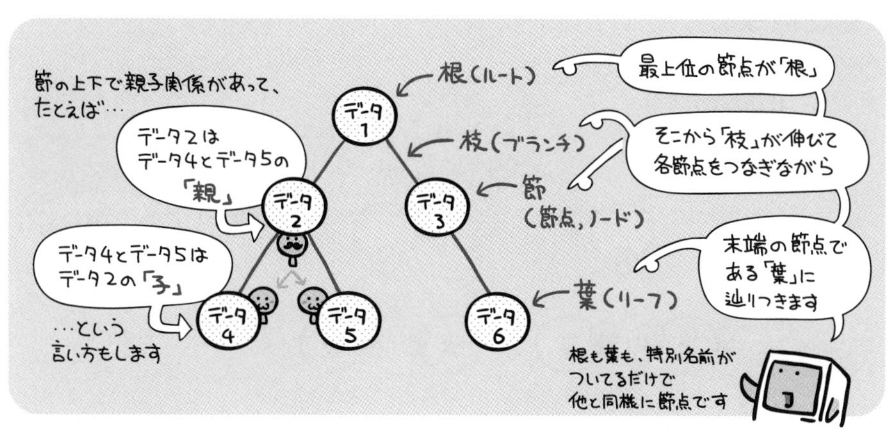

こうした木構造のうち、節から伸びる枝が2本以下であるものを2分木といいます。

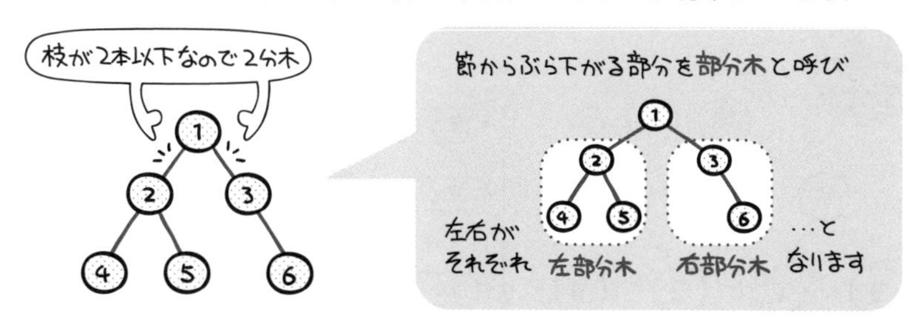

2分木は、左右の子に対するポインタをデータに付加することで、次のような配列構造としてあらわすことができます。

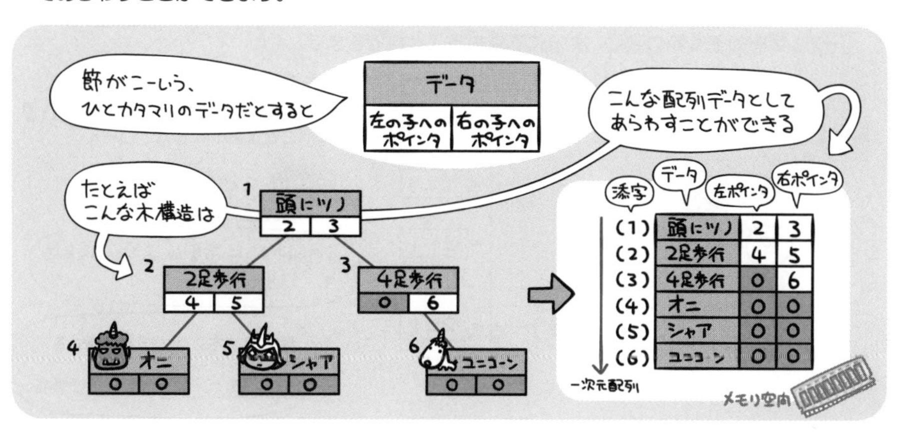

完全2分木

葉以外の節がすべて2つの子を持ち、根から葉までの深さが一様に等しい2分木を完全2分木と呼びます。

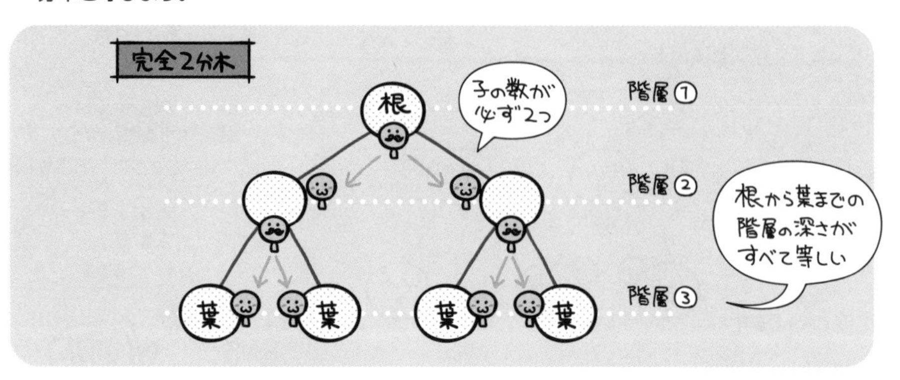

完全2分木の持つ葉の数は、2分木の階層の深さから算出することができます。

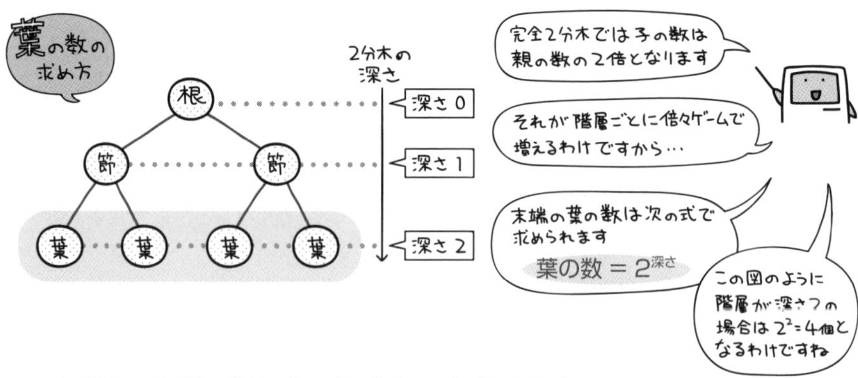

一方、葉をのぞく節の数は、次の式で求めることができます。

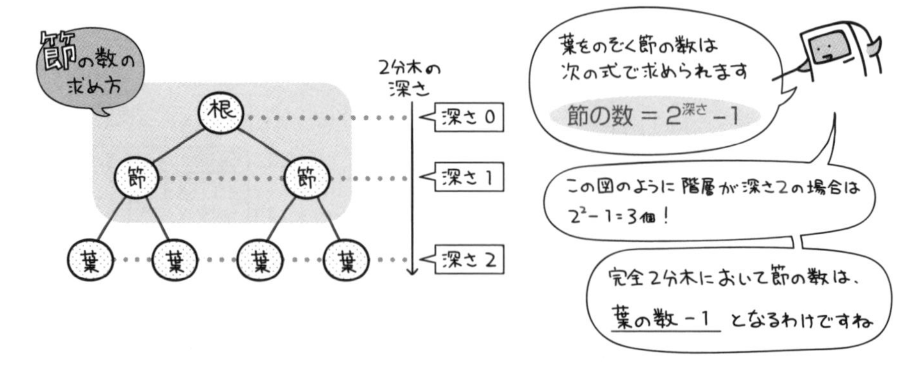

ただし、完全2分木にはちょっとした例外がありまして…

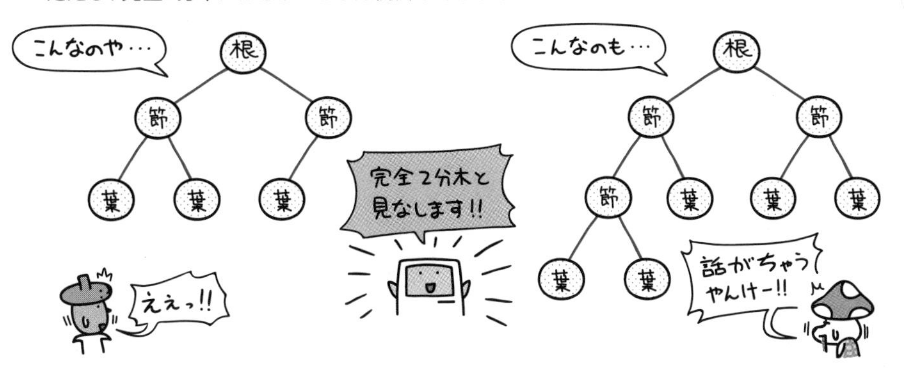

わかります…。わかりますとも、その気持ち。

実際のところ、英語だと左ページの定義は「Full Binary Tree」、例外として挙げた上の定義は「Complete Binary Tree」として明確に区別されています。なぜか日本語だと、どちらの定義も完全2分木としてひとまとめにされちゃってるわけですね。

その例外となる完全2分木(Complete Binary Tree)の定義は、次の通りです。

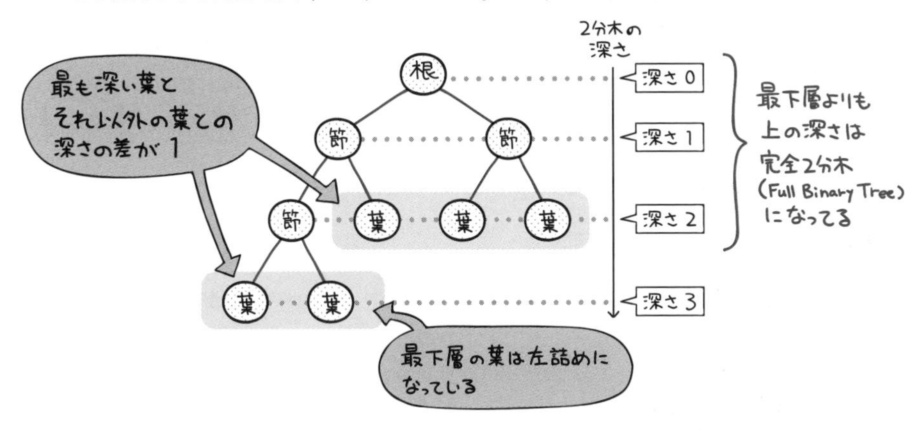

つまりは上から順に左詰めで要素を埋めていって、その深さの要素が埋め尽くされるまでは次の深さに行かない…といった構造の2分木を指すと思えば良いでしょう。

後で出てくるヒープ(P.396)やAVL木(P.396)といった木構造は、この完全2分木にあたります。

2分探索木

2分探索木とは、親に対する左部分木と右部分木の関係が、「左の子＜親＜右の子」となる2分木を2分探索木と呼びます。ここで言う「子」は、その部分木に含むすべての節を指すので…

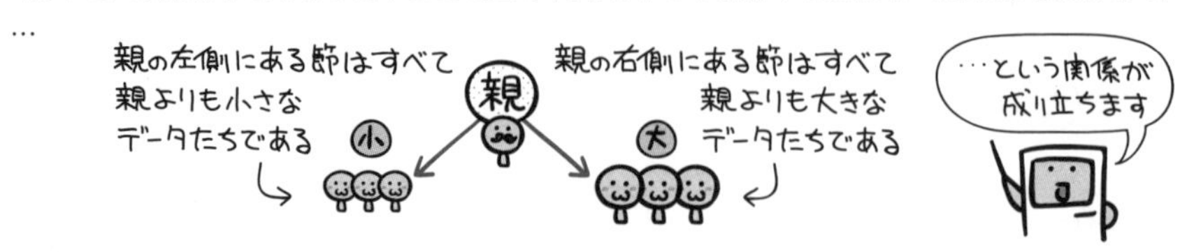

この特性により、2分探索木ではデータの探索を容易に行うことができます。

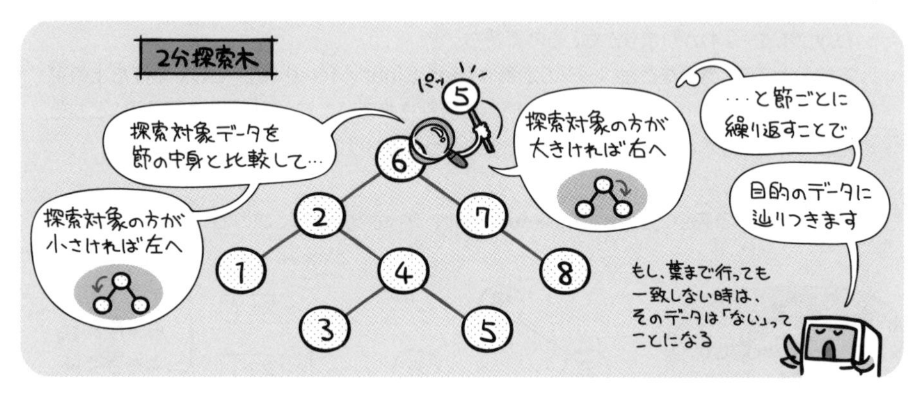

2分探索木に節点を追加するには、次のような手順を踏みます。

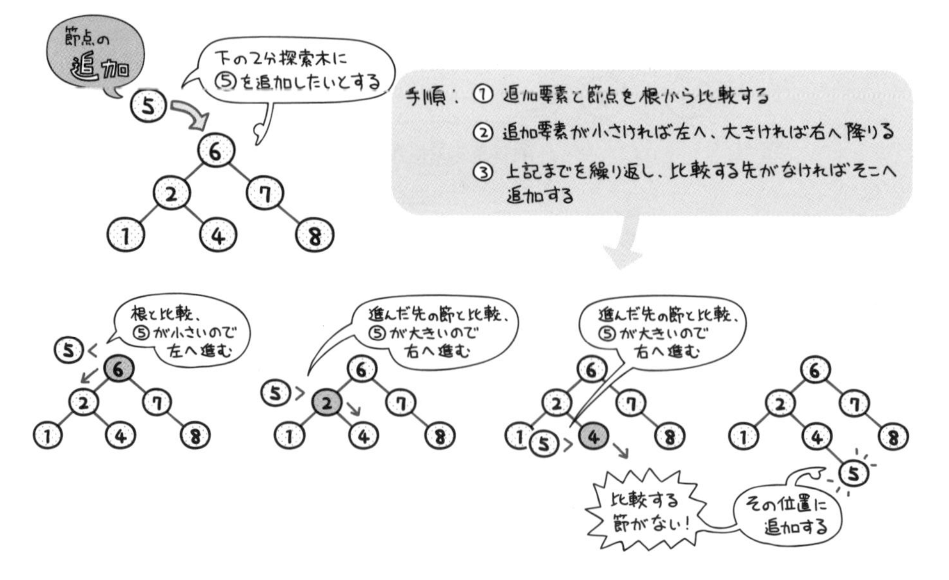

節点の削除は、状況によっていくつかのやり方に分かれます。

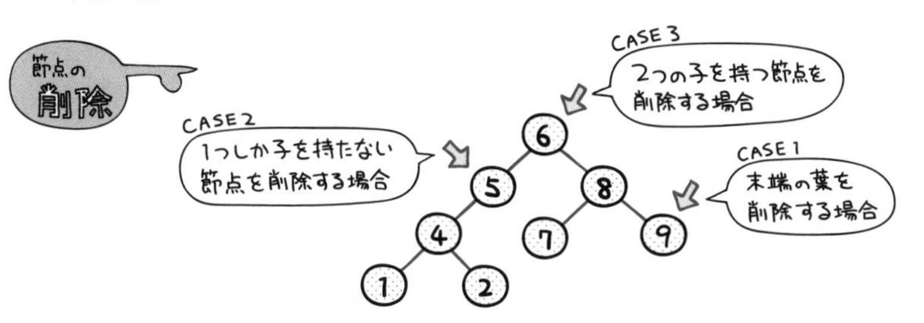

CASE 1 末端の葉を削除する場合

この場合は話が簡単で、単に葉を削除して終わりです。

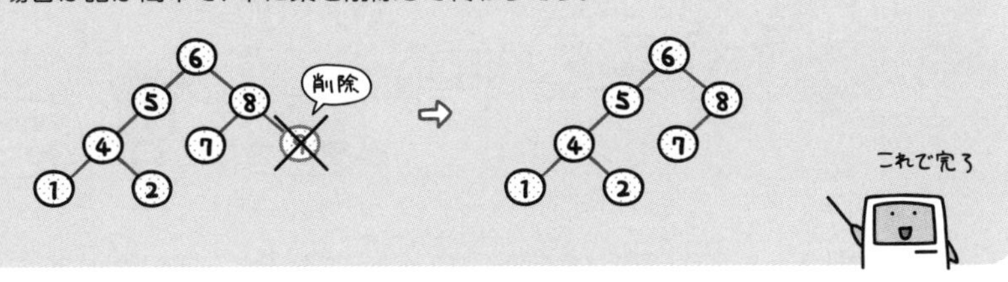

CASE 2 1つしか子を持たない節点を削除する場合

対象の節点を削除した後、その位置に子である節点を移動させます。

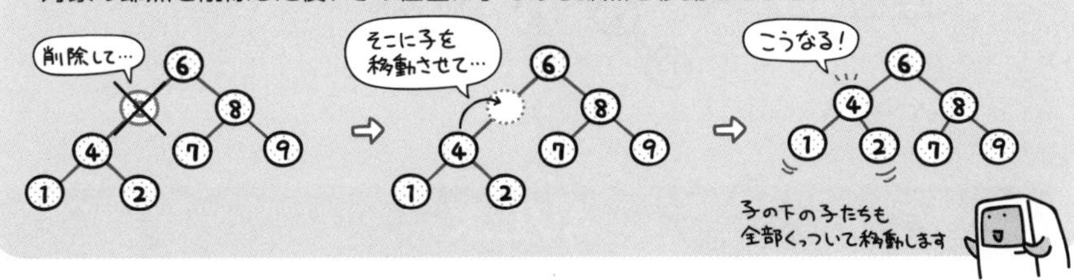

CASE 3 2つの子を持つ節点を削除する場合

対象の節点を削除した後、右部分木の中の最小の要素(もしくは左部分木の中の最大の要素)を、その位置に移動させます。

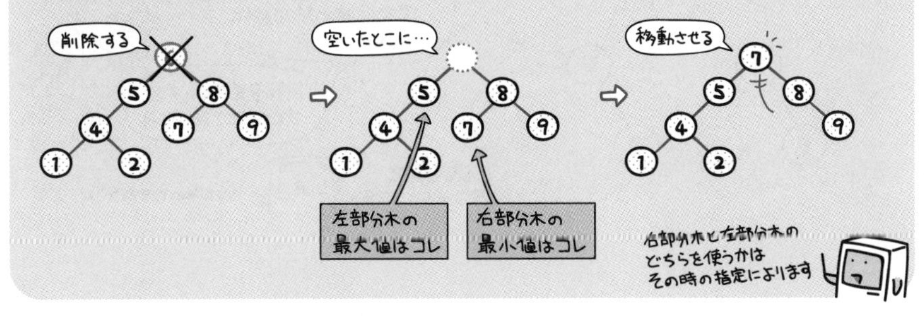

ヒープ

ヒープとは半順序木とも言われ、「親要素が子要素の値以上である」もしくは「子要素が親要素の値以上である」という関係にある2分木です。

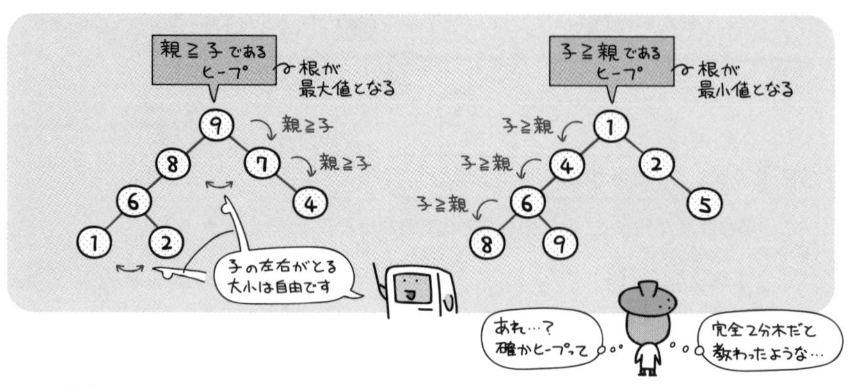

その通り！
単にヒープと言った場合、通常は完全2分木の一種である2分ヒープを指します。

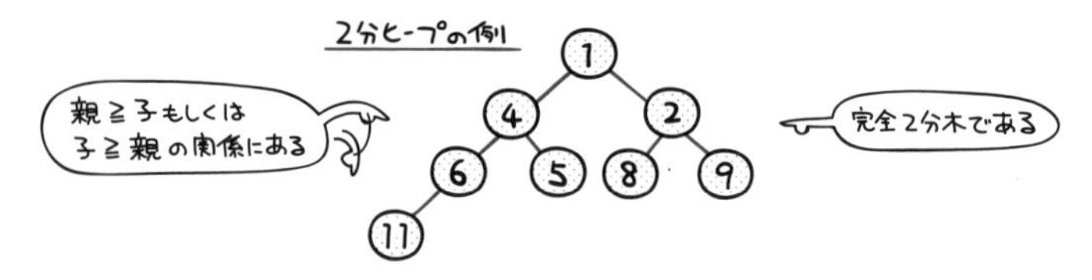

AVL木

AVL木とは、どの節においても左部分木と右部分木の高さの差が1以下という関係にある2分木で、2分探索木の一種です。

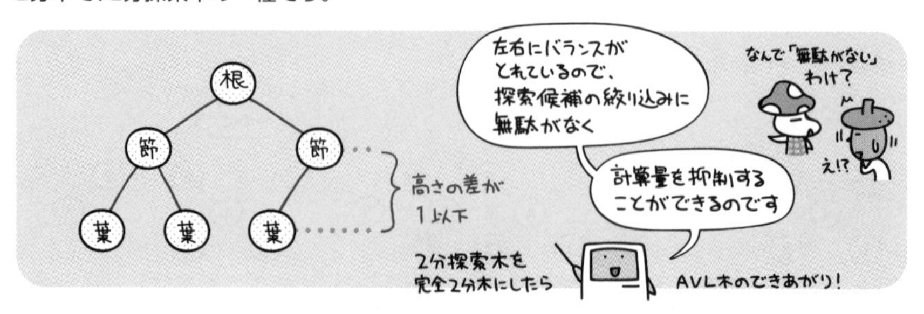

なぜAVL木だと「絞り込みに無駄がない」となるのかというと…

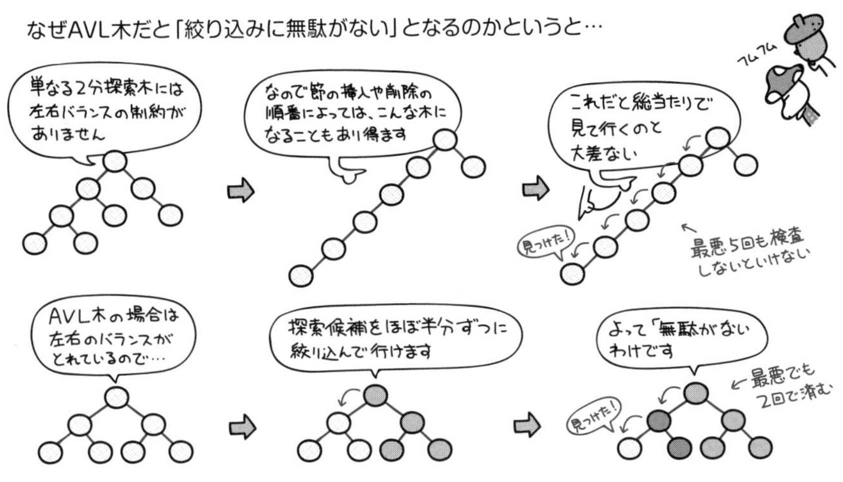

AVL木では、節の挿入や削除によって左部分木と右部分木のバランスが崩れる時は、条件を満たすように木の再編成を行います。

2分木の走査順序

2分木に含まれるデータを対象として探索を行う場合、その木構造をたどり節点をもれなく巡回する必要が出てきます。このように、順に調べていくことを走査と言います。

2分木の走査方法には大きく分けて2つの方法があります。

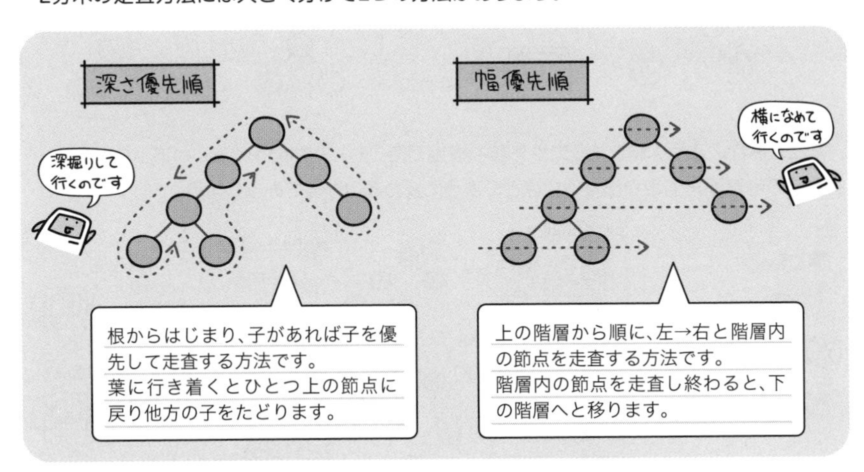

深さ優先順の場合、走査した節点の値をどのタイミングで取り出すかについては、さらに3つのパターンに分かれます。

先行順（行きがけ順）

節点→左部分木→右部分木の順に値を取り出すパターンです。わかりやすく言えば、各節点の値をはじめて通りがかったタイミングで取り出すという動きになります。

中間順（通りがけ順）

左部分木→節点→右部分木の順に値を取り出すパターンです。左部分木を掘り下げ終わって、右部分木に移るタイミングで節点の値を取り出すという動きになります。

後行順（帰りがけ順）

左部分木→右部分木→節点の順に値を取り出すパターンです。子を掘り下げ終わって、親に戻るタイミングで節点の値を取り出すという動きになります。

たとえば次のような構文木（式や文を木構造であらわしたもの P.358）があった場合に、それぞれの走査順序で取り出せる式はどのように変わるのか見てみましょう。

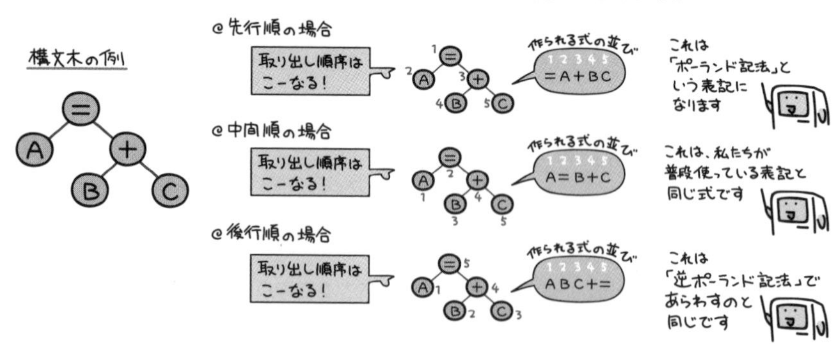

ちなみに2分探索木を中間順で取り出すと、データを昇順で得ることができます。

このように出題されています

過去問題練習と解説

配列A[1], A[2], …, A[n]で, A[1]を根とし, A[i]の左側の子をA[2i], 右側の子をA[2i+1]とみなすことによって, 2分木を表現する。このとき, 配列を先頭から順に調べていくことは, 2分木の探索のどれに当たるか。

ア　行きがけ順（先行順）深さ優先探索
イ　帰りがけ順（後行順）深さ優先探索
ウ　通りがけ順（中間順）深さ優先探索
エ　幅優先探索

解説

nを7としたケースを想定し、本問が指定する配列を、図で示せば次のようになります。

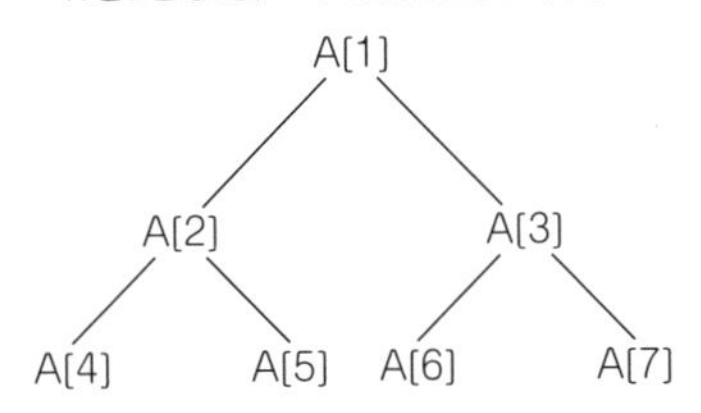

配列を先頭から順に調べていくのは、“幅優先探索”と呼ばれています。基本的に横に行きながら、だんだん深い方向に進んでいく感じです。

他の選択肢の探索順序を順番に1から7で示せば、下記のとおりになります。

ア　行きがけ順（先行順）

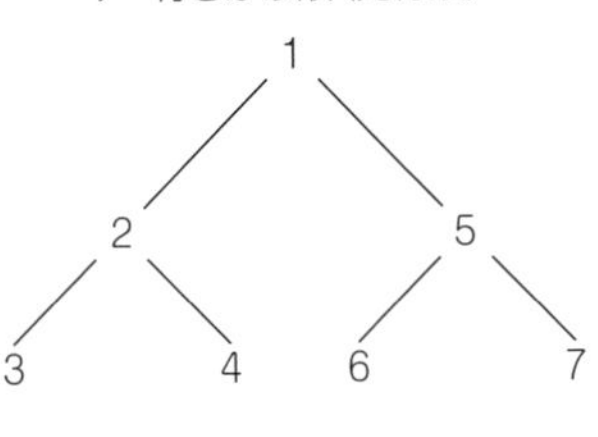

イ　帰りがけ順（後行順）

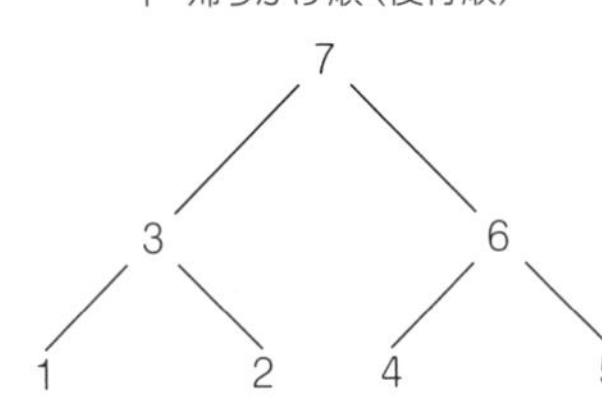

ウ　通りがけ順（中間順）

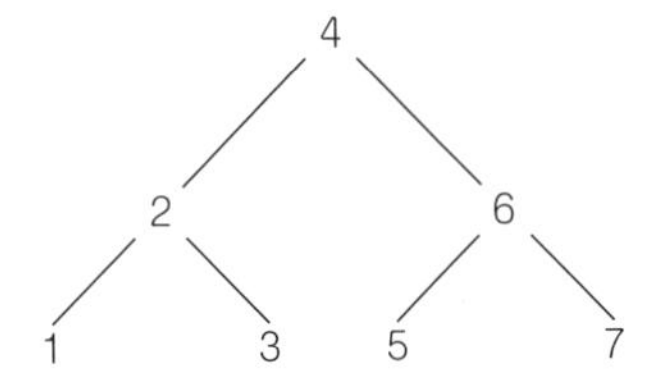

正解▶問1：エ

葉以外の節点は全て二つの子をもち，根から葉までの深さが全て等しい木を考える。この木に関する記述のうち，適切なものはどれか。ここで，木の深さとは根から葉に至るまでの枝の個数を表す。また，節点には根及び葉も含まれる。

ア　枝の個数がnならば，節点の個数もnである。
イ　木の深さがnならば，葉の個数は2^{n-1}である。
ウ　節点の個数がnならば，深さは$\log_2 n$である。
エ　葉の個数がnならば，葉以外の節点の個数はn−1である。

解説

本問に該当する木の例を、下図に示します。

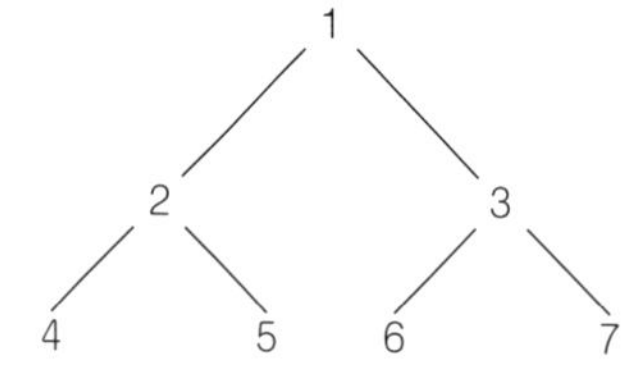

各用語の説明は、以下のとおりです。
根 … 最上位の節点（木に1つしか存在しない）
葉 … 最下位の節点（葉は子を持たない）
枝 … 節点をつなぐ線

各選択肢の説明を上記の例に当てはめて、検討してみます。
ア　枝の個数がn（=6）の時、葉を含む節点の個数はn（=6）ではなく7であり、正しくありません。
イ　木の深さがn（=2）の時、葉の個数は2^{n-1}（$2^{2-1}=2$）ではなく4であり、正しくありません。
ウ　節点の個数がn（=7）の時、深さは$\log_2 n$（$\log_2 7 \fallingdotseq 2.8$）ではなく2であり、正しくありません。
エ　葉の個数がn（=4）ならば，葉以外の節点の個数はn−1（=3）であり、正しいです。

式A+B×Cの逆ポーランド表記法による表現として，適切なものはどれか。

ア　+×CBA　　イ　×+ABC　　ウ　ABC×+　　エ　CBA+×

解説

式A+B×Cを、398ページ最下図の構造木で表現すると下図になります（掛け算は、足し算よりも、計算の優先順位が高いので、×は+の下に位置します）。

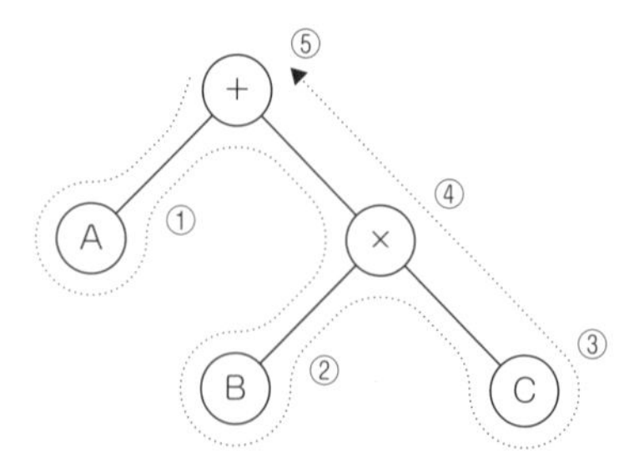

逆ポーランド表記法では、上図の構造木を“後行順”にしたがって、節点の値を取り出せばよいので、上図の ① → ② → ③ → ④ → ⑤ の順に、A → B → C → × → + という順番で、節点の値を取り出します。したがって、式A+B×Cの逆ポーランド表記法による表現は、“A B C×+” です。

正解▸問2：エ　問3：ウ

Chapter 11-9 データを探索するアルゴリズム

**探索の代表的なアルゴリズムには、
線形探索法、2分探索法、ハッシュ法などがあります。**

「11-6 アルゴリズムとフローチャート（P.372）」ではアルゴリズムの一例として合計の算出を行いました。このように、アルゴリズムには、ある種お約束的に使われる処理というのが多数存在します。高度で難しいものから、単純で基礎的なものまで様々あるわけです。

そんなアルゴリズムの中で、基礎的で、かつ単純なものとして挙げられるひとつが「探索」です。上で書いてある通り、目的のデータを探し当てる処理ですね。

単純だからといってなめてはいけません。たとえば私たちは、棚の中から目的のものを取り出す時、その作業は特に意識することもなく日常生活の中で行っているものです。

では、その時の思考ロジックを絵に描いて示すこと…できるでしょうか？

そうなのです。基礎的なアルゴリズムを知るということは、「代表的らしいから知っておく」というだけでなく、基礎的で、単純だからこそ、自身の頭の中にある処理を「どのようにアルゴリズムとして分解するのか」という練習に役立つのです。

線形探索法

さて、それではまず「いちばん単純な探索のアルゴリズム」を考えてみましょう。

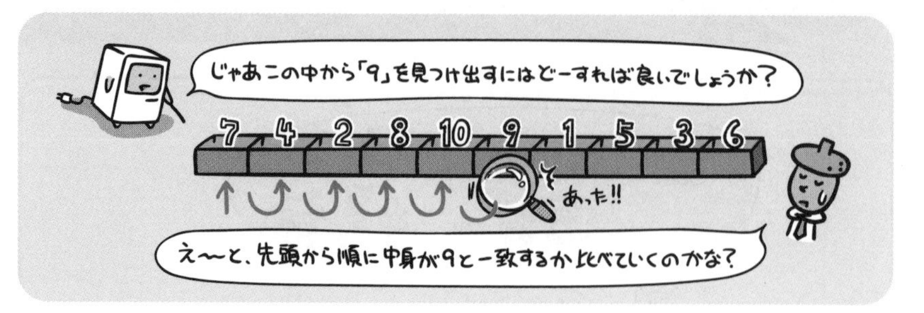

はい、正解。
このように、先頭から順に探索していく方法を線形探索法と呼びます。
どんなアルゴリズムになるか、フローチャートで見ていきましょう。

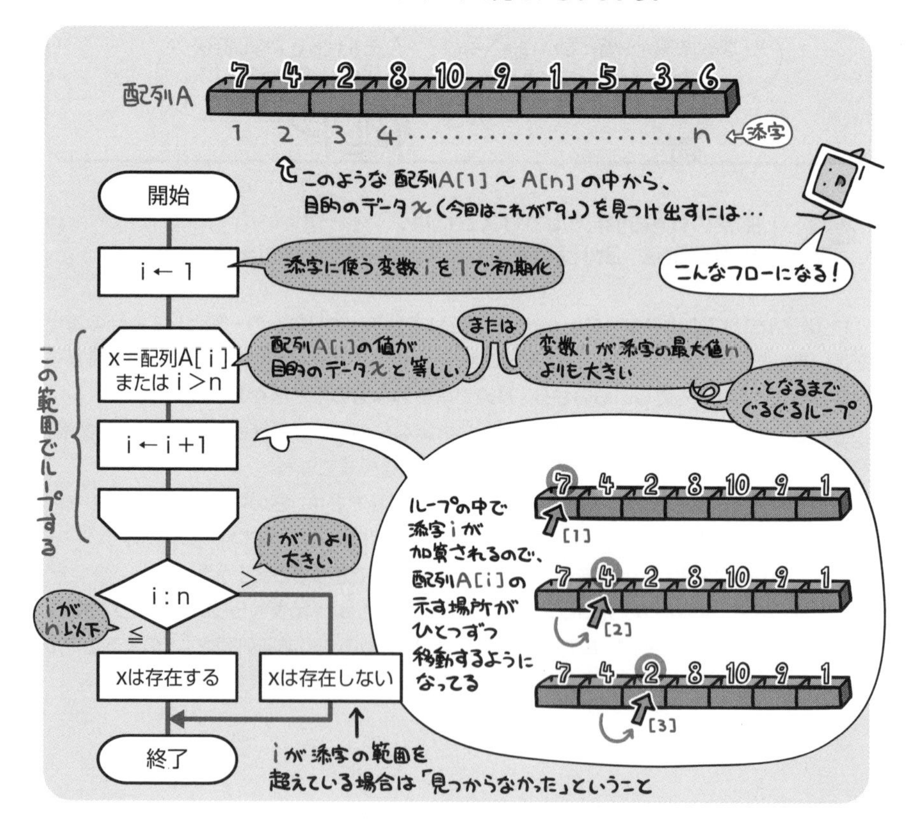

ざっくり言えば、「データが見つかるか、配列の添字範囲を超えるかしたらループ終了」という条件で探索していくのがこの方法というわけです。

ところがこれだと、ループする中で「目的のデータか?」「添字範囲を超えたか?」という2つの判定が毎回行われることになり、効率という面では少々イケてません。

その通り!このようにすると、ループの終了判定から「添字範囲を超えたか?」という条件を取っ払うことができるのです。だって添字の範囲内で“必ず”目的のデータが見つかるわけですからね。

この、「終了判定を簡単にするため末尾に付加したデータ」のことを、番兵と呼びます。

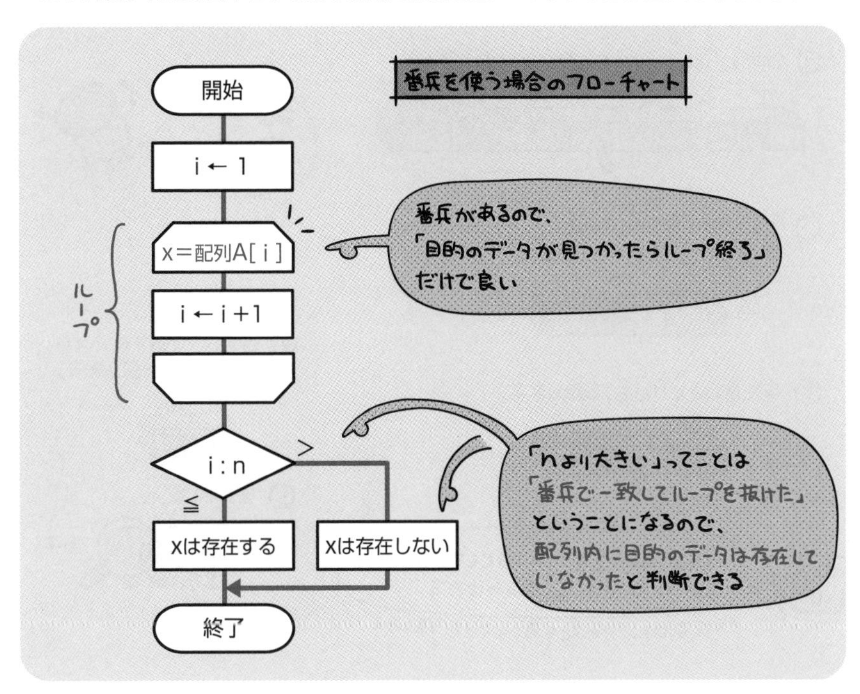

2分探索法

あらかじめ探索対象のデータ群が「昇順に並んでいる」「降順に並んでいる」といった規則性を持つ場合は、2分探索法という、より効率の良い方法をとることができます。

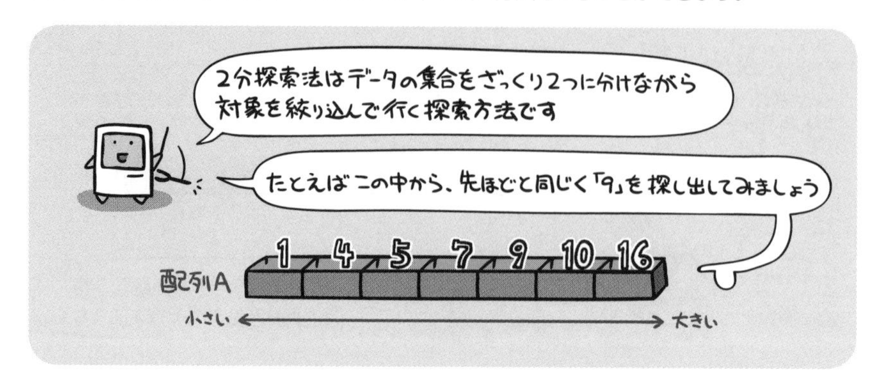

具体的には、次のような流れで絞り込んで行くことになります。

2分探索法で絞り込む手順

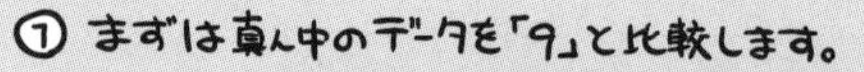

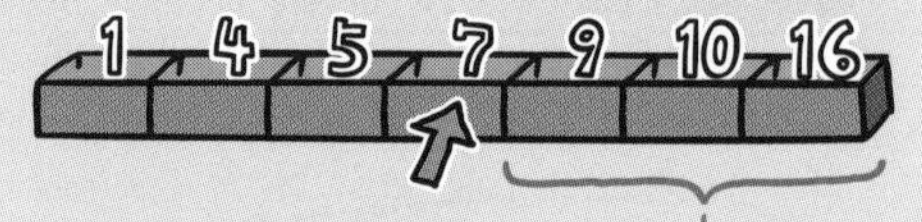

② 「9」の方が大きかったので、
探索の対象を右半分に絞り込みます。

③ また真ん中と「9」を比較します。

④ 今度は「9」の方が小さいので左半分に絞ります。

⑤ 見つかりました。

探索対象を1/2ずつ削り落としていけるので、その分、効率が良くなるわけです

2分探索木(P.394)の話も思い出しながら見てみよう!!

それでは、この場合のフローチャートがどうなるか見てみましょう。

まず前提。配列に対して、探索範囲の上限下限、真ん中の値を次のように表現しますよーというところを頭の中で整理してください。

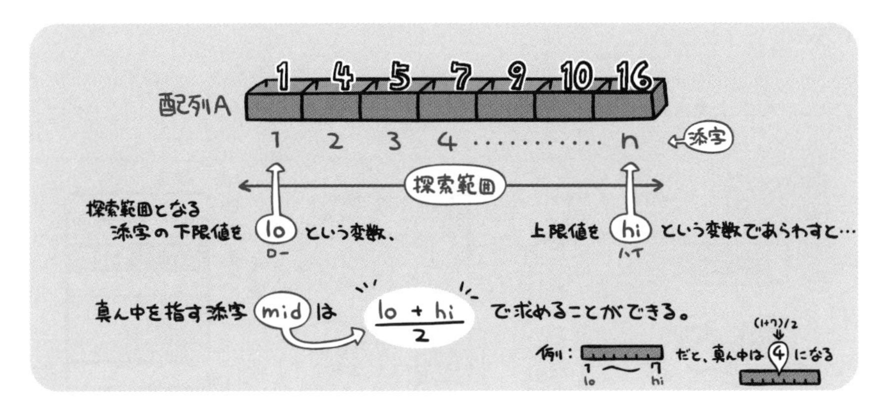

その上で、フローチャートは次のようになります。

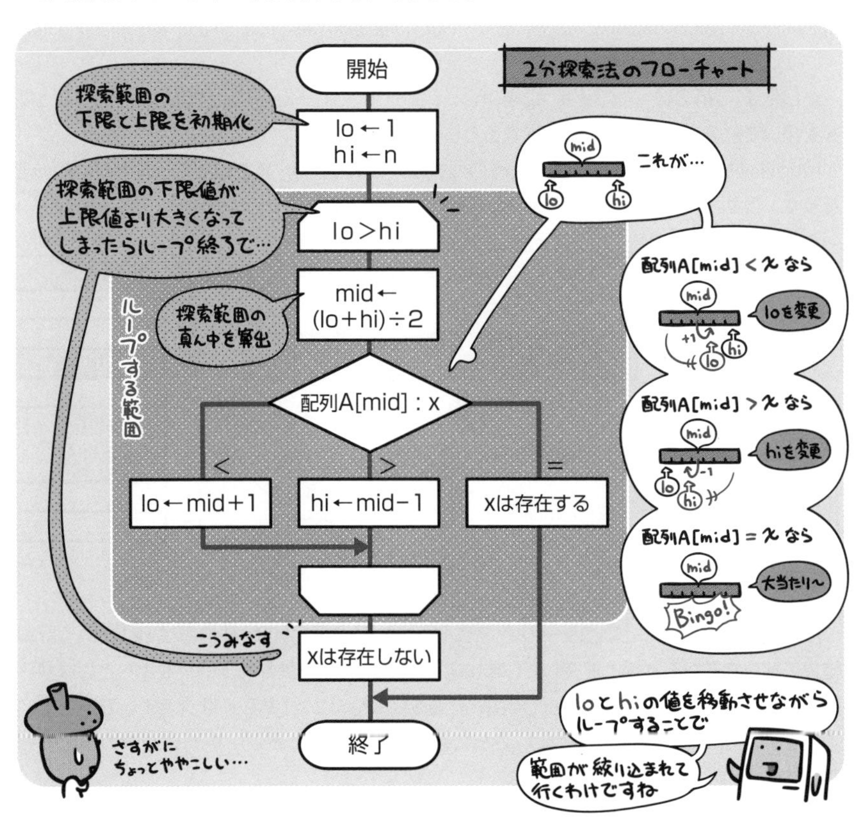

ハッシュ法

ハッシュ関数と呼ばれる「一定の計算式」を用いて、データの格納位置をズバリ算出する探索方法がハッシュ法です。

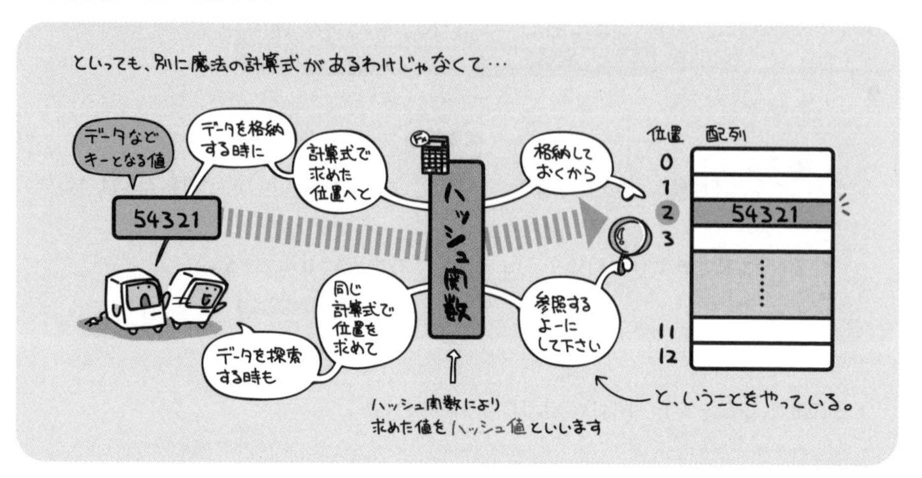

たとえば、5桁の数 $a_1\,a_2\,a_3\,a_4\,a_5$ を、$\mathrm{mod}\,(a_1 + a_2 + a_3 + a_4 + a_5, 13)$ というハッシュ関数を用いて位置を決め、配列に格納するとします。

modは余りを求める関数です。mod（x, 13）とした場合は、xを13で割った余りが返ってきます。では、「54321」というデータの格納位置はどこになるでしょう？

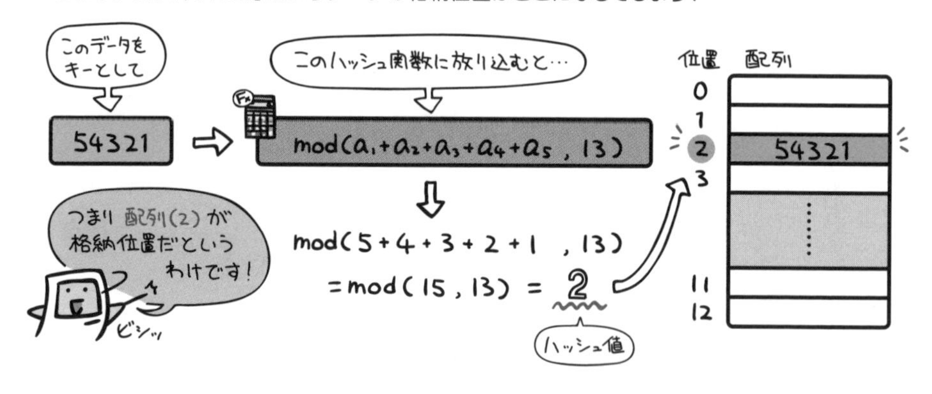

ただ、仮に「12345」というデータがあったとしたら、やっぱり格納位置は「2」という計算結果になりますから上記と衝突してしまいます。このように、異なるデータをキーとしながら同じハッシュ値が求められてしまう現象を、衝突（コリジョン）もしくはシノニムの発生といいます。シノニムが発生した場合は、さらに別の計算を行って新しい格納先を求める必要があります。

シノニム発生時の対応としては、次のような手法があります。

オープンアドレス法

シノニムの発生時に、別のハッシュ関数を用いて新しいハッシュ値を求める方法です。この時、再ハッシュの値には一般に「前回のハッシュ値+1」を用いることが多く、そこもふさがっている場合は順次+1を繰り返して空きスペースを探します。

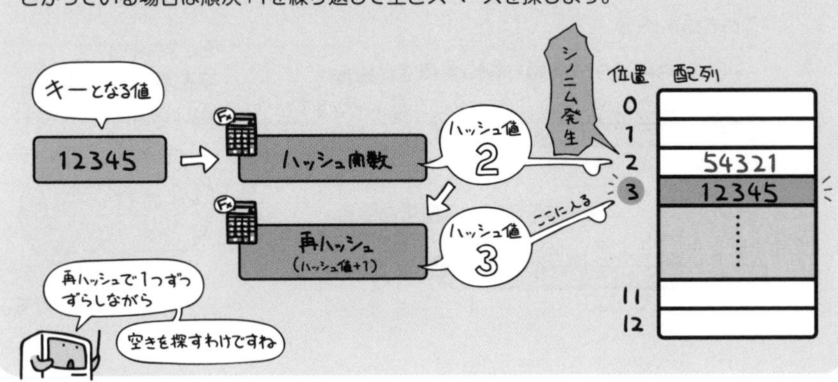

チェイン法

ハッシュ表にはデータへのポインタを持たせておき、シノニムの発生時には同じハッシュ値のデータを単方向リストとして連結して格納する方法です。ハッシュ表の各位置に単方向リストがぶら下がっているものと思えば良いでしょう。

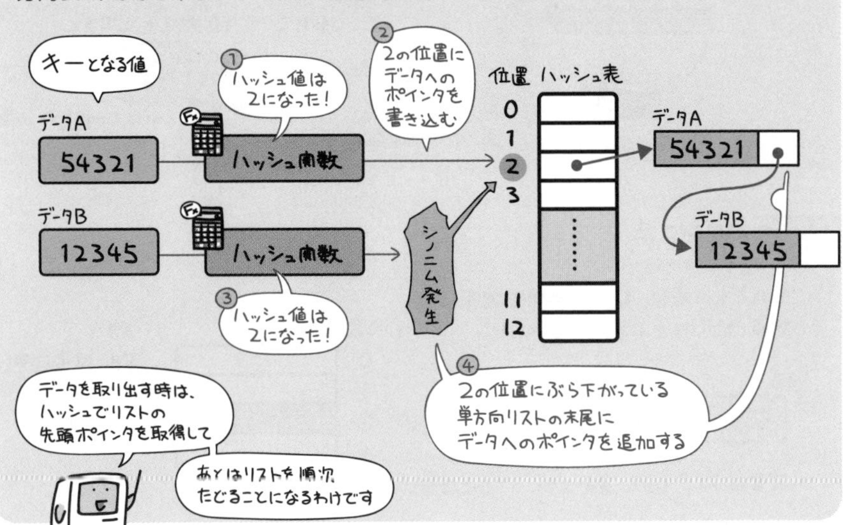

各アルゴリズムにおける探索回数

各アルゴリズムの効率を考える上で、それぞれどのように探索回数が異なるか整理しておきましょう。

線形探索法

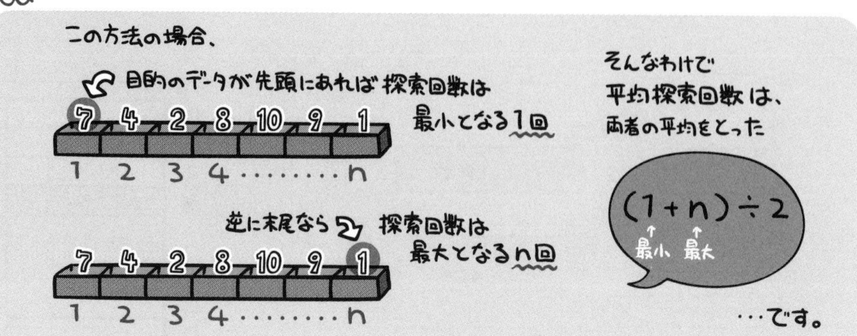

2分探索法

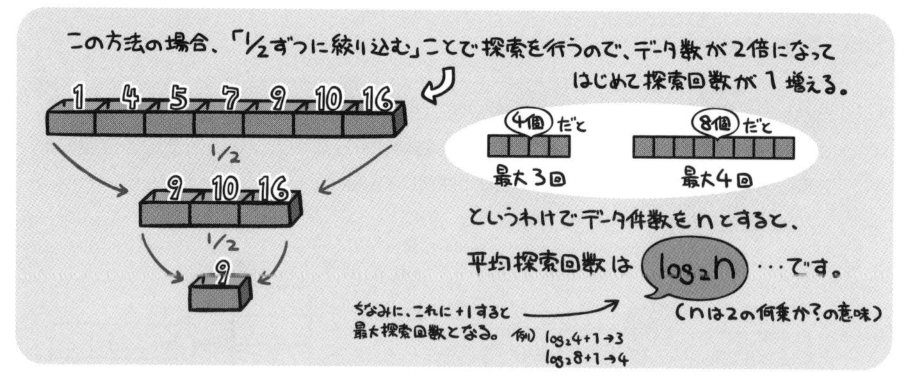

ハッシュ法

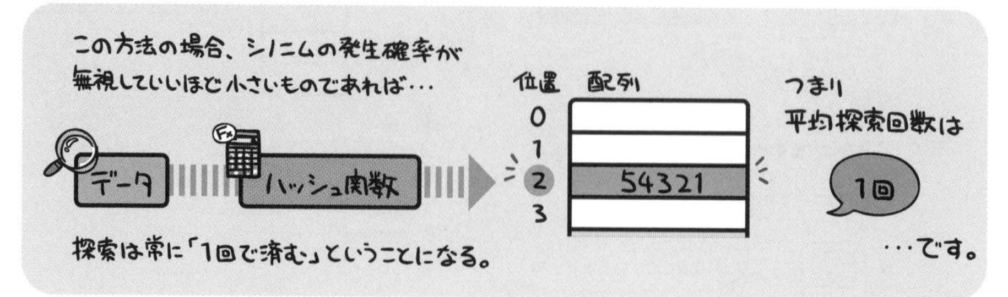

ハッシュ表の理論的な探索時間を示すグラフはどれか。ここで，複数のデータが同じハッシュ値になることはないものとする。

ア

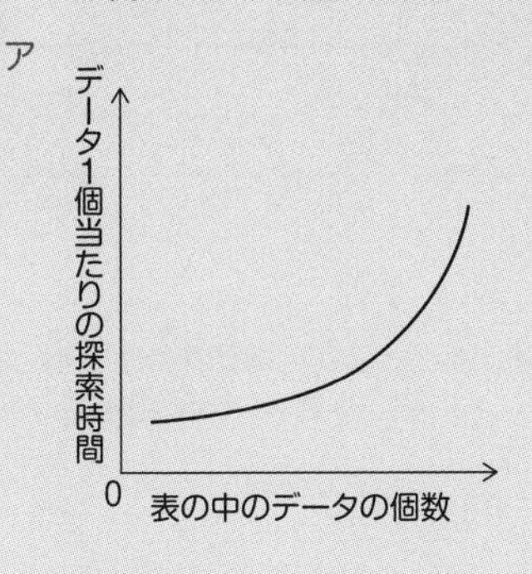

イ

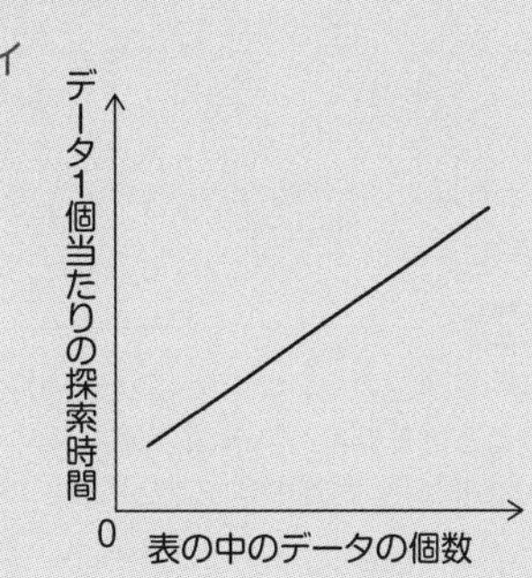

ウ

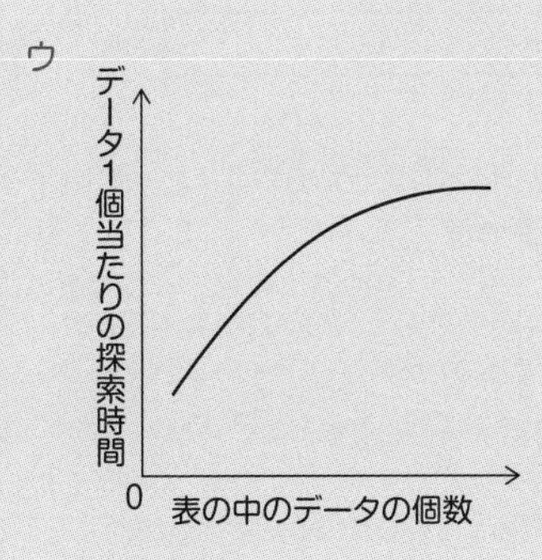

エ

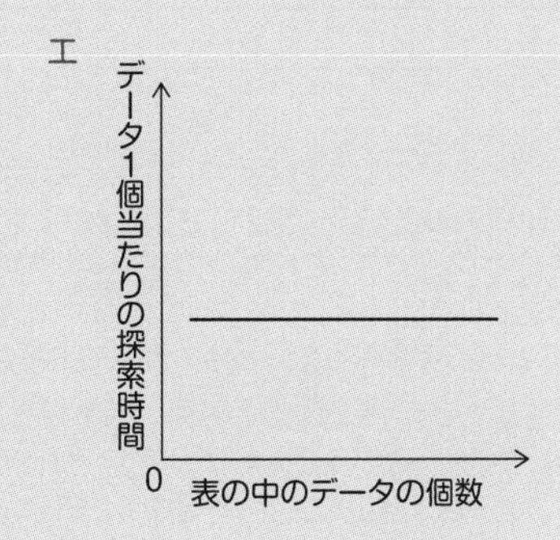

解説

本問は、406ページに説明されている"ハッシュ法"を、題材にした問題です。ハッシュ法では、ハッシュ関数を用いて算出された値が示す位置にデータを格納されます。例えば、ハッシュ関数が、mod（データの値，13）である場合、データの値が100の時、9の位置に100は格納され、また、データの値が200の時、5の位置に200は格納されます。これらのように、データの値を決めれば、基本的に、格納場所は一意に定まります。

ただし、シノニムが発生する場合、407ページに説明されている"オープンアドレス法"や"チェイン法"を使わねばなりませんが、本問の問題文は"ここで，複数のデータが同じハッシュ値になることはないものとする"としており、シノニムの発生はありえません。

したがって、本問のおいては、"データの値を決めれば、格納場所は一意に定まる"と言い切れ、各選択肢の図の横軸"表の中のデータの個数"が何個であっても、縦軸の"データ1個当たりの探索時間"は一定になります。そこで、選択肢エが正解です。

正解▶問1：エ

問 2 (AP-H30-S-06)

異なるn個のデータが昇順に整列された表がある。この表をm個のデータごとのブロックに分割し，各ブロックの最後尾のデータだけを線形探索することによって，目的のデータの存在するブロックを探し出す。次に，当該ブロック内を線形探索して目的のデータを探し出す。このときの平均比較回数を表す式はどれか。ここで，mは十分に大きく，nはmの倍数とし，目的のデータは必ず表の中に存在するものとする。

ア $m+\frac{n}{m}$　　イ $\frac{m}{2}+\frac{n}{2m}$　　ウ $\frac{n}{m}$　　エ $\frac{n}{2m}$

解説

線形探索法とは、402ページに説明されているとおり、先頭から順に探索して、探したいデータを見つける方法です。ただし、本問は、402 ～ 403ページの例とは異なり、やや複雑になっています。下記の例を使って、問題の理解をします。

例：nが12、mが3のデータの中から、「22」を探し出す。

1	2	3	4	5	6	7	8	9	10	11	12
4	5	7	11	12	15	20	22	28	42	43	56
A			B			C			D		

①：ブロックAの最後尾は「7」です。これは「22」ではありません（また、「7」＜「22」です）。②：ブロックBの最後尾は「15」です。これは「22」ではありません（また、「15」＜「22」です）。③：ブロックCの最後尾は「28」です。これは「22」ではありません。しかし、「28」＞「22」なので、ブロックC内に「22」が必ずあります。④：ブロックCの先頭は、7番目の要素である「20」であり、「22」ではありません。⑤：ブロックCの2番目は、8番目の要素である「22」であり、探したいデータ「22」と一致します。

上記でイメージが湧いたと思いますので、本問を解いてみます。

(1) 探したいデータが含まれるブロックの特定

たまたま、最初のブロックに探したいデータが含まれている場合の比較回数は「1」です。また、最後のブロックに探したいデータが含まれている場合の比較回数は、ブロックの数である「$\frac{n}{m}$」です。したがって、この平均比較回数は、「$\frac{(1+\frac{n}{m})}{2}$」(★) です。

(2) (1)で特定されたブロック内での探したいデータの特定

たまたま、(1)で特定されたブロック内の最初に探したいデータが含まれている場合の比較回数は「1」です。また、(1)で特定されたブロック内の最後に探したいデータが含まれている場合の比較回数は、ブロック内のデータの個数である「m」です。したがって、この平均比較回数は、「$\frac{(1+m)}{2}$」(●) です。

(3) 本問全体の平均比較回数

本問全体の平均比較回数は、上記「$\frac{(1+\frac{n}{m})}{2}$」(★)＋「$\frac{(1+m)}{2}$」(●) です。この式を整理すると、「$\frac{m}{2}+\frac{n}{2m}+1$」(◆) になりそうです。ただし、本問の問題文の最終文は「ここで，mは十分に大きく，(後略)」としていますので、▼上記（◆）の最後の「＋1」は、定数項として無視され、本問全体の平均比較回数は、「$\frac{m}{2}+\frac{n}{2m}$」となります。

なお、「たまたま、あるブロックの最後尾に、探したいデータがあった場合は、上記(2)がすべて不要になる」、もしくは「上記(2)の探索を改良して、(1)で特定されたブロック内の最後尾から前へ1つ目のデータから比較し、その次は最後尾から前へ2つ目のデータを比較すれば、比較回数が減る」といった様々なアイデアは、すべて上記▼の下線部で吸収され、正解は、変わりません。

従業員番号と氏名の対がn件格納されている表に線形探索法を用いて，与えられた従業員番号から氏名を検索する。この処理における平均比較回数を求める式はどれか。ここで，検索する従業員番号はランダムに出現し，探索は常に表の先頭から行う。また，与えられた従業員番号がこの表に存在しない確率をaとする。

ア $\frac{(n+1)\,na}{2}$　　イ $\frac{(n+1)\,(1-a)}{2}$

ウ $\frac{(n+1)\,(1-a)}{2}+\frac{n}{2}$　　エ $\frac{(n+1)\,(1-a)}{2}+na$

解説

線形探索法は、単純に先頭から探索するデータを1つずつ調べていく方法です。本問は、与えられた従業員番号がこの表に存在しない確率をaとしているので、存在しない場合と存在する場合に分けて考えます。

(1) 従業員番号が表に存在しない場合

線形探索法は、単純に先頭から探索するデータを1つずつ調べていく方法なので、存在しない場合は、n回比較します。本問の場合、従業員番号が表に存在しない確率は、aになるので、これを乗じてna回になります。… ①

(2) 従業員番号が表に存在する場合

n個のデータがある場合の比較回数は、最低1回、最大n回、平均 $(n+1) \div 2$ 回になる。本問の場合、従業員番号が表に存在する確率は、$(1-a)$ になるので、これを乗じて $(n+1) \div 2 \times (1-a)$ 回になります。… ②

上記の①と②を合計した、$na + (n+1) \div 2 \times (1-a)$ が平均比較回数になり、式を整理すると、$\{(n+1) \times (1-a)\} \div 2 + na$ になります。

正解▶問2：イ　問3：エ

Chapter 11-10 データを整列させるアルゴリズム

整列の代表的なアルゴリズムには、
基本交換法、基本選択法、基本挿入法などがあります。

前節で述べた「お約束として挙げられる基礎的で単純なアルゴリズム」、そのもうひとつが「整列」です。昇順とか降順に並べ替えてやるもの。

昇順といえば「小さいものから大きいものへ」と並べ替えて、降順といえば「大きいものから小さいものへ」と並べ替えてやるわけですね。

こちらも、私たちは特に意識することなく日常生活の中で行っている処理です。

学生時代の「背の順」や「出席番号順」といった懐かしいものもあれば、社会人になってからも、受け取った名刺を「五十音順」で並べたりとか…。

では前節同様、どのようなアルゴリズムで整列が行われているのかを、それぞれの方式ごとに見ていきましょう。

基本交換法（バブルソート）

隣接するデータの大小を比較、必要に応じて入れ替えることで全体を整列させるのがバブルソートです。

それでは実践。次のデータの並びを、バブルソートを使って昇順に並び替えてみましょう。

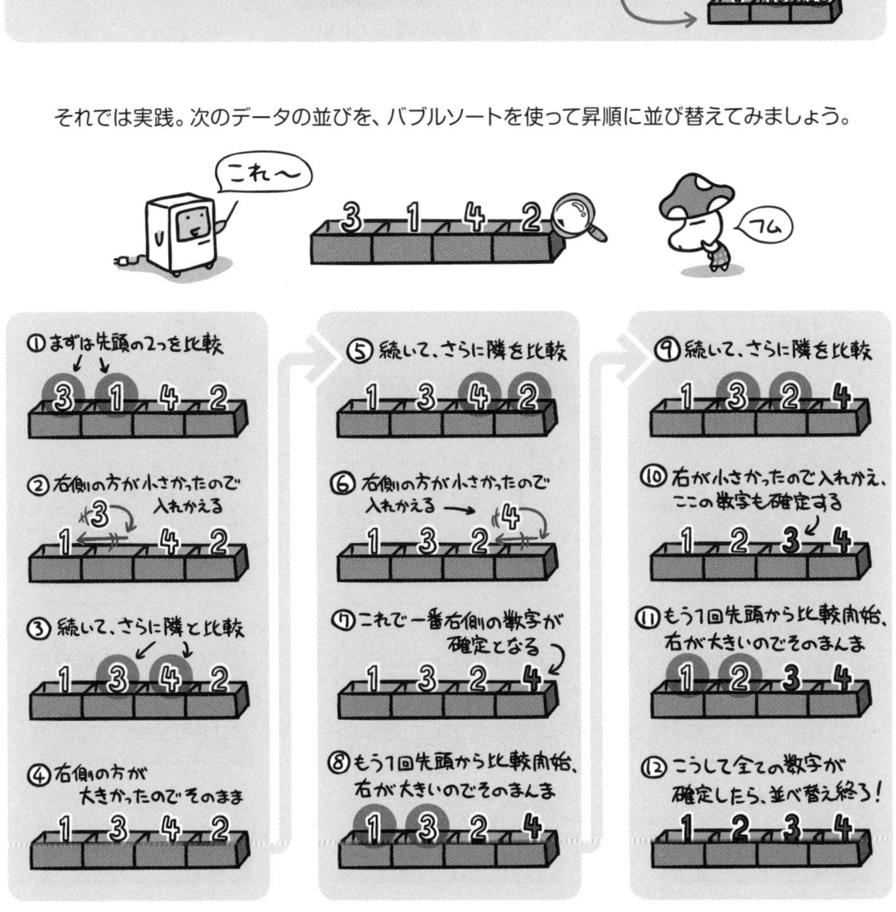

基本選択法（選択ソート）

対象とするデータの中から最小値（もしくは最大値）のデータを取り出して、先頭のデータと交換。これを繰り返すことで全体を整列させるのが選択ソートです。

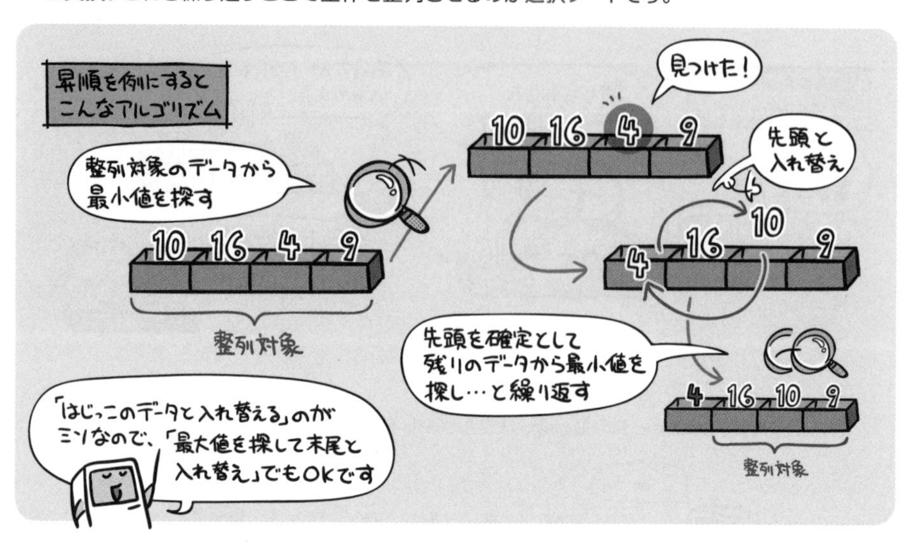

それでは次のデータを、選択ソートを使って昇順に並び替えてみましょう。

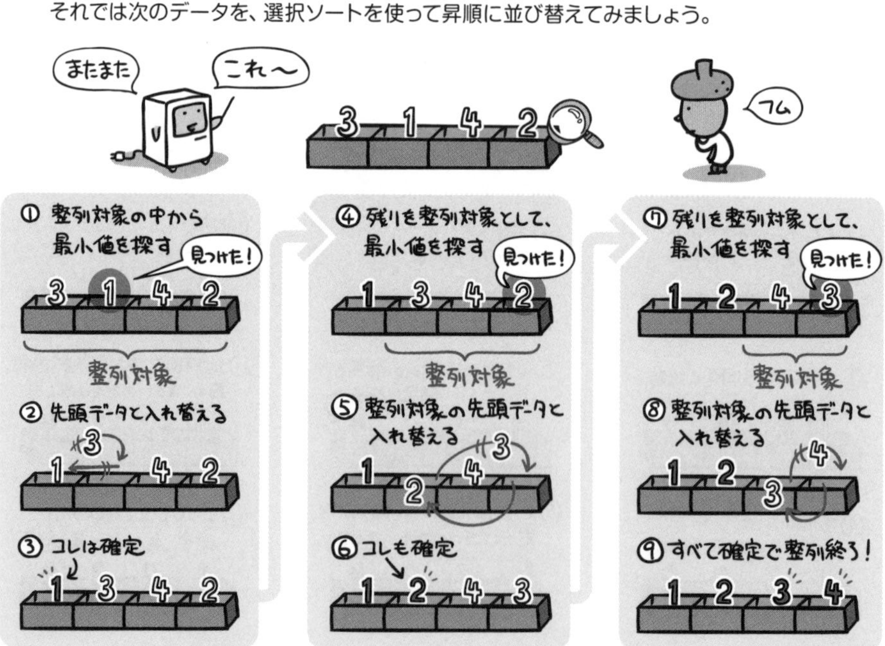

基本挿入法（挿入ソート）

まず対象とするデータ列を「整列済みのもの」と「未整列のもの」とに分けます。この、未整列の側から、データをひとつずつ整列済みの列の「適切な位置」に挿入して、全体を整列させるのが挿入ソートです。

それでは次のデータを、挿入ソートを使って昇順に並び替えてみましょう。

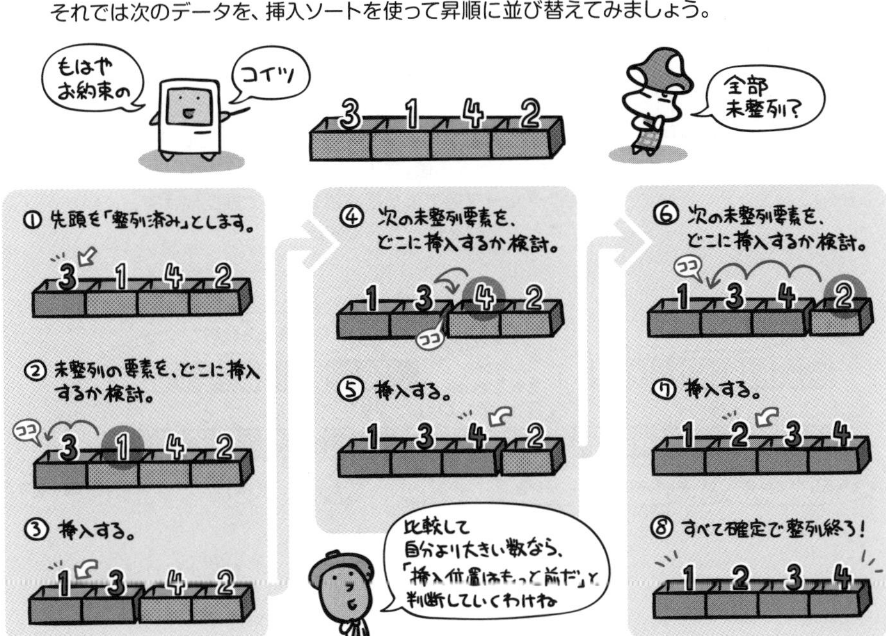

より高速な整列アルゴリズム

これまで紹介した整列アルゴリズムは、頭に「基本」とついている通り、いずれも基本的な整列法たちです。

さて、「基本」があれば「応用」もあるのが世の理というもの。というわけで、さらに高速なアルゴリズムである次の4種をご紹介。ざっくり特徴を押さえておきましょう。

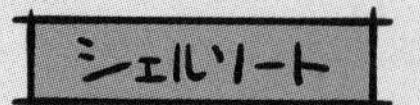

ある一定間隔おきに取り出した要素で部分列を作り、それぞれ整列してもとに戻す。今度はさらに間隔をつめて要素を取り出し、再度整列。取り出す間隔が1になるまでこれを繰り返すことで整列を行う方法です。

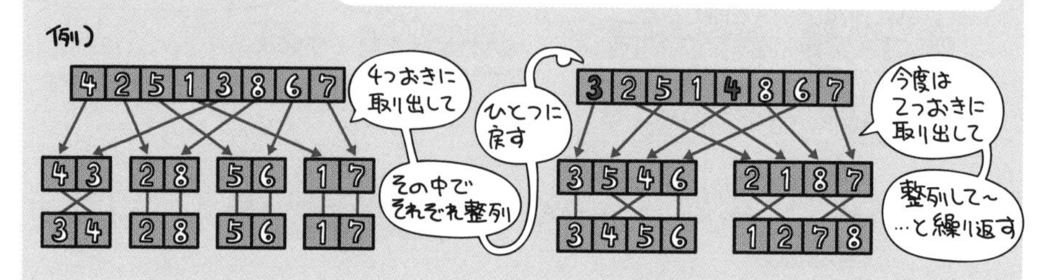

クイックソート

中間的な基準値を決めて、「それより小さい値」グループと「それより大きい値」グループに振り分けます。その後、それぞれのグループ内でまた基準値を決めて振り分けて…と繰り返すことで整列を行う方法です。

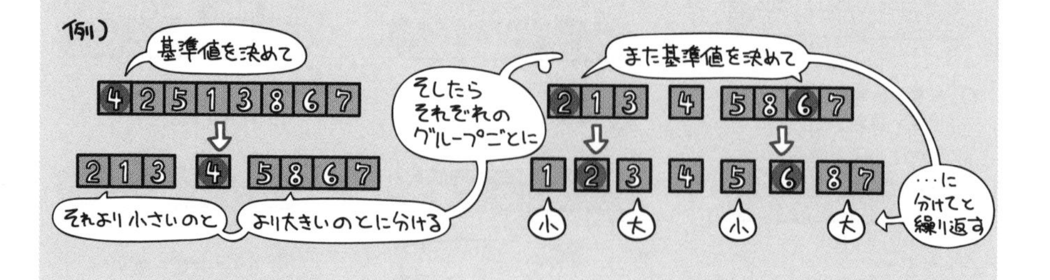

ヒープソート

未整列の部分を「順序木」といわれる木構造に構成して、そこから最大値もしくは最小値を取り出して整列済みの側へと移します。これを繰り返すことで、未整列部分を縮めて整列を行う方法です。

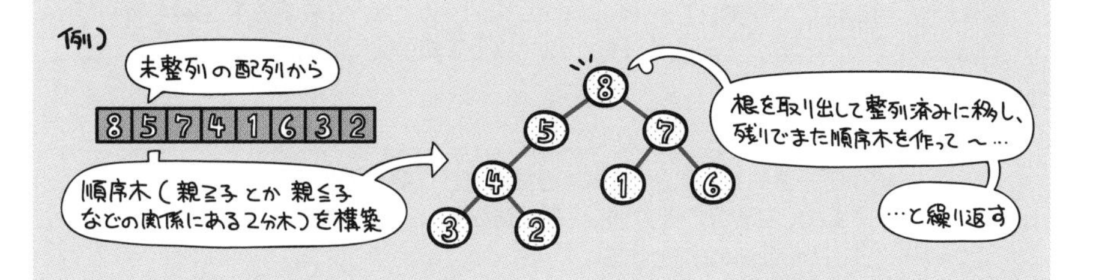

マージソート

配列の2分割を繰り返して、それぞれ配列要素が1となるまで細分化します。その要素を今度は逆に併合(マージ)して1つの配列に戻すわけですが、この時お互いの値を比較して並べ替えながら併合していくことで、全体の整列を行う方法です。

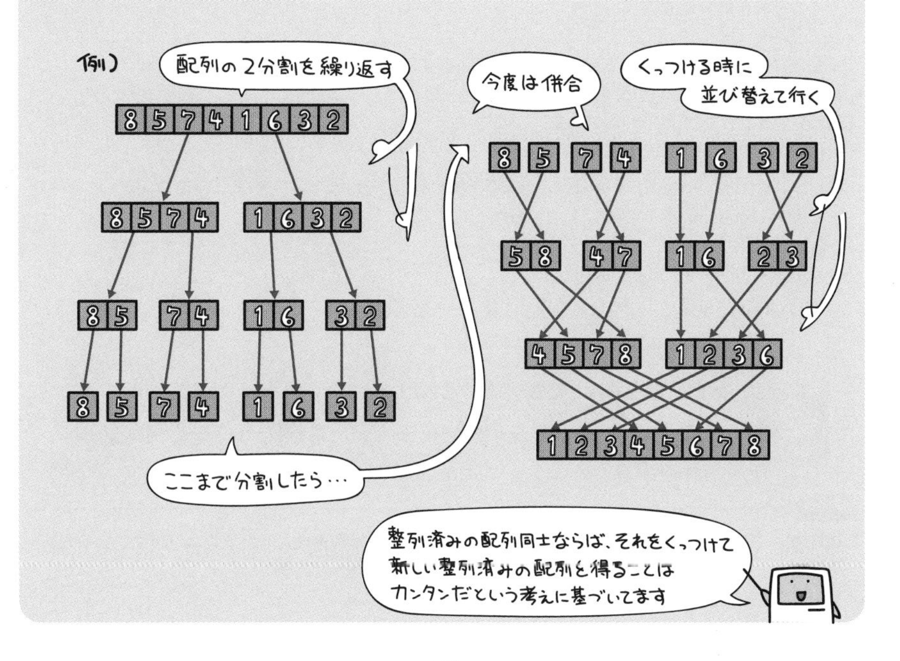

このように出題されています

過去問題練習と解説

次の手順はシェルソートによる整列を示している。データ列 7, 2, 8, 3, 1, 9, 4, 5, 6 を手順(1) ～ (4)に従って整列するとき，手順(3)を何回繰り返して完了するか。ここで，[ ] は小数点以下を切り捨てた結果を表す。

〔手順〕

(1) "H ← [データ数÷3]" とする。

(2) データ列を，互いにH要素分だけ離れた要素の集まりからなる部分列とし，それぞれの部分列を，挿入法を用いて整列する。

(3) "H ← [H÷3]" とする。

(4) H が 0であればデータ列の整列は完了し，0でなければ(2)に戻る。

ア 2　　イ 3　　ウ 4　　エ 5

解説

シェルソートの詳しい手順は、本問に与えられているので、それに従って考えます。

[手順]

(1) データ数は9です。[9 ÷ 3] = 3 → H

(2) データ列 "7, 2, 8, 3, 1, 9, 4, 5, 6" を飛び飛びに3つずつ分けます。
　{7, 3, 4}{ 2, 1, 5 }{ 8, 9, 6 }
それぞれを挿入法で整列します。
　{3, 4, 7}{ 1, 2, 5 }{ 6, 8, 9 }
したがって、データ列は、次のようになっています。
　3, 1, 6, 4, 2, 8, 7, 5, 9

(3) [3 ÷ 3] = 1 → H

(4) Hは0でないので、(2)へ戻ります。

(2) Hは1なので、{3, 1, 6, 4, 2, 8, 7, 5, 9}を部分列1に分けます。つまり、1つずつ、挿入法を用いて整列します。結果は、当然、1, 2, 3, 4, 5, 6, 7, 8, 9 になります。

(3) [1 ÷ 3] = 0 → H

(4) Hが0なので整列は完了します。

上記のように、手順(3)は、2回繰り返して完了します。

分割統治を利用した整列法はどれか。

ア 基数ソート　　イ クイックソート　　ウ 選択ソート　　エ 挿入ソート

解説

416ページの"クイックソート"の説明文である"中間的な基準値を決めて、「それより小さい値」グループと「それより大きい値」グループに振り分けます"が、"分割統治"の例です。

なお、"分割統治"の説明は、423ページを参照してください。

バブルソートの説明として，適切なものはどれか。

ア　ある間隔おきに取り出した要素から成る部分列をそれぞれ整列し，更に間隔を詰めて同様の操作を行い，間隔が1になるまでこれを繰り返す。

イ　中間的な基準値を決めて，それよりも大きな値を集めた区分と，小さな値を集めた区分に要素を振り分ける。次に，それぞれの区分の中で同様の操作を繰り返す。

ウ　隣り合う要素を比較して，大小の順が逆であれば，それらの要素を入れ替えるという操作を繰り返す。

エ　未整列の部分を順序木にし，そこから最小値を取り出して整列済の部分に移す。この操作を繰り返して，未整列の部分を縮めていく。

解説

ア　シェルソートの説明です。　イ　クイックソートの説明です。
ウ　バブルソートの説明です。　エ　ヒープソートの説明です。

配列に格納されたデータ2, 3, 5, 4, 1に対して，クイックソートを用いて昇順に並べ替える。2回目の分割が終わった状態はどれか。ここで，分割は基準値より小さい値と大きい値のグループに分けるものとする。また，分割のたびに基準値はグループ内の配列の左端の値とし，グループ内の配列の値の順番は元の配列と同じとする。

ア　1, 2, 3, 5, 4　　イ　1, 2, 5, 4, 3
ウ　2, 3, 1, 4, 5　　エ　2, 3, 4, 5, 1

解説

1回目の分割:

問題文"分割のたびに基準値はグループ内の配列の左端の値とし"より、基準値は"2"です。昇順に並べ替えるので、"2"よりも小さい"1"は左側に、"2"よりも大きい"3, 5, 4"は右側に配置されます。

2回目の分割:

"1"は、一つしかないので、分割できません。"3, 5, 4"の左端の"3"が基準値となり、"3"よりも大きい"5, 4"は右側に配置されます。本問は"2回目の分割が終わった状態"を問うていますので、"1, 2, 3, 5, 4"の選択肢アが正解です。

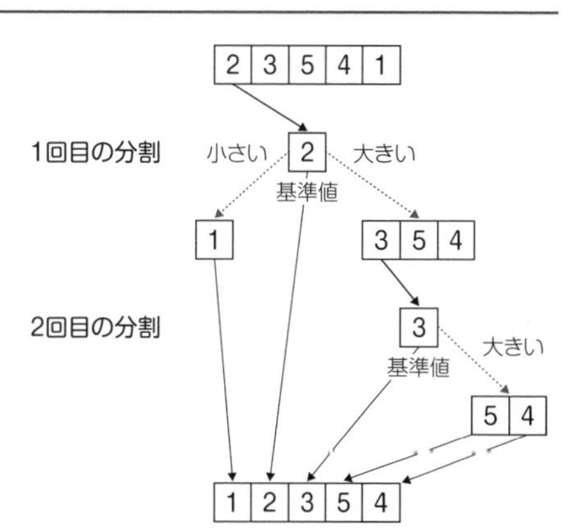

正解▶問1:ア　問2:イ　問3:ウ　問4:ア

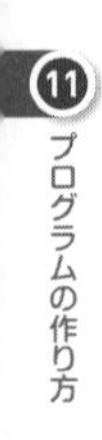

Chapter 11-11 オーダ記法

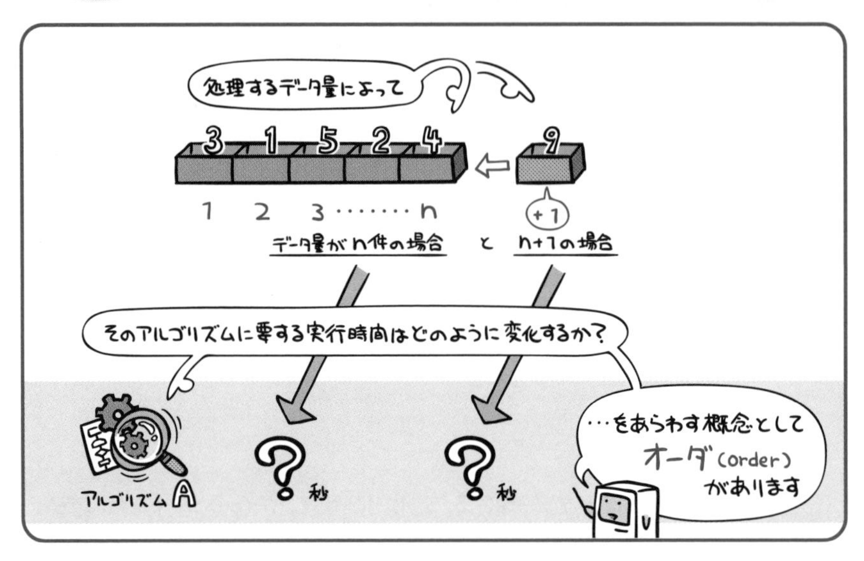

オーダ記法とは、アルゴリズムの計算量(実行時間)をO(式)のカタチであらわすものです。

オーダ記法は、アルゴリズムの正確な実行時間をはかるものではなくて、「おおまかな処理効率」をはかるための指標です。

たとえば、処理するデータ量nが2倍、3倍…と増えていった時に、処理時間も比例して2倍、3倍…と増えるアルゴリズムがあったとします。これはO(n)とあらわします。nに入る数字が増えれば、処理時間もそれに比例するよーというわけですね。線形探索法などがこれに該当します。

では、$O(n^2)$だとどうでしょう。nに入る数字が増えると…そう、それの2乗で処理時間が増えるアルゴリズムということになります。件数nが2倍、3倍…と増えていけば、全体の処理時間は4倍、9倍…と増えてしまうわけですね。

大量のデータを扱わないといけないプログラムの場合、上記のようなアルゴリズムを使うと処理時間がとんでもないことになってしまいます。つまりこのアルゴリズムは適さない、と判断できるのです。

各アルゴリズムのオーダ

本章で登場したアルゴリズムのオーダは、それぞれ次のようになります。

ちなみにこれは、あくまでも「アルゴリズムにおけるデータ量と計算量との関係」を見るものなので、たとえばバブルソートと選択ソートのように「オーダが同じ」であっても、「処理時間が同じ」という意味にはなりません。

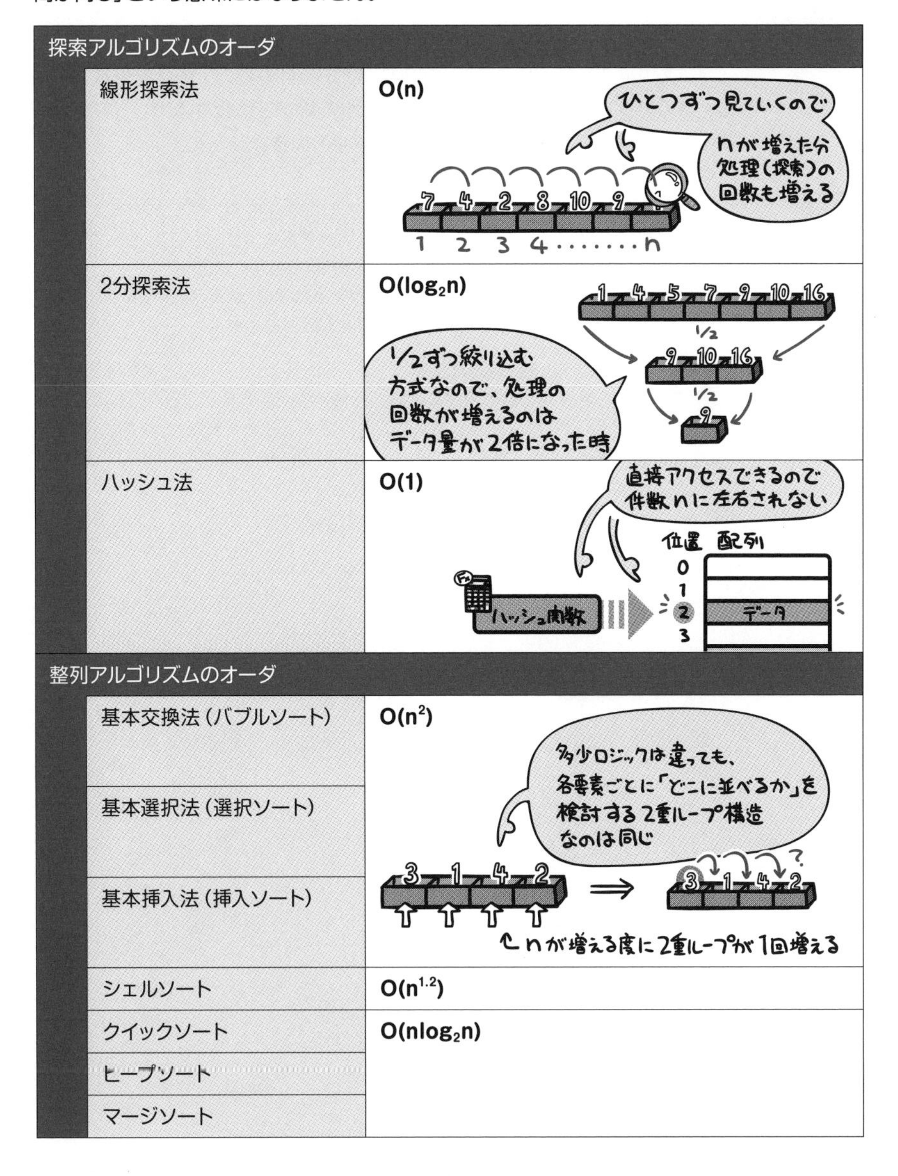

探索アルゴリズムのオーダ	
線形探索法	O(n)
2分探索法	$O(\log_2 n)$
ハッシュ法	O(1)

整列アルゴリズムのオーダ	
基本交換法（バブルソート）	$O(n^2)$
基本選択法（選択ソート）	
基本挿入法（挿入ソート）	
シェルソート	$O(n^{1.2})$
クイックソート	$O(n\log_2 n)$
ヒープソート	
マージソート	

このように出題されています
過去問題練習と解説

問1 (AP-H24-A-06)

アルゴリズムの処理時間や問題の計算時間を比較するときに使用するオーダ記法の説明として，適切なものはどれか。

ア　アルゴリズムが解に到達するまでの計算量の下限値を表す。
イ　アルゴリズムがこれより遅くならないという計算量の上限値を表す。
ウ　アルゴリズムの解析では，主要項の部分を除いて比較する。
エ　アルゴリズムを実現した場合の変数領域の大きさを表す。

解説

オーダ記法は、問題のサイズを大きくしていったときの漸近的計算量を示すものです。例えば、サイズn の問題の計算量を表す式が $3n^2+2n+10$ のとき、O 記法では、n^2と表します。

計算量は、nの2乗のような、計算結果に最も大きい影響を与えるもののみに支配されると考えます。$3n^2$の3や、2n+10 を無視し、基本的に乗数計算部分のみを抽出します。

上記より、正解の候補は、選択肢アとイに絞られます。

オーダ記法は、アルゴリズムの計算量のおおまかな上限値の傾向を示すために作られるものですから、選択肢アのような“アルゴリズムが解に到達するまでの計算量の下限値を表す”とは言えません。したがって、選択肢イが正解です。

正解▶問1：イ

Chapter 11-12 再帰法

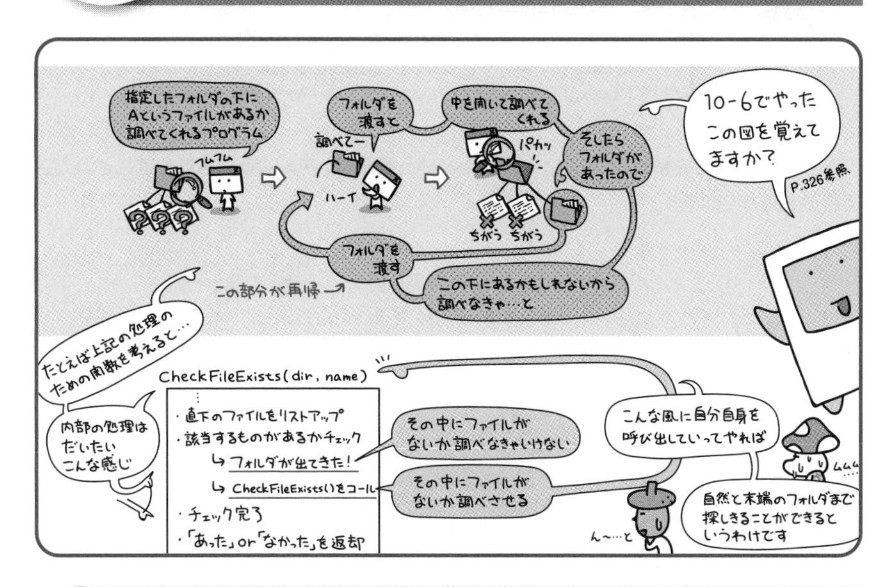

自分自身と同じアルゴリズムを繰り返すために、自身の中で自分自身を呼び出す関数を再帰関数と呼びます。

同じアルゴリズムを繰り返すようにすることで、簡潔に処理を記述できる場合があります。上の例もそうですが、たとえば11-8で取り上げた木構造を思い返してみてください。

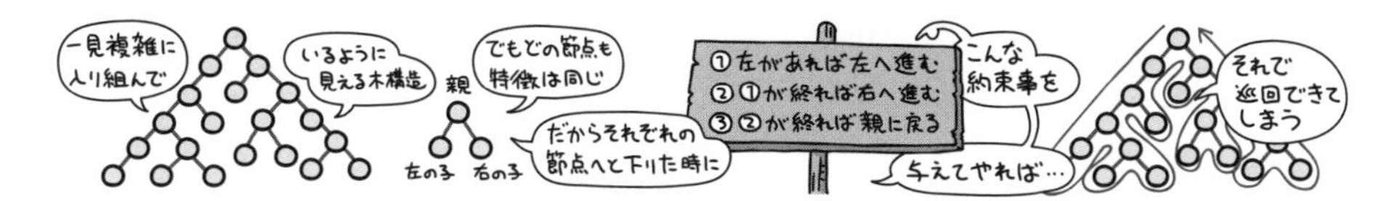

全体を見ると一見ややこしそうな構造です。しかし、その中身が同じ繰り返し構造であるとわかれば、そこに複雑な処理は必要ありません。再帰的に処理を繰り返すことで、簡潔なアルゴリズムとすることができるのです。これを再帰アルゴリズムと言います。

前節でやったクイックソートやマージソートも、こうした再帰アルゴリズムを用いてあらわす代表的なものたちです。このように、大きな問題を小さな問題に分割して、そのひとつひとつを解決していくことで結果的に全体の問題を解決するという考え方を分割統治法といいます。再帰アルゴリズムもそのひとつです。

階乗の計算に見る再帰呼び出しの流れ

再帰呼び出しの例としてよく用いられるのが階乗の計算です。

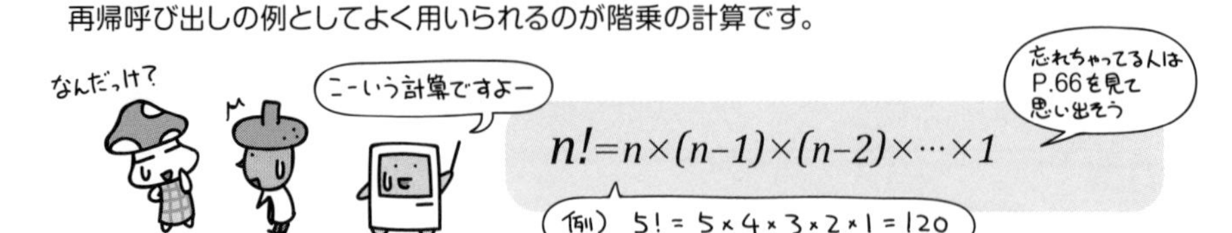

まず階乗の特徴を整理してみましょう。n!という階乗は、次のようにあらわすことのできる特徴を持っています。

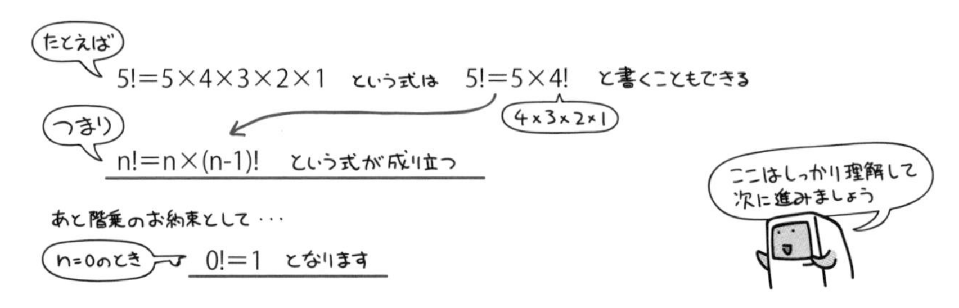

ここで、階乗の計算を行う関数をf(n)と定義したとします。これを上の内容に当てはめると、それぞれ次のようにあらわすことができます。

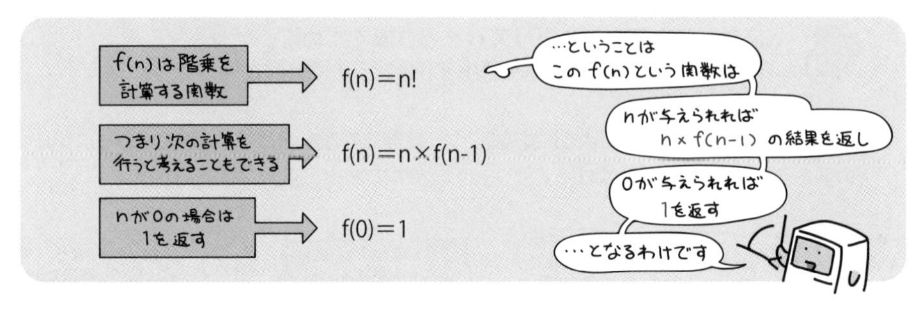

そうした値を返す関数の定義はというと…次のようになります。

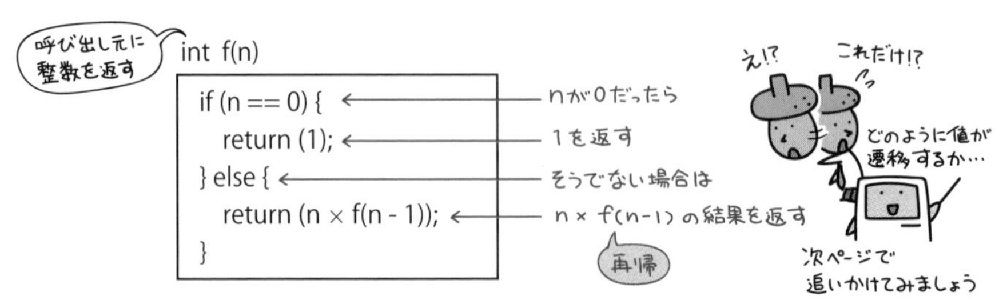

あまりだらだらと同じ処理を書いても仕方ないので、ここではギリギリ階乗っぽさが残る3!を計算させて見ることにしましょう。当然、関数に対して最初に与える値は「3」です。

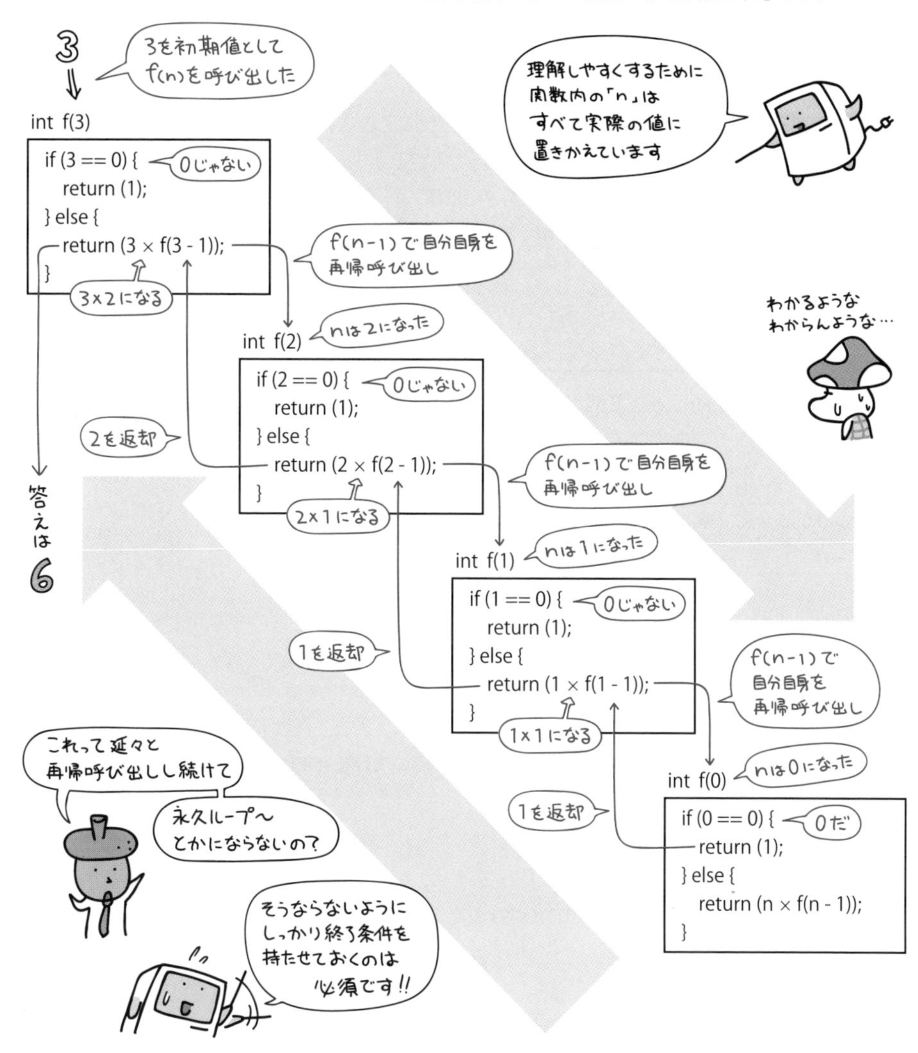

再帰呼び出しを用いたアルゴリズムにすることでプログラムはシンプルになりますが、一方で呼び出しの度にスタック領域を消費してしまうため、メモリ消費量や実行速度面では必ずしも優れているとは言えません。今回の例の場合も、ひとつの関数内に閉じた繰り返し構造とした方が、おそらく効率面では上回ります。

あくまでも処理の流れをつかむための例として捉えて下さい。

このように出題されています

過去問題練習と解説

問1 (AP-H30-S-05)

非負の整数m，nに対して次のとおりに定義された関数Ack(m, n)がある。Ack(1, 3)の値はどれか。

$$
\mathrm{Ack}(m, n) = \begin{cases} \mathrm{Ack}(m-1, \mathrm{Ack}(m, n-1)) & (m>0\text{かつ}n>0\text{のとき}) \\ \mathrm{Ack}(m-1, 1) & (m>0\text{かつ}n=0\text{のとき}) \\ n+1 & (m=0\text{のとき}) \end{cases}
$$

ア 3　　イ 4　　ウ 5　　エ 6

解説

説明の都合上、Ack(m, n)を下記の形式にまとめます。

条件	演算
m>0かつn>0 (◆1)	Ack(m−1, Ack(m, n−1)) (★1)
m>0かつn=0 (◆2)	Ack(m−1, 1) (★2)
m=0 (◆3)	n+1 (★3)

(1) Ack(1, 3)は，“◆1” のケースなので，★1の演算を適用します。
Ack(m−1, Ack(m, n−1))
=Ack(1−1, Ack(1, 3−1))
=Ack(0, Ack(1, 2))…(●1)
(▼1)

(2) 上記 “▼1” のAck(1, 2)は，“◆1” のケースなので，★1の演算を適用します。
Ack(m−1, Ack(m, n−1))
=Ack(1−1, Ack(1, 2−1))
=Ack(0, Ack(1, 1))…(●2)
(▼2)

(3) 上記 “▼2” のAck(1, 1)は，“◆1” のケースなので，★1の演算を適用します。
Ack(m−1, Ack(m, n−1))
=Ack(1−1, Ack(1, 1−1))
=Ack(0, Ack(1, 0))…(●3)
(▼3)

(4) 上記 “▼3” のAck(1, 0)は，“◆2” のケースなので，★2の演算を適用します。
Ack(m−1, 1)
=Ack(1−1, 1)
=Ack(0, 1)…(●4)
(▼4)

(5) 上記 “▼4” のAck(0, 1)は，“◆3” のケースなので，★3の演算を適用します。
n+1=1+1=2…(●5)

(6) 上記“●5”の“2”を戻り値として,“▼3”に当てはめると,“●3”は,下記のように書き換えられます。
Ack(0, 2)…(新●3)

(7) 上記“新●3”のAck(0, 2)は,“◆3”のケースなので,★3の演算を適用します。
n+1=2+1=3…(●6)

(8) 上記“●6”の“3”を戻り値として,“▼2”に当てはめると,“●2”は,下記のように書き換えられます。
Ack(0, 3)…(新●2)

(9) 上記“新●2”のAck(0, 3)は,“◆3”のケースなので,★3の演算を適用します。
n+1=3+1=4…(●7)

(10) 上記“●7”の“4”を戻り値として,“▼1”に当てはめると,“●1”は,下記のように書き換えられます。
Ack(0, 4)…(新●1)

(11) 上記“新●1”のAck(0, 4)は,“◆3”のケースなので,★3の演算を適用します。
n+1=4+1=5…(●8)

上記の“●8”のように,Ack(1, 3)の演算結果は“5”なので,正解は選択肢ウです。

アルゴリズム設計としての分割統治法に関する記述として,適切なものはどれか。

ア　与えられた問題を直接解くことが難しいときに,幾つかに分割した一部分に注目し,とりあえず粗い解を出し,それを逐次改良して精度の良い解を得る方法である。

イ　起こり得る全てのデータを組み合わせ,それぞれの解を調べることによって,データの組合せのうち無駄なものを除き,実際に調べる組合せ数を減らす方法である。

ウ　全体を幾つかの小さな問題に分割して,それぞれの小さな問題を独立に処理した結果をつなぎ合わせて,最終的に元の問題を解決する方法である。

エ　まずは問題全体のことは考えずに,問題をある尺度に沿って分解し,各時点で最良の解を選択し,これを繰り返すことによって,全体の最適解を得る方法である。

解説

ア　局所探索法(local search method)に関する記述です。
イ　分枝限定法(branch and bound method)に関する記述です。
ウ　分割統治法(divide and conquer method)に関する記述です(423ページを参照してください)。
エ　貪欲法(greedy algorithm)に関する記述です。

正解▶問1:ウ　問2:ウ

データベース

企業が業務活動を
重ねていくと…

1

そこには
様々なデータが
生まれてきます

2

そしてこれがまた、
各々独立してるよう
でつながってたりと
ややこしい

3

なにが
ややこしいって?

4

別々に情報があると
更新も別々になって
内容の不整合が
甚だしいのです

5

そこで出てくるのが
データベース

6

データベースとは
その名のとおり
「データの基地」とも
言える存在で…

7

複数の
システムやユーザが
扱うデータを
一元的に管理します

8

あ、「一元的」と
いうのは、なにかが
中心となって全体が
統一されることです

エッヘン

よーするに
データの読み書きは
コイツが管理する
から安心ねってこと

このデータベース、
色んな種類が
あります

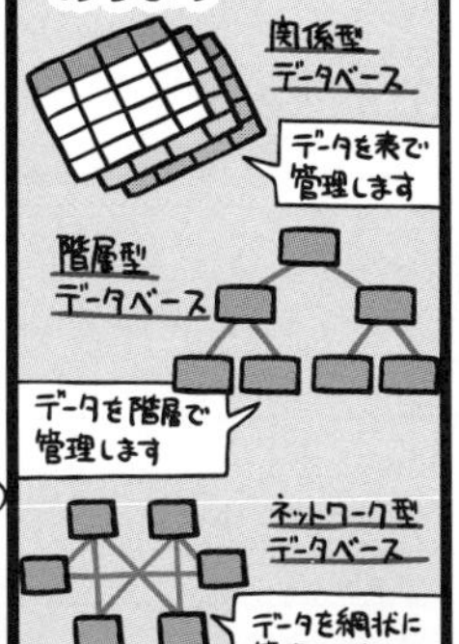

中でも主流は
データを複数の
表で管理する
関係型データベース

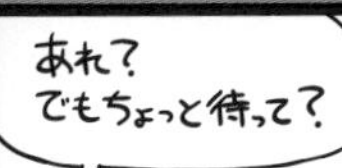

いえいえ、両者の
目的と役割は
似ているようで
かなり別物なんです

うーん、では
こんな図では
どうでしょうか?

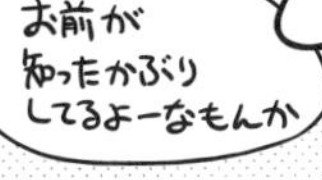

DBMSと関係データベース

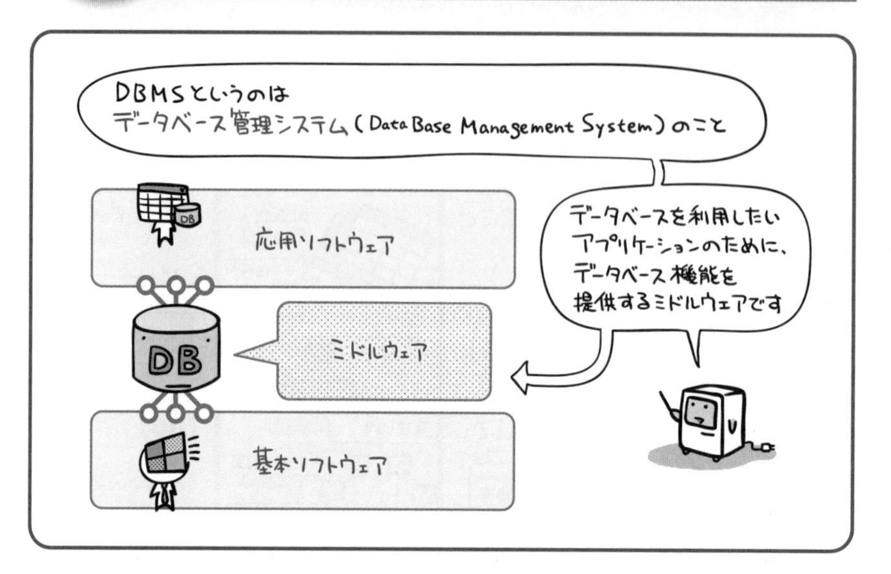

データベース管理システム（DBMS）は、データベースの定義や操作、制御などの機能を持つミドルウェアです。

データベースは、アプリケーションのデータを保存·蓄積するためのひとつの手段です。大量のデータを蓄積しておいて、そこから必要な情報を抜き出したり、更新したりということが柔軟に行えるため、多くのデータを扱うアプリケーションでは欠かすことができません。特に、複数の利用者が大量のデータを共同利用する用途で強みを発揮します。

そうしたデータベース機能を、アプリケーションから簡単に扱えるようにしたのが「データベース管理システム」というミドルウェア。普段アプリケーションは、ファイルの読み書きについてはOS任せで細かいところまで関知しません。あれのデータベース版みたいなもの…と思えば良いでしょう。

データベースにはいくつか種類があります。代表的なのは次の3つ。中でも「関係型」と呼ばれるデータベースが現在の主流です。

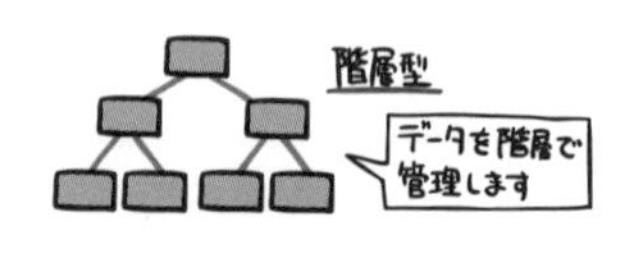

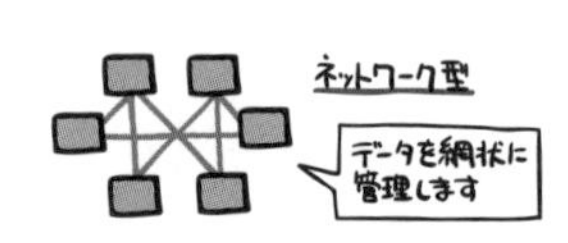

関係データベースは表、行、列で出来ている

関係データベースは表の形でデータを管理するデータベースです。

データベースには、データ1件が1つの行として記録されるイメージで、追加も削除も基本的に行単位で行います。この行が複数集まることで表の形が出来上がります。

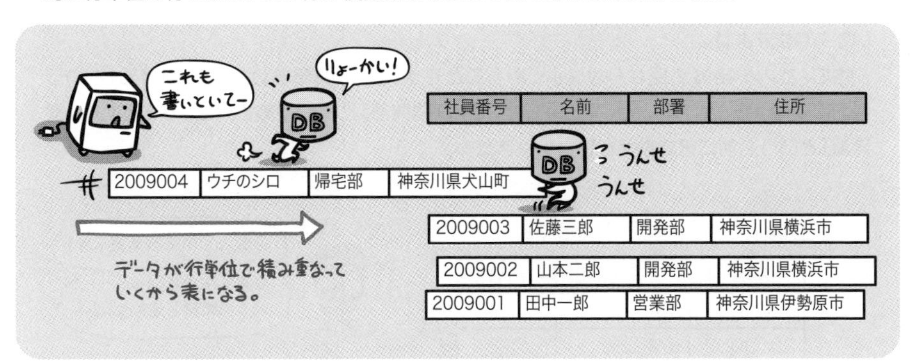

表、行、列には別の呼び名もありますので、ひと通りおさえておきましょう。

表（テーブル）	複数のデータを収容する場所のことです。
行（レコード、組、タプル）	1件分のデータをあらわします。
列（フィールド、属性）	データを構成する各項目をあらわします。

ちなみに、なんで「関係」データベースなのかというと、データの内容次第で複数の表を関係付けして扱うことができるから。

この「関係」のことをリレーションシップと言います。なので、関係データベースは、リレーショナルデータベース（RDB：Relational Database）とも呼ばれます。

表を分ける「正規化」という考え方

関係データベースでは、蓄積されているデータに矛盾や重複が発生しないように、表を最適化するのがお約束です。

具体的には、「ああ、この表は同じ内容をアチコチに書いちゃってるから更新の仕方によっては古い情報と新しい情報が混在しちゃったりするかもなー」という時に、そうならないよう表を分割したりするのです。

これを正規化と呼びます。

たとえば下の表を見てください。この社員表には、社員番号や名前の他に、所属部署が書いてありますよね。

さて、社内の組織変更なんかはよくあることです。仮に「開発部」が「法人開発部」という名前に変わったとしましょう。そうすると、この「開発部」と書いてある行は、すべて「法人開発部」という名前に書き換えないといけません。

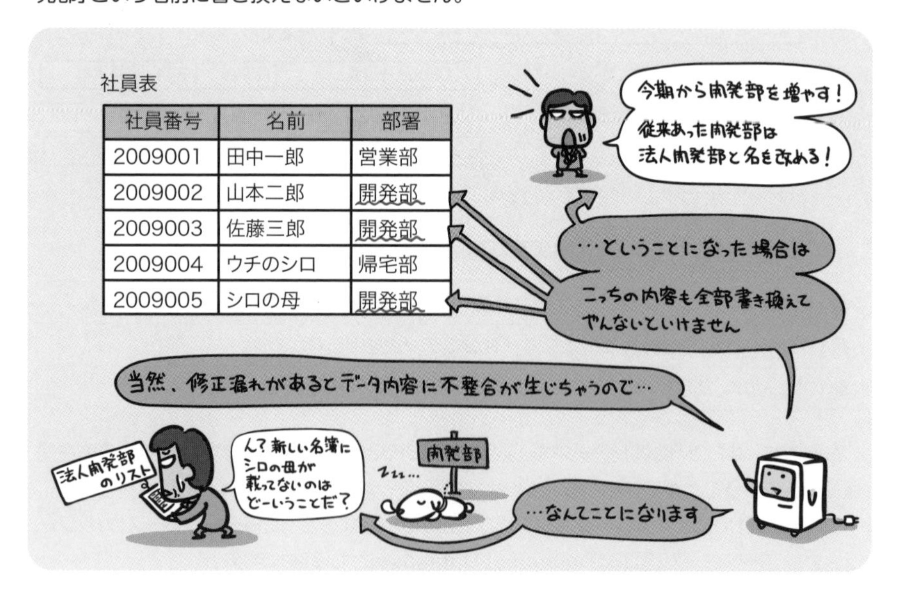
社員表

社員番号	名前	部署
2009001	田中一郎	営業部
2009002	山本二郎	開発部
2009003	佐藤三郎	開発部
2009004	ウチのシロ	帰宅部
2009005	シロの母	開発部

そこで、表をこんな感じに分けてやる。

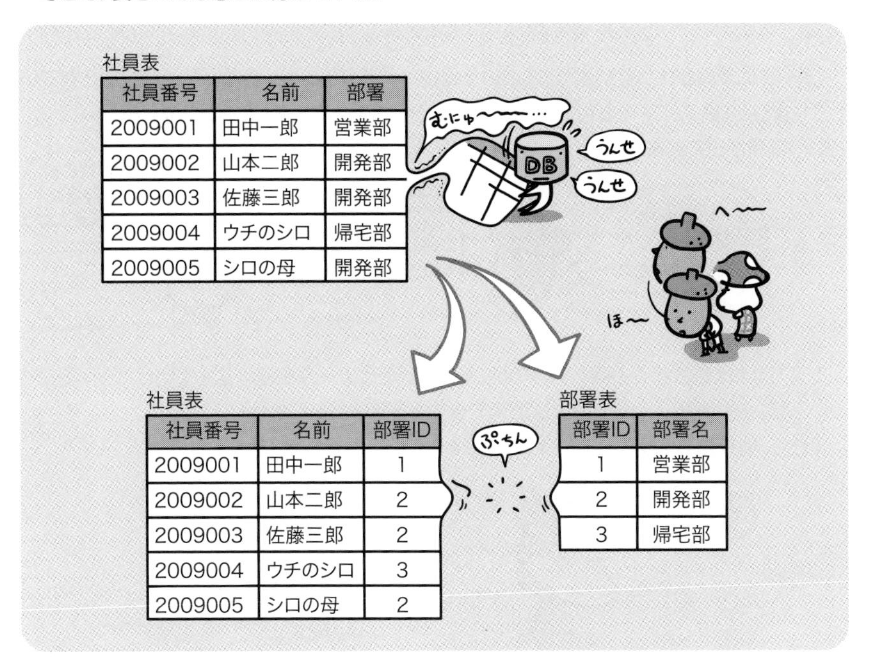

社員表

社員番号	名前	部署
2009001	田中一郎	営業部
2009002	山本二郎	開発部
2009003	佐藤三郎	開発部
2009004	ウチのシロ	帰宅部
2009005	シロの母	開発部

社員表

社員番号	名前	部署ID
2009001	田中一郎	1
2009002	山本二郎	2
2009003	佐藤三郎	2
2009004	ウチのシロ	3
2009005	シロの母	2

部署表

部署ID	部署名
1	営業部
2	開発部
3	帰宅部

部署の名前を書いていた列には、部署IDだけを記録するように変更しています。

これなら、部署名が変更されても部署表を書き換えれば良いだけとなり、データに矛盾が生じる恐れはありません。

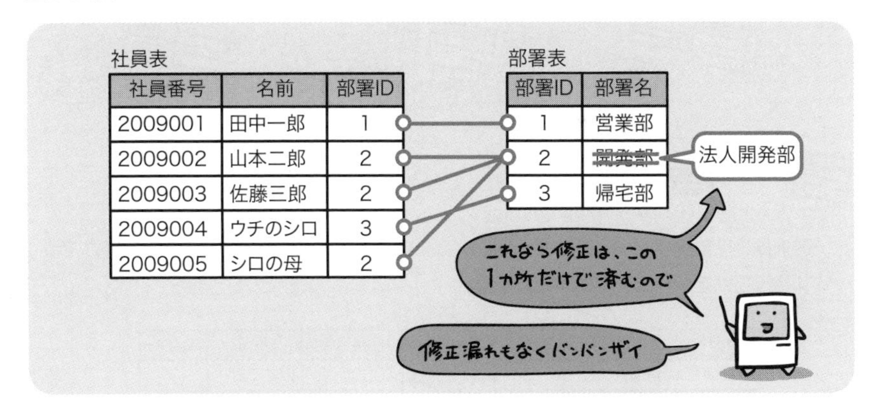

社員表

社員番号	名前	部署ID
2009001	田中一郎	1
2009002	山本二郎	2
2009003	佐藤三郎	2
2009004	ウチのシロ	3
2009005	シロの母	2

部署表

部署ID	部署名
1	営業部
2	~~開発部~~
3	帰宅部

このように、正規化しておくことは、データの矛盾や重複を未然に防ぐことへとつながるわけです。

なお、実際には正規化というのは、このようなざっくりとした話ではなく、いくつかの段階に分けて行われます。それについては長くなるので、詳しくはまた後で。

関係演算とビュー表

「データに矛盾が生じないように」という理由はわかりますが、表がどんどん分割されていってしまうと「はて、こんな細切れになった表がひとつあっても使い物にならないじゃないか」という疑問が出てきます。

そうですね。ここまでの話というのは、いわば「どうデータを溜め込んでいけば効率的か」という話。でも溜め込んだデータは活用できなきゃ意味がありません。

そこで、関係演算が出てくるわけですよ。

関係演算というのは、表の中から特定の行や列を取り出したり、表と表をくっつけて新しい表を作り出したりする演算のこと。「選択」「射影」「結合」などがあります。

選択

選択は、行を取り出す演算です。この演算を使うことで、表の中から特定の条件に合致する行だけを取り出すことができます。

社員番号	名前	部署ID
2009001	田中一郎	1
2009002	山本二郎	2
2009003	佐藤三郎	2
2009004	ウチのシロ	3
2009005	シロの母	2

社員番号	名前	部署ID
2009002	山本二郎	2
2009003	佐藤三郎	2
2009005	シロの母	2

特定の部署の行だけを抜き出してみましたよの図

射影

射影は、列を取り出す演算です。この演算を使うことで、表の中から特定の条件に合致する列だけを取り出すことができます。

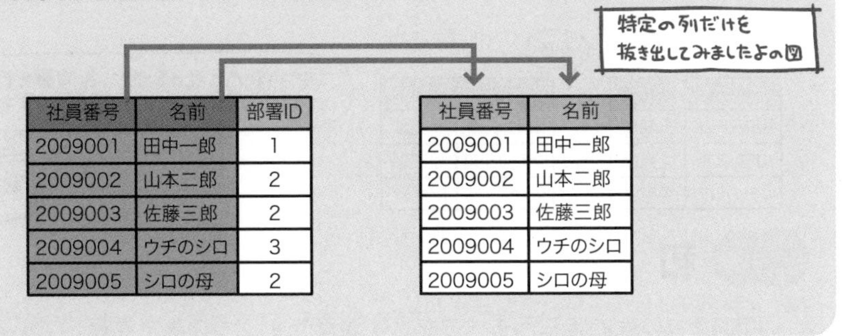

社員番号	名前	部署ID
2009001	田中一郎	1
2009002	山本二郎	2
2009003	佐藤三郎	2
2009004	ウチのシロ	3
2009005	シロの母	2

社員番号	名前
2009001	田中一郎
2009002	山本二郎
2009003	佐藤三郎
2009004	ウチのシロ
2009005	シロの母

結合

結合は、表と表とをくっつける演算です。表の中にある共通の列を介して2つの表をつなぎあわせます。

社員番号	名前	部署ID
2009001	田中一郎	1
2009002	山本二郎	2
2009003	佐藤三郎	2
2009004	ウチのシロ	3
2009005	シロの母	2

部署ID	部署名
1	営業部
2	開発部
3	帰宅部

社員番号	名前	部署ID	部署名
2009001	田中一郎	1	営業部
2009002	山本二郎	2	開発部
2009003	佐藤三郎	2	開発部
2009004	ウチのシロ	3	帰宅部
2009005	シロの母	2	開発部

部署IDを使って表と表をくっつけてみましたよの図

…というわけでありまして、関係演算を用いると、溜め込んだデータを使って様々な表を生み出すことができちゃうのです。

社員番号	名前	部署ID	部署名
2009001	田中一郎	1	営業部
2009002	山本二郎	2	開発部
2009003	佐藤三郎	2	開発部
2009004	ウチのシロ	3	帰宅部

このような、仮想的に作る一時的な表のことをビュー表といいます。

表の集合演算

表を作る方法には、他にも集合演算があります。代表的な集合演算は「和」「積」「差」「直積」です。ベン図（P.49）を思い出しながら、各演算の特徴を見ていきましょう。

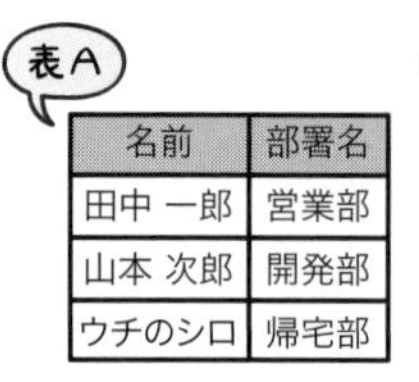

名前	部署名
田中 一郎	営業部
山本 次郎	開発部
ウチのシロ	帰宅部

表B

名前	部署名
山本 次郎	開発部
ウチのシロ	帰宅部
佐藤 三郎	開発部

こちらの表Aと表Bを例に、各演算を行うとどのような表ができるのか見ていきます

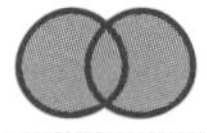

和

和は、2つの表にある行すべてを足す演算です。2つの表で重複しているものは、1つにまとめられます。

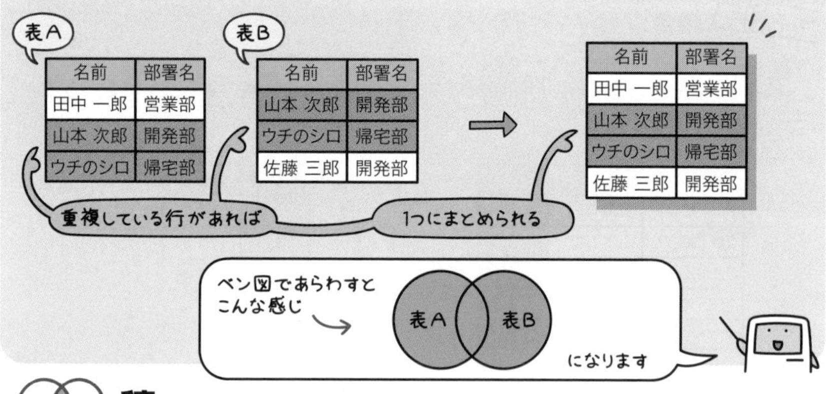

積

積は、2つの表にある行のうち、同じ行のみ取り出す演算です。

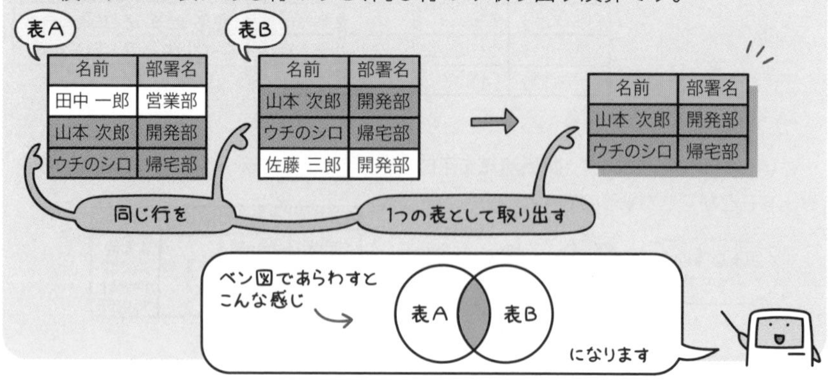

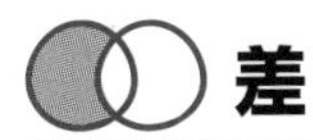 差

差は、2つの表にある行の差を取り出す演算です。片方の表を基準とし、もう一方の表に重複する行があれば、それを取り除きます。

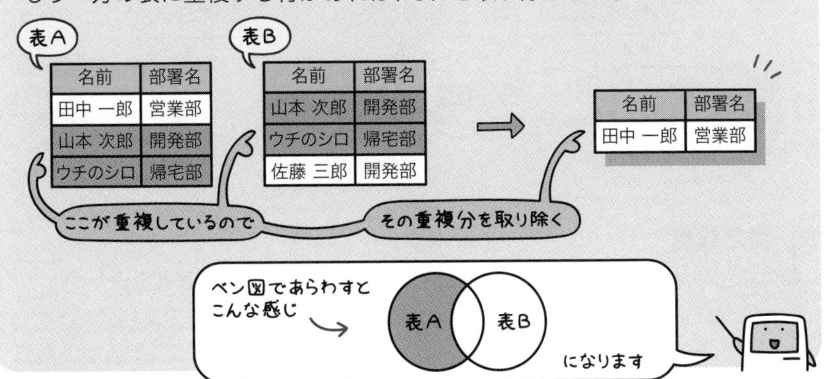

 直積

直積は、2つの表の行すべての組み合わせを取り出す演算です。

これは他と共通の例だとわかりづらいので、ここだけ別の表を用いて演算結果をあらわします。

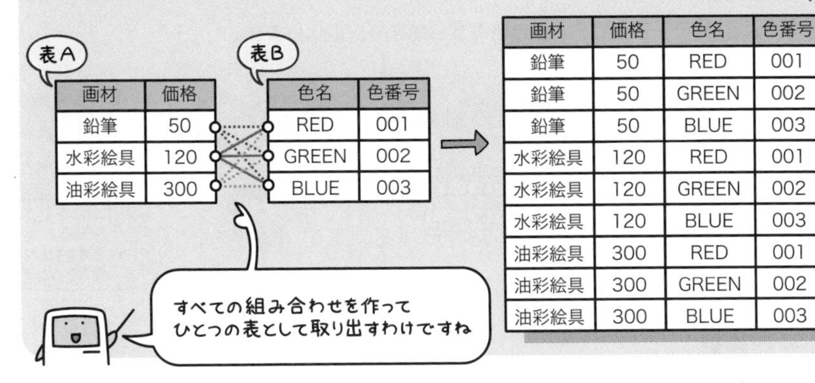

「和」「積」「差」の3つの集合演算は、演算対象となる2つの表の列情報が一致している必要があります。「直積」については全要素の組み合わせを取り出すことになるので、そのような縛りはありません。

データベースの設計

データベースは、次のような手順で設計を行います。

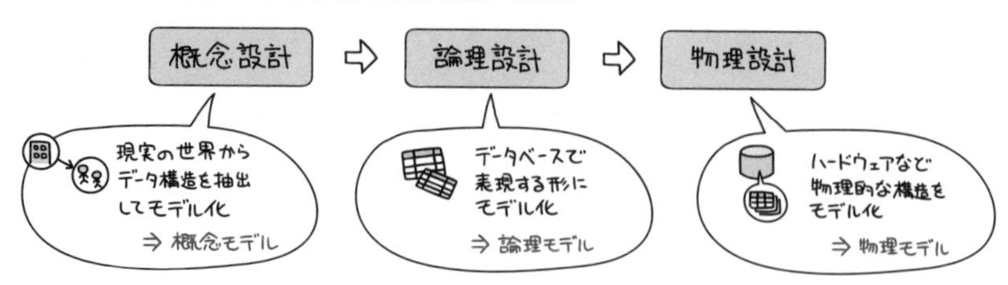

概念設計

概念設計では、業務分析を行って現実の世界をそのままモデル化します。

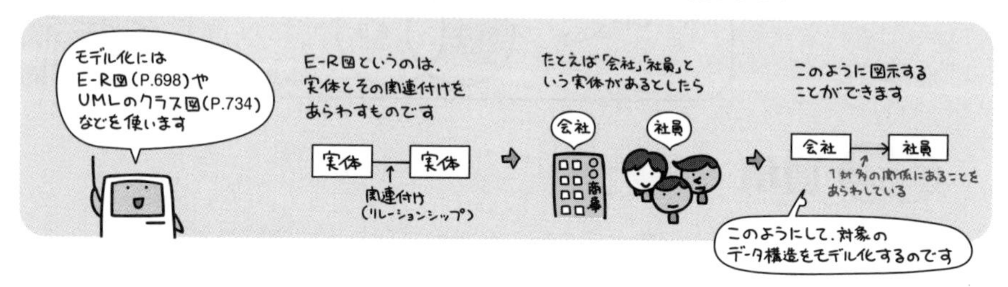

論理設計

論理設計では、データをどのように管理するかをモデル化します。

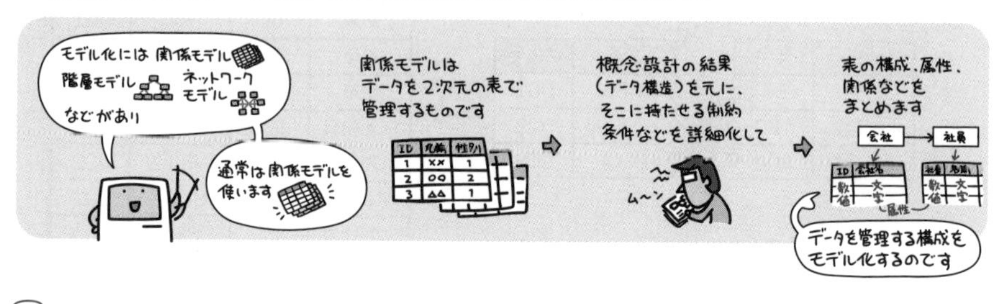

物理設計

物理設計では、ハードウェアを含むデータベースの実装方法をモデル化します。

スキーマ

それではここで、スキーマについて勉強しておきましょう。

スキーマとは、「概要、要旨」といった意味を持つ言葉で、データベースの構造や仕様を定義するものです。

標準的に使用されているANSI/X3/SPARC(Standards Planning And Requirements Commitee) 規格では3層スキーマ構造をとっています。これは、外部スキーマ、概念スキーマ、内部スキーマという3層に定義を分けることで、データの独立性を高めています。

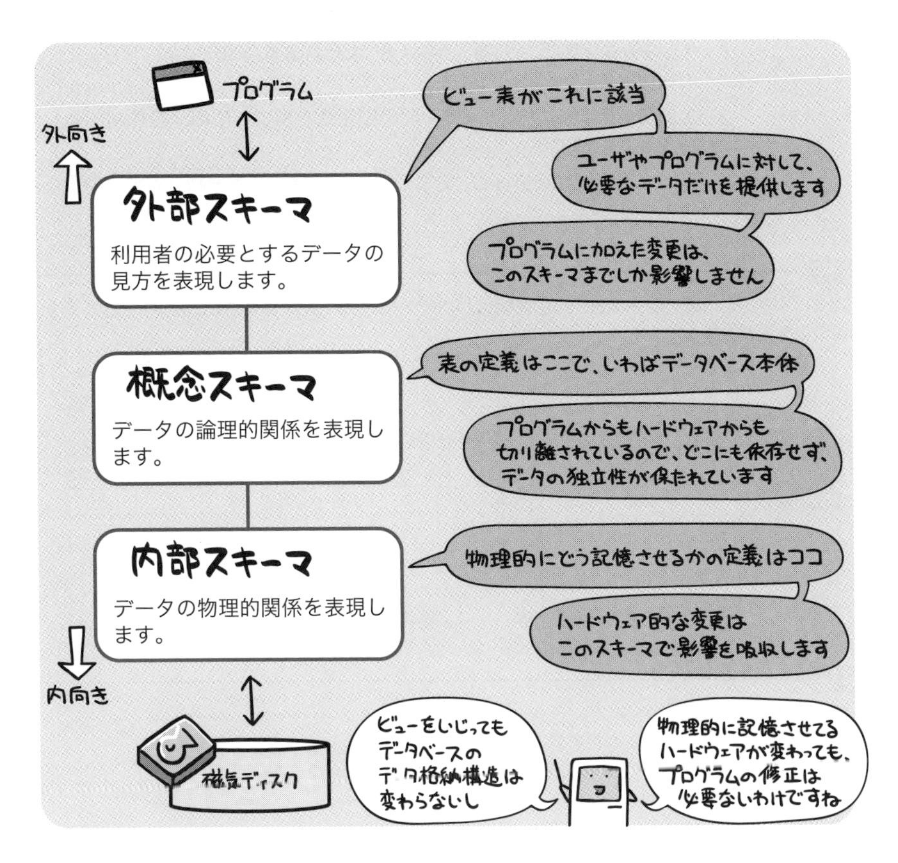

過去問題練習と解説

問1 (AP-H23-S-29)

関係データベースにおいて，表の中から特定の列だけを取り出す操作はどれか。

ア　結合（join）　　イ　射影（projection）
ウ　選択（selection）　　エ　和（union）

解説

アとイ　結合と射影の説明は、435ページを参照してください。　ウ　選択の説明は、434ページを参照してください。　エ　和は、ある2つの表の両方又は片方に現れる行からなる関係を求める操作です。

問2 (AP-R04-S-27)

ANSI/SPARC 3層スキーマモデルにおける内部スキーマの設計に含まれるものはどれか。

ア　SQL問合せ応答時間の向上を目的としたインデックスの定義
イ　エンティティ間の“1対多”，“多対多”などの関連を明示するE-Rモデルの作成
ウ　エンティティ内やエンティティ間の整合性を保つための一意性制約や参照制約の設定
エ　データの冗長性を排除し，更新の一貫性と効率性を保持するための正規化

解説

ANSI/SPARC 3層スキーマモデルの説明は、439ページを参照してください。各選択肢は、下記の設計に含まれます。
ア　内部スキーマの設計　　イ　438ページの概念設計　　ウとエ　概念スキーマの設計

問3 (AP-R03-A-26)

関係Rと関係Sに対して，関係Xを求める関係演算はどれか。

R

ID	A	B
0001	a	100
0002	b	200
0003	d	300

S

ID	A	B
0001	a	100
0002	a	200

X

ID	A	B
0001	a	100
0002	a	200
0002	b	200
0003	d	300

ア　IDで結合　　イ　差　　ウ　直積　　エ　和

解説

関係R，関係S、関係Xの各タプル（データ）を、ベン図で示すと、下図のようになります。

上図より、関係Xは、関係Rと関係Sの「和」演算によって求められます。

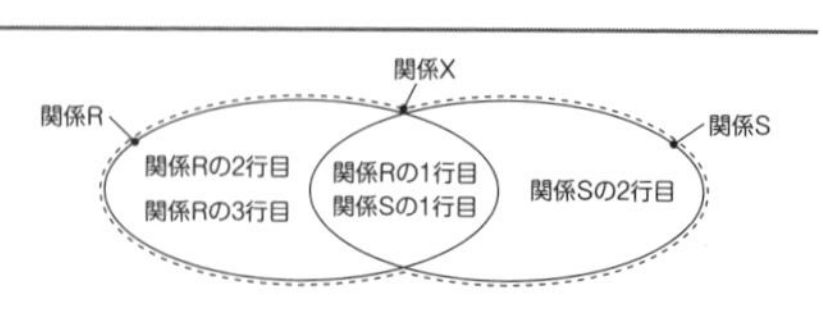

正解▶問1：イ　問2：ア　問3：エ

Chapter 12-2 主キーと外部キー

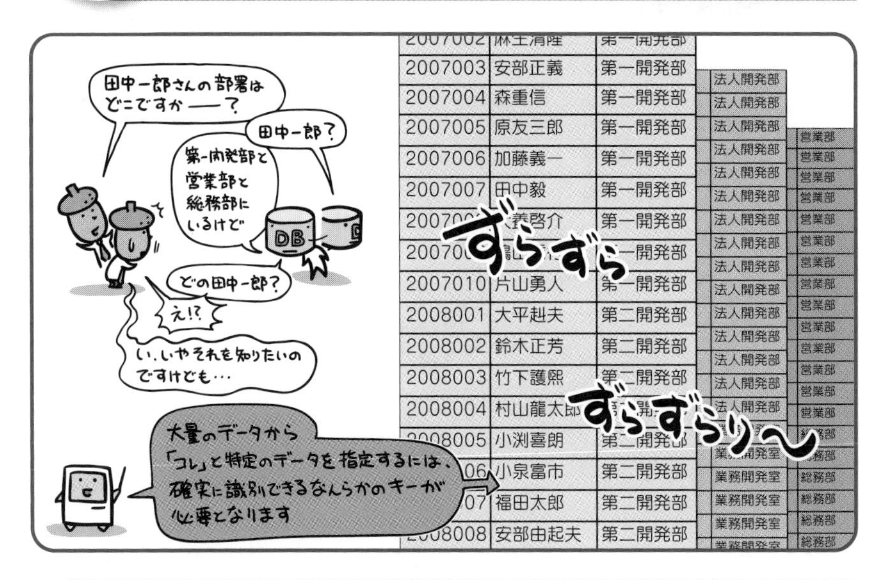

行を特定したり、表と表に関係を持たせたりするためには主キーや外部キーという「鍵となる情報」が必要です。

データベースを扱う場合、そこには行を特定するためのキーが必要になります。たとえば「第一開発部の田中一郎さんが異動になったから部署情報更新しなきゃ」という時は、「第一開発部の田中一郎さん」を示す行がどれか特定できないと内容を書き換えられないですよね。

そのため、データベースの表には、その中の行ひとつひとつを識別できるように、キーとなる情報が必ず含まれています。これを主キーと呼びます。身近なところにある主キー的な例といえば、社員番号や学生番号などがまさにそれ。

え? 個人を識別するなら名前をそのまま使えばいいじゃないか?

いえいえ、あれは可能性が低いとはいえ同姓同名の存在が否定できないので、主キーには使えないのですよ。

それだけではなく、表と表とを関係付けする時にもこの主キーが活躍します。その場合は「よその主キーを参照してますよー」という意味で外部キーという呼び名が出てくるのですが…これについて詳しくはまた後で。

主キーは行を特定する鍵のこと

前ページでもふれたように、表の中で各行を識別するために使う列のことを「主キー」と呼びます。ようするに主キーというのは、ID番号みたいなのが入った列のこと…と思えば、だいたいの場合正解です。

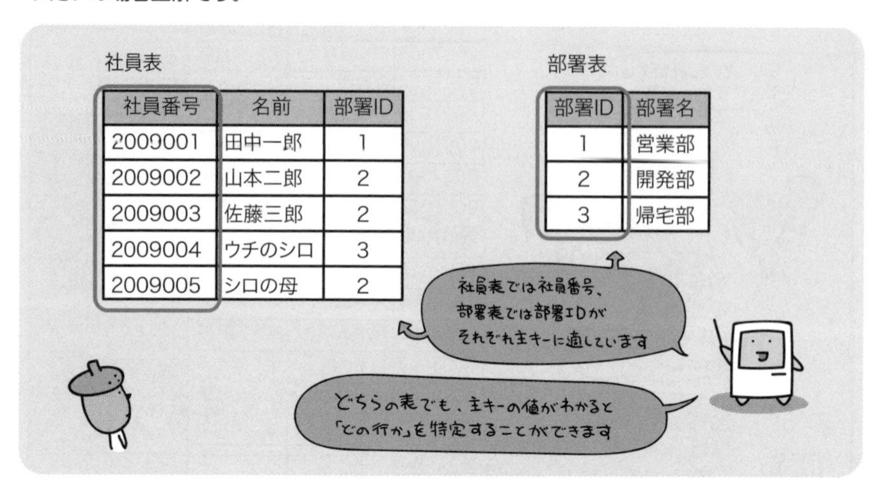

社員表

社員番号	名前	部署ID
2009001	田中一郎	1
2009002	山本二郎	2
2009003	佐藤三郎	2
2009004	ウチのシロ	3
2009005	シロの母	2

部署表

部署ID	部署名
1	営業部
2	開発部
3	帰宅部

たとえばお店で「○○って製品置いてますか?」と聞いた時に、「詳しい型番などわかりますでしょうか」と返されることがありますよね。製品の型番というのは一意であることが保証された主キーなので、それがわかると話が早いわけです。

ただ、表の中で、一意であることが保証された列はひとつであるとは限りません。たとえば次のような表では、「製品番号」も「型式」も行を一意に特定することができます。

製品番号	型式	製品名
1995001	DG-0012	デジカメZ
2001001	LZ-0033	レンズ18-55mm
2001002	DG-0013	新しいデジカメZ

このようなキーのことを候補キーと言います。主キーとなる候補に挙げられるキーというわけです。

候補キー

製品番号	型式	製品名
1995001	DG-0012	デジカメZ
2001001	LZ-0033	レンズ18-55mm
2001002	DG-0013	新しいデジカメZ

仮に「製品番号」が主キーに選ばれたとすると

主キー

代替キー

このような主キーではない候補キーのことを代替キーと言います

データベースには、格納されているデータの整合性を保つために、いくつかの制約が定められています。これを整合性制約と言います。

主キーに選ばれた列には、次の制約が課されます。

一意性制約	データに重複がなく、必ず一意であること。 これが指定された列では、テーブルに含まれる全ての行で重複は許されない。
NOT NULL制約 (非ナル値制約)	NULLとは値が未設定であること。 これが指定された列には、必ず意味のある値が入ってなければならない。

要するに主キーとできる条件は、「表の中で内容が重複しないこと」と「内容が空ではないこと」の2点。中身が空だと指定しようがないのでダメなのです。

ちなみに、ひとつの列では一意にならないけど、複数の列を組み合わせれば一意になるぞという場合があります。このような複数列を組み合わせて主キーとしたものを複合キーと呼びます。

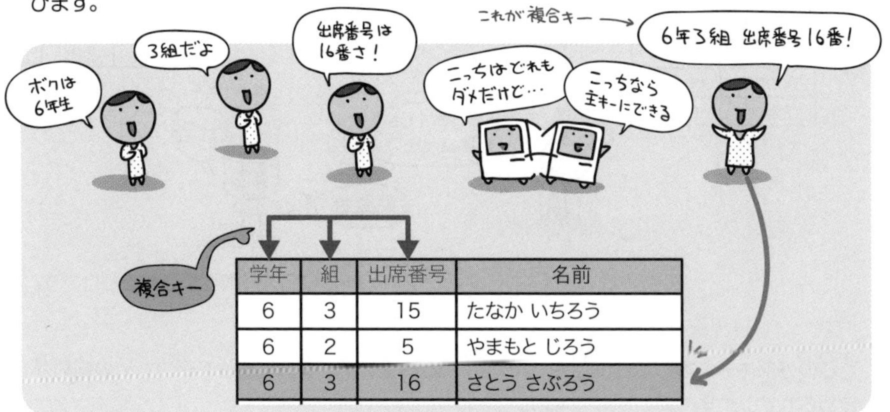

学年	組	出席番号	名前
6	3	15	たなか いちろう
6	2	5	やまもと じろう
6	3	16	さとう さぶろう

外部キーは表と表とをつなぐ鍵のこと

関係データベースは、表と表とを関係付けできるところに特色があります。でも、「なにを基準に」関係を持たせるのでしょうか。

ここでも主キーが出てきます。

表と表とを関係付けるため、他の表の主キーを参照する列のことを外部キーと呼びます。

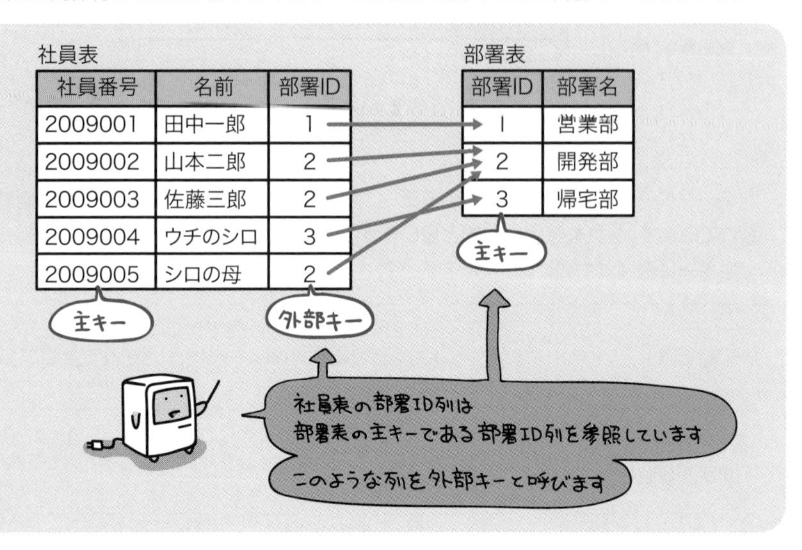

外部キーによって両者が関係付けされていることによって…

…というやり取りができるわけです。

この外部キーにおいても、前ページの主キーと同様にデータの整合性を保つための制約が定められています。

外部キーでは、次の制約によって他の表への参照が常に保証されている必要があります。

参照制約	外部キーに含まれる値は、参照先となる表の列内に必ず存在しなければならない。

これはどういうことかというと…

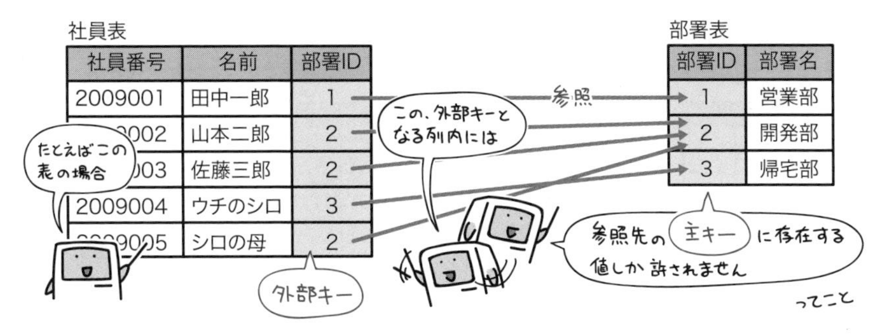

しかし、「保証されている必要がある」といっても、次のような操作を行えば、その保証は簡単に崩れてしまいます。その場合どうすればいいんでしょうか?

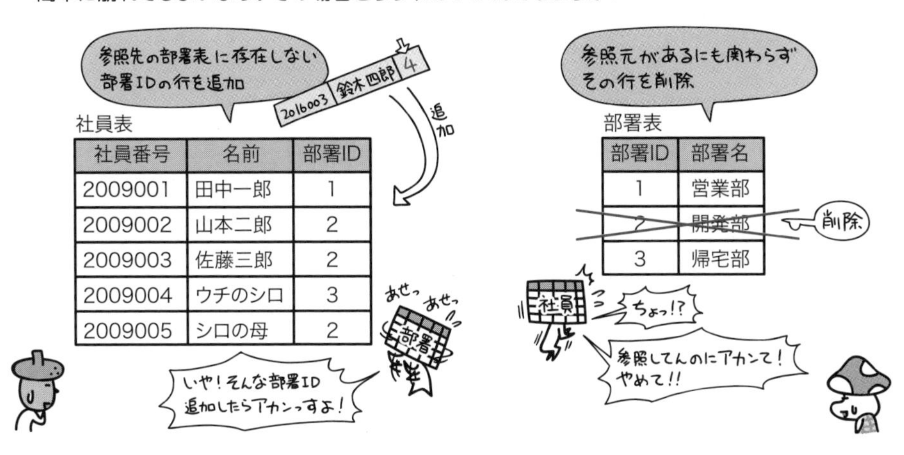

関係データベースには、このような場合にも制約を維持するための仕組みが設けられています。その中で一番基本的なものは「無効にする」こと。制約を満たさない更新操作は無効として拒否してしまうのです。

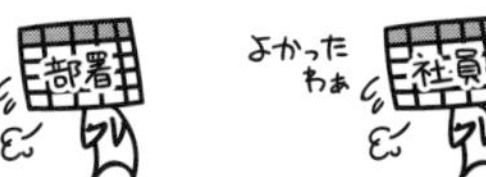

インデックス

データベースは検索性に優れているとはいえ、大量のデータがあるとやはり速度的な問題が出てきます。インデックスとは索引として用いるキーのことで、これを設定することにより検索効率を高め、速度の向上を図ることができます。

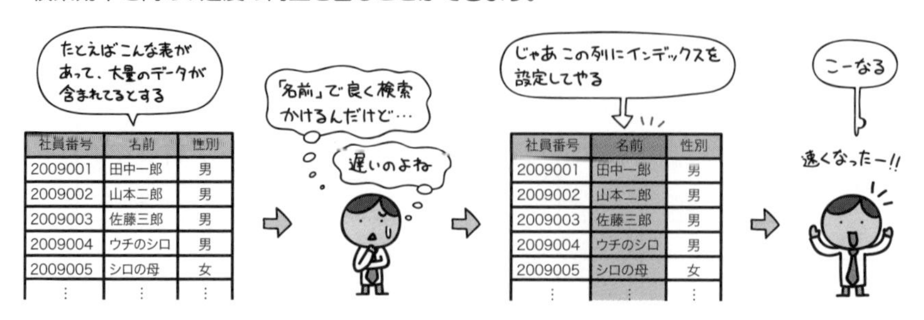

社員番号	名前	性別
2009001	田中一郎	男
2009002	山本二郎	男
2009003	佐藤三郎	男
2009004	ウチのシロ	男
2009005	シロの母	女
⋮	⋮	⋮

ただし、インデックスは表とは別にデータを保持するため、表の内容が更新されるとインデックス側の更新も必要になります。そのため、データの追加・更新・削除時の処理速度は低下します。

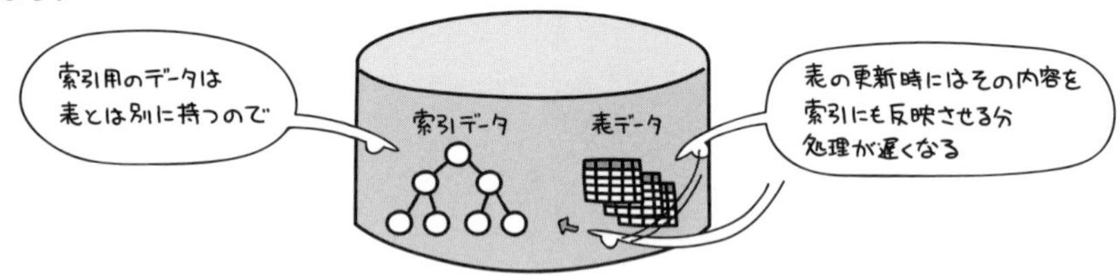

そもそも次のようなケースではインデックスによるメリットは期待できません。それでいて更新時のデメリットは発生するので、インデックスを設定する列については何でもかんでも候補にするのではなく、しっかりと検討を行う必要があります。

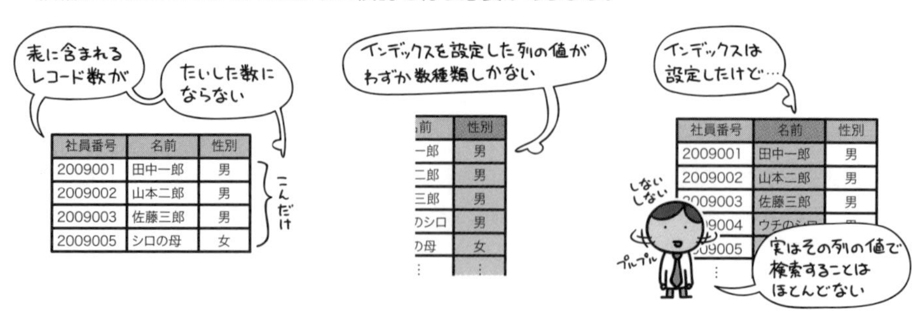

社員番号	名前	性別
2009001	田中一郎	男
2009002	山本二郎	男
2009003	佐藤三郎	男
2009005	シロの母	女

このように出題されています

過去問題練習と解説

関係データベースのインデックスに関する記述のうち，適切なものはどれか。

ア　インデックスはユニーク属性のデータ項目だけに設定できる。
イ　インデックスを定義することで，データベースに対するすべての操作が速くなる。
ウ　外部キーにもインデックスを設定しなければならない。
エ　主キー以外の列に対してもインデックスを指定できる。

解説

ア　インデックスはユニーク属性（=テーブル内に重複した値がない属性）のデータ項目だけではなく、テーブル内に重複した値がある属性に対しても設定できます。　イ　インデックスを定義することで、データベースに対するすべての操作が速くなる、とは言いきれません。例えば、全件検索をする場合に、インデックスを使うと、インデックスを使う時間だけ遅くなります。　ウ　外部キーにインデックスを設定しなければならない、ということはありません。外部キーにインデックスを設定しなくても構いません。　エ　インデックスは、テーブル内のすべての列に対して設定できます。

SQLにおいて，A表の主キーがB表の外部キーによって参照されている場合，各表の行を追加・削除する操作の参照制約に関する制限について，正しく整理した図はどれか。ここで，△印は操作が拒否される場合があることを表し，○印は制限なしに操作ができることを表す。

ア

	追加	削除
A表	○	△
B表	△	○

イ

	追加	削除
A表	○	△
B表	○	△

ウ

	追加	削除
A表	△	○
B表	○	△

エ

	追加	削除
A表	△	○
B表	△	○

解説

本問の問題文の1文目は、「SQLにおいて，▼A表の主キーがB表の外部キーによって参照されている場合，各表の行を追加・削除する操作の▲参照制約に関する制限について（後略）」としています。上記▲の下線部の「参照制約」は、445ページに説明されているとおり、「外部キーに含まれる値は、参照先となる表の列内に必ず存在しなければならない」という制約です。この参照制約を、上記▼の下線部の場合に当てはめると、「★★B表の外部キーに含まれる値は、参照先となるA表の主キーの列内に必ず存在しなければならない」になります。

	追加	削除
A表	●	◆
B表	★	■

(1) 右上表の●の場合… A表の主キーに値を追加しても、参照制約違反になりません。
(2) 右上表の★の場合… B表の外部キーに値を追加する場合、その値がA表の主キー値に存在していなければ、上記★★の下線部に違反します。
(3) 右上表の◆の場合… A表の主キーの値を削除する場合、その値がB表の外部キー値に存在していれば、上記★★の下線部に違反します。
(4) 右上表の■の場合… B表の外部キーの値を削除しても、参照制約違反になりません。

正解▸問1：エ　問2：ア

Chapter 12-3 正規化

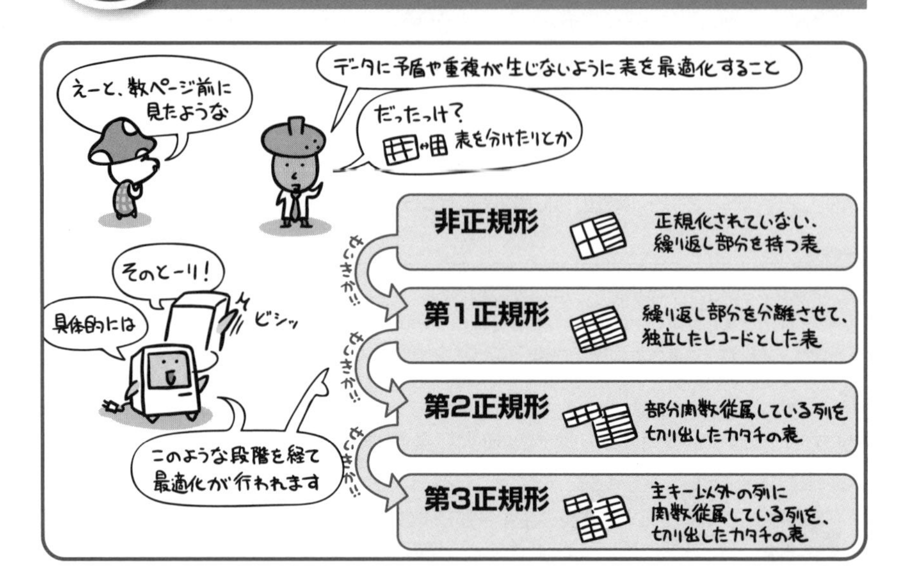

正規化の目的は、データに矛盾や重複を生じさせないこと。関係データベースでは、第3正規形の表を管理します。

さて、それでは「詳しくは後で」としていた正規化の話を始めるとしましょう。正規化は、データベースで管理する表の設計を行う上で欠かすことができません。

イメージとしては、まず業務で使われてる帳票があるわけです。たとえば受注伝票とか社員のスキルシートとかそんなものですね。これを、データベースで管理するには、どのような形の表が最適かと、整理していく段取りを頭に思い描いてください。

受注伝票

No. 1011
日付 2010/11/12

顧客コード C010　顧客名称 ギヒョー出版

商品コード	商品名	単価	数量	金額
B107	紙ファイル	50	12	600
B120	3色ボールペン	300	8	2,400
S031	DVD-R	30	50	1,500

非正規形の表は繰り返し部分を持っている

この帳票1枚が1件のレコードに相当するとしたら、次の3枚の帳票というのはですね…、

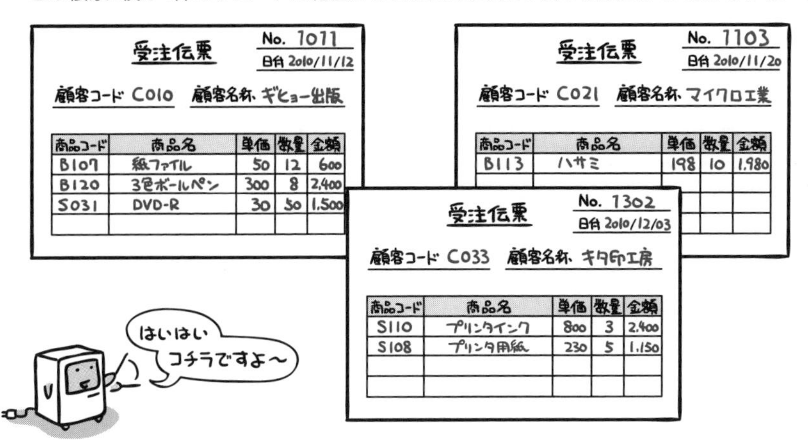

受注伝票 No. 1011 日付 2010/11/12
顧客コード C010 顧客名称 ギヒョー出版

商品コード	商品名	単価	数量	金額
B107	紙ファイル	50	12	600
B120	3色ボールペン	300	8	2,400
S031	DVD-R	30	50	1,500

受注伝票 No. 1103 日付 2010/11/20
顧客コード C021 顧客名称 マイクロ工業

商品コード	商品名	単価	数量	金額
B113	ハサミ	198	10	1,980

受注伝票 No. 1302 日付 2010/12/03
顧客コード C033 顧客名称 キタ印工房

商品コード	商品名	単価	数量	金額
S110	プリンタインク	800	3	2,400
S108	プリンタ用紙	230	5	1,150

レコードとして並べてみると、こんな風になるわけです。

受注No	受注日付	顧客コード	顧客名称	商品コード	商品名	単価	数量	金額
1011	2010/11/12	C010	ギヒョー出版	B107	紙ファイル	50	12	600
1103	2010/11/20	C021	マイクロ工業	B113	ハサミ	198	10	1,980
1302	2010/12/03	C033	キタ印工房	S110	プリンタインク	800	3	2,400

商品コード	商品名	単価	数量	金額	商品コード	商品名	単価	数量	金額
B120	3色ボールペン	300	8	2,400	S031	DVD-R	30	50	1,500

S108	プリンタ用紙	230	5	1,150

帳票の中に繰り返し部分があるので、各レコードの長さがバラバラで、素直な2次元の表になっていません。これが、非正規形の表です。

関係データベースでは、このような表を管理することはできません。

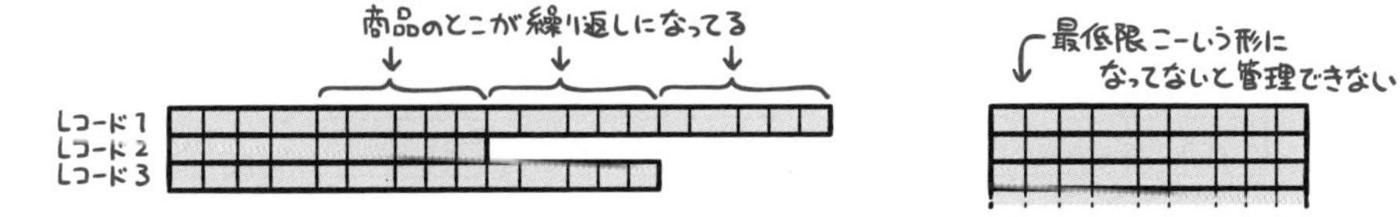

第1正規形の表は繰り返しを除いたカタチ

非正規形の表から、繰り返しの部分を取り除いたものが第1正規形となります。

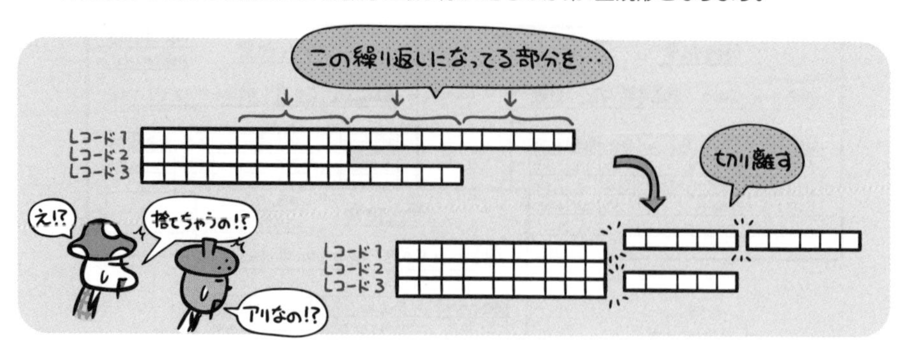

もちろん、そのままデータを捨てちゃイケマセン。切り離したそれぞれのデータを、独立したレコードとして挿入してやるのです。

このように正規化を行った結果がこちら。素直な2次元の表ができあがりました。

第1正規形

受注No	受注日付	顧客コード	顧客名称	商品コード	商品名	単価	数量
1011	2010/11/12	C010	ギヒョー出版	B107	紙ファイル	50	12
1011	2010/11/12	C010	ギヒョー出版	B120	3色ボールペン	300	8
1011	2010/11/12	C010	ギヒョー出版	S031	DVD-R	30	50
1103	2010/11/20	C021	マイクロ工業	B113	ハサミ	198	10
1302	2010/12/03	C033	キタ印工房	S110	プリンタインク	800	3
1302	2010/12/03	C033	キタ印工房	S108	プリンタ用紙	230	5

この列の情報が補われて、独立したレコードができている

関数従属と部分関数従属

続いては第2正規形…の話に入る前に、関数従属と部分関数従属について知っておきましょう。

…というわけで話を進めますね。これらの言葉は、表の中における列と列との関係をあらわしたものです。主キーに対して、その項目がどんな関係にあるかをあらわす言葉だと思えばよいでしょう。

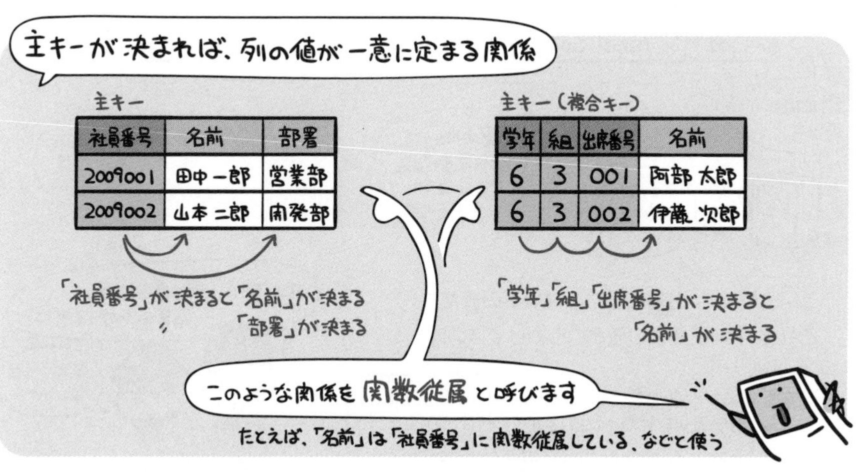

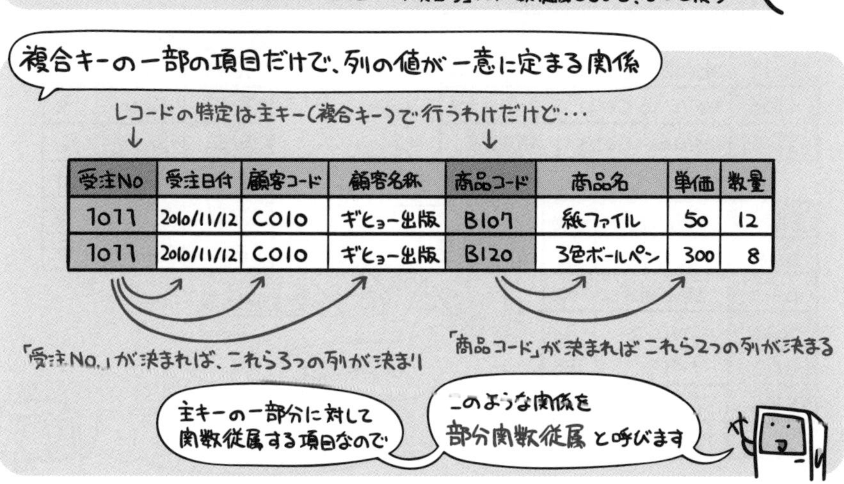

第2正規形の表は部分関数従属している列を切り出したカタチ

それでは前ページの内容を踏まえた上で、第2正規形の説明に移りましょう。
第1正規形の表から、部分関数従属している列を切り出したものが第2正規形となります。

受注No	受注日付	顧客コード	顧客名称	商品コード	商品名	単価	数量
1011	2010/11/12	C010	ギヒョー出版	B107	紙ファイル	50	12
1011	2010/11/12	C010	ギヒョー出版	B120	3色ボールペン	300	8
1011	2010/11/12	C010	ギヒョー出版	S031	DVD-R	30	50
1103	2010/11/20	C021	マイクロ工業	B113	ハサミ	198	10
1302	2010/12/03	C033	キタ印工房	S110	プリンタインク	800	3
1302	2010/12/03	C033	キタ印工房	S108	プリンタ用紙	230	5

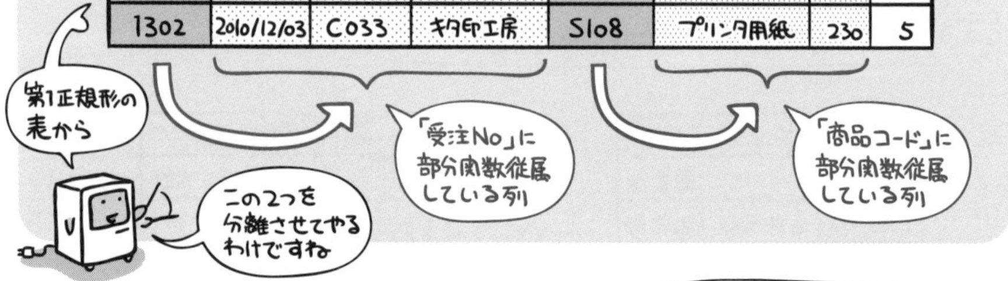

というわけで、分離させたのが以下の表たち。
これが、第2正規形の表というわけです。

第2正規形

受注表

受注No	受注日付	顧客コード	顧客名称
1011	2010/11/12	C010	ギヒョー出版
1103	2010/11/20	C021	マイクロ工業
1302	2010/12/03	C033	キタ印工房

商品表

商品コード	商品名	単価
B107	紙ファイル	50
B120	3色ボールペン	300
S031	DVD-R	30
B113	ハサミ	198
S110	プリンタインク	800
S108	プリンタ用紙	230

受注明細表

受注No	商品コード	数量
1011	B107	12
1011	B120	8
1011	S031	50
1103	B113	10
1302	S110	3
1302	S108	5

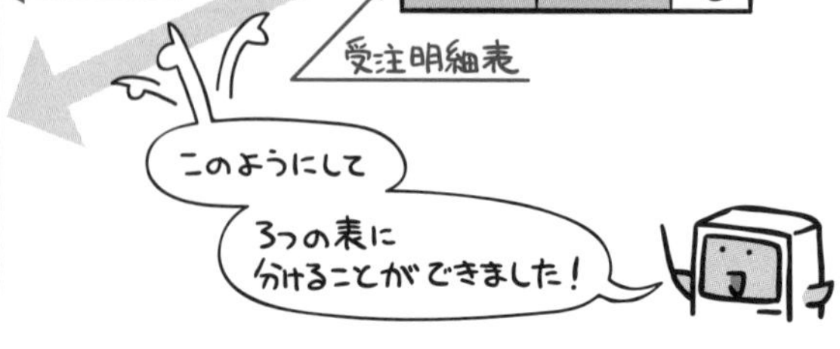

第3正規形の表は主キー以外の列に関数従属している列を切り出したカタチ

最後に第3正規形。第2正規形の表から、主キー以外の列に関数従属している列（推移的関数従属と言います）を切り出したものが第3正規形となります。

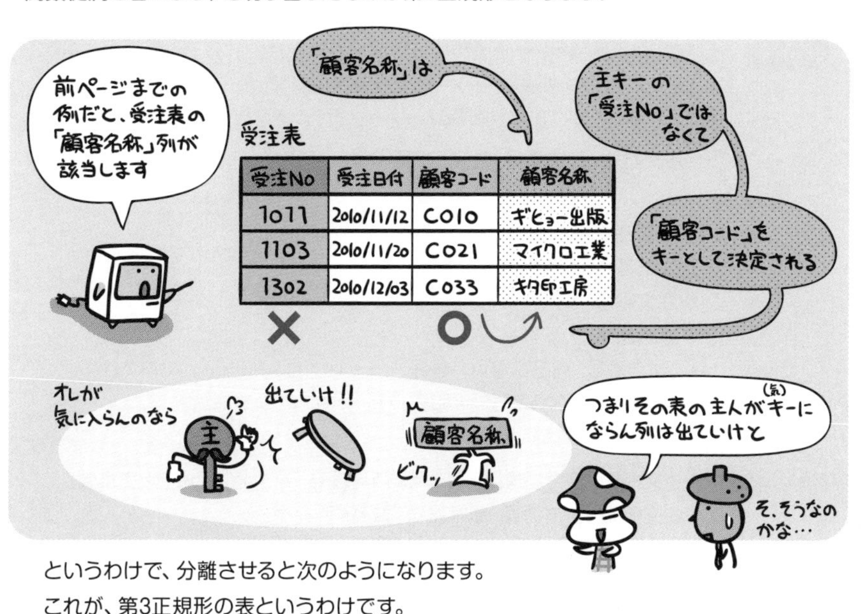

受注表

受注No	受注日付	顧客コード	顧客名称
1011	2010/11/12	C010	ギヒョー出版
1103	2010/11/20	C021	マイクロ工業
1302	2010/12/03	C033	キタ印工房

というわけで、分離させると次のようになります。
これが、第3正規形の表というわけです。

第3正規形

受注表

受注No	受注日付	顧客コード
1011	2010/11/12	C010
1103	2010/11/20	C021
1302	2010/12/03	C033

顧客表

顧客コード	顧客名称
C010	ギヒョー出版
C021	マイクロ工業
C033	キタ印工房

商品表

商品コード	商品名	単価
B107	紙ファイル	50
B120	3色ボールペン	300
S031	DVD-R	30
B113	ハサミ	198
S110	プリンタインク	800
S108	プリンタ用紙	230

受注明細表

受注No	商品コード	数量
1011	B107	12
1011	B120	8
1011	S031	50
1103	B113	10
1302	S110	3
1302	S108	5

このような正規化を経ることによって、効率的に管理できる表の構造となるわけですね

このように出題されています
過去問題練習と解説

問 1 (AP-R02-A-28)

関係“注文記録”の属性間に①～⑥の関数従属性があり，それに基づいて第3正規形まで正規化を行って，“商品”，“顧客”，“注文”，“注文明細”の各関係に分解した。関係“注文明細”として，適切なものはどれか。ここで，{X，Y}は，属性XとYの組みを表し，X→Yは，XがYを関数的に決定することを表す。また，実線の下線は主キーを表す。

注文記録（注文番号，注文日，顧客番号，顧客名，商品番号，商品名，数量，販売単価）

〔関数従属性〕

① 注文番号 → 注文日
② 注文番号 → 顧客番号
③ 顧客番号 → 顧客名
④ {注文番号，商品番号} → 数量
⑤ {注文番号，商品番号} → 販売単価
⑥ 商品番号 → 商品名

ア　注文明細（<u>注文番号</u>，<u>顧客番号</u>，<u>商品番号</u>，顧客名，数量，販売単価）
イ　注文明細（<u>注文番号</u>，<u>顧客番号</u>，数量，販売単価）
ウ　注文明細（<u>注文番号</u>，<u>商品番号</u>，数量，販売単価）
エ　注文明細（<u>注文番号</u>，数量，販売単価）

解説

(1) 第1正規形
関係“注文記録”には、繰り返し部分がないので、第1正規形です。また、関係“注文記録”の主キーは、{注文番号，商品番号}です。

(2) 第2正規形
関数従属性①②⑥は、部分関数従属性ですので、その部分を、関係“注文記録”から切り出して、下記の関係“商品”、“注文”を作ります。また、関数従属性③より、“顧客名”も、関係“注文記録”から、関係“注文”に移動します。関係“注文記録”に残った属性を、関係“注文明細”に移動します。

商品（商品番号，商品名）… ●
注文（注文番号，注文日，顧客番号，顧客名）
注文明細（注文番号，商品番号，数量，販売単価）… ★

(3) 第3正規形
関係“注文”の“注文番号 → 顧客番号 → 顧客名”は、推移的関数従属性ですので、“顧客番号 → 顧客名”を、関係“注文”から切り出して、下記の関係“顧客”を作ります。なお、上記●の関係“商品”、上記★の関係“注文明細”は、そのまま第3正規形です。

注文（注文番号，注文日，顧客番号）　　顧客（顧客番号，顧客名）

(4) 関係“注文明細”
第3正規形の関係“注文明細”は、上記★です。

正解▸問1：ウ

Chapter 12-4 SQLでデータベースを操作する

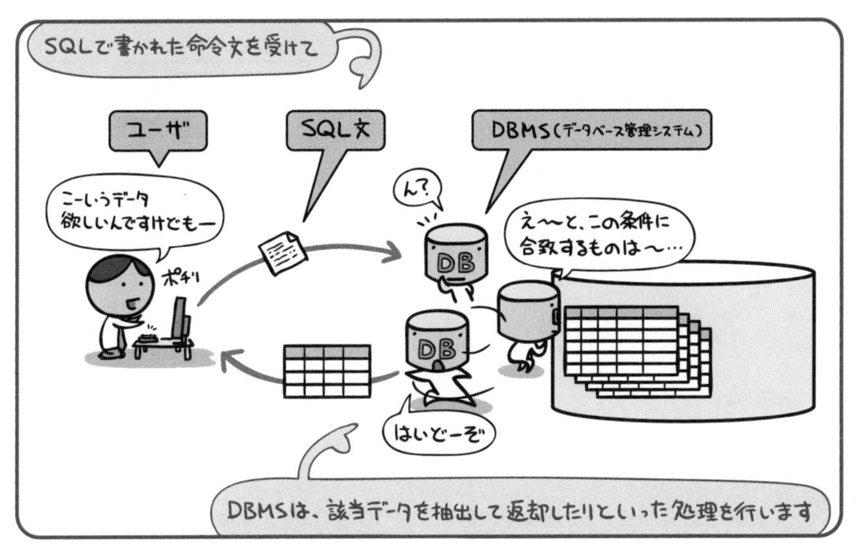

SQL(Structured Query Language)というのは、DBMSへと指示を伝えるために用いる言語のことです。

SQLには、様々な命令文が用意されています。たとえば表を定義(CREATE文)したり、レコードを挿入(INSERT文)したり、削除(DELETE文)したり、時にはレコードの一部を更新(UPDATE文)したりなどなど…。

これらの命令は、スキーマの定義や表の作成といった定義を担当するデータ定義言語(DDL:Data Definition Language)と、データの抽出や挿入、更新、削除といった操作を担当するデータ操作言語(DML:Data Manipulation Language)とに大別することができます。SQLは、この2つの言語によって構成されているというわけです。

SQLが持つ命令の中でもっとも特徴的なのが、様々な条件を付加することで、柔軟にデータを抽出することができるSELECT文でしょう。

データというのは、“ただ貯め込んだだけ”ではあまり意味を持ちません。なんらかの条件付け(たとえば「店舗の時間帯ごとに見る顧客の年齢分布」とか「売上上位10店舗の商品リスト」とか)を行って抽出することで、はじめてデータに意味がくっついてくるわけです。これを担当するのがSELECT文。当然その重要性は大きいわけですね。

本節では、本試験で主に問われるSELECT文について、詳しく見ていきます。

SELECT文の基本的な書式

SELECT文によるデータ抽出の基本は「どのような条件で」「どの表から」「どの列を取り出すか」です。これらを指定することによって、データベースから多様なデータを取り出すことができるのです。

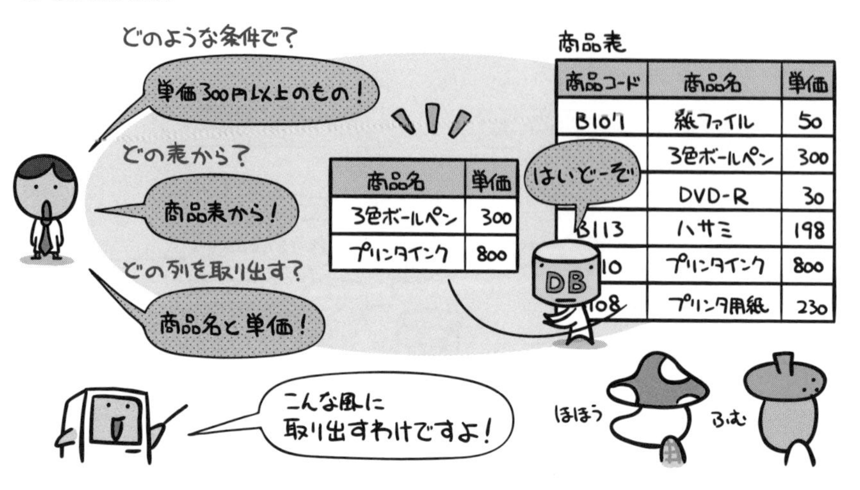

…で、実際の書式がコチラ。基本中の基本となりますので、まずはこの書式の意味を、よーく理解しておきましょう。

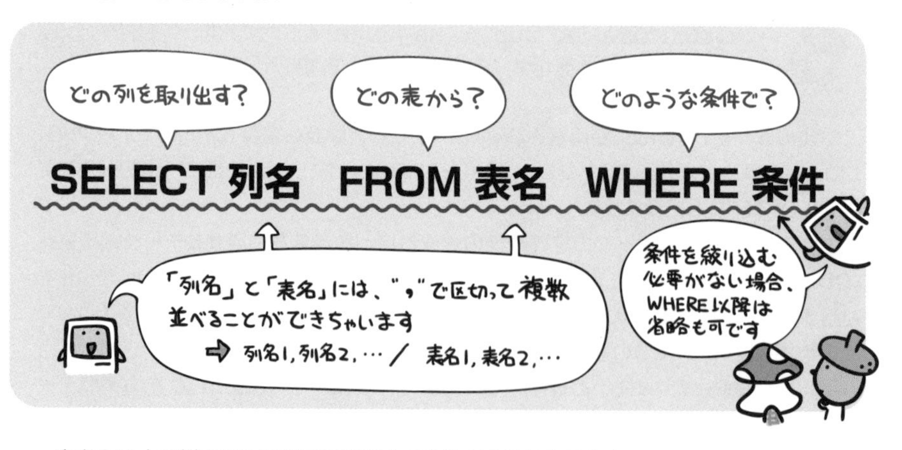

ちなみに上の例をSELECT文であらわすと次のようになります。

SELECT 商品名, 単価 FROM 商品表 WHERE 単価 >= 300

ひとつずつ詳しくみていきましょー

特定の列を抽出する(射影)

射影は、表の中から列を取り出す関係演算(P.435)です。SELECT文で射影を行うには、次のように取り出したい列を指定します。

SELECT 商品名 FROM 商品表

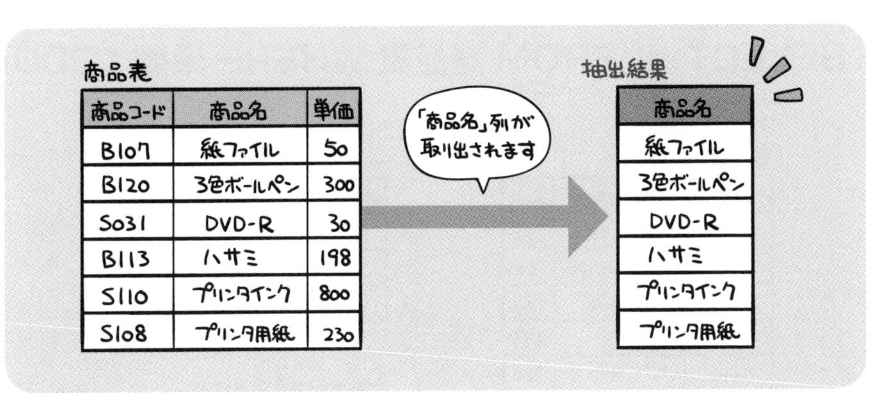

商品表

商品コード	商品名	単価
B107	紙ファイル	50
B120	3色ボールペン	300
S031	DVD-R	30
B113	ハサミ	198
S110	プリンタインク	800
S108	プリンタ用紙	230

抽出結果

商品名
紙ファイル
3色ボールペン
DVD-R
ハサミ
プリンタインク
プリンタ用紙

ちなみに列名のところへ*(アスタリスク)を指定すると…、

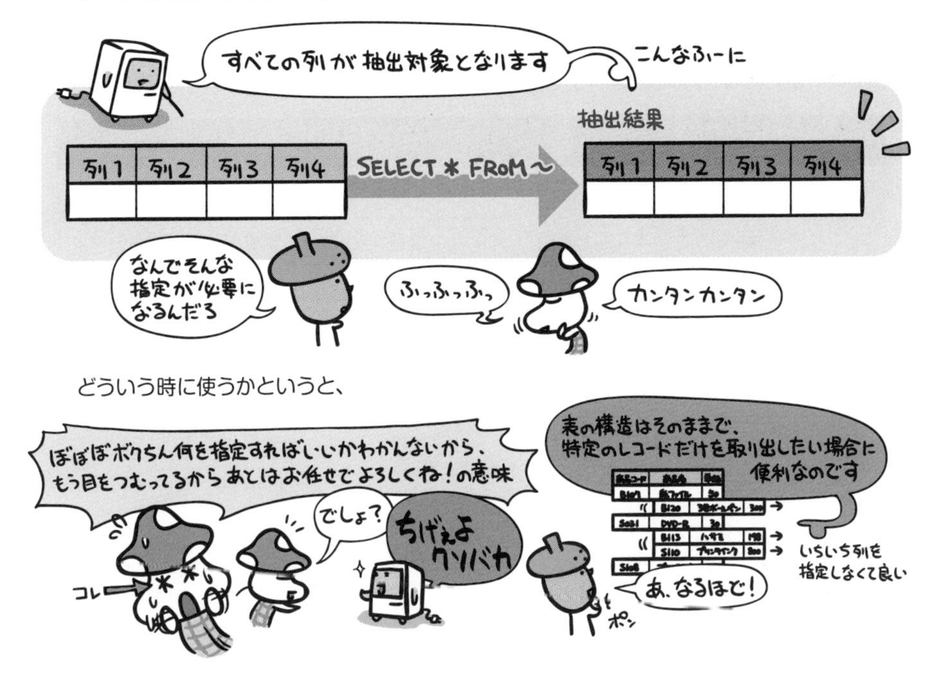

どういう時に使うかというと、

特定の行を抽出する（選択）

それでは特定のレコード…つまり行を取り出すにはと話をつなぐと、選択という関係演算の話になるわけです。

選択は、表の中から行を取り出す関係演算です。SELECT文で選択を行うには、WHERE句を使って、取り出したい行の条件を指定します。

SELECT ＊ FROM 商品表 WHERE 単価<200

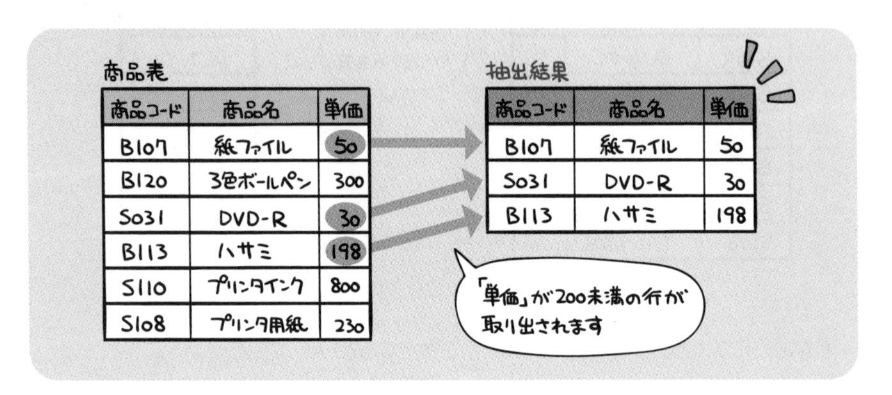

WHERE句には、次の比較演算子を用いて条件を指定することができます。

比較演算子	意味	使用例	
=	左辺と右辺が等しい	単価=200	単価が200である
>	左辺が右辺よりも大きい	単価>200	単価が200よりも大きい
>=	左辺が右辺よりも大きいか等しい	単価>=200	単価が200以上
<	左辺が右辺よりも小さい	単価<200	単価が200未満
<=	左辺が右辺よりも小さいか等しい	単価<=200	単価が200以下
<>	左辺と右辺が等しくない	単価<>200	単価が200ではない

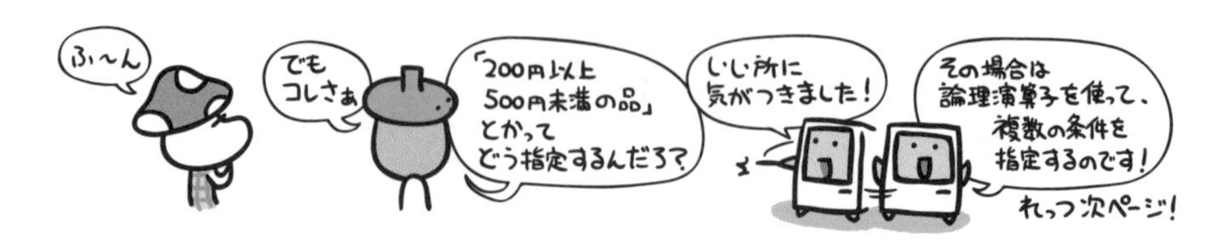

条件を組み合わせて抽出する

複数の条件を組み合わせるには、論理演算子を用います。

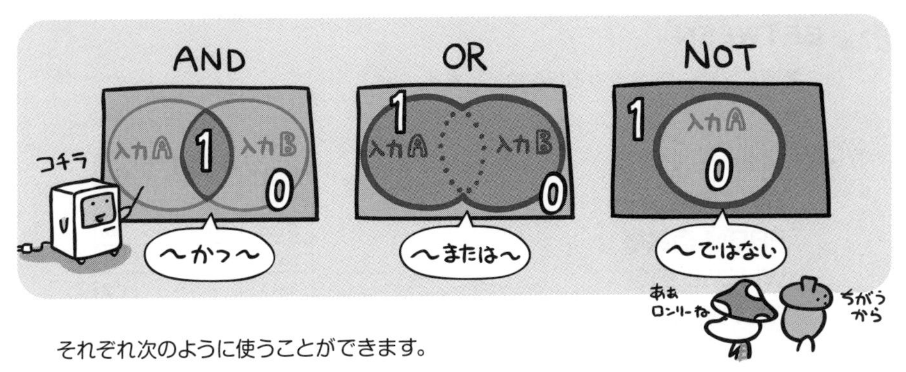

それぞれ次のように使うことができます。

SELECT * FROM 商品表 WHERE

商品表

商品コード	商品名	単価
B107	紙ファイル	50
B120	3色ボールペン	300
S031	DVD-R	30
B113	ハサミ	198
S110	プリンタインク	800
S108	プリンタ用紙	230

ANDの場合

単価が40より大きいかつ200未満

単価>40 AND 単価<200

抽出結果

商品コード	商品名	単価
B107	紙ファイル	50
B113	ハサミ	198

ORの場合

単価が40未満または200より大きい

単価<40 OR 単価>200

抽出結果

商品コード	商品名	単価
B120	3色ボールペン	300
S031	DVD-R	30
S110	プリンタインク	800
S108	プリンタ用紙	230

NOTの場合

（単価が40未満または200より大きい）ではない

NOT (単価<40 OR 単価>200)

抽出結果

商品コード	商品名	単価
B107	紙ファイル	50
B113	ハサミ	198

ちなみに演算子の優先順位は
NOT > AND > OR
高 ←→ 低
の順です

ただし普通の計算と同じくカッコでくくって、その順位を変えることもできます

1+2×10 と (1+2)×10 は違うように
NOT A OR B と NOT (A OR B) も違う

その他の条件指定方法

条件の指定方法には、他にも次のようなものがあります。

BETWEEN

値の範囲を指定して、合致する行を抽出します。

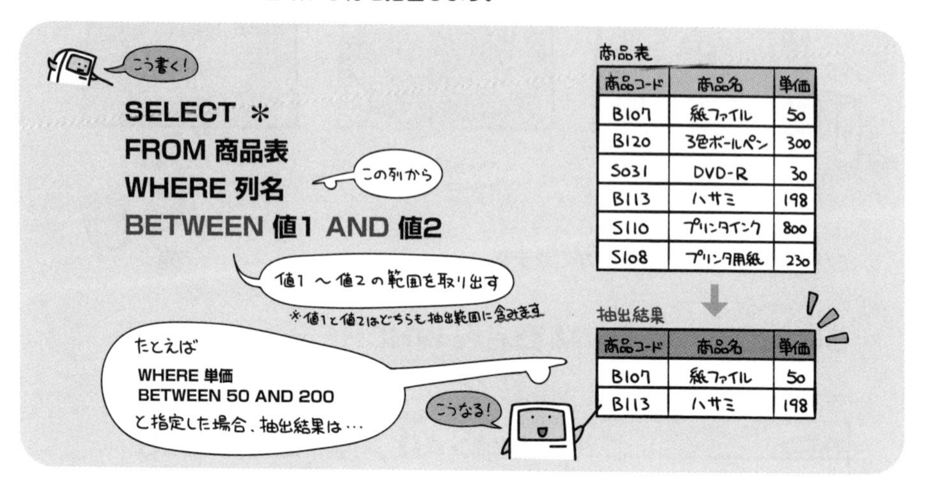

商品表

商品コード	商品名	単価
B107	紙ファイル	50
B120	3色ボールペン	300
S031	DVD-R	30
B113	ハサミ	198
S110	プリンタインク	800
S108	プリンタ用紙	230

抽出結果

商品コード	商品名	単価
B107	紙ファイル	50
B113	ハサミ	198

IN

指定した値リストに合致する行を抽出します。

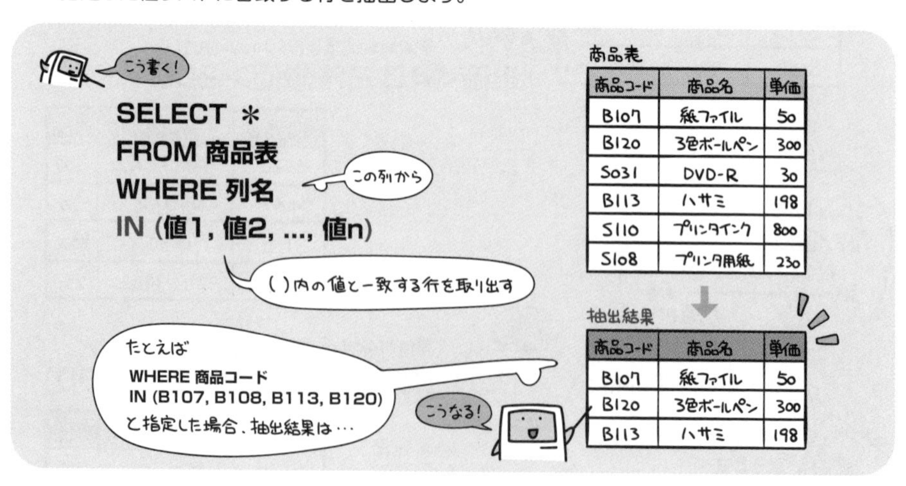

商品表

商品コード	商品名	単価
B107	紙ファイル	50
B120	3色ボールペン	300
S031	DVD-R	30
B113	ハサミ	198
S110	プリンタインク	800
S108	プリンタ用紙	230

抽出結果

商品コード	商品名	単価
B107	紙ファイル	50
B120	3色ボールペン	300
B113	ハサミ	198

B? LIKE

特定の文字パターンに合致する行を抽出します。

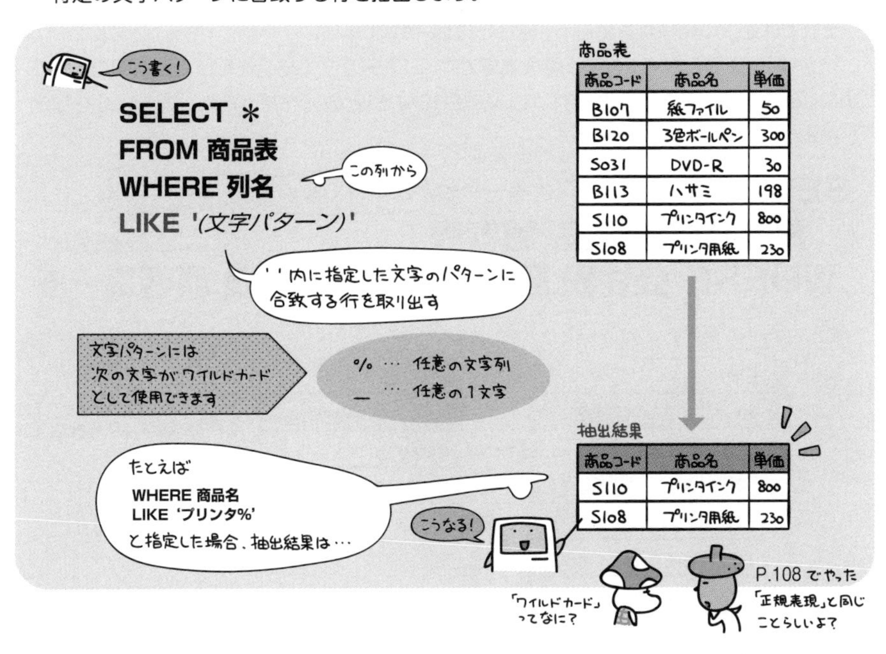

同一データを重複させずに抽出する

取り出した行を重複のないデータにしたい場合は、DISTINCT句を使います。

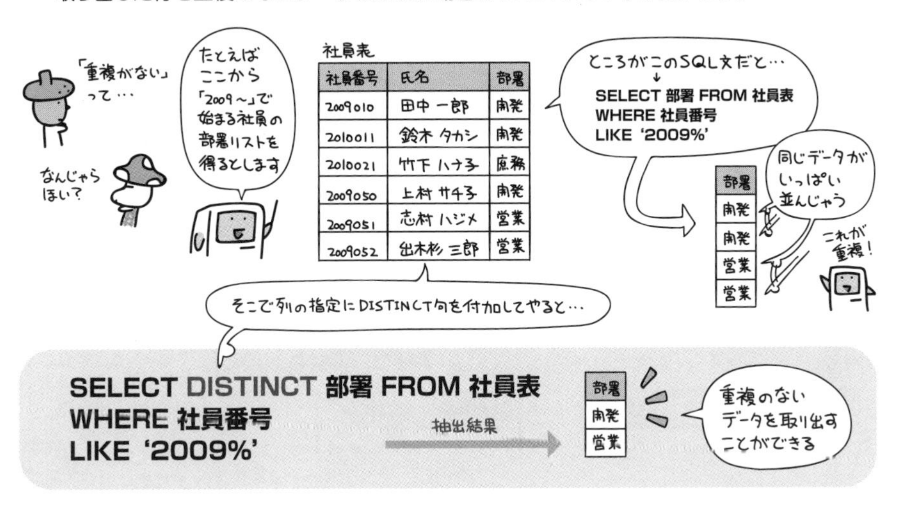

表と表を結合する（結合）

それでは最後の関係演算である、結合を見ていきましょう。

結合は、表と表とをくっつける関係演算です。SELECT文で結合を行うには、FROM句の中にくっつけたい表の名前を羅列して、WHERE句で「どの列を使ってくっつけるか」を指定します。

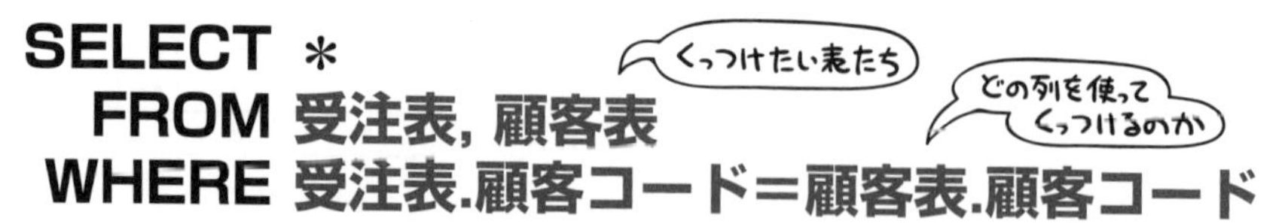

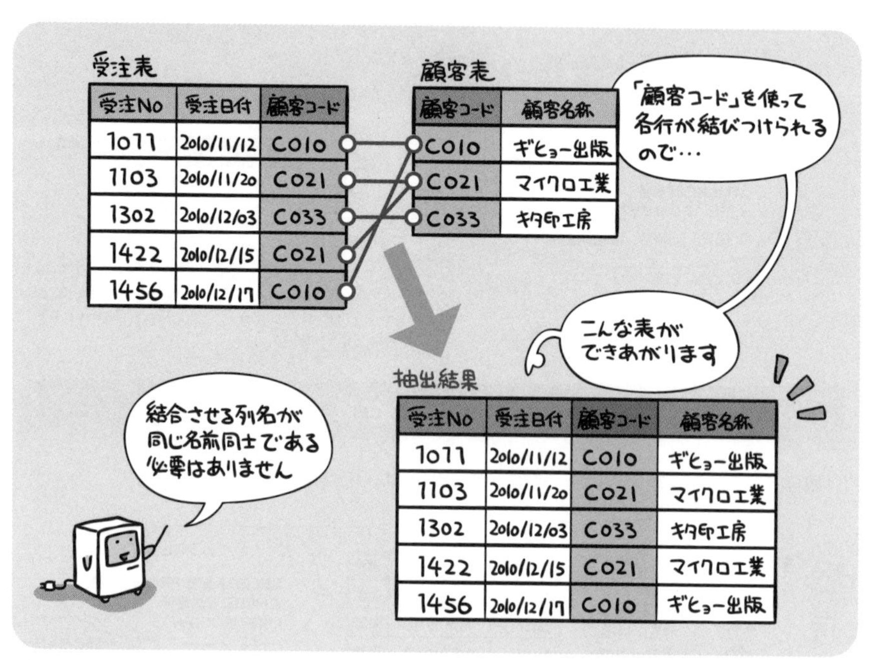

受注表

受注No	受注日付	顧客コード
1011	2010/11/12	C010
1103	2010/11/20	C021
1302	2010/12/03	C033
1422	2010/12/15	C021
1456	2010/12/17	C010

顧客表

顧客コード	顧客名称
C010	ギヒョー出版
C021	マイクロ工業
C033	キタ印工房

抽出結果

受注No	受注日付	顧客コード	顧客名称
1011	2010/11/12	C010	ギヒョー出版
1103	2010/11/20	C021	マイクロ工業
1302	2010/12/03	C033	キタ印工房
1422	2010/12/15	C021	マイクロ工業
1456	2010/12/17	C010	ギヒョー出版

ここでちょっと要注意なのが「表名.列名」という表記です。表名と列名の間にある「.」は所属をあらわしていて、「どの表に属する列か」を表現するために用いられます。

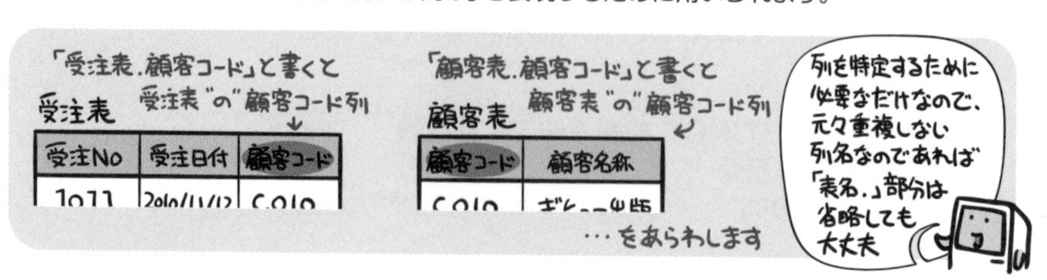

データを整列させる

抽出結果を整列させておきたい場合はORDER BY句を使います。

ORDER BY 列名 ASC(またはDESC)

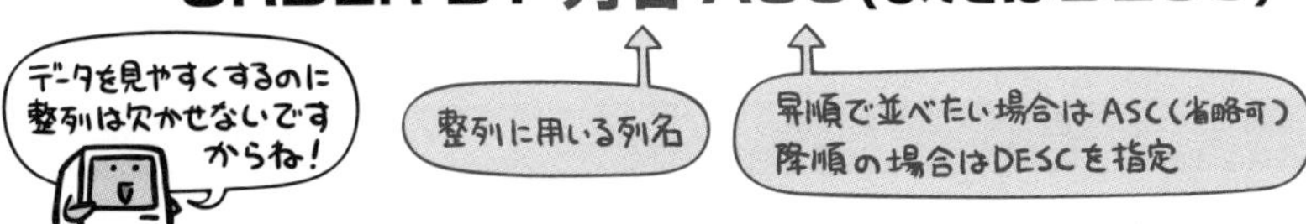

たとえば商品表を単価順で並び替えるには、次のように指定します。

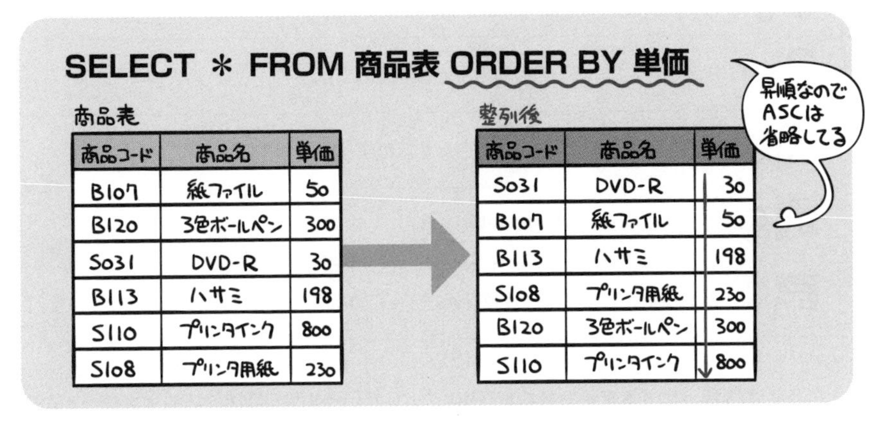

商品表

商品コード	商品名	単価
B107	紙ファイル	50
B120	3色ボールペン	300
S031	DVD-R	30
B113	ハサミ	198
S110	プリンタインク	800
S108	プリンタ用紙	230

整列後

商品コード	商品名	単価
S031	DVD-R	30
B107	紙ファイル	50
B113	ハサミ	198
S108	プリンタ用紙	230
B120	3色ボールペン	300
S110	プリンタインク	800

複数の列で並び替えるには、ORDER BY句の後ろに複数の列を指定します。

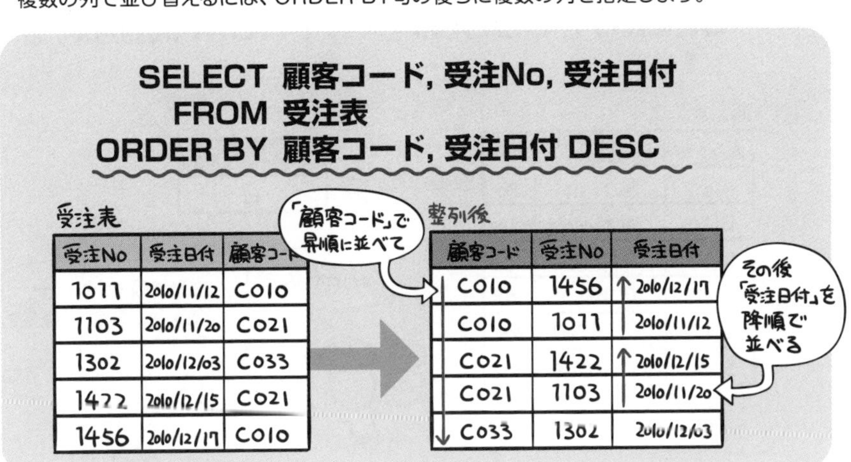

受注表

受注No	受注日付	顧客コード
1011	2010/11/12	C010
1103	2010/11/20	C021
1302	2010/12/03	C033
1422	2010/12/15	C021
1456	2010/12/17	C010

整列後

顧客コード	受注No	受注日付
C010	1456	2010/12/17
C010	1011	2010/11/12
C021	1422	2010/12/15
C021	1103	2010/11/20
C033	1302	2010/12/03

関数を使って集計を行う

SQLには、データを取り出す際に集計を行う、様々な関数（集合関数と言う）が用意されています。

この集合関数を用いると、列の合計値や最大値、レコードの件数（行数）などを求めることができます。

関数	機能
MAX（列名）	その列の最大値を求めます。
MIN（列名）	その列の最小値を求めます。
AVG（列名）	その列の平均値を求めます。
SUM（列名）	その列の合計を求めます。
COUNT（*）	行数を求めます。
COUNT（列名）	その列の「値が入っている（空値じゃない）」行数を求めます。

たとえば、「扱っている商品の数を取り出したい」という場合、COUNT関数を使って次のように指定します。

SELECT COUNT(＊) FROM 商品表

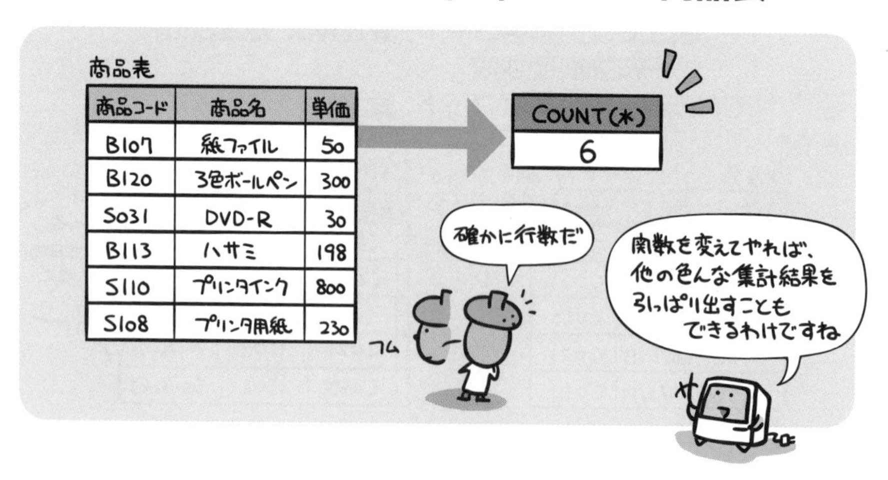
商品表

商品コード	商品名	単価
B107	紙ファイル	50
B120	3色ボールペン	300
S031	DVD-R	30
B113	ハサミ	198
S110	プリンタインク	800
S108	プリンタ用紙	230

COUNT(*)
6

データをグループ化する

グループ化というのは、特定の列を指して、その中身が一致する項目をひとまとめにして扱うことを言います。前ページの集合関数は、このグループ化と組み合わせることで、より威力を発揮するのであります。

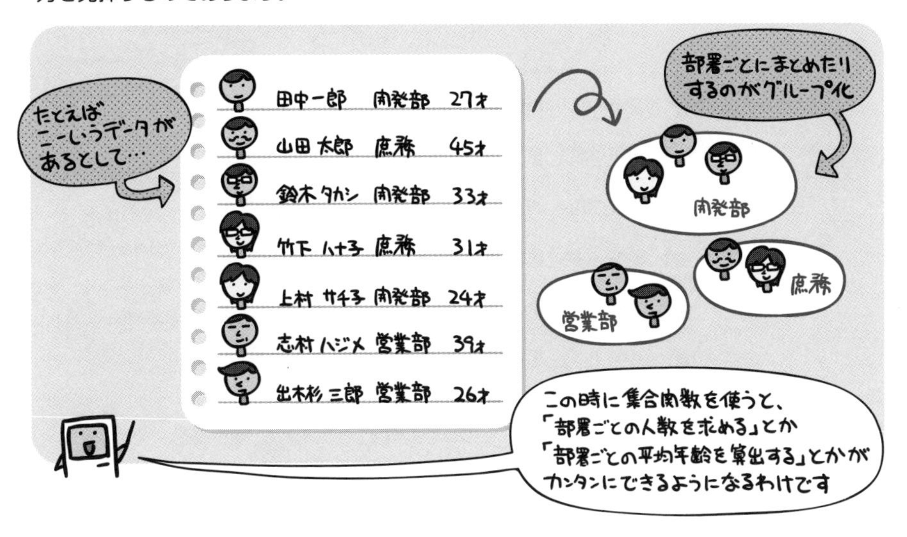

グループ化には、GROUP BY句を使います。実際の例を見て、感覚を掴みましょう。

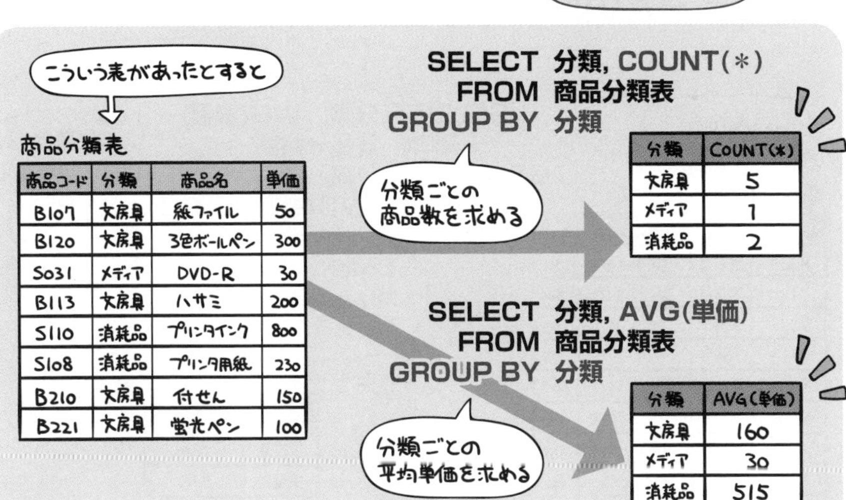

商品分類表

商品コード	分類	商品名	単価
B107	文房具	紙ファイル	50
B120	文房具	3色ボールペン	300
S031	メディア	DVD-R	30
B113	文房具	ハサミ	200
S110	消耗品	プリンタインク	800
S108	消耗品	プリンタ用紙	230
B210	文房具	付せん	150
B221	文房具	蛍光ペン	100

```
SELECT 分類, COUNT(*)
  FROM 商品分類表
GROUP BY 分類
```

分類	COUNT(*)
文房具	5
メディア	1
消耗品	2

```
SELECT 分類, AVG(単価)
  FROM 商品分類表
GROUP BY 分類
```

分類	AVG(単価)
文房具	160
メディア	30
消耗品	515

グループに条件をつけて絞り込む

グループ化をした際、これに条件をつけて取り出すグループを絞り込むことができます。「条件をつけて絞り込む」というのは、たとえば次のようなことを指します。

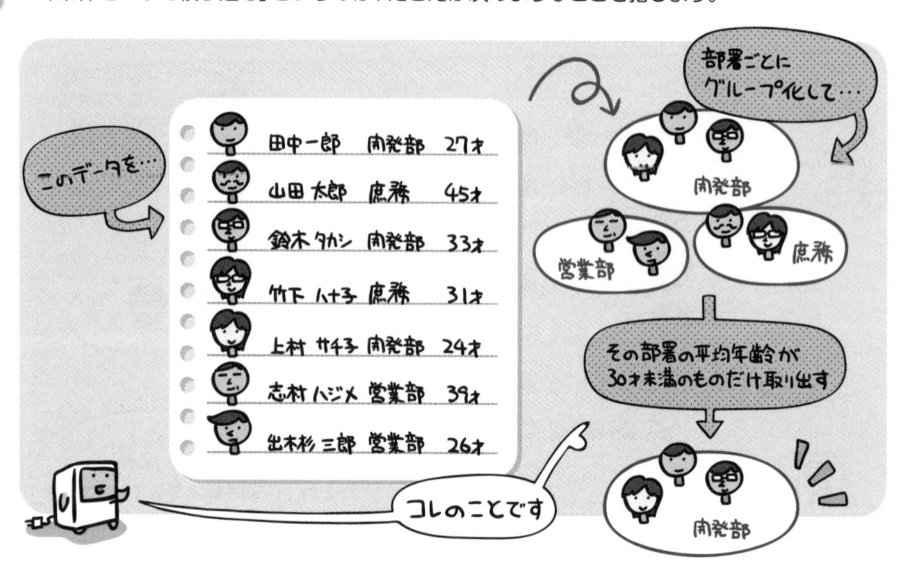

このような絞り込みを行うには、HAVING句を使います。

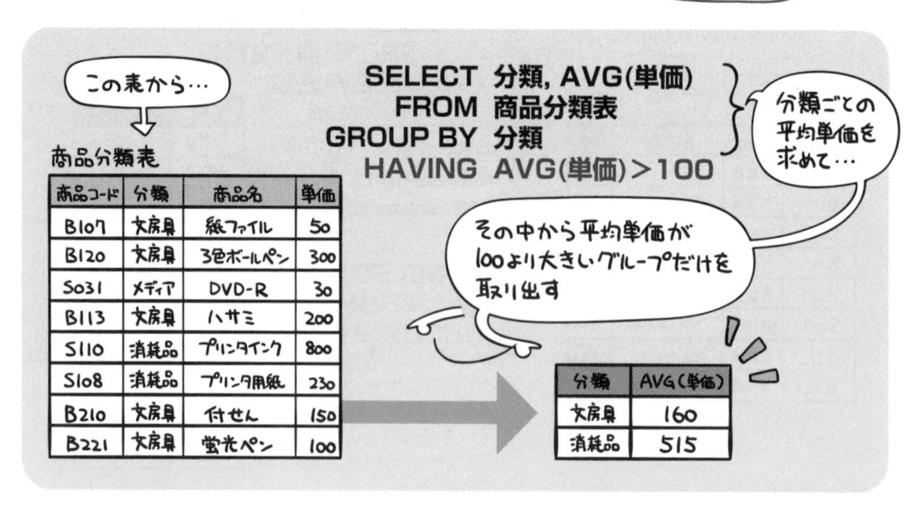


```
SELECT   分類, AVG(単価)
FROM     商品分類表
GROUP BY 分類
HAVING   AVG(単価)＞100
```

商品分類表

商品コード	分類	商品名	単価
B107	文房具	紙ファイル	50
B120	文房具	3色ボールペン	300
S031	メディア	DVD-R	30
B113	文房具	ハサミ	200
S110	消耗品	プリンタインク	800
S108	消耗品	プリンタ用紙	230
B210	文房具	付せん	150
B221	文房具	蛍光ペン	100

分類	AVG(単価)
文房具	160
消耗品	515

このように出題されています

過去問題練習と解説

問1 (AP-H29-A-28)

関係R(ID, A, B, C)のA, Cへの射影の結果とSQL文で求めた結果が同じになるように，aに入れるべき字句はどれか。ここで，関係Rを表Tで実現し，表Tに各行を格納したものを次に示す。

T

ID	A	B	C
001	a1	b1	c1
002	a1	b1	c2
003	a1	b2	c1
004	a2	b1	c2
005	a2	b2	c2

〔SQL文〕

SELECT [a] A, C　FROM　T

ア　ALL
イ　DISTINCT
ウ　ORDER BY
エ　REFERENCES

解説

関係R(ID, A, B, C)のA, Cへの射影の結果は、下左表にはならず、下右表になります(射影の説明は、435ページを参照してください)。

A	C	
a1	c1	★
a1	c2	
a1	c1	★
a2	c2	◆
a2	c2	◆

A	C	
a1	c1	▼
a1	c2	
a2	c2	▲

関係には、その定義より、完全に同一な行(レコード，組，タプル)を作れません。したがって、関係R(ID, A, B, C)を{A, C}で射影すると、上左表の2つの★の行は上右表の▼の行に、また上左表の2つの◆の行は上右表の▲の行に、まとめられた形になります。表Tに対し、SELECT A, C FROM Tを実行すると、上左表ができてしまうので、SELECT DISTINCT A, C FROM T を実行して、上右表の結果を得ます。なお、DISTINCTの説明は461ページを参照してください。

問2 (AP-H27-S-26)

“電話番号”列にNULLを含む“取引先”表に対して，SQL文を実行した結果の行数は幾つか。

取引先

取引先コード	取引先名	電話番号
1001	A社	010-1234-xxxx
2001	B社	020-2345-xxxx
3001	C社	NULL
4001	D社	030-3011-xxxx
5001	E社	(010-4567-xxxx)

〔SQL文〕

SELECT ＊　FROM 取引先 WHERE 電話番号 NOT LIKE　'010%'

ア　1　　イ　2　　ウ　3　　エ　4

正解▶問1：イ　問2：ウ

本問のSQL文の“電話番号 NOT LIKE '010%'”は、電話番号が'010'で始まらないものという意味に解釈されます(%は、0文字以上の任意の文字列を意味します)。“取引先”表のうち、この条件に合致するのは、2～5行目になりそうです。しかし、3行目の電話番号は、“NULL”であり、この条件には合致しません(“NULL”値は、IS NULL以外のすべての判定条件において、除外されます)。したがって、この条件に合致するのは、2, 4, 5行目であり、SQL文を実行した結果の行数は“3”になります。

問3 (AP-R02-A-29)

“東京在庫”表と“大阪在庫”表に対して，SQL文を実行して得られる結果はどれか。ここで，実線の下線は主キーを表す。

東京在庫

商品コード	在庫数
A001	50
B002	25
C003	35

大阪在庫

商品コード	在庫数
B002	15
C003	35
D004	80

〔SQL文〕

```
SELECT  商品コード, 在庫数 FROM 東京在庫
  UNION  ALL
SELECT  商品コード, 在庫数 FROM 大阪在庫
```

ア

商品コード	在庫数
A001	50
B002	25
B002	15
D004	80

イ

商品コード	在庫数
A001	50
B002	40
C003	70
D004	80

ウ

商品コード	在庫数
A001	50
B002	25
B002	15
C003	35
D004	80

エ

商品コード	在庫数
A001	50
B002	25
B002	15
C003	35
C003	35
D004	80

解説

本問の〔SQL文〕の“UNION ALL”は、“SELECT 商品コード, 在庫数 FROM 東京在庫”の抽出結果(★)と、“SELECT 商品コード, 在庫数 FROM 大阪在庫”の抽出結果(◆)を、1つにまとめます。(★)は“東京在庫”表と同じであり、(◆)は“大阪在庫”表と同じですので、本問の〔SQL文〕を実行すると、選択肢エが得られます。なお、選択肢エは、商品コード順に並べられていますが、ORDER BY句がないSELECT文では、抽出結果の行の並び順はDBMSに任されており、必ず“主キー順に並ぶ”というようなことは言えません。

正解▶問3：エ

Chapter 12-5 副問合せ

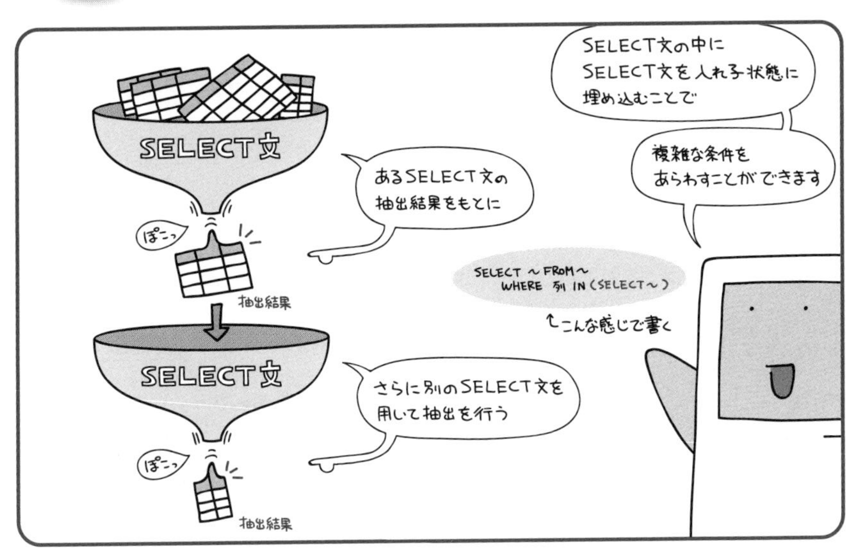

SELECT文の中にSELECT文を埋め込んで、入れ子状態で用いることを副問合せと言います。

データベースには様々なデータが詰まっています。そのデータを駆使すればたいていの情報は拾い出せるものの、一方でその「拾い出すためのタネ」が大事にもなってきます。

たとえば「Aさんと同じ部署の社員リストが欲しい」と思ったとしましょう。

Aさんと部署が同じ人を抽出すればいいだけなんだから、普通に考えれば簡単な話です。ところがこれを1本のSQL文で済ませようと思うと…「あれ?」となりますよね。部署名をどこかから持ってこないと「同じ部署の人」は抽出できません。

そこで役に立つのが副問合せというわけです。

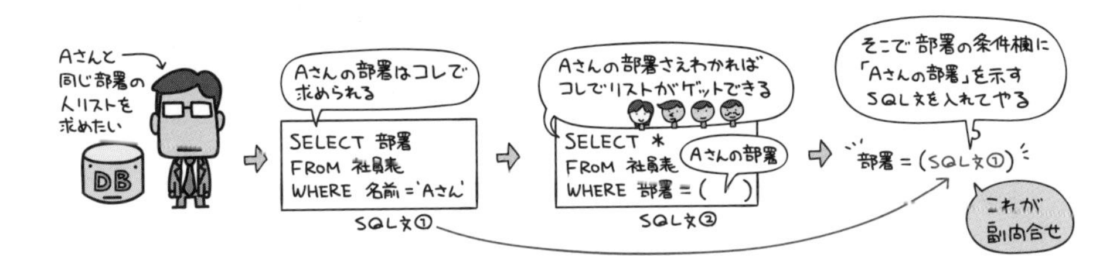

INを用いた副問合せ

副問合せは、SELECT文中に埋め込まれているSELECT文を指します。
WHERE句やFROM句、HAVING句などで使用でき、カッコでくくって記述します。

```
SELECT ＊ FROM 社員表
WHERE 部署 = (SELECT 部署 FROM 社員表 WHERE 名前= 'Aさん')
```

この時、上の例のように副問合せの返す行がひとつであれば、演算子にはP.458のWHERE句の説明で取り上げた基本的な比較演算子（=や<など）を使うことができます。
しかし複数の行が返された場合だと、これではエラーになってしまいます。

このように、複数行が対象となる場合はINを使います。
たとえば次の表から、「在庫にない商品の一覧」を取り出す例を見てみましょう。

商品表

商品コード	商品名	単価
B107	紙ファイル	50
B120	3色ボールペン	300
S031	DVD-R	30
B113	ハサミ	198
S110	プリンタインク	800
S108	プリンタ用紙	230

在庫表

在庫No	商品コード	在庫数
1	B107	100
2	B113	250
3	S110	15
4	S108	30

① 「在庫のある商品コード」のリストは次の文で求められます

```
SELECT 商品コード FROM 在庫表
```

② なのでこれをINで囲えば、「在庫のある商品リストに合致するもの」という指定になり…

```
IN (SELECT 商品コード FROM 在庫表)
```

③ NOTをつけることで「それ以外の商品」という指定となります

```
NOT IN (SELECT 商品コード FROM 在庫表)
```

というわけでこちらの文になりまして～

```
SELECT ＊ FROM 商品表
WHERE 商品コード
NOT IN (SELECT 商品コード FROM 在庫表)
```

B107, B113, S110, S108

抽出結果

商品コード	商品名	単価
B120	3色ボールペン	300
S031	DVD-R	30

INを用いた副問合せは、一度副問合せの結果として値リストが作成されてから、主のSELECT文が実行されるという流れになります。

EXISTSを用いた副問合せ

EXISTSは存在チェックを行います。副問合せの結果として抽出される行の有無をチェックし、あれば真（True）を、なければ偽（False）を返却します。

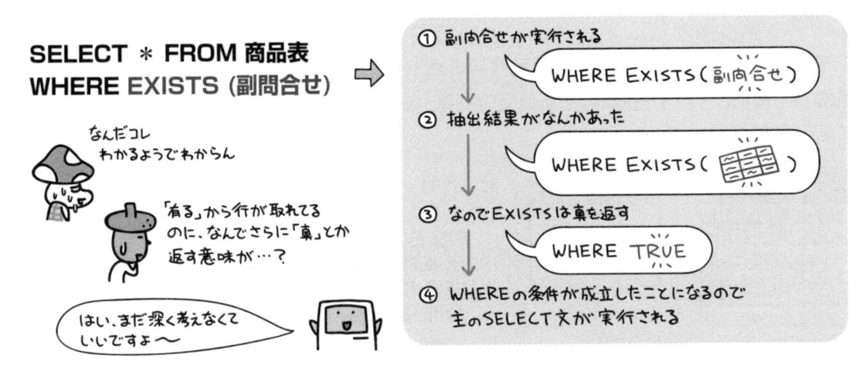

EXISTSについて話を進める前に、相関副問合せについて理解しておきましょう。相関副問合せとは、副問合せのカッコ内と、その外側とで共通の表を用いて行う問合せのことです。

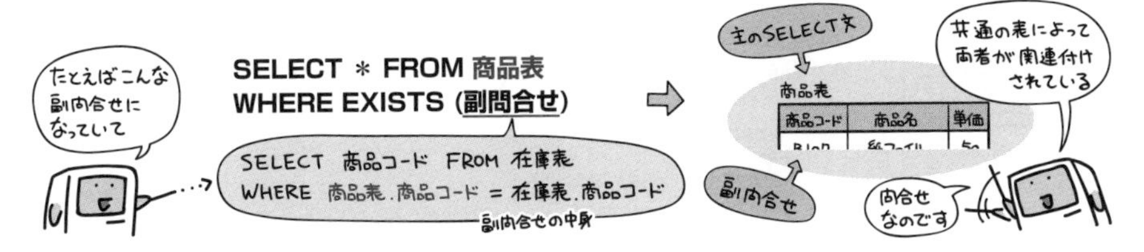

前述のINでは最初に副問合せの結果として値リストが作られて、「そこに合致するものは？」という流れで評価が行われましたよね？

相関副問合せでは、副問合せ側に主の問合せ側から1行ずつデータが送られます。

そのデータを用いて副問合せの結果が抽出され、外側の主の問合せがそれを受けて実行に移り、そしてまた次の行が副問合せ側に送られて…というループ処理のような流れになります。

で、話を最初に戻しますと、EXISTSというのはこの相関副問合せで通常用いられるものなのです。

それではINの時と同じ表を用いて、実際の流れと結果を確認してみましょう。条件を簡略化するために、今回は「在庫のある商品の一覧」を取り出すことにします。

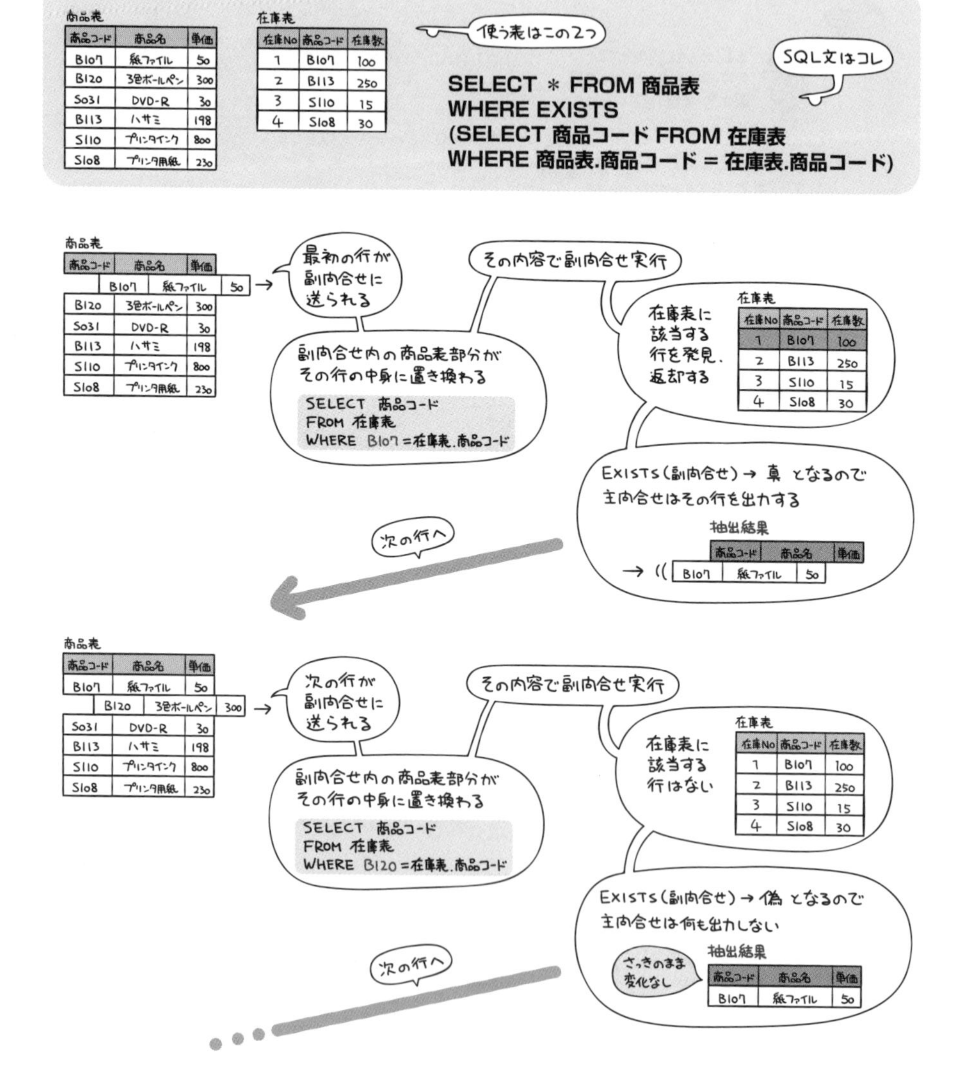

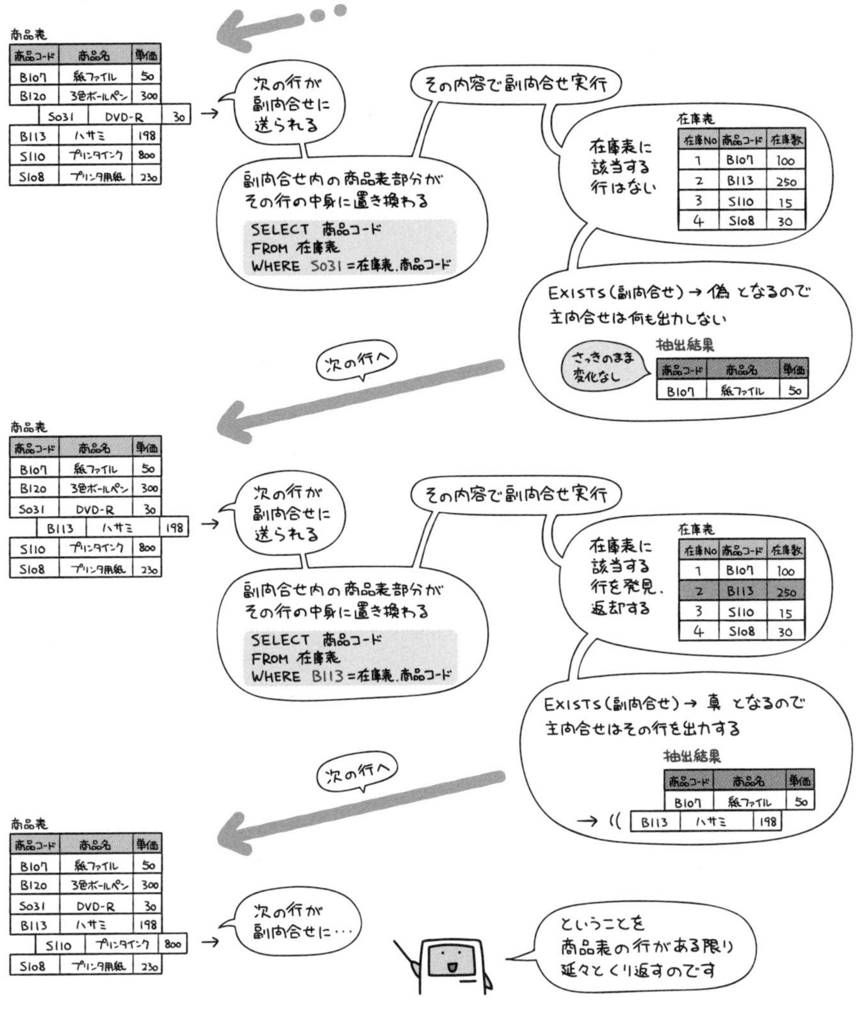

これによって得られる抽出結果は次となります。
イメージ、掴めましたでしょうか？

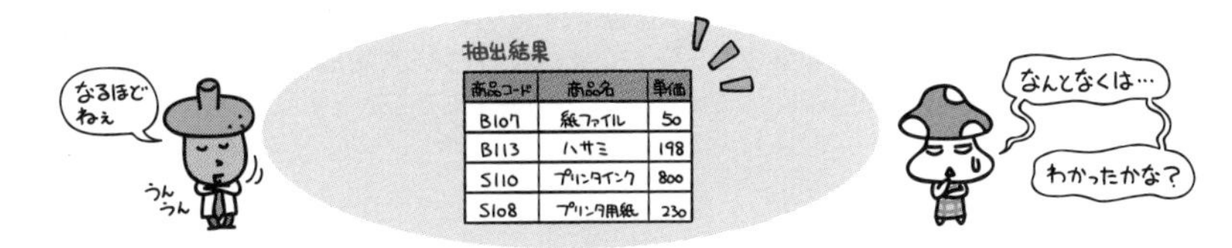

ちなみに上記のSQL文、EXISTSの前にNOTをつけてやることで、3ページ前でやったINの時と同じ「在庫のない商品の一覧」を求めることができます。

同じ結果が得られるにも関わらず、そこまでの過程は全然別物なわけですね。

このように出題されています 過去問題練習と解説

問 1 (AP-H27-A-29)

“倉庫別商品在庫集計”表から在庫数の合計を求めたい。倉庫番号'C003'の倉庫で在庫数が100以上の商品に対して，全ての倉庫における在庫数の合計を求めるSQL文の【　a　】に入る適切な字句はどれか。ここで，該当する商品は複数存在するとともに在庫数が100未満の商品も存在するものとする。また，実線の下線は主キーを表す。

倉庫別商品在庫集計（倉庫番号，商品コード，在庫数）

〔SQL文〕

```
SELECT 商品コード, SUM(在庫数) AS 在庫合計
FROM 倉庫別商品在庫集計
        WHERE【　a　】
        GROUP BY 商品コード
```

ア　商品コード = (SELECT 商品コード FROM 倉庫別商品在庫集計
　　　　WHERE 倉庫番号 = 'C003' AND 在庫数 >= 100)

イ　商品コード = ALL (SELECT 商品コード FROM 倉庫別商品在庫集計
　　　　WHERE 倉庫番号 = 'C003' AND 在庫数 >= 100)

ウ　商品コード IN (SELECT 商品コード FROM 倉庫別商品在庫集計
　　　　WHERE 倉庫番号 = 'C003' AND 在庫数 >= 100)

エ　EXISTS (SELECT * FROM 倉庫別商品在庫集計
　　　　WHERE 倉庫番号 = 'C003' AND 在庫数 >= 100)

解説

ア　() 内のSELECT文で、複数行が抽出される場合、“商品コード=”の条件では判定不能であり、実行時エラーが表示されます。

イ　() 内のSELECT文で、複数行が抽出される場合、“商品コード=ALL”の条件は、その複数行の異なる商品コードと一致する、1つの商品コードを抽出しようとしますが、そのような商品コードは当然あり得ないので、1行も抽出されない結果になります。

ウ　この選択肢が正解です。INを用いた副問合せの説明は、470ページを参照してください。

エ　() 内のSELECT文で、1行以上の行が抽出された場合、“EXISTS”の条件は“真”になるため、SELECT 商品コード, SUM(在庫数) AS 在庫合計 FROM 倉庫別商品在庫集計は、“倉庫番号'C003'の倉庫で在庫数が100以上の商品”という条件を無視した在庫合計を計算してしまいます。

正解▶問1：ウ

Chapter 12-6 表の定義や行の操作を行うSQL文

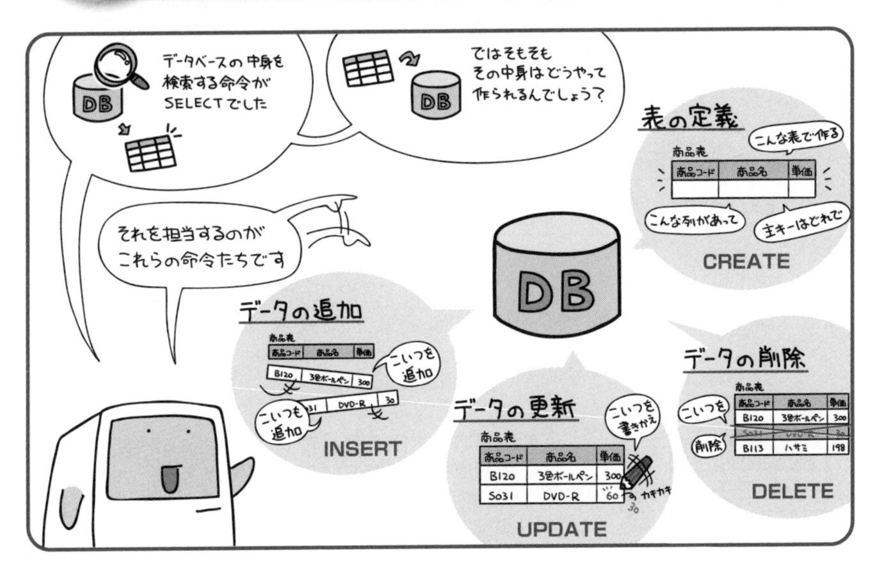

表の定義や行の追加・更新・削除には、それぞれ専用の命令を用います。

これまでは、「データベースのもっとも特徴的な命令文」として、SELECT文を主に紹介してきました。しかしデータを抽出できるということは、その元のデータを作る機能もあるわけです。

ここではそうした「表を作成し、管理する」ための命令文として、表の定義(CREATE)、行の挿入(INSERT)、行の更新(UPDATE)、行の削除(DELETE)といった命令たちについて見ていきます。

それに加えて、P.434でふれた「ビュー表」のことを覚えているでしょうか。ビュー表とは、実在の表(実表という)を組み合わせて作る仮想的な表のことで、必要な行や列を用途に応じて取り出し、ひとつの表として使うことができるものです。仮想とはいえ、使う側からすれば普通の表と変わりません。そのため、実データの格納方法とその見せ方を、分けて考えることができるようになるのです。

このビュー表の作り方についても、あわせて見ていくことにしましょう。

表の定義

表（テーブル）を定義し、作成を行うにはCREATE TABLE文を使います。

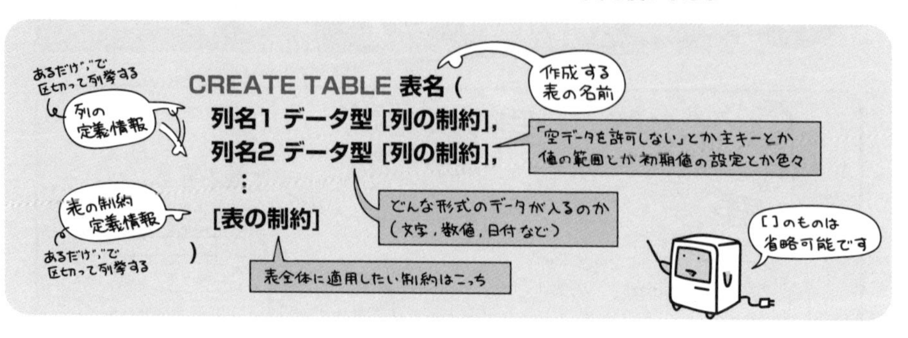

たとえば次のような表を作りたいと思った時、SQL文はこのようになるわけです。

上記SQLを実行すると、中身が空っぽの表が作成されます。

列の制約として指定できる項目は次の通りです。

PRIMARY KEY	主キーとする。
UNIQUE	列内で重複する値を許可しない。
REFERENCES 表名（列名）	外部キーとする。参照先は指定した表名.列名となる。
CHECK（条件）	条件に合う値のみ登録を許可する。
NOT NULL	NULL値（空の値）を許可しない。
DEFAULT 値	新規行追加時の初期値を指定する。

次の制約については、表全体の制約として使うことができます。

特に複数の列を使って主キーとする複合キーなどは、列ごとに設定することができませんから、この表制約にて設定を行う必要があります。

PRIMARY KEY（列名リスト）	指定した列（複合キーの場合は列1,列2…と列挙）を主キーとする。
UNIQUE（列名リスト）	指定した列内で重複する値を許可しない。
FOREIGN KEY（列名リスト） REFERENCES 表名（列名リスト）	指定した列（複数列を参照する場合は列1,列2…と列挙）を外部キーとする。参照先は指定した表名.列名となる。
CHECK（条件）	条件に合う値のみ登録を許可する。

行の挿入・更新・削除

表に対する行の挿入や、更新、削除には、それぞれ専用の命令文が用意されています。

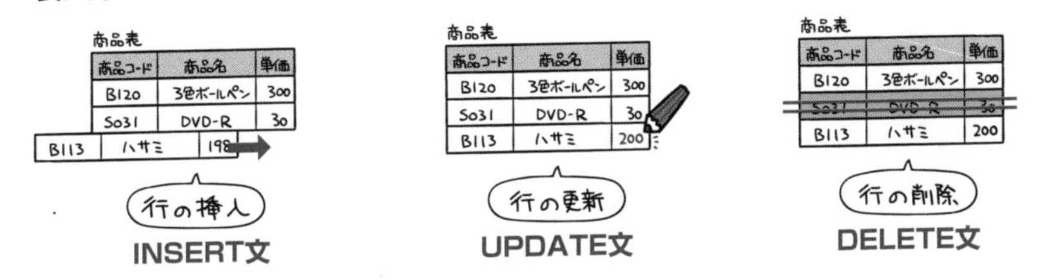

特にややこしいことはないので、それぞれの書式を簡単に見て行きましょう。

行の挿入

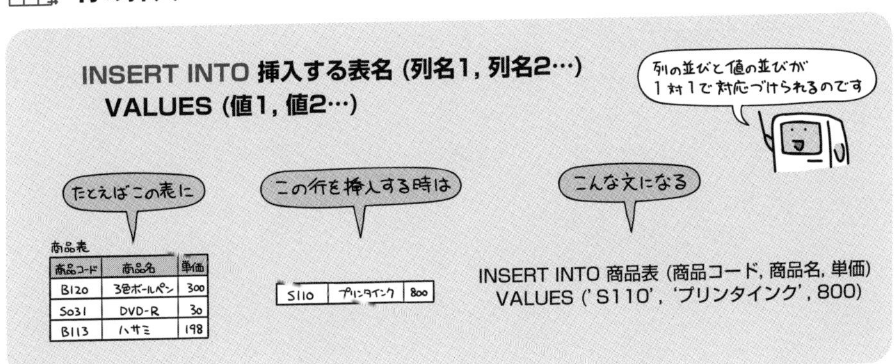

12
データベース

行の更新

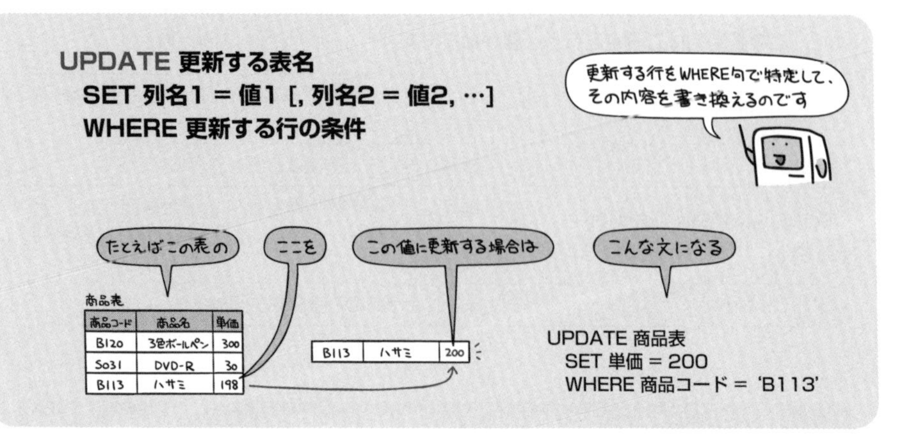
UPDATE 更新する表名
SET 列名1 = 値1 [, 列名2 = 値2, …]
WHERE 更新する行の条件
更新する行をWHERE句で特定して、その内容を書き換えるのです
たとえばこの表の
ここを
この値に更新する場合は
こんな文になる
商品表
商品コード
商品名
単価
B120
3色ボールペン
300
S031
DVD-R
30
B113
ハサミ
198
B113
ハサミ
200
UPDATE 商品表
SET 単価 = 200
WHERE 商品コード = 'B113'

行の削除

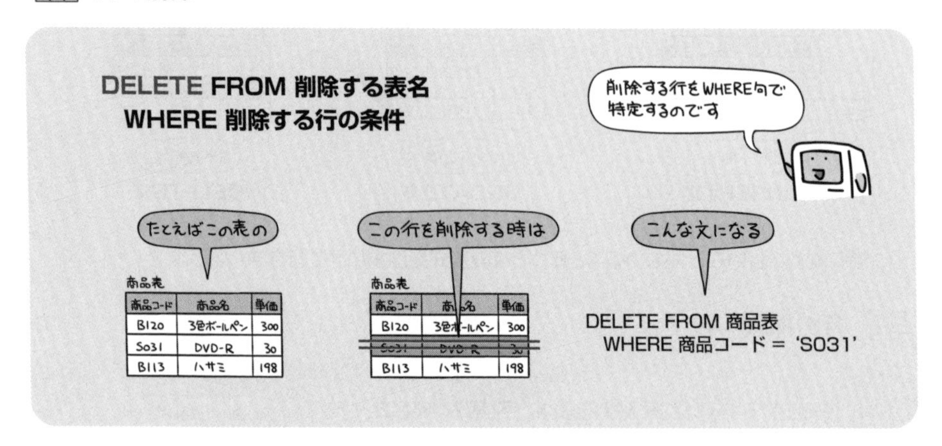
DELETE FROM 削除する表名
WHERE 削除する行の条件
削除する行をWHERE句で特定するのです
たとえばこの表の
この行を削除する時は
こんな文になる
商品表
商品コード
商品名
単価
B120
3色ボールペン
300
S031
DVD-R
30
B113
ハサミ
198
DELETE FROM 商品表
WHERE 商品コード = 'S031'

ビューの定義

実表から、仮想的な表を作り出すのがビューです。

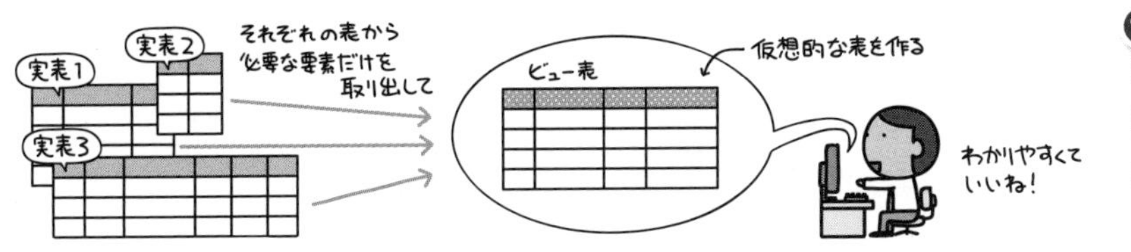

データを効率良く格納するためには正規化を行うわけですが、正規化された表というのは細切れになっていて、必ずしも使いやすいとは言えません。

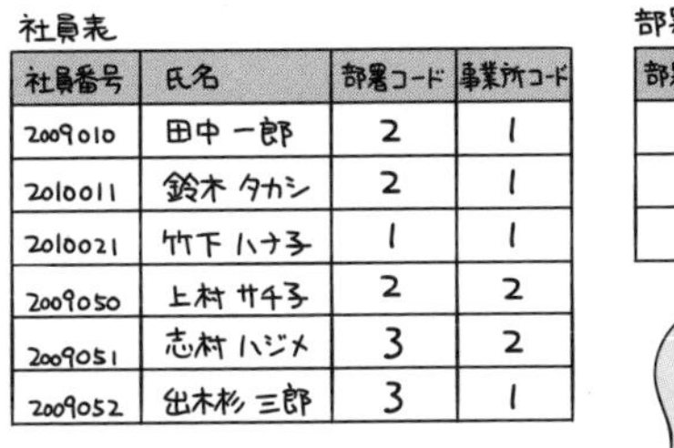
社員表

社員番号	氏名	部署コード	事業所コード
2009010	田中 一郎	2	1
2010011	鈴木 タカシ	2	1
2010021	竹下 ハナ子	1	1
2009050	上村 サチ子	2	2
2009051	志村 ハジメ	3	2
2009052	出木杉 三郎	3	1

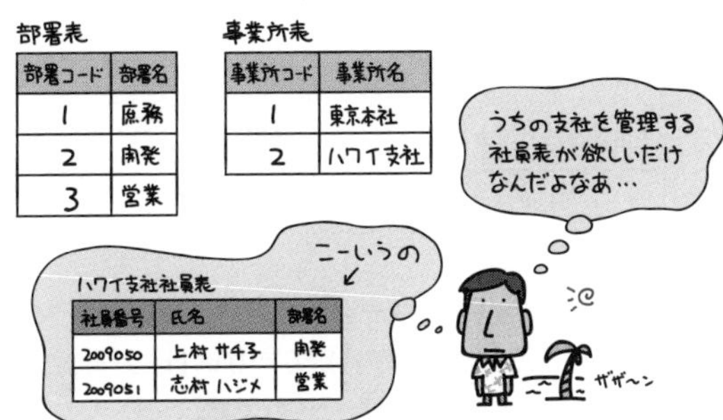
部署表

部署コード	部署名
1	庶務
2	開発
3	営業

事業所表

事業所コード	事業所名
1	東京本社
2	ハワイ支社

そこで、用途に応じた仮想的な表を使えるようにするのがビューの役割です。

ビュー表は、次のCREATE VIEW文によって作成することができます。

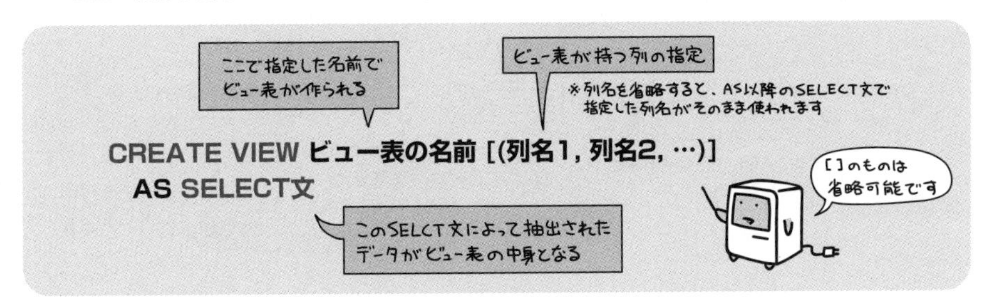

それでは、上にある社員表、部署表、事業所表を元に、ハワイ支社社員表というビュー表を定義してみましょう。次のSQL文となります。

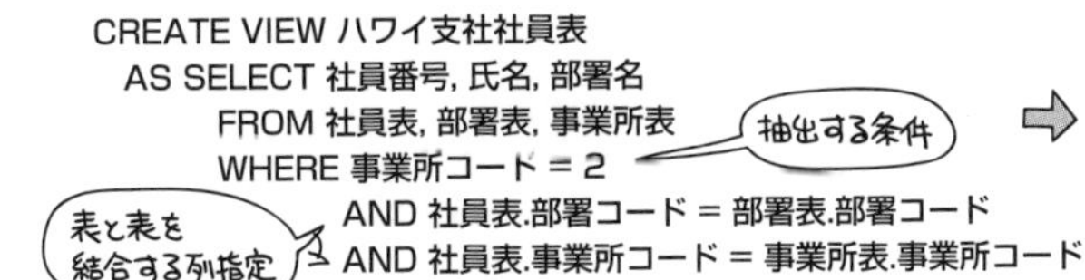

```
CREATE VIEW ハワイ支社社員表
  AS SELECT 社員番号, 氏名, 部署名
         FROM 社員表, 部署表, 事業所表
         WHERE 事業所コード = 2
                 AND 社員表.部署コード = 部署表.部署コード
                 AND 社員表.事業所コード = 事業所表.事業所コード
```


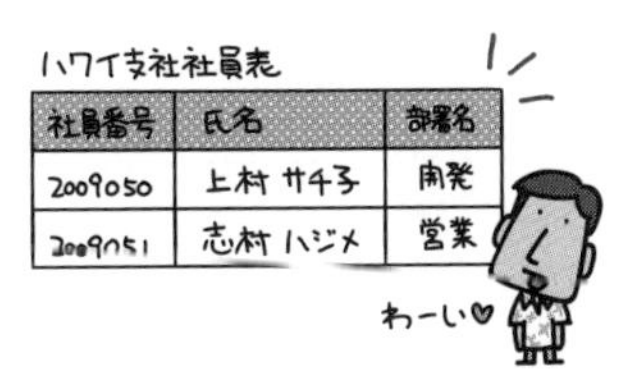
ハワイ支社社員表

社員番号	氏名	部署名
2009050	上村 サチ子	開発
2009051	志村 ハジメ	営業

更新可能なビュー

ビュー表は、ただ参照するためだけの表ではありません。通常の表と同じく、INSERT文、UPDATE文、DELETE文などを用いて内容を更新することができます。

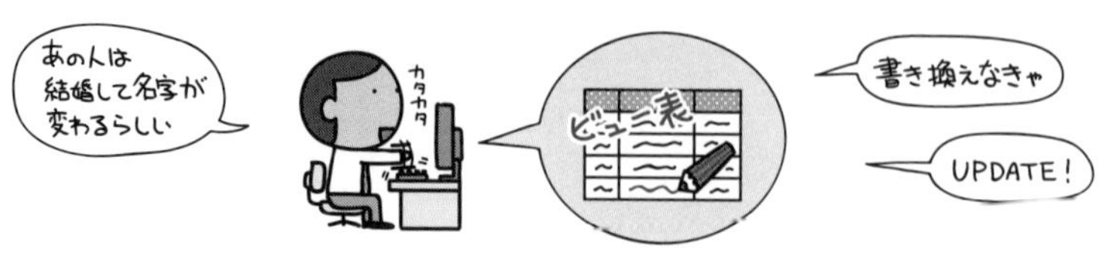

とはいえビュー表自体はあくまでも仮想的な表であり、その実体は存在しません。そのため、ビュー表に対して行われた更新作業は、その元となった実表に対して行われます。

以上のことから、ビュー表には更新可能なビューとそうでないビューが存在します。ざっくり言えば、「元となる行が特定できない」ビューについては更新することができません。具体的には次のような条件が挙げられます。

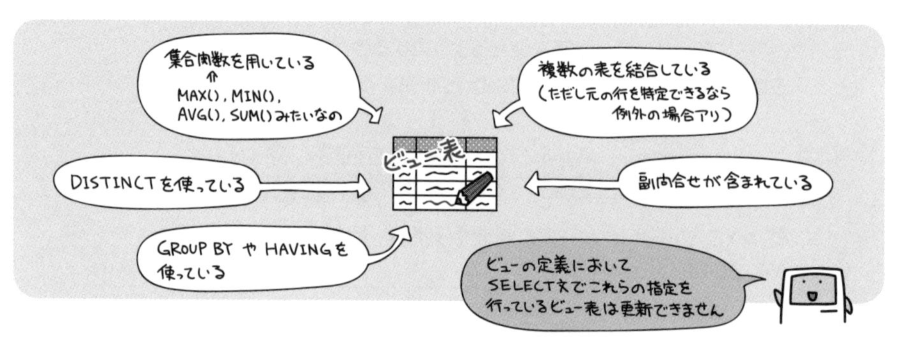

たとえば以下の例でいえば、実表上の行が特定できるAのビュー表は更新可能ですが、Bのビュー表は集合関数を用いているため更新することができません。

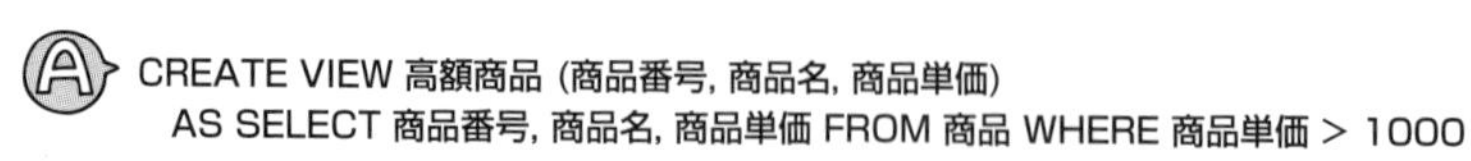
A CREATE VIEW 高額商品 (商品番号, 商品名, 商品単価)
AS SELECT 商品番号, 商品名, 商品単価 FROM 商品 WHERE 商品単価 > 1000

B CREATE VIEW 商品平均受注数量 (平均受注数量)
AS SELECT AVG(受注数量) FROM 受注

過去問題練習と解説

問1 (AP-H26-S-25)

SQL文においてFOREIGN KEYとREFERENCESを用いて指定する制約はどれか。

ア キー制約　　イ 検査制約　　ウ 参照制約　　エ 表明

解説

ア キー制約は、主キー制約のことだと思われます（“キー制約”という用語は、応用情報技術者試験シラバスVer4.0には掲載されていません）。

イ 検査制約は、CHECK句を使った制約のことです。

ウ 正解です。参照制約の説明は、445ページを参照してください。

エ 表明は、CREATE ASSERTION文で作られる、同一スキーマ内の複数のテーブルに対して設定される制約のことです。

正解▶問1：ウ

“学生” 表が次のSQL文で定義されているとき，検査制約の違反となるSQL文はどれか。

```
CREATE TABLE 学生 (学生番号 CHAR(5) PRIMARY KEY,
                  学生名 CHAR(16),
                  学部コード CHAR(4),
                  住所 CHAR(16),
                  CHECK(学生番号 LIKE 'K%'))
```

学生

学生番号	学生名	学部コード	住所
K1001	田中太郎	E001	東京都
K1002	佐藤一美	E001	茨城県
K1003	高橋肇	L005	神奈川県
K2001	伊藤香織	K007	埼玉県

ア　DELETE FROM 学生 WHERE 学生番号 = 'K1002'
イ　INSERT INTO 学生 VALUES('j2002','渡辺次郎','M006', '東京都')
ウ　SELECT * FROM 学生 WHERE 学生番号 = 'K1001'
エ　UPDATE 学生 SET 学部コード = 'N001' WHERE 学生番号 LIKE 'K%'

解説

本問のCREATE TABLE文の最終行にある“CHECK(学生番号 LIKE 'K%')” は、<“学生番号” 列に、先頭が “K” 以外の値を登録させない>という意味です。

ア　行を削除するDELETE文ですので、検査制約には関係がありません。
イ　“学生番号” 列に “j2002” を登録するINSERT文ですので、検査制約（CHECK句による制約）の違反になるSQL文です。
ウ　行を抽出するSELECT文ですので、検査制約には関係がありません。
エ　“学部コード” 列を更新するUPDATE文ですので、“学生番号” 列の検査制約を受けません。

正解▶問2：イ

Chapter 12-7 トランザクション管理と排他制御

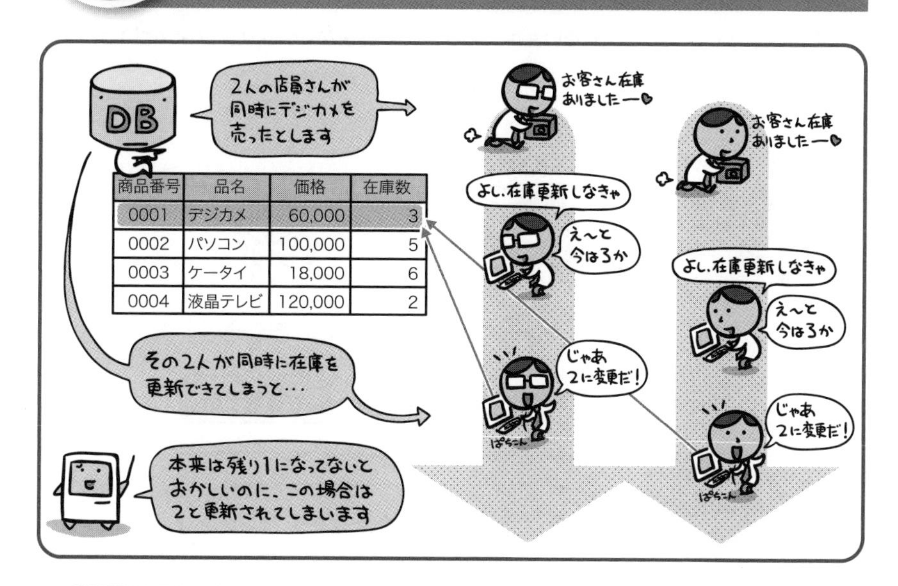

商品番号	品名	価格	在庫数
0001	デジカメ	60,000	3
0002	パソコン	100,000	5
0003	ケータイ	18,000	6
0004	液晶テレビ	120,000	2

データベースを複数の人が同時に変更できてしまうと、内容に不整合が生じる恐れがあります。

データベースは複数の人で共有して使うことのできる便利なものですが、それだけに、利用者が誰も彼も好き勝手にデータを操作できてしまうと、ロクでもない事態に陥りがちだったりします。

たとえばイラストにあるような、複数の人が同じデータを同時に読み書きしてしまいましたという場合。

本来は、在庫がひとつ減って3から2になり、後の人はその在庫数をさらにひとつ減らして1とする…という流れにならなくてはいけません。でも、片方の処理中にもう一方が読み書きしてしまったため、どっちの店員さんにも「今の在庫数は3」と見えてしまいます。結局、後から書いた店員さんのデータには前の店員さんの変更が反映されておらず、在庫数の値はおかしなことになったまま…。

他にも、「ちょうど更新作業中のデータが、別の人によって削除された」なんてことも起こりえます。とにかく誰も彼もが好き勝手に操作している限り、データの不整合を引き起こす要因は枚挙にいとまがないのです。

そうした問題からデータベースを守るのがトランザクション管理と排他制御です。

トランザクションとは処理のかたまり

データベースでは、一連の処理をひとまとめにしたものをトランザクションと呼びます。データベースは、このトランザクション単位で更新処理を管理します。

たとえば前ページのイラストでいえば、次の一連の処理がトランザクションということになります。

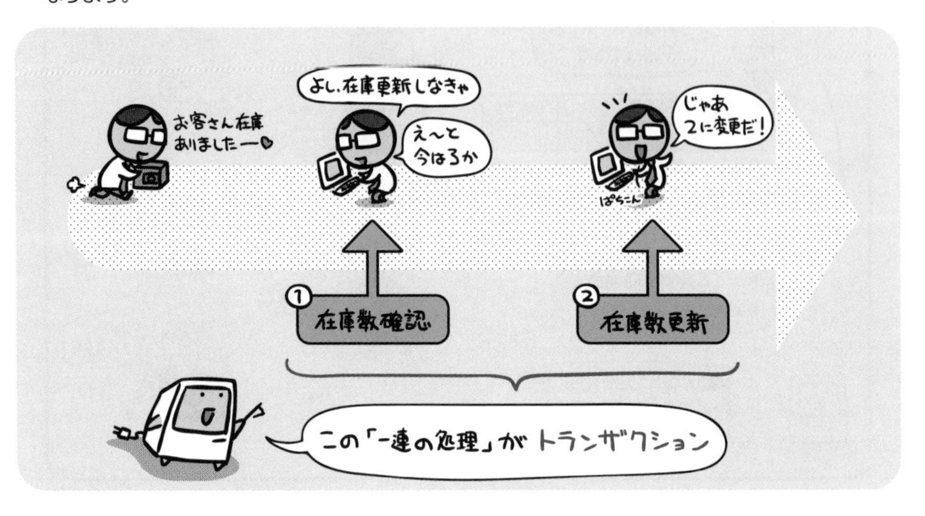

排他制御とはロックする技

一方、排他制御は処理中のデータをロックして、他の人が読み書きできないようにする機能です。つまりトランザクションの間、使用するデータをロックしておけば、誰かに割り込まれてデータの不整合が生じたりする恐れがなくなるわけです。

DB

商品番号	品名	価格	在庫数
0001	デジカメ	60,000	3
0002	パソコン	100,000	5
0003	ケータイ	18,000	6
0004	液晶テレビ	120,000	2

今 編集中だから さわっちゃダメよ

は〜い

ロックする方法には、共有ロックと専有ロックの2種類があります。

共有ロック

各ユーザはデータを読むことはできますが、書くことはできません。

商品番号	品名	価格	在庫数
0001	デジカメ	60,000	3
0002	パソコン	100,000	5
0003	ケータイ	18,000	6
0004	液晶テレビ	120,000	2

DB
ただ今ロックして参照中
←自分も読むだけ（書けない）
ぱちこん
読むことはできるので、在庫数を調べることに問題はありません
3だな

専有ロック

他のユーザはデータを読むことも、書くこともできません。

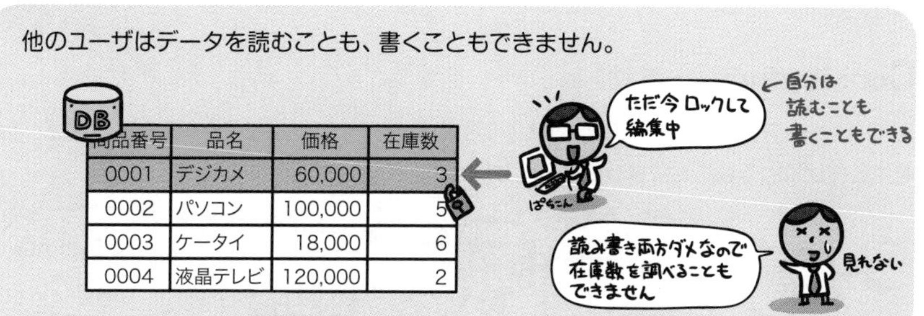

商品番号	品名	価格	在庫数
0001	デジカメ	60,000	3
0002	パソコン	100,000	5
0003	ケータイ	18,000	6
0004	液晶テレビ	120,000	2

ただしロック機能を使う場合には注意しないと、複数のトランザクションがお互いに相手の使いたいデータをロックしてしまい、「お互いがお互いのロック解除を永遠に待ち続ける」という、かなりやるせない現象が起こりえます。

これをデッドロックと呼びます。

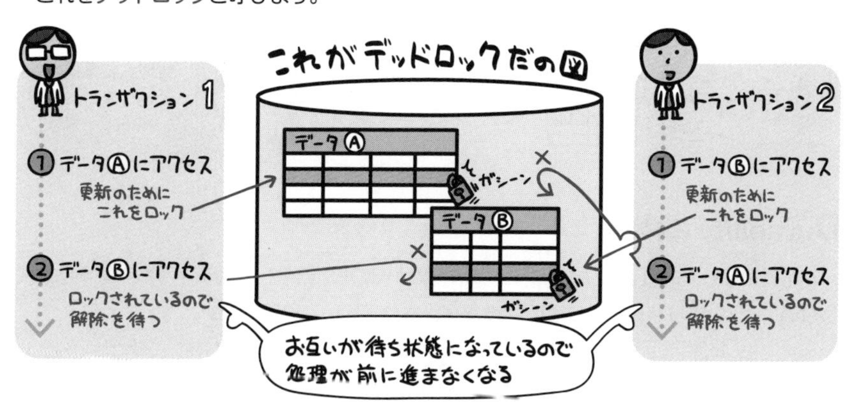

こうなってしまった場合は、いずれかのトランザクションを強制的にキャンセルする必要があります。

トランザクションに求められるACID特性

データベース管理システム(DBMS)では、トランザクション処理に対して次の4つの特性が必須とされます。それぞれの頭文字をとって、ACID特性と呼ばれます。

Atomicity(原子性)

トランザクションの処理結果は、「すべて実行されるか」「まったく実行されないか」のいずれかで終了すること。中途半端に一部だけ実行されるようなことは許容しない。

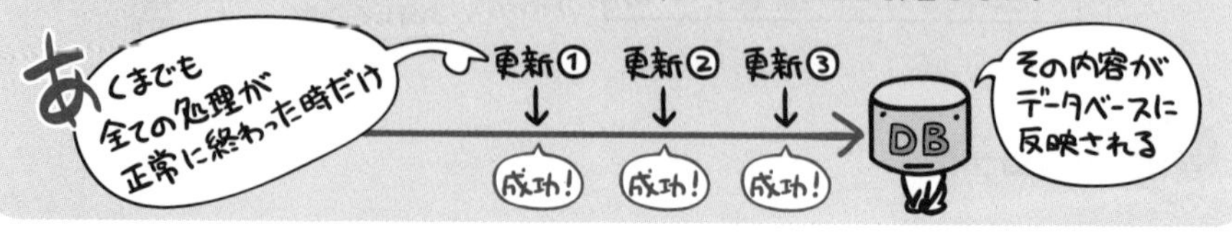

Consistency(一貫性)

データベースの内容が矛盾のない状態であること。トランザクションの処理結果が、矛盾を生じさせるようなことになってはいけない。

Isolation(隔離性)

複数のトランザクションを同時に実行した場合と、順番に実行した場合の処理結果が一致すること。ようするに「排他処理きちんとやって相互に影響させないよーにね」ってこと。

Durability(耐久性)

正常に終了したトランザクションの更新結果は、障害が発生してもデータベースから消失しないこと。つまりなんらかの復旧手段が保証されてないといけない。

ストアドプロシージャ

データベースを操作する一連の処理手順（SQL文）をひとつのプログラムにまとめ、データベース管理システム（DBMS）側にあらかじめ保存しておくことをストアドプロシージャと呼びます。

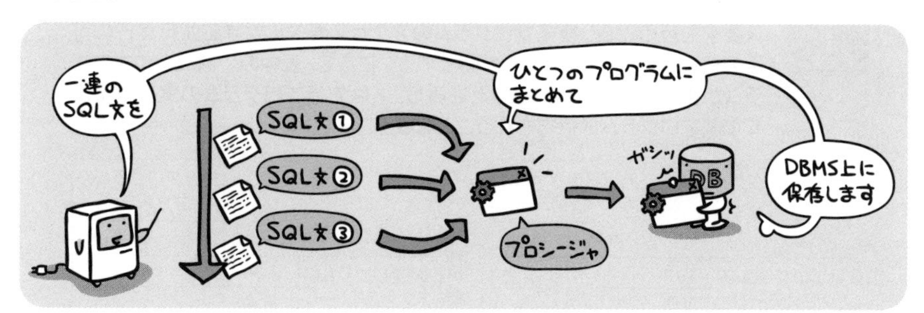

たとえばクライアントサーバシステムにおいて、データベースサーバに保存されたストアドプロシージャは、そのプロシージャ名を指定するだけでクライアントから実行させることができます。

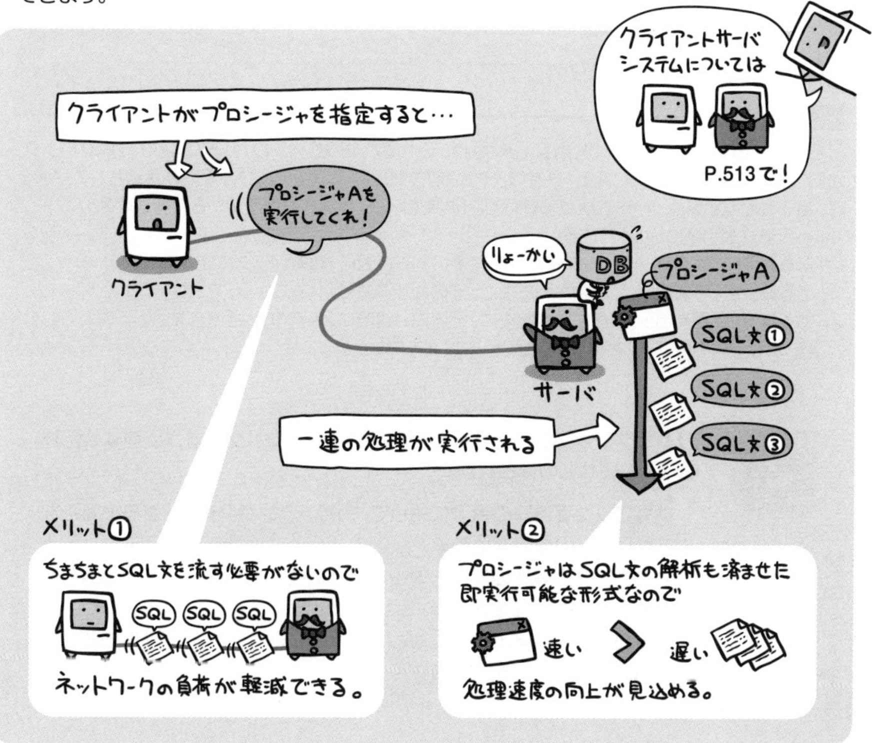

このように出題されています

過去問題練習と解説

データベースシステムにおいて，二つのプログラムが同一データへのアクセス要求を行うとき，後続プログラムのアクセス要求に対する並行実行の可否の組合せのうち，適切なものはどれか。ここで，表中の○は二つのプログラムが並行して実行されることを表し，×は先行プログラムの実行終了まで後続プログラムは待たされることを表す。

ア

		先行プログラムのアクセスモード	
		共用	排他
後続プログラムのアクセスモード	共用	○	○
	排他	○	×

イ

		先行プログラムのアクセスモード	
		共用	排他
後続プログラムのアクセスモード	共用	○	×
	排他	○	×

ウ

		先行プログラムのアクセスモード	
		共用	排他
後続プログラムのアクセスモード	共用	○	○
	排他	×	×

エ

		先行プログラムのアクセスモード	
		共用	排他
後続プログラムのアクセスモード	共用	○	×
	排他	×	×

解説

各選択肢のアクセスモード「共用」、「排他」は、それぞれ485ページの「共有ロック」、「専有ロック」と同じ意味です。「共有ロック」と「専有ロック」の前後関係には、下記の4つの規則が定義されています。

①：ある資源（例えば、Aテーブルの5行目）に「共有ロック」がなされた後に、その同じ資源（Aテーブルの5行目）に「共有ロック」できる。

②：ある資源に「共有ロック」がなされた後に、その同じ資源に「専有ロック」できない。

③：ある資源に「専有ロック」がなされた後に、その同じ資源に「共有ロック」できない。

④：ある資源に「専有ロック」がなされた後に、その同じ資源に「専有ロック」できない。

上記の①～④の規則を、表に整理すると、選択肢エになります。

トランザクションの同時実行制御に用いられるロックの動作に関する記述のうち，適切なものはどれか。

ア　共有ロック獲得済の資源に対して，別のトランザクションからの新たな共有ロックの獲得を認める。

イ　共有ロック獲得済の資源に対して，別のトランザクションからの新たな専有ロックの獲得を認める。

ウ　専有ロック獲得済の資源に対して，別のトランザクションからの新たな共有ロックの獲得を認める。

エ　専有ロック獲得済の資源に対して，別のトランザクションからの新たな専有ロックの獲得を認める。

解説

共有ロックと専有ロックとの関係は、次のように整理できます。

	先行ロック	
後続ロック	共有	専有
共有	○	×
専有	×	×

つまり、共有ロック獲得済の資源に対して、別のトランザクションからの新たな共有ロックの獲得しか認められません。

問 3 (AP-R02-A-30)

トランザクションのACID特性のうち，耐久性（durability）に関する記述として，適切なものはどれか。

ア　正常に終了したトランザクションの更新結果は，障害が発生してもデータベースから消失しないこと

イ　データベースの内容が矛盾のない状態であること

ウ　トランザクションの処理が全て実行されるか，全く実行されないかのいずれかで終了すること

エ　複数のトランザクションを同時に実行した場合と，順番に実行した場合の処理結果が一致すること

解説

ア　耐久性（Durability）の説明です。
イ　一貫性（Consistency）の説明です。
ウ　原子性（Atomicity）の説明です。
エ　隔離性（Isolation）の説明です。

問 4 (AP-R05-S-27)

クライアントサーバシステムにおけるストアドプロシージャの記述として，誤っているものはどれか。

ア　アプリケーションから一つずつSQL文を送信する必要がなくなる。

イ　クライアント側のCALL文によって実行される。

ウ　サーバとクライアントの間での通信トラフィックを軽減することができる。

エ　データの変更を行うときに，あらかじめDBMSに定義しておいた処理を自動的に起動・実行するものである。

解説

ア～ウ　ストアドプロシージャの説明は、487ページを参照してください。
エ　本選択肢は、トリガーの記述です。ストアドプロシージャは、データの変更によって起動・実行されず、ストアドプロシージャのプロシージャ名を指定して起動・実行されます。

次のシステムにおいて，ピーク時間帯のCPU使用率は何%か。ここで，トランザクションはレコードアクセス処理と計算処理から成り，レコードアクセスはCPU処理だけで入出力は発生せず，OSのオーバヘッドは考慮しないものとする。また，1日のうち発生するトランザクション数が最大になる1時間をピーク時間帯と定義する。

〔システムの概要〕
(1) CPU数：1個
(2) 1日に発生する平均トランザクション数：54,000件
(3) 1日のピーク時間帯におけるトランザクション数の割合：20%
(4) 1トランザクション当たりの平均レコードアクセス数：100レコード
(5) 1レコードアクセスに必要な平均CPU時間：1ミリ秒
(6) 1トランザクション当たりの計算処理に必要な平均CPU時間：100ミリ秒

ア　20　　イ　30　　ウ　50　　エ　60

解説

〔システムの概要〕の条件に従って、下記のように計算します。
①：ピーク時間帯における、総トランザクション数
54,000件 × 20% = 10,800件 (▼)
②：ピーク時間帯における、総レコードアクセス数
10,800件 (▼) × 100 = 1,080,000レコード (▲)
③：ピーク時間帯における、レコードアクセスに必要な総CPU時間
1,080,000レコード (▲) × 1 = 1,080,000ミリ秒 (●)
④：ピーク時間帯における、トランザクションの計算処理に必要な総CPU時間
10,800件 (▼) × 100 = 1,080,000ミリ秒 (◆)
⑤：ピーク時間帯における、必要な総CPU時間
1,080,000ミリ秒 (●) +1,080,000ミリ秒 (◆) = 2,160,000ミリ秒 (★)
⑥：ピーク時間帯のCPU使用率
2,160,000ミリ秒 (★) ÷ 3,600,000ミリ秒 (1時間) × 100 = 60%

正解▶問4：エ　問5：エ

Chapter 12-8 データベースの障害管理

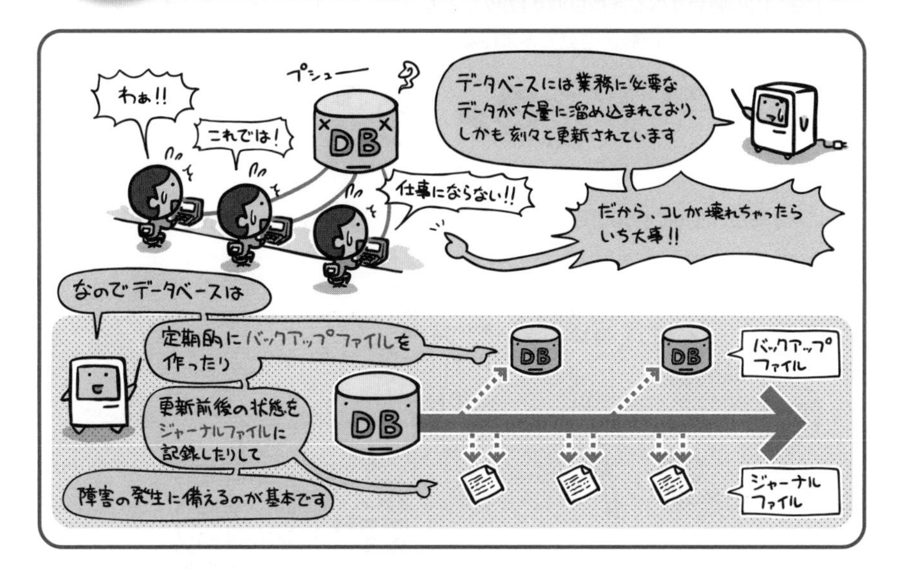

データベースの障害回復にはバックアップファイルやジャーナルファイルを使います。

機械が壊れても代替品を買ってくれば済みますが、壊れたデータには代替品なんてありません。それは困りますよね。データベースは中に納められたデータにこそ価値があるのに。

そんなわけで、データベースは障害の発生に備えて定期的にバックアップを取ることが基本です。1日に1回など頻度を決めて、その時点のデータベース内容を丸ごと別のファイルにコピーして保管するのです。

これなら万が一障害が発生しても、データは守られているから安心安心? いや、まだそうは言えません。だって、バックアップを取ってから、次のバックアップを取るまでの間に更新された内容は保護されていないのですから。

そこで、バックアップ後の更新は、ジャーナルと呼ばれるログファイルに、更新前の状態(更新前ジャーナル)と更新後の状態(更新後ジャーナル)を逐一記録して、データベースの更新履歴を管理するようにしています。

実際に障害が発生した場合は、これらのファイルを使って、ロールバックやロールフォワードなどの障害回復処理を行い、元の状態に復旧します。

コミットとロールバック

前節でも述べたように、データベースは、トランザクション単位で更新処理を管理します。これはどういうことかというと、「トランザクション内の更新すべてを反映する」か、「トランザクション内の更新すべてを取り消す」かの、どちらかしかないということです。

たとえば口座間の銀行振込を見てみましょう。

仮にAさんがBさんに1,000円振り込むとした場合、処理の流れは次のようになります。

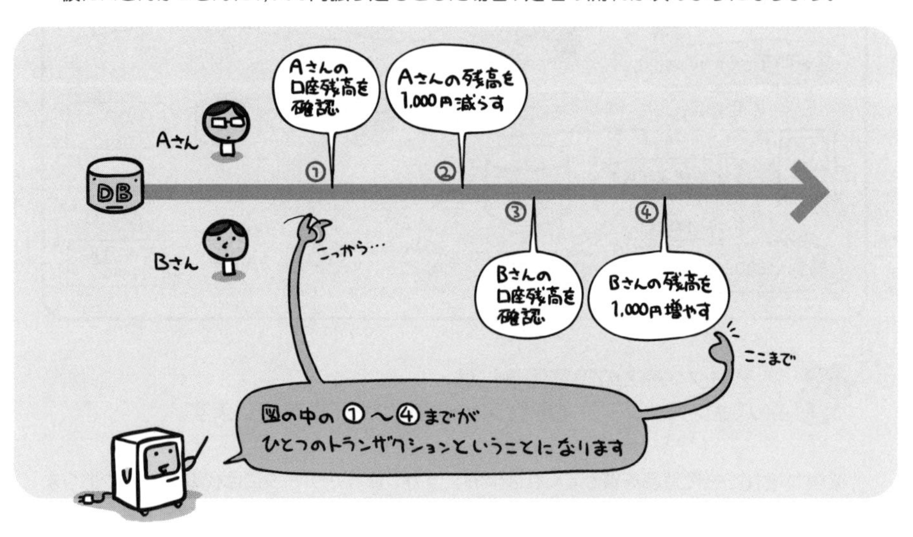

この中で、たとえばどこかの処理がずっこけちゃって、「Aさんの口座は減額されてるのに、Bさんの口座はお金が増えてない」なんてことになると困りますよね。場合によっては「訴えてやる！」なんて言われて、大変なことになりかねません。

そのため、データベースに更新内容を反映させるのは、「すべての処理が問題なく完了しました」というタイミングじゃないといかんわけです。

トランザクションは、一連の処理が問題なく完了できた時、最後にその更新を確定することで、データベースへと更新内容を反映させます。これをコミットと呼びます。

一方、トランザクション処理中になんらかの障害が発生して更新に失敗した場合、そこまでに行った処理というのは、すべてなかったことにしないといけません。

そうじゃないとデータに不整合が生じてしまうからです。

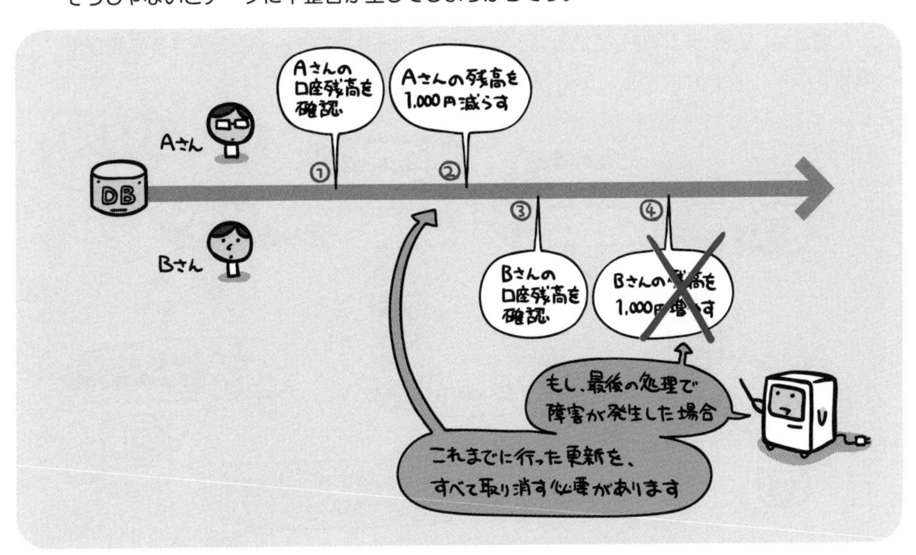

そこでこのような場合には、データベース更新前の状態を更新前ジャーナルから取得して、データベースをトランザクション開始直前の状態にまで戻します。

この処理をロールバックと呼びます。

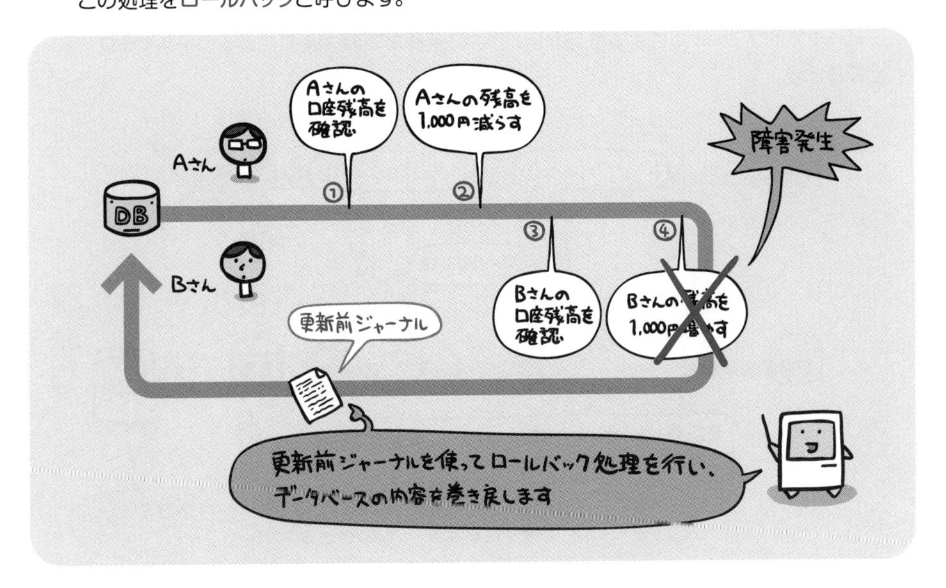

データベースを復旧させるロールフォワード

トランザクションの処理中ではなく、ディスク障害などで突然データベースが故障してしまった場合は、定期的に保存してあるバックアップファイルからデータを復元する必要が出てきます。

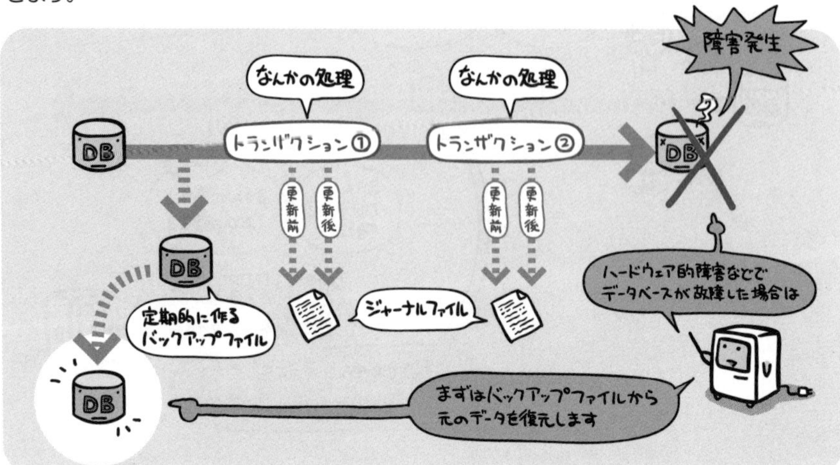

けれどもそれだけだと、バックアップ後に加えられた変更分は失われたままです。そこで、データベースに行った更新情報を、バックアップ以降の更新後ジャーナルから取得して、データベースを障害発生直前の状態にまで復旧させます。

バックアップファイルによる復元から、ここに至るまでの一連の処理をロールフォワードと呼びます。

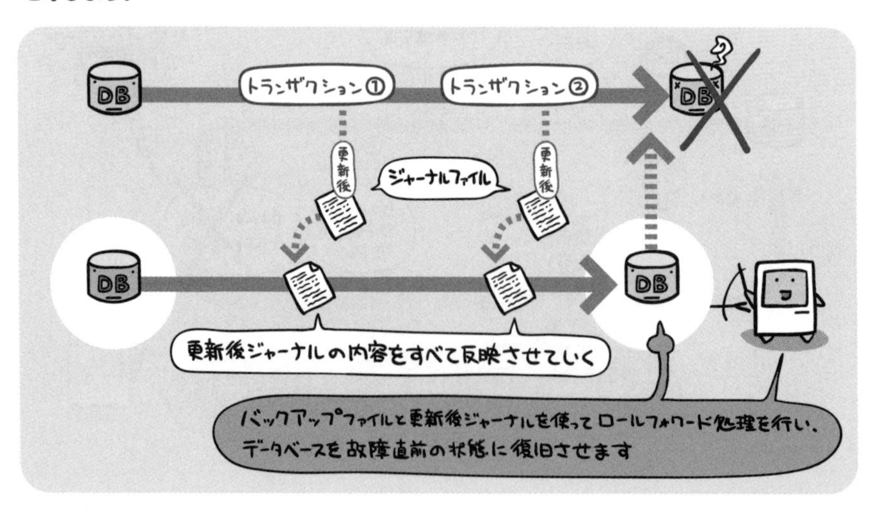

チェックポイント

DBMSの中には、処理効率向上のために更新データをすぐには補助記憶装置へと書き出さず、主記憶装置上のバッファに保持するものがあります。

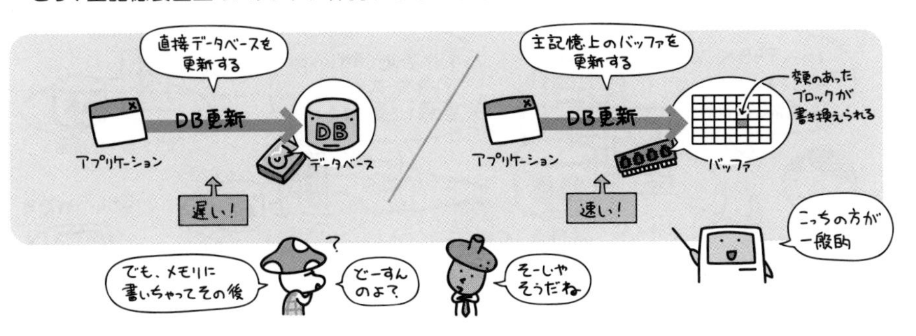

このようなバッファ内のデータは、一定の間隔で補助記憶装置側のデータベースへと反映されます。この、反映を行うイベントのことをチェックポイントと言います。

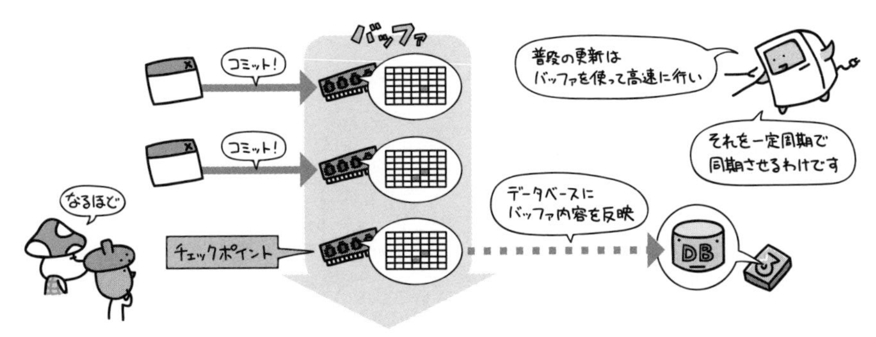

ただしこの場合、タイミングによってはシステムに障害が発生した時に、バッファ上の更新データがデータベースに反映されないまま消失してしまうという恐れが出てきます。

たとえば次のような流れでシステムに障害が発生したとしましょう。

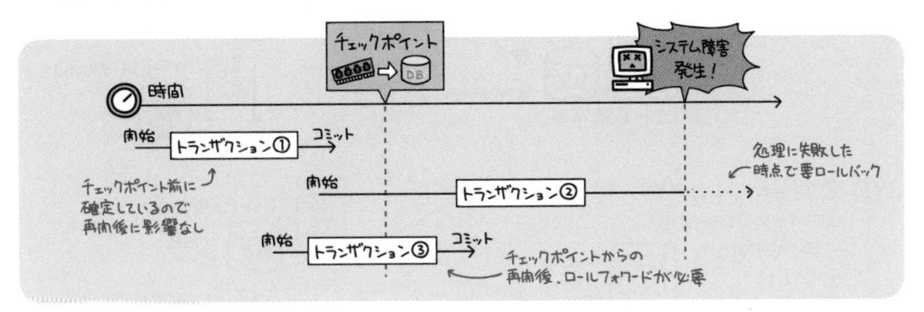

この場合、DBMSはチェックポイント地点から再開し、それ以降の更新（上記だとトランザクション③）をロールフォワードすることで障害復旧を行います。

分散データベースと2相コミット

物理的に分かれている複数のデータベースを、見かけ上ひとつのデータベースとして扱えるようにしたシステムを分散データベースシステムと呼びます。

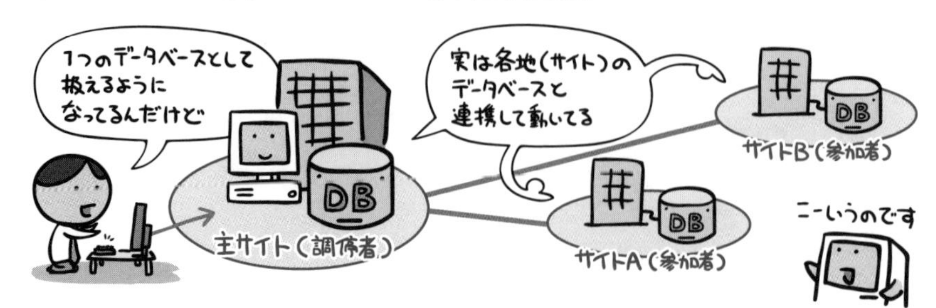

このような分散データベースでは、トランザクション処理が各サイトに渡って行われるため、全体の同期をとってコミットやロールバックを行うようにしないと、一部のサイトだけが更新されたりして、データの整合性がとれなくなってしまいます。

そのため、まず全サイトに対して「コミットできる?」という問いあわせを行い、その結果をみてコミット、もしくはロールバックを行います。

この方式を2相コミットと呼びます。

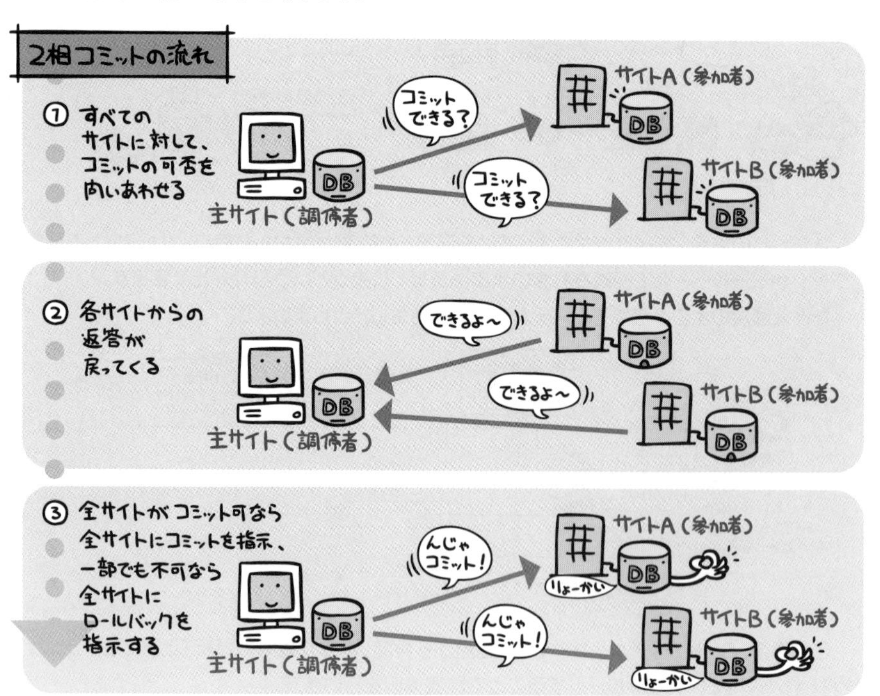

分散データベースに求められる6つの透過性

分散データベースシステムでは、データベースが内部的には複数に分かれているという状態を、利用者に意識させないことが重要です。

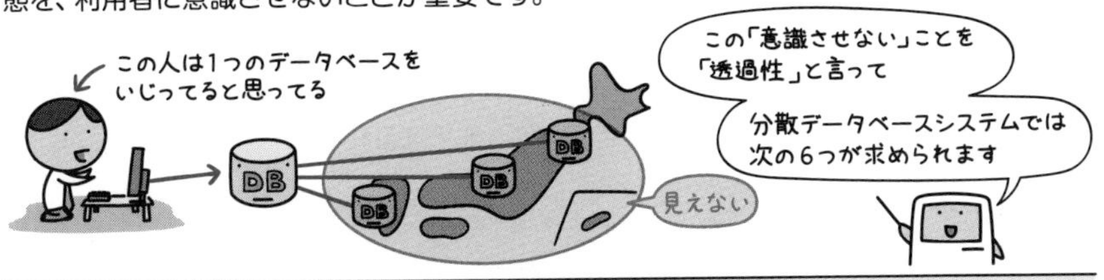

データモデルに対する透過性 (data model transparency)

それぞれのサーバのDBMSが異種であっても、利用者はDBMSの相違を意識せずに利用できること。

分割に対する透過性 (fragmentation transparency)

1つの表が複数のサーバに分割されて配置されていても、利用者は分割された配置を意識せずに利用できること。

移動に対する透過性 (migration transparency)

データが別のサーバに移動されても、利用者はデータが配置されたサーバを意識せずに利用できること。

複製に対する透過性 (replication transparency)

複数のサーバに同一のデータが重複して存在しても、利用者はデータの重複を意識せずに利用できること。

位置に対する透過性 (location transparency)

利用者はデータベースの位置を意識せずに利用できること。

障害に対する透過性 (failure transparency)

システムに障害が起きていても、利用者はそのことを意識せずにシステムを利用できること。

このように出題されています

過去問題練習と解説

問 1 (AP-R04-A-29)

チェックポイントを取得するDBMSにおいて，図のような時間経過でシステム障害が発生した。前進復帰（ロールフォワード）によって障害回復できるトランザクションだけを全て挙げたものはどれか。

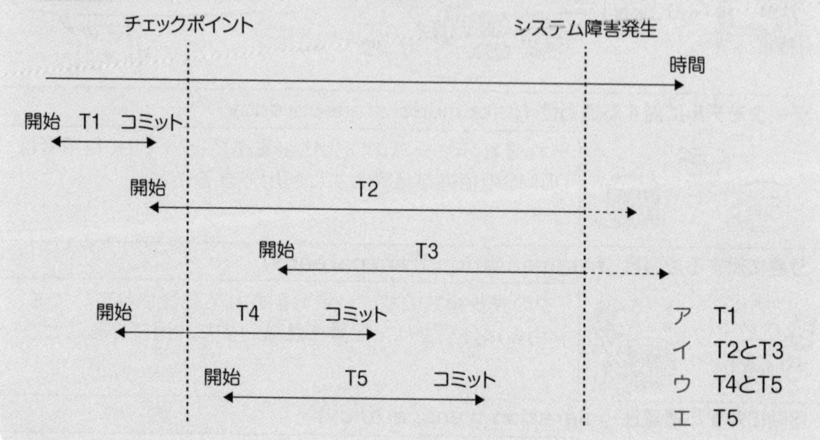

ア T1
イ T2とT3
ウ T4とT5
エ T5

解説

チェックポイントでは、主記憶装置の一部であるデータベースバッファに記録されている更新データが本番のデータベースに反映されることが行われます。システム障害は、DBMS障害であると解釈され、システム障害が発生した時点の後は、更新前ログ・更新後ログの両方とも書き出されないし、チェックポイントも発生しません。

したがって、チェックポイントからシステム障害発生までの間は、更新前ログ・更新後ログの両方とも正常に書き出されているが、データベースバッファに記録されている更新データは本番のデータベースに反映されず、システム障害発生時点で消失します。ただし、磁気ディスクは動作しているので、本番のデータベースはチェックポイント時の状態に維持されています。

上記を踏まえると、トランザクションT1からT5の状況は、下記のように考えられます。

T1 ……… チェックポイントの前でコミットされているので、チェックポイント時にデータベースバッファ上の更新データは、データベースに反映されています。したがって、他のトランザクションをロールフォワードする時に、チェックポイント時のデータベースを使用するので、自動的に復帰します。ロールフォワードもロールバックも必要ありません。

T2, T3 … コミットがなされていないまま、システム障害が発生しています。したがって、システム障害発生時点以降の更新後ログはなく、ロールフォワードできません。そこで、システム障害発生時点以前の更新前ログを使って、ロールバックします。ロールバック完了後に、T2とT3を再実行します。

T4, T5 …チェックポイント時点～コミット時点までの更新データは、データベースバッファに記録されているが、本番のデータベースに反映されていません。そして、システム障害が発生するので、この更新データは消失します。したがって、更新後ログを使って、ロールフォワードし、本番のデータベースが更新された状態(=コミット後の状態)に復帰させます。

上記の検討より、前進復帰(ロールフォワード)によって障害回復できるトランザクションは、T4とT5であり、選択肢ウが正解です。

データベースの障害回復処理に関する記述として，適切なものはどれか。

ア 異なるトランザクション処理プログラムが，同一データベースを同時更新することによって生じる論理的な矛盾を防ぐために，データのブロック化が必要となる。

イ システムが媒体障害以外のハードウェア障害によって停止した場合，チェックポイントの取得以前に終了したトランザクションについての回復作業は不要である。

ウ データベースの媒体障害に対して，バックアップファイルをリストアした後，ログファイルの更新前情報を使用してデータの回復処理を行う。

エ トランザクション処理プログラムがデータベースの更新中に異常終了した場合には，ログファイルの更新後情報を使用してデータの回復処理を行う。

解説

ア 異なるトランザクション処理プログラムが、同一データベースを同時更新することによって生じる論理的な矛盾を防ぐためには、「排他制御」が必要です。

イ そのとおりです。本選択肢は、495ページ下の図のトランザクション①のケースです。

ウ データベースの媒体障害に対して、バックアップファイルをリストアした後、ログファイルの更新後情報を使用してデータの回復処理を行います。

エ トランザクション処理プログラムがデータベースの更新中に異常終了した場合には、ログファイルの更新前情報を使用してデータの回復処理を行います。

正解▶問1：ウ　問2：イ

Chapter 13 ネットワーク

昔々のコンピュータ
というのは、
ネットワークと
無縁の存在でした

ファイルの
受け渡しは…

フロッピーディスク
持って人の手で

印刷したいなと
思ったら

フロッピーディスク
持ってプリンタの
とこまでレッツゴー

そしたらみんな
プリンタの前で
並んでて…

…と、
万事が万事こんな
調子なのでした

そこで
あらわれたのが
ネットワーク

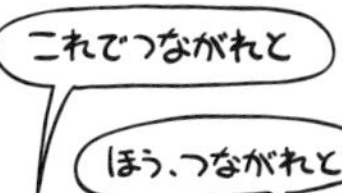

コンピュータ同士が
つながれていく
ことにより

今まで人の手を
介していたあれこれ
が…

全部コンピュータが
自前でやれて
めでたしめでたし

今じゃ無線有線を
問わず、世界中が
ビュンビュンやり
とりできる時代に
なりました

そんなわけで、
もはや企業活動に
ネットワークは
欠かせないと言って
も過言じゃない

Chapter 13-1 LANとWAN

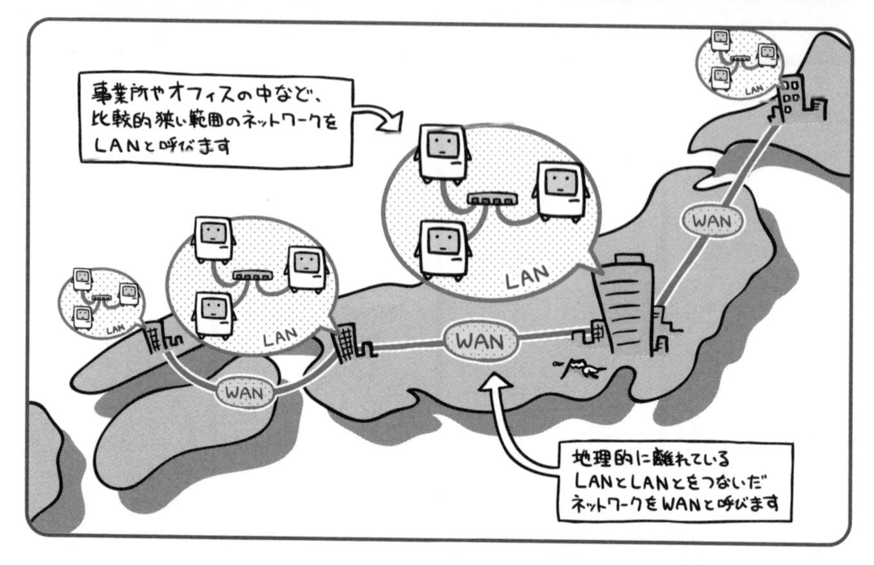

事業所など局地的な狭い範囲のネットワークをLAN(ラン)、LAN同士をつなぐ広域ネットワークをWAN(ワン)と呼びます。

コンピュータのネットワークを語る上で欠かすことの出来ない用語が、LANとWANです。

LANはLocal Area Network（ローカル・エリア・ネットワーク）の略。最近では自宅に複数のパソコンがあるという家庭も多いですが、そのような家庭で構築する宅内ネットワークもLANになります。

一方、企業などで「東京本社と大阪支社をつなぐ」ような、遠く離れたLAN同士を接続するネットワークがWAN。これはWide Area Network（ワイド・エリア・ネットワーク）の略で、広い意味ではインターネットも、このWANの一種だと言えます。

コンピュータの扱うデジタルデータは、こうしたLANやWANというネットワークを介すことで、距離を意識せずにやり取りすることができます。その利便性から、今ではオフィスや家庭といった枠に関係なく、標準的なインフラとして広く利用されています。

データを運ぶ通信路の方式とWAN通信技術

コンピュータがデータをやりとりするためには、互いを結ぶ通信路が必要です。

もっともシンプルな形は、互いを直接1本の回線で結んでしまうこと。これを専用回線方式と言います。

しかしこれでは1対1の通信しか行えません。やはりネットワークというからには、より多くのコンピュータで自由にやりとりできるようにしたいものです。

このように、交換機（にあたるもの）が回線の選択を行って、必要に応じた通信路が確立される方式を交換方式と言います。交換方式には、大きく分けて次の2種類があります。

回線交換方式　送信元から送信先にまで至る経路を交換機がつなぎ、通信路として固定します。

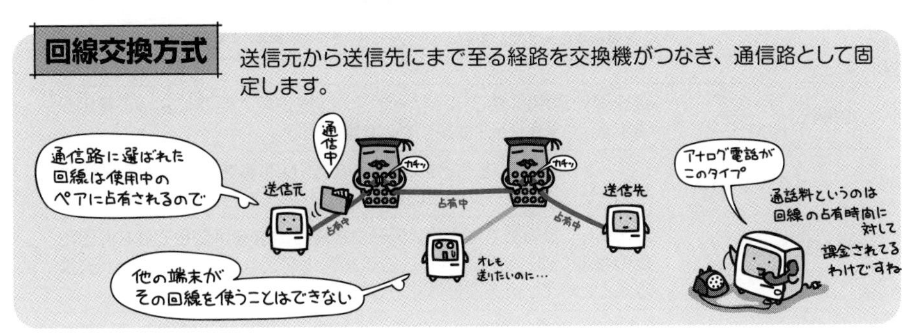

パケット交換方式

パケット（小包の意）という単位に分割された通信データを、交換機が適切な回線へと送り出すことで通信路を形成します。

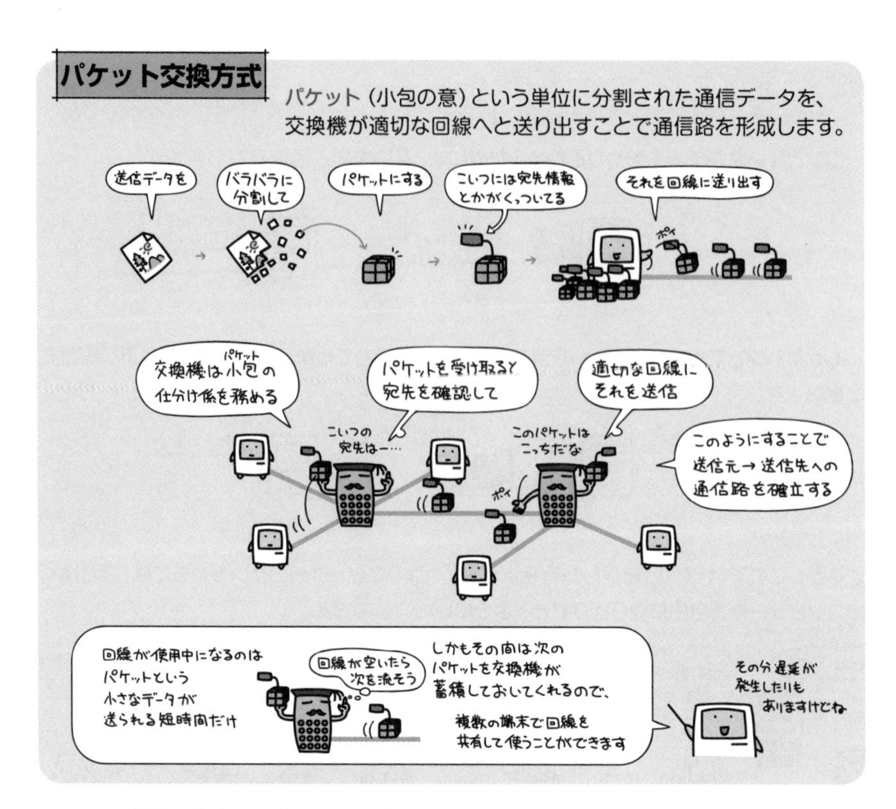

WANの構築で拠点間を接続する場合などを除いて、現在のコンピュータネットワークで用いられるのは基本的にすべてパケット交換方式です。

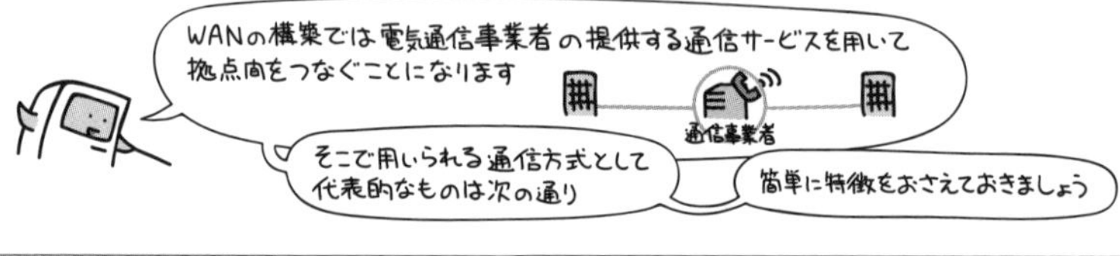

専用線	拠点間を専用回線で結ぶサービス。回線速度と距離によって費用が決まる。セキュリティは高いが、非常に高額。
フレームリレー方式	パケット交換方式をもとに、伝送中の**誤り制御を簡略化して高速化**を図ったもの。データ転送の単位は可変長のフレームを用いる。
ATM交換方式（セルリレー方式）	パケット交換方式をもとに、データ転送の単位を可変長ではなく**固定長のセル（53バイト）**とすることで高速化を図ったもの。パケット交換方式と比べて、伝送遅延は小さい。
広域イーサネット	LANで一般的に使われているイーサネット（P.506）技術を用いて拠点間を接続するもの。高速で、しかも一般的に使用している機器をそのまま使えるためコスト面でのメリットも大きい。WAN構築における近年の主流サービス。

LANの接続形態（トポロジー）

LANを構築する時に、各コンピュータをどのようにつなぐか。その接続形態のことをトポロジーと呼びます。

次の3つが代表的なトポロジーです。

スター型

ハブを中心として、放射状に各コンピュータを接続する形態です。

イーサネットの100BASE-TXや1000BASE-Tという規格などで使われています。

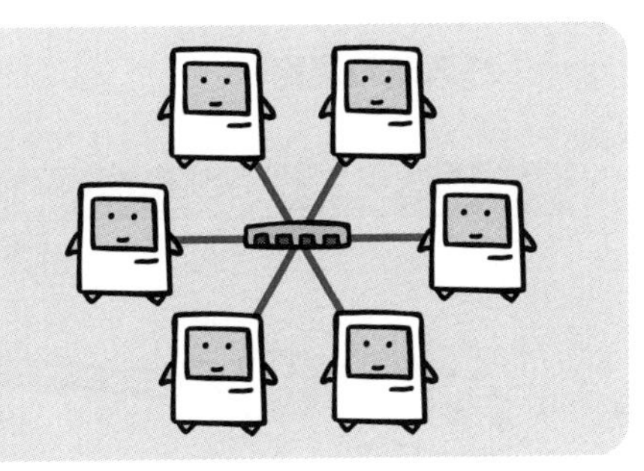

バス型

1本の基幹となるケーブルに、各コンピュータを接続する形態です。

イーサネットの10BASE-2や10BASE-5という規格などで使われています。

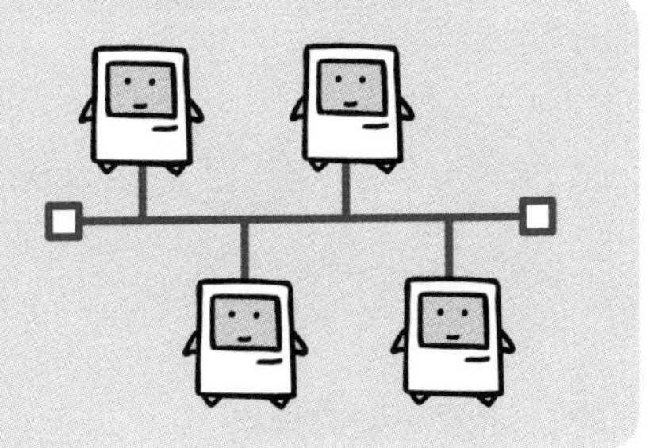

リング型

リング状に各コンピュータを接続する形態です。

トークンリングという規格などで使われています。

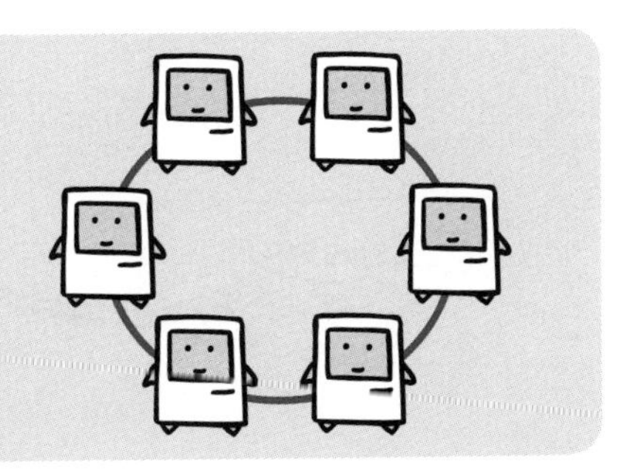

現在のLANはイーサネットがスタンダード

LANの規格として、現在もっとも普及しているのがイーサネット(Ethernet)です。IEEE(米国電気電子技術者協会)によって標準化されており、接続形態や伝送速度ごとに、次のような規格に分かれています。

伝送速度に使われているbps (Bits Per Second)という単位は、1秒間に送ることのできるデータ量(ビット数)をあらわしています。

バス型の規格

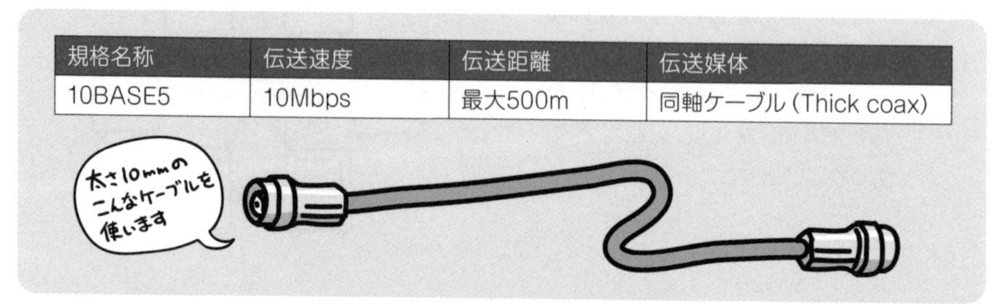

規格名称	伝送速度	伝送距離	伝送媒体
10BASE5	10Mbps	最大500m	同軸ケーブル(Thick coax)

規格名称	伝送速度	伝送距離	伝送媒体
10BASE2	10Mbps	最大185m	同軸ケーブル(Thin coax)

太さ5mmの
こんなケーブルを
使います

スター型の規格

規格名称	伝送速度	伝送距離	伝送媒体
10BASE-T	10Mbps	最大100m	ツイストペアケーブル
100BASE-TX	100Mbps	最大100m	ツイストペアケーブル
1000BASE-T	1G(1000M) bps	最大100m	ツイストペアケーブル

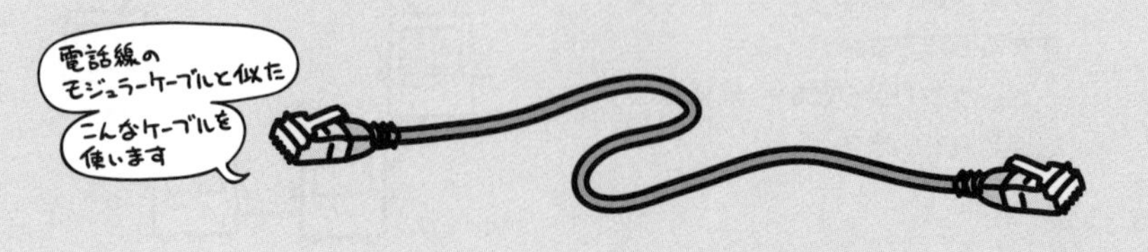

イーサネットはCSMA/CD方式でネットワークを監視する

イーサネットは、アクセス制御方式としてCSMA/CD（Carrier Sense Multiple Access / Collision Detection）方式を採用しています。

CSMA/CD方式では、ネットワーク上の通信状況を監視して、他に送信を行っている者がいない場合に限ってデータの送信を開始します。

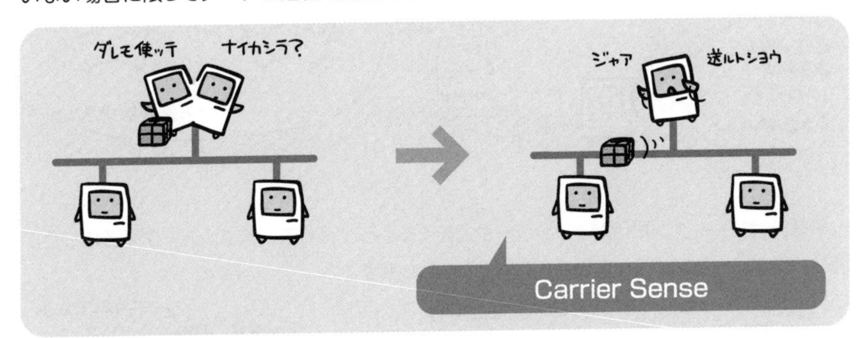

それでも同時に送信してしまい、通信パケットの衝突（コリジョン）が発生した場合は、各々ランダムに求めた時間分待機してから、再度送信を行います。

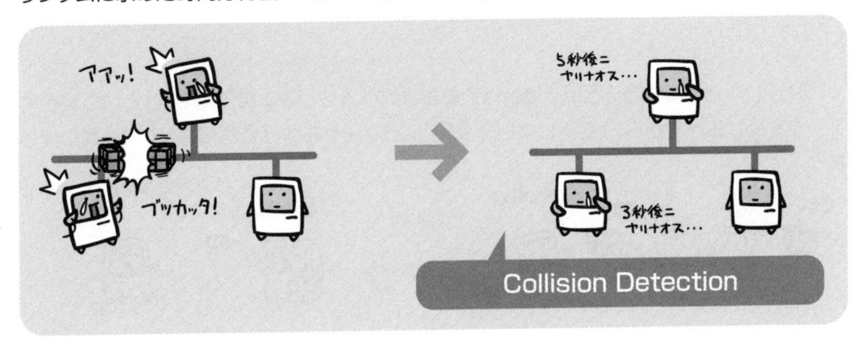

このように通信を行うことで、1本のケーブルを複数のコンピュータで共有することができるのです。

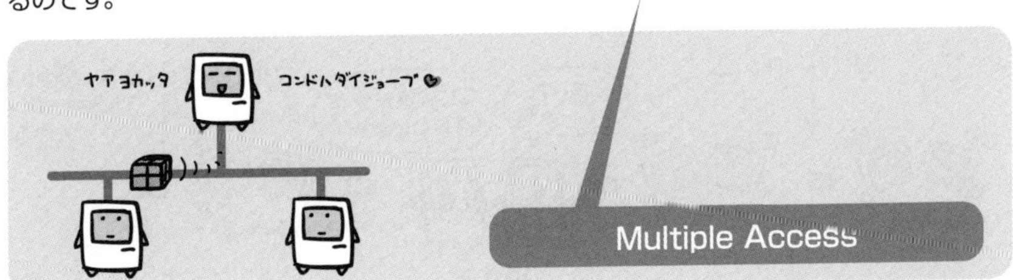

トークンリングとトークンパッシング方式

リング型LANの代表格であるトークンリングでは、アクセス制御方式にトークンパッシング方式を用います。

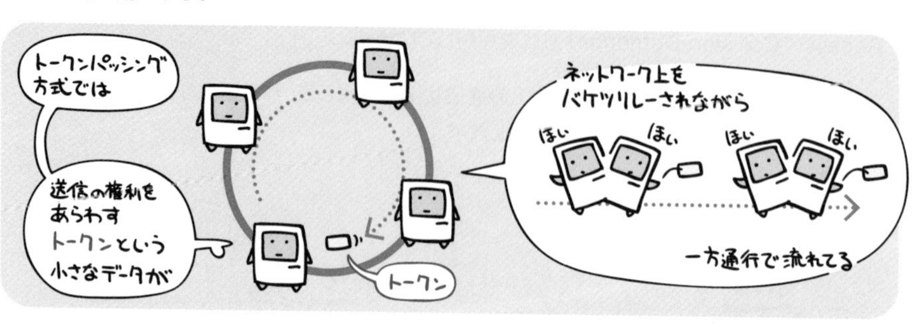

平常時は、トークンだけがネットワーク上をぐるぐると流れています。データを送信したい時は、このトークンにデータをくっつけて次へ流します。

「自分宛てじゃないなぁ」という場合はそのまま次へ流し、「あ、自分宛てだ」という場合はデータを受け取ってから、「受信しましたよ」というマークをつけて再度ネットワークに流します。

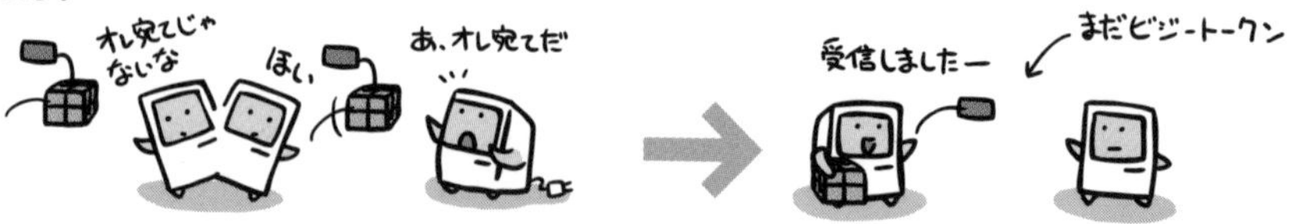

マークが付加されたトークンが送信元に到着すると、送信元はトークンをフリートークンに戻してからネットワークに放流し、平常時の状態へと戻ります。

線がいらない無線LAN

ケーブルを必要とせず、電波などを使って無線で通信を行うLANが無線LANです。IEEE802.11シリーズとして規格化されています。

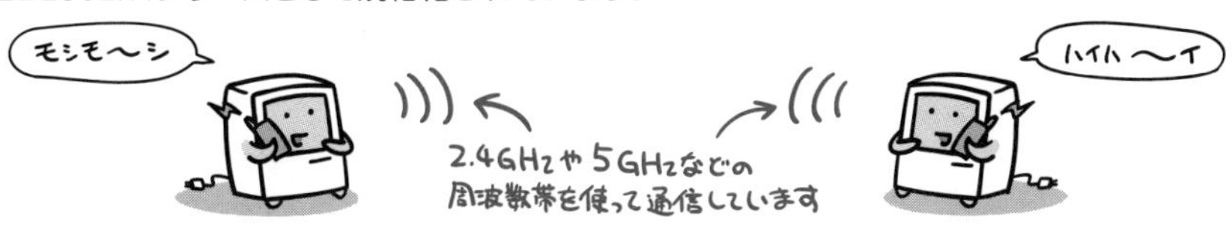

代表的な規格は次の通りです。

名称	周波数	最大通信速度	アンテナ数
IEEE 802.11	2.4GHz	2 Mbps	1本
IEEE 802.11b	2.4GHz	11 Mbps	1本
IEEE 802.11a	5GHz	54 Mbps	1本
IEEE 802.11g	2.4GHz	54 Mbps	1本
IEEE 802.11n (Wi-Fi 4)	2.4GHz/5GHz	600 Mbps	4本
IEEE 802.11ac (Wi-Fi 5)	5GHz	6.9 Gbps	8本
IEEE 802.11ax (Wi-Fi 6)	2.4GHz/5GHz	9.6 Gbps	8本

最大通信速度は、アンテナ数をフルに使った場合の数字なので、使用するアンテナの数が減るとその分通信速度は遅くなります

例えば「n」の場合、アンテナ1本あたりの通信速度は約150Mbpsです
それを4本束ねた場合に、最大通信速度の600Mbpsが出せるというわけですね

無線なので電波の届く範囲であれば自由に移動することができます。そのため、特にノートパソコンなど、持ち運びできる装置をLANへとつなぐ場合に便利です。

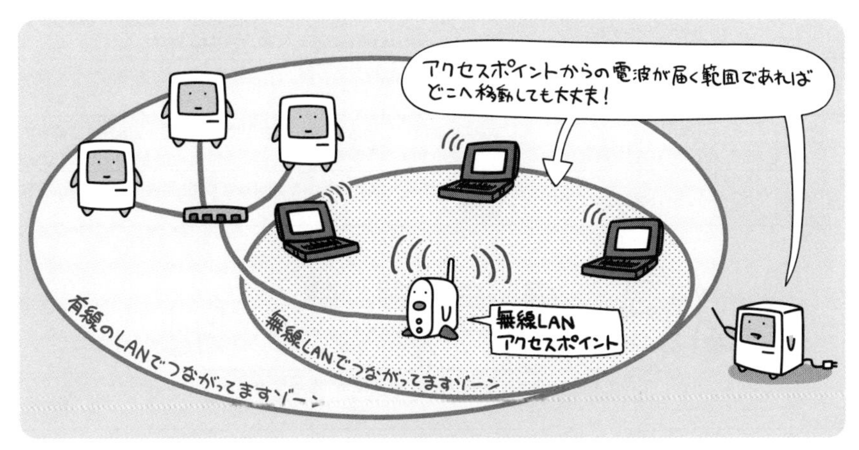

無線LANの通信方法には、前ページのようにアクセスポイントを基地局として用いる方式と、機器同士が直接通信を行う方式があります。

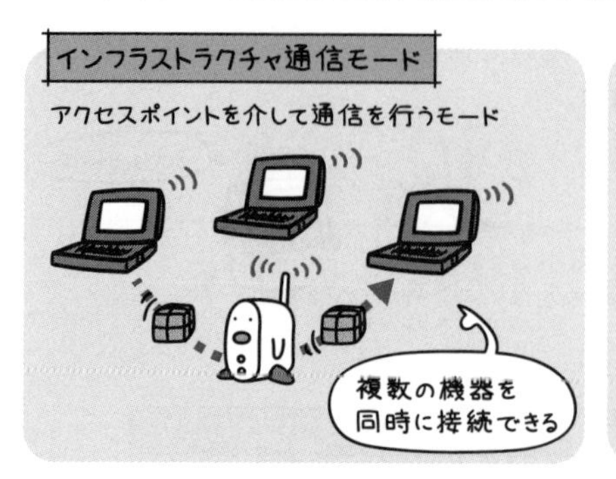

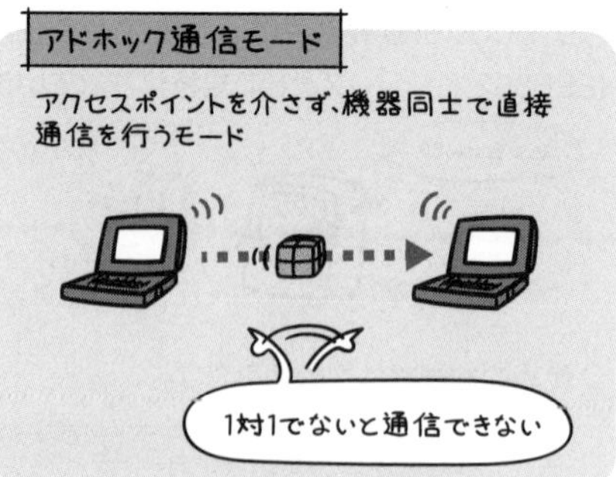

便利である反面、電波を盗聴されてしまう恐れもあるため、通信を暗号化するなど、しっかりとしたセキュリティ対策が必要になります。

そこでこれらのような暗号化規格を用いてアクセスポイントと接続することになるわけです

暗号化方式		暗号化鍵の鍵長	説明
WEP		64/128ビット	Wi-Fiの暗号化規格として、最初に採用された方式。数分で暗号化が解かれてしまう脆弱性があるため、利用は非推奨となっている。
WPA	TKIP	128ビット	WEPのセキュリティ面を向上させた規格。だが、脆弱性がなくなったわけではないため、利用は推奨されていない。
	AES	128/192/256ビット	
WPA2	TKIP	128ビット	WPAを改良した規格で、現在の主流である規格。AES方式を使うことで、より安全性を高められる。
	AES	128/192/256ビット	
WPA3	AES	128/192/256ビット	WPA2で発見された脆弱性を解消した規格。個人用と企業用の2種類がある。

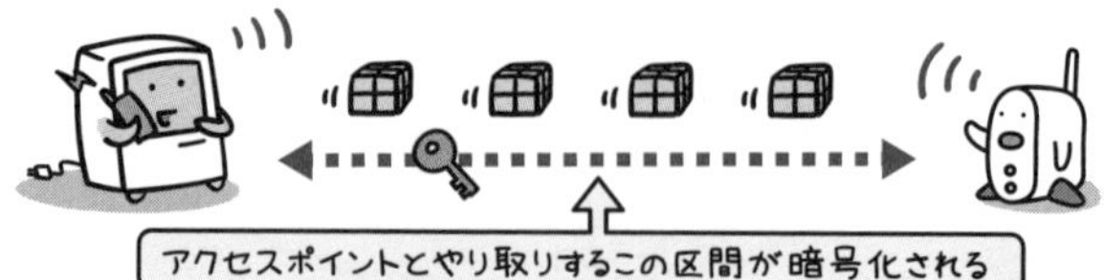

SSID (Service Set IDentifier) は無線LANにつける名前

無線LANは固有の名前を持ちます。これをSSID（もしくはESSID）と言います。

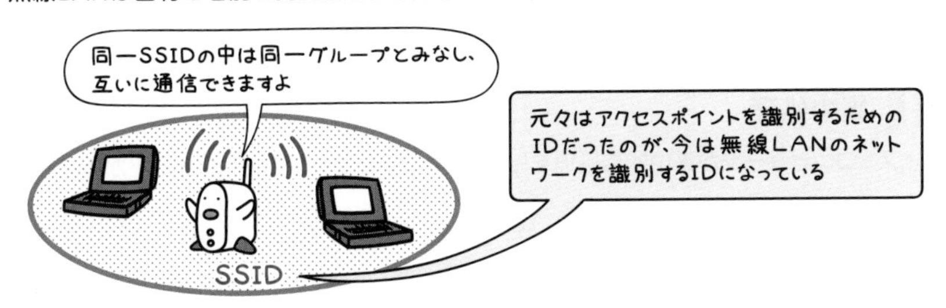

アクセスポイントを置く場合は、アクセスポイントにSSIDを設定します。機器同士が直接通信を行うモードでは、全ての機器に同一のSSIDを設定して使います。

このSSIDを隠して使うSSIDステルスという機能があります。SSIDを隠ぺいすることで、不正利用されるリスクを減少できるとされています。

他にもゲストSSIDという機能によって、インターネットへの接続のみを開放する使い方もあります。この場合利用者は、インターネット以外の…たとえば自宅や企業内の他の端末へはアクセスできないため、安全性を保つことができます。

クライアントとサーバ

ネットワークにより、複数のコンピュータが組み合わさって働く処理の形態にはいくつか種類があります。中でも代表的なのが次の2つです。

集中処理

ホストコンピュータが集中的に処理をして、他のコンピュータはそれにぶら下がる構成です。

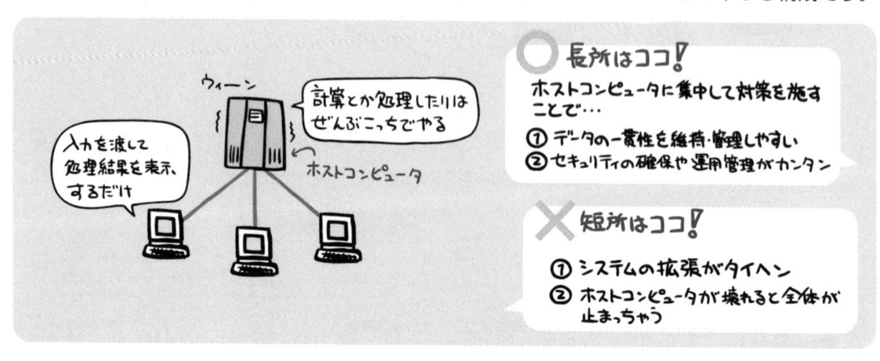

分散処理

複数のコンピュータに負荷を分散させて、それぞれで処理を行うようにした構成です。

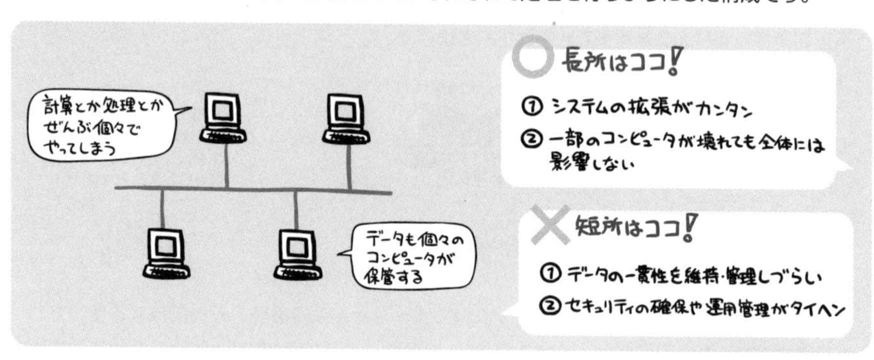

昔は小型のコンピュータがあまりに非力だったので、大型のコンピュータが処理を担当する「集中処理」が主流でした

しかしコンピュータの性能があがってきたことにより…

というわけで、分散処理ではあるんですが、集中処理のいいところも取り込んだようなシステム形態が出てきました。それが、クライアントサーバシステムです。

クライアントサーバシステム

集中的に管理した方が良い資源（プリンタやハードディスク領域など）やサービス（メールやデータベースなど）を提供するサーバと、必要に応じてリクエストを投げるクライアントという、2種類のコンピュータで処理を行う構成で、現在の主流となっています。

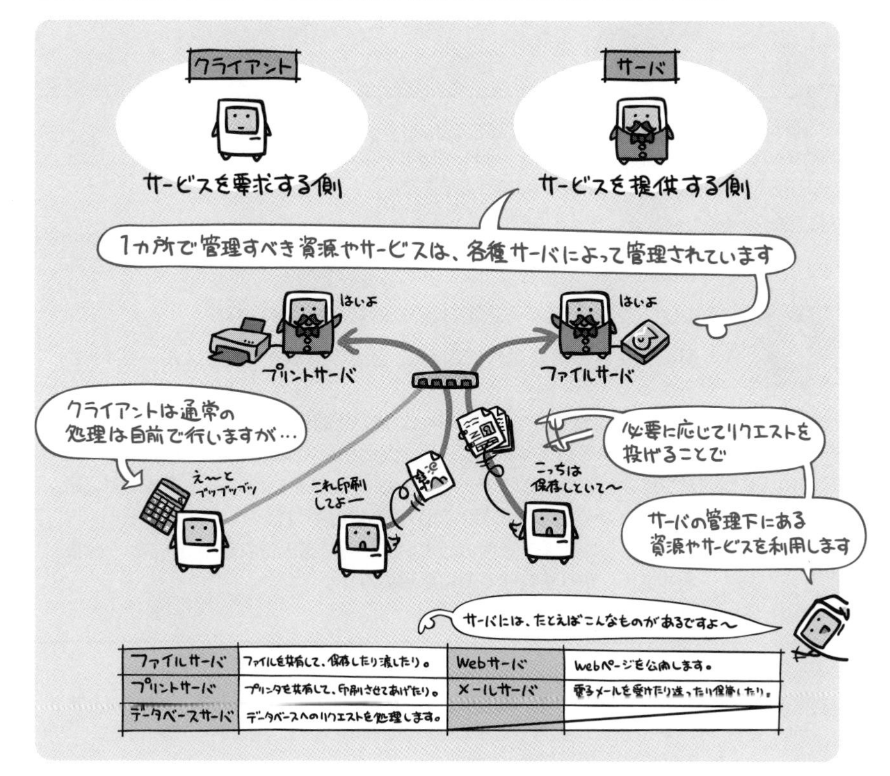

ファイルサーバ	ファイルを共有して、保存したり渡したり。	Webサーバ	Webページを公開します。
プリントサーバ	プリンタを共有して、印刷させてあげたり。	メールサーバ	電子メールを受けたり送ったり保管したり。
データベースサーバ	データベースへのリクエストを処理します。		

ちなみに、「サーバ」や「クライアント」というのは役割を示す言葉であり、そうした名前で専用の機械があるわけではありません。

ですから、サーバ自体がクライアントとして他のサーバに要求を出すこともありますし、1台のサーバマシンに複数のサーバ機能を兼任させることもあります。

このように出題されています

過去問題練習と解説

イーサネットで使用されるメディアアクセス制御方式であるCSMA/CDに関する記述として，適切なものはどれか。

ア　それぞれのステーションがキャリア検知を行うとともに，送信データの衝突が起きた場合は再送する。

イ　タイムスロットと呼ばれる単位で分割して，同一周波数において複数の通信を可能にする。

ウ　データ送受信の開始時にデータ送受信のネゴシエーションとしてRTS/CTS方式を用い，受信の確認はACKを使用する。

エ　伝送路上にトークンを巡回させ，トークンを受け取った端末だけがデータを送信できる。

解説

ア　CSMA/CD（507ページ参照）に関する記述です。
イ　TDMA（Time Division Multiple Access）に関する記述です。
ウ　RTS/CTS方式を採用した無線LANに関する記述です。
エ　トークンパッシング（508ページ参照）に関する記述です。

CSMA/CD方式に関する記述のうち，適切なものはどれか。

ア　衝突発生時の再送動作によって，衝突の頻度が増すとスループットが下がる。

イ　送信要求が発生したステーションは，共通伝送路の搬送波を検出してからデータを送信するので，データ送出後の衝突は発生しない。

ウ　ハブによって複数のステーションが分岐接続されている構成では，衝突の検出ができないので，この方式は使用できない。

エ　フレームとしては任意長のビットが直列に送出されるので，フレーム長がオクテットの整数倍である必要はない。

解説

ア　そのとおりです。
イ　送信要求の発生したステーションは、共通伝送路の搬送波を検出してからデータを送信します。しかし、複数のステーションが、共通伝送路の搬送波を検出して、搬送波がないことを確認した後、同時にデータを送信すると、衝突が発生します。
ウ　ハブは、物理層でデータを転送する接続装置であり、衝突発生時のコリジョンパケットも転送します。ハブを使っている構成でも衝突は、検知できます。
エ　フレーム長（宛先MACアドレスからFCSまでの長さ）は、64～1,518オクテットであり、オクテットの整数倍になります。なお、オクテットとバイトは、同じ意味です。

正解▶問1：ア　問2：ア

Chapter 13-2 プロトコルとパケット

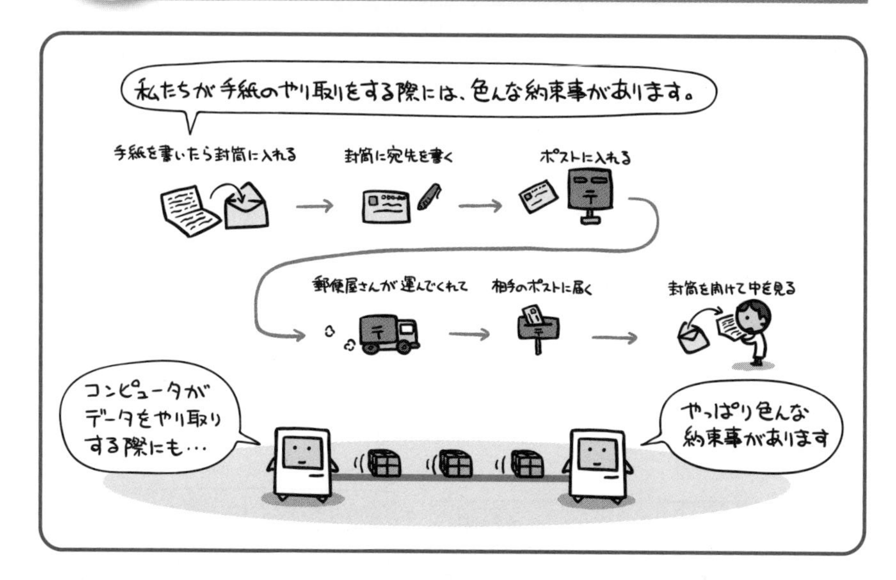

コンピュータは色んな約束事にのっとって、ネットワークを介したデータのやり取りを行います。

私たち人間は、言葉を使って情報を伝達することができます。でも、私は英語でペラペラ話しかけられたって「This is a pen.」くらいしかわかりません。そしてそんなことを話しかけてくる人はまずいません。つまりまるでわからない。これと同様に、英語しか話せない人に日本語で話しかけても、まず通じることはないでしょう。

つまり「言葉で情報を伝達できる」といったって、両方が同じ言語、同じ「言語という約束事」を共有できていないと意味がないわけです。

コンピュータのネットワークもこれと同じことが言えます。

どんなケーブルを使って、どんな形式でデータを送り、それをどうやって受け取って、どのように応答するか。全部共通の約束事が定められています。

考えてみれば、手紙をやり取りするのだって、電話をかけたり受けたりするのだって、全部なんらかの約束事が定められていますよね。

情報をやり取りするためには約束事が必要。その約束事を互いに共有するからこそ、間違いのない形で、相手に情報が送り届けられるのです。

プロトコルとOSI基本参照モデル

ネットワークを通じてコンピュータ同士がやり取りするための約束事。これをプロトコルといいます。

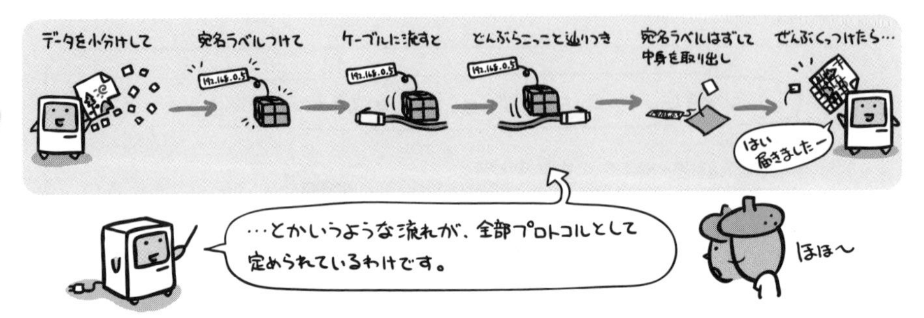

プロトコルには様々な種類があり、「どんなケーブルを使って」「どんなデータ形式で」といったことが、事細かに決まっています。それらを7階層に分けてみたのがOSI基本参照モデル。基本的には、この第1階層から第7階層までのすべてを組み合わせることで、コンピュータ同士のコミュニケーションが成立するようになっています。

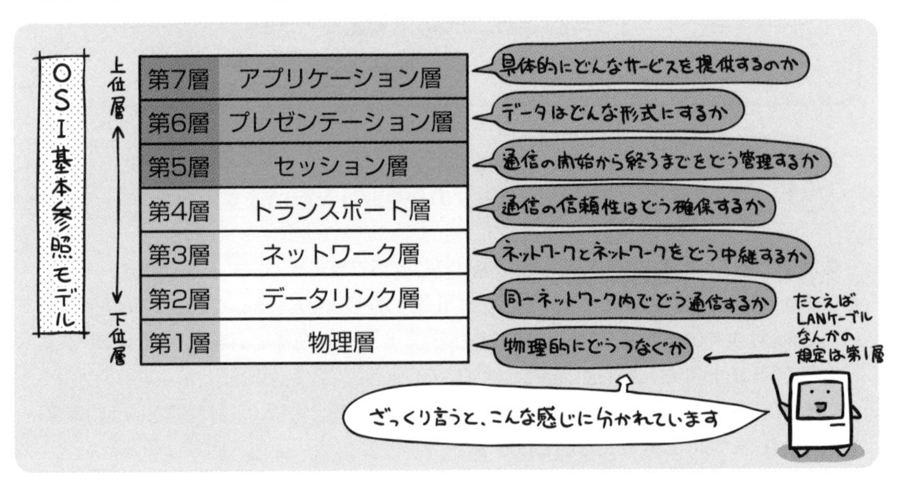

ちなみになんで階層に分けているのかというと、「プロトコルを一部改変したいんだけど、どの機能を差し替えればいいかなー」というのがこれなら一目瞭然だから。

現在は、インターネットの世界で標準とされていることから、「TCP/IP」というプロトコルが広く利用されています。

なんで「パケット」に分けるのか

TCP/IPというプロトコルを使うネットワークでは、通信データをパケットに分割して通信路へ流します。

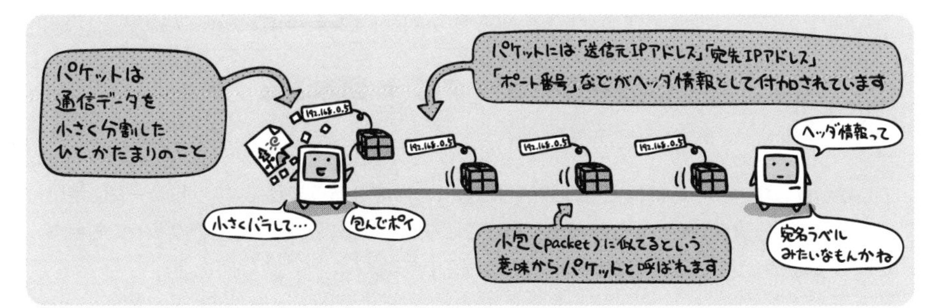

なんでわざわざ分割して流すのかというと、通信路上を流せるデータ量は有限だから。たとえば100BASE-TXのネットワークだと、1秒間に流せるのは100Mbitまでと決まってます。

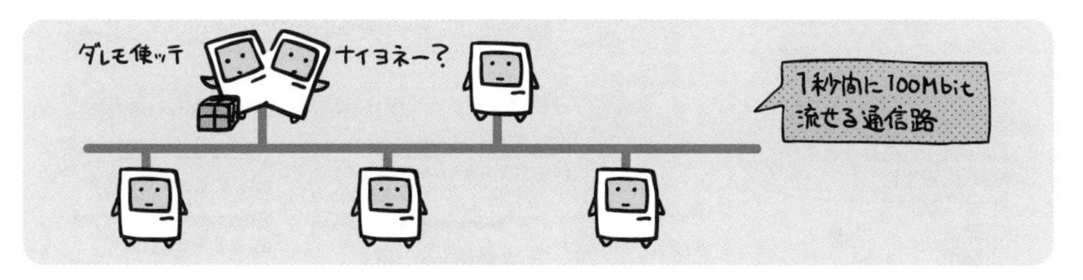

仮にデータを細切れにせず、そのままの形でドカンと流したとすると…。

これを避けるために、小さなパケットに分割してから流すようにして、ネットワークの帯域を分け合っているのです。

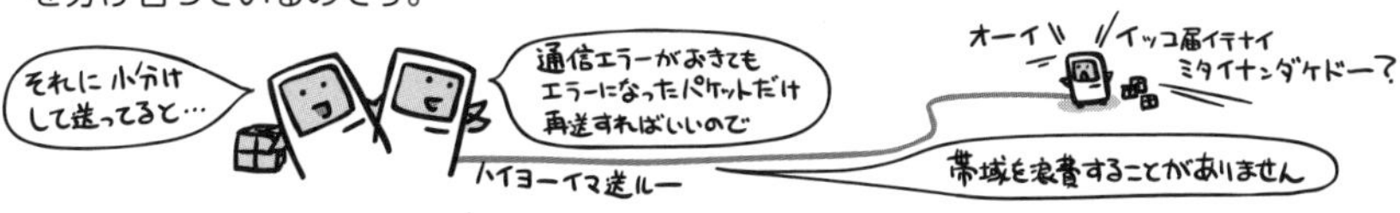

ネットワークの伝送速度

ネットワークの伝送に要する時間は、次の式によって求めることができます。

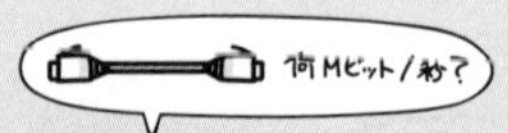

伝送時間 = データ量 ÷ 回線速度

しかし世の中というのは何でも理論通りに動くわけではありません。ネットワークに用いるケーブルは理論値100%の数値が出るわけではないですし、そこを流れるパケットにも色々と制御情報がくっついて元のサイズとは異なってきます。

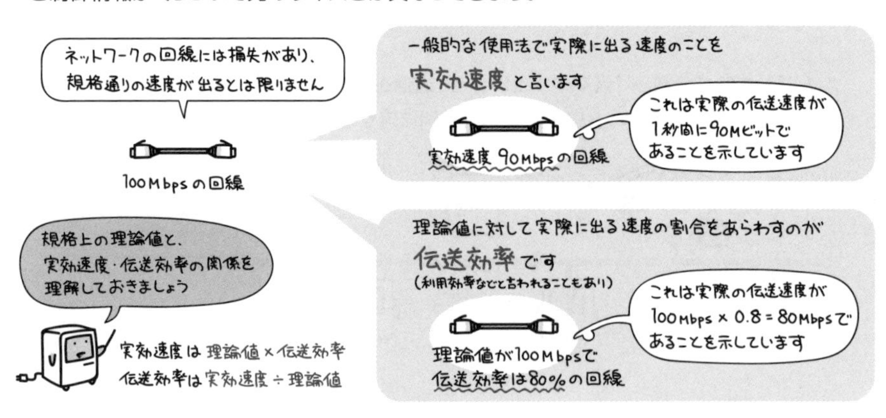

計算問題でこれらの条件が与えられた時は、その数字も加味して計算を行う必要があります。

このように出題されています

過去問題練習と解説

IPネットワークのプロトコルのうち，OSI基本参照モデルのトランスポート層に位置するものはどれか。

ア　HTTP　　イ　ICMP　　ウ　SMTP　　エ　UDP

解説

ア　HTTPは、アプリケーション層に属します。HTTPの説明は、571ページを参照してください。
イ　ICMPは、ネットワーク層に属します。ICMPの説明は、564ページを参照してください。
ウ　SMTPは、アプリケーション層に属します。SMTPの説明は、588ページを参照してください。
エ　UDPは、トランスポート層に属します。UDPの説明は、546ページを参照してください。

OSI基本参照モデルにおいて，アプリケーションプロセス間での会話を構成し，同期をとり，データ交換を管理するために必要な手段を提供する層はどれか。

ア　アプリケーション層　　イ　セション層
ウ　トランスポート層　　エ　プレゼンテーション層

解説

ア　アプリケーション層は、ユーザが利用するプログラムが、ネットワーク通信を行うプログラムとやりとりをするための機能を担当しています。
イ　セション層（セッション層）は、応用プロセス間の会話制御を行い、全二重・半二重・単向などの通信プロセス間の結合・同期・再同期を行います。
ウ　トランスポート層は、データ転送制御を保証する機能を担当しています。具体的には、伝送するデータの順序制御、データ紛失の検出・再送などです。
エ　プレゼンテーション層は、データの表現形式の変換機能を提供し、データの意味を変更せず、コード変換・暗号化・データ圧縮伸張などを担当します。

正解▶問1：エ　問2：イ

100Mビット／秒のLANを使用し，1件のレコード長が1,000バイトの電文を1,000件連続して伝送するとき，伝送時間は何秒か。ここで，LANの伝送効率は50%とする。

ア　0.02　　イ　0.08　　ウ　0.16　　エ　1.6

解説

(1) LANの実効速度 … 100Mビット／秒×50%(LANの伝送効率) =50Mビット／秒 (★)
(2) データ量 … 1,000バイト／件×1,000件=1,000,000バイト=8,000,000ビット (●)
(3) 伝送時間 … 8,000,000ビット (●) ÷50Mビット／秒 (★) =0.16秒

100Mビット／秒のLANに接続されているブロードバンドルータ経由でインターネットを利用している。FTTHの実効速度が90Mビット／秒で，LANの伝送効率が80%のときに，LANに接続された PCでインターネット上の540Mバイトのファイルをダウンロードするのにかかる時間は，およそ何秒か。ここで，制御情報やブロードバンドルータの遅延時間などは考えず，また，インターネットは十分に高速であるものとする。

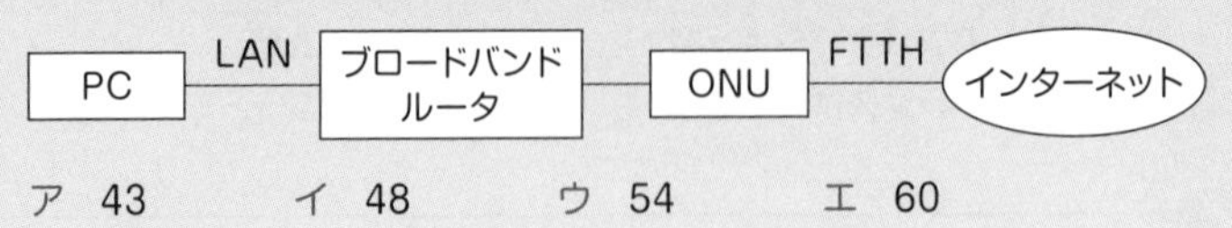

ア　43　　イ　48　　ウ　54　　エ　60

解説

本問の条件に従って、下記のように計算します。

(1) LANの実効速度
100Mビット／秒×80%=80Mビット／秒

(2) FTTH の実効速度
90Mビット／秒
したがって、LANの方が遅く、これが全体の実効速度になります。

(3) ダウンロード時間
540Mバイト×8÷80Mビット／秒=54秒

正解 ▶ 問3：ウ　問4：ウ

Chapter 13-3

ネットワークを構成する装置

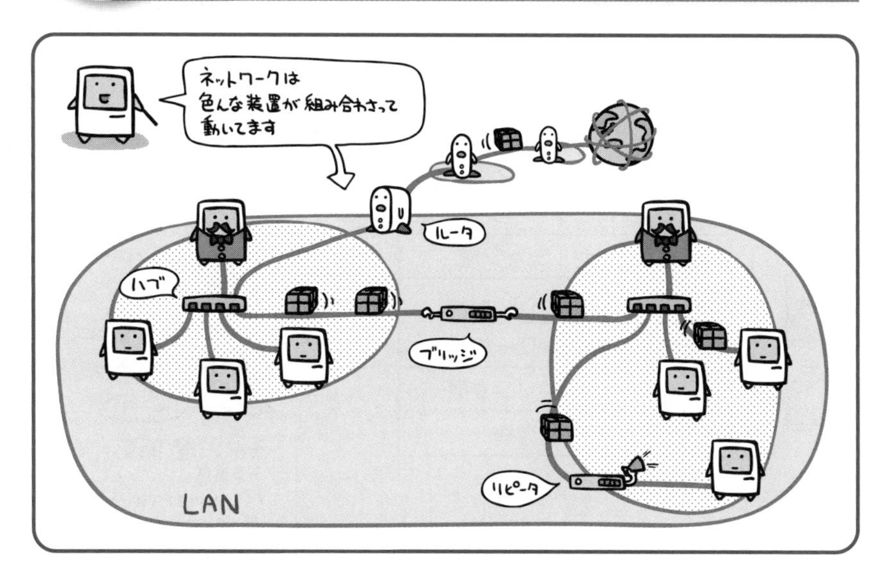

ネットワークの世界で働く代表的な装置には、ルータやハブ、ブリッジ、リピータなどがあります。

もっともシンプルなネットワークといえば、コンピュータとコンピュータをケーブルで直結しちゃう形でしょう。しかしこれでは、計2台のネットワークしか構築できませんし、当然インターネットにだってつながりゃしない。

「じゃあ、もっとたくさんのコンピュータをつなぎたい」

それにはハブと呼ばれる装置が必要になります。

「インターネットにもつなぎたい」

だったら別のネットワークに中継してくれるルータなる装置が必要ですね。

…と、こんな感じで、ネットワークにはその用途に応じて様々な装置が用意されています。それらを組み合わせることによって、コンピュータの台数が増減できたり、ネットワークのつながる範囲が広がったりと、環境にあわせた柔軟な構成をつくることができるわけです。

LANの装置とOSI基本参照モデルの関係

ネットワークで用いる各装置というのは、その装置が「どの層に属するか」「なにを中継するか」を知ることで、より理解しやすくなるものです。

そんなわけで、まずは代表的な装置になにがあるかと、それらがOSI基本参照モデルでいうとどの層に属しているのかといったあたりを見ていきましょう。

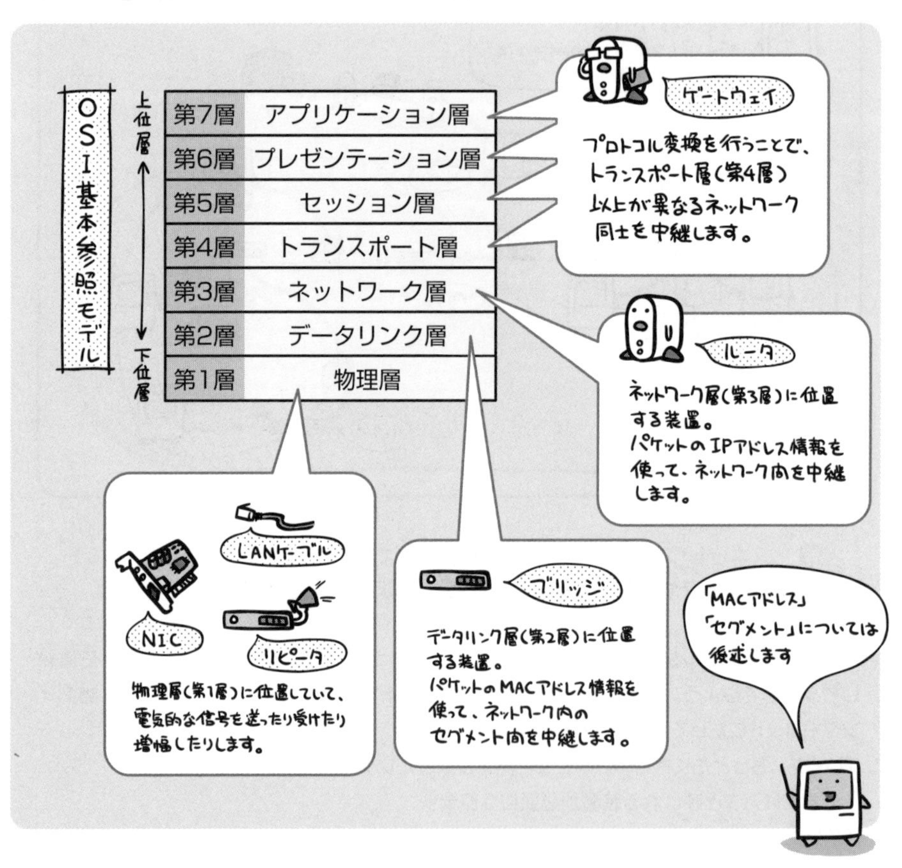

ちなみに、なんでネットワークの速度はバイトじゃなくてビットであらわすのかというと、実際の通信路を構成するNICやLANケーブルが属する物理層では、単に「1か0か（オンかオフか）」という電気信号を扱うだけだから。

電気信号以外のことなんか知ったこっちゃないので、「どれだけのオンオフを1秒間に流せるか」という表記の方が向いている…というわけですね。

NIC（Network Interface Card）

コンピュータをネットワークに接続するための拡張カードがNICです。LANボードとも呼ばれます。

NICの役割は、データを電気信号に変換してケーブル上に流すこと。そして受け取ることです。

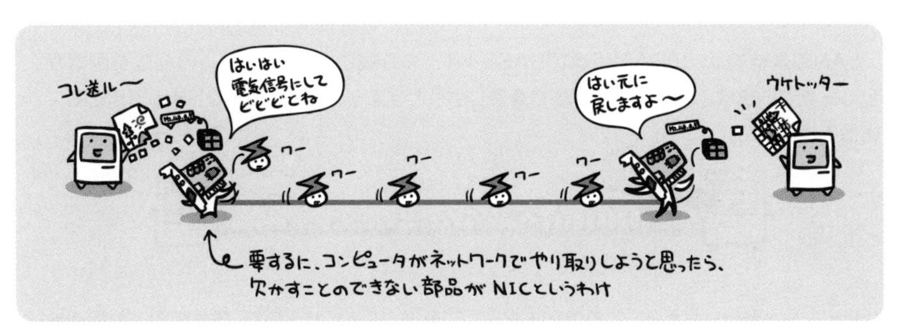

NICをはじめとするネットワーク機器には、製造段階でMACアドレスという番号が割り振られています。これはIEEE（米国電気電子技術者協会）によって管理される製造メーカ番号と、自社製品に割り振る製造番号との組み合わせで出来ており、世界中で重複しない一意の番号であることが保証されています。

イーサネットでは、このMACアドレスを使って各機器を識別します。

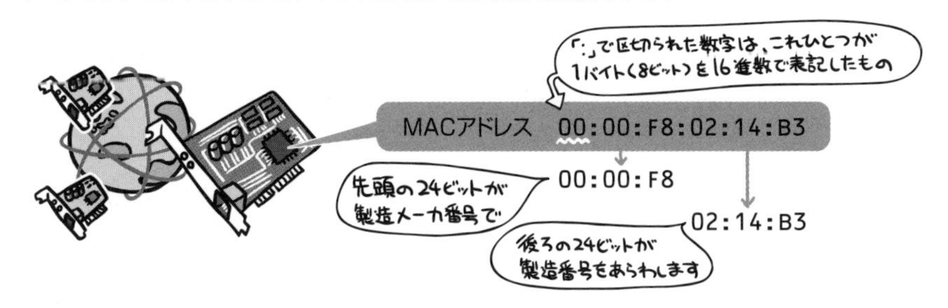

リピータ

リピータは物理層（第1層）の中継機能を提供する装置です。
ケーブルを流れる電気信号を増幅して、LANの総延長距離を伸ばします。

LANの規格では、10BASE5や10BASE-Tなどの方式ごとに、ケーブルの総延長距離が定められています。それ以上の距離で通信しようとすると、信号が歪んでしまってまともに通信できません。

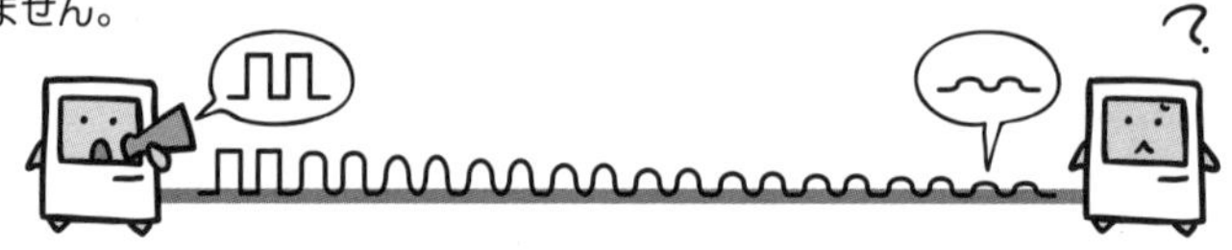

リピータを間にはさむと、この信号を整形して再送出してくれるので、信号の歪みを解消することができます。

パケットの中身を解さず、ただ電気信号を増幅するだけなので、不要なパケットも中継してしまうあたりが少々難なところです。

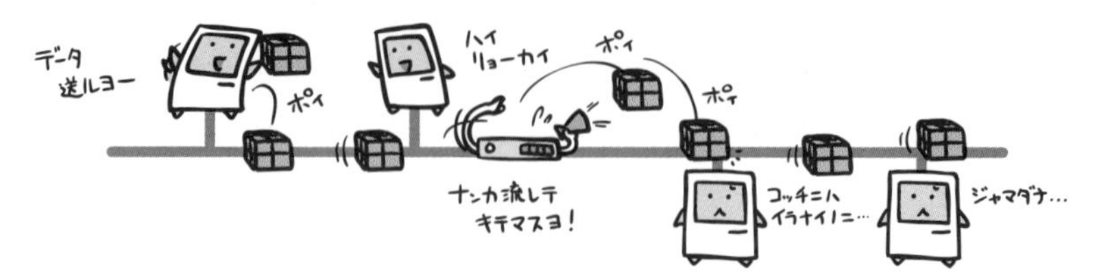

ちなみに、ネットワークに流したパケットは、宛先が誰かに依らずとにかく全員に渡されるわけですが…。

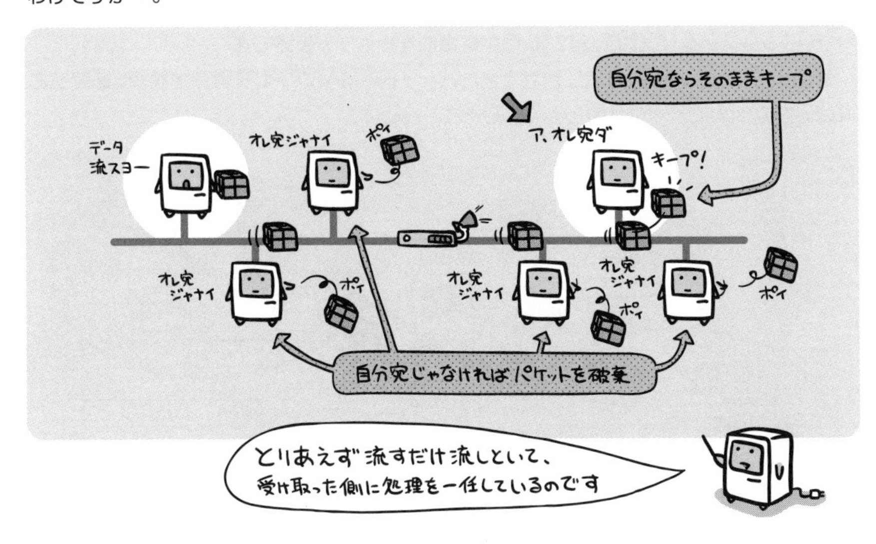

この、「無条件にデータが流される範囲（論理的に1本のケーブルでつながっている範囲）」をセグメントと呼びます。

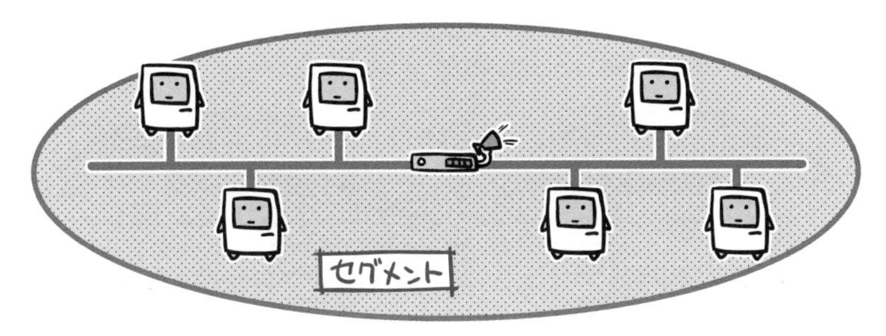

ひとつのセグメント内に大量のコンピュータがつながれていると、パケットの衝突（コリジョン）が多発するようになって、回線の利用効率が下がります。

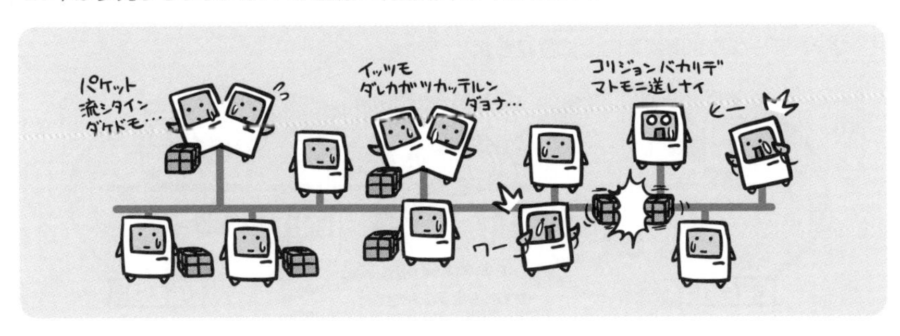

ブリッジ

ブリッジはデータリンク層（第2層）の中継機能を提供する装置です。

セグメント間の中継役として、流れてきたパケットのMACアドレス情報を確認、必要であれば他方のセグメントへとパケットを流します。

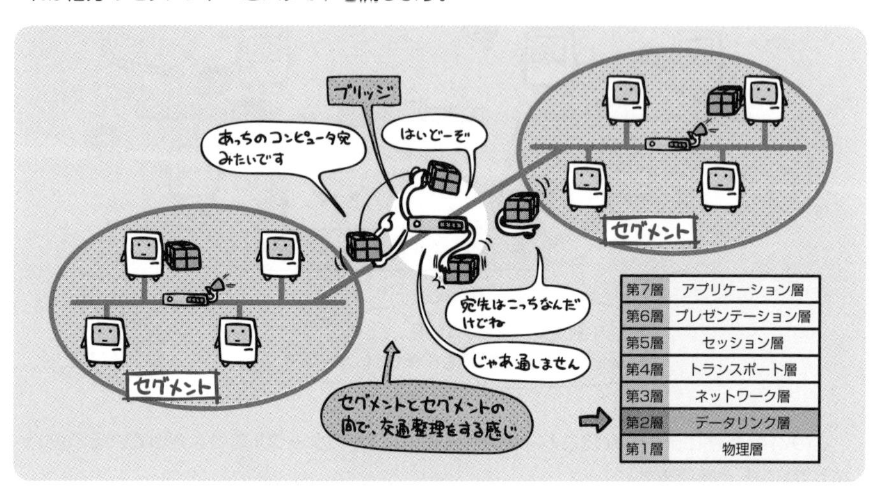

第7層	アプリケーション層
第6層	プレゼンテーション層
第5層	セッション層
第4層	トランスポート層
第3層	ネットワーク層
第2層	データリンク層
第1層	物理層

ブリッジは、流れてきたパケットを監視することで、最初に「それぞれのセグメントに属するMACアドレスの一覧」を記憶してしまいます。

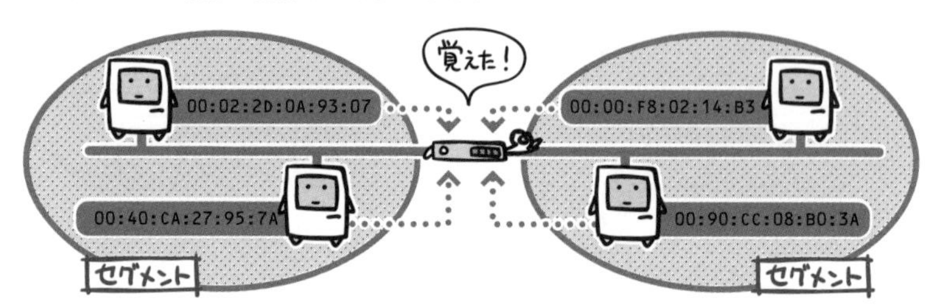

以降はその一覧に従って、セグメント間を橋渡しする必要のあるパケットだけ中継を行います。中継パケットはCSMA/CD方式に従って送出するため、コリジョンの発生が抑制されて、ネットワークの利用効率向上に役立ちます。

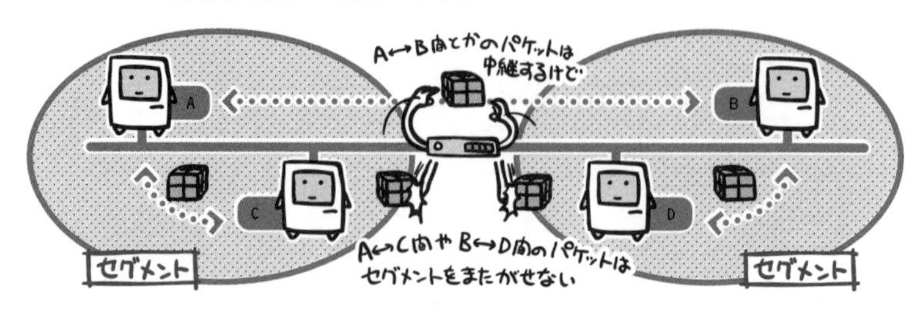

ハブ

ハブは、LANケーブルの接続口（ポート）を複数持つ集線装置です。

こんな絵でちょこちょこ登場してたやつ

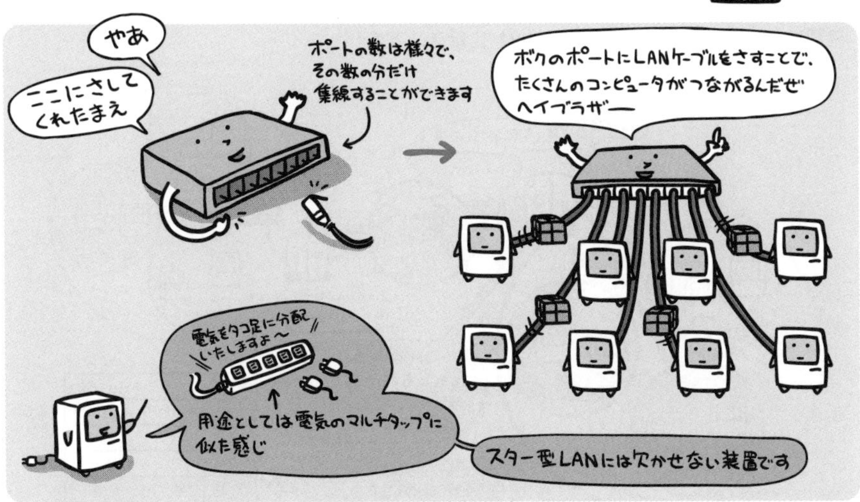

ハブには内部的にリピータを複数束ねたものであるリピータハブと、ブリッジを複数束ねたものであるスイッチングハブの2種類があります。

それぞれ次のように動作します。

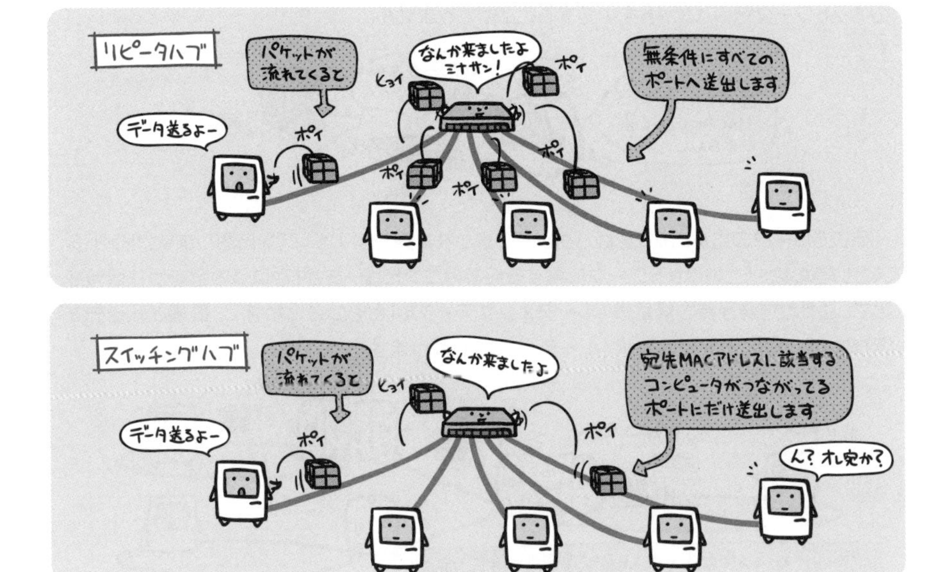

ルータ

ルータはネットワーク層（第3層）の中継機能を提供する装置です。

異なるネットワーク（LAN）同士の中継役として、流れてきたパケットのIPアドレス情報を確認した後に、最適な経路へとパケットを転送します。

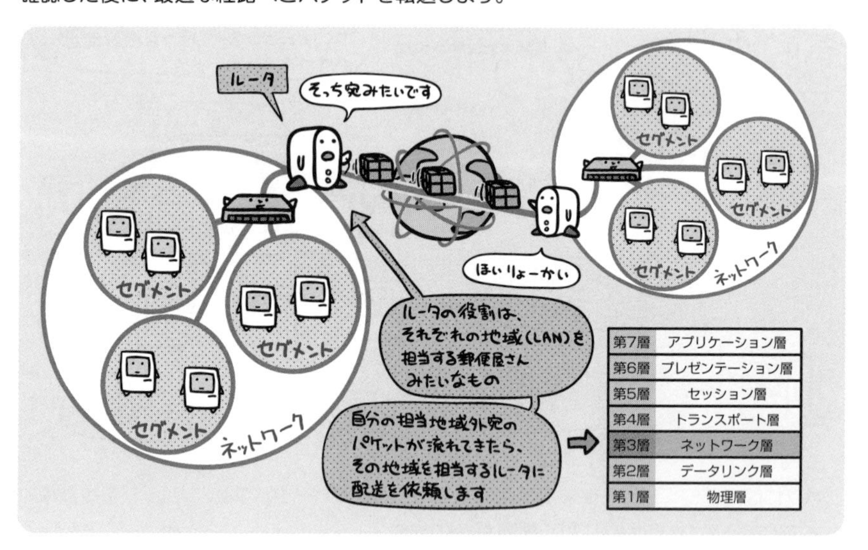

ブリッジが行う転送は、あくまでもMACアドレスが確認できる範囲でのみ有効なので、外のネットワーク宛のパケットを中継することはできません。

そこでルータの出番。ルータはパケットに書かれた宛先IPアドレスを確認します。IPアドレスというのは、「どのネットワークに属する何番のコンピュータか」という内容を示す情報なので、これと自身が持つ経路表（ルーティングテーブル）とをつき合わせて、最適な転送先を選びます。このことを経路選択（ルーティング）と呼びます。

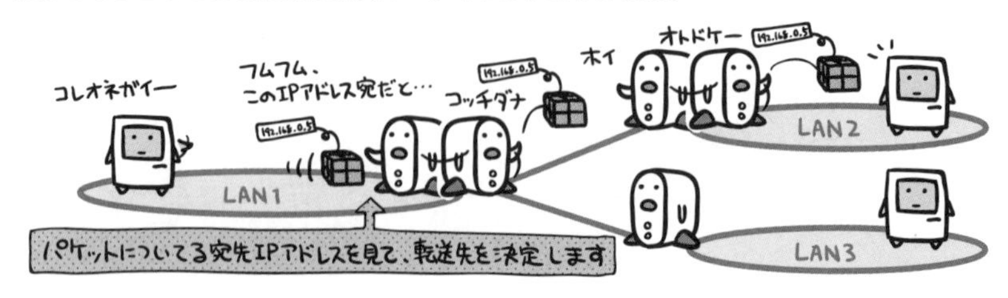

といっても、いつも隣接しているネットワーク宛とばかりは限りません。特にインターネットのように、接続されているネットワークが膨大な数となる場合には、直接相手のネットワークに転送するのはまず不可能です。

そのような場合は、「アッチなら知ってんじゃね？」というルータに放り投げる。

そこもわかんなきゃ、さらに次へ、さらに次へと、ルータ同士がさながらバケツリレーのようにパケットの転送を繰り返して行くことで、いつかは目的地のネットワークへと辿り着く…と、そういう仕組みになっているのです。

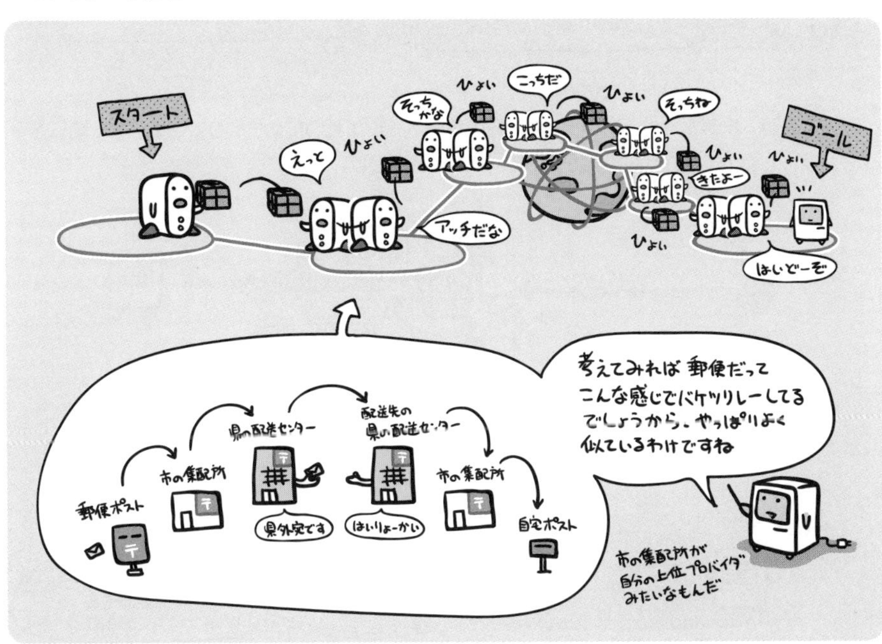

ゲートウェイ

ゲートウェイはトランスポート層（第4層）以上が異なるネットワーク間で、プロトコル変換による中継機能を提供する装置です。

ネットワーク双方で使っているプロトコルの差異をこの装置が変換、吸収することで、お互いの接続を可能とします。

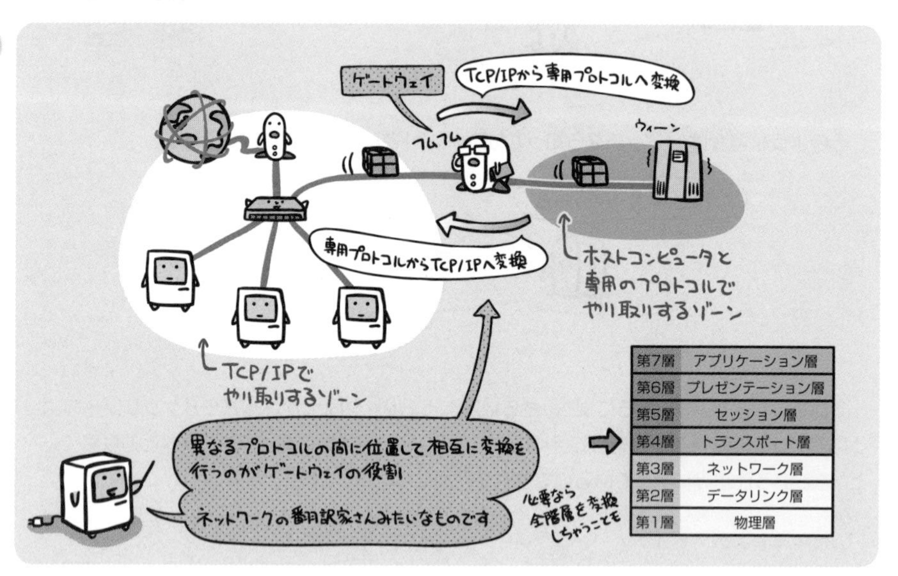

たとえば、携帯メールとインターネットの電子メールが互いにやり取りできるのも、間にメールゲートウェイという変換器が入ってくれているおかげ。

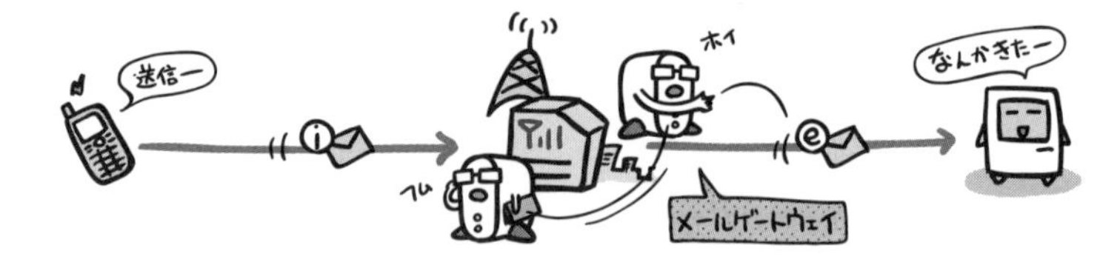

ゲートウェイは、専用の装置だけではなく、その役割を持たせたネットワーク内のコンピュータなども該当します。

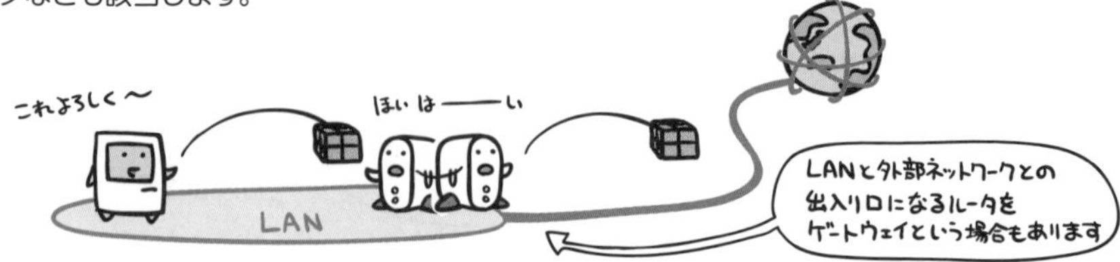

SDN (Software-Defined Network) と OpenFlow

ネットワーク機器というのは、通常だとそれぞれが制御機能を持ち、自身の学習した情報を元にして、パケットの転送処理を行います。

当然ネットワーク管理者は、設定変更を行う際には、個々の機器に対して個別に作業しなくてはなりません。

この制御機能をソフトウェア化して分離させることにより、柔軟なネットワーク構成を可能とする技術の総称をSDN (Software-Defined Network)と言います。

このSDNを実現する技術の1つにOpenFlowがあります。

従来のネットワーク機器とは異なり、経路制御の機能部分とデータ転送の機能部分を分離させることによって、管理者が経路制御を柔軟に設計・実装して必要な機能を実現できるようにしています。

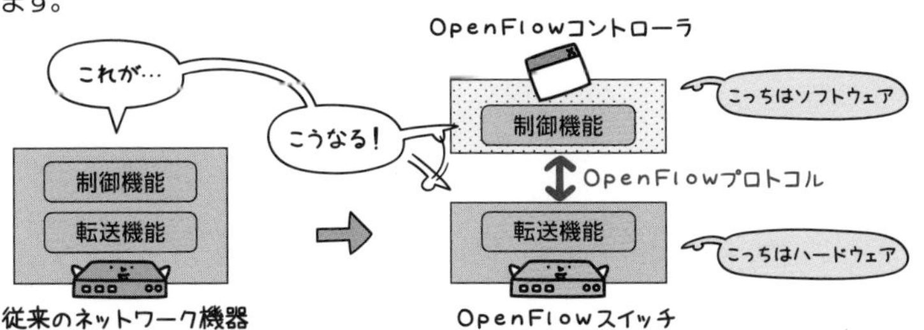

このように出題されています

過去問題練習と解説

ルータの機能に関する記述のうち，適切なものはどれか。

ア　MACアドレステーブルの登録情報によって，データフレームをあるポートだけに中継するか，全てのポートに中継するかを判断する。

イ　OSI基本参照モデルのデータリンク層において，ネットワーク同士を接続する。

ウ　OSI基本参照モデルのトランスポート層からアプリケーション層までの階層で，プロトコル変換を行う。

エ　伝送媒体やアクセス制御方式の異なるネットワークの接続が可能であり，送信データのIPアドレスを識別し，データの転送経路を決定する。

解説

ア　ブリッジもしくはスイッチングハブにおける、フレームの宛先MACアドレスを参照して、転送すべきポートを決定する機能に関する関する記述です。

イ　ブリッジもしくはスイッチングハブに関する記述です。

ウ　ゲートウェイに関する記述です。

エ　ルータに関する記述です。

CSMA/CD方式のLANで使用されるスイッチングハブ（レイヤ2スイッチ）は，フレームの蓄積機能，速度変換機能や交換機能をもっている。このようなスイッチングハブと同等の機能をもち，同じプロトコル階層で動作する装置はどれか。

ア　ゲートウェイ　　イ　ブリッジ　　ウ　リピータ　　エ　ルータ

解説

ア　ゲートウェイは、トランスポート層～アプリケーション層を使って中継を行うLAN間接続装置です。

イ　ブリッジは、データリンク層で中継を行うLAN間接続装置です。

ウ　リピータは、物理層で中継を行うLAN間接続装置です。

エ　ルータは、ネットワーク層で中継を行うLAN間接続装置です。

正解▶問1：エ　問2：イ

データの誤り制御

データの誤りとは、ビットの内容が「0→1」「1→0」と、ノイズやひずみによって、異なる値に化けてしまうことです。

コンピュータがデータを細切れにして送ることができるのは、そのデータが区切りのあるデジタルなデータだから…でしたよね。そしてそのデータは、突き詰めていくと結局は0か1かの、ビットの集まりなのでありました。

でもケーブルの上を「0なら0」「1なら1」というはっきりしたデータが流れるわけじゃありません。ケーブルの上を流れるのは、あくまでも単なる電気的な信号のみ。この信号の波形を、「この範囲の波形は0」「この範囲の波形は1」と値に置き換えることで、ビットの内容をやり取りしているわけです。

さて、「電気的な信号」なのですから、伝送距離が伸びれば信号は減衰していきますし、横から別の電気的な干渉を加えてやれば、当然波形は乱れます。波形が乱れれば、0か1かの判断も狂うというのは容易に想像できる話です。

こうして生まれるのがデータの誤りです。

データの誤りを、100%確実に防ぐ手段はありません。そこで、パリティチェックやCRC（巡回冗長検査）などの手法を用いて、誤りを検出したり訂正したりするのです。

パリティチェック

パリティチェックでは、送信するビット列に対して、パリティビットと呼ばれる検査用のビットを付加することで、データの誤りを検出します。

パリティビットを付加する方法には2種類あって…、

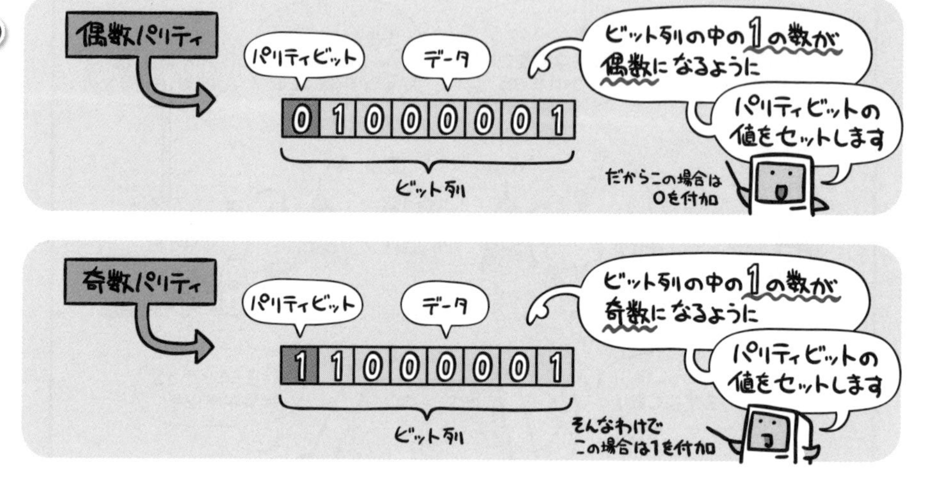

たとえば「A」という文字を偶数パリティで送る場合を考えてみましょう。この場合は、次のようにパリティビットが付加されます。

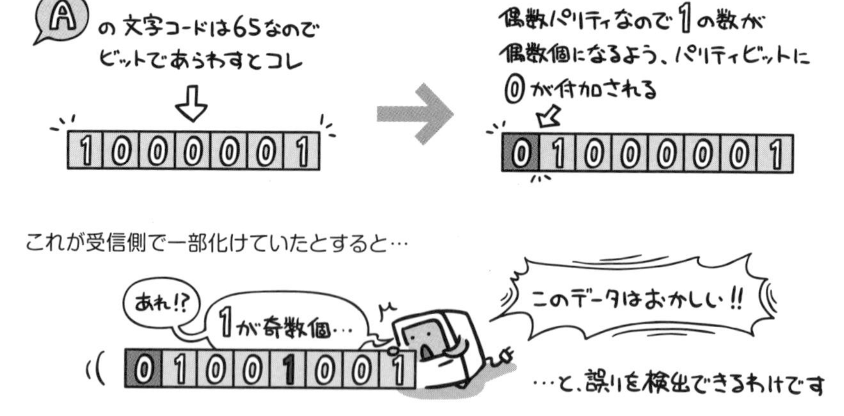

ただしパリティチェックで可能なのは、「1ビットの誤り」を検出することだけ。偶数個のビット誤りは検出できませんし、「どのビットが誤りか」ということもわかりません。したがってこの方式では、誤り訂正も行えません。

水平垂直パリティチェック

パリティビットは、「どの方向に付加するか」によって垂直パリティと水平パリティに分かれます。

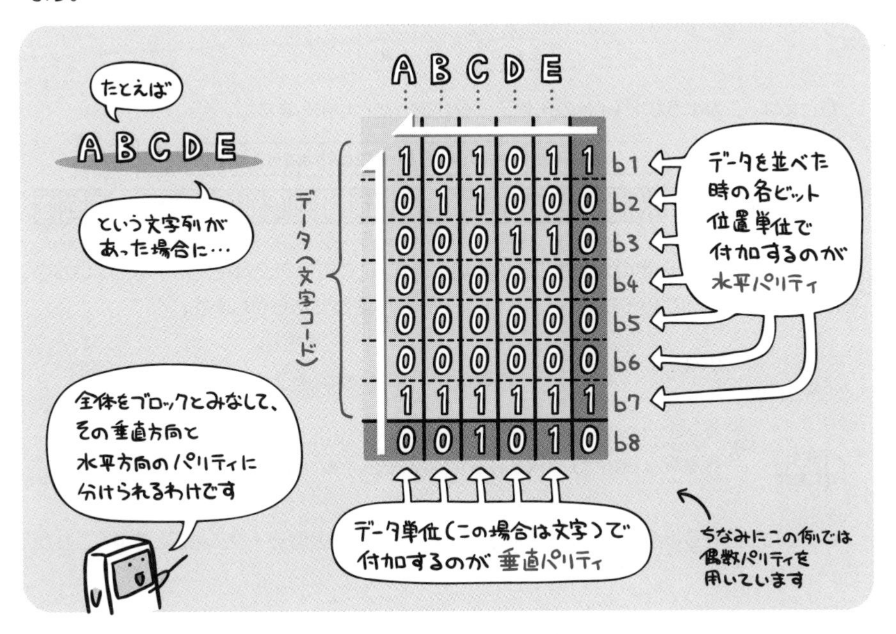

この2つのパリティを組み合わせて使うのが水平垂直パリティです。

縦横両面から誤りを検出できるので、1ビットの誤りであれば位置を特定することができ、誤り訂正が行えます。

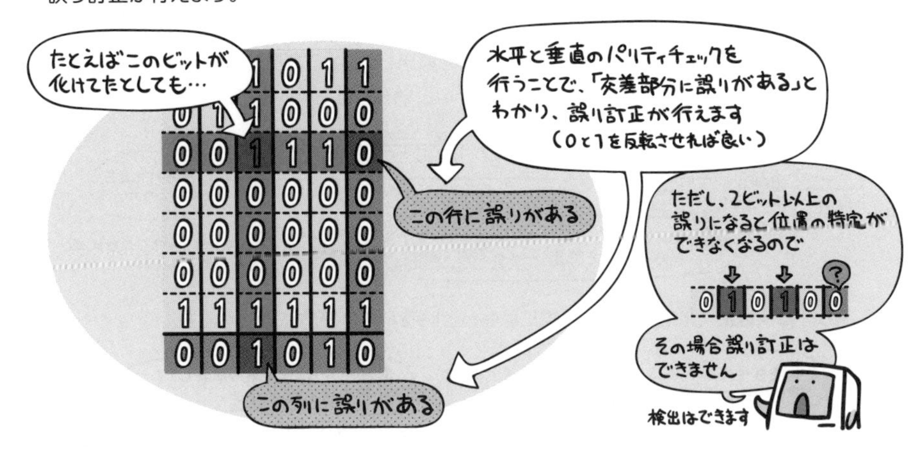

チェックサム

チェックサムは名前の通り、和（sum）をチェック（check）するものです。

たとえば、このような4バイトの送信データがあったとしましします。

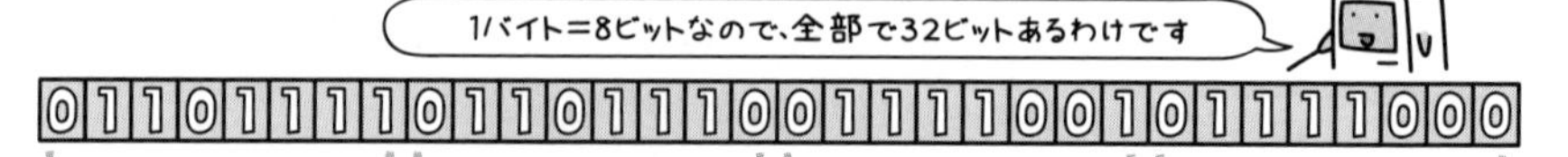

まずこのデータを一定の大きさごとに区切ります。ここでは8ビットとしましょう。いちいち2進数だと書くのに場所を取り過ぎるので、2桁の16進数であらわします。

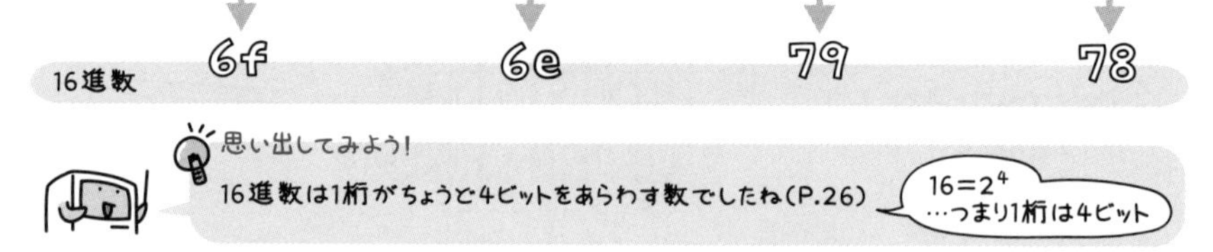

そうしたらそれらの合計を求め、合計値の下位8ビットを送信データに付加します。これがチェックサムです。

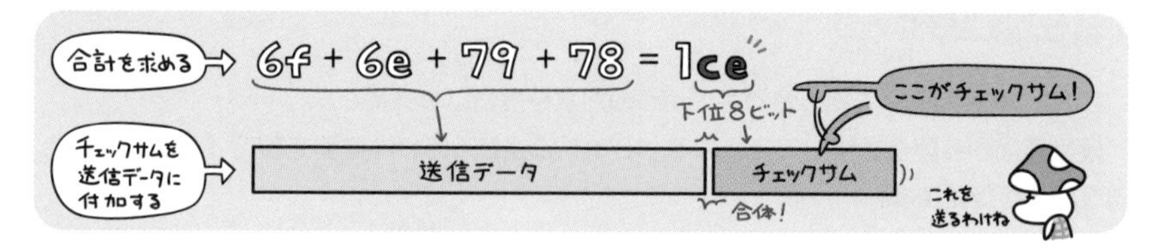

受信側でもデータを受け取るとチェックサムを算出します。これを送られてきたチェックサムと比較することで、誤りの有無を検出できる…というわけです。

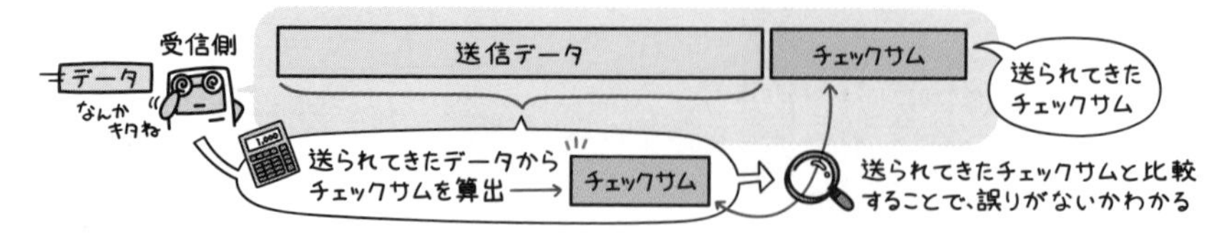

この計算例はあくまで一例で、実際にはもっといろんな計算方法があります。

CRC（巡回冗長検査）

CRC（Cyclic Redundancy Check）は、ビット列を特定の式（生成多項式と呼ばれる）で割り、その余りをチェック用のデータとして付加する方法です。

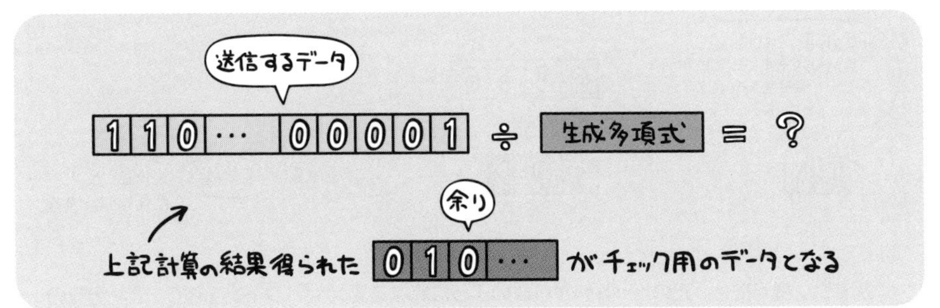

送信側は、計算で得られた余りを、元々のビット列にくっつけて送信データとします。実はこうすることで、そのデータは、計算に用いた生成多項式で「割り切れるはずの数」に変わります。

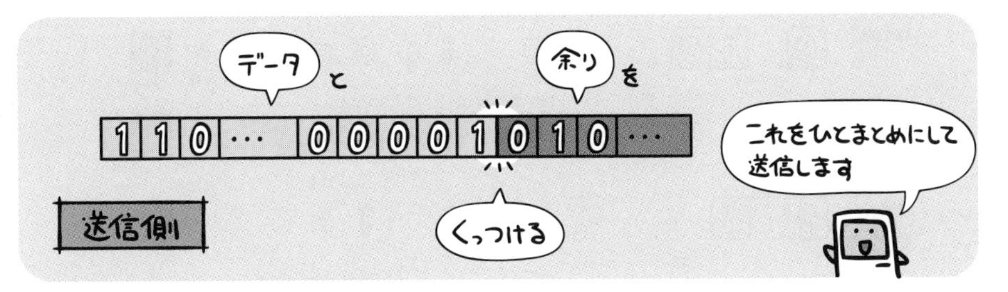

したがってデータを受信した側は、送信側と同一の生成多項式を使って、受信データを割り算します。当然データに問題がなければ割り切れるはずですから…

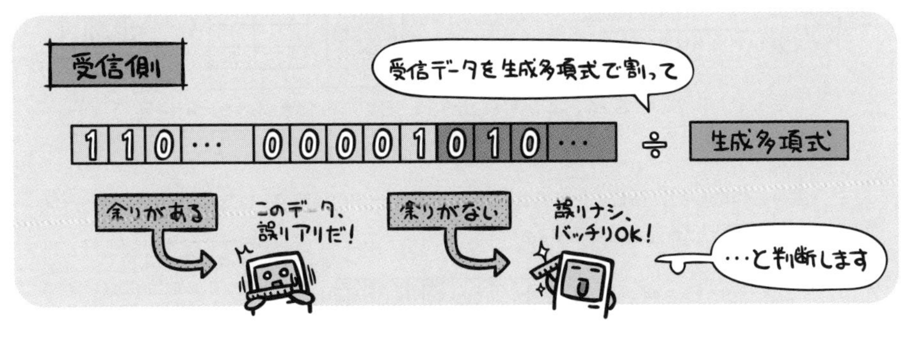

この方式では、データの誤り訂正は行えませんが、連続したビットの誤り（バースト誤りと言う）など、複数ビットの誤りを検出することができます。

ハミング符号

ハミング符号は、ビット列に対して検査用の冗長ビットを付加することで、2ビットまでの誤り検出と、1ビットの誤りを訂正できるようにしたものです。

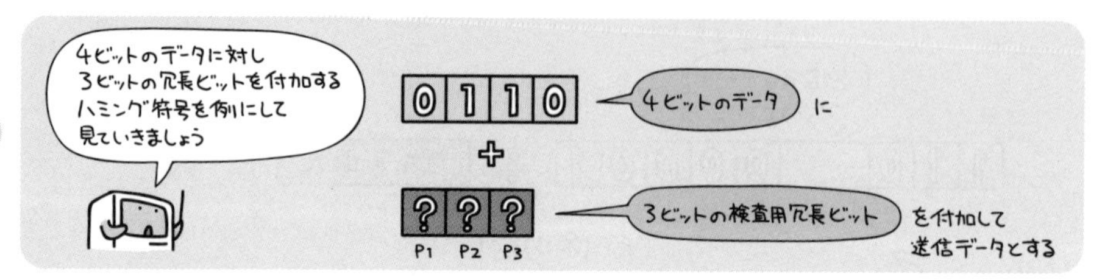

ハミング符号では、元のビット列から次のように異なる組合せパターンを作り、それぞれの排他的論理和を求めることで、検査用の冗長ビット列を算出します。

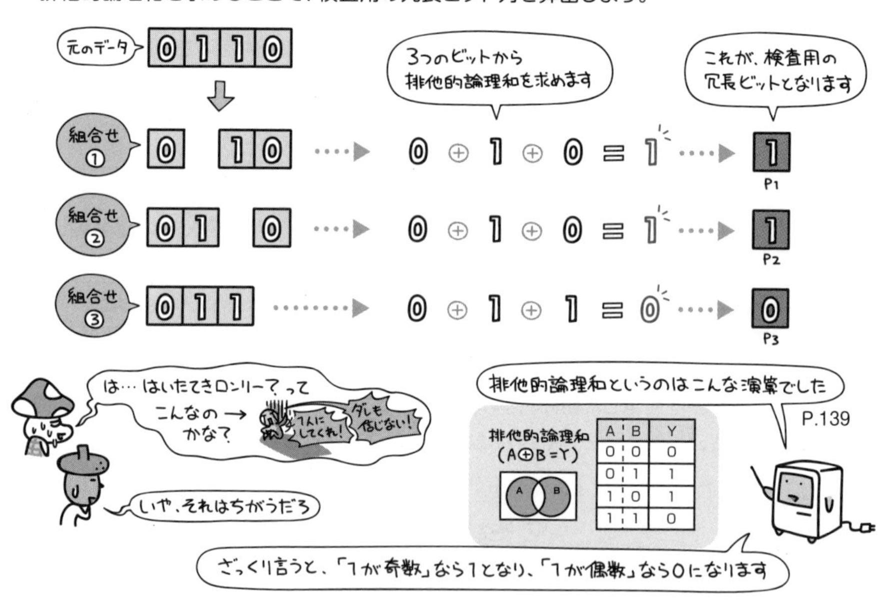

このように作成した冗長ビットをくっつけて送信データとします。したがって、送信データは合計7ビットのビット列となります。

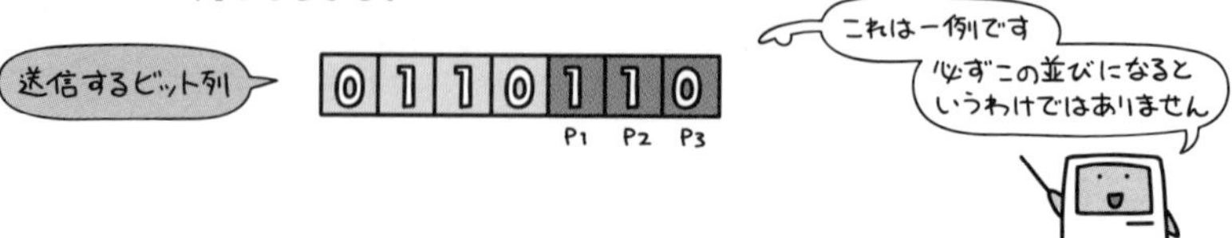

これに対し、受け取り側がどうするかというと、受信したデータから組合せ①～③を作り、それと対になる冗長ビットをあわせて排他的論理和を求めます。

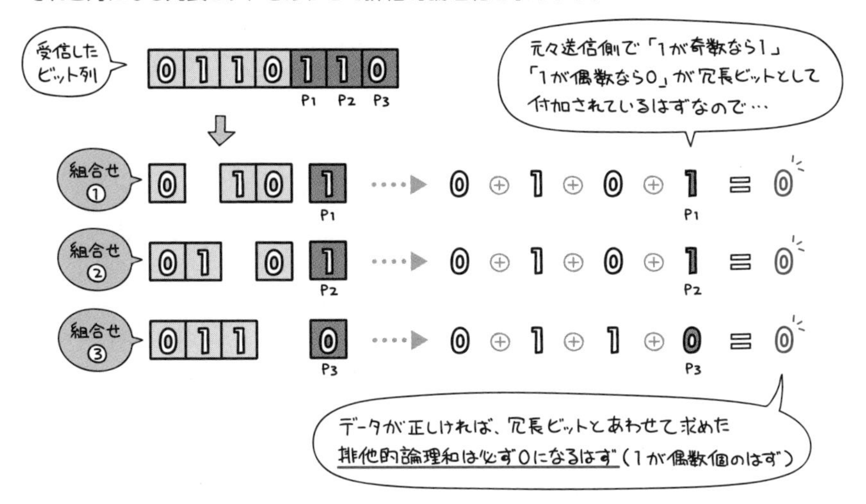

上記のように、求めた排他的論理和がすべて0となればOK。データに問題はありません。では、たとえば次の例のようなビット列が受信側に届いた場合はどうなるでしょうか。

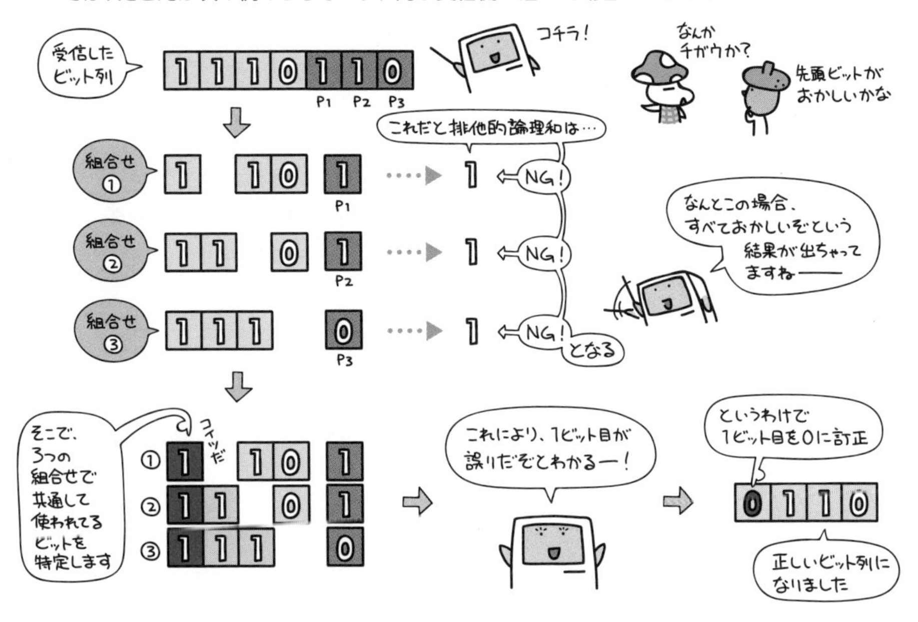

ハミング符号は、誤りを訂正する符号方式としてはもっとも古く、その訂正能力は高くありません。ただしシンプルな分高速に処理を行えるため、もともとの信頼性が高く高速性が求められる分野（ECCメモリやRAID2など）で利用されています。

ビット誤り率

受信したビット列の中に、どれぐらいの割合でビットの誤りが発生するかをあらわすのがビット誤り率です。ビット誤り率は、次の式で求めることができます。

ビット誤り率 ＝ 誤りが生じたビット数 ÷ 送信ビット数

とはいえ、そうは思ってもいざ問題に向き合うと「うっ…」となるのも案外お約束的なものです。わかれば簡単なのは間違いないので、練習問題で一応慣れておきましょう。

練習問題

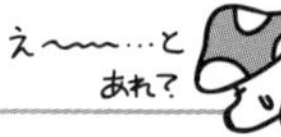

伝送速度64kビット/秒の回線を使ってデータを連続送信したとき、平均して100秒に1回の1ビット誤りが発生した。この回線のビット誤り率は幾らか。

ア　1.95×10^{-8}　　イ　1.56×10^{-7}　　ウ　1.95×10^{-5}　　エ　1.56×10^{-4}

(平成27年度春期 応用情報技術者試験 午前 問34)

「平均して100秒に1回」とあるので、まずは100秒で送信されるビット数を求めます。

この時生じるビット誤りは1ビット。つまり次の式となります。

ビット誤り率 ＝ 1 ÷ 6400000

これを計算した答えは次の通り。ついでに指数表記に直してやりましょう。

小数点を7個右側に移動しました

ビット誤り率 ＝ 1 ÷ 6400000 ＝ 0.00000015625 ＝ $\mathbf{1.5625 \times 10^{-7}}$

というわけで、答えは イ の「1.56×10^{-7}」となるのです。

このように出題されています

過去問題練習と解説

図のように16ビットのデータを4×4の正方形状に並べ，行と列にパリティビットを付加することによって何ビットまでの誤りを訂正できるか。ここで，図の網掛け部分はパリティビットを表す。

1	0	0	0	1
0	1	1	0	0
0	0	1	0	1
1	1	0	1	1
0	0	0	1	

ア　1
イ　2
ウ　3
エ　4

解説

解説を容易にするために、問題の図に、下図のような■A、★Bを追加します。

					■A
	1	0	0	0	1
	0	1	1	0	0
	0	0	1	0	1
	1	1	0	1	1
★B	0	0	0	1	

パリティビットには、奇数パリティと偶数パリティがあります。偶数パリティは、ある一定の単位ごとに検査用に余分に付けた冗長ビットであるパリティビットを付加し、そのビットも含めてビットの1の個数が偶数になるようにパリティビットの値を決める方式です。左図は、この偶数パリティになっています。

1つのパリティビットだけでは、誤りがあることがわかるだけで、どのビットが誤っているかはわかりません。

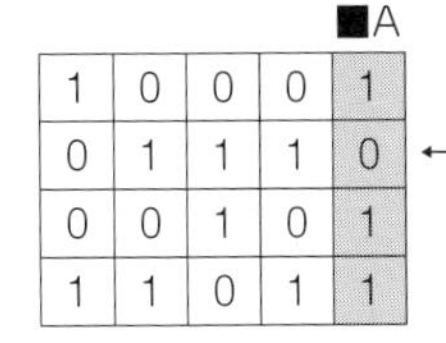

				■A	
1	0	0	0	1	
0	1	1	1	0	←
0	0	1	0	1	
1	1	0	1	1	

例えば、左図のような場合、2行目の1の個数が偶数になっていないので、この行に誤りがあるとはわかります。しかし、どの列に誤りがあるかは、わかりません。

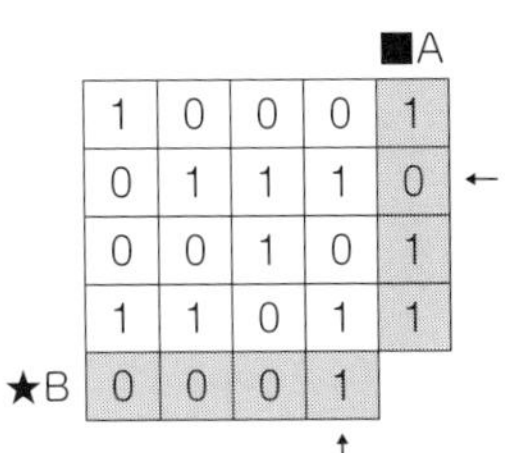

					■A	
	1	0	0	0	1	
	0	1	1	1	0	←
	0	0	1	0	1	
	1	1	0	1	1	
★B	0	0	0	1		
				↑		

これに対し、左図のような★B行がある場合は、4列目の1の個数も偶数になっていないので、2行4列目のビットが誤っているとわかります。2個のパリティでは、このように1ビットの誤りのみを訂正できます。したがって、選択肢アが正解です。

なお、念のため、2行1列目と、2行4列目の2ビットを反転させた場合をさらに考えてみましょう。

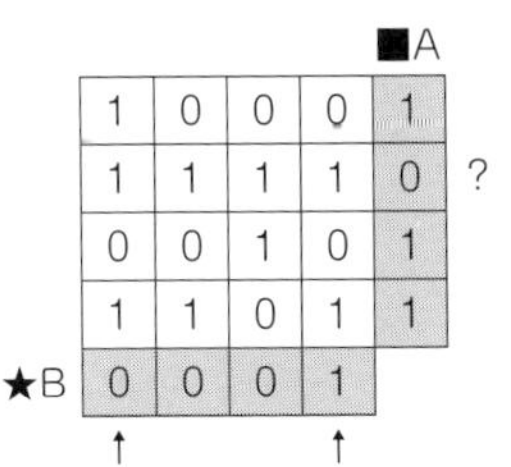

					■A	
	1	0	0	0	1	
	1	1	1	1	0	?
	0	0	1	0	1	
	1	1	0	1	1	
★B	0	0	0	1		
	↑			↑		

そうすると、2行目の1の個数は偶数になっているので、2行目に誤りがあるとは認識できず、訂正不能になります。

正解▶問1：ア

問 2 (AP-H21-A-04)

誤り検出方式であるCRCに関する記述として適切なものはどれか。

ア　検査用のデータは，検査対象のデータを生成多項式で処理して得られる1ビットの値である。

イ　受信側では，付加されてきた検査用のデータで検査対象のデータを割り，余りがなければ送信が正しかったと判断する。

ウ　送信側では，生成多項式を用いて検査対象のデータから検査用のデータを作り，これを検査対象のデータに付けて送信する。

エ　送信側と受信側では，異なる生成多項式が用いられる。

解説

ア　検査用データは、検査対象のデータを生成多項式で処理して得られますが、1ビットの値ではありません。HDLCの場合、通常16ビットの検査用データが用いられます。

イ　受信側では、付加されてきた検査用データに検査対象のデータを加算し、送信側と同一の生成多項式で割り、余りがなければ受信したデータが正しかったと判断します。

ウ　そのとおりです。CRCの説明は、537ページを参照してください。

エ　送信側と受信側では、同一の生成多項式が用いられます。

問 3 (AP-R02-A-10)

メモリの誤り検出及び訂正を行う方式のうち，2ビットの誤り検出機能と，1ビットの誤り訂正機能をもつものはどれか。

ア　奇数パリティ　　イ　水平パリティ

ウ　チェックサム　　エ　ハミング符号

解説

アとイ　奇数パリティと水平パリティには、1ビットの誤り検出機能だけがあります。

ウ　チェックサムは、複数のブロックごとに、その中の各ビットを数値として合計し、その合計（またはその一部）をブロックに付加する方式です。チェックする際には、同じ計算を行い、付加されたものと一致しているかを確認します。誤りの有無を検出できますが、どのビットが誤っているかはわからないので、訂正はできません。

エ　ハミング符号の説明は、538 ～ 539ページを参照してください。

ハミング符号とは，データに冗長ビットを付加して，1ビットの誤りを訂正できるようにしたものである。ここでは，X_1，X_2，X_3，X_4の4ビットから成るデータに，3ビットの冗長ビットP_3，P_2，P_1を付加したハミング符号$X_1X_2X_3P_3X_4P_2P_1$を考える。付加したビットP_1，P_2，P_3は，それぞれ

$$X_1 \oplus X_3 \oplus X_4 \oplus P_1 = 0$$
$$X_1 \oplus X_2 \oplus X_4 \oplus P_2 = 0$$
$$X_1 \oplus X_2 \oplus X_3 \oplus P_3 = 0$$

となるように決める。ここで，$\oplus$ は排他的論理和を表す。

ハミング符号1110011には1ビットの誤りが存在する。誤りビットを訂正したハミング符号はどれか。

ア　0110011　　イ　1010011　　ウ　1100011　　エ　1110111

解説

問題文にしたがって、ハミング符号1110011は、X_1=1、X_2=1、X_3=1、P_3=0、X_4=0、P_2=1、P_1=1に置き換えられます。

問題文に与えられている3つの式に、上記の各値を適用すると次のようになります。

$$X_1 \oplus X_3 \oplus X_4 \oplus P_1 = 1 \oplus 1 \oplus 0 \oplus 1 = 1$$
$$X_1 \oplus X_2 \oplus X_4 \oplus P_2 = 1 \oplus 1 \oplus 0 \oplus 1 = 1$$
$$X_1 \oplus X_2 \oplus X_3 \oplus P_3 = 1 \oplus 1 \oplus 1 \oplus 0 = 1$$

注：排他的論理和は、演算対象の2つのビットが同じであれば0、違っていれば1にする論理演算です。排他的論理和の詳しい説明は、54 ～ 55ページを参照してください。

上記の3の式の値は、すべて1なので、3つの式のすべてが誤りを含んでいます。また、X_1, X_2, X_3, X_4のうち、3つの式のすべてに含まれているのはX_1ですので、X_1が誤っているビットです。したがって、ハミング符号の1ビット目を反転させればよいです。

1 1 1 0 0 1 1 → 0 1 1 0 0 1 1

伝送速度30Mビット／秒の回線を使ってデータを連続送信したとき，平均して100秒に1回の1ビット誤りが発生した。この回線のビット誤り率は幾らか。

ア　4.17×10^{-11}　　イ　3.33×10^{-10}　　ウ　4.17×10^{-5}　　エ　3.33×10^{-4}

解説

(1) 100秒間の伝送データ量
伝送速度30Mビット／秒の回線で、100秒間に伝送されるデータ量は、30M×100=3,000Mビット（★）です。

(2) ビット誤り率
100秒に1回の1ビット誤りが発生しているので，そのビット誤り率は、1 ÷ 3,000Mビット（★）≒ 3.33×10^{-10} です。

正解▶問2：ウ　問3：エ　問4：ア　問5：イ

ビット誤り率が10%の伝送路を使ってビットデータを送る。誤り率を改善するために，送信側は元データの各ビットを3回ずつ連続して送信し，受信側は多数決をとって元データを復元する処理を行う。このとき，復元されたデータのビット誤り率はおよそ何%か。ここで，伝送路におけるビットデータの増減や，同期方法については考慮しないものとする。

ア　1.0　　イ　2.8　　ウ　3.1　　エ　3.3

解説

受信した3回の各1ビットが、正しいケースと誤っているケースに分類し、下記のように、その確率を求めます。なお、ビット誤り率は10%なので、誤っているケースの確率は0.1、正しいケースの確率は、0.9（=1−0.1）と計算されます。

	1～3回目の正しい・誤り			左記の確率			
	1回目	2回目	3回目	1回目●	2回目★	3回目◆	●×★×◆
①	正	正	正	0.9	0.9	0.9	0.729
②	正	正	誤	0.9	0.9	0.1	0.081
③	正	誤	正	0.9	0.1	0.9	0.081
④	誤	正	正	0.1	0.9	0.9	0.081
⑤	正	誤	誤	0.9	0.1	0.1	0.009
⑥	誤	正	誤	0.1	0.9	0.1	0.009
⑦	誤	誤	正	0.1	0.1	0.9	0.009
⑧	誤	誤	誤	0.1	0.1	0.1	0.001

上表の①は、すべて正しいので、そのままです。上表の②③④は、2つが正しく1つが誤りなので多数決よって、元のデータに復元されます。これに対し、上表の⑤⑥⑦⑧は、誤ったまま復元されず、ビット誤りが生じます。したがって、⑤（0.009）＋⑥（0.009）＋⑦（0.009）＋⑧（0.001）＝ 0.028 ＝ 2.8%が、復元されたデータのビット誤り率になります。

正解▶問6：イ

Chapter 13-5 TCP/IPを使ったネットワーク

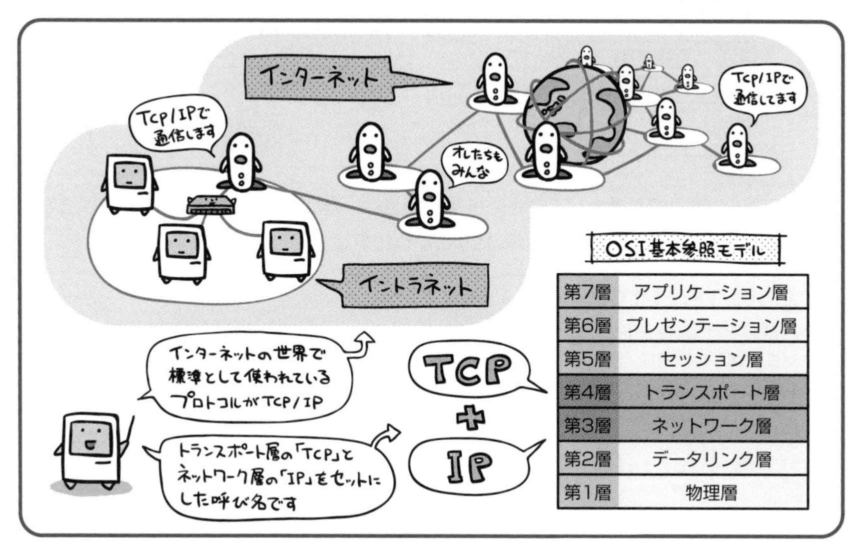

TCPとIPという2つのプロトコルの組み合わせが、インターネットにおけるデファクトスタンダードです。

デファクトスタンダードとは、「事実上の標準」という意味。特に標準として定めたわけではないのだけど、みんなしてそれを使うもんだから標準みたいな扱いになっちゃった…という規格などを指す言葉です。TCP/IPもそのひとつ、というわけですね。

で、その中身ですが、まずIP。これは、「複数のネットワークをつないで、その上をパケットが流れる仕組み」といったことを規定しています。いわばネットワークの土台みたいなものです。前節で取り上げたルータが、IPアドレスをもとにパケットを中継したりできるのもコイツのおかげだったりします。

一方のTCPは、そのネットワーク上で「正しくデータが送られたことを保証する仕組み」を定めたもの。

両者が組み合わさることで、「複数のネットワークを渡り歩きながら、パケットを正しく相手に送り届けることができるのですよ」という仕組みになるわけですね。

こうしたインターネットの技術を、そのまま企業内LANなどに転用したネットワークのことをイントラネットと呼びます。

TCP/IPの中核プロトコル

TCP/IPネットワークを構成する上で、中核となるプロトコルが次の3つです。

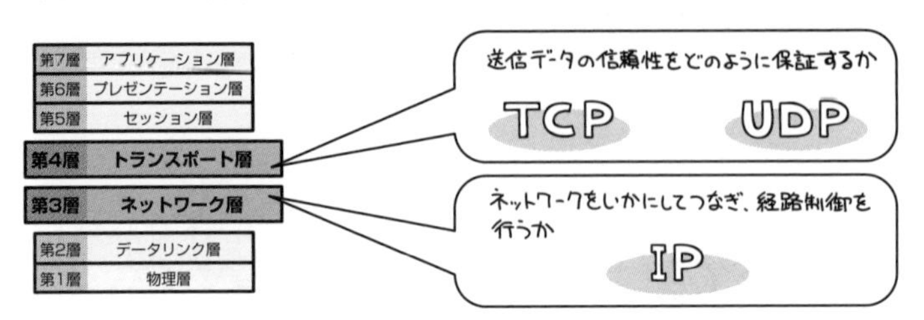

ネットワーク層のIPが網としての経路機能を担当し、その上のTCPやUDPが「ではその経路で小包（パケット）をどのように運ぶのか」という約束事を担当しています。

IP (Internet Protocol)

経路制御を行い、ネットワークからネットワークへとパケットを運んで相手に送り届けます。コネクションレス型の通信（事前に送信相手と接続確認を取ることなく一方的にパケットを送りつける）であるため、通信品質の保証については上位層に任せます。

TCP (Transmission Control Protocol)

3ウェイハンドシェイクという手順によって通信相手とコネクションを確立し、データを送受信するコネクション型の通信プロトコル。パケットの順序や送信エラー時の再送などを制御して、送受信するデータの信頼性を保証します。

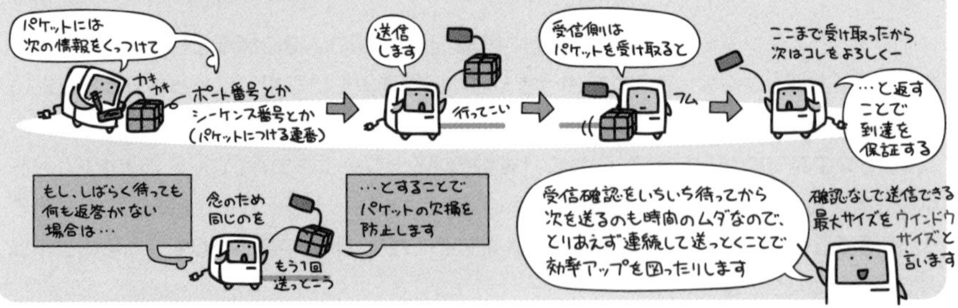

UDP (User Datagram Protocol)

データの信頼性よりもリアルタイム性を重視して、パケットの再送制御などを一切行わないコネクションレス型の通信プロトコル。信頼性に欠けますが、その分高速です。

IPアドレスはネットワークの住所なり

IPで構成されるネットワークでは、つながれているコンピュータやネットワーク機器は、IPアドレスという番号により管理されています。

個々のコンピュータを識別するために使うものですから、重複があってはいけません。必ず一意の番号が割り振られているのがお約束です。

IPアドレスは、32ビットの数値であらわされます。たとえば次のような感じ。

32ビット(2進数32桁)の数値

11000000101010000000000100000011

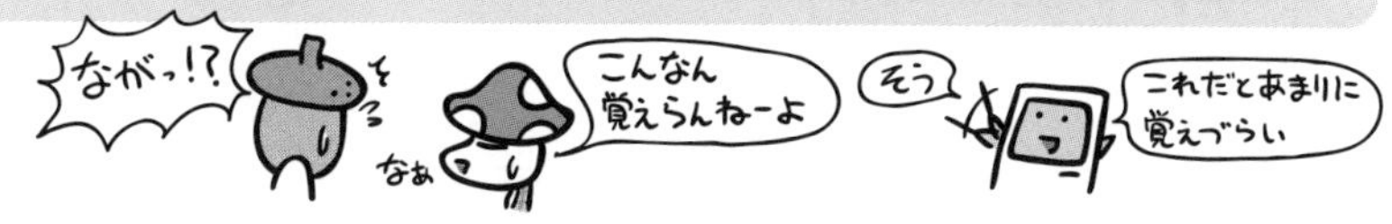

なので8ビットずつに区切って、それぞれを10進数であらわして…

11000000 10101000 00000001 00000011

192　168　1　3

それらを「.」でつないで表記します。

グローバルIPアドレスとプライベートIPアドレス

IPアドレスには、グローバルIPアドレス（またはグローバルアドレス）とプライベートIPアドレス（またはプライベートアドレス）という、2つの種類があります。

グローバルIPアドレスは、インターネットの世界で使用するIPアドレスです。世界中で一意であることが保証されないといけないので、地域ごとのNIC（Network Information Center）と呼ばれる民間の非営利機関によって管理されています。

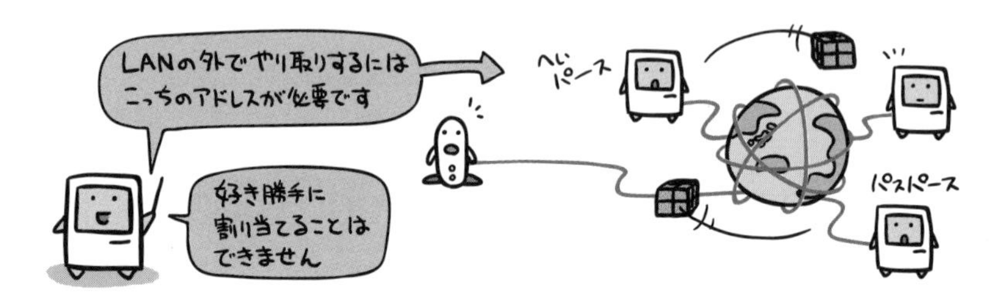

プライベートIPアドレスは、企業内などLANの中で使えるIPアドレスです。LAN内で重複がなければ、システム管理者が自由に割り当てて使うことができます。

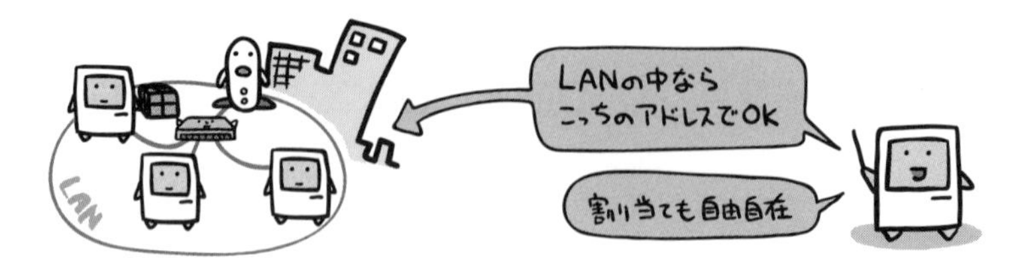

グローバルIPアドレスとプライベートIPアドレスの関係は、電話の外線番号と内線番号の関係によく似ています。

IPアドレスは「ネットワーク部」と「ホスト部」で出来ている

2ページ前で、「IPアドレスはコンピュータの住所みたいなもの」と書きました。

私たちが普段用いている宛名表記をコンピュータ用にしたもの…という意味で書いたわけですが、実際、IPアドレスの内容というのは、それとよく似ているのです。

IPアドレスの内容は、ネットワークごとに分かれるネットワークアドレス部と、そのネットワーク内でコンピュータを識別するためのホストアドレス部とに分かれています。つまり、宛名表記が、「住所と名前」で構成されているのと同じことです。

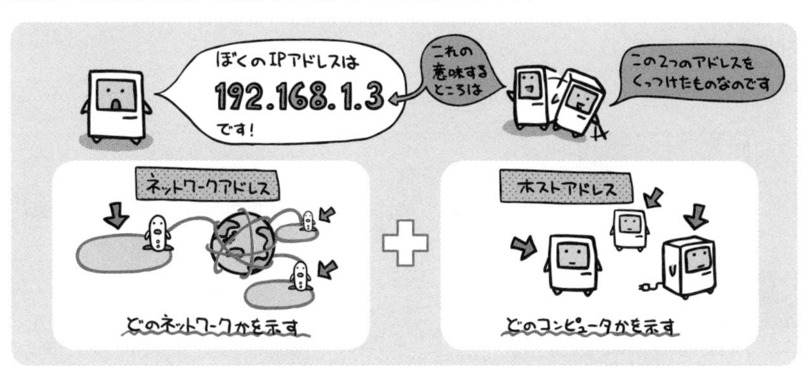

たとえば、次のIPアドレスを見てください。このIPアドレスでは、頭の24ビットがネットワークアドレスをあらわし、後ろ8ビットがホストアドレスをあらわしています。

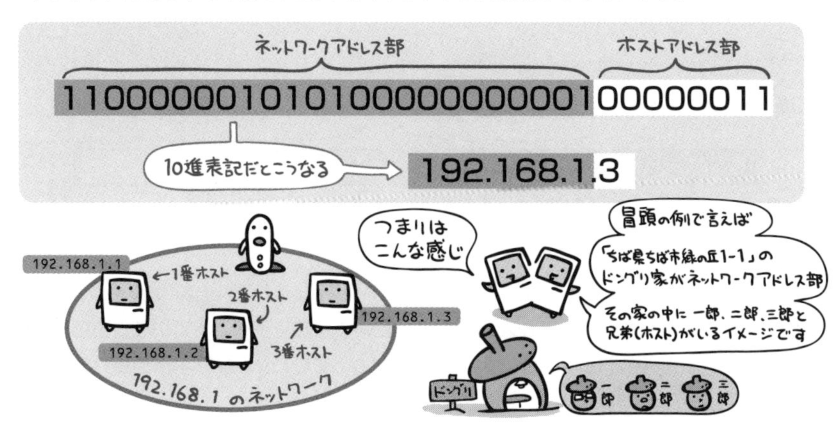

IPアドレスのクラス

IPアドレスは、使用するネットワークの規模によってクラスA、クラスB、クラスCと3つのクラスに分かれています（実際にはもっとあるけど一般的でない）。

それぞれ「32ビット中の何ビットをネットワークアドレス部に割り振るか」が規定されているので、それによって持つことのできるホスト数が違ってきます。

具体的には次のように決まっています。

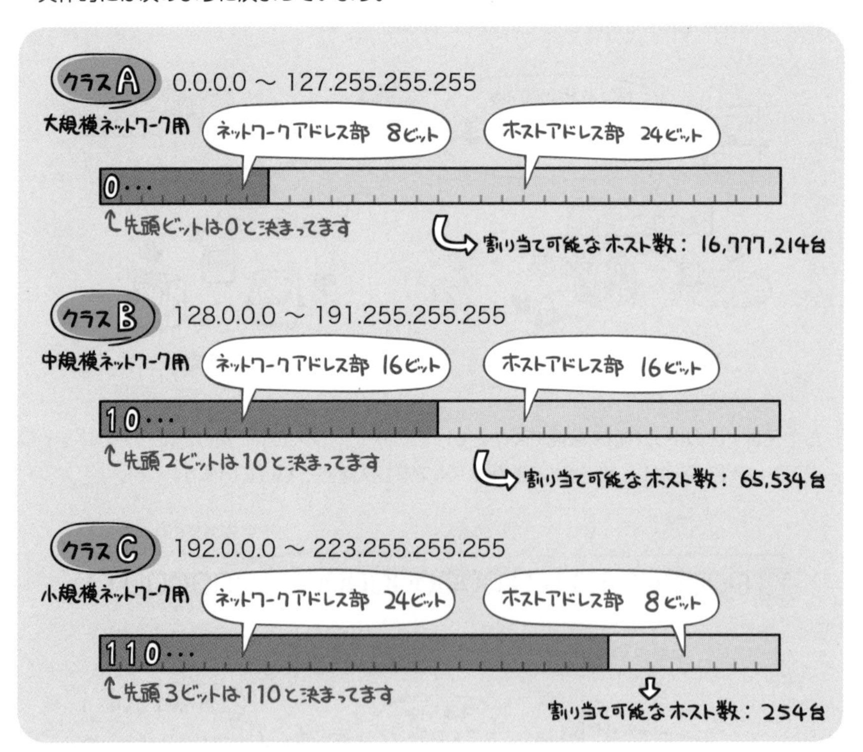

ホストアドレス部が「すべて0」「すべて1」となるアドレスは、それぞれ「ネットワークアドレス（すべて0）」「ブロードキャストアドレス（すべて1）」という意味で予約されているため割り当てには使えません。上図の「割り当て可能なホスト数」が、そのビット数で本来あらわせるはずの数から－2した数値になっているのはそのためです。

ブロードキャスト

同一ネットワーク内のすべてのホストに対して、一斉に同じデータを送信することをブロードキャストと言います。

ブロードキャストを行うには、宛先として「ホストアドレス部がすべて1となるIPアドレス」を指定します。このアドレスがつまりは「全員宛て」という意味を持つわけです。

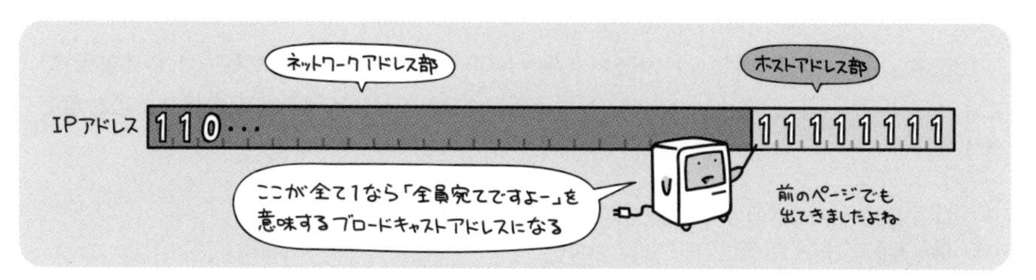

ブロードキャストは「ネットワーク内の全員」宛てなので、OSI階層モデル第3層（ネットワーク層）のルータを越えてパケットが流れることはありません。

一方、第2層以下の機器、たとえばスイッチなどは、このパケットを受信すると全てのポートへと転送します。

ブロードキャストの逆の言葉として、特定の1台のみに送信することをユニキャストと言います。また、複数ではあるけれども不特定多数ではなく決められた範囲内の複数ホストに送信する場合はマルチキャストと言います。

サブネットマスクでネットワークを分割する

一番小規模向けのクラスCでも254台のホストを扱えるわけですが、「そんなにホスト数はいらないから、事業部ごとにネットワークを分けたい！」とかいう場合、サブネットマスクを用いてネットワークを分割することができます。

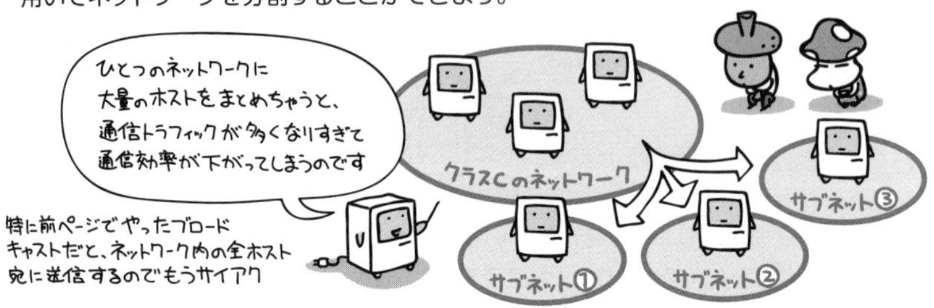

サブネットマスクは、各ビットの値（1がネットワークアドレス、0がホストアドレスを示す）によって、IPアドレスのネットワークアドレス部とホストアドレス部とを再定義することができます。

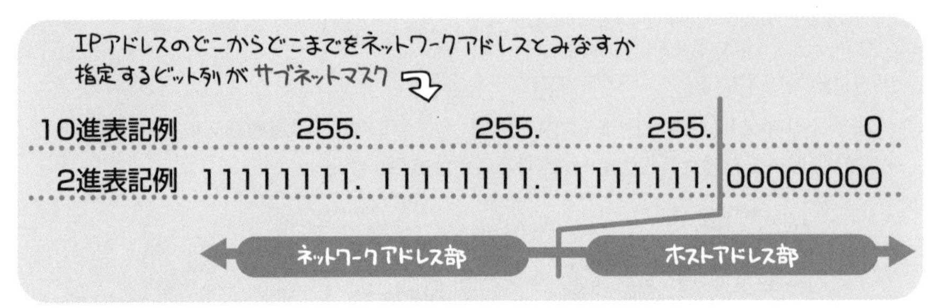

たとえばクラスCのIPアドレスで、次のようにサブネットマスクを指定した場合、62台ずつの割り当てが行える4つのサブネットに分割することができます。

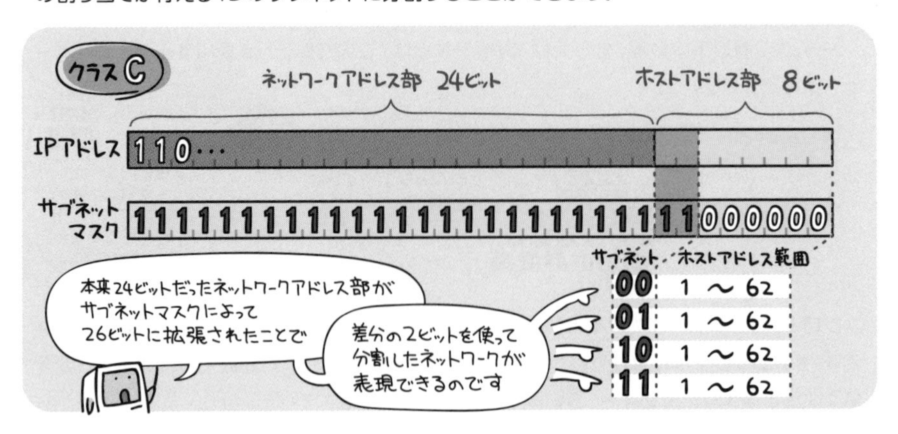

サブネットマスクの話はややこしいので、練習問題で確認しておきましょう。

練習問題

IPアドレスが 172.16.255.164、サブネットマスクが 255.255.255.192 であるホストと同じサブネットワークに属するホストのIPアドレスはどれか。

ア 172.16.255.128　　イ 172.16.255.129
ウ 172.16.255.191　　エ 172.16.255.192

(平成27年度春期 応用情報技術者試験 午前 問36)

まずはサブネットマスクを2進数に直します。これで、ネットワークアドレス部として定義された範囲がわかります。

10進表記	255.	255.	255.	192
2進表記	11111111.	11111111.	11111111.	11000000

ネットワークアドレス部　ホストアドレス部

192は、2進数だと11000000になります

これにより、先頭26ビットがネットワークアドレス部であることがわかりました。

問題で与えられたホストのIPアドレスは「172.16.255.164」。これと選択肢で与えられた4つのIPアドレスとは、いずれも頭3バイトまで共通しています。したがって、最後の1バイト(8ビット)の内容を比較することで、答えを求めることができます。

問題で与えられたIPアドレスはコレ → 172.16.255.164 → 164を2進数に変換する → 10100100

この範囲は全て共通してるので考えなくて良い

この2ビットまでがネットワークアドレス

つまり選択肢の中から、先頭2ビットが10となる有効なIPアドレスを見つければいいのです

選択肢のIPアドレスから、それぞれ最後の1バイトを抜き出して2進数に直してみると、次のようになります。

ア 172.16.255.128 → 10000000 (ここはOK)　ただしホストアドレス部がすべて0の場合、これはネットワークアドレスをあらわす　ホスト割り当て不可

イ 172.16.255.129 → 10000001 (ここはOK)　ホストアドレスもOK

ウ 172.16.255.191 → 10111111 (ここはOK)　ただしホストアドレス部がすべて1の場合、これはブロードキャストアドレスをあらわす　ホスト割り当て不可

エ 172.16.255.192 → 11000000 (ここでNG)

以上より、同じサブネットワークに属し、かつ有効なホストアドレスである選択肢 イ が正解となります。

サブネットマスクとCIDR(サイダー)表記

IPアドレスとサブネットマスクはセットなので、別々ではなくまとめて記述したい時がままあります。ルータの設定画面とかだと、ちょくちょくあります。

そう、これだとちょっと長いですよね。実際にそんな入力をしていることはまず見かけません。だいたい、次のように省略して記載します。

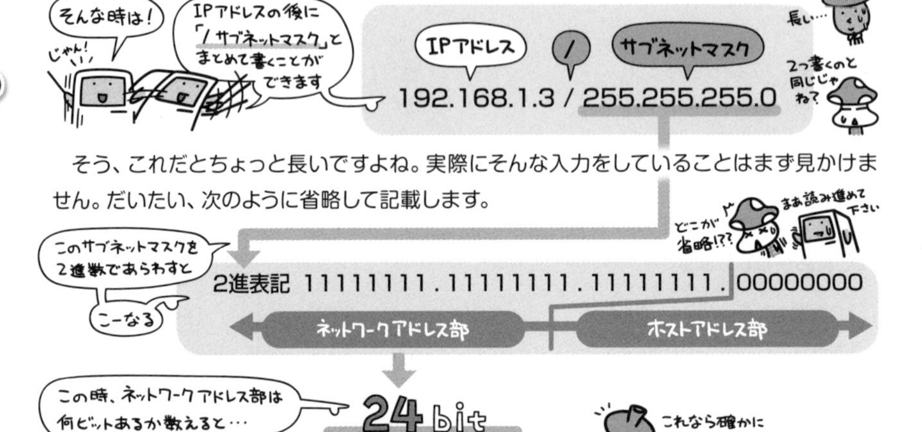

もともとこれは、CIDR (Classless Inter-Domain Routing)と呼ばれる方式の表記法から来ています。わかりやすくて便利なので、サブネットマスクの書き方としても一般化したわけです。

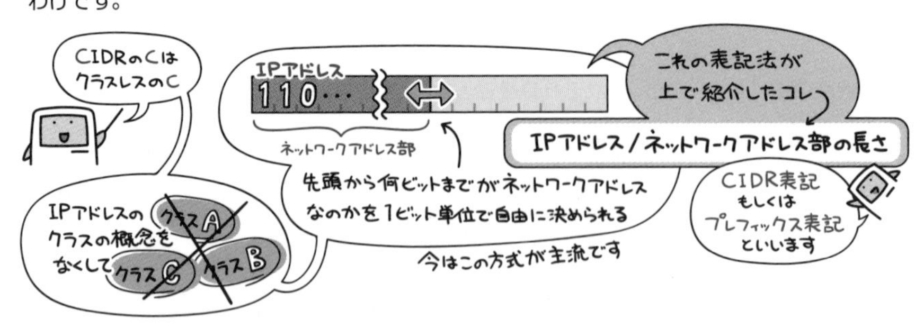

サブネットではネットワークアドレス部の拡張しかできませんが、CIDRの場合は縮小もできるため、ネットワークを分割するだけではなく、逆に割り当てられるホストのアドレス数を増やして複数のネットワークを集約するなど、より柔軟な構成が可能です。ちなみにこのCIDR表記は、次に出てくるIPv6でも、同様に使えます。

IPv6 (Internet Protocol Version 6)

現在広く用いられているIPはVersion 4のもので、IPv4とも呼ばれています。このプロトコルでは32ビットの数値によってIPアドレスを割り当てるため、表現できる個数は約43億個。決して少なくはない数ですが、全世界のインターネット接続人口を考えた場合、十分な数とは言えません。

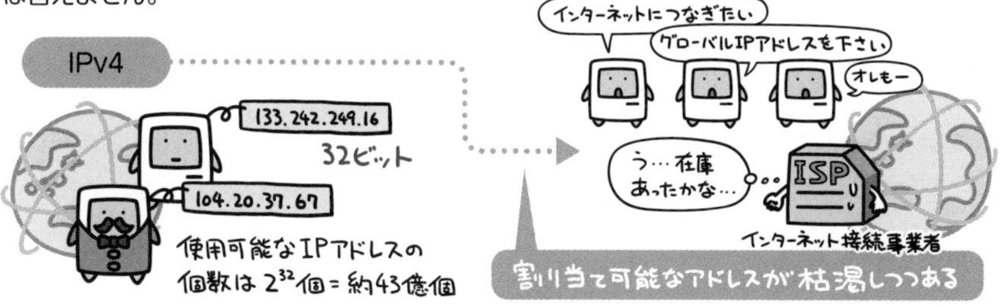

そこで、IPv4の後継規格として置き換えが進められているのがIPv6です。IPv6ではIPアドレスを128ビットの数値によって表現します。そのため、約340澗個（澗は10^{36}をあらわす）という、1兆の1兆倍の1兆倍よりも大きい、実質無限と言ってよい個数のIPアドレスを割り当てることができます。

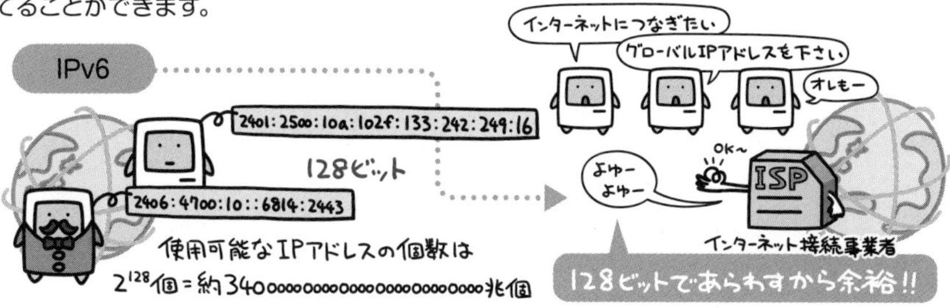

IPv4では、IPアドレスを8ビットずつに「.」で区切り、それぞれを10進数であらわす表記法であったのに対し、IPv6の場合はIPアドレスを16ビットずつに「:」で区切り、それぞれを4桁の16進数であらわして表記します。

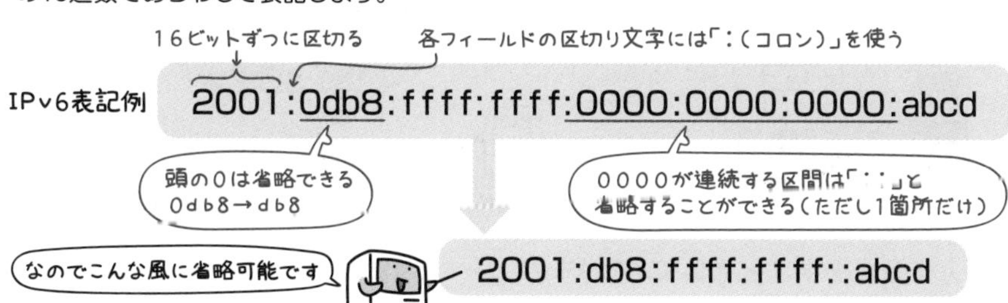

IPv6は、次世代の規格ということで様々な見直しが図られています。セキュリティ面ではIPレベルに暗号化機能を持たせるIPsec（P.660）を標準サポートとし、経路上で付加されるヘッダ構造も通信の効率化が考慮されたものになっています。

MACアドレスとIPアドレスは何がちがう？

さて、ここまでIPアドレスについて見てきました。ざっくり言えば「ネットワーク上でコンピュータを識別する番号」みたいな理解になっていることと思います。

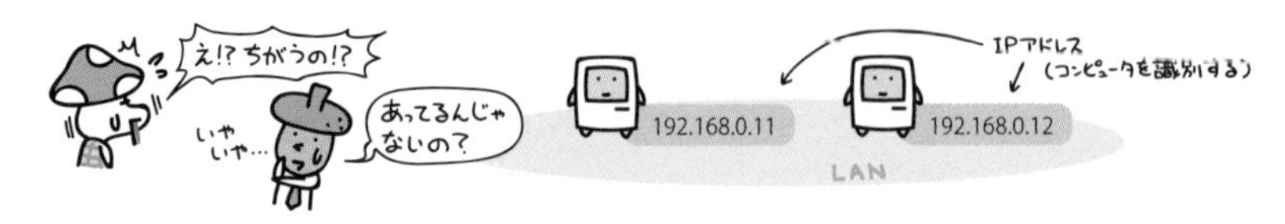

では質問。MACアドレスってありましたよね？ P.523のNICの説明の時に出てきたあれです。あれとIPアドレスは何がちがうんでしょうか？

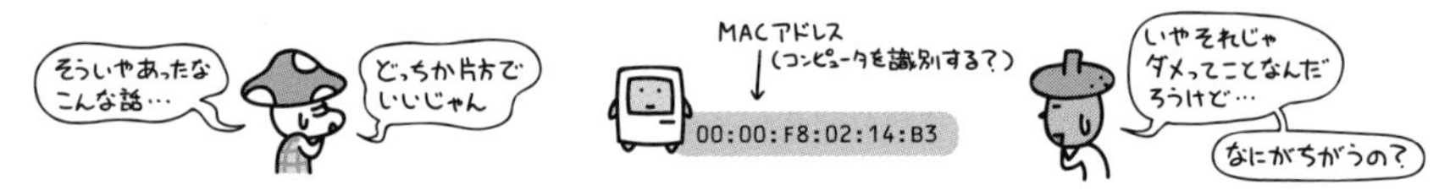

そうなんです。ここはちょっとざっくりした理解のままではあやふやになってしまうところなのです。だからおさらいを兼ねて、少しネットワークの流れを手順を追いながら見ていくことにしましょう。

まずは複数の端末がハブに接続されている、単一のネットワークを思い浮かべてください。

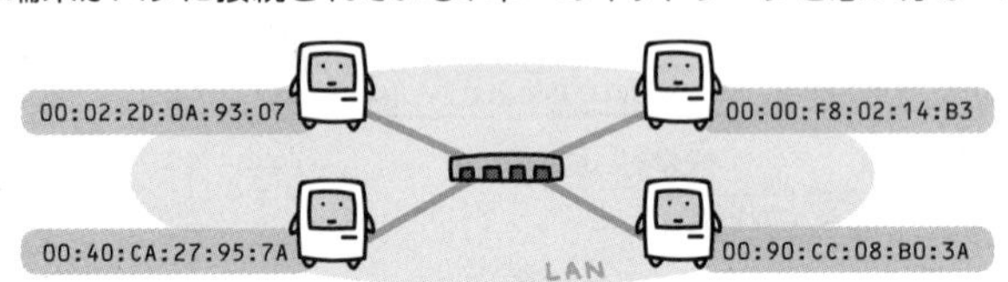

このネットワークは、イーサネット規格によって構成されています。イーサネットはOSI参照モデルの第1層（物理層）と第2層（データリンク層）をサポートするもので、端末（端末の持つNIC）はそれぞれ固有のMACアドレスを持ち、これによって識別されます。

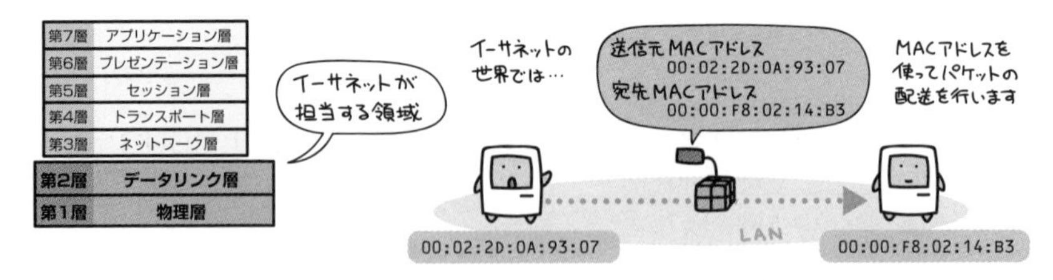

しかし既に述べている通り、これではネットワークをまたいでの通信ができません。

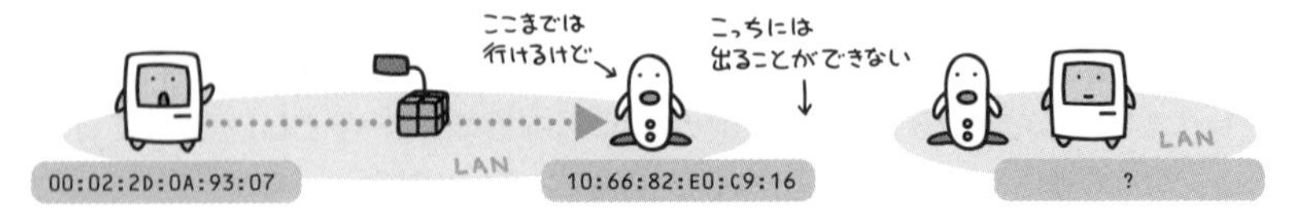

そこで働くのがOSI参照モデル 第3層（ネットワーク層）のIPです。

この層では、IPアドレスを用いて端末を識別し、ネットワーク間を中継できるようにします。

ネットワークを越えた相手にパケットを送りたい場合、送り元には自分のIPアドレス、宛先には相手のIPアドレスを記載してパケットにくっつけます。これは第3層にIPを用いた時のお約束。

それを誰に投げるかというと…。

いえいえ、実際の配送は第2層以下のイーサネットが担当するのです。そこで送信元には自分のMACアドレス、宛先は…実は「LAN1のルータ」のMACアドレスを記載することになるんですね。そして、イーサネットフレームとしてパケットを流すわけ。

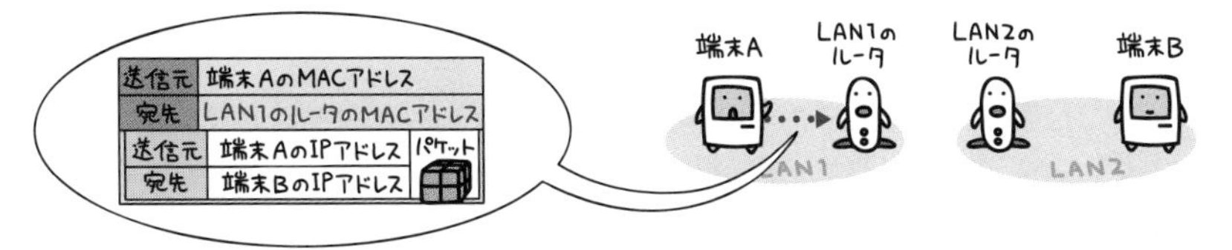

受けとったルータは、宛先IPアドレスを見て「あ、外側に中継するのね」と理解します。

そうしたら今度は、送信元MACアドレスを自分にして、宛先MACアドレスは中継先のMACアドレスに書き換えて、またまたイーサネットフレームとして流します。

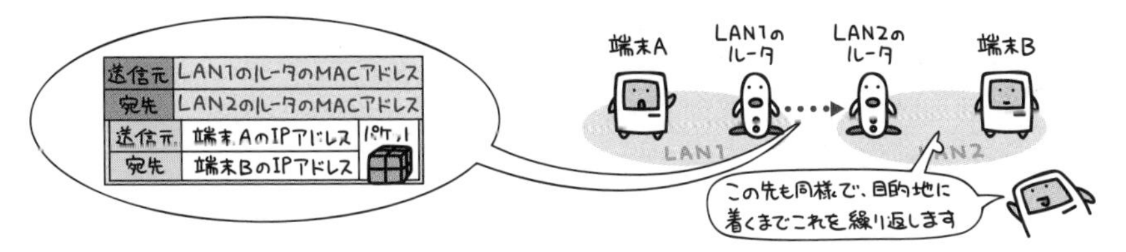

配送はイーサネット。そこで近距離をバケツリレーしてつなぐために使われるのはMACアドレス。中継はIP。そのために使われるのはIPアドレス。

この役割分担と、パケットが運ばれていくイメージを掴んでおきましょう。

TCP/IPとパケットヘッダ

TCP/IPによる通信では、送信時にOSI参照モデルの各階層が、パケットに対して必要な情報を順次付加して下の階層へと受け渡します。この時付加される情報のことをヘッダと言います。

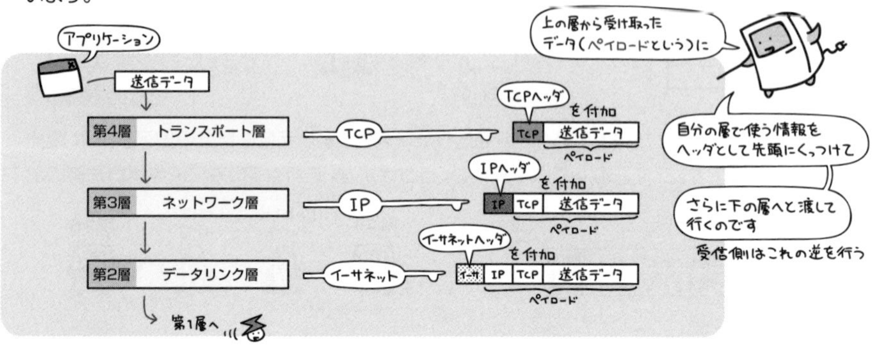

各階層におけるパケットの呼び名は、「TCPパケット」「IPパケット」などと言うことも珍しくありませんが、正式には次のように呼称されます。

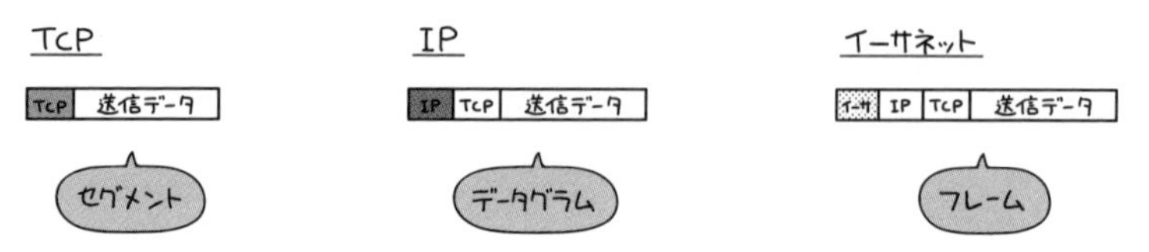

前ページでは説明の都合上、ヘッダとして付加する内容をアドレス情報に限定して紹介していました。しかし実際はそれだけではありません。データサイズやパケットの生存時間など、プロトコル上必要となる様々な項目が詰まっています。

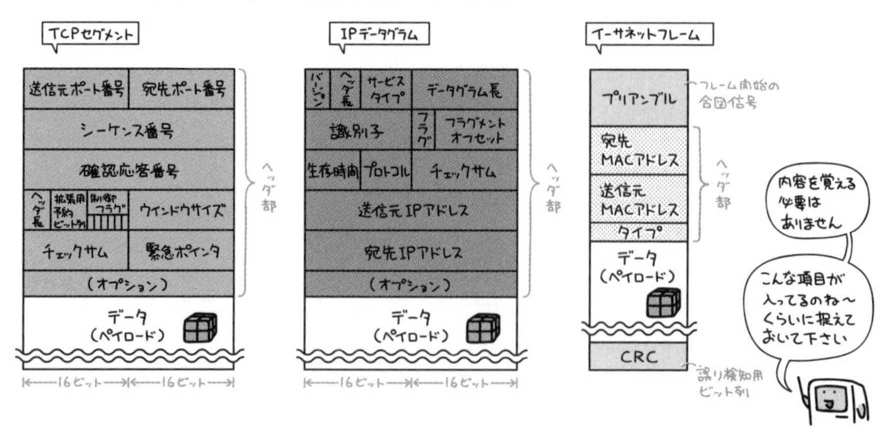

MACアドレスとIPアドレスの変換

MACアドレスの管理は各端末に任されています。そのため、「送信先（もしくは中継先）のIPアドレスはわかるのだけど、MACアドレスはわからない」ということが起こり得ます。

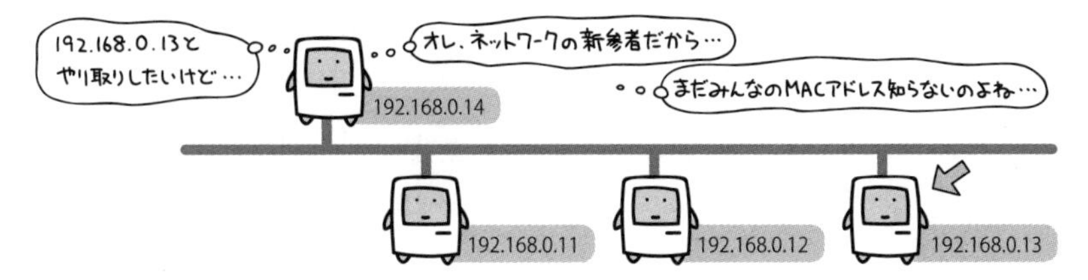

この時に用いるプロトコルがARP（Address Resolution Protocol）です。ARPではARP要求パケットをブロードキャストして、目的の端末からMACアドレスを取得します。

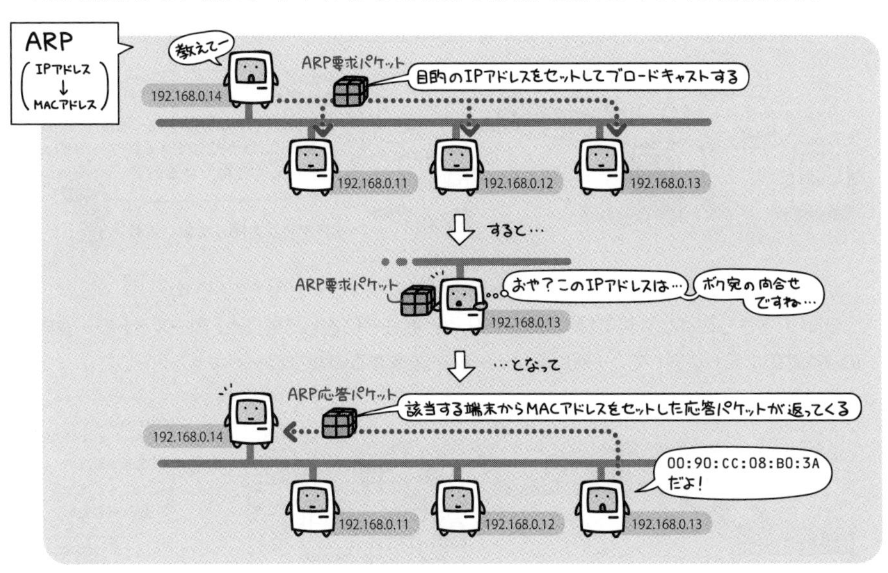

その逆に、MACアドレスからIPアドレスを取得するために用いるのがRARP（Reverse Address Resolution Protocol）です。こちらは、自身のMACアドレスをRARP要求フレームにセットして流し、RARPサーバから返答を受け取ります。

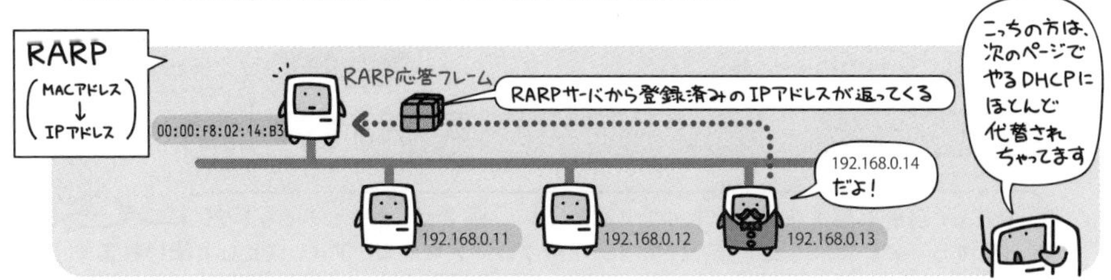

DHCPは自動設定する仕組み

LANにつなぐコンピュータの台数が増えてくると、重複しないIPアドレスを1台ずつ個別に割り当てることが、思いの外困難になってきます。

DHCP（Dynamic Host Configuration Protocol）というプロトコルを利用すると、こうしたIPアドレスの割り当てなど、ネットワークの設定作業を自動化することができます。管理の手間は省けますし、人為的な設定ミスも防ぐことができてバンバンザイ。

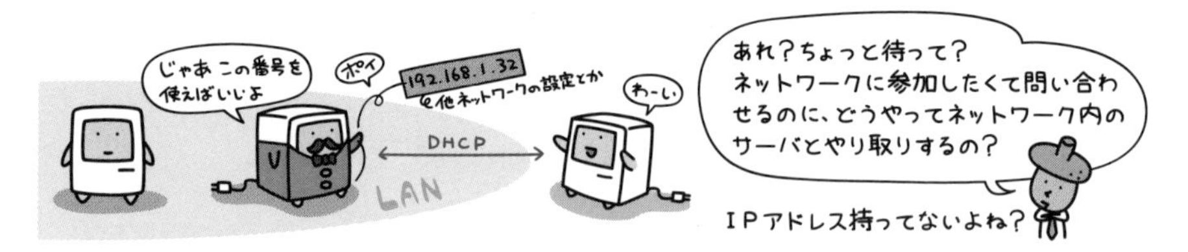

いいところに気がつきました。そこで多用されるのがブロードキャストです。

DHCPをさらに詳しく見ていく前に、ちょっとおさらいをしておくと、同一ネットワーク内のすべてのホストに対して、一斉に同じデータを送信するのがブロードキャストでした。

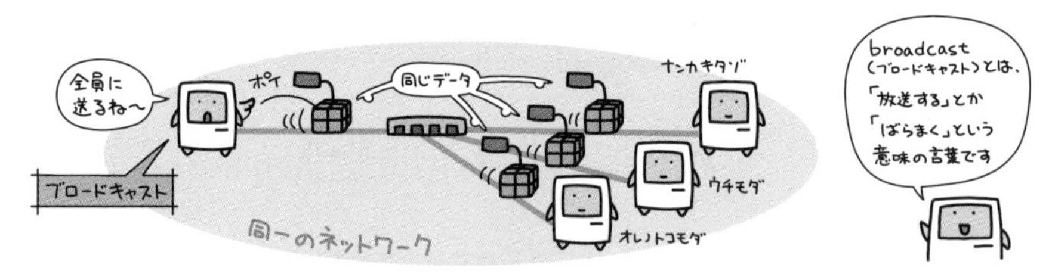

そして、ブロードキャストを行うには、宛先として「ホストアドレス部がすべて1となるIPアドレスを指定する」のでした。このアドレスが「全員宛て」という意味を持つわけです。

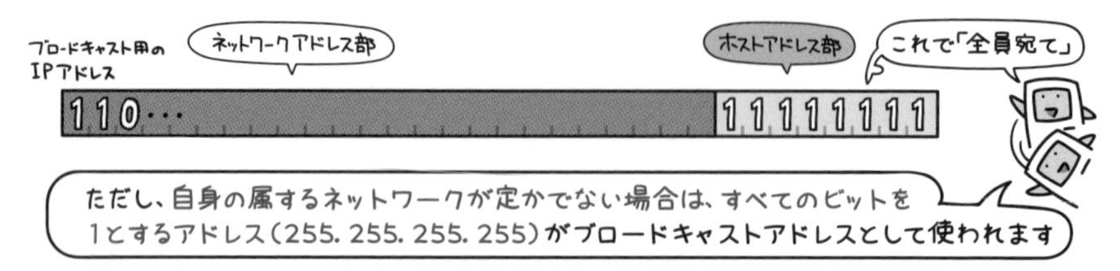

それではDHCPによって、具体的にどのような手順でIPアドレスの割り当てが行われるかを見ていきましょう。

手順① DHCPDISCOVER

ネットワーク内のDHCPサーバを探すために、DHCPクライアントはネットワーク内の全ホストに対してDHCPDISCOVERメッセージをブロードキャストする。

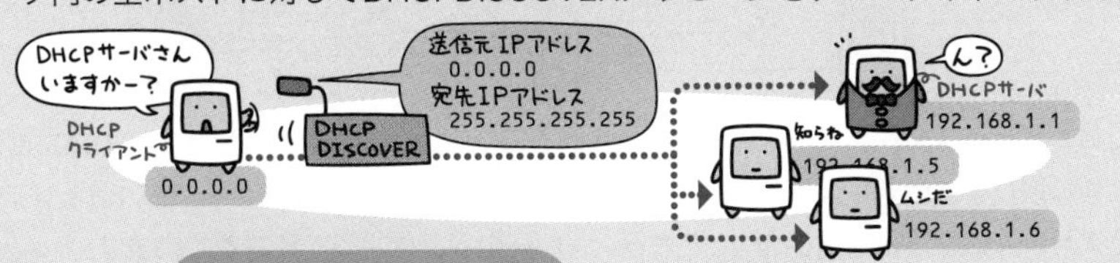

手順② DHCPOFFER

上記メッセージを受信したDHCPサーバは、使用可能なIPアドレスなどの設定情報を記したDHCPOFFERメッセージをブロードキャストで返却する。

手順③ DHCPREQUEST

DHCPクライアントは、受信した設定情報の使用許可を求めるDHCPREQUESTメッセージをブロードキャストする。

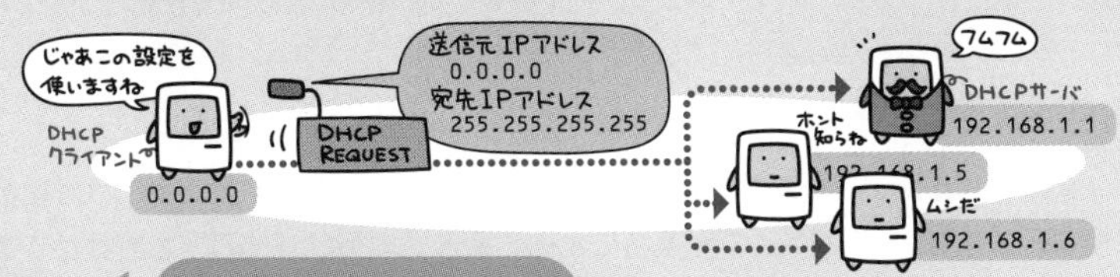

手順④ DHCPACK

上記メッセージを受信したDHCPサーバは、許可(DHCPACK)もしくは不許可(DHCPNAK)を示すメッセージをブロードキャストで返却する。

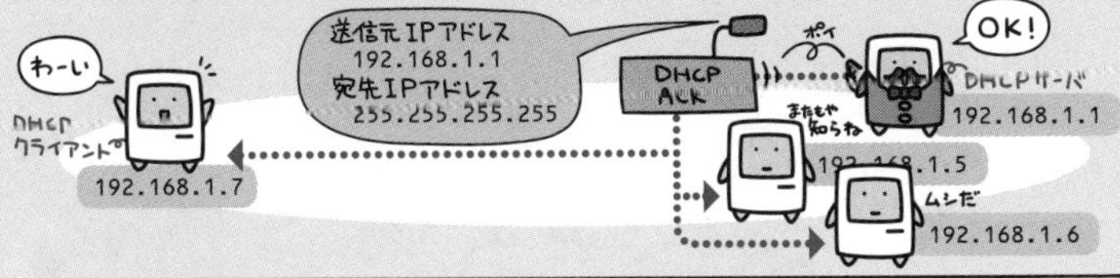

このような段取りを踏むことで、ネットワーク内に複数のDHCPサーバが存在しても返ってきたレスポンスの中から適宜選択できるようにしているのです

NATとIPマスカレード

LANの中ではプライベートIPアドレスを使っているのが一般的ですが、外のネットワークとやり取りするためにはグローバルIPアドレスが必要です。

では、プライベートIPアドレスしか持たない各コンピュータは、どうやって外のコンピュータとやり取りするのでしょうか。それにはNATやIPマスカレード（NAPTともいいます）といったアドレス変換技術を用います。これらは、ルータなどによく実装されています。

NAT

グローバルIPアドレスとプライベートIPアドレスとを1対1で結びつけて、相互に変換を行います。同時にインターネット接続できるのは、グローバルIPアドレスの個数分だけです。

IPマスカレード

グローバルIPアドレスに複数のプライベートIPアドレスを結びつけて、1対複数の変換を行います。IPアドレスの変換時にポート番号（詳しくはP.572）もあわせて書き換えるようにすることで、1つのグローバルIPアドレスでも複数のコンピュータが同時にインターネット接続をすることができます。

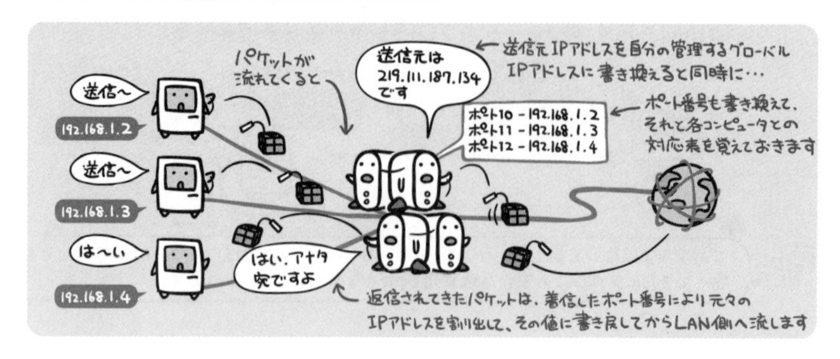

ドメイン名とDNS

10進数で表記されたIPアドレスは、2進数で表記されているのよりかはマシですが、それでも人間にとって「覚えやすい」とは言いづらいものがあります。数字の羅列って、丸暗記しないといけないから大変なんですよね。

そこで、覚えづらいIPアドレスに対して、文字で別名をつけたものがドメイン名です。たとえば「技術評論社のネットワークに所属するwwwという名前のコンピュータ」を表現する場合は、次のように書きあらわします。

www.gihyo.co.jp

コンピュータの名前　組織の名前　組織の種類　国の名前

この場合は「日本(jp)」の「企業(co)」で「技術評論社(gihyo)」というとこのネットワークにいる「www」という名前のコンピュータ…ということをあらわしているわけです

国としては他に英国(uk)や中国(cn)などがあり、組織には大学(ac)や政府機関(go)などがあります

インターネットでWebページを見る時に使う「http://www.gihyo.co.jp/」という記述の波線部分は、実はコンピュータを指定してる部分だったりする

このドメイン名とIPアドレスとを関連づけして管理しているのがDNS(Domain Name System)です。DNSサーバに対して「www.gihyo.co.jpのIPアドレスは何?」とか、「IPアドレスが219.101.198.19のドメイン名って何?」とか問い合わせると、それぞれに対応するIPアドレスやドメイン名が返ってきます。

ネットワークを診断するプロトコル

TCP/IPのパケット転送において、発生した各種エラー情報を報告するために用いられるプロトコルがICMP（Internet Control Message Protocol）です。

通信エラー発生時には、その発生場所からパケットの送信元に対して、ICMPによってエラー情報が通知されます。これにより、発生した障害内容を知ることができるわけです。

ICMPには他に、エコー要求/応答のようなネットワークの診断に用いることのできるメッセージもあります。代表的なものは下記の通りです。

Type	意味	説明
0	エコー応答	エコー要求に対する応答。
3	宛先到達不可能	パケットが届けられない理由を通知する。
4	送出抑制要求	受信能力の超過によりパケットが破棄された旨を通知する。
5	リダイレクト	最適な経路選択のために適切なゲートウェイを通知する。
8	エコー要求	エコー要求を指定ホストに対して行う。
11	時間切れ	パケットが生存時間超過により破棄されたことを通知する。

このICMPを用いたネットワーク検査コマンドとして有名なのが、次の2つです。

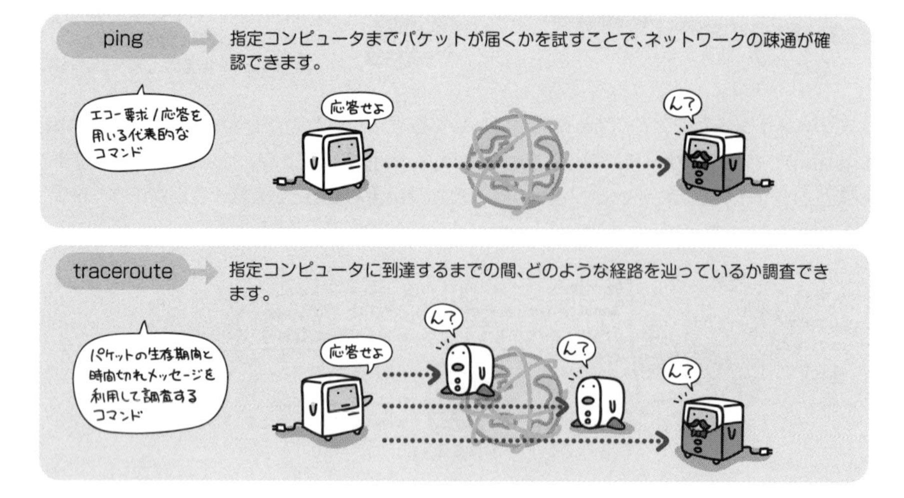

ネットワークを管理するプロトコル

ネットワークを構成するルータやスイッチなど、様々な機器の状態や設定を管理するために用いられるプロトコルがSNMP (Simple Network Management Protocol)です。

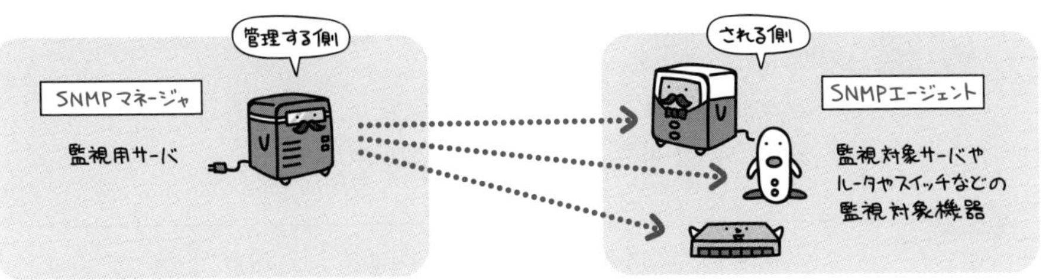

SNMPエージェントは、MIB (Management Information Base)と呼ばれる一種のデータベースを持っています。ここに、管理するべき情報が蓄積されています。

マネージャとエージェント間では、PDU (Protocol Data Unit)というコマンドにより情報のやり取りを行います。

マネージャからは、次のPDUを発行してエージェントの持つMIB情報の取得や設定変更を行います。

機器に故障が発生したり、あらかじめ設定しておいたしきい値を超える何かしらのイベントが発生した場合は、エージェント側からマネージャへと次のPDUが発行され、異常の発生を通知します。

このように出題されています

過去問題練習と解説

UDPのヘッダフィールドにはないが，TCPのヘッダフィールドには含まれる情報はどれか。

ア　宛先ポート番号　　　　イ　シーケンス番号
ウ　送信元ポート番号　　　エ　チェックサム

解説

UDPのヘッダフィールドには、送信元ポート番号、宛先ポート番号、パケット長、チェックサムの4つがあります。シーケンス番号は、558ページ下の図にあるTCPのヘッダフィールドに含まれていますが、UDPのヘッダフィールドには含まれていません。

IPv4で192.168.30.32/28のネットワークに接続可能なホストの最大数はどれか。

ア　14　　　イ　16　　　ウ　28　　　エ　30

解説

192.168.30.32/28の“/28”の部分は、“プレフィックス長”と呼ばれ、ネットワークアドレス部がIPv4のアドレスの先頭から何ビット目までなのかを示します。したがって、本問のIPv4アドレスのネットワークアドレス部は、1ビット目から28ビット目までで、29ビット目から32ビット目までの4ビットは、ホストアドレス部です。

4ビットのホストアドレス部で表せる2進数は、0000～1111までの16個ですが、0000はネットワークアドレスに、1111はブロードキャストアドレスに割り当て済みであり、ホストアドレスには指定できません。したがって、ホストアドレスには指定できるのは、0001～1110までの14個であり、192.168.30.32/28のネットワークに接続可能なホストの最大数は“14”です。

192.168.30.32/28でのIPアドレス

ネットワークアドレス部	ホストアドレス部	
11000000 10101000 00011110 0010	0000	ネットワークアドレス
11000000 10101000 00011110 0010	0001	ホストアドレス
11000000 10101000 00011110 0010	0010	ホストアドレス
⋮	⋮	⋮
⋮	⋮	⋮
11000000 10101000 00011110 0010	1101	ホストアドレス
11000000 10101000 00011110 0010	1110	ホストアドレス
11000000 10101000 00011110 0010	1111	ブロードキャストアドレス

（0001～1110のホストアドレス：14個）

注：192.168.30.32の2進数表現は、11000000 10101000 00011110 00100000です。

イーサネットで用いられるブロードキャストフレームによるデータ伝送の説明として，適切なものはどれか。

ア　同一セグメント内の全てのノードに対して，送信元が一度の送信でデータを伝送する。
イ　同一セグメント内の全てのノードに対して，送信元が順番にデータを伝送する。
ウ　同一セグメント内の選択された複数のノードに対して，送信元が一度の送信でデータを伝送する。
エ　同一セグメント内の選択された複数のノードに対して，送信元が順番にデータを伝送する。

解説

551ページで説明されているとおり、ブロードキャストとは、同一ネットワーク内の全てのホストに対して、一斉に同じデータを送信することです。

IPv4ネットワークで使用されるIPアドレスaとサブネットマスクmからホストアドレスを求める式はどれか。ここで，"～" はビット反転の演算子，"|" はビットごとの論理和の演算子，"&" はビットごとの論理積の演算子を表し，ビット反転の演算子の優先順位は論理和，論理積の演算子よりも高いものとする。

ア　～a&m　　イ　～a|m　　ウ　a&～m　　エ　a|～m

解説

IPアドレスaとサブネットマスクmからホストアドレス（ホストアドレス部）を求めるには、IPアドレスaとサブネットマスクmをビット反転したもの（～m）の論理積（&）をとればよいです（552～553ページを参照してください）。

なお、ネットワークアドレス部を取り出したいのであれば、IPアドレスaとサブネットマスクmの論理積（&）をとればよいです（"a&m" となります）。

TCP/IPネットワークにおけるARPの説明として，適切なものはどれか。

ア　IPアドレスからMACアドレスを得るプロトコルである。
イ　IPネットワークにおける誤り制御のためのプロトコルである。
ウ　ゲートウェイ間のホップ数によって経路を制御するプロトコルである。
エ　端末に対して動的にIPアドレスを割り当てるためのプロトコルである。

解説

ア　ARP（559ページ参照）の説明です。　イ　TCP（546ページ参照）の説明です。　ウ　RIP（Routing Information Protocol）の説明です。　エ　DHCP（560ページ参照）の説明です。

正解▶問1：イ　問2：ア　問3：ア　問4：ウ　問5：ア

TCP, UDPのポート番号を識別し，プライベートIPアドレスとグローバルIPアドレスとの対応関係を管理することによって，プライベートIPアドレスを使用するLAN上の複数の端末が，一つのグローバルIPアドレスを共有してインターネットにアクセスする仕組みはどれか。

ア　IPスプーフィング　イ　IPマルチキャスト　ウ　NAPT　エ　NTP

解説

ア　IPスプーフィングは、送信するIPパケットの送信元IPアドレスを偽造し、IPパケットのなりすましを行うことです。　イ　IPマルチキャストは、特定の複数のホストに同じ情報を効率的に配信するための方法です。なお、IPマルチキャストは、ネットワーク内のすべてのホストにデータを送る、ブロードキャストとは異なります。特定された複数のホストにデータを送り、全部ではありません。　ウ　NAPT(Network Address Port Translation)の説明は、562ページを参照してください。　エ　NTP(Network Time Protocol)の説明は、571ページを参照してください。

ネットワーク機器の接続状態を調べるためのコマンドpingが用いるプロトコルはどれか。

ア　DHCP　イ　ICMP　ウ　SMTP　エ　SNMP

解説

各選択肢の用語の説明は、下記のページを参照してください。

ア　DHCP…560ページ　イ　ICMPおよびping…564ページ　ウ　SMTP…588ページ
エ　SNMP…565ページ

IPv4ネットワークにおいて，IPアドレスを付与されていないPCがDHCPサーバを利用してネットワーク設定を行う際，最初にDHCPDISCOVERメッセージをブロードキャストする。このメッセージの送信元IPアドレスと宛先IPアドレスの適切な組合せはどれか。ここで，このPCにはDHCPサーバからIPアドレス192.168.10.24が付与されるものとする。

	送信元IPアドレス	宛先IPアドレス
ア	0.0.0.0	0.0.0.0
イ	0.0.0.0	255.255.255.255
ウ	192.168.10.24	255.255.255.255
エ	255.255.255.255	0.0.0.0

解説

IPアドレスを付与されていないPCが、最初にDHCPDISCOVERメッセージをブロードキャストする時には、そのPCには、IPアドレスを付与されていないので、DHCPDISCOVERメッセージの送信元IPアドレスは、0.0.0.0になります。また、IPのブロードキャストアドレスは、255.255.255.255なので、DHCPDISCOVERメッセージの宛先IPアドレスは、255.255.255.255になります。

図のようなIPネットワークのLAN環境で，ホストAからホストBにパケットを送信する。LAN1において，パケット内のイーサネットフレームの宛先とIPデータグラムの宛先の組合せとして，適切なものはどれか。ここで，図中のMACn/IPmはホスト又はルータがもつインタフェースのMACアドレスとIPアドレスを示す。

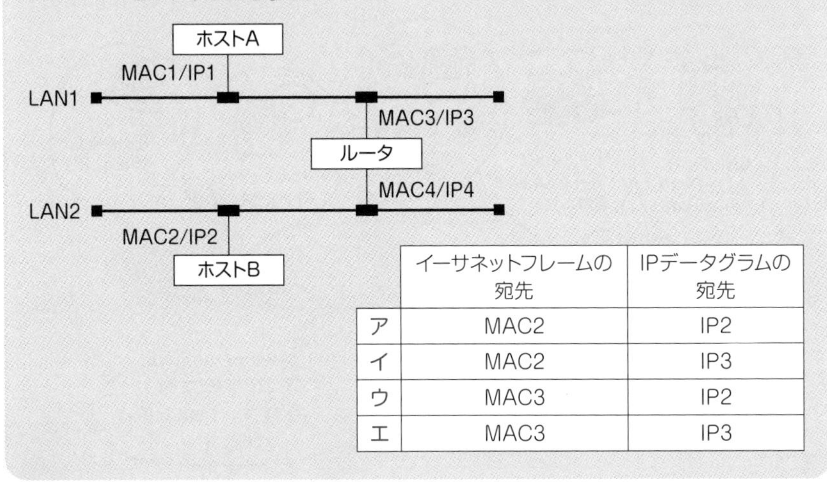

	イーサネットフレームの宛先	IPデータグラムの宛先
ア	MAC2	IP2
イ	MAC2	IP3
ウ	MAC3	IP2
エ	MAC3	IP3

解説

IPデータグラム内のIPアドレスには、最初にパケットを送信する機器のIPアドレス（＝送信元IPアドレス）と、最後にパケットを受信する機器のIPアドレス（＝宛先IPアドレス）を設定しなければなりません。本問は、ホストAからホストBへのパケットの送信を問うていますので、送信元IPアドレスには“IP1（ホストAのIPアドレス）”、宛先IPアドレスには“IP2（ホストBのIPアドレス）”が設定されます（ルータのIPアドレスであるIP3とIP4は、パケットに設定されません）。そこで、正解の候補は、選択肢アと選択肢ウに絞られます。

ルータで仕切られたネットワークの範囲を“サブネットワーク”といい、本問では、LAN1とLAN2の2つサブネットワークがあります。したがって、パケットがホストAからホストBに送信される場合、そのパケットは、サブネットワークLAN1内のホストAからルータまでを通った後に、サブネットワークLAN2内のルータからホストBまでを通ります。

サブネットワーク内では、MACアドレスを使って、送信元の機器と宛先の機器を区別します。

パケットがホストAからホストBに送信される場合、LAN1内のパケットには、送信元MACアドレスにMAC1、宛先MACアドレスにMAC3が設定されます。したがって、選択肢ウが正解です。なお、LAN2内のパケットには、送信元MACアドレスにMAC4、宛先MACアドレスにMAC2が設定されます。

正解▶問6：ウ　問7：イ　問8：イ　問9：ウ

Chapter 13-6

ネットワーク上のサービス

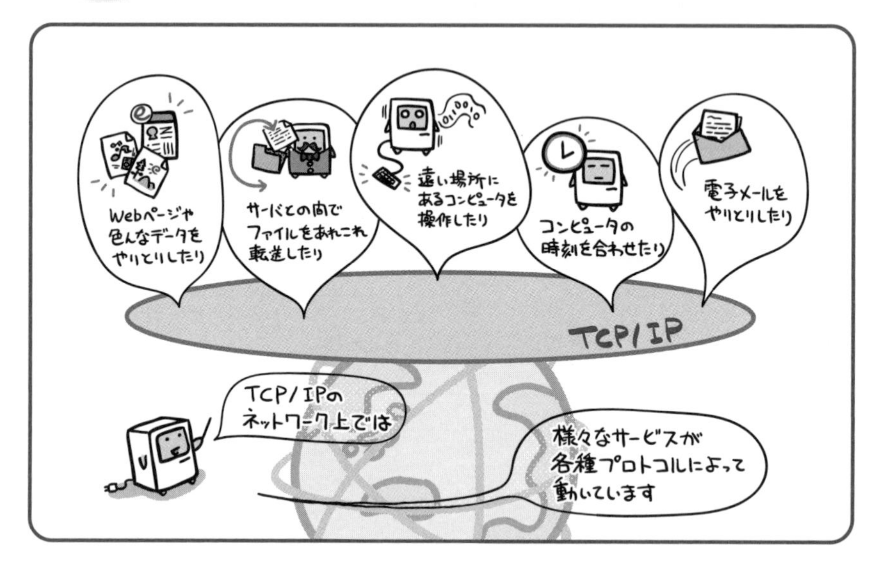

ネットワーク上で動くサービスには、それぞれに対応したプロトコルが用意されています。

サービスというのは、要求に応じて何らかの処理を提供する機能のこと。たとえば「ファイル欲しい！」って言ったら送ってくれたり、「正確な時刻に合わせたい！」って言ったら正しい時刻が伝えられたりと、そんなこと。

TCP/IPを基盤とするネットワーク上では、そのようなサービスが多数利用できるようになっています。そして、それらサービスを支えるのが、TCP/IPのさらに上位層（セッション層以上）で規定されているプロトコル群なのです。ばばん！

…というとなんだかすごく大仰ですが、実際は私たちが普段目にするプロトコルという存在って、こうした上位層のものがほとんどなんですよね。サーバとの間でファイルを転送するFTPとか、コンピュータを遠隔操作するtelnetとか。きっとずらずら並べたてていけば、どれかは耳にしたことがあるかと思います。

さて、それじゃあネットワーク上では、どんなプロトコルがどんなサービスを提供しているのか、そのあたりを見ていくといたしましょう。

代表的なサービスたち

ネットワーク上のサービスは、そのプロトコルを処理するサーバによって提供されています。

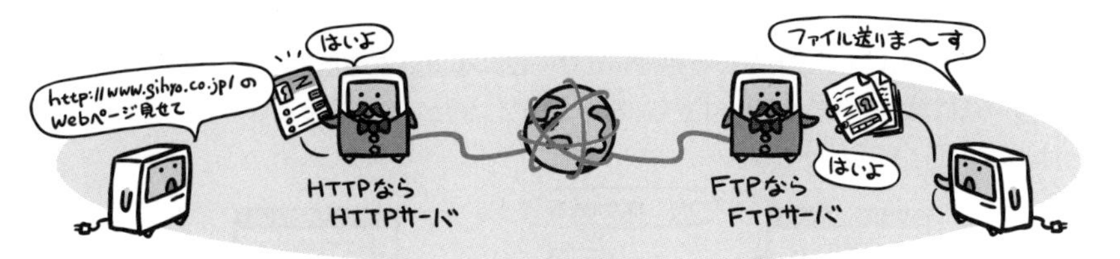

代表的なプロトコルには次のようなものがあります。主だったプロトコルにはあらかじめポート番号が予約されており、これをウェルノウンポートと言います。

	プロトコル名	説明	TCP/UDP ポート番号
	HTTP (HyperText Transfer Protocol)	Webページの転送に利用するプロトコル。Webブラウザを使ってHTMLで記述された文書を受信する時などに使います。	TCP 80
	FTP (File Transfer Protocol)	ファイル転送サービスに利用するプロトコル。インターネット上のサーバにファイルをアップロードしたり、サーバからファイルをダウンロードしたりするのに使います。	TCP 転送用 20 制御用 21
	Telnet	他のコンピュータにログインして、遠隔操作を行う際に使うプロトコル。	TCP 23
	SMTP (Simple Mail Transfer Protocol)	電子メールの配送部分を担当するプロトコル。メール送信時や、メールサーバ間での送受信時に使います。	TCP 25
	POP (Post Office Protocol)	電子メールの受信部分を担当するプロトコル。メールサーバ上にあるメールボックスから、受信したメールを取り出すために使います。	TCP 110
	NTP (Network Time Protocol)	コンピュータの時刻合わせを行うプロトコル。	UDP 123

ポート番号については… 次ページで!

サービスはポート番号で識別する

ネットワーク上で動くサービスたちは、個々に「それ専用のサーバマシンを用意しなきゃいけない！」というわけではありません。

サーバというのは、「プロトコルを処理してサービスを提供するためのプログラム」が動くことでサーバになっているわけですから、ひとつのコンピュータが、様々なサーバを兼任することは当たり前にあるわけです。

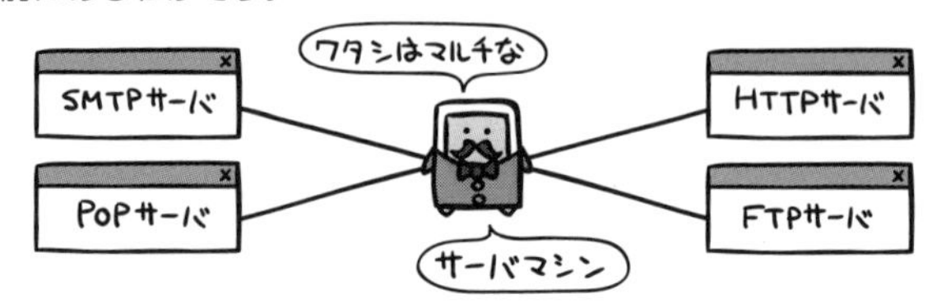

でもIPアドレスだと、パケットの宛先となるコンピュータは識別できても、それが「どのサーバプログラムに宛てたものか」までは特定できません。

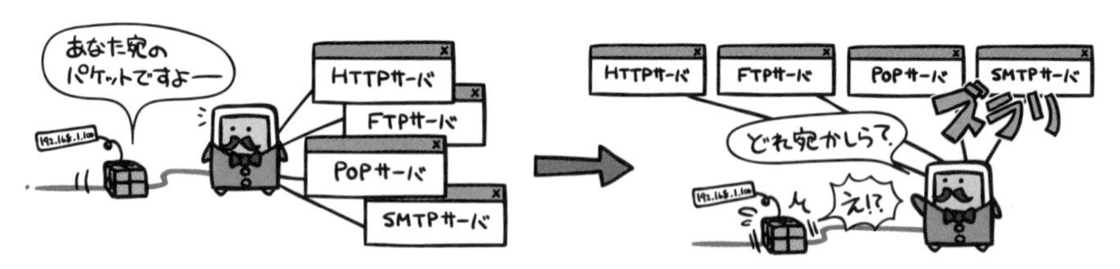

そこで、プログラムの側では0～65,535までの範囲で自分専用の接続口を設けて待つようになっています。この接続口を示す番号のことをポート番号と呼びます。

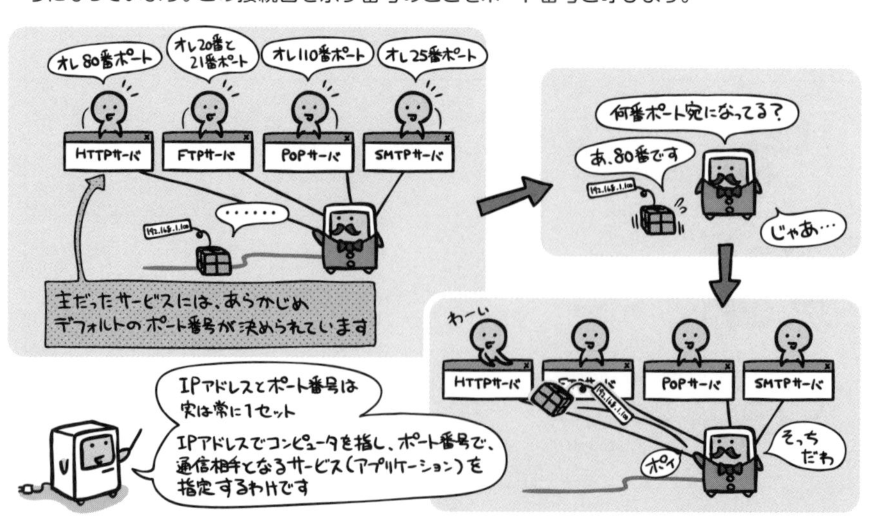

インターネットで用いられる技術の標準化

TCP/IPをはじめとするプロトコル群や、続々と登場する各種サービスなど、こうしたインターネットで利用される技術の標準化を推進する任意団体がIETF(Internet Engineering Task Force)です。

IETFにおいて取りまとめた技術仕様は、RFC(Request For Comments)という名前で文書化され、インターネット上で公開されています。

過去問題練習と解説

TCP/IPの環境で使用されるプロトコルのうち，構成機器や障害時の情報収集を行うために使用されるネットワーク管理プロトコルはどれか。

ア　NNTP　　イ　NTP　　ウ　SMTP　　エ　SNMP

解説

ア　NNTP（Network News Transfer Protocol）は、インターネット上のネットニュースでのメッセージ転送に用いられるプロトコルです。
イ　NTPの説明は、571ページを参照してください。
ウ　SMTPの説明は、588ページを参照してください。
エ　SNMPの説明は、565ページを参照してください。

TCP/IP ネットワークにおいて，IPアドレスを動的に割り当てるプロトコルはどれか。

ア　ARP　　イ　DHCP　　ウ　RIP　　エ　SMTP

解説

ア　ARPの説明は、559ページを参照してください。
イ　DHCPの説明は、560ページを参照してください。
ウ　RIP（Routing Infortmaion Protocol）は、送信元ノードと宛先ノード間のホップ数（中継するルータの数）が最小になるようなルートを選択するダイナミックルーティングプロトコルです。
エ　SMTPの説明は、588ページを参照してください。

UDPを使用しているものはどれか。

ア　FTP　　イ　NTP　　ウ　POP3　　エ　TELNET

解説

UDPを使用している代表的なプロトコルは、DHCP（560ページ参照）、NTP（571ページ参照）、SNMP（565ページ参照）です。なお、FTP、POP3、TELNETは、TCPを使用しています。

正解▶問1：エ　問2：イ　問3：イ

Chapter 13-7

WWW (World Wide Web)

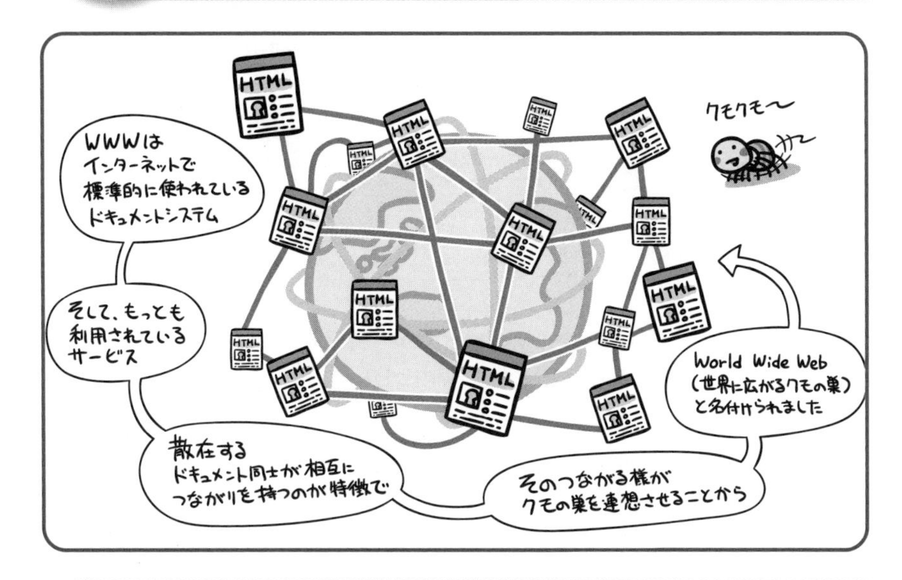

インターネットとWWWが同義語として使われるケースがあるほど、今や定着しているサービスです。

自宅からインターネットに接続する場合、ほとんどの人がインターネットプロバイダ(ISP、単にプロバイダとも)と呼ばれる接続事業者を利用することになります。その時頭に思い浮かべる「インターネットで使いたいサービス」の多くがWWW。「http:// ～」とアドレスを打ち込んでホームページなるものを見るあれがそうです。

最近はテレビでも「続きはWebで!」とかやってますよね。

このサービスでは、Webブラウザ(ブラウザ)を使って、世界中に散在するWebサーバから文字や画像、音声などの様々な情報を得ることができます。

特徴的なのはそのドキュメント形式。ハイパーテキストといわれる構造で「文書間のリンクが設定できる」「文書内に画像や音声、動画など様々なコンテンツを表示できる」などの特徴を持ちます。これによって、インターネット上のドキュメント同士がつながりを持ち、互いに補完しあうような使い方もできるようになっているのです。

上のイラストにもあるように、そうした「ドキュメント間にリンクが張り巡らされて網の目状となっている構造」をクモの巣に例えたことが、WWWというサービス名の由来です。

Webサーバに、「くれ」と言って表示する

WWWのサービスにはWebサーバとWebブラウザ（という名のクライアント）が欠かせないわけですが、そのやり取りは、実はものすごく単純だったりします。

サーバの仕事というのは、基本的に「くれ」と言われたファイルを渡すだけ。なにかデータを整形したり、特別な処理を加えたりとかは一切なっしんぐ。

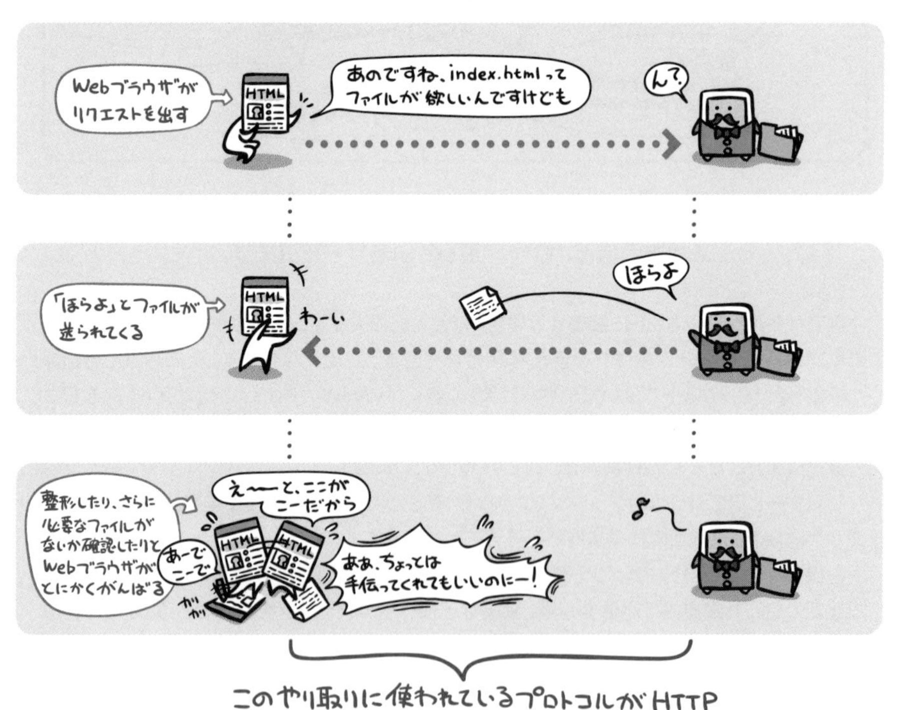

でも、そんな単純な仕組みで出来ているからこそ、様々なファイルが扱えたり、拡張も容易だったりと、広い範囲で使える仕組みになっているのです。

Webページは HTMLで記述する

WebページはHTML (Hyper Text Markup Language)という言語で記述されています。「言語」というのは、「ある法則にのっとった書式」という意味。つまりHTMLという名前で、決められた書式があるわけです。

HTMLの書式は、タグと呼ばれる予約語をテキストファイルの中に埋め込むことで、文書の見栄えや論理構造を指定するようになっています。

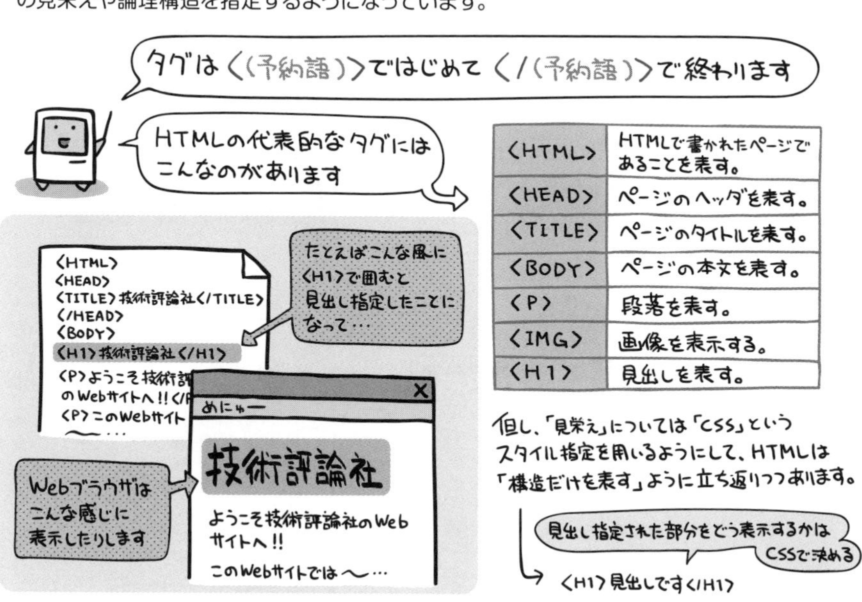

「アンカー」というタグを使うと、他の文書へのリンクを設定することができます。こうすることで、文書同士を関連づけできるのが大きな特徴です。

URLはファイルの場所を示すパス

Web上で取得したいファイルの場所を指し示すには、URL（Uniform Resource Locator）という表記方法を用います。

URLによって記述されたアドレスは、次のような形式になっています。

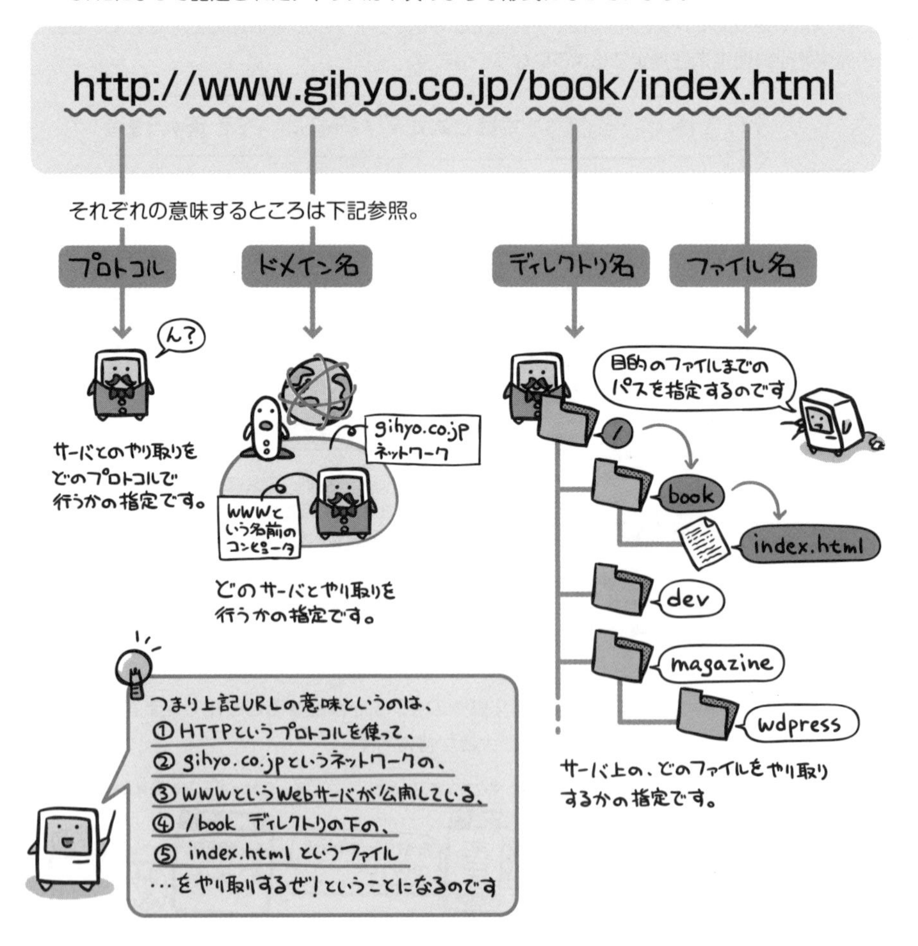

Webサーバと外部プログラムを連携させる仕組みがCGI

Webブラウザからの要求に応じて、Webサーバ側で外部プログラムを実行するために用いる仕組みに、CGI (Common Gateway Interface) があります。

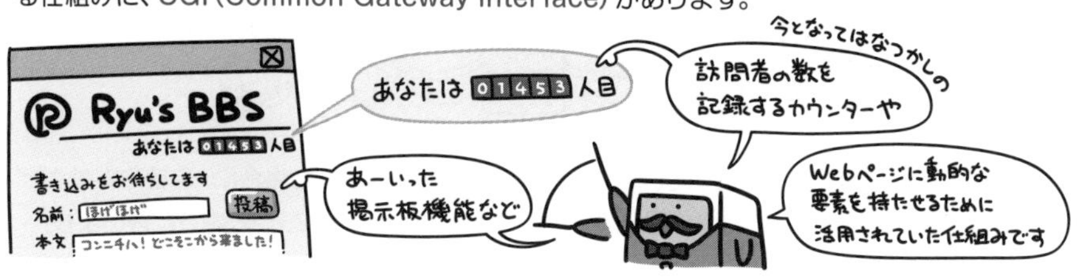

CGIプログラムを示すURLが要求されると、Webサーバは外部のプログラムを実行して、その処理結果を返します。

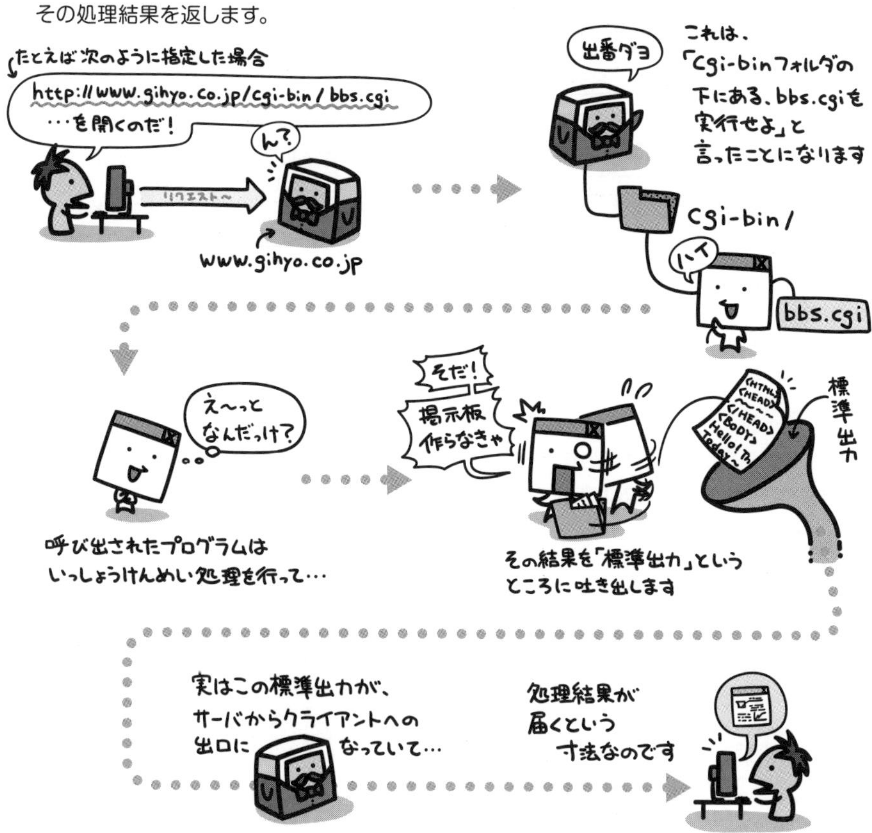

これにより、インタラクティブ(対話的)なページを作ることができます。

サーチエンジンとSEO(Search Engine Optimization)

WWWに広がる膨大な量のドキュメントから、利用者が自身の求める適切な情報を探し出すには、検索サイトの存在が欠かせません。

このような検索サイトにおいて、特定のキーワードで検索された場合に、自社のWebサイトが検索結果の上位に表示されるよう構成を工夫する取り組みのことをSEOと言います。

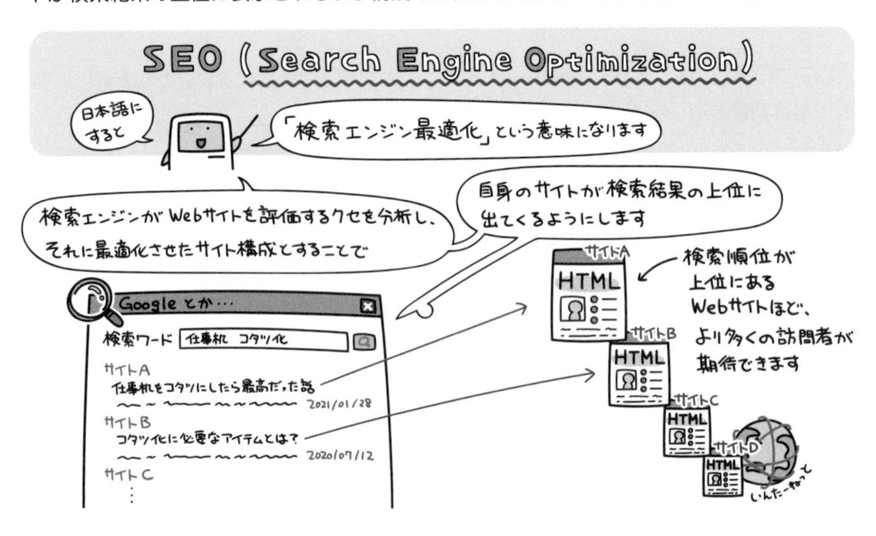

ちなみに、この手法を悪用して、詐欺サイトや不正なソフトウェアを仕込んだページが、検索結果の上位に表示されるよう細工する攻撃手法がSEOポイズニングです。

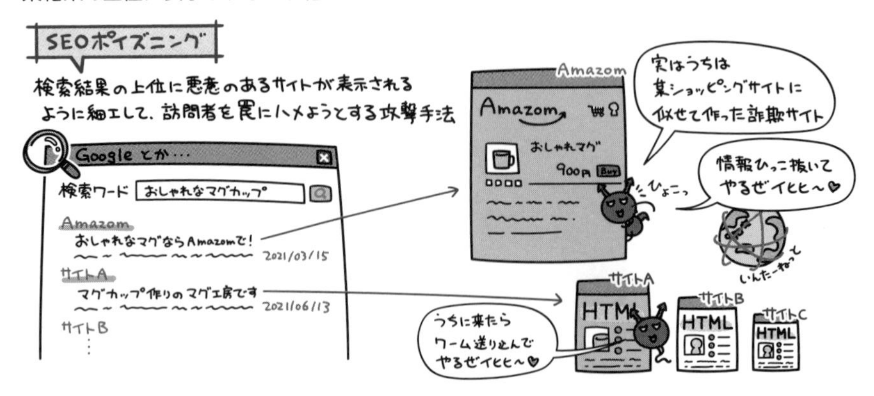

CGM (Consumer Generated Media)

CGMとは、直訳すると「消費者により生成されたメディア」という意味になります。

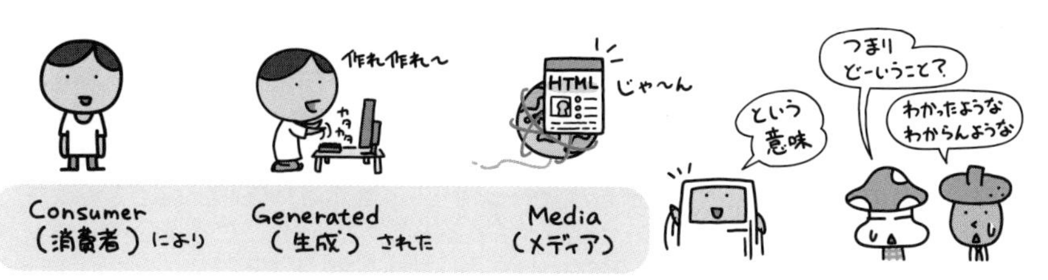

要するに、サービス利用者が投稿することによって形成されていくメディアのことです。わかりやすいところでは、読者投稿型の料理レシピサイトなど。各種ブログやBBS、SNSなどもこれに該当します。

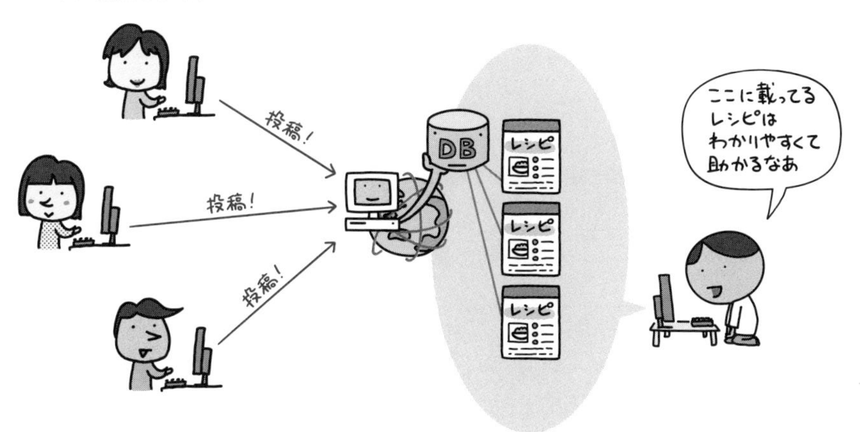

このように出題されています

過去問題練習と解説

問1 (AP-H27-S-31)

ブラウザでインターネット上のWebページのURLをhttp://www.jitec.ipa.go.jp/のように指定すると，ページが表示されずにエラーが表示された。ところが，同じページのURLをhttp://118.151.146.137/のようにIPアドレスを使って指定すると，ページは正しく表示された。このような現象が発生する原因の一つとして考えられるものはどれか。ここで，インターネットへの接続はプロキシサーバを経由しているものとする。

ア　DHCPサーバが動作していない。
イ　DNSサーバが動作していない。
ウ　デフォルトゲートウェイが動作していない。
エ　プロキシサーバが動作していない。

解説

本問では、“ところが、同じページのURLをhttp://118.151.146.137/のようにIPアドレスを使って指定すると、ページは正しく表示された”とされています。

この現象の原因は、URLのドメイン名をIPアドレスに変換するDNSが正常に機能していないことにあると考えられます。したがって、選択肢イが正解です。なお、DNSの説明は、563ページを参照してください。

問2 (AP-H27-A-35)

http://host.example.co.jp:8080/fileで示されるURLの説明として，適切なものはどれか。

ア　:8080はプロキシサーバ経由で接続することを示している。
イ　fileはHTMLで作成されたWebページであることを示している。
ウ　host.example.co.jpは参照先のサーバが日本国内にあることを示している。
エ　http:はプロトコルとしてHTTPを使用して参照することを示している。

解説

ア　:8080 は、ポート番号8080の使用を示しています。
イ　fileは、fileディレクトリの指定を示しています。
ウ　host.example.co.jpは、参照先のhostサーバが、日本の一般企業であるexampleの所有しているサーバの1つであることを示していますが、その物理的な位置まではあらわしていません。
エ　URLは、RFC1738 によって、次の書式で表記することが決められています。

scheme://host.domain[:port]/path/dataname
(1)　(2)　(3)　(4)

(1) scheme部 ---- プロトコルを指定する部分
例えば、httpと指定すれば、HTTPを使用すると解釈されます。

(2) host.domain 部 ---- サーバのホスト名を指定する部分
例えば、www.cosmoconsulting.co.jp と指定すれば、日本の一般企業向けのドメインに登録されているcosmoconsultingのwwwサーバ　だと解釈されます。

(3) :port 部 ---- そのサーバにアクセスするポート番号を指定する部分
httpのデフォルトポート番号である80を使用するのであれば、指定する必要はありません。指定すれば、そのポート番号で転送します。ほとんどの場合、指定されません。

(4) path/dataname 部 ---- パス名とファイル名を指定する部分
例えば、/home/company.htm と指定すれば、home ディレクトリの下にある　company.htm というファイルを転送します。パス名のみ指定された場合は、サーバによって定められたデフォルトのファイル（例えば、index.html等）を転送します。
したがって、問題文に表記されている http://host. example.co.jp:8080/file はhttpのプロトコルで、サーバ名 host.example.co.jp のfileディレクトリの下にあるデフォルトのファイル(例えば、index.html等) を、ポート番号8080を使って転送せよ　と指定している意味になります。

正解▶問1：イ　問2：エ

Chapter 13-8

電子メール

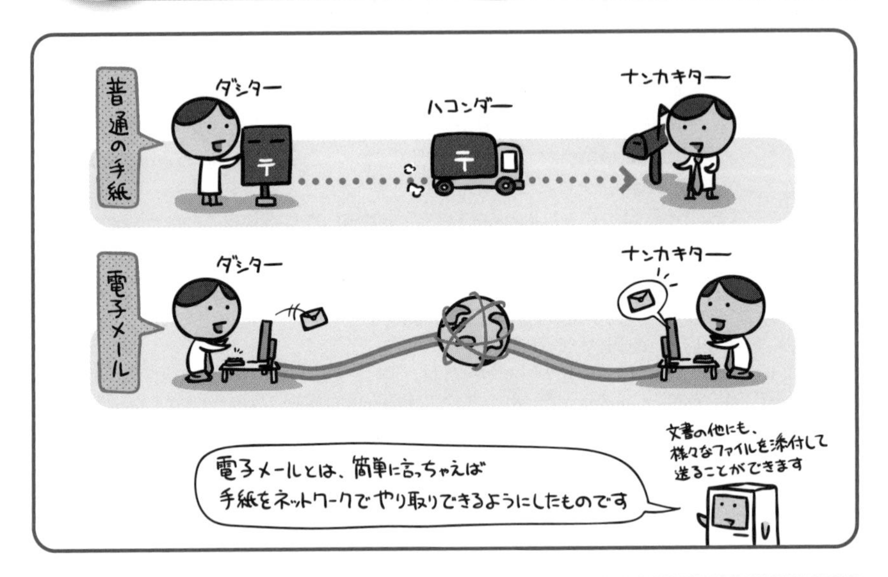

電子メールは手紙のコンピュータネットワーク版。
メールアドレスを使ってメッセージをやり取りします。

携帯電話が普及したことで、「電子メール」という存在はかなり認知されるようになりました。いちいち文書を印刷して封筒に入れてポストに投函して…としていた従来の手紙とは異なり、コンピュータ上の文書をそのままネットワークに乗せて短時間で相手へ送り届けることができる手紙（mail）。それが電子メールです。

電子メールでは、ネットワーク上のメールサーバをポスト兼私書箱のように見立てて、テキストや各種ファイルをやり取りします。昔はテキスト情報しかやり取りできなかったのですが、MIME（Multipurpose Internet Mail Extensions）という規格の登場によって、様々なファイル形式が扱えるようになりました。メール本文に画像や音声など、なんらかのファイルを添付する場合に、このMIME規格が使われます。

電子メールを実際にやり取りするには、電子メールソフト（メーラー）と呼ばれる専用のアプリケーションを使用します。

メールアドレスは、名前@住所なり

手紙のやり取りに住所と名前が必要であるように、電子メールのやり取りにもメールアドレスという、住所+名前に相当するものが使われます。

これは、「インターネット上で自分の私書箱がどこにあるか」を表現したもので、次のような形式となっています。

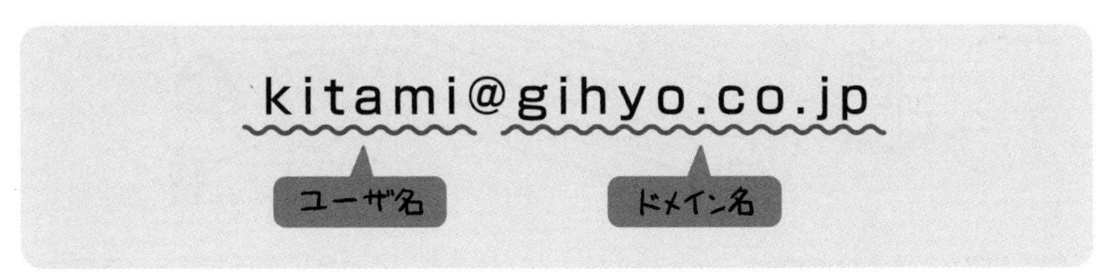

ドメイン名

メールアドレスの、@より右側の部分は「ドメイン名」をあらわします。

インターネット上における私書箱の位置…つまりは郵便で言うところの住所にあたる情報です。

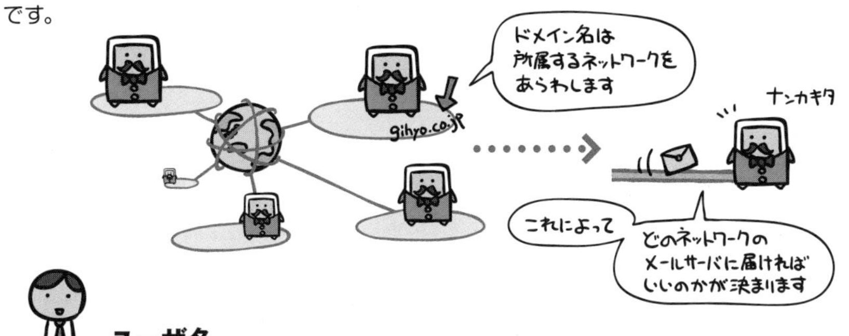

ユーザ名

メールアドレスの、@より左側の部分は「ユーザ名」をあらわします。

郵便で言うところの名前にあたる情報です。ひとつのドメイン内で重複する名前を用いることはできません。

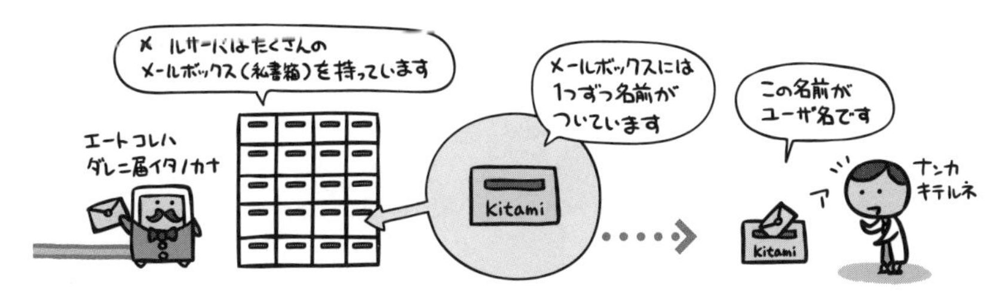

メールの宛先には種類がある

　さて、メールをやり取りするにはメールアドレスを宛先として指定するわけですが、この宛先がよく見てみると数種類用意されていたりします。

　実は電子メールというのは、その目的に応じて3種類の宛先を使い分けできるようになっているのです。それぞれの意味というのは次のような感じ。

TO

　本来の意味の「宛先」です。送信したい相手のメールアドレスをこの欄に記載します。

CC

　Carbon Copy（カーボンコピー）の略で、「参考までにコピー送っとくから、一応アナタも見といてね」としたい相手のメールアドレスをこの欄に記載します。

BCC

　Blind Carbon Copy（ブラインドカーボンコピー）の略で、「他者には伏せた状態でコピー送っとくから、一応アナタも見といてね」としたい相手のメールアドレスをこの欄に記載します。

1対1でメールのやり取りをしている時には、TO以外の宛先欄を意識することはまずありません。じゃあどんな時に使うかというと、「複数の宛先にまとめてメールを送信したい時」に使います。

このように、同じメールを複数の相手に出すやり方を同報メールと呼びます。

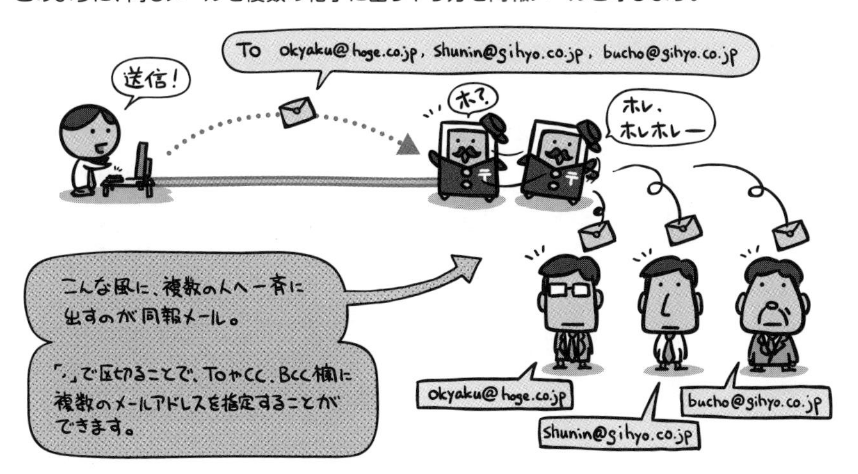

たとえば「お客さんへの報告書を主任と部長にも見ておいて欲しいんだけど、部長にも送ってるってことがお客さんに見えてしまうのは少々好ましくない」という場合、それぞれの宛先欄には次のように記載します。

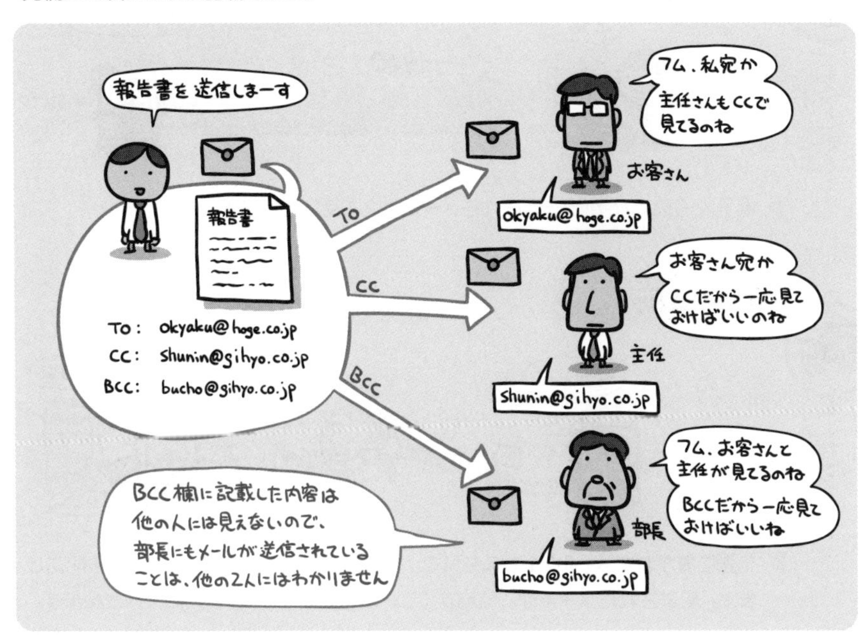

電子メールを送信するプロトコル（SMTP）

電子メールの送信には、SMTPというプロトコルを使用します。
たとえば電子メールを実際の郵便に置きかえて考えると…

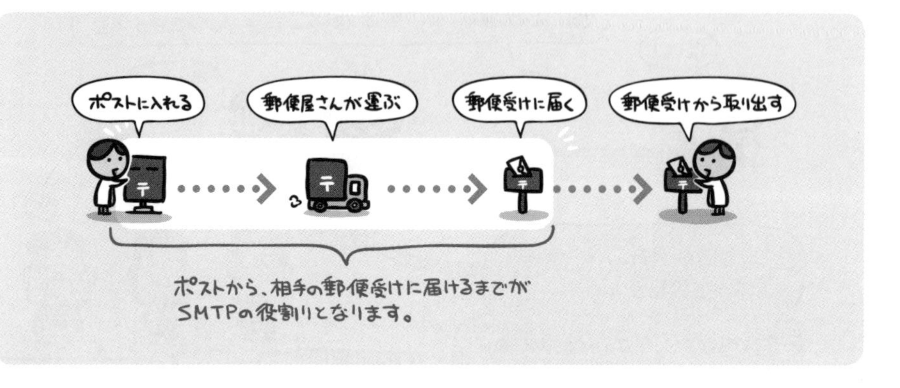

このSMTPに対応したサーバのことをSMTPサーバと呼びます。
SMTPサーバには、次のような2つの仕事があります。

郵便ポスト

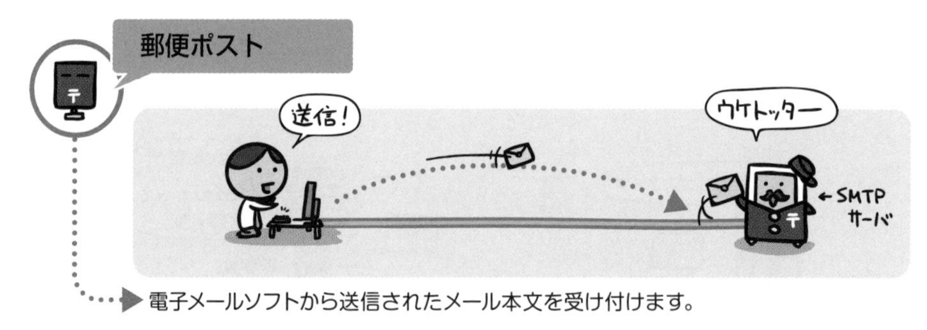

電子メールソフトから送信されたメール本文を受け付けます。

郵便屋さん

宛先に書かれたメールアドレスを見て、相手先のメールサーバへとメールを配送します。配送されたメールは、該当するユーザ名のメールボックスに保存されます。

電子メールを受信するプロトコル(POP)

一方、電子メールを受信するには、POPというプロトコルを使用します。
先ほどと同じく実際の郵便に置きかえて考えると…

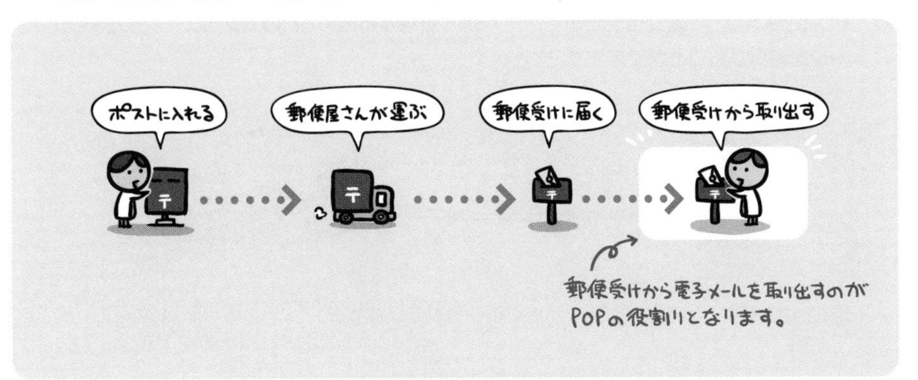

このPOPに対応したサーバのことをPOPサーバと呼びます。

POPサーバは、電子メールソフトなどのPOPクライアントから「受信メールくださいな」と要求があがってくると…

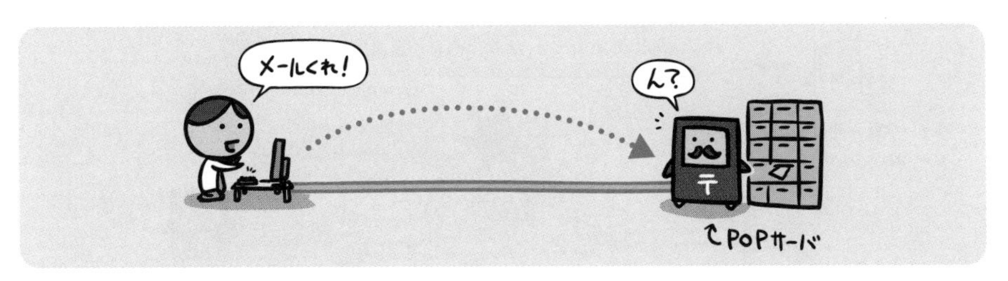

そのユーザのメールボックスから、受信済みのメールを取り出して配送します。

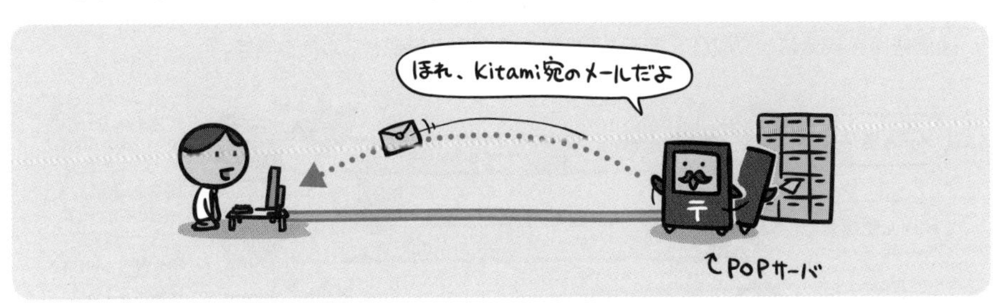

現在は「POP Version3」を意味するPOP3が広く使われています。

電子メールを受信するプロトコル(IMAP)

IMAP(Internet Message Access Protocol)は、POPと同じく電子メールを受信するためのプロトコルです。

POPとは異なり、送受信データをサーバ上で管理するため、どのコンピュータからも同じデータを参照することができます。

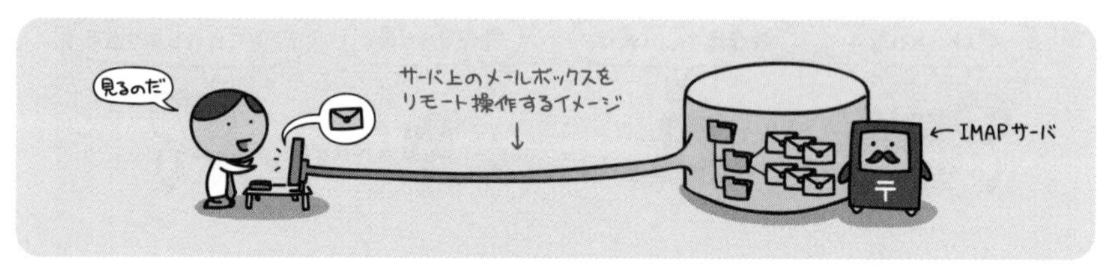

現在はIMAP4というバージョンが広く用いられています。

電子メールを暗号化して送受信するプロトコル

これまで取り上げてきた、SMTP、POP、IMAPという電子メール用のプロトコルは、いずれもネットワーク上を無防備な素のデータとしてやり取りします。

そこで、SSL/TLS(P.658)という暗号化プロトコルを用いることにより、サーバとの間の通信経路を安全にやり取りできるようにしたのが次のプロトコルたちです。

MIME (Multipurpose Internet Mail Extensions)

電子メールでは、本来ASCII文字しか扱うことができません。そこで、日本語などの複数バイト文字や、画像データなどファイルの添付を行えるようにする拡張規格がMIME (Multipurpose Internet Mail Extensions) です。

当然そのままでは本来の文と区別がつかなくなるので、メールをパートごとに分けて、どんなデータなのか種別を記します。受信側はこの種別を元に、各パートを復元して参照するわけです。

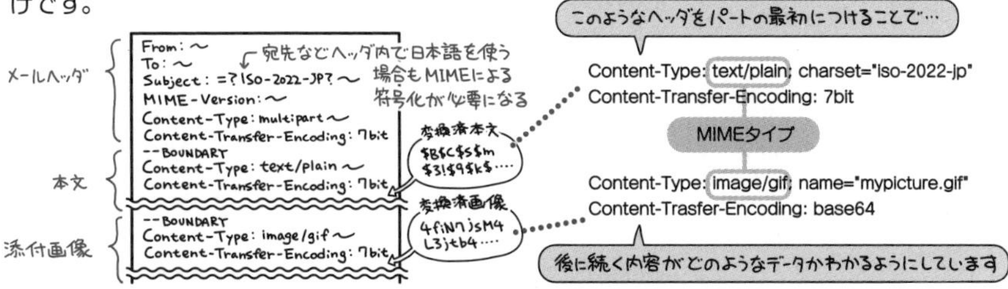

このMIMEに、暗号化やデジタル署名の機能を加えた規格としてS/MIMEがあります。

S/MIMEを利用することで、途中の通信経路の状態を問わず、メール本文を盗聴の危険から守ることができます。

電子メールのメッセージ形式

現在、電子メールの本文を記述するメッセージ形式には、テキスト形式とHTML形式の2種類があります。

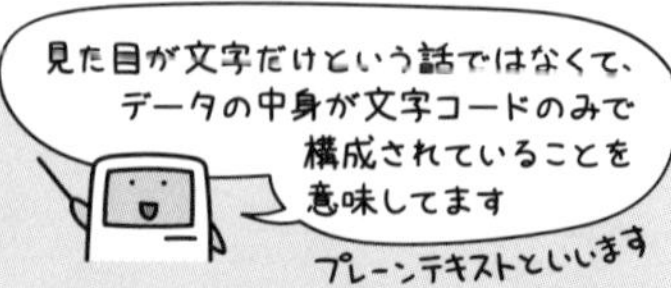

テキスト形式

- 文字だけで構成されるメール形式
- 一般的に使われているのはこれ
- 多くの環境で問題なく読んでもらえる

HTML形式

- Webページの記述に用いられるHTMLで本文を作成するメール形式
- Webページ同様にタグが使えるため、文字の装飾や画像の埋込、リンクの設定など、見栄え良く本文を構成することができる。
- 受信側もHTML形式に対応していないと、意図した通りに表示されない

もともと電子メールというのは、MIMEの項でも述べた通り、テキスト形式のみ…それも最もシンプルなASCII文字に限られていました。そこにMIMEなどの拡張が施されてより多くの文字が扱えるようになり、さらに「より表現力を」という需要を満たす形で開発されたのがHTML形式のメールです。

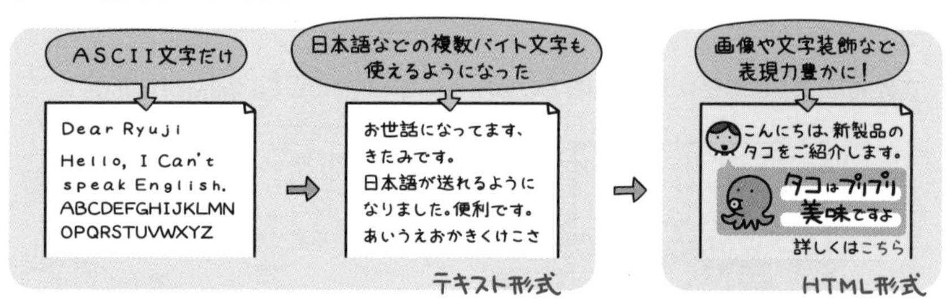

HTML形式であるため、Webページと同じく文字の装飾や本文内に画像を配置するなどの多様な表現力を持ちますが、その一方で閲覧時には、本文内に悪意のあるスクリプトが埋め込まれていて自動実行される可能性や、偽装Webサイトへ誘導するフィッシング(P.623)詐欺被害に合うなどの危険性に留意する必要があります。

電子メールは文字化け注意!!

電子メールの便利なところは、相手のデバイスを意識せずにメールのやり取りができることです。考えてみれば、世界中の誰かさんとインターネットでつながって、相手が何を使ってメールを読むのかも知らないままやり取りできちゃう。これってすごいことですよね。

ただ、そこでちょっと思い出して欲しいのが文字コード(P.123)の話。

文字コードには色んな種類がありますから、あるコンピュータで表示できる文字だからといって、それが他のコンピュータでも表示できるとは限らないのです。

このように、特定のコンピュータでしか表示できない文字のことを機種依存文字と呼びます。

機種依存文字には次のようなものがあります。あと、厳密には機種依存文字ではないのですが、半角カナ(ｱｲｳｴｵみたいなの)も同じく文字化けの原因になりますので、ともにメールでの使用は控えた方が無難です。

丸付数字	① ② ③ ④ ⑤ ⑥ ⑦ ⑧ ⑨ ⑩ ⑪ ⑫ ⑬ ⑭ ⑮ ⑯ ⑰ ⑱ ⑲ ⑳
ローマ数字	Ⅰ Ⅱ Ⅲ Ⅳ Ⅴ Ⅵ Ⅶ Ⅷ Ⅸ Ⅹ
単位	㍉ ㌔ ㌢ ㍍ ㌘ ㌧ ㌃ ㌶ ㍑ ㍗ ㌍ ㌦ ㌣ ㌫ ㍊ ㌻ ㎜ ㎝ ㎞ ㎎ ㎏ ㏄ ㎡
省略文字	№ ㏍ ℡ ㊤ ㊥ ㊦ ㊧ ㊨ ㈱ ㈲ ㈹ ㍾ ㍽ ㍼

このように出題されています

過去問題練習と解説

TCP/IPネットワーク上で，メールサーバから電子メールを取り出すプロトコルはどれか。

ア　POP3　　イ　PPP　　ウ　SMTP　　エ　UDP

解説

ア　POP3の説明は、589ページを参照してください。
イ　PPP (Point to Point Protocol) は、電話回線とモデムを使って、送信元と宛先の2者を、1対1で接続をするためのプロトコルです。
ウ　SMTPの説明は、588ページを参照してください。
エ　UDPの説明は、546ページを参照してください。

電子メールでMIMEの機能を必要とする場合はどれか。

ア　あて先 (To) フィールド中に日本語の文字を用いる。
イ　本文中のURLをクリックするとブラウザがそのページを表示する。
ウ　本文に日本語の文字を用いる。
エ　本文の最後にシグネチャを自動的に付加する。

解説

ア　メールヘッダに使用できるのは本来ASCII文字のみです。したがって、あて先フィールドに日本語の文字を用いるためにはMIMEによる符号化が必要となります。
イ　メーラーの持つ機能であり、MIMEには関係しません。
ウ　MIMEにより多言語が安定して扱えるようになりましたが、MIMEが登場した以前においても、日本などの特定の地域内の約束事として、独自の文字コードを標準とすることは可能でした（現在でも、可能です）。したがって、MIMEを使わなくても、本文に日本語の文字を用いることは可能です。
エ　メーラーの持つ機能であり、MIMEには関係しません。

問 3 (FE-H21-S-39)

図の環境で利用される①～③のプロトコルの組合せとして，適切なものはどれか。

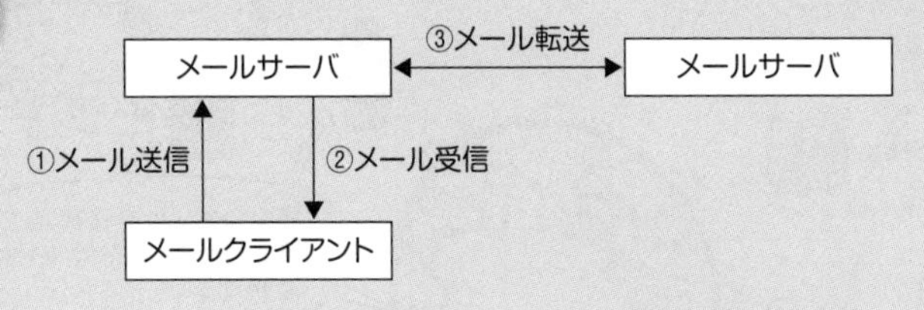

	①	②	③
ア	POP3	POP3	SMTP
イ	POP3	SMTP	POP3
ウ	SMTP	POP3	SMTP
エ	SMTP	SMTP	SMTP

解説

図の①と③はSMTP (Simple Mail Transfer Protocol) が、②はPOP3 (Post Office Protocol version3) が対応します。

正解▶問1：ア　問2：ア　問3：ウ

Chapter 13-9

ビッグデータと人工知能

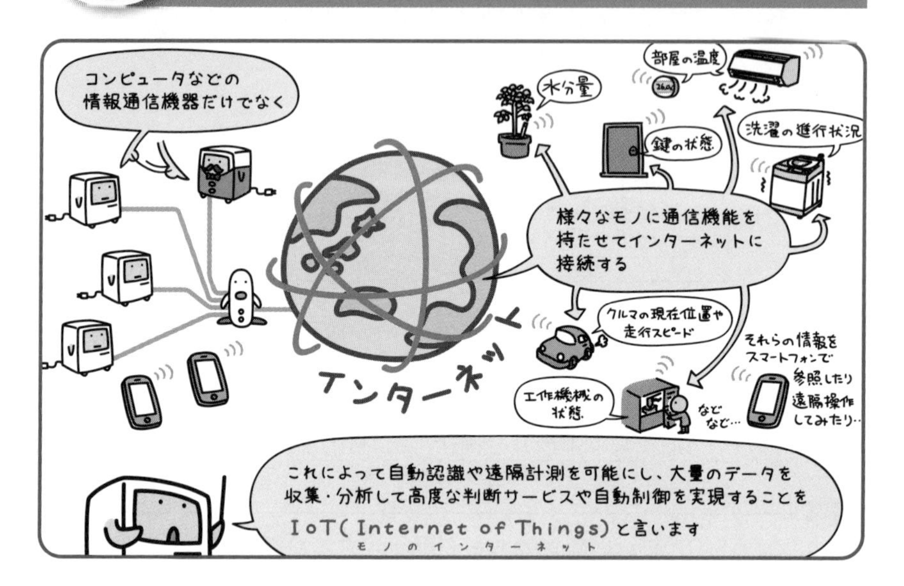

様々な"モノ"がインターネットにつながることで、膨大な情報が日々蓄積され、その活用範囲を広げています。

IoTとはInternet of Thingsの略。「モノのインターネット」と訳されています。モノのデジタル化・ネットワーク化が進んだ社会のような意味だと捉えれば良いでしょう。

かつてはコンピュータ同士を広く接続するインフラとして用いられていたインターネットですが、スマートフォンやタブレットなどの情報端末、テレビやBDレコーダーなどのデジタル家電にはじまり、今ではスマート家電や各種センサーを搭載した様々な"モノ"が、インターネットに接続されるようになりました。

こうした数多くのモノが、そのセンサーによって見聞きしたあらゆる事象は、インターネット上に「ビッグデータ」と言われる膨大な「数値化されたデジタル情報」を日々生み出し続けています。あまりに膨大すぎて人の手にはあまるので、このビッグデータの活用には、人工知能(AI)技術が欠かせません。その一方で、人工知能技術自体の発達にも、ビッグデータが一役も二役も買っているのが面白いところです。

本節では、そうしたビッグデータと人工知能について見ていきます。

IoT社会の現代において、ビッグデータと人工知能の組み合わせは、デジタル技術をさらに躍進させる存在として注目を浴びています。

ビッグデータ

前ページでも述べていた通り、「とにかく膨大」なデータだからビッグデータ。どこからがじゃあビッグなのかというと、典型的なデータベースソフトウェアが把握し、蓄積し、運用し、分析できる能力を超えたサイズのデータを指すとされています。

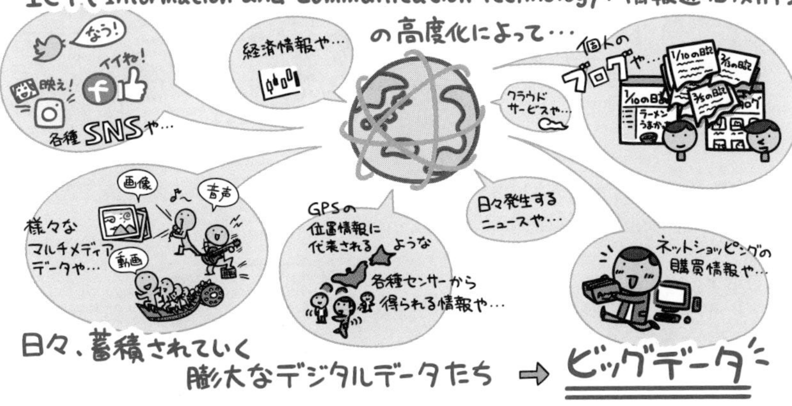

このビッグデータが持つ大きな特性が、次に挙げる「3つのV」です。

これらを分析する際は、一部を抜き出して対象とするようなサンプリングは行わず、データ全体を対象に統計学的手法を用いて行います。大量のデータを統計的、数学的手法で分析し、法則や因果関係を見つけ出す技術をデータマイニングと言います。

人工知能（AI：Artificial Intelligence）

人間は明確な定義やプログラミングされた指示がなくとも、知り得た情報をもとに分析し、自然と学習を行うことで多様な意志判断を行うことができます。

こうした知的能力を、コンピュータシステム上で実現させる技術を人工知能（AI: Artificial Intelligence）と呼びます。

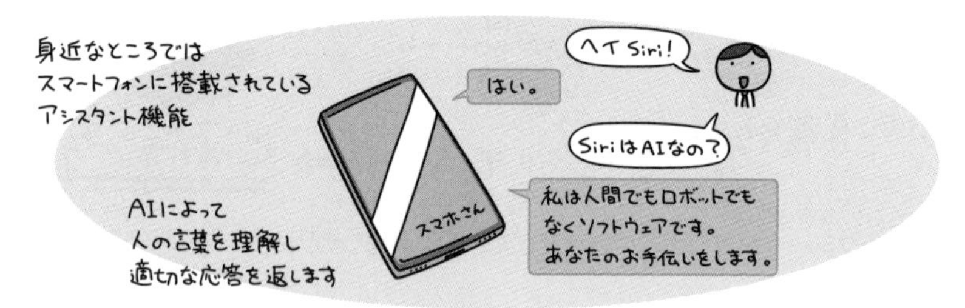

ビッグデータの有する膨大な情報は、その膨大さゆえに、管理や分析は難しいものがありました。特に画像や音声などは人の手によってひとつずつ解析するしかなく、これを大量にさばくことは現実的ではありませんでした。

それを可能にしたのがAIです。

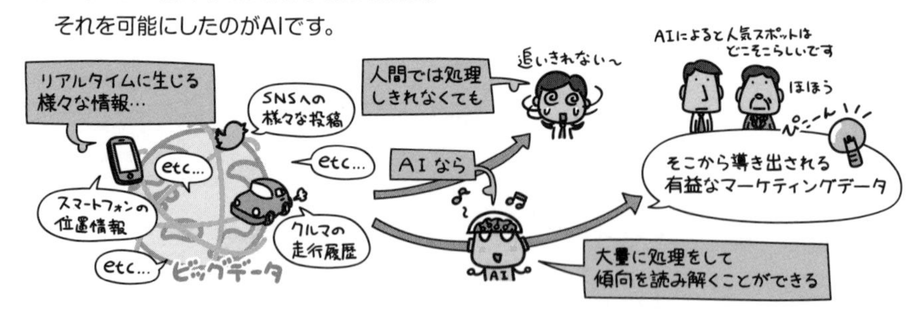

このAIを実現するための中核技術に機械学習があります。

近年におけるAIの目覚ましい発達は、この学習技術の登場によってもたらされたと言っても過言ではありません。一方で、その学習精度を高めるためには、大量のデータを投入する必要があります。つまりその発達にはビッグデータの存在が欠かせません。

このように、ビッグデータとAIは、互いの可能性を高め合う共存共栄関係にあるのです。

機械学習

機械学習は、AIを実現するための中核技術です。字面の通り、機械が学習することで、タスク遂行のためのアルゴリズムを自動的に改善していくのが特徴です。

学習方法には大きく分けて3つがあります!

教師あり学習

データと正解をセットにして与える(もしくは誤りを指摘する)手法です。たとえば大量の猫の写真を「猫」という正解付きで与えることにより、コンピュータは「どのような特徴があれば猫なのか」を自ら学習し、判別できるようになります。

教師なし学習

データのみを与える手法です。たとえば猫と犬と人の写真を大量に与えることにより、コンピュータは共通の特徴や法則性を自ら見つけ出し、データの集約や分類を行えるようになります。

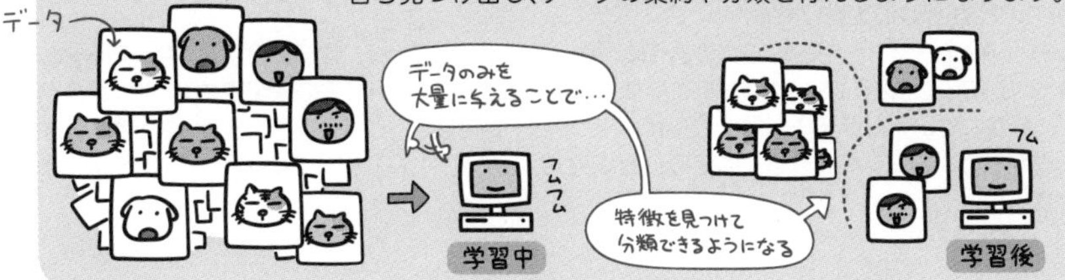

強化学習

個々の行動に対する善し悪しを得点として与えることで、得点がもっとも多く得られる方策を学習する手法です。コンピュータが試行錯誤しながら行動し、偶然良い結果(報酬)が得られた時の行動を学習することで、適切なアルゴリズムを導き出します。

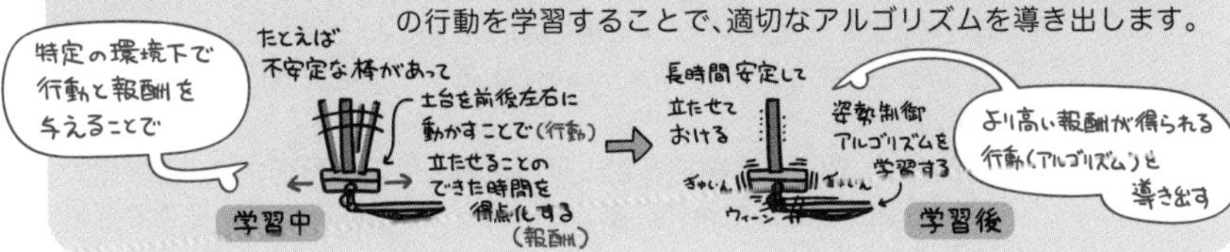

この機械学習をさらに発展させたものとして、ディープラーニング(深層学習)があります。これは、人間の脳神経回路を模したモデル(これをニューラルネットワークという)に大量のデータを解析させることで、コンピュータ自体が自動的にデータの特徴を抽出して学習を行うというものです。

このように出題されています
過去問題練習と解説

AIの機械学習における教師なし学習で用いられる手法として，最も適切なものはどれか。

ア　幾つかのグループに分かれている既存データ間に分離境界を定め，新たなデータがどのグループに属するかはその分離境界によって判別するパターン認識手法

イ　数式で解を求めることが難しい場合に，乱数を使って疑似データを作り，数値計算をすることによって解を推定するモンテカルロ法

ウ　データ同士の類似度を定義し，その定義した類似度に従って似たもの同士は同じグループに入るようにデータをグループ化するクラスタリング

エ　プロットされた時系列データに対して，曲線の当てはめを行い，得られた近似曲線によってデータの補完や未来予測を行う回帰分析

解説

599ページで説明されているように、AIの機械学習における“教師なし学習”は、データのみを与える手法であり、選択肢ウの説明である“データ同士（599ページでは、猫と犬と人間）の類似度を定義し，その定義した類似度に従って似たもの同士は同じグループに入るようにデータをグループ化するクラスタリング”がそれに該当します。

なお、599ページで説明されているように、AIの機械学習における“教師あり学習”は、データと正解をセットにして与える（もしくは誤りを指摘する）手法であり、選択肢アの説明である“幾つかのグループに分かれている既存データ間に分離境界（599ページでは、猫と犬と人間の正解）を定め，新たなデータがどのグループに属するかはその分離境界によって判別するパターン認識手法”がそれに該当します。

ビッグデータの利活用を促す取組の一つである情報銀行の説明はどれか。

ア　金融機関が，自らが有する顧客の決済データを分析して，金融商品の提案や販売など，自らの営業活動に活用できるようにする取組

イ　国や自治体が，公共データに匿名加工を施した上で，二次利用を促進するために共通プラットフォームを介してデータを民間に提供できるようにする取組

ウ　事業者が，個人との契約などに基づき個人情報を預託され，当該個人の指示又は指定した条件に基づき，データを他の事業者に提供できるようにする取組

エ　事業者が，自社工場におけるIoT機器から収集された産業用データを，インターネット上の取引市場を介して，他の事業者に提供できるようにする取組

解説

ア　FinTechの利活用事例です。
イ　電子行政オープンデータ戦略の実現、もくしは行政オープンデータの推進事例です。
ウ　情報銀行の説明です。
エ　データ取引市場の事例です。

問3 (AP-R03-A-03)

AIにおけるディープラーニングに最も関連が深いものはどれか。

ア　ある特定の分野に特化した知識を基にルールベースの推論を行うことによって，専門家と同じレベルの問題解決を行う。
イ　試行錯誤しながら条件を満たす解に到達する方法であり，場合分けを行い深さ優先で探索し，解が見つからなければ一つ前の場合分けの状態に後戻りする。
ウ　神経回路網を模倣した方法であり，多層に配置された素子とそれらを結ぶ信号線で構成されたモデルにおいて，信号線に付随するパラメタを調整することによって入力に対して適切な解が出力される。
エ　生物の進化を模倣した方法であり，与えられた問題の解の候補を記号列で表現して，それらを遺伝子に見立てて突然変異，交配，とう汰を繰り返して逐次的により良い解に近づける。

解説

ア　エキスパートシステムに関する記述です。
イ　本選択肢の記述に、特別な名前はつけられていません。強いていうならば“深さ優先探索を応用した問題解決技法”です。
ウ　本選択肢の“神経回路網を模倣した方法”が、599ページでの最下行から上へ3行目までの中で説明されている“人間の脳神経回路を模したモデル”に合致しており、本選択肢がディープラーニングに最も関連が深いものです。
エ　遺伝的アルゴリズムに関する記述です。

正解▶問1：ウ　問2：ウ　問3：ウ

セキュリティ

つながることで
便利になった
ネットワークの世界
ピリピリピリ
ピリピリピリ

でも……

「つながって便利」
だけでは
ありませんでした
イヒ♡

パタパタ
パタパタ
パタ
パタパタ

コンピュータが
外の世界につながる
ということは

外の世界からも
コンピュータに
アクセスできると
いうことです
コンニチハ
?

プス
う

システムを
破壊しようと迫る
脅威…

大切な
機密情報が
はいよ
ほいよ
ひょいと盗まれ
かねない危険…
イッタダキー
コンピュータの
高性能化により
扱う情報が多様化
すればするほど
ひょこっ
ガン

それらから
身を守ることの
重要性は高まる
一方なもんで
ん?
情報セキュリティは
企業活動を行う上で、
かなり重視すべき
項目となったのです
キリンジョー
入れない
パスワード
KINOKODESU
やっぱオレみたいに
忘れっぽいとさ――
フセン貼るのが
一番だよな――
え…?
それ一番
ダメだろ

Chapter 14-1 ネットワークに潜む脅威と情報セキュリティ

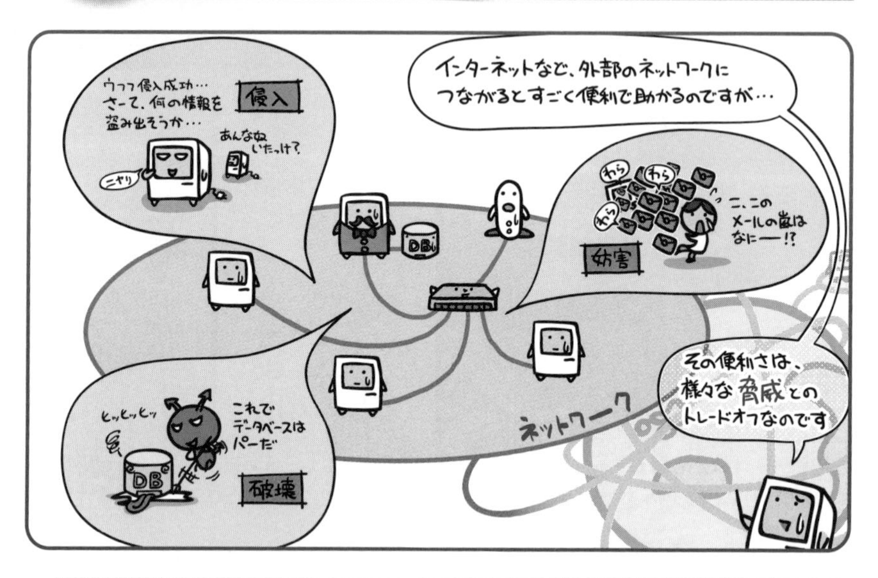

外部とつながれたネットワークには、様々な脅威が存在しています。

世界中アチコチにつながっているインターネット。企業のネットワークをこいつにつなぐと確かに便利なのですが、それは同時に「外部ネットワークに潜む悪意ともつながる」という危険性をはらんでいます。

たとえば外部の人間…特に悪意を持った人間が自社のネットワークに侵入できてしまうとどうなるか。情報の漏洩はもちろん、重要なデータやファイルを破壊される恐れが出てきます。また、侵入を許さなかったとしても、大量の電子メールを送りつけたり、企業Webサイトを繰り返しリロードして負荷を増大させたりとすることで、サーバの処理能力をパンクさせる妨害行為なども起こりえます。

考えてみれば、事務所に泥棒が入れば大変ですし、FAXを延々と送りつけてきて妨害行為を働くなんてのも古くからある手法ですよね。そのようなことと同じ危険が、ネットワークの中にもあるということなのです。

悪意を持った侵入者は、常にシステムの脆弱性という穴を探しています。これらの脅威に対して、企業の持つ情報資産をいかに守るか。それが情報セキュリティです。

情報セキュリティマネジメントシステム (ISMS: Information Security Management System)

組織が自身の情報資産を適切に管理し、それらを守るための仕組みが情報セキュリティマネジメントシステム(ISMS)です。次ページでふれる情報セキュリティの3要素(機密性、完全性、可用性)をバランス良く維持・改善していくことを目的とします。

この情報セキュリティマネジメントシステムを、どのように構築し、維持・改善していくべきかを定めた規格がISO/IEC 27001 (JIS Q 27001)で…

組織が構築した情報セキュリティマネジメントシステムが、この規格に基づいて適切に構築・運用されているかを証明するのが、第三者であるISMS認証機関が審査して認証を行うISMS適合性評価制度です。ここでISMS認証を受けた組織は、情報資産を適切に管理する仕組みを有してますよとなるわけです。

しかし情報セキュリティ対策は、一度行ったら終わりというわけではありません。この分野は常に新しい脅威に対して備える必要があるため、PDCAサイクル (P.834) に基づいて継続的な見直しと改善のプロセスを繰り返すことが求められます。

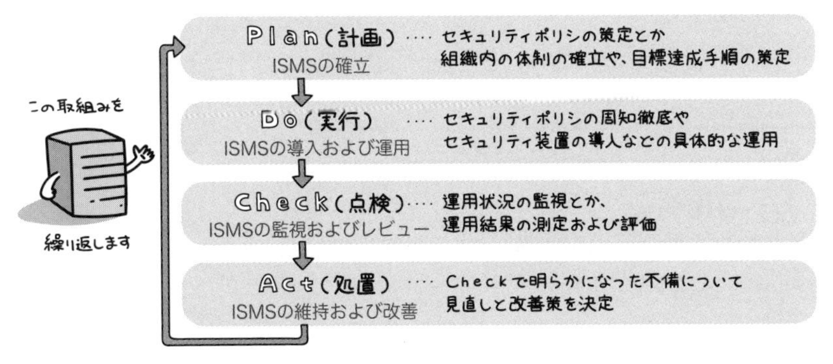

情報セキュリティの3要素

情報セキュリティは、「とにかく穴を見つけて片っ端からふさげばいい」というものではありません。たとえば次のように穴をふさいでみたとしましょう。

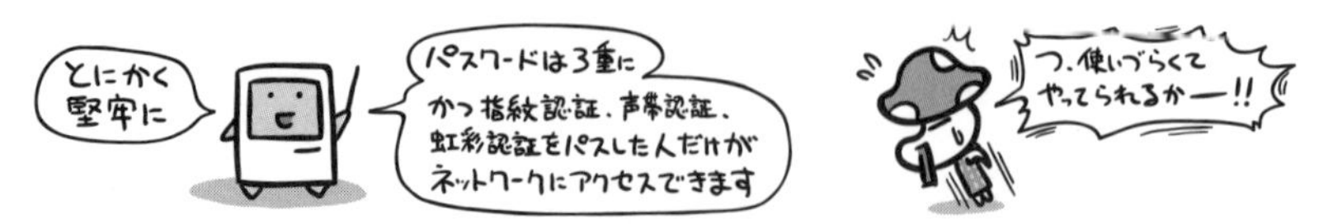

そう、「セキュリティのためだ」と堅牢なシステムにすればするほど、今度は「使いづらい」という問題が出てきてしまいます。そもそも「安全最優先」と言うのであれば、そこでつながってるLANケーブルを引っこ抜いちゃえばいいのです。でも、それだとネットワークの利便性が享受できないからよろしくない。じゃあ、安全性と利便性とをどこでバランスさせるか…。これがセキュリティマネジメントの基本的な考え方です。

そんなわけで情報セキュリティは、次の3つの要素を管理して、うまくバランスさせることが大切だとされています。

機密性

許可された人だけが情報にアクセスできるようにするなどして、情報が漏洩しないようにすることを指します。

完全性

情報が書き換えられたりすることなく、完全な状態を保っていることを指します。

可用性

利用者が、必要な時に必要な情報資産を使用できるようにすることを指します。

情報セキュリティの7要素

近年は前ページにあげた「機密性」、「完全性」、「可用性」の3要素に加えて、「真正性」「責任追跡性」「否認防止」「信頼性」という4つの要素を含む「情報セキュリティの7要素」が提唱されています。

これらを意識することで、さらに情報セキュリティを高めることができます。

各特性はISO 27000規格の用語定義で次のように記されています
※責任追跡性のみ特に定義がありません

真正性（authenticity）

エンティティは、それが主張するとおりのものであるという特性。

責任追跡性（accountability）

accountabilityは「説明責任」という意味。いつ、だれが、何をしたのかを特定・追跡できる特性。

否認防止（non-repudiation）

主張された事象又は処置の発生、及びそれらを引き起こしたエンティティを証明する能力。

信頼性（reliability）

意図する行動と結果とが一貫しているという特性。

ちなみに！

エンティティは、"実体"、"主体"とも言います

情報セキュリティの文脈においては、情報を使用する組織及び人、情報を扱う設備、ソフトウェア及び物理的媒体などを意味します

ちょっと耳慣れない言葉ですよね

セキュリティポリシ（情報セキュリティ方針）

さて、色々検討した末に、「ウチの情報セキュリティは、こんな風にして守るべきだぜ」と思い至ったとします。でも、思っているだけでは何も反映されません。

そこで、組織の経営者（トップマネジメント）が、企業としてどのように取り組むかを明文化して、従業員および関連する外部関係者に周知・徹底するわけです。これを、セキュリティポリシ（情報セキュリティ方針）と呼びます。

セキュリティポリシは基本方針と対策基準、実施手順の3階層で構成されています。

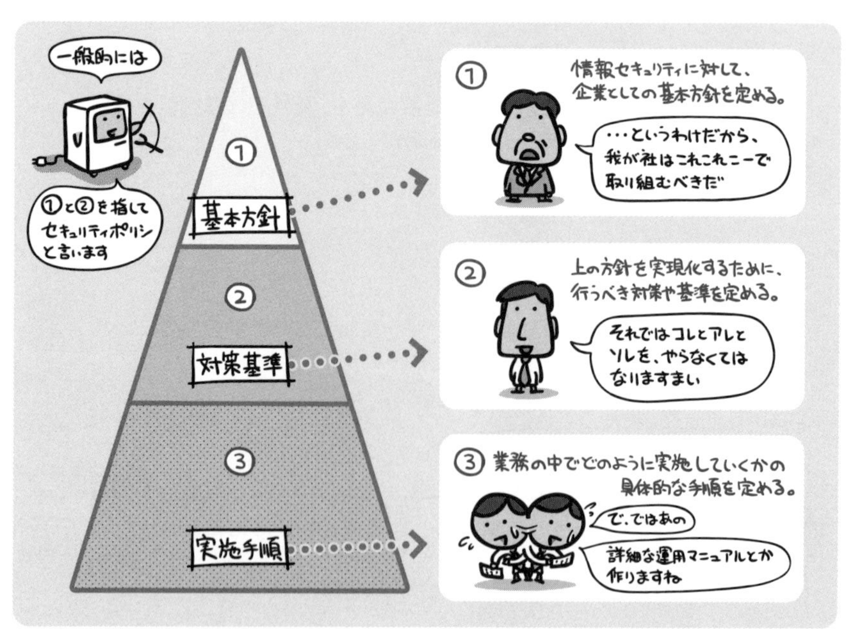

リスクマネジメント

情報セキュリティの目的はなにかというと、「情報資産をリスクから守る」ことに尽きます。では、リスクとは具体的に何でしょう?

情報セキュリティにおける「リスク」とは、「組織が持つ情報資産の脆弱性を突く脅威によって、組織が損害を被る可能性のこと」を指します。

一方で、リスクマネジメントの国際的なガイドラインであるISO 31000:2018(JIS Q 31000:2019)では、「リスク」は次のように定義されています。

つまり後者の定義に従えば、リスクというのは「組織が目的を達成する上で起こりうる不確かな要素」となるわけです。たとえば下記の例もみんなリスクです。

…という具合に、リスクが示す範囲には定義によってちがいがあるんですけど、とにかくそうした不確定要素を予測し、分析して、その影響範囲を把握し、事前に対策を講ずるのがリスクマネジメントです。

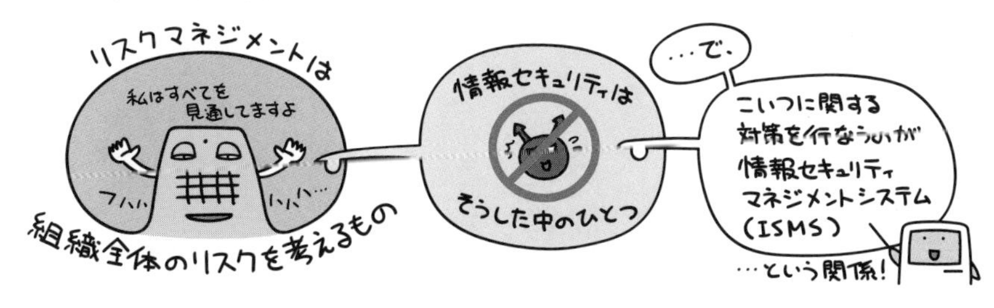

リスクマネジメントは、経営層(トップマネジメント)が責任を負い、業務の一環として役割を分担しながら、全社的に取り組むものです。

リスクマネジメントに含まれる4つのプロセス

リスクは小さなものから大きなものまで多種多様にあるものです。それらすべてに対応できれば理想的でしょうが、それでは費用対効果が悪くてしょうがないので、取捨選択を行う必要があります。そこで出てくるのがリスク受容基準です。

リスクマネジメントでは、この受容基準におさまらないリスクを洗い出し、適切に管理しなくてはいけません。そのために行われるのが、次に示す4つのプロセスです。

①	リスク特定	リスクを洗い出す。
②	リスク分析	特定したリスクのもたらす結果(影響度)と起こりやすさ(発生頻度)から、リスクの大きさ(リスクレベル)を算定する。
③	リスク評価	算定したリスクレベルをリスク受容基準と照らし合わせて対応の必要性を判断し、リスクレベルに基づいて優先順位をつける。
④	リスク対応(対策)	リスクに対してどのような対応を行うか決定する。

このうち、リスク特定からリスク評価までの3つのプロセスをリスクアセスメントといいます。リスクアセスメントでは、リスクを分析・評価することで、リスク基準と照らし合わせて対応が必要となるか否かを判断します。

JIS Q 27001:2014に基づく情報セキュリティマネジメント管理基準では、リスクアセスメントを次のような手順であると定めています。

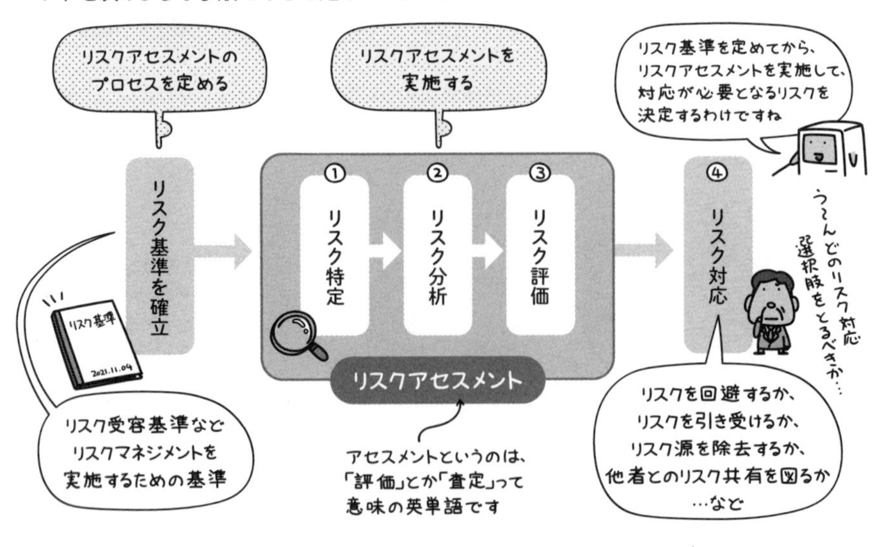

セキュリティリスクへの対応

リスクアセスメントによって評価を終えたリスクに対し、どのように対処するか対応計画を策定および実践するのがリスク対応（対策）です。

これには大別してリスクコントロールとリスクファイナンシングという2つの手法があり、それぞれ次のように6つの手段に細分化されます。

区分	手段	内容
リスクコントロール	回避	リスクを伴う活動自体を中止し、予想されるリスクを遮断する対策。 リターンの放棄を伴う。
	損失防止	損失発生を未然に防止するための対策、予防措置を講じて発生頻度を減じる。
	損失削減	事故が発生した際の損失の拡大を防止・軽減し、損失規模を抑えるための対策。
	分離・分散	リスクの源泉を一箇所に集中させず、分離・分散させる対策。
リスクファイナンシング	移転	保険、契約等により損失発生時に第三者から損失補てんを受ける方法。
	保有	リスク潜在を意識しながら対策を講じず、損失発生時に自己負担する方法。

『中小企業白書』（2016年度版） by 中小企業庁より

リスクコントロールは

「損失の発生を防止する、もしくは発生した損失の拡大を防止する」もの

リスクファイナンシングは

「損失を補てんするための財務的な備えを講ずる」もの

不正のトライアングル

不正のトライアングルとは、米国の犯罪学者ドナルド・R・クレッシーが提唱した理論を体系化したものです。「機会」「動機・プレッシャー」「姿勢・正当化」という3つの要素が揃った場合に不正が発生するとされています。

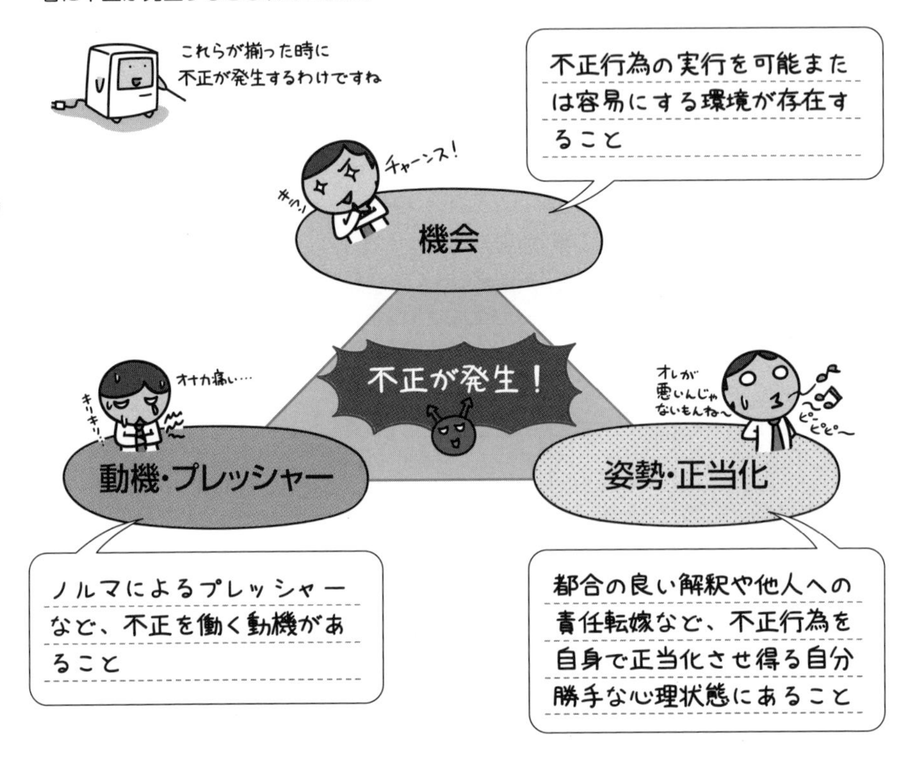

これは、逆に言えば「3つの要素のうち1つでも欠けると不正は起きない」ことを意味しています。つまり不正を防止するためには、どれか1つを排除できれば良いわけですね。

JPCERTコーディネーションセンター（JPCERT/CC）とインシデント対応チーム（CSIRT）

JPCERTコーディネーションセンター（JPCERT/CC）というのは、次の言葉の略称です。

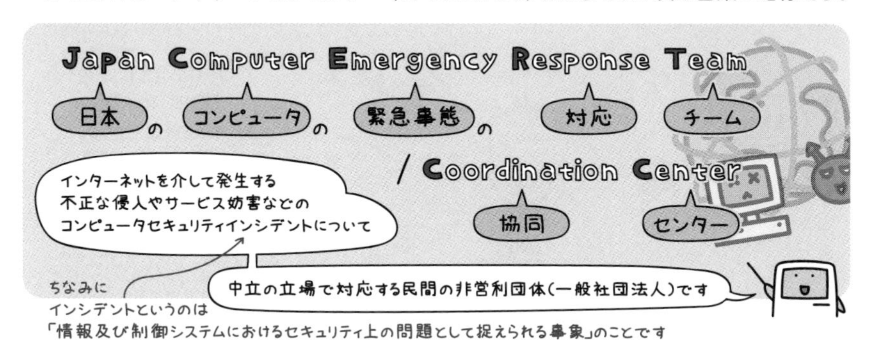

JPCERT/CCでは、日本における情報セキュリティ対策活動の向上に取り組んでおり、インシデント発生の報告受付、対応支援、発生状況の把握、手口の分析、再発防止のための対策の検討や助言などを行っています。

このJPCERT/CCが、組織的なインシデント対応体制の構築や運用を支援する目的で取りまとめた資料に「CSIRTマテリアル」があります。

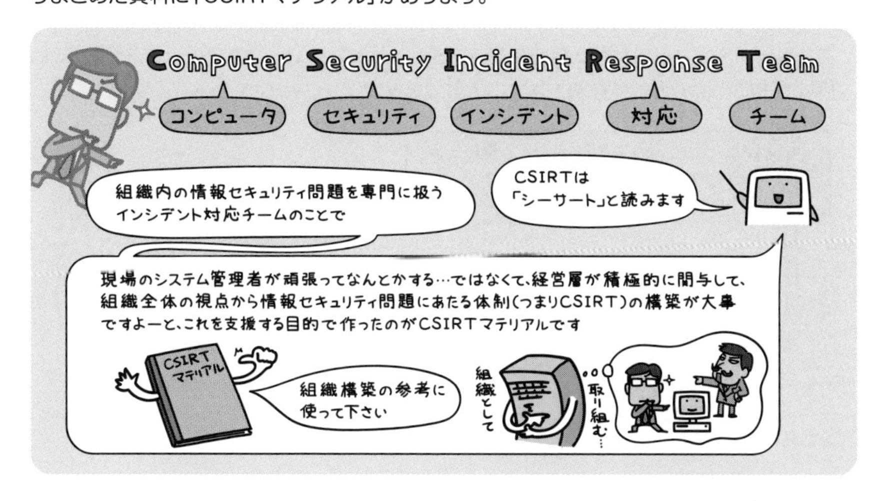

個人情報保護法とプライバシーマーク

企業からの情報漏洩として、最近とみに取り沙汰されるのが「個人情報」に関するものです。個人情報とは、次のような内容を指します。

個人情報保護法というのは、こうした個人情報を、事業者が適切に取り扱うためのルールを定めたものです。たとえば「顧客リストが横流しされて、セールスの電話がジャンジャカかかってくるようになった」などに代表される、消費者が不利益を被るケースを未然に防ぐことが目的です。

個人情報に関する認定制度として、プライバシーマーク制度があります。

これは、「JIS Q 15001（個人情報保護マネジメントシステム－要求事項）」に適合して、個人情報の適切な保護体制が整備できている事業者を認定するものです。

こうした個人情報の保護を、システムの設計段階において予防的に組み込もうとする設計思想がプライバシーバイデザインです。

プライバシーバイデザインの目標は、次に掲げる7つの基本原則を実践することにより達成できるとされています。

過去問題練習と解説

JIS Q 27000:2019（情報セキュリティマネジメントシステム－用語）では，情報セキュリティは主に三つの特性を維持することとされている。それらのうちの二つは機密性と完全性である。残りの一つはどれか。

ア　可用性　　イ　効率性　　ウ　保守性　　エ　有効性

解説

606ページに説明されているように、機密性・完全性・可用性が、情報セキュリティの三つの特性（＝3要素）です。

ISMSにおいて定義することが求められている情報セキュリティ基本方針に関する記述のうち，適切なものはどれか。

ア　重要な基本方針を定めた機密文書であり，社内の関係者以外の目に触れないようにする。
イ　情報セキュリティの基本方針を述べたものであり，ビジネス環境や技術が変化しても変更してはならない。
ウ　情報セキュリティのための経営陣の方向性及び支持を規定する。
エ　特定のシステムについてリスク分析を行い，そのセキュリティ対策とシステム運用の詳細を記述する。

解説

ア　情報セキュリティ基本方針の公開は、企業などの組織が取組みとして、一定の対策を行っていることを意味します。したがって、情報セキュリティに対する姿勢を示す意味で重要であり、可能な範囲で公開することが望ましいです。
イ　情報セキュリティ基本方針は、ビジネス環境や技術の変化に応じて変更しなければなりません。
ウ　ISMS適合性評価制度は、企業が運用しているISMSが、国際標準規格である"ISO/IEC 27001"に準拠していることを認定する制度であり、一般財団法人日本情報経済社会推進協会（JIPDEC）が運用しています。
　情報セキュリティ基本方針は、情報セキュリティのための経営陣の方向性及び支持を規定します。例えば、情報セキュリティ管理基準（平成20年度）の1.2.2 は、以下のようになっています。

> 1.2.2 経営陣は情報セキュリティ基本方針にコミットする
> 経営陣が情報セキュリティ基本方針にコミットした証拠を以下の記録などをもって示す。
> 　・文書化された情報セキュリティ基本方針への署名
> 　・情報セキュリティ基本方針が議論された会議の議事録
> これらは経営陣の責任を明確にするために実施する。コミットした情報セキュリティ基本方針は組織に伝えられるように文書化され、しかるべき方法で通達する。

エ　情報セキュリティ基本方針は、特定のシステムについてのセキュリティ対策を記述したものではありません。企業などの組織全体に関するものです。

正解▶問1：ア　問2：ウ

ユーザ認証とアクセス管理

コンピュータシステムの利用にあたっては、
ユーザ認証を行うことでセキュリティを保ちます。

たとえばですね、社内のコンピュータシステムを、適切な権限に応じて利用できるようにしたいとします。部長さんしか見えちゃいけない書類はそのようにアクセスを制限して、みんなが見ていい書類は誰でも見えるよう権限を設定して、そしてシステムを利用する権限がない人は一切アクセスできないように…と、そんなことがしたいとする。

そのために、まず必要となる情報が、「今システムを利用しようとしている人は誰か?」というものです。誰か識別できないと権限を判定しようがないですからね。

この、一番最初に「アナタ誰?」と確認する行為。これをユーザ認証といいます。

ユーザ認証は、不正なアクセスを防ぎ、適切な権限のもとでシステムを運用するためには欠かせない手順です。

ちなみに、ユーザ認証をパスしてシステムを利用可能状態にすることをログイン(ログオン)、システムの利用を終了してログイン状態を打ち切ることをログアウト(ログオフ)と呼びます。

ユーザ認証の手法

ユーザ認証には次のような方法があります。

ユーザIDとパスワードによる認証

ユーザIDとパスワードの組み合わせを使って個人を識別する認証方法です。基本的にユーザIDは隠された情報ではないので、パスワードが漏洩（もしくは簡単に推測できたり）しないように、その扱いには注意が必要です。

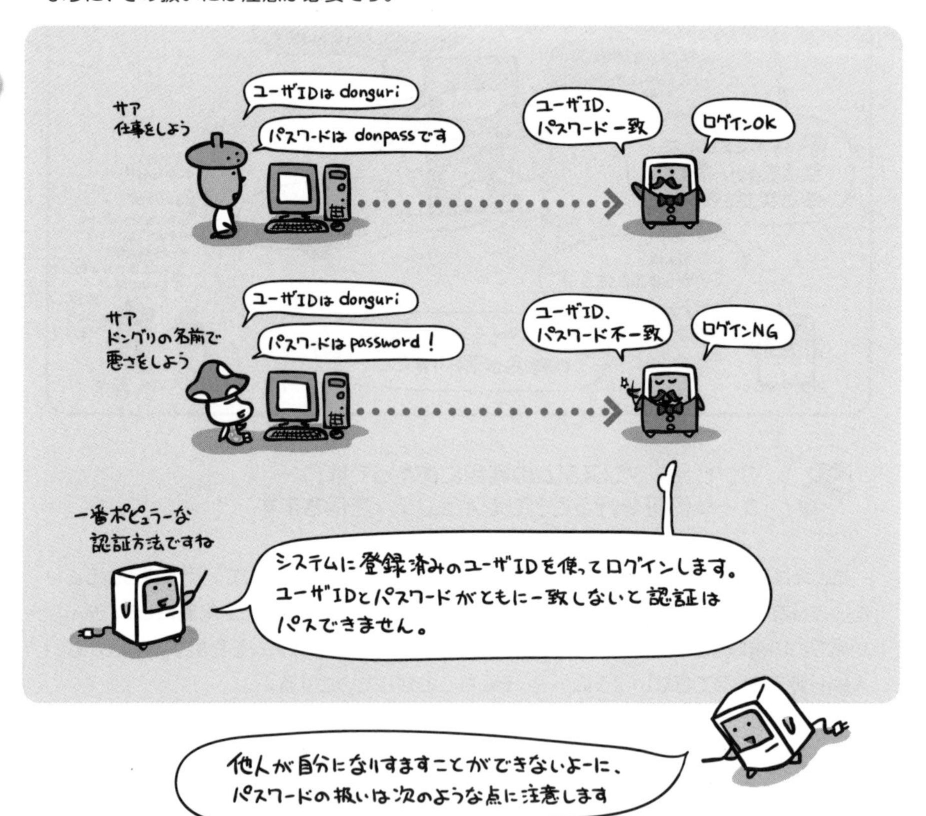

- 電話番号や誕生日など、推測しやすい内容をパスワードに使わない。
- 付箋やメモ用紙などに書いて、人目につく場所へ貼ったりしない。
- なるべく定期的に変更を心がけ、ずっと同じパスワードのままにしない。

バイオメトリクス認証

指紋や声紋、虹彩（眼球内にある薄膜）などの身体的特徴を使って個人を識別する認証方法です。生体認証とも呼ばれます。

ワンタイムパスワード

一度限り有効という、使い捨てのパスワードを用いる認証方法です。トークンと呼ばれるワンタイムパスワード生成器を使う形が一般的です。

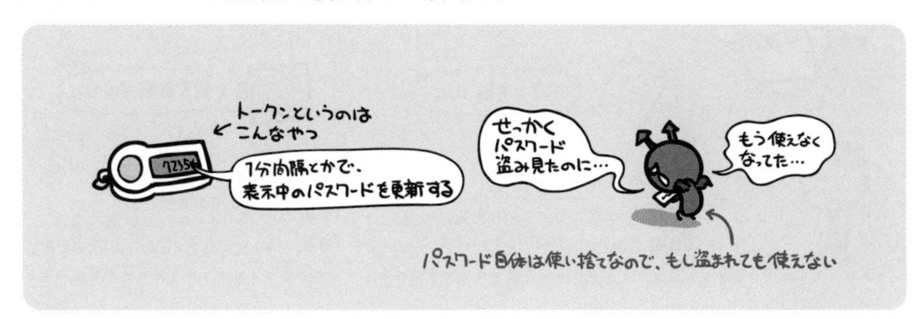

コールバック

遠隔地からサーバへ接続する場合などに、いったんアクセスした後で回線を切り、逆にサーバ側からコールバック（着信側から再発信）させることで、アクセス権を確認する認証方法です。

アクセス権の設定

社内で共有している書類を、「許可された人だけが閲覧できるようにする」というように設定できるのがアクセス権です。これがないと、知られちゃ困る情報がアチコチに漏れたり、大切なファイルが勝手に削除されてしまったりと困ったことになってしまいます。

アクセス権には「読取り」「修正」「追加」「削除」などがあります。これらをファイルやディレクトリに対してユーザごとに指定していくわけです。

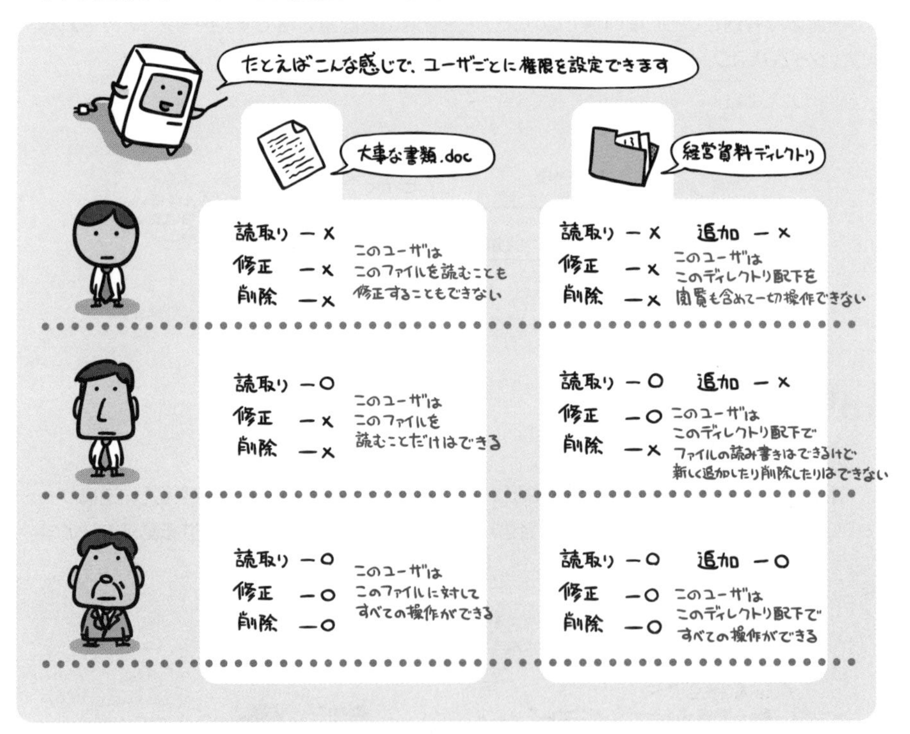

その他に、たとえば「開発部の人は見ていいファイル」「部長職以上は見ていいディレクトリ」といった指定を行いたい場合は、個々のユーザに対してではなく、ユーザのグループに対して権限の設定を行います。

ソーシャルエンジニアリングに気をつけて

ユーザ認証を行ったり、アクセス権を設定したりしても、情報資産を扱っているのは結局のところ「人」。なので、そこから情報が漏れる可能性は否定できません。

そのような、コンピュータシステムとは関係のないところで、人の心理的不注意をついて情報資産を盗み出す行為。これをソーシャルエンジニアリングといいます。

これについての対策は、「セキュリティポリシで重要書類の処分方法を取り決め、それを徹底する」といったもの…だけではなくて、社員教育を行うなどして、1人1人の意識レベルを改善していくことが大切です。

不正アクセスの手法と対策

不正アクセスには、他にも様々な手法があります。代表的なものを下記の表にまとめます。

手法	説明
辞書攻撃	辞書に載っている単語などを元にパスワードで使われそうな文字列を辞書化し、これを片っ端から試すことによりパスワードを破ろうとする手法。 ランダムな値でパスワードを設定するなどの対処法が考えられる。
パスワードリスト攻撃	どこかから入手したID・パスワードのリストを用いて、他のサイトへのログインを試みる手法。 複数のWebサイトやサービスでパスワードを使い回さないなどの対処法が考えられる。
ブルートフォース攻撃	ブルートフォース(Brute force)とは「力ずくで」という意味。認証に用いられる文字列すべての組合せを試すことでパスワードを破ろうとする手法。 ログイン試行回数に制限を設けるなどの対処法が考えられる。
リバース ブルートフォース攻撃	ブルートフォース攻撃の逆で、パスワードは固定にしておいて、IDとして使える文字の組合せを片っ端から全て試す手法。 ログイン試行回数制限によるアカウントロックは行えないため、パスワードを複雑なものにしたり、パスワードに加えてSMS認証や生体認証を組み合わせる多要素認証を利用するなどの対処法が考えられる。
レインボー攻撃	サーバに保存されていたハッシュ値から元のパスワード文字列を解析する手法。パスワードになりうる文字列とハッシュ値との組をテーブル化しておき、入手したハッシュ値から元の文字列を推測する。 パスワードの文字数を増やす、複雑な文字種の組合せにする、定期的に変更するなどの対処法が考えられる。
スニッフィング	ネットワークを流れるパケットを盗聴し、その内容からパスワードを不正に取得しようとする手法。 パスワードを平文で送信しないなどの対処法が考えられる。
ゼロデイ攻撃	ソフトウェアの脆弱性発覚後、セキュリティパッチが配布される前にその脆弱性を利用した攻撃を行うこと。脆弱性の発覚から対応策の提供までにはタイムラグが存在するため、この時間差に乗じた攻撃が行われる。

SQLインジェクション 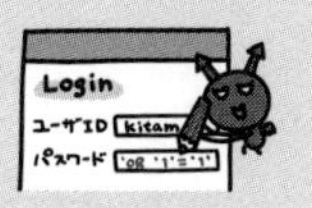	ユーザの入力値をデータベースに問い合わせて処理を行うWebサイトに対して、その入力内容に悪意のある問い合わせや操作を行うSQL文を埋め込み、データベースのデータを不正に取得したり、改ざんしたりする手法。 入力フォームから送られた内容を検査し、そこに含まれるべきではない文字列を無害な文字列に置き換えるサニタイジングなどが対処法となる。
クロスサイトスクリプティング 	Webサイトの掲示板など、閲覧者が投稿を行うことのできる入力フォームから、悪意のあるスクリプトを送り込むことでページ内に埋め込む攻撃手法。他の閲覧者がこのページにアクセスすると、埋め込まれたスクリプトが自動的に実行される。 入力フォームから送られた内容を検査し、そこに含まれるスクリプトなどを無害な文字列に置き換えるサニタイジングなどが対処法となる。
フィッシング 	金融機関などを装った偽装Webサイトに利用者を誘導し、暗証番号をはじめとする個人情報を不正に取得しようとする手法。多くの場合、誘導には正規業者を装った電子メールが用いられる。 送信者情報も偽装されているため、これを信用せず、誘導先のURLが本物であるか確認するなどの対処法が考えられる。
DNSキャッシュポイズニング 	DNSのキャッシュ機能を悪用して、一時的に偽のドメイン情報を覚えさせることで偽装Webサイトへと誘導する手法。 DNSキャッシュサーバが、問合せに対する応答を電子署名で検証できるようにするDNSSECが根本的な対処法となる。
ディレクトリトラバーサル攻撃 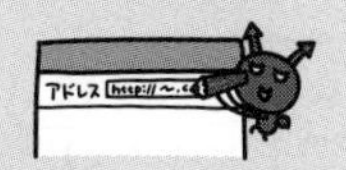	ファイル名やパスをパラメータとして受け取るプログラム(CGIなど)に対して想定外の相対パスを渡すことで、本来公開対象ではないはずのファイルやディレクトリにアクセスする手法。 パラメータチェックにより不正なパスを削除するなどの対処法が考えられる。
DoS (Denial of Service) 攻撃 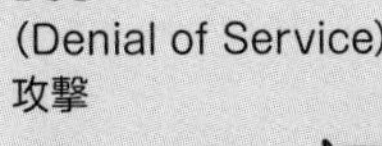	電子メールやWebリクエストなどを、通常ではあり得ないほど大量にサーバへ送りつけることで、ネットワーク上のサービスを提供不能にする手法。 必要のないサービスやポートは使用できないよう塞いでおく、脆弱性対策のパッチは小まめに適用しておくなどの対処法が考えられる。
DDoS (Distributed Denial of Service) 攻撃 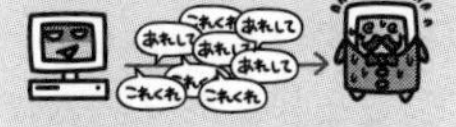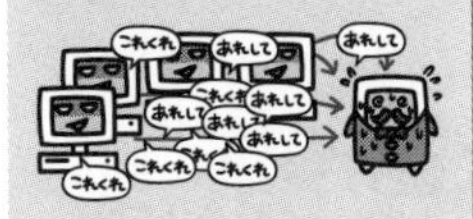	上記DoS攻撃を、複数のコンピュータから一斉に行う手法。 DoS攻撃と同様の対処法が考えられる。 

rootkit(ルートキット)

不正アクセスに成功したコンピュータに潜伏し、攻撃者がそのコンピュータをリモート制御できるようにするソフトウェアの集合体をrootkit(ルートキット)と言います。

rootkitには、侵入の痕跡を隠蔽するためのログ改ざんツールや、リモートからの侵入を容易にするバックドアツール、侵入に気付かれないよう改ざんを行ったシステムツール群などが含まれています。

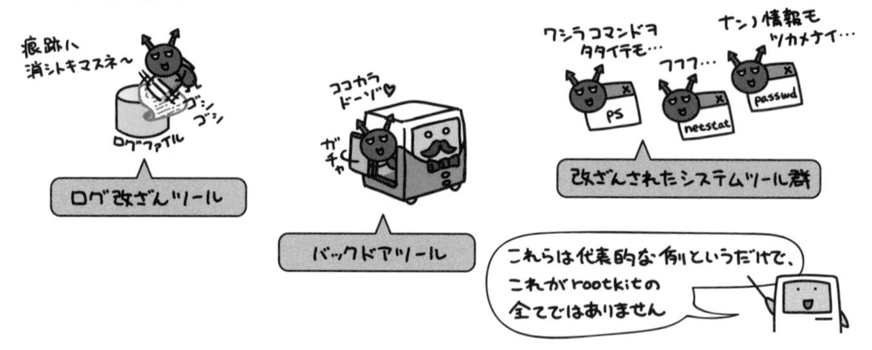

rootkitは、それ自体がコンピュータに直接的な被害を与えるものではありません。自身を隠蔽し、いつでも攻撃者によるリモートアクセスを可能とすることで、さらなるサイバー攻撃を可能とする下地を整えるためのツール群なのです。

ハニーポット

侵入者やマルウェアの挙動を監視するために、意図的に脆弱性を持たせた機器をネットワーク上に公開し、おとりとして用いる手法（もしくはシステム）をハニーポット（Honeypot）といいます。

あえてセキュリティ上問題のあるサーバなどをインターネット上にさらしておくことで攻撃を誘発し、その手法や行動を調査・研究することが目的です。

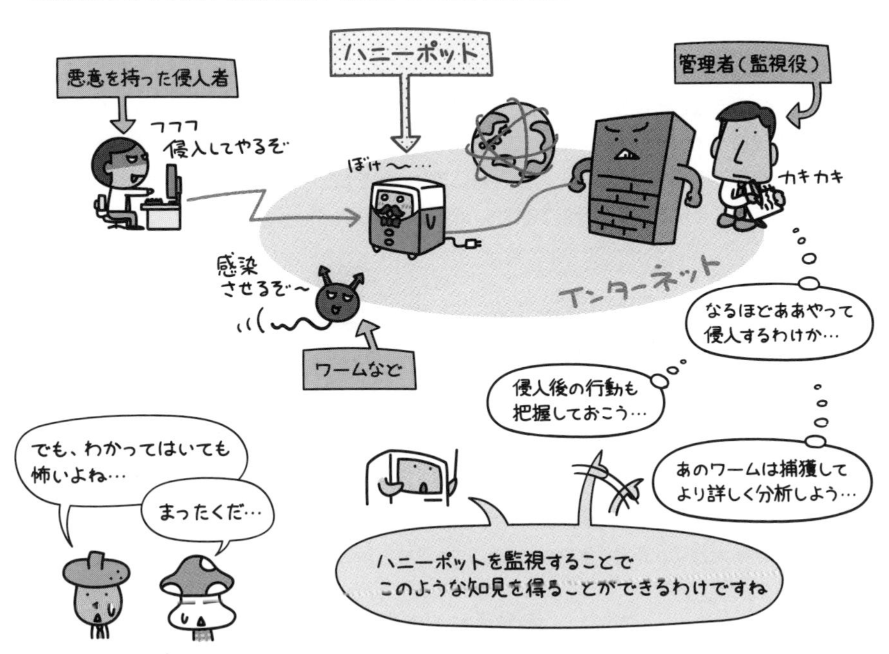

CAPTCHA

ネット上のサービスをよく利用する方であれば、ユーザ登録などWebフォームの入力時に、次のような入力を促されたことが1度はあるのではないでしょうか。

これは、コンピュータには読み取ることが難しいよう歪めるなどした文字を判読させることにより、「今Webフォームを入力しているのは間違いなく人間である」と判断するためのものです。

なぜこのようなことをするのかというと、機械による自動入力を排除するため。自動入力による不正ログインを防止することで、たとえばこれによって、「コンサートチケットの販売開始と同時に、機械による自動入力で大量にチケットを買い占める(この業者は、高値をつけて他者へ転売する)」といった行為を排除したりするわけです。

しかしコンピュータによる解読技術は年々向上しています。そのため、これに対応しようと文字の歪みを大きくすると、今度は人間にとっても判読が難しくなるという問題が生じています。

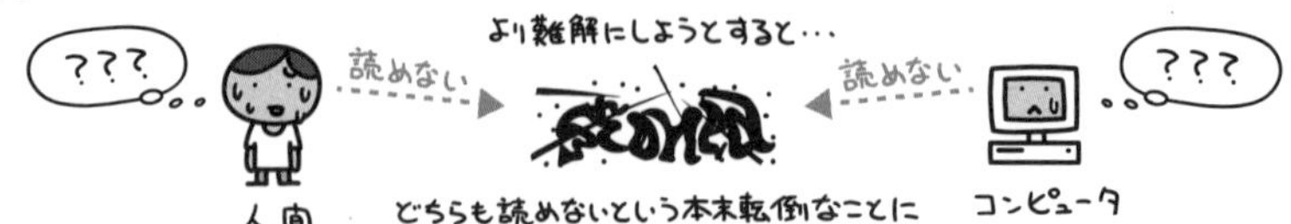

この技術のことをCAPTCHAと言います。

パスワードに使用できる文字の種類の数をM，パスワードの文字数をnとするとき，設定できるパスワードの理論的な総数を求める数式はどれか。

ア M^n　イ $\frac{M!}{(M-n)!}$　ウ $\frac{M!}{n!(M-n)!}$　エ $\frac{(M+n-1)!}{n!(M-1)!}$

解説

パスワードに使用する文字の種類をM 、パスワードのけた数をnとするとき、設定できるパスワードの個数は、Mのn乗になります。

これは、0と1の2通りしか表現できないビットが、8ビットあれば、2の8乗分の文字が表現できるのと同じ考え方です。

虹(こう)彩認証に関する記述のうち，最も適切なものはどれか。

ア 経年変化による認証精度の低下を防止するために，利用者の虹彩情報を定期的に登録し直さなければならない。

イ 赤外線カメラを用いると，照度を高くするほど，目に負担を掛けることなく認証精度を向上させることができる。

ウ 他人受入率を顔認証と比べて低くすることが可能である。

エ 本人が装置に接触したあとに残された遺留物を採取し，それを加工することによって認証データを偽造し，本人になりすますことが可能である。

解説

ア 虹彩は、経年変化しません。

イ 虹彩認証では、通常、赤外線カメラが用いられます。赤外線カメラは、人の目には見えない"赤外線"を発して撮影するので全く光のない場所でも撮影が可能です。したがって、照度（明るさ）を高くする必要はありません。

ウ 消去法により、当選択肢が正解です。なお、虹彩認証は、指一本の指紋認証と同程度の識別能力があります。

エ 虹彩は眼球内にある薄膜であり、装置と接触しないので、遺留物が装置に残されることはありません。

正解▶問1：ア　問2：ウ

クロスサイトスクリプティングの手口はどれか。

ア　Webアプリケーションのフォームの入力フィールドに，悪意のあるJavaScriptコードを含んだデータを入力する。
イ　インターネットなどのネットワークを通じてサーバに不正にアクセスしたり，データの改ざんや破壊を行ったりする。
ウ　大量のデータをWebアプリケーションに送ることによって，用意されたバッファ領域をあふれさせる。
エ　パス名を推定することによって，本来は認証された後にしかアクセスが許可されないページに直接ジャンプする。

解説

ア　クロスサイトスクリプティング（623ページの上から2つ目）の手口です。
イ　クラッキングの手口です。
ウ　バッファオーバフロー攻撃の手口です。
エ　ディレクトリトラバーサル攻撃（623ページの下から3つ目）の手口です。

ディレクトリトラバーサル攻撃はどれか。

ア　OSコマンドを受け付けるアプリケーションに対して，攻撃者が，ディレクトリを作成するOSコマンドの文字列を入力して実行させる。
イ　SQL文のリテラル部分の生成処理に問題があるアプリケーションに対して，攻撃者が，任意のSQL文を渡して実行させる。
ウ　シングルサインオンを提供するディレクトリサービスに対して，攻撃者が，不正に入手した認証情報を用いてログインし，複数のアプリケーションを不正使用する。
エ　入力文字列からアクセスするファイル名を組み立てるアプリケーションに対して，攻撃者が，上位のディレクトリを意味する文字列を入力して，非公開のファイルにアクセスする。

解説

ア　OSコマンドインジェクション攻撃の説明です。
イ　SQLインジェクション攻撃（623ページの一番上）の説明です。
ウ　本選択肢の説明に、○○攻撃のような名前は付けられていません。
エ　ディレクトリトラバーサル攻撃（623ページの下から3つ目）の説明です。

正解▶問3：ア　問4：エ

Chapter 14-3 コンピュータウイルスの脅威

第3者のデータなどに対して、意図的に被害を及ぼすよう作られたプログラムがコンピュータウイルスです。

ウイルスというと、なにか得体の知れないものがやってきてコンピュータを狂わせるように思えますが、実際はコンピュータウイルス（単にウイルスとも呼びます）というのも、単なるプログラムのひとつに過ぎません。ただその動作が、「コンピュータ内部のファイルを根こそぎごっそり削除いたします」というような、ちょっとしゃれにならない内容だったりするだけです。

経済産業省の「コンピュータウイルス対策基準」によると、次の3つの基準のうち、どれかひとつを有すればコンピュータウイルスであるとしています。

コンピュータウイルスの種類

コンピュータウイルスとひと口に言っても、その種類は様々です。
ざっくり分類すると、次のような種類があります。

狭義のウイルス 	他のプログラムに寄生して、その機能を利用する形で発病するものです。狭義の「ウイルス」は、このタイプを指します。
マクロウイルス 	アプリケーションの持つマクロ機能を悪用したもので、ワープロソフトや表計算ソフトのデータファイルに寄生して感染を広げます。
ワーム 	自身単独で複製を生成しながら、ネットワークなどを介してコンピュータ間に感染を広めるものです。作成が容易なため、種類が急増しています。
トロイの木馬 	有用なプログラムであるように見せかけてユーザに実行をうながし、その裏で不正な処理（データのコピーやコンピュータの悪用など）を行うものです。

また、コンピュータウイルスとは少し異なりますが、マルウェア（コンピュータウイルスを含む悪意のあるソフトウェア全般を指す言葉）の一種として次のようなプログラムにも同様の注意が必要です。

スパイウェア 	情報収集を目的としたプログラムで、コンピュータ利用者の個人情報を収集して外部に送信します。他の有用なプログラムにまぎれて、気づかないうちにインストールされるケースが多く見られます。
ボット 	感染した第3者のコンピュータを、ボット作成者の指示通りに動かすものです。迷惑メールの送信、他のコンピュータを攻撃するなどの踏み台に利用される恐れがあります。

C&Cサーバとボット

ボットというのは、作業を自動化してくれるプログラムのことです。

このボットには、不正な目的で作られたマルウェアの一種があります。これに感染すると、コンピュータは外部から遠隔操作可能なロボットにされてしまいます。

こうしたボットによって構成されるネットワークがボットネットです。

ボットネットとは、ボットに感染したコンピュータたちと、そのコンピュータ群に対して指令を下すサーバによって構成されています。

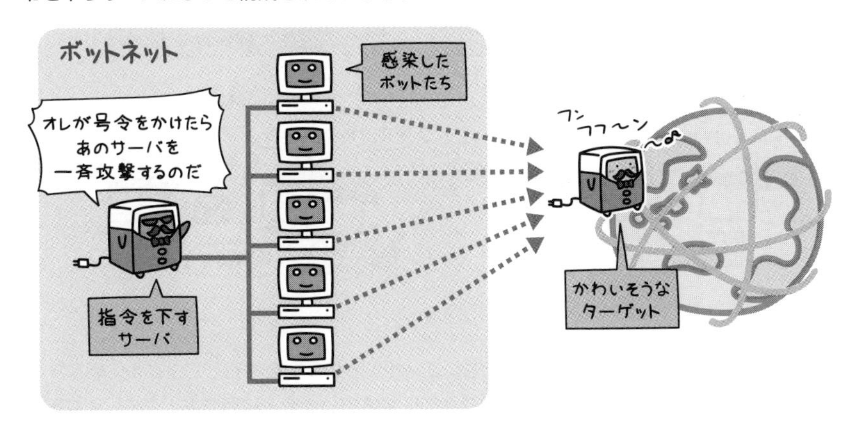

このボットに指令を下すサーバ、つまりは「侵入して乗っ取ったコンピュータに対して、他のコンピュータへの攻撃などの不正な操作をするよう、外部から命令を出したり応答を受け取ったりする」サーバが、C&Cサーバです。

ウイルス対策ソフトと定義ファイル

このようなコンピュータウイルスに対して効力を発揮するのがウイルス対策ソフトです。このソフトウェアは、コンピュータに入ってきたデータを最初にスキャンして、そのデータに問題がないか確認します。

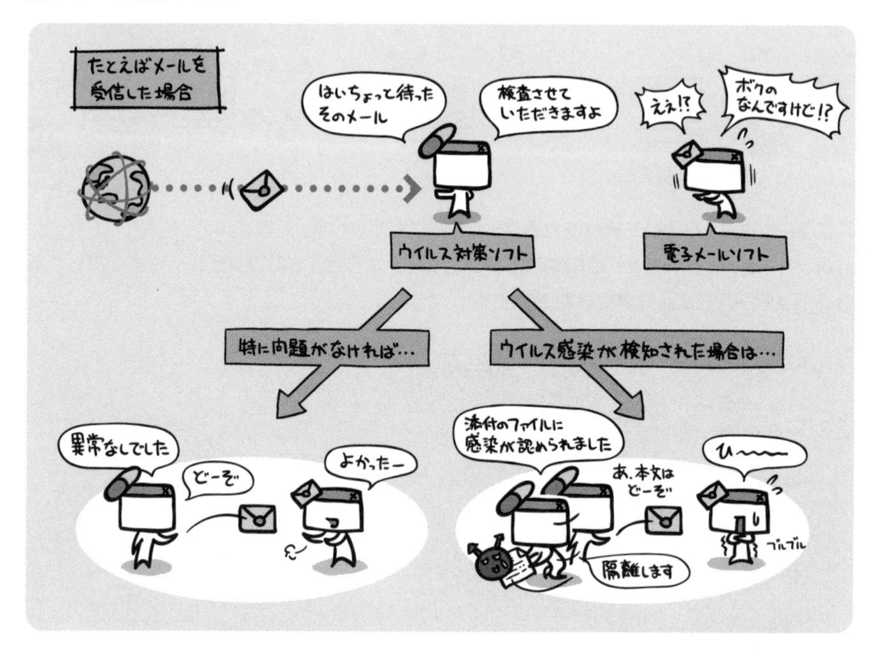

このようなウイルスの予防措置以外にも、コンピュータの中を検査してウイルス感染チェックを行ったり、すでに感染してしまったファイルを修復したりというのも、ウイルス対策ソフトの役目です。

ウイルス対策ソフトが、多種多様なウイルスを検出するためには、既知ウイルスの特徴を記録したウイルス定義ファイル（シグネチャ）が欠かせません。ウイルスは常に新種が発見されていますので、このウイルス定義ファイルも常に最新の状態を保つことが大切です。

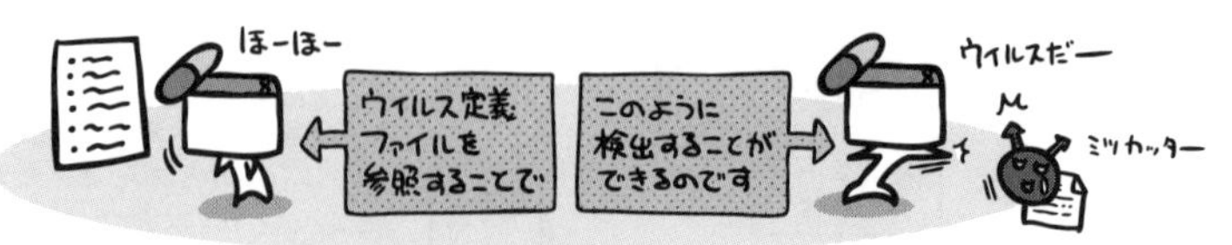

ビヘイビア法（動的ヒューリスティック法）

ウイルス定義ファイルを用いた検出方法では、既知のウイルスしか検出することができません。

そこで、実行中のプログラムの挙動を監視して、不審な処理が行われないか検査する手法がビヘイビア法です。動的ヒューリスティック法とも言います。

検知はできたけども同時に感染しちゃいましたーでは困るので、次のような方法を用いて検査を行います。

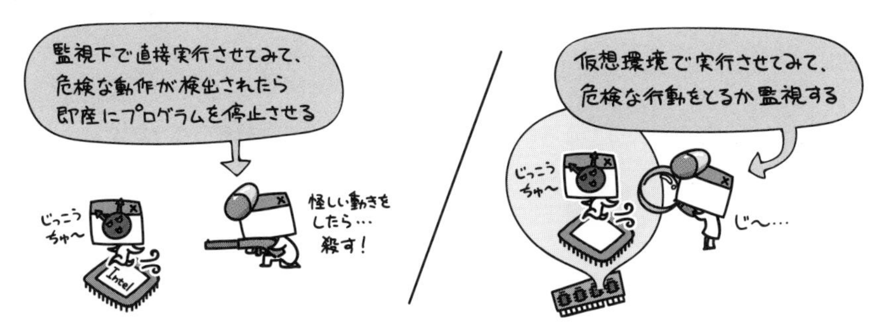

ちなみに、ビヘイビア法を英語で書くと次のようになります。

ウイルスの予防と感染時の対処

コンピュータウイルスの感染経路としては、電子メールの添付ファイルやファイル交換ソフトなどを通じたものが、現在はもっとも多いとされています。

これらのウイルスから身を守るには、次のような取り組みが有効です。

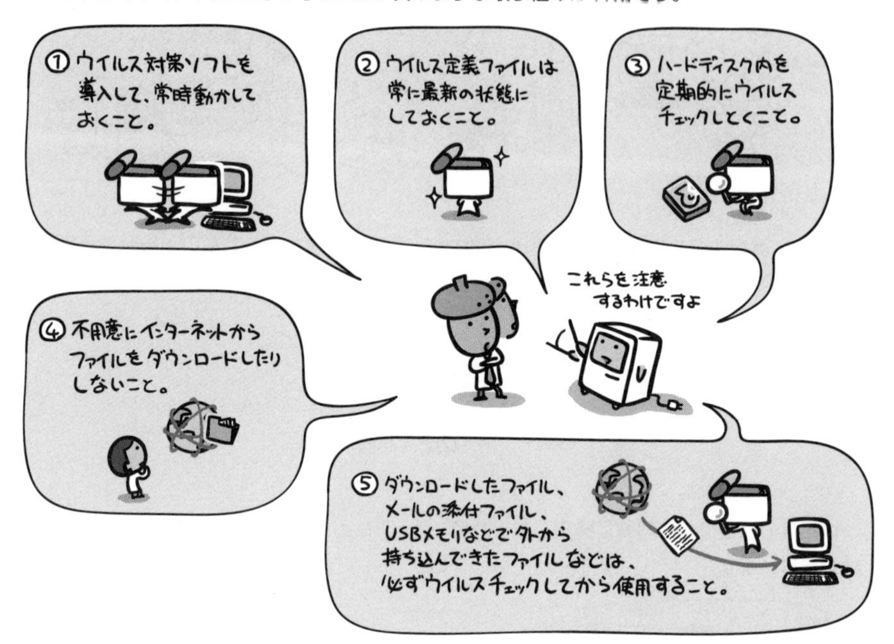

それでももし感染してしまった場合は、あわてず騒がず、次の対処を心がけます。

セキュアブート

コンピュータの起動時に、信頼性が確認できるソフトウェアしか実行できないように制限する機能がセキュアブートです。

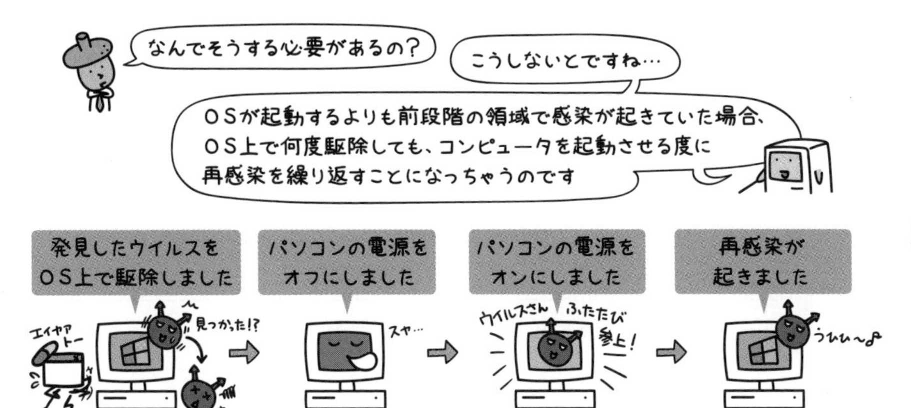

具体的には、起動時に読み込まれるブートローダをはじめ、OSやデバイスドライバなどのデジタル署名を確認することで、不正に改ざんされたプログラムからコンピュータを守ります。

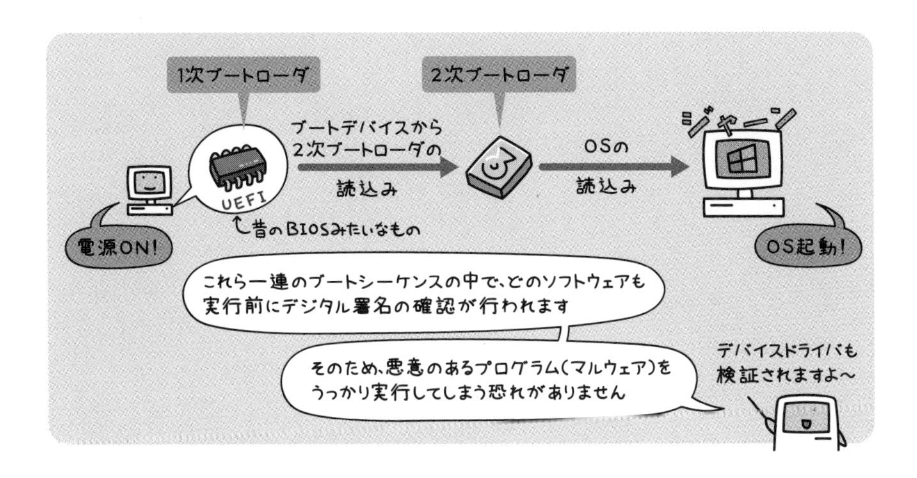

このように、コンピュータの起動時に許可のないものを実行しないようにすることで、OS起動前のマルウェアの実行を防ぐ技術なわけです。

このように出題されています

過去問題練習と解説

問1 (AP-H25-A-41)

ビヘイビア法のウイルス検出手法に当たるものはどれか。

ア　あらかじめ検査対象に付加された，ウイルスに感染していないことを保証する情報と，検査対象から算出した情報とを比較する。
イ　検査対象と安全な場所に保管してあるその原本とを比較する。
ウ　検査対象のハッシュ値と既知のウイルスファイルのハッシュ値とを比較する。
エ　検査対象をメモリ上の仮想環境下で実行して，その挙動を監視する。

解説

ア　チェックサム法もしくはインテグリティチェック法の説明です。
イ　コンペア法の説明です。
ウ　ハッシュ関数を使ったウイルス検出手法の説明です。
エ　ビヘイビア法は、ウイルスの振る舞いを監視します。したがって、検出のタイミングは“ウイルス実行中”です。これは暗号化されているウイルスでも復号しながら検査できるため、検出力の高い強力な検査法といえます。ただし、“ウイルス実行中”であるので危険を伴うともいえます。

コンピュータウイルスを作成する行為を処罰の対象とする法律はどれか。

ア　刑法
イ　不正アクセス禁止法
ウ　不正競争防止法
エ　プロバイダ責任制限法

解説

刑法168条の2　第1項は、下記のとおりです。

> 正当な理由がないのに、人の電子計算機における実行の用に供する目的で、次に掲げる電磁的記録その他の記録を作成し、又は提供した者は、3年以下の懲役又は50万円以下の罰金に処する。
> 一　**人が電子計算機を使用するに際してその意図に沿うべき動作をさせず、又はその意図に反する動作をさせるべき不正な指令を与える電磁的記録**
> 二　前号に掲げるもののほか、同号の不正な指令を記述した電磁的記録その他の記録

上記によって、コンピュータウイルスを作成すると処罰されます（上記の太字が、コンピュータウイルスなどを意味しています）。

刑法については895ページも参照ください。

正解▶問1：エ　問2：ア

Chapter 14-4

ネットワークのセキュリティ対策

ネットワークのセキュリティ対策は、壁をもうけて通信を遮断するところからはじまるのです。

ここまでセキュリティの概念や、不正アクセスをはじめとする起こりうる脅威について書いてきました。でも、そもそもネットワークが出入り自由だとしたら、どんな対策をしても意味がありません。

私たちの住まいには、通常なんらかの鍵がかけられるようになっています。それは、不審者の出入りを阻むために他なりません。「ごめんください、入っていいですかー」と訪ねてくる人がいたら、「あらお隣の花子さんコンニチハどーぞどーぞ」と家人が許可してはじめて中に立ち入れる。そうすることで家の中のセキュリティが保たれているわけです。

ネットワークもこれと同じです。

「LANの中は安全地帯。ファイルをやり取りしたりして、気兼ねなく過ごすことができる世界」…とするためには、外と中とを区切る壁をもうけて、出入りを制限しなきゃいけません。

では実際にどんな手段を講じるものなのか。詳しく見ていくといたしましょう。

ファイアウォール

LANの中と外とを区切る壁として登場するのがファイアウォールです。

ファイアウォールというのは「防火壁」の意味。本来は「火災時の延焼を防ぐ耐火構造の壁」を指す言葉なのですが、「外からの不正なアクセスを火事とみなして、それを食い止める存在」という意味でこの言葉を使っています。

ファイアウォールは機能的な役割のことなので、特に定まった形はありません。

主な実現方法としては、パケットフィルタリング（P.640）やアプリケーションゲートウェイ（P.641）などが挙げられます。

14 セキュリティ

パケットフィルタリング

パケットフィルタリングは、パケットを無条件に通過させるのではなく、あらかじめ指定されたルールにのっとって、通過させるか否かを制御する機能です。

その名の通り、「ルールに当てはまらないパケットは、フィルタによってろ過された後に残るゴミのように、通過を遮られて破棄される」わけですね。

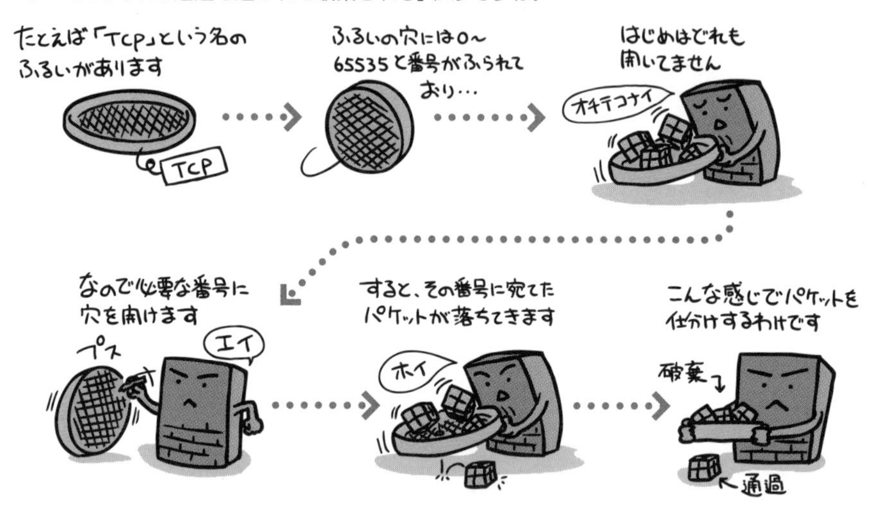

この機能では、パケットのヘッダ情報（送信元IPアドレスや宛先IPアドレス、プロトコル種別、ポート番号など）を見て、通過の可否を判定します。

通常、アプリケーションが提供するサービスはプロトコルとポート番号で区別されますので、この指定はすなわち「どのサービスは通過させるか」と決めたことになります。

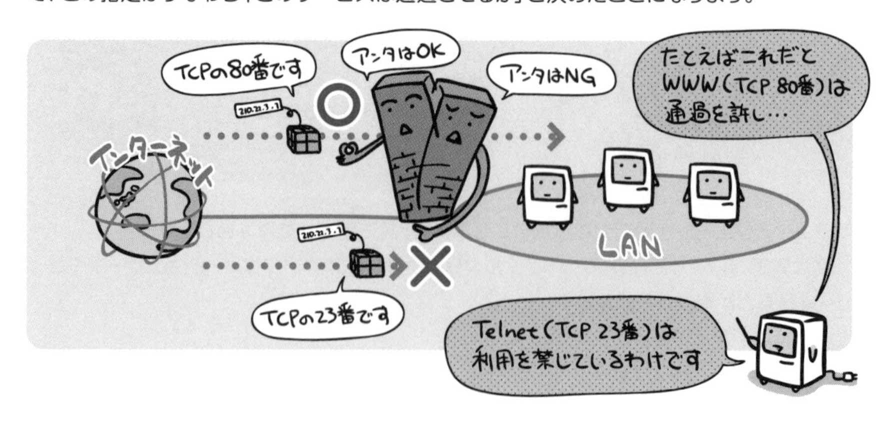

アプリケーションゲートウェイ

アプリケーションゲートウェイは、LANの中と外の間に位置して、外部とのやり取りを代行して行う機能です。プロキシサーバ(代理サーバ)とも呼ばれます。

外のコンピュータからはプロキシサーバしか見えないので、LAN内のコンピュータが、不正アクセスの標的になることを防ぐことができます。

アプリケーションゲートウェイ型のファイアウォールには、WAF(Web Application Firewall)があります。これはWebアプリケーションに対する外部からのアクセスを監視するもので、たとえばサニタイズ機能によりクロスサイトスクリプティング(P.623)を無効化するなどによって、脆弱性を悪用した攻撃からWebサーバを保護します。

WAF（Web Application Firewall）の設置位置

パケットフィルタ型のファイアウォールがパケットのヘッダ情報を参照して通過の可否を判定するのに対し、アプリケーションゲートウェイ型のWAFではそのデータの中身までをチェックすることで悪意を持った攻撃を検知します。

これらは「どちらのファイアウォールを使うか」といった排他の関係ではありません。両者を組み合わせることで、よりセキュリティの向上が期待できる補完関係にあります。

これについてはちょうどそのものズバリな問題が過去に出ています。せっかくなので実際に問題を解きながら、それぞれの位置関係を理解しておきましょう。

練習問題

図のような構成と通信サービスのシステムにおいて、Webアプリケーションの脆弱性対策のためのWAFの設置場所として、最も適切な箇所はどこか。ここで、WAFには通信を暗号化したり、復号したりする機能はないものとする。

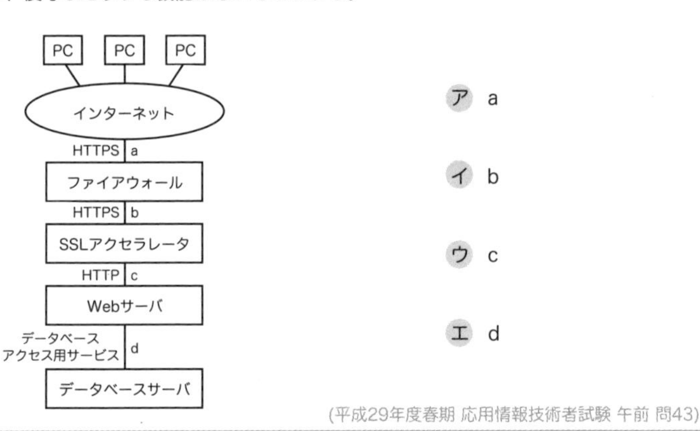

（平成29年度春期 応用情報技術者試験 午前 問43）

まずは登場人物と、それぞれの役割を整理します。紙面の都合上、縦ではなく横に配置した図となりますがご了承下さい。

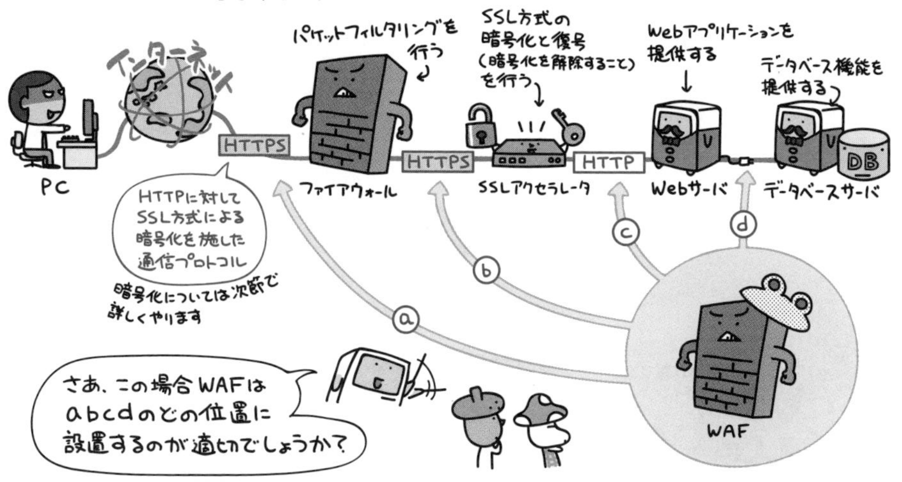

まず問題文にもある通り、WAFには通信を暗号化したり、復号したりという機能がありません。

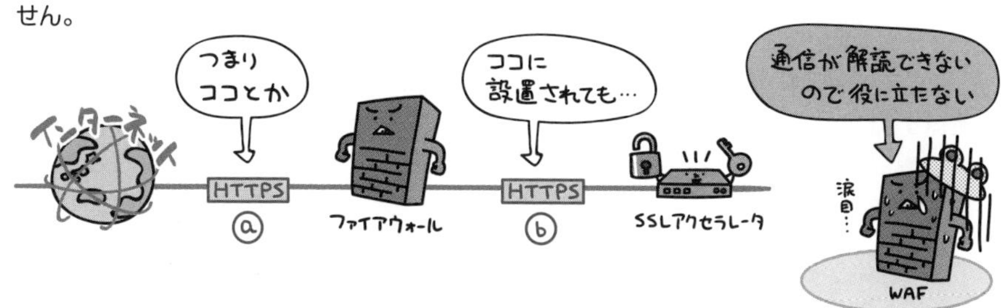

また、WAFの働きが「Webアプリケーションに対する外部からのアクセスを監視」することであるのを考えると、Webサーバより後方に設置しても意味がありません。

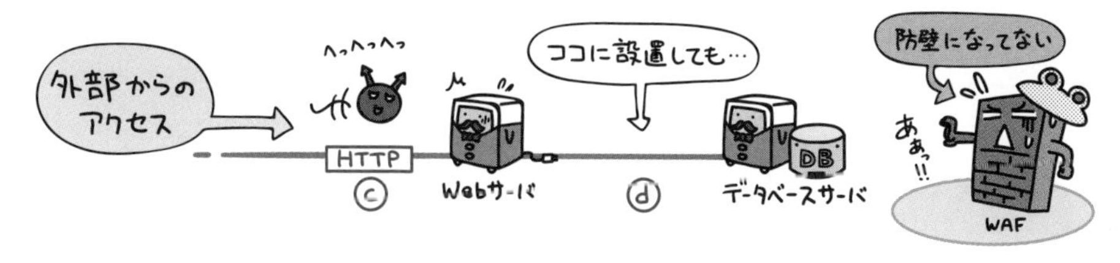

したがって適切なのはcの位置。選択肢ウが正解となるわけです。

パケットフィルタリングでは「通過が許されたサービスか」といった判定は行えますが、その内容の安全性までは確認ができません。この位置にWAFを設置することによって、そうした不正なパケットを検出し、ネットワークの安全性を高めることができるのです。

ペネトレーションテスト

既知の手法を用いて実際に攻撃を行い、これによってシステムのセキュリティホールや設定ミスといった脆弱性の有無を確認するテストがペネトレーションテストです。昔小学校とかでよくやった避難訓練みたいなものですね。

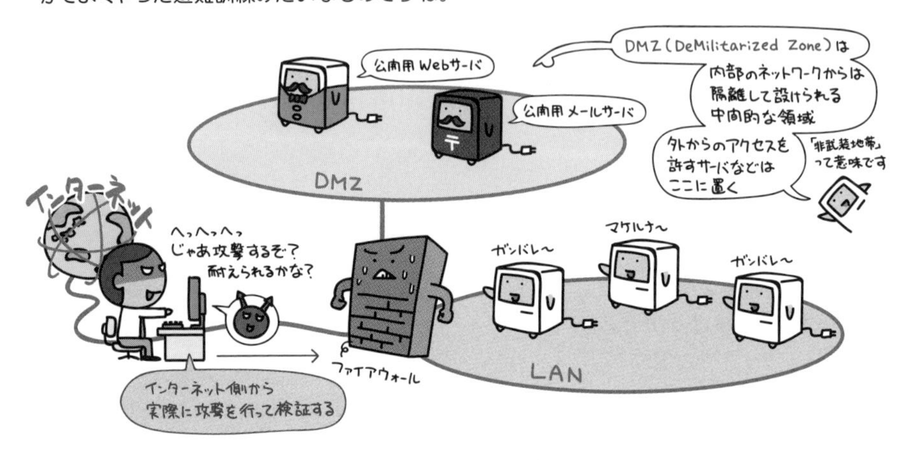

このテストの第一の目的は、「ファイアウォールや公開サーバに対して侵入できないことを確認する」だと言えます。

しかし何ごとも100%はありません。もし侵入されたらどうなるか、どこまで突破されるか、何をされてしまうのか、そういった視点での検証に本テストの特徴があります。

システムの脆弱性や攻撃手法は日々新しく発見されています。したがって検証は一度やったらお終い…ではなく、定期的に行うことが望ましいと考えられます。

ファジング

検査対象となるプログラムに対して、想定外のデータを大量に送りつけることで不具合が生じないか確認するテストを、ファジングと言います。異常系の検査手法のひとつです。

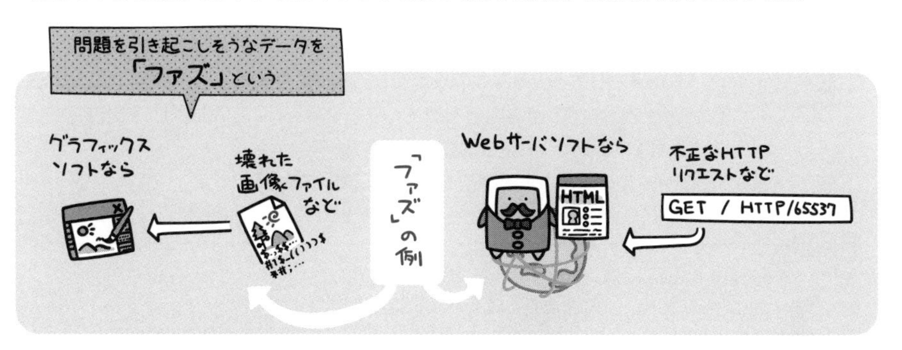

この検査によって、もしプログラムが異常終了したり、予期しない動作に陥るようであれば、その処理に何らかの不具合が潜んでいると判断することができます。

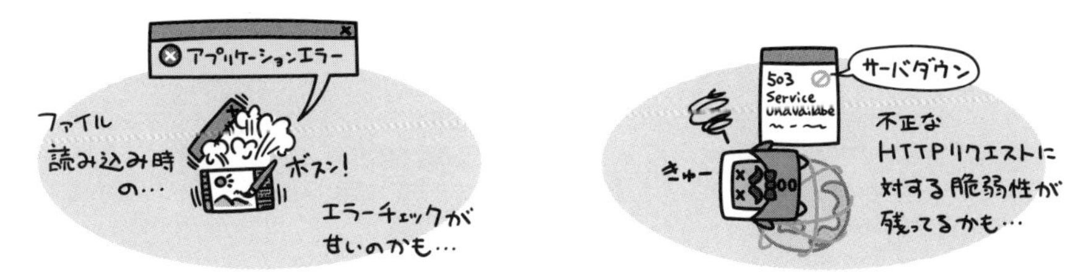

このように出題されています

過去問題練習と解説

WAFの説明はどれか。

ア　Webアプリケーションへの攻撃を検知し，阻止する。
イ　Webブラウザの通信内容を改ざんする攻撃をPC内で監視し，検出する。
ウ　サーバのOSへの不正なログインを監視する。
エ　ファイルのマルウェア感染を監視し，検出する。

解説

ア　WAFの説明です。詳しくは、642ページを参照してください。
イ　パーソナルファイアウォールに含まれる機能のような説明です。
ウ　サーバに導入されたホスト型IDS（Intrusion Detection System）に含まれる機能のような説明です。
エ　ウイルス対策ソフトに含まれる機能のような説明です。

化学製品を製造する化学プラントに，情報ネットワークと制御ネットワークがある。この二つのネットワークを接続し，その境界に，制御ネットワークのセキュリティを高めるためにDMZを構築し，制御ネットワーク内の機器のうち，情報ネットワークとの通信が必要なものをこのDMZに移した。DMZに移した機器はどれか。

ア　温度，流量，圧力などを計測するセンサ
イ　コントローラからの測定値を監視し，設定値（目標値）を入力する操作端末
ウ　センサからの測定値が設定値に一致するように調整するコントローラ
エ　定期的にソフトウェアをアップデートする機器に対して，情報ネットワークから入手したアップデートソフトウェアを提供するパッチ管理サーバ

解説

DMZ（DeMilitarized Zone）は、一般的には、インターネットからも、内部ネットワーク（社内LAN）からも、アクセスできる公開サーバ群を設置するセグメント（サブネット）です（644ページを参照してください）。

ただし、本問は“情報ネットワークと制御ネットワークがある。この二つのネットワークを接続し，その境界に，制御ネットワークのセキュリティを高めるためにDMZを構築”としているので、本問では、情報ネットワークがインターネットのようなリスクの高いセグメントであり、制御ネットワークが攻撃から守られねばならない内部ネットワークのようなセグメントです。

本問は、"制御ネットワーク内の機器のうち，▼情報ネットワークとの通信が必要なものをこのDMZに移した" としており、また、選択肢エは "▲情報ネットワークから入手したアップデートソフトウェアを提供するパッチ管理サーバ" としています。上記▲の下線部が、上記▼の下線部に該当しているので、選択肢エが正解です。

パケットフィルタリング型ファイアウォールのフィルタリングルールを用いて，本来必要なサービスに影響を及ぼすことなく防げるものはどれか。

ア　外部に公開しないサーバへのアクセス
イ　サーバで動作するソフトウェアの脆弱性を突く攻撃
ウ　電子メールに添付されたファイルに含まれるマクロウイルスの侵入
エ　不特定多数のIoT機器から大量のHTTPリクエストを送り付けるDDoS攻撃

解説

ア 「外部に公開しないサーバへのアクセス」は、インターネット側から社内側へのパケットで、宛先TCP（もしくはUDP）ポート番号と宛先IPアドレスが、フィルタリングルールに登録されていないものを拒否すれば、防ぐことができます。なお、パケットフィルタリングの説明は、640ページを参照してください。

イ･ウ･エ　パケットフィルタリング型ファイアウォールのフィルタリングルールで指定される条件である、パケットの送信元IPアドレス･宛先IPアドレス･発信元TCP（もしくはUDP）ポート番号･宛先TCP（もしくはUDP）ポート番号･通信の方向などでは、選択肢イ･ウ･エの攻撃や侵入を特定できません。したがって、選択肢イ～エは、パケットフィルタリング型ファイアウォールでは防げません。

正解▶問1:ア　問2:エ　問3:ア

Chapter 14-5 暗号化技術とデジタル署名

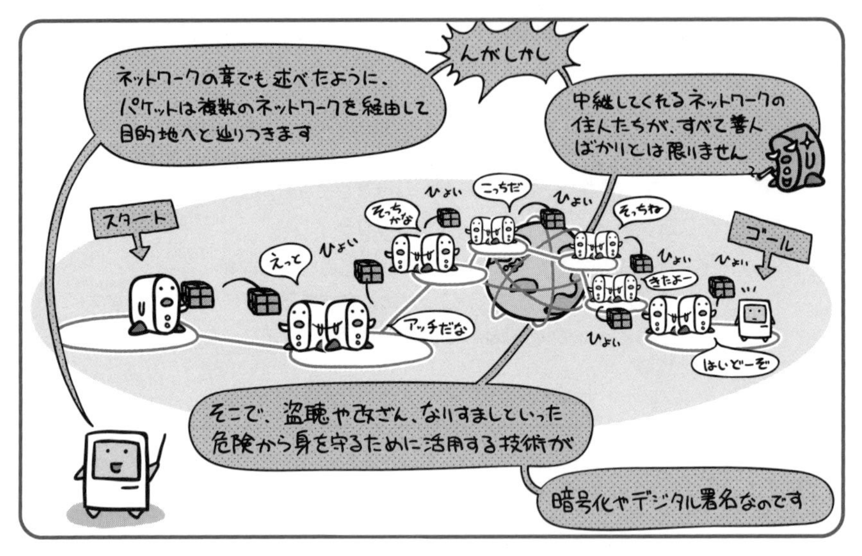

**インターネットは「荷物が丸裸で運ばれている」ようなもの。
暗号化やデジタル署名で、荷物に鍵をかけるのです。**

複数のネットワークがつながりあって出来ているのがインターネット。当然パケットは、ネットワークからネットワークへとバケツリレーされていくことになります。

でもちょっと待った。パケットが単に「デジタルデータを小分けして荷札つけたもの」なんであれば、ちょろりと中をのぞくだけで、なにが書いてあるか丸わかりですよね?

たとえばネット上のサービスを利用するためのユーザ名やパスワード。クレジットカード情報。今時であれば、ネットバンキングに使う口座情報などもあるでしょう。そのような情報が、まったく丸裸の状態で、見知らぬ人のネットワークを延々渡り歩いて流れていく図を想像してみてください。もしくは、「絶対人に漏らしたくないユーザ名とパスワード」を書いた紙を、2つ折りにしただけで知らない人にバケツリレーしてもらう感じ…でも構いません。

当たり前ですが、こんなんじゃ危なくて仕方ないですよね。そこで登場するのが、暗号化技術やデジタル署名というわけです。

盗聴・改ざん・なりすましの危険

ネットワークの通信経路上にひそむ危険といえば、代表的なのが次の3つです。
イメージしやすいよう、メールにたとえて見てみましょう。

盗聴

データのやり取り自体は正常に行えますが、途中で内容を第3者に盗み読まれるという危険性です。

改ざん

データのやり取りは正常に行えているように見えながら、実際は途中で第3者に内容を書き換えられてしまっているという危険性です。

なりすまし

第3者が別人なりすまし、データを送受信できてしまうという危険性です。

なんか
ヘンなアイコン
まじってないか?
あ! ミズスマシ!?

暗号化と復号

さて、それでは「通信経路は危険がいっぱいだ」という結論に辿り着いたとして、どう対処すればいいでしょうか。

そうですね、まず考えられるのは「通信経路でのぞき見できちゃうのがそもそもおかしい。そこをしっかり対処すべきだ」というものかもしれません。社内LANなどの限定された空間であれば、そういう対処も採れるでしょう。

しかし、世界規模で広がってるネットワークを、えいやと一度に置きかえるなんてのは現実的ではありません。

そこで発想の大転換。

のぞき見されるのは防ぎようがないんだから、のぞかれても大丈夫な内容に変えてしまえば良いのです。

たとえばやり取りする当事者同士だけがわかる形にメッセージを作り替えてしまえば、途中でいくらのぞき見されても困ることはありません。

このように、「データの中身を第3者にはわからない形へと変換してしまう」ことを暗号化といいます。上の絵だとキノコのやってることがそう。

一方、暗号化したデータは元の形に戻さないと解読できません。この「元の形に戻す」ことを復号といいます。こちらはドングリがやってる部分ですね。

盗聴を防ぐ暗号化（共通鍵暗号方式）

前ページの「ひと文字ずらす」というような、暗号化や復号を行うために使うデータを鍵と呼びます。データという荷物をロックするための鍵…みたいなものと思えばよいでしょう。

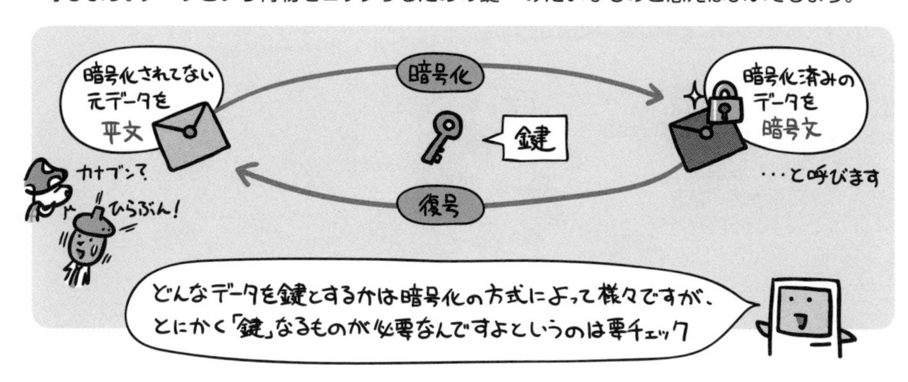

送り手（暗号化する側）と受け手（復号する側）が同じ鍵を用いる暗号化方式を、共通鍵暗号方式と呼びます。この鍵は第3者に知られると意味がなくなりますから、秘密にしておく必要があります。そのことから秘密鍵暗号方式とも呼ばれます。

盗聴を防ぐ暗号化（公開鍵暗号方式）

共通鍵暗号方式は、「お互いに鍵を共有する」というのが前提である以上、通信相手の数分だけ秘密鍵を管理しなければいけません。複数の相手に使い回しがきけば管理は楽ですが、そういうわけにもいかないですからね。

しかも、事前に鍵を渡しておく必要がありますから、インターネットのような不特定多数の相手を対象に通信する分野では、かなり利用に無理があると言えます。

そこで出てくるのが公開鍵暗号方式です。大きな特徴は「一般に広くばらまいてしまう」ための公開鍵という公開用の鍵があること。この方式は、暗号化に使う鍵と、復号に使う鍵が別物なのです。

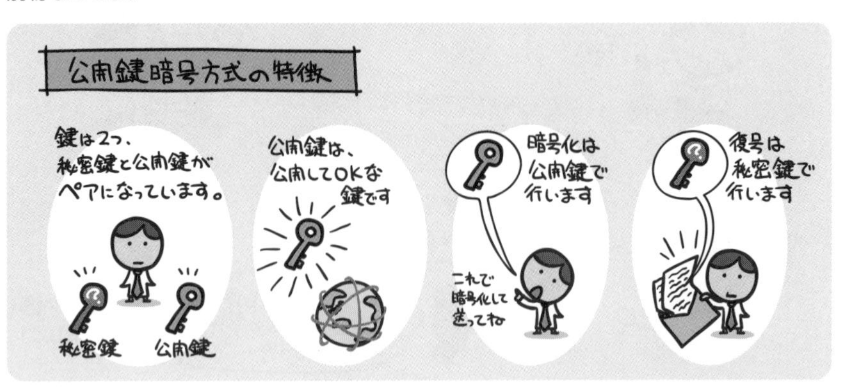

公開鍵暗号方式では、受信者の側が秘密鍵と公開鍵のペアを用意します。

そして公開鍵の方を配布して、「自分に送ってくる時は、この鍵を使って暗号化してください」とするのです。

公開鍵で暗号化されたデータは、それとペアになる秘密鍵でしか復号することができません。公開鍵をいくらばらまいても、その鍵では暗号化しかできないので、途中でデータを盗聴される恐れにはつながらないのです。

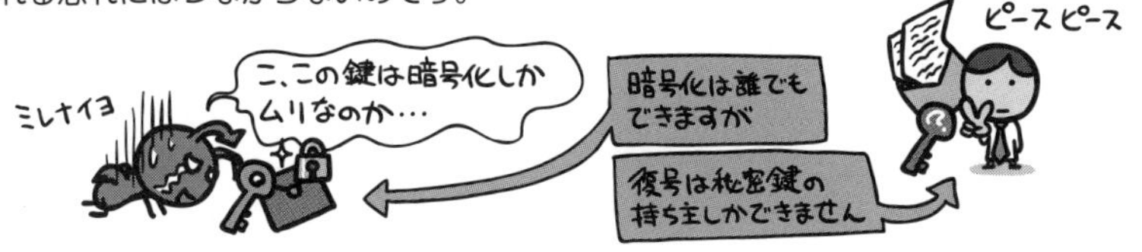

また、自分用の鍵のペアを1セット持っていれば複数人とやり取りできますから、「管理する鍵の数が増えちゃって大変！」なんてこともありません。

ただし、共通鍵暗号方式に比べて、公開鍵暗号方式は暗号化や復号に大変処理時間を要します。そのため、利用形態に応じて双方を使い分けるのが一般的です。

文書に対する署名・捺印の役割を果たすデジタル署名

暗号化によって安全にデータをやり取りできるようになったのはいいんですけど、それだけではまだ、「途中で改ざんされていないか」「誰が送信したものか」を受信側で検証する術がありません。それを確認できるようにしたのがデジタル署名です。

デジタル署名というのは、基本的には現実世界での署名・捺印と同じ機能を、デジタルデータの世界でも果たせるようにしたものです。

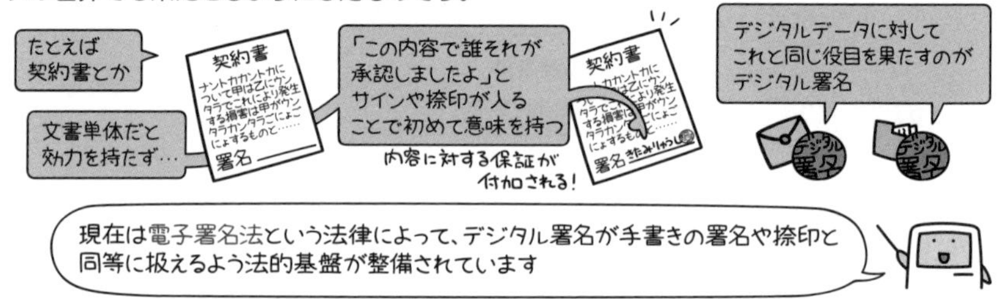

署名というからには、本人でしか知り得ない（または持ち得ない）何かによってそれをデジタルデータに付加する必要があります。そして、それが署名として機能するためには、誰もがそれを「誰それさんの署名だ」と検証できなくてはいけません。

そこで出てくるのが公開鍵暗号方式で用いていた「秘密鍵」と「公開鍵」という鍵ペアによる役割分担です。

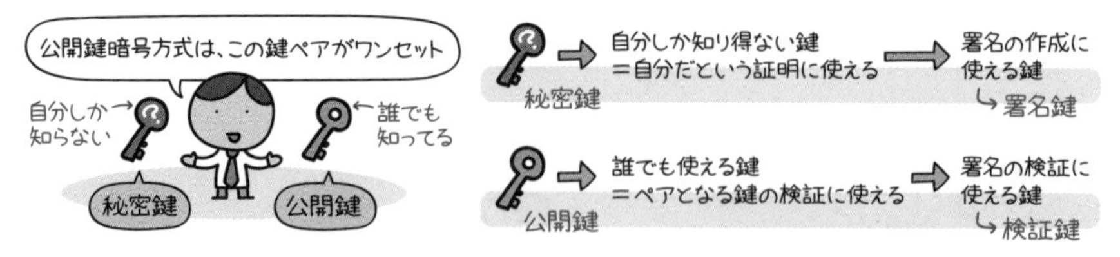

このように、デジタル署名では公開鍵暗号方式における秘密鍵・公開鍵という役割分担を活かし、それぞれを署名鍵（秘密鍵）・検証鍵（公開鍵）として用います。

電子署名法で認められているデジタル署名の方式にはRSA暗号方式、DSA署名方式、ECDSA署名方式などがありますが、いずれも基本は署名鍵でデジタル署名を作成し、検証鍵でその正当性を確認します。

ところで署名というのは内容あってのことですから、「私はこの内容にサインしました」と、署名とその対象とをワンセットで結び付ける必要があります。

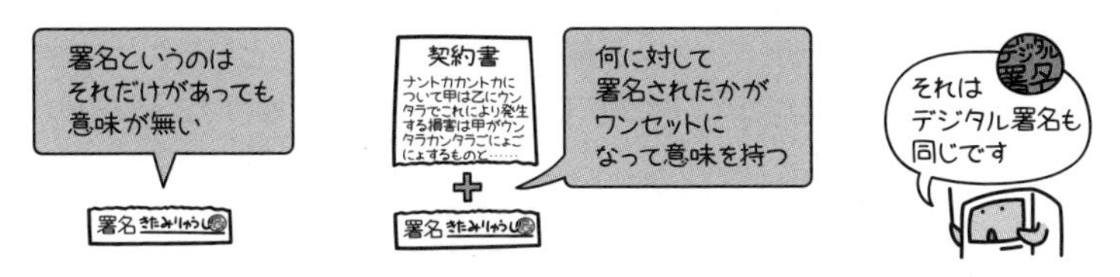

しかしデータ全体を対象に署名鍵でデジタル署名を作ったりそれを検証したりするというのは、処理能力の無駄遣いが過ぎる話です。現実的にはもっと小さなデータを対象に処理を済ませつつ、でも内容と署名を結び付けて証明する手段を設けたい。そこで出てくるのがハッシュ化です。

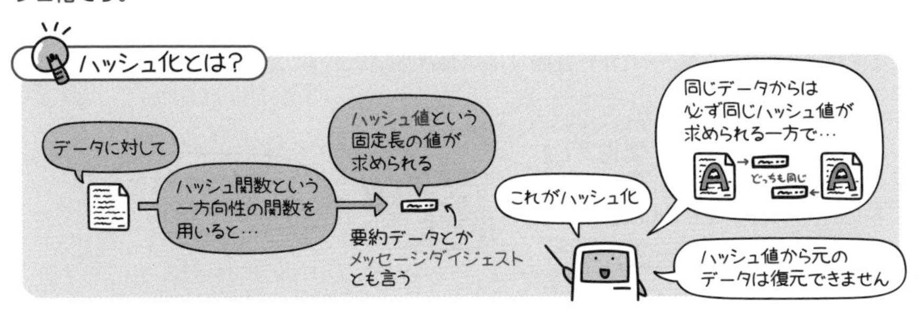

というわけで、初期のRSA暗号方式を題材にして、このハッシュ化を用いてデジタル署名を作成する流れと、それを検証する流れを見てみましょう。

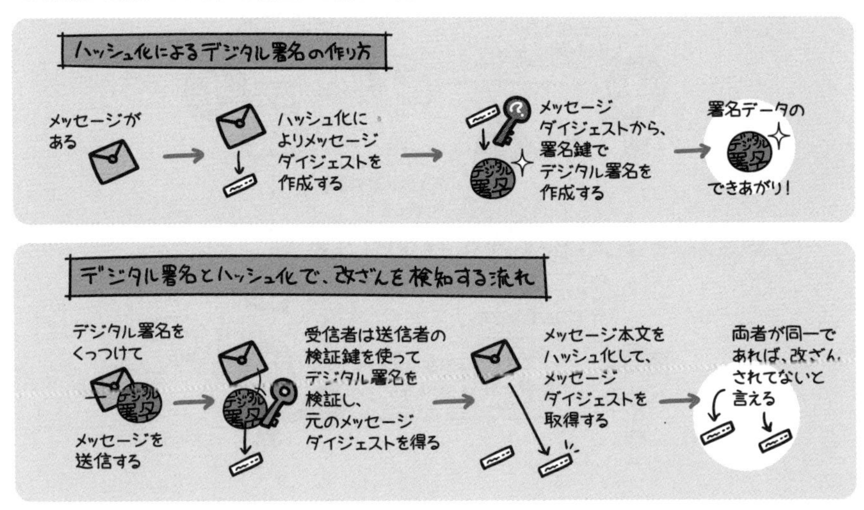

このようにして、「途中で改ざんされていないか」と「誰が送信したものか」が、デジタル署名によって確認できるわけですね。

なりすましを防ぐ認証局(CA)

ところでこれまで、「鍵が証明してくれる」「鍵によって確認できる」ということを述べていますが、そもそも「ペアの鍵を作った人物がすでにニセモノだった」場合はどうなるのでしょうか。

そう、一見キリがありません…が、それができてしまう限りは「他人になりすまして通信を行う」なりすまし行為が回避できるとは言い切れません。

というわけで、信用できる第三者が「この公開鍵は確かに本人のものですよ」と証明する機構が考えられました。それが認証局(CA:Certification Authority)です。

認証局は、次のような流れによって公開鍵の正当性を保証します。

このような認証機関と、公開鍵暗号技術を用いて通信の安全性を保証する仕組みのことを、公開鍵基盤(PKI:Public Key Infrastructure)と呼びます。

代表的な暗号アルゴリズム

さて、暗号化の仕組みについてひと通り理解したところで、実際に使われる暗号アルゴリズムについて、どのような種類があるのかを簡単におさえておきましょう。

共通鍵暗号方式で使われるアルゴリズム

DES	Data Encryption Standardの略。共通鍵暗号方式でもっとも代表的な暗号アルゴリズム。平文を一定のブロック長に区切って暗号化する**ブロック暗号方式**で、鍵長は64ビット（実質は56ビット）。2^{56}の鍵パターンを持つ。 コンピュータの高性能化に伴い、ブルートフォース攻撃（P.622）による解読が現実的な時間で行えるようになってしまったため、後継のAESへと代替が進められている。
AES	Advanced Encryption Standardの略。共通鍵暗号方式の代表的な暗号アルゴリズムであったDESの後継。DESと同じくブロック暗号方式で、鍵長は128ビット·192ビット·256ビットの3つから選択できる。共通鍵暗号方式における現在のデファクトスタンダード。

公開鍵暗号方式で使われるアルゴリズム

RSA	開発者である3人の頭文字をつなげて命名された、公開鍵暗号方式においてもっとも代表的な暗号アルゴリズム。 素因数分解の困難さに立脚したアルゴリズムで、桁数が大きければその素因数分解には膨大な時間を要するという～点が安全性を担保している。 利用する鍵長には1024～4096ビットが推奨されている。

デジタル署名で使われるハッシュ関数

MD5	Message Digest Algorithm 5の略。与えられた入力に対して、128ビットのメッセージダイジェストを生成する。 RSA暗号方式の開発者によって作られたもので、ファイル配布時に、破損などがないか確認するチェックサムとしても良く用いられる。 2004年に脆弱性が発見され、現在は主だった標準規格でMD5が使われているものはない。
SHA-1	SHAは「Secure Hash Algorithm」の略。与えられた入力に対して、160ビットのメッセージダイジェストを生成する。 米国の国家安全保障局（NSA）が開発。 2005年あたりから脆弱性が発見されはじめ、現在は後継であるSHA-2への移行が進められている。
SHA-2	SHA-1の後継規格。SHA-224、SHA-256、etc…と様々なバリエーションがあり、それぞれ224～512ビットのメッセージダイジェストを生成する。 S/MIMEなど、広い範囲で用いられている。

それぞれの方式に何て名前の暗号アルゴリズムがあるかを覚えておくぐらいでOKです

細かい個々の特徴まで暗記する必要はありません

SSL (Secure Sockets Layer) は代表的な暗号化プロトコル

ここまで、ネットワークの通信経路上にひそむ危険（盗聴・改ざん・なりすまし）や、そこで用いられる暗号化技術についてふれてきました。

では実際にそれらを用いてどのような手順で暗号化通信を行うのか。それを定めたものが暗号化プロトコルです。代表的なものにSSL (Secure Sockets Layer) があります。

SSLで行う通信は、簡単に言うと次のようなステップを経ることで、安全な通信を行います。

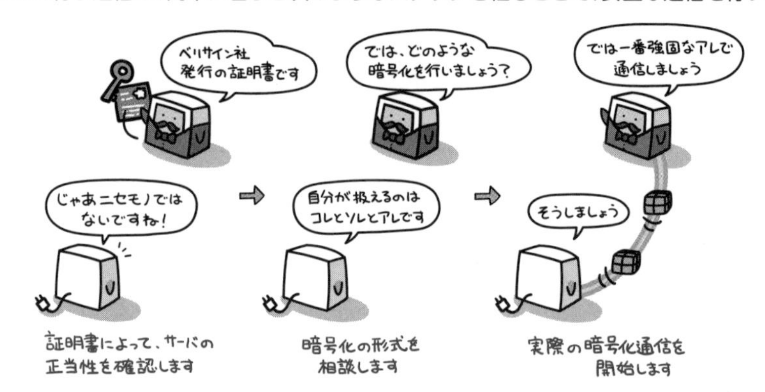

たとえばWWWサービスでは、サーバとクライアントのやり取りにHTTPというプロトコルが使われます。これにSSLの暗号化通信を追加したプロトコルがHTTPSです。

このプロトコルを使って情報をやり取りすることで、オンラインショッピングで用いるクレジットカード番号や入力した会員情報の漏洩などが防止できるわけです。

なお、現在SSLは後継であるTLS (Transport Layer Security)に置き換わっていますが、TLSだと馴染みがないので、SSLとひとまとめに呼称されていたり、SSL/TLSという表記が用いられたりしています。

VPN（Virtual Private Network）

ネットワーク上に仮想的な専用線空間を作り出して拠点間を安全に接続する技術、もしくはそれによって構築されたネットワークのことをVPNと言います。

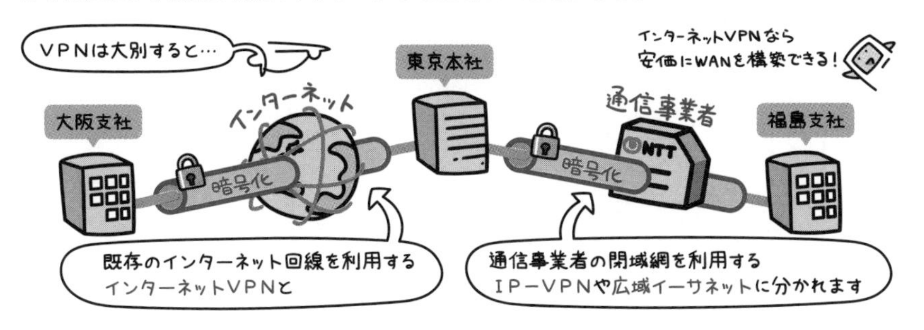

インターネットVPNを利用するには、相互の接続口にVPN機能を持った機器を設置します。

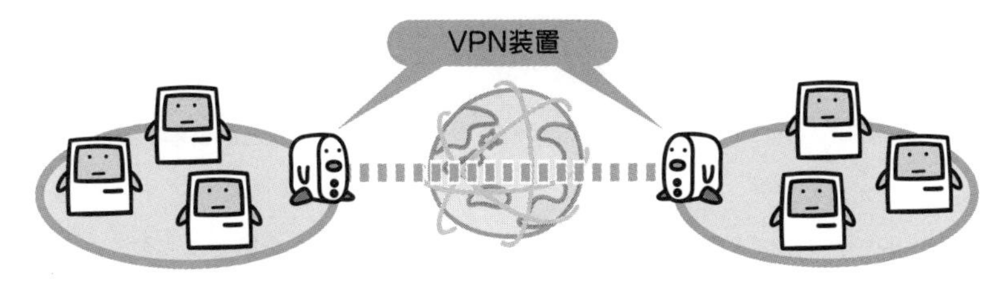

インターネット経由でデータを流す場合には、VPN装置がデータを暗号化してから流します。受け取った側では、その暗号化を解除してから内部ネットワークへ転送します。

このように途中経路での通信データを暗号化することで、情報の漏洩や改ざんといった危険を回避することができるのです。

IPsec（Security Architecture for Internet Protocol）

ネットワーク層で動作するIP通信に、暗号化や認証機能を持たせることで、より安全に通信を行えるようにしたプロトコルとしてIPsecがあります。VPN（Virtual Private Network）を構築する際の標準的なプロトコルです。

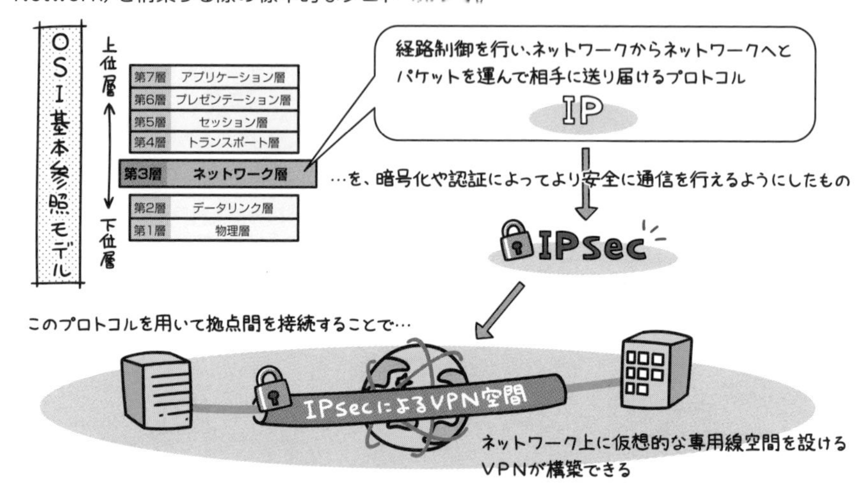

IPsecは、IPパケットを暗号化することによって、改ざんや盗聴の危険から通信データを守ります。ネットワーク層でセキュリティを確保するため、上位層のアプリケーションが暗号化をサポートしていなくても安全性が保たれます。

IPSecには、認証機能を担当する「認証ヘッダ（AH: Authentication Header）」と、暗号化機能を担当する「暗号ペイロード（ESP: Encapsulating Security Payload）」という2つのプロトコルが規定されています。

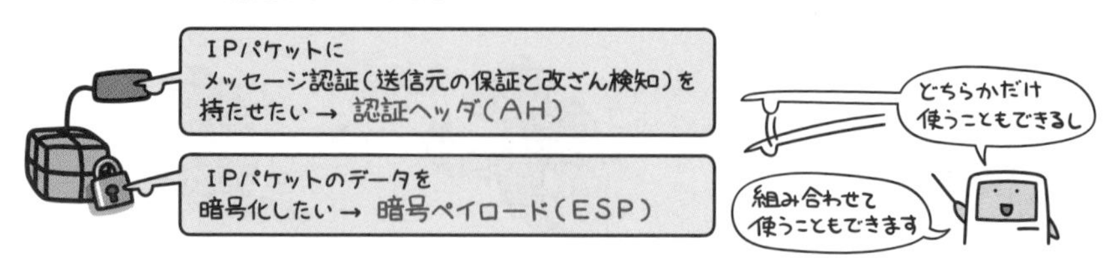

このように出題されています

過去問題練習と解説

暗号方式に関する記述のうち，適切なものはどれか。

ア　AESは公開鍵暗号方式，RSAは共通鍵暗号方式の一種である。
イ　共通鍵暗号方式では，暗号化及び復号に同一の鍵を使用する。
ウ　公開鍵暗号方式を通信内容の秘匿に使用する場合は，暗号化に使用する鍵を秘密にして，復号に使用する鍵を公開する。
エ　デジタル署名に公開鍵暗号方式が使用されることはなく，共通鍵暗号方式が使用される。

解説

ア　AESは共通鍵暗号方式、RSAは公開鍵暗号方式の一種です。
イ　そのとおりです。
ウ　公開鍵暗号方式を通信内容の秘匿に使用する場合は、暗号化に使用する鍵を公開して、復号に使用する鍵を秘密にします。
エ　デジタル署名には、公開鍵暗号方式が使用されます。

メッセージの送受信における署名鍵の使用に関する記述のうち，適切なものはどれか。

ア　送信者が送信者の署名鍵を使ってメッセージに対する署名を作成し，メッセージに付加することによって，受信者が送信者による署名であることを確認できるようになる。
イ　送信者が送信者の署名鍵を使ってメッセージを暗号化することによって，受信者が受信者の署名鍵を使って，暗号文を元のメッセージに戻すことができるようになる。
ウ　送信者が送信者の署名鍵を使ってメッセージを暗号化することによって，メッセージの内容が関係者以外に分からないようになる。
エ　送信者がメッセージに固定文字列を付加し，更に送信者の署名鍵を使って暗号化することによって，受信者がメッセージの改ざん部位を特定できるようになる。

解説

本問の“署名鍵”の例は、654～655ページのデジタル署名で使われる署名鍵（秘密鍵）です。そこで、本問は、デジタル署名に関する問題であると想定して解説します。

ア　送信者が送信者の署名鍵（秘密鍵）を使って、メッセージ（をハッシュ関数によって変換したメッセージダイジェスト）に対する署名（デジタル署名）を作成し、メッセージに付加して送信します。受信者は、（送信者の検証鍵（公開鍵）を使ってデジタル署名を検証し）送信者による署名であることを確認できます。したがって、本選択肢が正解です。

正解▶問1：イ　問2：ア

イ　送信者は自身の署名鍵を用いてデジタル署名を作成し、受信者は送信者の検証鍵を用いて署名の検証を行います。
ウ　送信者の署名鍵を用いて作成するデジタル署名は、第三者が送信者の検証鍵によって確認できるところに特徴があります。メッセージの盗聴を防ぐ暗号化機能はありません。
エ　デジタル署名は改ざんの有無を検知するのみであり、改ざんの部位を特定するような機能はありません。

送信者Aからの文書ファイルと，その文書ファイルのデジタル署名を受信者Bが受信したとき，受信者Bができることはどれか。ここで，受信者Bは送信者Aの署名検証鍵Xを保有しており，受信者Bと第三者は送信者Aの署名生成鍵Yを知らないものとする。

ア　デジタル署名，文書ファイル及び署名検証鍵Xを比較することによって，文書ファイルに改ざんがあった場合，その部分を判別できる。
イ　文書ファイルが改ざんされていないこと，及びデジタル署名が署名生成鍵Yによって生成されたことを確認できる。
ウ　文書ファイルがマルウェアに感染していないことを認証局に問い合わせて確認できる。
エ　文書ファイルとデジタル署名のどちらかが改ざんされた場合，どちらが改ざんされたかを判別できる。

解説

ア　デジタル署名、文書ファイル及び署名検証鍵Xを、何と比較するのかが記述されていないので、意味不鮮明な記述になっています。文書ファイルのデジタル署名を受信者Bは、文書ファイルに改ざんがあったことを検知できますが、その改ざんの部分を判別できないので、いずれにしても、本選択肢は誤りです。
イ　そのとおりです。もう少し、詳しく言えば、①：受信者Bは、受信したデジタル署名を、保有している送信者Aの署名検証鍵Xで検証し、メッセージダイジェストを得ます。②：受信者Bは、送信者Aと同じハッシュ関数を使って、受信した文書ファイルからメッセージダイジェストを作ります。③：受信者Bは、②のメッセージダイジェストと、①のメッセージダイジェストが一致していることを検証し、受信した文書ファイルが改ざんされていないことを確認します。
ウ　デジタル署名では、文書ファイルのマルウェア感染の有無を確認できません。
エ　文書ファイルとデジタル署名のどちらかが改ざんされた場合、どちらが改ざんされたかを判別できません。

暗号方式のうち，共通鍵暗号方式はどれか。

ア　AES　　イ　ElGamal暗号　　ウ　RSA　　エ　楕円曲線暗号

解説

ア　AESの説明は、657ページを参照してください。
イとウとエ　ElGamal・RSA・楕円曲線暗号は、すべて公開鍵暗号方式です。

メッセージにRSA方式のデジタル署名を付与して2者間で送受信する。そのときのデジタル署名の検証鍵と使用方法はどれか。

ア　受信者の公開鍵であり，送信者がメッセージダイジェストからデジタル署名を作成する際に使用する。

イ　受信者の秘密鍵であり，受信者がデジタル署名からメッセージダイジェストを取り出す際に使用する。

ウ　送信者の公開鍵であり，受信者がデジタル署名からメッセージダイジェストを取り出す際に使用する。

エ　送信者の秘密鍵であり，送信者がメッセージダイジェストからデジタル署名を作成する際に使用する。

解説

本問の"デジタル署名の検証鍵"の"デジタル署名の検証"とは、デジタル署名からメッセージダイジェスト（=ハッシュ値）を取り出すことを意味します。したがって、正解の候補は選択肢イとウに絞られます。

また、受信者は、送信者の公開鍵を使って、デジタル署名からメッセージダイジェストを取り出しますので、正解は選択肢ウです。なお、デジタル署名の説明は、654 ～ 655ページを参照してください。

公開鍵暗号方式を採用した電子商取引において，認証局（CA）の役割はどれか。

ア　取引当事者の公開鍵に対するデジタル証明書を発行する。

イ　取引当事者のデジタル署名を管理する。

ウ　取引当事者のパスワードを管理する。

エ　取引当事者の秘密鍵に対するデジタル証明書を発行する。

解説

認証局（CA）は、取引当事者の公開鍵に対するデジタル証明書を発行し、その公開鍵が偽物ではないことを証明する第3者機関です。認証局（CA）の説明は、656ページを参照してください。

正解▶問3：イ　問4：ア　問5：ウ　問6：ア

Chapter 15 システム開発

業務に潜む
数々の不満や
非効率なあれこれ

それを
コンピュータに
お任せして

より業務の
クオリティアップを
図ろうとする

それが
システム開発の
本分です

そのために一番
大切なこと…
わかりますか？

…もちろんそれも
大切です。でも、
それはあくまで
手段ですよね？

システム開発に
おいて一番の目的、
それは……

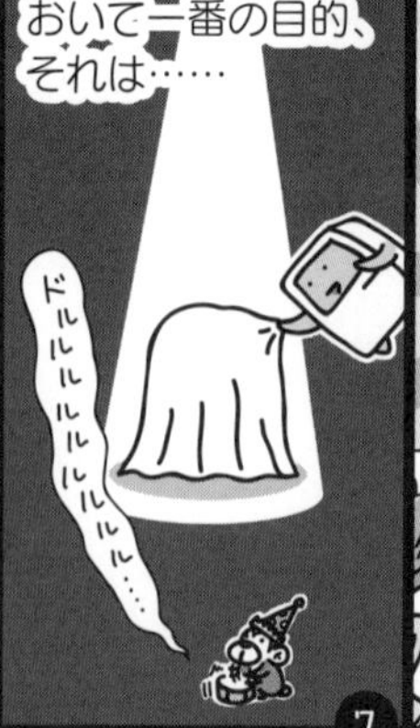

**顧客の要望を
かなえること**

いやいや、システム
開発とは時として
肩もみのごとし

まあ、ちょっとほら
肩をもんでみて
ください

ね、案外顧客って、
自分で自分の要望が
つかめてないもの
だったりするんです

だからこそ要望を
正確に捉え、それを
実現するために

様々な開発手法が
日々試みられて
いるのです

Chapter 15-1 ソフトウェアライフサイクルと共通フレーム

「企画」→「要件定義」→「開発」→「運用」→「保守」という5段階のプロセスで、システムの一生はあらわされます。

システムの一生は上のイラストのようになっています。導入後、運用ベースに移って以降も、システムには業務の見直しや変化に応じてちょこちょこ修正が入ります。そうして運用と保守とを繰り返しながら、やがて役割を終えて破棄される瞬間まで働き続けることになる。これを、ソフトウェアライフサイクルと呼びます。

システム化計画として企画段階で検討すべき項目は「スケジュール」「体制」「リスク分析」「費用対効果」「適用範囲」といった5項目。もうちょっと噛み砕いて書くと、「導入までどんな段取りで」「どういった人員体制で取り組むべきで」「どんなトラブルが想定できて」「かけたお金に見合う効果があるか考えて」「どの業務をシステム化するか」…を決めるという内容になるわけですね。

ソフトウェアシステムの開発においては、そこに関わる人たちが用語の違いや作業内容に対する認識の違いによって意識の齟齬が生じ、結果的にそれが開発を担当するシステムベンダもしくは顧客の不利益につながるケースが起こり得ます。これを避けるために、用語や作業内容を包括的に定めたガイドラインが共通フレームです。

共通フレーム2013のプロセス体系

共通フレームは、システム開発作業に係るすべての人々が、取引の対象であるソフトウェアを中心としたシステムの企画・要件定義・開発・運用・保守の作業内容を把握するための「共通の物差し」として用いることを目的としたものです。

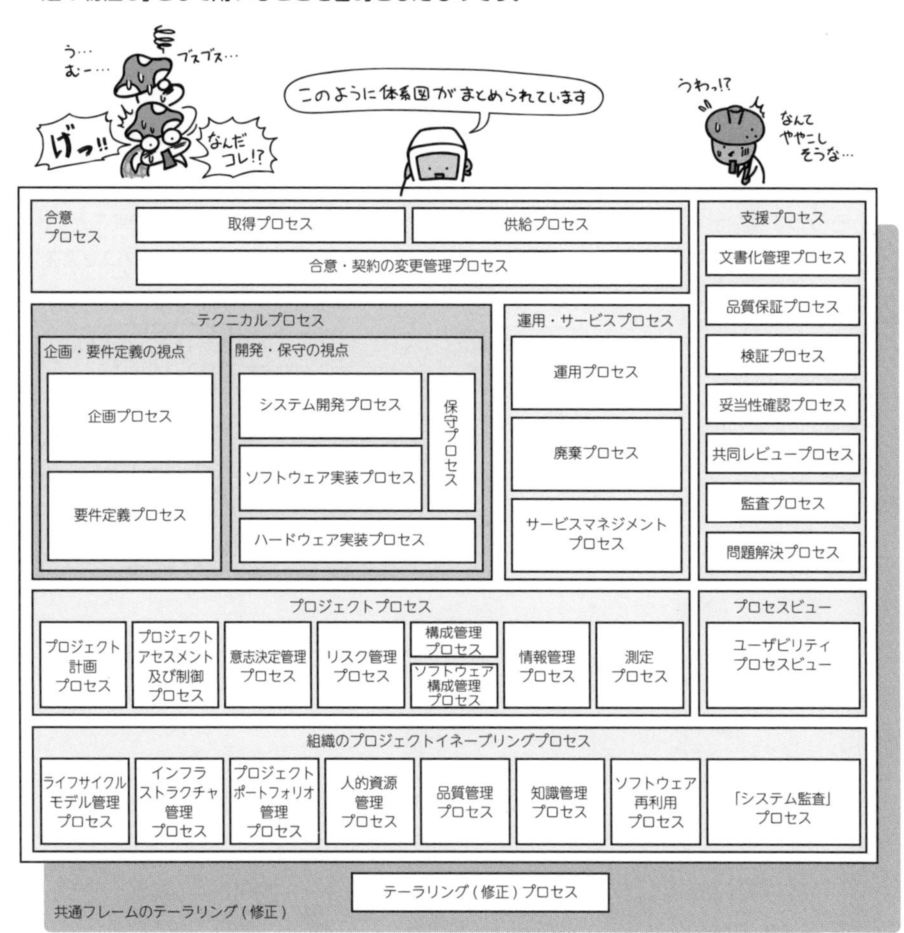

これにより「システム及びソフトウェア開発と、その取引の明確化（契約内容に曖昧さがなく、見えてない作業もない）」を可能とし、市場の透明性を高め、取引のさらなる可視化を実現します。

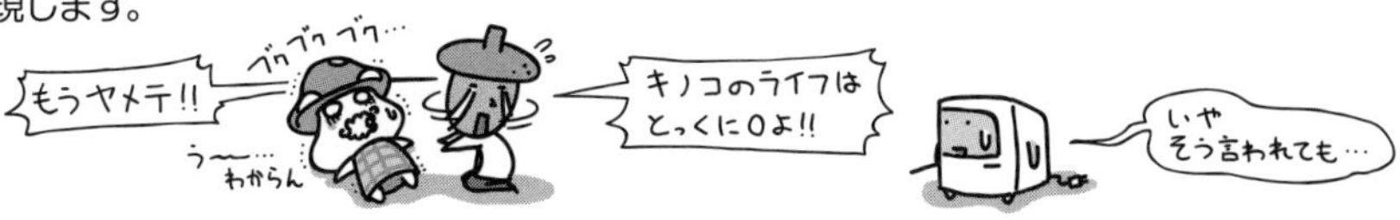

単一の組織内で行う独自の開発文化では、その生産性や品質向上の取り組みに対して競争原理が働きません。共通フレームは、ここに共通の物差しを提供することで、競争原理という合理性をもたらすものです。

ただし共通フレームは、プロジェクトを縛るものではありません。

そうですね、特に試験のためということであれば、体系図の中の用語に慣れておくことと、大枠がどのようなプロセスに分かれているかをわかっていれば良いでしょう。各プロセスを内容まで含めてがっつり覚える必要はありません。

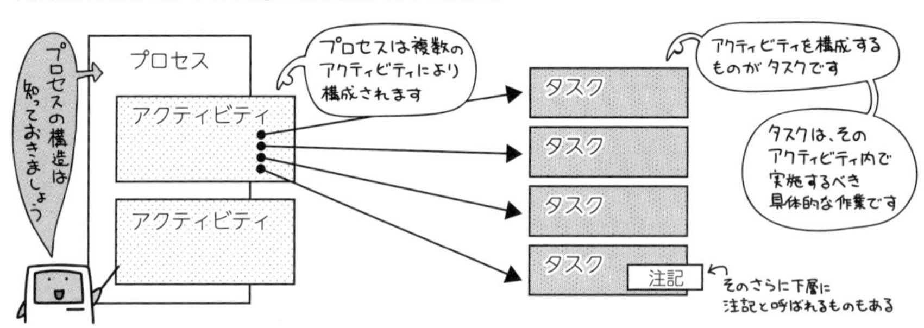

試験で主に問われるのは、テクニカルプロセス内の「企画プロセス」と「要件定義プロセス」についてです。

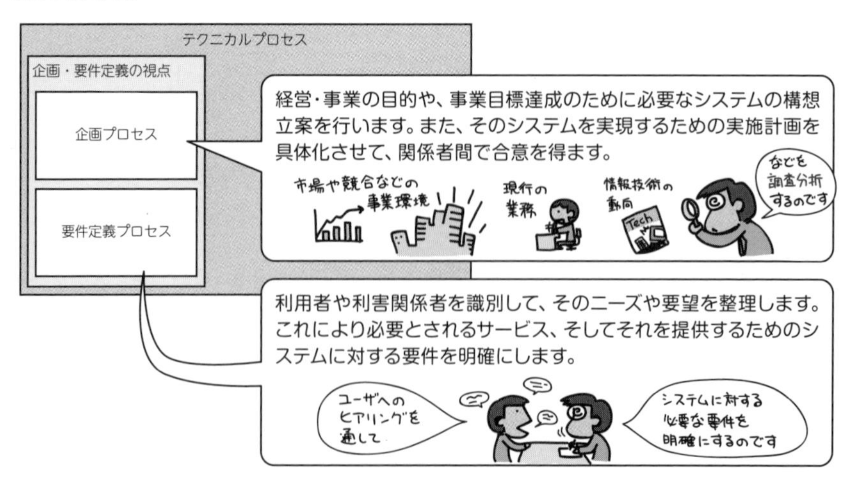

要件定義プロセスの機能要件と非機能要件

情報システムは、業務機能を実現するアプリケーション部分と、それを支えるシステム基盤によって構成されます。ヒアリングによって利用者から得られる要求事項は主に業務機能を担う部分です。これを機能要件と言います。

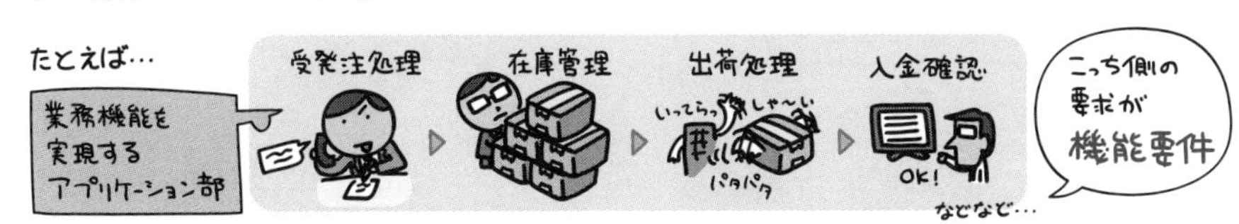

これらの機能要件以外、ざっくり言えば、システム基盤側の要件が非機能要件にあたります。

広義の非機能要件は「機能要件以外のすべて」であり、その定義は様々です。

そこで、主に「システム基盤で実現される要件」に着目したものを、独立行政法人情報処理推進機構(IPA)では、「非機能要求グレードの6大項目」として次のように規定しています。

大項目	説明	要求例
可用性	システムサービスを継続的に利用可能とするための要求	・運用スケジュール(稼働時間、停止予定など) ・障害、災害時における稼働目標
性能・拡張性	システムの性能、および将来のシステム拡張に関する要求	・業務量および今後の増加見積り ・システム化対象業務の特性(ピーク時、通常時、縮退時など)
運用・保守性	システムの運用と保守のサービスに関する要求	・運用中に求められるシステム稼働レベル ・問題発生時の対応レベル
移行性	現行システム資産の移行に関する要求	・新システムへの移行期間および移行方法 ・移行対象資産の種類および移行量
セキュリティ	情報システムの安全性の確保に関する要求	・利用制限 ・不正アクセスの防止
システム環境・エコロジー	システムの設置環境やエコロジーに関する要求	・耐震/免震、重量/空間、温度/湿度、騒音など、システム環境に関する事項 ・CO_2排出量や消費エネルギーなど、エコロジーに関する事項

『非機能要求グレード 2018』より抜粋　(c)2010-2018 独立行政法人情報処理推進機構

システム開発のV字モデル

システムの開発は、まずシステム方式設計においてその機能をハードウェア・ソフトウェア・手作業の3つに割り振ります。その後に、ソフトウェアおよびその運用の設計へと進みます。

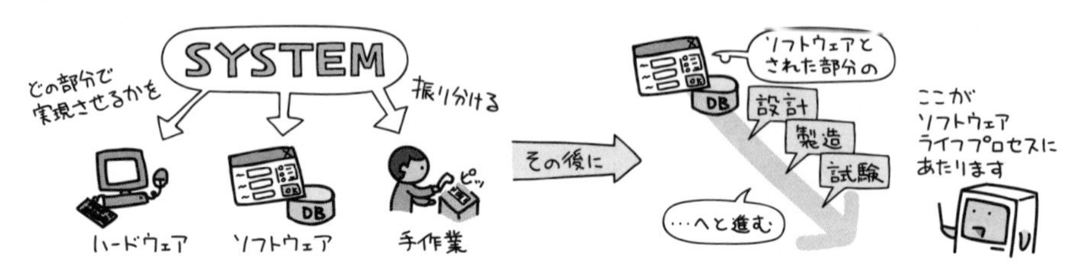

開発プロセスのアクティビティを、その流れに応じて配置すると次のようなV字モデルの図になります。設計フェーズは大枠から詳細へと徐々に細分化されていきますが、ソフトウェアコードの作成を折り返し地点として、テストフェーズでは各設計に対応付けられた検証が逆回しで行われていくことに着目しましょう。

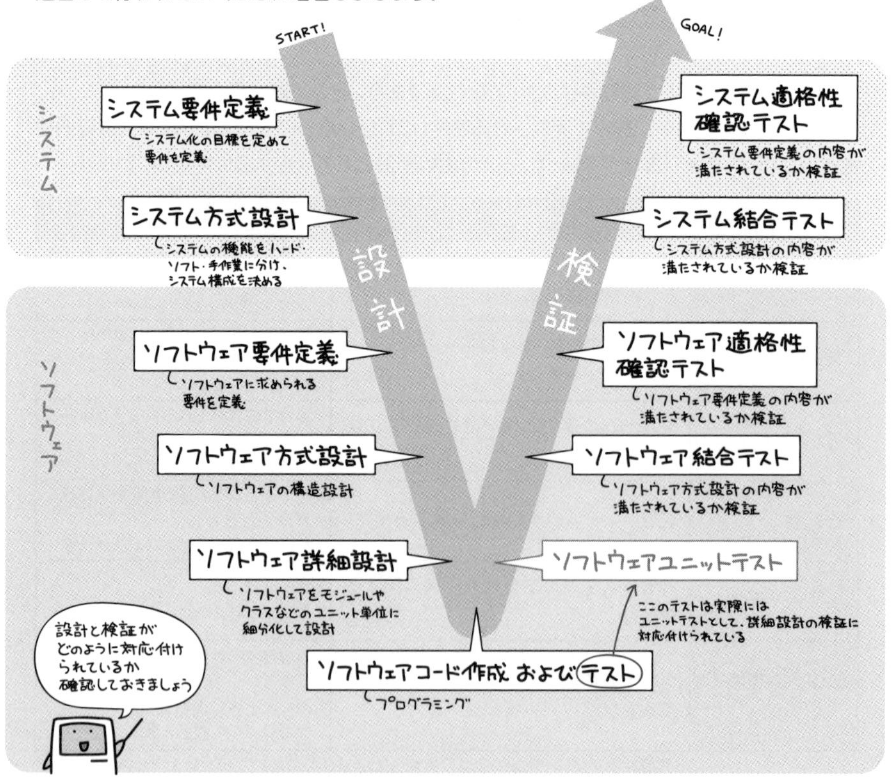

システム開発の調達を行う

「調達」というのは、開発を担当するシステムベンダに対して発注をかけることです。契約締結に至るまでの流れと、そこで取り交わす文書は次のようになります。

情報提供依頼

情報提供依頼書（RFI: Request For Information）を渡して、最新の導入事例などの提供をお願いします。

提案依頼書の作成と提出

システムの内容や予算などの諸条件を提案依頼書（RFP: Request For Proposal）にまとめて、システムベンダに提出します。

提案書の受け取り

システムベンダは具体的な内容を提案書としてまとめ、発注側に渡します。

見積書の受け取り

提案内容でOKが出たら、開発や運用・保守にかかる費用を見積書にまとめて発注側に渡します。

システムベンダの選定

提案内容や見積内容を確認して、発注するシステムベンダを決定します。

開発コストの見積り

システム開発の実体は、完全オーダーメイドのソフトウェア開発であることがほとんどです。しかしソフトウェアの世界は「ネジや釘みたいな原価のはっきりした部品」が揃ってるわけじゃないですし、単純に「アレとコレ組み合わせてハイ出来上がり」という作業でもありません。

そうですね、なので何らかの方法で、あらかじめ必要なコストを算出しなければいけません。そのための見積り手法として代表的なのが次の2つです。

プログラムステップ法

従来からある見積り手法で、ソースコードの行(ステップ)数により開発コストを算出する手法です。

ファンクションポイント法

表示画面や印刷する帳票、出力ファイルなど、利用者から見た機能に着目して、その個数や難易度から開発コストを算出する手法です。利用者にとっては、見える部分が費用化されるため、理解しやすいという特徴があります。

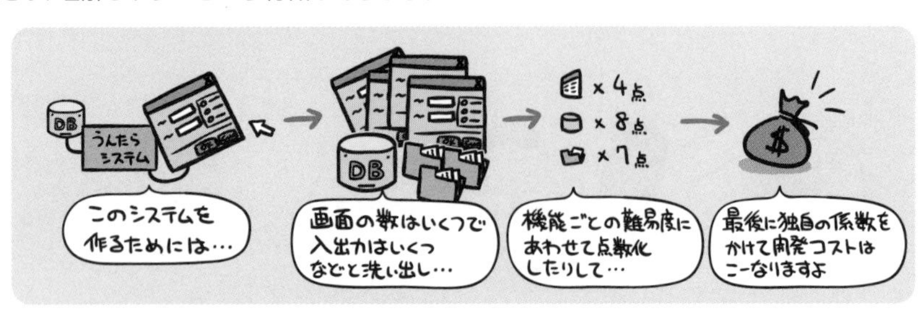

このように出題されています

過去問題練習と解説

共通フレームをプロジェクトに適用する場合の考え方のうち，適切なものはどれか。

ア　JIS規格に基づいているので，個々のプロジェクトの都合でアクティビティやタスクを変えずに，そのまま適用する。

イ　共通フレームで規定しているプロセスの実施順序に合わせて，作業手順を決めて適用する。

ウ　共通フレームで推奨している開発モデル，技法やツールを取捨選択して適用する。

エ　プロジェクトの特性や開発モデルに合わせて，アクティビティやタスクを取捨選択して適用する。

解説

ア　選択肢エのように、個々のプロジェクトの都合で、アクティビティやタスクを変えて適用するのが、一般的です。　イ　共通フレームは、プロセスの実施順序を規定していません。ただし、システム要件定義プロセス → システム方式設計プロセス → 実装プロセスのような大まかな実施順序が示されている箇所もあります。　ウ　共通フレームは、特定の開発モデル・技法やツールを推奨していません。　エ　共通フレーム2013の"第2部　共通フレーム概説"には、下記のような説明があります。

> 共通フレームの適用にあたっては、アクティビティ、タスクを取捨選択したり、繰り返し実行したり、複数のものを一つに括って実行してもよい。この部分がとりわけ重要である。
>
> 共通フレームを、ある開発モデルに適用しようとする場合、共通フレームをそのまま適用するのではなく、アクティビティ、タスクを取捨選択するなど開発モデルに合わせた使い方を考える必要がある。プロトタイピング開発では、同じタスクを繰り返し実行したりもする。あるいは小さなプロジェクトでは、複数のタスクを括って実行した方が分かりやすいといったこともある。このような作業を共通フレームのテーラリング（修整）という。

本選択肢は、上記の"テーラリング（修整）"に該当するので、正解です

共通フレーム2013によれば，要件定義プロセスで行うことはどれか。

ア　システム化計画の立案　　イ　システム方式設計

ウ　ソフトウェア詳細設計　　エ　利害関係者の識別

解説

各選択肢は、下記のプロセスで行われます。ア"システム化計画の立案"…企画プロセス内のシステム化計画の立案プロセス、イ"システム方式設計"…システム開発プロセス内のシステム方式設計プロセス、ウ"ソフトウェア詳細設計"…ソフトウェア実装プロセス内のソフトウェア詳細設計プロセス、エ"利害関係者の識別"…要件定義プロセス

正解▸問1：エ　問2：エ

問 3 (AP-R03-S-64)

情報システムの調達の際に作成されるRFIの説明はどれか。

ア　調達者から供給者候補に対して，システム化の目的や業務内容などを示し，必要な情報の提供を依頼すること
イ　調達者から供給者候補に対して，対象システムや調達条件などを示し，提案書の提出を依頼すること
ウ　調達者から供給者に対して，契約内容で取り決めた内容に関して，変更を要請すること
エ　調達者から供給者に対して，双方の役割分担などを確認し，契約の締結を要請すること

解説

ア　RFI（Request for Information：情報提供依頼書）の説明です。
イ　RFP（Request For Proposal：提案依頼書）の説明です。
ウとエ　本選択肢の説明には、特別な名称は付けられていません。

問 4 (AP-H27-A-54)

ソフトウェアの開発規模見積りに利用されるファンクションポイント法の説明はどれか。

ア　WBSによって作業を洗い出し，過去の経験から求めた作業ごとの工数を積み上げて規模を見積もる。
イ　外部仕様から，そのシステムがもつ入力，出力や内部論理ファイルなどの5項目に該当する要素の数を求め，複雑さを考慮した重みを掛けて求めた値を合計して規模を見積もる。
ウ　ソフトウェアの開発作業を標準作業に分解し，それらの標準作業ごとにあらかじめ決められた標準工数を割り当て，それらを合計して規模を見積もる。
エ　プログラム言語とプログラマのスキルから経験的に求めた標準的な生産性と，必要とされる手続の個数とを掛けて規模を見積もる。

解説

ア　ボトムアップ見積りの説明です。
イ　ファンクションポイント法の説明です。
ウ　当選択肢の説明に特別な名称は付けられていない。標準作業・標準工数を使用した見積りです。
エ　COCOMO（COnstructive COst Model）法もしくはプログラムステップ法の説明です。

正解▶問3：ア　問4：イ

15-2 システムの代表的な開発手法

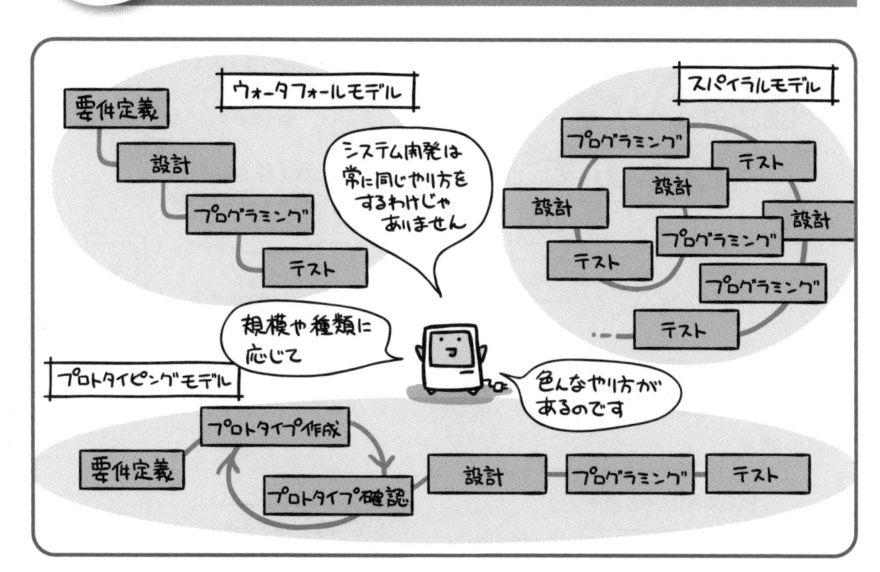

「ウォータフォールモデル」、「プロトタイピングモデル」、「スパイラルモデル」の3つが、代表的な開発手法です。

システムに対する要求を確認して、設計して、作って、テストする。この段取りは、システム開発に限らず、たいてい何をする場合にも同じです。ほら、普段のお仕事だって、「要求を整理→やり方を決め→実行→結果確認」という段取りで進むことが多いではないですか。

ただシステム開発の場合は、なにかと規模が大きくなりがちで、規模が大きくなれば当然開発期間もそれだけ長くかかります。

そうすると、やっとできあがりましたという段になって、お客さんとの間で「なにこれ、思ってたのと違う」…となることもあるわけです。えてして「頭の中で想像したシステム」と「実際にさわってみたシステム」というのは違う印象になりがちですし、開発者側が仕様を取り違える可能性だってないとは言えないですからね。

開発手法に（基本的な段取りは共通ながら）様々な種類があるのは、こうした問題を解消して、効率よくシステム開発を行うための工夫に他なりません。

ウォータフォールモデル

ウォータフォールモデルは、開発手法としてはもっとも古くからあるものです。要件定義から設計、プログラミング、テストへと、各工程を順番に進めていきます。

それぞれの工程を完了させてから次へ進むので管理がしやすく、大規模開発などで広く使われています。

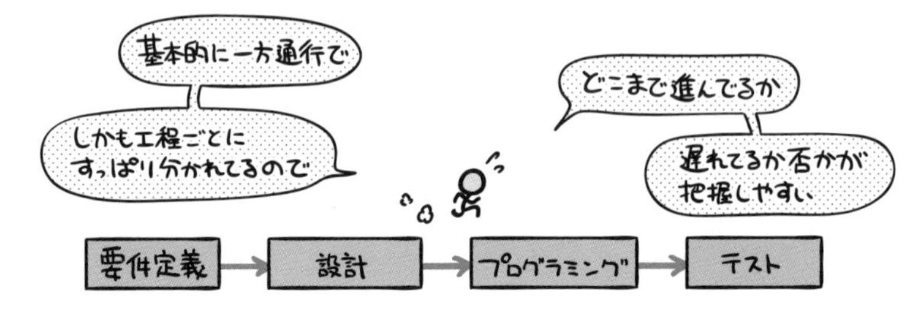

ただし必然的に、利用者がシステムを確認できるのは最終段階に入ってからです。しかも、前工程に戻って作業すること（手戻りといいます）は想定していないため、いざ動かしてみて「この仕様は想定していたものと違う」なんて話になると、とんでもなく大変なことになります。

プロトタイピングモデル

プロトタイピングモデルは、開発初期の段階で試作品（プロトタイプ）を作り、それを利用者に確認してもらうことで、開発側との意識ズレを防ぐ手法です。

利用者が早い段階で（プロトタイプとはいえ）システムに触れて確認することができるため、後になって「あれは違う」という問題がまず起きません。

ただ、プロトタイプといっても、作る手間は必要です。そのため、あまり大規模なシステム開発には向きません。

スパイラルモデル

スパイラルモデルは、システムを複数のサブシステムに分割して、それぞれのサブシステムごとに開発を進めていく手法です。個々のサブシステムについては、ウォータフォールモデルで開発が進められます。

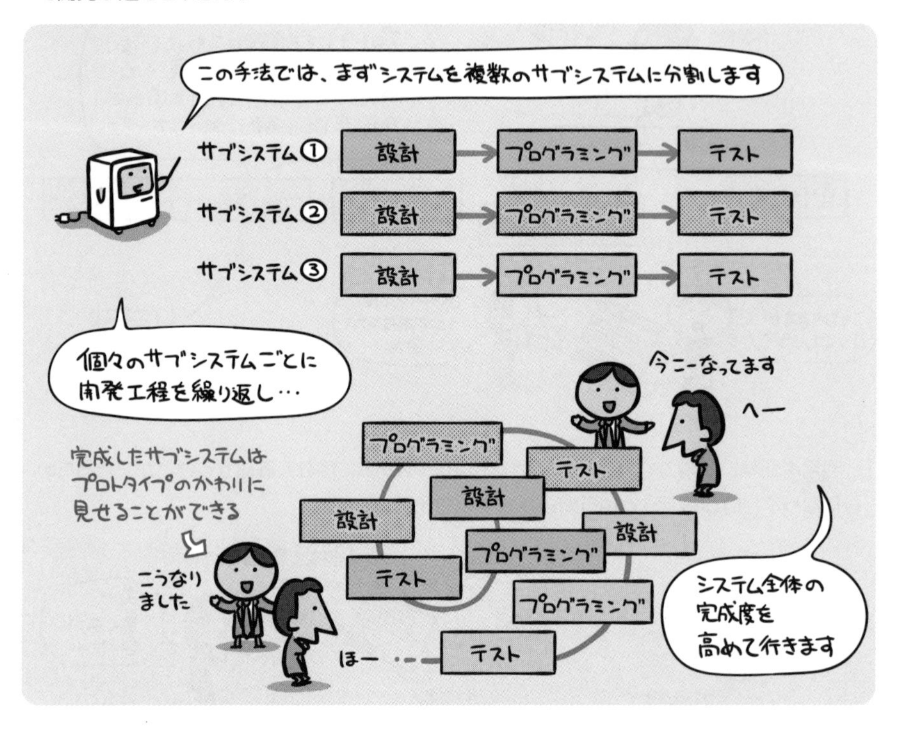

完成したサブシステムに対する利用者の声は、次のサブシステム開発にも反映されていくため、後になるほど思い違いが生じ難くなり開発効率が上がります。

開発の大まかな流れと対になる組み合わせ

それではここからは、ウォータフォールモデルを例にとって、開発内における各工程の役割をより具体的に見て行きましょう。まずは全体の大まかな流れです。

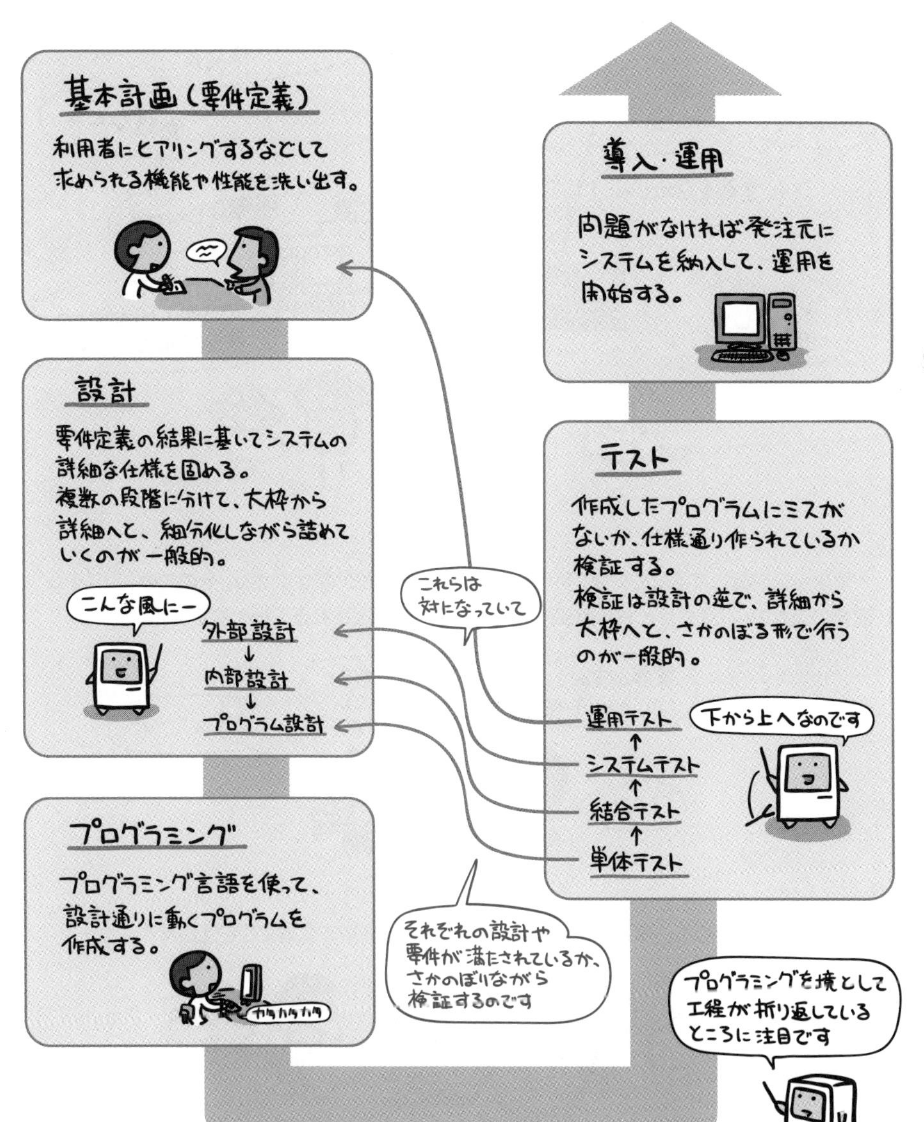

基本計画（要件定義）

この工程では、作成するシステムにどんな機能が求められているかを明らかにします。

要求点を明確にするためには、利用者へのヒアリングが欠かせません。そのため、システム開発の流れの中で、もっとも利用部門との関わりが必要とされる工程と言えます。

要件を取りまとめた結果については、要件定義書という形で文書にして残します。

設計

この工程では、要件定義の内容を具体的なシステムの仕様に落とし込みます。

設計工程は、次のような複数の段階に分かれています。

外部設計

外部設計では、システムを「利用者側から見た」設計を行います。つまり、ユーザインタフェースなど、利用者が実際に手を触れる部分の設計を行います。

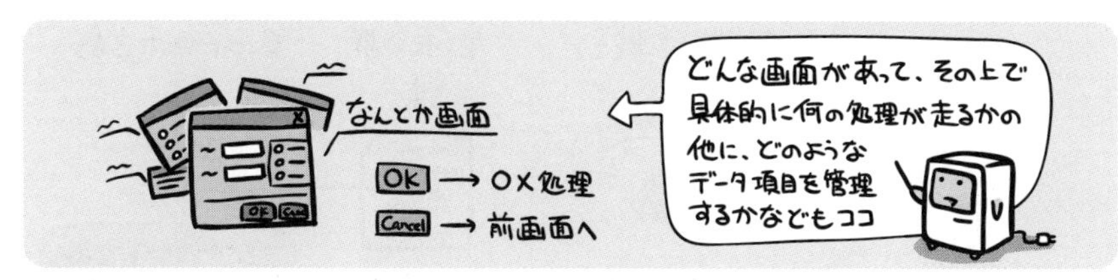

内部設計

内部設計では、システムを「開発者から見た」設計を行います。つまり、外部設計を実現するための実装方法や物理データ設計などを行います。

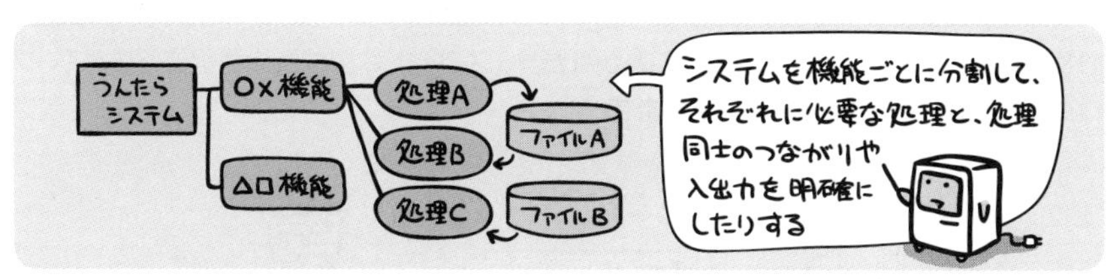

プログラム設計

プログラム設計では、実際にプログラムを「どう作るか」という視点の設計を行います。プログラムの構造化設計や、モジュール同士のインタフェース仕様などがこれにあたります。

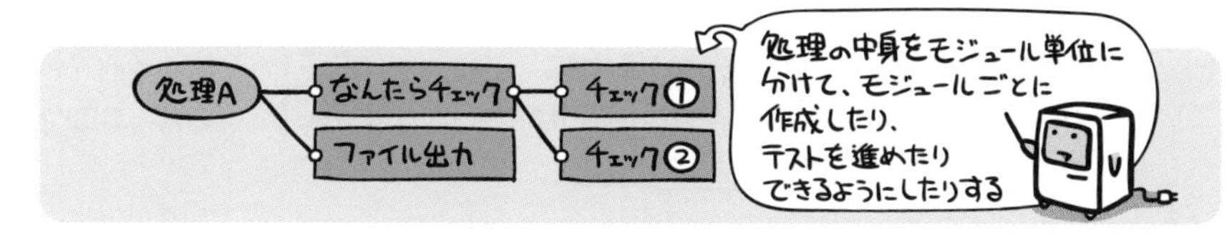

プログラミング

この工程では、設計工程で固めた内容にしたがって、プログラムをモジュール単位で作成します。

プログラムの作成は、プログラミング言語を使って命令をひとつひとつ記述していくことで行います。この、「プログラムを作成する」ということを、プログラミングと呼びます。用語を思い出しておきましょう。

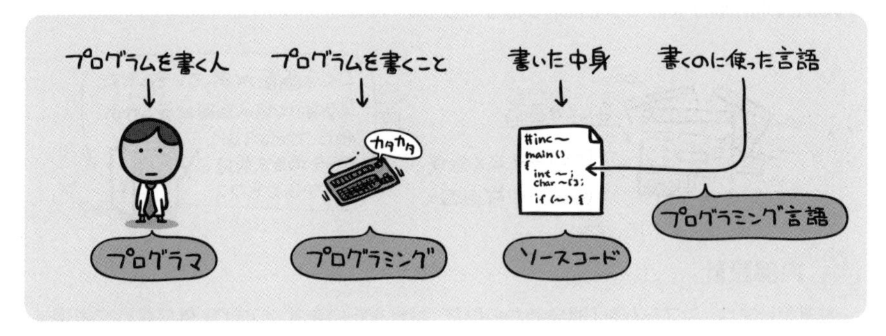

私たちが使う言葉にも日本語や英語など様々な言語があるように、プログラミング言語にも様々な種類が存在します。こうして書かれたソースコードは機械語に翻訳することで、プログラムとして実行できるようになります。

テスト

この工程では、作成したプログラムにミスがないかを検証します。

テストは、次のような複数の段階に分かれています。

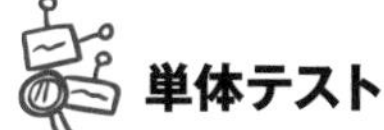

単体テスト

単体テストでは、モジュールレベルの動作確認を行います。

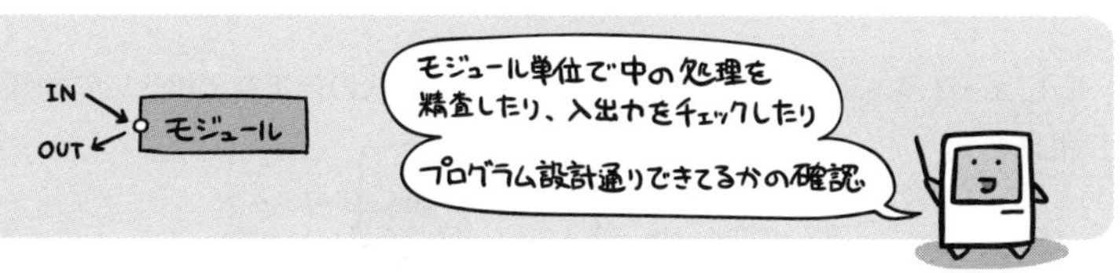

結合テスト

結合テストでは、モジュールを結合させた状態での動作確認や入出力検査などを行います。

システムテスト

システムテストでは、システム全体を稼働させての動作確認や負荷試験などを行います。

運用テスト

運用テストでは、実際の運用と同じ条件下で動作確認を行います。

15 システム開発

レビュー

開発作業の各工程では、その工程完了時にレビューという振り返り作業を行います。ここで工程の成果物を検証し問題発見に努めることで、潜在する問題点を早期に発見し次の工程へと持ち越さないようにするのです。

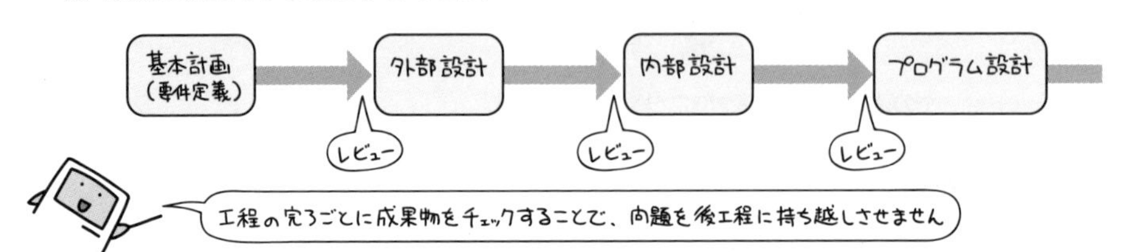

レビューは基本的にミーティング形式で行われ、人の目視など机上にて問題を発見する取り組みです。

デザインレビュー	要件定義や外部設計、内部設計など、設計段階で作成した仕様書に対して、不備がないか確認するためのレビュー。仕様に不備がないかをチェックし、設計の妥当性を検証する。
コードレビュー	作成したプログラムに不備がないかを確認するために、ソースコードを対象として行われるレビュー。

レビューを実施する手法には、次のものがあります。

ウォークスルー	問題の早期発見を目的として、**開発者（もしくは作成者）が主体**となって複数の関係者とプログラムや設計書のレビューを行う手法。
インスペクション	あらかじめ参加者の役割を決め、進行役として**第三者であるモデレータがレビュー責任者**を務めてレビューを実施する手法。
ラウンドロビン	**参加者全員が持ち回りでレビュー責任者**を務めながらレビューを行う手法。参加者全体の参画意欲を高める効果がある。

CASEツール

CASE(Computer Aided Software Engineerring)とは、「コンピュータ支援ソフトウェア工学」の意味。コンピュータでシステム開発を支援することにより、その自動化を目指すという学問です。

この考えに基づき、システム開発を支援するツール群がCASEツールです。

CASEツールは、それが適用される工程によって、次のように分類することができます。

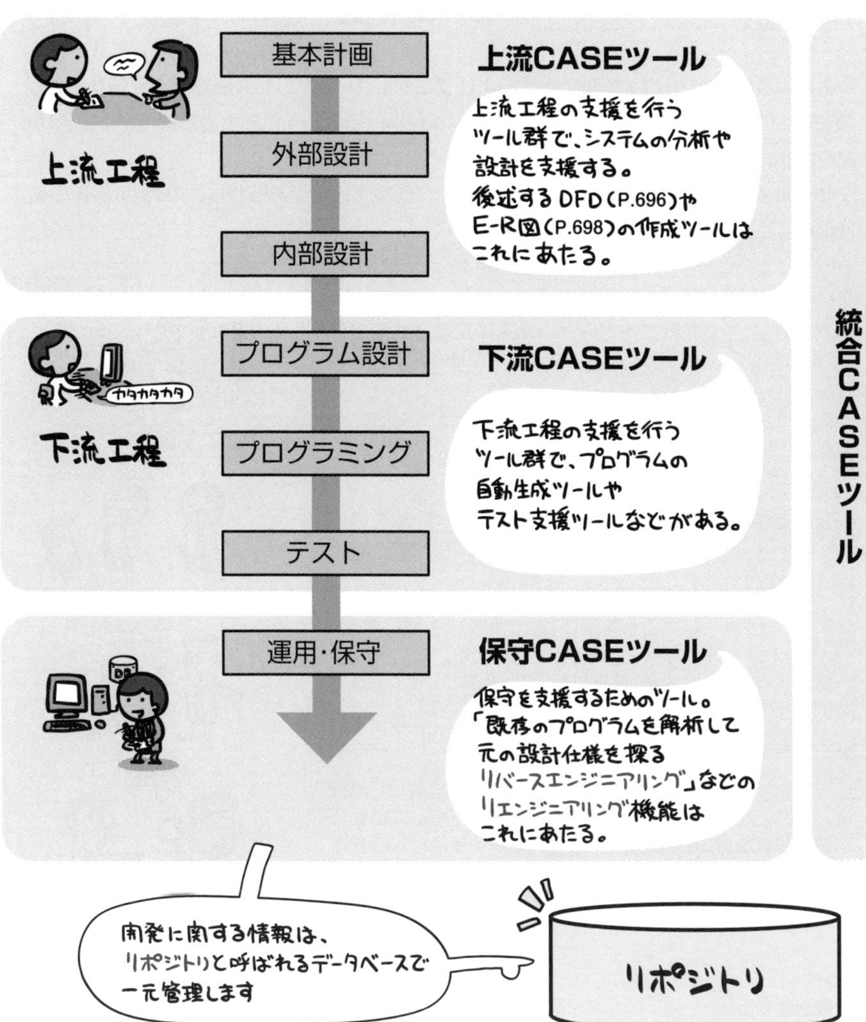

プロセス成熟度モデル

ソフトウェア開発作業の生産性や品質を向上するためには、その作業プロセスを評価し、改善へと繋げていく取り組みが重要です。

このような、ソフトウェア開発組織およびプロジェクトのプロセス成熟度を評価するためのモデルにCMMI（Capability Maturity Model Integration: 能力成熟度モデル統合）があります。

CMMIは組織における開発プロセスの成熟度を次の5段階であらわし、プロセス改善の助けになることを目的としています。

レベル1 『初期』	プロセスは場当たり的。 ほとんどのプロセスは定義されておらず、個人の力量に成功が依存している状態。
レベル2 『反復できる』	基本的なプロジェクト管理プロセスは確立されている。 類似のプロジェクトであれば、以前の成功体験を反復できる状態。
レベル3 『定義された』	プロセスが「組織の標準」として文書化、標準化、統合化されている。 開発・保守において、各プロジェクトが標準プロセスを使用できる状態。
レベル4 『管理された』	プロセスおよび成果物品質に対して詳細な計測結果が収集されており、プロセスを定量的に評価・制御することができる状態。
レベル5 『最適化する』	アイディアや技術の試行、プロセスからの定量的フィードバックによって、継続的にプロセスを最適化し改善することが可能になっている状態。

作業成果物の作成者以外の参加者がモデレータとして主導すること，及び公式な記録，分析を行うことが特徴のレビュー技法はどれか。

ア　インスペクション　　イ　ウォークスルー
ウ　パスアラウンド　　エ　ペアプログラミング

解説

アとイ　インスペクションとウォークスルーの説明は、684ページを参照してください。

ウ　パスアラウンドは、レビュー手法の1つであり、レビュー対象成果物を電子メールなどで、2人以上のレビュー担当者に配布し、その誤りや改善点を指摘させます。パスアラウンドは、"応用情報技術者試験（レベル3）シラバス" には記載されておらず、本試験での出題頻度は低いと推測されます。

エ　ペアプログラミングは、XP（Extreme Programming）の特徴の1つであり、2人プログラマが協力してプログラミングを行うことです。

ソフトウェア開発・保守工程において，リポジトリを構築する理由はどれか。

ア　各工程での作業手順を定義することが容易になり，開発・保守時の作業ミスを防止することができる。

イ　各工程での作業予定と実績を関連付けて管理することが可能になり，作業の進捗管理が容易になる。

ウ　各工程での成果物を一元管理することによって，開発・保守作業の効率が良くなり，用語を統一することができる。

エ　各工程での発生不良を管理することが可能になり，ソフトウェアの品質分析が容易になる。

解説

ア　各工程での作業手順は、リポジトリには格納されません。　イ　進捗管理は、プロジェクト管理用ソフトウェアツールで行なわれます。　ウ　リポジトリは、CASEツールが格納する開発関連情報のデータベースです。具体的には、DFDやE-R図の設計データ、プログラミングやテストのためのツールが生成するデータなどが格納されます。　エ　ソフトウェアの品質分析は、品質管理用もしくはプロジェクト管理用ソフトウェアツールで行なわれます。

CMMIの説明はどれか。

ア　ソフトウェア開発組織及びプロジェクトのプロセスの成熟度を評価するためのモデルである。

イ　ソフトウェア開発のプロセスモデルの一種である。

正解▶問1：ア　問2：ウ

ウ　ソフトウェアを中心としたシステム開発及び取引のための共通フレームのことである。
エ　プロジェクトの成熟度に応じてソフトウェア開発の手順を定義したモデルである。

解説

ア　CMMI（Capability Maturity Model Integration）は、プロセス成熟度モデルの1つです。その説明は、686ページを参照してください。
イ　ソフトウェア開発のプロセスモデルには、様々なものがある。例えば、ウォータフォールモデルも、その1つです。
ウ　共通フレームの説明です。
エ　本選択肢の説明に、特別な名前は付けられていません。

ソフトウェア保守で修正依頼を保守のタイプに分けるとき，次のa～dに該当する保守のタイプの，適切な組合せはどれか。

〔保守のタイプ〕

保守を行う時期	修正依頼の分類	
	訂正	改良
潜在的な障害が顕在化する前	a	b
問題が発見されたとき	c	－
環境の変化に合わせるとき	－	d

	a	b	c	d
ア	完全化保守	予防保守	是正保守	適応保守
イ	完全化保守	予防保守	適応保守	是正保守
ウ	是正保守	完全化保守	予防保守	適応保守
エ	予防保守	完全化保守	是正保守	適応保守

解説

“完全化保守”、“予防保守”、“是正保守”、“適応保守”という用語の語感から、下記のように、正解を絞り込みます。
(1) “予防保守”は、“潜在的な障害が顕在化する前”に行われるものだと考えられますので、aかbのいずれかに該当します。したがって、選択肢ウは、正解の候補から外れます。
(2) “適応保守”は、環境適応保守の略だ、と考えられるので、“環境の変化に合わせる”のdに該当します。したがって、選択肢イは、正解の候補から外れます。
(3) 正解の候補は、選択肢アとエに絞られています。“完全化保守”は、訂正だけではなく、改良まで踏み込んで行われる保守だ、と考えられるので、“潜在的な障害が顕在化する前”のb“改良”に該当します。したがって、正解は、選択肢エです。

Chapter 15-3 システムの様々な開発手法

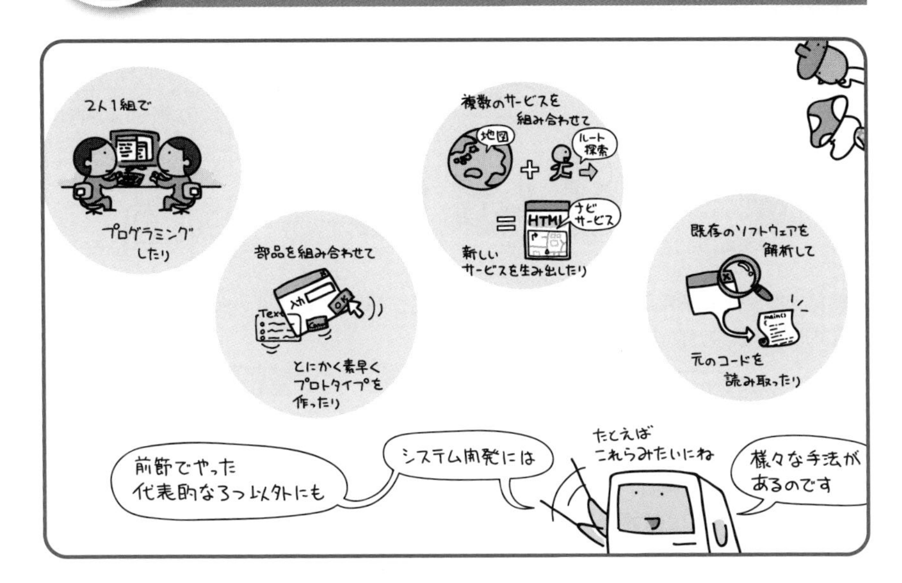

既存の開発モデルを派生させたものや、ソフトウェアの再利用を推し進めたものなど、様々な開発手法があります。

前節で紹介した代表的な開発手法は、「伝統的」と言っても良い旧来からある存在です。特にウォータフォールモデルはその典型で、開発の基本的な流れをおさえる時には、今も無視することはできません。

しかし、コンピュータの利用法が多岐にわたり、ネット上のサービスも多種多様に生まれては消えて行く現在。「より早くコンパクトに」「より少人数で」など、開発現場には前にも増してスピード感が求められます。そうすると、当然開発手法の側も、それに応じた変化が求められてくるわけですね。たとえばアジャイル。これは開発スピードを重視した手法で、Webサービスの構築などによく取り沙汰されるものです。耳にしたことがある人も多いのではないでしょうか。

本節では、そのようにして生まれた新しい開発手法や、既存のソフトウェアを再利用することで生産性を高める手法など、前節で紹介した3つ以外の開発手法を見て行くことにします。

RAD（Rapid Application Development）

「Rapid」とは「迅速な」という意味。つまり直訳すると「迅速なアプリケーション開発」となる言葉の略語がRADです。

エンドユーザーと開発者による少人数構成のチームを組み、開発支援ツールを活用するなどしてして、とにかく短期間で開発を行うことを重要視した開発手法です。

開発支援ツール（RADツール）として有名なところでは、たとえばVisual Basicなどのビジュアル開発環境が該当します。

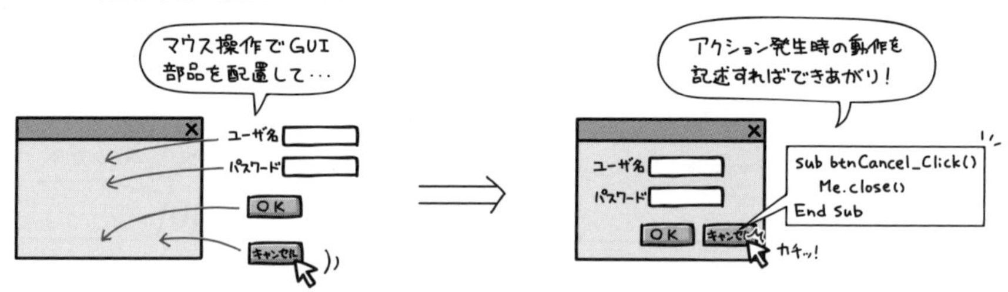

RADでは、プロトタイプを作ってそれを評価するサイクルを繰り返すことで完成度を高めます。ただし、このフェーズが無制限に繰り返されないよう、開発の期限を設けることがあります。これをタイムボックスと呼びます。

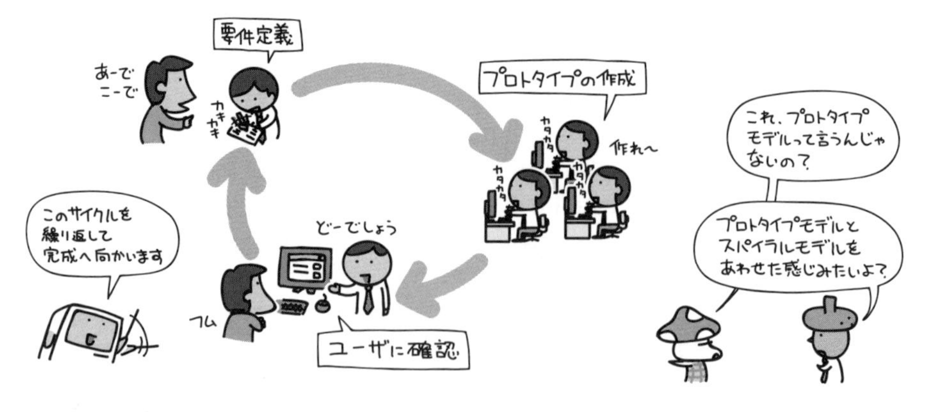

タイムボックスを過ぎると、強制的に次の工程へと進みます。その時点で固まっていない要求については開発を行いません。

アジャイルとXP(eXtreme Programming)

スパイラルモデルの派生型で、より短い反復単位(週単位であることが多い)を用いて迅速に開発を行う手法の総称がアジャイルです。アジャイル型の開発では、1つの反復で1つの機能を開発し、反復を終えた時点で機能追加されたソフトウェアをリリースします。

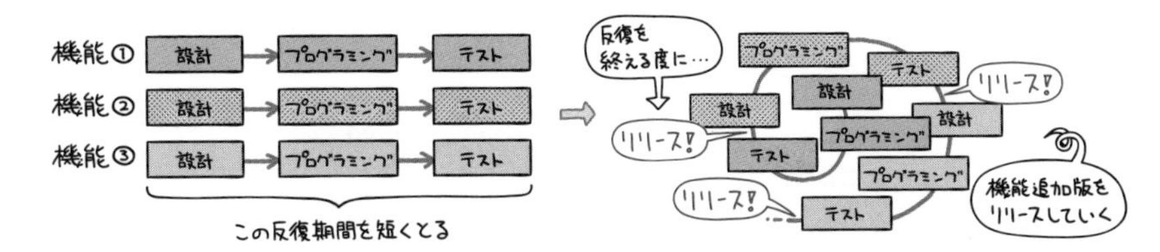

アジャイル型の代表的な開発手法がXP(eXtreme Programming)です。少人数の開発に適用しやすいとされ、既存の開発手法が「仕様を固めて開発を行う(後の変更コストは大きい)」であったのに対して、XPは変更を許容する柔軟性を実現しています。

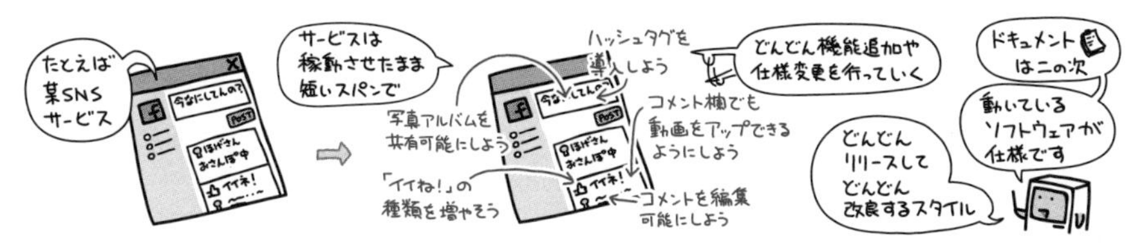

XPでは、5つの価値と19のプラクティス(実践)が定義されています。そのうち、開発のプラクティスとして定められているのが次の6つです。

テスト駆動開発	実装の前にテストを定め、そのテストをパスするように実装を行う。テストは自動テストであることが望ましい。
ペアプログラミング	2人1組でプログラミングを行う。 1人がコードを書き、もう1人がそのコードの検証役となり、随時互いの役割を入れ替えながら作業を進める。
リファクタリング	完成したプログラムでも、内部のコードを随時改善する。冗長な構造を改めるに留め、外部から見た動作は変更しない。
ソースコードの共同所有	コードの作成者に断りなく、チーム内の誰もが修正を行うことができる。その代わりに、チーム全員が全てのコードに対して責任を負う。
継続的インテグレーション	単体テストを終えたプログラムは、すぐに結合して結合テストを行う。
YAGNI	「You Aren't Going to Need It.」の略。 今必要とされる機能だけのシンプルな実装に留める。

リバースエンジニアリングとフォワードエンジニアリング

既存ソフトウェアの動作を解析することで、プログラムの仕様やソースコードを導き出すことをリバースエンジニアリングと言います。その目的は、既にあるソフトウェアを再利用することで、新規開発(もしくは仕様書が所在不明になっているような旧来システムの保守)を手助けすることです。一方、これによって得られた仕様をもとに新しいソフトウェアを開発する手法を、フォワードエンジニアリングと言います。

しかし、元となるソフトウェア権利者の許可なくこれを行い、新規ソフトウェアを開発・販売すると、知的財産権の侵害にあたる可能性があるため注意が必要です。

マッシュアップ

公開されている複数のサービスを組み合わせることで新しいサービスを作り出す手法をマッシュアップと言います。Webサービス構築のためによく利用されています。

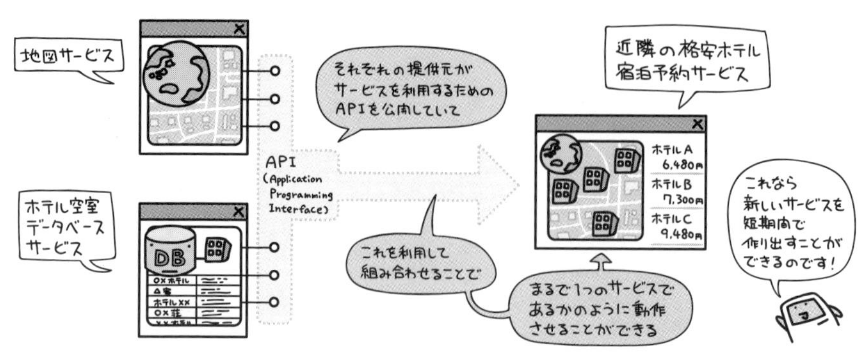

このように出題されています 過去問題練習と解説

問1 (AP-R03-S-50)

アジャイル開発などで導入されている"ペアプログラミング"の説明はどれか。

ア　開発工程の初期段階に要求仕様を確認するために，プログラマと利用者がペアとなり，試作した画面や帳票を見て，相談しながらプログラムの開発を行う。

イ　効率よく開発するために，2人のプログラマがペアとなり，メインプログラムとサブプログラムを分担して開発を行う。

ウ　短期間で開発するために，2人のプログラマがペアとなり，交互に作業と休憩を繰り返しながら長時間にわたって連続でプログラムの開発を行う。

エ　品質の向上や知識の共有を図るために，2人のプログラマがペアとなり，その場で相談したりレビューしたりしながら，一つのプログラムの開発を行う。

解説

691ページの表内に説明されているとおり、"ペアプログラミング"は、"2人1組でプログラミングを行う。1人がコードを書き、もう1人がそのコードの検証役となり、随時互いの役割を入れ替えながら作業を進める"プログラミング方法です。

問2 (AP-H24-S-50)

リバースエンジニアリングの説明はどれか。

ア　既存のプログラムからそのプログラムの仕様を導き出すこと

イ　既存のプログラムから導き出された仕様を修正してプログラムを開発すること

ウ　クラスライブラリ内の既存のクラスを利用してプログラムを開発すること

エ　部品として開発されたプログラムを組み合わせてプログラムを開発すること

解説

ア　リバースエンジニアリングの説明は、692ページを参照してください。
イ　この選択肢の説明は、リバースエンジニアリングによって解析した仕様の利用方法の1つです。
ウとエ　プログラムの部品化及び再利用の説明です。

正解▶問1：エ　問2：ア

エクストリームプログラミング（XP）のプラクティスとして，適切なものはどれか。

ア　1週間の労働時間は，チームで相談して自由に決める。
イ　ソースコードの再利用は，作成者だけが行う。
ウ　単体テストを終えたプログラムは，すぐに結合して，結合テストを行う。
エ　プログラミングは1人で行う。

解説

ア　1週間の労働時間を40時間以内にします。たとえ、チームで相談しても、これを超える労働時間は認められません。
イ　ソースコードの再利用は、開発チームの全員が行えます。また、ソースコードは誰が作ったものであっても、開発チームの全員が自由に変更できます。
ウ　"継続的インテグレーション"といって、単体テストを終えたプログラムは、すぐに結合して、結合テストを行い、問題点や改善点を見つけ出します。少なくとも、1日に1回は結合テストを行います。
エ　"ペアプログラミング"といって、プログラミングは2人が1組になって行います。

正解▶問3：ウ

Chapter 15-4

業務のモデル化

システムに対する要求を明確にするためには、対象となる業務をモデル化して分析することが大事です。

業務をシステム化するにあたっては、イラストにもあるように現状の分析が欠かせません。そのためには、まず業務の流れ（つまり業務プロセス）をしっかりと押さえる必要が出てきます。「敵を知り己を知ればなんとやら」ってやつですね。

そこで登場するのがモデル化です。

モデル化とは、現状の業務プロセスを抽象化して視覚的にあらわすことで、これをやると、その業務に関わっている登場人物や書類の流れがはっきりするのです。そのため、「どこにムダがあるか」「本来はどうであるべきか」といった業務分析に役立てることができます。

そんなわけで要件定義では、このモデル化を使って業務分析を行います。利用者側の要求を汲み取り、システムが実現すべき機能の洗い出しを行うために使われるわけですね。

代表的なのはDFDとE-R図の2つ。DFDは業務プロセスをデータの流れに着目して図示化したもので、E-R図は構造に着目して実体（社員とか部署とか）間の関連を図示化したものです。…が、こんな説明じゃ「何のことやら」だと思うので、実例を示しながら見ていくといたしましょう。

DFD

DFDはData Flow Diagramの略。その名の通り、データの流れを図としてあらわしたものです。次のような記号を使って図示します。

記号	名称	説明
○	プロセス(処理)	データを加工したり変換したりする処理をあらわします。
□	データの源泉と吸収	データの発生元や最終的な行き先をあらわします。
⟶	データフロー	データの流れをあらわします。
═	データストア	ファイルやデータベースなど、データを保存する場所をあらわします。

たとえば下の業務を例とした場合、DFDであらわされる図は次のようになります。

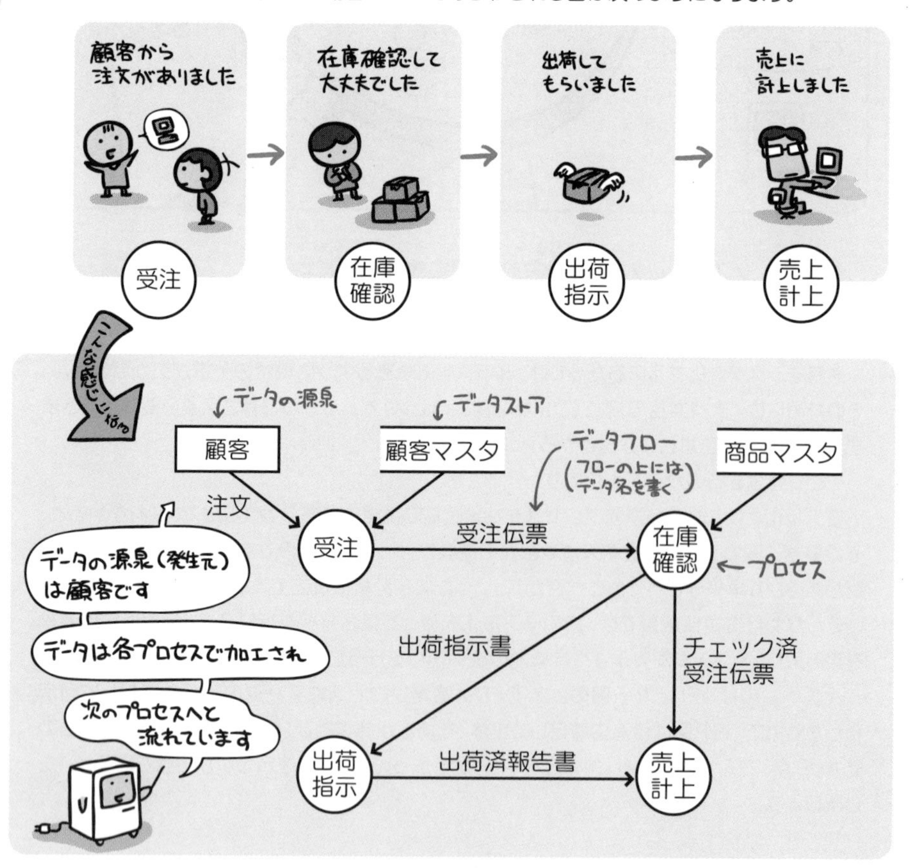

DFDを用いて新規システムのモデル化を行う場合、その手順は次のようになります。

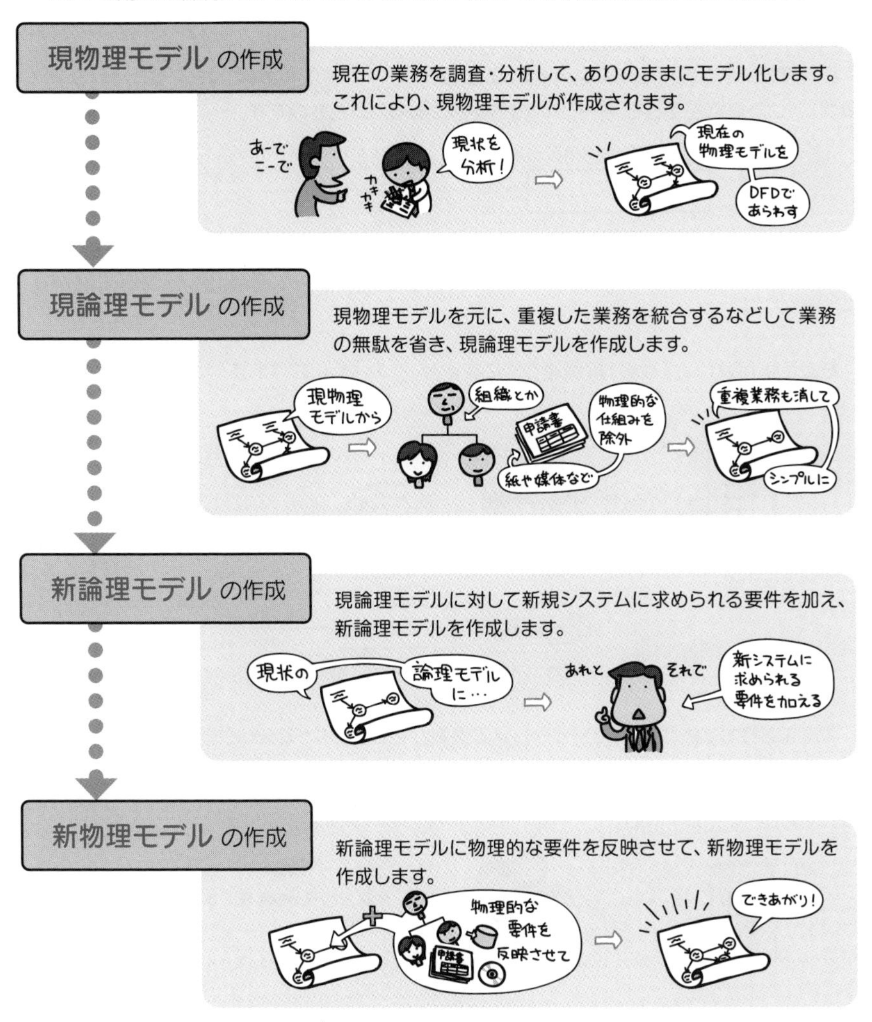

似た用語が並ぶので、ざっくりした流れを要約して次に示します。現と新の境目、物理と論理のちがいを整理して、流れが混乱しないようにしておきましょう。

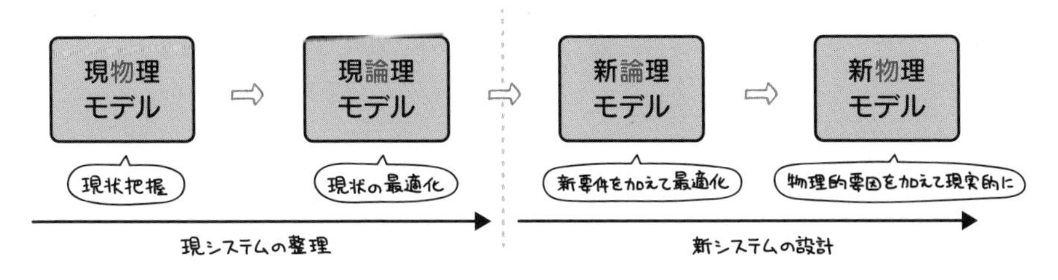

E-R図

E-R図は、実体(Entity:エンティティ)と、実体間の関連(Relationship:リレーションシップ)という概念を使って、データの構造を図にあらわしたものです。

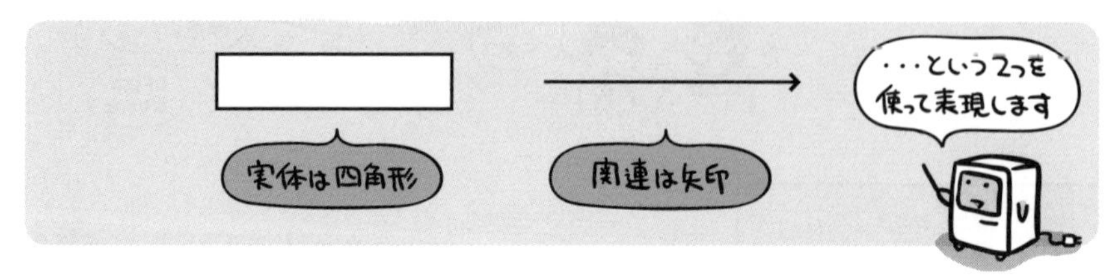

たとえば「会社」と「社員」の関連を図にすると、次のようになります。

関連をあらわす矢印は、「そちらから見て複数か否か」によって矢じり部分の有りなしが決まります。

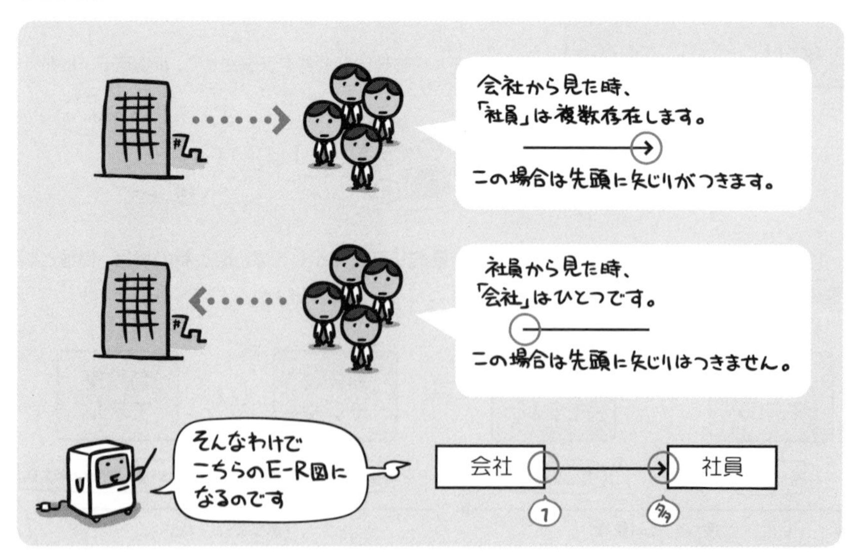

関連には「1対多」の他に、「1対1」「多対多」などのバリエーションが考えられます。
例としてあげると、次のような感じになります。

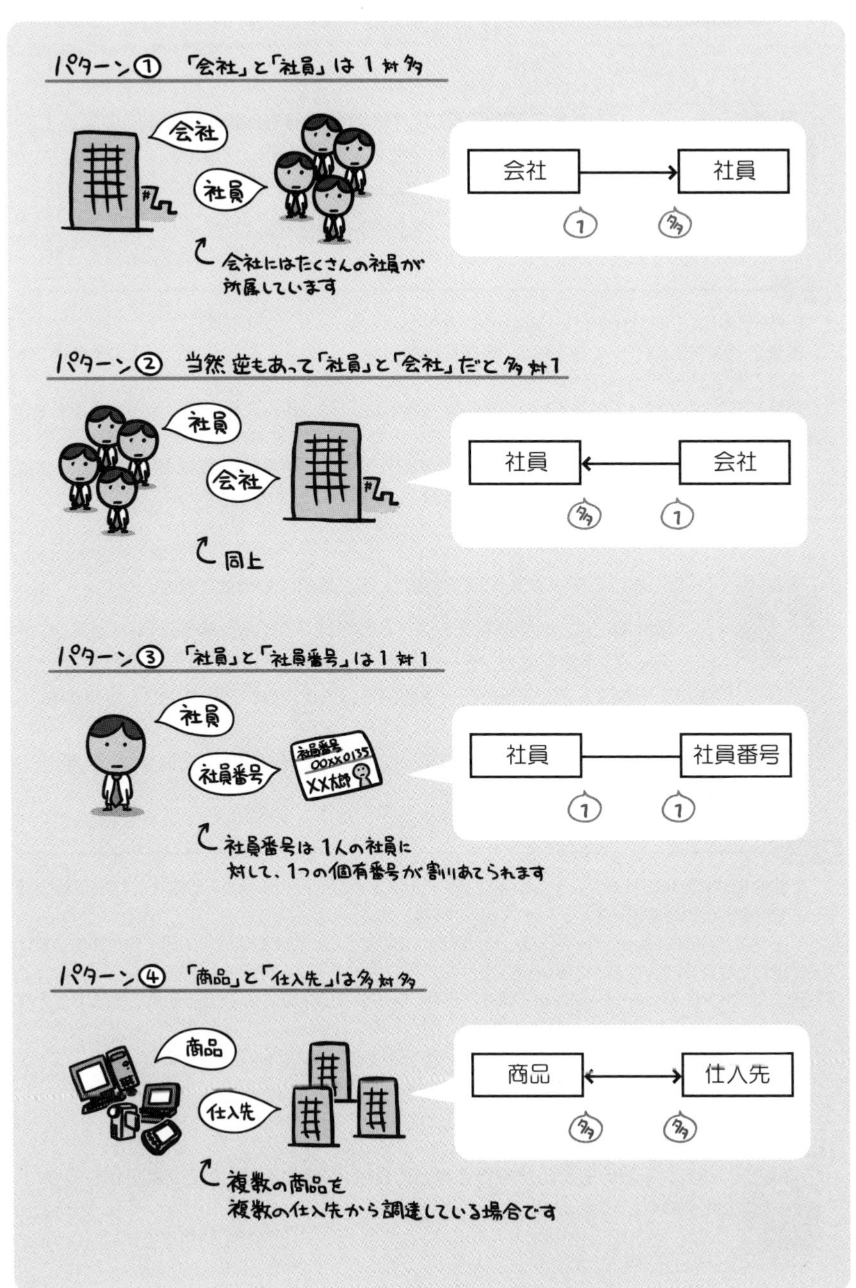

このように出題されています
過去問題練習と解説

データベースの概念設計に用いられ，対象世界を，実体と実体間の関連という二つの概念で表現するデータモデルはどれか。

ア　E-Rモデル　　　イ　階層モデル
ウ　関係モデル　　　エ　ネットワークモデル

解説

ア　E-Rモデルは、E-R図（698ページ参照）に描かれる概念データモデルです。
イ　階層モデル（430ページの最下段の“階層型”参照）は、1つの親に対して、1つ以上の子を持つ木構造の論理データモデルです。
ウ　関係モデル（430ページの最下段の“関係型”参照）は、行と列の2次元の表のデータ構造をもつ論理データモデルです。関係モデルは、関係データベースに実装されます。
エ　ネットワークモデル（430ページの最下段の“ネットワーク型”参照）は、1つの親に対して1つ以上の子を持ち、1つの子に対して1つ以上の親を持つ、網構造の論理データモデルです。

DFDにおけるデータストアの性質として，適切なものはどれか。

ア　最終的には，開発されたシステムの物理ファイルとなる。
イ　データストア自体が，データを作成したり変更したりすることがある。
ウ　データストアに入ったデータが出て行くときは，データフロー以外のものを通ることがある。
エ　他のデータストアと直接にデータフローで結ばれることはなく，処理が介在する。

解説

ア　最終的には、開発されたシステムの物理ファイルとなるとは限りません。伝票を入れた茶箱や請求書を綴じたバインダーも、データストアに該当します。
イ　データストア自体が、データを作成したり変更したりすることはありません。データを作成したり変更したりするのは、プロセス（処理）だけです。
ウ　データストアに入ったデータが出て行くときは、データフロー以外のものを通ることはありえません。
エ　正確にいえば、あるデータストアが、他のデータストアと直接にデータフローで結ばれることはなく、プロセス（処理）が間に介在します。

新システムのモデル化を行う場合のDFD作成の手順として，適切なものはどれか。

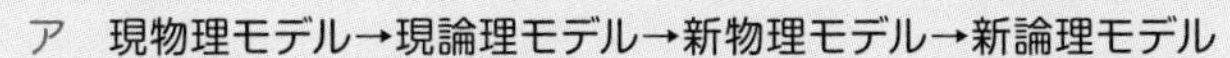

ア　現物理モデル→現論理モデル→新物理モデル→新論理モデル
イ　現物理モデル→現論理モデル→新論理モデル→新物理モデル
ウ　現論理モデル→現物理モデル→新物理モデル→新論理モデル
エ　現論理モデル→現物理モデル→新論理モデル→新物理モデル

解説

DFD作成の手順の説明は、696ページを参照してください。

E-R図の解釈として，適切なものはどれか。ここで，*＿*は多対多の関連を表し，自己参照は除くものとする。

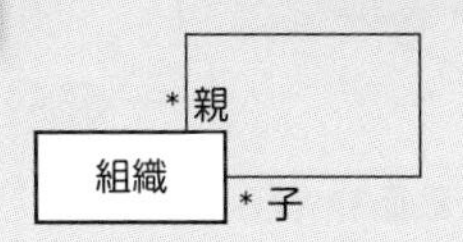

ア　ある組織の親組織の数が，子組織の数より多い可能性がある。
イ　全ての組織は必ず子組織をもつ。
ウ　組織は2段階の階層構造である。
エ　組織はネットワーク構造になっていない。

解説

ア　図が示す多重度は、親･子ともに、*になっているので、問題の説明どおり、両方とも“多”を示しています。
　このE-R図が示している状況を、A事業部に属する、B製品群を販売する、C地区にあるX支店に、販売1課と販売2課がある例を使って考えるならば、次の図のようになります。

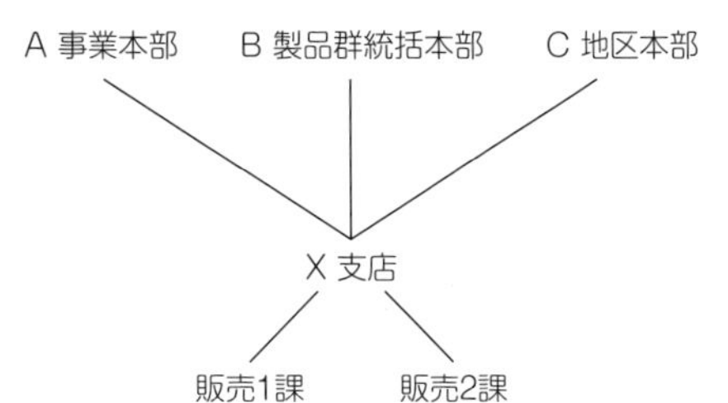

　A事業本部、B製品群統括本部、C地区本部、X支店、販売1課、販売2課は、すべて“組織”エンティティのインスタンスであり、X支店から見て、A事業本部とB製品群統括本部とC地区本部は、親組織に該当し、3つあるので“多”の多重度になっています。また、X支店から見て、販売1課と販売2課は、子組織に該当し、2つあるので“多”の多重度になっています。
　この例のように、ある組織の親組織の数が、子組織の数より多い可能性があるので、当選択肢が正解です。

イ　“*”の多重度は、0以上の無限大の多を表す記号なので、親組織も子組織もない組織がありえます。
ウ　支店－課－係のような3段階以上の階層構造もありえ、2段階に限定されません。
エ　選択肢アの解説のような組織図は、複数の親と複数の子を持つので、ネットワーク構造と呼ばれています。もし、親が1つで複数の子を持つのであれば、木構造と呼ばれます。

正解▶問1：ア　問2：エ　問3：イ　問4：ア

ユーザインタフェース

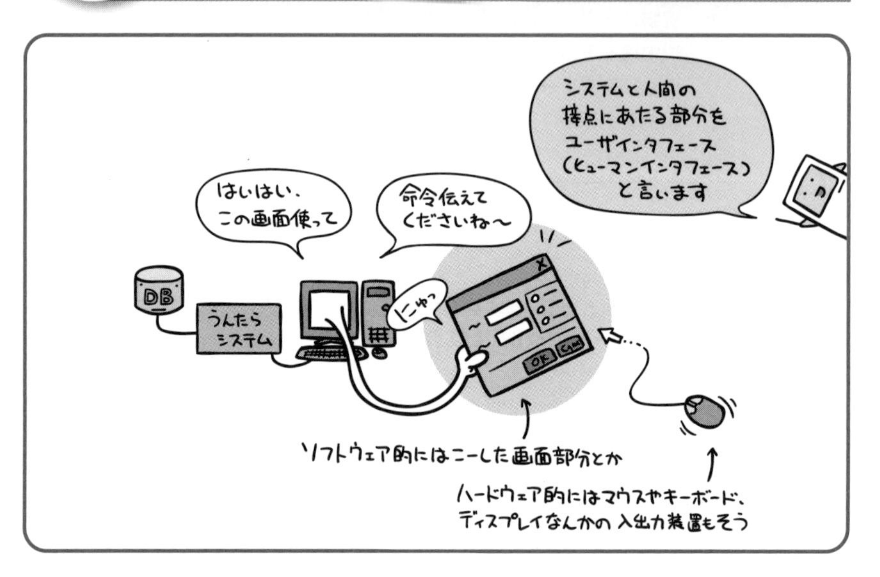

ユーザインタフェースは、システムに人の手がふれる部分。システムの「使いやすさ」に直結します。

インタフェースというのは、「あるモノとあるモノの間に立って、そのやり取りを仲介するもの」を示します。つまりシステム開発におけるユーザインタフェースというのは、「システムと利用者(ユーザ)の間に立って、互いのやり取りを仲介するもの」の意味。

ユーザからの入力をどのように受け付けるか、ユーザに対してどのような形で情報を表示するか、どのような帳票を出力として用意するか…などなど、これらすべてが、ユーザインタフェースというわけです。

ユーザが実際にシステムを操作する部分にあたりますから、システムの使いやすさはこの出来に大きく左右されます。したがって、システムの外部設計段階では、「いかにユーザ側の視点に立って、これらユーザインタフェースの設計を行うか」が大事となります。

CUIとGUI

ひと昔前のコンピュータは、電源を入れると真っ黒な画面が出てきて、ピコンピコンとカーソルが点滅しているだけでした。

画面に表示されるのは文字だけで、そのコンピュータに対して入力するのも文字だけ。文字を打ち込むことで命令を伝えて処理させていたのです。

このような文字ベースの方式をCUI（Character User Interface）と呼びます。

現在では、より誰でも簡単に扱えるようにと、「画面にアイコンやボタンを表示して、それをマウスなどのポインティングデバイスで操作して命令を伝える」といった、グラフィカルな操作方式が主流になっています。

このような方式をGUI（Graphical User Interface）と呼びます。

一般的に使用されているWindowsやMac OSといったOSは、ともにGUI方式です。

GUIで使われる部品

GUIでは、次のような部品を組み合わせて操作画面を作ります。
代表的な部品の名前と役割は覚えておきましょう。

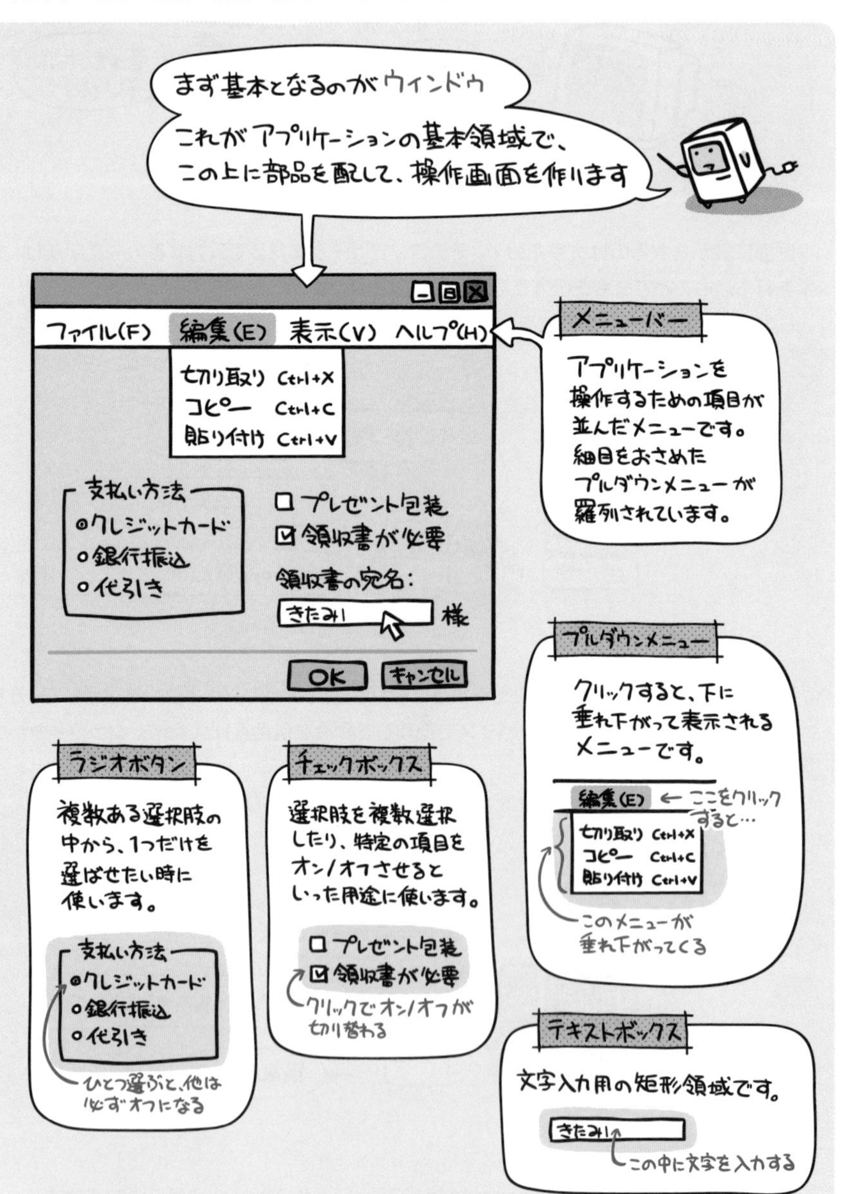

画面設計時の留意点

使いやすいユーザインタフェースを実現するため、画面設計時は次のような点に留意する必要があります。

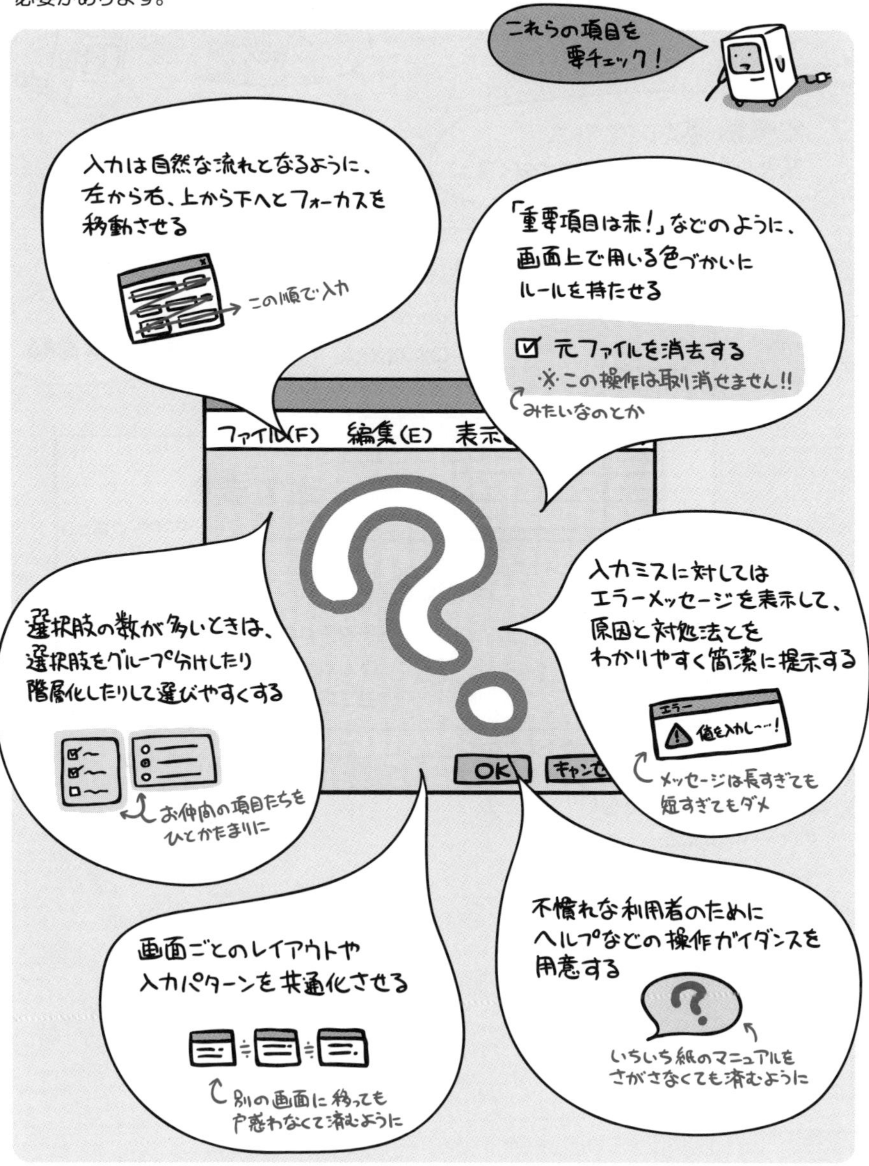

帳票設計時の留意点

システムの処理結果は、多くの場合帳票として出力することになります。この帳票も、次のような点に留意して設計する必要があります。

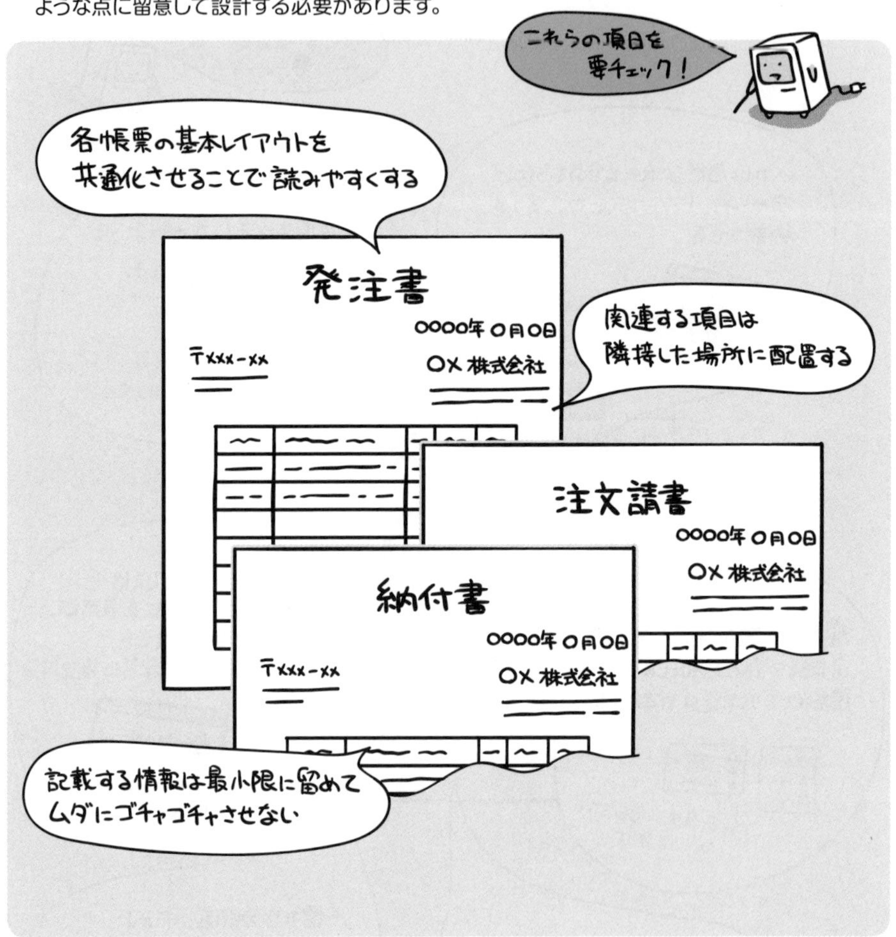

ユニバーサルデザイン

利用者にとっての使いやすさを示す言葉にユーザビリティがあります。いかに優れた機能を持つシステムであっても、使い勝手が悪ければ利用は進みません。

また、優れたユーザビリティを持たせるためには、障害を持つ人への配慮も欠かせないところです。

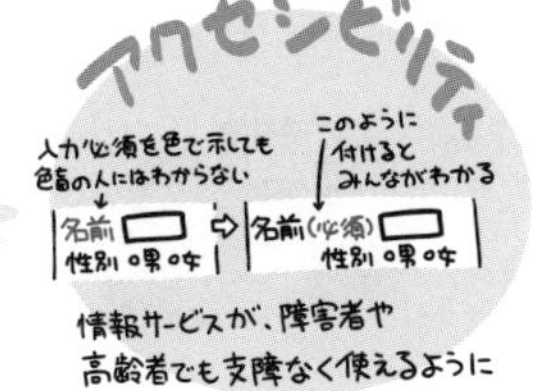

一方、バリアフリーなどとは異なり、対象を障害者ありきではなく「より多くの人が利用可能であるようにデザインすること」を基本コンセプトとする概念がユニバーサルデザインです。

利用する人の障害・年齢・性別・国籍などに関係なく使えるデザインとするために、提唱者であるロン・メイスは次の7原則を挙げています。

公平性	自由・柔軟性	単純性	分かりやすさ
どんな人でも公平に利用できる。	使用するにあたっての自由度が高い。	使い方が簡単で、直感的にすぐ理解できる。	必要な情報がすぐにわかる。
安全性	体への負担の少なさ	空間の確保	
うっかりミスが事故につながらない。	体への負担が少なく、強い力を必要とせずに使える。	誰にでも使える十分な広さや大きさ（空間）を持つ。	

ユーザビリティの評価手法

ユーザビリティを評価する手法には、次のようなものがあります。

ユーザビリティテスト

実際に製品を使用してもらいながら、その様子を観察して問題点を洗い出します。

インタビュー法

利用者に直接ヒアリングを行います。

ヒューリスティック評価法

ユーザインタフェースの専門家が、これまでの経験則に基づいて評価を行います。

このように出題されています

過去問題練習と解説

問1 (AP-H30-S-24)

Webページの設計の例のうち，アクセシビリティを高める観点から最も適切なものはどれか。

ア　音声を利用者に確実に聞かせるために，Webページを表示すると同時に音声を自動的に再生する。

イ　体裁の良いレイアウトにするために，表組みを用いる。

ウ　入力が必須な項目は，色で強調するだけでなく，項目名の隣に“(必須)”などと明記する。

エ　ハイパリンク先の内容が推測できるように，ハイパリンク画像のalt属性にリンク先のURLを付記する。

解説

Webアクセシビリティは、Webの“利用のしやすさ”を意味しています。W3Cは、WCAG (Web Content Accessibility Guidelines) を公表しており、その2.0では、次の4つの原則があります。

原則1…コンテンツは知覚できなければならない。
原則2…コンテンツのインタフェース要素は操作可能でなければならない。
原則3…コンテンツの内容とコントロールは理解可能でなければならない。
原則4…コンテンツは現在および将来の技術での利用に耐えるものでなければならない。

ア　表示時に音声を自動的に再生することは、原則2の“操作可能”を妨げます。

イ　表組みを用いることは、原則3のためには良い方法です。しかし、体裁の良いレイアウト=表組みと限定できないので×になります。

ウ　入力が必須な項目名の隣に“(必須)”などと明記することは、原則3のために良い方法です。WCAG 2.0のガイドライン 3.3 入力支援：には“ユーザが間違えないようにしたり、間違いを修正したりするのを助ける”とあり、この選択肢が正解です。

エ　WCAG 2.0のガイドライン 3.2 予測可能：は“ウェブページの表示や動作を予測可能にする”とされており、ハイパリンク先の内容が予測できることはこれに合致します。しかし、ハイパリンク画像のalt属性にリンク先のURLを付記しても、ハイパリンク先の内容を予測できるとは思えません。
例えば、alt属性に指定したリンク先のURLが“toyota.jp”となっていた場合、トヨタ自動車のホームページが出てくると思える人は少ないでしょう。豊田通商や豊田商事などを思いつく可能性もありえます。
なお、ハイパリンク画像のalt属性とは、その画像にマウスカーソルを合わせた時にポップアップ表示される文字列を指定する属性です。

正解▶問1：ウ

使用性（ユーザビリティ）の規格（JIS Z 8521:1999）では，使用性を，“ある製品が，指定された利用者によって，指定された利用の状況下で，指定された目的を達成するために用いられる際の，有効さ，効率及び利用者の満足度の度合い”と定義している。この定義中の“利用者の満足度”を評価するのに適した方法はどれか。

ア　インタビュー法　　イ　ヒューリスティック評価
ウ　ユーザビリティテスト　　エ　ログデータ分析法

解説

ア　インタビュー法は、評価対象である製品の利用者に直接、満足度を尋ねる方法であり、消去法により、本選択肢が正解です。　イ　ヒューリスティック評価は、数人の専門家が、ユーザインタフェース設計の基準となるガイドラインや規格をもとに各人で評価を行い、その後、その専門家が議論し、ユーザインタフェース設計の評価結果の分類や、対応への優先順位付けなどを行う方法です。したがって、利用者の満足度を評価する方法ではありません。　ウ　ユーザビリティテストは、評価対象である製品を利用者に使わせ、その製品の利点や欠点などの評価を行う方法です。ユーザビリティテストを実施すると、利用者の満足度も、ある程度は把握できるが、主に、製品の評価をするための方法なので、消去法により、×になります。　エ　ログデータ分析法は、記録されたログから何らかの分析をする方法であり、当たり前だが、ログが存在しないと分析できません。したがって、利用者の満足度を評価する方法には、適用しづらいです。

ユーザインタフェースのユーザビリティを評価するときの，利用者が参加する手法と専門家だけで実施する手法との適切な組みはどれか。

	利用者が参加する手法	専門家だけで実施する手法
ア	アンケート	回顧法
イ	回顧法	思考発話法
ウ	思考発話法	ヒューリスティック評価法
エ	認知的ウォークスルー法	ヒューリスティック評価法

解説

各選択肢に記述されている手法の説明は、下記のとおりです。
アンケート … ある問題を調査するために、複数の人数に対し、同一の質問し、回答を入手します。利用者がアンケートに回答する（＝利用者が参加する）ケースがほとんどだと思いますが、専門家だけがアンケートに回答するケースがないとは言い切れません。 回顧法 … 専門家が課題（プロトタイプ画面の評価など）を設定し、利用者がその課題を実行します。専門家が利用者に課題の結果について質問し、その回答を検討します。 思考発話法 … 専門家が課題（プロトタイプ画面の評価など）を設定し、利用者がその課題を実行しながら、専門家に対し、自分が考えていることや感じていることを話します。専門家は、その話の内容を検討します。 ヒューリスティック評価法 … 専門家が、これまでの経験則に基づいて、ユーザビリティを評価します。 認知的ウォークスルー法 … 専門家が画面設計書や使っている画面のスクリーンショット（印刷物や画像ファイル）を見ながら、利用者の行動を模擬的に想定し、その問題点を検討します。

正解▶問2：ア　問3：ウ

Chapter 15-6

コード設計と入力のチェック

コード設計では、どのようなコード割り当てを行うと効率的にデータを管理できるか検討します。

コードというのは、氏名や商品名とは別につける識別番号みたいなものです。日常生活においても、社員番号や学生番号、商品型番、書籍のISBNコードなど、意識して探せば同種のものをアチコチで見かけることができるはずです。

なんでそういった識別番号をコードとして持たせるかというのは、データベースの章でも主キーの説明で述べました。まず第一が、「同じ名前があっても確実に識別するため」という理由ですね。

でも、実はそれだけじゃないのです。他にも「コードに置きかえることで長ったらしい商品名を入力しなくて済む」であるとか、「コードの割り振り方によって商品の並び替えや分類が簡単に行えるようになる」とか、「入力時の誤りを検出することができる」とか、システムを活用する上で様々な利点があったりするのです。

ただ、もちろんそれは適正なコード設計が為されてこそ。

ではコード設計はどのような点に気をつけないといけないのか。そのあたりから見ていくといたしましょう。

コード設計のポイント

コード設計を行う際は、次のようなポイントに留意します。

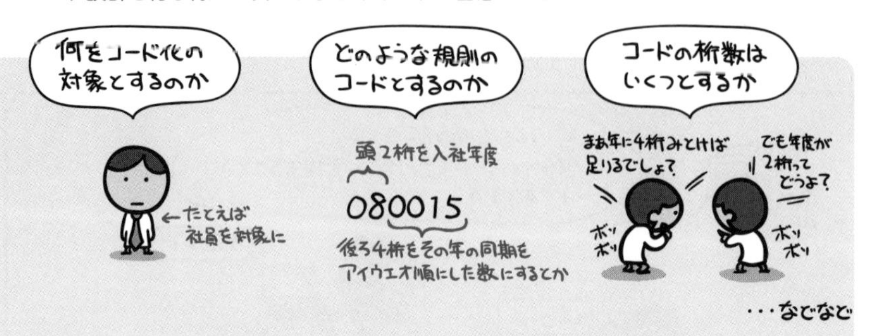

コード設計で定めたルールは、運用を開始した後になるとなかなか変更することができません。したがって、システムが扱うであろうデータ量の将来予測などを行って、適切な桁数や割り当て規則などを定める必要があります。

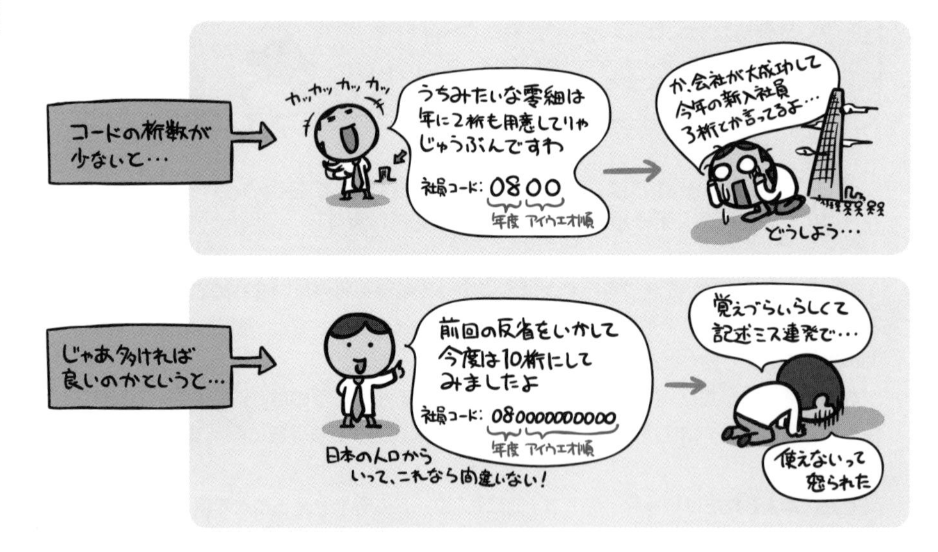

入力ミスやバーコードの読取りミスを検出するためには、チェックディジットの使用も有効です。

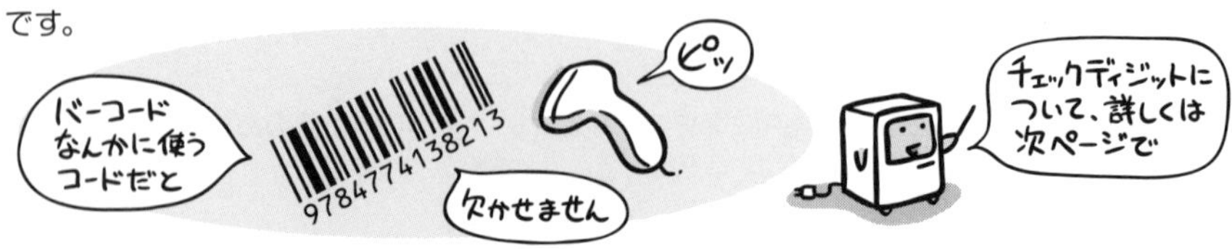

チェックディジット

チェックディジットというのは、誤入力を判定するためにコードへ付加された数字のことです。

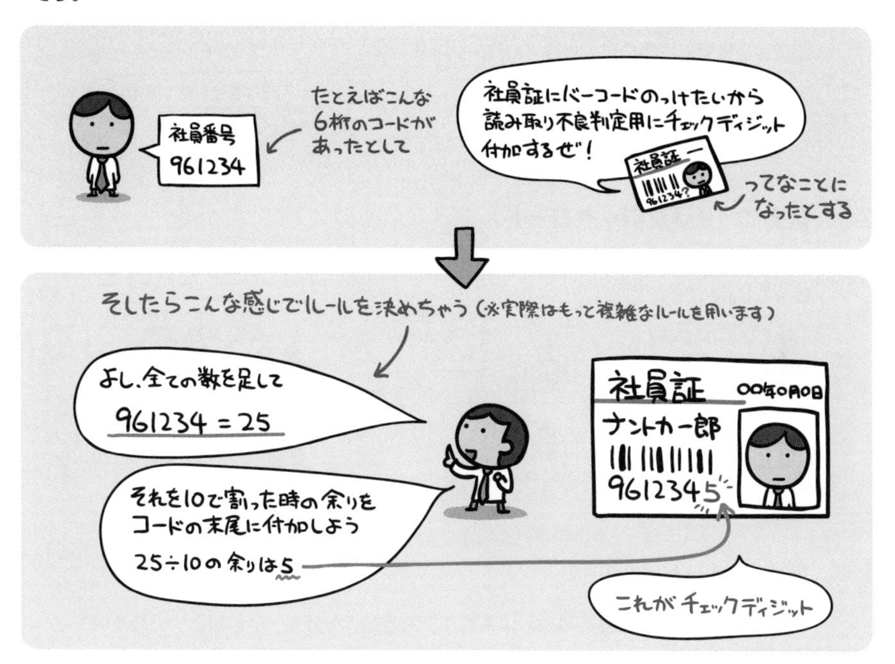

これをどう活用するかというと…。

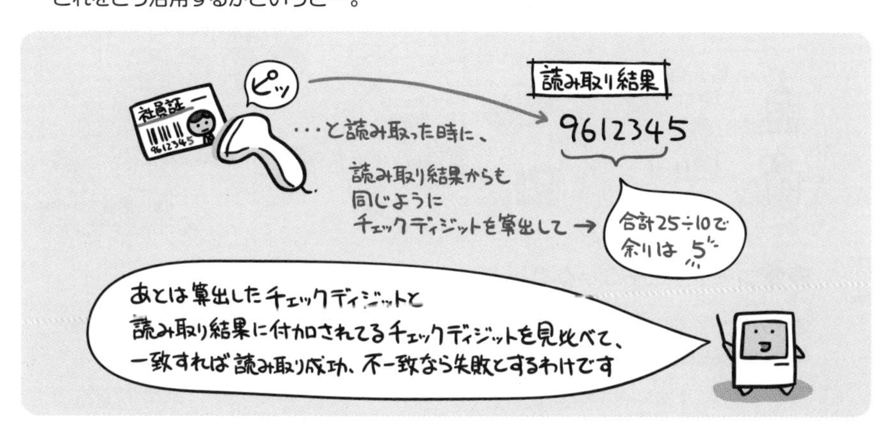

もちろんチェックディジットの効用は、バーコードの読取り時だけに限るものではありません。人の手による入力作業などでも、誤入力検出に役立ちます。

コードの種類

コードには、次のような種類があります。

順番コード（シーケンスコード）

連続した番号を順番に付与していくコード体系です。

区分コード（ブロックコード）

対象をいくつかのグループに分け、そのグループごとに連続した番号を付与するコード体系です。

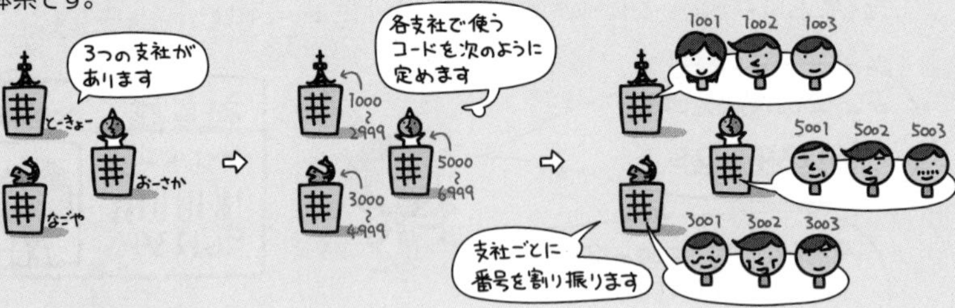

けた別コード

けたごとに意味を持たせたコード体系です。大分類・中分類・小分類といった意味をけたに付与して階層化することができます。

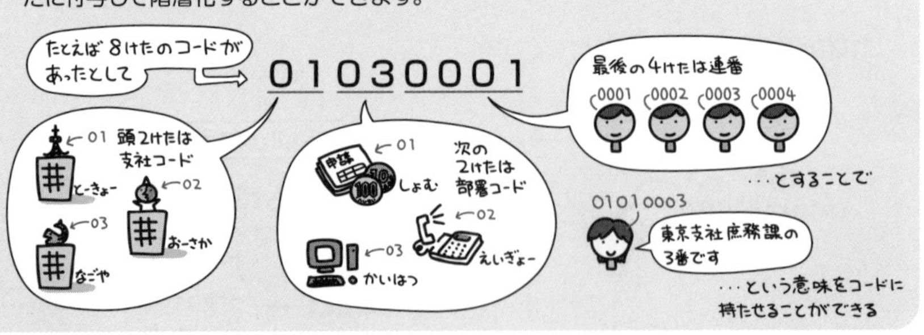

表意コード（ニモニックコード）

項目の意味をあらわす略称や記号などによって表現するコード体系です。コードを見ただけで内容を推測しやすいという特徴を持ちます。

入力ミスを判定するチェック方法

誤ったデータや通常では有り得ない入力というのは、システムの誤動作や内部エラーを引き起こす元となります。

したがって問題を未然に防ぐためには、できる限り入力の時点で「間違った入力に対してはエラーを表示する」とか、「そもそも入力されてはいけない文字を受け付けない」といった対策を施すことが求められます。

前ページで述べたチェックディジットもそうした対策のひとつですが、入力チェックには他にも様々な種類があります。主なチェック方法を覚えておきましょう。

チェック方法	説明
ニューメリックチェック	数値として扱う必要のあるデータに、文字など数値として扱えないものが含まれていないかをチェックします。
シーケンスチェック	対象とするデータが一定の順序で並んでいるかをチェックします。
リミットチェック	データが適正な範囲内にあるかをチェックします。
フォーマットチェック	データの形式（たとえば日付ならyyyy/mm/ddという形式で…など）が正しいかをチェックします。
照合チェック	登録済みでないコードの入力を避けるため、入力されたコードが、表中に登録されているか照合します。
論理チェック	販売数と在庫数と仕入数の関係など、対となる項目の値に矛盾がないかをチェックします。
重複チェック	一意であるべきコードなどが、重複して複数個登録されていないかをチェックします。

このように出題されています
過去問題練習と解説

問1 (AP-H21-A-27)

各種コードの特徴を記述した表中の項目a～cに入るコード種別の組合せとして，適切なものはどれか。

	a	b	c
長所	・けた数が少ない。 ・発生順にコードをつける場合，追加が容易である。	・少ないけた数で多くのグループ分けが可能である。	・データ項目の構成の分類基準が明確である。 ・各けたが分類上の特定の意味を持っているので，分かりやすい。
短所	・分類が分からない。	・データを追加する場合や件数が多い場合に不便である。	・けた数が大きくなりやすい。
適用領域	・分類基準が確立しにくいものに利用する。	・コードけた数の制限の下でグループ分けする場合に利用する。	・分類基準が明確である場合に利用できる。

	a	b	c
ア	区分コード	けた別コード	順番コード
イ	けた別コード	順番コード	区分コード
ウ	順番コード	区分コード	けた別コード
エ	順番コード	けた別コード	区分コード

解説

順番コード、区分コード、けた別コードの各説明は、714ページを参照してください。

正解▶問1：ウ

Chapter 15-7 モジュールの分割

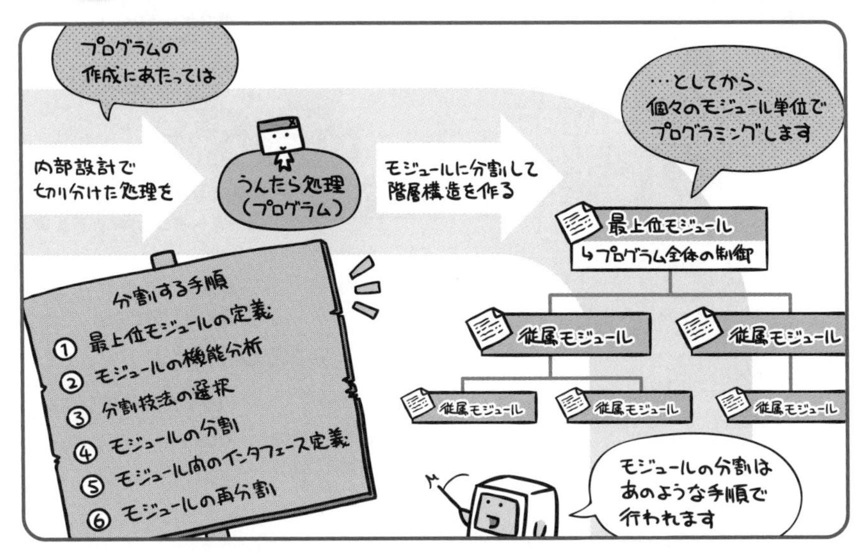

各プログラムをモジュールという単位に分解・階層化させることを、プログラムの構造化設計と言います。

シンプルで保守性に優れたプログラムを作るためには、構造化設計が欠かせません。そのためのモジュール分割技法には、「データの流れに着目」した技法と、「データの構造に着目」した技法の2グループがあります。

さて、なかなか難しそうな空気が感じられるテーマですが、実はこれらの出題率は必ずしも高くはなく、出題されたとしても深い内容を問われる部分ではなかったりします。なので難しく考えすぎず、ざっくり理解しておけばいいでしょう。特にジャクソン法とワーニエ法に関しては、「ああ、人の名前がついてるやつは、データ構造に着目して分割するんだったなー」ぐらいに覚えておけば大丈夫です。

モジュールに分ける利点と留意点

プログラムをモジュールに分けると何がうれしいかというと、次のようなメリットが得られるところです。

次ページ以降では個々の分割法についてもう少し詳細を見ていきますので、これらのメリットを頭に置いておくと、「なぜこんな分割をするのか(しなくてはいけないのか)」というあたりが理解しやすくなるでしょう。

ただですね、なんでもかんでも分ければいいかというとそんなことはありません。妙な分割の仕方をしたがために、余計プログラムの保守が難しくなるという悲しいことも起こりえます。本末転倒に要注意なのです。

ちなみにモジュール分けした後の作業は、3つの制御構造を用いてプログラミングする構造化プログラミング(P.362)へと移って行きます…が、それはまた別の章にて。

モジュールの分割技法

分割技法のうち、「データの流れ」に着目した技法は次の3種類です。それぞれの特徴をおさえておきましょう。

STS分割法

プログラムを「入力処理（源泉:Source）」、「変換処理（変換:Transform）」、「出力処理（吸収:Sink）」という3つのモジュール構造に分割する方法です。

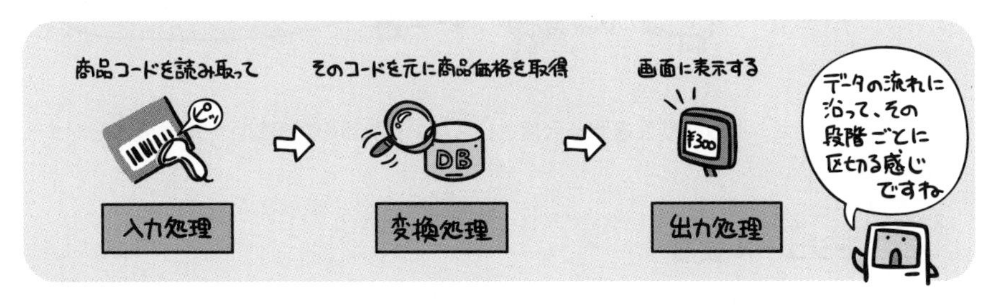

トランザクション分割法

プログラムを一連の処理（トランザクション）単位に分割する方法です。

共通機能分割法

プログラム中の共通機能をモジュールとして分割する方法です。

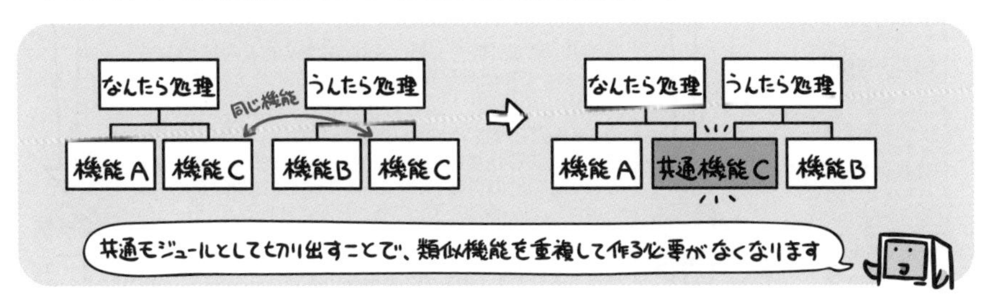

15 システム開発

モジュールの独立性を測る尺度

モジュールは、機能的に明確で、かつ入出力がはっきりわかるものが良いとされています。

こうしたモジュールの独立性を測る尺度として用いられるのがモジュール強度とモジュール結合度です。

モジュール強度

モジュール内の機能が、内部でどのように関連付いているかを示す尺度です。要するに「どれだけ機能的に特化できているか」をあらわすもので、これが高いものほど、「モジュールの独立性が高くて好ましい」となります。

名称	強度	説明	独立性
機能的強度	強い	単一の機能を実行するためのモジュール。シンプルでわかりやすい、故に強固。	高い
情報的強度		同一のデータ構造を扱う機能をひとつにまとめたモジュールで、機能ごとに入出力が可能。オブジェクト指向のカプセル化をイメージすれば良い。	
連絡的強度		複数の機能が逐次的に（順番に）実行されるモジュール。各機能は、共通の入力、もしくは出力データを参照している。何らかのデータを、一連の処理が「連絡（連携）を取りながら」加工するイメージ。	
手順的強度		複数の機能が逐次的に（順番に）実行されるモジュール。各機能にデータ的なつながりはない。一連の処理（手順）だけをひとまとめにしたイメージ	
時間的強度		特定の時点（時間）で必要とされる複数の作業をまとめたモジュール。初期化処理や終了処理などが代表的なところ。	
論理的強度		似てるんだけどちょっとだけ違う（小難しく言うと「論理的に関連のある」）複数の機能を持つモジュール。モジュール呼び出しの時の引数（モジュールに与える初期パラメータ）によって、どの機能を実行するかが決定される。	
暗合的強度	弱い	関連のない複数の機能を持つモジュール。要するに、「ただ分けてみただけ」のもの。暗号を仕込まれたみたいに理解不能なことが多くて頭にくる。	低い

モジュール結合度

モジュールが、他のモジュールとどのように結合するかを示す尺度です。具体的には、「どんなデータをやり取りすることで、他のモジュールと結合するか」をあらわすもので、これが弱いほど、「モジュールの独立性が高くて好ましい」となります。

この結合度を理解するには、次の言い回しを知っておく必要があります。

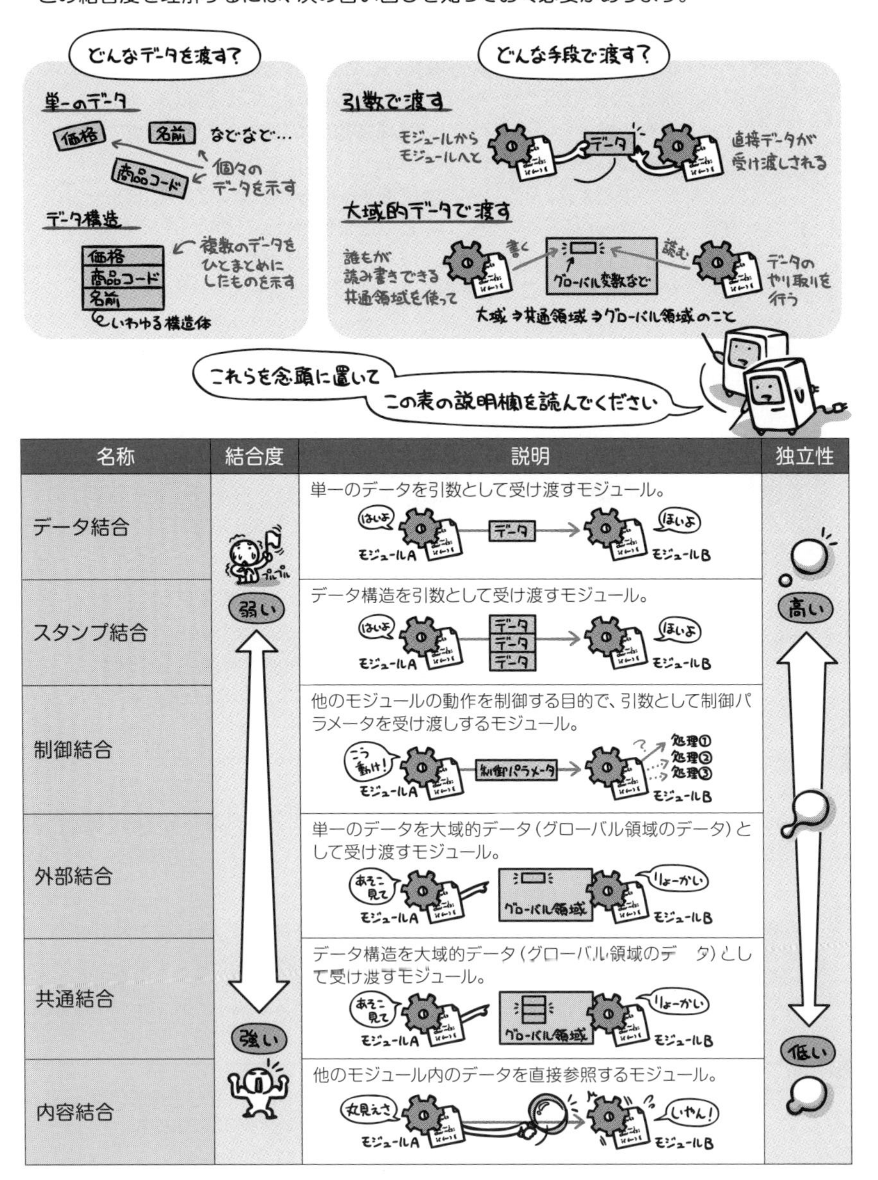

名称	結合度	説明	独立性
データ結合	弱い	単一のデータを引数として受け渡すモジュール。	高い
スタンプ結合	↑	データ構造を引数として受け渡すモジュール。	↑
制御結合		他のモジュールの動作を制御する目的で、引数として制御パラメータを受け渡しするモジュール。	
外部結合		単一のデータを大域的データ(グローバル領域のデータ)として受け渡すモジュール。	
共通結合	↓	データ構造を大域的データ(グローバル領域のデータ)として受け渡すモジュール。	↓
内容結合	強い	他のモジュール内のデータを直接参照するモジュール。	低い

このように出題されています

過去問題練習と解説

モジュール設計に関する記述のうち，モジュール強度（結束性）が最も強いものはどれか。

ア　ある木構造データを扱う機能をこのデータとともに一つにまとめ，木構造データをモジュールの外から見えないようにした。

イ　複数の機能のそれぞれに必要な初期設定の操作が，ある時点で一括して実行できるので，一つのモジュールにまとめた。

ウ　二つの機能A，Bのコードは重複する部分が多いので，A，Bを一つのモジュールにまとめ，A，Bの機能を使い分けるための引数を設けた。

エ　二つの機能A，Bは必ずA，Bの順番に実行され，しかもAで計算した結果をBで使うことがあるので，一つのモジュールにまとめた。

解説

ア　機能的強度の説明であり、選択肢の中ではモジュール強度が最も強いです。
イ　時間的強度の説明です。　ウ　論理的強度の説明です。　エ　手順的強度の説明です。

モジュールの独立性を高めるには，モジュール結合度を低くする必要がある。モジュール間の情報の受渡し方法のうち，モジュール結合度が最も低いものはどれか。

ア　共通域に定義したデータを関係するモジュールが参照する。

イ　制御パラメータを引数として渡し，モジュールの実行順序を制御する。

ウ　入出力に必要なデータ項目だけをモジュール間の引数として渡す。

エ　必要なデータを外部宣言して共有する。

解説

選択肢ア～エは、下記のモジュール結合度の名称です。
ア　共通結合　　イ　制御結合　　ウ　データ結合　注：モジュール結合度が最も弱いです。
エ　外部結合

モジュールの独立性の尺度であるモジュール結合度は，低いほど独立性が高くなる。次のうち，モジュールの独立性が最も高い結合はどれか。

ア　外部結合　　イ　共通結合　　ウ　スタンプ結合　　エ　データ結合

解説

各選択肢のモジュール結合を、モジュールの独立性の高い順（＝モジュール結合度の弱い順）に並べると、エ　データ結合→ウ　スタンプ結合→ア　外部結合→イ　共通結合　になります。

正解▶問1：ア　問2：ウ　問3：エ

オブジェクト指向プログラミング

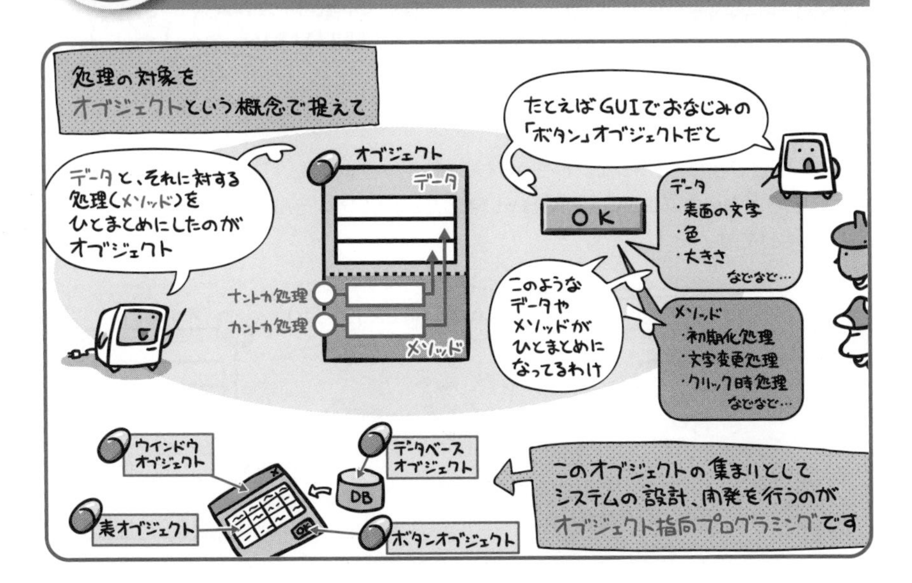

**オブジェクトとは、データ(属性)と
それに対するメソッド(手続き)をひとつにまとめた概念です。**

従来のプログラミングというのは、手続き型が主流でした。これはどういうものかというと、「処理の流れ」であるとか「データの流れ」といった部分に着目して、設計を行うものでした。モジュールの分割(P.719)でやった話が、まさしくそんな感じでしたよね。

これに対して、オブジェクトという概念で処理対象を捉え、これをモジュール化していくことで全体を構成するやり方がオブジェクト指向です。「オブジェクトとはなんぞや~」っていうのは、上のイラストにある通り。モジュールの独立性が高く、保守しやすいプログラムを作ることができます。

オブジェクト指向の「カプセル化」とは

オブジェクト指向の持つ大きな特徴の1つがカプセル化です。

え〜…っとですね、オブジェクトというものが、データやメソッドという複数の要素たちを、「カポッとひとつのカプセルにまとめちゃいましたー」という、そんなイメージだから「カプセル化」なわけです。

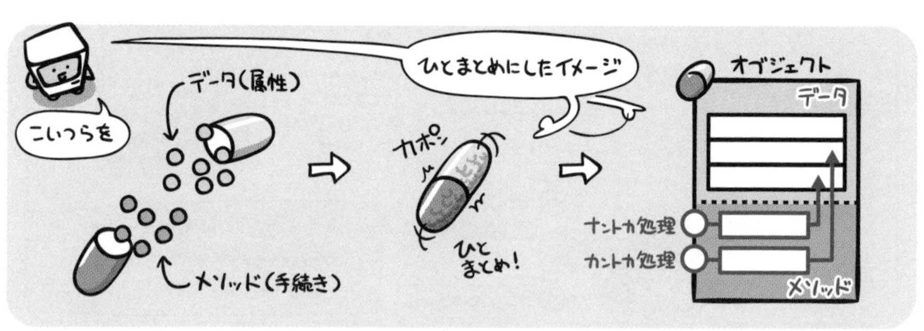

このような「ひとまとめの構造」にカプセル化されることで、オブジェクト内部の構造は、外部から知ることができなくなります。データが「どんな風に管理されてるか」なんてのも当然外からは知ったこっちゃありません。

つまり、「知るべき情報以外は知らなくて良い」と隠すことができるわけです。これが情報隠蔽という、カプセル化の利点です。

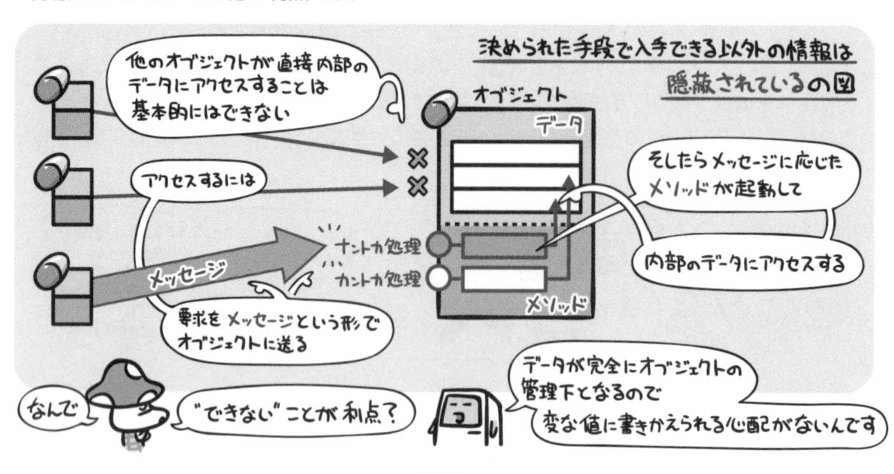

たとえばすごく単純な例として、次のような「お誕生日オブジェクト」があったとします。

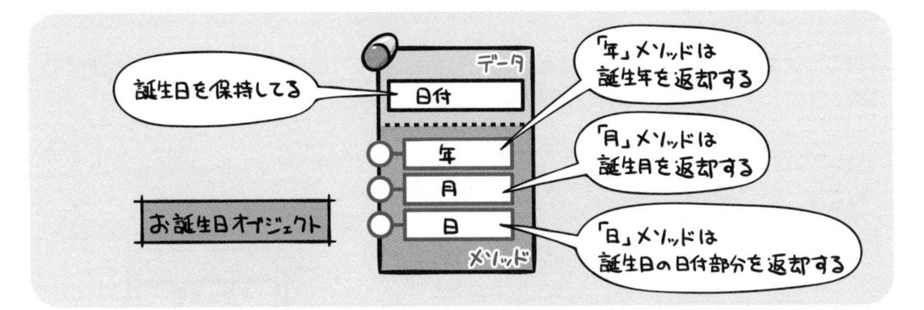

このオブジェクトを使う側は、「年」「月」「日」という必要な情報をそれぞれのメソッドを介して取得します。この時、オブジェクトの中でどんな風にデータが管理されているかはわかりません。知る必要がないのです。

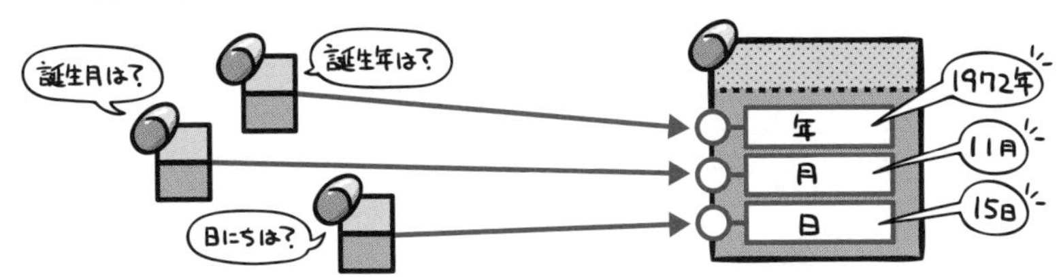

だから、「ちょっと管理方法変えちゃおっかな」と中身を作り替えたって、このオブジェクトを使う側に影響はありません。

しかも、メソッドを付け足したりしても、既存のメソッドはそのままですから、これもやっぱり影響しない。

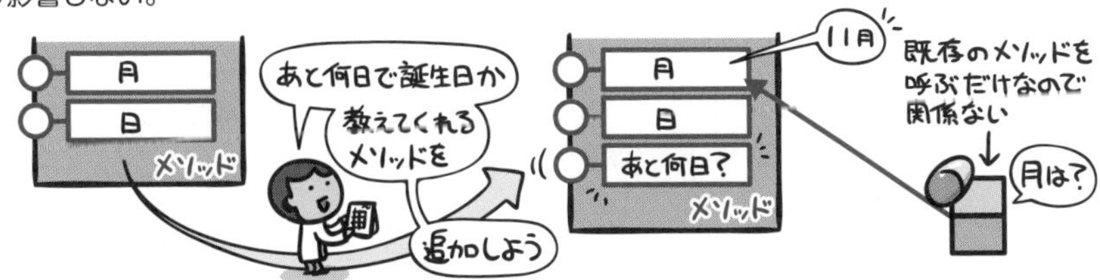

このように、カプセル化されていると、オブジェクトの実装方法に修正を加えても、その影響を最小限にとどめることができるのです。

クラスとインスタンス

オブジェクトとは、データ（属性）とメソッド（手続き）をひとまとめにしたものだと述べました。この、「オブジェクトが持つ性質」を定義したものをクラスといいます。

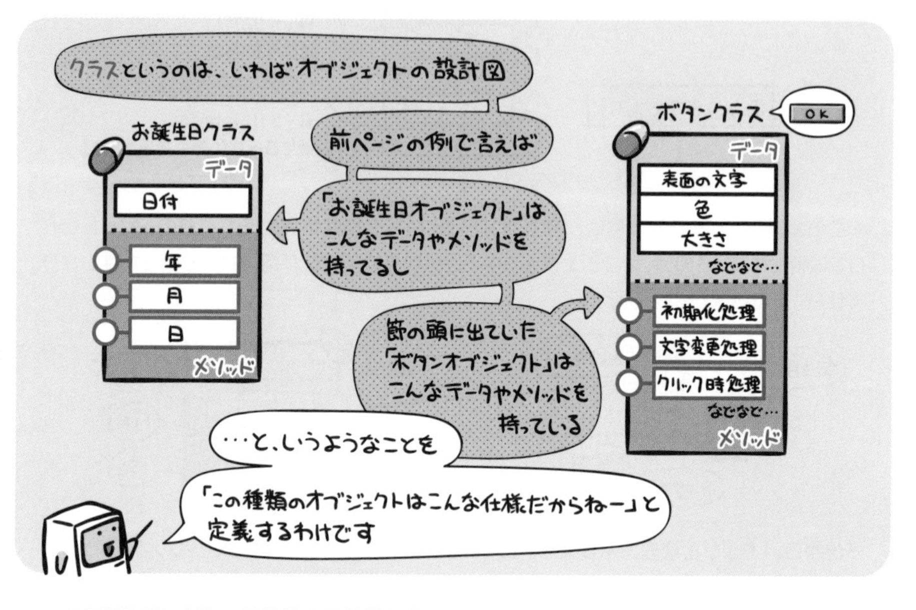

この設計図に対して具体的な属性値を与え、メモリ上に生成してポコリと実体化させたものをインスタンスと呼びます。

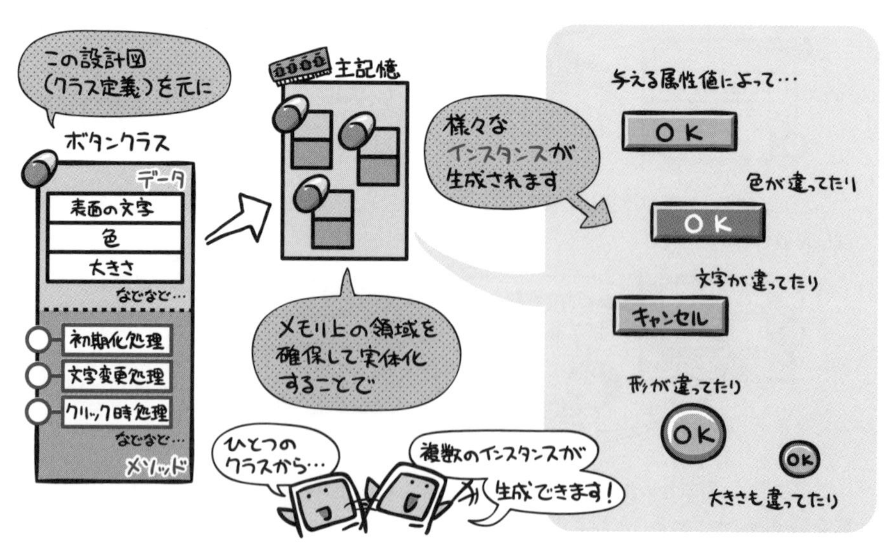

クラスには階層構造がある

クラスの考え方の基本は、「オブジェクトを抽象化して定義する」ことです。なので、ボタンであれば「ボタンというオブジェクト」を抽象化して定義するのが基本です。

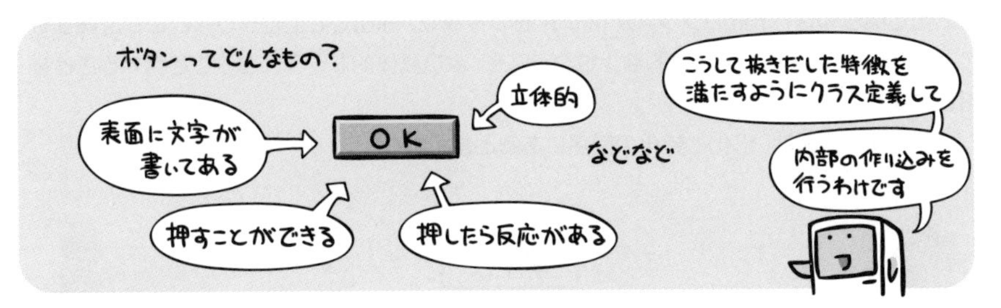

でも、「ボタン」ってひとくちに言っても、色んな種類がありますよね？

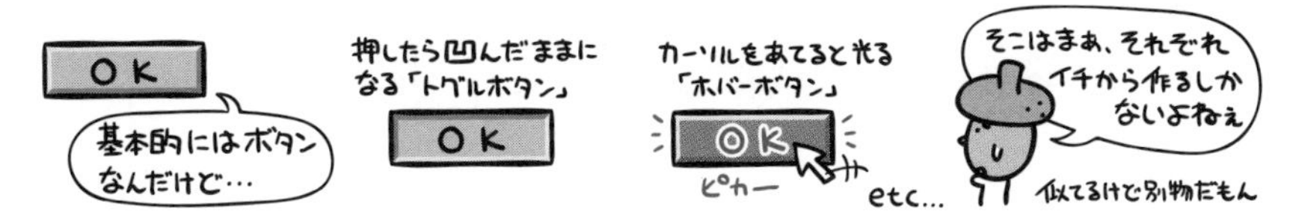

いえいえ、そこで「クラスの階層化」って話が出てくるわけです。クラスには上位−下位という階層構造を持たせることができます。特徴的なのはその性質で、下位クラスは上位クラスのデータやメソッドなどの構造を受け継ぐことができるのです。

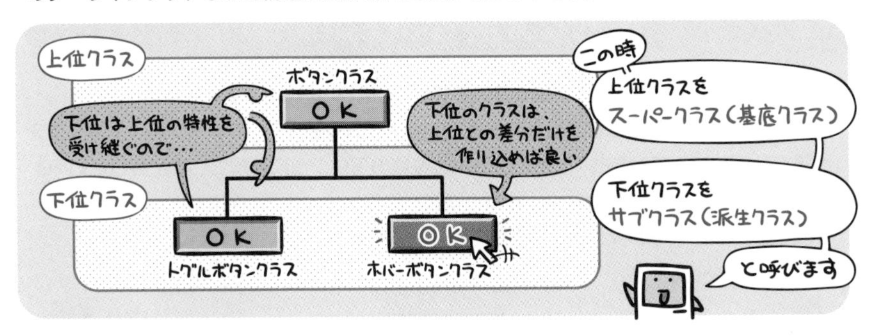

このように、サブクラスがスーパークラスの特性を受け継ぐことを継承（インヘリタンス）といいます。

オブジェクトの説明として、よく現実世界のものに置き換えた説明がなされるのも、クラスのこうした性質をわかりやすくたとえるためです。

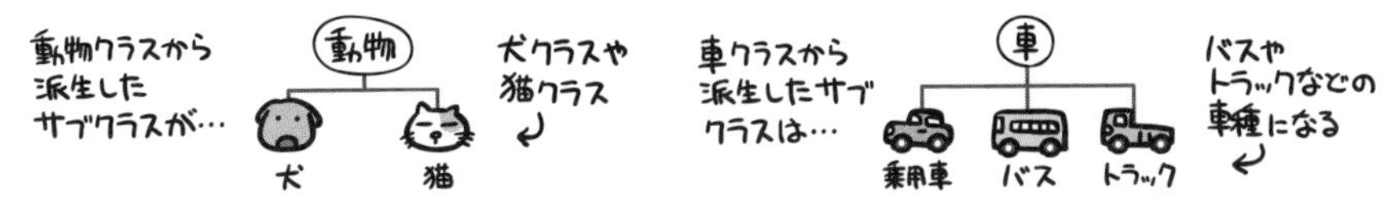

汎化と特化(is a関係)

上位クラスがスーパークラスで、下位クラスがサブクラス。この関係が成り立つためには、上位と下位のクラスが「汎化と特化」の関係になってないといけません。

汎化というのは、下位のクラスが持つ共通の性質を、抽出して上位クラスとして定義することです。特化はその逆。抽象的な上位クラスを、より具体的なクラスとして定義することを指します。

たとえば次の図は、汎化と特化の関係にあると言えます。

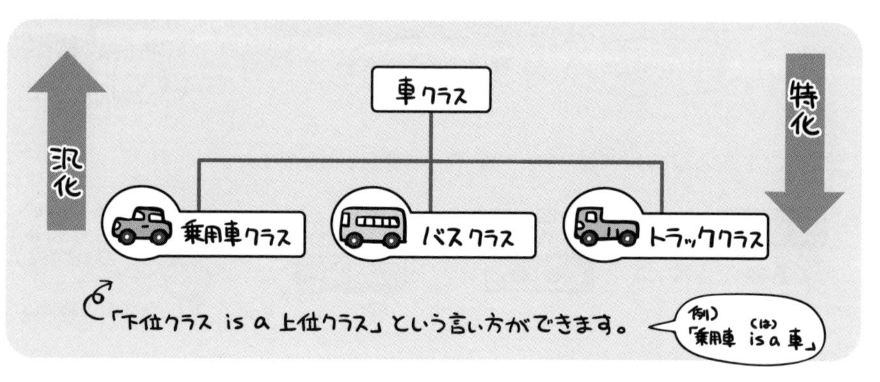

集約と分解(part of関係)

継承関係のない上位クラスと下位クラスの関係が「集約と分解」です。

これは、「下位クラスは上位クラスの一部である」という関係で、下位クラスは上位クラスの性質を分解して定義したもの。上位クラスは複数の下位クラスを集約して定義したものとなります。

たとえば次の図は、集約と分解の関係にあると言えます。

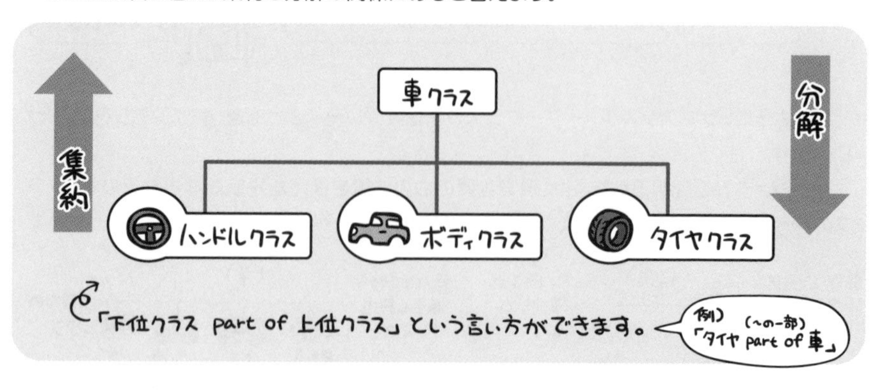

多態性（ポリモーフィズム）

同じメッセージを複数のオブジェクトに送ると、それぞれが独立した固有の処理を行います。これを多態性（ポリモーフィズム）といいます。

たとえば次の図を見てください。これらはいずれも、図形クラスから派生したサブクラスたちです。スーパークラスから継承したメソッドのひとつに「Write」というものがあり、これが呼ばれると図形が描画される…そんなクラスだとします。

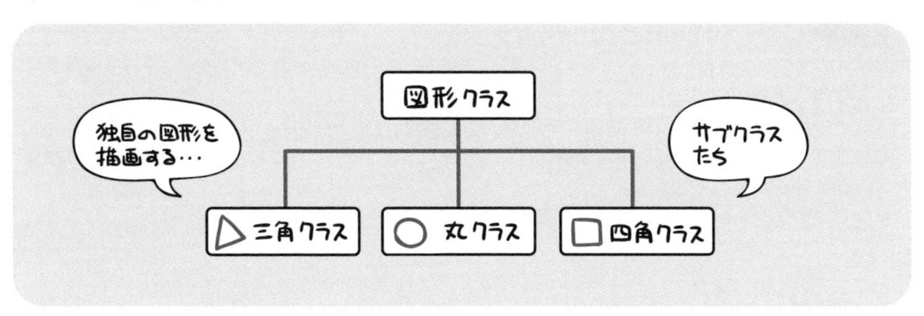

で、これらのクラスからなるオブジェクトに、「書け！」というメッセージを送って、Writeメソッドを起動させると…、

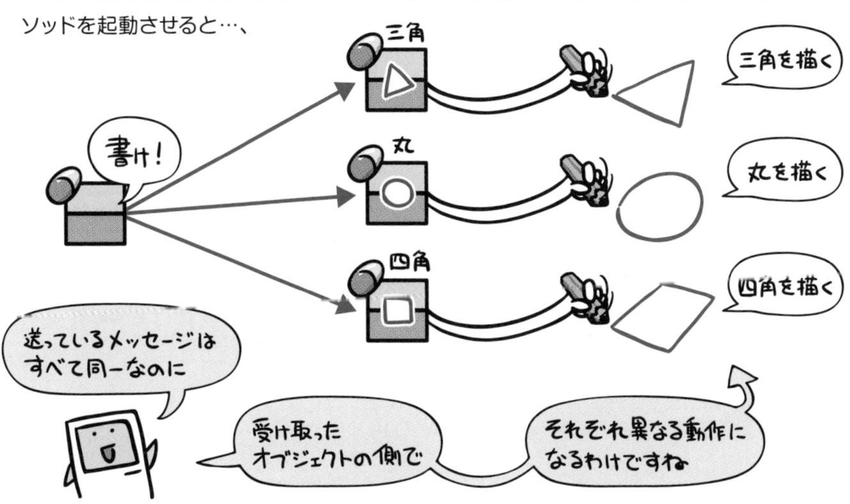

このように出題されています

過去問題練習と解説

問1 (AP-H25-A-47)

オブジェクト指向言語のクラスに関する記述のうち，適切なものはどれか。

ア　インスタンス変数には共有データが保存されているので，クラス全体で使用できる。

イ　オブジェクトに共通する性質を定義したものがクラスであり，クラスを集めたものがクラスライブラリである。

ウ　オブジェクトはクラスによって定義され，クラスにはメソッドと呼ばれる共有データが保存されている。

エ　スーパクラスはサブクラスから独立して定義し，サブクラスの性質を継承する。

解説

ア　インスタンス変数には、インスタンスごとの個別データが保存されているので、クラス全体では使用できません。

イ　そのとおりです。クラスの説明は、726ページを参照してください。

ウ　オブジェクトはクラスによって定義され、クラスにはメソッドと呼ばれる手続き（処理手順）が保存されています。

エ　サブクラスは，スーパクラスの性質を継承します。

問2 (AP-H29-S-47)

汎化の適切な例はどれか。

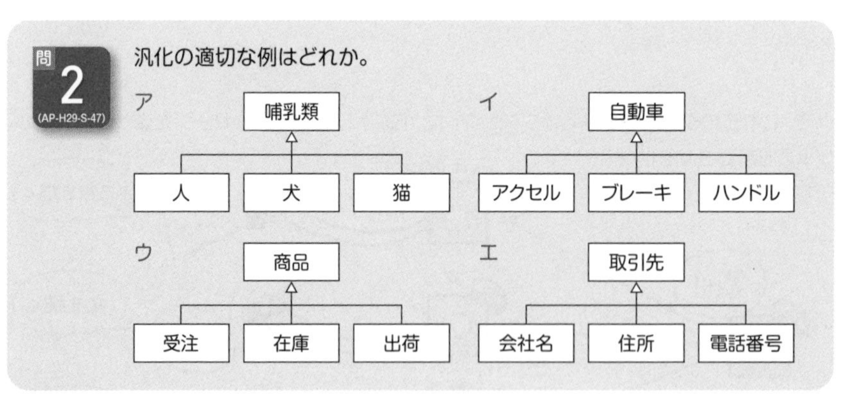

解説

ア　人 is a 哺乳類（人は哺乳類である）⇒“サブクラス is a スーパクラス”が成立しているので、正解です。汎化の説明は、728ページを参照してください。

イ　アクセル is a 自動車（アクセルは自動車である）は、正しくあまりせん。

ウ　受注 is a 商品（受注は商品である）は、正しくありません。

エ　会社名 is a 取引先（会社名は取引先である）は、正しくありません。

図において，“営業状況を報告してください”という同じ指示（メッセージ）に対して，営業課長と営業部員は異なる報告（サービス）を行っている。オブジェクト指向において，このような特性を表す用語はどれか。

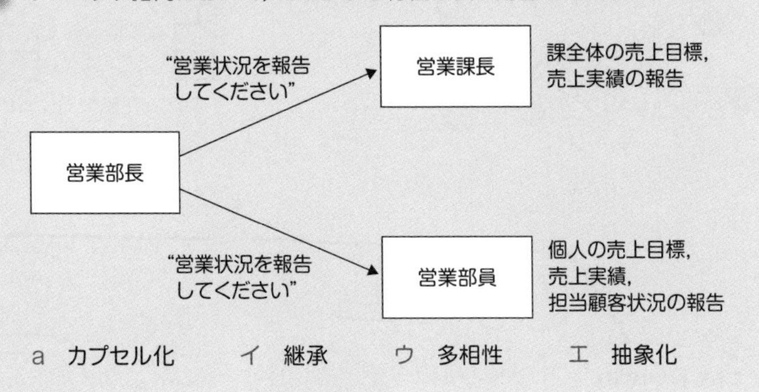

a　カプセル化　　イ　継承　　ウ　多相性　　エ　抽象化

解説

ア　カプセル化の説明は、724ページを参照してください。
イ　継承の説明は、727ページを参照してください。
ウ　多相性は、ポリモーフィズム、ポリモルフィズム、多様性、多義性と言われることもあります（729ページでは、多態性にしています）。

本問の図は、オブジェクト指向の用語を使えば、次のように表現できます。
(1) 営業部長（あるインスタンス）が，営業課長と営業部員（複数のインスタンス）へ“営業状況を報告してください”というメッセージを送る。
(2) (a) 営業課長（インスタンス）が，課全体の売上目標，売上実績を応答として返す。
(b) 営業部員（インスタンス）が，自分個人の売上目標，売上実績，担当顧客状況を応答として返す。
というように、各インスタンスは、各々のメソッドにしたがって、異なる報告（サービス）をしています。

エ　抽象化の説明は、727ページを参照してください。

正解▶問1：イ　問2：ア　問3：ウ

Chapter 15-9 UML (Unified Modeling Language)

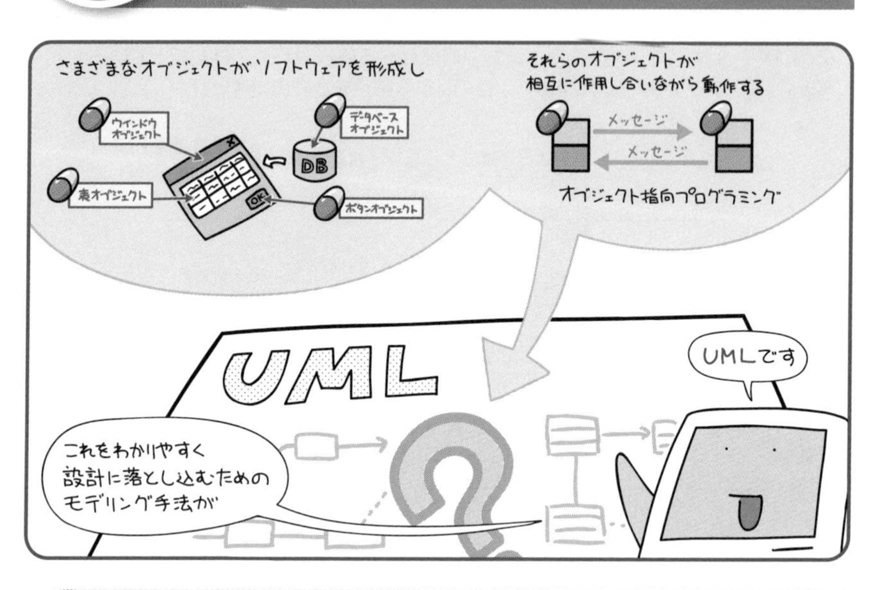

UMLは、主にオブジェクト指向分析・設計において用いられる統一モデリング言語です。

UMLはオブジェクト指向プログラミングにおいて、設計で用いられる標準的な記法です。なぜ「言語」とついているのかというと、これが「複数人で設計モデルを共有してコミュニケーションを図るための手段」であるからと言えるでしょう。単に頭の中の設計をまとめるだけにとどまらず、そのアイデアをわかりやすくビジュアル化し共有する、そのための統一言語なのです。

UMLでは、規定されている図をダイアグラムと呼びます。13種類の図がありますが、必ずしもすべてを使わなければいけないわけではなく、必要に応じて各図を使い分けることになります。よく使われる図としては、ユースケース図やシーケンス図、クラス図などがあります。

ちなみに、過去の設計ノウハウを整理して、これに名前をつけて再利用可能にしたひな形のことをデザインパターンと呼びますが、UMLはこの説明でもよく使われます。汎用的なひな形であるデザインパターンの活用は、設計上の問題解決や効率アップに役立ちます。

UMLのダイアグラム（図）

UMLで用いる図は、前ページにも書いた通り13種類。大きく分けると、システム構造を示す構造図、システムの振る舞いを示す振る舞い図の2つに分類することができます。

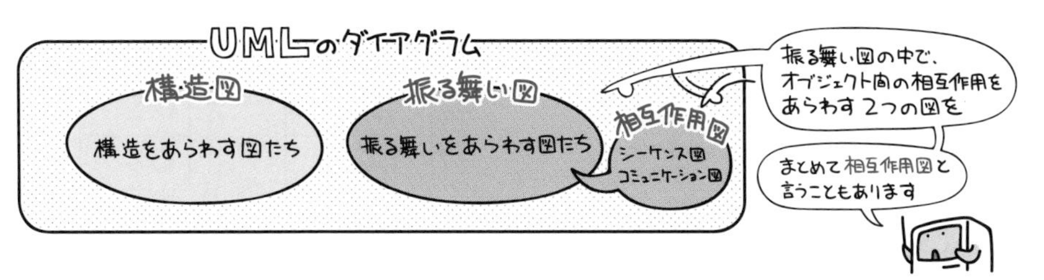

以下に、13種類の概要を示します。
一部の図については次ページ以降でより詳しく見ていきます。

	図	概要
構造図	クラス図 (class diagram)	クラスの定義や、関連付けなど、クラス構造をあらわす。
	オブジェクト図 (object diagram)	クラスを実体化させるインスタンス（オブジェクト）の、具体的な関係をあらわす。
	パッケージ図 (package diagram)	クラスなどがどのようにグループ化されているかをあらわす。
	コンポーネント図 (component diagram)	処理を構成する複数のクラスを1つのコンポーネントと見なし、その内部構造と相互の関係をあらわす。
	複合構造図 (composite structure diagram)	複数クラスを内包するクラスやコンポーネントの内部構造をあらわす。
	配置図 (deployment diagram)	システムを構成する物理的な構造をあらわす。
振る舞い図	ユースケース図 (use case diagram)	利用者や外部システムからの要求に対して、システムがどのような振る舞いをするかをあらわす。
	アクティビティ図 (activity diagram)	システム実行時における、一連の処理の流れや状態遷移をあらわす。フローチャート的なもの。
	状態マシン図 (state machine diagram)	イベントによって起こる、オブジェクトの状態遷移をあらわす。
	シーケンス図 (sequence diagram)	オブジェクト間のやり取りを、時系列にそってあらわす。
	コミュニケーション図 (communication diagram)	オブジェクト間の関連と、そこで行われるメッセージのやり取りをあらわす。
	相互作用概要図 (interaction overview diagram)	ユースケース図やシーケンス図などを構成要素として、より大枠の処理の流れをあらわす。アクティビティ図の変形。
	タイミング図 (timing diagram)	オブジェクトの状態遷移を時系列であらわす。

クラス図

クラスの定義や関連付けを示す図です。

クラス内の属性と操作を記述し、クラス同士を線でつないで互いの関係をあらわします。

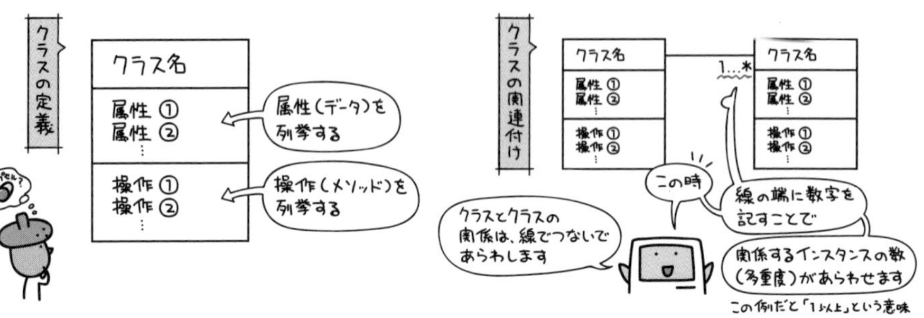

クラス間の関係をあらわす線種には、次のものがあります。

線種	図	説明
関連 (association)	A ―― B	基本的なつながりをあらわす。
集約 (aggregation)	A ◇―― B	クラスBは、クラスAの一部である。ただし、両者にライフサイクルの依存関係はない。
コンポジション (composition)	A ◆―― B	クラスBはクラスAの一部であり、クラスAが削除されるとクラスBもあわせて削除される。
依存 (dependency)	A <- - - - B	クラスAが変更された時、クラスBも変更が生じる依存関係にある。
汎化 (generalization)	A ◁―― B	クラスBはクラスAの性質を継承している。クラスAがスーパークラスであり、クラスBはサブクラスの関係にある。
実現 (realization)	A ◁- - - - B	抽象的な定義にとどまるクラスAの振る舞いを、具体的に実装したものがクラスBである。

ユースケース図

利用者視点でシステムが要求に対してどのように振る舞うかを示す図です。

システムに働きかける利用者や外部システムなどをアクター、システムに対する具体的な操作や機能をユースケースとして、その関連を図示することで求められる要件を視覚化します。

たとえば次のような図になります。

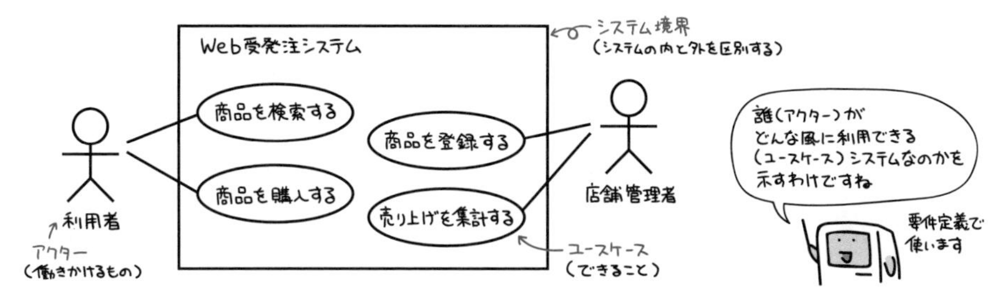

アクティビティ図

業務や処理のフローをあらわす図です。処理の開始から終了までの一連の流れを、実行される順番通りに図示します。

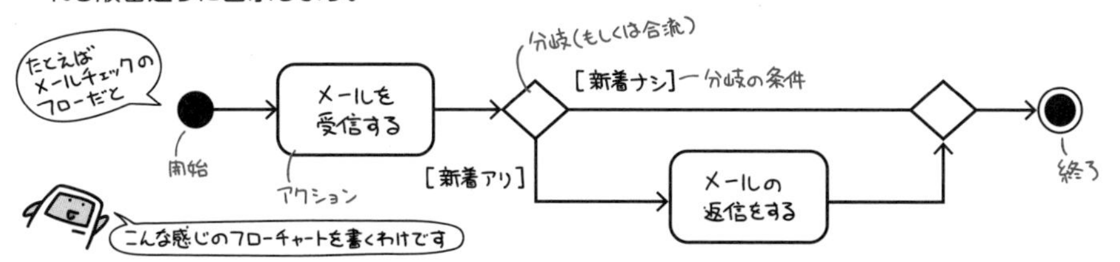

シーケンス図

オブジェクト間のやり取りを時系列に沿ってあらわす図です。オブジェクト同士の相互作用を表現するもので、オブジェクト下の点線で生成から消滅までをあらわし、そこで行われるメッセージのやり取りを横向きの矢印であらわします。

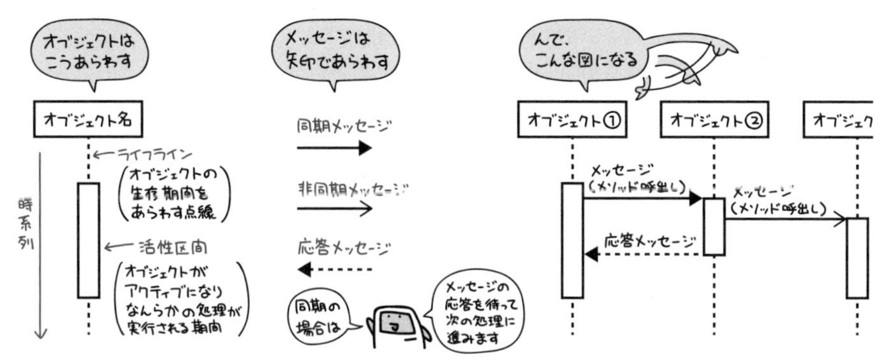

このように出題されています

過去問題練習と解説

業務プロセスを可視化する手法としてUMLを採用した場合の活用シーンはどれか。

ア　対象をエンティティとその属性及びエンティティ間の関連で捉え，データ中心アプローチの表現によって図に示す。

イ　データの流れによってプロセスを表現するために，データ送出し，データ受取り，データ格納域，データに施す処理を，データの流れを示す矢印でつないで表現する。

ウ　複数の観点でプロセスを表現するために，目的に応じたモデル図法を使用し，オブジェクトモデリングのために標準化された記述ルールで表現する。

エ　プロセスの機能を網羅的に表現するために，一つの要件に対して発生する事象を条件分岐の形式で記述する。

解説

ア　業務プロセスではなく、エンティティとその属性、及びエンティティ間の関連を概念データモデルとして図示したものは、E-R（Entity Relationship）図です。

イ　DFD（Data Flow Diagram）を採用した場合の活用シーンです。

ウ　“オブジェクトモデリングのために標準化された記述ルール”がヒントになり、本選択肢が正解です。なお、UMLの説明は、732ページを参照してください。

エ　本選択肢の説明に該当するものの一つに、フローチャートにおける“判断子”があります。

UMLを用いて表した図のデータモデルのa，bに入れる多重度はどれか。

〔条件〕

(1) 部門には1人以上の社員が所属する。

(2) 社員はいずれか一つの部門に所属する。

(3) 社員が部門に所属した履歴を所属履歴として記録する。

部門			所属履歴			社員
部門コード 部門名 ⋮	1	a	開始日 終了日 ⋮	b	1	社員コード 氏名 ⋮

	a	b
ア	0..*	0..*
イ	0..*	1..*
ウ	1..*	0..*
エ	1..*	1..*

解説

まず、各選択肢の多重度の、“0..*” は、“0か、もしくは1以上の上限なし”、また、“1..*” は、“0を含まず1以上の上限なし”、という意味です。

次に、問題に与えられた〔条件〕から多重度を検討します。
〔条件〕(1) 部門には1人以上の社員が所属する。
(3) 社員が部門に所属した履歴を所属履歴として記録する。

上記の(1)と(3)の文章を補って解釈すれば、“1つの部門には、▼0人を含まず1人以上の上限なしの社員が所属し、▼その所属履歴を複数記録する” です。上記2箇所の▼の下線部より、“部門” クラスのインスタンスを1つ特定すれば、“所属履歴” クラスのインスタンスは、0を含まず1以上の上限なしのインスタンスが対応します。したがって、空欄aは“1..*” であり、正解の候補は、選択肢ウとエに絞られます。

〔条件〕(2) 社員はいずれか一つの部門に所属する。
(3) 社員が部門に所属した履歴を所属履歴として記録する。

上記の(2)と(3)の文章を補って解釈すれば、“1人の社員は、任意の1時点では、▲1つの部門に所属し、▲その所属履歴を複数記録する” です。上記2箇所の▲の下線部より、“社員” クラスのインスタンスを1つ特定すれば、“所属履歴” クラスのインスタンスは、0を含まず1以上の上限なしのインスタンスが対応します。したがって、空欄bは “1..*” であり、正解は、選択肢エです。

UMLの図のうち，業務要件定義において，業務フローを記述する際に使用する，処理の分岐や並行処理，処理の同期などを表現できる図はどれか。

ア　アクティビティ図　　イ　クラス図
ウ　状態マシン図　　エ　ユースケース図

解説

ア　アクティビティ図は、735ページを参照してください。
イ　クラス図は、734ページを参照してください。
ウ　状態マシン図は、733ページの表内の下から5つ目を参照してください。
エ　ユースケース図は、734ページを参照してください。

UMLにおける振る舞い図の説明のうち，アクティビティ図のものはどれか。

ア　ある振る舞いから次の振る舞いへの制御の流れを表現する。
イ　オブジェクト間の相互作用を時系列で表現する。
ウ　システムが外部に提供する機能と，それを利用する者や外部システムとの関係を表現する。
エ　一つのオブジェクトの状態がイベントの発生や時間の経過とともにどのように変化するかを表現する。

正解▶問1：ウ　問2：エ　問3：ア　問4：ア

解説

ア　アクティビティ図の説明です（735ページを参照）。
イ　シーケンス図の説明です（735ページを参照）。
ウ　ユースケース図の説明です（734ページを参照）。
エ　状態マシン図の説明です。

問5 (AP-H26-S-29)

分散データベースにおいて図のようなコマンドシーケンスがあった。調停者がシーケンス［ a ］で発行したコマンドはどれか。ここで，コマンドシーケンスの記述にUMLのシーケンス図の記法を用いる。

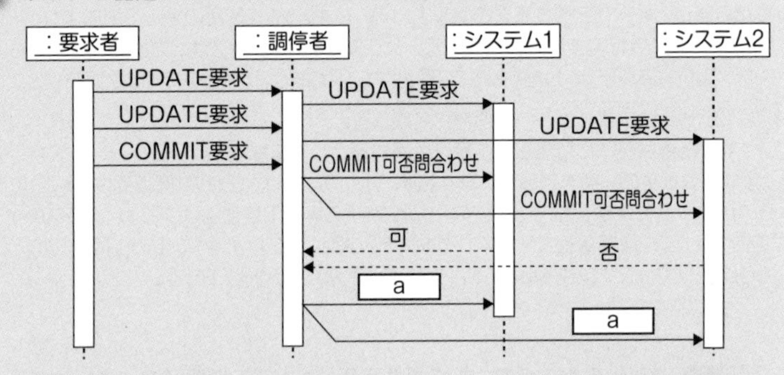

ア　COMMITの実行要求　　　イ　ROLLBACKの実行要求
ウ　判定レコードの書出し要求　　　エ　ログ書出しの実行要求

解説

本問は、分散データベースにおける2相コミットの問題です。シーケンス図を見ながら、状況を追いかけてみます。

シーケンス図には、上から下に向かって時間が進んでいく約束があります。

(1) 第1相　調停者が、参加者（本問ではシステム1とシステム2）にコミット可能状態（セキュア状態）にあることを確認するフェーズです。調停者は、システム1とシステム2に対し、"COMMIT可否問合せ" をしています。

(2) 第2相　各参加者からの応答のうち、1つでもセキュア状態にない参加者がいれば、調停者は、各参加者にロールバックを指示します。全参加者がセキュア状態にあると応答した場合は、調停者は、各参加者にコミットを指示します。
システム1は "可" と回答していますが、システム2は "否" と回答しています。したがって、調停者は、ロールバックをシステム1とシステム2に指示しなればなりません。

したがって、選択肢イの "ROLLBACKの実行要求" が正解です。

正解▶問5：イ

Chapter 15-10

テスト

作成したプログラムは、テスト工程で各種検証を行い、欠陥(バグ)の洗い出しと改修を行うことで完成に至ります。

プログラムの中にある、記述ミスや欠陥(仕様間違いや計算式の誤りなど)のことをバグと呼びます。バグとは虫のことです。プログラムの中に小さな虫が入り込み、それが誤動作の原因となって「悩ませる、イライラさせる」といったニュアンスだと思えば良いでしょう。

プログラムというのは人の手によって書かれたものですから、どうしてもミスをなくすことはできません。したがって、「ミスはある」という前提のもとで、バグを根絶するために検証を繰り返すわけです。これがテスト工程の役割です。

開発者の中には、この工程を指して「正しいテストは正しい品質のプログラムを生む」と口にする人がいます。事実、前の工程が多少粗雑であっても、このテストさえきっちりと行われていれば、そのテスト範囲の動作は確実に保証されます。逆に、この工程をおざなりにしてしまうと、「どの機能が正常に動くのか」は一切わからないシステムができあがります。

そんなシステム、怖くて誰も使いたがりませんよね?

そんなわけで、正しい品質のシステムを提供するために、テストは重要な作業なのです。

テストの流れ

たとえば前ページで「書きましたー」と言ってるシステム。

サーバとクライアントそれぞれで個別のプログラムが動いていて、クライアントの方は次のようなモジュールの組み合わせで作られているとします。

あ、クライアントは各部署に設置する予定で、複数ぶら下がることにしましょうか。

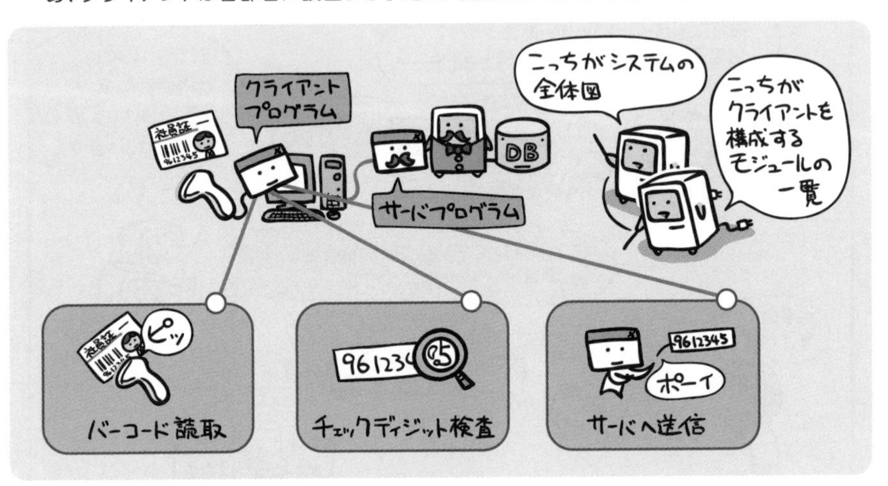

テストはまず、部品単位の信頼性を確保するところからはじまります。

そのために行われるのが単体テストです。このテストでは、各モジュールごとにテストを行って、誤りがないかを検証します。

単体テストが終わると、次に待つのが結合テストです。

結合テストでは複数のモジュールをつなぎあわせて検証を行い、モジュール間のインタフェースが正常に機能しているかなどを確認します。

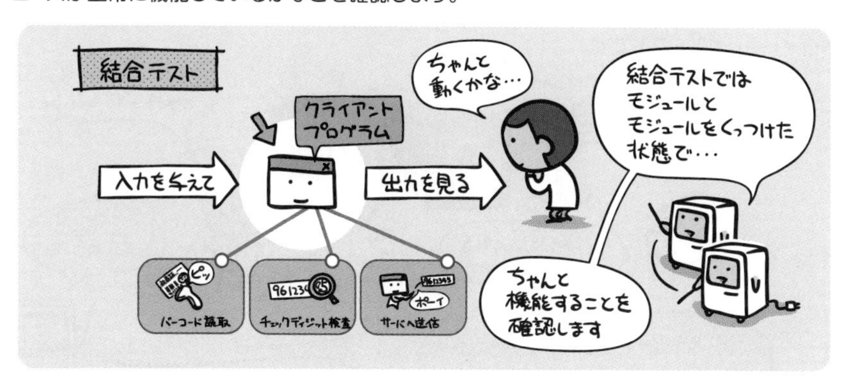

お次はシステムテスト。

システムテストはさらに検証の範囲を広げて、システム全体のテストを行います。

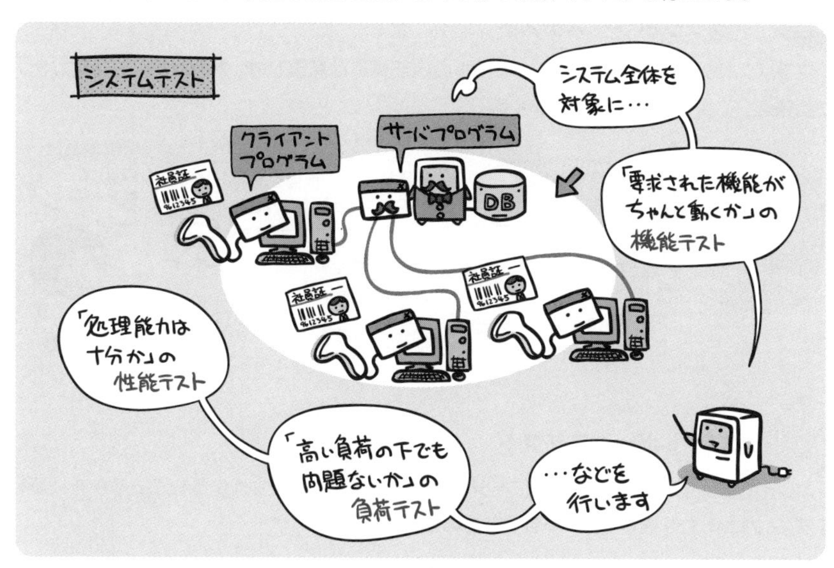

…という案配で、テストは小さい範囲から大きい範囲へと移行していきます。

それぞれのテスト対象と、実施の順番はよく覚えておきましょう。

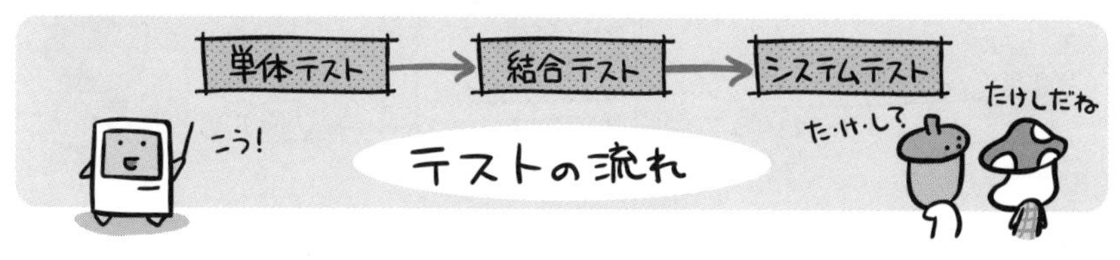

ブラックボックステストとホワイトボックステスト

単体テストで、モジュールを検証する手法として用いられるのがブラックボックステストとホワイトボックステストです。

ブラックボックステスト

ブラックボックステストでは、モジュールの内部構造は意識せず、入力に対して適切な出力が仕様通りに得られるかを検証します。

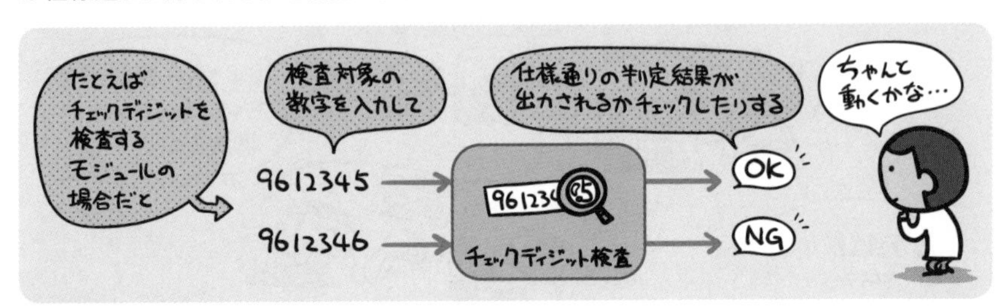

ホワイトボックステスト

ホワイトボックステストでは、逆にモジュールの内部構造が正しく作られているかを検証します。入力と出力は構造をテストするための種に過ぎません。

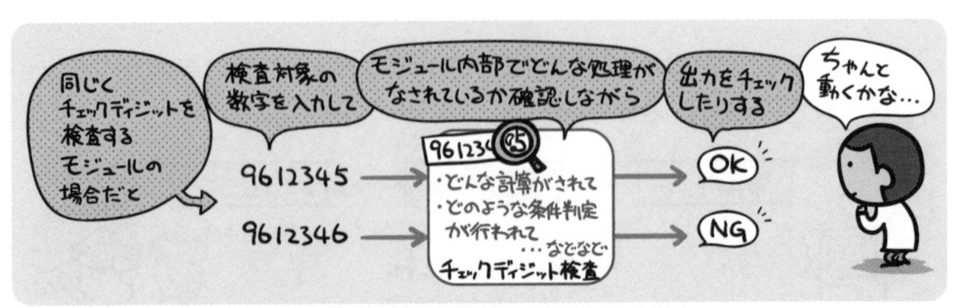

テストデータの決めごと

ブラックボックステストを行うにあたり、入力として用いるデータは、漫然と決めても効果がありません。ちゃんと、「何を検証するため」に与えるデータなのか、その意味を明確にしておくことが大切です。そのためテストデータを作成する基準として用いられるのが、同値分割と限界値分析です。

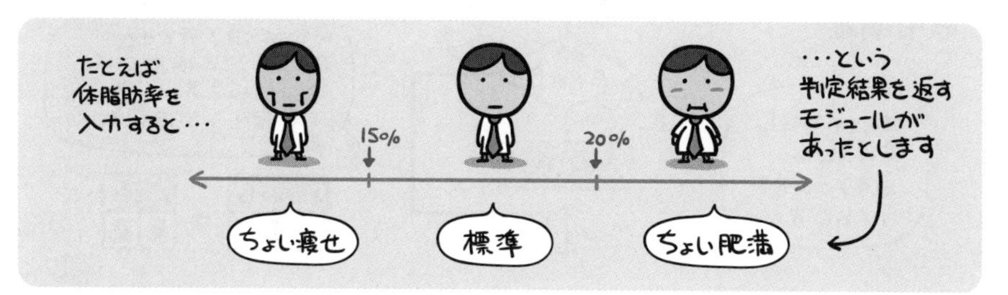

同値分割

同値分割では、データ範囲を種類ごとのグループに分け、それぞれから代表的な値を抜き出してテストデータに用います。

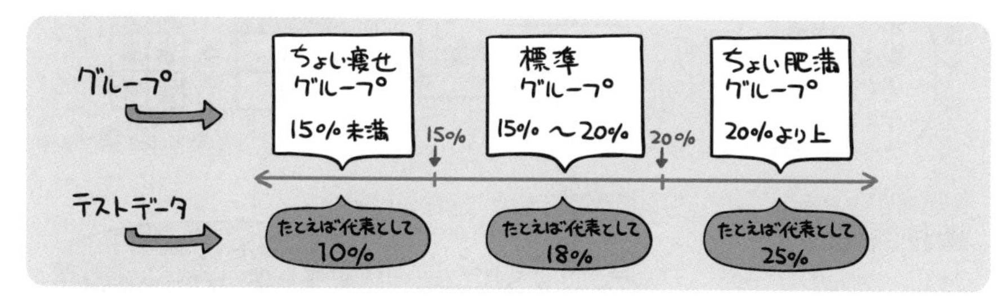

限界値（境界値）分析

限界値分析では、上記グループの境目部分を重点的にチェックします。この方法では、境界前後の値をテストデータに用います。境界値分析とも言います。

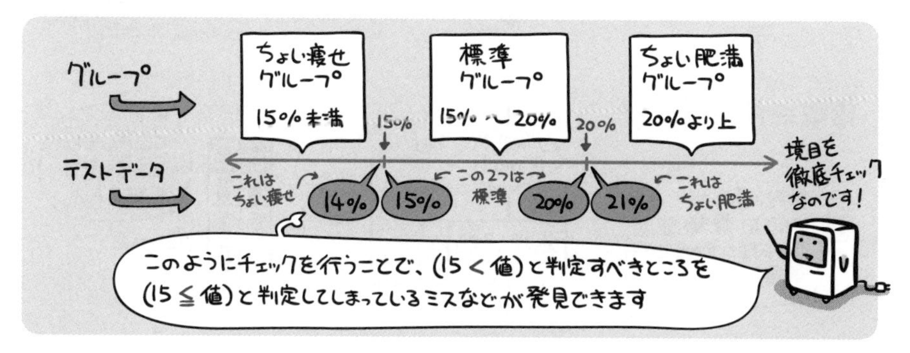

15 システム開発

ホワイトボックステストの網羅基準

ホワイトボックステストを行うにあたっては、「どこまでのテストパターンを網羅するか」を定めた上でテストケースを設計します。それぞれの網羅基準で、必要とされるテストデータがどのように変化するか覚えておきましょう。

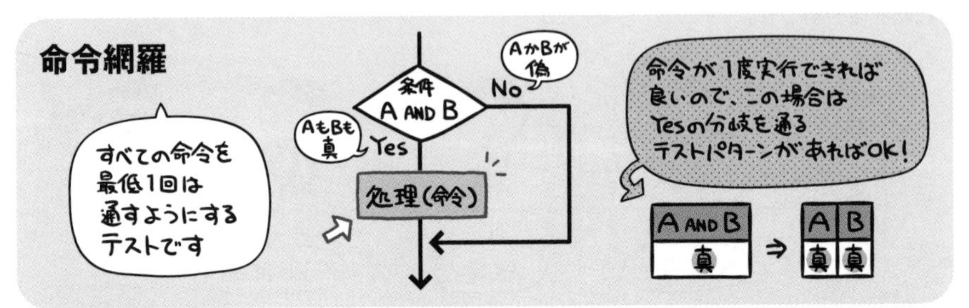

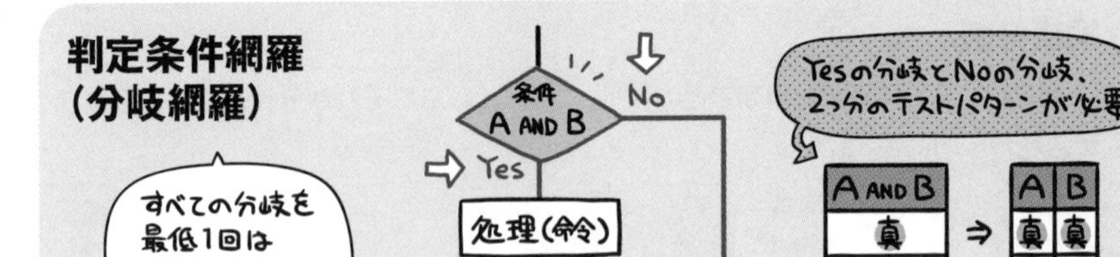

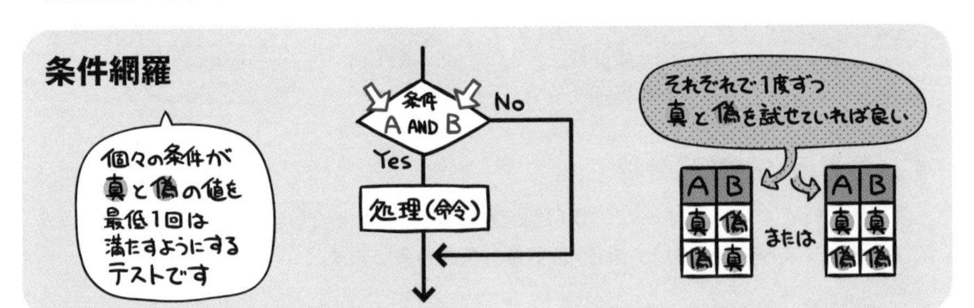

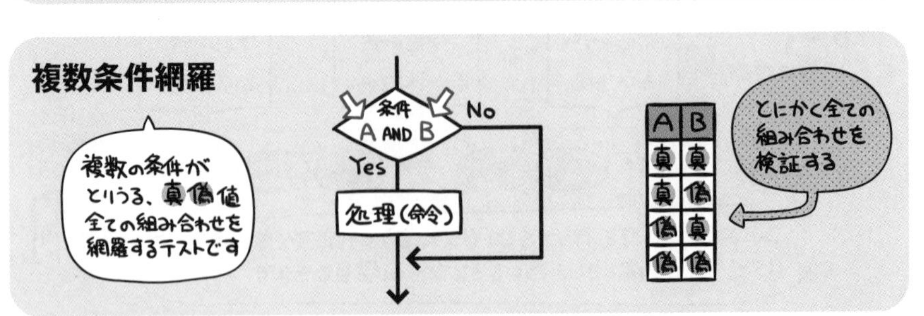

15 システム開発

テスト支援ツール

複雑な条件を網羅して余さずチェックを行う。そのためには膨大な量のテストパターンを消化しなくてはなりません。当然これは、相当に骨の折れる作業です。また、チェックを行うには、プログラムを実行させながら値の変化を監視できる仕組みだって必要です。

このような作業の効率化を図るため、テストでは様々なツールを活用します。

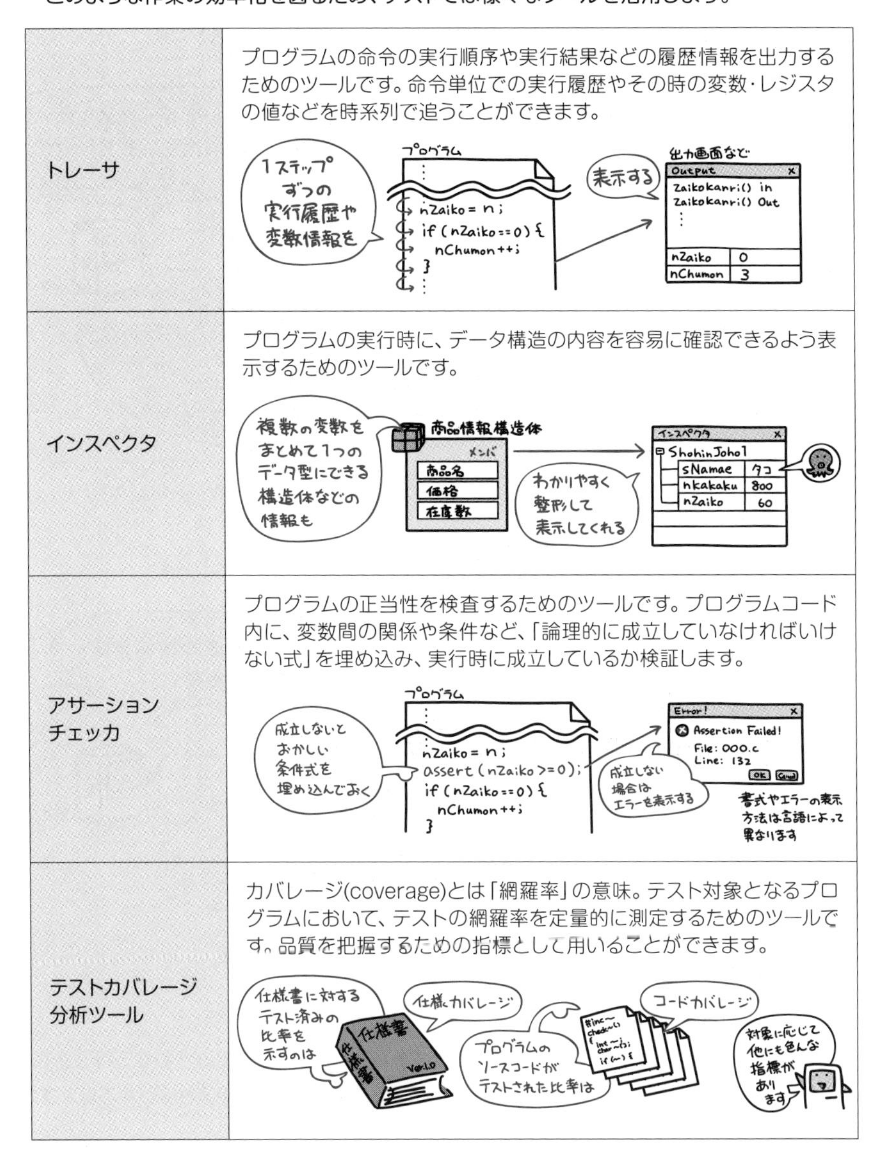

トレーサ	プログラムの命令の実行順序や実行結果などの履歴情報を出力するためのツールです。命令単位での実行履歴やその時の変数・レジスタの値などを時系列で追うことができます。
インスペクタ	プログラムの実行時に、データ構造の内容を容易に確認できるよう表示するためのツールです。
アサーションチェッカ	プログラムの正当性を検査するためのツールです。プログラムコード内に、変数間の関係や条件など、「論理的に成立していなければいけない式」を埋め込み、実行時に成立しているか検証します。
テストカバレージ分析ツール	カバレージ(coverage)とは「網羅率」の意味。テスト対象となるプログラムにおいて、テストの網羅率を定量的に測定するためのツールです。品質を把握するための指標として用いることができます。

トップダウンテストとボトムアップテスト

結合テストでモジュール間のインタフェースを確認する方法には、トップダウンテストやボトムアップテストなどがあります。

トップダウンテスト

上位モジュールから、先にテストを済ませていくのがトップダウンテストです。

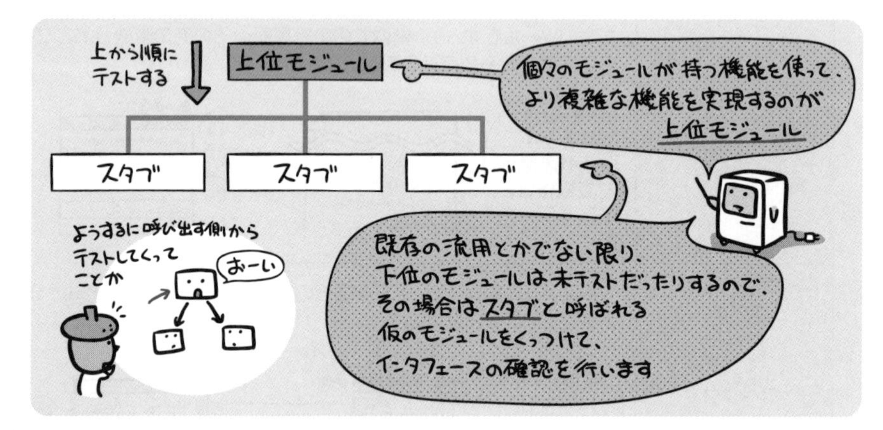

ボトムアップテスト

それとは逆に、下位モジュールからテストを行うのがボトムアップテストです。

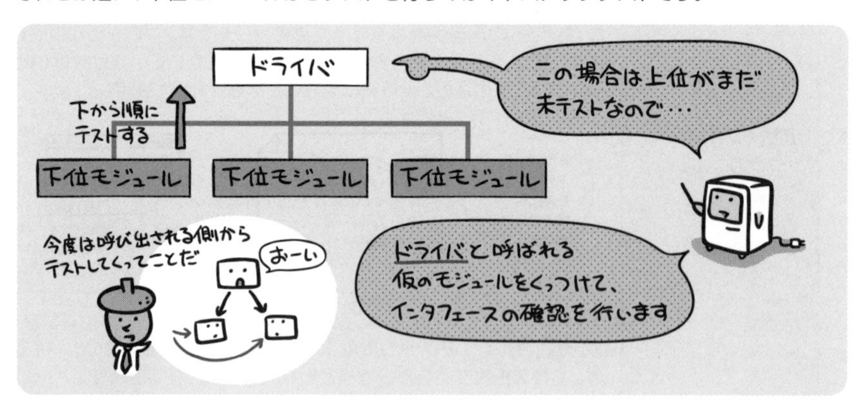

その他

結合テストには他にも、トップダウンテストとボトムアップテストを組み合わせて行う折衷テストや、すべてのモジュールを一気につなげてテストするビッグバンテストなどがあります。

リグレッションテスト

リグレッションテスト（退行テスト）というのは、プログラムを修正した時に、その修正内容がこれまで正常に動作していた範囲に悪影響を与えてないか（新たにバグを誘発することになっていないか）を確認するためのテストです。

バグ管理図と信頼度成長曲線

さてここで問題です。

テストをしてバグを見つける。修正する。修正した結果新しいバグを生み出してないかを確認する。バグを見つける。修正する…と繰り返しているとなんだか永久にループしてしまいそうな気がします。

では、「ここでテスト終了」「もうじゅうぶんに品質は高まった」と判断するには、どこを見れば良いのでしょうか。

そう、厳密に言えば、「もうこれでバグは100%ありません」と言える指標はありません。そこで用いるのがバグ管理図です。

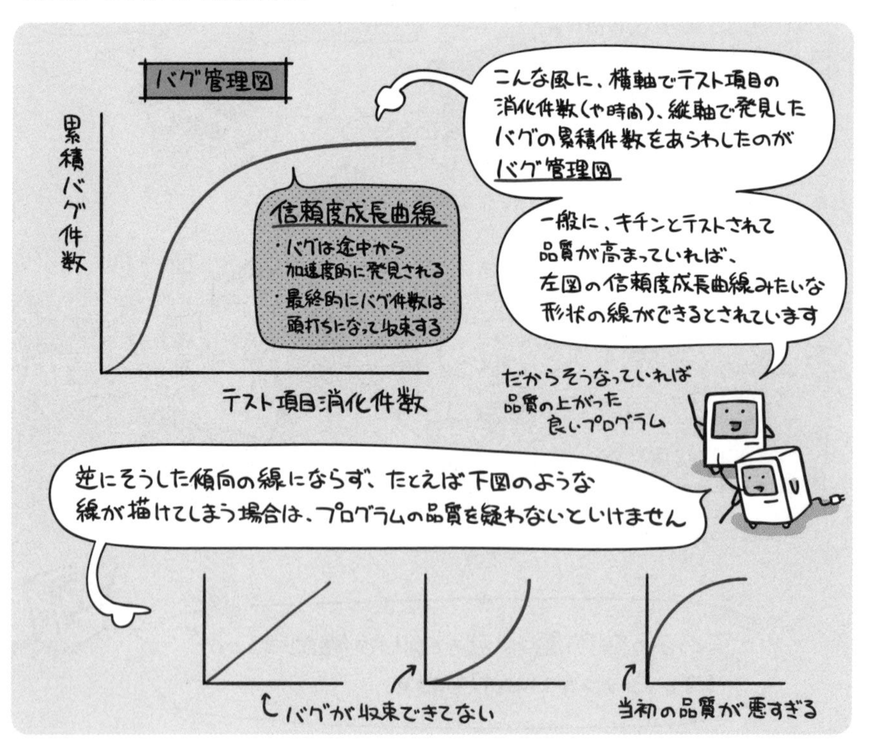

このように出題されています

過去問題練習と解説

問1 (AP-R03-S-48)

あるプログラムについて，流れ図で示される部分に関するテストを，命令網羅で実施する場合，最小のテストケース数は幾つか。ここで，各判定条件は流れ図に示された部分の先行する命令の結果から影響を受けないものとする。

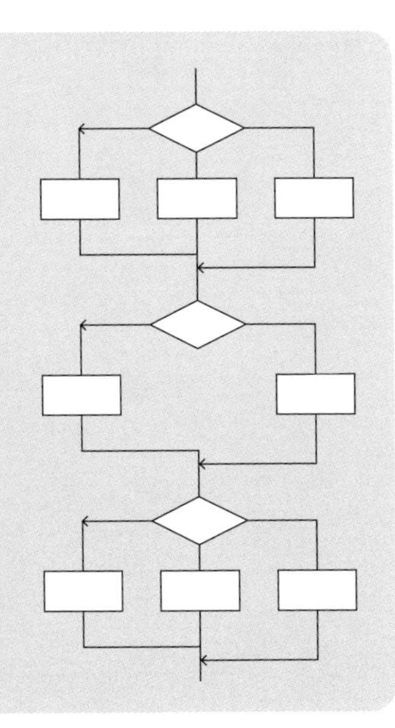

ア 3　　イ 6
ウ 8　　エ 18

解説

解説の都合上、各命令にAからHまでの記号をつけると右図になります。

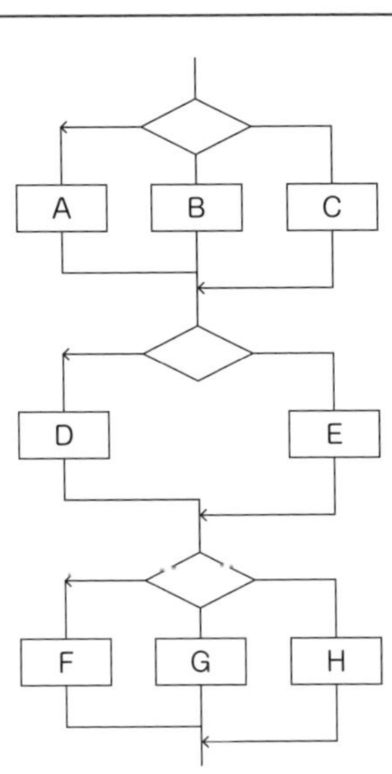

命令網羅は、ホワイトボックステストの技法の一つであり、全命令が少なくとも1回は、実行されるようにテストケースを設定する方法です（744ページを参照）。

問題文は、“各判定条件は流れ図に示された部分の先行する命令の結果から影響を受けないものとする” としていますので、流れ図の上に位置する命令の結果は、その下にある判定条件には影響しません。したがって、次のようなテストケースを設定すれば、命令網羅になります。

(1) テストケース設定例1　ケース1：→A→D→F→
ケース2：→B→D→G→
ケース3：→C→E→H→

なお、次の設定例でも構いません。要は、すべての命令を通過するテストケースを設定すればよいのです。

(2) テストケース設定例2　ケース1：→A→D→G→
ケース2：→B→E→F→
ケース3：→C→D→H→

正解▶問1：ア

問 2 (AP-R04-S-47)

次の流れ図において，判定条件網羅（分岐網羅）を満たす最少のテストケースの組みはどれか。

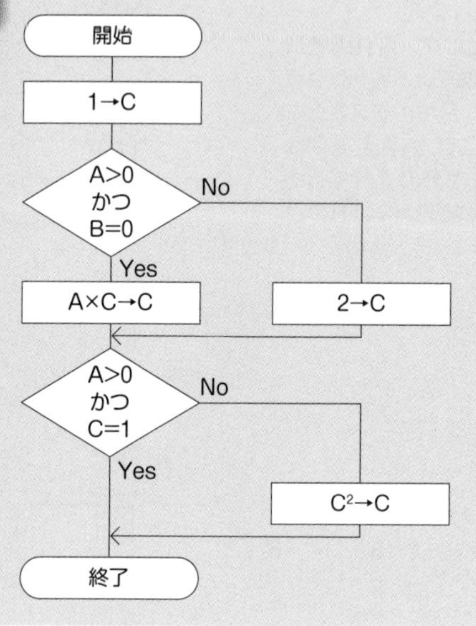

ア (1) A=0, B=0
(2) A=1, B=1

イ (1) A=1, B=0
(2) A=1, B=1

ウ (1) A=0, B=0
(2) A=1, B=1
(3) A=1, B=0

エ (1) A=0, B=0
(2) A=0, B=1
(3) A=1, B=0

解説

解説の都合上、各分岐に、①②③④の番号をつけると下図になります。

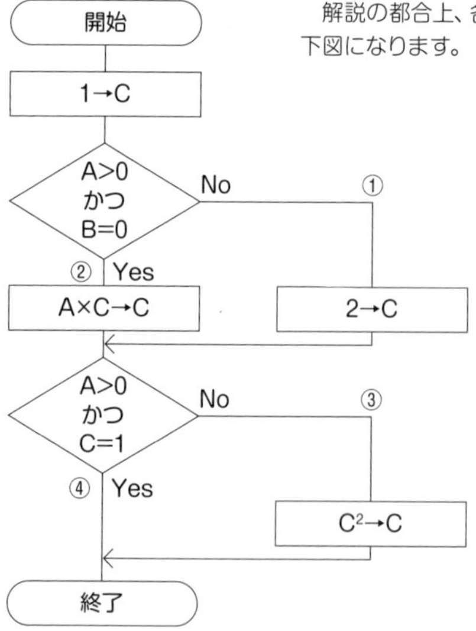

判定条件網羅（分岐網羅）は、すべての分岐を最低1回は、通すようにするテストです。

ア (1) A=0, B=0
条件：A>0かつB=0 ⇒ 結果：No→① 2→C
条件：A>0かつC=1 ⇒ 結果：No→③
(2) A=1, B=1
条件：A>0かつB=0 ⇒ 結果：No→① 2→C
条件：A>0かつC=1 ⇒ 結果：No→③
②、④の分岐を通っていません。

イ (1) A=1, B=0
条件：A>0かつB=0 ⇒ 結果：Yes→② A×C（1×1=1）→C
条件：A>0かつC=1 ⇒ 結果：Yes→④
(2) A=1, B=1
条件：A>0かつB=0 ⇒ 結果：No→① 2→C
条件：A>0かつC=1 ⇒ 結果：No→③
①～④のすべての分岐を通っており、最少のテストケースなので、正解です。

ウ (1) A=0, B=0
条件：A>0かつB=0 ⇒ 結果：No→① 2→C
条件：A>0かつC=1 ⇒ 結果：No→③
(2) A=1, B=1
条件：A>0かつB=0 ⇒ 結果：No→① 2→C
条件：A>0かつC=1 ⇒ 結果：No→③
(3) A=1, B=0
条件：A>0かつB=0 ⇒ 結果：Yes→② A×C（1×1=1）→C
条件：A>0かつC=1 ⇒ 結果：Yes→④
①～④のすべての分岐を通っていますが、最少のテストケースではありません。

エ (1) A=0, B=0
条件：A>0かつB=0 ⇒ 結果：No→① 2→C
条件：A>0かつC=1 ⇒ 結果：No→③
(2) A=0, B=1
条件：A>0かつB=0 ⇒ 結果：No→① 2→C
条件：A>0かつC=1 ⇒ 結果：No→③
(3) A=1, B=0
条件：A>0かつB=0 ⇒ 結果：Yes→② A×C（1×1=1）→C
条件：A>0かつC=1 ⇒ 結果：Yes→④
①～④のすべての分岐を通っていますが、最少のテストケースではありません。

正解▶問1：イ

Chapter 16 システム構成と故障対策

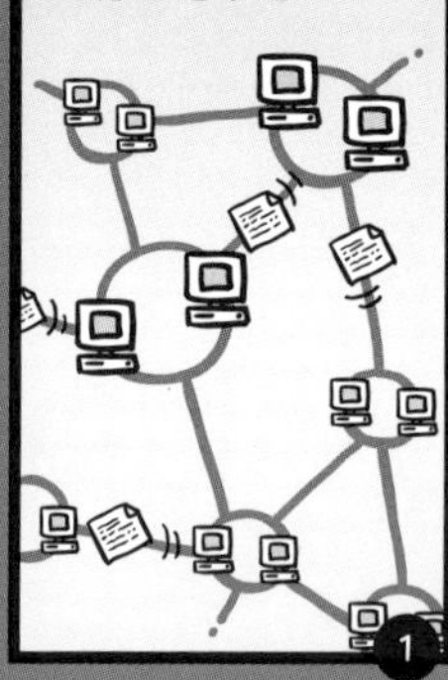

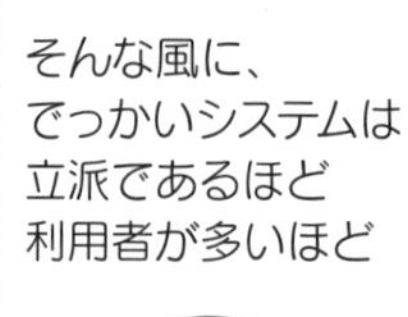

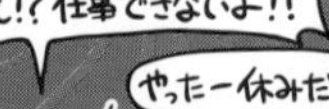

いかに
動きを止めない
ようにできるか
ネズミにケーブル
かじられないように
24時間監視チュー
DB
いかに
素早く故障から
復帰するか
ぐぐ〜〜〜
はっ
うおあ
カジカジ
カジカジ
そんなことも
考えて作られて
います
ちっちっちっ
だから甘いと
言ったのに
なんか
すっげームカつく
さてここで問題
なんだ
コノヤロー
ギャース
ギャース
いつもの仕返しだ
バカヤロー

システムが
壊れた時は、なにが
あれば慌てずに
済むでしょう?
ピタッ
う〜ん
なんだろ
あ、スゴイ
技術者さん
とか?
はいはいはい!!
新しい
ケーブル!!
ブップー、不正解!
正解は…
まったく同じシステムが
もう1個別にあればいい
DB
でした
そんな答えありかー!!
なんだそりゃ
ズルッ
それがアリなのです
いかに代替手段を設けて
システムの停止時間を
減らすか…
そうした構成を
考え、実施することが
大事なのです
なんか
まとめや
がったな…
えらそー
だな

Chapter 16-1

コンピュータを働かせるカタチの話

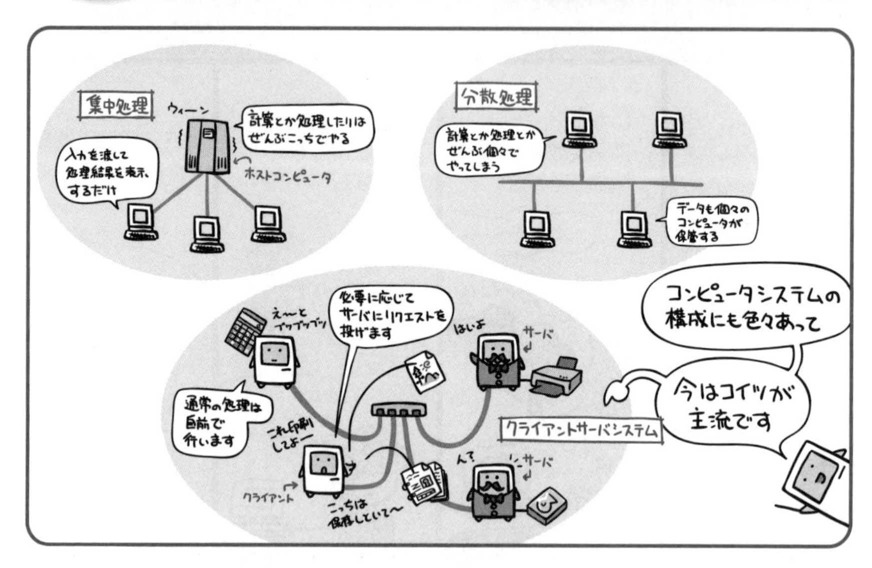

集中処理、分散処理、クライアントサーバシステムなど、コンピュータが組み合わさって働くカタチは様々です。

ネットワークの章で取り上げた「クライアントとサーバ(P.512)」の話を覚えているでしょうか。ネットワークにより、複数のコンピュータが組み合わさって動く処理形態には種類があるんですよーという内容でした。

さて、「ネットワークを介して複数のコンピュータが組み合わさって動く図」とはつまり、企業内で働くコンピュータシステムの話でもあったわけです。

処理形態のひとつである集中処理は、セキュリティ確保や運用管理が簡単な反面、システムの拡張が大変であったり、ホストコンピュータの故障が全システムの故障に直結するという弱点がありました。分散処理はその逆で、システムの拡張は容易だし、どこかが故障しても全体には影響しない。けれどもその反面、セキュリティの確保や運用管理に難がありました。

今はそれらのいいとこ取りをしたクライアントサーバシステムが主流となっています。基本的には分散処理なのですが、ネットワーク上の役割を2つに分け、集中して管理や処理を行う部分をサーバとして残しているところが特徴です。

シンクライアントとピアツーピア

クライアントサーバシステムの中で、特にサーバ側への依存度を高くしたのがシンクライアントです。

シンクライアントにおけるクライアント側の端末は、入力や表示部分を担当するだけで、情報の処理や保管といった機能はすべてサーバに任せます。

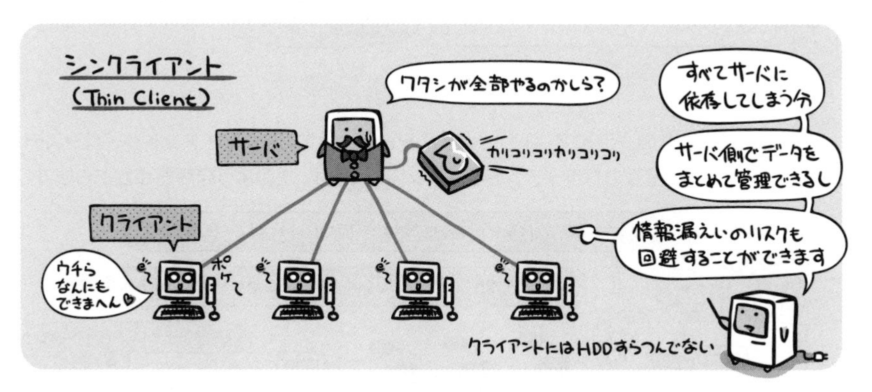

一方、完全な分散処理型のシステムとしてはピアツーピアがあります。これは、ネットワーク上で協調動作するコンピュータ同士が対等な関係でやり取りするもので、サーバなどの一元的に管理する存在を必要としません。

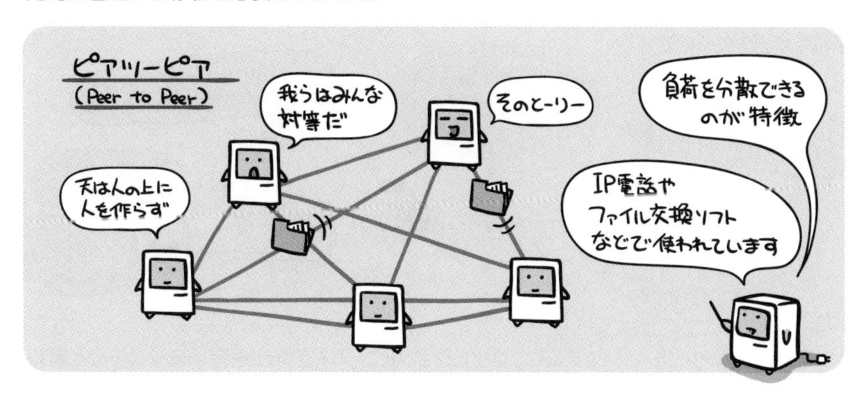

3層クライアントサーバシステム

クライアントサーバシステムの機能を、プレゼンテーション層・ファンクション層・データ層の3つに分けて構成するシステムを、3層クライアントサーバシステムと言います。

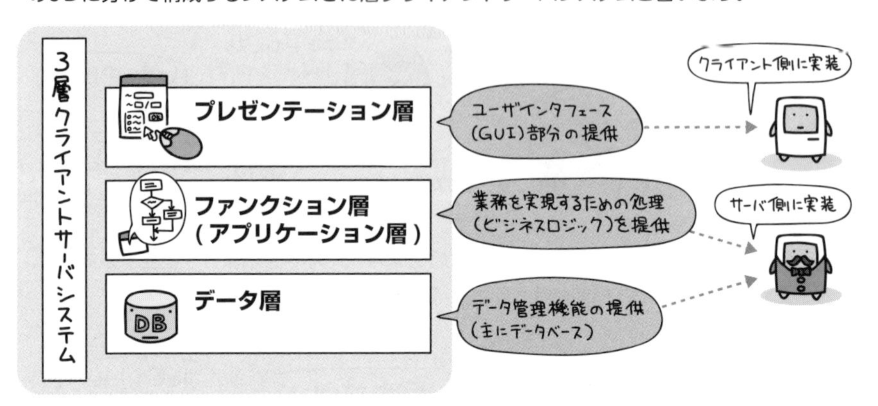

これに対して、通常のクライアントサーバシステムのことを2層クライアントサーバシステムと呼びます。この2階層のクライアントサーバシステムには、次のような問題点があります。

そこでこれを3階層に分け、ビジネスロジック部分をサーバ側に移します。すると、次のような利点が出てくるのです。

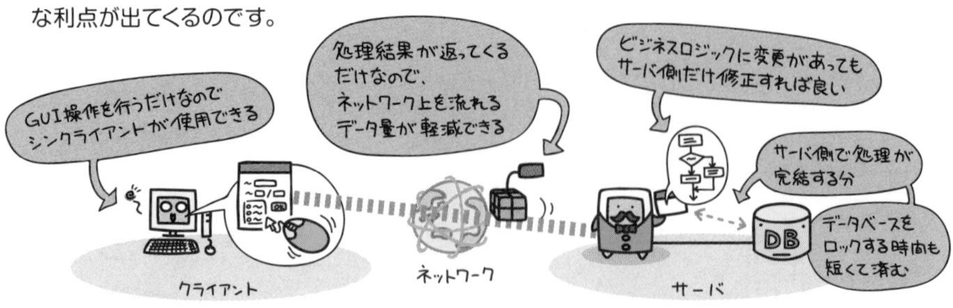

3層クライアントサーバシステムは、ネットショッピングなどWebを用いるシステムと親和性が高く、その構築に多く用いられる構成です。

オンライントランザクション処理とバッチ処理

システムの稼働形態として、要求に対して即座に処理を行い、結果が反映されるものをオンライントランザクション処理といいます。

一方、「別にそーんなリアルタイムに反映しなくてもいいしー」という処理の場合は、一定期間ごとに処理を取りまとめて実行します。これをバッチ処理といいます。

ちなみに、普段コンピュータを使っていて普通に行う次のような操作を対話型処理と呼びます。

クラスタリングシステム

クラスタリングとは、複数のコンピュータをネットワーク上で結合させることで、ひとつのシステムとして構築する技術です。この技術を用いて構成されるシステムがクラスタリングシステムです。

クラスタリングシステムの運用形態は、負荷分散クラスタ、HAクラスタ、HPCクラスタなどに大別されます。

負荷分散クラスタ

複数のコンピュータに処理を分散させることで、1台あたりの負荷を低く抑えるシステム構成です。たとえば、アクセス数の多い商用のWebサイトなどで用いられています。

HA (High Availability) クラスタ

High Availabilityとは「高可用性」の意味。稼働中のコンピュータに障害が発生した場合、待機していた別のコンピュータが速やかに処理を引き継ぐことで、停止時間を最小限に抑える(可用性を高く保つ)システム構成です。

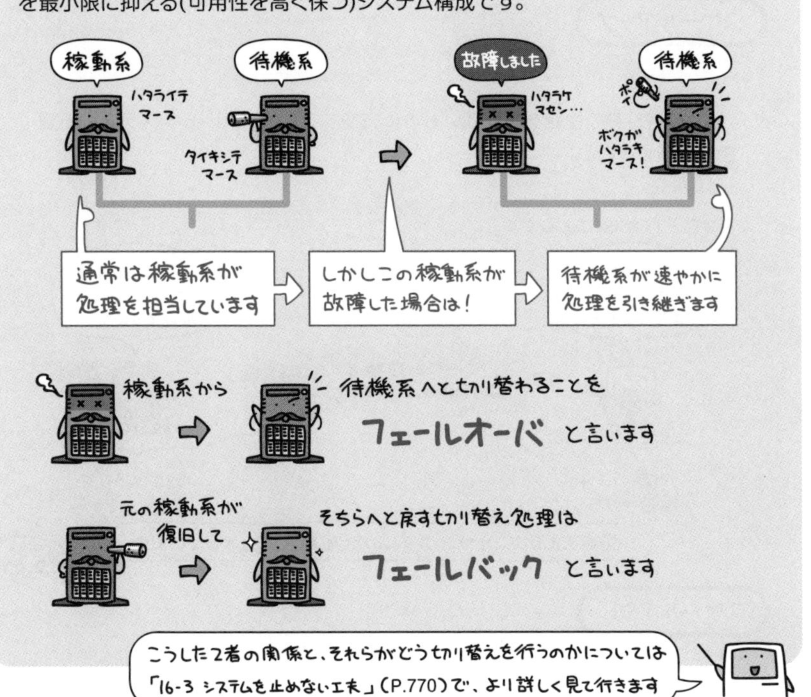

HPC (High Performance Computing) クラスタ

膨大な計算量を要するようなひとつの処理を分割し、複数のコンピュータが並行して処理にあたることで、全体の処理速度を高めるシステム構成です。

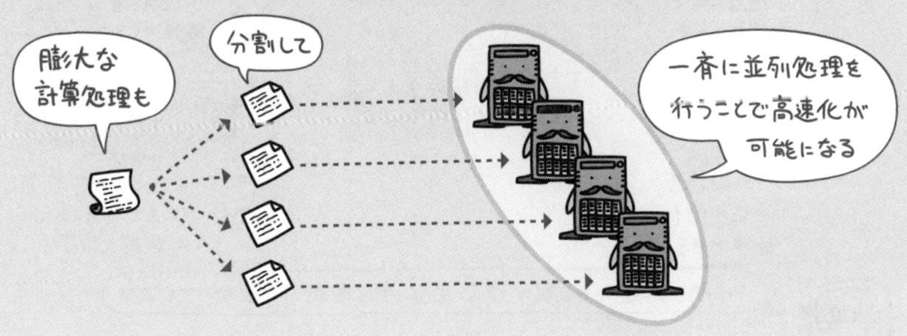

スケールアップとスケールアウト

システムの処理能力をもっと向上させたい!という場合、そのアプローチとしてスケールアップとスケールアウトという2つの手法が考えられます。特徴は次の通りです。

スケールアップ

「サーバ自身の性能をより高いものに交換する」ことにより、システムの処理能力を高めること。

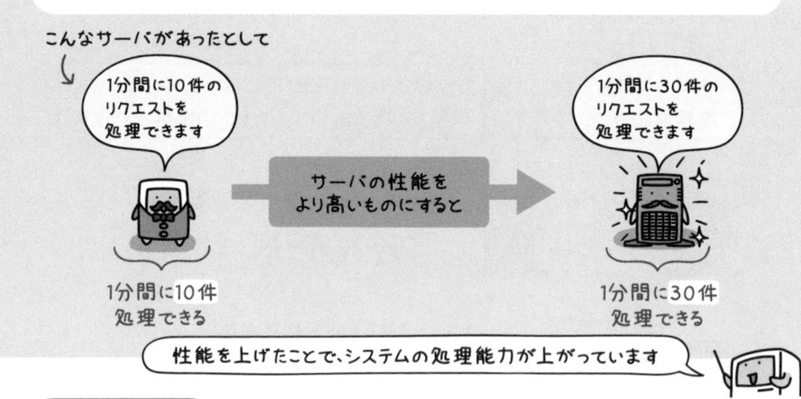

スケールアウト

「システムを構成するサーバの台数を増やす」ことにより、システムの処理能力を高めること。

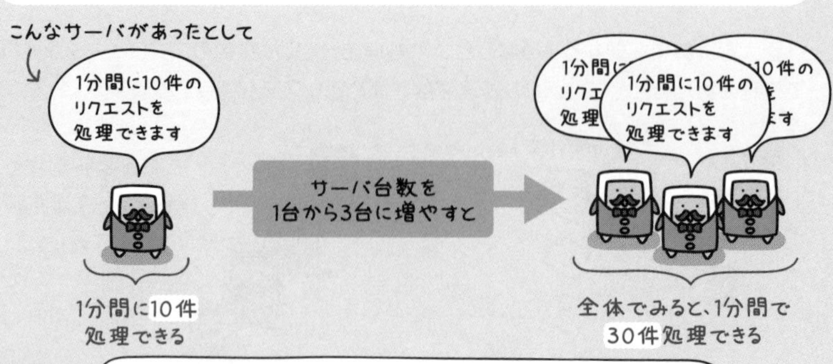

グリッドコンピューティング

グリッドコンピューティングとは、小型のパソコンから大型コンピュータに至るまで、インターネットなどのネットワーク上にある複数のプロセッサに処理を分散して、大規模な処理を行う方式です。

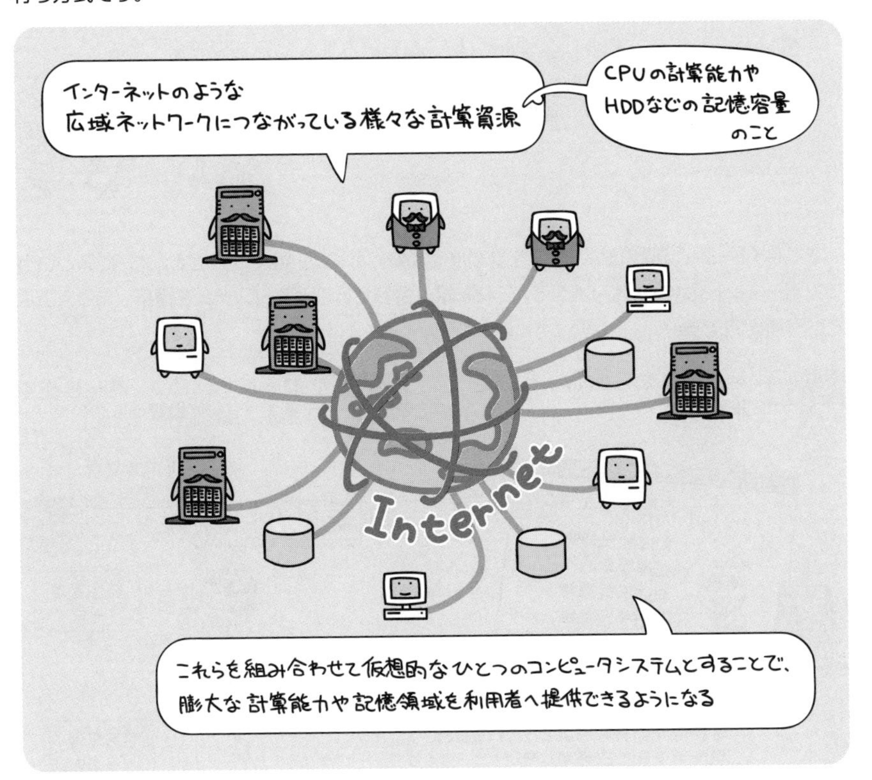

SOA（サービス指向アーキテクチャ：Service Oriented Architecture）

SOAとは、次の言葉の略称です。

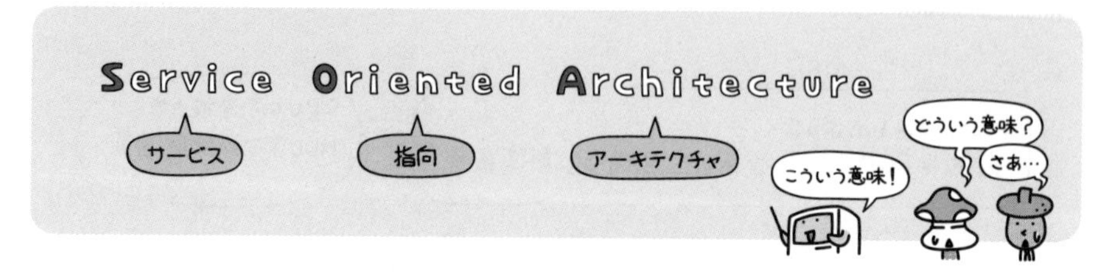

これは「ドーンと1個のシステム」を構築するんではなくて、個々の機能を「サービスというコンポーネント化（部品化）」をして、それを組み合わせることでシステムを構築しましょうよという考え方です。

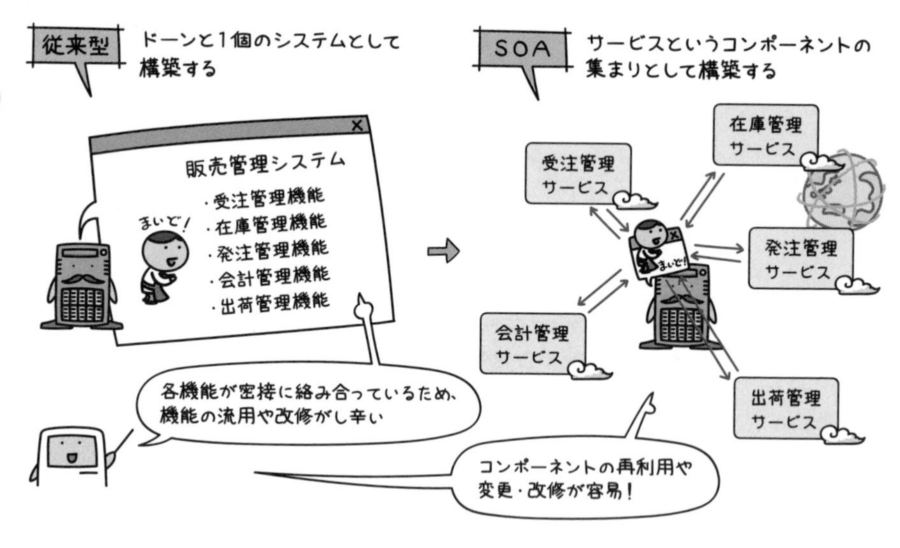

このような構成とすることで、「ビジネス変化に対応しやすくする」などの効果が期待できるわけです。

このように出題されています

過去問題練習と解説

スケールインの説明として，適切なものはどれか。

ア　想定されるCPU使用率に対して，サーバの能力が過剰なとき，CPUの能力を減らすこと

イ　想定されるシステムの処理量に対して，サーバの台数が過剰なとき，サーバの台数を減らすこと

ウ　想定されるシステムの処理量に対して，サーバの台数が不足するとき，サーバの台数を増やすこと

エ　想定されるメモリ使用率に対して，サーバの能力が不足するとき，メモリの容量を増やすこと

解説

下記は、選択肢ア～エで説明されている用語と要点です。

ア　スケールダウン … サーバのCPUの能力やメモリの容量を減らす、もしくは性能が低いサーバに交換する

イ　スケールイン … サーバの台数を減らす

ウ　スケールアウト … サーバの台数を増やす（760ページ参照）

エ　スケールアップ … サーバのCPUの能力やメモリの容量を増やす、もしくは性能が高いサーバに交換する（760ページ参照）

グリッドコンピューティングの説明はどれか。

ア　OSを実行するプロセッサ，アプリケーションソフトウェアを実行するプロセッサというように，それぞれの役割が決定されている複数のプロセッサによって処理を分散する方式である。

イ　PCから大型コンピュータまで，ネットワーク上にある複数のプロセッサに処理を分散して，大規模な一つの処理を行う方式である。

ウ　カーネルプロセスとユーザプロセスを区別せずに，同等な複数のプロセッサに処理を分散する方式である。

エ　プロセッサ上でスレッド（プログラムの実行単位）レベルの並列化を実現し，プロセッサの利用効率を高める方式である。

解説

ア　非対称マルチプロセッサを使った方式の説明です（200ページを参照）。

イ　グリッドコンピューティングの説明です（761ページを参照）。

ウ　対称マルチプロセッサを使った方式の説明です（200ページを参照）。

エ　マルチスレッドを使った方式の説明です。

正解▶問1：イ　問2：イ

Chapter 16-2

システムの性能指標

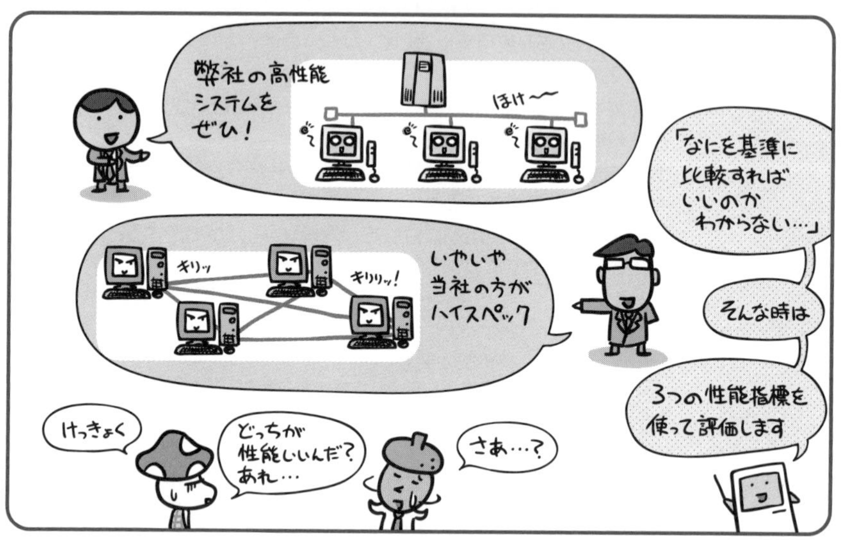

システムの性能を評価する指標には、スループット、レスポンスタイム、ターンアラウンドタイムがあります。

システムには様々な構成の仕方があるもんですから、そこに使われる機材だけを比較して一概に性能を論じることはできません。とはいえ、何らかの指標がないと、「このシステムは早いのか遅いのか」がわかりませんし、導入検討に際して「高いのか安いのか」という判断もしかねます。

そこでシステム全体の性能を評価するモノサシとして、スループット、レスポンスタイム、ターンアラウンドタイムといった指標が用いられています。端的に言うと「どれだけの量の仕事を、どれだけの時間でこなせるか」という内容をあらわす指標たちで…と、長くなるので詳しくは次ページ以降でふれていきますね。

ちなみに、こうした処理性能を評価する手法としてベンチマークテストがあります。これは、性能測定用のソフトウェアを使って、システムの各処理性能を数値化するものです。これですべての機能が網羅できて評価が完了する…というわけではないですが、傾向をつかむ一定の目安として役立てることができます。

スループットはシステムの仕事量

スループットというのは、単位時間あたりに処理できる仕事（ジョブ）量をあらわします。この数字が大きいほど「いっぱい仕事できるぞ！」ってことなので、当然性能は上ということになります。

…と言われても、なんか漠然としすぎていてイメージしづらいですよね。

スループットと仕事の関係は次のような感じです。どのような処理が入るとスループットが低下するのかとあわせておさえておきましょう。

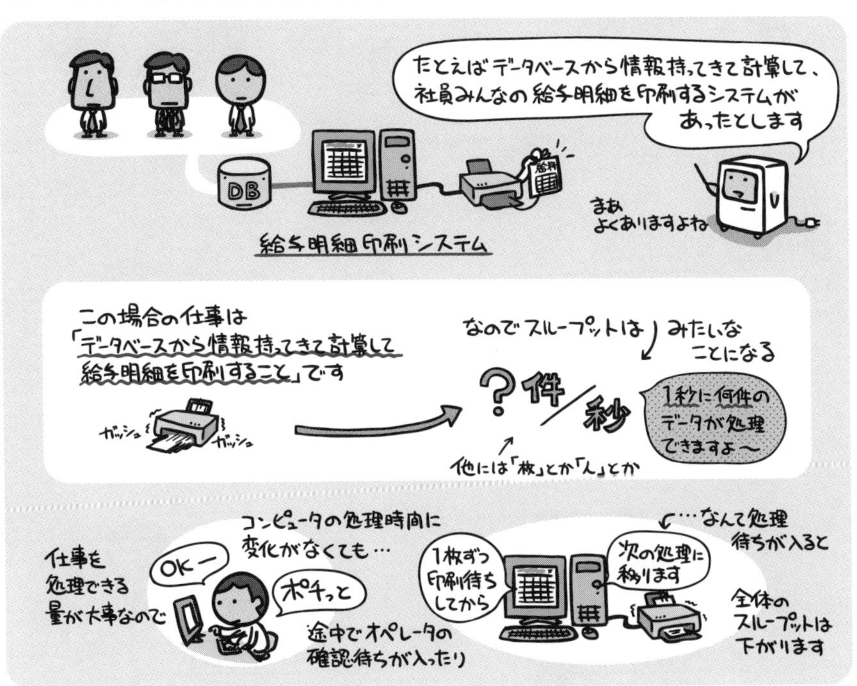

レスポンスタイムとターンアラウンドタイム

さて、続いてはレスポンスタイムとターンアラウンドタイムです。

こっちはちょっと大げさなシステムを題材にした方がイメージしやすくなります。次のような例を用いて考えてみるとしましょう。

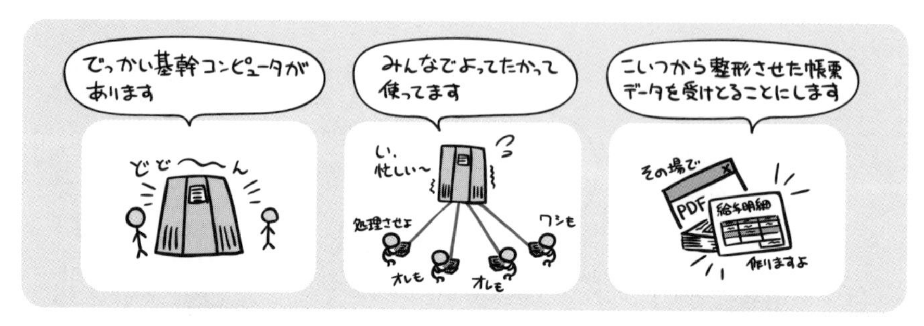

処理の流れはというとこんな感じ。

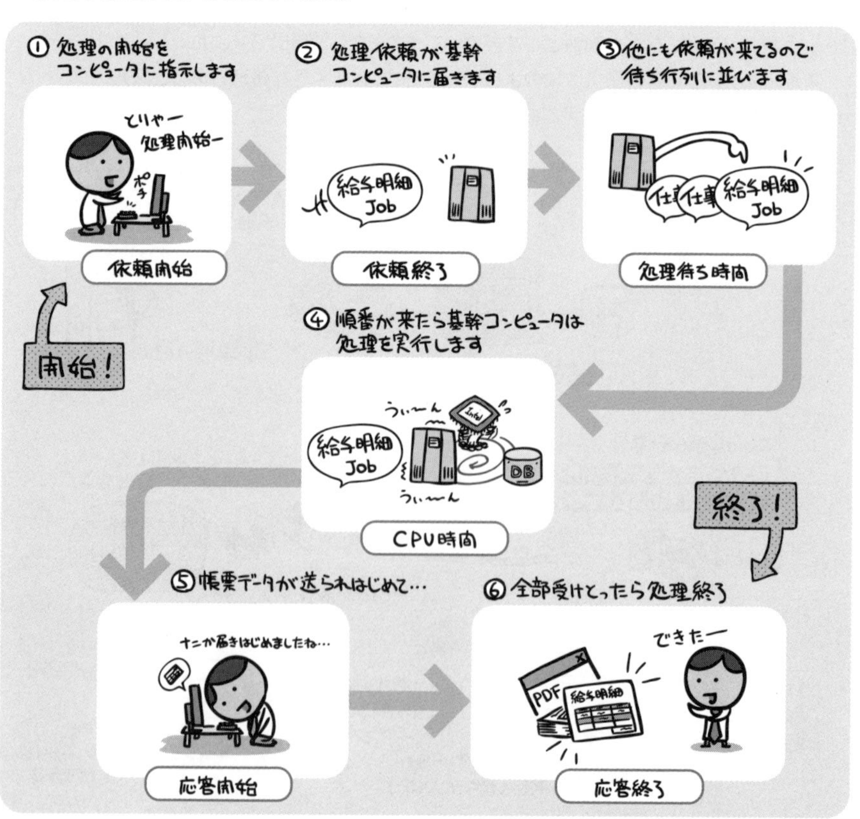

こうした一連の処理の中で、レスポンスタイムというのは「コンピュータに処理を依頼し終えてから、実際になにか応答が返されてくるまでの時間」を指しています。

つまりは下図というわけですね。

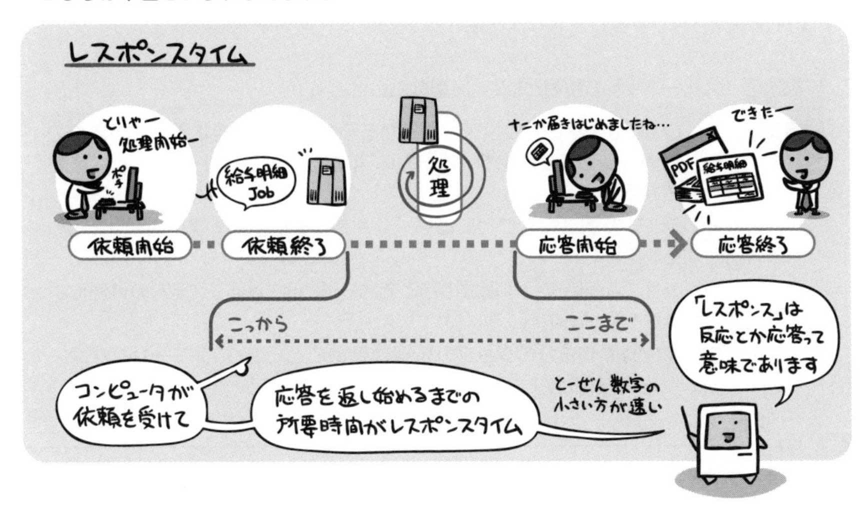

一方、ターンアラウンドタイムの方は、「コンピュータに処理を依頼し始めてから、その応答がすべて返されるまでの時間」を指します。

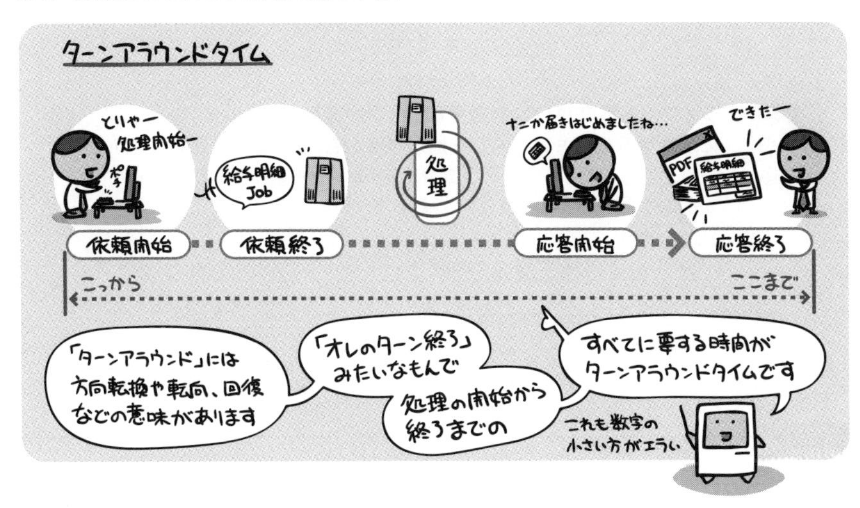

システムの応答時間が重視されるオンライントランザクション処理ではレスポンスタイムが、一連の処理をひとまとめにして実行するバッチ処理ではターンアラウンドタイムが、それぞれ性能を評価する指標として用いられます。

なにかと混同されやすい両者ですが、「レスポンス」「ターンアラウンド」といった用語の意味に着目すれば、自ずと示すところが見えてくるはずです。

このように出題されています

過去問題練習と解説

スループットの説明として，適切なものはどれか。

ア　ジョブがシステムに投入されてからその結果が完全に得られるまでの経過時間のことであり，入出力の速度やオーバヘッド時間などに影響される。

イ　ジョブの稼働率のことであり，“ジョブの稼働時間÷運用時間”で求められる。

ウ　ジョブの同時実行可能数のことであり，使用されるシステムの資源によって上限が決まる。

エ　単位時間当たりのジョブの処理件数のことであり，スプーリングはスループットの向上に役立つ。

解説

ア　ターンアラウンドタイムの説明です。

イ　この説明に、特別な用語は付けられていません。

ウ　ジョブの多重度の説明です。

エ　スループットの説明は、765ページを参照してください。スプーリングの説明は、288ページを参照してください。

ジョブの多重度が1で，到着順にジョブが実行されるシステムにおいて，表に示す状態のジョブA～Cを処理するとき，ジョブCが到着してから実行が終了するまでのターンアラウンドタイムは何秒か。ここで，OSのオーバヘッドは考慮しない。

単位　秒

ジョブ	到着時間	処理時間（単独実行時）
A	0	5
B	2	6
C	3	3

ア　11

イ　12

ウ　13

エ　14

解説

本問の条件にしたがって、ジョブA～Cの状況を図にすると、次の図になります。

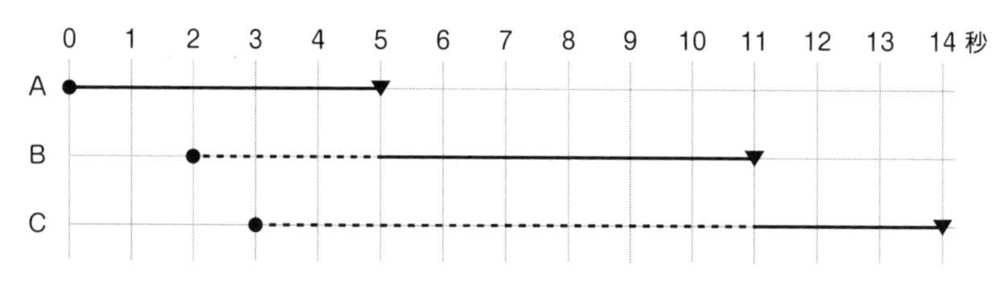

● 到着時点　▼ 終了時点　── 実行状態　--- 待ち状態

上図より、ジョブCが到着するのは3秒目、終了するのは14秒目ですので、ジョブCのターンアラウンドタイムは、14−3=11秒です。

問 3 (AP-R02-A-32)

図のようなネットワーク構成のシステムにおいて，同じメッセージ長のデータをホストコンピュータとの間で送受信した場合のターンアラウンドタイムは，端末Aでは100ミリ秒，端末Bでは820ミリ秒であった。上り，下りのメッセージ長は同じ長さで，ホストコンピュータでの処理時間は端末A，端末Bのどちらから利用しても同じとするとき，端末Aからホストコンピュータへの片道の伝送時間は何ミリ秒か。ここで，ターンアラウンドタイムは，端末がデータを回線に送信し始めてから応答データを受信し終わるまでの時間とし，伝送時間は回線速度だけに依存するものとする。

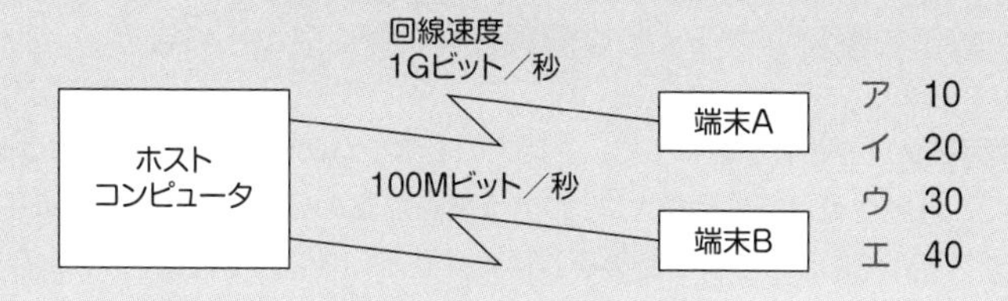

ア　10
イ　20
ウ　30
エ　40

解説

端末A側の片道の伝送時間をsミリ秒、ホストでの処理時間をtミリ秒とします。

端末Aのターンアラウンドタイムは、100ミリ秒ですので、

100ミリ秒 ＝ 2 × s ＋ t　になります（2 × s は、往復時間）。…(1)

端末Aの回線速度は、1Gビット/秒であり、端末Bの回線速度は、100Mビット／秒です。つまり、端末A側の回線速度は、端末B側の10倍であり、端末B側の片道の伝送時間は、端末A側の片道の伝送時間の10倍です。また、端末Bのターンアラウンドタイムは、

820ミリ秒ですので、820ミリ秒 ＝（2 × s × 10）＋ t　になります。…(2)

(1)、(2)の式を解くと、s ＝ 40ミリ秒になり、選択肢エが正解です。

正解▶問1：エ　問2：ア　問3：エ

Chapter 16-3 システムを止めない工夫

企業内のシステムでは、障害が発生した時にも業務を継続できるような信頼性が、強く求められます。

本章の冒頭マンガでも書いたように、企業内のシステムというのは「単に動けばそれでいい」ではなくて、「動き続けることが大事」という視点が求められることになります。だって皆さん、このシステムによって仕事を進めるわけですから、いくら便利なシステムでも…いや、便利なシステムであればあるほど、止まってしまった時の損失は大きくなっちゃうわけですよね。

仮にシステムが止まったことで、社員さん1,000人分の仕事がストップしちゃったとしましょう。当然止まってる間の人件費はただの無駄。それが止まっている時間に比例してズンズンズンズンズン積み重なっていくと考えると…。

恐ろしいですよね。しかも人件費なんて、生じるであろう損失のごく一部でしかありません。

じゃあどうしようかと。それも冒頭マンガに書きました。そう、「まったく同じシステムがもう1つ別にあればいい」なのです。仕事で使うシステムのように「止まってはいけない」ものに対しては、2組のシステムを用意するなどして、信頼性を高める手法が用いられます。

デュアルシステム

2組のシステムを使って信頼性を高めますよという時に、「金に糸目はつけませんよガハハハハ」という選択がデュアルシステムです。

この構成では、まったく同じ処理を行うシステムを2組用意します。

デュアルシステムでは、2組のシステムが同じ処理を行いながら、処理結果を互いに付き合わせて誤動作してないか監視しています。

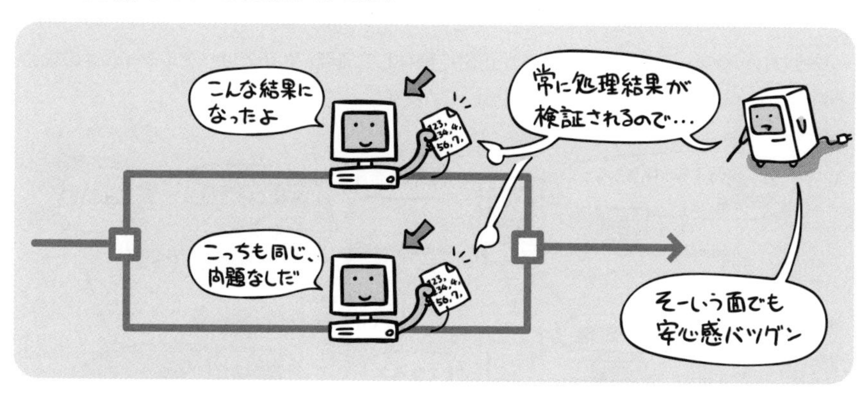

いずれかが故障した場合には異常の発生した側のシステムを切り離し、残る片方だけでそのまま処理を継続することができます。

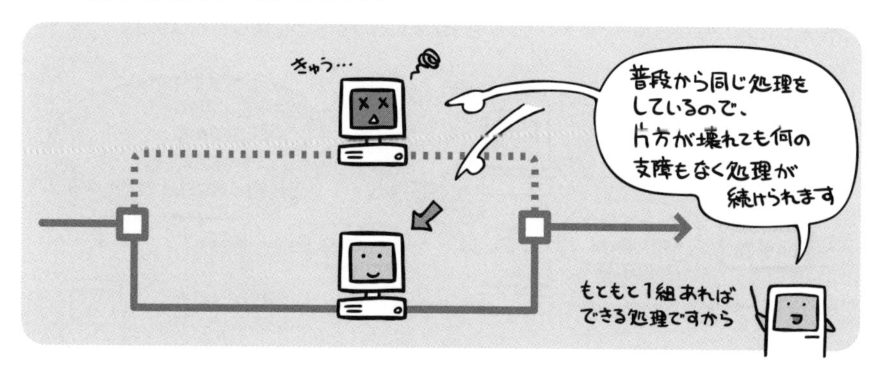

デュプレックスシステム

一方、「さすがに丸ごと2組を、まったく同じ用途で動かしてられるほどブルジョワじゃねーぜ」というのがデュプレックスシステムです。

2組のシステムを用意するところまでは同じですが、正常運転中は片方を待機状態にしておく点が異なります。

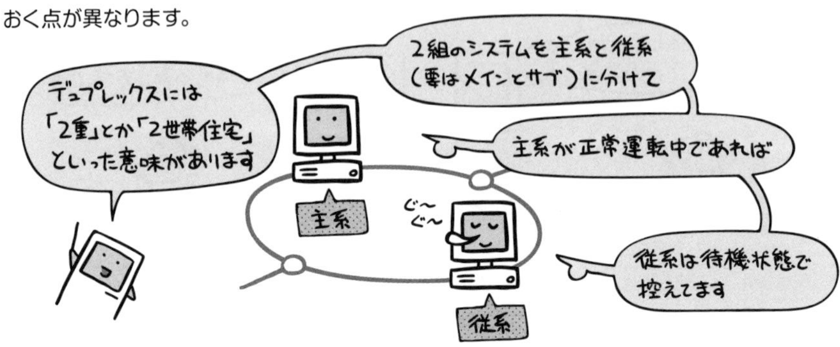

デュプレックスシステムでは、主系が正常に動作してる間、従系ではリアルタイム性の求められないバッチ処理などの別作業を担当しています。

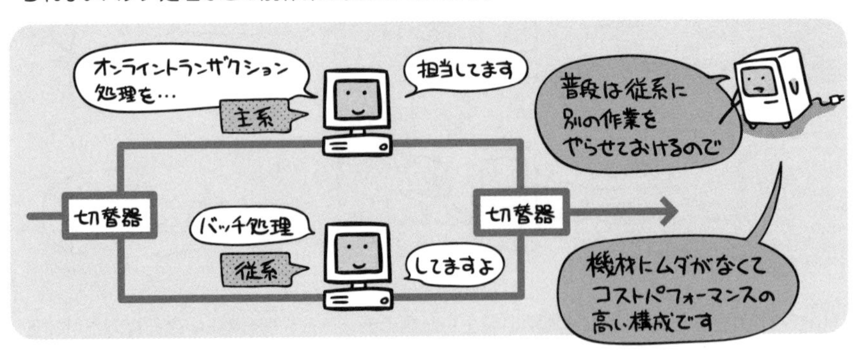

主系が故障した場合には、従系が主系の処理を代替するように切り替わります。

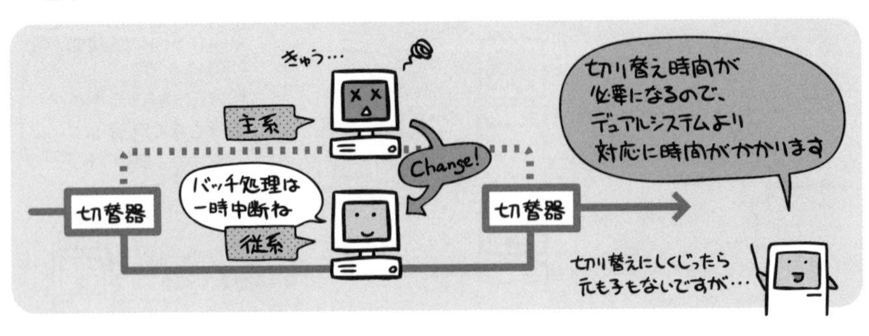

デュプレックスシステムにおける従系システムの待機方法には、次の2つのパターンがあります。

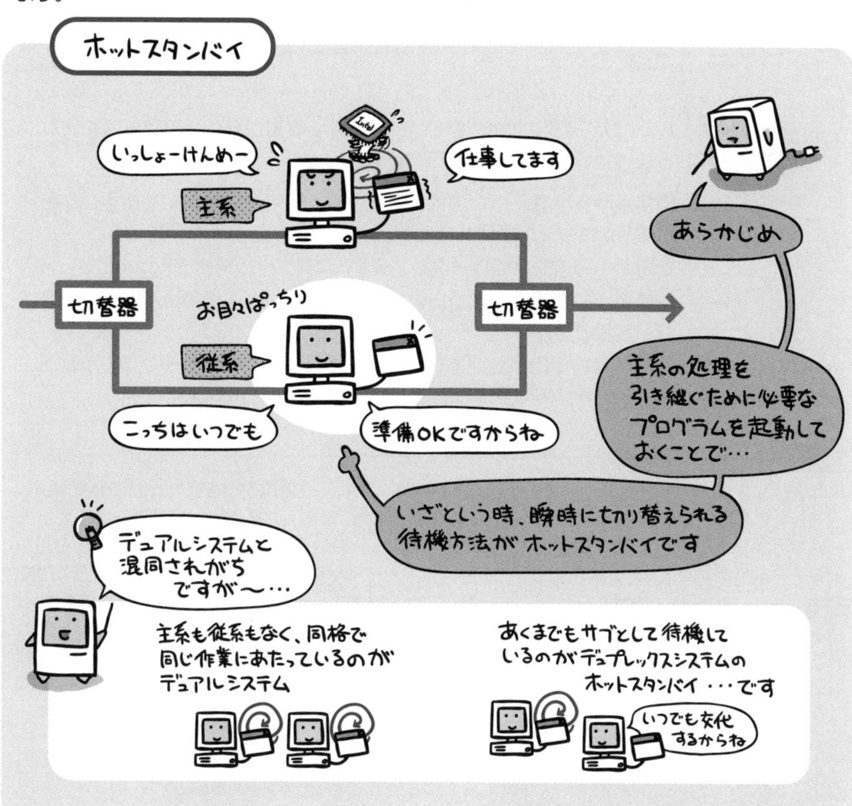

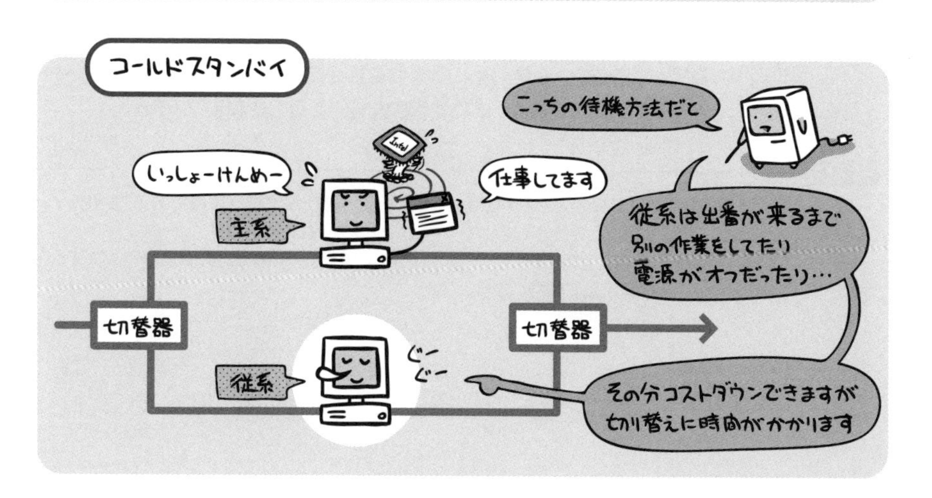

このように出題されています

過去問題練習と解説

問1 (AP-R04-S-13)

ホットスタンバイシステムにおいて，現用系に障害が発生して待機系に切り替わる契機として，最も適切な例はどれか。

ア　現用系から待機系へ定期的に送信され，現用系が動作中であることを示すメッセージが途切れたとき

イ　現用系の障害をオペレータが認識し，コンソール操作を行ったとき

ウ　待機系が現用系にたまった処理の残量を定期的に監視していて，残量が一定量を上回ったとき

エ　待機系から現用系に定期的にロードされ実行される診断プログラムが，現用系の障害を検出したとき

解説

ホットスタンバイシステムでは、あらかじめ、待機系に現用系の処理を引き継ぐために必要なプログラムを起動しておき、現用系に障害が発生した場合、瞬時に現用系から待機系に処理を切り替えて、待機系が処理を続行します。したがって、選択肢イ·ウは、正解の候補から外れます。選択肢エが正解になる可能性はありますが、診断プログラムを待機系から現用系にロードし、実行できる状態にするまでの間に、現用系に障害が発生した場合、現用系から待機系に処理を切り替えることができず、ホットスタンバイシステムでは、選択肢エのやり方は採用されていません。

したがって、消去法により、正解は選択肢アになります。なお、現用系から待機系へ定期的に送信され、現用系が動作中であることを示すメッセージは、"ハートビート" と呼ばれています。

問2 (AP-H25-A-57)

ミッションクリティカルシステムの意味として，適切なものはどれか。

ア　OSなどのように，業務システムを稼働させる上で必要不可欠なシステム

イ　システム運用条件が，性能の限界に近い状態の下で稼働するシステム

ウ　障害が起きると，企業活動に重大な影響を及ぼすシステム

エ　先行して試験導入され，成功すると本格的に導入されるシステム

解説

ミッションクリティカルシステムは、直訳すれば、任務（ミッション）が非常に重要である（クリティカル）システムであり、停止することを許されないコンピュータシステムをいいます。

具体的には、企業の経理などの金銭に関わる業務や、販売管理·生産管理などの基幹業務システムが、ミッションクリティカルシステムに該当します。

正解 ▶ 問1：ア　問2：ウ

Chapter 16-4

システムの信頼性と稼働率

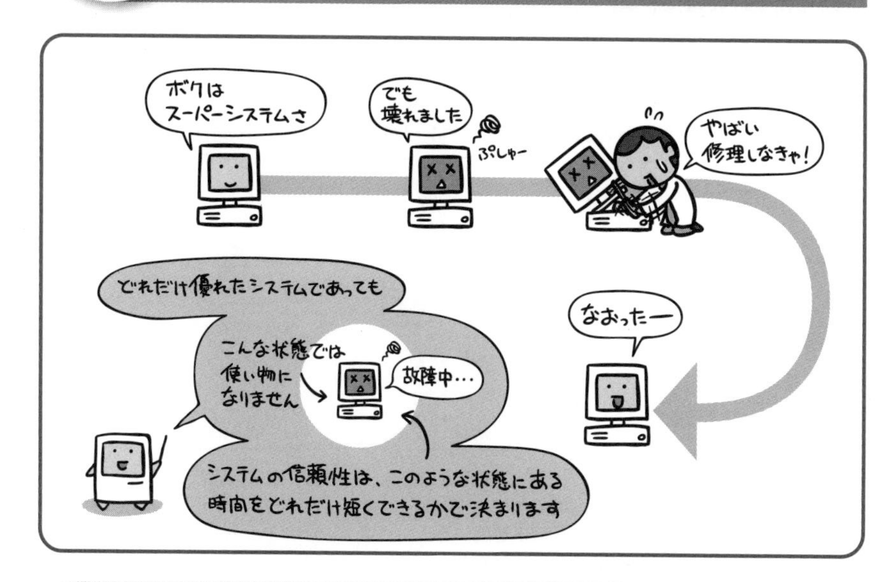

システムの信頼性は、故障する間隔や、その修復時間から求められる稼働率によって評価されます。

素晴らしいシステムがあったとします。機能はバッチリで動作も速い。なにもかもが要望通りで、みんなが満足するシステムです。ただ一点だけ問題があって、やたらとコイツは故障しやすい。しかもいったん壊れたら復旧がえらく大変で、数日使えないなんてざら。そんなシステムがあったとします。

さて、そのシステムに、安心して仕事を任せられるでしょうか。

…任せられないですよね。いつ壊れるかもわかったもんじゃない上に、いつ復旧できるかもわからんシステムです。あてにしていたら痛い目を見るに決まってます。

つまり、どれだけ機能面で優れたシステムであったとしても、「故障しやすく」「復旧に時間がかかる」システムは信頼性が低いと言えるわけです。

稼働率というのは、そうしたトラブルのない、無事に使えていた期間を割合として示すものです。稼働率の計算に用いる平均故障間隔（MTBF）や平均修理時間（MTTR）などとともに、信頼性をあらわす指標として用いられています。

RASIS（ラシス）

システムの信頼性を評価する概念がRASISです。RASISというのは、次の頭文字をとったもので、「これらの性質が高く保たれているシステムであれば、安心して使うことができますよー」という項目をあらわしています。

それぞれ次のような意味を持ちます。

R	Reliability (信頼性)	システムが正常に稼働している状態にあること。 故障せずに稼働し続けている方がエライ。指標値としてMTBFを用いる。
A	Availability (可用性)	必要な時にいつでも利用できる状態にあること。 システムが導入されてからの全運転時間中、正常稼働できていた時間が長いほどエライ。指標値として稼働率を用いる。
S	Serviceability (保守性)	故障などの障害発生時に、どれだけ早く発見、修復が行えるかということ。修復に要する時間が短いほどエライ。指標値としてMTTRを用いる。
I	Integrity (保全性)	誤作動がなく、データの完全性が保たれること。データが破壊されたりすると気分はチョーサイアク。
S	Security (安全性)	不正利用に対してシステムが保護されていること。機密性ともいう。

それでは、上記の中で用いられている指標値について、ひとつずつ見ていきましょう。

平均故障間隔
(MTBF：Mean Time Between Failure)

まずはじめに平均故障間隔（MTBF）から。

これは故障と故障の間隔をあらわすものです。つまりは「故障してない期間＝問題なく普通に稼働できている時間」のことを示します。

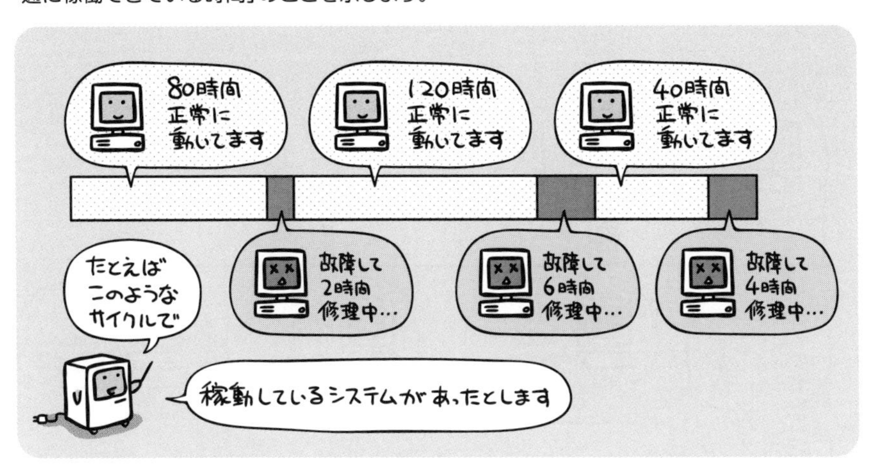

この図の中で、「問題なく普通に稼働できている時間」というのは次の3つ。

“平均”故障間隔なので、これらの平均を求めます。

平均故障間隔は、「だいたい平均するとこれぐらいの間隔でどこかしらが故障する」という目安に用いることのできる指標値です。上の例だと80時間。当然、この間隔が大きくなればなるほど「信頼性の高いシステムだ」と言えます。

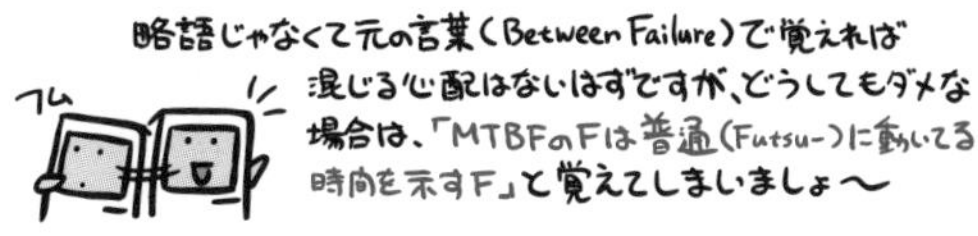

平均修理時間 (MTTR：Mean Time To Repair)

続いては平均修理時間（MTTR）です。

これも読んで字のごとく、修理に必要な時間をあらわすものです。つまりは「一度故障すると、修理時間としてこれぐらいはシステムが稼働できませんよー」という時間を示しているわけですね。

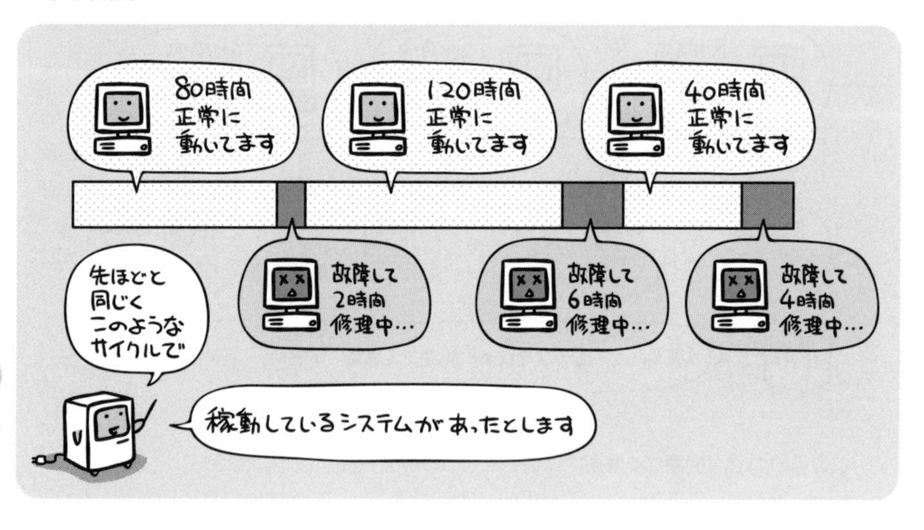

この図の中で、「修理に要している時間」というのは次の3つ。

“平均”修理時間なので、これらの平均を求めます。

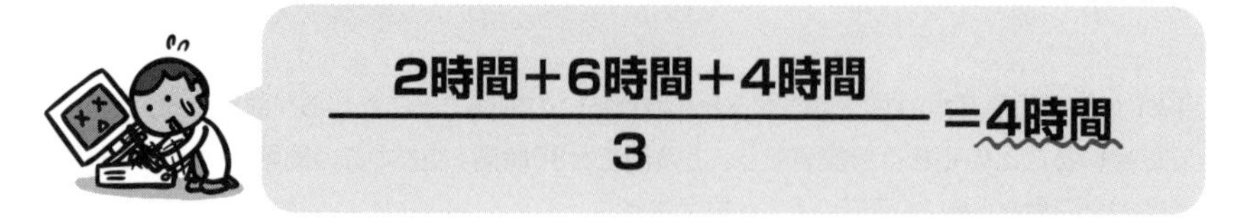

平均修理時間は、「だいたい平均するとこれぐらいの時間が、故障した際の復旧時間として必要です」という目安に用いることのできる指標値です。上の例だと4時間。これが短いほど「保守性の高いシステム（保守がしやすいという意味）だ」と言えます。

システムの稼働率を考える

それでは最後に、システムの稼働率です。

稼働率というのは、システムが導入されてからの全運転時間の中で、「正常稼働できていたのはどれくらいの割合か」をあらわすものです。

当然この数字が100%に近いほど、「品質の高いシステムだ」ということになります。

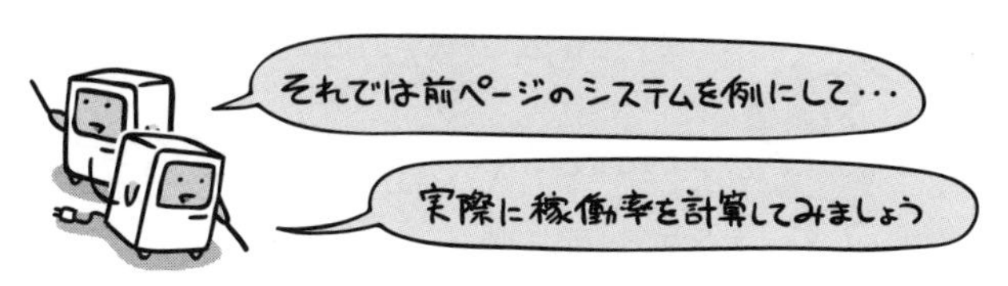

さて、稼働率というのは「正常稼働していた割合」ですから、全運転時間で稼働時間を割れば求めることができます。

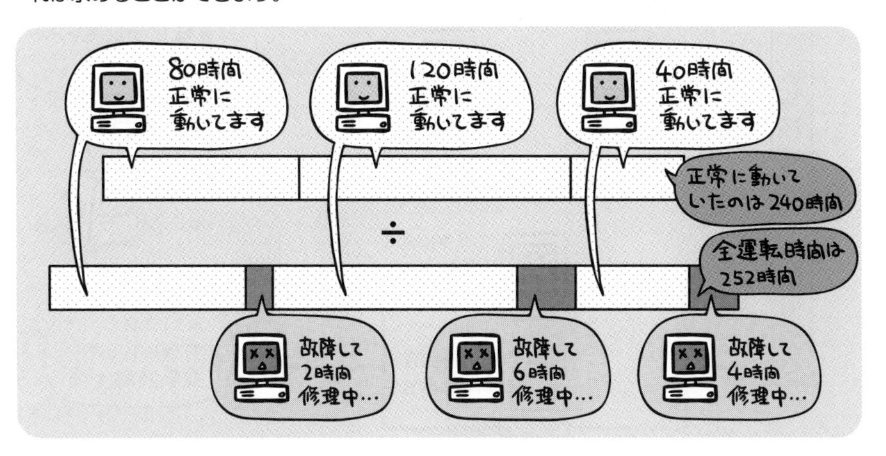

これって、平均故障間隔（MTBF）と平均修理時間（MTTR）の時にやった計算をはめこむと、次のように考えることができるんですよね。

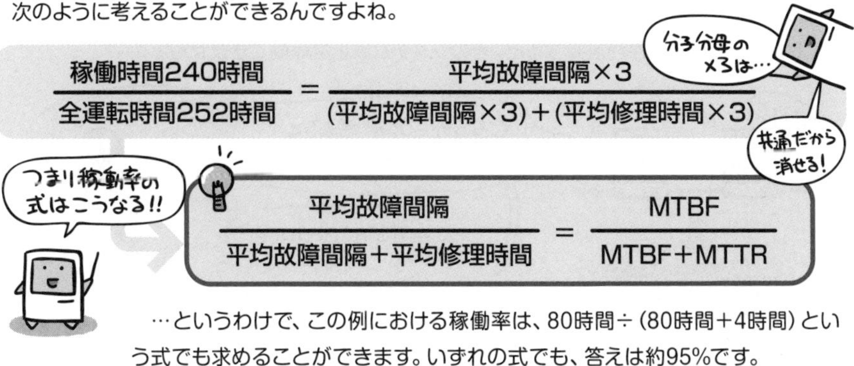

$$\frac{\text{稼働時間240時間}}{\text{全運転時間252時間}} = \frac{\text{平均故障間隔}\times 3}{(\text{平均故障間隔}\times 3)+(\text{平均修理時間}\times 3)}$$

$$\frac{\text{平均故障間隔}}{\text{平均故障間隔}+\text{平均修理時間}} = \frac{\text{MTBF}}{\text{MTBF}+\text{MTTR}}$$

…というわけで、この例における稼働率は、80時間÷（80時間＋4時間）という式でも求めることができます。いずれの式でも、答えは約95%です。

直列につながっているシステムの稼働率

システムが複数のシステムによって構成されている場合、それぞれの稼働率は前ページの式で求められますが、「全体の稼働率は?」となると話は少し違ってきます。

複数のシステムをつなぐ方法には、直列接続と並列接続があります。

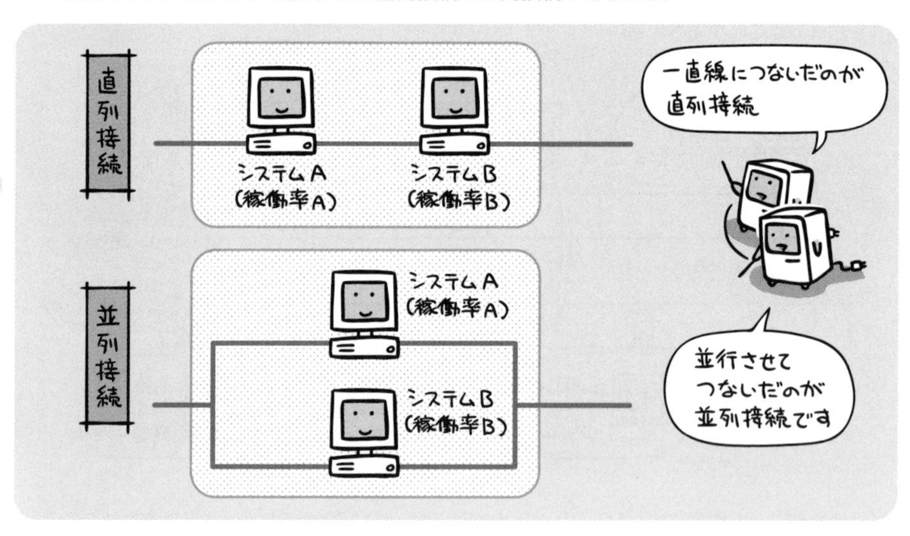

直列接続では、片方のシステムに生じたトラブルであっても、システム全体に影響が及びます。したがっていずれかが故障すると、そのシステムは正常稼働できません。

…というわけで、直列接続されたシステムの組み合わせを考えると、次のようになる。

直列接続でシステム全体が正常稼働できるのは、両方のシステムが問題なく動作している場合だけです。じゃあその確率はというと…。

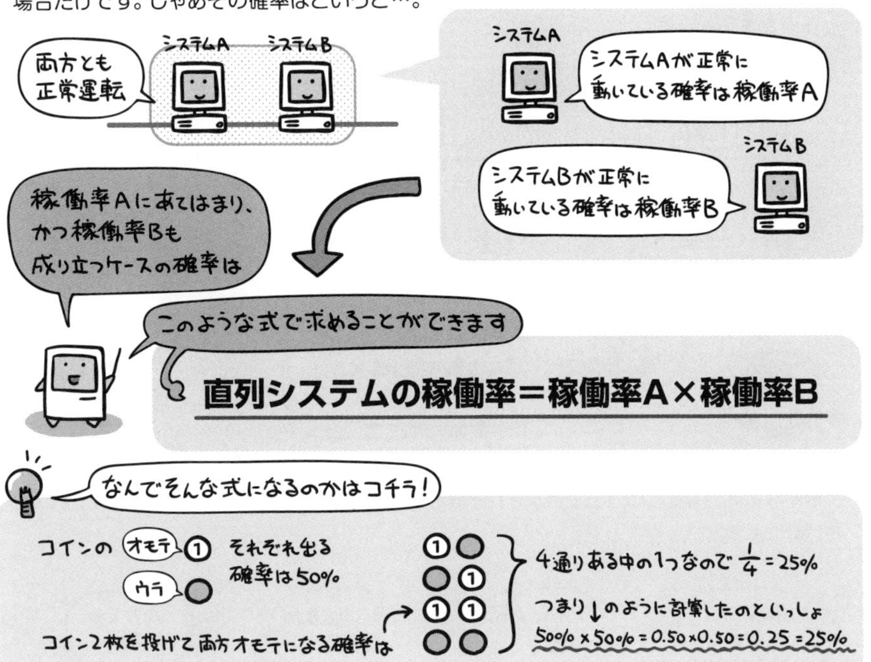

たとえば、稼働率0.90のシステムを2つ直列につないだ場合、全体の稼働率は下記となります。

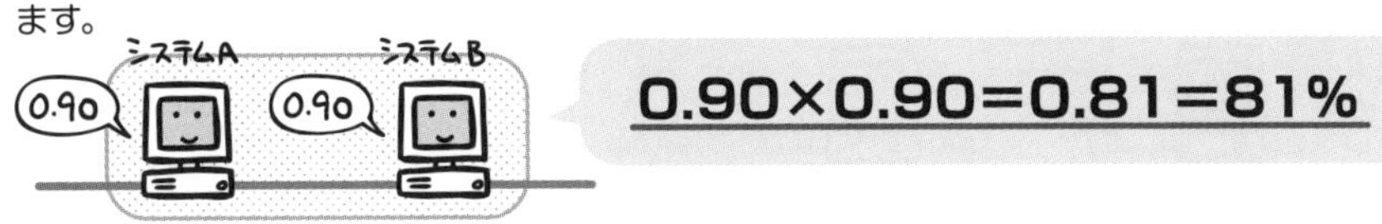

並列につながっているシステムの稼働率

続いて今度は、並列につながっているシステムの稼働率を見てみましょう。

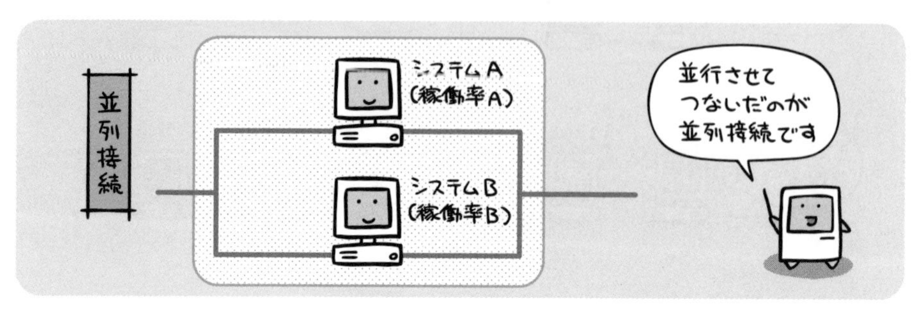

並列接続では、片方のシステムが故障した場合も、残る片方のシステムで稼働し続けることができます。

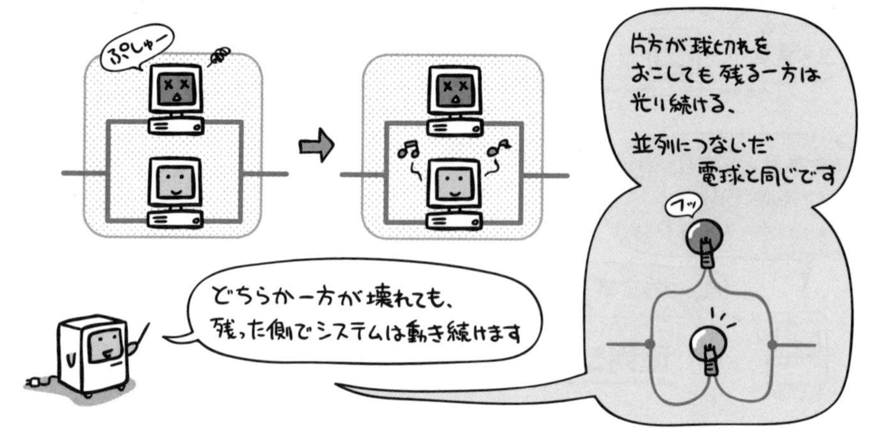

そんな並列接続のシステムでは、それぞれの稼働状況による組み合わせを考えると次のようになります。

16 システム構成と故障対策

つまり並列接続のケースでシステム全体が停止してしまうのは、両方のシステムがともに故障してしまった場合だけ…ということになります。

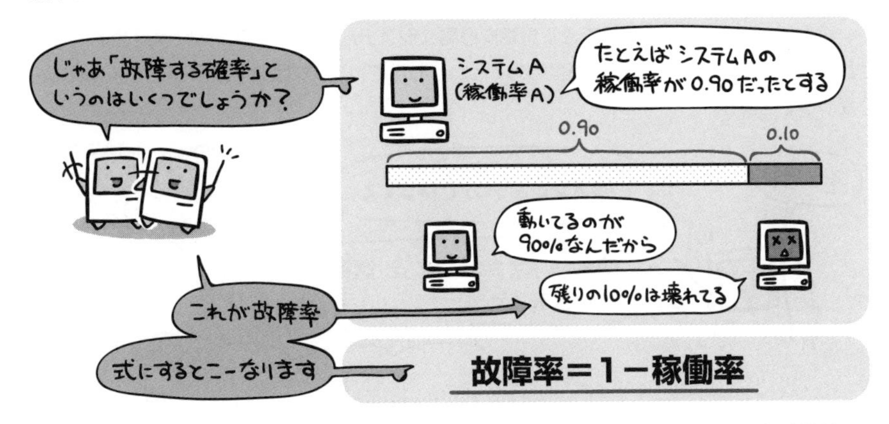

そして、「両方のシステムがともに故障してしまった」確率はというと、これは直列接続でやった時と同じ式が使えるわけですね。

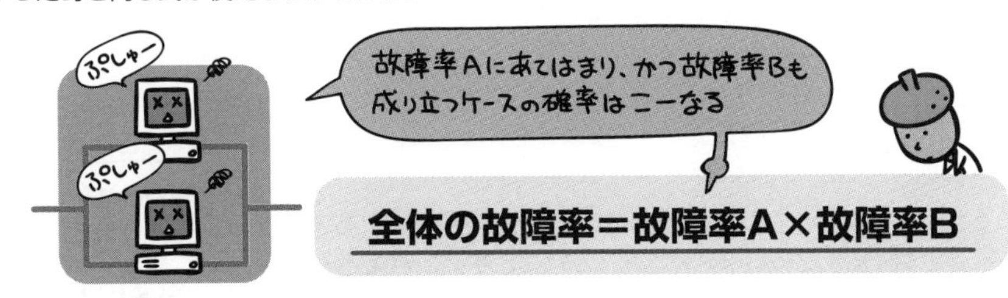

全体の故障率がわかってしまえば後はカンタン。

それ以外が「システム全体の稼働率」ってことになりますから、故障率を求めた時の逆をやってあげれば良いのです。

たとえば、稼働率0.90のシステムを2つ並列につないだ場合、全体の稼働率は次のようになります。

$$1-((1-0.90)\times(1-0.90))=1-(0.10\times0.10)=1-0.01$$
$$=0.99=99\%$$

「故障しても耐える」という考え方

稼働率100%、すごく信頼できる超絶安心耐久システム…というのがあれば理想的ですが、「形あるものいつかは壊れる」が世の理。というわけで、いつかは必ず故障して泣き濡れる日がやってきます。

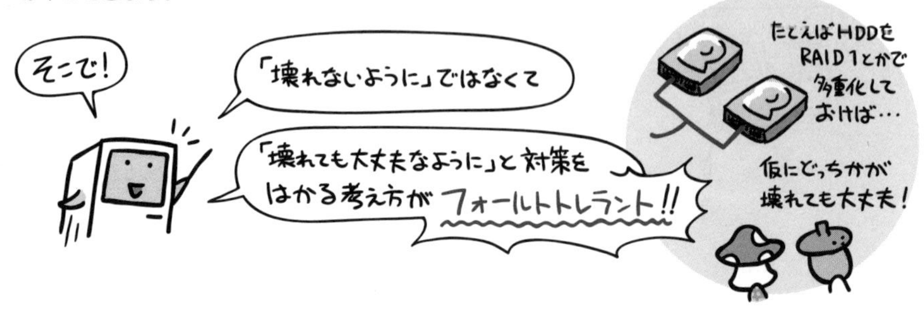

このフォールトトレラントを実現する方法には、次のようなものがあります。
それぞれの特徴をおさえておきましょう。

フェールセーフ

故障が発生した場合には、安全性を確保する方向で壊れるよう仕向けておく方法です。このようにすることで、障害が致命的な問題にまで発展することを防ぎます。
「故障の場合は、安全性が最優先」とする考え方です。

フェールソフト

故障が発生した場合にシステム全体を停止させるのではなく、一部機能を切り離すなどして、動作の継続を図る方法です。これにより、障害発生時にも、機能は低下しますが処理を継続することができます。
「故障の場合は、継続性が最優先」とする考え方です。

フールプルーフ

すさまじく直訳すれば「バカにも耐える」です。「人にはミスがつきもの」という視点に立ち、操作に不慣れな人が扱っても、誤動作しないよう安全対策を施しておくことです。
「意図しない使い方をしても、故障しないようにする」という考え方です。

電子レンジは
ドアを閉めないと
加熱できない
とか
・・・・

一方、品質管理などを通じてシステム構成要素の信頼性を高め、故障そのものの発生を防ごうという考え方もあります。こちらはフォールトアボイダンスといいます。

バスタブ曲線

導入した機械や装置が故障するまでに辿るサイクル。そうした故障の発生頻度と時間の関係をグラフにすると次のような傾向を示します。

これをバスタブ曲線といいます。

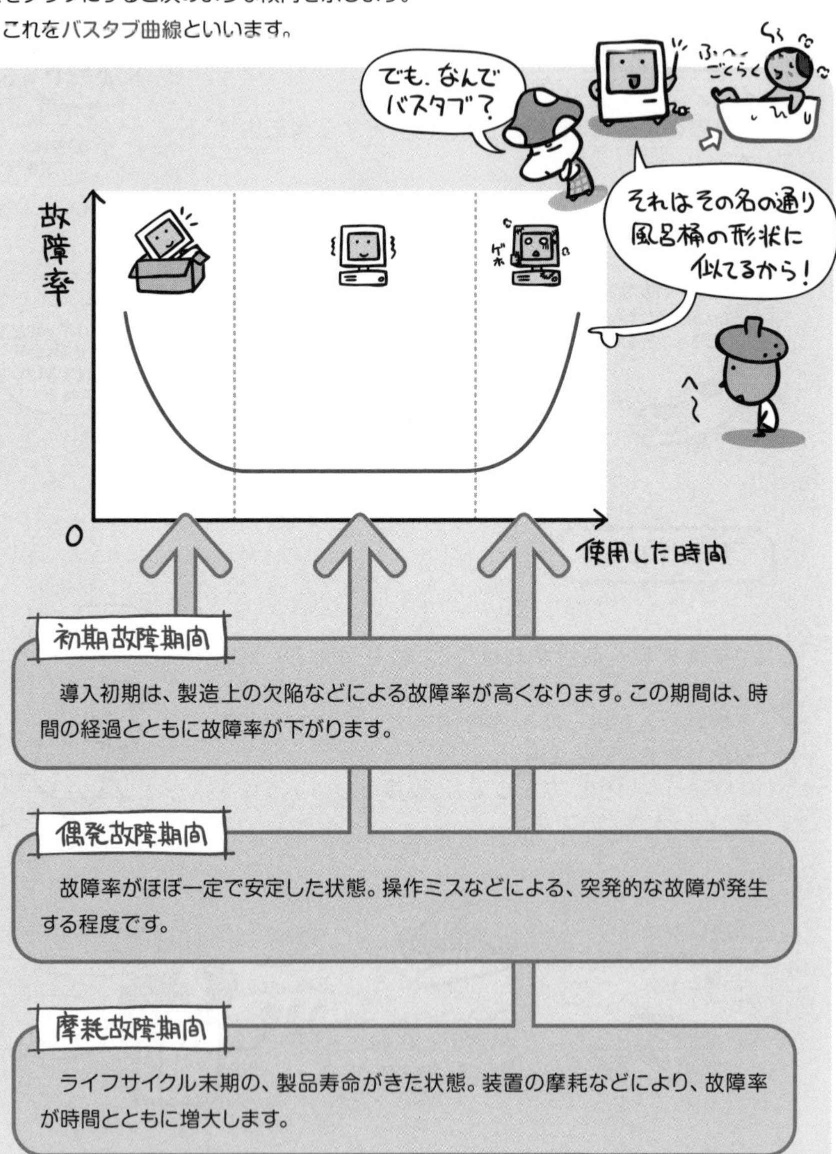

システムに必要なお金の話

システムを評価するにあたってお金の話は避けられません。どれだけ便利な超高性能システムだったとしても、それを導入したがために破産して会社がなくなってしまっては意味がないからです。

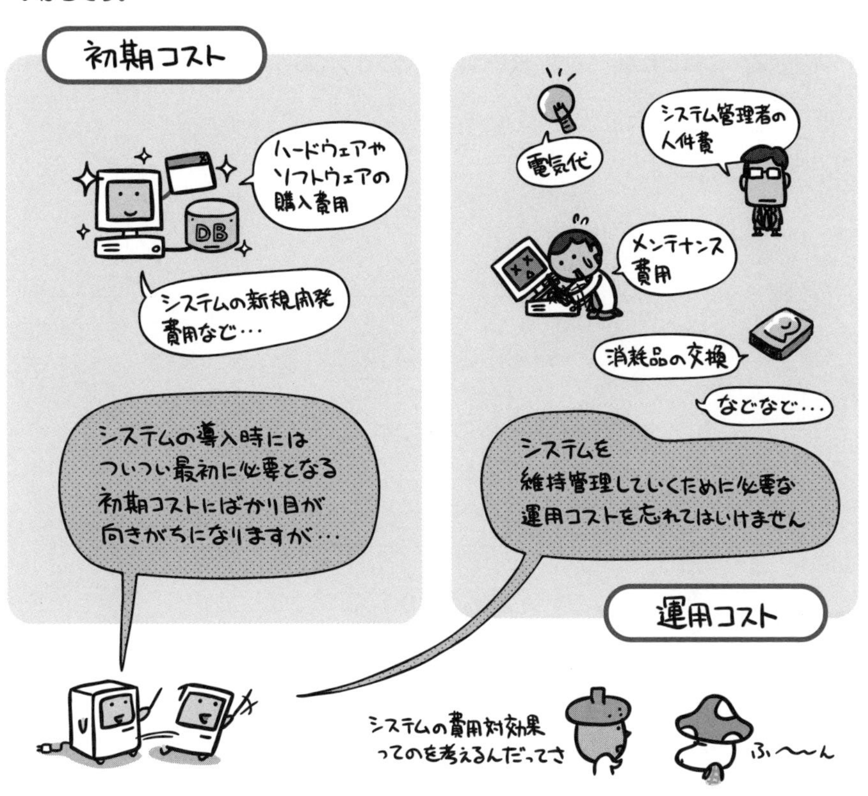

システムに必要となる、これらのコストをすべてひっくるめて、TCOと呼びます。

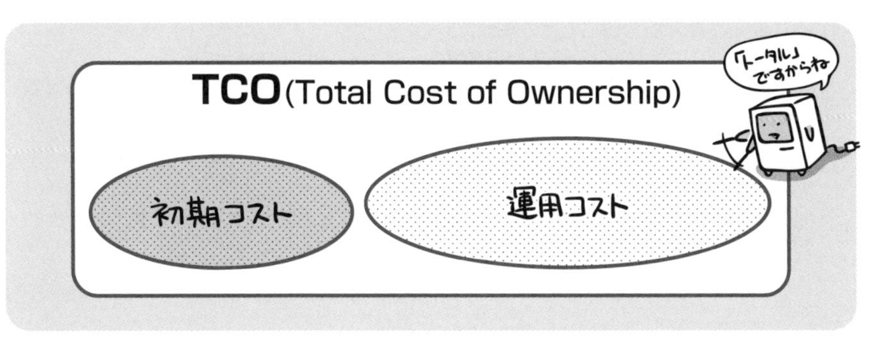

このように出題されています

過去問題練習と解説

問1 (AP-R03-S-14)

稼働率がxである装置を四つ組み合わせて，図のようなシステムを作ったときの稼働率をf(x)とする。区間 0≦x≦1におけるy = f(x)の傾向を表すグラフはどれか。ここで，破線はy = xのグラフである。

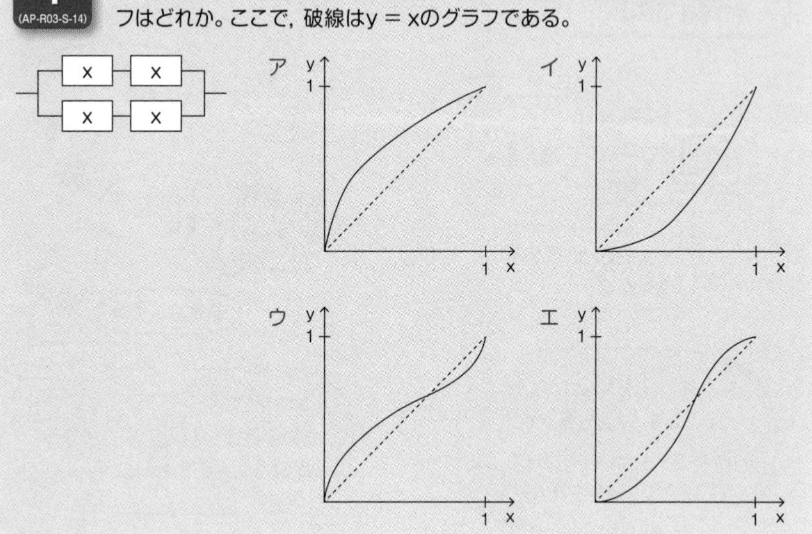

解説

解説の都合上、本問のシステムに、新たな名称をつけると下図になります。

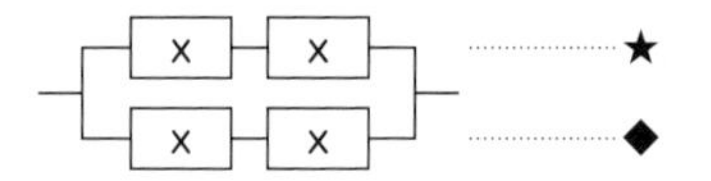

2つの装置を直列に接続した★と◆の稼働率は、“x×x” です。したがって、★と◆を並列に接続したシステム全体の稼働率は、“1− (1−x×x) × (1−x×x)” です。

(1) xを0.2とした場合のシステム全体の稼働率
　1− (1−0.2×0.2) × (1−0.2×0.2) = 0.0784
　0.0784は、0.2よりも小さいので、各選択肢のグラフの破線よりも下に位置します。したがって、正解の候補は、選択肢イとエに絞られます。

(2) xを0.8とした場合のシステム全体の稼働率
　1− (1−0.8×0.8) × (1−0.8×0.8) = 0.8704
　0.8704は、0.8よりも大きいので、各選択肢のグラフの破線よりも上に位置します。したがって、正解は、選択肢エです。

システムの信頼性設計に関する記述のうち，適切なものはどれか。

ア　フェールセーフとは，利用者の誤操作によってシステムが異常終了してしまうことのないように，単純なミスを発生させないようにする設計方法である。

イ　フェールソフトとは，故障が発生した場合でも機能を縮退させることなく稼働を継続する概念である。

ウ　フォールトアボイダンスとは，システム構成要素の個々の品質を高めて故障が発生しないようにする概念である。

エ　フォールトトレランスとは，故障が生じてもシステムに重大な影響が出ないように，あらかじめ定められた安全状態にシステムを固定し，全体として安全が維持されるような設計方法である。

解説

ア　フールプルーフの説明です（785ページを参照）。
イ　フォールトトレランスの説明です（784ページを参照）。
ウ　そのとおりです。
エ　フェールセーフの説明です（784ページを参照）。

信頼性設計においてフールプルーフを実現する仕組みの一つであるインタロックの例として，適切なものはどれか。

ア　ある機械が故障したとき，それを停止させて代替の機械に自動的に切り替える仕組み

イ　ある条件下では，特定の人間だけが，システムを利用することを可能にする仕組み

ウ　システムの一部に不具合が生じたとき，その部分を停止させて機能を縮小してシステムを稼働し続ける仕組み

エ　動作中の機械から一定の範囲内に人間が立ち入ったことをセンサが感知したとき，機械の動作を停止させる仕組み

解説

ア　フェールオーバーの例です。
イ　本選択肢の例に、信頼性設計において、特別な名前は付けられていません。
ウ　フォールバックの例です。
エ　インタロックの例です。

正解▶問1：エ　問2：ウ　問3：エ

新システムの開発を計画している。このシステムのTCOは何千円か。ここで，このシステムは開発された後，3年間使用されるものとする。

単位　千円

項目	費用
ハードウェア導入費用	40,000
システム開発費用	50,000
導入教育費用	5,000
ネットワーク通信費用／年	1,500
システム保守費用／年	7,000
システム運用費用／年	5,000

ア　40,500
イ　90,000
ウ　95,000
エ　135,500

解説

本問は、“新システムは開発後，3年間使用されるもの” と仮定されているので、TCOは右表のように計算されます。

(1) 初期投資費用

ハードウェア導入費用	40,000
システム開発費用	50,000
導入教育費用	5,000
合　計	95,000 … (a)

(2) 3年間の維持費用

ネットワーク通信費用／年	1,500
システム保守費用／年	7,000
システム運用費用／年	5,000
合　計	13,500 … (b)

(b)× 3 = 40,500 ……………………… (c)

(3) TCO (Total Cost of Ownership)

(a) + (c) = 95,000 + 40,500 = 135,500

MTBFを長くするよりも，MTTRを短くするのに役立つものはどれか。

ア　エラーログ取得機能
イ　記憶装置のビット誤り訂正機能
ウ　命令再試行機能
エ　予防保全

解説

ア　エラーログ取得機能があれば、エラー原因の特定が容易になるので、MTTRが短くなります。
イ　記憶装置のビット誤り訂正機能があれば、記憶装置のビット誤りが無くなるので、MTBFが長くなります。
ウ　命令再試行機能があれば、命令を実行できる可能性が上がるので、MTBFが長くなります。
エ　予防保全をすれば、故障しにくくなるので、MTBFが長くなります。

正解▶問4：エ　問5：ア

Chapter 16-5 転ばぬ先のバックアップ

人為的なミスをも含む様々なトラブルからデータを守るには、バックアップをとっておくことが有効です。

HDDを多重化するなどして機械的な故障に備えたとしても、人為的なミスによってファイルを消失するリスクは避け得ません。たとえば「あ、間違えてファイル消しちゃった」とか「しまった、別のファイル上書きしちゃった」とかいったことですね。

そういった諸々のリスクからデータを守ってくれるのがバックアップ。

バックアップを行う際は、以下の点に留意する必要があります。

●定期的にバックアップを行うこと

バックアップが存在しても、それが1年前とかの古いデータでは意味がありません。データの更新頻度にあわせて適切な周期でバックアップを行うことが必要です。

●バックアップする媒体は分けること

元データと同じ記憶媒体上にバックアップを作ってしまうと、その媒体が壊れた時にはバックアップごとデータが失われてしまい意味がありません。

●業務処理中にバックアップしないこと

処理中のデータをバックアップすると、データの一貫性が損なわれる恐れがあります。

バックアップの方法

バックアップには、フルバックアップ、差分バックアップ、増分バックアップという3種類の方法があります。これらを組み合わせることで、効率良くバックアップを行うことができます。

フルバックアップ

保存されているすべてのデータをバックアップするのがフルバックアップです。1回のバックアップにすべての内容が含まれているので、障害発生時には直前のバックアップだけで元の状態に戻せます。

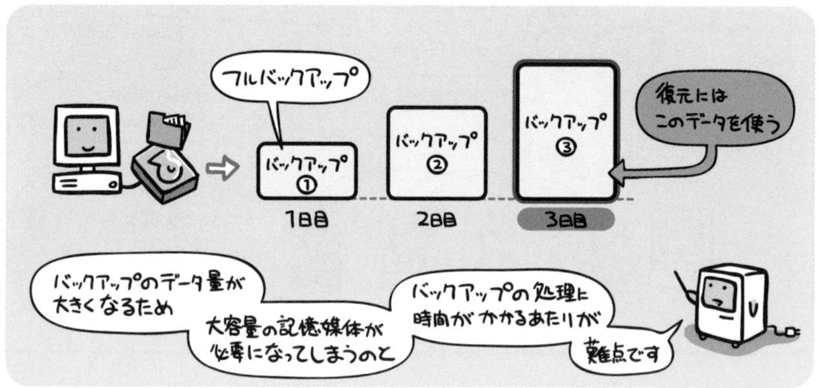

差分バックアップ

前回のフルバックアップ以降に作成、変更されたファイルだけをバックアップするのが差分バックアップです。障害発生時には、直近のフルバックアップと差分バックアップを使って元の状態に戻せます。

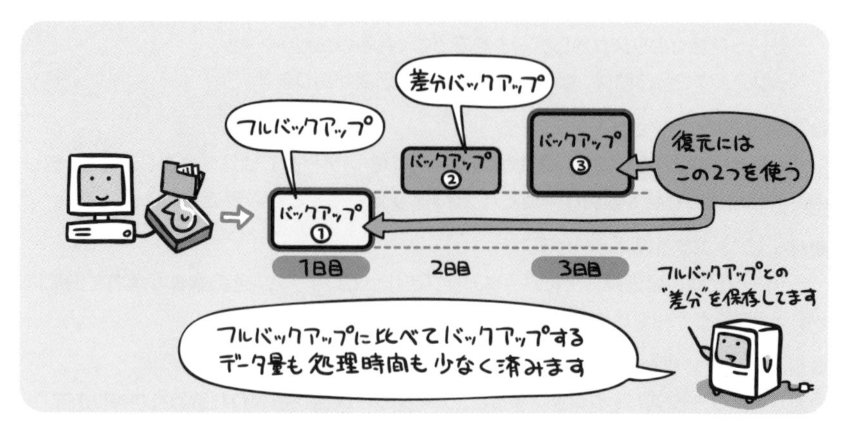

増分バックアップ

バックアップの種類に関係なく、前回のバックアップ以降に作成、変更されたファイルだけをバックアップするのが増分バックアップです。障害発生時には、元の状態に復元するために、直近となるフルバックアップ以降のバックアップがすべて必要となります。

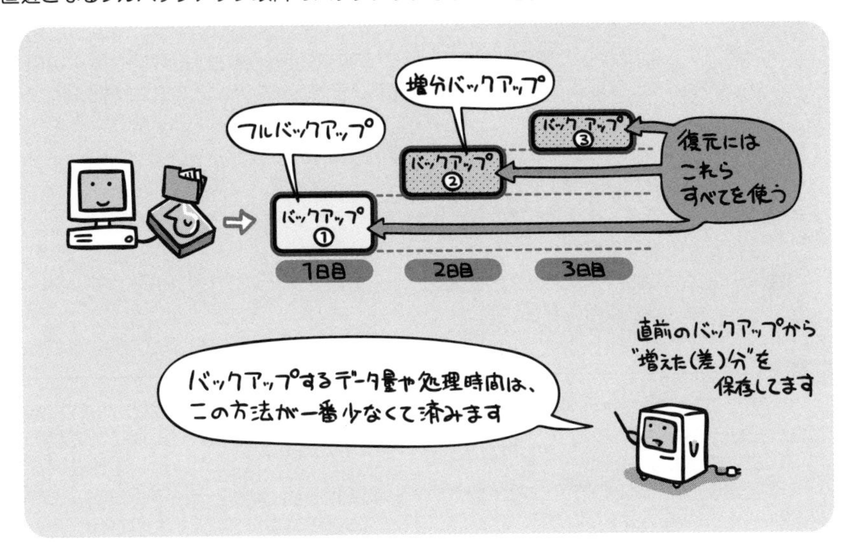

16 システム構成と故障対策

このように出題されています

過去問題練習と解説

フルバックアップ方式と差分バックアップ方式を用いた運用に関する記述のうち，適切なものはどれか。

ア　障害からの復旧時に差分バックアップのデータだけ処理すればよいので，フルバックアップ方式に比べ，差分バックアップ方式は復旧時間が短い。

イ　フルバックアップのデータで復元した後に，差分バックアップのデータを反映させて復旧する。

ウ　フルバックアップ方式と差分バックアップ方式を併用して運用することはできない。

エ　フルバックアップ方式に比べ，差分バックアップ方式はバックアップに要する時間が長い。

解説

ア　差分バックアップ方式は、フルバックアップされているバックアップを磁気ディスクやSSDに復元させ、さらに差分バックアップされたバックアップも復元させなければならないので，フルバックアップ方式に比べて復旧時間が長いです。

イ　そのとおりです。フルバックアップと差分バックアップの説明は、792ページを参照してください。

ウ　フルバックアップ方式をしながら、差分バックアップ方式もするといった併用運用は可能です。

エ　差分バックアップ方式は、フルバックアップ方式に比べ、バックアップに要する時間が短いです。

次の処理条件で磁気ディスクに保存されているファイルを磁気テープにバックアップするとき，バックアップの運用に必要な磁気テープは最少で何本か。

〔処理条件〕

(1) 毎月初日（1日）にフルバックアップを取る。フルバックアップは1本の磁気テープに1回分を記録する。

(2) フルバックアップを取った翌日から次のフルバックアップを取るまでは，毎日，差分バックアップを取る。差分バックアップは，差分バックアップ用としてフルバックアップとは別の磁気テープに追記録し，1本に1か月分を記録する。

(3) 常に6か月前の同一日までのデータについて，指定日の状態にファイルを復元できるようにする。ただし，6か月前の月に同一日が存在しない場合は，当該月の末日までのデータについて，指定日の状態にファイルを復元できるようにする（例：本日が10月31日の場合は，4月30日までのデータについて，指定日の状態にファイルを復元できるようにする）。

ア　12　　イ　13　　ウ　14　　エ　15

解説

問題文の最後に“例：10月31日の場合は，4月30日以降のデータについて，指定日の状態にファイルを復元できることを保証する”とあるので、この例を使って、下記のように計算します。

〔処理条件〕
(1)より、4月1日、5月1日、6月1日、…、10月1日の計7本が必要です。
(2)より、4月2日～4月30日、5月2日～5月31日、6月2日～6月30日、…、10月2日～10月31日の計7本が必要です。

上記の(1)と(2)を合算して、7本 ＋ 7本 ＝ 14本が必要です。

問3 (AP-R04-S-55)

あるシステムにおけるデータ復旧の要件が次のとおりであるとき，データのバックアップは最長で何時間ごとに取得する必要があるか。

〔データ復旧の要件〕
・RTO（目標復旧時間）：3時間
・RPO（目標復旧時点）：12時間前

ア 3　イ 9　ウ 12　エ 15

解説

RTO（Recover Time Objective：目標復旧時間）とは、災害や事故が発生した時点から、事業を復旧･再開させる時点までの間の目標時間です。また、RPO（Recover Point Objective:目標復旧時点）とは、災害や事故が発生した時点から遡って、データを復元できる目標時点です。例えば、本問のように、RTOが3時間、RPOが12時間前、災害発生時点が19時である場合、下図のようになります。

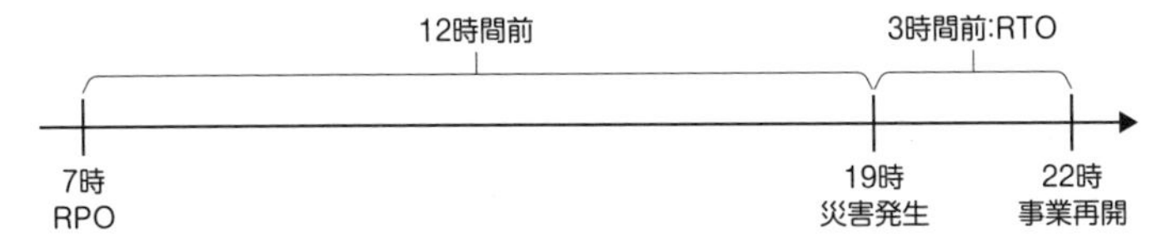

本問では、RPO（目標復旧時点）を12時間前としているので、データのバックアップは最長で12時間ごとに取得する必要があります。例えば、7時と19時にデータのバックアップを取得していれば、19時に災害が発生しても、7時に取得したバックアップを使って、7時現在のデータに復元できます。

正解▶問1：イ　問2：ウ　問3：ウ

Chapter 17

システム周りの各種マネジメント

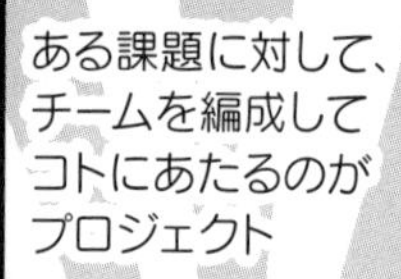

ある課題に対して、チームを編成してコトにあたるのがプロジェクト

しかしただやみくもに取り組めばいいわけではありません

プロジェクトには当然ながら納期があり

そして多くの場合、悲しいことに予算も限られてます

というわけで、それらを管理する人が必要になる

つまりマネジメントとは「管理する」こと

管理が適切になされるからこそ、課題達成につながるのです

いえいえ、「作る」だけではありません

システムは、
「使う」ことも
同じくらい重要です

単にシステムを
提供して終わり
…ではなくて

総合的な
サービスとして
提供する

当然その場合は、
適切な管理が
できてないと
クレームの嵐

そして、そうした
クレームもまた、
マネジメント対象で
あるのです

あれ、なんでブラック無糖
とか飲んじゃってんの？
苦いじゃん、
甘くないじゃん、
なにあれ、カッコ
つけてんの？オレは苦み
を愛する大人だぜーとか
気取っちゃってんの？
ブップーー
ただまずい
だけなんですけ
どーー
だからちゃんと次は
この声を
生かして
砂糖ミルク
入りのコーヒー

砂糖ミルクは必須

Chapter 17-1 プロジェクトマネジメント

このようなプロジェクトマネジメントの技法を体系的にまとめたのが PMBOK (Project Management Body of Knowledge) です。

PMBOKは、米国のプロジェクトマネジメント協会がまとめたプロジェクトマネジメントの知識体系で、国際的に標準とされているものです。なのでプロジェクトマネジメントといえば、当然テストに出るのもこのPMBOK。

従来、マネジメントといえば「QCD (品質、コスト、納期)」の3つに着目した管理手法が一般的でしたが、PMBOKでは次の10個の知識エリアをもとに管理すべきであるとしています。

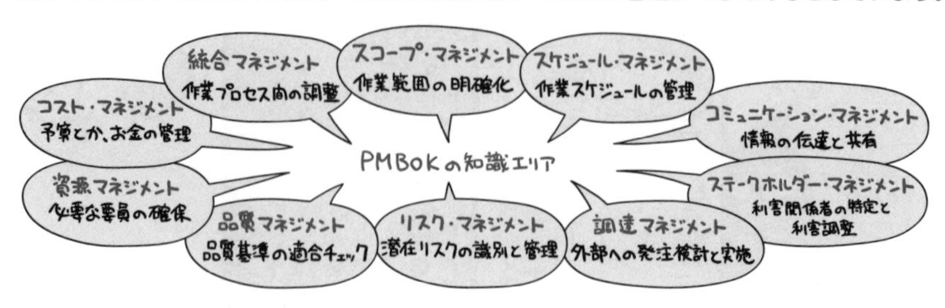

作業範囲を把握するためのWBS

WBSとはWork Breakdown Structureの略。プロジェクトに必要な作業や成果物を、階層化した図であらわすものです。PMBOKでいうスコープ管理に活用されます。

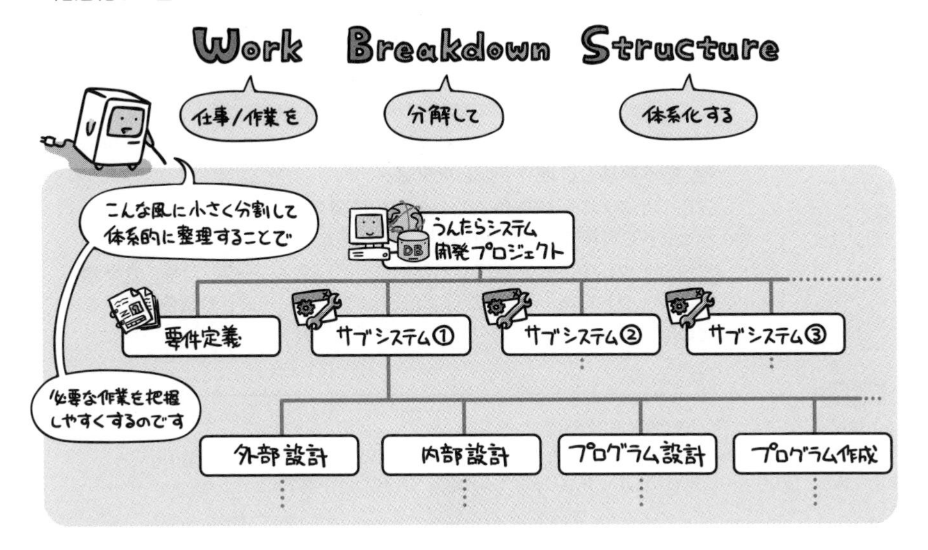

たとえば、いきなり「Googleみたいな検索システムを作れ！」と言われても途方に暮れるしかないですよね?

でも、これ以上ないくらいに作業を細分化することができたとしたら…?

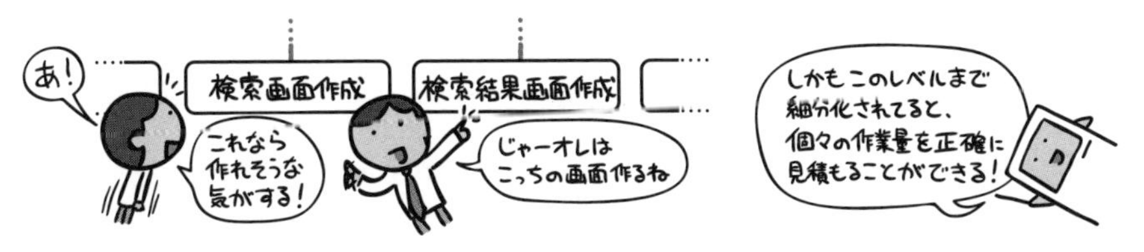

このように、複雑な作業であっても細かい単位に分割していくことで、個々の作業が単純化できて、把握しやすくなるというわけです。

このように出題されています

過去問題練習と解説

プロジェクトマネジメントにおける“プロジェクト憲章”の説明はどれか。

ア　プロジェクトの実行，監視，管理の方法を規定するために，スケジュール，リスクなどに関するマネジメントの役割や責任などを記した文書

イ　プロジェクトのスコープを定義するために，プロジェクトの目標，成果物，要求事項及び境界を記した文書

ウ　プロジェクトの目標を達成し，必要な成果物を作成するために，プロジェクトで実行する作業を階層構造で記した文書

エ　プロジェクトを正式に認可するために，ビジネスニーズ，目標，成果物，プロジェクトマネージャ，及びプロジェクトマネージャの責任・権限を記した文書

解説

選択肢ア〜エは、下記の各用語の説明です。

ア　プロジェクトマネジメント計画書
イ　プロジェクトスコープ記述書
ウ　WBS（799ページを参照してください）
エ　プロジェクト憲章

WBS（Work Breakdown Structure）を利用する効果として，適切なものはどれか。

ア　作業の内容や範囲が体系的に整理でき，作業の全体が把握しやすくなる。

イ　ソフトウェア，ハードウェアなど，システムの構成要素を効率よく管理できる。

ウ　プロジェクト体制を階層的に表すことによって，指揮命令系統が明確になる。

エ　要員ごとに作業が適正に配分されているかどうかが把握できる。

解説

ア　WBSは、プロジェクトで実施される作業を階層化してまとめたものです。WBSがあれば、作業の全体が把握しやすくなる効果が出ます。

イ　ソフトウェア、ハードウェアなどシステムの構成要素は、ITサービスマネジメントの構成管理によって把握されます。

ウ　プロジェクト組織を階層的にまとめ図示したものに、組織ブレイクダウン・ストラクチャー（OBS）があります。

エ　作業とそれを担当する要員の組合せを示した表に、RAM（Responsibility Assignment Matrix）があります。

問3 (AP-R02-A-52)

プロジェクトマネジメントにおいてパフォーマンス測定に使用するEVMの管理対象の組みはどれか。

ア　コスト，スケジュール
イ　コスト，リスク
ウ　スケジュール，品質
エ　品質，リスク

解説

EVM（Earned Value Management）は、PMBOKに記載されている時間（スケジュール）管理・コスト管理の技法です。下記のような方法を使って、時間（スケジュール）・コストに関する状況を把握します。

(1) プランドバリュー（PV：Planned Value）… 与えられた期間内で割り当てられた承認済みの予算額（金額）
例：1本20万円のプログラムを100本作るプロジェクトがあり、現時点では、30本完成している計画になっていれば、20万円×30本＝600万円が、現時点のプランドバリュー（PV）になります。

(2) アーンドバリュー（EV：Earned Value）… 実際に完了した作業の価値（金額）
例：現時点では、実際には28本のプログラムしか完成していません。したがって、現時点のアーンドバリュー（EV）は、20万円×28本＝560万円です。

(3) 実コスト（AC：Actual Cost）… 与えられた期間で発生した実際コスト（金額）
例：現時点で、かかったコストは640万円です。その640万円が現時点の実コスト（AC）です。

(4) スケジュール差異（SV:Schedule Variance）… アーンドバリュー（EV）からプランドバリュー（PV）を差し引いた金額であり，プラスならば進捗がよく，マイナスならば進捗が悪いです。
例：スケジュール差異（SV）は、560万円（EV）－600万円（PV）＝△40万円と計算されるので、進捗遅れが発生しています。

(5) コスト差異（CV：Cost Variance）… アーンドバリュー（EV）から実コスト（AC）を差し引いた金額であり，プラスならば利益が出ており，マイナスならば損失が発生しています。
例：コスト差異（CV）は、560万円（EV）－640万円（AC）＝△80万円と計算されるので、損失が発生しています。

正解▶問1：エ　問2：ア　問3：ア

Chapter 17-2 スケジュール管理とアローダイアグラム

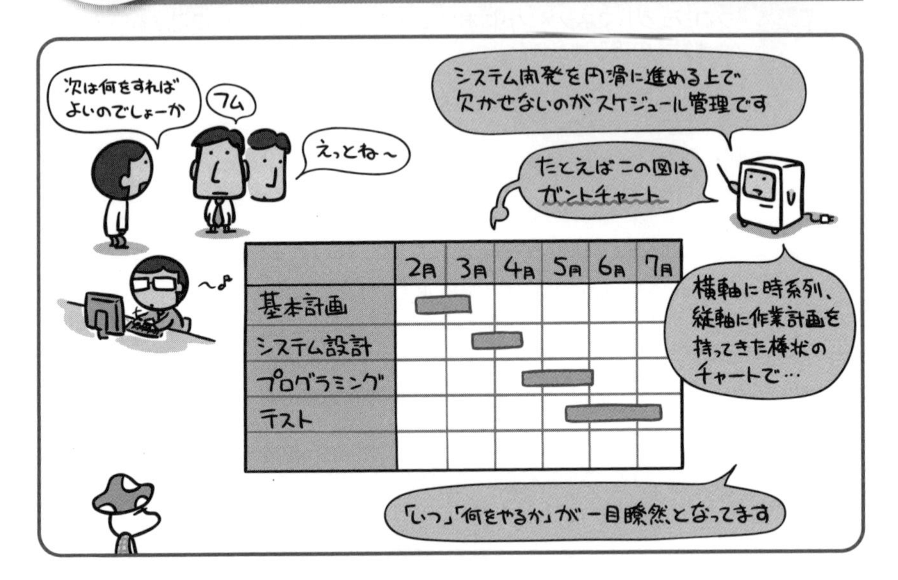

スケジュール管理には、ガントチャートやアローダイヤグラムといった図表が活躍します。

システム開発というのは、よほど規模小さいものでない限り、複数の人間が長期に渡って携わる仕事となります。

その時大事になってくるのが、「誰が何をいつやるべきか」という情報を、適切に共有できているかってこと。

ほうっておいても個々が勝手に認識できて動けりゃいいでしょうが、まずもってプロジェクトはそんな簡単には動きません。ともすれば、みんながみんなバラバラに動いて崩壊しかねないのがチームで作業する怖さなのです。

そこで管理者さんが、プロジェクトチーム全体を管理するわけですね。なかでも、全体の歩調をあわせるためには、スケジュール管理は欠かせません。

「やるべきことをやるべき人がやるべき期間にできているか」

そんなことを把握して、時には人員を追加したり作業の優先度を見直したり自分の休暇を削って涙目になったりと、都度適切な対策を行うわけです。

そのために活用されるのがスケジュール管理をサポートする各種図表たち。上のイラストにあるガントチャートの他、以降で詳しくふれるアローダイアグラムなどが代表的です。

アローダイアグラム（PERT図）の書き方

アローダイアグラムは、作業の流れとそこに要する日数とをわかりやすく図にあらわしたものです。PERTという工程管理手法で用いられるPERT図と同じものです。

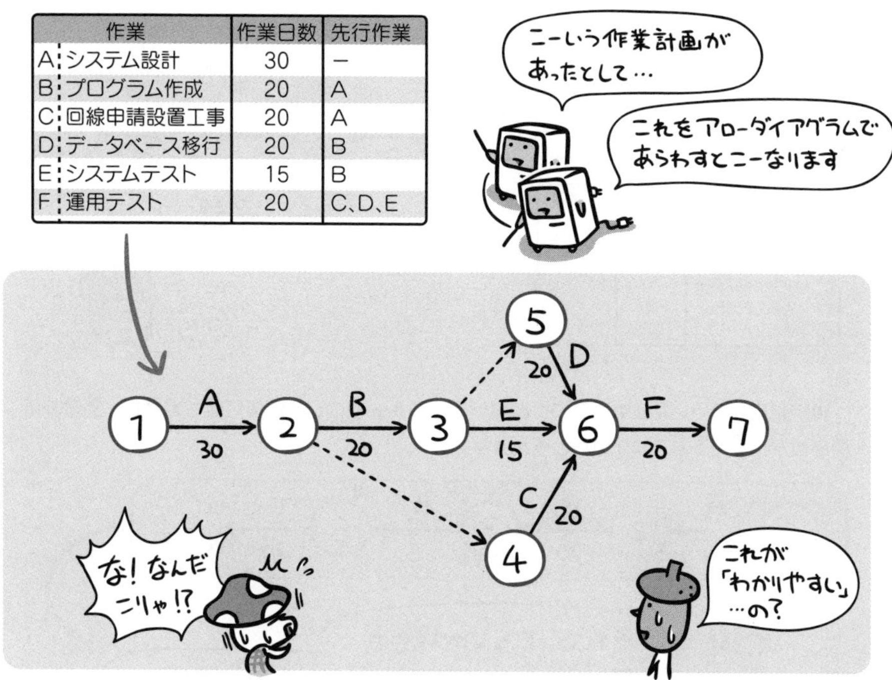

作業	作業日数	先行作業
A：システム設計	30	－
B：プログラム作成	20	A
C：回線申請設置工事	20	A
D：データベース移行	20	B
E：システムテスト	15	B
F：運用テスト	20	C、D、E

確かにぱっと見は「なんだこりゃ」なのですが、ちゃんと読めるようになると、「作業の順番は?」「全体の所要日数は?」「どの作業が滞ると全体に影響する?」などなど、色んな事がわかる図になっているのです。

アローダイアグラムは、次の3つの記号を使ってあらわします。

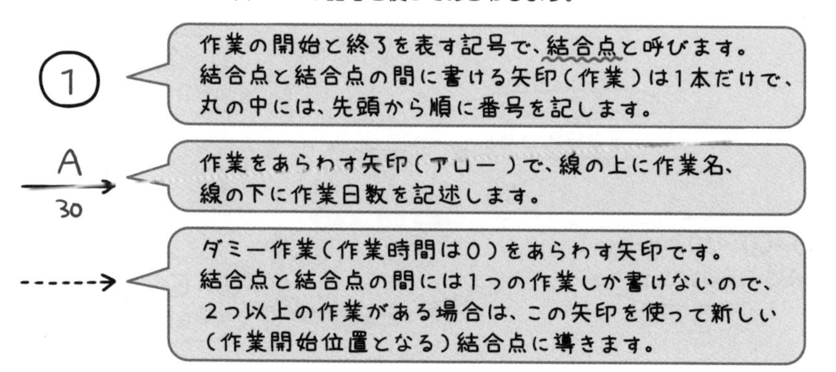

全体の日数はどこで見る?

それでは先ほどのアローダイアグラムを使って、プロジェクト全体に必要な日数はどのようにして求められるかを見てみましょう。

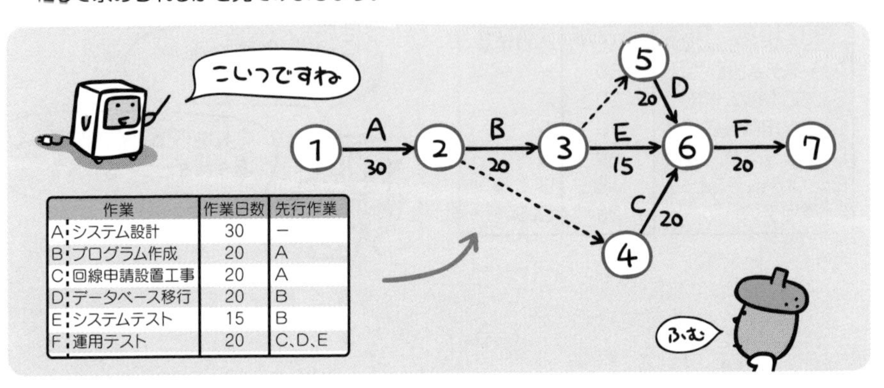

作業	作業日数	先行作業
A システム設計	30	–
B プログラム作成	20	A
C 回線申請設置工事	20	A
D データベース移行	20	B
E システムテスト	15	B
F 運用テスト	20	C、D、E

単純に考えると、真ん中をスコンと抜けているルートの、各作業日数を足せば、全体の所要日数が出てくるのではないかと思えます。

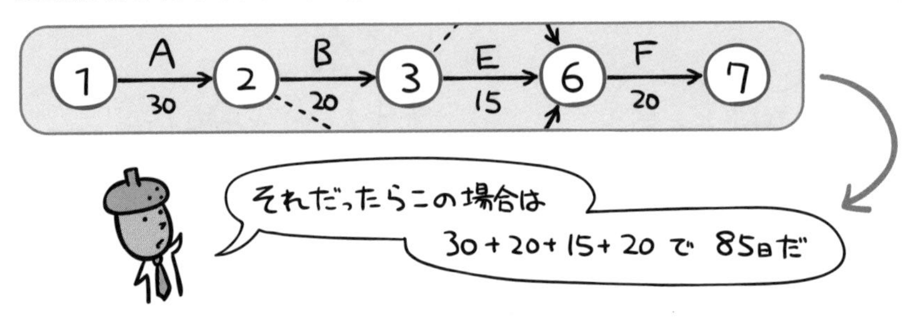

しかしFの作業（運用テスト）は、先行作業であるCとDとEの作業が終わってからでないと開始できません。じゃあ、それらがいつ終わるのかというと…。

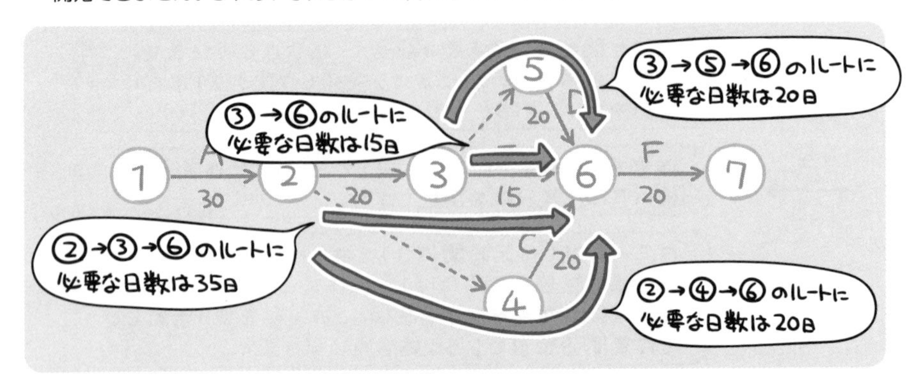

つまり作業日数は、次のルートが一番多く必要となるわけです。

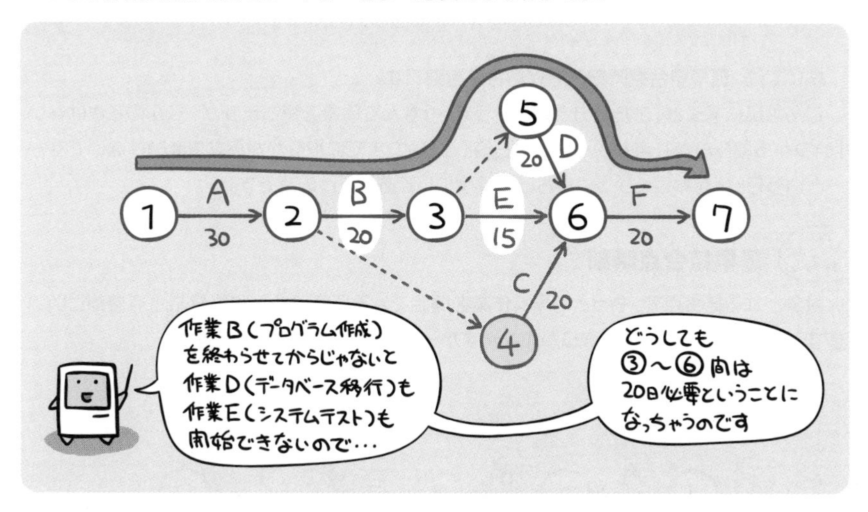

アローダイアグラムで「全体の作業日数」として合計すべきなのは、この「作業日数が一番多く必要となる(これ以上は短縮できない)」ルートなので…。

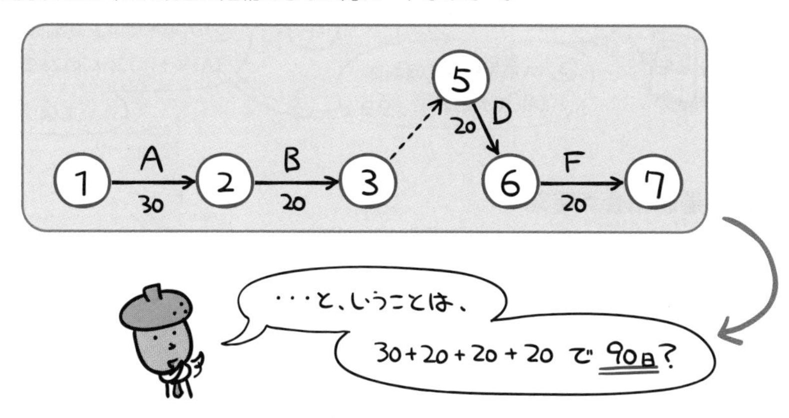

はい、大正解。

このように、アローダイアグラムで全体の所要日数を計算する時は、次の2点に留意して合計を算出します。

◎ 各作業に必要な作業日数を順に加算していく。

◎ 複数の作業が並行する個所では、より多く作業日数がかかる方の数字を採用する。

最早結合点時刻と最遅結合点時刻

続いては、最早結合点時刻と最遅結合点時刻です。

こんな風に書くと「また随分と難しそうな…」なんて印象を持ちますが、なんのことはない「いつから取りかかれますかーという日時」と「いつまでに取りかからなきゃいけないですかーという日時」を難しくかっこ良さげな漢字にしてあるだけの話です。

最早結合点時刻

対象とする結合点で、もっとも早く作業を開始できる日時のことを最早結合点時刻といいます。「いつから次の作業に取りかかれますかー？」と聞いているわけですね。

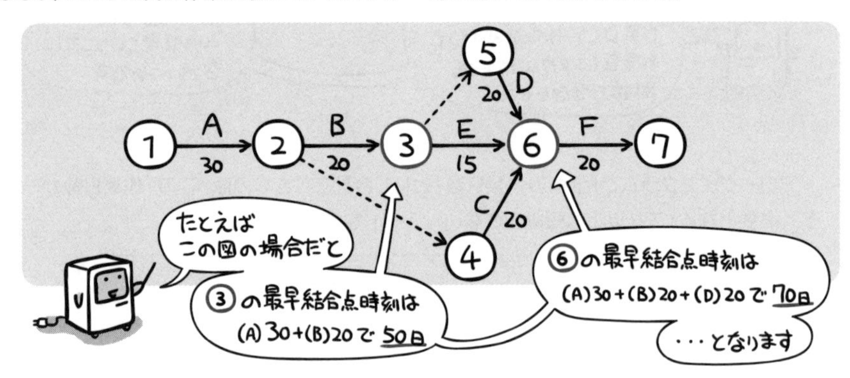

最遅結合点時刻

対象とする結合点が、全体に影響を与えない範囲で、もっとも開始を遅らせた日時のことを最遅結合点時刻といいます。「いつまでに作業開始しないとヤバイですかー？」と聞いているわけですね。

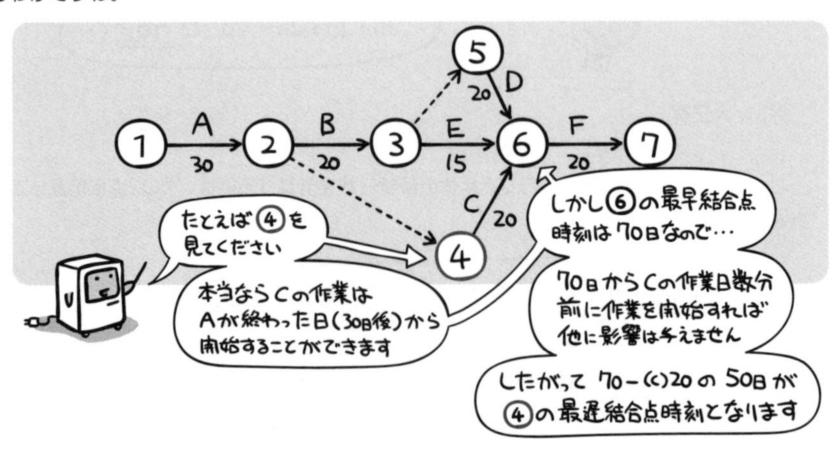

クリティカルパス

ルート上のどの作業が遅れても、それが全体のスケジュールを狂わせる結果に即つながってしまう要注意な経路のことをクリティカルパスと呼びます。クリティカルという言葉には、「重大な、危機的な、危険な」という意味があります。

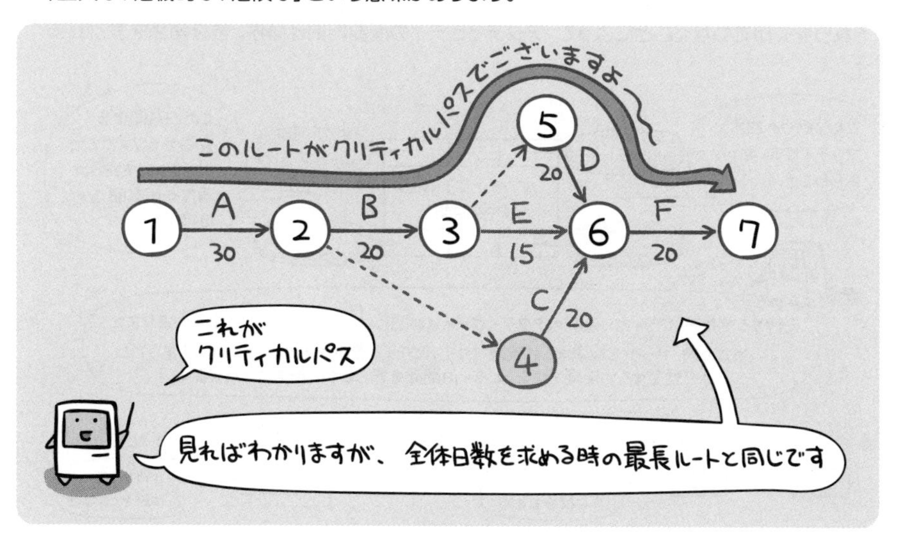

クリティカルパス上の作業に、日程的な余裕はありません。

その逆に、クリティカルパス以外の作業であれば、多少作業が前後しても、全体スケジュールには影響が出なかったりします。

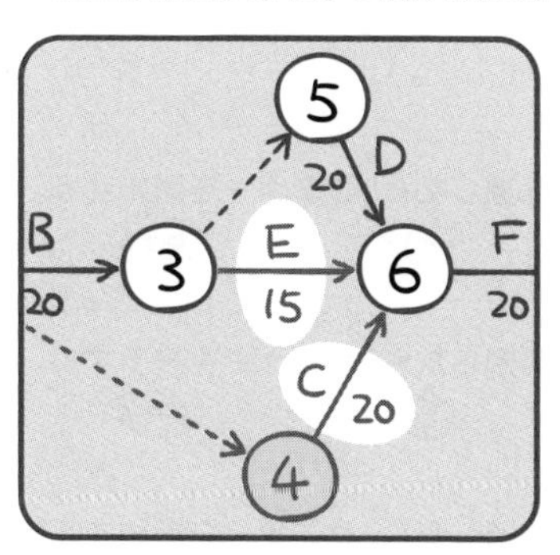

ちなみに、クリティカルパス上の結合点は、すべて最早結合点時刻と最遅結合点時刻が同じになっているはずです。どいつもこいつも「早めに着手することも、遅らせることもできない結合点」となるわけですね。… 怖いですね。

プレシデンスダイアグラム法（PDM:Precedence Diagram Method）

アローダイアグラムと同じく作業スケジュールを表現する図法の一種にプレシデンスダイアグラム法（PDM）があります。この図法では、個々のアクティビティ（作業）を四角で囲み、それらを矢印でつなぐことによって、アクティビティの所要期間と順序、依存関係を表現します。

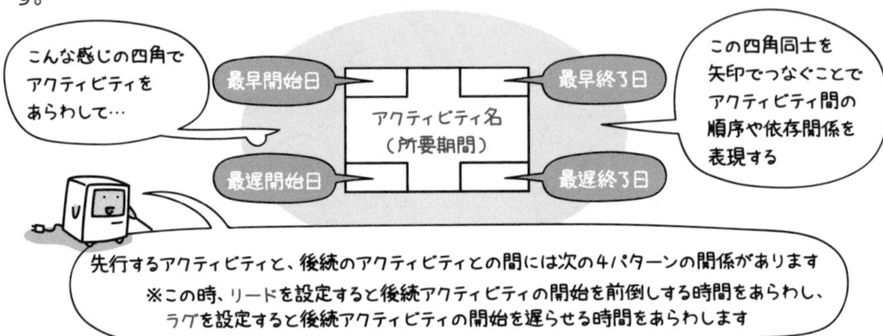

■ 終了−開始関係（FS関係:Finish-to-Start）

A → B

Aが終わるまで、Bは開始できない

■ 終了−終了関係（FF関係:Finish-to-Finish）

A → B

Aが終わるまで、Bは終了できない

■ 開始−開始関係（SS関係:Start-to-Start）

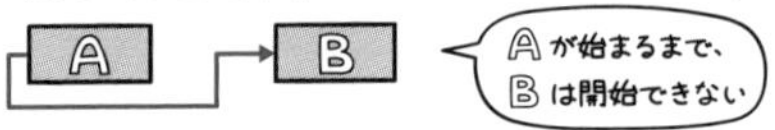

Aが始まるまで、Bは開始できない

■ 開始−終了関係（SF関係:Start-to-Finish）

A → B

Aが始まるまで、Bは終了できない

たとえばアクティビティ「受付」と「セミナー」がある場合に、上の関係を例に示すとそれぞれ次のようになります。

終了−開始関係（FS関係）
受付の終了から10分経過したら、セミナーを開始する。
（終わる）（と）（始まる）

終了−終了関係（FF関係）
受付の終了から45分経過したら、セミナーを終了する。
（終わる）（と）（終わる）

開始−開始関係（SS関係）
受付の開始から30分経過したら、セミナーを開始する。
（始まる）（と）（始まる）

開始−終了関係（SF関係）
受付の開始から20分経過したら、セミナーを終了する。
（始まる）（と）（終わる）

スケジュール短縮のために用いる手法

スケジュール短縮のために用いる代表的な手法が、クラッシングとファストトラッキングの2つです。

クラッシングとは、「資源を追加投入してコストの増大を最小限に抑えながらスケジュールの所要期間を短縮する技法」です。

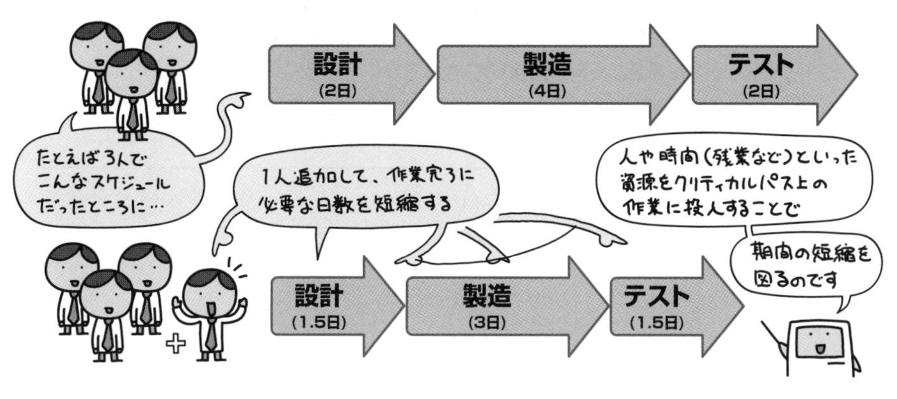

ファストトラッキングとは、「通常は順番に実施されるアクティビティやフェーズを並行して遂行するスケジュール短縮技法」です。

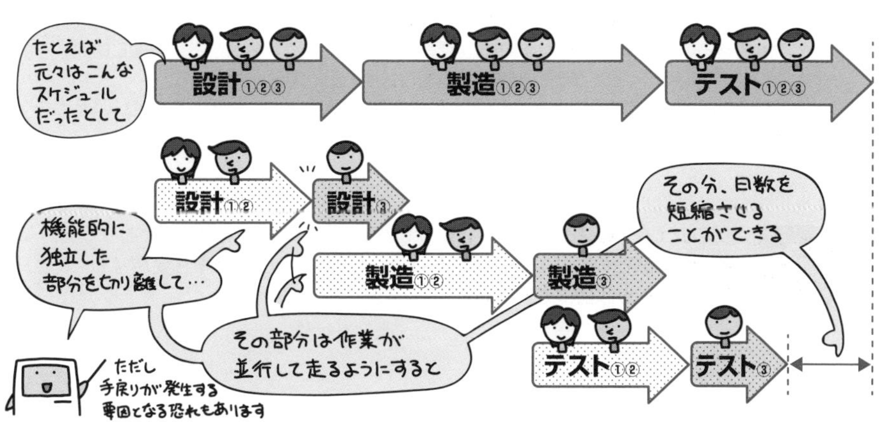

このように出題されています

過去問題練習と解説

図のアローダイアグラムから読み取ったことのうち，適切なものはどれか。ここで，プロジェクトの開始日は0日目とする。

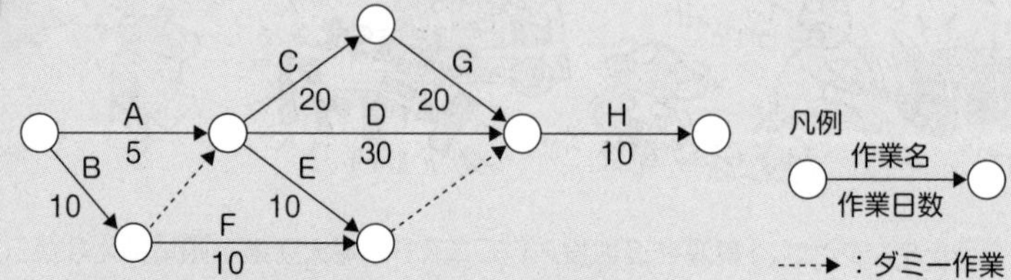

ア　作業Cを最も早く開始できるのは5日目である。
イ　作業Dはクリティカルパス上の作業である。
ウ　作業Eの余裕日数は30日である。
エ　作業Fを最も遅く開始できるのは10日目である。

解説

クリティカルパスを見つけるために、全パスの合計日数を下記のように計算します（作業A “5日” は、作業B “10日” ＋ダミー作業 “0日” よりも短いので、下記の計算対象から除外します）。

(1) B−ダミー作業−C−G−H … 10+0+20+20+10=60日
(2) B−ダミー作業−D−H … 10+0+30+10=50日
(3) B−ダミー作業−E−ダミー作業−H … 10+0+10+0+10=30日
(4) B−F−ダミー作業−H … 10+10+0+10=30日

日数が最も多い上記(1)が、クリティカルパスです。

ア　作業Cを最も早く開始できるのは、作業Bとダミー作業が完了した後の10日目です。
イ　作業Dは、クリティカルパス上にはない作業です。
ウ　作業Eを最も早く開始できるのは、作業Bとダミー作業が完了した後の10日目です。作業Eを最も遅く開始できるのは、クリティカルパスの日数である60日から、作業H（10日）と作業E（10日）を差し引いた40日目です。したがって、作業Eの余裕日数は、40−10日=30日です。
エ　作業Fを最も遅く開始できるのは、クリティカルパスの日数である60日から、作業H（10日）と作業F（10日）を差し引いた40日目です。

プロジェクトのスケジュールを短縮したい。当初の計画は図1のとおりである。作業Eを作業E1，E2，E3に分けて，図2のとおりに計画を変更すると，スケジュールは全体で何日短縮できるか。

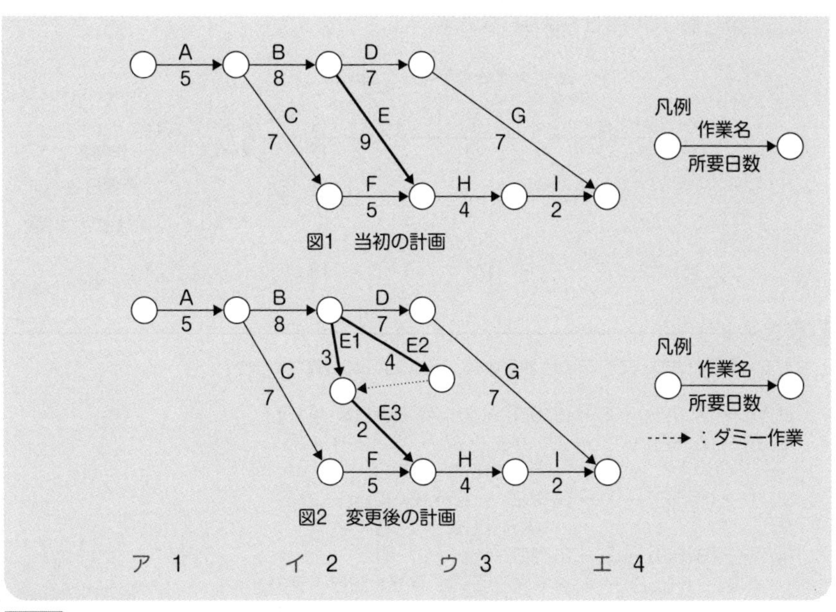

図1　当初の計画

図2　変更後の計画

ア　1　　イ　2　　ウ　3　　エ　4

解説

(1) “当初の計画” の全パスの合計日数を下記のように計算します。

(a) A (5日) －B (8日) －D (7日) －G (7日)… 合計日数5+8+7+7=27日
(b) A (5日) －B (8日) －E (9日) －H (4日) －I (2日)… 合計日数5+8+9+4+2=28日
(c) A (5日) －C (7日) －F (5日) －H (4日) －I (2日)… 合計日数5+7+5+4+2=23日

日数が最も多い上記(b)が、クリティカルパスです。

(2) 上記と同様に、“変更後の計画” の全パスの合計日数を下記のように計算します。

(d) A (5日) －B (8日) －D (7日) －G (7日)… 合計日数5+8+7+7=27日
(e) A (5日) －B (8日) －E2 (4日) －ダミー作業－E3 (2日) －H (4日) －I (2日)… 合計日数5+8+4+2+4+2=25日
(f) A (5日) －B (8日) －E1 (3日) －E3 (2日) －H (4日) －I (2日)… 合計日数5+8+3+2+4+2=24日
(g) A (5日) －C (7日) －F (5日) －H (4日) －I (2日)… 合計日数5+7+5+4+2=23日

日数が最も多い上記(d)が、クリティカルパスです。

(3) スケジュール全体での短縮日数を下記のように計算します。

(b)の合計日数28日－(d)の合計日数27日=1日

あるプロジェクトの作業が図に従って計画されているとき，最短日数で終了するためには，結合点⑤はプロジェクトの開始から遅くとも何日後に通過していなければならないか。

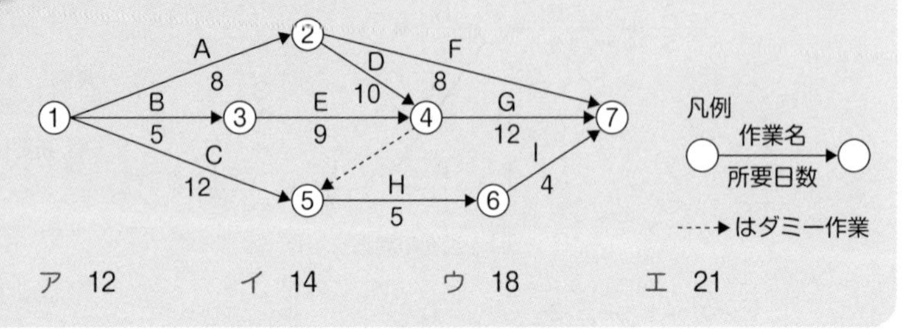

ア 12　　イ 14　　ウ 18　　エ 21

解説

本問で与えられたすべてパスの合計日数は、下記のように計算されます。

(1) ① →(A：8日)→ ② →(F：8日)→ ⑦　⇒ 合計日数 ＝ 16日
(2) ① →(A：8日)→ ② →(D：10日)→ ④ →(G：12日)→ ⑦
⇒ 合計日数 ＝ 30日
(3) ① →(B：5日)→ ③ →(E：9日)→ ④ →(G：12日)→ ⑦
⇒ 合計日数 ＝ 26日
(4) ① →(B：5日)→ ③ →(E：9日)→ ④ ……> ⑤
⑤ →(H：5日)→ ⑥ →(I：4日)→ ⑦　⇒ 合計日数 ＝ 23日
(5) ① →(C：12日)→ ⑤ →(H：5日)→ ⑥ →(I：4日)→ ⑦
⇒ 合計日数 ＝ 21日

上記(1)～(5)の中で、合計日数が最も大きいものは、(2)です。したがって、(2)が、本問のクリティカルパスであり、その合計日数は30日です。

結合点⑤の後続作業は、作業Hと作業Iです。この両方の作業日数を合計すれば、5日 ＋ 4日 ＝ 9日になります。結合点⑦を30日目に迎えようとするならば、遅くとも、30−9=21日目に、結合点⑤を通過していなければなりません。

正解▶問3：エ

Chapter 17-3

ITサービスマネジメント

顧客の要求を満たすITサービスを、効果的に提供できるよう体系的に管理する手法がITサービスマネジメントです。

「こういうシステムが欲しいわ～」と顧客が言う場合、その多くはシステムそのものではなく、「そのシステムによって実現できるサービス」を求めています。

だからシステムだけを作って「はいできましたよ」で終わっちゃうとちょっと違う。その運用や管理までを含めて、いかにサービスとして提供するか。また、サービスの水準を、いかに維持し、改善していくかという視点が求められます。

そこで、ITサービスを提供するにあたっての、管理・運用規則に関するベストプラクティス（最も効率の良い手法・プロセスなどのこと。ようするに成功事例）が、英国において体系的にまとめられました。これをITIL（アイティル：Information Technology Infrastructure Library）と呼びます。

ITILは大きく分けて、ITサービスの日々の運用に関する作業をまとめたサービスサポートと、長期的な視点でITサービスの計画と改善と図るサービスデリバリの2つによって構成され、ITサービスマネジメントの標準的なガイドラインとして使われています。

SLA (Service Level Agreement)

サービスレベルアグリーメント(SLA)とは、日本語にするとサービスレベル合意書、サービスの提供者とその利用者との間で、「どのような内容のサービスを、どういった品質で提供するか」と事前に取り決めて明文化したものをいいます。

サービス品質の目標設定を、両者合意のもとで行うわけです。

この時その項目は、漠然とした表現ではなく、具体的な数値を用いて定量的な判断ができるようにしておく必要があります。「問い合わせに対しては"○時間以内"に返答する」などとするわけですね。

なんでそれが大事なのかというと…

まあそれは極端な話だとしても、表現があいまいでは目標が達成できたかもわかりませんから、困るわけですね。

ちなみに、設定した目標を達成するために、計画ー実行ー確認ー改善というPDCAサイクル(P.834)を構築し、サービス水準の維持・向上に努める活動を、サービスレベルマネジメント(SLM:Service Level Management)といいます。

サービスサポート

ITILの中で、「ITサービスの日々の運用に関する作業」をまとめたものがサービスサポート。次の1機能と5つの業務プロセスによって構成されています。

機能	サービスデスク	ITサービスを利用する顧客と、ITサービスを提供する組織との間の一元的な窓口として活動する。
プロセス	インシデント管理	発生したインシデントに対し、可能な限り迅速に通常のサービス運用を回復して、ビジネスへの悪影響を最小限に抑える。
	問題管理	インシデントや問題の根本原因を特定し、事業に対する悪影響を最小限に抑制し、また再発を防止する。
	構成管理	構成管理データベースを用いてITサービス提供に必要な構成アイテム（CI）を常に正しく把握し、各プロセスに効果的な情報を提供する。
	変更管理	変更要求（RFC）の内容について、変更に伴う影響を検証してインパクトや優先度の評価を行い、認可又は却下を決定する。
	リリース管理	承認の得られたコンポーネントを、正しい場所に、適切な時期にリリースする。

サービスデスクの組織構造

サービスデスクは、その組織を「どこに置くか」によって次のように分類することができます。

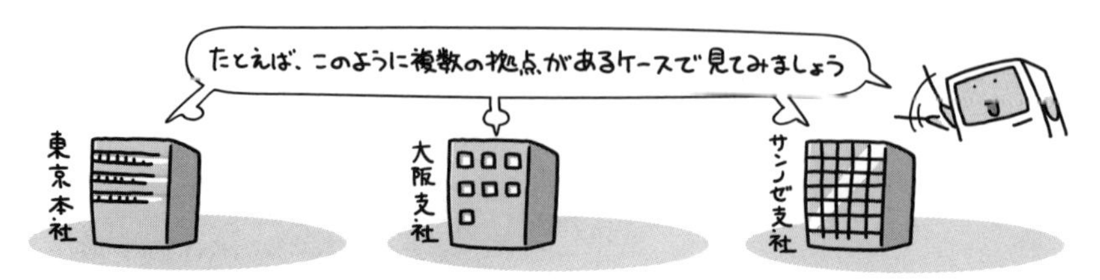

ローカル・サービスデスク

ユーザの拠点内、もしくは物理的に近い場所に設けられたサービスデスクです。

中央サービスデスク

1箇所に窓口を集約させたサービスデスクです。

バーチャル・サービスデスク

インターネットなどの通信技術を利用することによって、実際は各地に分散しているスタッフを擬似的に1箇所の拠点で対応しているように見せるサービスデスクです。

その他にも、時差のある複数の地域に拠点を設けることで24時間対応を可能にする、フォロー・ザ・サンなどがあります。

サービスデリバリ

ITILの中で、「長期的な視点でITサービスの計画と改善を図る」のがサービスデリバリ。次の5つの業務プロセスによって構成されています。

サービスレベル管理 (SLM：Service Level Management)	サービスの提供者とその利用者との間でSLAを締結し、PDCAサイクルによってサービスの維持、向上に努める。モニタリングの結果に応じてSLAやプロセスを見直す。
キャパシティ管理	容量、能力などシステムのキャパシティを管理し、最適なコストで、サービスが現在及び将来の合意された需要を満たすに足る十分な能力をもっていることを確実にする。
可用性管理	サービスの利用者が利用したい時に確実にサービスを利用できるよう、ITサービスを構成する個々の機能の維持管理を行う。
ITサービス継続性管理	顧客と合意したサービス継続を、あらゆる状況の下で満たすことを確実にする。具体的には、災害発生時であっても、最小時間でITサービスを復旧させ、事業継続のために必要な計画立案と試験を行う。
ITサービス財務管理	ITサービスにかかわるコストの予測と、実際に発生したコストの計算や課金管理を行う。

事業継続計画(BCP:Business Continuity Plan)

BCP (Business Continuity Plan) は、直訳すると次のような意味を持ちます。

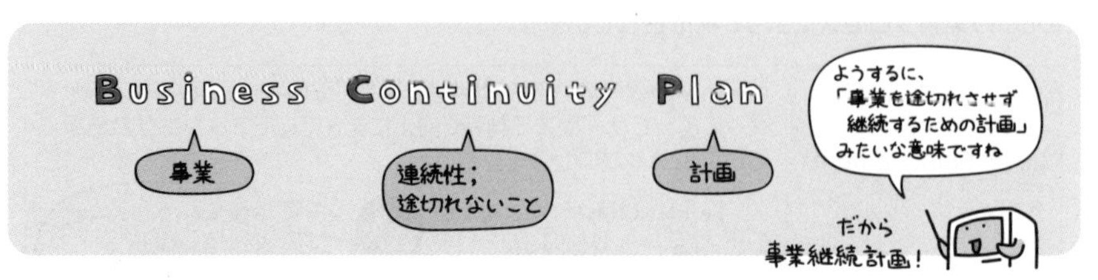

たとえば、地震等の自然災害、大火災、テロ攻撃などの緊急事態に企業が遭遇した場合において…

そうした事態が発生しても、重要な事業を中断させない、または中断しても可能な限り短い期間で復旧させるための方針、体制、手順等を示した計画のことを事業継続計画(BCP:Business Continuity Plan)と呼びます。

BCPでは、事業継続のために優先させるべきシステムを洗い出し、復旧目標として次の3種を定めます。

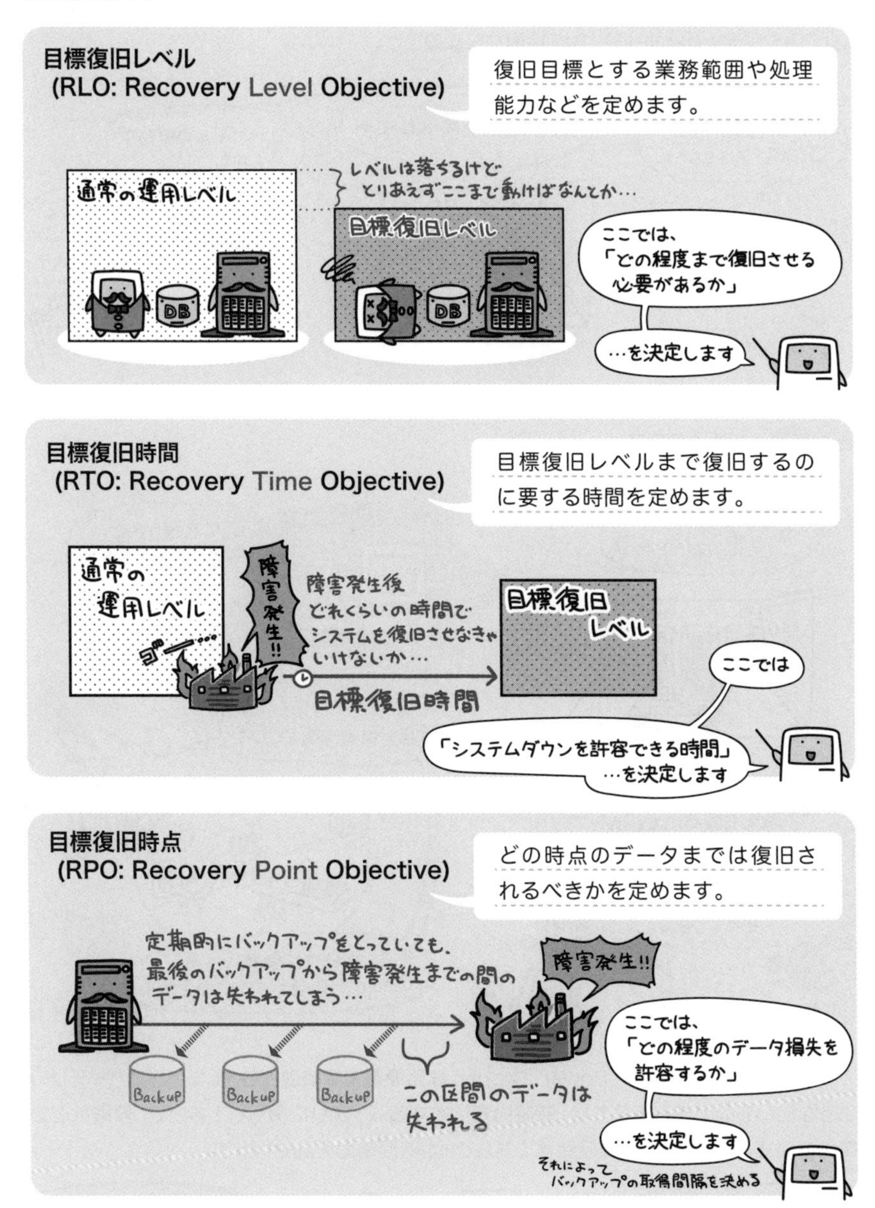

ファシリティマネジメント

「ファシリティ(facility)」とは、設備や施設のこと。

システムを動かす
コンピュータはもちろん
それらを納めるサーバールームや
ウォ〜ン ウォ〜ン
コンセントのOAタップ
なんかも
とにかく
ぜ〜んぶ
ファシリティ

ファシリティマネジメントとは、これらの設備を適切に管理・改善する取り組みのことです。施設管理とも呼ばれます。

UPS(Uninterruptible Power Supply)は無停電電源装置とも言い、外付けバッテリのような使い方のできる装置です。装置内部に有するバッテリに蓄電しておいて、停電などで電力が閉ざされた場合に、接続機器に対して一定時間電力を供給します。

このように出題されています

過去問題練習と解説

SLAに記載する内容として，適切なものはどれか。

ア　サービス及びサービス目標を特定した，サービス提供者と顧客との間の合意事項
イ　サービス提供者が提供する全てのサービスの特徴，構成要素，料金
ウ　サービスデスクなどの内部グループとサービス提供者との間の合意事項
エ　利用者から出されたITサービスに対する業務要件

解説

SLA は、サービス提供側とサービス利用者側が、そのサービスレベルの達成目標（＝サービスの品質）について両者間が合意すること、もくしはその合意書のことです。

したがって、選択肢アが正解です。なお、選択肢イ・ウ・エは、SLAの一部になりうる内容ですが、不十分なので消去法により×になります。また、選択肢イ・ウ・エには、特別な名前は付けられていません。

ITサービスマネジメントにおける問題管理プロセスにおいて実施することはどれか。

ア　インシデントの発生後に暫定的にサービスを復旧させ，業務を継続できるようにする。
イ　インシデントの発生後に未知の根本原因を特定し，恒久的な解決策を策定する。
ウ　インシデントの発生に備えて，復旧のための設計をする。
エ　インシデントの発生を記録し，関係する部署に状況を連絡する。

解説

本問は、ITサービスマネジメントにおけるインシデント管理プロセスと問題管理プロセスの相違点を問うています。

(1) インシデント管理
“低下したサービスレベルを回復させ，影響を最小限度に抑えること” にポイントがあります。“応急処置” を行うのだと理解すればOKです。

(2) 問題管理
インシデント管理によって “一時的回避策で対処した問題を分析し，恒久対策を検討すること” にポイントがあります。“本質的な解決策” を検討するのだと理解すればOKです。

上記より、選択肢イが問題管理プロセス、選択肢ア，エがインシデント管理プロセスにおいて実施することであり、選択肢イが正解です。

なお、選択肢ウは、“インシデントの発生に備えて，予防策を設計する” にしないと文意が通じにくく、どちらの管理プロセスにも含められません。

正解▶問1：ア　問2：イ

サービス提供時間帯が毎日0～24時のITサービスにおいて，ある年の4月1日0時から6月30日24時までのサービス停止状況は表のとおりであった。システムバージョンアップ作業に伴う停止時間は，計画停止時間として顧客との間で合意されている。このとき，4月1日から6月30日までのITサービスの可用性は何%か。ここで，可用性（%）は小数第3位を四捨五入するものとする。

〔サービス停止状況〕

停止理由	停止期間
システムバージョンアップ作業に伴う停止	5月2日22時から5月6日10時までの84時間
ハードウェア故障に伴う停止	6月26日10時から20時までの10時間

ア　95.52　　イ　95.70　　ウ　99.52　　エ　99.63

解説

問題の条件に従って、下記のように計算します。

(1) サービス停止時間

ハードウェア故障に伴う停止：10時間 …（●）

注：“システムバージョンアップ作業に伴う停止時間”は、計画停止時間として顧客との間で合意されているので、サービス停止時間には含めません。

(2) 4月1日から6月30日までのサービス提供時間

4月1日から4月30日まで：30日×24時間=720時間 …（◆）

5月1日から5月31日まで：31日×24時間=744時間 …（▼）

6月1日から6月30日まで：30日×24時間=720時間 …（▲）

システムバージョンアップ作業に伴う停止：84時間 …（★）

（◆）＋（▼）＋（▲）－（★）＝ 2,100時間 …（■）

注：“システムバージョンアップ作業に伴う停止時間”は、計画停止時間として顧客との間で合意されているので、サービス提供時間には含めません。

(3) 4月1日から6月30日までのITサービスの可用性

(（■）－（●）)÷（■）× 100 = (2,100 － 10) ÷ 2,100 × 100 = 99.523809....

小数第3位を四捨五入すると、99.52% ですので、選択肢ウが正解です。

正解▶問3：ウ

Chapter 17-4 システム監査

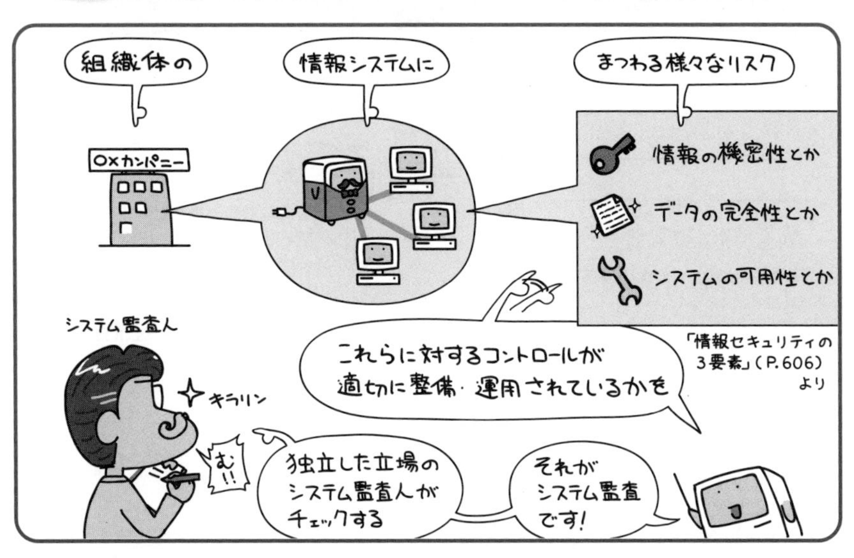

システム監査人は、検証または評価の結果として、保証やアドバイスを与えてITガバナンスの実現に寄与します。

ITガバナンスとは、経済産業省の定義によると「企業が、ITに関する企画・導入・運営および活用を行うにあたって、すべての活動、成果および関係者を適正に統制し、目指すべき姿へと導くための仕組みを組織に組み込むこと、または、組み込まれた状態」を意味します。

やたらめったらややこしい感じもいたしますが、元々はコーポレートガバナンス(P.882)から派生したこの言葉。ガバナンスが「統治、またはそのための機構や方法」の意味であることを考えると、ITガバナンスとはざっくり言って「ITシステムを適切に管理・運用するための体制や方法」だと思えば良いでしょう。

つまりシステム監査というのは、「その体制がちゃんとできてますかー?」と確認するのがお仕事だというわけです。

システム監査人と監査の依頼者、被監査部門の関係

システム監査人には、独立性をはじめとする次の要素が求められます。

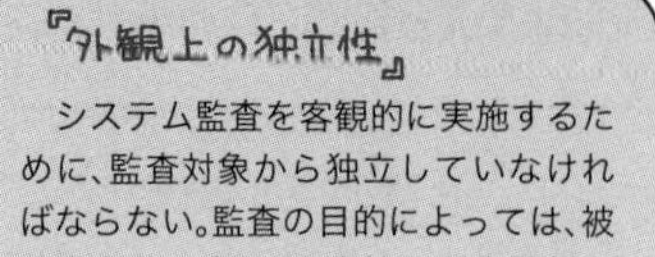

『外観上の独立性』

システム監査を客観的に実施するために、監査対象から独立していなければならない。監査の目的によっては、被監査主体と身分上、密接な利害関係を有することがあってはならない。

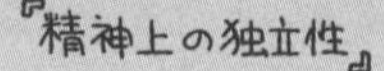

『精神上の独立性』

システム監査の実施に当たり、偏向を排し、常に公正かつ客観的に監査判断を行わなければならない。

『職業倫理と誠実性』

職業倫理に従い、誠実に業務を実施しなければならない。

『専門能力』

適切な教育と実務経験を通じて、専門職としての知識及び技能を保持しなければならない。

システム監査人

『システム監査基準』 by 経済産業省 より

つまりシステム監査人は、依頼を受けてシステム監査を行いますが…

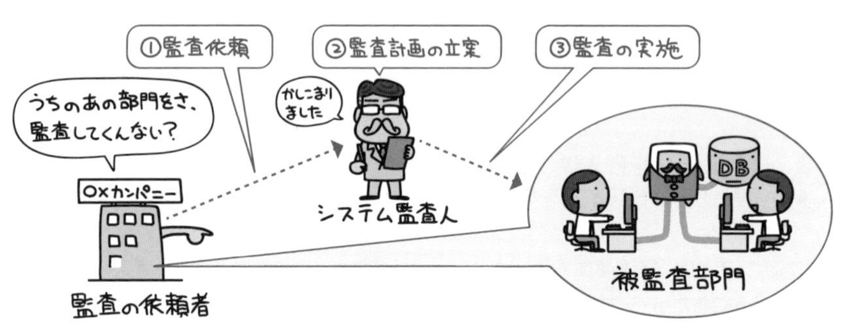

その存在は独立しているため、実際に業務を変更する権限は持ち合わせていません。システム監査の結果を受けて実際の改善命令を下すのは、監査の依頼組織もしくは被監査部門の役割となります。

システム監査の手順

システム監査は、監査計画に基き、予備調査→本調査→評論・結論という手順で行われます。

監査計画の立案

監査の目的を効率的に達成するための、監査手続の内容とその時期、および範囲などについて適切な計画を立案します。

予備調査

本調査に先立ち、監査対象の実態把握に努めます。
資料の収集やアンケート調査など、被監査部門の実態調査を行い、適切なコントロールがなされているか確認します。

本調査

予備調査で作成した監査手続書に従い、現状の確認と、それを裏付ける監査証拠の収集、証拠能力の評価を行い、監査調書としてまとめます。

評価・結論

監査調書に基づいて、監査対象におけるコントロールの妥当性を評価します。評価結果は監査報告書としてまとめ、その文書内に指摘事項や改善勧告などの監査意見を記します。

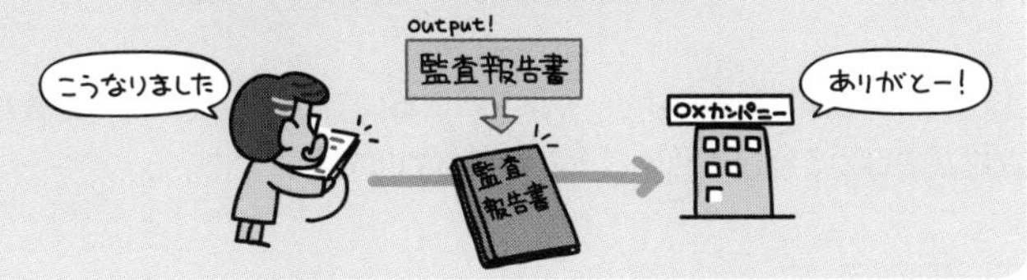

システムの可監査性

情報システムにおける可監査性とは、処理の正当性や内部統制（P.882）を効果的に監査またはレビューできるようにシステムが設計・運用されていることを指します。

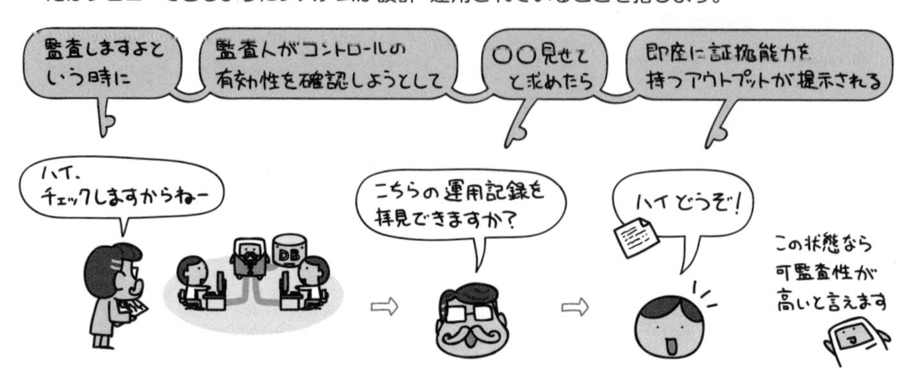

コントロールとは適正に統制するための仕組みを意味しています。何ごともやりっぱなしはダメ。きちんと業務の内容を検証できるようになってないとアカンわけですね。

こういった取り組みにより、システムにおいて発生した事柄の過程が確認できること、それをさかのぼって検証できることが大事なわけです。

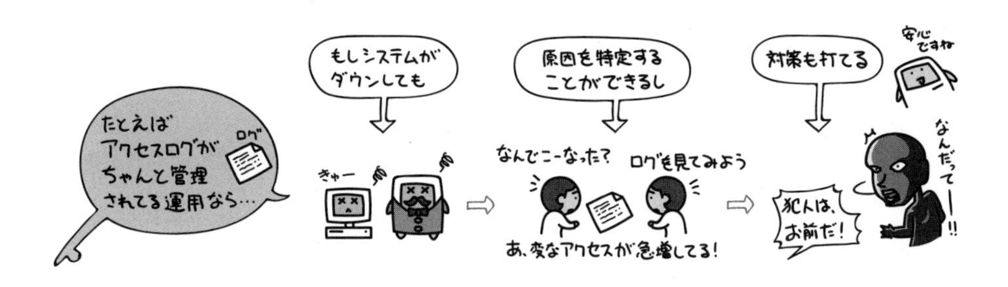

このような、システムにおける事象発生から最終結果に至るまでの一連の流れを、時系列に沿った形で追跡できる仕組みや記録のことを監査証跡と言います。

こうしてシステム監査人が行った監査の実施記録は、監査調書としてまとめられます。

ここには監査意見が記されるわけですが、その場合は必ず根拠となる事実と、その他関連資料が添えられていなくてはなりません。このような、自らの監査意見を立証するために必要な事実を監査証拠と言います。

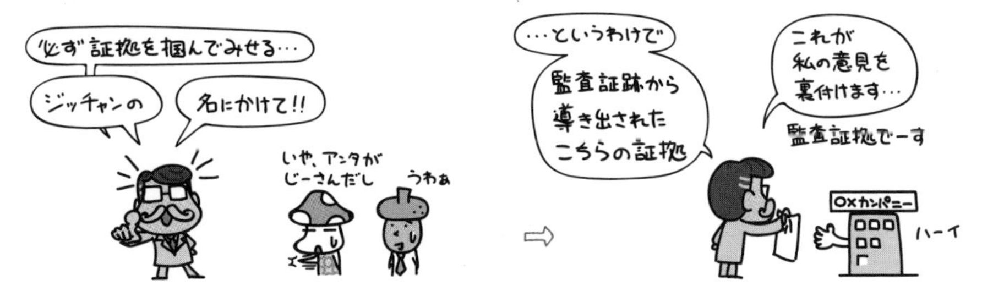

監査報告とフォローアップ

システム監査人は、監査報告書の記載事項について責任を負わなければなりません。監査意見には大別すると保証意見と助言意見の2種類があり、当然そのいずれにおいても責を負います。

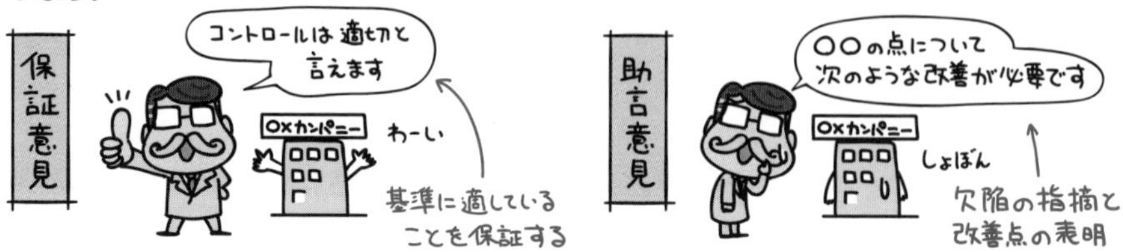

ただし前述の通り、システム監査人には実際に業務を変更する権限はありません。被監査部門に対し改善が必要な場合も、システム監査人は改善指導という立場で関わるに留め、改善の実務は被監査側が主体となって行います。

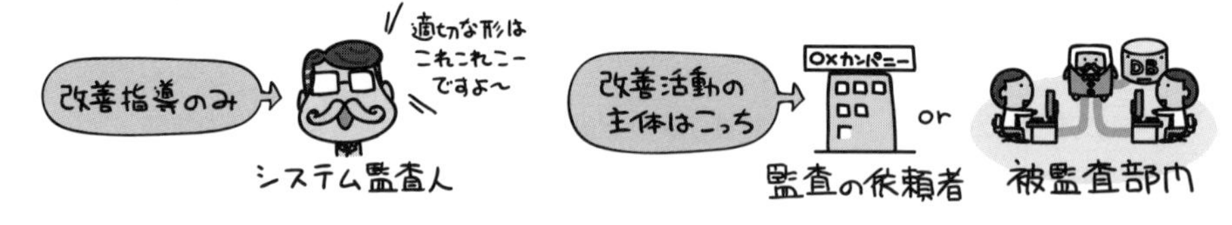

このように、システム監査人が行う改善指導のことをフォローアップと言います。

システム監査人は、監査の結果に基づいて適切な措置が講じられるように指導を行い、必要に応じて改善実施状況を確認します。

このように出題されています 過去問題練習と解説

問1 (AP-H30-S-59)

企業において整備したシステム監査規程の最終的な承認者として，最も適切な者は誰か。

ア　監査対象システムの利用部門の長
イ　経営者
ウ　情報システム部門の長
エ　被監査部門の長

解説

企業において整備されたシステム監査規程には、任命されたシステム監査人がシステム監査を実施する場合の方針や手続きが規定され、当該システム監査が適正かつ効率的に実施されることを目的としています。

企業において実施されるシステム監査は、全社的な視点に立って、内部統制の整備・運用状況を調査・評価・報告するものですから、全社的な視点に立って状況の判断ができる「経営者」が、システム監査規程の最終的な承認者になるべきです。

問2 (AP-R04-A-59)

システム監査における“監査手続”として，最も適切なものはどれか。

ア　監査計画の立案や監査業務の進捗管理を行うための手順
イ　監査結果を受けて，監査報告書に監査人の結論や指摘事項を記述する手順
ウ　監査項目について，十分かつ適切な証拠を入手するための手順
エ　監査テーマに合わせて，監査チームを編成する手順

解説

監査手続は、825ページに説明してあるとおり、予備調査の結果を受けて決定され、本調査において監査証拠を入手するために実行される手順です。

正解▶問1：イ　問2：ウ

システム監査基準（平成30年）における予備調査についての記述として，適切なものはどれか。

ア　監査対象の実態を把握するために，必ず現地に赴いて実施する。
イ　監査対象部門の事務手続やマニュアルなどを通じて，業務内容，業務分掌の体制などを把握する。
ウ　監査の結論を裏付けるために，十分な監査証拠を入手する。
エ　調査の範囲は，監査対象部門だけに限定する。

解説

ア　予備調査において、現地に赴いて実施される現地調査は、必須ではありません。必要に応じて、現地調査を実施することはあります。
イ　そのとおりです。825ページを参照してください。
ウ　予備調査において、監査証拠の収集・入手は行われません。監査証拠の収集・入手は、本調査で行われます。
エ　予備調査において、調査の範囲は、特定の部門に限定されません。

監査証拠の入手と評価に関する記述のうち，システム監査基準（平成30年）に照らして，適切でないものはどれか。

ア　アジャイル手法を用いたシステム開発プロジェクトにおいては，管理用ドキュメントとしての体裁が整っているものだけが監査証拠として利用できる。
イ　外部委託業務実施拠点に対する監査において，システム監査人が委託先から入手した第三者の保証報告書に依拠できると判断すれば，現地調査を省略できる。
ウ　十分かつ適切な監査証拠を入手するための本調査の前に，監査対象の実態を把握するための予備調査を実施する。
エ　一つの監査目的に対して，通常は，複数の監査手続を組み合わせて監査を実施する。

解説

システム監査基準（平成30年）の基準8<解釈指針>4. 及び、その(3)は、下記のとおりです。

> 4. アジャイル手法を用いたシステム開発プロジェクトなど、精緻な管理ドキュメントの作成に重きが置かれない場合は、監査証拠の入手において、以下のような事項を考慮することが望ましい。
> （中略）
> (3) ★必ずしも管理用ドキュメントとしての体裁が整っていなくとも監査証拠として利用できる場合があることに留意する。例えばホワイトボードに記載されたスケッチの画像データや開発現場で作成された付箋紙などが挙げられる。

選択肢アは、上記★の下線部に照らして適切ではありません。

監査調書に関する記述のうち，適切なものはどれか。

ア　監査調書には，監査対象部門以外においても役立つ情報があるので，全て企業内で公開すべきである。

イ　監査調書の役割として，監査実施内容の客観性を確保し，監査の結論を支える合理的な根拠とすることなどが挙げられる。

ウ　監査調書は，通常，電子媒体で保管されるが，機密保持を徹底するためバックアップは作成すべきではない。

エ　監査調書は監査の過程で入手した客観的な事実の記録なので，監査担当者の所見は記述しない。

解説

ア　監査調書には、監査対象企業全体および監査対象部門の機密情報が記述されることがあるので、漏洩しないように、監査担当者が監査調書を厳重に保管しなければなりません。

イ　そのとおりです。

ウ　監査調書は、通常、電子媒体で保管されます。監査調書は、監査意見を形成するための根拠となる書類ですので、電子媒体の破損や、ディレクトリやファイルの削除などに備えて、そのバックアップを作成しなければなりません。

エ　監査調書には、監査の過程で入手した監査証拠、監査担当者の所見などが記述されます。

システム監査基準（平成30年）に基づいて，監査報告書に記載された指摘事項に対応する際に，不適切なものはどれか。

ア　監査対象部門が，経営者の指摘事項に対するリスク受容を理由に改善を行わないこととする。

イ　監査対象部門が，自発的な取組によって指摘事項に対する改善に着手する。

ウ　システム監査人が，監査対象部門の改善計画を作成する。

エ　システム監査人が，監査対象部門の改善実施状況を確認する。

解説

824ページに書かれているとおり、システム監査人は実際に業務を変更する権限は持ち合わせていません。システム監査の結果を受けて実際の改善命令を下すのは、監査の依頼組織もしくは被監査部門の役割となります。したがって、選択肢ウの“システム監査人が，監査対象部門の改善計画を作成する”ことは、監査報告書に記載された指摘事項への不適切な対応です。

正解▶問3：イ　問4：ア　問5：イ　問6：ウ

Chapter
18

業務改善と分析手法

業務改善の手法で
有名なのが、
PDCAサイクルって
やつ
Plan
(計画)
Do
(実行)
Check
(評価)
Act
(対策)
なんだコレ
知らん
これは、
「実行結果を反省しな
がら次に生かす」と
いうものです
この方法で
やってみよう
よし、やるぞ
ガンバッタぞ
ちゃんと
できたかな
次は
こうやってみよ
…ん?
でもこれってさ
別にフツーに
やってることなんじゃ
ないので
うむぅ
そう、ごく普通の
「やりっ放しはダメよ」
というだけの話
なんでお客様が怒ったか
胸に手をあてて考えろ!
はい!
2時間遅刻したせいか
ズボンを
はき忘れて
しまった
せいかの
どちらか
かと!
キリッ
反省を
うながすの図
どっちもだバカモン!!

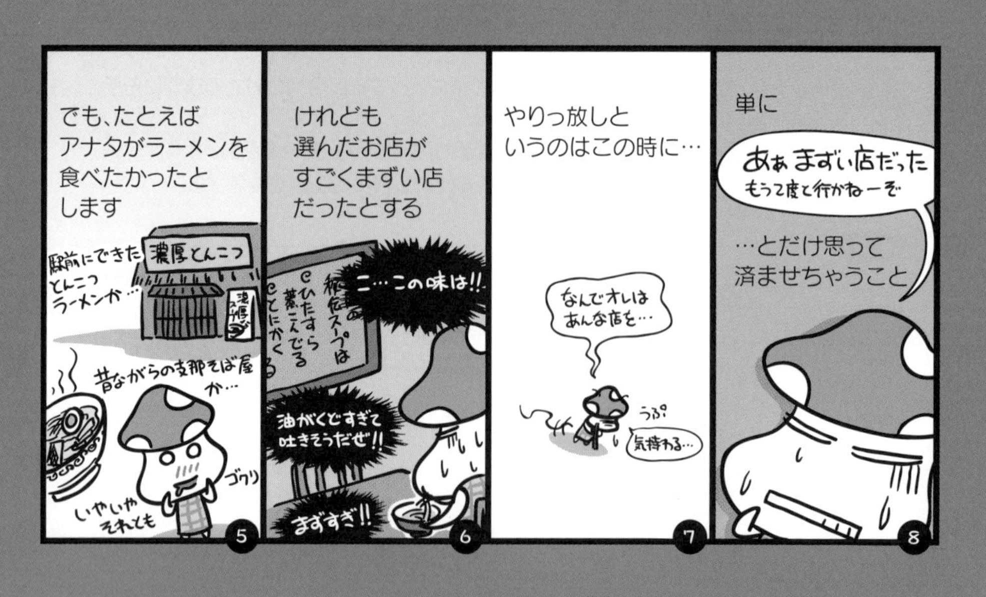
でも、たとえば
アナタがラーメンを
食べたかったと
します
濃厚とんこつ
駅前にできた
とんこつ
ラーメンか…
昔ながらの支那そば屋
か…
ゴクリ
いやいや
それとも
けれども
選んだお店が
すごくまずい店
だったとする
秘伝スープは
こ…この味は!!
油がくどすぎて
吐きそうだぜ!!
まずすぎ!!
やりっ放しと
いうのはこの時に…
なんでオレは
あんな店を…
うぷ
気持わる…
単に
あぁまずい店だった
もう2度と行かねーぞ
…とだけ思って
済ませちゃうこと

どうですか?
してないとは
言わせませんよ?

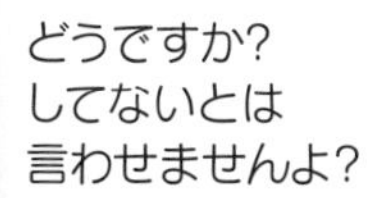

9

でもそれだとまた
同じような店相手に、
同じような失敗を
しちゃいませんか?

10

じゃあ、食べた時の
教訓をもとに毎回
こんなチャートを
残していたとしたら?

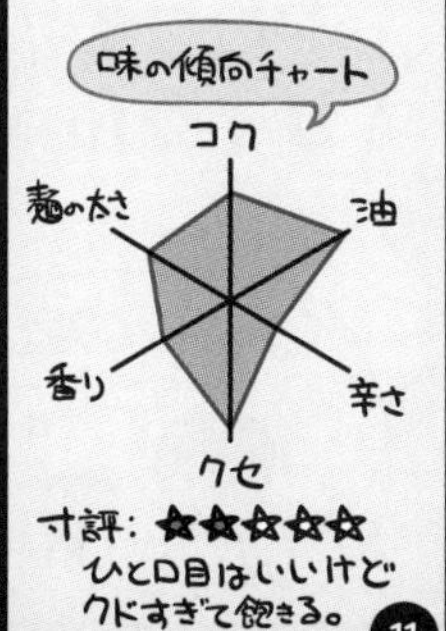

11

12

いかがですか?
データを集めて
分析する重要性が
伝わったでしょうか?

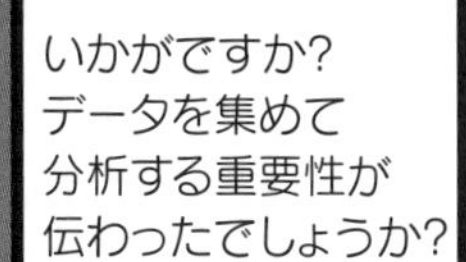

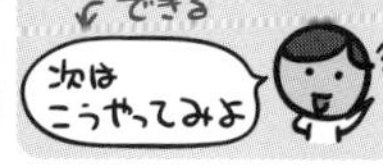

13

これすなわち
業務改善のために
必要なことと
言えるのであります

14

15

16

Chapter 18-1 PDCAサイクルとデータ整理技法

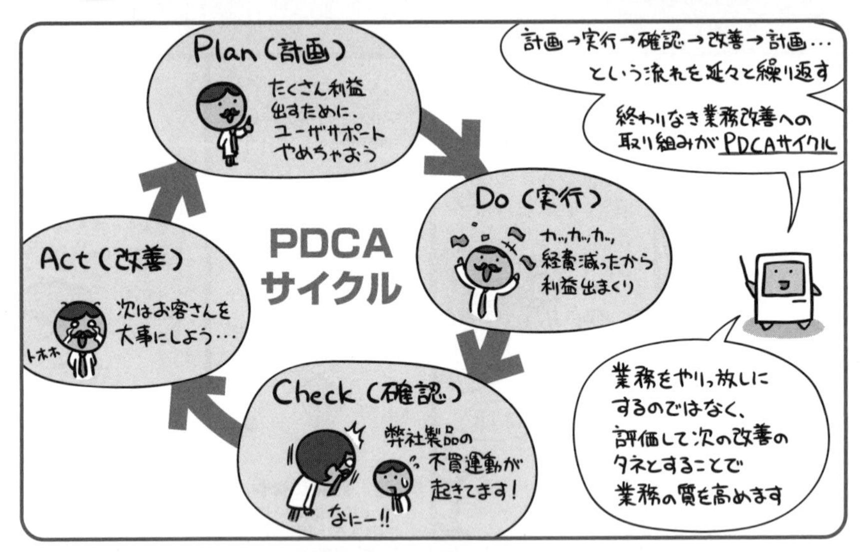

業務の「やりっ放し」を防ぐのが、PDCAサイクルによる業務改善の役割です。

計画をして、実行したら、その結果を確認・評価して、次につなげる改善のタネとして、また計画して…と延々繰り返すのがPDCAサイクル。業務改善の手法としてごくポピュラーな手法です。失敗は成功のタネとしていくわけですね。

このPDCAという手順。個人レベルであれば、「特に意識せずともそうしてるよ」という人も多いのではないでしょうか。

しかしこれが組織レベルになってくると、なかなか「意識せずとも」というわけにもいきません。特に、一番大事な「評価して次の改善につなげる」というところがことのほか難しい。だって、みんながどんな点に「問題アリ」と感じていて、それを「どのように改善するか」なんて、人によって考え方は千差万別で、誰かが勝手に決めて押しつけるようなものでもないですものね。

じゃあどうしましょう?

そんな時、知恵を出し合い、活用するための手法として用いられるのが様々なデータ整理技法です。具体的にどんな方法があるのかについては、いざ次ページ以降へレッツゴー。

ブレーンストーミング

なにか検討するにしても分析するにしても、まず知恵を出し合わなきゃはじまりません。そのため、複数人で自由に意見を言い合って、幅広いアイデアをひっぱり出す手法として用いられるのがブレーンストーミングです。

ブレーンストーミングでは、次のようなルールにのっとって発言を行います。

主に「発言を萎縮させるような行為は控えて、自由闊達な意見交換をしましょうね」という基本方針に沿ったルールたちとなっています。

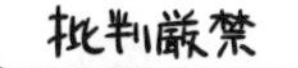

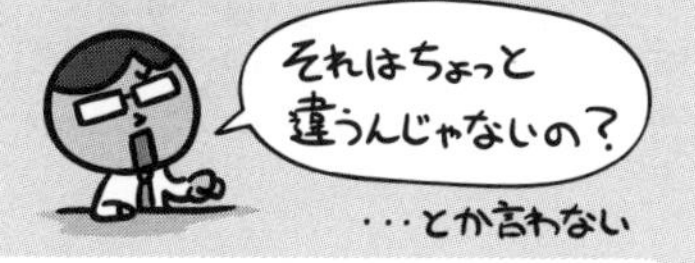

萎縮させて発言の機会を奪うことにつながるので、人の発言を批判しない。

自由奔放

型にとらわれない奇抜な発想を笑うのではなく、そういう発言こそ重視する。

質より量

発言の質にこだわらず、とにかくたくさんの意見やアイデアを出し合うようにする。

結合改善

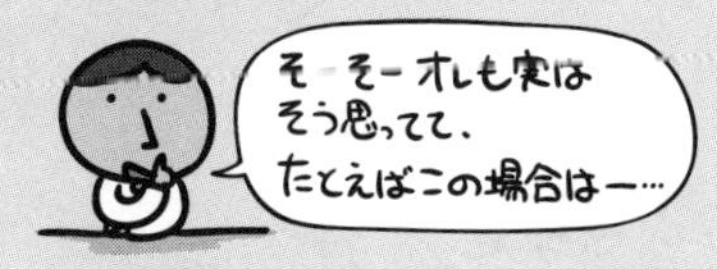

便乗意見は大歓迎。アイデア同士をくっつけることで、新しいアイデアが生まれたりする。

バズセッション

しかし、自由闊達な意見交換がいいよねーとか思っても、30人40人と人数がふくらんでくると、好き勝手に発言していては議論に収拾がつかなくなってしまいます。

というか発言を把握するだけでもチョー大変。聖徳太子レベルのマルチタスクな耳が必要になってくるのは自明の理なわけでありますよ。

そこで、全体を少人数のグループに分け、それぞれのグループごとに結論を出すようにする手法がバズセッションです。

各グループの出した結論は、あらためて全体の場で発表を行います。こうやってグループごとの結論を持ち寄ることにより、全体としての結論を導き出すわけです。

KJ法

ところで話し合った結果というのは、どう取りまとめて分析を行うのでしょうか。

ブレーンストーミングなどで出し合ったアイデアや意見、事実を整理して、解決すべき問題を明確にするデータ整理技法にKJ法があります。

KJ法は、収集した情報をカード化して、それらをグループ化することで、問題点を浮かびあがらせます。新QC七つ道具（P.843）で用いられる親和図法は、これを起源とした同様の整理手法です。

具体的にどうやるかというと、次のような流れで情報を整理していきます。

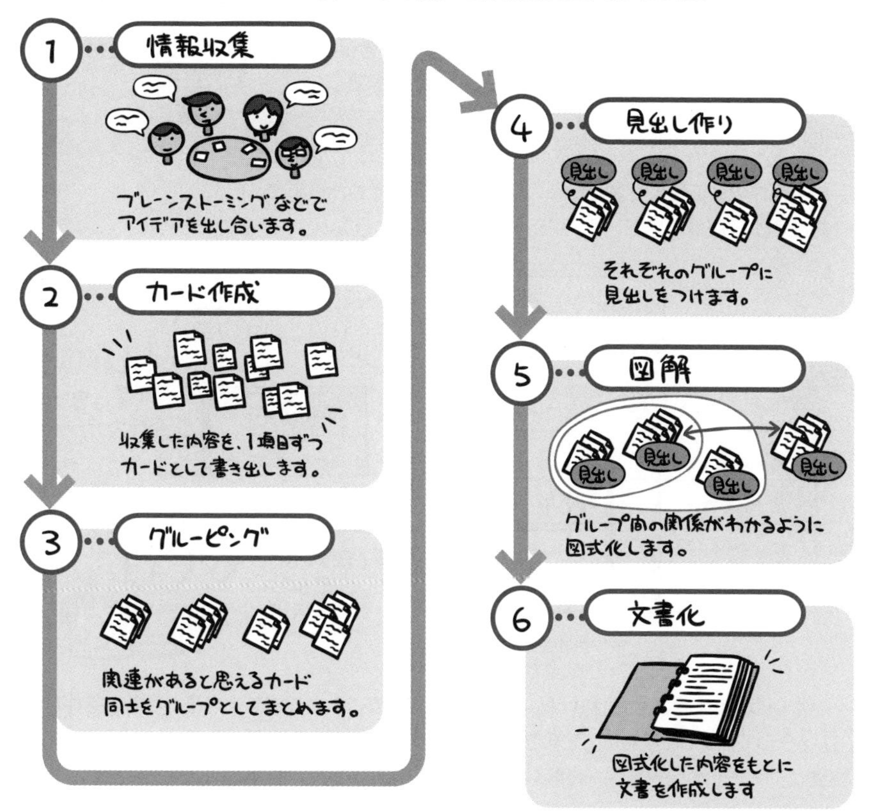

決定表（デシジョンテーブル）

複数の条件と、それによって決定づけられる行動とを整理するのに有効なのが決定表（デシジョンテーブル）です。たとえば「腹痛の時にどうするか」という行動パターンを、すごく単純な例として決定表でまとめてみると下図のようになります。

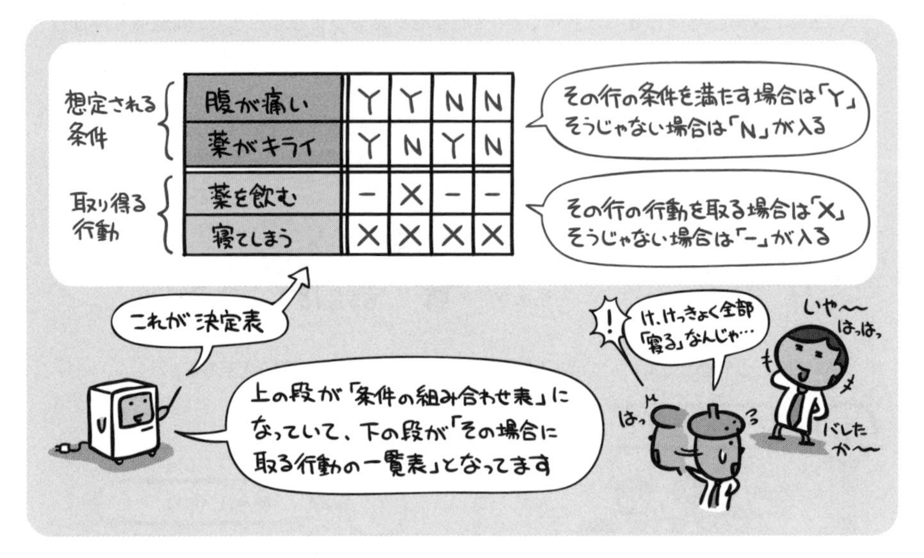

ある条件の時に取る行動というのは、縦軸を見るとわかります。
たとえば、「腹は痛いが、薬がキライ」という場合の行動パターンを見てみると…。

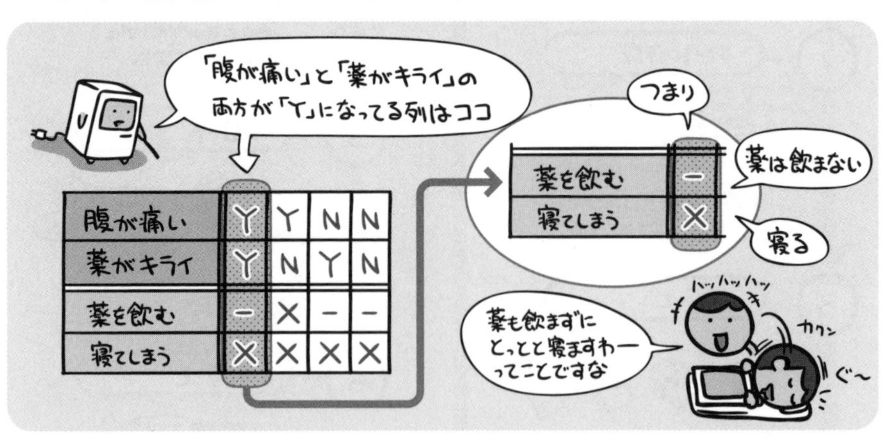

…という感じ。行さえ足せばどんどん条件を増やすこともできますから、複雑な条件だってバッチリです。そんなわけでこの技法は、プログラミング時に内部の処理条件を整理したり、試験パターンを作ったりという用途でも使われています。

このように出題されています
過去問題練習と解説

問1 (AP-R05-S-47)

値引き条件に従って，商品を販売する。決定表の動作指定部のうち，適切なものはどれか。

〔値引き条件〕

① 上得意客（前年度の販売金額の合計が800万円以上の顧客）であれば，元値の3%を値引きする。

② 高額取引（販売金額が100万円以上の取引）であれば，元値の3%を値引きする。

③ 現金取引であれば，元値の3%を値引きする。

④ ①～③の値引き条件は同時に適用する。

〔決定表〕

上得意客である	Y	Y	Y	Y	N	N	N	N
高額取引である	Y	Y	N	N	Y	Y	N	N
現金取引である	Y	N	Y	N	Y	N	Y	N
値引きしない	動作指定部							
元値の3%を値引きする								
元値の6%を値引きする								
元値の9%を値引きする								

ア

–	–	–	–	–	–	–	X
–	–	X	X	–	X	–	–
–	X	–	–	–	–	X	–
X	–	–	–	X	–	–	–

イ

–	–	X	–	–	–	–	X
–	X	–	–	–	X	X	–
–	–	–	X	X	–	–	–
X	–	–	–	–	–	–	–

ウ

–	–	–	–	–	–	–	X
–	–	–	X	–	X	X	–
–	X	X	–	X	–	–	–
X	–	–	–	–	–	–	–

エ

–	–	–	X	–	–	–	X
–	X	–	–	–	X	–	–
–	–	X	–	–	–	X	–
X	–	–	–	X	–	–	–

解説

(1) 〔値引き条件〕①の“▼上得意客（前年度の販売金額の合計が800万円以上の顧客）であれば，▲元値の3%を値引きする”の▼の下線部の“上得意客である”のみが該当しているケースを想定します。このケースは、決定表では、動作指定部の左から4列目です。また、上記▼の下線部より、決定表の“元値の3%を値引きする”の行である、動作指定部の上から2行目が、このケースに該当します。

選択肢イとエは、下図の赤い点線のように、動作指定部の左から4列目、上から2行目には、“X”が付けられておらず、正解の候補から外れます。したがって、正解の候補は、選択肢アとウに絞られます。

イ

–	–	X	–	–	–	–	X
–	X	–	–	–	X	X	–
–	–	–	X	X	–	–	–
X	–	–	–	–	–	–	–

エ

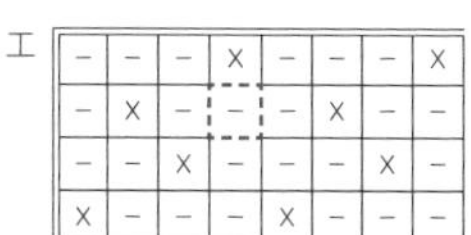

–	–	–	X	–	–	–	X
–	X	–	–	–	X	–	–
–	–	X	–	–	–	X	–
X	–	–	–	X	–	–	–

(2) 〔値引き条件〕③の“●現金取引であれば，★元値の3%を値引きする”の●の下線部の“現金取引である”のみが該当しているケースを想定します。このケースは、決定表では、動作指定部の右から2列目です。また、上記★の下線部より、決定表の“元値の3%を値引きする”の行である、動作指定部の上から2行目が、このケースに該当します。選択肢アは、下図の赤い点線のように、動作指定部の左から2列目、上から2行目に、“X”が付けられておらず、正解ではありません。したがって、正解は、選択肢ウです。

ア

–	–	–	–	–	–	–	X
–	–	X	X	–	X	–	–
–	X	–	–	–	–	X	–
X	–	–	–	X	–	–	–

正解▶問1：ウ

Chapter 18-2

グラフ

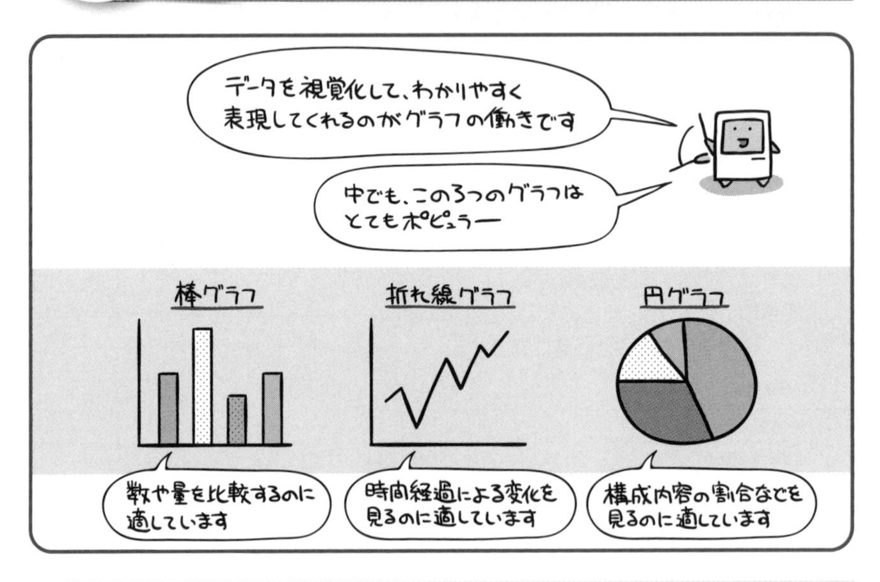

データをわかりやすく表現するためには、その内容に適した種類のグラフを選択します。

様々な討論や調査をしたとしても、そこで集まったデータが生かされなければなんの意味もありません。

ところがデータって、いっぱいあると正確性が増すんですけど、同じくいっぱいあると整理したり把握したりが大変になってくるんですよね。それこそ数字ばっかりのデータともなれば、「データ単独だと何を意味してるのかよくわからない」なんてことになりがちですし…。

というわけで出てくるのがグラフです。かき集めたデータは、グラフとして視覚化してやることで、ひと目見ただけで直感的にわかる、価値ある情報に生まれ変わらせることができるのです。

代表的なものとしては、上のイラストにもある「棒グラフ」「折れ線グラフ」「円グラフ」という3つが挙げられます。他にも、項目のバランスを見るためのものや、グループの分布状況や関連性を分析するためのものなど、様々なグラフがあります。

レーダチャート

項目ごとのバランスを見るのに役立つのがレーダチャートです。くもの巣のような形をしたグラフで、描かれる形状の面積と凸凹具合で、特徴を把握することができます。

ポートフォリオ図

2つの軸の中で、個々のグループが「どの位置にどんな大きさで分布しているか」見ることのできるグラフが、ポートフォリオ図です。たとえば業界内における自社の位置づけや、製品ごとのマーケット分布図などをあらわすのに使います。

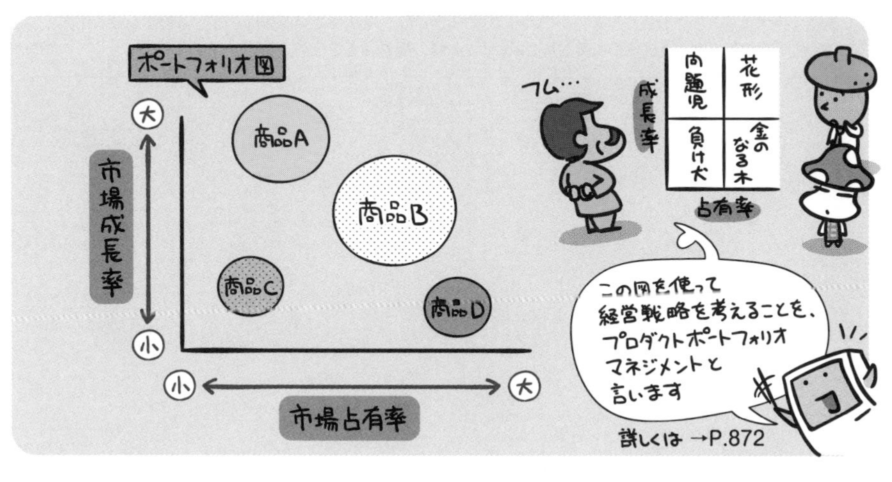

詳しくは →P.872

過去問題練習と解説

ITポートフォリオの説明はどれか。

ア　管理費などの間接コストを，業務区分ごとのアクティビティの種別に着目して，製品やサービスの原価に割り振る手法である。

イ　企業の経営戦略を，多面的な視点で体系立てて立案し，実行を管理し，業績を評価する手法である。

ウ　業界ごとなどで統一的に策定された評価尺度（指標値群）を用いて，企業全体の投資効果を測定する手法である。

エ　情報化投資をリスクや投資価値の類似性で幾つかのカテゴリに整理し，ビジネス戦略実現のための最適な資源配分を管理する手法である。

解説

ア　ABC（Activity Based Costing：活動基準原価計算）の説明です。

イ　本選択肢の説明に特別な名前はつけられていません。この説明に合致する用語の1つに、バランススコアカードがあります。

ウ　ベンチマーキングの説明です。

エ　本選択肢の“幾つかのカテゴリに整理し”が、ポートフォリオであることを示すヒントになっています。なお、経済産業省は2005年3月に“業績評価参照モデル（PRM）を用いたITポートフォリオモデルの活用ガイド”を策定しています。それによれば、ITポートフォリオは、以下のように紹介されています。

> ITポートフォリオとは、金融ポートフォリオ（リスクとリターンのバランスを両立させるために複数の金融商品を組み合わせて運用するという投資手法）の考え方を応用し、情報化投資のバランスを管理、全体最適を図るための手法である。ITポートフォリオモデルでは、プロジェクトを投資目的に応じて、戦略目標達成型、業務効率化型、インフラ構築型の三つのカテゴリーに分類し、その上でカテゴリーごとに用意した評価項目を用い、戦略適合性、実現性の二軸からプロジェクト間の相対評価を行う。

正解▶問1：エ

Chapter 18-3

QC七つ道具と呼ばれる品質管理手法たち

QC七つ道具の「QC」とは「Quality Control」を略したもの。品質管理を意味しています。

「七つ道具」といっても何か特別な姿形があるわけじゃなくて、主に数値データなどを統計としてまとめ、これを分析して品質管理に役立てる手法のことをQC七つ道具と呼んでいます。「層別、パレート図、散布図、ヒストグラム、管理図、特性要因図、チェックシート」という種類があり、一部を除いていずれも独自のグラフ形状を描きます。

要するに、現場に潜む色んな情報を視覚的にあらわすことで、「あー、このへんに問題がありそうね」とかいうことを把握しやすくするグラフたちなわけですね。たとえば「不良品の発生箇所はどの作業区間に多く認められるか」なんて傾向を図式化して、作業工程の問題箇所発見に役立てたりするわけです。

元々は工業製品の品質向上に役立てていた手法なのですが、現在ではもっと広範な、「仕事上の問題点を発見する」ためのデータ分析手法としても使われています。

一方、定量的な分析を行うQC七つ道具に対して、言語データ（たとえば顧客からのクレームとか）を元に定性的な分析を行う手法として新QC七つ道具があります。こちらは、「連関図法、親和図法（KJ法と同じ、P.837）、系統図法、マトリックス図法、マトリックスデータ解析法、PDPC法、アローダイアグラム法（P.803、PERT図とも言う）」が含まれます。

層別

データを属性ごとに分けることで特徴をつかみやすくする…という考え方です。そう、QC七つ道具の中にあって、こいつだけはグラフでもなんでもなく、ただの考え方なのです。

パレート図

現象や原因などの項目を件数の多い順に棒グラフとして並べ、その累積値を折れ線グラフにして重ね合わせることで、重要な項目を把握する手法です。

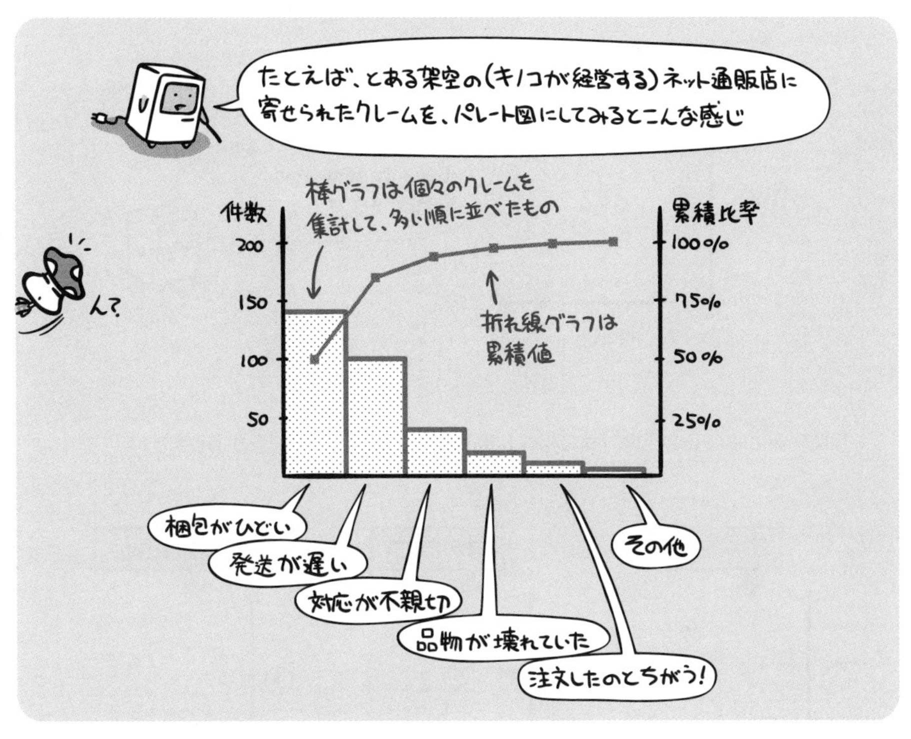

このパレート図を利用して、「累積比率の70%をしめる項目をA群、それ以降の20%をB群、最後の10%をC群と分けて考える手法」をABC分析と呼びます。
「A群だけはちょっと対策しておいた方がいいんじゃないの?」的に使います。

散布図

相関関係を調べたい2つの項目を対としてグラフ上にプロット（点をうつこと）していき、その点のばらつき具合によって両者の相関関係を判断する手法です。

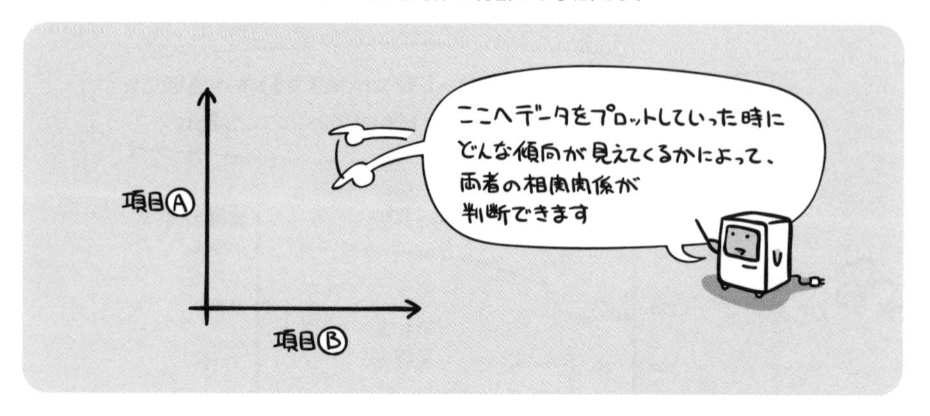

相関関係には、「正の相関」「負の相関」「相関なし」という3つの関係があります。

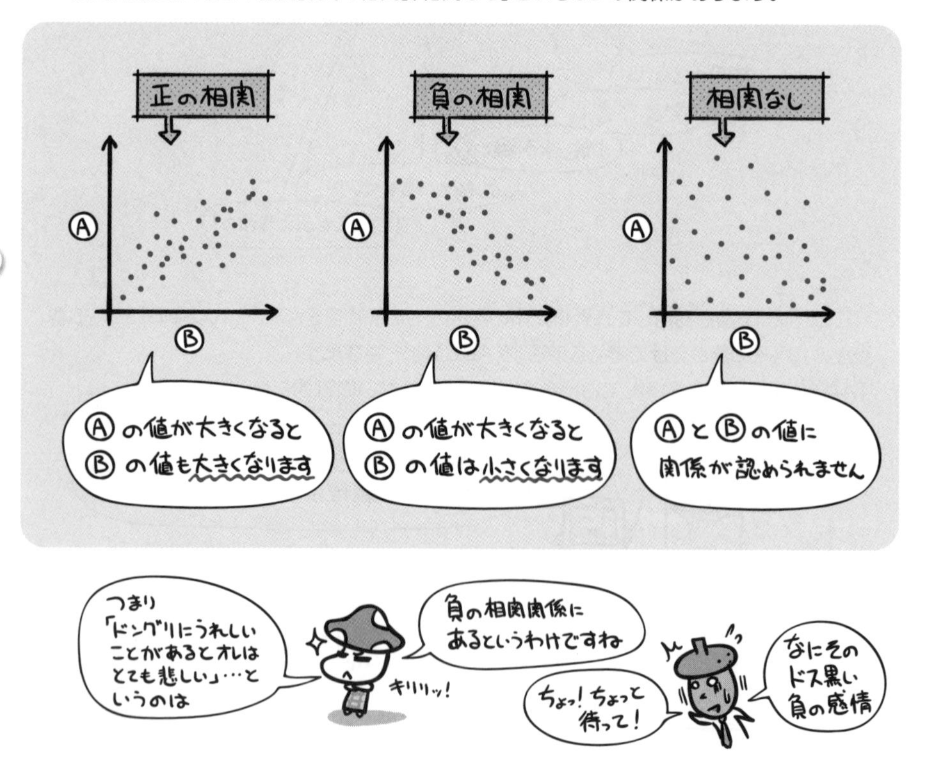

ヒストグラム

収集したデータをいくつかの区間に分け、その区間ごとのデータ個数を棒グラフとして描くことで、品質のばらつきなどを捉える手法です。

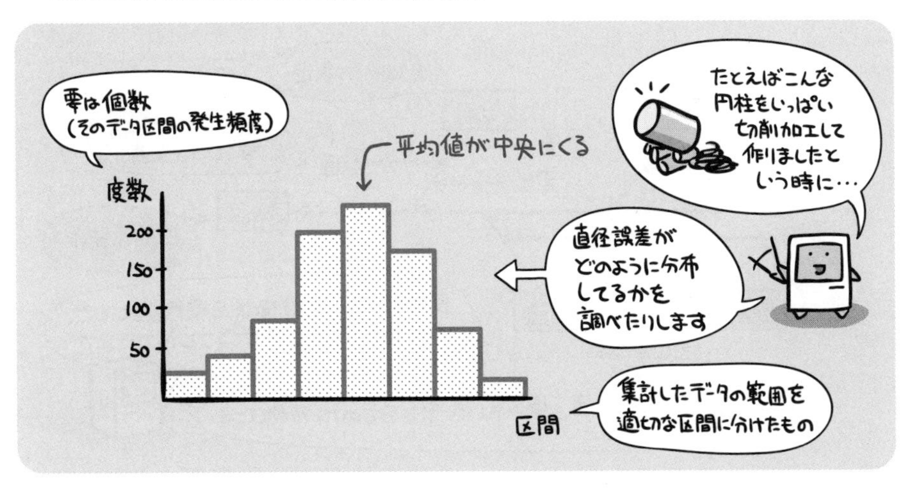

管理図

時系列的に発生するデータのばらつきを折れ線グラフであらわし、上限と下限を設定して異常の発見に用いる手法です。

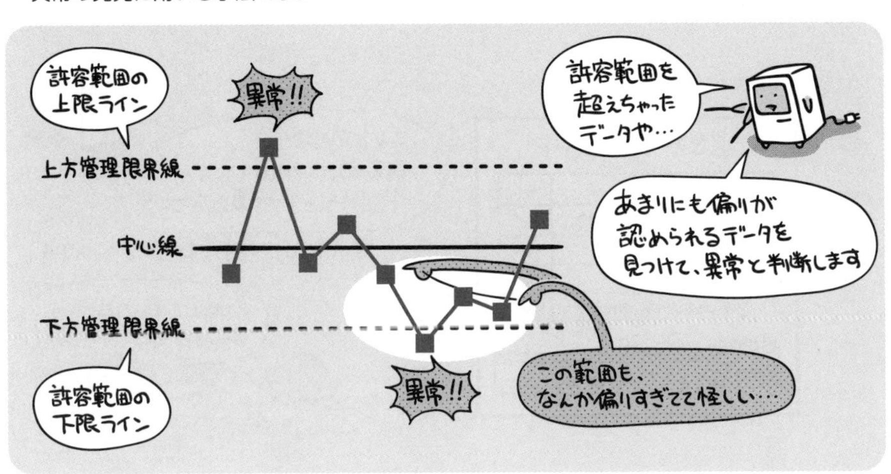

特性要因図

原因と結果の関連を魚の骨のような形状として体系的にまとめ、結果に対してどのような原因が関連してるかを明確にする手法です。

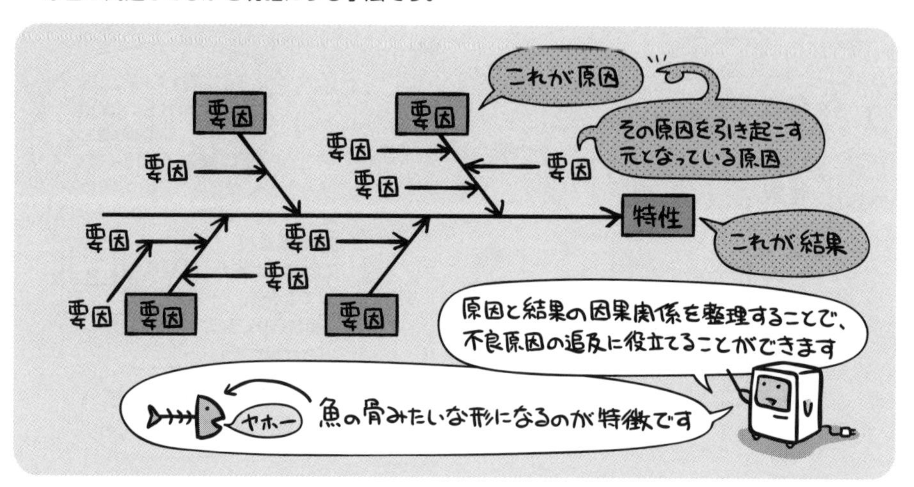

チェックシート

あらかじめ確認すべき項目を列挙しておいたシートを使って、確認結果を記入していく手法です。

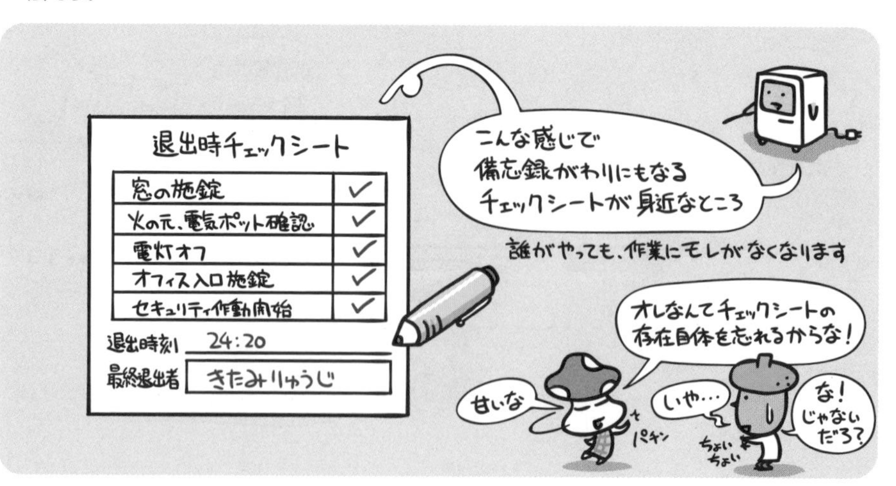

連関図法

最後に、新QC七つ道具からもひとつだけ、連関図法を紹介しておきましょう。

連関図法とは、複雑な要因が絡み合う事象について、その事象間の因果関係を明らかにする手法です。

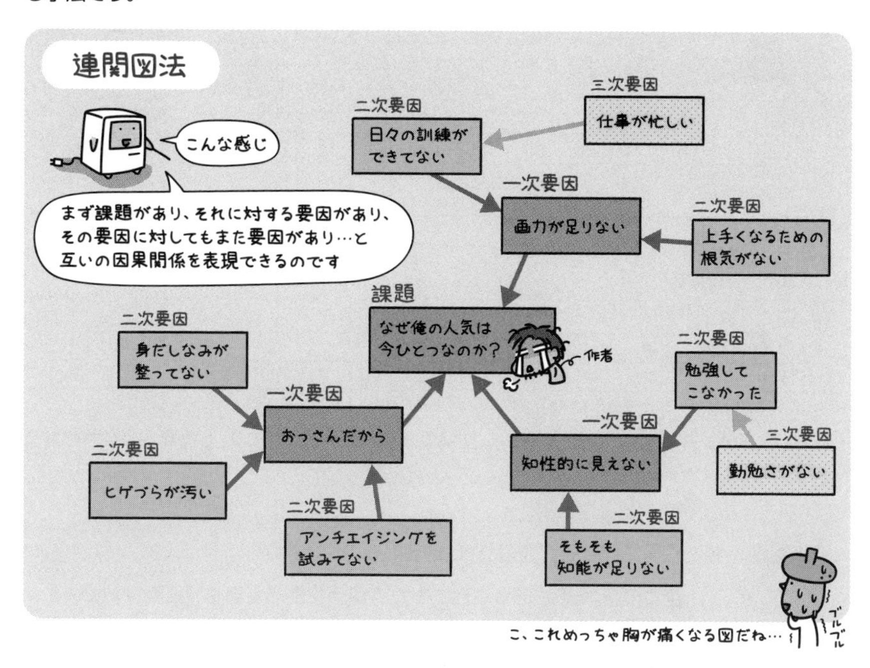

前ページで紹介したQC七つ道具の特性要因図と位置付けが似ていますが、あちらは結果に対して各要因が伸びていくだけなのに対し、連関図法では各要因同士のつながりも表現できるところに違いがあります。

このように出題されています

過去問題練習と解説

不良品の個数を製品別に集計すると表のようになった。ABC分析を行って，まずA群の製品に対策を講じることにした。A群の製品は何種類か。ここで，A群は70%以上とする。

製品	P	Q	R	S	T	U	V	W	X	合計
個数	182	136	120	98	91	83	70	60	35	875

ア 3　イ 4
ウ 5　エ 6

解説

問題の表の各製品の個数を多いもの順に、左から右に並べ、その累積個数と、累積個数の構成比率を計算すると下表になります。

製品	P	Q	R	S	T	U	V	W	X	合計
個数	182	136	120	98	91	83	70	60	35	875
累積個数	182	318	438	536	627	710	780	840	875	
構成比率	20.80%	36.30%	50.10%	61.30%	71.70%	81.10%	89.10%	96.00%	100%	

上表より、P･Q･R･S･Tの個数を累積すると、構成比率が70%を越えます。したがって、A群の製品の種類数は、P･Q･R･S･Tの“5”です。

相関係数に関する記述のうち，適切なものはどれか。

ア 全ての標本点が正の傾きをもつ直線上にあるときは，相関係数が+1になる。
イ 変量間の関係が線形のときは，相関係数が0になる。
ウ 変量間の関係が非線形のときは，相関係数が負になる。
エ 無相関のときは，相関係数が−1になる。

解説

ア 相関係数は、2つの変量が密接な関係にあるのか、全く関係がないのかを示す指標です。1つの変量が増加する時、もう1つの変量も増加する関係が完全である時、相関係数は+1、1つの変量が増加する時、もう1つの変量が減少する関係が完全である時、相関係数は−1になります。
1つの変量をx軸に、もう1つの変量をy軸に取り、標本点をxy平面に取った図を“散布図”といいます。散布図上で、全ての標本点が正の傾きをもつ直線上にあるときは，相関係数が+1になります。逆に、全ての標本点が負の傾きをもつ直線上にあるときは，相関係数が−1になります。全ての標本点が、xy平面に均等に分布している時、相関係数は、ゼロになります。

イ 変量間の関係が線形のときは、2つの変量は完全な正の相関もしくは負の相関の関係を持っており、相関係数は、完全な正の相関の場合は+1、完全な負の相関の場合は−1になります。

ウ 変量間の関係が非線形のときは、2つの変量は完全な正の相関もしくは負の相関にはなっておらず、ぼんやりした関係になっています。この場合、相関係数は、+1 ～−1の中で、0に近い値になります。

エ 無相関のときは、相関係数は0になります。

問 3 (AP-H26-S-76)

パレート図が有効に活用できる事例はどれか。

ア　新製品の発表会に際し，会場の準備や関係者への連絡などに落ち度がないような計画を立てる。

イ　建物の設計・施工に際し，幾つかの作業をどのような手順で進めれば最短時間で完成するかを調査する。

ウ　品質改善策の立案に際し，原因別の不良発生件数を分析し，優先取組みテーマを選択する。

エ　ライフサイクルが短い商品の販売計画策定に際し，競合他社の出方を想定して，幾つかの代替策を準備する。

解説

ア　チェックリストを使えば、落ち度は少なくなります。

イ　アローダイアグラムを使えば、クリティカルパスが最短時間を示します。

ウ　パレート図を使えば、大きな原因がわかるので、それを優先して取組むべき重点テーマにします。

エ　新QC七つ道具の一つであるPDPC（Process Decision Program Chart）を使えば、将来の予測と、その対応方法が明確になります。

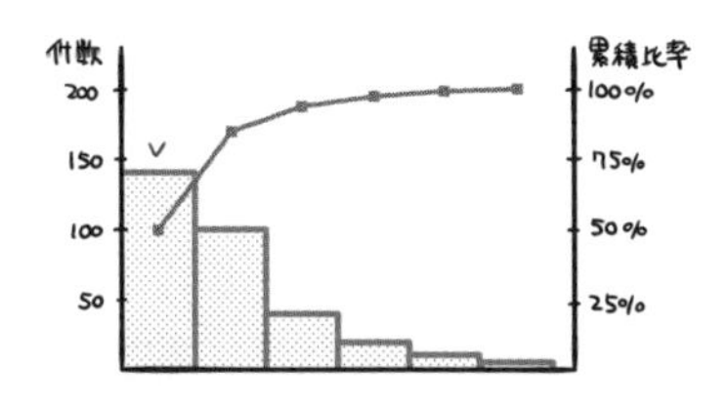

正解▶問1：ウ　問2：ア　問3：ウ

企業と法務

情報システムは、
すでに企業の土台を
支える重要な
インフラ部分です

しかしそもそも
「企業」とはなんなの
でしょうか？

情報システムは
あくまでもインフラ

じゃあ
インフラとして、
「なに」をお手伝い
する？

でも、
企業というものが
どのように
意志決定するのか

なにを目的として
活動するのか

それらが
わからないと
「仕事」のカタチが
見えません

つまり業務分析も
問題解決も
できません

え〜と
なにを手伝えば
いーですか？
でもまぁ
早い話がもうかりゃ
いーんだろ
て。
じゃあ悪どいこと
とか色々やっちゃえばさ
ひっひっ
ひっひっ…
てんちゅう
天誅
どぴしゃん
企業活動は、
「儲かれば
なにをしてもいい」
…ではなく、
ほくほく

様々なルールや
法にのっとって
行うべきもの
労働基準法
著作権
不正競走防止法
産業財産権
労働者派遣法
個人情報の保護
じょぼじょぼ
情報システムを
インフラとして
活用するためには
これらの知識も
欠かせないもの
なのです
そして、
これらの
知識を
生かすからこそ
システムは一…
花ひらくのだ!!
ポン！
アイム
バ〜ック
おぉー
おー
パチ
パチ
パチパチ

Chapter 19-1

企業活動と組織のカタチ

近年では、「人」「モノ」「金」という3大資源に「情報」を加えて、経営の4大資源と見なします。

よく言われる経営資源が、「人」「モノ」「金」という3つです。

「人」は企業を支える人材であり、すなわち社員を指しています。「モノ」は商品であったり工場であったりの他、企業活動に欠かせないオフィスやパソコンや電話機などもそう。これらがないと仕事が回らないですからね。

そして「金」。言うまでもなく必要です。人を雇うにも、モノを生み出すにも、お金がなくちゃはじまりません。いわば企業の血液と言っていいものです。

そこに近年加わったのが「情報」です。「情報」とは、顧客情報や営業手法、市場調査の結果など、企業が正確な判断を下すために必要となる様々なデータのこと。そういえば、「情報戦略」というような、「情報○○」的な言葉もすっかり今ではお馴染みになりました。

このように、今や企業が競争力を保つためには、「いかに情報を吸い上げ、判断して、すみやかに実行できる組織とするか」…という視点が不可欠となっているのです。

代表的な組織形態と特徴

企業内の組織形態としては、次のようなものが代表的です。

職能別組織

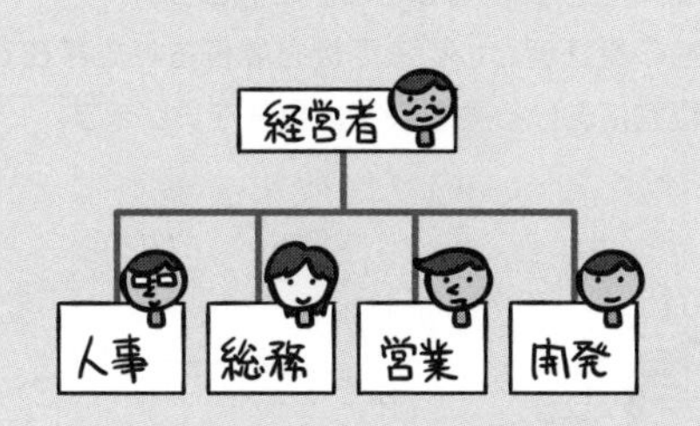

開発や営業といった仕事の種類・職能によって部門分けする組織構成です。

事業部制組織

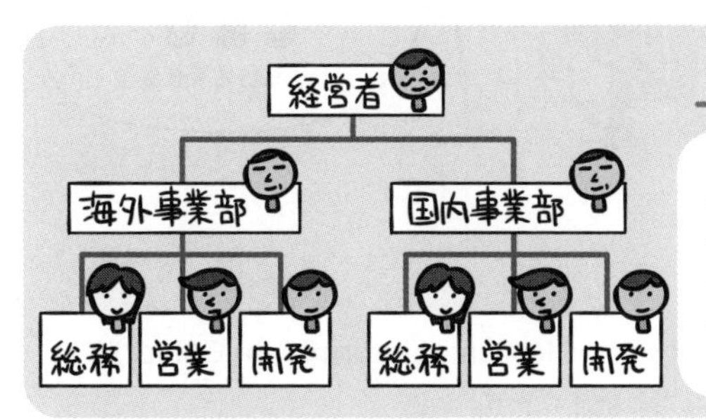

取り扱う製品や市場ごとに、独立性を持った事業部を設ける組織構成です。事業部単位で必要な職能部門を持つため、各々が独立した形で経営活動を行うことができます。

プロジェクト組織

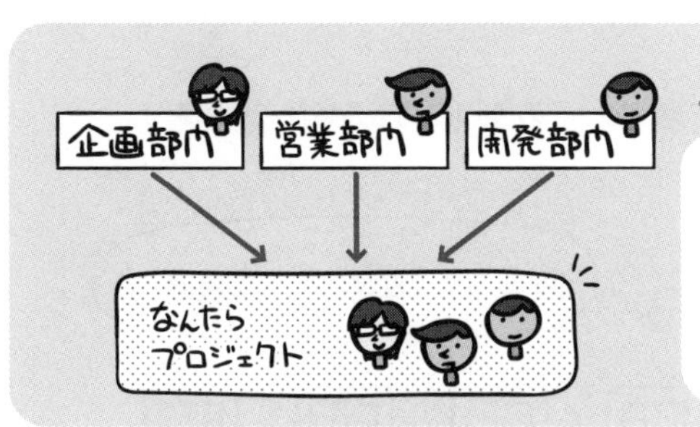

プロジェクトごとに、各部門から必要な技術や経験の保有者を選抜して、適宜チーム編成を行う組織構成です。

マトリックス組織

	開発	営業	総務
国内事業部			
海外事業部			

事業部と職能別など、2系統の所属をマス目状に組み合わせた組織です。命令系統が複数できてしまうため、混乱を生じることがあります。

CEOとCIO

米国型企業における役職として、日本においても少しずつ馴染みのある言葉となってきたのがCEO(Chief Executive Officer)です。最高経営責任者などと訳されます。

企業の所有者である株主の信任により、経営の責任者として決定権を委任された存在で、企業戦略の策定や経営方針の決定など、企業経営における意志決定の責任を負います。

一方、情報システム戦略を統括する最高責任者がCIO(Chief Information Officer)です。最高情報責任者や情報システム担当役員などと訳されます。

日本ではまだ今ひとつポピュラーではないですが、IT技術の必要性が高まるにつれて、存在感を増してきている役職です。

経営戦略に基づいた情報システム戦略の策定と、その実現に関する責任を負います。

技術経営とイノベーション

技術経営(MOT: Management Of Technology)という言葉があります。これは、科学的知識や工学的知識をはじめとする技術的な知識を、どのようにして経営に生かすかを体系化したものです。

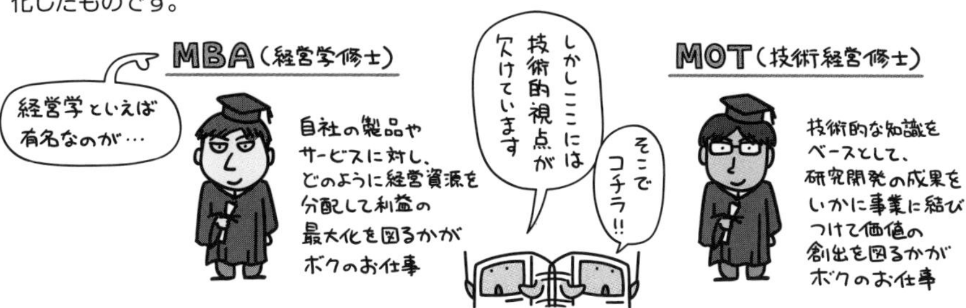

技術経営ではこのように、技術力をベースにイノベーション(技術革新)を創出し、企業の成長力へと結びつけます。

このイノベーションには、大きく分けて次の2つがあります。

グリーン購入

「環境への負荷の少ない持続的発展が可能な社会の構築を図る」として、2000年に『国等による環境物品等の調達の推進等に関する法律（いわゆるグリーン購入法）』が制定されました。

これは、環境対策の観点から、物品や役務の調達に際しては、環境に配慮されたものから選択するように行動の転換を図るものです。

環境を考慮して

必要性をよく考え

環境への負荷ができるだけ少ない製品やサービスを選び

環境負荷の低減に努める事業者から優先して購入する

組織において、初めてグリーン購入に取り組む場合は、組織内で意識を統一することが望ましいため、調達方針を策定しておくことが重要です。

BI (Business Intelligence)

企業内の情報システムにおいて蓄積される、膨大な業務データを分析・加工することにより、そこから得られる知見をもとに経営や業務に関する意思決定を支援する手法をBI (Buisiness Intelligence) と言います。

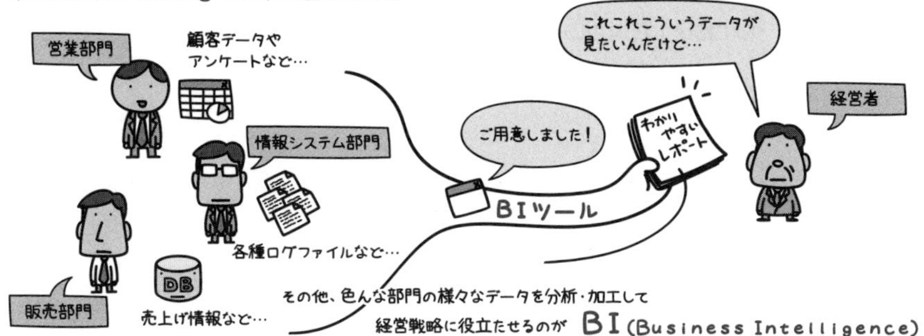

そのために用いるソフトウェアが、BIツール (もしくはBIシステム) です。

BIツールは、業務データの分析結果をわかりやすく可視化することによって、データサイエンティストなど専門家の力を借りることなく、経営者や現場社員が意志決定できるように支援します。

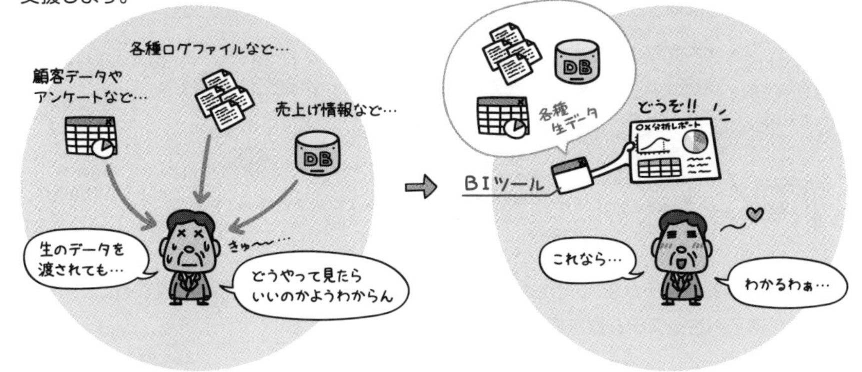

19
企業と法務

エンタープライズアーキテクチャ (EA: Enterprise Architecture)

組織全体の業務と情報システムを分析、整理することで「全体最適化」を図る設計・管理手法がエンタープライズアーキテクチャ(EA)です。この手法では、ビジネス、データ、アプリケーション、テクノロジという4つの体系を分析して可視化します。

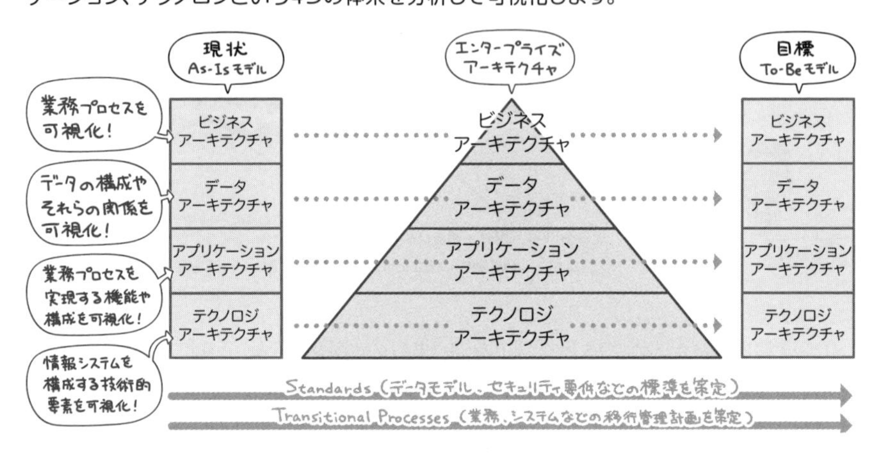

全体最適化とは何かというと…

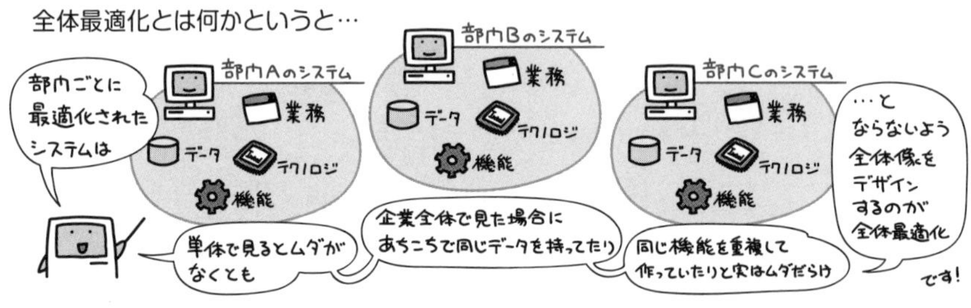

各部門の情報システムを、こうした4つの体系によって横断的に分析、整理することで、組織全体のあるべきシステム像を把握することができるわけです。

EAで用いられる、「現状」と「あるべき姿」とを比較して分析する手法を、ギャップ分析と言います。

BPO (Business Process Outsourcing)

BPOとは、次の言葉の略称です。

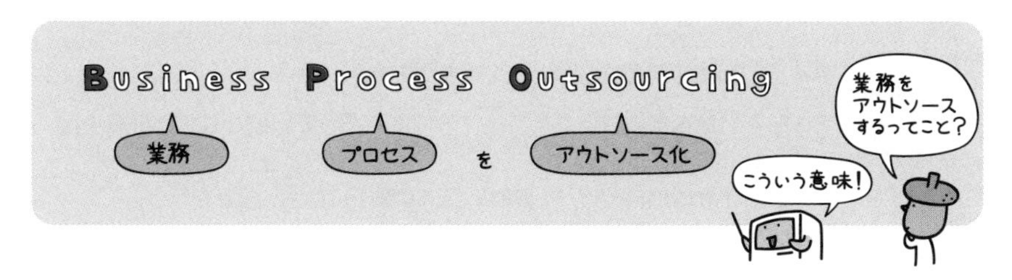

上でドングリが言っている通り、「業務のアウトソース化」なのですが、業務の一部ではなく、特定部門の業務プロセスを丸ごと外部へ委託してしまうところに特徴があります。

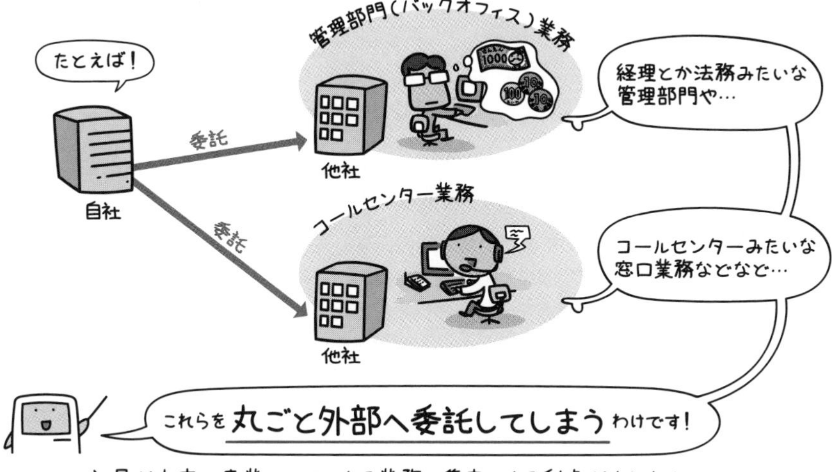

社員が本来の事業のコアとなる業務に集中できる利点がありますし、
委託した業務についても、それらを専任とするプロの手に任せることができるため、
社内で賄っていた時より業務品質の向上が期待できます。

過去問題練習と解説

事業部制組織の特徴を説明したものはどれか。

ア　ある問題を解決するために一定の期間に限って結成され，問題解決とともに解散する。
イ　業務を機能別に分け，各機能について部下に命令，指導を行う。
ウ　製品，地域などで構成された組織単位に，利益責任をもたせる。
エ　戦略的提携や共同開発など外部の経営資源を積極的に活用することによって，経営環境に対応していく。

解説

選択肢ア～エは、下記の各用語の特徴です。

ア　プロジェクト組織
イ　職能別組織
ウ　事業部制組織
エ　アライアンス

CIOが経営から求められる役割はどれか。

ア　企業経営のための財務戦略の立案と遂行
イ　企業の研究開発方針の立案と実施
ウ　企業の法令遵守の体制の構築と運用
エ　ビジネス価値を最大化させるITサービス活用の促進

解説

ア　CFO（Chief Financial Officer：財務・経理の最高責任者）に求められる役割です。
イ　Chief R&D Officer（研究開発の最高責任者）に求められる役割です。
ウ　Chief Legal Officer（法律・法令の最高責任者）に求められる役割です。
エ　CIO（Chief Information Officer：情報システムの最高責任者）に求められる役割です。

正解▶問1：ウ　問2：エ

電子商取引 (EC:Electronic Commerce)

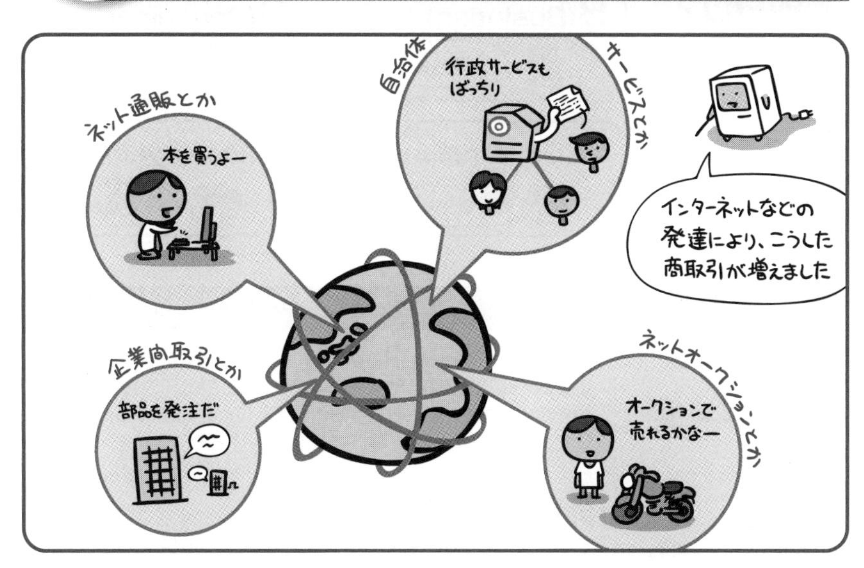

ネットワークなどを用いた電子的な商取引のことを EC (Electronic Commerce) と呼びます。

従来の紙ベースな取引だと、発注や受注に対して必ずなんらかの伝票がついてまわりました。発注書や受注書、納品書、検収書などなど、こうした文書をファックスしたり郵送したりして、取引を行っていたわけです。

当然手間もかかりますし、先方に到着するまでのタイムラグも発生します。そして、紙の伝票ではそのまま社内システムに流し込むこともできません。いくら社内の受発注システムが整備されていたとしても、紙で発注を受けている限りは、誰かがそれを手入力してやらねば駄目だったわけです。

このやり取りを電子化したものがEC (Electronic Commerce) です。

注文を電子的なデータとして受けてしまえば、そのまま社内システムに流し込んで処理することができます。ネットワークならやり取りは一瞬ですから、タイムラグもありません。伝票の保管コストや入力コストなど様々なコストも削減できます。

ECであれば実際の店舗を構えるよりも安く開業できるとあって、インターネットの普及とあわせて、広い範囲で活用されるようになっています。

取引の形態

ECには、「誰」と「誰」が取引するかによって、様々な形態があります。

B(Business)

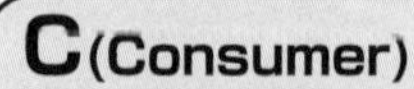

G(Government)

E(Employee)

形態	説明
B to B	Business to Businessの略。 企業間の取引を示します。商取引のために、組織間で標準的な規約を定めてネットワークでやり取りすることをEDI (Electronic Data Interchange)と呼びます。
B to C	Business to Consumerの略。 企業と個人の取引を示します。オンラインショッピングなどが該当します。
C to C	Consumer to Consumerの略。 個人間の取引を示します。ネットオークションによる個人売買などが該当します。
B to E	Business to Employeeの略。 企業と社員の取引を示します。企業が自社の従業員向けに提供するサービスなどが該当します。
G to B	Government to Businessの略。 政府や自治体と企業間の取引を示します。官公庁が物品や資材の調達を行う電子調達や、電子入札などが該当します。
G to C	Government to Consumerの略。 政府や自治体と個人間の取引を示します。行政サービス(住民票や戸籍謄本等)の電子申請などが該当します。

EDI (Electronic Data Interchange)

ECにおいて円滑に取引を行うためには、交換されるデータ形式の統一化と機密保持が欠かせません。そこで出てくる用語がEDIです。

EDIとはElectronic Data Interchangeの略で、日本語にすると「電子データ交換」という意味になります。

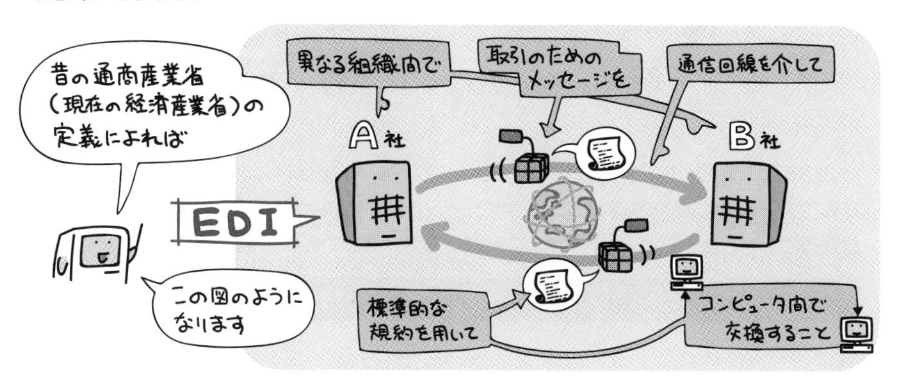

上の定義ではEDIに必要な取り決めとして、情報伝達規約、情報表現規約、業務運用規約、取引基本規約の4階層が定められています。

情報伝達規約(第1レベル)	コンピュータ間の通信手順に係わる取り決め
情報表現規約(第2レベル)	交換するデータを双方のコンピュータが理解するために必要な、データ記述方法に係わる取り決め
業務運用規約(第3レベル)	EDIの運用方法に係わる取り決め
取引基本規約(第4レベル)	EDIを用いた取引に係わる基本的な契約

下層 ↕ 上層

カードシステム

ECを利用するにあたり、問題になってくるのが決済手段です。

そこで決済手段として重宝されるのがクレジットカードをはじめとする様々なカードシステムです。現在は、従来主流であった磁気カード方式から、より偽造に強く、多くの情報を記録することのできるICカード方式へと、順次切り替わりつつあります。

名称	説明
クレジットカード	買い物時点ではカードを提示するだけに留め、後日決済を行う後払い方式のカードです。 提示するカードは、カード会社と会員との契約に基づいて発行されたものです。買い物時点では現金を支払わずに、後日カード会社と会員との間で決済を行います。
デビットカード	買い物代金の支払いを、銀行のキャッシュカードで行えるようにしたものです。 手持ちのキャッシュカードを使って、銀行口座からリアルタイムに代金を直接引き落として決済することができます。

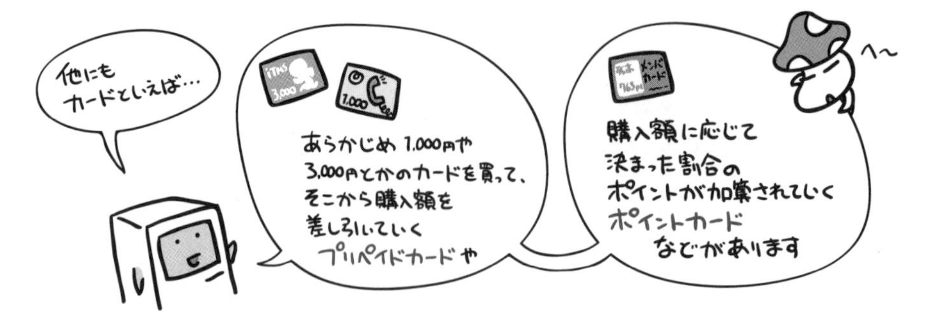

耐タンパ性

ハードウェアなどに対して、外部から不正に行われる内部データの改ざんや解読、取り出しなどがされづらくなっている性質を耐タンパ性と言います。

…というように、簡単に言ってしまえば、外部からの攻撃に対する耐性度合いをあらわします。

例に挙げたICカードの他にも、IoTデバイス(P.596)など様々な機器で、セキュリティへの取り組みとして耐タンパ性の向上は無視できません。

耐タンパ性は、「内部の解析(解読)を困難にする」ことや、「外部からの干渉を受けると内部破壊を起こす」などの取り組みによって向上させることができます

なので問題に出てきたら、そういう選択肢を選びましょうね

ロングテール

従来型の店舗を考えた場合、商品の売上というのは一般的に「上位20%の商品が売上の80%を占める」という法則が当てはまります。

これをパレートの法則といいます。

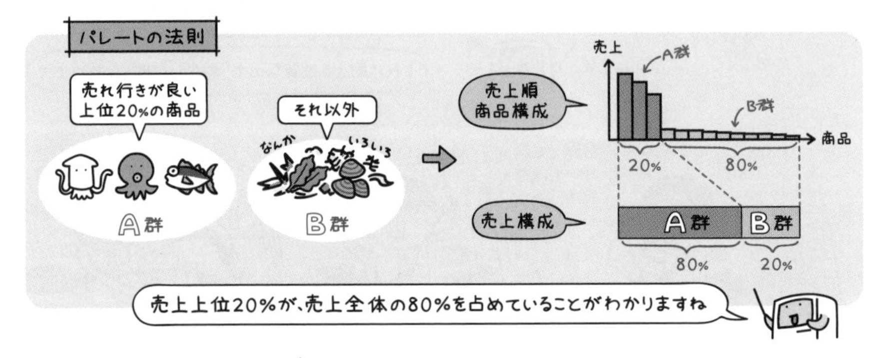

ただしこれがインターネット上の店舗の場合、商品の陳列に物理的な制約がありません。したがって、どこまでも品数を増やすことができちゃいます。

そうすると、1つ1つはあまり売れない商品たちでも、それらの売上を合計した時に、全体の中に占める割合が無視できないほど大きくなります。

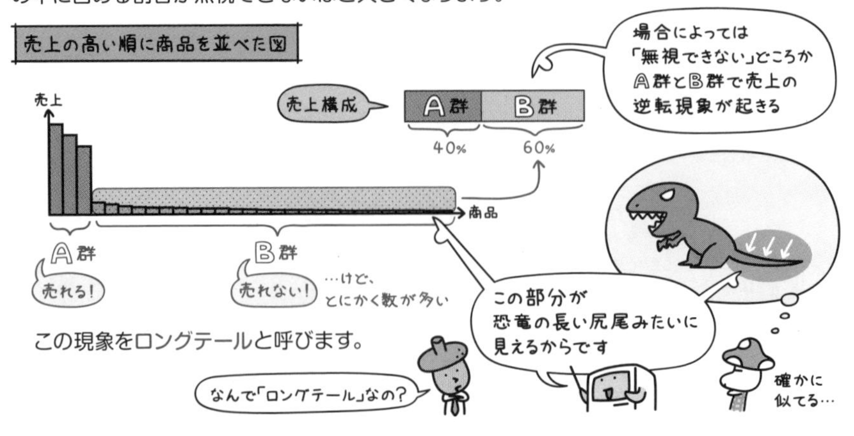

この現象をロングテールと呼びます。

このように出題されています

過去問題練習と解説

EC（Electronic Commerce）におけるB to Cに該当するものはどれか。

ア　CALS　　イ　Web-EDI
ウ　バーチャルカンパニー　　エ　バーチャルモール

解説

ア　CALSは、Commerce At Light Speedの略であり、生産者と消費者の間で製品やサービスに関する情報を共有し、設計、製造、調達、決済をすべてコンピュータネットワーク上で行なうための標準規格の一つです。
イ　Web-EDIは、Web-Electronic Data Interchangeの略であり、インターネット環境におけるEDI のうち、インタフェースにWeb ブラウザを利用するEDIを指す用語です。
ウ　バーチャルカンパニーは、直訳すれば“仮想会社”であり、大学や会社内、もしくは適当に友達が集まって、会社を設立し、事業を育てていくものです。“仮想”と言われるのは、社員が集まれる場所を保有していない、社長も含めて社員が固定しない、プロジェクト毎にやることが様々で統一性がない、といった特徴があるからです。
エ　バーチャルモールは、直訳すれば“仮想商店街”であり、インターネット上に出店している商店をまとめているサイトです。ECにおいて, B to Cは、会社から消費者に商品を流通させる取引であり、バーチャルモールがそれに該当します。

EDIを実施するための情報表現規約で規定されるべきものはどれか。

ア　企業間の取引の契約内容　　イ　システムの運用時間
ウ　伝送制御手順　　エ　メッセージの形式

解説

EDI（Electronic Data Interchange）には、情報伝達規約・情報表現規約・業務運用規約・取引基本規約の4階層の規約が定められています。詳しくは、865ページを参照してください。
ア　企業間の取引の契約内容は、取引基本規約で規定されます。
イ　システムの運用時間は、業務運用規約で規定されます。
ウ　伝送制御手順は、情報伝達規約で規定されます。
エ　メッセージの形式は、情報表現規約で規定されます。

正解▶問1：エ　問2：エ

Chapter 19-3 経営戦略と自社のポジショニング

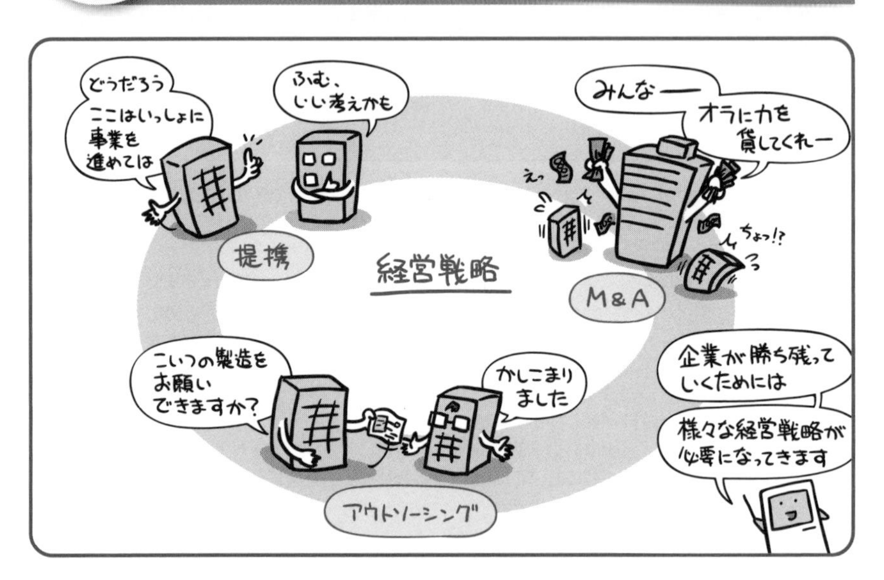

企業同士が提携して共同で事業を行うことを
アライアンスと言います。

どうにも世の中は資本主義の競争社会さんですから、自社がいかに勝ち抜いていくかなんてことを、日々考えなきゃいけません。

これは自社単独では厳しいな…という時には、企業同士で提携を結びます。技術提携とか資本提携とかはよく耳にする言葉ですし、生産設備を提携したりとか、販売網を提携したりなんてのもよくあることです。

一方、「新しい市場に切り込みたいんだけど、どーにもノウハウがなくてねぇ」なんて時、素早く事業を立ち上げる技として丸ごと他社を買い取ってしまうのがM&A。他にも「限られた自社の経営資源を効率よく本業へ集中させるため」として、それ以外の部分を他社に業務委託するアウトソーシングなんてのもあります。

いずれも市場の中で競争力を高め、確固たるポジションを築いていくための経営戦略というやつですが、ポジションの確立という意味では、自社の製品・サービスを利用した顧客の、満足度を高めるための取り組みも欠かすことができません。

顧客満足度の向上は、自社製品へのリピーターが増えることにもつながります。

SWOT分析

自社の強みと弱みを分析する手法としてSWOT分析があります。

この手法は、自社の現状を「強み（Strength）」「弱み（Weakness）」「機会（Opportunity）」「脅威（Threat）」という4つに要素に分けて整理することで、自社を取り巻く環境を分析するものです。

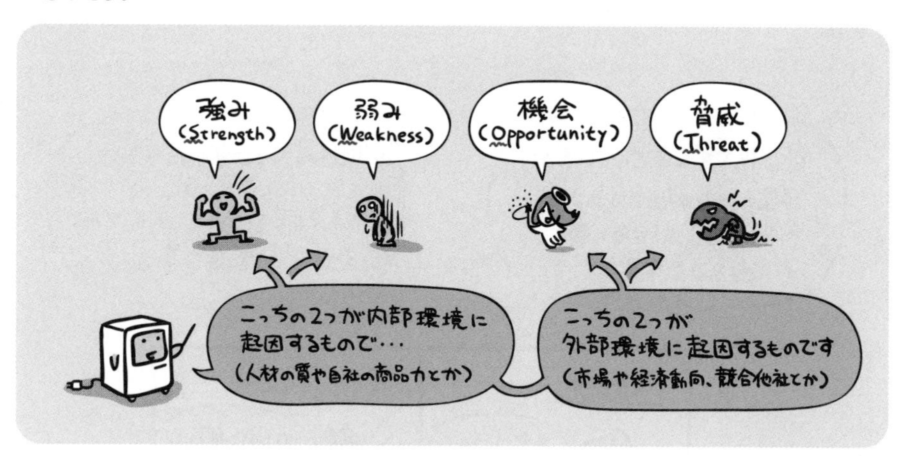

4つの要素は、次の図に示すような関係となります。

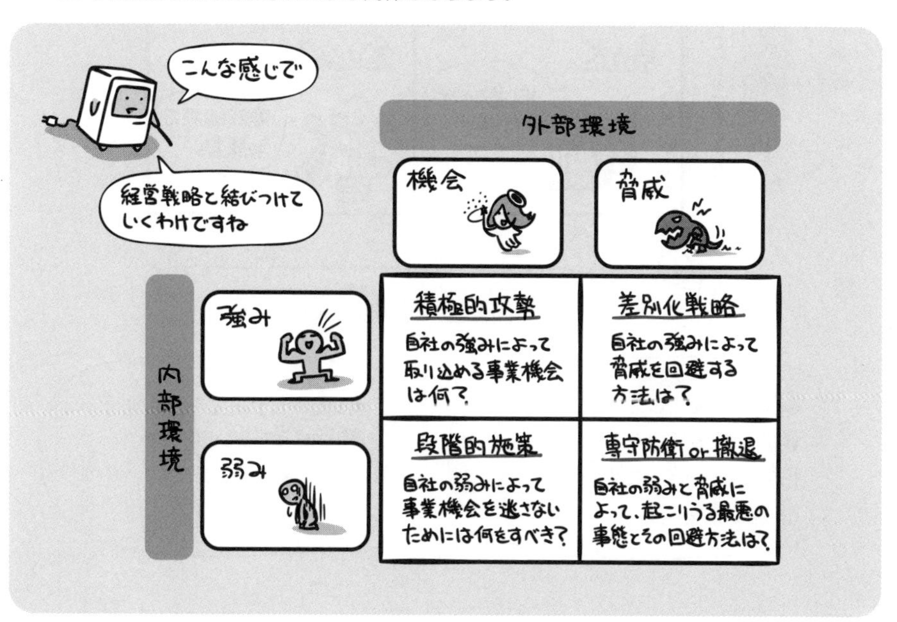

プロダクトポートフォリオマネジメント（PPM：Product Portfolio Management）

プロダクトポートフォリオは、経営資源の配分バランスを分析する手法です。

この手法では、縦軸に市場成長率、横軸に市場占有率（シェア）をとり、自社の製品やサービスを「花形」「金のなる木」「問題児」「負け犬」という4つに分類して、資源配分の検討に使います。

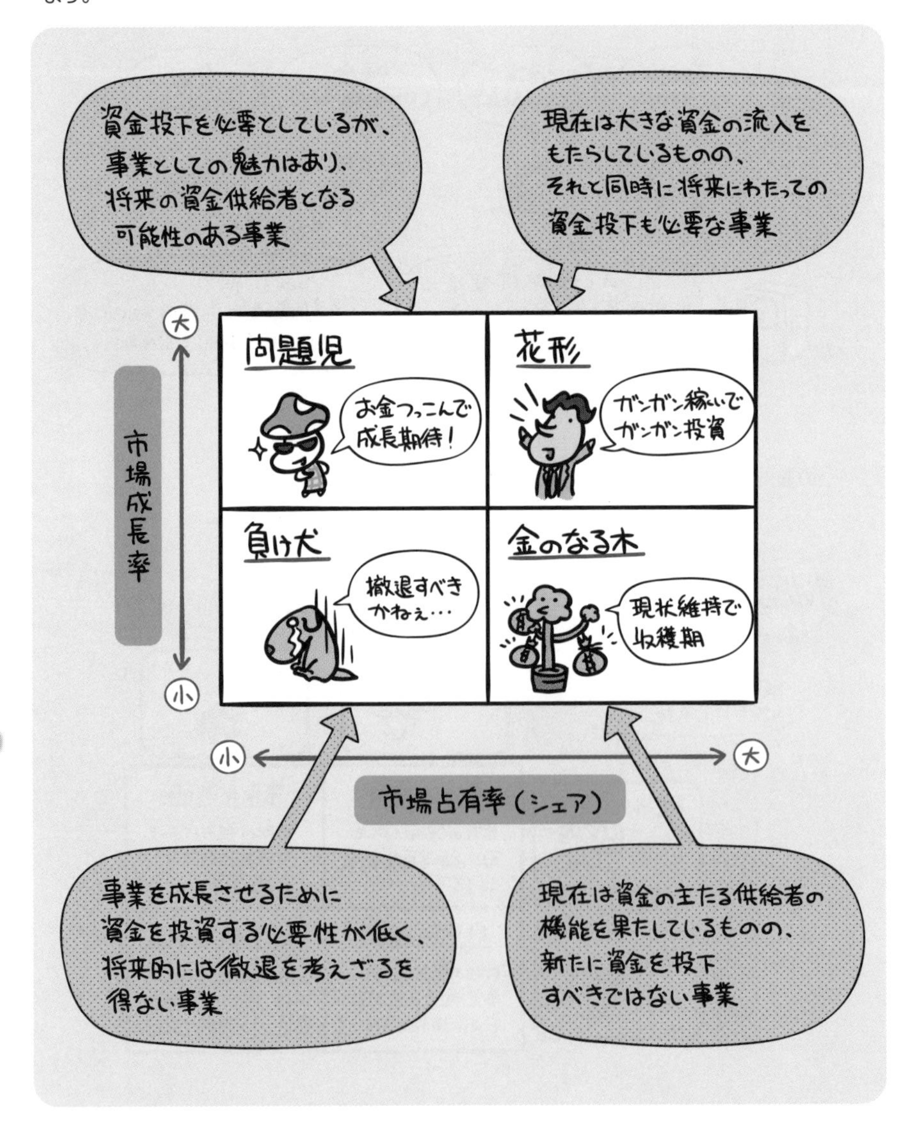

コアコンピタンスとベンチマーキング

それでは最後に、企業活動を改善する指標となるコアコンピタンスと、ベンチマーキングをご紹介。コアコンピタンスとは自社の強みを指す言葉であり、ベンチマーキングは「他社の強みを参考にしちゃえ!」というものです。

コアコンピタンス

他社には真似のできない、その企業独自のノウハウや技術などの強みのこと。

これを核として注力する手法をコアコンピタンス経営という。

ベンチマーキング

経営目標設定の際のベストな手法を得るために、最強の競合相手または先進企業と比較することで、製品、サービス、および実践方法を定性的・定量的に測定すること。

コトラーの競争地位戦略

1980年にアメリカの経営学者フィリップ・コトラーが提唱した理論に、競争地位戦略があります。市場シェアの観点から企業を4つに類型化して、それぞれが選択するべき戦略目標をあらわしたものです。

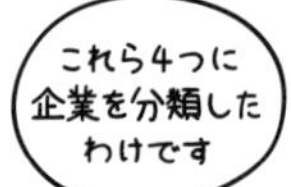

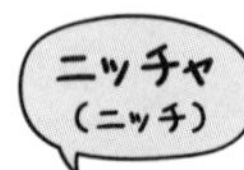

類型ごとの詳細はというと、こんな感じ。

リーダ戦略

市場において最大のシェアを持つリーディングカンパニー。
業界の牽引役として、需要を開拓し、市場全体の拡大を目指します。

チャレンジャ戦略

業界の2番手、3番手にあたる企業。リーダに挑戦してトップを狙うと同時に、リーダとの差別化を図りシェアの拡大を目指します。

フォロワ戦略

業界の2番手、3番手にあたる企業ですが、リーダに挑戦するのではなく、その模倣をすることで、開発コストを抑えながら収益向上を図ります。

ニッチャ(ニッチ)戦略

市場全体におけるシェアは高くないものの、小規模な市場に特化することで独自の地位を獲得し、他にはない価値を提供する企業です。こうした小規模な市場のことを隙間市場(ニッチ市場)と呼びます。

CRM（Customer Relationship Management）

顧客情報などを分析することで営業戦略に生かすのがリレーションシップマーケティング。そのマネジメント手法がCRM（Customer Relationship Management）です。

CRMでは、顧客の情報を管理・分析して適切な営業戦略を実施することにより、顧客ロイヤリティの獲得と、顧客生涯価値の最大化を目指します。

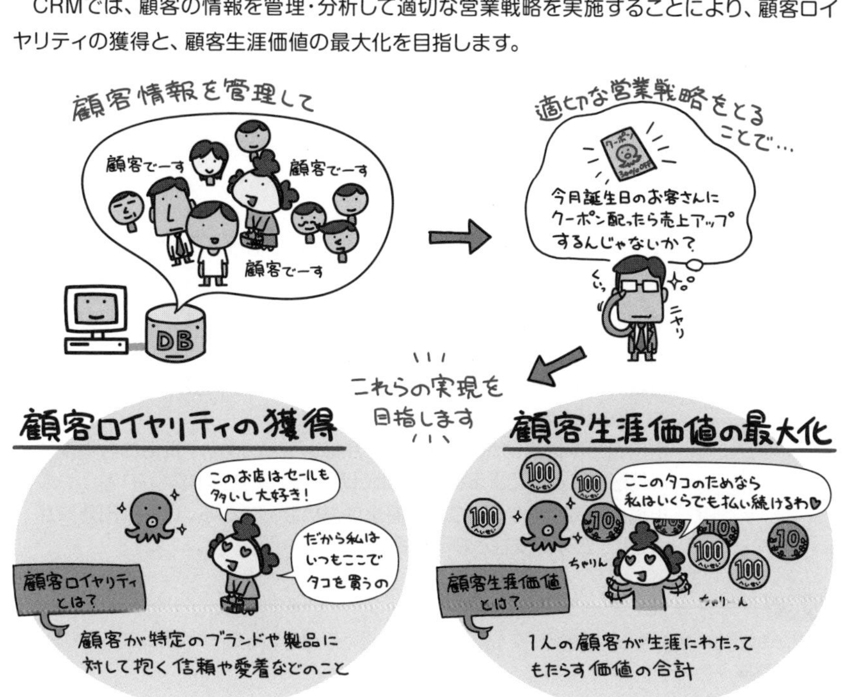

19 企業と法務

このように出題されています 過去問題練習と解説

BPOの説明はどれか。

ア　災害や事故で被害を受けても，重要事業を中断させない，又は可能な限り中断期間を短くする仕組みを構築すること

イ　社内業務のうちコアビジネスでない事業に関わる業務の一部又は全部を，外部の専門的な企業に委託すること

ウ　製品の基準生産計画，部品表及び在庫情報を基に，資材の所要量と必要な時期を求め，これを基準に資材の手配，納入の管理を支援する生産管理手法のこと

エ　プロジェクトを，戦略との適合性や費用対効果，リスクといった観点から評価を行い，情報化投資のバランスを管理し，最適化を図ること

解説

各選択肢は、下記の用語の説明です。

ア　BCP (Business Continuity Plan：事業継続計画)
イ　BPO (Business Process Outsourcing：ビジネス・プロセス・アウトソーシング)
ウ　MRP (Material Requirements Planning：資材所要量計画)
エ　PPM (Project Portfolio Management：プロジェクト・ポートフォリオ・マネジメント)

プロダクトポートフォリオマネジメント (PPM) における“花形”を説明したものはどれか。

ア　市場成長率，市場占有率ともに高い製品である。成長に伴う投資も必要とするので，資金創出効果は大きいとは限らない。

イ　市場成長率，市場占有率ともに低い製品である。資金創出効果は小さく，資金流出量も少ない。

ウ　市場成長率は高いが，市場占有率が低い製品である。長期的な将来性を見込むことはできるが，資金創出効果の大きさは分からない。

エ　市場成長率は低いが，市場占有率は高い製品である。資金創出効果が大きく，企業の支柱となる資金源である。

解説

PPMの説明は、872ページを参照してください。ア…花形、イ…負け犬、ウ…問題児、エ…金のなる木、の説明です。

問 3 (AP-R04-S-67)

PPMにおいて，投資用の資金源として位置付けられる事業はどれか。

ア　市場成長率が高く，相対的市場占有率が高い事業
イ　市場成長率が高く，相対的市場占有率が低い事業
ウ　市場成長率が低く，相対的市場占有率が高い事業
エ　市場成長率が低く，相対的市場占有率が低い事業

解説

プロダクトポートフォリオマネジメント（PPM）において、投資用の資金源として適切な事業とは、市場成長性が低く、相対的市場占有率が高い事業です。

これに該当する事業は、いわゆる“金のなる木”であり、市場成長性が低いので、新規投資資金が少なくてすみ、相対的市場占有率が大きいので、回収できる資金が多いです。

コアコンピタンスに該当するものはどれか。

ア　主な事業ドメインの高い成長率
イ　競合他社よりも効率性が高い生産システム
ウ　参入を予定している事業分野の競合状況
エ　収益性が高い事業分野での市場シェア

解説

コアコンピタンスとは、企業において核となるノウハウや強みのことです。不況が長引いている状況の中で、自社の強みを前面に押し出し、他社との差別化戦略を行う場合の有効な資源ともいえます。

“余計なことはやめて、得意な分野に集中しよう”といったスローガンでの“得意な分野”がコアコンピタンスであり、ビール会社のビール酵母菌培養・開発技術などが具体例です。選択肢イの“競合他社よりも効率性が高い”が、自社の強みを示しており、正解です。

正解▶問1：イ　問2：ア　問3：ウ　問4：イ

Chapter 19-4

外部企業による労働力の提供

外部企業による労働力の提供形態には、「請負」と「派遣」があります。

請負は、仕事を外部の企業にお願いして、その成果に対してお金を支払う労働契約です。「これ作ってー」とお願いして成果を受け取るだけですから、請け負った先がどんな体制で仕事をしてるかなんて発注元は知りません。したがって、誰が仕事に従事してるかとか、いつからいつ何の仕事をやるべきか、なんてことも、発注元が口出しすることではありません。

一方派遣はというと、人材派遣会社にお願いして自分のところに人を出してもらう労働契約です。なのでこちらは仕事の成果ではなくて、「派遣されてきている」こと自体に対してお金を支払うことになります。労働力の提供、確保という意味では、こちらの方がより近いと言えますね。

仕事の量には波があるのが普通ですが、社員はそれに応じて手軽に増減させる…というわけにはいきません。したがって、こういった外部の労働力によって、足りない部分を補うというわけなのです。

請負と派遣で違う、指揮命令系統

請負と派遣、それぞれの指揮命令系統は次のようになっています。派遣の場合、指揮命令権を持つのが、雇用関係にある会社ではないところが特徴です。

請負の場合

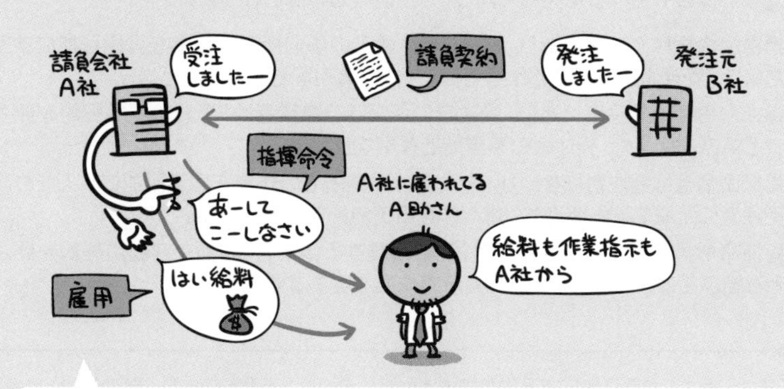

請負会社A社に雇われているA助さんは、A社の指揮のもとで、B社から請け負った仕事を行います。

派遣の場合

派遣会社C社に雇われているC助さんは、D社の指揮のもとで、D社の仕事を行います。

このように出題されています

過去問題練習と解説

発注者と受注者との間でソフトウェア開発における請負契約を締結した。ただし，発注者の事業所で作業を実施することになっている。この場合，指揮命令権と雇用契約に関して，適切なものはどれか。

ア　指揮命令権は発注者にあり，さらに，発注者の事業所での作業を実施可能にするために，受注者に所属する作業者は，新たな雇用契約を発注者と結ぶ。

イ　指揮命令権は発注者にあり，受注者に所属する作業者は，新たな雇用契約を発注者と結ぶことなく，発注者の事業所で作業を実施する。

ウ　指揮命令権は発注者にないが，発注者の事業所での作業を実施可能にするために，受注者に所属する作業者は，新たな雇用契約を発注者と結ぶ。

エ　指揮命令権は発注者になく，受注者に所属する作業者は，新たな雇用契約を発注者と結ぶことなく，発注者の事業所で作業を実施する。

解説

請負契約は、受注者が発注者に成果物の完成と引渡しを約束する契約であり、発注者は作業者に対する指揮命令権を持ちません。したがって、正解の候補は、選択肢ウとエに絞られます。

受注者に所属する作業者は、受注者との雇用契約に基づき、受注者の指揮命令権の下で作業を行います。したがって、受注者に所属する作業者は、新たな雇用契約を発注者と結びません。

また、本問の問題文は、“発注者の事業所で作業を実施することになっている”としていますので、受注者に所属する作業者は、発注者の事業所で作業を実施します。もし、締結された請負契約にこのような特約がなければ、受注者に所属する作業者は、受注者の事業所で作業を実施します。

上記の検討より、選択肢エが正解です。

企業が請負で受託して開発したか，又は派遣契約によって派遣された社員が開発したプログラムの著作権の帰属に関し契約に定めがないとき，著作権の原始的な帰属はどのようになるか。

ア　請負の場合は発注先に帰属し，派遣の場合は派遣先に帰属する。

イ　請負の場合は発注先に帰属し，派遣の場合は派遣元に帰属する。

ウ　請負の場合は発注元に帰属し，派遣の場合は派遣先に帰属する。

エ　請負の場合は発注元に帰属し，派遣の場合は派遣元に帰属する。

解説

プログラムの著作権の帰属に関し契約に定めがない場合、著作権法がそのまま適用されます。著作権法において、請負の場合は開発者（著作物の作成者）である発注先に帰属し、派遣の場合は派遣された労働者に、成果物の作成を指揮命令した派遣先に帰属します。

労働者派遣法に基づいた労働者の派遣において，労働者派遣契約の関係が存在するのはどの当事者の間か。

ア　派遣先事業主と派遣労働者
イ　派遣先責任者と派遣労働者
ウ　派遣元事業主と派遣先事業主
エ　派遣元事業主と派遣労働者

解説

労働者派遣法に基づいた労働者の派遣における契約関係は、下図のとおりです。

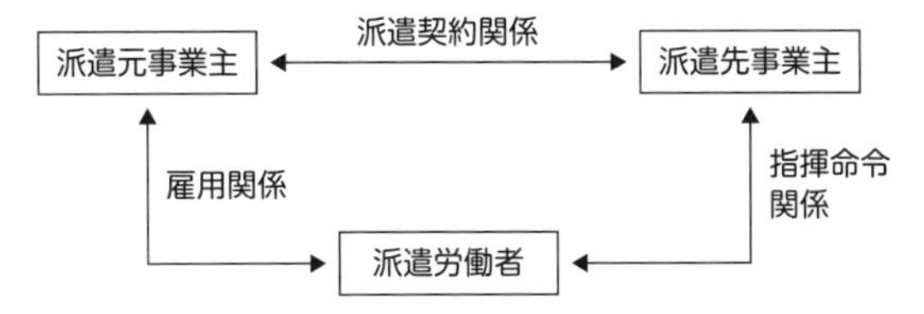

A社はB社に対して業務システムの設計，開発を委託し，A社とB社は請負契約を結んでいる。作業の実態から，偽装請負とされる事象はどれか。

ア　A社の従業員が，B社を作業場所として，A社の責任者の指揮命令に従ってシステムの検証を行っている。

イ　A社の従業員が，B社を作業場所として，B社の責任者の指揮命令に従ってシステムの検証を行っている。

ウ　B社の従業員が，A社を作業場所として，A社の責任者の指揮命令に従って設計書を作成している。

エ　B社の従業員が，A社を作業場所として，B社の責任者の指揮命令に従って設計書を作成している。

解説

請負契約は、受注者が発注者に成果物の完成と引渡しを約束する契約であり、発注者は受注者の作業者を、発注者の管理下にある作業場所に常駐させたり、受注者の作業者に直接指示を出すなどの、作業者に対する指揮命令権を持ちません。

これに対し、偽装請負とは、受注者と発注者は請負契約を締結しているのですが、その実態は、発注者が受注者の作業者を発注者の管理下にある作業場所に常駐させ、発注者の指揮命令の下に、受注者の作業者に成果物の制作業務をさせている状況を意味する用語です。したがって，選択肢ウが正解です。

正解▶問1：エ　問2：ア　問3：ウ　問4：ウ

関連法規いろいろ

法律はもちろん、各種ルールやモラルも守って企業活動を行うことを「コンプライアンス」といいます。

コンプライアンスとは法令遵守とも訳される言葉で、「儲かれば何をやってもいい」とは真逆の意味を示します。たとえば「コンプライアンスなんて知るかー」といって好き勝手な企業活動を行った場合、一見収益があがっているように見えても、同時に大きなリスクまで抱え込んでしまっているケースが多々あります。ひょっとすると何かを契機に経営者が逮捕される…？ そんな事態も「ない」とは言えませんよね。

企業には、経営者だけではなくて、その社員や顧客、株主など、様々な利害関係者（ステークホルダ）が存在します。「儲かりゃいいぜー」と暴走行為を働いたツケは、きまって全員に降りかかりますが、そもそも皆が望んだ結果とは限りません。「知っていれば投資しなかった」「もっと経営に透明性を!」なんて言葉はよく耳にするところです。

企業の経営管理が適切になされて、その透明性や正当性がきちんと確保できているか。それを監視する仕組みをコーポレートガバナンス（企業統治）といいます。もちろん、「ちゃんとしようね」なんてかけ声だけじゃ効力はありませんから、違法行為や不正行為のチェックを行う体制作りは不可欠。こちらは内部統制と呼びます。

それでは企業活動に関係する法令を色々と見ていきましょう。

著作権

発明や創作、商品開発など、それらは誰かの努力があって生み出されるものです。しかし、生み出した後のものをコピーするのは簡単だったりするんですよね。人の作品を丸パクリしたりとか、ゲームソフトをコピーしてばらまいたりとか…。

そう、苦労して生み出したものをあっさりコピーされてはやるせなさ過ぎますし、なによりそれでは収入にならなくて食べていけません。

そこで、「作り手の権利を守らなきゃいけないんじゃないの?」という法律ができました。それが知的財産権というやつです。

知的財産権は、大きく2つに分かれます。うちひとつが著作権で、次のような権利を規定しています。

著作権は著作物に対する権利保護を行うものなので、創作された時点で自動的に権利が発生します。さらに細かく見ると、次のような権利に分かれます。

権利名称	説明
著作人格権	著作物の「生みの親」に付与される権利で、公表権（いつどのように公表するか決定する権利）、氏名表示権（公表時に名前を表示する権利）、同一性保持権（著作物の改変を禁止する権利）を保護します。 他人に譲渡したり相続したりすることはできません。
著作財産権	著作物から発生する財産的権利で、複製権（出版などの著作物をコピーする権利）や公衆送信権（不特定多数に向けて著作物を発信する権利）などを保護します。 こちらは他人に譲渡したり相続したりすることができます。

産業財産権

知的財産権を大きく2つに分けたうちの、もうひとつが産業財産権です。

こっちは著作権と違って「先願主義」というやつなので、発明しただけだと権利は発生しません。特許庁に登録することで、はじめて権利が発生して保護対象となります。

産業財産権には次のようなものがあります。

権利名称	説明
特許権	高度な発明やアイデアなどを保護します。
実用新案権	ちょっとした改良とか創意工夫とか、特許ほど高度ではない考案を保護します。
意匠権	製品のデザインを保護します。
商標権	商品名やマーク（トレードマークとか）などの商標を保護します。

法人著作権

2ページ前でも述べた通り、著作権は著作物の「生みの親」に付与される権利です。創作された時点で自動的に権利が発生し、他人に譲渡したり相続したりすることはできません。

しかし業務として会社従業員が著作物の創作を行った場合、この権利を逐一個人に帰属していては管理を一元化することができません。会社としては、自ずとその活動が大きく制約されてしまうことになり、困ってしまうわけです。

そこで、著作権法15条では、以下の要件を満たす場合には、その著作者は法人とするよう定められています。当然この時、著作権は法人に帰属します。

これを法人著作（職務著作）と言います。

要するに、「法人の発意に基づく法人名義の著作物」の場合は、特段の取決めがない限り、その製作担当者を雇用していた法人の側に著作権が帰属することになるわけです。

著作権の帰属先

少しお堅い言い回しとして、「原始的」という言葉があります。これは、特段の取決めがない限りそのように扱うよーという意味を表していて、たとえば「著作権は原始的にはその創作者個人に帰属します」というように用います。

このように、著作権とは著作物を創作した者に対して原始的に帰属する権利です。しかし、例えば「これこれこういったプログラムが欲しい！」と発案したとしても、それを作成する人物が必ずしも発案者本人とは限りません。

そして、その依頼方法というか、どのような発注形態をとるかによって、成果物に対する著作権の原始的な帰属先は異なってくるのです。

次の3パターンを例に、著作権がどこに帰属するのか詳しく見てみましょう。

著作権によって保護されるのは、アイデアではなく作成された創作物です。したがって、帰属先を考える上では、「“誰が” 作ったのか」という視点が重要となります。

派遣の場合

派遣契約の場合、派遣先企業の指揮のもとで、派遣労働者がプログラム開発を行います。

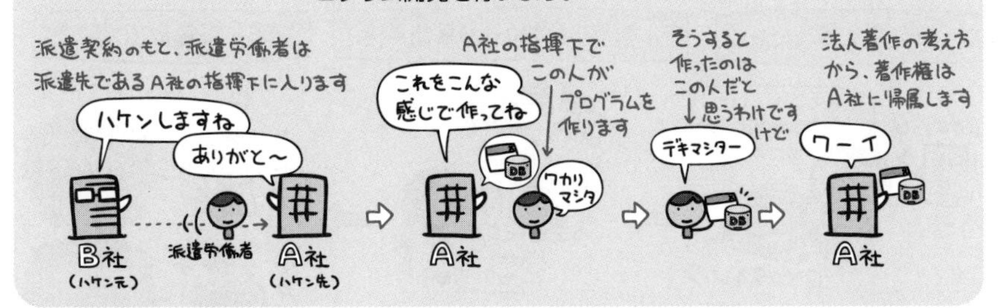

請負の場合

請負契約では、発注元は作成された成果物に対して報酬の支払いを行い、開発体制等には関知しません。

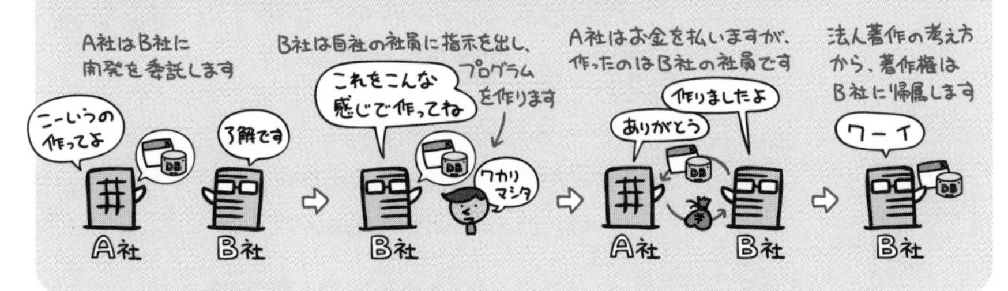

請負の請負の場合

請負契約を結んだ会社が、さらに外部企業へ開発を委託した場合も、請負契約が持つ関係に変化はありません。

これらはいずれも「原始的には」の話であるため、それ以外の帰属先を検討する場合には、著作権の帰属先を明記した契約書を取り交わす必要が出てきます。

ちなみに、プログラムやマニュアルといった創作物については著作権法で保護されますが、その作成に用いるプログラム言語や、プロトコルなどの規約類、アルゴリズムといったものは著作権保護の対象外です。

製造物責任法（PL法）

製造物責任法とは、製造物の欠陥によって消費者が生命、身体、または財産に損害を負った場合に、製造業者等の負うべき損害賠償責任を定めた法律です。

ここで言う「製造業者等」とは、次のいずれかに該当する者を指します。

その他、製造・加工・輸入または販売に係る形態等によって、実質的に製造業者と認められる表示をした者

仮に、欠陥が製品を構成する外注部品に起因する場合であっても、本法により消費者に対して責を負うのは、その外注部品のメーカーではなく上記に該当する製造業者等です。

製造物責任法の適用範囲は「製造又は加工された動産の欠陥に起因した損害」に限定しています。つまり、事故が欠陥によって引き起こされたという因果関係が立証されなくてはなりません。

また、欠陥によって事故が発生したという場合においても、次のケースに該当すれば、製造業者等はその責を免れることができます。

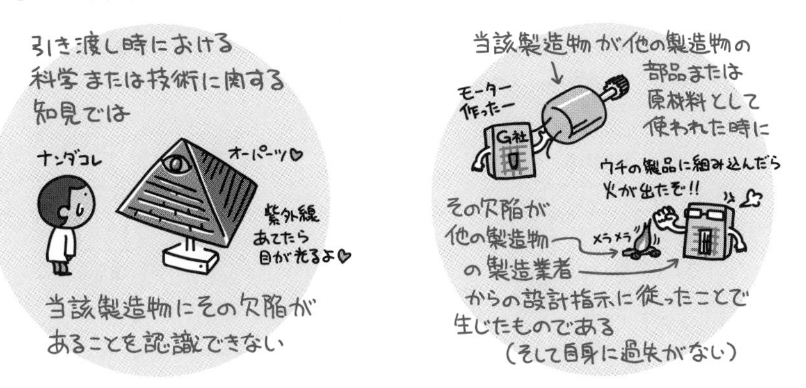

製造物責任法の時効は10年です。この間は、中古品であっても製造業者は自身の製造物に対して責任を負います。逆に消費者の側は事故の発生から3年以内に製造業者に対して損害賠償請求を行わなくてはならず、この期間を超えてしまった場合は時効としてその事故に対する請求権を失います。

労働基準法と労働者派遣法

働く人たちを保護するための法律が、労働基準法と労働者派遣法です。

労働基準法では、最低賃金、残業賃金、労働時間、休憩、休暇といった労働条件の最低ラインを定めています。つまり「これより劣悪な条件で働かせたら違法ですよ」という線引きをしているわけですね。

一方、労働者派遣法は、「必要な技術を持った労働者を企業に派遣する事業に関しての法律」というもので、派遣で働く人の権利を守っています。

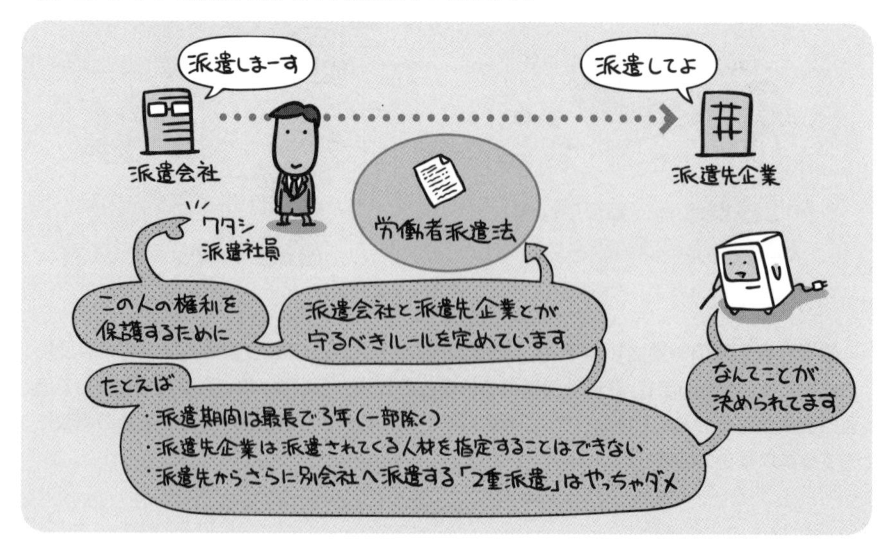

シュリンクラップ契約

シュリンクラップというのは、商品パッケージをぴっちり密着して覆う透明フィルム包装のことです。

こうした包装を破くことで「使用許諾契約に同意したと見なしますからね」とするのがシュリンクラップ契約です。

この契約では、包装を解いた時点で使用許諾契約が成立します。

不正アクセス禁止法

不正アクセス禁止法というのは、不正なアクセスを禁止するための法律です。

不正アクセス禁止法では「不正アクセスを助長する行為」に関しても罰則が定められています。したがって、次のような行為も罰せられる対象となりますので気をつけましょう。

サイバーセキュリティ基本法

日本において、社会インフラとなっている情報システムや情報通信ネットワークへの防御施策を、効果的に推進するための政府組織の設置などを定めた法律がサイバーセキュリティ基本法です。

ここで、サイバーセキュリティの対象となるのは、「電子的方式、磁気的方式その他人の知覚によっては認識することができない方式（以上をまとめて電磁的方式と呼称）により記録され、又は発信され、伝送され、もしくは受信される情報」です。

この法律では、国、地方公共団体、重要社会基盤事業者、サイバー関連事業者その他の事業者、教育研究機関の果たすべき責務と、国民の果たす努力目標が記されています。

この法律が定める国の基本的施策には、次の11項目があります。

- 国の行政機関等におけるサイバーセキュリティの確保
- 重要社会基盤事業者等におけるサイバーセキュリティ確保の促進
- サイバーセキュリティに対する民間事業者及び教育研究機関等の自発的な取組の促進
- サイバーセキュリティに関する施策に取り組む多様な主体の連携等
- サイバーセキュリティ協議会の組織化
- サイバーセキュリティ関連犯罪の取締り及び被害の拡大の防止
- サイバーセキュリティに関する事象のうち我が国の安全に重大な影響を及ぼすおそれのある事象への対応
- サイバーセキュリティ関連産業の振興及び国際競争力の強化
- サイバーセキュリティに関する研究開発の推進等
- サイバーセキュリティに係る人材の確保等
- サイバーセキュリティに関する教育及び学習の振興、普及啓発等
- サイバーセキュリティに関する分野における国際協力の推進等

プロバイダ責任制限法

プロバイダ責任制限法とは、インターネット上で権利侵害があった場合に、特定電気通信役務提供者（プロバイダなど）が負うべき損害賠償責任の範囲や、権利侵害を行った発信者の情報を、被害者が開示請求する権利について定めたものです。

特定電気通信役務提供者とは…

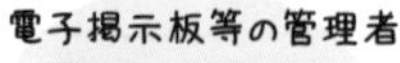

たとえばインターネット上の掲示板で権利侵害が発生しましたという場合、その掲示板管理者は次の条件にあてはまる場合には、被害者に対する損害賠償責任を負う必要はありません。

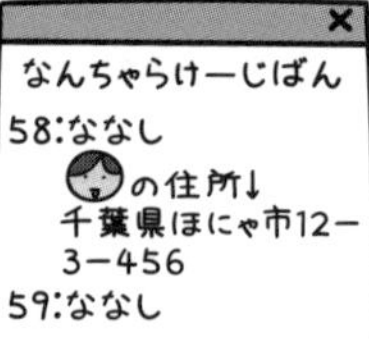

- 他人の権利が侵害されているのを知らなかった
- 他人の権利が侵害されているのを知ることができたと認めるのに足る相当の理由がない

場合は免責！

一方で、その権利侵害の書き込みを削除した場合に、発信者がそれによって損害を受けたとしても、次の条件にあてはまる場合は、やはり損害賠償責任を負うことはありません。

- 他人の権利が侵害されているのを信じるに足る相当の理由があった
- 削除の申出があったことを発信者に連絡して7日以内に反論がない

場合は免責！

で、被害者が「発信者を突き止めて責任を取ってもらうんだ！」と立腹していた場合、その情報を開示請求してお灸を据えてやるぜ！となるわけですね。その際の開示請求は次のような段取りで行われることになります。

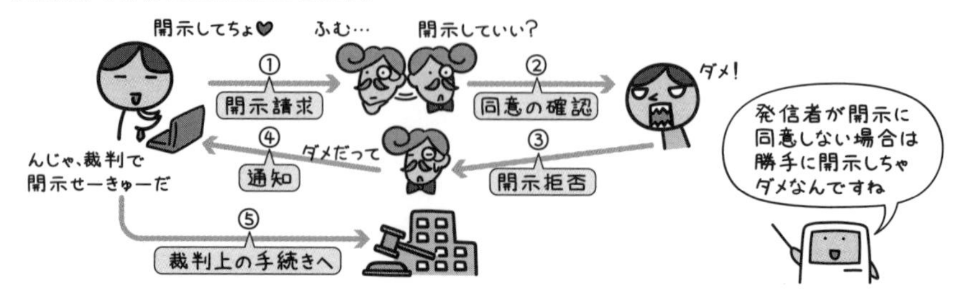

刑法

どのような行為が犯罪となり、それに対してどのような刑が科せられるかを定めた基本的な法令が刑法です。

この刑法と、前ページで挙げた不正アクセス禁止法の間で混同しがちなのがコンピュータウイルスの扱いです。たとえば「コンピュータウイルスを用いて企業で使用されているコンピュータの記憶内容を消去した」という場合、これを罰するのはどの法律でしょうか？

そう、コンピュータウイルス＝情報セキュリティ関連という連想から、うっかり聞き覚えのある「不正アクセス禁止法」が該当するような気がしがちですが、こちらはインターネット等の通信における不正なアクセス行為とそれを助長する行為を禁止するための法律であるため、上のようなケースには該当しません。

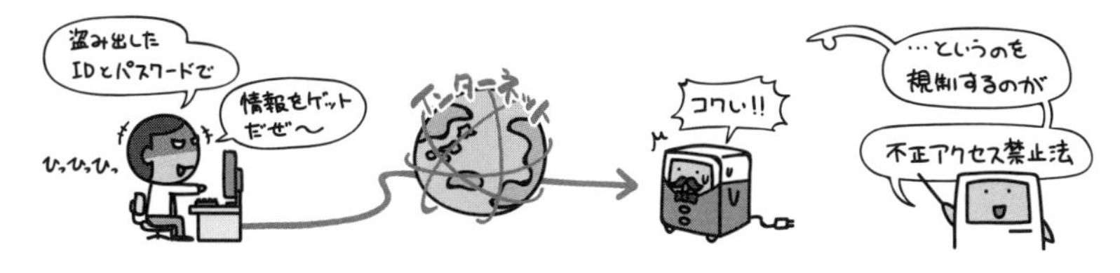

上のケースの場合、具体的には、刑法に定められた次のような罪によって罰せられます。

［刑法234条の2］
電子計算機損壊等業務妨害罪

人の業務に使用しているコンピュータや電磁的記録を損壊するなどによって業務を妨害する行為を処罰の対象とする。

［刑法168条の2および168条の3］
不正指令電磁的記録に関する罪
(いわゆるコンピュータ・ウイルスに関する罪)

使用者の意に反するような不正な指令を与える電磁的記録（コンピュータウイルス）の作成、提供、供用、取得、保管行為を処罰の対象とする。

このように出題されています

過去問題練習と解説

Webページの著作権に関する記述のうち，適切なものはどれか。

ア　営利目的ではなく趣味として，個人が開設しているWebページに他人の著作物を無断掲載しても，私的使用であるから著作権の侵害とはならない。

イ　作成したプログラムをインターネット上でフリーウェアとして公開した場合，配布されたプログラムは，著作権法による保護の対象とはならない。

ウ　試用期間中のシェアウェアを使用して作成したデータを，試用期間終了後もWebページに掲載することは，著作権の侵害に当たる。

エ　特定の分野ごとにWebページのURLを収集し，独自の解釈を付けたリンク集は，著作権法で保護され得る。

解説

ア　営利目的ではなく個人の趣味であっても、個人が開設しているWebページに、他人の著作物を無断掲載すれば、著作権の侵害となります。法人が開設しているWebページでも同様です。

イ　フリーウェアは、使用・複製・配布がフリーなものが多いです（使用のみフリーなものもあります）。ただし、フリーウェアの著作権は、その作成者にあり、作成者が許可している範囲以外は、著作権法によって保護されます。

ウ　シェアウェアを使用して作成したデータの著作権は、そのシェアウェアが試用期間中であるかどうかにかかわらず、データの作成者にあります。データの著作権は、シェアウェアの作成者にはないので、Webページに掲載しても、著作権の侵害には当たりません。

エ　特定の分野ごとにWebページのURLを収集し、簡単なコメントをつけて作成されたリンク集は、データベースの一種として、著作権法によって保護されます。

A社は，B社と著作物の権利に関する特段の取決めをせず，A社の要求仕様に基づいて，販売管理システムのプログラム作成をB社に委託した。この場合のプログラム著作権の原始的帰属に関する記述のうち，適切なものはどれか。

ア　A社とB社が話し合って帰属先を決定する。

イ　A社とB社の共有帰属となる。

ウ　A社に帰属する。

エ　B社に帰属する。

解説

本問の最初の文は、“★A社は，B社と著作物の権利に関する特段の取決めをせず，◆A社の要求仕様に基づいて，販売管理システムのプログラム作成をB社に委託した” としています。上記★の下線部より、著作権法が本問の事例にそのまま適用されます。また、上記◆の下線部より、A社を委託者、B社を受託者とする請負契約が締結されたと考えられます。

請負契約での受託者であるB社が、販売管理システムのプログラムを作成するので、プログラム著作権の原始的帰属は、B社に帰属します。

製造物責任法（PL法）において，製造物責任を問われる事例はどれか。

ア　機器に組み込まれているROMに記録されたプログラムに瑕疵（かし）があったので，その機器の使用者に大けがをさせた。

イ　工場に配備されている制御系コンピュータのオペレーションを誤ったので，製品製造のラインを長時間停止させ大きな損害を与えた。

ウ　ソフトウェアパッケージに重大な瑕疵が発見され，修復に時間が掛かったので，販売先の業務に大混乱をもたらした。

エ　提供しているITサービスのうち，ヘルプデスクサービスがSLAを満たす品質になく，顧客から多大なクレームを受けた。

解説

889ページに書かれているとおり、製造物責任法（PL法）によって、製造業者等が損害賠償責任を問われるのは、◆損害と製造物の欠陥に因果関係があったと立証され、かつ、★生命・身体・財産に損害が生じた場合に限定されます。

ア「機器に組み込まれているROMに記録されたプログラムに瑕疵があった」が、上記◆の下線部に該当し、「その機器の使用者に大けがをさせた」が、上記★の下線部に該当するので、製造物責任を問われる事例です。

イ「工場に配備されている制御系コンピュータのオペレーションを誤った」は、いわゆる操作ミスであり、製造物に欠陥があるケースとは異なります。

ウ「ソフトウェアパッケージ」は、製造物責任法上の製造物に該当しません（888ページを参照してください）。

エ「提供しているITサービスのうち，ヘルプデスクサービス」は、製造物責任法上の製造物に該当しません（888ページを参照してください）。

正解►問1：エ　問2：エ　問3：ア

不正アクセス禁止法で規定されている，“不正アクセス行為を助長する行為の禁止” 規定によって規制される行為はどれか。

ア　業務その他正当な理由なく，他人の利用者IDとパスワードを正規の利用者及びシステム管理者以外の者に提供する。
イ　他人の利用者IDとパスワードを不正に入手する目的で，フィッシングサイトを開設する。
ウ　不正アクセスの目的で，他人の利用者IDとパスワードを不正に入手する。
エ　不正アクセスの目的で，不正に入手した他人の利用者IDとパスワードをPCに保管する。

解説

各選択肢は、下記の不正アクセス禁止法の規定によって規制されています。

ア　不正アクセス行為を助長する行為の禁止　→　正解です。
イ　識別符号（利用者IDとパスワード）の入力を不正に要求する行為の禁止
ウ　他人の識別符号（利用者IDとパスワード）を不正に取得する行為の禁止
エ　他人の識別符号（利用者IDとパスワード）を不正に保管する行為の禁止

企業が業務で使用しているコンピュータに，記憶媒体を介してマルウェアを侵入させ，そのコンピュータのデータを消去した者を処罰の対象とする法律はどれか。

ア　刑法
イ　製造物責任法
ウ　不正アクセス禁止法
エ　プロバイダ責任制限法

解説

本問が問う“企業が業務で使用しているコンピュータに，記憶媒体を介してマルウェアを侵入させる”行為は、895ページに書かれているとおり、刑法168条の2および168条の3より、“不正指令電磁的記録に関する罪” として処罰の対象とされます。

コンピュータウイルスを作成する行為を処罰の対象とする法律はどれか。

ア　刑法
イ　不正アクセス禁止法
ウ　不正競争防止法
エ　プロバイダ責任制限法

解説

895ページの解説にあるように、コンピュータウイルスを作成すると刑法によって処罰されます。

A社は顧客管理システムの開発を，情報システム子会社であるB社に委託し，B社は要件定義を行った上で，設計・プログラミング・テストまでを，協力会社であるC社に委託した。C社ではD社員にその作業を担当させた。このとき，開発したプログラムの著作権はどこに帰属するか。ここで，関係者の間には，著作権の帰属に関する特段の取決めはないものとする。

ア　A社　　イ　B社　　ウ　C社　　エ　D社員

解説

本問の最終文は“関係者の間には，著作権の帰属に関する特段の取決めはないものとする”としていますので、著作権法がそのまま適用されます。

本問の場合、プログラムはC社のD社員によって開発されています。プログラムの著作権は、著作者であるD社員に帰属しそうです。しかし、D社員はC社の職務としてプログラムを開発しているので、その著作権は、885ページの説明より、C社に帰属します。したがって、選択肢ウが正解です。

労働者派遣法において，派遣元事業主の講ずべき措置等として定められているものはどれか。

ア　派遣先管理台帳の作成
イ　派遣先責任者の選任
ウ　派遣労働者を指揮命令する者やその他関係者への派遣契約内容の周知
エ　労働者の教育訓練の機会の確保など，福祉の増進

解説

ア・イ・ウ … 派遣先事業主が講ずべき措置です。
エ … 派遣元事業主が講ずべき措置です。

正解▶問4：ア　問5：ア　問6：ア　問7：ウ
問8：エ

Chapter 19-6

費用と利益

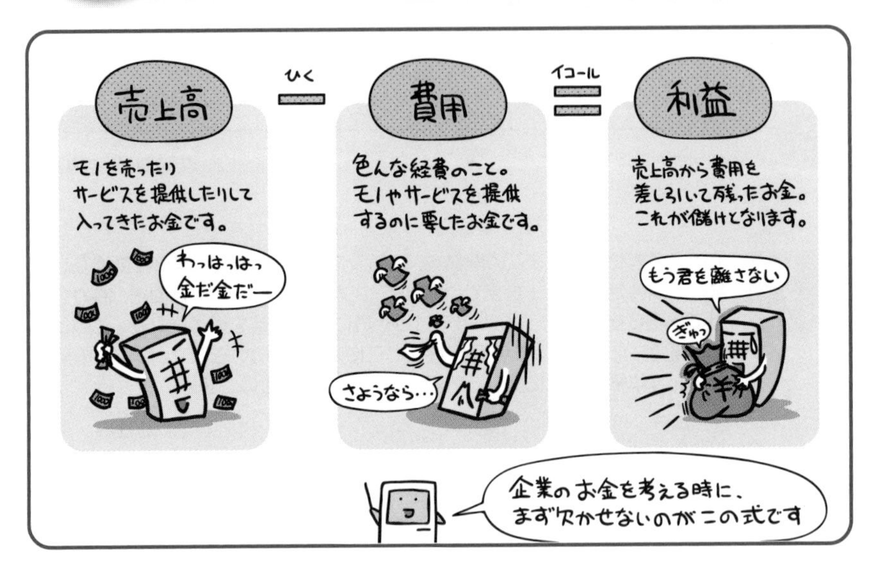

売上高を伸ばし、費用を抑えることによって、企業の利益はウハウハドッカンと大きなものになるわけです。

企業活動の目的はどこにあるかといえば、やはりまずは儲けること。たくさんの利益を出すことです。そうじゃないと事業を継続できないですし、人を雇うこともできません。

そんなわけで、「企業のお金」を知ろうと思えば「儲けはどこから出るでしょう」って話を欠かすわけにはいかないとなり、そしてつまりはそれが、上のイラストにある式というわけです。売れたお金からかかったお金を差し引いて、残ったお金が儲けですよと。実にシンプルな話ですね。

しかしもちろん企業の話ですから、そうシンプルなだけで話は終わりません。

まず、「かかったお金」と言ったって、その内訳も様々です。商品をぜんぜん作らなくても、社員を抱えてりゃお金は消えていきます。オフィスを構えていれば場所代だって必要です。そのお金はどっから持ってくるのか、どれだけ売り上げればこの事業は採算がとれるのか。そんなことも考えなきゃいけません。

というわけでこの節は、費用の話と採算性の話。そのあたりについて見ていきます。

費用には「固定費」と「変動費」がある

さて、企業活動を行う上で必要な諸経費である費用。その内訳は、固定費と変動費にわかれます。

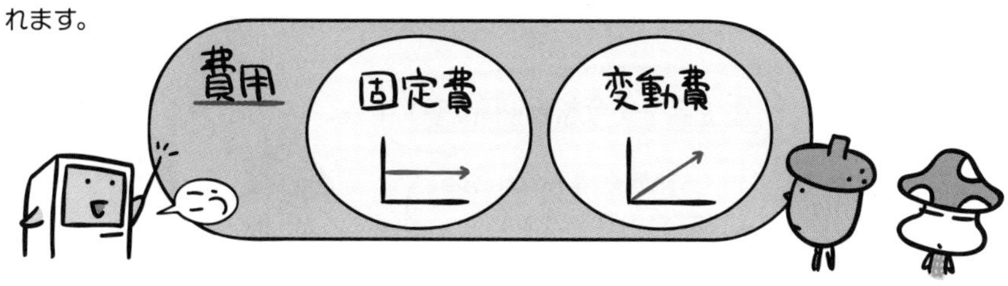

固定費というのは、売上に関係なく発生するお金たち。たとえば人件費やオフィスの賃料、光熱費などがそうです。

これらは、商品の生産量や売れ行きに関係なく、必ず発生する費用です。

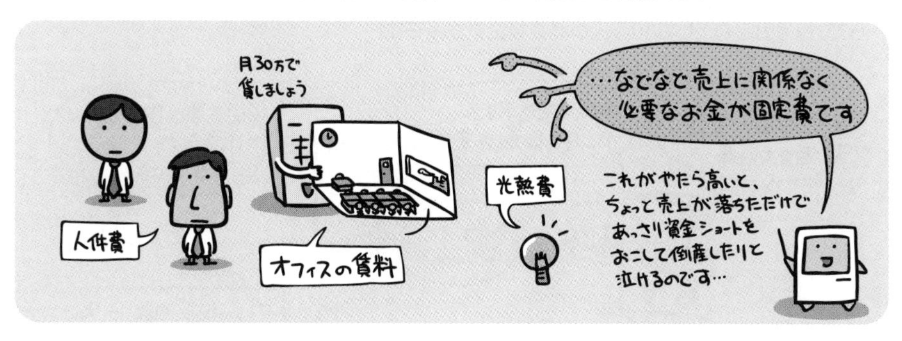

一方、売上と比例して増減するお金が変動費。こちらは主に、商品の生産に必要な材料を買うお金が該当します。

当然生産量が増えれば増えるほど、変動費は大きくなるわけです。

19 企業と法務

損益分岐点

損益分岐点というのは、その名の示す通り損失（赤字）と利益（黒字）とが分岐するところ。「これ以上に売上を伸ばせたら、赤字から黒字に切り替わりますよー」というポイントのことです。

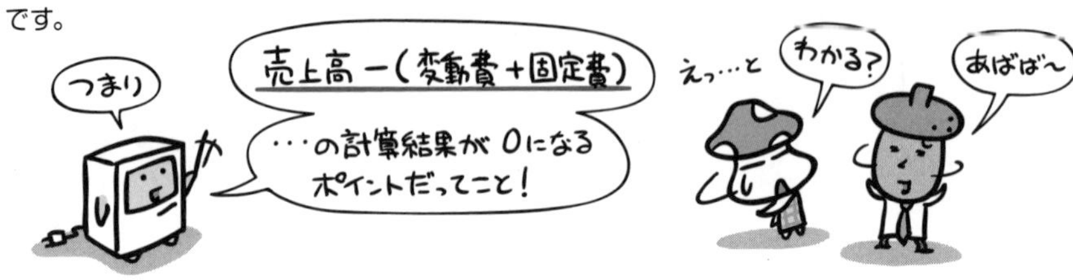

それでは順をおって見ていきましょう。

こちらにタコを売ることを生業とする企業さんがありました。人件費やら売り場の確保やらで、毎月固定費として30万円が必要な企業さんです。

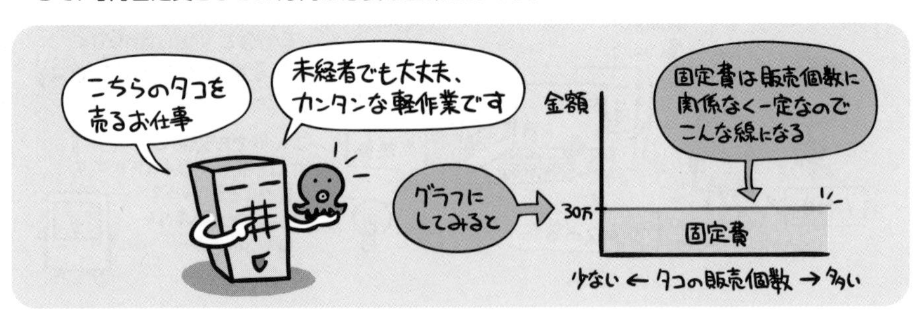

このタコを1匹1,000円で販売します。

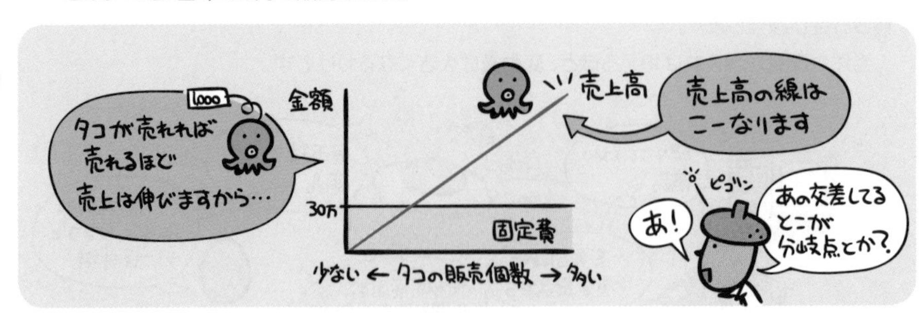

いえいえ、それは気が早いというもの。大事なことを忘れちゃいけません。タコはどっかから仕入れてくるわけですよね。当然それにはお金が必要です。

タコの仕入れ値が1匹600円だったとしましょう。これが変動費です。
その総額は当然タコの売れた数に比例しますから、次のような線となります。

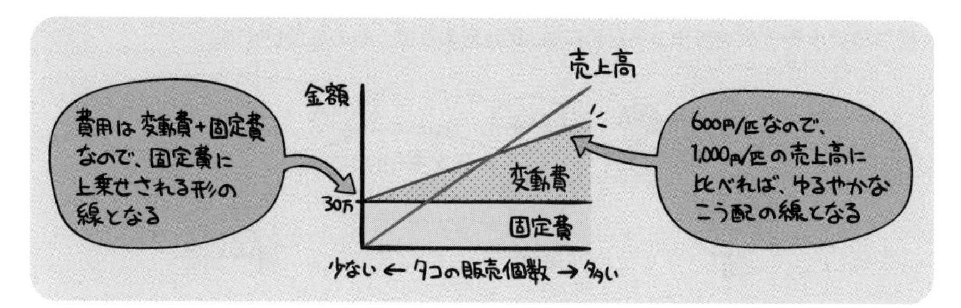

さて、こうして出来上がったグラフを良く見てください。(変動費+固定費)と、売上高とがイコールになっている箇所(つまりは交差している箇所)がありますよね。
それが損益分岐点ですよ…というわけです。

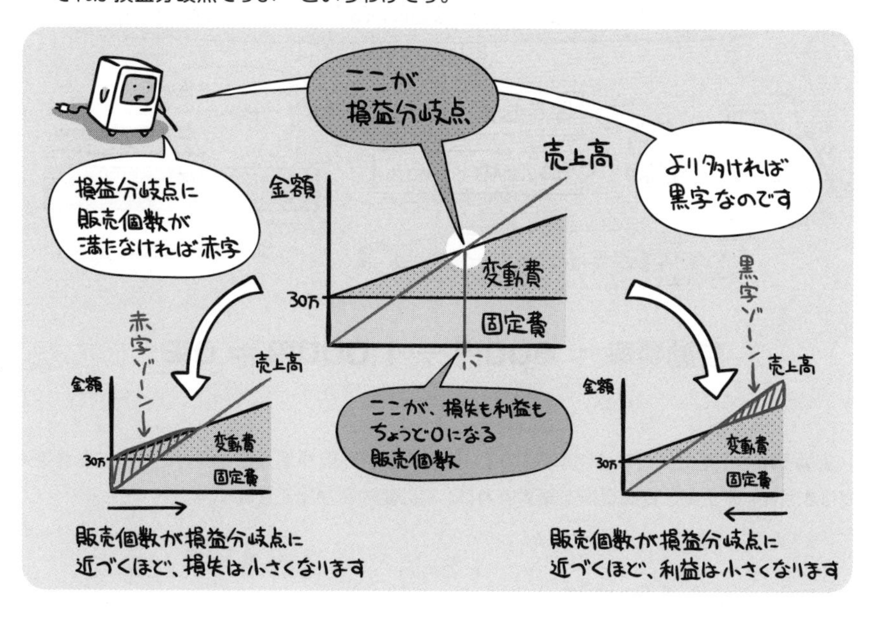

ちなみに、損益分岐点になる時の売上高を、損益分岐点売上高と呼びます。実にそのまんまの名称で、覚えやすいことこの上なしですね。
ところで上の場合の損益分岐点売上高。果たしていくらになるか、わかります?

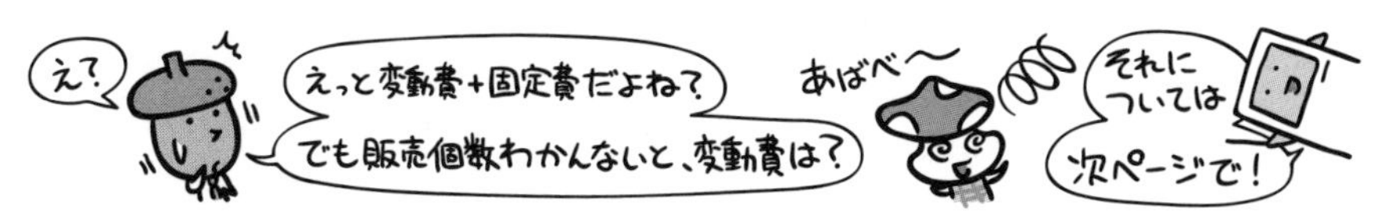

変動費率と損益分岐点

損益分岐点売上高を算出するためには、変動費率というものを使います。

変動費率というのは、売上に対する変動費の比率を示すものです。要するに「品物価格に含まれる変動費の割合はいくつか」ということです。

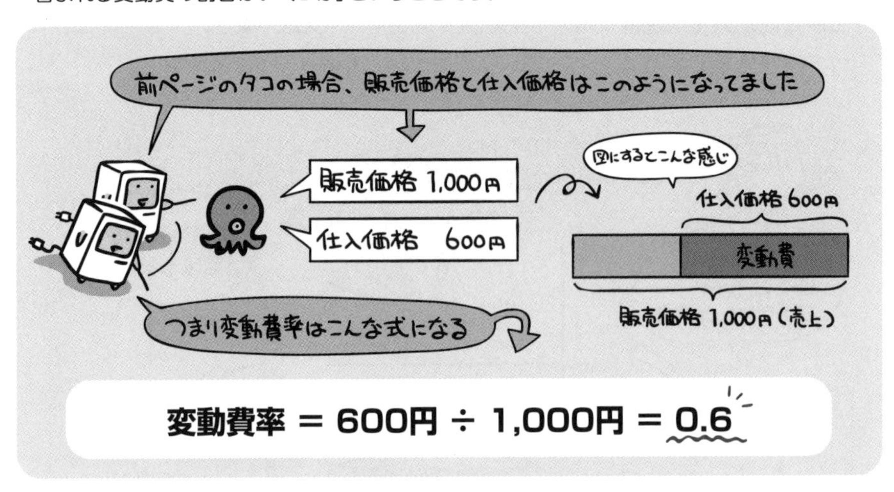

変動費率は「売上に対する比率」なので、タコの販売個数が増えても減っても特に影響を受けません。売上高と変動費率を乗算すれば、常に変動費が出てきます。

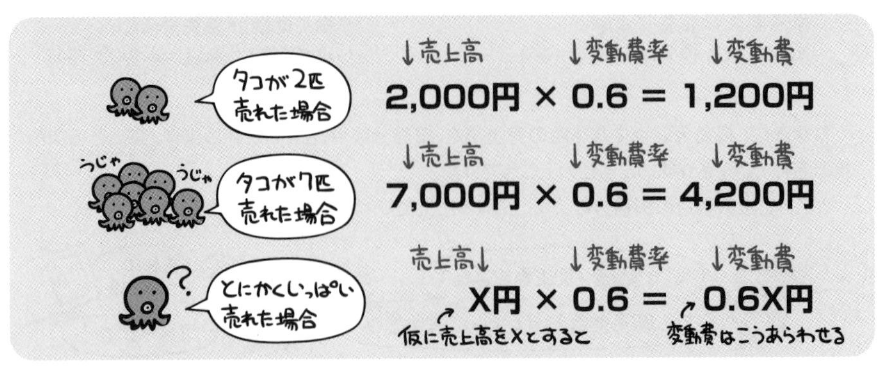

つまり変動費というのは、次のように書くことができるわけです。

変動費 ＝ 売上高 × 変動費率

…ということは、こんな式にもできちゃうわけです。

損益分岐点売上高 ＝ 変動費 ＋ 固定費

＝（損益分岐点売上高 × 変動費率）＋ 固定費

さあ、それでは前々ページのやり残しを、この式を使って片づけちゃいましょう。

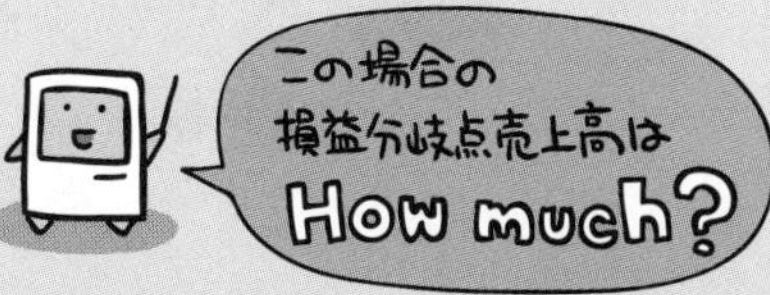

損益分岐点売上高 ＝（損益分岐点売上高 × 変動費率）＋ 固定費

…なので、 X ＝ (X × 0.6) ＋ 300,000 という式になる。

X ＝ 0.6X ＋ 300,000
X − 0.6X ＝ 300,000
0.4X ＝ 300,000
X ＝ 750,000

固定資産と減価償却

モノやサービスを提供するために使ったお金は、通常は経費として売上高から差し引くことになります。

しかし、ある程度高額な品…たとえばパソコンやクルマなどを想像してみるとわかりやすいんですけど、そういった品は買ってきて使用したからといっていきなり価値が0になるわけじゃありません。

これを固定資産と言います。

ところで中古のクルマって、「いきなり価値が0になるわけじゃない」と言ったって、2年落ち、3年落ちと使用期間がかさむにつれて価値は目減りしていきますよね？

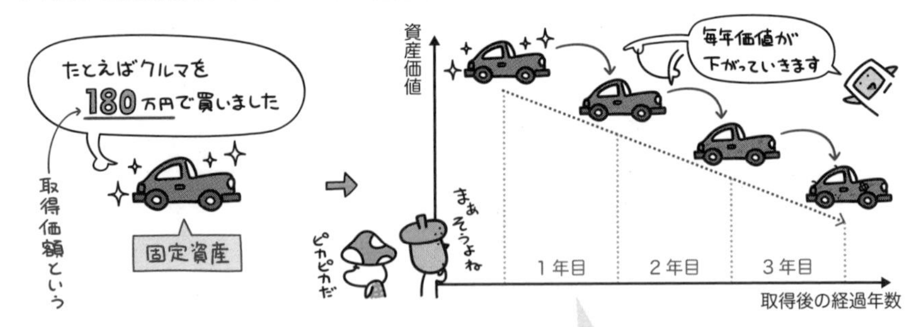

なので固定資産は、その「目減りした価値」の分を、その会計年度に要した経費の一部として計上します。これを減価償却と言います。

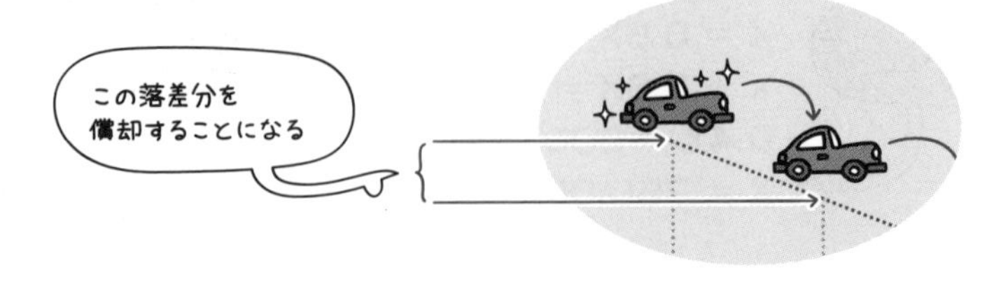

ですよね?
そこで登場するのが耐用年数です。

資産には、一応種類ごとに「これだけの期間は使えますよ」という基準が定められているのです。これが耐用年数です。

なので、取得価額（購入した金額）をその年数で割ってやれば、1年に償却するべき金額が求められます。

取得価額 ÷ 耐用年数 ＝ 毎年の減価償却額

つまり先ほどのクルマの例で言えば、こんな風になるわけですね。

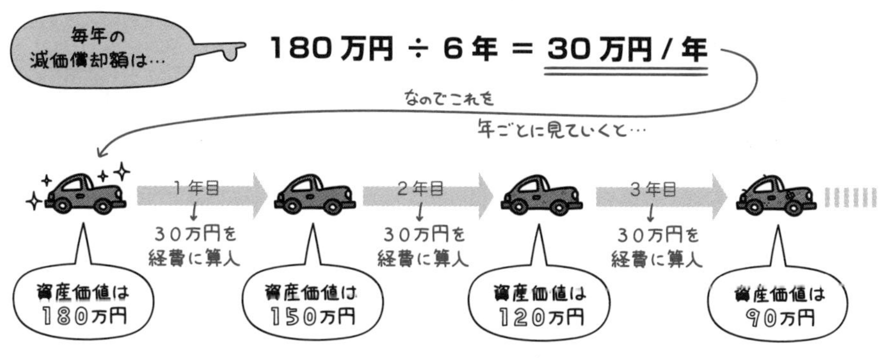

このように、毎年一定額を償却していくやり方を定額法と言います。他にも定率法というやり方があって、この場合は毎年同じ率で償却を行います。定率なので、資産価値の高い初年度に償却する額が一番多くなり、後は年々償却額が減る形になります。

ROI (Return On Investment)

最後にROIという指標を知っておきましょう。これは、「費用対効果」を意味します。

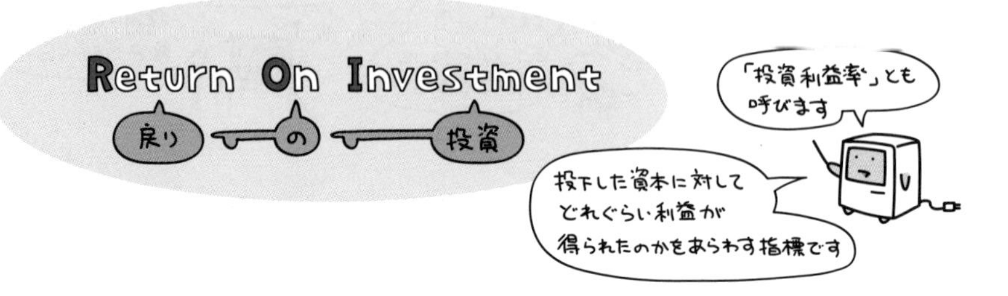

ROIは一般的に、次の式によって算出されます。

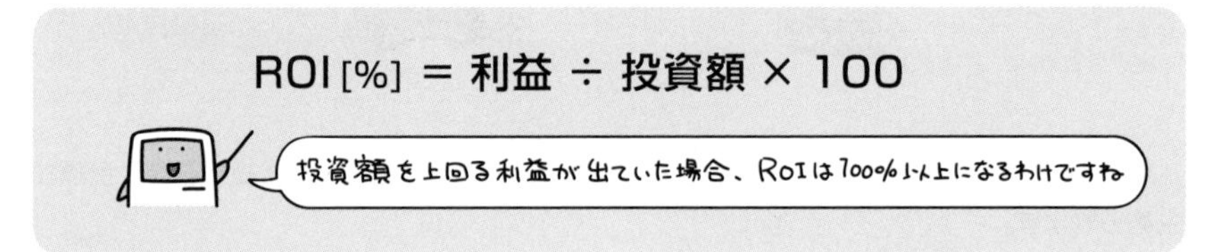

ROIの数値が大きいほど、その投資は効果的で利益も大きいと考えることができるので、価値のある施策だと判断する材料になるわけです。

ちなみに、投資したお金を何年後に回収できるか示す指標をPBP (Pay Back Period)と言います。投資額÷1年間のキャッシュフロー (収入から諸経費や税金等を差し引いた額) により回収期間を算出します。

このように出題されています

過去問題練習と解説

会社の固定費が150百万円，変動費率が60%のとき，利益50百万円が得られる売上高は何百万円か。

ア　333　　イ　425　　ウ　458　　エ　500

解説

(1) 利益の計算式

利益＝売上高－費用　⇒　利益＝売上高－（変動費＋固定費）⇒　利益＝売上高－（変動費率×売上高＋固定費）…（★）

(2) 本問の数値の適用

上記（★）の式に、本問の数値を適用すると、下記になります（単位は百万円）。

50＝ 売上高 －（ 0.6 × 売上高 ＋ 150）⇒　200 ＝ 0.4 × 売上高　⇒　売上高 ＝ 500

情報化投資計画において，投資効果の評価指標であるROIを説明したものはどれか。

ア　売上増やコスト削減などによって創出された利益額を投資額で割ったもの

イ　売上高投資金額比，従業員当たりの投資金額などを他社と比較したもの

ウ　現金流入の現在価値から，現金流出の現在価値を差し引いたもの

エ　プロジェクトを実施しない場合の，市場での競争力を表したもの

解説

選択肢ア～ウは、下記の用語の説明です。

ア　ROI（908ページ参照）

イ　ベンチマーキング

ウ　NPV（Net Present Value：正味現在価値）

なお、選択肢エの説明に、特別な名前は付けられていません。

正解▶問1：エ　問2：ア

A社とB社の比較表から分かる，A社の特徴はどれか。

単位　億円

	A社	B社
売上高	1,000	1,000
変動費	500	800
固定費	400	100
営業利益	100	100

ア　売上高の増加が大きな利益に結び付きやすい。

イ　限界利益率が低い。

ウ　損益分岐点が低い。

エ　不況時にも，売上高の減少が大きな損失に結び付かず不況抵抗力は強い。

解説

ア　変動費率＝変動費÷売上高 は、A社：500÷1,000=0.5 < B社：800÷1,000=0.8なので、A社のほうが "売上高の増加が大きな利益に結び付きやすい" です。

イ　限界利益率＝1−変動費率 は、A社：1−0.5=0.5 > B社：1−0.8=0.2 なので、B社のほうが "限界利益率が低い" です。

ウ　損益分岐点＝固定費÷限界利益率 は、A社：400÷0.5=800 > B社：100÷0.2=500 なので、B社のほうが "損益分岐点が低い" です。

エ　選択肢ウの解説で計算したように、損益分岐点は、A社が800、B社が500 であり、A社は売上高が800未満になると赤字になりますが、B社は売上高が500未満になるまで赤字になりません。したがって、B社のほうが "不況時にも，売上高の減少が大きな損失に結び付かず不況抵抗力は強い" といえます。

正解▶問2：ア

Chapter 19-7

在庫の管理

売る度に「いくらで仕入れた在庫だったか」を確認するのは現実的じゃないので、在庫計算はお約束を決めて行います。

なんでもかんでも「時価」と書いてあるお寿司屋さんじゃないですが、たいてい物価というのはフラフラ上下動しているものです。そうすると、こちらは同じ値段で売り続けていても、仕入れ価格に応じて利益はフラフラ上下動することになる。

すると、「利益はその都度把握したいんだけど、何百何千と販売されていく商品ひとつひとつの仕入れ価格なんて、個別に管理しきれるはずもない」となるわけです。

そりゃそうですよ。困っちゃいますよね。

そこで、個々の仕入価格を厳密に管理するのではなくて、「このやり方でやります」とお約束を決めて、計算を簡単にしてしまうのが在庫管理の一般的な手法です。

先入先出法	先に仕入れた商品から、順に出庫していったと見なす計算方法です。
後入先出法	後に仕入れた商品から、順に出庫していったと見なす計算方法です。
移動平均法	商品を仕入れる度に、残っている在庫分と合算して平均単価を計算し、それを仕入れ原価と見なす計算方法です。

先入先出法と後入先出法

それでは代表的な手法である先入先出法と後入先出法を例に、売上原価（売上に含まれる原価）と在庫評価額（在庫分の原価合計）が、どのような計算になるか見てみましょう。

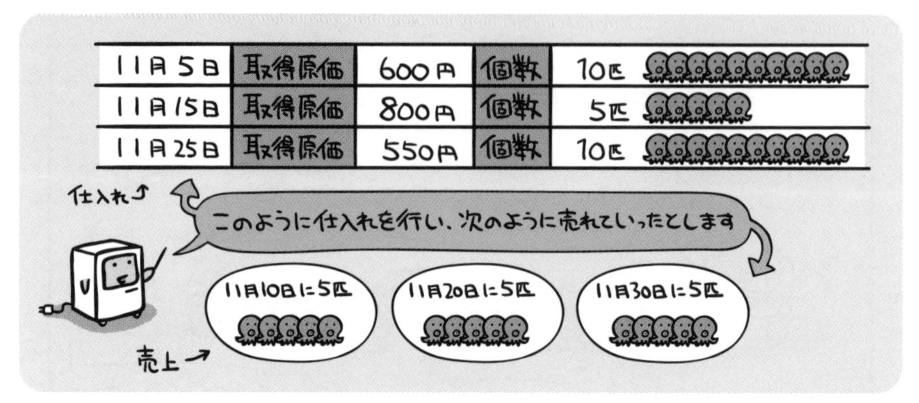

先入先出法では、仕入れた順番に出庫したとみなすので、次のように計算します。

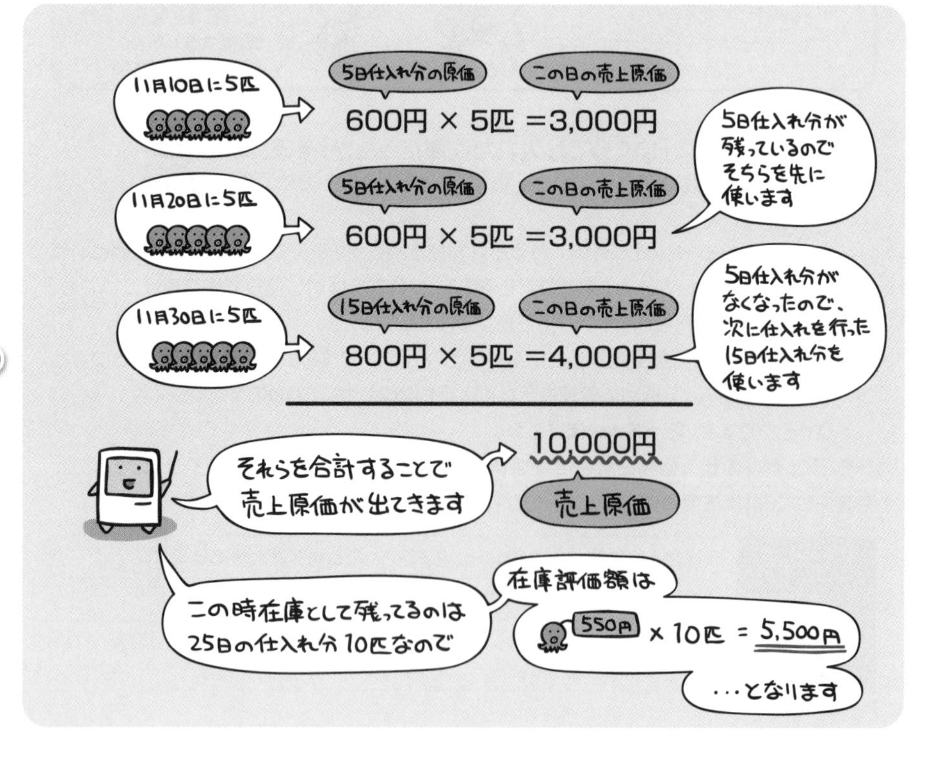

一方、後入先出法では、最後に仕入れたものから順番に出庫したとみなすので、次のように計算します。

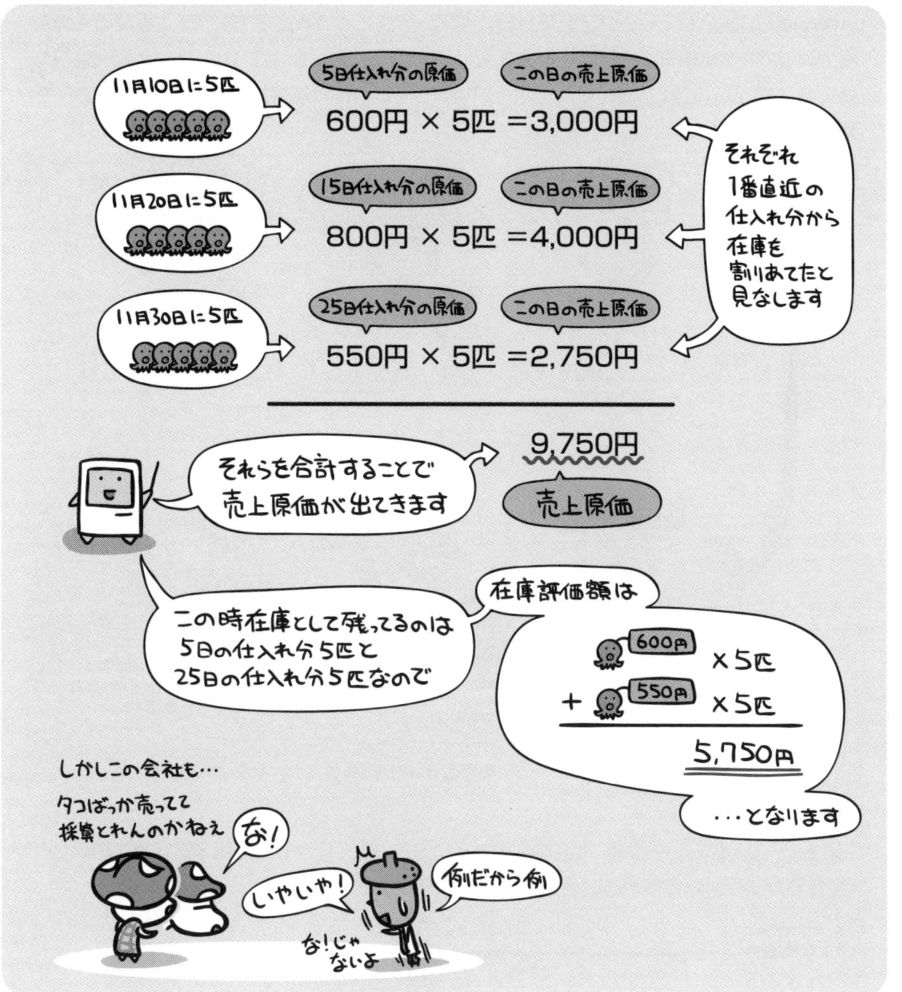

19 企業と法務

かんばん方式

かんばん方式とは、トヨタ自動車(株)が開発・実施している生産方式で、工程間の在庫を極力減らすための仕組みです。この方式では、生産ラインにおいて、後工程に必要な部品だけを前工程から調達します。これにより、中間工程での作り過ぎによる無駄を排除して、生産コストを削減します。

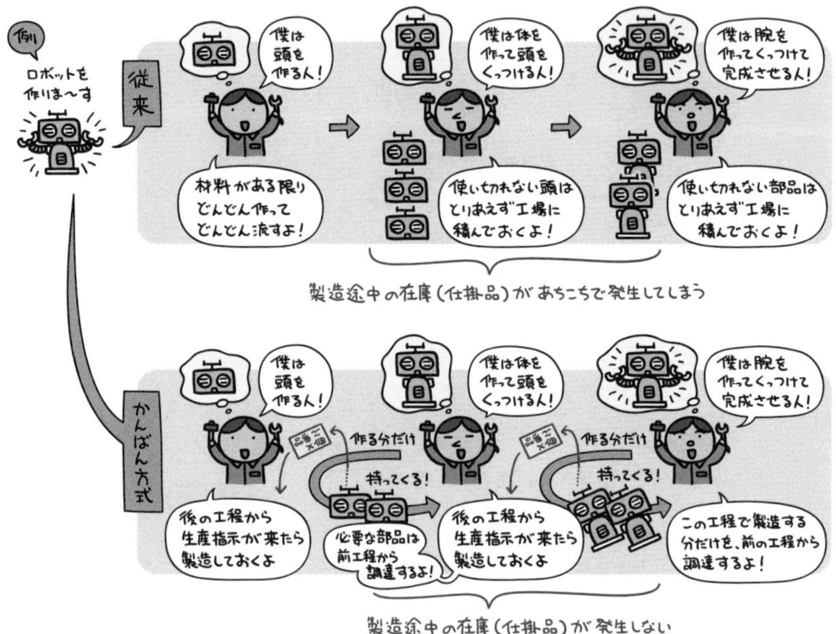

なんで"かんばん"方式なんて名前なのかというと、後工程から生産指示を行う際のやりとりに、「かんばん」と呼ばれる商品管理カードが用いられていたから。

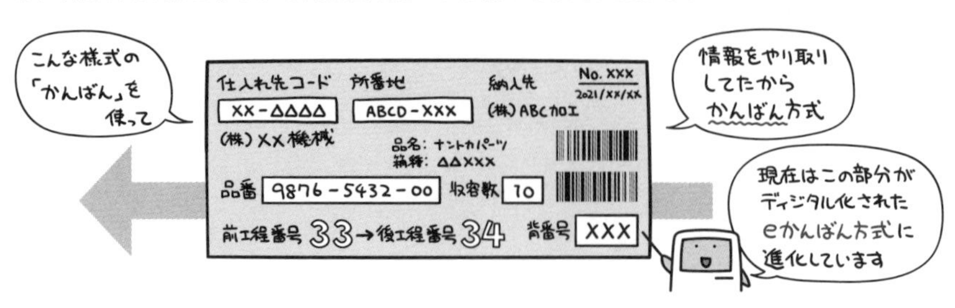

このかんばん方式は、「必要なものを、必要なときに、必要な分だけ生産する」というジャストインタイム生産方式を実現する運用手段のひとつです。

過去問題練習と解説

問1 (AP-H25-A-78)

前期繰越及び期中の仕入と売上は表のとおりであった。期末日である3月31日に先入先出法によって棚卸資産を評価した場合，在庫の評価額は何円か。

仕　入

日付	数量（個）	単価（円）
前期繰越	10	100
5月1日	15	90
10月15日	5	70

売　上

日付	数量（個）
4月20日	4
8月31日	8
11月20日	6

ア　840　　イ　980　　ウ　1,038　　エ　1,080

解説

先入先出法は、先に入った（仕入れた）ものから、先に出て（売上げて払い出して）いくことを前提とする単価の計算方式です。

この前提から、在庫の評価額を計算すれば、下表のとおりとなります。

日付	取引内容	数量（個）	仕入単価	在庫数（単価）	在庫評価額
前期繰越	繰越在庫	10	100	10(100)	1,000
4月20日	売上	△4	−	6(100)	600
5月1日	仕入	15	90	6(100)+15(90)	1,950
8月31日	売上	△8	−	13(90)	1,170
10月15日	仕入	5	70	13(90)+5(70)	1,520
11月20日	売上	△6	−	7(90)+5(70)	980

正解▶問1：イ

部品の受払記録が表のように示される場合，先入先出法を採用したときの4月10日の払出単価は何円か。

取引日	取引内容	数量（個）	単価（円）	金額（円）
4月1日	前月繰越	2,000	100	200,000
4月5日	購入	3,000	130	390,000
4月10日	払出	3,000		

ア　100　　イ　110　　ウ　115　　エ　118

解説

先入先出法は、先に入った（購入した）ものから、先に出て（払出して）いくことを前提とする単価の計算方式です。

この前提から、在庫数(単価)と払出数(単価)を整理すると、下表のようになります。

取引日	取引内容	数量（個）	単価（円）	在庫数（単価）	払出数（単価）
4月1日	前月繰越	2,000	100	2,000（100）	
4月5日	購入	3,000	130	2,000（100）＋ 3,000（130）	
4月10日	払出	3,000	－	2,000（130）	2,000（100）＋ 1,000（130）★

上表の★より、4月10日の払出単価は、（2,000個×100+1,000個×130）÷（2,000個+1,000個）＝ 110円です。

表から，期末在庫品を先入先出法で評価した場合の期末の在庫評価額は何千円か。

摘要		数量（個）	単価（千円）
期首在庫		10	10
仕入	4月	1	11
	6月	2	12
	7月	3	13
	9月	4	14
期末在庫		12	

ア　132　　イ　138　　ウ　150　　エ　168

解説

先入先出法は，先に入った（購入した）ものから，先に出て（払出して）いくことを前提とする単価の計算方式です。これを期末在庫の観点から、言いかえれば、後に購入したものが期末在庫に残っているはずです。したがって、期末在庫の12個は、9月（4個×14千円＝56千円）＋7月（3個×13千円＝39千円）＋6月（2個×12千円＝24千円）＋4月（1個×11千円＝11千円）＋期首在庫（2個×10千円＝20千円）＝（12個　150千円）になります。

Chapter 19-8

財務諸表は企業のフトコロ具合を示す

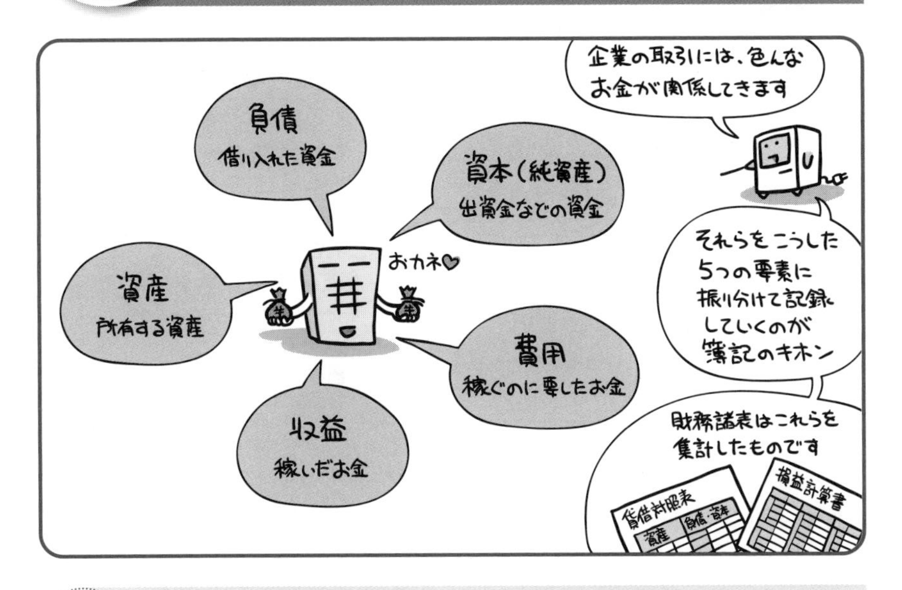

「資産」「負債」「資本」を集計したのが貸借対照表。
「費用」と「収益」を集計したのが損益計算書となります。

企業の経理業務とか会計士さんとかがなにをしてるのかというと、「はあ？ 経費と認めてくれだあ？ 今頃こんな領収書持ってきて寝ぼけたこと言ってんじゃねーよ」とかいって社員をいじめるのがお仕事…なわけではなくて、会社の中のお金の流れを管理するという仕事を担っているわけです。

管理というからには、当然お金の流れは記録されていってます。ちゃんとコツコツ帳簿に記録していくからこそ、「今の損益はどうなっているんだろう」とか、「今のうちの財務体質はどんな案配だろうかね」なんて確認ができるようになるんですね。

ただ、「確認する」といったって、いちいち社長さんや株主さんたちが、帳簿をひっくり返して最初から確認していくわけじゃありません。あんなの一件一件追って行ったら、意味がわかる前に日が暮れます。

そこでズバッと、「今の財務体質」とか「今の損益状況」などを確認できる資料が必要でありますよと。それがつまりは財務諸表。企業のフトコロ具合を示す成績書だと言えます。

貸借対照表

貸借対照表は、「資産」「負債」「資本（純資産）」を集計したもので、バランスシート（B/S: Balance Sheet）とも呼ばれます。

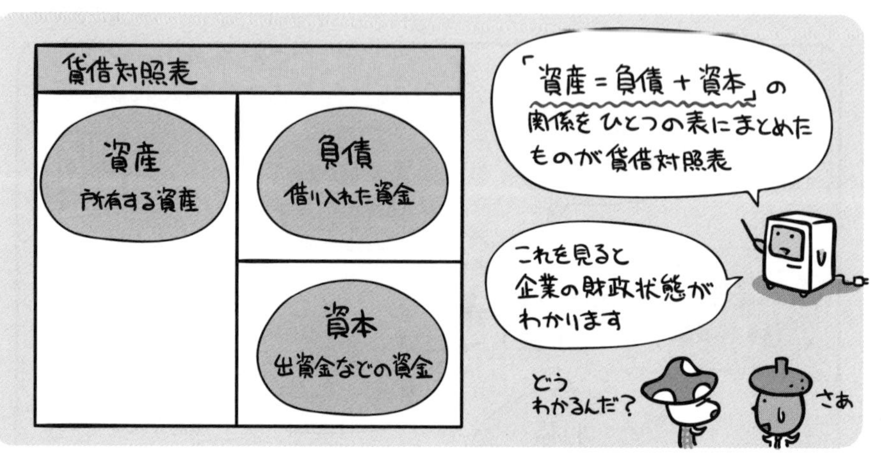

以降の話は、本試験においてあまり詳しく聞かれるわけじゃないですから、試験対策という意味ではことさら暗記する必要はありません。ただ、意味がわからないと上のイラストも単なる呪文で終わっちゃいますので、ざっと読むだけ読んでください。

というわけで解説です。企業活動に必要なお金は、自前で用意するか、株主に出資してもらうか、それでも足りなきゃどっかから借りてくるかして賄わなきゃいけませんよね。それをあらわしているのが、資本と負債の部。

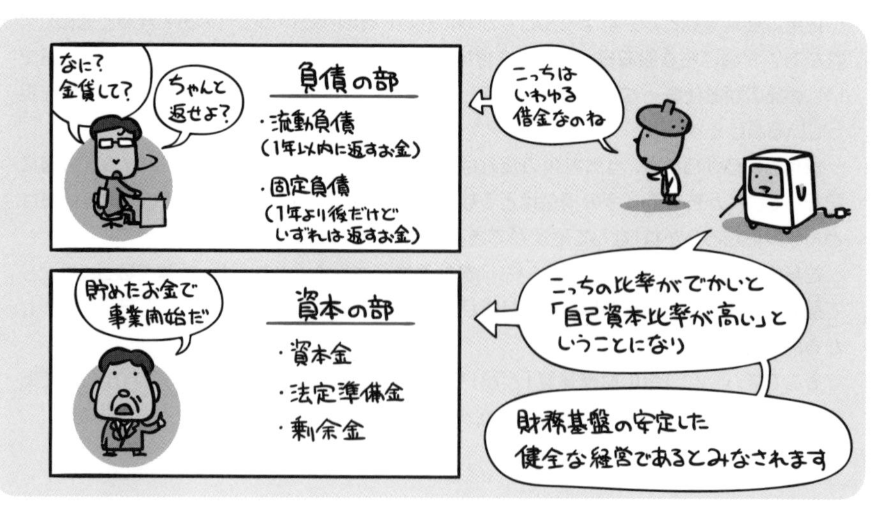

一方、そうして集めたお金を、どんなことに使ってるかあらわしているのが資産の部です。

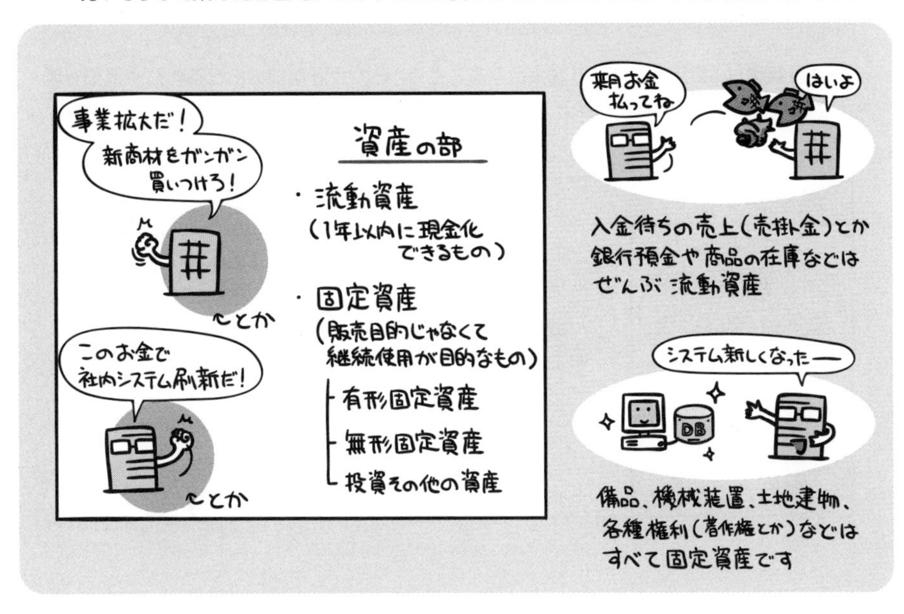

…ということをふまえて下のものを見比べてみると、財政状態の良し悪しにちがいができているのがわかるようになっている…というわけです。

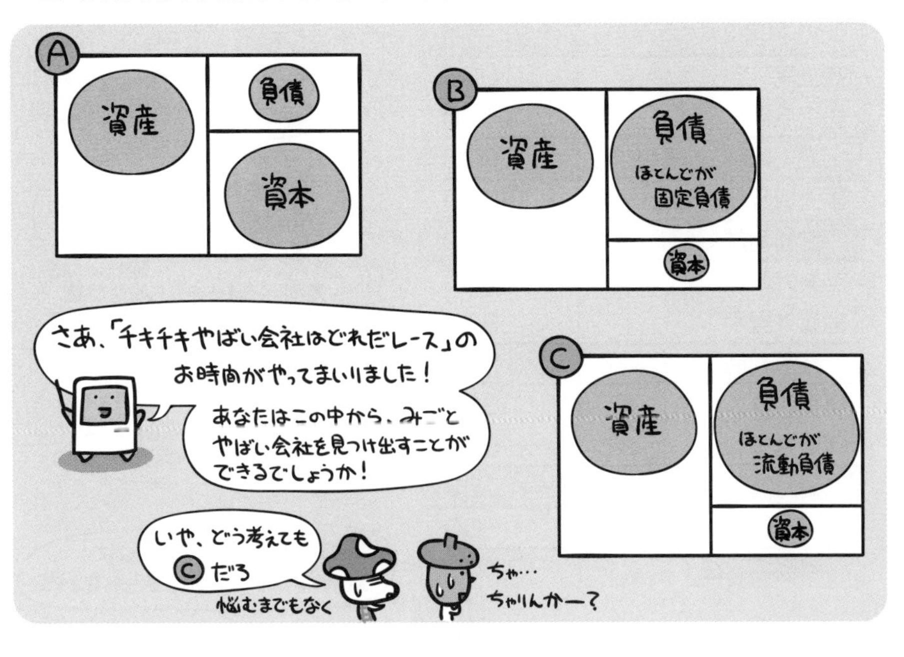

損益計算書

損益計算書は「費用」と「収益」を集計することで、その会計期間における利益や損失を明らかにしたものです。ピーエル（P/L：Profit & Loss statement）とも呼ばれます。

ただし「儲け」にも色んな種類があるので、そこだけはちょっと要注意。例としてあげる次の計算書を見ながら、どんな利益があるのか確認しておきましょう。

科目	金額［千円］
売上高	10,000
売上原価	3,000
売上総利益（粗利益）	7,000
販売費及び一般管理費	3,000
営業利益	4,000
営業外収益	1,000
営業外費用	1,500
経常利益	3,500
特別利益	1,000
特別損失	500
税引前当期純利益	4,000
法人税等	1,600
当期純利益	2,400

商品を売ったお金から
原価を差し引いた金額
もっとも基本となる利益

売上総利益から、販促費や
間接部門の人件費などを
差し引いたお金
本業の儲けをあらわす利益

「お金貸したら利子が入ったー」
みたいな、本業以外の収支も
あわせた結果の利益

臨時の損失なども全部込みで、
最終的に残った金額をあらわす利益

ちょっと「利益」という言葉ばかりが並んでいるので、覚えづらいかもしれません。特に営業利益と経常利益は、前後関係を混同してしまうケースが多々見られます。

これについては、「営業」と「経常」という言葉の意味を知ることで、ある程度間違いを予防することができます。

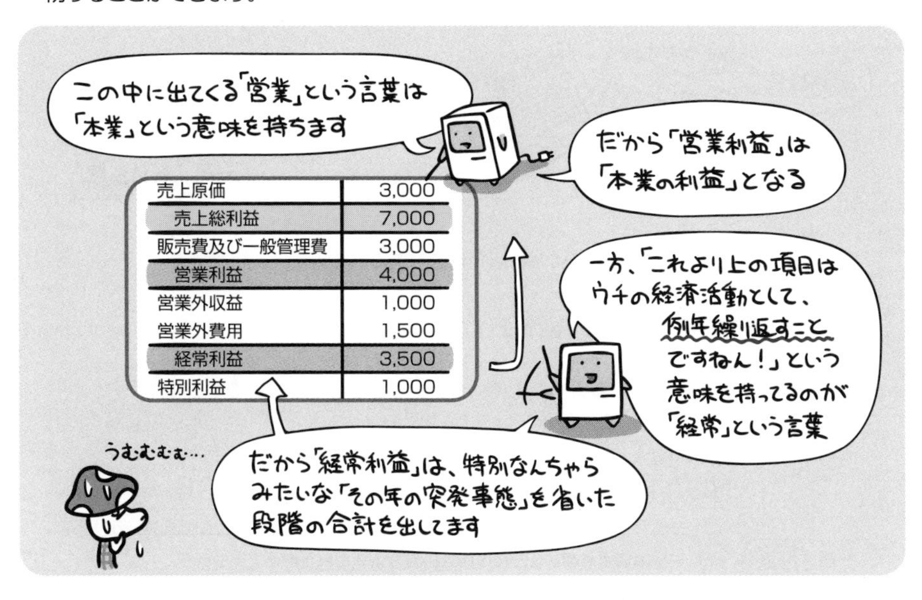

売上原価	3,000
売上総利益	7,000
販売費及び一般管理費	3,000
営業利益	4,000
営業外収益	1,000
営業外費用	1,500
経常利益	3,500
特別利益	1,000

え？ それでもまだ覚えづらい？ そんなキノコみたいなアナタは、下のイラストを脳裏に焼き付けて、計算書の中に出てくる順番だけでも覚えておくと良いでしょう。

様々な財務指標

財務諸表の数値をもとにして、企業の業績や経営状況を分析・把握するために計算する指標が財務指標です。

ここでは収益性を計る指標をいくつか紹介しておきましょう。

総資本利益率 (ROA: Return On Assets)

現金や売掛金の他、借入金や社債なども含む、企業の総ての資本を使ってどれだけの利益を生み出せたかを示す指標値です。

ROA [%] = 当期純利益 ÷ 総資本 × 100

総資本を使ってどれだけの利益をあげられたかが見えるので、
資本に対する運用効率と収益性を測ることができます

自己資本利益率 (ROE: Return On Equity)

借入金や社債などの他人資本は含まず、自己資本だけを対象として、そこからどれだけの利益を生み出せたかを示す指標値です。

ROE [%] = 当期純利益 ÷ 自己資本 × 100

自己資本というのは主に株主が出資したお金なので、
投資に対する収益性を測ることができます

投資家による株式投資の際、参考にされる指標値ですね

費用対効果 (ROI: Return On Investment)

投下した資本に対して、どれぐらい利益が得られたのかを示す指標値です。
→ P.908

このようにに出題されています

過去問題練習と解説

期末の決算において，表の損益計算資料が得られた。当期の営業利益は何百万円か。

単位　百万円

項目	金額
売上高	1,500
売上原価	1,000
販売費及び一般管理費	200
営業外収益	40
営業外費用	30

ア　270　　イ　300　　ウ　310　　エ　500

解説

本問の損益計算書の利益計算は、次のとおりです。

売上高 ＋	1,500
売上原価 △	-1,000
売上総利益	500
販売費及び 一般管理費 △	-200
営業利益	300
営業外収益 ＋	40
営業外費用 △	-30
経常利益	310

上記より、営業利益は、300百万円であり、選択肢イが正解です。

過去問題に挑戦！

完読おつかれさまでした。最後に実際に過去に出された試験問題にチャレンジしてみてください。本書にはページ数の関係で収録できませんでしたので、以下のサイトにてダウンロードサイトをへのリンクを案内しています。

実際にどのようなかたちで試験に出されるかに慣れていただき、解くことができなかった問題については、再度本書にて基礎知識からしっかり学習していただければと思います。

サポートページ：
https://gihyo.jp/book/2023/978-4-297-13809-7

ダウンロードサイトでは、平成16年度春期から令和5年度秋期までの問題が用意されています。

ちなみに、試験は午前午後にわかれており、午前が150分で80問（全問解答）となり、午後が150分で11問（5問解答・選択必須あり）となり、その両方の点数が60%以上で合格となります。

詳細については、情報処理推進機構のWebサイト（https://www.jitec.ipa.go.jp/）をご参照ください。

索引

数字・記号

A

B

C

D

E

F

G・H

N

O

P・Q

R

カ行

サ行

タ行

ナ行

ハ行

マ行

ヤ行

ラ行

ワ行

◆ 著者について

きたみりゅうじ

もとはコンピュータプログラマ。本職のかたわらホームページで4コマまんがの連載などを行う。この連載がきっかけで読者の方から書籍イラストをお願いされるようになり、そこからの流れで何故かイラストレーターではなくライターとしても仕事を請負うことになる。
本職とホームページ、ライター稼業など、ワラジが増えるにしたがって睡眠時間が過酷なことになってしまったので、フリーランスとして活動を開始。本人はイラストレーターのつもりながら、「ライターのきたみです」と名乗る自分は何なのだろうと毎日を過ごす。
自身のホームページでは、遅筆ながら現在も4コマまんがを連載中。
平成11年 第二種情報処理技術者取得
平成13年 ソフトウェア開発技術者取得
https://oiio.jp

● 本文監修／岡部洋一
（東京大学名誉教授・放送大学元学長）
● 練習問題解説／金子則彦
● 装丁／小山 巧（志岐デザイン事務所）
● 本文デザイン・DTP／小島明子（株式会社 しろいろ）
● イラスト／きたみりゅうじ
● 編集／山口政志

■ お問い合わせに関しまして ■

本書に関するご質問については、本書に記載されている内容に関するもののみとさせていただきます。本書の内容を超えるものや、本書の内容と関係のないご質問につきましては一切お答えできませんので、あらかじめご承知ください。なお、ご質問の際には、書名と該当ページ、返信先を明記してくださいますようお願いいたします。

また、電話でのご質問は受け付けておりません。Webの質問フォームにてお送りください。FAXまたは書面でも受け付けております。

○質問フォームのURL（本書サポートページ）
https://gihyo.jp/book/2023/978-4-297-13809-7
※本書内容の訂正・補足についても上記URLにて行います。あわせてご活用ください。

○FAXまたは書面の宛先
〒162-0846 東京都新宿区市谷左内町21-13
株式会社 技術評論社 書籍編集部
『キタミ式イラストIT塾 応用情報技術者 令和06年』
質問係
FAX：03-3513-6183

キタミ式イラストIT塾 応用情報技術者 令和06年

2017年 1月25日 初 版 第1刷発行
2023年 12月15日 第8版 第1刷発行
2024年 8月31日 第8版 第3刷発行

著 者 きたみりゅうじ
発行者 片岡 巌
発行所 株式会社技術評論社
東京都新宿区市谷左内町21-13
電話 03-3513-6150 販売促進部
03-3513-6166 書籍編集部
印刷／製本 昭和情報プロセス株式会社

定価はカバーに表示してあります.

ISBN978-4-297-13809-7 C3055

Printed in Japan